AF752906

Oskar Eichler

Kaffee und Coffein

Zweite, völlig neu bearbeitete Auflage

Mit Beiträgen von
H. P. T. Ammon · C.-J. Estler · G. Fülgraff · P. Mitznegg
E. Schmid · O. Strubelt · O. G. Vitzthum

Mit 40 Abbildungen

Springer-Verlag Berlin Heidelberg New York 1976

ISBN-13: 978-3-642-66151-8 e-ISBN-13: 978-3-642-66150-1
DOI: 10.1007/978-3-642-66150-1

Library of Congress Cataloging in Publication Data Eichler, Oskar, 1898, Kaffee und Coffein. First ed. published in 1938 under title: Kaffee und Koffein. Bibliography: p. Includes index. 1. Coffee-Physiological effect. 2. Caffeine-Physiological effect. I. Ammon, Hermann P. T., joint author. II. Title. QP921.C3E5 1975 615.7 75-12523.

Das Werk ist urheberrechtlich geschützt. Die dadurch begründeten Rechte, insbesondere die der Übersetzung, des Nachdruckes, der Entnahme von Abbildungen, der Funksendung, der Wiedergabe auf photomechanischem oder ähnlichem Wege und der Speicherung in Datenverarbeitungsanlagen bleiben, auch bei nur auszugsweiser Verwertung vorbehalten.

Bei Vervielfältigungen für gewerbliche Zwecke ist gemäß § 54 UrhG eine Vergütung an den Verlag zu zahlen, deren Höhe mit dem Verlag zu vereinbaren ist.

© by Springer-Verlag Berlin · Heidelberg 1938 and 1976.

Softcover repint of the hardcover 2nd edition 1976

Die Wiedergabe von Gebrauchsnamen, Handelsnamen, Warenbezeichnungen usw. in diesem Werk berechtigt auch ohne besondere Kennzeichnung nicht zu der Annahme, daß solche Namen im Sinne der Warenzeichen- und Markenschutz-Gesetzgebung als frei zu betrachten wären und daher von jedermann benutzt werden dürften.

Vorwort

Die erste Auflage des Buches wurde trotz des Erscheinungsjahres 1938 noch immer verlangt. Als Herr ROTHFOS/Hamburg an den Verlag herantrat mit der Anregung eines unveränderten Neudrucks, wurde der Entschluß zu einer völligen Neubearbeitung gefaßt. Die erste Auflage hätte nur ein ganz grobes Gerüst geboten, denn wie viel wurde gerade auf diesem Gebiet in den letzten 35 Jahren gearbeitet. Folgende Gebiete sind in dieser Hinsicht besonders hervorzuheben:

1. Zentralnervensystem. Hier haben sich unsere Kenntnisse über die nähere Lokalisation des Angriffs des Coffeins erheblich erweitert. Die Verbesserung und Neuentwicklung psychologischer Testsysteme führte zu einer vollständigeren Analyse der psychologischen Effekte des Coffeins. Das Thema Schlaf und Alkohol wurde intensiv bearbeitet.
2. Herz und Skeletmuskulatur. Mit Hilfe des Elektronenmikroskops und der Elektrophysiologie wurden neue Erkenntnisse über den Mechanismus der Kontraktion und damit auch über die Wirkungsweise des Coffeins gewonnen.
3. Die Entdeckung des cyclischen AMP durch SUTHERLAND gab weitere Einblikke in den gesamten Stoffwechsel, so daß dieses Thema bei der Besprechung einzelner Organe mehrmals auftaucht, wobei der Klarheit wegen Wiederholungen manchmal nicht vermeidbar sind. Auch Probleme hinsichtlich der Entwicklung einer Arteriosklerose oder des Herzinfarktes werden berührt, die kürzlich in den USA ausführlich diskutiert wurden und durch vorzeitigen Eingang in die Tagespresse das Publikum beunruhigen konnten.
4. Ganz neu war die Entdeckung, daß Coffein auf die Zellteilung einwirkt. Eine ausführliche Darstellung dieser Ergebnisse auch hinsichtlich der Induktion von Mutationen und Mißbildungen wurde notwendig. Es ist zu diskutieren, inwieweit der Kaffeegenuß sich in dieser Richtung als schädlich erweisen könnte.
5. In der Literatur stand die Frage zur Diskussion, inwieweit Coffein oder die Röstprodukte die Krebsentstehung begünstigen könnte. Dies fordert zur Stellungnahme auf.
6. Wesentliche Beziehungen zur inneren Sekretion wurden gefunden.
7. Auch über die Wirkung auf das Magen-Darm-Gallenwegsystem liegen zahlreiche neue Untersuchungen vor.
8. Die Chemie der Röstprodukte und des Röstprozesses erfuhr eine große Erweiterung.

Auf sämtlichen Gebieten wurden die Befunde vom Tierexperiment bis zum Versuch am Menschen dargestellt. Es ist nur natürlich, daß mit dem ungeheuerlichen Anwachsen der in der Literatur niedergelegten Erfahrung die Arbeit nicht mehr von einem Autor bewältigt werden konnte. Eine Reihe von Autoren, alle auf dem Kaffeegebiet kompetent, haben sich hinzu gefunden.

Aber trotzdem hätte diese Arbeit von uns allen nicht bewältigt werden können, wenn uns nicht Herr Dr. PUTTFARKEN (auf Vermittlung von Herrn ROTHFOS) wesentliche Hilfe bei der Beschaffung der Literatur geleistet hätte. Aber mindestens ebensoviel verdanken wir Herrn Dr. ROSELIUS, der uns selbstlos die vorbildliche und umfassende Sammlung der einschlägigen Literatur zur Verfügung gestellt hat. Ohne seine Hilfe wäre das Buch nicht möglich gewesen.

Das Buch möge nicht nur zur Information dienen – wozu auch ein sorgfältiges Sachregister beitragen soll – sondern vielleicht durch Aufzeigen von Lücken in der Erkenntnis auch Anregungen für weitere Forschungen geben. Dazu sollen auch die ausführlichen Daten über die im Kaffee gefundenen Substanzen dienen, deren pharmakologische Bearbeitung noch weitgehend offen steht, obwohl für die Gesamtwirkung das Coffein sicherlich die größte Rolle spielt.

Wir hoffen, daß das Buch, vielseitig wie die Bearbeitung ist, sich auch vielseitig nützlich erweisen möge.

Heidelberg, Sommer 1975

Im Namen der Autoren

O. EICHLER

Inhaltsverzeichnis

Mitarbeiterverzeichnis

Professor Dr. H. P. T. AMMON, Pharmazeutisches Institut der Universität Tübingen, 7400 Tübingen, Wilhelmstr. 27

Professor Dr. O. EICHLER, 6900 Heidelberg, Gutleuthofweg 18

Professor Dr. C.-J. ESTLER, Pharmakologisches Institut der Universität Erlangen–Nürnberg, 8520 Erlangen, Universitätsstr. 22

Professor Dr. G. FÜLGRAFF, Präsident des Bundesgesundheitsamtes, 1000 Berlin 33, Thiel-Allee 88–92

Priv.-Doz. Dr. P. MITZNEGG, Pharmakologisches Institut der Universität Erlangen–Nürnberg, 8520 Erlangen, Universitätsstr. 22

Professor Dr. E. SCHMID, Kreiskrankenhaus Göppingen, II. Abt. f. Innere Medizin, 7320 Göppingen, Postfach 660

Professor Dr. O. STRUBELT, Abt. f. Toxikologie der Medizinischen Hochschule Lübeck, 2400 Lübeck, Ratzeburger Allee 160

Dr. O. G. VITZTHUM, 2800 Bremen 33, Upper Borg 170

Abkürzungen

ACTH	Adrenocorticotropes Hormon
ADP	Adenosin-diphosphat
5-AMP	Adenosin-5-monophosphat
ATP	Adenosin-triphosphat
BAO	Basic Acid Output
cAMP	cyclisches 3'5'-Adenosinmonophosphat
CFA	Colony-forming Ability
CHT	Carbonsäure-5-Hydroxytryptamid
Coff.-Na.-Benz.	Coffein-Natrium-Benzoat
DNA	Desoxyribonucleinsäure
EDL	Extensor digitorum longus
EDTA	Äthylendiamintetraessigsäure
EEG	Elektroencephalogramm
EGTA	Äthylenglycol-bis(β-aminoäthyläther)-N,N'-tetraacetat
EKG	Elektrokardiogramm
EOG	Elektrooculogramm
FFS	freie Fettsäuren
GIP	Gastric Inhibitory Polypeptide
GFR	glomeruläre Filtrationsrate
GH	Growth Hormone (Wachstumshormon)
HVL	Hypophysen-Vorderlappen
ICSH	interstitielle Zellen stimulierendes Hormon
i.m.	intramuskulär
i.p.	intraperitoneal
i.v.	intravenös
K_G	Glucose-Eliminationskoeffizient
K_m	Michaeliskonstante
K_i	Hemmstoffkonstante
LATS	langwirkender Schilddrüsenstimulator
LDL	Low-density Lipoproteine
HDL	High-density Lipoproteine
LH	luteinisierendes Hormon
LHR	Liquid-holding Recovery
MSH	Melanocyten-stimulierendes Hormon
PEP	Phosphoenolpyruvat

p.o.	per os
RNS	Ribonucleinsäure
s.c.	subcutan
SR	sarkoplasmatisches Reticulum
TRH	Releasing Factor for TSH
TSH	Thyreotropin
UV	ultraviolet
VLDL	Very Low Density Lipoproteine

A. Geschichte

O. EICHLER

Der Kaffeegenuß ist erst im 15. Jahrhundert vom vorderen Orient ausgehend in die Geschichte eingetreten. Jedenfalls war er in der Zeit der Kreuzzüge noch nicht bekannt. Möglicherweise hat man schon früher in den Bergen Abessiniens die Kaffeekirschen getrocknet und bei Bedarf gebrüht, vielleicht wurden die Kirschen auch ganz gegessen, wie es heute dort noch beobachtet wird. Das Rösten der in der Kirsche vorhandenen Samen kam rasch dazu, eine besondere Erfindung war dazu nicht notwendig, da dies schon weit früher bei anderen Nahrungsmitteln gebräuchlich war. Es scheint, daß manche Dichter der Geschichte des Kaffees die fehlenden Zwischenglieder phantasievoll ergänzten. Ausgehend von Abessinien kam der Baum, vermutlich auch als Folge von kriegischen Beziehungen, nach Arabien und wurde im südlichen Yemen angepflanzt. Zunächst wurde Kaffee als Medikament gegen Verdauungsstörungen oder Kopfschmerzen empfohlen, später aber auch bei langdauernden religiösen Übungen angewendet, um das Einschlafen zu verhindern. Rasch erkannte man seinen Wert als Genußmittel, und das ist der sicherste Weg, um seinen Gebrauch zu verbreiten. In Mekka gab es Kaffeehäuser, die als „Schulen der Weisheit" bezeichnet wurden. Der Name stammt nicht von der abessinischen Landschaft Kaffa, dem Stammland der Pflanze, sondern leitet sich ab von dem arabischen Wort „Kahwe" oder „Kahwa", d.h. Getränk. In sämtlichen europäischen Sprachen findet sich derselbe Wortstamm.

Nach Europa wurde darüber durch den deutschen Arzt LEONARD RAUWOLF berichtet, der Reisen in den Orient unternahm. Der Botaniker PROSPERALPINO aus Padua (dessen Name in die skurilen Erzählungen E.T.A. HOFFMANN^s Eingang fand) lernte den Baum in Ägypten kennen, ebenso das Getränk, das dort aus den aus Arabien stammenden Bohnen bereitet wurde. Das Getränk breitete sich mit bedächtiger Eile über Europa aus, besonders begünstigt durch LUDWIG XIV., weil es geeignet schien, die damals verbreitete Trunksucht zu steuern. Man kann den Unterschied so beschreiben: in Kaffeehäusern herrscht Stille und Anstand, Ernst, Beschäftigung mit Lesen und Nachdenken beim Spiel. In Weinstuben dagegen gibt es Geräusch, lebhafte Reden und Ausbrüche heftiger Affekte (TIDEMANN nach HEUPKE). Aber auch in Kaffeehäusern herrschte damals keineswegs immer Stille, etwa beim Lesen oder Schachspiel, sondern die lebhafte Bewegung der Gedanken führte häufig zu Diskussionen besonders kritischer Art gegen die Regierungen. Deshalb wurde der Kaffeeausschank und der Kaffeetrinker verfolgt, weil man die Anzettelung von Revolten fürchtete. In der Türkei, aber auch in England, wurden z. T. sogar schwere Strafen verhängt. Aber nirgends ließen sich die Verbote aufrecht erhalten. In der Türkei wurde ein Zoll auf den Kaffee gelegt und in Preußen wurde sogar ein Staatsmonopol begründet. FRIEDRICH DEM GROSSEN kam es dabei mehr darauf an, das Geld im Lande zu halten, anstatt es zum Einkauf von Kaffee ins Ausland abzugeben. Die Leute sollten bei ihrer Biersuppe — mit der er auch aufgezogen war — bleiben, um die heimischen Brauereien zu unterstützen. Die Verbote sind vergangen, die Zölle und der Kaffee als Einnahmequelle des Staates sind geblieben. Die Gründung des ersten Kaffeehauses erfolgte zunächst in Istanbul und etwa 100 Jahre später auch in Europa. Einige historische Zahlen sollen angeführt werden: 1555 Konstantinopel, 1645 Venedig, 1650 Oxford, 1664 Den Haag, 1671 Marseille, 1672 Paris, 1679 Hamburg, 1683 Wien, 1686 Nürnberg, 1689 Frankfurt, 1700 Danzig, 1721 Berlin.

Die Kaffeepflanze selbst hat auch ihre Geschichte. Ausgehend von Arabien wurde die Pflanze mit dem botanischen Namen Coffea Arabica bald in europäischen Kolonien angepflanzt, so z. B. auf der französischen Insel Réunion (Varietät Bourbon). Die Holländer, stets tüchtige Kolonisatoren, verpflanzten sie 1650 nach Ceylon und Java. Von dort wurden Pflanzen in den botanischen Garten von Amsterdam gesandt. Von hier gab es zwei Wege der Verbreitung. Einer führte direkt nach Surinam zur Kultur. Einige Bäume gingen als Geschenk an LUDWIG XIV. nach Paris und weiter auf die französischen westindischen Inseln (Nebenproben aus Réunion). Das ist der Ausgangspunkt für Pflanzungen in Süd- und Mittel-Amerika, den weitaus größten Anbaugebieten der Welt. Also stammen diese wichtigsten Kulturen aus dem botanischen Garten von Amsterdam.

Die Pflanze Coffea arabica fand in Amerika günstige Kulturbedingungen, tropisches Klima und Höhenlage. Jedes dieser Anbaugebiete führte zu Produkten mit verschiedenen Geschmacksrichtungen, die im Handel aber meist gemischt werden, um dem Käufer in jedem Jahr seinen gewohnten Geschmack liefern zu können.

Einen schweren Rückschlag gab es 1869 in Ceylon und Java durch den Rostpilz, der die dortigen Kulturen vernichtete. In Ceylon wurde statt des Kaffees Tee gepflanzt, in Java ging man zu der Varietät Coffea robusta (aus dem westlichen Afrika) über, weil diese Pflanze gegenüber Schädlingen widerstandsfähiger ist. Sie liefert aber nicht so schmackhafte Produkte. In Java kehrte man z.T. zum Anbau von C. arabica zurück, aber C. robusta wird in niederen Gebieten Brasiliens angebaut. Andere Varietäten des Kaffees (z.B. C. liberica) spielen keine Rolle.

Neuerdings versucht man, durch Neuzüchtungen eine höhere Festigkeit gegen Schädlinge und eine erhöhte Widerstandsfähigkeit gegenüber der direkten Sonneneinstrahlung zu erreichen, so daß man nicht mehr auf schattenspendende Bäume zum Schutz vor der Sonne angewiesen ist (COSTE 1973).

B. Chemie und Bearbeitung des Kaffees

O. G. VITZTHUM

Mit 1 Abbildung

I. Einleitung

Mit dem Beginn der klassischen organischen Chemie zu Anfang des 19. Jahrhunderts wandte sich erstmals das naturwissenschaftliche Interesse dem Kaffee zu. Dem Chemiker FERDINAND RUNGE, der von JOHANN WOLFGANG VON GOETHE in Jena einige Kaffeebohnen zur Analyse erhalten hatte, gelang daraus 1820 die Isolierung des Coffeins, des nach „Coffea“, dem Gattungsbegriff für die Kaffeepflanze, genannten pharmakologisch wichtigsten Inhaltsstoffes (RUNGE, 1820).

Beklagte sich J. v. LIEBIG noch 1843 in seinem Handbuch der Pharmazie und Chemie, daß außer dem von ihm weiter aufgeklärten Coffein (PFAFF u. LIEBIG, 1832) keine anderen Substanzen des Kaffees mit Sorgfalt untersucht wären, so wuchs die Zahl der bekannten organischen und anorganischen Inhaltsstoffe bis zur Jahrhundertwende doch auf etwa 30 an (Anon., 1903). In dieser Zeitepoche, in der erstmals durch die bahnbrechenden Arbeiten von A. v. BAEYER und E. FISCHER die Konstitutionsaufklärung größerer organischer Moleküle gelang, wurde von MEDICUS (1875) die Strukturformel des Coffeins aufgestellt und von E. FISCHER und L. ACH (1895) seine erste Synthese beschrieben.

Bis 1950 nahmen unsere Kenntnisse über die Verbindungen des Kaffees nur langsam zu. Dann setzte plötzlich — nicht zuletzt aufgrund eines verstärkten technologischen Interesses für bearbeitete Kaffeequalitäten — ein starker Aufschwung ein. Neuentwickelte, analytisch-chemische Trennmethoden — allem voran die Gaschromatographie — ermöglichten intensivere Aufklärungsarbeiten. Die Zahl der identifizierten Verbindungen stieg bis heute auf über 700 an, wovon allein 500 im Röstkaffeearoma festgestellt wurden. Trotz dieses enormen Forschungsaufwandes harren noch viele physiologisch wirksame und sensorisch wichtige Substanzen der Entdeckung; so ist z. B. das Geheimnis des Kaffeearomas auch heute noch nicht geklärt.

II. Rohkaffee

Von der Ernte im Erzeugerland bis zum braunen Aufguß in der Tasse durchläuft der Kaffee verschiedene Bearbeitungsstufen. Für die Qualität des Getränks sind botanische und geographische Herkunft, sowie Aufbereitungs- und Röstverfahren wichtig.

1. Botanik

Die Kaffeepflanze mit dem Gattungsnamen Coffea gehört zur Familie der KRAPP-Gewächse (Rubiaceen). Man kennt ca. 70 verschiedene Coffea-Arten (COSTE, 1968), von denen nur drei wegen des Genußwertes ihrer Bohnen eine praktische Bedeutung erlangt haben:

Coffea arabica,
Coffea canephora (robusta),
Coffea liberica.

Die Varietäten und Sorten des Arabica-Kaffees erreichen $\frac{3}{4}$ der Welterzeugung, die des Robustas etwa $\frac{1}{4}$. Liberica-Kaffee ist kaum mehr gefragt.

Die ursprünglich aus Abessinien stammende Kaffeepflanze wird heute in den meisten tropischen Ländern angebaut. Der Kaffeebaum, dessen Höhe zwischen 2 und 10 m schwanken kann, trägt die Blüten in dichtgedrängten Büscheln in den Blattachseln. Daraus entwickeln sich nach ca. 9—11monatiger Reifezeit dunkelrote, kirschenähnliche Früchte von 1—2 cm Durchmesser, die in ihrem Innern die Kaffeebohnen als Samen enthalten.

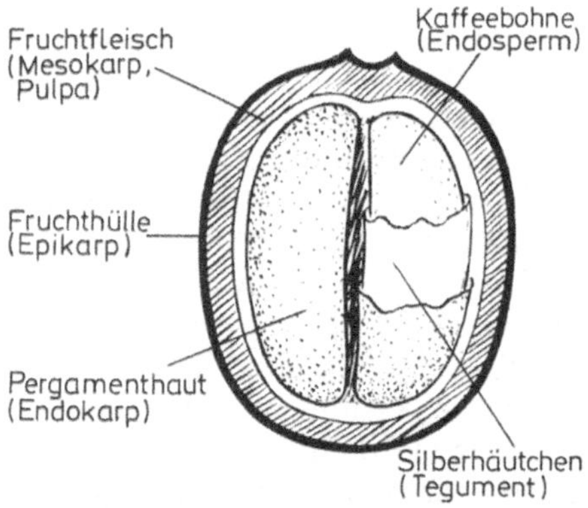

Abb. 1. Schnitt durch die Kaffeefrucht

Der Aufbau der Kaffeefrucht ist aus Abb. 1 zu entnehmen. Die Kaffeebohne ist von einer dünnen Samenschale, dem sogenannten Silberhäutchen, umgeben, dessen Reste nach dem Rösten als „Weißer Schnitt" in der Furche der Röstbohnen sichtbar sind. Um das Silberhäutchen liegt die Pergamenthaut, die ebenso wie das weiche Fruchtfleisch und die Fruchthülle bei der Aufbereitung des Kaffees entfernt werden müssen.

Die plankonvexe Form der Kaffeebohnen erklärt sich aus der paarigen Anordnung der Samen in der Frucht. — Etwa 10% der Kaffeekirschen sind einsamig. Ihre Bohnen entwickeln eine runde Form und werden im Handel als Perlkaffee bezeichnet.

Arabica-Rohbohnen haben eine schlanke Form bei einer Länge von 0,8—1,5 cm und lassen sich dadurch von den kleineren, gedrungenen Robusta-Bohnen unterscheiden, die nur eine Größe von 0,5—0,8 cm erreichen. Vom gerösteten Endprodukt unterscheiden sich die Rohkaffeebohnen durch die blaugrüne bis gelbbraune Farbe und ihre hornartige und zähe Konsistenz sowie das um etwa $\frac{1}{3}$ kleinere Bohnenvolumen.

2. Anbau

Die Kaffeepflanze gedeiht nur in den tropischen Gebieten, da sie mittlere Jahrestemperaturen zwischen 15 und 25°C benötigt. Temperaturen unter 0°C sind schädlich. Weitere störende klimatische Faktoren, insbesondere für Coffea arabica, sind Wind, zu große Hitze oder zuviel Feuchtigkeit. Ideale Anbaubedingungen bieten daher die Höhenlagen der Tropen zwischen 600 und 1500 m, max. 2000 m. Die qualitativ besten Sorten sind die sogenannten Hochlandgewächse. Robusta-Kaffee ist stärker kälteempfindlich, verträgt aber mehr Hitze und Feuchtigkeit und kann daher auch im Flachland kultiviert werden. Die Arabica-Sorten können jeweils bis zum 24. Grad, die Robustas nur bis zum 10. Grad nördlicher und südlicher Breite angebaut werden (COOLHAAS et al., 1960).

Neuere Kreuzungsversuche beider Kaffeearten an der Elfenbeinküste ergaben Hybride, die man *Arabusta* nennt; sie vereinigen in sich teilweise die geschmacklichen Vorzüge des Arabicas mit der klimatischen Widerstandsfähigkeit des Robustas (COSTE, 1973; CAPOT, 1973).

Da der Kaffeebaum eine bis zu 3 m tiefe Pfahlwurzel ausbildet, soll der Boden durchlässig und locker sein. Ton- oder Sandböden sind nicht geeignet. Humusreiche Böden und saure Verwitterungsböden vulkanischer Gesteine (Laterit), wie z.B. die „terra roxa" in São Paulo, werden bevorzugt. Erst 6 Jahre nach der Pflanzung wird der Kaffeebaum ertragreich, sein Maximum erreicht er nach 10—15 Jahren.

Der meiste Kaffee wird in Brasilien (ca. 31%), gefolgt von Kolumbien (ca. 11%) angebaut. Die afrikanischen Länder produzieren zusammen etwa 28% der Welterzeugung. Der Rest verteilt sich auf Mittelamerika und Indonesien (Welternte, 1972/1973; Anon., 1973a).

Schädlinge: Immer wieder wurden Kaffeeplantagen durch epidemieartige Erkrankungen der Kaffeepflanzen in Mitleidenschaft gezogen oder zerstört. Die größte Gefahr geht von dem parasitischen Rostpilz (Hemileia vastatrix) aus, der auf der Unterseite der grünen Blätter des Kaffeebaums rostbraune Flecken erzeugt. Diese „Kaffeerost"-Krankheit hat vor 100 Jahren zur Vernichtung der Kaffeekulturen in Ceylon und Java geführt. Der neue Kontinent war von dieser Krankheit bis zum Jahre 1970 verschont. Innerhalb dreier Jahre breitete sie sich in Brasilien über das ganze Land aus und richtete jedes Jahr trotz Bekämpfung erhebliche Schäden an (Anon., 1972a; WALLER, 1972).

Während der Rostpilz bevorzugt Arabica-Kulturen angreift, befällt der „Kaffeebohrer" (Stephanodores hampei) in stärkerem Maße Robusta-Pflanzungen (COOLHAAS et al., 1960; PAZ u. LEON, 1972). Der Käfer bohrt die Kaffeekirschen und Bohnen während der Reifezeit an. Die Bohnen zeigen kleine Einstichöffnungen oder bei stärkerem Befall Fraßlöcher.

Fehlbohnen: Neben mechanischen Beschädigungen, wie Bruch oder Insektenfraß, können Fehler in der Reifezeit und Aufbereitung zu Ausschußbohnen führen („Triage"). Als „Stinker" oder „Ölbohnen" bezeichnet man Bohnen, deren Fruchtfleisch in Fäulnis übergegangen war. Eine einzelne dieser selten auftretenden „Stinkerbohnen" genügt, um den Inhalt einer Kaffeekanne geschmacklich zu verderben. Waren die Kirschen nicht richtig ausgereift, so erhält man „Grasbohnen", die bei der Röstung hell bleiben. Sie werden heute durch elektronische Verlesemaschinen in den Kaffeegroßröstereien ausgeschieden. Dunkle bis schwarze Farbe können die Bohnen annehmen, wenn sie vor der Ernte abgefallen sind und aus Versehen mit aufgesammelt wurden („Schwarze Bohnen"), oder wenn die Bohnen z.B. durch Frost oder Verdunstungskälte beim Trocknen unterkühlt wurden („Frostbohnen").

3. Aufbereitung

Um handelsfähige Bohnen zu erhalten, müssen die geernteten Kaffeekirschen aufbereitet werden. Man kennt die sogenannte „trockene" und „nasse" Aufbereitung. Die so bearbeiteten Bohnen werden als „ungewaschen" und „gewaschen" gehandelt.

Die ältere und billigere Methode, die *trockene Aufbereitung*, wird dort verwendet, wo, wie z.B. in Brasilien, große Kaffee-Ernten schnell verarbeitet werden müssen und wenig Wasser zur Verfügung steht. Man läßt hierbei die Kaffeekirschen auf Zementböden 1—2 Wochen trocknen. Derartig ausgedörrte Kirschen geben beim Schütteln ein klapperndes Geräusch von sich als Folge der Ablösung der Bohnen vom Fruchtfleisch. Das verdorrte Fruchtfleisch und die Pergamenthülle werden dann durch Abquetschen in konisch verlaufenden Schneckenwalzen (Schälmaschinen) entfernt.

Qualitativ bessere Kaffees erhält man bei der *nassen Aufbereitung*, da hier eine gleichmäßigere Bearbeitung erfolgt. Sie wird überwiegend bei den mittelamerikanischen, kolumbianischen und afrikanischen Arabica-Kaffees angewendet. Zunächst wird das Fruchtfleisch von den erntefrischen Kaffeekirschen im sogenannten „Pulper" abgetrennt. Dabei werden die Kirschen zwischen zwei, in geringem Abstand voneinander befindlichen Platten oder Walzen, von denen die eine mit kleinen Höckern versehen ist, gepreßt, wodurch die Bohnen aus dem Fruchtfleisch herausgedrückt werden. Schleimige, zuckerhaltige Reste, welche noch an der Pergamenthülle der Bohnen hängen, müssen durch einen Gärungsprozeß (Fermentation) entfernt werden. Dies geschieht in einem Gärbassin, das von einem langsamen Wasserstrom durchspült wird (MENCHÚ u. ROLZ, 1973).

Hierbei bauen kaffeeigene Pectinasen und Pectasen die wasserunlöslichen, hochmolekularen Protopectine, die aus Polyuronsäuren und polymeren Zuckern, wie Arabinan, Galaktan etc. zusammengesetzt sind, zu wasserlöslichen Verbindungen ab, die anschließend durch einfaches Waschen entfernt werden können. Über die Rolle der Mikroorganismen beim Gärungsprozeß herrschen geteilte Meinungen (ROCHAC, 1964; FRANK u. DELA CRUZ, 1964).

Der bei der nassen Aufbereitung nach dem Trocknen erhaltene Kaffee wird als Hornschalen- oder Pergamentkaffee bezeichnet. Die Entfernung der Pergamenthaut, die sogenannte Enthülsung geschieht wiederum in Schälmaschinen, wobei man lediglich den Platten- bzw. Walzenabstand variiert. Durch Erhöhung des Anpreßdrucks läßt sich mit der Enthülsung auch die Polierung in einem Arbeitsgang kombinieren. Polierter Kaffee ist von Silberhäutchenresten befreit und hat ein schöneres Aussehen wegen seiner geglätteten Oberfläche. Der so erhaltene Rohkaffee ist nach dem Sieben und Klassifizieren versandfertig.

4. Rohkaffeesorten

Zur Unterscheidung der handelsüblichen Rohkaffeesorten werden neben dem botanischen Namen auch die geographische Herkunft sowie Art der Aufbereitung und Bohnenform angegeben. Von den drei wichtigsten Arten der Gattung Coffea, dem Arabica, Canephora (Robusta) und Liberica kennt man ca. 80 Unterarten (Varietäten), deren wichtigste im folgenden genannt sind (COOLHAAS et al., 1960):

Coffea arabica	*Coffea canephora*
Var. typica	Var. robusta
Var. bourbon	Var. typica
Var. maragogipe	Var. uganda
Var. mocca	Var. quillou

Auf den unbedeutenden Coffea liberica soll nicht näher eingegangen werden. Die Canephora-Varietäten werden unter dem Namen „Robusta“ gehandelt, der jedoch botanisch nicht als Artbegriff anerkannt wird.

Die nach dem Herkunftsland bezeichneten Sorten nennt man Provenienzen. Die Bezeichnung erfolgt nach dem jeweiligen Erzeugerland, wie z.B. „Kenya“, oder nach dem nächstgelegenen Verschiffungshafen, wie z.B. „Santos“, für den im brasilianischen Staate São Paulo produzierten Kaffee.

Die wichtigsten, gewaschenen Arabicas sind Kenya, Tansania, Columbia, Salvador, Guatemala und Mexico; Brasilien liefert fast nur ungewaschene Arabicas, von denen der bereits erwähnte Santos der wichtigste ist. Die meistgehandelten, überwiegend ungewaschenen Robusta-Provenienzen sind Angola, Uganda, Elfenbeinküste und Madagaskar.

Alle nicht-brasilianischen, gewaschenen Arabicas werden als „milds“ bezeichnet. Dieser Begriff darf nicht verwechselt werden mit dem milden Geschmack des weichen Brasils (Santos) — im Gegensatz zum harten Brasil (Rio, Bahia). Letzterer besitzt einen unangenehmen, phenolartigen Beigeschmack und wird deshalb kaum exportiert. Die großbohnige Varietät Maragogipe wird in kleinem Umfange in Mexiko, Guatemala, Kolumbien und Brasilien angebaut. Die übergroßen Bohnen lassen jedoch keine Geschmacksvorzüge erkennen, ebensowenig wie die aus einsamigen Kaffeekirschen stammenden runden Perlbohnen, die man durch Aussieben von Arabicas erhält.

Zu vielen Mißverständnissen hat in der Vergangenheit der Begriff „Mokka“ geführt. Abgeleitet von dem versandeten Hafen gleichen Namens am Roten Meer, war er früher eine Herkunftsbezeichnung für arabische Kaffees. Später wurde die Bezeichnung auch für nichtarabische Perlbohnen verwendet. Außerdem gibt es „Mokka Cramer“, eine Varietät des Coffea arabica. Im Sprachgebrauch des Handels werden heute besonders kräftig schmekkende Röstkaffeemischungen gern und oft als Mokka bezeichnet.

Eine eingehende sensorische Beurteilung der verschiedenen Kaffee-Provenienzen ist aus der einschlägigen Literatur zu entnehmen (DREWS u. KRÖPLIEN, 1963). Um jedoch einen kurzen Überblick zu geben, sei erwähnt, daß sich die Arabica-Sorten durch ihren feineren Geschmack auszeichnen. Die Robustas besitzen, wie schon ihr Name andeutet, eine kräftige, grobe und herbe Aromanote. Die wegen ihrer „feinen Säure“ und „guten Fülle“ am meisten geschätzten Arabicas stammen aus den Hochlandgebieten Kenias, Kolumbiens und Mittelamerikas. Der brasilianische Santos wird wegen seines kräftigen, aber weichen Geschmacks als breite Basis für viele Röstkaffeemischungen des Handels verwendet.

5. Röstung

Erst durch den Röstprozeß bilden sich Farbe und Aroma des Kaffees. Die gelbgrüne Rohkaffeefarbe schlägt bei der Rösttemperatur nach tiefdunkel um, die Bohnen blähen sich um 50—100% ihres Volumens auf, und die Kaffeefurche platzt unter deutlich hörbarem „Knacken". Die zähe Rohbohne mit verhornter Oberfläche wird nach dem Rösten spröde und leicht mahlbar. Die Bruchanfälligkeit nimmt zu.

Der Feuchtigkeitsgehalt geht von 10—14% auf 2—3% zurück. Der Gewichtsunterschied zwischen Roh- und Röstkaffee, der sogenannte „Einbrand", läßt sich aus dem Wasserverlust und dem chemischen Röstverlust aufgrund des freiwerdenden CO_2 und der Röstgase erklären. Er beträgt je nach gewünschter Rösttiefe zwischen 13 und 20% und dient zur Charakterisierung des Röstgrads. Ebenso wie die Farbtiefe nimmt der Einbrand mit der Röstdauer und der Rösttemperatur zu.

Zu Beginn des Röstvorgangs hat man es mit einer endothermen, d. h. energieverbrauchenden Reaktion zu tun. Hierbei wird im wesentlichen Wasser verdampft. Gegen Ende — mit Eintreten der Bräunungsreaktion — läuft der Prozeß plötzlich stark exotherm ab. Der Kaffee würde verbrennen, wenn man ihn nicht rasch auf einem geeigneten Kühlsieb mit kalter Luft abschrecken würde (STREULI, 1967).

Wichtig bei der Röstung ist die exakte Einhaltung eines Zeit- und Temperaturprogramms, das bei den einzelnen Provenienzen verschieden sein kann. Heller Arabica-Kaffee — wie er in Mitteleuropa und USA erwünscht ist — wird ca. 10—15 min lang bei einer oberen Temperatur von 200—220° C geröstet. Bei dunkel gebrannten, südeuropäischen Kaffees, die meist stark mit Robusta durchsetzt sind, wird die Rösttemperatur je nach Geschmacksrichtung bis auf 250° C erhöht.

Röstverfahren: Das betriebsmäßige Rösten geschieht in waagrechten, rotierenden Trommeln, die von heißer Luft innen und außen beheizt werden. Die eigentliche Wärmeübertragung erfolgt durch das strömende Gasmedium (Konvektion), wodurch eine gleichmäßige Röstung möglich wird.

Während in Europa die Röstmaschinen überwiegend chargenweise beschickt werden, haben sich in USA kontinuierlich arbeitende Verfahren durchgesetzt. Hierbei wird der Kaffee in einem perforierten, waagrechten Zylinder mittels eines rotierenden, spiralförmigen, peripheren Einsatzes durch die Heiß- und Kühlluftzone bewegt (SIVETZ u. FOOTE, 1963).

Eine reine Konvektionsröstung stellt das Wirbelschichtverfahren dar. Dabei werden die Kaffeebohnen in einem turbulenten Heißluftstrom schwebend geröstet.

Einige Maschinenhersteller bieten Druckröster an. Bei Drücken bis zu 10 atm kann damit der Einbrand verringert werden (ARNESTAD, 1971). Kontinuierlich arbeitende Druckröster sind ebenfalls in Gebrauch (LAWLER, 1971; SIVETZ, 1973).

Untersuchungen über die Verwendungsmöglichkeiten der Strahlungs-Heizung, z. B. mittels Infrarot (HEISS u. RADTKE, 1968; SZILAS, 1968), Mikrowellen oder dielektrischer Erwärmung (SIVETZ u. FOOTE, 1963) haben aus Kostengründen nicht zu einem befriedigenden Ergebnis geführt.

Die verschiedenen Einflußgrößen beim Röstprozeß haben HEISS und RADTKE (1968) ausführlich erforscht. Einen Standardröster schlugen BULLO und ILLY (1963) vor.

Röstkaffeemischungen des Handels setzen sich aus 4—8 Provenienzen zusammen, die meist nicht zusammen geröstet werden können, da sie unterschiedliches Röstverhalten zeigen. In den großen Röstereien werden die Bohnen nach dem

Rösten zur Aufrechterhaltung einer einheitlichen Qualität photoelektrisch, vollautomatisch verlesen. Bitterschmeckende, zu helle Bohnen werden dabei eliminiert.

Über chemische Veränderungen beim Rösten wird in den folgenden Kapiteln bei der Besprechung der einzelnen Inhaltsstoffe berichtet.

III. Röstkaffee

1. Chemische Zusammensetzung

Quantitative Angaben über die wichtigsten Röstkaffee-Inhaltsstoffe sind aus Tabelle 1 zu entnehmen. Da die chemische Zusammensetzung der Röstkaffeebohnen in Abhängigkeit von der botanischen und geographischen Herkunft sowie dem Röstgrad stark schwankt, können die Werte erheblich differieren. Tabelle 1 soll daher nur einen schematischen Überblick vermitteln.

Tabelle 1. Inhaltsstoffe des Röstkaffees (Angaben sind Mittelwerte für einen Arabica-Kaffee normaler Röstung)

	insgesamt in %	H_2O-löslich in %	Literatur
Eiweiß (berechnet als Summe der Aminosäuren aus der Säurehydrolyse)	9	1,5	THALER u. GAIGL (1963a, 1963b) UNDERWOOD u. DEATHERAGE (1952a)
Kohlenhydrate			
wasserunlösliche Polysaccharide	24	—	THALER u. ARNETH (1969a)
wasserlösliche Polysaccharide	6	6	ARNETH (1967)
Saccharose	0,20	0,20	FELDMAN et al. (1969)
Glucose, Fructose, Arabinose	0,10	0,10	KRÖPLIEN (1974)
Lipide (Fette + Lipoide)	13	0,20	KAUFMANN u. SCHICKEL (1965)
flüchtige Säuren:			
Ameisensäure	0,10	0,10	KUNG et al. (1967a)
Essigsäure	0,25	0,25	
nichtflüchtige Säuren:			
Milch-, Brenztrauben-, Oxal-, Wein-, Citronensäure	0,40	0,40	MABROUK u. DEATHERAGE (1956); WOODMAN et al. (1967)
Chlorogensäuren	3,7	3,7	LEHMANN u. HAHN (1967)
Alkaloide			
Coffein	1,2	1,2	NAVELLIER (1970)
Trigonellin	0,4	0,4	THALER u. GAIGL (1963a)
Nicotinsäure	0,02	0,02	TEPLY et al. (1945)
Mineralstoffe (Asche)	4	3,5	JAKOBER u. STAUB (1963)
Wasser	2,5		
flüchtige Aromastoffe	0,1	0,1	
unbekannte Substanzen (Bräunungsstoffe, Gerüstsubstanzen u.a.)	35	7,5	

a) Eiweiß

Bei Röstkaffee liegt natives Eiweiß aufgrund der stattgefundenen Hitzebehandlung praktisch nicht mehr vor. Die im Rohkaffee zu etwa 11% vorhandenen Proteine werden teils durch den Röstprozeß denaturiert, teils setzen sie sich mit Kohlenhydraten und möglicherweise Chlorogensäuren nach der sogenannten Maillard-Reaktion zu höhermolekularen Bräunungsprodukten um (GANSSMANN, 1967; KLÖCKING et al., 1971). In der Literatur angegebene Proteinwerte für Röstkaffee wurden durch Summation der aus der Säurehydrolyse stammenden Aminosäuren erhalten. Im Röstkaffee müssen demnach noch Proteinbruchstücke bzw. die entsprechenden Aminosäuren in gebundener Form vorliegen. MAIER und BUTTLE (1973) gelang die Isolierung eines Teilpeptids aus einer Röstkaffee-Fraktion. Die Anwesenheit einfacher Peptide leiteten FELDMAN et al. (1969) aus ihren Untersuchungen ab.

Freie Aminosäuren wurden im Röstkaffee außer in Spuren nicht nachgewiesen (PEREIRA u. PEREIRA, 1971; PLUNKETT, 1955; BARBIROLI, 1965a). Die Zusammensetzung der Aminosäuren im Säurehydrolysat ist in Tabelle 2 wiedergegeben. Durch den Röstprozeß nimmt der Gesamtgehalt der hydrolysierbaren Aminosäuren um etwa 30% ab. Arginin verschwindet völlig, Cystin, Lysin, Serin und Threonin werden stark vermindert (THALER u. GAIGL, 1963a). Glutaminsäure, Alanin und Leucin scheinen die Hitzebehandlung weitgehend ohne Zersetzung zu überstehen.

Tabelle 2. Quantitative Zusammensetzung der Aminosäuren im Säurehydrolysat aus Columbia-Roh- und Röstkaffee (THALER u. GAIGL, 1963a)

Aminosäure	Rohkaffee %	Röstkaffee (Einbrand = 17,6%) %
Alanin	4,75	5,52
Arginin	3,61	0
Asparaginsäure	10,63	7,13
Cystin	2,89	0,69
Glutaminsäure	19,80	23,22
Glycin	6,40	6,78
Histidin	2,79	1,61
Isoleucin	4,64	4,60
Leucin	8,77	10,34
Lysin	6,81	2,76
Methionin	1,44	1,26
Phenylalanin	5,78	6,32
Prolin	6,60	7,01
Serin	5,88	0,80
Threonin	3,82	1,38
Tyrosin	3,61	4,35
Valin	8,05	8,05

b) Kohlenhydrate

Der Hauptteil der Kohlenhydrate liegt als hochmolekulare, *wasserunlösliche* Polysaccharide in den Gerüstsubstanzen des Röstkaffees vor. Durch Abbaureaktionen erhielten THALER und ARNETH (1969b) daraus Mannan-, Galaktan- und Arabinan-Komplexe neben Cellulose. Dies sind Heteropolysaccharide, in denen als Bausteine Mannose, Galaktose und Arabinose nachgewiesen wurden. Die *wasserlöslichen*, höhermolekularen Kohlenhydrate setzen sich aus den Oligomeren der oben erwähnten Monosaccharide zusammen. In dieser Fraktion nimmt der Anteil des Mannans beim Röstprozeß durch pyrolytische Zersetzung entsprechender Zellgerüstsubstanzen deutlich zu. Im Mannan sind die Mannose-Einheiten wahrscheinlich β-1,4 verknüpft (WOLFROM et al., 1961, MAIER u. BUTTLE, 1973).

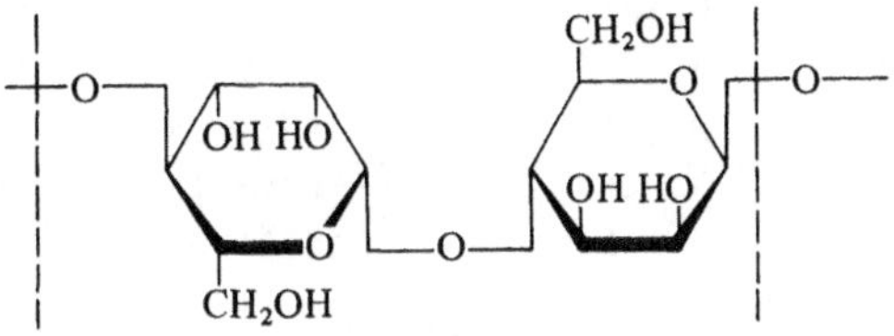

β-1,4-Mannan

Niedermolekulare Kohlenhydrate sind nur in geringer Menge vorhanden. So konnten Glucose, Fructose und Arabinose lediglich in Spuren gefunden werden (KRÖPLIEN, 1974). Durch den Röstprozeß wird die in Rohkaffee noch mit 7% vorhandene Saccharose zu 95% zerstört (FELDMAN et al., 1969). — Von MISHKIN et al. (1970) wurde aus Röstkaffee in geringer Menge myo-Inosit, ein zuckerähnliches Polyalkoholderivat des Cyclohexans isoliert.

c) Lipide

Die petrolätherlöslichen Lipide des Röstkaffees, die auch als Kaffeeöl bezeichnet werden, setzen sich nach KAUFMANN und SCHICKEL (1965) wie folgt zusammen:

Triglyceride	78,75%
Diterpenester	15,00%
freie Diterpene (Cafestol, Kahweol)	0,12%
Triterpenester	1,8%
freie Triterpene (Sterine)	0,34%
unbekannte Substanzen	4,0%

Die Wasserlöslichkeit dieser Verbindungen ist gering. Je nach Aufgußbereitung können 0,1—0,8% in das Getränk übergehen. Detaillierte, chemische Untersuchungen der Röstkaffeelipide wurden noch nicht durchgeführt. Man darf jedoch eine ähnliche Zusammensetzung wie in Rohkaffee annehmen, da nach CARISANO und GARIBOLDI (1964), KAUFMANN und SCHICKEL (1963) und WURZIGER (1963) diese Komponenten durch den Röstprozeß nur geringe Veränderungen erleiden.

Als Säurekomponenten der oben beschriebenen Ester wurden folgende höheren Fettsäuren gefunden:

Myristinsäure	(C_{14})	CARISANO u. GARIBOLDI (1964)
Palmitinsäure	(C_{16})	KAUFMANN u. HAMSAGAR (1962)
Palmitoleinsäure	$(C_{16}, 1\Delta)$	CARISANO u. GARIBOLDI (1964)
Margarinsäure	(C_{17})	CARISANO u. GARIBOLDI (1964)
Stearinsäure	(C_{18})	KAUFMANN u. HAMSAGAR (1962)
Ölsäure	$(C_{18}, 1\Delta)$	KAUFMANN u. HAMSAGAR (1962)
Linolsäure	$(C_{18}, 2\Delta)$	CARISANO u. GARIBOLDI (1964)
Linolensäure	$(C_{18}, 3\Delta)$	KAUFMANN u. HAMSAGAR (1962)
Arachinsäure	(C_{20})	KAUFMANN u. HAMSAGAR (1962)
Gadoleinsäure	$(C_{20}, 1\Delta)$	CARISANO u. GARIBOLDI (1964)
Behensäure	(C_{22})	KAUFMANN u. HAMSAGAR (1962)
Lignocerinsäure	(C_{24})	HARMS u. WURZIGER (1968)
Montansäure	(C_{28})	HASELMANN (1963)

Mengenmäßig am stärksten vertreten ist die Linolsäure, gefolgt von der Palmitinsäure (KAUFMANN u. HAMSAGAR, 1962).

Cafestol und Kahweol, zwei 5-Ring-Verbindungen ähnlicher Struktur, konnten als Diterpene, i.e. C_{20}-Isoprenoide identifiziert werden (BENDAS u. DJERASSI, 1955; HAWORTH u. JOHNSTONE, 1956).

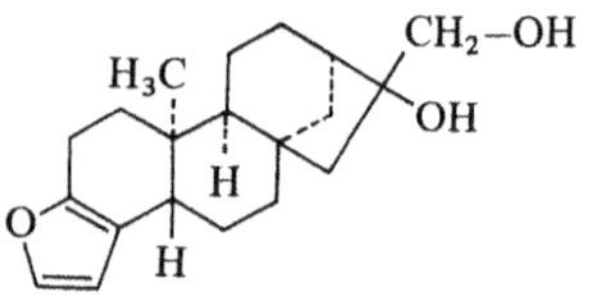

Cafestol

Kahweol wird durch den Röstprozeß weitgehend abgebaut (KAUFMANN u. SCHICKEL, 1963). Man bemühte sich schon frühzeitig sehr um diese Verbindungen, doch die vermutete, hormonelle Wirksamkeit konnte nicht bestätigt werden.

Diterpene vom Kauran-Typ konnte SPITELLER auffinden (LUDWIG et al., 1974; OBERMANN u. SPITELLER 1975). Sie liegen glykosidisch gebunden vor. Durch enzymatische Spaltung erhält man aus dem Atractylosid — das wegen seiner hemmenden Wirkung auf die mitochondriale Nucleotidtranslocase Interesse erweckte (VIGNAIS et al., 1966) — das Atractyligenin.

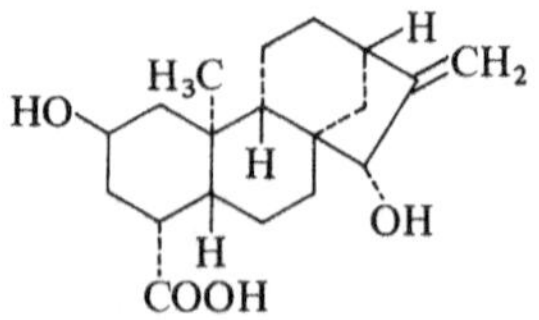

Atractyligenin

Ähnliches Interesse fanden die Sterine des Kaffees. Bis heute hat man 15 dieser Triterpene (C_{30}-Isoprenoide) gefunden und ihre Struktur aufgeklärt (NAGASAMPAGI et al., 1971). Als Hauptbestandteile konnten Sitosterin und Stigmasterin nachgewiesen werden. Durch den Röstprozeß wird ihr Anteil quantitativ nicht verändert (OKA et al., 1974).

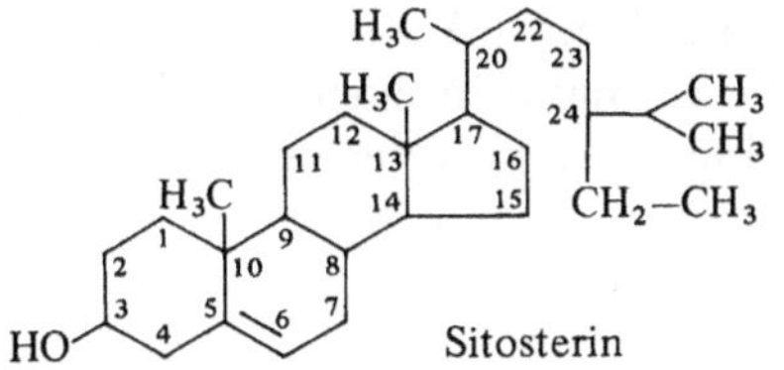

Sitosterin

Die verschiedenen Kaffee-Sterine unterscheiden sich durch Methylgruppen an den C-Atomen 4, 10, 13, 14, 20, 24 sowie durch aliphatische und olefinische C_1—C_3 Kohlenwasserstoffreste am C 24 und Doppelbindungen zwischen den C-Atomen 5—6, 7—8, 8—9, 22—23. Auch das ursprünglich nur im Kaffee vorhanden geglaubte Coffeasterin (KAUFMANN u. SEN GUPTA, 1964) erwies sich als eine Mischung aus bekannten Sterinen (KAUFMANN u. SEN GUPTA, 1971), die auch in anderen Naturstoffen (GOAD u. GOODWIN, 1966; WILLIAMS et al., 1967) gefunden wurden.

d) Säuren

Die Säuren des Kaffees lassen sich grob in drei Gruppen einteilen:
- flüchtige, aliphatische Säuren,
- nichtflüchtige, aliphatische Säuren,
- nichtflüchtige Phenolcarbonsäuren und ihre Chinasäureester.

Bei den flüchtigen Säuren, die sich erst gegen Ende des Röstprozesses ziemlich plötzlich bilden, überwiegen die Ameisensäure und die Essigsäure. Bei Robusta-Kaffee ist der Anteil der Ameisensäure höher und der der Essigsäure niedriger als bei Arabicas. Der Gesamtanteil der flüchtigen Säuren ist ebenfalls bei Robusta-Sorten größer als bei Arabicas. Die höherhomologen Carbonsäuren bis C_{10} wurden nur in Spuren gefunden (KUNG et al., 1967b).

Unter den nichtflüchtigen, aliphatischen Säuren sind mengenmäßig am stärksten vertreten: Milchsäure, Weinsäure, Citronen- und Brenztraubensäure. Ferner wurden im Röstkaffee Oxal-, Malon-, Glutar- und Bernsteinsäure gefunden, außerdem Äpfelsäure und ihre möglichen Abbaustoffe, die Malein- und Fumarsäure, sowie als wahrscheinliche Röstzersetzungsprodukte der Citronensäure die

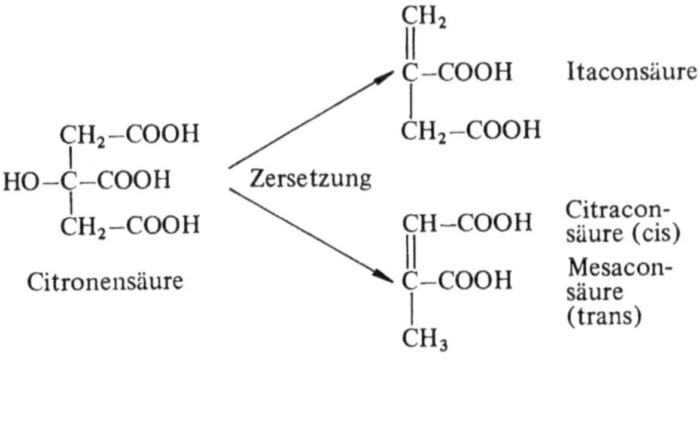

Itacon-, Citracon- und Mesaconsäure (MABROUK u. DEATHERAGE, 1956; WOODMAN et al., 1967).

Wichtigste Vertreter der nichtflüchtigen, phenolischen Säuren und ihrer Ester sind die depsidartigen Chlorogensäuren. Unter den Röstkaffeesäuren nehmen sie mengenmäßig den ersten Platz ein. Bei den Chlorogensäuren handelt es sich um ein Isomerengemisch aus 6 Kaffeesäure-Chinasäure-Estern. Hierbei sind die Hydroxylgruppen der Chinasäure, einer Tetrahydroxycyclohexan-Carbonsäure, in 3-, 4- oder 5-Stellung mit ein oder zwei Kaffeesäure-Molekülen verestert.

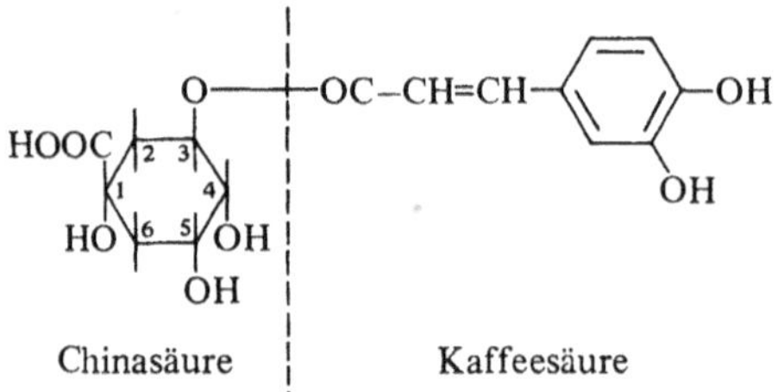

Chlorogensäure
(= 3-Coffeoylchinasäure)

Die einzelnen Isomeren sind in Röstkaffee nach KUNG et al. (1967b) in folgender Menge enthalten:

3-Coffeoylchinasäure (Chlorogensäure)	2,0%
4-Coffeoylchinasäure (Krypto-Chlorogensäure)	0,2%
5-Coffeoylchinasäure (Neo-Chlorogensäure)	1,0%
3,4-Dicoffeoylchinasäure (Iso-Chlorogensäure a)	0,01%
3,5-Dicoffeoylchinasäure (Iso-Chlorogensäure b)	0,09%
4,5-Dicoffeoylchinasäure (Iso-Chlorogensäure c)	0,01%

Die Frage, ob die Chlorogensäuren im Kaffee aufgrund der Kaffeesäure-Doppelbindungen bevorzugt als cis- oder, was wahrscheinlicher sein dürfte, als trans-Isomere vorliegen (CHALLICE u. WILLIAMS, 1966), wurde anscheinend noch nicht untersucht. Durch den Röstprozeß werden die Chlorogensäuren bei mittlerem Röstgrad um etwa 30% und bei dunkler Röstung um bis zu 70% abgebaut, wobei u.a. möglicherweise Hydrochinone (MOSIMANN u. HÖGL, 1960) entstehen und die Chlorogensäuren in Bräunungsprodukte eingebaut werden (KLÖCKING et al., 1971). Daß die Neo-Chlorogensäure keinen Abbau erleiden soll (KRÖPLIEN, 1963; KUNG et al., 1967b) wird von CORSE et al. (1970) bestritten.

Ferner wurden in Roh- und Röstkaffee in geringer Menge verschiedene freie Hydroxy- und Methoxyzimtsäuren, wie Kaffeesäure, Ferula- und p-Cumarsäure, sowie je drei Feruloylchinasäuren und p-Cumarylchinasäuren gefunden (HABERER, 1970; LENTNER u. DEATHERAGE, 1958; PICTET u. BRANDENBERGER, 1960; RUBACH, 1969).

Über die Beziehung zwischen chemischer und sensorisch wahrnehmbarer Säure sowie pH-Wert im Kaffeegetränk wird im Kapitel „Geschmackssäure" berichtet.

e) Alkaloide, Vitamine, Polycyclische Kohlenwasserstoffe

Spuren der dem Coffein chemisch verwandten Methylxanthine Theobromin und Theophyllin konnten FRANZKE et al. (1967, 1968) sowie LEHMANN und MARTINOD (1965) in Rohkaffee nachweisen. Der Gehalt an Theobromin beträgt ca. 20 mg/kg und an Theophyllin ca. 5 mg/kg Kaffee. Sie verhalten sich daher mengenmäßig zum Coffein wie etwa 1 : 1000. Ihr Anteil in Röstkaffee wurde nicht untersucht; es ist aber anzunehmen, daß sie dort aufgrund ihrer chemischen Stabilität im ähnlichen Verhältnis vorliegen. — Ob die in Rohkaffee in Spuren aufgefundenen Purine Xanthin, Hypoxanthin, Adenin und Guanin (MICHL u. HABERLER, 1954) auch im Röstkaffee vorliegen, ist nicht bekannt.

Von den stickstoffhaltigen, nichtflüchtigen Heterocyclen sind im Kaffee Trigonellin und Nicotinsäure erwähnenswert. Trigonellin, dessen Anteil in Rohkaffee etwas geringer als der des Coffeins ist, wird im Gegensatz zu diesem beim Röstvorgang um etwa 50% abgebaut (THALER u. GAIGL, 1963a). Als Abbauprodukte wurden dabei festgestellt: Nicotinsäure (I) und Pyridin (III) (HUGHES u. SMITH, 1946), sowie Nicotinsäuremethylester (II) und β-Picolin (IV) (GIANTURCO, 1967). Bei der thermischen Zersetzung von Trigonellin erhielten VIANI und HORMAN (1974) 29 flüchtige Verbindungen, wovon 10 auch im Röstkaffee vorkommen.

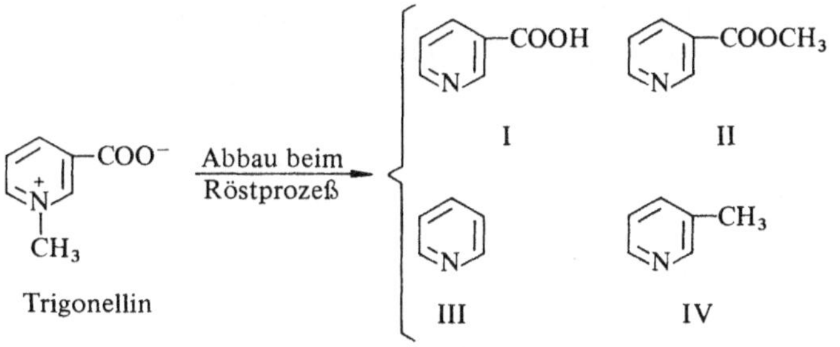

Interessant wegen ihrer Vitamineigenschaft ist die dabei entstehende Nicotinsäure (TEPLY et al., 1945). Sie kann im Körper rasch in das B-Vitamin Nicotinsäureamid (Niacin) umgewandelt werden. Ihr Anteil im Röstkaffee beträgt ca. 0,02%; das bedeutet, daß man mit einer Tasse Kaffee etwa $\frac{1}{10}$ des Tagesbedarfs eines Erwachsenen an Nicotinsäureamid aufnimmt (FNB Report, 1968). Über den Gehalt der — im französischen Sprachgebrauch auch Vitamin PP genannten — Nicotinsäure in verschiedenen Kaffeesorten und ihre ernährungsphysiologische Bedeutung berichteten ADAMO (1955), ADRIAN et al. (1967), ADRIAN und NAVELLIER (1961), BRESSANI et al. (1961), CARVALHO (1962), CRAVIOTO et al. (1955) und GROSS-DAUM (1955).

Die Angaben von TEPLY und PRIER (1957), wonach auch die B-Vitamine Pantothensäure, Folsäure, B_2, B_6 und B_{12} im Kaffeegetränk in Spuren enthalten sein sollen, wurden von anderer Seite noch nicht bestätigt.

Besonderes Interesse findet bei allen Lebensmitteln, die bei höheren Temperaturen getrocknet oder geröstet werden, der Anteil der teilweise cancerogenen, polycyclischen Kohlenwasserstoffe. Sie werden heute mit Verfeinerung der Analysentechniken nicht nur in gegrilltem und geräuchertem Fleisch und Fisch, Toastbrot, Tee und Tabakrauch in vermehrtem Maße gefunden, sondern auch in Pflanzenölen, Gemüse und Getreide (MAIER u. STENDER, 1969).

Die Konzentration des wichtigsten polycyclischen Kohlenwasserstoffs, des 3,4-Benzpyrens (3,4-BP), beträgt nach TILGNER (1971) in diesen Lebensmitteln durchschnittlich zwischen 1 und 50 ppb (parts per billion = 10^{-7}%).

Im Vergleich dazu ist der Anteil des 3,4-BP im Kaffee minimal. Während FRITZ (1968) in normal geröstetem Kaffee 0,3—0,5 ppb analysierte, konnten CALZOLARI und PERTOLDI (1967), CHASSEVENT und HÉROS (1963) sowie KURATSUNE und HUEPER (1960) kein 3,4-BP nachweisen. Für extrem dunkel geröstete Proben wurden Werte zwischen 4 und 5,8 ppb erhalten, wobei die Ergebnisse bei coffeinfreiem Kaffee etwa um $\frac{1}{3}$ niedriger lagen (CALZOLARI u. PERTOLDI, 1967; FRITZ, 1968; KURATSUNE u. HUEPER, 1960; BRACCO, 1973; SOOS u. FÖZY, 1974). Im Kaffeegetränk fanden GRIMMER und HILDEBRANDT (1966) zwischen 0,4 und 1,3 ppb 3,4-BP, bezogen auf die eingesetzte Kaffeemenge. Bei Wiederholung dieser Untersuchungen mit einer modernen Spurenanalysentechnik unter Vermeidung aller analysenbedingten Kontaminationsmöglichkeiten fand STROBEL (1973) 3,4-BP-Werte um 0,05 ppb.

f) Mineralstoffe

Summarische Angaben über die anorganischen Bestandteile des Kaffees werden durch Veraschen der Röstbohnen ermittelt. Ca. 90% der Mineralstoffe gehen in das Kaffeegetränk über (JAKOBER u. STAUB, 1963). Mengenmäßig am stärksten vertreten ist das Kalium (CLARKE u. WALKER, 1974).

Folgende Elemente wurden in Kaffee gefunden (FERREIRA et al., 1971; MOSIMANN u. HÖGL, 1960; QUIJANO RICO u. SPETTEL, 1973; SHAH et al., 1971):

	Kalium	1,1%
	Calcium	0,2%
	Magnesium	0,2%
	Phosphor (als Phosphat)	0,2%
	Schwefel (als Sulfat)	0,1%
Spurenelemente:		
<0,1 ‰:	Arsen, Bor, Barium, Eisen, Kupfer, Lithium, Mangan, Natrium, Nickel, Rubidium, Strontium, Titan, Zink, Bromid, Chlorid, Fluorid, Jodid, Silicat	
<1 ppm (mg/kg):	Aluminium, Antimon, Blei, Caesium, Chrom, Gold, Kobalt, Iridium, Lanthan, Molybdän, Quecksilber, Scandium, Selen, Silber, Thorium, Zinn, Vanadium	

Da der Gehalt der mineralischen Spurenelemente bei den verschiedenen Kaffeeprovenienzen je nach Anbaugebiet stark schwanken kann, können obige Angaben nur ungefähre Werte darstellen.

2. Spezifische Kaffeeinhaltsstoffe

a) Kaffeearoma

Ein wesentlicher Grund für die große Beliebtheit des Kaffeegetränks ist sein Aroma. Im Rohkaffee ist es noch nicht vorhanden. Es bildet sich erst beim Röstprozeß zusammen mit den Bräunungsprodukten. Die Auswahl der Rohkaffeesorten, der Röstgrad und das Alter des Röstkaffees beeinflussen die Aromanote signifikant.

Unter dem Begriff „Aroma" soll im folgenden der Gesamteindruck aus Geruchs- und Geschmackswahrnehmungen verstanden werden. Zur näheren Einzelcharakterisierung werden jeweils die Bezeichnungen Geruchs- und Geschmacksstoffe gebraucht.

Unterteilt man die wasserlöslichen Kaffeeinhaltsstoffe grob nach ihrem Molekulargewicht und ihrer Flüchtigkeit, so läßt sich das Kaffeearoma folgendermaßen zuordnen:

Molekulargewicht <1000:	leichtflüchtig schwerflüchtig	Kaffeegeruch
	schwerflüchtig nichtflüchtig	Kaffeegeschmack
Molekulargewicht 1000—5000:	nichtflüchtig	Kaffeegeschmack
Molekulargewicht 5000—50000:	nichtflüchtig	geruch- und geschmacklos

Man erkennt, daß sich die Grenze zwischen Geruchs- und Geschmacksstoffen nicht streng ziehen läßt. Manche Stoffe, vor allem aus dem schwerflüchtigen Bereich, tragen sowohl zum Geruch als auch zum Geschmack bei. Hochmolekulare Verbindungen, wie die Bräunungsstoffe und die wasserlöslichen Polysaccharide, sind praktisch geschmacksneutral.

α) Geruchsstoffe

Erste konkrete Untersuchungen über flüchtige Kaffeeinhaltsstoffe mit dem Ziel, die spezifischen Geruchssubstanzen aufzuklären, haben vor 50 Jahren Staudinger und Reichstein durchgeführt. Sie identifizierten 70 Verbindungen in einem aus Röstkaffee isolierten Öl (Staudinger u. Reichstein, 1925; vgl. auch Reichstein u. Staudinger, 1955). In den 60er Jahren stieg die Zahl der bekannten, flüchtigen Verbindungen rasch auf etwa 400 an, als es gelungen war, mit den neu entwickelten Techniken der Gaschromatographie und Massenspektrometrie komplexe Stoffgemische im Mikrogrammbereich aufzutrennen und die Einzelkomponenten zu identifizieren. Dabei wurden vereinzelt Spurensubstanzen bis in den Bereich von 10^{-7}% herab erfaßt (Gautschi et al., 1967a). Maßgeblich beteiligt an diesen Untersuchungen waren die Arbeitsgruppen um Flament und Gautschi (Goldman et al., 1967), Gianturco (Gianturco et al., 1966), Merritt (Merritt et al., 1963), Pypker (Stoffelsma et al., 1968), Radtke (Radtke et al., 1966), Reymond (Reymond et al., 1966) und Weurman (Heins et al., 1966).

Der flüchtige Aromakomplex liegt in einer Menge von etwa 0,1% im Röstkaffee vor. Stellt man ihn durch Dünnschichtdestillation eines aus Röstbohnen ausgepreßten Aromaöls her, so erhält man ein gelbes, intensiv nach Kaffee riechendes Öl, das sich beim Stehenlassen an der Luft schon nach kurzer Zeit über orange nach braun verfärbt (Gianturco, 1967). Die chemische Zersetzung wird wahrscheinlich von aromaeigenen Substanzen begünstigt (Gianturco u. Giammarino, 1965).

In den folgenden vier Tabellen sind die im flüchtigen Kaffeearoma bis 1975 aufgefundenen Verbindungen, in Ergänzung zu Weidemann und Mohr (1970), schematisch zusammengestellt (Einzelheiten s. Verzeichnis Kaffeeinhaltsstoffe).

Allgemein muß erwähnt werden, daß man nicht immer unterscheiden konnte, ob die Verbindungen ursprünglich im Röstkaffee vorlagen oder als Artefakte während der Aufarbeitung gebildet wurden.

Bei den ca. 150 aliphatischen Verbindungen (Tabelle 3) sind die Carbonylsubstanzen am stärksten vertreten. Sie dürften sich beim Röstprozeß durch Fragmentierung der Kohlenhydrate bilden (HEYNS et al., 1966). Einzelne, niedrige Aldehyde können aus dem Strecker-Abbau stammen. Aliphatische Kohlenwasserstoffe, insbesondere die höheren, können durch Decarboxylierung der in den Kaffeelipiden vorhandenen Fettsäuren entstanden sein (GAUTSCHI et al., 1967a).

Tabelle 3. Aliphatische Verbindungen des flüchtigen Kaffeearomas[a]

27 Kohlenwasserstoffe

$H{-}(CH_2)_n{-}H$, –CH=CH–, $-CH{=}C{<}^{CH=CH_2}$, –C≡C–

19 Alkohole

R–OH, >C=C<(>C<)OH, –CH(OH)–C(=O)–

1 Acetal

$CH_3{-}CH(OCH_3)_2$

56 Carbonylverbindungen

R–CHO, >C=C<CHO

R–CO–R′, $R{-}CO{-}CH_3$, $>C{=}C{<}CO{-}CH_3$, –C(=O)–CH(O–CO–R)–

R–CO–CO–R′, $R{-}CO{-}CH_2{-}CO{-}R'$, $R{-}CO{-}CH_2{-}CH_2{-}CO{-}R'$

19 Carbonsäuren

R–COOH, >C=C<COOH

13 Ester

R–C(=O)OR′

9 Schwefelverbindungen

H_2S, CH_3SH, CS_2, R–S–R′, R–S–S–R′

6 Stickstoffverbindungen

NH_3, $R{-}NH_2$, R–CN, R–CH=NOH

[a] Die einzelnen Verbindungen zu Tabelle 3—6 sind in der Tabelle der Inhaltsstoffe des Roh- und Röstkaffees am Ende des Kapitels aufgeführt.

Als Präcursoren der niedrigen Mercaptane, Sulfide und Disulfide kommen die schwefelhaltigen Aminosäuren, wie Methionin und vielleicht auch Cystin in Betracht.

Auch unter den ca. 20 alicyclischen Verbindungen (Tabelle 4) überwiegen wieder die Carbonyl-Substanzen. Nach GIANTURCO (1967) bilden sie sich durch Aldol-Kondensation aus den während des Röstvorgangs entstehenden, niedermolekularen Bruchstücken der Kohlenhydrate. SHAW et al. (1968) fand, daß sich derartige Cyclopentandione beim Erhitzen von Fructose in alkalischer Lösung bilden können.

Tabelle 4. Alicyclische Verbindungen des flüchtigen Kaffeearomas

3 Kohlenwasserstoffe

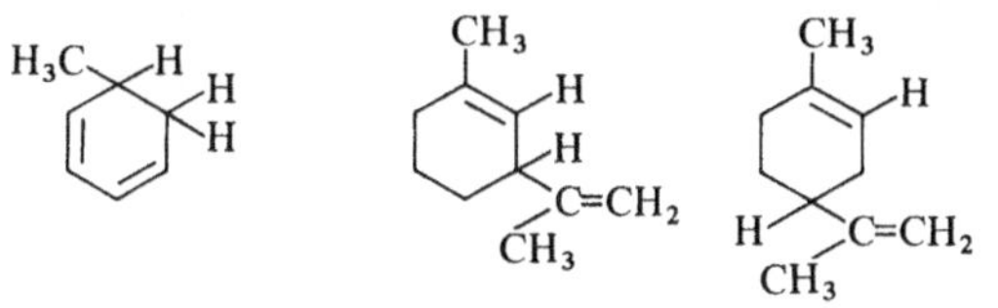

1 Alkohol 10 Ketone

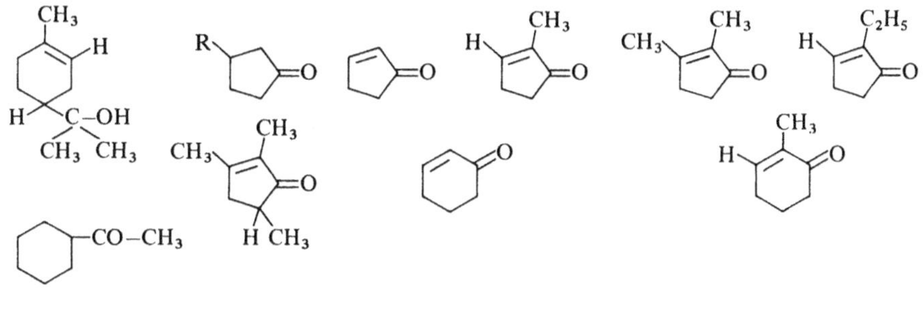

6 α-Diketone (bzw. Enolone)

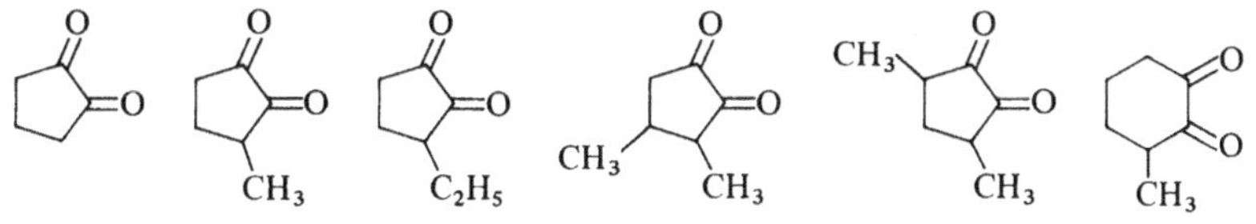

Ein Drittel der ca. 60 aromatischen Verbindungen wird von den Phenolen gestellt (Tabelle 5). Sie dürften überwiegend aus der Zersetzung der Chlorogensäuren kommen (STREULI, 1967). Auch eine Bildung aus Kohlenhydraten wäre denkbar. So hat HEYNS et al. (1966) bei einer milden Pyrolyse von Glucose neben Aromaten auch Brenzcatechin gefunden.

Tabelle 5. Aromatische Verbindungen des flüchtigen Kaffeearomas

20 Kohlenwasserstoffe

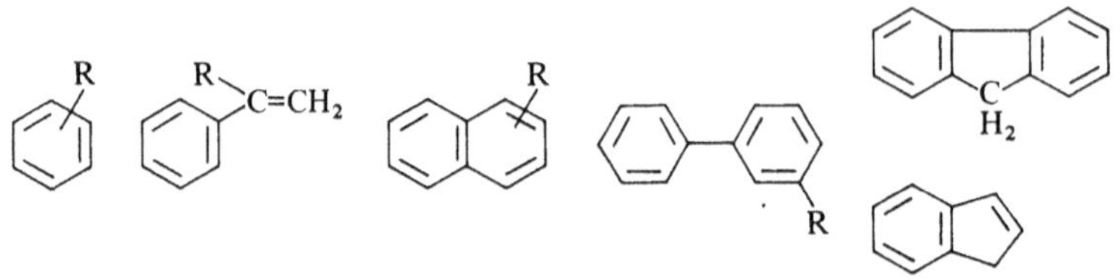

16 Phenole

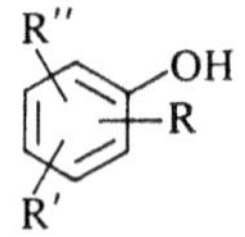

1 Alkohol

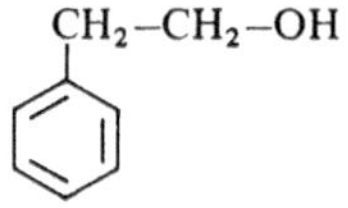

7 Carbonylverbindungen

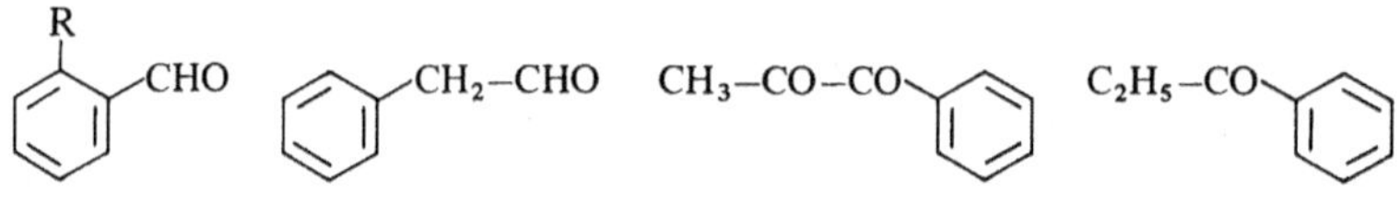

6 Phenoläther

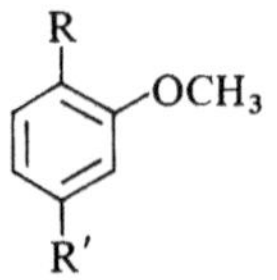

5 Ester

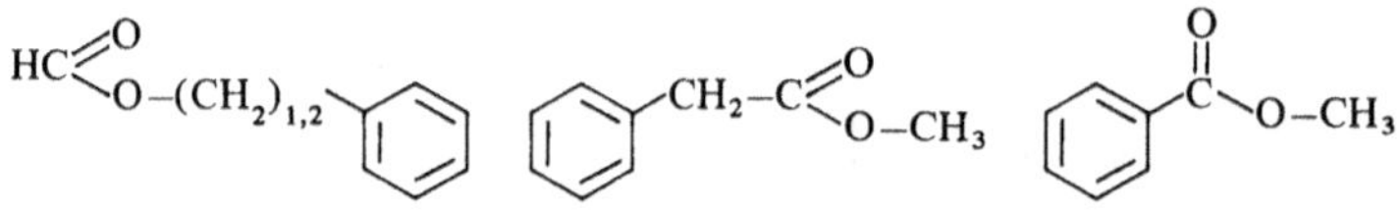

6 Chinone

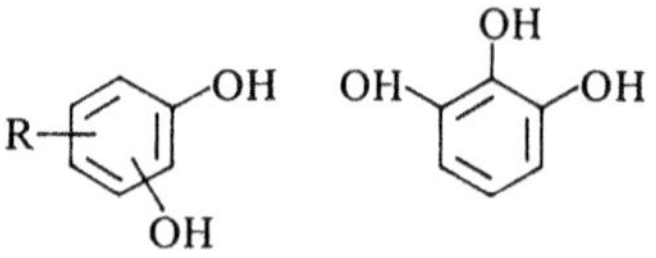

2 Phenolthioäther

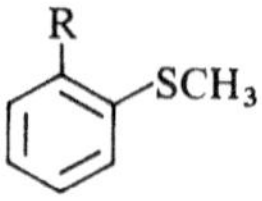

Die größte und wichtigste Gruppe ist die der Heterocyclen (Tabelle 6), von denen man bisher ca. 300 gefunden hat. Am zahlreichsten kommen die Furane vor. Sie sind hauptsächlich in 2- und 2,5-Stellung substituiert, was darauf hinweist, daß sie durch Pyrolyse der Zucker — u.a. aus der bei der Röstung zu 95% zerstörten Saccharose — gebildet werden. HEYNS et al. (1966) konnten aus erhitzter Glucose über 20 Furane isolieren, von denen neun im Kaffee gefunden wurden. Einzelne Furane können auch aus dem in der Lipidfraktion vorhandenen Cafestol, das bereits einen Furanring im kondensierten pentacyclischen System

Tabelle 6. Heterocyclische Verbindungen des flüchtigen Kaffeearomas

74 Furane — 10 hydrierte Furane

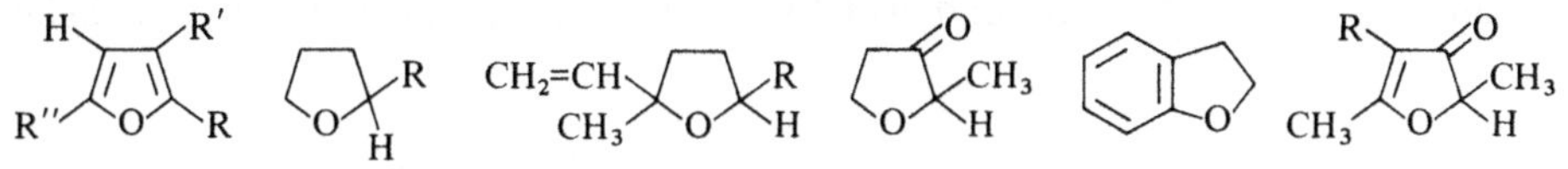

8 γ-Lactone — Pyron — 3 Anhydride

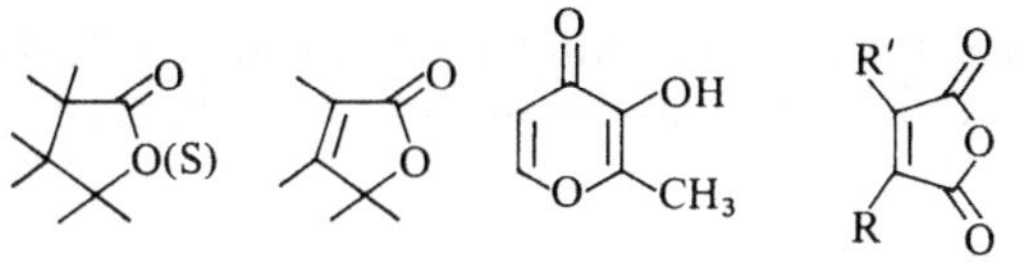

37 Pyrrole — 9 Pyridine — 2 Chinoline

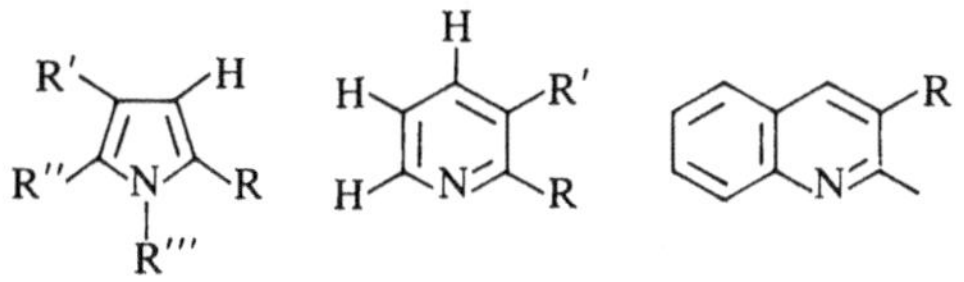

70 Pyrazine — 10 Chinoxaline — 3 Indole

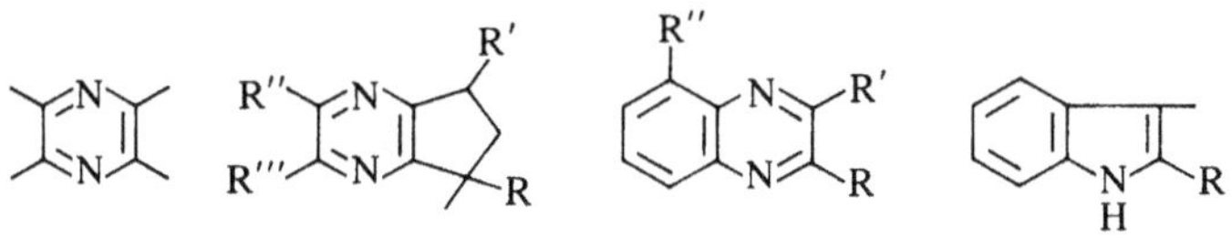

23 Thiophene — 3 Thiophanone — Thieno-Thiophen — Kahweofuran

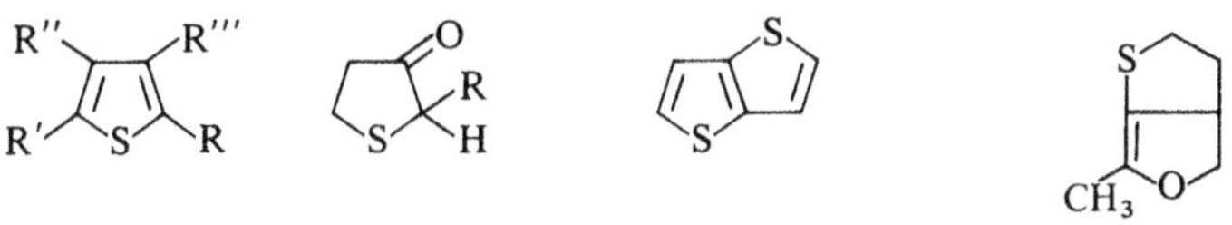

28 Thiazole — 28 Oxazole — N, α-Dimethylsuccinimid

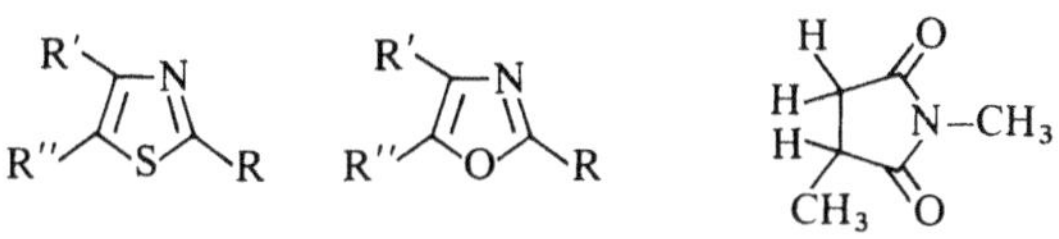

enthält, entstanden sein (GAUTSCHI et al., 1967b). Thiophene bilden sich wahrscheinlich aus Cystin (MERRITT et al., 1969; MULDERS, 1973). Auch das Maltol stammt aus Kohlenhydraten, da es HEYNS bei der Pyrolyse der Glucose ebenfalls isolieren konnte. Pyridin bildet sich zum überwiegenden Teil bei der Zersetzung des Trigonellins (THALER u. GAIGL, 1963a).

Die Pyrazine, die in letzter Zeit auch zahlreich in anderen erhitzten Lebensmitteln gefunden wurden (MAGA u. SIZER, 1973) können möglicherweise auf zwei Wegen entstehen. Beim Bräunungsprozeß bilden sich aus Kohlenhydraten α-Diketone, die mit Aminosäuren den Strecker-Abbau geben, wobei als Endprodukte zunächst α-Aminoketone und Aldehyde erhalten werden (vgl. auch Tabelle 8):

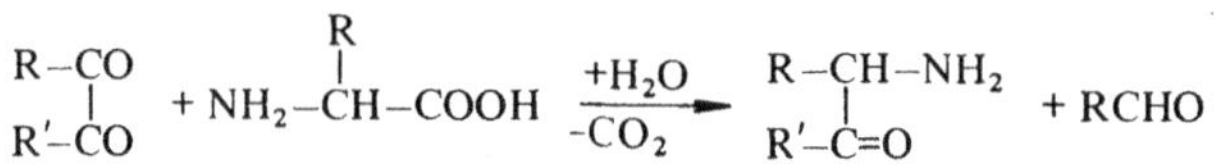

α-Aminoketone reagieren leicht miteinander unter Cyclisierung zu 2,5-Dihydropyrazinen, die als Zwischenprodukte nicht faßbar, sofort zu Pyrazinen weiterdehydriert werden (RIZZI, 1972):

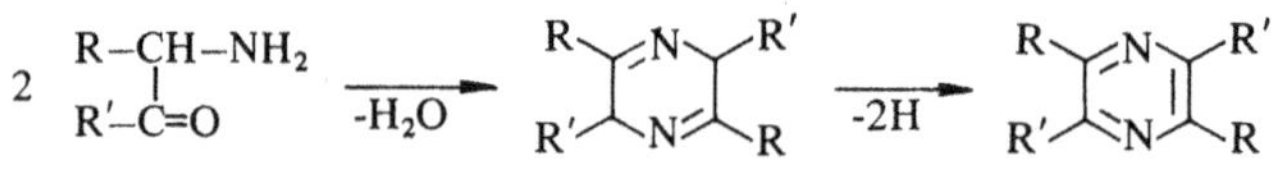

α-Aminoketon 2,5-Dihydropyrazin Pyrazin

In analoger Weise könnten sich die ebenfalls in geringer Menge im Kaffeearoma gefundenen bicyclischen Pyrazine bilden (VITZTHUM u. WERKHOFF, 1975a), wobei gemischte α-Diketone, z.B. Cyclopentandion und Glyoxal, die Reaktion mit den Aminosäuren eingehen würden.

Als zweite Bildungsmöglichkeit für die Pyrazine wäre die Cyclisierung von α-Hydroxyaminosäuren denkbar, bei denen bereits die Vorstufe der kondensierfähigen α-Aminoketogruppierung im Molekül vorliegt (ODELL, 1973). Von diesen Verbindungen kommen Serin und Threonin auch im Kaffee vor.

Auch die bisher nur in wenigen Naturstoffen aufgefundenen Stoffklassen der Oxazole und Thiazole wurden neuerdings im Kaffeearoma identifiziert (VITZTHUM u. WERKHOFF, 1974a). Der Bildungsweg der Oxazole wäre denkbar über eine Acylierung der oben beschriebenen α-Aminoketone (VITZTHUM u. WERKHOFF, 1974b):

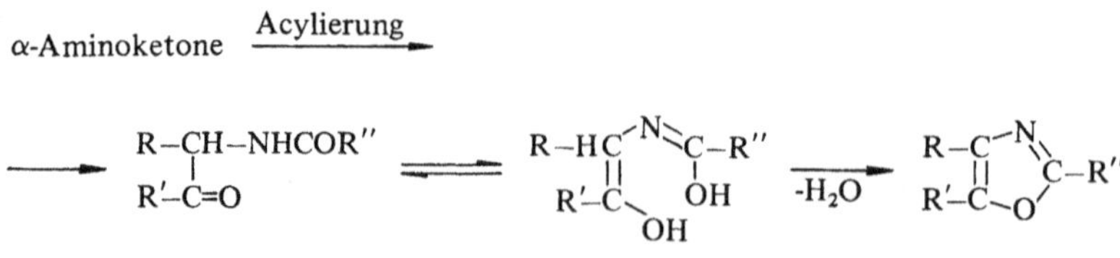

Oxazol

Tabelle 7. Gaschromatographische Auftrennung eines Kaffeearoma-Konzentrats mit sensorischer Beurteilung am Säulenende (VITZTHUM, WERKHOFF, unveröff.) (85 m Glascapillarsäule UCON HB 5100, Temperaturprogramm von 20° C—180° C; sniffing port nach DRAVNIEKS u. O'DONNELL, 1971)

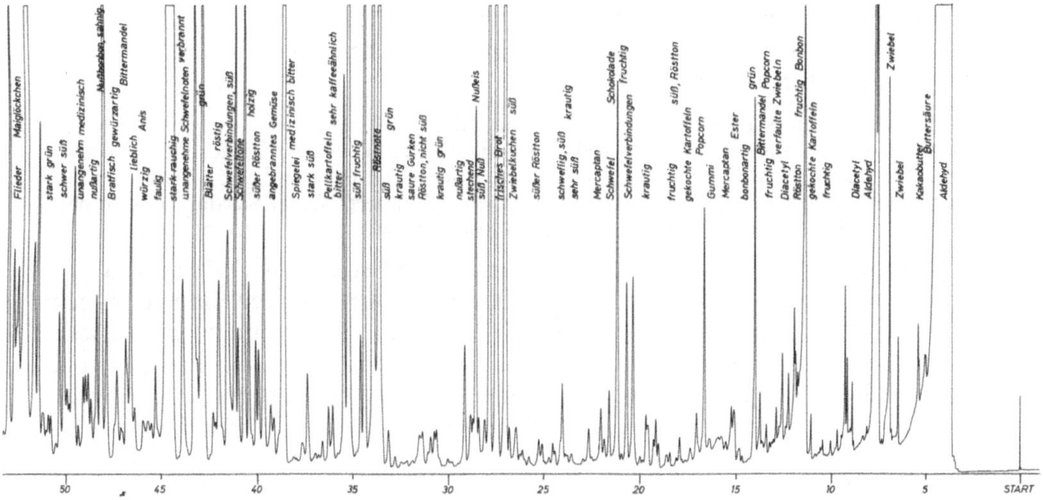

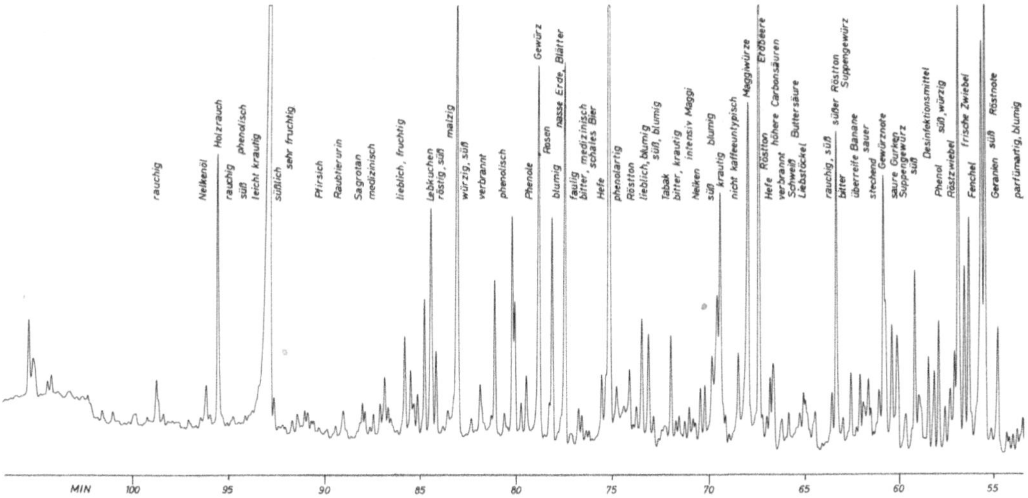

Die Genese der Thiazole könnte man sich nach MULDERS (1973) über eine Reaktion der α-Diketone mit dem Cystein bzw. Cystin vorstellen.

Leider besitzt keine der bis heute identifizierten Verbindungen einen typischen Kaffeegeruch. Manche riechen nußartig-röstig (Pyrazine), karamelartig (Maltol), brenzlig (Pyridin, Pyrrole), fruchtig (Strecker-Aldehyde), faulig (Schwefelverbindungen). Auch die aufgrund ihres niedrigen Geruchsschwellenwertes früher in die Mercaptane gesetzten Hoffnungen haben sich nicht erfüllt. So riecht das Furfurylmercaptan zwar in großer Verdünnung kaffeeähnlich, gibt dem Kaffee jedoch durch seinen unangenehmen, herben Nebengeruch eine fehlerhafte Aromanote (BRODERICK, 1968).

Wenn man ein Kaffeearomakonzentrat mit Hilfe der Gaschromatographie auftrennt, und die Komponenten sensorisch einzeln testet, findet man Geruchseindrücke wie Blumenkohl, Bittermandeln, Zwiebel, Popcorn, Erdnuß, Fisch, Mohrrübe und vereinzelt Rösttöne, aber keinen Kaffeegeruch. Gibt man die getrennten Substanzen wieder zusammen, so erhält man fast wieder den frischen Röstkaffeeausgangston (Tabelle 7, vgl. auch PALMER, 1973).

Wahrscheinlich ergibt erst die Kombination mehrerer, aus Kaffeearoma isolierter Stoffe, im bestimmten Verhältnis zusammengemischt, den Sinneseindruck „Kaffeeduft". Darauf weisen mit Computer erstellte Diskriminanten-Analysen von Gaschromatogrammen hin, die BIGGERS et al. (1969) sowie POWERS und KEITH (1968) durchgeführt haben. Sie fanden, daß man durch statistische Auswertung der Mengenverhältnisse von 30 flüchtigen Kaffeearomaverbindungen eine signifikante Zuordnung dieser Daten zu unterschiedlichen Gerüchen, wie z.B. Arabica- oder Robusta-Kaffee, unabhängig vom Röstgrad, treffen kann.

Möglicherweise wirken auch im Kaffeearoma noch nicht entdeckte Spurenstoffe synergistisch, da Versuche zur Rekonstituierung aus den bisher bekannten Verbindungen noch nicht zum Ziele führten (WINTER et al., 1967). Da nach STREULI (1973) etwa 300 weitere Stoffe im flüchtigen Kaffeearoma noch nicht aufgeklärt sind, muß auch die Frage noch offen bleiben, ob man doch noch eines Tages einen spezifischen Kaffeeinhaltsstoff, ähnlich dem Theaspiron in Tee (INA et al., 1968) oder dem 2-Methoxy-3-isobutyl-pyrazin in Paprika (BUTTERY et al., 1969), finden wird (vgl. auch TASSAN und RUSSELL, 1974; BÜCHI et al., 1971). Möglicherweise können hier weitere Untersuchungen der Präcursoren, i.e. Aromavorstufen, im Rohkaffee Aufschluß bringen. Interessant sind die Untersuchungen von RUSSWURM (1969), der fand, daß Einzelfraktionen aus gelchromatographisch aufgetrennten, wäßrigen Extrakten von grünem Kaffee bei Erhitzen unter Druck Kaffeegeruch ergaben.

β) Geschmacksstoffe

Über die Chemie der spezifischen Kaffeegeschmacksstoffe ist sehr wenig bekannt (STREULI, 1962). Man kennt zwar Stoffe, die den Trivialgeschmack bewirken: so sind Pyridin und andere Basen, deren Anteil mit steigendem Röstgrad zunimmt, für die Bitternote des Getränkes mitverantwortlich; der entsprechende sensorische Beitrag des Coffeins, des Trigonellins und der Chlorogensäuren ist nur unbedeutend. Die flüchtigen Säuren geben dem Kaffee eine spritzige Note. Ungesättigte, aliphatische Aldehyde wie trans-2-Nonenal, scheinen dem Röstkaffeeaufguß den holzigen Charakter zu verleihen (PARLIMENT et al., 1973). Mineralstoffe bewirken eine gewisse Abrundung. Die eigentlichen Träger des typisch rauchigen Röstbohnengeschmacks sind noch unbekannt.

STREULI (1962) und FELDMAN et al. (1969) konnten aus Röstkaffeeaufgüssen mit Hilfe der Gelchromatographie Fraktionen mit echtem Kaffeegeschmack isolieren. Darin wurden Kohlenhydrate, organische Säuren und Aminosäuren, neben Trigonellin, gefunden.

Unsere mangelhaften Kenntnisse über die nichtflüchtigen, organischen Kaffeeinhaltsstoffe lassen sich folgendermaßen erklären: Einmal fehlt noch für die überwiegend nichtflüchtigen Geschmacksstoffe eine analog effiziente Spurentrenntechnik, wie sie die Gaschromatographie für die flüchtigen Stoffe darstellt; zum anderen bringt die Strukturermittlung komplizierter und höhermolekularer Verbindungen — die beim Kaffeegeschmack wahrscheinlich vorliegen — größere analytische Probleme mit sich.

γ) Alterung des Kaffees

Im Gegensatz zum Rohkaffee, der je nach Sorte 1—3 Jahre gelagert werden kann, ist Bohnenkaffee in handelsüblicher Verpackung nur 8—10 Wochen röstfrisch haltbar. Dann setzt die sogenannte Alterung — engl.: „staling" — ein. Der Röstgeruch wird flacher und nimmt schließlich eine ranzige Note an. Dabei wird der Geschmack des Getränkes bitter und tabakslaugenartig (BUCHNER, 1959). Gemahlener Röstkaffee verliert den Frischecharakter nach dem Öffnen der Packung schon in einigen Tagen und schmeckt nach 1—2 Wochen alt (RADTKE, 1973). Luftdicht, unter Sauerstoffausschluß verpackt, ist er jedoch 6—8 Monate haltbar. Der nicht so empfindliche, lösliche Kaffee hält sich in verschlossenem Zustand 1—2 Jahre (HARRIS et al., 1974).

Den Alterungsprozeß des Kaffeearomas beschleunigen Sauerstoff, Feuchtigkeit, Wärme und Mahlung (BUCHNER, 1959). Der Einfluß des Röstverfahrens und der Art der Kaffeeprovenienz ist gering.

Über die chemischen Vorgänge, die zur Alterung führen, ist nur wenig bekannt. Typische Alterungssubstanzen wurden bisher nicht gefunden. Ähnliche Reaktionen, wie beim Fettverderb, sind auszuschließen, da das Kaffeearoma schon deutlich altert, bevor das in der Röstbohne reichlich vorhandene Kaffeeöl ranzig wird. Der Zusatz von Antioxidantien kann die Alterung nicht aufhalten (ELDER, 1940; JANÍČEK u. POKORNÝ, 1970). Auf die alterungsbedingte Verschiebung des Röstaromaprofils haben wahrscheinlich folgende Faktoren Einfluß (RADTKE et al., 1966):

— Kondensations- und Polymerisationsreaktionen,
— direkte oder indirekte Peroxidbildung in Gegenwart von Sauerstoff.

b) Bräunungsstoffe

Bei allen erhitzten Lebensmitteln laufen neben Aromabildungs- auch Bräunungsreaktionen ab. Besonders ausgeprägt ist dies bei Kaffee. Hierbei wird die Bildung der Bräunungsprodukte durch die hohen Rösttemperaturen und den hohen Polysaccharidanteil begünstigt. Bräunungsreaktionen sind dadurch charakterisiert, daß als Endprodukte polymere gelb bis dunkelbraun gefärbte Substanzen, die man Melanoidine nennt, auftreten. Bei der nichtenzymatischen Bräunung — um die es sich hier handelt — können diese braunen Produkte gebildet werden entweder aufgrund der Caramelisation — einer Pyrolyse der Kohlenhydrate allein — oder der sogenannten Maillard-Reaktion, einer Umsetzung der Kohlenhydrate mit den Eiweißstoffen in der Hitze.

Liegen Kohlenhydrate und Eiweißstoffe wie im Kaffee gemeinsam vor, so ist immer die Maillard-Reaktion begünstigt, da sie unter milderen Bedingungen als die Caramelisation ablaufen kann. Wie aus Tabelle 8 ersichtlich ist, bilden sich zunächst aus reduzierenden Zuckern und Aminosäuren über N-substituierte Glykosylamine Amadori-Verbindungen, die rasch dehydratisieren und sich spal-

Tabelle 8. Maillard-Reaktion. (Nach HEYNS u. PAULSEN, 1960; sowie HODGE, 1953)

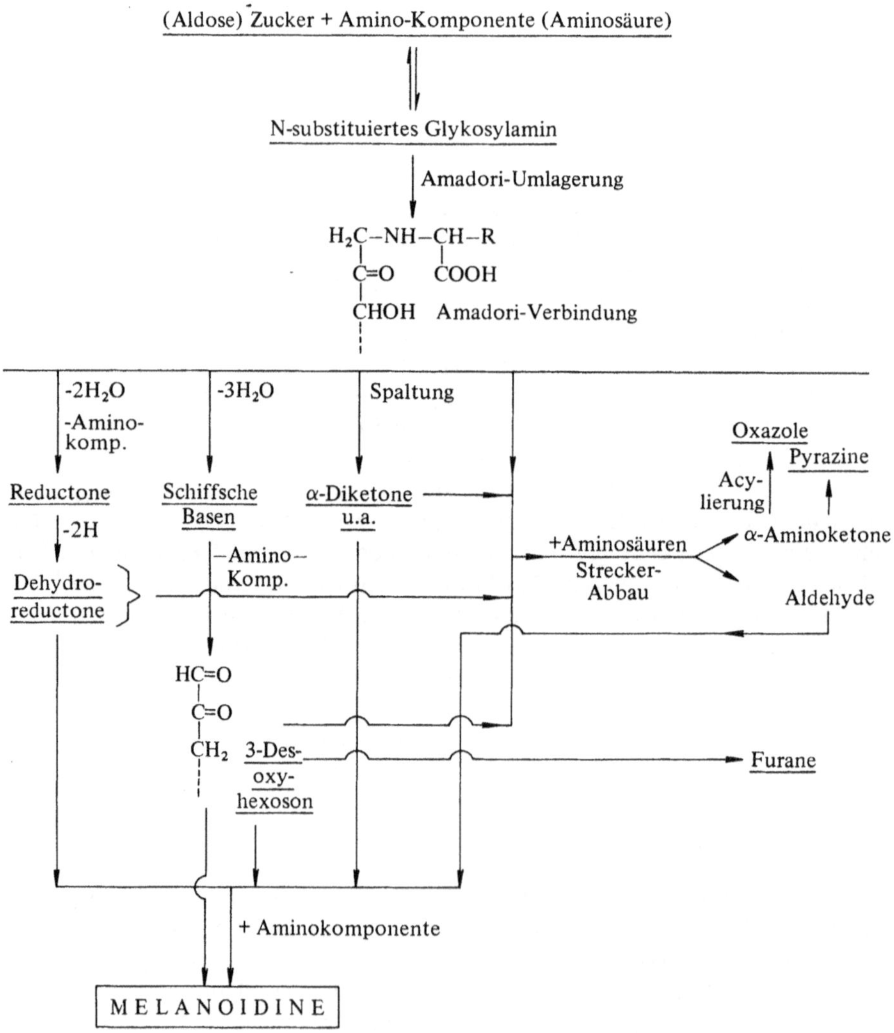

ten. Die als Zwischenprodukte auftretenden Diketone, Osone und Dehydroreductone können mit Aminosäuren den Strecker-Abbau eingehen, wobei u.a. die im Kaffeearoma vorhandenen Pyrazine gebildet werden. Die Reaktionen laufen größtenteils weiter zu polymeren, braun-gefärbten Melanoidinen unbekannter Struktur.

Derartige Melanoidine haben FELDMAN et al. (1969), GANSSMANN (1967) und STREULI (1962) nach gelchromatographischer Auftrennung in der Polymerfraktion von Kaffeeauszügen (Molekulargewicht 5000—10000) gefunden. Eine daraus isolierte, einheitliche Substanz war geschmack- und geruchlos (MAIER u. BUTTLE, 1973). Nach enzymatischer und Säurehydrolyse konnten Mannose, Galaktose und Arabinose, sowie ein aus Alanin, Glycin, Glutaminsäure und Histidin bestehendes Peptid neben bekannten Aminosäuren isoliert werden. Der farbtragende Rest des Moleküls, der noch Stickstoff enthält, ist noch unbekannt. Aus Kaffee isolierte, hochmolekulare Mannane reagieren unter Röstbedingungen mit Aminosäuren im Modellversuch erwartungsgemäß zu braunen Maillard-Körpern (MAIER, 1973).

Nach KLÖCKING et al. (1971) wird auch die Chlorogensäure in Bräunungsprodukte eingebaut. Er schloß dies, wie auch KRÖPLIEN (1963), aus dem Nachweis von Kaffeesäure im Alkalihydrolysat der Melanoidine.

c) Geschmackssäuren

Die Säuren liefern einen wichtigen Beitrag zum Gesamtaroma des Kaffees. Der Säurecharakter einer Kaffeesorte stellt ein Wertmerkmal für die sensorische Beurteilung dar. Die höchsten Preise auf dem Weltmarkt erzielen Provenienzen mit einer guten, feinen Säure. Als Einzelsorten geröstet sind diese jedoch für den Konsumenten zu sauer. Erst ihre wohldosierte Zugabe zu anderen Kaffeesorten ergibt eine Kaffeemischung, welche die Spitzenqualitäten des Handels auszeichnet.

Die sensorisch wahrnehmbare Säure des Kaffees, die hier als Geschmackssäure bezeichnet werden soll, ist außer von der Provenienz und der Aufbereitung auch vom Alter des Rohkaffees und vom Röstgrad abhängig. Es wurde gefunden, daß sie sich durch Messung des pH-Wertes erfassen läßt (WERNER u. KOHLEY, 1965).

Der pH-Wert von Kaffeegetränken sollte nach SIVETZ (1972) bei einer Aufgußstärke von 42,5 g gemahlenem Kaffee mittlerer Röstung pro 1000 g Wasser zwischen 4,90 und 5,20 liegen. Bei niedrigerem pH-Wert, also höherem Säuregrad, ist der Kaffee zu sauer; bei höherem pH-Wert schmeckt er flach und bitter.

Die Robusta-Arten haben weniger Geschmackssäure als die Arabicas, wie aus Tabelle 9 ersichtlich ist (HADORN u. BEETSCHEN, 1973; SIVETZ, 1972). Der pH-Wert der Arabicas liegt zwischen 4,85 und 5,15, der der Robustas zwischen 5,25 und 5,40. Einen auffallend hohen Wert hat mit 5,75 der geschmacklich weniger zusagende indonesische Robusta. Hochgewachsene Arabicas (Kenya) haben einen niedrigeren pH-Wert als die unterhalb 1000 m angepflanzten Sorten (brasilianischer Santos).

Die Aufbereitung des Rohkaffees spielt ebenfalls eine Rolle. Naß aufbereitete, sogenannte gewaschene Kaffees, haben mehr Geschmackssäure als die nicht gewaschenen, trocken aufbereiteten Sorten. Als Beispiele sind in der Tabelle 9 ein gewaschener und ein ungewaschener Robusta aufgeführt. Nach einjähriger Lagerung des Rohkaffees steigt der pH-Wert um 0,1 an.

Tabelle 9. Beziehung zwischen Geschmack und pH-Wert von Röstkaffeeaufgüssen aus natürlichen, handelsüblichen Einzelprovenienzen. (Nach SIVETZ, 1972)

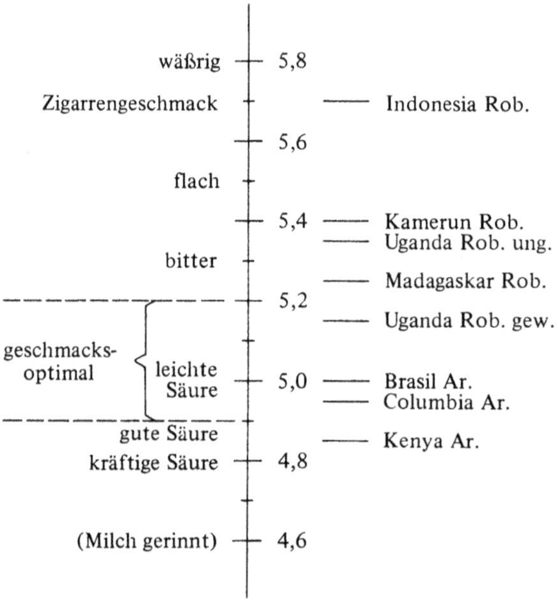

Einen großen Einfluß auf die Säure des Kaffees hat der Röstgrad. Man mißt ihn bekanntlich an Hand des Einbrands, d. h. des Gewichtsverlustes während des Röstprozesses. Bei Beginn der Röstung liegt der pH-Wert bei 5,8, durchläuft mit 15% Einbrand ein Minimum von 5,0 und steigt bei dunkler Röstung mit 20% Einbrand wieder auf etwa 5,4 an (WERNER u. KOHLEY, 1965).

Erfahrene Sensoriker, wie z. B. die Kaffeeverkoster in Kaffeehandelsunternehmen, können zwei Röstkaffeesorten noch unterscheiden, wenn die pH-Werte nur 0,025 auseinander liegen (SIVETZ, 1972).

Obwohl die flüchtigen und nichtflüchtigen Säuren des Röstkaffees qualitativ und quantitativ bekannt sind, ist es noch nicht gelungen, eine Beziehung zwischen diesen und dem pH-Wert als Maß für die Geschmackssäure herzustellen. Der pH-Wert kennzeichnet die Wasserstoffionen-Aktivität des Kaffeeaufgusses und stellt kein Äquivalent für die Gesamtsäuremenge dar, da die im Kaffee enthaltenen, schwachen Säuren unterschiedlich stark dissoziiert sind. FELDMAN et al. (1969) nehmen an, daß die nichtflüchtigen, aliphatischen Säuren und die Chlorogensäuren einen wesentlichen Beitrag zur Geschmackssäure des Kaffeegetränks liefern.

Da nach dem oben Gesagten der pH-Wert und die Geschmackssäure des Röstkaffees parallel verlaufen, sind Kaffeeanpreisungen, wie „säurearm" nachprüfbar. Nach WURZIGER (1965) müßten die pH-Werte derartiger Kaffees — bei einer Aufgußkonzentration von 40 g Röstkaffee pro Liter — oberhalb von 5,75 liegen. Derartige Produkte sind am Markt nicht erhältlich. Sie würden auch vom Verbraucher wegen ihres faden Geschmacks nicht akzeptiert.

d) Coffein

Der wegen seiner pharmakologischen Wirkung am längsten bekannte Inhaltsstoff des Kaffees, das Coffein, ist ein farb- und geruchloses, leicht bitter schmeckendes Pulver. Seine chemische Bezeichnung lautet 1,3,7-Trimethylxanthin ($C_8H_{10}N_4O_2$); es gehört zur Gruppe der Purine und unterscheidet sich von den strukturähnlichen Alkaloiden Theophyllin und Theobromin nur durch eine zusätzliche dritte Methylgruppe in 1- bzw. 7-Stellung.

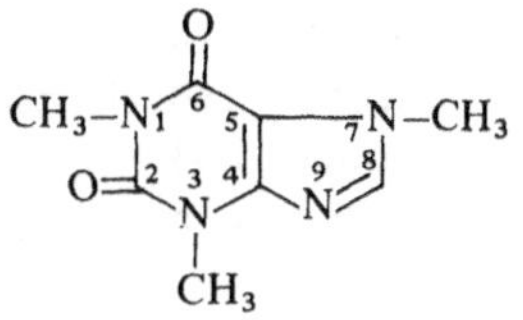

Coffein

Coffein sublimiert bei 180°C und schmilzt (unter Druck) bei 236,5°C. Es kristallisiert mit 1 Mol Kristallwasser und hat das Molekulargewicht 194,19. Seine Löslichkeit in Wasser beträgt 1,3% bei 15°C und 4,6% bei 40°C. Bei Raumtemperatur löst Äther 0,3%, Alkohol 1,2%, Essigester 2,5% und Chloroform 13% Coffein. Coffein liegt in wäßriger Lösung bei der Konzentration des Kaffeegetränks möglicherweise zu 10% in dimerer Form vor (THAKKAR et al., 1970; KIKKERT et al., 1973).

Coffein kommt außer in Kaffee auch in Tee, Guarana, Maté und Colanüssen vor und ist identisch mit dem schon frühzeitig daraus isolierten Thein bzw. Guaranin.

Sein Gehalt in den einzelnen Kaffeeprovenienzen schwankt zwischen 0,8% (Arabica Santos) und 2,5% (Robusta Angola). Durch den Röstprozeß verändert sich der auf Trockensubstanz bezogene Coffeingehalt praktisch nicht. Nur bei sehr dunkler Röstung sublimiert ein Teil des Coffeins (BARBIROLI et al., 1972). Er liegt in handelsüblichen Röstkaffeesorten, die aus 4—8 Provenienzen zusammengemischt sind, zwischen 0,9 und 1,3%.

GORTER (1907, 1908) fand, daß das Coffein mit der Chlorogensäure einen 1:1-Komplex bildet. Der kristallisierte Komplex ist so stabil, daß sich daraus das Coffein selbst mit Chloroform nicht mehr extrahieren läßt. KRÖPLIEN (1963) nimmt an, daß der Komplex im Kaffeegetränk aufgrund der Gleichgewichtskonstante von 44 l/Mol (SONDHEIMER et al., 1961) bei der vorliegenden, niedrigen Konzentration völlig dissoziiert ist. HORMAN und VIANI (1971, 1972), die nachwiesen, daß die Bindungsverhältnisse im Coffeinchlorogenat einem hydrophoben π-Molekülkomplex entsprechen, fanden, daß in einem Kaffeegetränk ca. 1% des Coffeins und 6% der Chlorogensäure in komplexer Form vorliegen.

Über den Biosyntheseweg des Coffeins in der Kaffeepflanze weiß man, daß es wahrscheinlich aus Purinen gebildet wird, die ihrerseits aus den Abbauprodukten der Nukleinsäuren entstehen (ANDERSON u. GIBBS, 1962; OGUTUGA u. NORTHCOTE, 1970; WANNER u. HAGEMANN, 1969; LOOSER et al., 1974). Versuche mit $NaH^{14}CO_3$-haltigen Nährmedien haben gezeigt, daß der Samen (Endosperm) während der Reifezeit Coffein selbst synthetisiert (KELLER et al., 1972). Aus dem Fruchtfleisch kann Coffein in den Samen diffundieren, nicht aber aus den ebenfalls coffeinhaltigen Blättern (BAUMANN u. WANNER, 1972).

Da die natürlichen, bei der Entcoffeinierung von Kaffee anfallenden Coffeinmengen durch den steigenden Bedarf in der pharmazeutischen und Getränke-Industrie nicht ausreichen, hat man Synthesewege erarbeitet. Ein praktikables Verfahren ist die Darstellung nach BREDERECK et al. (1959): durch Umsetzung von Harnsäure mit Formamid erhält man Xanthin, das durch Methylierung mit Dimethylsulfat in das 1,3,7-Trimethylxanthin überführt wird.

Die Unterscheidung zwischen künstlichem und natürlichem Coffein ist nach Anreicherung der Nebenbestandteile mit Hilfe der Dünnschichtchromatographie möglich (LEHMANN, 1975). Bei chemisch reinen Proben kann man die Herkunft nur mit der aufwendigen Radiocarbonmethode feststellen (ALLEN, 1961; WEINKAUFF et al., 1961). Coffein natürlicher Herkunft enthält Spuren des ^{14}C-Isotops, das in der Kohlensäure der Luft im konstanten Verhältnis zum ^{12}C-Isotop enthalten ist und durch Austausch in die Kaffeepflanze gelangt. Synthesecoffein wird dagegen aus Petrochemikalien hergestellt, deren ^{14}C-Gehalt aufgrund einer Halbwertszeit von 5500 Jahren im Laufe der Erdgeschichte praktisch verschwunden ist.

3. Das Kaffeegetränk

Bei der Herstellung des Kaffeegetränks geht aufgrund der Unlöslichkeit der Zellgerüstsubstanzen nur ein Teil der Inhaltsstoffe des Röstkaffees in den Aufguß über. Je nach Zubereitungsart und Mahlgrad sind es 18—35% (JAKOBER u. STAUB, 1963); für die übliche Filterkaffeezubereitung im Haushalt liegt der Wert bei 22%. Der Prozentsatz der wasserlöslichen Feststoffe im Aufguß, i.e. die Getränke-Konzentration, schwankt zwischen 1 und 3%.

Einen Überblick über die chemische Zusammensetzung des wäßrigen Extrakts aus Röstkaffee gibt Tabelle 10. Bei den entsprechenden Mengenangaben für einen normalen Tassenaufguß ist zu berücksichtigen, daß ca. 10% der wasserlöslichen Substanzen im Kaffeesatz zurückbleiben (Tabelle 11).

Neben den noch unbekannten Stoffen sind die wasserlöslichen Polysaccharide im Getränk am stärksten vertreten. Erheblich ist auch der Anteil der Chlorogensäuren und der Mineralstoffe. Der zurückbleibende Kaffeesatz enthält unlösliche Gerüstsubstanzen, Eiweißstoffe, Fette und einen geringen Teil unlöslicher Mineralstoffe.

Für einen Aufguß mittlerer Stärke verwendet man in Österreich, der Schweiz und der BRD 7,5 g Kaffee/150 ml Wasser (Normaltasse) bzw. 50 g/l. Die Konzentration von Mocca liegt bei 100 g/l und für italienischen Espresso bei 150 g/l. Der Coffeingehalt in einer Normaltasse beträgt ca. 80 mg bei mittlerer und ca. 135 mg bei Mocca-Aufgußstärke. Im ersten Fall gehen 90% des Coffeins ins Getränk über, bei Mocca nur noch 75%, da mit zunehmendem Kaffee: Wasser-Verhältnis weniger wasserlösliche Stoffe bei haushaltsmäßiger Zubereitung

Tabelle 10. Zusammensetzung des Röstkaffeegetränks (Literatur s. Tabelle 1) (Mittelwertangaben für Arabica-Kaffee, normale Röstung, Aufgußstärke 50 g/l; alle Angaben sind auf Trockensubstanz bezogen)

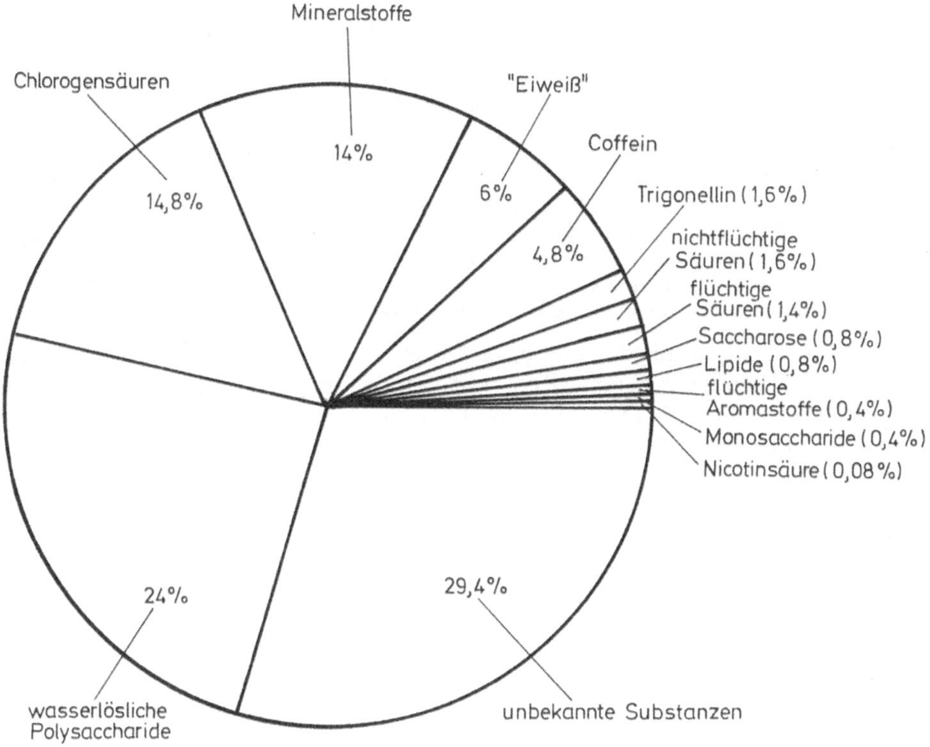

Tabelle 11. Zusammensetzung eines normalen Tassenaufgusses (150 ml) aus 7,5 g Röstkaffee (berechnet unter der Voraussetzung, daß 90% der wasserlöslichen Stoffe in Lösung gehen)

Eiweiß (berechnet als Summe der Aminosäuren aus der Säurehydrolyse)	100 mg
wasserlösliche Polysaccharide (Mannan u.a.)	410 mg
Saccharose	13,5 mg
Monosaccharide (Glucose, Fructose, Arabinose)	7,0 mg
flüchtige Säuren (Ameisen-, Essigsäure)	24 mg
nichtflüchtige Säuren (Milch-, Brenztrauben-, Oxal-, Wein-, Citronensäure)	27 mg
Chlorogensäuren	250 mg
Lipide	13,5 mg
Coffein	80 mg
Trigonellin	27 mg
Nicotinsäure	1,4 mg
flüchtige Aromastoffe	7,0 mg
Mineralstoffe	240 mg
unbekannte Substanzen (Bräunungsstoffe u.a.)	460 mg

extrahiert werden. So erniedrigt sich der in Lösung gegangene Coffeinanteil beim italienischen Espresso bis auf unter 60% des in den Röstbohnen vorhandenen Coffeingehalts. Man findet in einer Espresso-Tasse mit 40 ml Inhalt nur noch ca. 45 mg Coffein, wenn wie üblich 6 g Kaffeepulver mit einem Coffeingehalt von z. B. 1,35% eingesetzt werden (LUCCI, 1972).

Folgende *Zubereitungsverfahren* sind im Haushalt üblich: Bei der *Brühmethode* übergießt man Kaffeemehl mit kochendem Wasser in der Kanne, läßt 5—10 min stehen und gießt ab. Läßt man länger ziehen, so steigt zwar die Ergiebigkeit, aber die mitextrahierten Bitterstoffe machen das Getränk geschmacklich weniger begehrenswert. — Am meisten verbreitet ist heute das *Filterverfahren*, bei dem das Kaffeepulver z. B. auf einem Papierfilter mit kochendem Wasser übergossen wird. Die Ergiebigkeit, aber auch die Filtrierzeit, nehmen mit der Mahlfeinheit zu. — Bei der *Espresso-Zubereitung* wird heißes Wasser unter Druck rasch durch das auf einer Filterplatte befindliche Kaffeemehl gepreßt. Dies kann auch mit Heißdampf von über 100° C geschehen. Dabei wird das Getränk jedoch bitterer. — Am Rande sei noch die Zubereitung des *Türkischen Mocca* erwähnt. Hierbei werden feingemahlener Kaffee und Zucker in einem Kupferkännchen mit Wasser angerührt und auf der Flamme zum Aufkochen gebracht. Das Getränk kann mit und ohne Kaffeesatz genossen werden.

Die Aromaqualität des Getränks hängt neben der Auswahl der Kaffeesorte und der Aufgußstärke vom Röstgrad, Zubereitungsverfahren, Mahlgrad und der Wasserqualität ab. Dunkel geröstete, in südeuropäischen Ländern bevorzugte Kaffees mit einem Einbrand von 20%, schmecken kräftig und leicht bitter. In Mitteleuropa zieht man mittlere Röstung mit 14—17% Einbrand vor. Eine noch hellere Röstung wird teilweise in USA gewünscht. — Wasser mit großer Härte und hohem pH-Wert beeinträchtigt die feine Geschmackssäure erheblich. Der Kaffee schmeckt fade. Zu weiches Wasser läßt dagegen die Geschmackssäure unangenehm stark hervortreten.

Die Zusammensetzung des Kaffeegetränks ändert sich beim Stehenlassen. Das Aroma geht durch Verflüchtigung und Zersetzung verloren. Wieder aufgewärmter Kaffee schmeckt alt. Über hierbei einsetzende chemische Veränderungen liegen noch keine konkreten Untersuchungen vor.

IV. Verarbeitung des Kaffees

1. Löslicher Kaffee

Bereits vor der Jahrhundertwende wurden Versuche zur Herstellung eines sofort löslichen Trockenextraktes aus geröstetem Kaffee durchgeführt (ALEXANDER-KATZ, 1897). Jedoch erst Ende der 30er Jahre gelang dem Schweizer MORGENTHALER (1938) der Durchbruch mit der Entwicklung eines neuen Extraktions- und Trocknungsverfahrens. Das so hergestellte Produkt wurde vom Konsumenten als echter Kaffee-Extrakt akzeptiert.

Die wirtschaftliche Bedeutung des löslichen Kaffees — oder wie er synonym auch genannt wird, des Puder-, Pulver-, Schnell-, Extrakt- oder Instantkaffees — ist mit der Verbesserung der Qualität und dem stärker werdenden Trend zu „Convenience Foods“ stark gewachsen. 1974 entfielen in der Bundesrepublik ca. 18% vom gesamten Kaffeeumsatz auf Kaffee-Extrakt.

Löslicher Kaffee wird seit 1970 in drei verschiedenen Produktformen im Handel angeboten: sprühgetrocknet, gefriergetrocknet und agglomeriert. Die

Sprühtrocknung war das erste praktische Trocknungsverfahren für Kaffeeauszüge überhaupt.

Sprühgetrockneter Kaffee läßt sich unter der Lupe an der Hohlkugelstruktur der Körnchen erkennen. Seit etwa 10 Jahren werden Extrakte nach dem produktschonenden, aber kostspieligeren Gefriertrocknungsverfahren hergestellt. Die einzelnen Partikel haben hierbei eine schwammartige Struktur. Das jüngste am Markt befindliche Produkt ist der agglomerierte Kaffee. Hierbei sind die Kaffee-Extrakt-Körnchen zu unregelmäßigen Agglomeraten verklebt. Dieses Produkt hat hinsichtlich Farbe und Struktur die meiste Ähnlichkeit mit gemahlenem Röstkaffee.

Herstellung: Löslicher Kaffee wird industriell durch wäßrige Extraktion aus Röstkaffee und anschließende Trocknung des Flüssigextrakts hergestellt (Patentübersicht s. PINTAURO, 1969). Nach WURZIGER (1966) gehen hierbei 36—46% der Kaffeeinhaltsstoffe in Lösung.

Im Prinzip erfolgt die technische Kaffee-Extrakt-Gewinnung ähnlich wie die Aufgußbereitung im Haushalt nach der Filtermethode:

Der auf 1—2 mm Korngröße gemahlene Röstkaffee wird in zylindrischen Stahlbehältern — den sogenannten Percolatoren — unter Druck und erhöhter Temperatur im Gegenstrom extrahiert. Die unter diesen Bedingungen erhaltene Kaffeelösung ist bereits um das 5fache höher konzentriert als ein Haushaltsaufguß. Sie wird filtriert und auf 35—40% Feststoffanteil eingedampft.

Das Konzentrat kann in zweierlei Weise getrocknet werden: Bei der *Sprühtrocknung* wird die konzentrierte Kaffeelösung mit heißer Luft unter Druck an der Spitze eines 10—20 m hohen Turmes zerstäubt. Die Kaffeetröpfchen trocknen beim Herabfallen in der Warmluft und kommen unten als kleine Hohlkugeln an. Dieses Pulver kommt als sprühgetrockneter Kaffee-Extrakt in den Handel oder wird zu agglomeriertem Kaffee weiterverarbeitet. — Bei der *Agglomerierung* feuchtet man die kugelförmigen Körnchen leicht an, wodurch sie aneinanderhaften. Nach dem Trocknen bleibt die Agglomeratstruktur erhalten. — Für die *Gefriertrocknung* wird die konzentrierte Kaffeelösung geschäumt und eingefroren. Wenn man ein Endprodukt von dunkler Farbe wünscht, muß das Einfrieren langsam geschehen. Anschließend wird das Eis gemahlen und auf die Korngröße des Endprodukts gesiebt. Durch eine Schleuse gelangt das Eisgranulat in eine Hochvakuumanlage, wo nach dem Prinzip der Gefriertrocknung das Wasser durch Sublimation entfernt wird. Das Produkt wird so auf besonders schonende Weise getrocknet. Verschieden abgewandelte Gefriertrocknungsverfahren sind bekannt (ANON., 1972b; ARMBRUSTER, 1969; ORLIN, 1973; RAMSEIER, 1969).

Wenn auch das Gefriertrocknungsverfahren ein geschmacklich besseres Produkt als das Sprühtrocknungsverfahren liefert, so darf nicht unerwähnt bleiben, daß die Art und Weise der Röstkaffee-Extraktion für die Aromaerhaltung wichtiger ist als die Trocknung. Wegen der technisch nicht vermeidbaren, relativ langen Verweilzeit in den Percolatoren ist hier die größte Gefahr einer Aromabeeinträchtigung gegeben. Derartige Produktschädigungen können auch durch einen guten Trocknungsprozeß nicht mehr korrigiert werden. Um diese Verluste zu vermindern, hat man Verfahren zur fraktionierten Abtrennung vor der Extraktion und Wiederzuführung der Aromabestandteile zur Kaffeelösung danach oder zum fertigen Trockenprodukt entwickelt. — Da das flüchtige Kaffeearoma bei der Kaffee-Extrakt-Herstellung fast völlig verschwindet, setzt man dem fertigen Trockenpulver ein Aromaölkonzentrat zu, das man durch Auspressen, Wasserdampfdestillation (MAHLMANN, 1964; MARSH et al., 1966) oder Abtrennen mittels Kohlensäure bei verschiedenen Drücken (REY et al., 1968; ROSELIUS et al., 1972) erhält. Über einen Sprühtrocknungsprozeß mit verbesserter Aroma-Retention berichtet THIJSSEN (1973).

Aufgrund der Fortschritte in Forschung und Technologie hat sich der lösliche Kaffee von heute sensorisch dem Original-Röstkaffee weiter genähert. Es wird jedoch noch eines nicht unerheblichen Entwicklungsaufwandes in den nächsten 10—20 Jahren bedürfen, um als Ziel ein preiswertes, lösliches Kaffeeprodukt mit gleicher Geschmacks- und Aromafülle wie frischer Röstkaffee zu erreichen.

2. Coffeinfreier Kaffee

Nach mehreren vergeblichen Versuchen von NICOLAI (1901), DETLEFSEN (1910) u.a., Kaffee mit Lösungsmitteln zu entcoffeinieren, kam der Bremer Großkaufmann ROSELIUS auf die entscheidende Idee, Rohkaffee mit Wasserdampf vorzuquellen und danach das Coffein mit einem geeigneten Lösungsmittel herauszuholen (Kaffee-Handels-Aktiengesellschaft, 1908a u. 1908b; ROSELIUS, 1937). Damit war der Weg frei für den Aufstieg eines Produktes, das wegen seiner Coffeinfreiheit einen neuen Personenkreis dem Kaffeegenuß zuführte, der aufgrund von Herz-, Kreislauf- oder Schlafstörungen sowie Magen-, Leber- und Gallebeschwerden Kaffee meiden mußte. 1974 hatte der coffeinfreie Kaffee in der Bundesrepublik einen Marktanteil von etwa 12% erreicht.

Coffeinfreier Kaffee wird im Handel als Bohnen- und Extraktkaffee angeboten. Nach dem deutschen Lebensmittelrecht darf in coffeinfreiem Bohnenkaffee höchstens 0,08% Restcoffein von den ursprünglich 1,2—2% des coffeinhaltigen Kaffees enthalten sein, also eine Restcoffeinmenge, die unterhalb der physiologischen Wahrnehmungsgrenze liegt. In USA fordert der Gesetzgeber eine mindestens 97%ige Coffeinentfernung. Löslicher Kaffee, bei dem man nur $\frac{1}{4}$ der Menge eines Bohnenkaffeeaufgusses pro Tasse verwendet, darf als Höchstmenge 0,32% Coffein enthalten. Coffeinarmer Bohnenkaffee, für den die gesetzliche Grenze in der BRD bei 0,2% liegt, hat nie eine praktische Bedeutung erlangt.

Herstellung: Durch ständige technologische Verbesserungen wurden entscheidende Fortschritte in der Produktqualität erzielt, obwohl sich das Grundprinzip der Entcoffeinierung in den letzten 30 Jahren nicht mehr geändert hat. Hierbei wird nach zwei ähnlichen Verfahren gearbeitet.

a) Europäische Hersteller arbeiten nach dem produktschonenden Verfahren der Extraktion mit einem leichtflüchtigen Lösungsmittel (Kaffee-Handels-Aktiengesellschaft, 1931; SCHEELE, 1939). Hierbei werden die Rohkaffeebohnen in stehenden, zylindrischen Behältern zunächst mit übersättigtem Wasserdampf angequollen; die Kaffeebohnenoberfläche wird für das nach außen diffundierende Coffein durchlässig. Mit einem leichtflüchtigen Lösungsmittel, wie Dichlormethan, Dichloräthan etc. wird dann bei 40—70° C das Coffein herausgeholt. Durch Einleiten von Wasserdampf und Trocknen der Bohnen im Vakuum werden die Lösungsmittelreste wieder entfernt. Der so erhaltene Rohkaffee kann wie unbehandelter, coffeinhaltiger Rohkaffee geröstet und weiterverarbeitet werden. Über die komplizierten Diffusionsvorgänge in der Kaffeebohne während des Entcoffeinierungsprozesses hat BICHSEL (1972) umfangreiche Untersuchungen angestellt.

b) Bei dem anderen, vorzugsweise in USA angewandten Verfahren, geht man ebenfalls von Rohkaffee aus (BERRY u. WALTERS, 1943). Diesem werden zunächst die wasserlöslichen Inhaltsstoffe, einschließlich Coffein, entzogen. Die erhaltene, wäßrige Rohkaffeelösung wird einer Flüssig-Flüssig-Extraktion mit dem wasserschwerlöslichen Trichloräthylen unterworfen. Dabei verbleibt Coffein im Lösungsmittel. Die von Coffein befreite Rohkaffeelösung wird dem Ausgangsrohkaffee wieder zugesetzt und durch Trocknen aufimprägniert, wobei Lösungsmittelreste in geeigneter Weise entfernt werden. Bei eingestelltem Gleichgewicht kann der wäßrige Extrakt mit „Lösungslücke“ für Coffein im Kreislauf zur Entcoffeinierung eingesetzt werden.

Für die verwendeten Entcoffeinierungs-Lösungsmittel müssen, wie bei allen Lebensmittelzusatzstoffen, strenge Reinheitsanforderungen beachtet werden. Spezifikationen hierfür hat das Expertenkomitee der FAO/WHO (1971) in Genf

1970 verabschiedet. Dabei wurde auf die Notwendigkeit einer guten, d. h. technologisch modernen Bearbeitungspraxis hingewiesen.

Die von BRANDENBERGER und BADER (1967) gegen Trichloräthylen erhobenen Bedenken beruhten nach STREULI (1970) auf Untersuchungen ohne genügende Aussagekraft. In einer späteren, ausführlichen Arbeit konnten BRANDENBERGER et al. (1969) ihre ersten Vermutungen nicht bestätigen. Nach Angaben von KLIMMER (1968) wurden keine Umsetzungsreaktionen von Dichlormethan mit Kaffeeinhaltsstoffen gefunden (s.a. JANS, 1972).

Sorgfältig nach diesen Verfahren entcoffeinierte Kaffees lassen sich von coffeinhaltigem Normalkaffee sensorisch praktisch nicht unterscheiden (STREULI, 1970). Der Entzug des leicht bitter schmeckenden Coffeins wird in coffeinfreiem Kaffee nicht vermißt, da der bittere Geschmack im Röstkaffee von anderen Kaffeeinhaltsstoffen, wie Pyridinderivaten etc., herrührt.

Weitere Verfahren: In der jüngeren Patentliteratur sind verschiedene, interessante Entcoffeinierungsverfahren vorgeschlagen worden, von denen aber bisher noch keines zur praktischen Durchführung kam.

Eine neue Technik beschreibt ZOSEL (1971). Gemäß seiner Anmeldung wird Rohkaffee mit feuchtem, überkritischen Kohlendioxydgas unter Druck entcoffeiniert. Wenn man über 31,1 °C — i.e. oberhalb der kritischen Temperatur von CO_2 — arbeitet, kann man hohen Druck anwenden und damit den Prozeß bei lösungsmittelähnlicher Dichte fahren, ohne daß sich das CO_2 verflüssigt. Praktisch erfolgt die Entcoffeinierung bei 70—90° C zwischen 100 und 200 atm. Coffeinfreier Kaffee-Extrakt läßt sich mit überkritischem CO_2 aus dem leichter extrahierbaren Röstkaffee herstellen (ROSELIUS et al., 1973). Unter bestimmten Bedingungen kann man auch mit flüssigem CO_2 entcoffeinieren (VITZTHUM u. HUBERT, 1973).

Vorgeschlagen als Lösungsmittel für die Entcoffeinierung wurden auch niedrigsiedende Fluorkohlenwasserstoffe (HEUDEBERT, 1965; PANZER et al., 1972) und Essigester (VAN SISE, 1969). MITCHELL und KLOSE (1971) beschreiben die Coffeinentfernung mit Estern aus mehrwertigen Alkoholen und genießbaren Carbonsäuren, vorzugsweise Glycerinestern. — SCHWIMMER und KURTZMAN (1972) untersuchten die Möglichkeit der Entcoffeinierung mit speziellen Penicillium-Pilzkulturen, die als Stickstoffquelle Coffein verbrauchen. Eine merkliche Coffeinverminderung stellten die Autoren nach Zugabe von Saccharose zur Kaffeelösung fest. Über die Entcoffeinierung einer Rohkaffeelösung, die wegen ihres hohen Saccharosegehalts und der Abwesenheit der Aromasubstanzen besser geeignet wäre, berichten die Autoren leider nicht.

Es hat nicht an Versuchen gefehlt, natürlichen, coffeinfreien Kaffee zu züchten. Wildwachsende, auf Madagaskar heimische Coffeaarten besitzen einen geringen Coffeingehalt. Sie sind aber wegen ihres bitteren Beigeschmacks — vor allem bedingt durch das Cafamarin — nicht für den Genuß geeignet (CHASSEVENT et al., 1967). Kreuzt man sie mit coffein- und aromahaltigen Coffeaarten, so kann man coffeinarme Sorten erhalten (COSTE, 1973). Die sensorische Qualität von bisher 500 untersuchten Varietäten ist noch nicht befriedigend. Ähnliche, ebenfalls zeitraubende Untersuchungen laufen in Costa Rica. Auch sie haben noch zu keinen verwertbaren Ergebnissen geführt (SYLVAIN, 1970).

3. Behandelter Kaffee

Mit der Zunahme des Kaffeekonsums in diesem Jahrhundert wuchs der Kreis derjenigen Personen, die nach normalem Bohnenkaffee Unverträglichkeitssymptome im Magen-, Darm- und Gallebereich verspürten. Es entstand der Bedarf nach einem coffeinhaltigen Kaffee, dem durch besondere Behandlungsverfahren ein Teil der „Röstreizstoffe“ entzogen ist.

Ein derartiges Produkt, das nach einem vor 40 Jahren in Deutschland entwikkelten Verfahren (LENDRICH et al., 1933) bearbeitet wird, bieten heute verschiedene Hersteller mit dem Hinweis auf eine bessere Bekömmlichkeit an. Der Anteil der bekömmlich behandelten, coffeinhaltigen Kaffeesorten betrug 1974 in der BRD ca. 8%.

Nach WURZIGER (1969) wird — vom Coffein einmal abgesehen — die schlechtere Bekömmlichkeit eines Kaffeegetränks für empfindliche Personen begründet mit

— den beim Rösten entstehenden Röststoffen,
— den als Außenauflagerungen auf Kaffeebohnen befindlichen Kaffeewachsen,
— den in der Kaffeebohne vorkommenden Kaffeegerbsäuren.

Folgende Verfahren, mit denen eine Verminderung dieser unerwünschten Reizstoffe erreicht wird, haben eine wirtschaftliche Bedeutung erlangt (vgl. BECKER, 1972; GÀL, 1974):

1. Nach dem sogenannten Lendrich-Verfahren werden die Rohkaffeebohnen vor dem Rösten gedämpft, d.h. sie werden einer ca. 2stündigen Behandlung mit übersättigtem Wasserdampf unterworfen (LENDRICH et al., 1933). Ein derart behandelter Rohkaffee ist als künstlich gealtert anzusehen (KRÖPLIEN, 1963); chemisch findet hierbei eine teilweise Umlagerung der Chlorogensäure in die Neo-Chlorogensäure statt, ein Prozeß, der jedoch durch die anschließend stärker angreifende Röstung wieder überkompensiert wird (KUNG et al., 1967b). Die ursprünglich vermutete Chlorogensäurezersetzung wurde nicht bestätigt (WERNER u. KOHLEY, 1965), jedoch ein geringfügiger Abbau der Feruloylchinasäure gefunden (WINDEMANN, 1974). Pharmakologische, tierexperimentelle Untersuchungen über die Bekömmlichkeit des gedämpften Kaffees veröffentlichten BEHRENS und MALORNY (1940) sowie CZOK (1966). Über neuere klinische Untersuchungen berichteten HAMMERL et al. (1969), SIEDEK et al. (1971) u. SZIEGOLEIT et al. (1972a, 1972b).
2. Beim Bach-Verfahren werden die Röstbohnen mit flüssiger Kohlensäure gewaschen (BACH, 1957); dadurch werden sie von an der Oberfläche haftenden Schmutzstoffen befreit. Chemische Unterschiede gegenüber unbehandeltem Kaffee konnten nicht nachgewiesen werden (DIEMAIR u. JURY, 1965). SEIBOLD und BURMEISTER (1964) sowie STIEVE (1965) folgerten für diesen Kaffee aus ihren klinischen Untersuchungen eine bessere Bekömmlichkeit.
3. Ein neues, seit 1970 auf dem Markt befindliches Bohnenkaffee-Veredelungsprodukt wird im Prinzip nach folgendem Zweistufenverfahren hergestellt (KURZ u. VAHLAND, 1971; ROSELIUS et al., 1971): der Gehalt an unbekömmlichen, wachsartigen Auflagerungen auf der Kaffeebohne wird mit einem leichtflüchtigen Lösungsmittel vermindert; danach wird der Kaffee nach LENDRICH gedämpft. Klinische und pharmakologische Bekömmlichkeitsuntersuchungen für derartige Kaffees liegen vor von FROMMOLT et al. (1972), RÖSNER et al. (1971), SCHÄFER und KURZ (1971) sowie VÖLKER et al. (1971).

Obwohl bekömmlich behandelte Kaffees im Gegensatz zu coffeinfreiem Kaffee in der deutschen Kaffeeverordnung nicht aufgeführt sind und daher nicht der Kontrolle des Gesetzgebers unterliegen, wurde verschiedentlich der Wunsch geäußert, eine Nachweismethode für Veredelungsverfahren zu entwickeln, um eine Irreführung des Verbrauchers auszuschließen

(LEHMANN, 1971). MÜLHENS und GRAF-RIECKMANN (1967) sowie MÜLHENS (1972) schlugen vor, den Gehalt an äthylätherlöslichen Substanzen im Röstkaffeeaufguß als Unterscheidungskriterium heranzuziehen. Nach WURZIGER (1972) sowie LEHMANN und MORÁN (1973) sind die Unterschiede nach dieser Methode jedoch statistisch nicht signifikant. Als eine sichere und einfache Bestimmungsmethode wurde von WURZIGER (1971 c) die Analyse der Carbonsäure-5-hydroxy-tryptamide (CHT) als ein überprüfbares Kriterium empfohlen.

Diese Substanzen wurden von WURZIGER aus dem Oberflächenwachs der Kaffeebohnen erstmals isoliert; ihre Struktur wurde als Serotoninderivat aufgeklärt (HARMS u. WURZIGER, 1968). Sie liegen als Gemisch vor, wobei Serotonin jeweils mit den 3 langkettigen Fettsäuren Arachin-, Behen- und Lignocerinsäure in Säureamidbindung verknüpft ist:

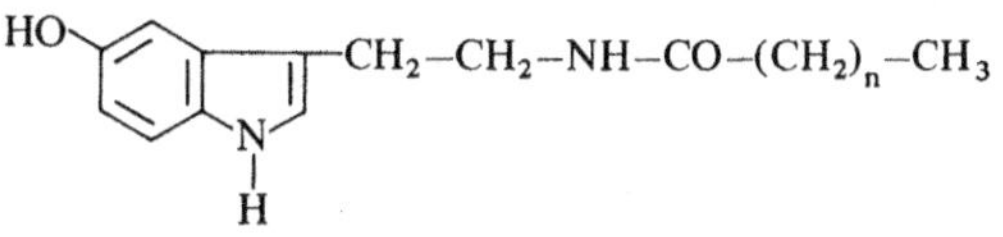

n = 18: Arachinsäure-5-hydroxytryptamid
n = 20: Behensäure-5-hydroxytryptamid
n = 22: Lignocerinsäure-5-hydroxytryptamid

Diese CHT-Stoffe werden zusammen mit den Oberflächenwachsen teilweise entfernt und können daher als Indikatorsubstanzen für eine stattgefundene Behandlung dienen.

Bei normalem Röstkaffee liegt der CHT-Gehalt zwischen 600 und 1000 ppm. Handelsübliche Kaffeesorten, denen zusätzlich zur Dämpfung noch Wachsstoffe entzogen wurden, enthalten 200—300 ppm (WURZIGER, 1971 b). Ihr geringerer Anteil an Reizstoffen ist durch den Hinweis „nachweislich" gekennzeichnet. WURZIGER (1971 a) schlägt als Höchstwert für einen bekömmlich veredelten Kaffee 375 ppm CHT vor. In der Schweiz dürfen derartige Kaffees den Hinweis „reizarm" nur führen, wenn der CHT-Gehalt unterhalb 400 ppm liegt (Anon., 1973 b).

Bei „naturmilden" Kaffees wurden keine verminderten CHT-Werte gefunden (LEHMANN, 1974). Da es von Natur aus einen milden Kaffee nicht gibt, kann sich ein derartiger Hinweis nur auf den Geschmack beziehen und hat mit Bekömmlichkeit nichts zu tun (WURZIGER, 1971 d, vgl. a. WURZIGER 1975).

Von den zahlreichen Verfahren, die zur Verbesserung der Kaffeebekömmlichkeit vorgeschlagen wurden, sind die folgenden noch erwähnenswert (s. auch BECKER, 1972):

MACH (1968) schlägt eine alkalische Extraktion des Röstkaffees zur Gewinnung der sauren Melanoidine vor, die verschiedene, ernährungsphysiologische Vorzüge („türkischer Kaffee") haben sollen. Das so erhaltene Produkt muß zu Kaffee-Extrakt verarbeitet werden. Ein Verfahren zur Entfernung der Chlorogensäure, die nach KRÖPLIEN (1963) in die Diskussion um die Kaffeebekömmlichkeit mit einzubeziehen ist, entwickelten LEHMANN et al. (1971). Hierbei werden die Rohkaffeebohnen wäßrig extrahiert, aus der Lösung die Chlorogensäure selektiv an Polyamid adsorbiert und die chlorogensäurefreie Kaffeelösung nach Aufkonzentrieren wieder auf die Bohnen imprägniert. Über pharmakologische Untersuchungen derartiger Kaffeeprodukte berichten EVERT et al. (1971) und FROMMOLT et al. (1972). Einen Weg zur oxydativen Zerstörung der Chlorogensäure auf elektrolytische oder enzymatische Weise schlugen SANDERSON et al. (1974) vor.

Nach einem Verfahren von BEIL (1972) werden Kaffeebohnen mechanisch naß gebürstet; die Bohnenoberfläche wird durch Säure- oder Alkalieinwirkung abgetragen. Hierbei wurde eine deutliche Verminderung der CHT-Werte gefunden. Ebenfalls eine Reduzierung des CHT-Gehalts erhält BÜRGIN (1975) durch Einwirkung von Oxydationsmitteln.

V. Tabelle der Inhaltsstoffe des Roh- und Röstkaffees

1. Organische Verbindungen

A. Aliphatische Verbindungen
- a) Kohlenwasserstoffe
- b) Alkohole, Ketoalkohole
- c) Aldehyde
- d) Acetale
- e) Ketone, Diketone
- f) Thioketone
- g) Carbonsäuren
- h) Ester, Äther
- i) N-Verbindungen
- j) S-Verbindungen

B. Alicyclische Verbindungen

C. Aromatische Verbindungen
- a) Kohlenwasserstoffe
- b) Phenole
- c) Alkohole, Aldehyde, Ketone
- d) Phenolcarbonsäuren
- e) Äther, Ester
- f) Chinone
- g) N-Verbindungen
- h) S-Verbindungen

D. Heterocyclische Verbindungen
- a) O-Verbindungen *(Furane, Lactone, Säureanhydride)*
- b) N-Verbindungen *(Pyrrole, Indole, Pyridine, Chinoline, Pyrazine)*
- c) S-Verbindungen *(Thiophene)*
- d) N,S-Verbindungen *(Thiazole)*
- e) N,O-Verbindungen *(Oxazole, Säureimid)*

E. Spezielle Naturstoffe
- a) Proteine, Enzyme
- b) Kohlenhydrate
- c) Lipide, Steroide
- d) Alkaloide
- e) Vitamine
- f) Polycyclische Kohlenwasserstoffe

2. Anorganische Verbindungen

- a) Gase
- b) Mineralische Bestandteile

Anmerkung

R = Vorkommen in Röstkaffee
G = Vorkommen in grünem oder Rohkaffee
T = Tentativ

In der Tabelle wurden im Falle mehrerer Hinweise nur die beiden neuesten Literaturstellen berücksichtigt.

I. ORGANISCHE VERBINDUNGEN

A. Aliphatische Verbindungen

a) Kohlenwasserstoffe

	Summenformel	Vorkommen G = grüner Kaffee R = Röstkaffee		Literatur
Methan	CH_4		R	Reymond et al. (1963); Merritt, Robertson (1965)
Äthan	C_2H_6	G		Merritt et al. (1969)
n-Butan	C_4H_{10}		R	Merritt et al. (1969)
i-Butan	C_4H_{10}	G	R	Merritt et al. (1969)
n-Pentan	C_5H_{12}	G	R	Merritt, Robertson (1965); Merritt et al. (1969)
i-Pentan	C_5H_{12}	G	R	Merritt et al. (1969)
i-Hexan	C_6H_{14}	G	R	Merritt et al. (1969)
i-Heptan	C_7H_{16}	G	R	Merritt et al. (1969)
Octan	C_8H_{18}	G	R	Merritt, Robertson (1965)
i-Octan	C_8H_{18}	G	R	Merritt et al. (1969)
n-Nonan	C_9H_{20}	G	R	Merritt, Robertson (1965)
i-Nonan	C_9H_{20}	G		Merritt et al. (1969)
n-Decan	$C_{10}H_{22}$		R	Merritt et al. (1969)
i-Decan	$C_{10}H_{22}$	G		Merritt et al. (1969)
i-Undecan	$C_{11}H_{24}$	G		Merritt et al. (1969)
n-Tetradecan	$C_{14}H_{30}$		R	Bondarovich et al. (1967)
n-Pentadecan	$C_{15}H_{32}$		R	Bondarovich et al. (1967)
n-Heptacosan	$C_{27}H_{56}$		R	Prescott et al. (1937)
Nonacosan	$C_{29}H_{60}$	G		Kaufmann, Sen Gupta (1964); Neu (1948)
Äthylen	C_2H_4	G	R	Reymond et al. (1963); Merritt et al. (1969)
Buten	C_4H_8		R	Merritt, Robertson (1965); Merritt et al. (1969)
Penten	C_5H_{10}		R	Merritt, Robertson (1965)
i-Penten	C_5H_{10}		R	Merritt et al. (1969)
Hexen	C_6H_{12}		R	Merritt, Robertson (1965)
i-Hexen	C_6H_{12}		R	Merritt et al. (1969)
Octen	C_8H_{16}	G	R	Merritt, Robertson (1965)
i-Octen	C_8H_{16}	G	R	Merritt et al. (1969)
i-Nonen	C_9H_{18}	G		Merritt et al. (1969)
i-Decen	$C_{10}H_{20}$	G		Merritt et al. (1969)
Pentadien-1,4	C_5H_8		R	Zlatkis, Sivetz (1960); Merritt, Robertson (1965)
Isopren	C_5H_8		R	Rhoades (1960); Reymond et al. (1963)
Hexadien	C_6H_{10}		R	Merritt, Robertson (1965)
Myrcen	$C_{10}H_{16}$		R	Friedel et al. (1971); Gautschi et al. (1967b)
Squalen	$C_{30}H_{50}$	G		Kaufmann, Sen Gupta (1964)
Octin	C_8H_{14}		R	Merritt, Robertson (1965)

V. Tabelle der Inhaltsstoffe des Roh- und Röstkaffees (Fortsetzung)

	Summenformel	Vorkommen G = grüner Kaffee R = Röstkaffee	Literatur
b) Alkohole, Ketoalkohole			
Methanol	CH_4O	R	GIANTURCO et al. (1966); STAUDINGER, REICHSTEIN (1925)
Äthanol	C_2H_6O	R	REYMOND et al. (1963); ZLATKIS, SIVETZ (1960)
2-Propanol	C_3H_8O	R	STOFFELSMA et al. (1968)
i-Butanol	$C_4H_{10}O$	R	MERRITT, ROBERTSON (1965)
tert.-Butanol	$C_4H_{10}O$	R	MERRITT, ROBERTSON (1965)
Pentanol-1	$C_5H_{12}O$	R	STOLL et al. (1967); MERRITT, ROBERTSON (1965)
Isoamylalkohol (3-Methylbutanol-1)	$C_5H_{12}O$	R	STOLL et al. (1967)
2-Methylbutanol-2	$C_5H_{12}O$	R	MERRITT, ROBERTSON (1965)
Hexanol-1	$C_6H_{14}O$	R	STOLL et al. (1967), HEINS et al. (1966)
Heptanol-2	$C_7H_{16}O$	R	STOLL et al. (1967)
Octanol-3	$C_8H_{18}O$	R	STOLL et al. (1967)
3-Methylbuten-2-ol-1	$C_5H_{10}O$	R	STOLL et al. (1967)
Octen-1-ol-3	$C_8H_{16}O$	R	STOLL et al. (1967)
Linalool (3,7-Dimethyl-octadien-1,6-ol-3)	$C_{10}H_{18}O$	R	FRIEDEL et al. (1971); GAUTSCHI et al. (1967b)
Acetol (Hydroxyaceton)	$C_3H_6O_2$	R	STAUDINGER, REICHSTEIN (1925); STOFFELSMA et al. (1968)
Acetoin (Butanol-2-on-3)	$C_4H_8O_2$	R	VIANI et al. (1965); STOFFELSMA et al. (1968)
Butanol-1-on-2	$C_4H_8O_2$	R	STOLL et al. (1967)
2-Hydroxy-3-pentanon	$C_5H_{10}O_2$	R	GIANTURCO et al. (1966)
3-Hydroxy-2-pentanon	$C_5H_{10}O_2$	R	GIANTURCO et al. (1966)
c) Aldehyde			
Formaldehyd	CH_2O	R	GIANTURCO et al. (1966)
Acetaldehyd	C_2H_4O	G R	STAUDINGER, REICHSTEIN (1925); VIANI et al. (1965)
Propanal	C_3H_6O	R	RHOADES (1958), VIANI et al. (1965)
Butanal	C_4H_8O	R	RHOADES (1960); STOLL et al. (1967)
i-Butanal	C_4H_8O	G R	MERRITT et al. (1969); ZLATKIS, SIVETZ (1960)
Pentanal	$C_5H_{10}O$	G R	ZLATKIS, SIVETZ (1960); MERRITT et al. (1969)
i-Pentanal	$C_5H_{10}O$	R	ZLATKIS, SIVETZ (1960); STOFFELSMA et al. (1968)
2-Methylbutanal	$C_5H_{10}O$	G R	MERRITT et al. (1969); STAUDINGER, REICHSTEIN (1925)
2-Methyl-pentanal	$C_6H_{12}O$	R	MERRITT et al. (1969)
n-Hexanal	$C_6H_{12}O$	R	STOLL et al. (1967); MERRITT, ROBERTSON (1965)
Acrolein (Propenal)	C_3H_4O	R	MERRITT et al. (1963)
Butenal	C_4H_6O	R	HEINS et al. (1966)
2-Methyl-acrolein	C_4H_6O	R	MERRITT et al. (1969)

V. Tabelle der Inhaltsstoffe des Roh- und Röstkaffees (Fortsetzung)

	Summenformel	Vorkommen G = grüner Kaffee R = Röstkaffee	Literatur
Dimethylacrolein	C_5H_8O	R	MERRITT et al. (1963)
2-Methyl-3-äthylacrolein	$C_6H_{10}O$	R	MERRITT et al. (1963)
2-Methylbutenal	C_5H_8O	G R	STOLL et al. (1967), STOFFELSMA et al. (1968)
trans-2-Nonenal	$C_9H_{16}O$	R	PARLIMENT (1973)
d) Acetale			
Dimethylacetal	$C_4H_{10}O_2$	R	REYMOND et al. (1963)
e) Ketone, Diketone			
Aceton	C_3H_6O	G R	MERRITT et al. (1969); STAUDINGER, REICHSTEIN (1925)
1-Methylisobutanon-2	$C_5H_{10}O$	R	MERRITT, ROBERTSON (1965)
Methyläthylketon	C_4H_8O	G R	MERRITT et al. (1969); ZLATKIS, SIVETZ (1960)
Pentanon-2	$C_5H_{10}O$	R	STOLL et al. (1967); MERRITT, ROBERTSON (1965); KUNG (1974)
Pentanon-3	$C_5H_{10}O$	R	PRESCOTT et al. (1937); MERRITT, ROBERTSON (1965)
Hexanon-3	$C_6H_{12}O$	R	ZLATKIS, SIVETZ (1960); STOFFELSMA et al. (1968)
Heptanon-2	$C_7H_{14}O$	R	STOLL et al. (1967); MERRITT et al. (1969)
Octanon-2	$C_8H_{16}O$	R	STOLL et al. (1967)
Octanon-3	$C_8H_{16}O$	R	STOLL et al. (1967)
Nonanon-2	$C_9H_{18}O$	R	STOLL et al. (1967)
Decanon-2	$C_{10}H_{20}O$	R	STOLL et al. (1967)
Undecanon-2	$C_{11}H_{22}O$	R	STOLL et al. (1967)
Tridecanon-2	$C_{13}H_{26}O$	R	STOLL et al. (1967)
6,10,14-Trimethylpenta-decanon-2	$C_{18}H_{36}O$	R	STOLL et al. (1967); GAUTSCHI et al. (1967b)
6,10-Dimethylundecanon-2 (Hexahydropseudojonon)	$C_{13}H_{26}O$	R	STOLL et al. (1967); GAUTSCHI et al. (1967b)
6-Methylhepten-5-on-2	$C_8H_{14}O$	R	STOLL et al. (1967)
Penten-3-on-2	C_5H_8O	R	STOFFELSMA et al. (1968)
trans-2-Penten-4-on	C_5H_8O	R	STOFFELSMA et al. (1968)
Mesityloxid	$C_6H_{10}O$	R	STOLL et al. (1967)
Methylvinylketon	C_4H_6O	R	MERRITT et al. (1963)
O-Acetylacetol (Essigsäure-hydroxyacetonester)	$C_5H_8O_3$	R	VIANI et al. (1965); GIANTURCO et al. (1966)
1-Acetoxybutanon-2	$C_6H_{10}O_3$	R	BONDAROVICH et al. (1967)
1-Acetoxypentanon-2	$C_7H_{12}O_3$	R	STOFFELSMA et al. (1968)
2-Acetoxypentanon-3	$C_7H_{12}O_3$	R	STOFFELSMA et al. (1968)
O-Propionylacetol	$C_6H_{10}O_3$	R	BONDAROVICH et al. (1967)
Diacetyl	$C_4H_6O_2$	G R	MERRITT et al. (1969); STAUDINGER, REICHSTEIN (1925)

V. Tabelle der Inhaltsstoffe des Roh- und Röstkaffees (Fortsetzung)

	Summenformel	Vorkommen G = grüner Kaffee R = Röstkaffee	Literatur
4-Methylpentandion-2,3	$C_6H_{10}O_2$	R	STOLL et al. (1967); STOFFELSMA et al. (1968)
Pentandion-2,3	$C_5H_8O_2$	R	STAUDINGER, REICHSTEIN (1925)
Pentandion-2,4	$C_5H_8O_2$	R	MERRITT et al. (1963)
Hexandion-2,3	$C_6H_{10}O_2$	R	VIANI et al. (1965); STOFFELSMA et al. (1968)
Hexandion-2,5	$C_6H_{10}O_2$	R	STOFFELSMA et al. (1968)
Hexandion-3,4	$C_6H_{10}O_2$	R	STOLL et al. (1967); MERRITT et al. (1969)
Heptandion-2,5	$C_7H_{12}O_2$	R	STOFFELSMA et al. (1968)
Heptandion-3,4	$C_7H_{12}O_2$	R	STOLL et al. (1967)
Octandion-2,3	$C_8H_{14}O_2$	R	STOLL et al. (1967)
5-Methylhexandion-2,3	$C_7H_{12}O_2$	R	STOLL et al. (1967)
5-Methylheptandion-3,4	$C_8H_{14}O_2$	R	STOLL et al. (1967)
6-Methylheptandion-3,4	$C_8H_{14}O_2$	R	STOLL et al. (1967)
f) Thioketone			
1-Methylthiobutanon-2	$C_5H_{10}OS$	R	STOLL et al. (1967)
g) Carbonsäuren			
Ameisensäure	CH_2O_2	R	LENTNER, DEATHERAGE (1959); WOODMAN et al. (1967)
Essigsäure	$C_2H_4O_2$	R	STAUDINGER, REICHSTEIN (1925); WOODMAN et al. (1967)
Propionsäure	$C_3H_6O_2$	R	LENTNER, DEATHERAGE (1959); STOFFELSMA et al. (1968)
Buttersäure	$C_4H_8O_2$	R	CLEMENTS, DEATHERAGE (1957); STOFFELSMA et al. (1968)
i-Buttersäure	$C_4H_8O_2$	R	RADTKE (1964); STOFFELSMA et al. (1968)
Valeriansäure	$C_5H_{10}O_2$	G R	CLEMENTS, DEATHERAGE (1957); KUNG et al. (1967a)
i-Valeriansäure	$C_5H_{10}O_2$	R	STAUDINGER, REICHSTEIN (1925); STOFFELSMA et al. (1968)
Methyläthylessigsäure	$C_5H_{10}O_2$	R	GIANTURCO et al. (1966); STOLL et al. (1967)
Capronsäure	$C_6H_{12}O_2$	R	KUNG et al. (1967a); RADTKE (1964)
Önanthsäure	$C_7H_{14}O_2$	R	KUNG et al. (1967a)
Caprylsäure	$C_8H_{16}O_2$	R	KUNG et al. (1967a)
Pelargonsäure	$C_9H_{18}O_2$	R	KUNG et al. (1967a)
Caprinsäure	$C_{10}H_{20}O_2$	R	KUNG et al. (1967b)
Palmitinsäure	$C_{16}H_{32}O_2$	R	STAUDINGER, REICHSTEIN (1925)
α-Methylcrotonsäure	$C_5H_8O_2$	R	STOFFELSMA et al. (1968)
Seneciosäure (Dimethylacrylsäure)	$C_5H_8O_2$	R	GIANTURCO et al. (1966); STOFFELSMA et al. (1968)
Oxalsäure	$C_2H_2O_4$	R	MABROUK, DEATHERAGE (1956)
Itaconsäure	$C_5H_6O_4$	R	WOODMAN et al. (1967)

V. Tabelle der Inhaltsstoffe des Roh- und Röstkaffees (Fortsetzung)

	Summenformel	Vorkommen G = grüner Kaffee R = Röstkaffee	Literatur
Citraconsäure	$C_5H_6O_4$	R	WOODMAN et al. (1967)
Mesaconsäure	$C_5H_6O_4$	R	WOODMAN et al. (1967)
Citronensäure	$C_6H_8O_7$	R	WOODMAN et al. (1967); MABROUK, DEATHERAGE (1956)
Malonsäure	$C_3H_4O_4$	R	FELDMAN et al. (1969)
Brenztraubensäure	$C_3H_4O_3$	R	MABROUK, DEATHERAGE (1956)
Milchsäure	$C_3H_6O_3$	R	WOODMAN et al. (1967)
Furan-2-carbonsäure	$C_5H_4O_3$	R	WOODMAN et al. (1967)
Bernsteinsäure	$C_4H_6O_4$	R	WOODMAN et al. (1967)
Glutarsäure	$C_5H_8O_4$	R	FELDMAN et al. (1969)
Weinsäure	$C_4H_6O_6$	R	MABROUK, DEATHERAGE (1956)
Äpfelsäure	$C_4H_6O_5$	R	WOODMAN et al. (1967); MABROUK, DEATHERAGE (1956)
Fumarsäure	$C_4H_4O_4$	R	WOODMAN et al. (1967)
Maleinsäure	$C_4H_4O_4$	R	LENTNER, DEATHERAGE (1959); WOODMAN et al. (1967)
trans-Crotonsäure	$C_4H_6O_2$	R	GIANTURCO et al. (1966); STOFFELSMA et al. (1968)
cis-Crotonsäure	$C_4H_6O_2$	R	STOFFELSMA et al. (1968)
Methacrylsäure	$C_4H_6O_2$	R	STOFFELSMA et al. (1968)
Tiglinsäure	$C_5H_8O_2$	R	STOFFELSMA et al. (1968)
h) Ester, Äther			
Ameisensäuremethylester	$C_2H_4O_2$	G R	ZLATKIS, SIVETZ (1960); STOFFELSMA et al. (1968)
Ameisensäureäthylester	$C_3H_6O_2$	R	ZLATKIS, SIVETZ (1960); STOFFELSMA et al. (1968)
Ameisensäure-i-propylester	$C_4H_8O_2$	R	STOFFELSMA et al. (1968)
Essigsäuremethylester	$C_3H_6O_2$	G R	STAUDINGER, REICHSTEIN (1925); STOFFELSMA et al. (1968)
Essigsäureäthylester	$C_4H_8O_2$	G R	GIANTURCO et al. (1966); STOFFELSMA et al. (1968)
Essigsäure-n-butylester	$C_6H_{12}O_2$	G R	HEINS et al. (1966); MERRITT et al. (1969)
Essigsäure-i-amylester	$C_7H_{14}O_2$	R	STOFFELSMA et al. (1968)
Essigsäure-i-pentenylester	$C_7H_{12}O_2$	R	STOLL et al. (1967)
Essigsäure-hexylester	$C_8H_{16}O_2$	G	MERRITT et al. (1969)
Propionsäuremethylester	$C_4H_8O_2$	G R	HEINS et al. (1966); STOFFELSMA et al. (1968)
Propionsäure-propylester	$C_6H_{12}O_2$	G	MERRITT et al. (1969)
Buttersäure-methylester	$C_5H_{10}O_2$	G R	MERRITT et al. (1969)
Buttersäure-äthylester	$C_6H_{12}O_2$	G	MERRITT et al. (1969)
i-Valeriansäure-methylester	$C_6H_{12}O_2$	R	STAUDINGER, REICHSTEIN (1925); HEINS et al. (1966))
Valeriansäure-äthylester	$C_7H_{14}O_2$	G	MERRITT et al. (1969)
Capronsäuremethylester	$C_7H_{14}O_2$	G R	MERRITT et al. (1969)
Palmitinsäuremethylester	$C_{17}H_{34}O_2$	R	STOLL et al. (1967)

V. Tabelle der Inhaltsstoffe des Roh- und Röstkaffees (Fortsetzung)

	Summenformel	Vorkommen G = grüner Kaffee R = Röstkaffee	Literatur
i) N-Verbindungen			
Methylamin	CH_5N	R	BERNHEIMER (1880)
Trimethylamin	C_3H_9N	R	JAECKLE (1898)
Acrylnitril	C_3H_3N	R	MERRITT et al. (1963)
3-Butennitril	C_4H_5N	R	MERRITT et al. (1963)
n-Butyraldoxim	C_4H_9NO	R	FRIEDEL et al. (1971)
j) S-Verbindungen			
Methylmercaptan	CH_4S	R	RHOADES (1960); STOFFELSMA et al. (1968)
(T) Äthylmercaptan	C_2H_6S	R	STOFFELSMA et al. (1968)
(T) Propylmercaptan	C_3H_8S	R	STOFFELSMA et al. (1968)
Schwefelkohlenstoff	CS_2	G R	ZLATKIS, SIVETZ (1960); STOFFELSMA et al. (1968)
Dimethylsulfid	C_2H_6S	G R	STAUDINGER, REICHSTEIN (1925); STOFFELSMA et al. (1968)
Methyläthylsulfid	C_3H_8S	R	MERRITT et al. (1963); STOFFELSMA et al. (1968)
Dimethyldisulfid	$C_2H_6S_2$	R	MERRITT et al. (1963); STOFFELSMA et al. (1968)
Methyl-äthyl-disulfid	$C_3H_8S_2$	R	MERRITT et al. (1963)
Diäthyldisulfid	$C_4H_{10}S_2$	R	HEINS et al. (1966)
B. Alicyclische Verbindungen			
1,2-Dihydrotoluol	C_7H_{10}	R	MERRITT, ROBERTSON (1965)
Limonen	$C_{10}H_{16}$	R	STOLL et al. (1967)
Sylvestren	$C_{10}H_{16}$	R	PRESCOTT et al. (1937)
α-Terpineol	$C_{10}H_{18}O$	R	STOLL et al. (1967); GAUTSCHI et al. (1967b)
Cyclopentanon	C_5H_8O	R	GIANTURCO et al. (1966); STOFFELSMA et al. (1968)
3-Methylcyclopentanon	$C_6H_{10}O$	R	VITZTHUM, WERKHOFF (1975b)
2-Cyclopentenon-1	C_5H_6O	R	BONDAROVICH et al. (1967)
2-Methyl-2-cyclopentenon-1	C_6H_8O	R	BONDAROVICH et al. (1967)
2,3-Dimethyl-2-cyclopentenon-1	$C_7H_{10}O$	R	FRIEDEL et al. (1971)
2-Äthyl-2-cyclopentenon-1	$C_7H_{10}O$	R	BONDAROVICH et al. (1967)
2,3,5-Trimethyl-2-cyclopentenon-1	$C_8H_{12}O$	R	BONDAROVICH et al. (1967)
2-Hydroxy-3-methyl-2-cyclopentenon-1	$C_6H_8O_2$	R	VITZTHUM et al. (1975c)
Cyclohexylmethylketon	$C_8H_{14}O$	R	VITZTHUM, WERKHOFF (1975b)
2-Cyclohexenon-1	C_6H_8O	R	FRIEDEL et al. (1971)
2-Methyl-2-cyclohexenon-1	$C_7H_{10}O$	R	BONDAROVICH et al. (1967)
Cyclopentandion-1,2	$C_5H_6O_2$	R	WALTER, WEIDEMANN (1967)
3,4-Dimethylcyclopentandion-1,2	$C_7H_{10}O_2$	R	GIANTURCO et al. (1963)

V. Tabelle der Inhaltsstoffe des Roh- und Röstkaffees (Fortsetzung)

	Summenformel	Vorkommen G = grüner Kaffee R = Röstkaffee	Literatur
3,5-Dimethylcyclopentan-dion-1,2	$C_7H_{10}O_2$	R	GIANTURCO et al. (1963); STOFFELSMA et al. (1968)
3-Methylcyclopentandion-1,2	$C_6H_8O_2$	R	GIANTURCO et al. (1963); STOFFELSMA et al. (1968)
3-Äthylcyclopentandion-1,2	$C_7H_{10}O_2$	R	GIANTURCO et al. (1963); STOFFELSMA et al. (1968)
3-Methylcyclohexandion-1,2	$C_7H_{10}O_2$	R	GIANTURCO et al. (1963); STOFFELSMA et al. (1968)
C. Aromatische Verbindungen			
a) Kohlenwasserstoffe			
Benzol	C_6H_6	G R	HEINS et al. (1966); MERRITT et al. (1969)
Toluol	C_7H_8	G R	STOLL et al. (1967); MERRITT et al. (1969)
Äthylbenzol	C_8H_{10}	G R	MERRITT, ROBERTSON (1965); MERRITT et al. (1969)
Xylol	C_8H_{10}	G R	HEINS et al. (1966); MERRITT et al. (1969)
1,2,4-Trimethylbenzol	C_9H_{12}	R	STOLL et al. (1967)
p-Cymol	$C_{10}H_{14}$	R	STOLL et al. (1967)
1,2,4,5-Tetramethylbenzol	$C_{10}H_{14}$	R	STOLL et al. (1967)
Styrol	C_8H_8	R	STOLL et al. (1967); HEINS et al. (1966)
p-Isopropenyltoluol	$C_{10}H_{12}$	R	STOLL et al. (1967)
Naphthalin	$C_{10}H_8$	R	STOLL et al. (1967); STAUDINGER, REICHSTEIN (1925)
1-Methylnaphthalin	$C_{11}H_{10}$	R	STOLL et al. (1967)
2-Methylnaphthalin	$C_{11}H_{10}$	R	STOLL et al. (1967)
Dimethylnaphthalin	$C_{12}H_{12}$	R	STOLL et al. (1967)
2-Äthylnaphthalin	$C_{12}H_{12}$	R	STOLL et al. (1967)
Trimethylnaphthalin	$C_{13}H_{14}$	R	STOLL et al. (1967)
Tetramethylnaphthalin	$C_{14}H_{16}$	R	STOLL et al. (1967)
Diphenyl	$C_{12}H_{10}$	R	STOLL et al. (1967)
3-Methyldiphenyl	$C_{13}H_{12}$	R	STOLL et al. (1967)
Inden	C_9H_8	R	STOLL et al. (1967)
Fluoren	$C_{13}H_{10}$	R	STOLL et al. (1967)
b) Phenole			
Phenol	C_6H_6O	G R	STOFFELSMA et al. (1968); VITZTHUM et al. (1975c)
m-Kresol	C_7H_8O	R	STOLL et al. (1967); GIANTURCO et al. (1966)
o-Kresol	C_7H_8O	R	RADTKE (1964); STOFFELSMA et al. (1968)
p-Kresol	C_7H_8O	R	RADTKE (1964)

V. Tabelle der Inhaltsstoffe des Roh- und Röstkaffees (Fortsetzung)

	Summenformel	Vorkommen G = grüner Kaffee R = Röstkaffee	Literatur
2,3-Dimethylphenol	$C_8H_{10}O$	R	STOLL et al. (1967)
2,5-Dimethylphenol	$C_8H_{10}O$	R	STOLL et al. (1967)
2,6-Dimethylphenol	$C_8H_{10}O$	R	STOLL et al. (1967); STOFFELSMA et al. (1968)
3,4-Dimethylphenol	$C_8H_{10}O$	R	STOLL et al. (1967)
2-Äthylphenol	$C_8H_{10}O$	R	STOLL et al. (1967)
4-Äthylphenol	$C_8H_{10}O$	R	STOLL et al. (1967)
2,3,5-Trimethylphenol	$C_9H_{12}O$	R	STOLL et al. (1967)
4-Vinylphenol	C_8H_8O	G	VITZTHUM et al. (1975c)
c) Alkohole, Aldehyde, Ketone			
Benzylalkohol	C_7H_8O	G	VITZTHUM et al. (1975c)
Phenetylalkohol (β-Phenyläthylalkohol)	$C_8H_{10}O$	G R	VITZTHUM, WERKHOFF (1974b); VITZTHUM et al. (1975c)
Benzaldehyd	C_7H_6O	G R	VITZTHUM et al. (1975c); FRIEDEL et al. (1971)
3,4-Dimethoxybenzaldehyd	$C_9H_{10}O_3$	G	VITZTHUM et al. (1975c)
o-Toluylaldehyd	C_8H_8O	R	STOLL et al. (1967)
(T) m-Toluylaldehyd	C_8H_8O	R	STOFFELSMA et al. (1968)
Phenylacetaldehyd	C_8H_8O	G R	STOLL et al. (1967); VITZTHUM et al. (1975c)
Salicylaldehyd	$C_7H_6O_2$	R	STOLL et al. (1967)
o-Hydroxyacetophenon	$C_8H_8O_2$	R	STOLL et al. (1967); STOFFELSMA et al. (1968)
1-Phenylpropandion-1,2	$C_9H_8O_2$	R	STOLL et al. (1967)
Propiophenon	$C_9H_{10}O$	R	STOLL et al. (1967)
5-Methyl-2-hydroxyacetophenon	$C_9H_{10}O_2$	R	STOLL et al. (1967)
Acetovanillon (4-Hydroxy-2-methoxyacetophenon)	$C_9H_{10}O_3$	R	PRESCOTT et al. (1937)
d) Phenol-Carbonsäuren			
Kaffeesäure	$C_9H_8O_4$	G R	RUBACH (1969); LENTNER, DEATHERAGE (1958)
Chinasäure	$C_7H_{12}O_6$	G R	TEPLY et al. (1945); LENTNER, DEATHERAGE (1959)
Chlorogensäure	$C_{16}H_{18}O_9$	G R	RUBACH (1969); CLEMENTS, DEATHERAGE (1957)
Ferulasäure	$C_{10}H_{10}O_4$	G R	RUBACH (1969); PICTET, BRANDENBERGER (1960)
4-Feruloylchinasäure	$C_{17}H_{20}O_9$	G R	LENTNER, DEATHERAGE (1959); RUBACH (1969)
5-Feruloylchinasäure	$C_{17}H_{20}O_9$	G R	RUBACH (1969); PICTET, BRANDENBERGER (1960)
3-Feruloylchinasäure	$C_{17}H_{20}O_9$	G R	LENTNER, DEATHERAGE (1959); RUBACH (1969)

V. Tabelle der Inhaltsstoffe des Roh- und Röstkaffees (Fortsetzung)

	Summenformel	Vorkommen G = grüner Kaffee R = Röstkaffee		Literatur
Kryptochlorogensäure	$C_{16}H_{18}O_9$	G	R	RUBACH (1969); LENTNER, DEATHERAGE (1958)
Isochlorogensäure a	$C_{25}H_{24}O_{12}$	G	R	BARNES et al. (1950); RUBACH (1969)
Isochlorogensäure b	$C_{25}H_{24}O_{12}$	G	R	RUBACH (1969); BARNES et al. (1950)
Isochlorogensäure c	$C_{25}H_{24}O_{12}$	G	R	RUBACH (1969): BARNES et al. (1950)
Neochlorogensäure	$C_{16}H_{18}O_9$	G	R	LENTNER, DEATHERAGE (1958); CORSE et al. (1970)
p-Cumarsäure	$C_9H_8O_3$	G	R	LENTNER, DEATHERAGE (1958); HABERER (1970)
3-p-Cumaroylchinasäure	$C_{16}H_{18}O_8$	G	R	RUBACH (1969); LENTNER, DEATHERAGE (1958)
4-p-Cumaroylchinasäure	$C_{16}H_{18}O_8$	G	R	RUBACH (1969); LENTNER, DEATHERAGE (1958)
5-p-Cumaroylchinasäure	$C_{16}H_{18}O_8$	G	R	RUBACH (1969); LENTNER, DEATHERAGE (1958)
3,4-Dimethoxyzimtsäure	$C_{11}H_{12}O_4$	G		HABERER (1970)
e) Äther, Ester				
Guajacol	$C_7H_8O_2$		R	STOFFELSMA et al. (1968); STAUDINGER, REICHSTEIN (1925)
2(4)-Methylphenetol	$C_9H_{12}O$		R	VITZTHUM, WERKHOFF (1974b)
4-Äthylguajacol	$C_9H_{12}O_2$		R	GIANTURCO et al. (1966); STOFFELSMA et al. (1968)
4-Vinylguajacol	$C_9H_{10}O_2$	G	R	VITZTHUM et al. (1975c); STOFFELSMA et al. (1967)
Eugenol	$C_{10}H_{12}O_2$		R	PRESCOTT et al. (1937)
i-Eugenol	$C_{10}H_{12}O_2$	G		HABERER (1970)
3,4-Dimethoxystyrol	$C_{10}H_{12}O_2$		R	STOLL et al. (1967)
3-Methoxy-4-hydroxy-benz-aldehyd (Vanillin)	$C_8H_8O_3$	G		HABERER (1970)
Ameisensäurebenzylester	$C_8H_8O_2$		R	STOLL et al. (1967)
Essigsäurebenzylester	$C_9H_{10}O_2$		R	STOFFELSMA et al. (1968)
Ameisensäure-2-äthylphenyl-ester	$C_9H_{10}O_2$		R	STOLL et al. (1967); STOFFELSMA et al. (1968)
Benzoesäuremethylester	$C_8H_8O_2$		R	STOLL et al. (1967)
Salicylsäuremethylester	$C_8H_8O_3$		R	STOLL et al. (1967); STOFFELSMA et al. (1968)
f) Chinone				
Brenzcatechin	$C_6H_6O_2$		R	HÖGL (1958); STAUDINGER, REICHSTEIN (1925)
4-Vinylbrenzcatechin	$C_8H_8O_2$		R	PRESCOTT et al. (1937)
Resorcin	$C_6H_6O_2$		R	STAUDINGER, REICHSTEIN (1925)
Hydrochinon	$C_6H_6O_2$		R	HÖGL (1958)
Pyrogallol	$C_6H_6O_3$		R	HÖGL (1958)
2,3-Dihydroxyacetophenon	$C_8H_8O_3$		R	STAUDINGER, REICHSTEIN (1925); GIANTURCO et al. (1966)

V. Tabelle der Inhaltsstoffe des Roh- und Röstkaffees (Fortsetzung)

	Summenformel	Vorkommen G = grüner Kaffee R = Röstkaffee	Literatur
g) N-Verbindungen			
Anilin	C_6H_7N	G	VITZTHUM et al. (1975c)
N-Methylanilin	C_7H_9N	G	VITZTHUM et al. (1975c)
N-Äthylanilin	$C_8H_{11}N$	G	VITZTHUM et al. (1975c)
o-Toluidin	C_7H_9N	G	VITZTHUM et al. (1975c)
o-Anisidin	C_7H_9ON	G	VITZTHUM et al. (1975c)
m-Aminoacetophenon	C_8H_9ON	G	VITZTHUM et al. (1975c)
Anthranilsäure-methylester	$C_8H_9O_2N$	G	VITZTHUM et al. (1975c)
h) S-Verbindungen			
Thioanisol	C_7H_8S	R	STOLL et al. (1967)
o-Hydroxythioanisol	C_7H_8OS	R	STOLL et al. (1967)

D. Heterocyclische Verbindungen

a) O-Verbindungen			
Furane			
Furan	C_4H_4O	G R	JOHNSTON, FREY (1938); STOFFELSMA et al. (1968)
2-Methylfuran	C_5H_6O	G R	ZLATKIS, SIVETZ (1960); STOFFELSMA et al. (1968)
3-Methylfuran	C_5H_6O	R	HEINS et al. (1966)
2,5-Dimethylfuran	C_6H_8O	R	STOFFELSMA et al. (1968); RHOADES (1960)
2,3,5-Trimethylfuran	$C_7H_{10}O$	R	VITZTHUM, WERKHOFF (1975b)
2-Äthylfuran	C_6H_8O	R	HEINS et al. (1966)
2-Methyl-5-i-propylfuran	$C_8H_{12}O$	R	VITZTHUM, WERKHOFF (1975b)
2-Propylfuran	$C_7H_{10}O$	R	MERRITT et al. (1963)
2-Isopropylfuran	$C_7H_{10}O$	R	VITZTHUM, WERKHOFF (1975b)
2-Butylfuran	$C_8H_{12}O$	R	MERRITT et al. (1963)
2-Amylfuran (2-Pentylfuran)	$C_9H_{14}O$	G R	STOLL et al. (1967); VITZTHUM et al. (1975c)
2-Vinylfuran	C_6H_6O	R	VITZTHUM, WERKHOFF (1975b)
2-Vinyl-5-methylfuran	C_7H_8O	R	VITZTHUM, WERKHOFF (1975b)
2-Vinyl-3-methylfuran	C_7H_8O	R	VITZTHUM, WERKHOFF (1975b)
2-Vinyl-4-methylfuran	C_7H_8O	R	VITZTHUM, WERKHOFF (1975b)
2-Propenylfuran	C_7H_8O	R	VITZTHUM, WERKHOFF (1975b)
2-Vinyl-3,5-dimethylfuran	$C_8H_{10}O$	R	VITZTHUM, WERKHOFF (1975b)
2-Vinyl-4,5-dimethylfuran	$C_8H_{10}O$	R	VITZTHUM, WERKHOFF (1975b)
2-Methyl-5-n-propenylfuran	$C_8H_{10}O$	R	VITZTHUM, WERKHOFF (1975b)
2-Isobutenylfuran	$C_8H_{10}O$	R	VITZTHUM, WERKHOFF (1975b)
2-Acetylfuran	$C_6H_6O_2$	G R	VITZTHUM et al. (1975c); STOFFELSMA et al. (1968)
2-Propionylfuran	$C_7H_8O_2$	R	GAUTSCHI et al. (1967a); STOFFELSMA et al. (1968)

V. Tabelle der Inhaltsstoffe des Roh- und Röstkaffees (Fortsetzung)

	Summenformel	Vorkommen G = grüner Kaffee R = Röstkaffee	Literatur
5-Methylfurfural	$C_6H_6O_2$	G R	STOFFELSMA et al. (1968); VITZTHUM et al. (1975c)
5-Methyl-2-acetylfuran	$C_7H_8O_2$	R	GIANTURCO et al. (1964b); STOLL et al. (1967)
5-Methyl-2-propionylfuran	$C_8H_{10}O_2$	R	GAUTSCHI et al. (1967a); STOFFELSMA et al. (1968)
2-Butyrylfuran	$C_8H_{10}O_2$	R	STOLL et al. (1967); STOFFELSMA et al. (1968)
1-(2′-Furyl)-propanon-2	$C_7H_8O_2$	R	VIANI et al. (1965); STOFFELSMA et al. (1968)
1-(2′-Furyl)-butanon-2	$C_8H_{10}O_2$	R	STOLL et al. (1967); STOFFELSMA et al. (1968)
1-(2′-Furyl)-butanon-3	$C_8H_{10}O_2$	R	STOLL et al. (1967)
Benzofuran (Cumaron)	C_8H_6O	R	STOLL et al. (1967)
2-Methylbenzofuran	C_9H_8O	R	STOLL et al. (1967)
3-Phenylfuran	$C_{10}H_8O$	R	GAUTSCHI et al. (1967b); STOFFELSMA et al. (1968)
Furfurylalkohol	$C_5H_6O_2$	G R	VITZTHUM et al. (1975c); STOFFELSMA et al. (1968)
5-Methylfurfurylalkohol	$C_6H_8O_2$	R	VITZTHUM, WERKHOFF (1975b)
5-Methyl-2-methylfurylsulfid	C_6H_8OS	R	STOLL et al. (1967); GAUTSCHI et al. (1967b)
Furfurylmethyläther	$C_6H_8O_2$	R	STOLL et al. (1967); STOFFELSMA et al. (1968)
Ameisensäurefurfurylester	$C_6H_6O_3$	R	STOFFELSMA et al. (1968); GIANTURCO et al. (1964b)
Essigsäurefurfurylester	$C_7H_8O_3$	G R	STOFFELSMA et al. (1968); VITZTHUM et al. (1975c)
Propionsäurefurfurylester	$C_8H_{10}O_3$	R	STOLL et al. (1967); STOFFELSMA et al. (1968)
Buttersäurefurfurylester	$C_9H_{12}O_3$	R	STOLL et al. (1967)
i-Buttersäurefurfurylester	$C_9H_{12}O_3$	R	STOLL et al. (1967)
i-Valeriansäurefurfurylester	$C_{10}H_{14}O_3$	R	STOLL et al. (1967)
2-Methylbuttersäurefurfuryl-ester′	$C_{10}H_{14}O_3$	R	STOLL et al. (1967); STOFFELSMA et al. (1968)
Crotonsäurefurfurylester	$C_9H_{10}O_3$	R	STOLL et al. (1967)
β,β-Dimethylacrylsäurefurfuryl-ester	$C_{10}H_{12}O_3$	R	STOLL et al. (1967)
Difurfuryläther	$C_{10}H_{10}O_3$	R	STOFFELSMA et al. (1968); GAUTSCHI et al. (1967b)
5-Methyldifurfuryläther	$C_{11}H_{12}O_3$	R	STOLL et al. (1967); GAUTSCHI et al. (1967b)
Furfurylmercaptan	C_5H_6OS	R	STAUDINGER, REICHSTEIN (1925); HEINS et al. (1966)
Furfurylmethylsulfid	C_6H_8OS	R	GIANTURCO et al. (1964b); STOFFELSMA et al. (1968)
5-Methyl-2-furfurylmethylsulfid	$C_7H_{10}OS$	R	STOLL et al. (1967); GAUTSCHI et al. (1967b)

V. Tabelle der Inhaltsstoffe des Roh- und Röstkaffees (Fortsetzung)

	Summenformel	Vorkommen G = grüner Kaffee R = Röstkaffee	Literatur
Thiolessigsäurefurfurylester	$C_7H_8O_2S$	R	STOLL et al. (1967); GAUTSCHI et al. (1967b)
Difurfurylsulfid	$C_{10}H_{10}O_2S$	R	STOLL et al. (1967); GAUTSCHI et al. (1967b)
Furfural	$C_5H_4O_2$	G R	STOFFELSMA et al. (1968); VITZTHUM et al. (1975c)
1-(5'-Methyl-2'-furyl)-propanon-2	$C_8H_{10}O_2$	R	STOLL et al. (1967); GAUTSCHI et al. (1967a)
1-(5'-Methyl-2'-furyl)-butanon-2	$C_9H_{12}O_2$	R	STOLL et al. (1967); STOFFELSMA et al. (1968)
1-(5'-Methyl-2'-furyl)-butanon-3	$C_9H_{12}O_2$	R	STOLL et al. (1967)
3-(2'-Furyl)-propenal	$C_7H_6O_2$	R	MERRITT, ROBERTSON (1965); STOFFELSMA et al. (1968)
1-(2'-Furyl)-propan-1,2-dion	$C_7H_6O_3$	R	STOLL et al. (1967); GIANTURCO et al. (1964b)
1-(2'-Furyl)-butan-1,2-dion	$C_8H_8O_3$	R	STOLL et al. (1967); GIANTURCO et al. (1964b)
1-(5'-Methyl-2'-furyl)-propan-1,2-dion	$C_8H_8O_3$	R	STOLL et al. (1967); GIANTURCO et al. (1964b)
1-(5'-Methyl-2'-furyl)-butan-1,2-dion	$C_9H_{10}O_3$	R	STOLL et al. (1967); GAUTSCHI et al. (1967a)
Brenzschleimsäuremethylester	$C_6H_6O_3$	R	VITZTHUM, WERKHOFF (1975b)
Brenzschleimsäureäthylester	$C_7H_8O_3$	R	VITZTHUM, WERKHOFF (1975b)
Furanthiolcarbonsäure-methylester	$C_6H_6O_2S$	R	STOLL et al. (1967); GAUTSCHI et al. (1967b)
5-Methyl-2-furonitril	C_6H_5NO	R	STOLL et al. (1967)
2,2'-Difuryl	$C_8H_6O_2$	R	STOLL et al. (1967); GAUTSCHI et al. (1967b)
2,2'-Difurylmethan	$C_9H_8O_2$	R	GIANTURCO et al. (1964b); STOFFELSMA et al. (1968)
5-Methyl-2-furyl-2'-furylmethan	$C_{10}H_{10}O_2$	R	STOLL et al. (1967); GAUTSCHI et al. (1967b)
Bis-(5-methyl-2-furyl)-methan	$C_{11}H_{12}O_2$	R	STOLL et al. (1967); GAUTSCHI et al. (1967b)
4-(2'-Furyl)-buten-3-on-2	$C_8H_8O_2$	R	STOFFELSMA et al. (1968)
2-Furfuryloxyaceton	$C_7H_8O_3$	R	STOFFELSMA et al. (1968)
2-i-Butyrylfuran	$C_8H_{10}O_2$	R	STOFFELSMA et al. (1968)
(T) 3-(2'-Furyl)propanal	$C_7H_8O_2$	R	STOFFELSMA et al. (1968)
Hydroxymethyl-furfural	$C_6H_6O_3$	R	HÖGL (1958)
Tetrahydrofuran	C_4H_8O	R	HEINS et al. (1966); STOFFELSMA et al. (1968)
2-Methyltetrahydrofuran	$C_5H_{10}O$	R	STOFFELSMA et al. (1968); VIANI et al. (1965)
2-Acetyltetrahydrofuran	$C_6H_{10}O_2$	R	FRIEDEL et al. (1971
Anhydrolinalooloxid (2-Isopropenyl-5-vinyl-5-methyltetrahydrofuran)	$C_{10}H_{16}O$	R	STOLL et al. (1967); GAUTSCHI et al. (1967b)

V. Tabelle der Inhaltsstoffe des Roh- und Röstkaffees (Fortsetzung)

	Summenformel	Vorkommen G = grüner Kaffee R = Röstkaffee	Literatur
cis-Linalooloxid (2-(2'-Hydroxy-2'-propyl)-5-vinyl-5-methyltetrahydrofuran)	$C_{10}H_{18}O_2$	R	STOLL et al. (1967); GAUTSCHI et al. (1967b)
trans-Linalooloxid	$C_{10}H_{18}O_2$	R	STOFFELSMA et al. (1968)
2,3-Dihydrobenzofuran	C_8H_8O	R	STOLL et al. (1967)
2-Methyl-tetrahydrofuran-on-3	$C_5H_8O_2$	G R	VITZTHUM et al. (1975c); STOFFELSMA et al. (1968)
2,4,5-Trimethyl-2H-furanon-3	$C_7H_{10}O_2$	R	BONDAROVICH et al. (1967)
2,5-Dimethyl-2H-furanon-3	$C_6H_8O_2$	R	FRIEDEL et al. (1971)
Lactone			
γ-Butyrolacton	$C_4H_6O_2$	R	VIANI et al. (1965); STOFFELSMA et al. (1968)
γ-Valerolacton	$C_5H_8O_2$	R	STOFFELSMA et al. (1968)
α-Methyl-γ-butyrolacton	$C_5H_8O_2$	R	STOFFELSMA et al. (1968)
γ-Methyl-γ-butyrolacton	$C_5H_8O_2$	R	STOFFELSMA et al. (1968)
Crotonolacton	$C_4H_4O_2$	R	GIANTURCO et al. (1966)
2,3-Dimethylbut-2-en-1,4-lacton	$C_6H_8O_2$	R	STOFFELSMA et al. (1968)
3,4-Dimethylbut-2-en-1,4-lacton	$C_6H_8O_2$	R	STOFFELSMA et al. (1968)
2,3,4-Trimethylbut-2-en-1,4-lacton	$C_7H_{10}O_2$	R	STOFFELSMA et al. (1968)
6-Methoxy-7-hydroxycumarin (Scopoletin)	$C_{10}H_8O_4$	G	HABERER (1970); THIER et al. (1968)
Dihydroactinidiolid	$C_{11}H_{16}O_2$	G	VITZTHUM et al. (1975c)
Säureanhydride			
Methylmaleinsäureanhydrid	$C_5H_4O_3$	R	STOFFELSMA et al. (1968)
Dimethylmaleinsäureanhydrid	$C_6H_6O_3$	R	GIANTURCO et al. (1966); STOFFELSMA et al. (1968)
2-Äthyl-3-methylmaleinsäure-anhydrid	$C_7H_8O_3$	R	STOLL et al. (1967); GIANTURCO et al. (1966)
Pyrone			
Maltol (2-Methyl-3-hydroxy-γ-pyron)	$C_6H_6O_3$	R	STOFFELSMA et al. (1968); STAUDINGER, REICHSTEIN (1925)
b) N-Verbindungen			
Pyrrole			
Pyrrol	C_4H_5N	R	STAUDINGER, REICHSTEIN (1925); STOFFELSMA et al. (1968)
N-Methylpyrrol	C_5H_7N	G R	MERRITT et al. (1969); STAUDINGER, REICHSTEIN (1925)
2-Methylpyrrol	C_5H_7N	R	MERRITT et al. (1969)
N-Methyl-2-Methylpyrrol	C_6H_9N	R	MERRITT et al. (1969)
2,4-Dimethylpyrrol	C_6H_9N	R	VITZTHUM, WERKHOFF (1974b)
Dimethylpyrrol	C_6H_9N	R	MERRITT et al. (1963)
2-Äthylpyrrol	C_6H_9N	R	VITZTHUM, WERKHOFF (1975b)

V. Tabelle der Inhaltsstoffe des Roh- und Röstkaffees (Fortsetzung)

	Summenformel	Vorkommen G = grüner Kaffee R = Röstkaffee	Literatur
N-Äthylpyrrol	C_6H_9N	R	HEINS et al. (1966); MERRITT et al. (1969)
N-n-Butylpyrrol	$C_8H_{13}N$	R	MERRITT, ROBERTSON (1965)
2-Isobutylpyrrol	$C_8H_{13}N$	R	VITZTHUM, WERKHOFF (1974b)
2,4-Dimethyl-3-äthylpyrrol	$C_8H_{13}N$	R	VITZTHUM, WERKHOFF (1974b)
N-n-Pentylpyrrol	$C_9H_{15}N$	R	BONDAROVICH et al. (1967)
N-i-Pentylpyrrol	$C_9H_{15}N$	R	STOLL et al. (1967)
2-n-Pentylpyrrol	$C_9H_{15}N$	R	VITZTHUM, WERKHOFF (1974b)
N-(2-Methylbutyl)-pyrrol	$C_9H_{15}N$	R	STOLL et al. (1967)
N-Acetylpyrrol	C_6H_7NO	R	VITZTHUM, WERKHOFF (1975b)
2-Acetylpyrrol	C_6H_7NO	G R	VITZTHUM et al. (1975c); VIANI et al. (1965)
2-Propionylpyrrol	C_7H_9NO	R	GIANTURCO et al. (1964b)
2-Pyrrolaldehyd	C_5H_5NO	R	GIANTURCO et al. (1964b); STOFFELSMA et al. (1968)
N-Methylpyrrol-2-aldehyd	C_6H_7NO	R	GIANTURCO et al. (1964b); STOFFELSMA et al. (1968)
5-Methylpyrrol-2-aldehyd	C_6H_7NO	R	GIANTURCO et al. (1964b); STOFFELSMA et al. (1968)
N-Methyl-2-acetylpyrrol	C_7H_9NO	R	GIANTURCO et al. (1964b); STOFFELSMA et al. (1968)
N-Äthyl-2-acetylpyrrol	$C_8H_{11}NO$	R	STOFFELSMA et al. (1968)
N-Äthylpyrrol-2-aldehyd	C_7H_9NO	R	STOLL et al. (1967); STOFFELSMA et al. (1968)
N-Methyl-5-methylpyrrol-2-aldehyd	C_7H_9NO	R	GIANTURCO et al. (1964b); STOFFELSMA et al. (1968)
N-i-Pentylpyrrol-2-aldehyd	$C_{10}H_{15}NO$	R	STOLL et al. (1967)
N-(2-Methylbutyl)-pyrrol-2-aldehyd	$C_{10}H_{15}NO$	R	STOLL et al. (1967)
1-(2′-Pyrryl)-butan-1,2-dion	$C_8H_9NO_2$	R	STOLL et al. (1967); GAUTSCHI et al. (1967b)
N-Methyl-(2′-Pyrryl)-butan-1,2-dion	$C_9H_{11}NO_2$	R	GAUTSCHI et al. (1967b)
N-Furfurylpyrrol	C_9H_9NO	R	STAUDINGER, REICHSTEIN (1925); STOFFELSMA et al. (1968)
N-Furfuryl-2-methylpyrrol	$C_{10}H_{11}NO$	R	VITZTHUM, WERKHOFF (1975b)
N-Propionylpyrrol	C_7H_9NO	R	VITZTHUM, WERKHOFF (1975b)
N-Acetyl-2-methylpyrrol	C_7H_9NO	R	VITZTHUM, WERKHOFF (1975b)
2-Acetyl-5-methylpyrrol	C_7H_9NO	R	VITZTHUM, WERKHOFF (1975b)
N-Furfurylpyrrol-2-aldehyd	$C_{10}H_9NO_2$	R	STOLL et al. (1967)
N-Furfuryl-2-acetylpyrrol	$C_{11}H_{11}NO_2$	R	STOLL et al. (1967)
N-(5′-Methylfurfuryl)-pyrrol	$C_{10}H_{11}NO$	R	STOLL et al. (1967); STOFFELSMA et al. (1968)
Indole			
Indol	C_8H_7N	R	VITZTHUM, WERKHOFF (1974b)
2-Methylindol	C_9H_9N	R	VITZTHUM, WERKHOFF (1974b)
3-Oxindol	C_8H_7NO	R	VITZTHUM, WERKHOFF (1974b)
(T) 2-Methylindolin	$C_9H_{11}N$	G	VITZTHUM et al. (1975c)

V. Tabelle der Inhaltsstoffe des Roh- und Röstkaffees (Fortsetzung)

	Summenformel	Vorkommen G = grüner Kaffee R = Röstkaffee		Literatur
Pyridine				
Pyridin	C_5H_5N	G	R	VITZTHUM et al. (1975c); STOFFELSMA et al. (1968)
2-Methylpyridin (α-Picolin)	C_6H_7N	G	R	VITZTHUM et al. (1975c); GOLDMAN et al. (1967)
3-Methylpyridin (β-Picolin)	C_6H_7N		R	RADTKE (1964); STOFFELSMA et al. (1968)
3-Äthylpyridin	C_7H_9N	G	R	GOLDMAN et al. (1967); VITZTHUM et al. (1975c)
2-Acetylpyridin	C_7H_7NO	G	R	VITZTHUM, WERKHOFF (1974b); VITZTHUM et al. (1975c)
3-Acetylpyridin	C_7H_7NO	G	R	VITZTHUM, WERKHOFF (1974b); VITZTHUM et al. (1975c)
2-Acetyl-methylpyridin	C_8H_9NO		R	VITZTHUM, WERKHOFF (1974b)
3-Phenylpyridin	$C_{11}H_9N$		R	VITZTHUM, WERKHOFF unveröff.
Nicotinsäuremethylester	$C_7H_7NO_2$		R	GIANTURCO et al. (1966)
2,6-Dimethylpyridin	C_7H_9N	G		VITZTHUM et al. (1975c)
2-Äthylpyridin	C_7H_9N	G		VITZTHUM et al. (1975c)
4-Vinylpyridin	C_7H_7N	G		VITZTHUM et al. (1975c)
Chinoline				
Chinolin	C_9H_7N	G		VITZTHUM et al. (1975c)
3(4)-Methylchinolin	$C_{10}H_9N$	G	R	VITZTHUM, WERKHOFF (1974b); VITZTHUM et al. (1975c)
3-Methylcarbostyril (2-Hydroxy-3-methylchinolin)	$C_{10}H_9NO$		R	VITZTHUM, WERKHOFF (1974b)
Pyrazine				
Pyrazin	$C_4H_4N_2$		R	STAUDINGER, REICHSTEIN (1925); STOFFELSMA et al. (1968)
2-Methylpyrazin	$C_5H_6N_2$	G	R	VITZTHUM et al. (1975c); STOFFELSMA et al. (1968)
2-Äthylpyrazin	$C_6H_8N_2$	G	R	GOLDMAN et al. (1967); VITZTHUM et al. (1975c)
2-Propylpyrazin	$C_7H_{10}H_2$		R	GOLDMAN et al. (1967)
2,3-Dimethylpyrazin	$C_6H_8N_2$	G	R	VITZTHUM et al. (1975c); STOFFELSMA et al. (1968)
2,5-Dimethylpyrazin	$C_6H_8N_2$	G	R	VITZTHUM, et al. (1975c); STOFFELSMA et al. (1968)
2,6-Dimethylpyrazin	$C_6H_8N_2$	G	R	STOFFELSMA et al. (1968); VITZTHUM et al. (1975c)
2-Äthyl-3-methylpyrazin	$C_7H_{10}N_2$		R	GOLDMAN et al. (1967); STOFFELSMA et al. (1968)
2-Äthyl-5-methylpyrazin	$C_7H_{10}N_2$	G	R	VITZTHUM et al. (1975c); STOFFELSMA et al. (1968)
2-Äthyl-6-methylpyrazin	$C_7H_{10}N_2$	G	R	VITZTHUM et al. (1975c); STOFFELSMA et al. (1968)
2,5-Diäthylpyrazin	$C_8H_{12}N_2$		R	GOLDMAN et al. (1967); FRIEDEL et al. (1971)

V. Tabelle der Inhaltsstoffe des Roh- und Röstkaffees (Fortsetzung)

	Summenformel	Vorkommen G = grüner Kaffee R = Röstkaffee	Literatur
2,6-Diäthylpyrazin	$C_8H_{12}N_2$	R	GOLDMAN et al. (1967)
2-Methyl-6-n-propylpyrazin	$C_8H_{12}N_2$	R	GOLDMAN et al. (1967)
2-Methyl-5-n-propylpyrazin	$C_8H_{12}N_2$	R	FRIEDEL et al. (1971)
2-Methyl-5-i-propylpyrazin	$C_8H_{12}N_2$	R	GOLDMAN et al. (1967)
2-Äthyl-6-n-propylpyrazin	$C_9H_{14}N_2$	R	FRIEDEL et al. (1971)
2-i-Butyl-3-methylpyrazin	$C_9H_{14}N_2$	R	GOLDMAN et al. (1967)
2,3,5-Trimethylpyrazin	$C_7H_{10}N_2$	G R	VITZTHUM et al. (1975c); STOFFELSMA et al. (1968)
2,3-Dimethyl-5-äthylpyrazin	$C_8H_{12}N_2$	R	FRIEDEL et al. (1971)
2,6-Dimethyl-3-äthyl-pyrazin	$C_8H_{12}N_2$	R	FRIEDEL et al. (1971)
2-Äthyl-3,5-dimethylpyrazin	$C_8H_{12}N_2$	G R	GOLDMAN et al. (1967); VITZTHUM et al. (1975c)
3-Äthyl-2,5-dimethylpyrazin	$C_8H_{12}N_2$	G R	VITZTHUM et al. (1975c); STOFFELSMA et al. (1968)
2,3-Diäthyl-5-methylpyrazin	$C_9H_{14}N_2$	R	BONDAROVICH et al. (1967); STOFFELSMA et al. (1968)
2,5-Diäthyl-3-methylpyrazin	$C_9H_{14}N_2$	R	FRIEDEL et al. (1971)
2,6-Diäthyl-3-methylpyrazin	$C_9H_{14}N_2$	R	BONDAROVICH et al. (1967); STOFFELSMA et al. (1968)
2,5-Dimethyl-3-isobutylpyrazin	$C_{10}H_{16}N_2$	R	FRIEDEL et al. (1971)
Tetramethylpyrazin	$C_8H_{12}N_2$	R	FRIEDEL et al. (1971)
2-Äthyl-3,5,6-trimethylpyrazin	$C_9H_{14}N_2$	R	FRIEDEL et al. (1971)
Diäthyl-dimethylpyrazin	$C_{10}H_{16}N_2$	R	VITZTHUM, WERKHOFF (1974b)
2-Vinylpyrazin	$C_6H_6N_2$	R	GOLDMAN et al. (1967)
2-Methyl-5-vinylpyrazin	$C_7H_8N_2$	R	GOLDMAN et al. (1967)
2-Methyl-6-vinylpyrazin	$C_7H_8N_2$	R	GOLDMAN et al. (1967)
2-Äthyl-6-vinylpyrazin	$C_8H_{10}N_2$	R	FRIEDEL et al. (1971)
2-(trans-1-Propenyl)-pyrazin	$C_7H_8N_2$	R	BONDAROVICH et al. (1967)
2-Methyl-6-(trans-1-propenyl)-pyrazin	$C_8H_{10}N_2$	R	BONDAROVICH et al. (1967)
2-Methyl-5-(trans-1-propenyl)-pyrazin	$C_8H_{10}N_2$	R	BONDAROVICH et al. (1967)
2-Methoxy-3-methylpyrazin	$C_6H_8N_2O$	G	VITZTHUM et al. (1975c)
2-Methoxy-3-äthylpyrazin	$C_7H_{10}N_2O$	G	VITZTHUM et al. (1975c)
2-Methoxy-3-isopropylpyrazin	$C_8H_{12}N_2O$	G	VITZTHUM et al. (1975c)
2-Methoxy-3-isobutylpyrazin	$C_9H_{14}N_2O$	G R	FRIEDEL et al. (1971); VITZTHUM et al. (1975c)
2-Acetylpyrazin	$C_6H_6N_2O$	R	VITZTHUM, WERKHOFF (1974b)
2-Acetyl-3-methylpyrazin	$C_7H_8N_2O$	R	VITZTHUM, WERKHOFF (1974b)
2-Acetyl-5-methylpyrazin	$C_7H_8N_2O$	R	VITZTHUM, WERKHOFF (1974b)
2-Acetyl-6-methylpyrazin	$C_7H_8N_2O$	R	VITZTHUM, WERKHOFF (1974b)
2-Acetyl-3,5-dimethylpyrazin	$C_8H_{10}N_2O$	R	VITZTHUM, WERKHOFF (1974b)
2-Acetyl-3,6-dimethylpyrazin	$C_8H_{10}N_2O$	R	VITZTHUM, WERKHOFF (1974b)
2-Acetyl-5,6-dimethylpyrazin	$C_8H_{10}N_2O$	R	VITZTHUM, WERKHOFF (1974b)
2-(2′-Furyl)-pyrazin	$C_8H_6N_2O$	R	FRIEDEL et al. (1971)
2-(2′-Furyl)-3-methylpyrazin	$C_9H_8N_2O$	R	VITZTHUM, WERKHOFF, unveröff.
2-(2′-Furyl)-5-methylpyrazin	$C_9H_8N_2O$	R	VITZTHUM, WERKHOFF, unveröff.
2-(2′-Furyl)-6-methylpyrazin	$C_9H_8N_2O$	R	VITZTHUM, WERKHOFF, unveröff.
2-(2′-Furyl)-3,5-dimethylpyrazin	$C_{10}H_{10}N_2O$	R	VITZTHUM, WERKHOFF (1974b)

V. Tabelle der Inhaltsstoffe des Roh- und Röstkaffees (Fortsetzung)

	Summenformel	Vorkommen G = grüner Kaffee R = Röstkaffee	Literatur
2-(2'-Furyl)-3,6-dimethylpyrazin	$C_{10}H_{10}N_2O$	R	VITZTHUM, WERKHOFF (1974b)
2-(2'-Furyl)-5,6-dimethylpyrazin	$C_{10}H_{10}N_2O$	R	VITZTHUM, WERKHOFF (1974b)
2-(2'-5'-Methylfuryl)-3-methylpyrazin	$C_{10}H_{10}N_2O$	R	VITZTHUM, WERKHOFF (1974b)
2-(2'-5'-Methylfuryl)-5-methylpyrazin	$C_{10}H_{10}N_2O$	R	VITZTHUM, WERKHOFF (1974b)
2-(2'-5'-Methylfuryl)-6-methylpyrazin	$C_{10}H_{10}N_2O$	R	VITZTHUM, WERKHOFF (1974b)
2-(2'-4'-Methylfuryl)-3-methylpyrazin	$C_{10}H_{10}N_2O$	R	VITZTHUM, WERKHOFF (1974b)
2-(2'-4'-Methylfuryl)-5-methylpyrazin	$C_{10}H_{10}N_2O$	R	VITZTHUM, WERKHOFF (1974b)
2-(2'-4'-Methylfuryl)-6-methylpyrazin	$C_{10}H_{10}N_2O$	R	VITZTHUM, WERKHOFF (1974b)
2-(2'-4,5'-Dimethylfuryl)-5(6)-methylpyrazin	$C_{11}H_{12}N_2O$	R	VITZTHUM, WERKHOFF (1974b)
6,7-Dihydro-5H-cyclopenta-pyrazin	$C_7H_8N_2$	R	VITZTHUM, WERKHOFF (1975a)
2-Methyl-6,7-dihydro-5H-cyclopentapyrazin	$C_8H_{10}N_2$	R	VITZTHUM, WERKHOFF (1975a)
5-Methyl-6,7-dihydro-5H-cyclopentapyrazin	$C_8H_{10}N_2$	R	VITZTHUM, WERKHOFF (1975a)
(T) 2(3),5-Dimethyl-6,7-dihydro-5H-cyclopentapyrazin	$C_9H_{12}N_2$	R	VITZTHUM, WERKHOFF (1975a)
3(2),5-Dimethyl-6,7-dihydro-5H-cyclopentapyrazin	$C_9H_{12}N_2$	R	VITZTHUM, WERKHOFF (1975a)
5,7-Dimethyl-6,7-dihydro-5H-cyclopentapyrazin	$C_9H_{12}N_2$	R	VITZTHUM, WERKHOFF (1975a)
2,3-Dimethyl-6,7-dihydro-5H-cyclopentapyrazin	$C_9H_{12}N_2$	R	VITZTHUM, WERKHOFF (1975a)
2,5,7-Trimethyl-6,7-dihydro-5H-cyclopentapyrazin	$C_{10}H_{14}N_2$	R	VITZTHUM, WERKHOFF (1975a)
2,3,5-Trimethyl-6,7-dihydro-5H-cyclopentapyrazin	$C_{10}H_{14}N_2$	R	VITZTHUM, WERKHOFF (1975a)
2-Äthyl-6,7-dihydro-5H-cyclopentapyrazin	$C_9H_{12}N_2$	R	VITZTHUM, WERKHOFF (1975a)
5-Äthyl-6,7-dihydro-5H-cyclopentapyrazin	$C_9H_{12}N_2$	R	VITZTHUM, WERKHOFF (1975a)
2-Methyl-3-äthyl-6,7-dihydro-5H-cyclopentapyrazin	$C_{10}H_{14}N_2$	R	VITZTHUM, WERKHOFF (1975a)
Chinoxalin	$C_8H_6N_2$	R	VITZTHUM, WERKHOFF (1974b)
5-Methylchinoxalin	$C_9H_8N_2$	R	STOLL et al. (1967); GAUTSCHI et al. (1967)
Methylchinoxalin	$C_9H_8N_2$	R	VITZTHUM, WERKHOFF (1974b)
Dimethylchinoxalin	$C_{10}H_{10}N_2$	R	VITZTHUM, WERKHOFF (1974b)
2,3-Dimethylchinoxalin	$C_{10}H_{10}N_2$	R	VITZTHUM, WERKHOFF (1974b)
5,6,7,8-Tetrahydrochinoxalin	$C_8H_{10}N_2$	R	VITZTHUM, WERKHOFF (1975a)
2-Methyl-5,6,7,8-tetrahydro-chinoxalin	$C_9H_{12}N_2$	R	VITZTHUM, WERKHOFF (1975a)

V. Tabelle der Inhaltsstoffe des Roh- und Röstkaffees (Fortsetzung)

	Summenformel	Vorkommen G = grüner Kaffee R = Röstkaffee	Literatur
5-Methyl-5,6,7,8-tetrahydrochinoxalin	$C_9H_{12}N_2$	R	VITZTHUM, WERKHOFF (1975a)
2,3-Dimethyl-5,6,7,8-tetrahydrochinoxalin	$C_{10}H_{14}N_2$	R	VITZTHUM, WERKHOFF (1975a)
2-Äthyl-5,6,7,8-tetrahydrochinoxalin	$C_{10}H_{14}N_2$	R	VITZTHUM, WERKHOFF (1975a)
c) S-Verbindungen			
Thiophene			
Thiophen	C_4H_4S	R	ZLATKIS, SIVETZ (1960); STOFFELSMA et al. (1968)
2-Methylthiophen	C_5H_6S	R	HEINS et al. (1966); MERRITT et al. (1969)
2-Methyl-4-äthylthiophen	$C_7H_{10}S$	R	STOLL et al. (1967)
2-n-Propylthiophen	$C_7H_{10}S$	R	VITZTHUM, WERKHOFF (1975b)
2-n-Butylthiophen	$C_8H_{12}S$	R	VITZTHUM, WERKHOFF (1975b)
3-Vinylthiophen	C_6H_6S	R	STOLL et al. (1967)
Thenylalkohol (2-Hydroxymethylthiophen)	C_5H_6OS	R	HEINS et al. (1966); STOFFELSMA et al. (1968)
2-Acetylthiophen	C_6H_6OS	R	GIANTURCO et al. (1966); STOFFELSMA et al. (1968)
3-Acetylthiophen	C_6H_6OS	R	STOFFELSMA et al. (1968)
2-Thiophenaldehyd	C_5H_4OS	R	STOFFELSMA et al. (1968); GIANTURCO et al. (1965)
5-Methyl-2-thiophenaldehyd	C_6H_6OS	R	STOLL et al. (1967); GAUTSCHI et al. (1967a)
3-Methyl-2-thiophenaldehyd	C_6H_6OS	R	VITZTHUM, WERKHOFF (1975b)
2-Propionylthiophen	C_7H_8OS	R	GAUTSCHI et al. (1967a); STOFFELSMA et al. (1968)
3-Methyl-2-acetylthiophen	C_7H_8OS	R	STOLL et al. (1967); STOFFELSMA et al. (1968)
4-Methyl-2-acetylthiophen	C_7H_8OS	R	STOLL et al. (1967)
5-Methyl-2-acetylthiophen	C_7H_8OS	R	GAUTSCHI et al. (1967a); STOFFELSMA et al. (1968)
1-(2′-Thienyl)-propan-1,2-dion	$C_7H_6O_2S$	R	STOLL et al. (1967); GAUTSCHI et al. (1967a)
1-(2′-Thienyl-4(5)-methyl)-propan-1,2-dion	$C_8H_8O_2S$	R	GAUTSCHI et al. (1967a)
1-(3′-Thienyl)-propan-1,2-dion	$C_7H_6O_2S$	R	STOLL et al. (1967)
Thenoesäuremethylester	$C_6H_6O_2S$	R	STOLL et al. (1967)
Essigsäurethenylester	$C_7H_8O_2S$	R	STOLL et al. (1967); STOFFELSMA et al. (1968)
Ameisensäurethenylester	$C_6H_6O_2S$	R	STOLL et al. (1967)
Benzothiophen (Thionaphthen)	C_8H_6S	R	STOLL et al. (1967)
Thiophthen (Thieno-Thiophen)	$C_6H_4S_2$	R	STOLL et al. (1967); GAUTSCHI et al. (1967b)
Kahweofuran	C_7H_8OS	R	BÜCHI et al. (1971)

V. Tabelle der Inhaltsstoffe des Roh- und Röstkaffees (Fortsetzung)

	Summenformel	Vorkommen G = grüner Kaffee R = Röstkaffee	Literatur
Tetrahydrothiophen-on-2 (Thiophan-2-on)	C_4H_6OS	R	STOFFELSMA et al. (1968)
Tetrahydrothiophen-on-3 (Thiophan-3-on)	C_4H_6OS	R	STOLL et al. (1967)
2-Methyltetrahydrothiophen-on-3 (2-Methylthiophan-3-on)	C_5H_8OS	R	STOLL et al. (1967)
d) N,S-Verbindungen			
Thiazole			
Thiazol	C_3H_3NS	R	VITZTHUM, WERKHOFF (1974a)
2-Methylthiazol	C_4H_5NS	R	VITZTHUM, WERKHOFF (1974a)
4-Methylthiazol	C_4H_5NS	R	VITZTHUM, WERKHOFF (1974a)
5-Methylthiazol	C_4H_5NS	R	VITZTHUM, WERKHOFF (1974a)
(T) 2-Äthylthiazol	C_5H_7NS	R	VITZTHUM, WERKHOFF (1974a)
4-Äthylthiazol	C_5H_7NS	R	VITZTHUM, WERKHOFF (1974a)
5-Äthylthiazol	C_5H_7NS	R	VITZTHUM, WERKHOFF (1974a)
2-n-Propylthiazol	C_6H_9NS	R	VITZTHUM, WERKHOFF (1974b)
4-n-Butylthiazol	$C_7H_{11}NS$	R	VITZTHUM, WERKHOFF (1974a)
2,4-Dimethylthiazol	C_5H_7NS	R	VITZTHUM, WERKHOFF (1974a)
2,5-Dimethylthiazol	C_5H_7NS	R	VITZTHUM, WERKHOFF (1974a)
4,5-Dimethylthiazol	C_5H_7NS	R	VITZTHUM, WERKHOFF (1974a)
2-Methyl-4-äthylthiazol	C_6H_9NS	R	VITZTHUM, WERKHOFF (1974a)
2-Methyl-5-äthylthiazol	C_6H_9NS	R	VITZTHUM, WERKHOFF (1974a)
4-Methyl-5-äthylthiazol	C_6H_9NS	R	VITZTHUM, WERKHOFF (1974a)
2-Äthyl-4-methylthiazol	C_6H_9NS	R	VITZTHUM, WERKHOFF (1974a)
4-Äthyl-5-methylthiazol	C_6H_9NS	R	VITZTHUM, WERKHOFF (1974a)
2,4-Diäthylthiazol	$C_7H_{11}NS$	R	VITZTHUM, WERKHOFF (1974a)
2,5-Diäthylthiazol	$C_7H_{11}NS$	R	VITZTHUM, WERKHOFF (1974a)
2-n-Propyl-5-äthylthiazol	$C_8H_{13}NS$	R	VITZTHUM, WERKHOFF (1974b)
2,4,5-Trimethylthiazol	C_6H_9NS	R	VITZTHUM, WERKHOFF (1974a)
2,4-Dimethyl-5-äthylthiazol	$C_7H_{11}NS$	R	VITZTHUM, WERKHOFF (1974a)
2,5-Dimethyl-4-äthylthiazol	$C_7H_{11}NS$	R	VITZTHUM, WERKHOFF (1974a)
4,5-Dimethyl-2-äthylthiazol	$C_7H_{11}NS$	R	VITZTHUM, WERKHOFF (1974a)
Benzothiazol	C_7H_5NS	R	VITZTHUM, WERKHOFF (1974a)
2-Acetylthiazol	C_6H_5NOS	R	VITZTHUM, WERKHOFF, unveröff.
2-Acetyl-4-methylthiazol	C_6H_7NOS	R	STOLL et al. (1967)
2-Propionyl-4-methylthiazol	C_7H_9NOS	R	STOLL et al. (1967)
e) N,O-Verbindungen			
Oxazole			
(T) 2-Äthyloxazol	C_5H_7NO	R	VITZTHUM, WERKHOFF (1974a)
(T) 4-Äthyloxazol	C_5H_7NO	R	VITZTHUM, WERKHOFF (1974a)
(T) 5-Äthyloxazol	C_5H_7NO	R	VITZTHUM, WERKHOFF (1974a)
2(4)-n-Butyloxazol	$C_7H_{11}NO$	R	VITZTHUM, WERKHOFF (1974b)
2,4-Dimethyloxazol	C_5H_7NO	R	VITZTHUM, WERKHOFF (1974a)
2,5-Dimethyloxazol	C_5H_7NO	R	VITZTHUM, WERKHOFF (1974a)

V. Tabelle der Inhaltsstoffe des Roh- und Röstkaffees (Fortsetzung)

	Summenformel	Vorkommen G = grüner Kaffee R = Röstkaffee	Literatur
4,5-Dimethyloxazol	C_5H_7NO	R	VITZTHUM, WERKHOFF (1974a)
2-Äthyl-5-methyloxazol	C_6H_9NO	R	VITZTHUM, WERKHOFF (1974a)
2-Methyl-4-äthyloxazol	C_6H_9NO	R	VITZTHUM, WERKHOFF (1974a)
4-Methyl-5-äthyloxazol	C_6H_9NO	R	VITZTHUM, WERKHOFF (1974a)
2-Äthyl-4-methyloxazol	C_6H_9NO	R	VITZTHUM, WERKHOFF (1974a)
4-Äthyl-5-methyloxazol	C_6H_9NO	R	VITZTHUM, WERKHOFF (1974a)
2-Methyl-5-äthyloxazol	C_6H_9NO	R	VITZTHUM, WERKHOFF (1974a)
2-n-Propyl-5-methyloxazol	$C_7H_{11}NO$	R	VITZTHUM, WERKHOFF (1974a)
2,4,5-Trimethyloxazol	C_6H_9NO	R	VITZTHUM, WERKHOFF (1974a)
2,5-Dimethyl-4-äthyloxazol	$C_7H_{11}NO$	R	VITZTHUM, WERKHOFF (1974a)
2,4-Dimethyl-5-äthyloxazol	$C_7H_{11}NO$	R	VITZTHUM, WERKHOFF (1974a)
4,5-Dimethyl-2-äthyloxazol	$C_7H_{11}NO$	R	VITZTHUM, WERKHOFF (1974a)
2-n-Propyl-4,5-dimethyloxazol	$C_8H_{13}NO$	R	VITZTHUM, WERKHOFF (1974a)
4-n-Butyl-2,5-dimethyloxazol	$C_9H_{15}NO$	R	VITZTHUM, WERKHOFF (1974b)
2-Phenyloxazol	C_9H_7NO	R	VITZTHUM, WERKHOFF (1974a)
5-Acetyl-2-methyloxazol	$C_6H_7NO_2$	R	STOFFELSMA et al. (1968)
5-Acetyl-2,4-dimethyloxazol	$C_7H_9NO_2$	R	VITZTHUM, WERKHOFF (1974a)
2-Methylbenzoxazol	C_8H_7NO	R	VITZTHUM, WERKHOFF (1974a)
(T) 4-Methylbenzoxazol	C_8H_7NO	R	VITZTHUM, WERKHOFF (1974b)
2,5-Dimethylbenzoxazol	C_9H_9NO	R	VITZTHUM, WERKHOFF (1974b)
(T) 2,4-Dimethylbenzoxazol	C_9H_9NO	R	VITZTHUM, WERKHOFF (1974b)
(T) 2,6-Dimethylbenzoxazol	C_9H_9NO	R	VITZTHUM, WERKHOFF (1974b)
Säureimid			
N,α-Dimethylsuccinimid	$C_6H_9NO_2$	R	STOFFELSMA et al. (1968)

E. Spezielle Naturstoffe

a) Proteine, Enzyme

Alanin	$C_3H_7NO_2$	G R	UNDERWOOD, DEATHERAGE, (1952b); PEREIRA, PEREIRA (1971)
γ-Aminobuttersäure	$C_4H_9NO_2$	G	PLUNKETT (1955), WOLFROM et al. (1960)
(T) Arginin	$C_6H_{14}N_4O_2$	G R	BARBIROLI (1965), BARBERA et al. (1956)
Asparagin	$C_4H_8N_2O_3$	G	PEREIRA, PEREIRA (1971), PLUNKETT (1955)
Asparaginsäure	$C_4H_7NO_4$	G R	UNDERWOOD, DEATHERAGE (1952b); PEREIRA, PEREIRA (1971)
Cystein	$C_3H_7NO_2S$	G	MEICHELBECK, ZAHN (1968)
Cystin	$C_6H_{12}N_2O_4S_2$	G R	MEICHELBECK, ZAHN (1968); BARBERA et al. (1956)
Glutaminsäure	$C_5H_9NO_4$	G R	UNDERWOOD, DEATHERAGE (1952b); PEREIRA, PEREIRA (1971)
Glycin	$C_2H_5NO_2$	G R	PEREIRA, PEREIRA (1971); UNDERWOOD, DEATHERAGE (1952b)
Histidin	$C_6H_9N_3O_2$	G R	PEREIRA, PEREIRA (1971); BARBERA et al. (1956)

V. Tabelle der Inhaltsstoffe des Roh- und Röstkaffees (Fortsetzung)

	Summenformel	Vorkommen G = grüner Kaffee R = Röstkaffee	Literatur
Hydroxyprolin	$C_5H_9NO_3$	R	PEREIRA, PEREIRA (1971); CLEMENTS, DEATHERAGE (1957)
Isoleucin	$C_6H_{13}NO_2$	G R	BARBIROLI (1965b); CLEMENTS, DEATHERAGE (1957)
Leucin	$C_6H_{13}NO_2$	G R	UNDERWOOD, DEATHERAGE (1952b); PEREIRA, PEREIRA (1971)
Lysin	$C_6H_{14}N_2O_2$	G R	BARBIROLI (1965b); BARBERA et al. (1956)
Methionin	$C_5H_{11}NO_2S$	G R	MEICHELBECK, ZAHN (1968); BARBERA et al. (1956)
Phenylalanin	$C_9H_{11}NO_2$	G R	PEREIRA, PEREIRA (1971); UNDERWOOD, DEATHERAGE (1952b)
Pipecolinsäure (Piperidin-α-carbonsäure)	$C_6H_{11}NO_2$	G	CAMPOS, RODRIGUES (1971); PEREIRA, PEREIRA (1971)
Prolin	$C_5H_9NO_2$	G R	PEREIRA, PEREIRA (1971); PLUNKETT (1955)
Ribonucleinsäure		G R	DE et al. (1972)
Serin	$C_3H_7NO_3$	G R	PEREIRA, PEREIRA (1971); UNDERWOOD, DEATHERAGE (1952b)
Threonin	$C_4H_9NO_3$	G R	UNDERWOOD, DEATHERAGE (1952); PEREIRA, PEREIRA (1971)
(T) Tryptophan	$C_{11}H_{12}H_2O_2$	G	THALER, GAIGL (1962); PEREIRA, PEREIRA (1971)
Tyrosin	$C_9H_{11}NO_3$	G R	PEREIRA, PEREIRA (1971); WOLFROM et al. (1960)
Valin	$C_5H_{11}NO_2$	G R	UNDERWOOD, DEATHERAGE (1952b); PEREIRA, PEREIRA (1971)
Enzyme			
Amylase		G	HERNDLHOFER (1932)
β-Fructofuranosidase		G	SHADAKSHARASWAMY, RAMACHANDRA (1968)
2α-D-Galaktosidasen		G	PETEK, DONG (1961); SHADAKSHARASWAMY, RAMACHANDRA (1968)
Katalase		G	HERNDLHOFER (1932)
Peroxidase		G	HERNDLHOFER (1932); REICHSTEIN, STAUDINGER (1955)
Polyphenoloxidase		G	AMORIM, SILVA (1968)
Protease		G	HERNDLHOFER (1932)
Oxidase		G	GORTER (1908); KRÖPLIEN (1963)
b) Kohlenhydrate			
Araban		G R	MOSIMANN, HÖGL (1958); ARNETH (1967)
Arabinogalaktan		G	WOLFROM, ANDERSON (1967); PATIN (1965)
L-Arabinose	$C_5H_{10}O_5$	G R	WOLFROM et al. (1960); CORRÊA, FONTANA (1971)

V. Tabelle der Inhaltsstoffe des Roh- und Röstkaffees (Fortsetzung)

	Summenformel	Vorkommen G = grüner Kaffee R = Röstkaffee	Literatur
Cellobiose	$C_{12}H_{22}O_{11}$	G R	CALZOLARI, COASSINI-LOKAR (1967)
Cellulose	$(C_6H_{10}O_5)_x$	G	THALER, ARNETH (1968); WOLFROM, PATIN (1964)
Fructose	$C_6H_{12}O_6$	(G) R	WOLFROM et al. (1960); KRÖPLIEN (1971)
Galaktan		G R	MOSIMANN, HÖGL (1958); ARNETH (1967)
D-Galaktose	$C_6H_{12}O_6$	G R	CORRÊA, FONTANA (1971); WOLFROM et al. (1960)
D-Galakturonsäure	$C_6H_{10}O_7$	G	CORRÊA, FONTANA (1971); WOLFROM et al. (1960)
Glucan		R	MOSIMANN, HÖGL (1958); ARNETH (1967)
Glucogalaktomannan		G	COURTOIS et al. (1963)
D-Glucose	$C_6H_{12}O_6$	G R	KRÖPLIEN (1971); LAVER (1959)
Glucuronsäure	$C_6H_{10}O_7$	G R	GLOMAUD et al. (1965); LAVER (1960)
Maltose	$C_{12}H_{22}O_{11}$	G R	BARBIROLI (1965b)
D-Mannan	$(C_6H_{10}O_5)_x$	G R	THALER (1959); MAIER, BUTTLE (1973)
D-Mannose	$C_6H_{12}O_6$	G R	WOLFROM et al. (1960); KRÖPLIEN (1971)
Melibiose	$C_{12}H_{22}O_{11}$	G	CALZOLARI, COASSINI-LOKAR (1967)
Raffinose	$C_{18}H_{32}O_{16}$	G R	COURTOIS et al. (1963); CALZOLARI, COASSINI-LOKAR (1967)
Rhamnose	$C_6H_{12}O_5$	G R	WOLFROM et al. (1960); CORRÊA, FONTANA (1971)
Saccharose	$C_{12}H_{22}O_{11}$	G R	WOLFROM et al. (1960); CALZOLARI, COASSINI-LOKAR (1967)
Stachyose	$C_{24}H_{42}O_{21}$	G R	COURTOIS et al. (1963); CALZOLARI, COASSINI-LOKAR (1967)
Stärke	$(C_6H_{10}O_5)_n$	G	COOLHAAS (1960), STREULI (1973)
Xylose	$C_5H_{10}O_5$	G R	WOLFROM et al. (1960); CORRÊA, FONTANA (1971)
Lignin		G	WOLFROM et al. (1960)
myo-Inosit	$C_6H_{12}O_6$		MISHKIN et al. (1970)
c) Lipide, Steroide			
Cholin[a]	$C_5H_{15}NO_2$	G R	NOTTBOHM, MAYER (1932); PEREIRA et al. (1967)
Glycerin[a]	$C_3H_5O_3$	G R	CARISANO, GARIBOLDI (1964)
Myristinsäure[a]	$C_{14}H_{28}O_2$	G R	BARBIROLI (1966); KAUFMANN, HAMSAGAR (1962)
Palmitinsäure[a]	$C_{16}H_{32}O_2$	G R	CARISANO, GARIBOLDI (1964); STAUDINGER, REICHSTEIN (1925)
Palmitölsäure[a]	$C_{16}H_{30}O_2$	G R	CARISANO, GARIBOLDI (1964); BARBIROLI (1966)
Margarinsäure[a]	$C_{17}H_{34}O_2$	G R	CARISANO, GARIBOLDI (1964)
Stearinsäure[a]	$C_{18}H_{36}O_2$	G R	KAUFMANN, HAMSAGAR (1962); CARISANO, GARIBOLDI (1964)

V. Tabelle der Inhaltsstoffe des Roh- und Röstkaffees (Fortsetzung)

	Summenformel	Vorkommen G = grüner Kaffee R = Röstkaffee	Literatur
Ölsäure[a]	$C_{18}H_{34}O_2$	G R	KAUFMANN, HAMSAGAR (1962); CARISANO, GARIBOLDI (1964)
Linolsäure[a]	$C_{18}H_{32}O_2$	G R	BARBIROLI (1966); KAUFMANN, HAMSAGAR (1962)
Linolensäure[a]	$C_{18}H_{30}O_2$	G R	KAUFMANN, HAMSAGAR (1962); CARISANO, GARIBOLDI (1964)
Arachinsäure[a]	$C_{20}H_{40}O_2$	G R	CARISANO, GARIBOLDI (1964); KAUFMANN, HAMSAGAR (1962)
Arachidonsäure[a]	$C_{20}H_{32}O_2$	G	WURZIGER (1963)
Gadoleinsäure[a]	$C_{20}H_{38}O_2$	G R	CARISANO, GARIBOLDI (1964)
Behensäure[a]	$C_{22}H_{44}O_2$	G R	KAUFMANN, HAMSAGAR (1962); CARISANO, GARIBOLDI (1964)
Lignocerinsäure[a]	$C_{24}H_{48}O_2$	G R	HARMS, WURZIGER (1968); BENGIS, ANDERSON (1934)
Montansäure[a]	$C_{28}H_{56}O_2$	G R	HASELMANN (1963)
Lignocerinsäure-5-(hydroxy)-tryptamid	$C_{34}H_{59}O_2N_2$	G R	HARMS, WURZIGER (1968)
Arachinsäure-5-(hydroxy)-tryptamid	$C_{30}H_{51}O_2N_2$	G R	HARMS, WURZIGER (1968)
Behensäure-5-(hydroxy)-tryptamid	$C_{32}H_{55}O_2N_2$	G R	HARMS, WURZIGER (1968)
Steroide			
Sitosterin (Sitosterol)	$C_{29}H_{50}O$	G R	NAGASAMPAGI et al. (1971)
Stigmasterin (Stigmasterol)	$C_{29}H_{48}O$	R	NAGASAMPAGI et al. (1971)
Cycloartenol	$C_{30}H_{50}O$	R	KAUFMANN, SEN GUPTA (1971); NAGASAMPAGI et al. (1971)
24-Methylen-cycloartenol	$C_{31}H_{52}O$	R	NAGASAMPAGI et al. (1971); KAUFMANN, SEN GUPTA (1971)
Cycloeucalenol	$C_{30}H_{50}O$	R	NAGASAMPAGI et al. (1971)
Cholesterin (Cholesterol)	$C_{27}H_{46}O$	R	NAGASAMPAGI et al. (1971)
24-Methylenlophenol	$C_{29}H_{48}O$	R	NAGASAMPAGI et al. (1971)
Obtusifoliol	$C_{30}H_{50}O$	R	NAGASAMPAGI et al. (1971)
Cholestanol	$C_{27}H_{48}O$	R	NAGASAMPAGI et al. (1971)
Citrostadienol	$C_{30}H_{50}O$	R	NAGASAMPAGI et al. (1971)
4α,-24R-Dimethyl-5α-Cholest-7-en-3β-ol	$C_{29}H_{50}O$	R	NAGASAMPAGI et al. (1971)
4α-Methyl-5α-stigmast-7-en-3β-ol	$C_{30}H_{52}O$	R	NAGASAMPAGI et al. (1971)
Campesterin (Campesterol)	$C_{28}H_{48}O$	G R	NAGASAMPAGI et al. (1971)
Stigmastanol	$C_{29}H_{52}O$	G R	NAGASAMPAGI et al. (1971)
Campestanol	$C_{28}H_{50}O$	G R	NAGASAMPAGI et al. (1971)
Cycloartanol	$C_{30}H_{52}O$	G R	KAUFMANN, SEN GUPTA (1971)
Cafestol	$C_{20}H_{28}O_3$	G R	BENDAS, DJERASSI (1955); HAWORTH, JOHNSTONE (1956)
Kahweol	$C_{20}H_{24}O_3$	G R	KAUFMANN, SCHICKEL (1963); DJERASSI et al. (1959)

[a] Chemisch gebunden, nicht frei vorkommend.

V. Tabelle der Inhaltsstoffe des Roh- und Röstkaffees (Fortsetzung)

	Summenformel	Vorkommen G = grüner Kaffee R = Röstkaffee	Literatur
Atractyligenin[a] (durch Spaltung von Atractylosid)	$C_{19}H_{28}O_4$	G R	LUDWIG et al. (1974)
16,17-Dihydroxy-9(11)-kauren-18-säure	$C_{20}H_{30}O_4$	R	OBERMANN, SPITELLER (1975)
d) Alkaloide			
Coffein	$C_8H_{10}N_4O_2$	G R	RUNGE (1820); NAVELLIER (1970)
Theobromin	$C_7H_8N_4O_2$	G R	LEHMANN, MARTINOD (1965); FRANZKE et al. (1968)
Theophyllin	$C_7H_8N_4O_2$	G R	FRANZKE et al. (1967); MICHL, HABERLER (1954)
Trigonellin	$C_7H_7NO_2$	G R	THALER, GAIGL (1963a); HUGHES, SMITH (1946)
Adenin	$C_5H_5N_5$	G	MICHL, HABERLER (1954)
Guanin	$C_5H_5N_5O$	G	MICHL, HABERLER (1954)
Hypoxanthin	$C_5H_4N_4O$	G	MICHL, HABERLER (1954)
Xanthin	$C_5H_4N_4O_2$	G	MICHL, HABERLER (1954)
e) Vitamine			
Vitamin B_1 (Aneurin, Thiamin)	$C_{12}H_{18}N_4O_2S$	G	TEPLY, PRIER (1957)
Vitamin B_2 (Riboflavin, Lactoflavin)	$C_{17}H_{20}N_4O_6$	G R	TEPLY, PRIER (1957); CLEMENTS, DEATHERAGE (1957)
Vitamin B_3 (Nicotinsäure)	$C_6H_5NO_2$	G R	TEPLY et al. (1945); CARVALHO (1962)
Nicotinamid	$C_6H_6N_2O$	G R	KAUFMANN, SCHICKEL (1965)
Vitamin B_5 (Pantothensäure)	$C_9H_{17}NO_5$	G R	TEPLY, PRIER (1957); KAUFMANN, SCHICKEL (1965)
Vitamin B_6 (Pyridoxin)	$C_8H_{11}NO_3$	G R	TEPLY, PRIER (1957); KAUFMANN, SCHICKEL (1965)
Vitamin B_{12} (Cobalamin)	$C_{63}H_{88}CoN_{14}O_{14}P$	G R	TEPLY, PRIER (1957); KAUFMANN, SCHICKEL (1965)
Citrovorumfaktor (Folinsäure)	$C_{20}H_{23}N_7O_7$	R	KAUFMANN, SCHICKEL (1965); ADAMO (1955)
Folsäure	$C_{19}H_{19}N_7O_6$	G R	TEPLY, PRIER (1957); KAUFMANN, SCHICKEL (1965)
f) Polycyclische Kohlenwasserstoffe			
Anthanthren	$C_{22}H_{12}$	R	FRITZ (1968)
Anthracen	$C_{14}H_{10}$	R	FRITZ (1968); GRIMMER, HILDEBRANDT (1966)
Benzanthracen (1,2-Benzanthren, Tetraphen)	$C_{18}H_{12}$	R	KURATSUNE, HUEPER (1960); FRITZ (1968)
3,4-Benzfluoranthen (Benzo(k)fluoranthen)	$C_{20}H_{12}$	R	KURATSUNE, HUEPER (1960); SOUCI (1968)
11,12-Benzfluoranthen	$C_{20}H_{12}$	R	FRITZ (1968)
1,12-Benzperylen (Benzo(g,h,i)perylen)	$C_{22}H_{12}$	G R	KURATSUNE, HUEPER (1960); SOUCI (1968)

V. Tabelle der Inhaltsstoffe des Roh- und Röstkaffees (Fortsetzung)

	Summenformel	Vorkommen G = grüner Kaffee R = Röstkaffee	Literatur
1,2-Benzpyren (Benzo(e)pyren)	$C_{20}H_{12}$	R	KURATSUNE, HUEPER (1960); FRITZ (1968)
3,4-Benzpyren (Benzo(a)pyren)	$C_{20}H_{12}$	R	KURATSUNE, HUEPER (1960); STROBEL (1973)
Coronen	$C_{24}H_{12}$	R	FRITZ (1968)
Chrysen	$C_{18}H_{12}$	R	KURATSUNE, HUEPER (1960); GRIMMER, HILDEBRANDT (1966)
1,2,5,6-Dibenzanthracen	$C_{22}H_{14}$	R	GRIMMER, HILDEBRANDT (1966)
Fluoranthen	$C_{16}H_{10}$	G R	KURATSUNE, HUEPER (1960); FRITZ (1968)
Indenopyren	$C_{25}H_{14}$	R	FRITZ (1968)
Perylen	$C_{20}H_{12}$	R	KURATSUNE, HUEPER (1960); GRIMMER, HILDEBRANDT (1966)
Phenanthren	$C_{14}H_{10}$	R	FRITZ (1968); GRIMMER, HILDEBRANDT (1966)
Pyren	$C_{16}H_{10}$	G R	KURATSUNE, HUEPER (1960); FRITZ (1968)
2. ANORGANISCHE VERBINDUNGEN			
a) Gase			
Ammoniak	NH_3	R	JAECKLE (1898)
Sauerstoff	O_2	R	CARTWRIGHT, SNELL (1947)
Kohlenmonoxid	CO	R	CARTWRIGHT, SNELL (1947)
Kohlendioxid	CO_2	R	ZLATKIS, SIVETZ (1960); CARTWRIGHT, SNELL (1947)
Stickstoff	N_2	R	CARTWRIGHT, SNELL (1947); FERREIRA et al. (1971)
Schwefeldioxid	SO_2	G R	MERRITT et al. (1969)
Schwefelwasserstoff	H_2S	R	STOFFELSMA et al. (1968); STAUDINGER, REICHSTEIN (1925)
b) Mineralische Bestandteile			
Aluminium	Al	G R	MOSIMANN, HÖGL (1960); THOROLD (1946)
Antimon	Sb	G R	QUIJANO RICO, SPETTEL (1973)
Arsen	As	G R	QUIJANO RICO, SPETTEL (1973)
Barium	Ba	G R	FERREIRA et al. (1971); QUIJANO RICO, SPETTEL (1973)
Blei	Pb	G R	FERREIRA et al. (1971; THOROLD (1946)
Calcium	Ca	G R	FERREIRA et al. (1971); TEPLY, PRIER (1957)
Caesium	Cs	G R	QUIJANO RICO, SPETTEL (1973); SHAH et al. (1971)
Chrom	Cr	G R	FERREIRA et al. (1971); QUIJANO RICO, SPETTEL (1973)
Eisen	Fe	G R	SHAH et al. (1971); QUIJANO RICO, SPETTEL (1973)
Gold	Au	G R	QUIJANO RICO, SPETTEL (1973)

V. Tabelle der Inhaltsstoffe des Roh- und Röstkaffees (Fortsetzung)

	Summenformel	Vorkommen G = grüner Kaffee R = Röstkaffee	Literatur
Iridium	Ir	G R	QUIJANO RICO, SPETTEL (1973)
Kalium	K	G R	FERREIRA et al. (1971); MOSIMANN, HÖGL (1960)
Kobalt	Co	G R	QUIJANO RICO, SPETTEL (1973); SHAH et al. (1971)
Kupfer	Cu	G R	SHAH et al. (1971); MOSIMANN, HÖGL (1960)
Lanthan	La	G R	QUIJANO RICO, SPETTEL (1973)
Lithium	Li	G R	FERREIRA et al. (1971); LOPEZ DE AZCONA (1946)
Magnesium	Mg	G R	FERREIRA et al. (1971); MOSIMANN, HÖGL (1960)
Mangan	Mn	G R	MOSIMANN, HÖGL (1960); QUIJANO RICO, SPETTEL (1973)
Molybdän	Mo	G R	FERREIRA et al. (1971); LOPEZ DE AZCONA (1946)
Natrium	Na	G R	MOSIMANN, HÖGL (1960); QUIJANO RICO, SPETTEL (1973)
Nickel	Ni	G R	FERREIRA et al. (1971); QUIJANO RICO, SPETTEL (1973)
Quecksilber	Hg	G R	SHAH et al. (1971)
Rubidium	Rb	G R	SHAH et al. (1971); QUIJANO RICO, SPETTEL (1973)
Scandium	Sc	G R	QUIJANO RICO, SPETTEL (1973); SHAH et al. (1971)
Selen	Se	G R	QUIJANO RICO, SPETTEL (1973); SHAH et al. (1971)
Silber	Ag	G R	THOROLD (1946)
Strontium	Sr	G R	FERREIRA et al. (1971); QUIJANO RICO, SPETTEL (1973)
Thorium	Th	G R	QUIJANO RICO, SPETTEL (1973)
Titan	Ti	G R	LOPEZ DE AZCONA (1946)
Vanadium	V	G R	FERREIRA et al. (1971)
Zink	Zn	G R	QUIJANO RICO, SPETTEL (1973); SHAH et al. (1971)
Zinn	Sn	G R	FERREIRA et al. (1971)
Bromid	Br^-	G R	SHAH et al. (1971); QUIJANO RICO, SPETTEL (1973)
Borat	BO_3^{---}	G R	BERTRAND, SILBERSTEIN (1958); PARTRIDGE (1927)
Chlorid	Cl^-	G R	QUIJANO RICO, SPETTEL (1973)
Fluorid	F^-	G R	TEPLY, PRIER (1957); LOCKWOOD (1937)
Jodid	J^-	G R	MAYRHOFER et al. (1932); VON FELLENBERG (1924)
Phosphat	PO_4^{---}	G R	FERREIRA et al. (1971); MOSIMANN, HÖGL (1960)
Silicat	SiO_2	G R	STREULI (1967); THOROLD (1946)
Sulfit	SO_3^{--}	G R	MOSIMANN, HÖGL (1960)

C. Zentrale Wirkung

O. EICHLER

Mit 7 Abbildungen

I. Einleitung

Coffein ist die wirksamste Substanz im Kaffee und deshalb werden wir uns vorwiegend mit ihm beschäftigen müssen. Seine vielseitigen Angriffspunkte und Wirkungen werden Wissenschaftler und Ärzte besonders interessieren, wenn es auch als Medikament keine große Bedeutung mehr hat.

Coffein wirkt anregend. Trotzdem finden sich eine Reihe von Experimenten, in denen diese Anregung vermißt wird, ja sogar das Gegenteil beobachtet wird, obwohl das subjektive Gefühl einer besseren Leistung vorhanden ist. Diese Differenzen weisen bereits auf die Komplexität des Problems der zentralen Wirkungen des Coffeins hin. Einige allgemeine Gesichtspunkte sollen hier vorwegnehmend diskutiert werden.

Für eine beobachtete anregende Wirkung mag als erstes eine *Euphorie* verantwortlich sein, wobei in gewissem Grade auch der Geschmack, d.h. die Röstprodukte mitwirken werden. Die Euphorie erreicht keineswegs solche Grade, daß sich eine Sucht entwickelt oder ein Vergleich mit Opium-Alkaloiden u.ä. möglich wäre. Aber sie bringt einer Versuchsperson ein gehobenes Gefühl der Behaglichkeit, so daß eine bessere Leistung resultieren könnte.

Andere Autoren führen eine Leistungssteigerung durch Coffein auf die Beseitigung von *Langeweile* oder *Ermüdung* zurück. BACHRACH (1966) spricht von „antihypnotic quality". Die Frage, ob Coffein nur bei Ermüdeten wirkt, wird schon lange diskutiert. Hier ist der experimentelle Ansatz von entscheidender Bedeutung, denn wenn bei einer langandauernden Übung durch die Vielfalt der Aufgaben die Langeweile an sich bekämpft wird, wie bei BACHRACH (dessen Versuchsdauer aber nur max. 105 min betrug), dann läßt Coffein gegenüber Placebo jeden Effekt vermissen, weil die Aufmerksamkeit bereits durch die Art des Experimentes angeregt wird. Es ist wohl eine häufige Erfahrung, daß ein anregendes Gespräch am Abend allein schon das Einschlafen verhindern kann. Im übrigen sind die Diskussionen über die Frage, ob durch Coffein primär Langeweile (boredom) oder Ermüdung beseitigt wird, nur in analytischer Hinsicht, evt. zum Verständnis mancher negativer Ergebnisse, von Bedeutung, aber in erster Linie werden doch die gemessenen Werte stehen.

In vielen Fällen muß man auch beim Coffein mit *Placebo-Wirkungen* rechnen. Ganz eindeutig handelt es sich um Placebo-Wirkungen, wenn der erwartete Effekt sofort einsetzt, da die Resorptionszeit des Coffeins den ausreichenden

Anstieg seines Spiegels im Blut und damit im Zentralnervensystem eine materielle, kausale Wirkung erst in etwa $\frac{1}{2}$ Std erwarten läßt. Es besteht heute für Versuche, besonders beim Menschen, die Tendenz, einen *doppelten Blindversuch* zu verlangen, d.h. weder der das Experiment beobachtende Arzt noch der Proband wissen, was verabfolgt wird. Damit ergeben sich größere Sicherungen für unbeeinflußte Resultate, aber mir scheint es, daß auch vor der Zeit dieses Postulates durchaus brauchbare Resultate erhalten wurden. Bestimmt wird man fordern müssen, daß die Versuchsperson selbst nicht weiß, welches Präparat sie erhält. Aber auch das wird nicht immer möglich sein, etwa wenn man Kaffee und Coffein vergleichen will. Man wird dann versuchen, durch Zwischenschaltung von Placebo und coffeinfreiem Kaffee der Schwierigkeiten Herr zu werden, was aber natürlich die Verdopplung der Teste für jede Person bedeutet. Im Tierversuch sind die Probleme leichter zu beherrschen.

In Versuchen am Menschen sind eine Reihe von *Fehlern* immer wieder zu finden, wie z.B. das Übersehen des Übungseffektes, wenn beim Vergleich von Placebo und Substanz immer die gleiche Reihenfolge eingehalten wird, der Genuß von coffeinhaltigen Getränken oder Nahrungsmitteln (z.B. auch Colanuß, Schokolade usw.) oder das Rauchen vor und während einer Testserie oder der Vergleich von Personen, die an coffeinhaltige Genußmittel gewöhnt sind, mit solchen bei denen das nicht zutrifft. Es sei denn, daß gerade dieser Aspekt das zu bearbeitende Problem darstellt.

Es wird häufig übersehen, daß gegenüber Coffein eine große *Breite der Empfindlichkeit* besteht. Es gibt Personen, die ohne krank zu sein, bereits bei 0,05 g Coffein mit unangenehmen Sensationen reagieren, andere benötigen dazu die 10fache Menge oder gar noch mehr. Da man bei der statistischen Bearbeitung Durchschnitte und Varianzen vergleicht, können sehr leicht Fehlinterpretationen entstehen. So fand LADER (1969) bei seinen Versuchen ein unerwartetes Resultat. Bei Analyse der Einzeldaten zeigte es sich, daß eine Versuchsperson paradox reagiert hatte und so den Durchschnitt völlig veränderte. Solche Effekte ließen sich bei der Coffeineinwirkung sicher bei manchen unerwarteten, der allgemeinen Erfahrung widersprechenden Resultaten nachweisen. KNOWLES (1963) beobachtete, daß manche Personen besonders leicht auf Placebo reagieren. Auch solche sollte man in Vortesten aus den Versuchen ausschließen.

Wenn wir Coffein als Erregungsmittel bezeichnen, dann darf man das natürlich nicht so auffassen, daß wahllos alle Strukturen des Zentralnervensystems erregt werden. Selbst wenn es so etwas gäbe, wäre das zur Beobachtung kommende Resultat noch völlig unsicher, da durch die Erregung hemmender Systeme in der Bilanz hemmende Effekte auftreten können, wie z.B. in den wichtigen Versuchen von KRUPP, MONNIER und STILLE (1959) am Kaninchen, in denen eine Hemmung des „mediothalamic recruiting system" beobachtet wurde. Man sieht, wie die nähere Analyse in ganz andere Richtung führte. Bei der Analyse solcher Effekte ist die Frage der Dosierung von besonderer Bedeutung. Es ist vielfach nachgewiesen, daß bei Coffein ein lähmender Effekt vorhanden ist, der erst in höheren Dosen hervortritt. Dabei mag es sich um einen echten lähmenden Effekt handeln oder um eine verschlechterte Leistungsfähigkeit in bestimmten Testsystemen wegen einer gesteigerten Erregung. Es ist verständlich, daß bei stark verschiedener Empfindlichkeit der Testpersonen gegen Coffein der erhaltene

Mittelwert irreführend sein kann, wenn bei einer Versuchsserie stets dieselbe Dosis verwendet wurde. Es wird bei den Endresultaten eine Signifikanz fehlen.

Wir haben eben von einer zwiefältigen Wirkung des Coffeins bei verschiedenen Dosen gesprochen. Es wird dasselbe hinsichtlich der *Zeit* diskutiert. Anders ausgedrückt: eine anregende Wirkung mit einer höheren Leistung wäre gefolgt von einer sekundären Phase einer stärkeren Erschöpfung. Mir scheint es, daß LANDIS (1958) durchaus recht hat, wenn er sagt, „daß eine erhöhte Arbeitsleistung während der Coffein-Einwirkung von einer nachfolgenden Erschöpfung gefolgt sei, ist nie bewiesen". Bei der Argumentation, daß unter Coffein die Leistung vermehrt und deshalb zwangsläufig die Erholungsphase verlängert sein müsse, wird außer acht gelassen, daß jede Ermüdung mit einer Verminderung der Ökonomie der geleisteten Arbeit einhergeht. Wird durch Coffein die Ermüdung bekämpft, so wird auch die Energievergeudung vermindert sein, d.h. gar keine größere Erschöpfung resultieren, wie es in den Versuchen von SCHIRLITZ (1929) und FOLTZ et al. (1942) gefunden wurde. Nach einer erschöpfenden Arbeit erfolgte die Erholung nach Coffein ebenso rasch, obwohl die geleistete Arbeit größer war. Unter extremen Bedingungen (wiederholte Zufuhr großer Kaffeemengen bei langer Beanspruchung) wird natürlich das Erholungsbedürfnis größer sein. Wir wissen von der Praktik der buddhistischen Heiligen, daß sie durch Reflexion Sorgen und Kummer, Mißstimmungen und Schmerzen beseitigen und bekämpfen. Einen ähnlichen Effekt wird man erwarten dürfen durch künstliche Anregung und *Begünstigung der Reflexionen*, etwa durch Coffein. Die Gefühlssphäre ist weniger stark betont. Viele kummerbereitende Dinge erscheinen bei weiterer Überlegung der Mißstimmung nicht wert. Ein sich überwertig im Kreise drehender Gedankenablauf mit depressiver Verstimmung kann durch Reflexion durchbrochen werden. Solche Dinge spielen sicherlich bei der zentralen Wirkung des Coffeins eine Rolle. Diese Auffassung reicht jedoch nicht aus, die euphorisierende Wirkung des Coffeins zu erklären. Es handelt sich hier um einen endogenen Effekt, das heißt, um eine direkte Beeinflussung der Stimmung. C. VOIT sagte: „Die Wirkung des Kaffees ist so, daß wir uns über unerfreuliche Dinge weniger ärgern und leichter Schwierigkeiten überwinden können". Es ist bekannt, daß bei vielen Menschen psychische Verstimmungen durch Kaffee beseitigt oder gebessert werden können (MANAMY et al., 1936; MAIER 1921). Es wurde sogar über jahrelange Coffeinkuren bei deprimierten und ängstlichen Kindern berichtet (JANUSCHKE, 1937).

Die Wirkung auf die Stimmungslage ist aber nicht einheitlich. Gelegentlich treten auch bei normaler Dosierung *Mißstimmungen* auf, wie z.B. in den Versuchen von ALLERS und FREUND (1925) (0,3 g Coffein). Auch GOETHE reagierte so. Er äußerte sich selbst darüber: „Hab' ich doch, Freunde, mit Recht immer den Kaffee gehaßt" (s. auch ULRICH, 1967).

Die Prüfung des Einflusses von Substanzen auf die *Stimmung* wird sehr häufig so durchgeführt, daß die Versuchspersonen auf einer Liste mit Bewertungspaaren die ihren Zustand eher zusagende Alternative ankreuzen. Ein typisches Beispiel solcher Fragebogen ist in der *Tabelle 12* wiedergegeben und stammt aus einer Untersuchung von LADER (1969) an 10 Studenten, die 300 bzw. 600 mg Coffeincitrat erhielten. Die Auswahl der Antworten spiegelt das Spektrum der zentralen Effekte wider. An der Spitze signifikanter Präferenzen stand die Richtung des

Überwachen, ebenso eine frohe Erregung, wir würden Euphorie sagen, die besonders bei der höheren Dosierung angegeben wurde. Bei dieser Dosis war besonders die Schlagfertigkeit hoch signifikant bevorzugt. In keiner der anderen Fragen ergab sich eine eindeutige Bevorzugung. Es war auffällig, daß häufig „überwach" zusammen mit „nicht tatkräftig" angegeben wurde, was durchaus mit unseren früheren Folgerungen einer Wirkung des Kaffees auf das Großhirn übereinstimmt (EICHLER, 1938).

Tabelle 12. Fragebogen zur Prüfung der Wirkung von Coffein. (Nach LADER, 1968)

1. depressed — elated	deprimiert — froh erregt
2. calm — tense	ruhig — gespannt
3. tired — energetic	ermüdet — tatkräftig
4. withdrawn — sociable	zurückgezogen — gesellig
5. muddled — clearheaded	verwirrt — klar
6. easily distracted — able to concentrate	leicht abgelenkt—fähig zur Konzentration
7. relaxed — restless	entspannt — ruhelos
8. drowsy — overalert	schläfrig — überwach
9. slow — quick-witted	langsam — schlagfertig
10. bored — interested	gelangweilt — interessiert

Als Ergänzung seien die Versuche von GOLDSTEIN et al. (1965) angeführt, in denen 20 Studenten täglich 0,15 bzw. 0,3 g Coffein erhielten und über 10 Tage beobachtet wurden. Signifikante Unterschiede ergaben sich nur bei der höheren Dosis. Es fand sich eine enge Korrelation ($r = +0{,}61$) zwischen einem Gefühl der Wachheit und Schlafstörungen in früheren Versuchen. Auffällig war eine negative Korrelation zwischen Nervosität und Wachheit ($r = -0{,}42$). Dies wirft die Frage auf, ob bei nervös reagierenden Probanden mit hoher Coffein-Empfindlichkeit bereits eine Überdosierung hineinspielte.

Über eine umfangreichere Fragebogen-Aktion an 239 jungen Hausfrauen, die nach der Häufigkeit des Kaffeekonsums (1—2, 3—4, 5 Tassen) eingeteilt wurden, berichteten GOLDSTEIN und KAIZER (1969). Auf die Frage: Warum trinken Sie Kaffee gerade am Morgen?, waren erwartungsgemäß die häufigsten Antworten: Vertreibung des Schlafes, Erfrischung und Wohlbefinden. Doch auch die Antworten: Beruhigt die Nerven, oder wirkt entspannend, wurden in 12 bzw. 19 Fällen gegeben. Auf die Frage: Wie würden Sie reagieren, wenn Sie keinen Kaffee erhielten? kamen, zunehmend mit der Menge des getrunkenen Kaffees, die Antworten: Werde reizbar, nervös, bekomme Kopfschmerzen. Über Kopfschmerzen nach Weglassen des Kaffees wurde nur bei der Gruppe mit dem höchsten Kaffeekonsum geklagt.

Zum Abschluß dieser Einleitung sei erwähnt, daß aus den Versuchen von CONTERIO und CHIARELLI (1962) mit ein- und zweieiigen Zwillingspaaren abzuleiten ist, daß der Gewohnheit des Kaffeetrinkens Erbfaktoren zu Grunde liegen können, was auch für das Verhalten gegenüber Tabak, nicht aber Alkohol zutrifft. Wir werden uns die Frage vorlegen, welche ererbte Eigenschaft mit dem Bedürfnis nach Kaffee zusammenhängt.

II. Sinnesorgane

1. Sehapparat

Eine Verbesserung der Empfindlichkeit für *Farbsehen* konnte WÖLFFLIN (1922) bei Trichomaten (Farbenblinden) nach der Gabe von Coffein beobachten, wobei besonders die Rot-Empfindlichkeit gesteigert ist. FORNEY u. HUGHES (1965) fanden eine erhöhte Farbunterscheidung nach Verabreichung von 500 mg Coffeincitrat an je 4 männl. und weibl. Studenten, auch nach Alkohol. Auch über eine gesteigerte Empfindlichkeit des peripheren Gesichtsfeldes für Bewegungswahrnehmungen nach 0,3 g Coffein wurde berichtet (ALLERS et al., 1926).

Ein wesentlicher Teil dieser Symptome ist wahrscheinlich zentral bedingt. Das gilt wohl auch für das Auftreten von Flimmerskotomen nach Überdosierung von Kaffee, worüber SCHULTE (1949) berichtete, und was ich aus eigener Erfahrung bestätigen kann (wohl eine Durchblutungsstörung).

Der Einfluß von Coffein auf die *Dunkeladaptation* wurde verschiedentlich geprüft. In den Versuchen von MÜLLER-LIMMROTH (1966) erhielten 25 Versuchspersonen 3,5 g Extraktkaffee (entsprechend 0,12 g Coffein). Nach einer Helladaptation mit 40 Lux bei maximaler Weitstellung der Pupille mit einem Mydriaticum folgte eine Dunkeladaptation von 10 min. Dann wurde die Reaktion der Retina auf Reize mit gemischtem oder einfarbigem Licht im Elektroretinogramm geprüft. Die Schwellenerniedrigung war am stärksten bei Rot und nahm hin zum kurzwelligen Blau stetig ab. Im Elektroretinogramm fanden sich auch Zeichen einer gesteigerten Stoffwechselaktivität, die möglicherweise auf eine vermehrte Durchblutung zurückzuführen sind (Befunde von GRANIT). Hinweise für diese Interpretation enthalten die Versuche von MÜLLER et al. (1973), die Potentialsteigerungen im Elektrooculogramm nach Kaffee nur bei solchen Personen fanden, die mit Blutdrucksteigerung oder mit Steigerung der Herzfrequenz reagierten. Auch in den Versuchen von BOHNÉ (1962) und ASENDORF (1963) ergab sich nach 0,25 g Coffein (als Natriumsalicylat s.c.) eine Verbesserung der Dunkeladaptation. Nach starker Blendung wurde geprüft, wie rasch Kontraste bemerkt und Formen wieder erkannt wurden. Die Verkürzung ging von 3,6 sec auf 2 sec. Dieser Effekt erreichte allerdings erst 60 min nach der Gabe signifikante Unterschiede und wurde nach 100 min bereits geringer. Das Abklingen der Nachbilder wurde durch Ermüdung verzögert, durch Coffein beschleunigt. GRAMBERG (1964) fand nach 0,2 g Coffein eine Verbesserung der Adaptation bereits nach 20 min, aber keine Vergrößerung des Gesichtsfeldes. Mit einer komplizierten Methode zur Prüfung der Dunkeladaptation, die aber auch auf der Erkennung von Helligkeitskontrasten beruht, konnte KLEMAN et al. (1961) keinen Einfluß von Coffein beobachten.

GRANIT wies darauf hin, daß ein Einfluß auf die Adaptation von solchen Substanzen zu erwarten wäre, die wie Coffein auf die Formatio reticularis einwirken, wobei allerdings sowohl hemmende als auch aktivierende Fasern betroffen sein können. Die dadurch auftretenden entgegengesetzten Wirkungen lassen das Ergebnis nicht sicher voraussagen. Diese Effekte mögen manche widerspruchsvolle Resultate mit Coffein erklären.

Eine Mitteilung, daß Coffein den *Innendruck* des glaukomatösen, nicht aber des gesunden Auges verstärkt, blieb in der Literatur erhalten, weil sie von LÖHLEIN stammte. In mehreren neueren Untersuchungen mit zuverlässigerer Methodik und Dosen bis 0,4 g Coffein konnte das nicht bestätigt werden (VELICKY, 1966; RICKLAFS, 1968; LEYDHECKER, 1954, 1961; SCHMIDT-MELLE, 1954; sowie RIKKLAFS u. PÖHLS, 1969). Weder bei Gesunden noch bei Glaukom-Patienten war eine Drucksteigerung durch Coffein nachweisbar. Wenn überhaupt ein Effekt sichtbar wurde, so konnte er auf die applizierte Flüssigkeitsmenge zurückgeführt werden, wie dies auch am Kaninchen von GENEÈ (1972) beobachtet wurde. Nach 4 mg/kg Coff.-Na-Benz. i.v. sank der Druck kurz, stieg aber wenn es in 10 ml NaCl verabreicht wurde.

Der *Flimmertest* (flicker-test) wird häufig in psychologischen Versuchen verwendet, um Ermüdung zu prüfen. Dabei wird geprüft bei welcher Frequenz Einzellichtblitze als Kontinuum wahrgenommen werden (Verschmelzungsfrequenz). Bei zentraler Erregung werden erst bei höheren Frequenzen völlig verschmolzene Lichterscheinungen gesehen. Da der Funktionszustand des Sehapparates sicherlich von Einfluß auf das Testergebnis sein wird, sollen einige dieser Versuche mit Coffein hier besprochen werden. In der Mehrzahl der Untersuchungen ergab sich durch Coffein eine Frequenzerhöhung, d.h. eine Verbesserung des zeitlichen Auflösungsvermögens, so in den Versuchen von SCHNEIDER (1956), der neben Kaffee auch reines Coffein und coffeinfreien Kaffee mit einbezog. SCOTT und CHEN (1944), die mit 0,2 g Coffein in einem 7stündigen Versuch arbeiteten, fanden einen Leistungsabfall der Kontrollen bei anhaltend hohem Auflösungsvermögen unter Coffein, was als Zeichen einer persistierenden zentralen Erregung angesehen werden kann. DUREMAN (1962) erhielt gleiche Ergebnisse, fand allerdings 0,2 g Coffein weniger wirksam als 20 mg Amphetamin. Dagegen beobachtete FRÜHAUF et al. (1971) mit einer besonders exakten Methodik eine Frequenzerhöhung nur bei Kindern (8—16 Jahre, 0,2 g Coffein), aber bei Erwachsenen (0,3 g) ein geringes Absinken gegenüber Placebo. Es ist nicht geprüft worden, ob es sich um Coffein-gewöhnte Probanden handelte. LANDGREBE (1960) berichtet über 2stündige Versuche mit Kaffee, coffeinfreiem Kaffee und Malzkaffee. Er fand einen Anstieg der Grenzfrequenz nicht nur bei Kaffee, sondern auch einen geringen Anstieg bei coffeinfreiem Kaffee und sogar bei Malzkaffee. Dieser trat nicht auf bei Arteriosklerotikern, während bei vegetativ labilen Kranken der coffeinhaltige Kaffee sogar zu einer Senkung führte. Steigernd wirkt bei dieser Personengruppe merkwürdigerweise Malzkaffee. Diese Befunde veranlassen auf die Versuche von WACHOLDER und SCHNEIDER (1956) hinzuweisen, die eine Bedeutung des vegetativen Systems für die Resultate des früher verwendeten Testsystems erwiesen haben. Ebenfalls negative Resultate erhielten AMBROZZI und BIRKMAYER (1970) beim Vergleich mit coffeinfreiem Kaffee.

2. Gleichgewichtsorgan, Gehör

Das Gleichgewichtsorgan wurde von KAKIUCHI (1966) an 10 Personen durch Beobachtung des Nystagmus bei rotierendem Schirm geprüft. Coffein in Dosen von 100—300 mg steigerte Frequenzamplitude und Dauer des vertikalen Nach-Nystagmus. Der Angriffspunkt wurde im Hirnstamm oder in der Hirnrinde vermutet. FRUTTERO (1963) verwandte zur Testung den Reiz des äußeren Ohres durch Kaltwasser. Bereits 25 mg Coffein verstärkten den so ausgelösten Nystagmus. SCHOLTZ (1963) verwandte nur Mischpräparate.

Über die Beeinflussung des *Gehörs* durch Coffein im Tierexperiment liegt lediglich die Arbeit HORI und YOSHII (1963) an 12 Hunden vor. Sie verfolgten die typischen Potentiale in Elektrodenableitungen von der Hirnrinde (extradurale Ableitungen) nach Reizung des Ohres durch Knacken (click). Mit zunehmender Versuchsdauer trat Ermüdung auf, während nach 10 mg/kg Coffein i. v. ein Anstieg der entsprechenden Potentiale (50 c/sec-Wellen) beobachtbar war. An 8 Menschen prüfte BARU (1967) den Einfluß von 0,4 g Coffein auf die Hörschwelle. Bei Variation der Reizdauer vermochte Coffein nur die Schwelle von Reizen unter 16 msec Dauer signifikant zu erniedrigen. MURPHY und VENABLES (1971) prüften die Empfindlichkeit beider Ohren gesondert bei 36 Personen (16—28 Jahre, rechtshändig), indem sie jeweils einem Ohr der betreffenden Person ein zweimaliges Knacken darboten, das durch eine Pause von 0,1 msec getrennt war. Es war anzugeben, inwieweit sie die Geräusche als einzeln empfanden. Bei 375 mg Coffeincitrat war die Empfindlichkeitssteigerung am größten, aber auch bei 500 mg sank sie nicht auf das Niveau des Placebo. Eine Differenz der Empfindlichkeit zwischen rechtem und linkem Ohr war nicht signifikant. Wurde das eine Ohr durch ein Lärmtrommel ausgeschaltet, dann wurde das Decrementum beim rechten Ohr größer. Es ergab sich also eine deutliche Asymmetrie, die fast unabhängig von der Dosis war. Bei Mäusen wurden audiogene Krämpfe nach Coffein häufiger ausgelös (BUSNEL u. LEHMANN, 1961).

Sehr umfangreiche Versuche mit 300 und 600 mg Coff.-Citrat an 10 Personen verdanken wir LADER (1969). Die Wirksamkeit testete er durch Messung des elektrischen Widerstandes infolge der Schweißsekretion an der Hand. Diese Technik hatte sich schon bei Sedationen bewährt. 25 cm hinter der Versuchsperson wurde eine Reihe von lauten Tönen (1 KHz) als Reiz eingesetzt. Sofort erniedrigte sich der galvanische Widerstand der Haut. Bei Wiederholung vermindert sich die Wirkung. Der Autor spricht von Gewöhnung (Habituation). Daneben gibt es noch kleine Schwankungen des Widerstandes ohne Reiz. Das Absinken des Reizerfolges wurde länger mit der Coffein- bzw. Amphetamindosis hochsignifikant verhindert. 10 mg Amphetamin erwiesen sich 186 mg Coff.-Citrat äquivalent (zwischen Grenzen von 243 und 810 mg, also mit breiter Streuung), wie fast immer mit Coffein. Der Test war exakt. Die maximale Wirkung wurde bei beiden Substanzen nach 2½ Std beobachtet. Hier interessiert vor allem die Frage, worin die Abnahme der Reaktion besteht. Ist es eine Gewöhnung oder handelt es sich um eine Ermüdung, die durch beide Substanzen vermindert wird? Über solche Phänomene haben wir auch beim Auge berichtet, wobei der Vorgang auf eine Ermüdung zurückgeführt wurde.

3. Geruch

Über die Wirkung von Coffein auf den *Geruchssinn* liegen keine Untersuchungen vor. Coffein selbst scheint bei manchen Tieren unangenehme Geruchsempfindungen auszulösen. Ratten verschmähten Coffein-haltige Lösungen nicht mehr, wenn der Bulbus olfactorius exstirpiert war (GESELL u. FISHER, 1968).

4. Berührungsempfindlichkeit

Die Beeinflussung der *Berührungsempfindlichkeit* prüften FLEISCH und WENNER (1954). Sowohl mit Filterkaffee, als auch mit löslichem Kaffee mit und ohne Coffein wurde die Schwelle erniedrigt, d.h. die Empfindlichkeit erhöht.

5. Schmerz*

Aus der Tatsache, daß Coffein in zahlreichen analgetischen Mischpräparaten enthalten ist, ergibt sich die Frage, ob Coffein eine eigene analgetische Wirkung besitzt, ob es die analgetische Wirkung anderer Substanzen verstärkt oder ob weder das eine noch das andere zutrifft.

Eine experimentelle Klärung dieser Frage ist aus folgenden Gründen außerordentlich schwierig: Die Prüfung von Analgetica bereitet an sich schon zahlreiche Schwierigkeiten, die Reaktion beim Menschen hängt von der Ausgangssituation ab (z.B. experimenteller Schmerz oder Schmerz durch Krankheit), es gibt bekannterweise verschiedene Schmerzqualitäten, der Schmerz kann verschiedene Ursachen haben, bei einer schmerzhaften Entzündung wird die entzündungshemmende Salicylsäure besonders wirksam sein etc. Angst und Spannungszustände verstärken die Schmerzempfindung, wie MCDONALD und EHRENREICH (1966) bei 90 Patienten mit postoperativen Schmerzen feststellten. Entsprechend war schon mit kleinen, sedierenden Schlafmitteldosen eine deutliche Verminderung der Schmerzempfindung feststellbar. Umgekehrt wird man durch die zentralerregende Wirkung des Coffeins hier eher eine Senkung der Schmerzschwelle erwarten dürfen. Andererseits lehrt die Erfahrung bei Kriegs- oder Sportverletzungen, daß bei starker Erregung oder Anspannung die Schmerzschwelle erhöht sein kann, d.h. es werden sonst schmerzhafte Verwundungen gar nicht wahrgenommen.

Im Tierexperiment werden definierte Schmerzreize gesetzt und meist Fluchtbewegungen zur Bestimmung der Schmerzschwelle registriert (z.B. Brennstrahlmethode am Schwanz der Maus). Da die Reaktionskette zwischen Schmerzreiz und Fluchtreaktion zahlreiche integrierte Verarbeitungsstufen durchläuft, können Substanzen ohne eigentliche analgetische Wirkung hier fördernd oder hemmend eingreifen. Diese Problematik wird bei der Prüfung von Coffein noch verschärft, da dieses, wenn überhaupt, nur eine geringe analgetische Wirkung erwarten läßt und, wie schon erwähnt, die zentralen Wirkungen des Coffeins die Reaktion auf Schmerzreize sicherlich beeinflussen. So wird man im Tierversuch durch zentrale Stimulierung z.B. eine beschleunigte Fluchtbewegung nach Coffein erwarten, dadurch würde eine eigene analgetische Wirkung nicht sichtbar werden. Diese Überlegungen sind bei der Beurteilung der experimentellen Befunde immer zu berücksichtigen.

Zur *Eigenwirkung* des Coffeins auf den Schmerz liegen nur wenige Versuche vor. Am Menschen hat HASLAM (1967) keine signifikante Beeinflussung der

* Klinische Betrachtungen über den Kopfschmerz siehe die interessante Arbeit von SELBACH, 1973.

Schmerzschwelle mit Brennstrahltechnik finden können. Nach 0,38 g Coffeincitrat fand sie eine sinkende Schwelle bei 13, eine ansteigende bei 3 und eine unveränderte Schmerzschwelle bei 6 Versuchspersonen. Ein Absinken der Schmerzschwelle beobachtete sie vorwiegend bei Personen, die sie als introvertiert charakterisierte und die auch eine höhere Wachheit durch Coffein erreichten.

Die Befunde von HEINROTH (1926), der am Menschen bei Reizung der Zahnpulpa mit 0,2 g, jedoch nicht mit 0,25 g Coffein eine Erhöhung der Schmerzschwelle beobachtete und dies auch nur bei Verwendung des Natriumbenzoats und nicht bei der Coffeinbase, sind wenig wahrscheinlich.

Auch in Tierversuchen wurden keine eindeutigen Hinweise auf eine analgetische Wirkung des Coffeins erhalten. Meine Mitarbeiter LIPPERT und SAMAHA (1965) fanden am Kaninchenzahn nach Hofmeister nur bei 5 mg/kg eine unwesentliche Reizschwellensteigerung, bei 20 mg/kg eine Senkung. GROTTO et al. (1965) berichteten auch über eine Erniedrigung (Mäuseschwanz, Wasserbad 58° C). FUCHS und GIERTZ (1960) fanden mit der Brennstrahlmethode an der Maus eine Schwellenerhöhung, beginnend bei 50 mg/kg, deutlich bei 100 mg/kg. Hier befinden wir uns jedoch schon im toxischen Bereich, wo entweder eine lähmende Komponente wirksam wird, oder eine starke zentrale Erregung zur scheinbaren Erhöhung der Schmerzschwelle führt (s. oben). Mit Adenosin in aequivalenten Dosen gab es eine analgetische Wirkung (GIERTZ et al., 1956).

Zur Frage der Verstärkung der analgetischen Wirkung durch Coffein ergibt sich ebenfalls kein eindeutiges Gesamtresultat. Beim Menschen wurde in Versuchen von CASS und FREDERICK (1962) bei chronischen Schmerzen die übliche Phenacetin-Aspirin-Mischung mit 15 mg Coffein/Tablette im Vergleich zu Aspirin ohne Coffein geprüft. Es ergab sich kein Unterschied. Auch in den Versuchen von BAPTISTI et al. (1966) ergab sich keine Verstärkung der Analgesie durch Coffein. In den sorgfältigen und umfangreichen klinischen Versuchen von LASAGNA (1965) konnte dagegen eine Verstärkung der Analgesie durch Coffein nachgewiesen werden. Einen Analgesie-verstärkenden Effekt beim Menschen fanden auch LIM et al. (1967) bei Verwendung des Bradykinin-Schmerzes. Wenn die Versuchsbedingungen so gewählt wurden, daß eine Mischung von Aspirin mit Phenacetin den Schmerz gerade noch nicht beeinflußte, war durch die Zugabe von 32,5 bzw. 65 mg Coffein eine deutliche Schwellenerhöhung meßbar (lokale Kreislaufwirkung?).

Im Tierexperiment mit Salicylamid konnten LIPPERT und SAMAHA (1965) eine Erhöhung der Schmerzschwelle durch 5 und 10 mg/kg Coffein messen, wenn die Salicylamiddosis so gewählt war, daß ohne Coffein gerade noch keine Schwellenerhöhung auftrat. Bei Verdopplung der Salicylamiddosis ließ sich mit Coffein höchstens eine Verlängerung, nicht aber eine Verstärkung des Effektes beobachten. In einer anderen Anordnung versuchte MATSUDA (1970) eine analgetische Wirkung des Coffein nachzuweisen: Mit der Technik des angebohrten Nagezahnes bei der Ratte fand sich mit 10 mg/kg Coffein direkt keine Schwellenänderung. Wurden jedoch die Tiere an Morphin gewöhnt, wobei eine Toleranz gegenüber der analgetischen Wirkung des Morphins auftrat, so wurde durch Coffein die Schmerzschwelle erhöht, etwa auf den Wert, wie bei einmaliger Morphingabe ohne Gewöhnung. Wurde Morphin-gewöhnten Ratten das Morphin entzogen, so kehrte die Toleranz rascher zu normaler Empfindlichkeit zurück, wenn Coffein gegeben wurde. Es handelt sich jedoch nicht um eine allgemeine Beeinflussung des Entzugssyndroms, dieses ließ sich durch chronische Coffein-gabe bei Macacus fuscata nicht beeinflussen.

Dieser Coffein-effekt ist sehr schwer zu deuten. Neben einem direkten Angriffspunkt im Schmerzzentrum muß auch die Möglichkeit in Betracht gezogen werden, daß die Aufnahme des Analgeticums in das ZNS durch Coffein begünstigt wird. Es ist auch zu berücksichtigen, daß Morphin das Schmerzerlebnis verändert. Dieser Effekt könnte durch Coffein beeinflußt werden.

Zusammenfassend läßt sich sagen, daß eine eigene analgetische Wirkung des Coffeins nicht nachgewiesen ist. Ein Effekt, der als Wirkungsverstärkung eines Analgeticums durch Coffein deutbar wäre, läßt sich tierexperimentell nur in Grenzfällen mit sehr komplexen und damit schwer analysierbaren Versuchsanordnungen sichtbar machen. Am Menschen scheint dagegen dieser Effekt, zumindestens bei Aspirin, gesichert zu sein.

III. Wirkungen auf Funktionen des Großhirns

1. Methodische Probleme

Coffein wirkt auf das Zentralnervensystem anregend. Bei steigenden Dosen kommt es zu Erregungen, ja sogar zu Krämpfen, wie man im Tierversuch leicht demonstrieren kann (s. Kapitel Toxicität).

Diese allgemeine Aussage trifft auch für den Bereich der geistigen Aktivität zu: Mit Kaffee wird zunächst eine geistige Anregung, eine Bahnung für Gedanken, die Beschleunigung von Assoziationen erreicht; diese Anregung geht bei größerer Dosierung in mangelnde Fixierung des Gedankens, zur Gedankenflucht über. Es ist bemerkenswert, daß diese jedem Kaffeetrinker geläufige und wohl nicht bestrittene Anregung durch kleine Dosen Coffein oder Kaffee in psychologischen Testversuchen häufig nicht meßbar ist (NASH, 1962). Das mag seine Ursache zum Teil darin haben, daß in den verwendeten Testsystemen Veränderungen bestimmter geistiger Funktionen durch andere Effekte des Coffeins überlagert werden und deshalb nicht erfaßt werden. Wichtiger wird jedoch die große *Variabilität der Reaktion* auf Coffein sein, zu der hauptsächlich die individuell verschiedene pharmakologische Empfindlichkeit gegenüber Coffein beiträgt.

Bei Messungen an Kollektiven muß notwendigerweise allen Versuchspersonen die gleiche Dosis zugeführt werden, d.h. einige Probanden des Kollektivs werden sich im Bereich der Anregung befinden, andere werden jedoch bei gleicher Dosis schon Zeichen von Gedankenflucht aufweisen und in den Testsystemen Ergebnisse liefern, die der Erwartung entgegengesetzt sind. Es kommt hinzu, daß gerade in diesem Bereich die Verschiedenheit der Ausgangssituation, des Temperamentes, des Lebensrhythmus, der Reaktionsweise der Versuchspersonen innerhalb eines Kollektives einen großen Einfluß auf die Testergebnisse haben wird und damit die Variabilität weiter verstärkt. So berichtete SCHUBERT (1964), daß freiwillige Teilnehmer an einem psychologischen Test anders reagieren als unfreiwillige. KNOWLES (1963) machte darauf aufmerksam, daß es Versuchspersonen gibt, die besonders leicht auf Placebo reagieren (placebo-reactors), die man von den Versuchen ausschließen sollte.

Ein weiterer komplizierender Faktor ist die *Ermüdung*. Es gibt Autoren, die eine Anregung durch Coffein bei völliger Ausgeruhtheit nicht für möglich halten, ähnlich wie früher eine Wirkung von Digitalis auf das suffiziente Herz abgelehnt wurde. Wird experimentell eine Wirkung nachgewiesen, wie z.B. durch den Psychologen DUKER (1960), der eine Anregung auch bei völlig ausgeruhten Personen durch Pervitin und in geringerem Maße auch durch Coffein messen konnte, so ist natürlich der Einwand möglich, daß es keine völlig ausgeruhten Personen gäbe. Man kann jedoch annehmen, daß bei den meisten Testabläufen ein Ermüdungsprozeß ablaufen wird, der durch Coffein aufgehalten werden könnte.

Häufig wird der *Ermüdung* hinsichtlich des Coffein-Effektes der Begriff der *Langeweile* (boredom) gegenübergestellt. Bei einer gleichmäßigen Arbeit könnte das Interesse erlahmen und deshalb die Leistungen bei körperlicher und geistiger Arbeit schlechter werden. Es wird Langeweile empfunden. Wird diese durch Coffein beseitigt, dann wird die Leistung verbessert. Wie soll man diese beiden Begriffe auseinanderhalten? Der Begriff Ermüdung ist physiologisch und psychologisch einigermaßen definiert. Das trifft für den Begriff „Langeweile" nicht zu. Für unsere Zwecke können wir Langeweile auch als Ermüdung der psychischen Aufnahmebereitschaft ansehen. Coffein wirkt anregend, d.h. es führt zu einer erhöhten psychischen Bereitschaftshaltung (SELBACH, 1969). Hierbei ist es nicht relevant, ob man den Ausgangszustand Ermüdung oder Langeweile nennt, sofern es sich nicht um eine meßbare physische Erschöpfung handelt. Wir wollen daher diese in der Literatur häufig behandelte Kontroverse in unseren folgenden Betrachtungen nicht berücksichtigen.

Wenn oben von der Bedeutung der Ausgangssituation eines Probanden für den Ausgang eines psychologischen Testes die Rede war, so gilt dies im besonderen Maße für die Frage, ob bei einer Versuchsperson *Gewöhnung an Coffein* vorliegt. Im allgemeinen wird man fordern müssen, daß alle Versuchspersonen sich eine längere Zeit vor Beginn des Testes des Kaffeegenußes enthalten. Das kann jedoch zu Komplikationen führen. In den Versuchen von GOLDSTEIN et al. (1969) erhielten die Versuchspersonen 150 und 300 mg Coffein, das coffeinfreiem Kaffee zugesetzt wurde. Letzterer diente als Placebo. Bei nicht Gewöhnten führte die Coffeingabe zu Unruhe und Nervosität, während Gewöhnte vorwiegend günstige Resultate erzielten, besonders bei der höheren Dosis. Umgekehrt reagierten Gewöhnte auf Placebo mit leichten Entziehungserscheinungen, die durch Coffein beseitigt wurden.

Auf die Schwierigkeit, mit einem psychologischen Testsystem den Einfluß von Coffein auf das Großhirn zu messen, wurde bereits hingewiesen. Diese Schwierigkeiten werden natürlich am größten sein bei der Beurteilung der höchsten geistigen Funktionen, wie Verstand, Vernunft und Urteilskraft. Zur Illustration seien abschließend zwei Zitate aus der Encyclopaedia Britannica (1962, Band 18, S. 678 u. 679) aufgeführt:

— The main intelligence test is perhaps misleading. Most of them are not so much tests of inate general ability as tests for general classification.

It must be admitted, that tests for general ability can claim neither the high reliability nor the high validity of tests for general intelligence.

2. Verstand, Anschauung, Urteilskraft

Hier folgen wir der Nomenklatur von KANT. Der Verstand enthält in sich die Vernunft. Diese ist das Vermögen der Begriffe und der Abstraktion. Hier ist das Reich der Gedanken und Assoziationen und Reflexionen. Sie beeinflussen unser Handeln durch Abwägung der Motive. Die Sphäre des Handelns, also des Willens, ist der Sphäre der Reflexion hinderlich. Wenn Schopenhauer sagt, der Wille ist blind, dann werden wir hinzusetzen: der Wille macht blind durch Ausschaltung der Reflexion. Ein Harmonie zwischen Wille und Fähigkeit des Denkens gehört zur Vollkommenheit der Persönlichkeit. Hier spielt gewiß die Vererbung eine Rolle, aber die Art der Beschäftigung ist nicht ohne Bedeutung, wie wir an der relativen Willensschwäche von Menschen sehen, die ihr Leben mit theoretischer Beschäftigung zugebracht haben. Coffein könnte durch Erleichterung der Gedanken, durch Vermehrung der Reflexionen zum Überwiegen der Sphäre der Vernunft und deshalb zur Schwächung motorischer Willensimpulse führen, was KRAEPELIN (1892) experimentell erschlossen hat. Hier sind die Versuche von ALLERS und FREUND (1925) zu erwähnen. Sie fanden in Lernversuchen, daß ihre Versuchspersonen nach 0,3 g Coffein am nächsten Tage leichter solche Worte wiederholten, die in die abstrakte Bedeutungssphäre des Wortes hinein gehörten. Die Deponierung neuer Elemente in unserem Gedächtnis geschieht nach bestimmten Grundprinzipien, von denen DAVID HUME (Untersuchungen über den menschlichen Verstand) die Verknüpfung nach Ähnlichkeit oder Analogie, der zeitlichen oder räumlichen Berührung und schließlich nach der logischen Verbindung (cause or effect) unterscheidet. Nach der bevorzugten Art der Einbettung kann man die prävalierende Art der Verknüpfung feststellen. Wir sehen nach Coffein die Bevorzugung abstrakter Vorstellungen und Verbindungen, also des Bereiches der Begriffe. KANT sagt in seiner Kritik der reinen Vernunft, Begriffe ohne Anschauungen sind leer. Also würden wir nach Coffein eine leere Gedankenarbeit, die Neigung zu Dialektik erwarten können. Dies ist jedoch nicht der Fall. ALLERS betont die Begünstigung der Anschauung in seinen Versuchen. Die Assoziationen werden bildhafter und plastisch, sie durchlaufen eine ganze Reihe erlebter Vorstellungen. Die Vergegenwärtigung der Einzelheiten der Anschauung wird also besser dargestellt, ein Prozeß, der der reinen Abstraktion in gewissem Sinne entgegen läuft. Diese Förderung der Beweglichkeit und Anschaulichkeit von Kombinationen ist besonders für das Schachspiel geeignet. Von Weltmeister ALJECHIN wird berichtet, daß er viel Kaffee trank und zwar gerade bei Blindpartien, bei denen die Notwendigkeit plastischer Vorstellungen und Kombinationen besonders deutlich ist.

Die Versuche von HOLCK (1933) bei der Lösung von Schachaufgaben mit 0,1 g Coffein ergaben eine Beschleunigung der Lösung um nur 7—9%. Die Leistungssteigerung ist nur gering, erhält aber ein neues Schlaglicht, wenn man die Betrachtung der leichten Schachaufgaben fortläßt und nur die schweren berücksichtigt. Der routinierte Nußknacker für Schachaufgaben löste Aufgaben mit nur wenigen Figuren auf dem Brett mit Coffein kaum besser als ohne. Aber sobald die Zahl der Figuren zunahm, steigerte sich die Überlegenheit um 15%. Vielleicht wären die Resultate bei höherer Dosierung noch besser geworden.

Diese Darstellung der Wirkung auf das Großhirn ist im gewissen Sinne einseitig, insbesondere wenn wir die Möglichkeit der Lähmung des Willens durch Steigerung der Reflexionen betonen. Dem entgegenwirkend beobachten wir die Bekämpfung der Müdigkeit mit einer Steigerung der Motorik und der Aktivität durch Coffein. Eine Zunahme auch des Willens werden wir bei denjenigen annehmen dürfen, die durch Müdigkeit gelähmt sind. Das ganze Bild läßt sich bei der Vielfalt der Angriffspunkte des Coffeins nicht von einem Gesichtspunkt aus beschreiben.

Wenn wir beim Menschen das Verhalten von Personen des Vita activa und Vita contemplativa betrachten, werden wir uns die Frage stellen, ob bei aktiven Personen durch Coffein die körperliche Aktivität auf Kosten der geistigen Leistung steigt, so daß in diesem Falle eine Verwischung des eindeutigen Effektes erfolgen kann. Wir werden aber häufig das Gegenteil finden. HASLAM (1967) berichtet, daß Introvertierte mehr beeinflußt werden als Extrovertierte. Freiwillige Teilnehmer an einem psychologischen Test reagieren anders als unfreiwillige (SCHUBERT, 1967).

Die *Urteilskraft* werden wir beim Denkprozeß als einen wesentlichen, vielleicht den höchsten Teil des menschlichen Verstandes ansehen müssen (SCHOPENHAUER). Die Erleichterung von Assoziationen durch Coffein gibt die Möglichkeit, eine größere Zahl von Vorstellungen gegeneinander abzuwägen. Wir werden also eine Verminderung der Urteilskraft nicht erwarten dürfen. Dadurch ist eine prinzipielle Abgrenzung des Coffeins von allen sogenannten Rauschmitteln gegeben, angefangen vom verhältnismäßig harmlosen Alkohol bis zu den schweren Giften (Cocain, Morphin). Trotzdem findet man immer wieder solche Vergleiche. MAIER (1921) stellt eine gewisse Ähnlichkeit zwischen Coffein und Cocain fest. Wenn ERHARDT (1929) sogar behauptet, daß Coffein Reflexionen unterdrückt und die Möglichkeiten der Vernunft schwächt, dann ist diese Aussage nur glaubhaft, wenn es sich um eine Coffein-Überdosierung mit Gedankenflucht und Konzentrationsunfähigkeit handelte. Dennoch ist es sehr schwer, eine solche allgemeine Aussage durch das positive Experiment zu widerlegen. Wir haben wiederholt auf die Problematik quantitativer psychologischer Teste hingewiesen. HUME spricht von der Unmöglichkeit, psychische Reaktionen quantitativ zu messen, weil, besonders bei Selbstbeobachtung, der Blickpunkt zu verschwimmen beginnt, wenn zentrale Funktionen beobachtet werden. Trotz der großen Fortschritte in der Beurteilung psychologischer Testsysteme und deren Ergebnisse können wir nur einfache Reaktionen quantitativ messen und dadurch analysieren. Man ist also darauf angewiesen aus den einfachen Reaktionen auf die nicht meßbaren komplexereren geistigen Funktionen, z. B. die Urteilskraft zu schließen. SCHOPENHAUER führt etwa aus, daß die Länge der Schlußketten wichtig für die Tiefe des Denkens sei. Damit diese Schlußketten aber eine genügende Länge erreichen, sei ein schnelles Denken notwendig, weil das Verknüpfen der einzelnen Analogien oder Begriffssphären nur kurze Zeit gelinge. Den Befund von CATTELL (1930), der nach 0,2 g Coffein (nicht aber nach 0,4 g) eine signifikante Verbesserung der logischen Assoziationen beobachtete, wird man in diesem Sinne interpretieren. In ähnlicher Weise wird man die Ergebnisse mit den einfachen meßbaren Reaktionen wie Rechnen, Gedächtnis, Lernen und Assoziationen in ihrer Gesamtheit als Argument für die Anregung höchster geistiger Funktionen werten können.

Bevor wir uns jedoch im einzelnen mit den verschiedenen psychologischen Testsystemen befassen, sollen einige elektrophysiologische Untersuchungen zur Lokalisation der Coffeinwirkung besprochen werden.

3. Elektrophysiologische Untersuchungen

Es ist verständlich, daß man aus elektroencephalographischen Untersuchungen nicht mehr als grobe Hinweise auf die Effekte des Coffeins im Großhirn erwarten kann, wobei eine Lokalisierung der Wirkung und die Abgrenzung gegen andere zentralwirkende Pharmaka, insbesondere stimulierende Substanzen am ehesten zu erwarten ist. In diesem Zusammenhang sind die wichtigen Versuche von Monnier u. Mitarb. (1959/60) von besonderem Interesse, die am wachen Kaninchen das EEG ableiteten und zusätzlich die Möglichkeit hatten, verschiedene Hirnteile gezielt elektrisch zu reizen. Die verwendete Coffein-Dosis von 25 mg/kg (innerhalb 4 min i.v.) ist zwar recht hoch, sie führte kurzfristig zur mäßigen Steigerung von Atemfrequenz, Blutdruck und Pulsfrequenz, ist aber noch nicht als toxisch anzusehen. Im EEG wurde eine typische Weckreaktion (arousal reaction) mit Frequenzsteigerung, Abnahme der Amplituden und Verschwinden der Spindeln beobachtet. Diese Weckreaktion läßt sich zwar auch durch Amphetamine, Metrazol und LSD auslösen, doch ist die Coffeinwirkung eindeutig abgrenzbar, da sie auch bei mediothalamischer Reizung stimulierender Fasern, bzw. Hemmung hemmender Fasern nachweisbar war. Atropin hatte auf diese Effekte keinen Einfluß.

Eine sedierende Wirkung des Coffeins auf den Hirnstamm wurde von Dreikurs (1928) nachgewiesen. Ob die typischen EEG-Veränderungen auch durch andere im Kaffee vorkommenden Substanzen, wie z.B. die Chlorogensäure oder ihre Spaltprodukte, ausgelöst werden können, ist nicht untersucht worden. Krönig und Künkel (1973) fanden mit quantitativer Auswertung des EEG die oben beschriebenen Effekte in gleichem Maße bei Kaffee und der entsprechenden Dosis Coffein, nicht dagegen bei Coffein-freiem Kaffee bzw. warmem Wasser. Künkel (1975) folgert daraus, daß im Kaffee keine anderen erregenden Substanzen außer Coffein vorhanden sind, insbesondere, daß die Chlorogensäure keine zentral anregende Wirkung hat.

Coffein hat jedoch auch einen direkten Effekt auf die Großhirnrinde. Wurde das Gehirn durch einen Schnitt am Mesencephalon von der Substantia reticularis abgetrennt (cerveau isolé), dann läßt sich durch Coffein immer noch eine Weckreaktion im EEG auslösen. In den Versuchen von Kholodov (1964) am Kaninchen fanden sich nach 50 mg/kg Coffein Symptome von Krämpfen im EEG. Auch diese blieben bei dem isolierten Gehirn bestehen, gehen also nicht von der Substantia reticularis aus (s. auch Herz et al., 1968). Bernakov u. Mitarb. (1965) isolierten bei Katzen die Großhirnrinde (zum Teil einseitig) von allen nervösen einströmenden Fasern, wobei die Tiere monatelang überlebten. Nach 50—80 mg/kg Coffein fanden sich im EEG der normalen wie der isolierten Rinde die typischen Weckreaktionen (arousal pattern). Auch die Reizschwelle der sensomotorischen Hirnrinde wird durch Coffein erniedrigt. Auch abwärts des Mesencephalon bahnt Coffein Reflexe. Von dort kommt es jedoch nicht zum Einstrom von Impulsen bis in das Großhirn.

Auch beim Menschen lassen sich die für eine Weckreaktion typischen Veränderungen im EEG durch Coffein auslösen. In den Versuchen von PFEIFFER et al. (1965) war ein Maximum der Weckreaktion ca. 1 Std nach Verabreichung von 0,25 g Coffein erreicht. Zu diesem Zeitpunkt wird auch das Maximum der Coffein-Wirkung im psychologischen Test beobachtet. Ähnliche Ergebnisse erhielten SCHALLEK et al. (1959) sowie GOLDSTEIN et al. (1963). Letztere untersuchten noch andere Substanzen und fanden 50 mg Amphetaminsulfat weniger wirksam als 250 mg Coffein. Dagegen konnten WHITE et al. (1965) mit 5 mg/kg, was den oben angegebenen Dosierungen entspricht, eine Weckreaktion im EEG nicht mit Sicherheit auslösen, sondern erst mit 10—15 mg/kg. Eine besondere Versuchsanordnung zur Analyse der Coffeinwirkung im EEG wählten TAKAORI und TANABE (1965). Durch Kühlung der Carotis in einem Wassermantel von 5 bzw. 15° C konnten sie eine Weckreaktion im EEG auslösen, die durch Coffein nicht beeinflußt wurde. Umgekehrt führte die Erwärmung auf 50° C zu einem Ruhebild (Frequenzabnahme, hohe Amplituden, Spindelbildung). Dessen Entstehung wurde durch Coffein gehemmt.

Wir folgern also, daß Coffein im elektroencephalographischen Bild Effekte hat, die mit einer Stimulierung physiologischer und psychologischer Funktionen in Einklang stehen.

IV. Rechnen, Lernen, Gedächtnis, bedingte Reflexe

1. Rechnen

Rechnen, eine Funktionsprüfung die schon von KRAEPELIN angewendet wurde und am leichtesten zahlenmäßige Resultate ergibt, wird meistens als Additionsversuch durchgeführt. SCHOPENHAUER schätzte es als die niedrigste geistige Tätigkeit des Menschen ein, „weil sie auch durch Maschinen ersetzt werden könne". Nach früheren Versuchen von KRAEPELIN und WEDEMEYER (1920) fand auch PAULI (1927) eine Verbesserung der Additionsleistung an über 60 Personen mit Teeaufgüssen, denen bis zu 0,6 g Coffein zugesetzt wurde. Ab 0,05 g Coffein wurde die Fehlerzahl geringer, die Rechengeschwindigkeit war aber erst nach 0,1 g erhöht (nach KLEBELSBERG, 1963, nicht ganz signifikant) und nahm bis 0,3 g um insgesamt 15% zu. Bei 0,6 g war keine weitere Verbesserung festzustellen. Auch die Fehlerquote nahm bis 0,3 g ab, darüber wieder zu als Zeichen beginnender Intoxikation. Solche Erhöhung der Additionsleistung wurde auch bei strengeren Versuchsbedingungen im Doppelblindversuch und unter Einschluß einer Placebogruppe gefunden (BARMACK, 1940; GILLILAND u. NELSON, 1939). Ein Beispiel für die Dosisabhängigkeit der Leistungssteigerung ist in der Abb. 2 dargestellt, die einer Arbeit von GRAF (1961) entnommen wurde.

Bei Untersuchungen der zeitlichen Abhängigkeit fand BARMACK (1940), daß der maximale Effekt 1 Std nach Coffein-Gabe (in Kapseln) erreicht wird. Bei

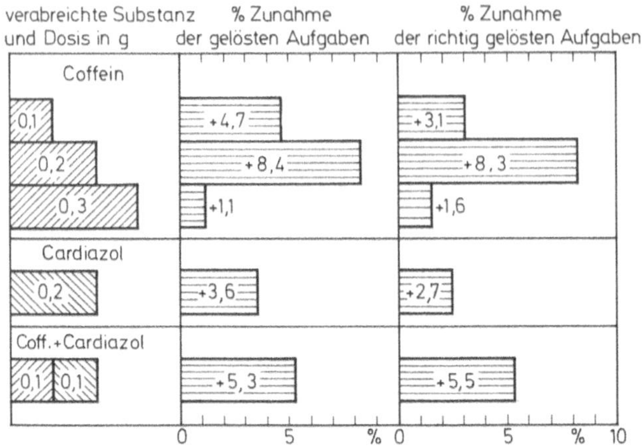

Abb. 2. Mittlere prozentuale Leistungsänderung in einem dreistündigen Rechentest bei 10 Personen durch Gaben von Coffein, Cardiazol und ihre Kombination. (Nach GRAF, O., 1961)

langdauernden Versuchen wurde keine Leistungssteigerung, jedoch eine Hemmung des Abfalls gefunden.

In den meisten Versuchen erwiesen sich die Amphetamine dem Coffein überlegen. In 24 Std Versuchen von LOVINGOOD et al. (1966), die bei difinierter Temperatur und Luftfeuchtigkeit durchgeführt wurden, war mit 15 mg d-Amphetaminsulfat eine eindeutige Leistungssteigerung meßbar während mit 500 mg Coff.-Citrat kein signifikanter Effekt erreicht wurde.

2. Aufmerksamkeit

Besonders auf die Prüfung der *Aufmerksamkeit* zielten die Versuche von GOLDSTEIN et al. (1965). Die Versuchspersonen erhielten 150 bzw. 300 mg Coffein in Coffein-freiem Kaffee und mußten kurz gezeigte fünfstellige Zahlen wiederholen. Es ergab sich keine signifikante Verringerung der Fehlerquote. Nach der höheren Dosis fühlten sich die Versuchspersonen besonders frisch, ohne das durch besondere Leistungen zu dokumentieren. Interessant ist, daß manche Personen über Nervosität klagten. Diese beiden Zustände schlossen sich weitgehend gegenseitig aus. Wir wiesen wiederholt darauf hin, daß starke Erregung die Leistungen verschlechtert.

BAUMSTIMLER (1965) hat das Problem aufgegriffen, inwieweit das Wissen um einen begangenen Fehler das Ergebnis der nächsten Aufgabe beeinflußt. In schneller Folge sollte eine aufleuchtende Zahl von 1—5 durch einen zugehörigen Hebel gelöscht werden. Ein zweites Signal, das an der Peripherie des Gesichtsfeldes auftaucht, gab an, ob die jeweilige Aufgabe richtig gelöst wurde. 6 mg/kg Coffein wurden über 6 Std des Experimentes verteilt verabreicht. Neben Wasser als Kontrolle wurde auch Alkohol gegeben mit einer Blutkonzentration von etwa

0,5 ‰. In der ersten Hälfte des Versuches blieb die Fehlerhäufigkeit in allen 3 Gruppen gleich. In der zweiten Hälfte sank sie bei Kontrollen ab als Zeichen der Übung. Bei Coffein stieg die Fehlerwahrscheinlichkeit an, aber bei weitem nicht so stark wie bei Alkohol. Versuche über eine Kombination beider Substanzen wurden leider nicht ausgeführt.

3. Lernen und Gedächtnis, bedingte Reflexe

a) Tierversuch

Im Sammeln von Erfahrungen, im Lernen besteht die Grundlage des Lebens. Die Erfahrungen werden im Gedächtnis gespeichert. Dazu gehören zwei Phasen, die Phase der Aufnahme und die der Festigung. Letztere kann durch Coffein in bestimmtem Dosierungsbereich begünstigt werden, wie etwa in den Versuchen von PARÉ (1961) bei Ratten. Die Tiere wurden trainiert, in einem Labyrinth einen bestimmten Weg zu gehen. Bei Fehlern wurden sie mit elektrischen Schlägen bestraft. Erhielten die Tiere 5 sec nach dem Versuch 30 mg/kg Coffein, so machten sie am nächsten Tag weniger Fehler, nicht dagegen wenn die Coffein-Injektion 2 min später erfolgte. Hier spielt sicher nicht nur eine erhöhte Aktivität eine Rolle, wie SAMUEL (1971) annimmt. Auch die bedingten Reflexe erfordern Gedächtnisleistungen (ILYUTCHENOK, 1969). Die Konditionierung wird durch Belohnung oder aber durch Bestrafung erzwungen.

NIESCHULZ (1965/1967) verwandte Luftstöße, um Mäuse zu veranlassen durch ein bestimmtes Loch zu entkommen und Schutz zu finden. 10 und 25 mg/kg Coffein verbesserten, 50 und 80 mg verschlechterten die Fähigkeit, diesen Reflex einzuüben. ESSMAN (1971) unterschied zwischen einer angelernten Reaktion (learned response) und dem Gedächtnis (memory of the acquired behavior). Die erstere sei mehr dynamisch aufzufassen. Ein weiterer Faktor ist das allmähliche Erlöschen (extinction) der Konditionierung. In jeder dieser Phasen können Substanzen den weiteren Ablauf stören oder begünstigen, wie schon PAWLOW bemerkte. MILLER und MILES (1935) ließen Ratten nach einer Hungerperiode Futter in einem Gangsystem aufsuchen. 25 mg/kg Coffein beschleunigte die Auffindung. Wenn die Ratten mehrfache kein Futter vorfanden, dann liefen sie jedesmal langsamer, als Ausdruck einer beginnenden Löschung (Extinction). Unter Coffein war diese Löschung verzögert, d.h. die vorhandene Bahnung wurde erhalten.

Das Kurzzeitgedächtnis (bis 24 Std) läßt sich mit relativ einfachen Mitteln stören. So kann z.B. durch Elektroschock, Krämpfe oder toxische Dosen von Coffein eine retrograde Amnesie erzeugt werden. Allgemein soll eine Störung cholinerger Mechanismen (durch Atropin, Scopolamin u.ä.) die Gedächtnisbildung hemmend beeinflussen. Umgekehrt kann durch Cholinesterase-Hemmstoffe oder Reizung der Substantia reticularis die Löschung verzögert werden (ILYUTCHENOK, 1969).

Der klassische Grundversuch von PAWLOW — Hunden wird wiederholt mit einem Glockenton Futter dargereicht, zur dadurch ausgelösten Speichelsekretion genügt später der Glockenton allein — wurde häufig modifiziert. WOLF und

HORSLEY (1935) verwandten neben der Glocke auch in der Intensität variables Flackerlicht sowie das variable Geräusch eines Metronoms. Durch 8 mg/kg Coffein i.m. wurde die Reizschwelle für Helligkeit und Geräusch erniedrigt, die Reaktionszeit verkürzt, die Sekretion erhöht. Läßt dieser Reizerfolg im Laufe des Versuches nach, dann wird er durch Coffein wieder erhöht. VASILEVA (1966) fand eine Begünstigung des unbedingten Salivationsreflexes durch Coffein nur während der ersten 15 sec nach Reizauslösung. Während dieser Zeit wird der Salivationsreflex wahrscheinlich cortical gebahnt. Später wird er durch subcorticale Zentren überwacht. In dieser zweiten Phase kam es in den Versuchen von BORISSOWA (1959) mit Hunden unter Coffein sogar zu einer Abnahme der Salivation nach Nahrungszufuhr. Die Verhältnisse sind hier anders als bei den bedingten, eingelernten Reflexen, bei denen die Großhirnbeteiligung ausgeprägter ist.

Ebenfalls mit dem bedingten Salivationsreflex arbeitete FJODOROW (1953) an Mäusen. Der auslösende Lichtreiz wurde in 3 verschiedenen Intensitäten verwendet das zu einer abgestuften Reizantwort führte. Bei Dosen von 0,01—0,04 mg Coffein (entsprechend ca. 0,4—1,6 mg/kg) im Futter fand sich nur bei schwachen auslösenden Reizen eine Verstärkung des Reflexes gegenüber Kontrollen, bei mittelstarken Reizen und 0,1 mg Coffein eine geringe Verstärkung, keine Veränderung bei starken Reizen und eine Abnahme bei 0,2—0,7 mg. Bei weiterer Dosissteigerung wurde eine Reflexverminderung bei allen Reizintensitäten beobachtet. Der Autor diskutiert einen narkotischen Effekt des Coffeins, der durch die höheren Reizintensitäten abgeschwächt werden könne. In einer Nachphase nahm die Reflexstärke bei Tieren mit den höheren Coffein-Dosen bis zu 14 Tagen weiter ab.

Auf den natürlichen Trieb der Mäuse, sich über die Umgebung zu informieren (Explorationstrieb) basieren die schönen Versuche von NIESCHULZ (1967). In einem Brett war eine Reihe von Löchern angebracht, in die die Mäuse hineingehen, dabei einen Kontakt schließen, so daß jeder dieser „Explorationen" gezählt wird. Wir geben die Resultate auf der Abbildung 3 wieder. Die Beeinflussung des Explorationstriebes und der Motilität gingen nicht parallel. Die Motilität war bereits nach 0,3 mg/kg signifikant erhöht und stieg bis zu einem Maximum bei 25 mg/kg. Die Exploration zeigte eine Steigerung bei 10 mg/kg, nahm bei höheren Dosen wieder ab und war bei 50 mg/kg unter dem Wert der Kontrollen. In einem Lernversuch ließ sich durch Dosierungen von 1—10 mg/kg Coffein die Lernfähigkeit erhöhen, bei weiterer Dosissteigerung verschlechterte sich die Leistung und sank unter den Kontrollwert. Anschließend wurde das „Gedächtnis" geprüft. Dabei zeigte es sich, im Gegensatz zu den Befunden von FJODOROW, daß Tiere, die schnell gelernt hatten, auch jetzt überlegen waren. Wurden die Tiere (NMRI-Mäuse) einem Operationsstreß (Schädeltrepanation) ausgesetzt, so mußte zum Erlernen der Reaktion um so häufiger geübt werden, je früher nach der Operation mit der Übung begonnen wurde. Coffein hatte hier einen beschleunigenden Effekt, ähnlich wie bei den Hunden von PETROWA (1934).

Mit einer ähnlichen Methode wie NIESCHULZ arbeiteten BOISSIER und SIMON (1967). Sie prüften die Tendenz der Mäuse, einen Drahtkäfig zu verlassen. Tiere, die die Anordnung schon kannten, ließen sich länger Zeit bis zum Verlassen des Käfigs als Tiere, für die diese Situation neu war. Nur die Reaktionsgeschwindigkeit der ersten Gruppe war mit Coffein (8—16 mg/kg) zu steigern. Hier könnte eine höhere motorische Aktivität zur Überwindung der Gleichgültigkeit (oder Langeweile?) geführt haben.

Daß es sich nicht ausschließlich um eine Steigerung der motorischen Aktivität handeln kann, zeigen die Versuche von MARRIOTTE (1968), bei denen im Laufrad eine signifikante Aktivitätszunahme, jedoch im Irrgarten mit der gleichen Dosis Coffein keine Leistungsverbesserung erzielt wurde.

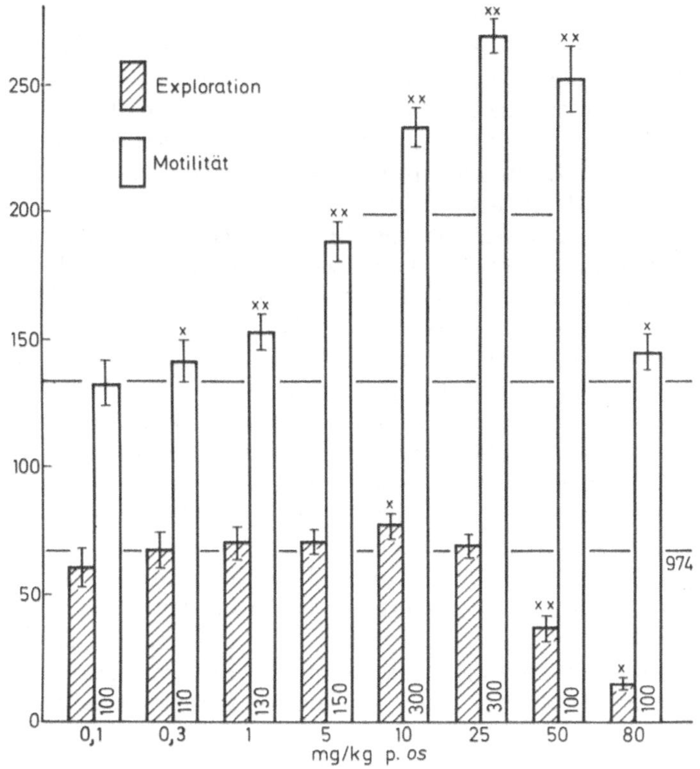

Abb. 3. Beeinflussung von Motilität und Explorationstrieb von Mäusen durch Coffein. (Nach NIESCHULZ, O., 1967)

Bei den lokomotorischen Testen ist von Bedeutung, zu welcher Tageszeit sie durchgeführt werden, worauf ESSMAN (1971) besonders hingewiesen hat. Bei Mäusen erreicht die Motilität um 16 Uhr ein Minimum. Gerade zu dieser Zeit wirkt Coffein deutlich steigernd. Im Irrgarten fanden sich jedoch auch zu dieser Zeit Verzögerungen, die besonders bei höheren Dosierungen von 50—60 mg/kg auftraten und mit Inkoordinationen einhergingen (MACHT et al., 1921).

Das etwas einfachere Modell der Alternationsprüfung in einem Y-förmigen Irrgarten verwendete COX (1970) an Ratten. Nach 67 mg Coff.-Citrat i.p. war die Alternation hochsignifikant erhöht (Bei NIESCHULZ bereits wieder Abnahme). Das wurde von dem Autor als Zeichen besseren Lernens oder besseren Gedächtnisses aufgefaßt. Es ist jedoch zu berücksichtigen, daß für die Begünstigung des Gedächtnisses die Stimulierung der Formatio reticularis eine große Rolle spielt. Inwieweit diese durch Coffein beeinflußt wird, ist, wie oben dargestellt, noch unsicher. Eine Beeinflussung ist bisher nur für bestimmte Bereiche und Funktionen nachgewiesen (s. Atmung und Vasomotorenzentrum, S. 160). Nach ILYUTCHENOK (1969) hemmen z. B. anticholinerge Substanzen, die vom retikulären System ausgehende Stimulierung corticaler Neuronen. Das kompliziert die Deutung solcher Versuche erheblich.

Bei der Prüfung der Reizvermeidungsreaktion (avoidance reaction) (Ratten, elektrischer Reiz) fanden BÄTTIG und GRANDJEAN (1955) die Reaktion nach 7,5, 10 und 15 mg Coffein p.o. signifikant um 14—17,5% beschleunigt. 3 mg/kg brachten noch keine signifikante Beschleunigung, während 30 mg/kg verzögerten. BARRY und MILLER (1965) fanden mit ähnlicher Versuchsanordnung (außer Elektroschock auch Belohnungen) durch 10—30 mg/kg i. p. stets eine beschleunigte Reaktion ($p < 0{,}01$), ebenso wie mit Metamphetamin.

Es ist hier von Interesse, daß verschiedene Tierstämme Unterschiede in der Reaktion zeigen. SATINDER (1971) unterschied einerseits empfindliche und nichtempfindliche Stämme (reactive und non-reactive) und andererseits Tiere mit starker oder schwacher avoidance-Reaktion (bei Dosen von 12,5—50 mg/kg Coffein i. p.). Die non-reactive und high-avoidance-Tiere zeigten gleiche Beeinflußbarkeit durch Coffein ebenso wie durch Amphetamin (1—4 mg/kg), währen die reactive- und low-avoidance-Gruppe nur auf höhere Dosen Amphetamin reagierte. Diese Unterschiede mögen manche Widersprüche in der Literatur erklären.

Bei den Versuchen von KOSTENKO (1968) wurde bei Kaninchen die Ausbildung eines bedingten Reflexes durch 0,06—0,3 g Coffein auf einer mittleren Basis zurückgehalten (motor food method, MALINOWSKY).

Eine weitere Gruppe von Versuchsanordnungen basiert auf dem Prinzip der Skinner-Box, die höhere Anforderungen an die Lernfähigkeit stellt. Einem Versuchstier wird der Zugang zu Futter oder Trinken nur dann ermöglicht, wenn es auf bestimmte Signale (Glocke, Summton, Lichtzeichen) einen bestimmten Hebel auslöst. Dieser Grundversuch kann auf die verschiedenste Weise modifiziert werden. So wurde z. B. in den Versuchen von SOLYOM et al. (1968) an 40 weiblichen Ratten die verfügbare Zeit zum Hebeldrücken durch Elektroschock auf 3 min beschränkt. 20 mg/kg Coffein/Tag 1 oder 5 Std vor dem Versuch beschleunigte den Lernvorgang. Der Hebel wurde häufiger betätigt. Auch RNA (>Harnsäure) war wirksam. Auffällig war, daß die Löschung des gelernten Reflexes bei den Coffein-Tieren schneller ablief, was keineswegs immer der Fall ist, wie schon oben dargelegt. Hier mag die fortgesetzte Coffein-Gabe durch die Intensivierung neuer Lernvorgänge und Erfahrungen zur schnelleren Löschung des früheren Lerninhaltes beigetragen haben.

Eine kompliziertere Variante der Skinner-Box unter Verwendung von 2 Hebeln, die nach entsprechendem Training in festgesetzter Zeitfolge zu drücken waren, verwendeten MECHNER et al. (1965) in ihren Versuchen an Ratten (Charles River stock). Dadurch war auch die Abschätzung des Zeitempfindens möglich. Eine Verbesserung der Leistung zeigte sich zunehmend ab 2,5 mg—15 mg/kg Coffein (1 Std vor Versuch oral), um bei höheren Dosen wieder abzunehmen. Das Maximum der Wirksamkeit zeigte eine große Variabilität. Nach Amphetamin wurde der 2. Hebel häufig zu früh gedrückt, nach Coffein meist zu spät, woraus die Autoren auf eine Änderung des Zeitempfindens schlossen, obwohl die gemessenen Differenzen nicht signifikant waren.

Auch bei Rhesusaffen konnte eine Verbesserung des Lerneffektes durch 25—200 mg Coffein in einer Versuchsanordnung nachgewiesen werden, in der bei sachgemäßer Hebelbetätigung Reizelektroden im Vorderhirn ein Lustempfinden auslösten (MALIS et al., 1960).

Kombinierte Anforderungen an Lernen, Gedächtnis und visuelle Eindrücke stellt die originelle Methode von RENSCH und RAHMANN (1960) bzw. RAHMANN (1961/63) bei Goldhamstern. Als Reiz wurden den Tieren verschiedene Muster auf Türen dargeboten, von denen eine sich bei Bedienung eines Hebels öffnete, wobei sich Futter als Belohnung fand. Durch Abänderung des Musters (Transpositionstest) wurde geprüft, inwieweit Ähnlichkeiten erkannt werden. 0,5—3 mg/kg Coffein s.c. 20—40 min vor Testbeginn führte nur zu einer geringen, nicht signifikanten Leistungssteigerung des Lernens gegenüber Kontrollen. Nach 14 Tagen wurde das Gedächtnis geprüft. Ab 0,1 mg/kg Coffein lagen die Leistungen wesentlich höher als bei den Kontrollen, hatten ein Maximum nach 0,5 mg/kg und nahmen bei 1 und 3 mg/kg rascher ab als bei Kontrollen. Beim Neulernen des Reflexes waren die Tiere mit 0,5 mg/kg wieder den anderen überlegen, aber selbst bei 1 und 3 mg/kg lernten die Tiere noch deutlich rascher als Kontrollen. Wurde die Schwierigkeit der Unterscheidbarkeit zwischen den Mustern erhöht, so zeigten 0,25 und 1 mg keine Wirkung, während 3 mg/kg die besten Leistungen ergab. Also gab es hier einen sehr kleinen Dosisbereich, der nicht übersehen werden konnte. Dosen von 3 und 10 mg wirkten sich hemmend auf die Leistungen in diesem schwierigen Test aus. Lern- und Gedächtnisversuche liefen hinsichtlich Lernen und Gedächtnis parallel. Die Autoren fassen die Befunde als Zeichen erhöhter Aufmerksamkeit auf. Wir möchten hier auch noch auf den Einfluß von Coffein auf die Sinnesorgane hinweisen (S. 69).

Ein komplexeres System konditionierter Reflexe wurde von MATTHIES und ERDMANN (1957) für Ratten entwickelt. Auf ein Klingelzeichen hatten die Tiere eine komplizierte Strecke bis zum Futter zu laufen. Außerdem lernten sie, daß auf einen zusätzlichen Summton an der gewohnten Stelle kein Futter vorhanden war. Schließlich kam noch ein optisches Signal hinzu. Diese 3 Reize wurden in genau festgelegter Reihenfolge appliziert und das gewünschte Verhalten der Tiere eingeübt. Nach täglich 3,5 mg/kg Coffein i.p. waren sowohl die Reaktionszeiten verkürzt, als auch die Zahl der Fehlreaktionen geringer. Nach der doppelten Dosis verkürzten sich die Reaktionszeiten weiterhin und es gab keine Fehlleistungen mehr. Diese Leistungsverbesserung blieb auch nach Absetzen des Coffeins längere Zeit bestehen. Wurde die Reihenfolge und Bedeutung der Zeichen geändert, dann trat völlige Regellosigkeit im Verhalten der Tiere ein. Ihre „Ideologie" war zusammengebrochen. Sie liefen aufgeregt im Käfig herum, machten Ausbruchsversuche und verweigerten sogar das Futter. 4 Ratten starben bei diesem Versuch. Coffein führte zur rascheren Restitution. Während kleinere Dosen die Beständigkeit eingelernter Reaktionen erhöhten, führten größere Dosen eher zur Störung der bedingten Reflexe. Wir haben schon wiederholt auf diese Unterschiede hingewiesen, die sich insbesondere bei schwierigen Testen bemerkbar machen.

b) Mensch

Über den Einfluß von Coffein auf bedingte Reflexe am Menschen existieren nur wenige Untersuchungen. In den Versuchen von SWITZER (1935/36) mit 20 Personen wurde durch einen galvanischen Reiz an der Haut eine Rötung im Sinne einer Gefäßreaktion ausgelöst. Wurde der Reiz mit dem Aufleuchten einer Lampe kombiniert, dann kam die Rötung später durch das Licht allein zustande. Die Zeit vom Beginn des induzierenden Reizes bis zum Auftreten der Reaktion, die Latenz, wird nach PAWLOW als eine Hemmung aufgefaßt. Diese Hemmung wird durch Coffein um 16% verkürzt. Die Dosen (0,22 g Coffein/Person) unterschieden sich, auf das Gewicht bezogen, nicht von denen in zahlreichen Tierversuchen. Mit dem gleichfalls gemessenen Handtremor fand sich eine deutliche Korrelation ($r = +0{,}54$). Die Intensität der Hautreaktion war um 50% erhöht d.h. die bedingten Reflexe ließen sich unter Coffein schwerer löschen. Über die unterschiedliche Ausbildung bedingter Reflexe beim Menschen in Abhängigkeit von der Höhe über dem Meeresspiegel berichtete SEROKVOSTOV (1968).

Früher (EICHLER, 1938) haben wir die Reaktion des Zentralnervensystems in dynamische Funktionen (Erlernen, Assoziationen usw.) und statische des Gedächtnisses unterteilt. Wir waren der Auffassung, daß Coffein vorwiegend die ersteren, weniger die letzteren beeinflußte. Wir haben in dieser Darstellung gesehen, daß auch letztere unter besonderen Bedingungen beeinflußt werden können. Das ist dann leicht verständlich, wenn wir auch das Gedächtnis als Zeichen einer Ganzheit des Zentralnervensystems auffassen.

Reaktionsgeschwindigkeit. Psychomotorische Teste. Hier werden einfache, übersichtliche Versuchsanordnungen verwendet. In den Versuchen von HORST und JENKINS (1934/35) z.B. sollte auf ein Signal möglichst rasch durch Hebeldruck eine laufende Uhr arretiert werden. Die Autoren fanden nach 3—4 mg/kg Coffein bei 21—26 Jahre alten Männern nur eine geringe und unsichere Zunahme der Reaktionsgeschwindigkeit, nach 5 mg/kg einen sicheren Erfolg. Allerdings war in diesen Versuchen der Übungseffekt nicht genügend berücksichtigt, worauf CHENEY (1936) hinwies. Versuche an weiblichen Versuchspersonen wurden so durchgeführt, daß Lampen verschiedener Farben verwendet wurden. Da nur bei einer Farbe der Hebel zu drücken war, konnte neben der Reaktionsgeschwindigkeit auch die Zahl der Fehler registriert werden. Die Resultate sehen wir auf der Abb. 4a u. b. Nach 3,3—3,6 mg/kg Coffein nahm die Reaktionszeit im Verlauf von 2 Std bis zu einem Maximum von 8% bei reinem Coffein, bis zu 4% bei Kaffee ab. Auch die Zahl der Fehler nahm ab, bei Kaffee rascher, nach Coffein aber länger. Diese Versuche wurden von WEISS und LATIES (1962) kritisiert, weil bei den Versuchspersonen die Reihenfolge der Testgetränke gleich war. Allerdings war vor Versuchsbeginn schon weitgehend geübt worden, so daß ein zusätzlicher Übungseffekt unwahrscheinlich ist. KNOWLES (1963) beobachtete erhöhte Reaktionsgeschwindigkeiten im gleichen Ausmaß nach coffeinfreiem Kaffee mit und ohne Zusatz von 250 mg Coffein. Er interpretiert seine Ergebnisse als Suggestiveffekt, zumal die Wirkung sofort einsetzte. Auch andere Autoren konnten keine signifikante Verbesserung der Reaktionsgeschwindigkeit messen (KLEBELSBERG, 1963; CARPENTER, 1954; WENZEL u. RUTLEDGE, 1962),

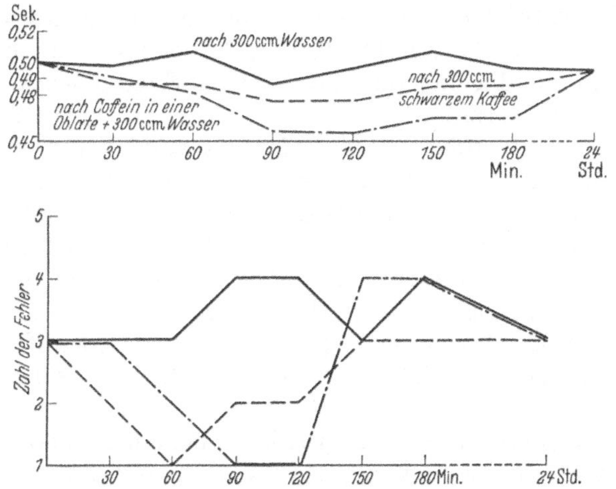

(a)

(b)

Abb. 4. (a) Wirkung von Coffein in Kaffee und Oblaten bei 5 normalen jungen Frauen von gleichem Alter und Gewicht. Dosierung 3,3—3,6 mg/kg Körpergewicht. Jeder Punkt ist der Durchschnitt aus 125 Versuchen. (b) Zahl der Fehler bei den Versuchen des Bildes a. Ordinate: Zahl der Fehler in 125 Versuchen. Abszisse: Zeit in Minuten. —— Nach 300 ccm Wasser, - - - nach 300 ccm schwarzen Kaffees, -·-·- nach Coffein in einer Oblate + 300 ccm Wasser. (Nach CHENEY, R. H., 1936)

außer, wenn die Reaktionszeit durch Alkohol verlängert war (CARPENTER, 1954) (s. auch LOOVINGOOD et al., 1966).

In den älteren Versuchen von HOLLINGWORTH (1912) wurde die Geschwindigkeit des Schreibmaschineschreibens und die Zahl der Tippfehler als Testsystem im 7-Stunden-Versuch verwendet. Bei bis zu 0,2 g Coffein nahm die Geschwindigkeit zu, die Fehlerzahl ab, die Ermüdung war geringer. Bei 0,4 g wurden die Resultate wieder schlechter, besonders in der Zahl der Fehler. Eine Verlängerung der Reaktionszeit bei niederen Dosen bezog er auf eine größere Sorgfalt zur Vermeidung von Fehlern. HORST et al. (1934) verglichen an Studenten den Einfluß von Coffein auf zwei Versuchsanordnungen, die beide motorische Koordination und Geschicklichkeit erforderten, die sich aber erheblich in dem notwendigen Übungsaufwand und der geforderten Geschicklichkeit unterschieden. In dem einfacheren System steigerte Coffein die Leistung, in dem komplizierterem System mit hohem Übungseffekt wirkte die gleiche tägliche Dosis von Coffein (3—4 mg/kg) verschlechternd. Der Effekt hielt noch einige Tage nach Absetzen des Alkaloids an. Dieses Phänomen haben wir bereits mehrfach angetroffen und diskutiert. Es ist einleuchtend, daß in einem Testsystem mit hohem Übungsgrad, in dem die gebahnten motorischen Koordinationen ungestört ablaufen müssen, die Anregung von Impulsen des Großhirns (Assoziationen, Reflexionen) durch Coffein eher störend wirken müssen. Nach Schopenhauer ausgedrückt: „Das Durchgehen einer zusammenhängenden Tätigkeit durch Reflexionen macht sie unsicher, indem sie die Aufmerksamkeit teilt und den Menschen verwirrt". SCHOPENHAUER führt hier das Fechten oder Billardspielen an. Die Betrachtungen gelten aber nur dann, wenn keine Ermüdung vorliegt. Bei Ermüdung wird das

Fechten durch coffeinhaltige Getränke verbessert und sicherer (s. Kapitel Muskulator, S. 103ff.). Aus dieser kurzen Darstellung können wir entnehmen, daß möglicherweise die Empfindlichkeit der koordinativen Zentren gegen Coffein geringer ist als die des Großhirns.

Testsysteme dieser Art wurden immer wieder abgewandelt, mit mehr Schwierigkeiten versehen und meist auch komplexer in den Anforderungen und damit auch in der Interpretation. Es verwundert daher nicht, daß die Resultate nicht einheitlich sind. So fanden WENZEL et al. (1968) bei einer „choice-reaction", bei der mehrere Zahlen rasch gezeigt wurden und gefragt war, ob eine vorgegebene Zahl dabei war, eine Leistungssteigerung bis zu 3 Std mit 0,1 g Coffein, einen geringeren Einfluß mit 0,2 g und keinen Effekt mit 0,3 g. DUREMAN (1962) fand mit einem ähnlichen Verfahren 0,2 g Coffein nach 3 Std wirksam, aber nicht mehr nach 6 Std.

Im Finger-Klopf-Test von WENZEL et al. (1968), bei dem es auf die Geschwindigkeit ankommt, war eine signifikante Verbesserung mit 0,1 g Coffein, eine geringere mit 0,2 und 0,3 g zu erreichen. In ähnlichen Versuchsanordnungen (s. WEISS u. LATIES, 1962) fanden einige Untersucher (HORST et al., 1934; THORNTON et al., LEHMAN u. OSANK) einen Effekt, andere (ALLERS et al., 1926; FLOREY u. GILBERT sowie KLEBELSBERG, 1963) nicht.

Tremor und Sicherheit der Hand. Coffein kann zu einem Zittern der Hände führen. In gesteigerter Form mag dieses Symptom der inneren Unruhe oder beim Tier einer vermehrten Beweglichkeit entsprechen. Das Auftreten des Tremors braucht die Versuchsperson nicht immer zu bemerken, wie ALLERS et al. (1925) nach 0,3 g Coffein fanden. Man kann den Tremor nach WHIPPLE leicht messen, indem die Versuchsperson einen Stab in ein enges Loch zu halten hat und angewiesen wird, Wandkontakte zu vermeiden. Jeder auftretende Kontakt wird elektrisch registriert. HULL (1935) benutzte dieses System, um die Empfindlichkeit seiner Versuchspersonen gegen Coffein festzustellen. Bei 0,325 g Coff.-Citrat fand er die stärkste Zunahme bei Personen, die auch schon ohne Coffein eine unruhige Hand hatten. Ich erinnere mich, daß ich als praktischer Arzt z. B. bei der Verschreibung von Kopfschmerzpulvern die Empfindlichkeit durch Ausstrecken der Zunge oder durch Ausstrecken der gespreizten Hand prüfte. Bei Personen, deren Hand nicht zitterte, konnte ich ruhig 0,1 g Coffein auch am Abend verordnen. HULL hatte unter seinen Versuchspersonen auch einige, bei denen sich nach Coffein der Tremor verringerte. Analoge Beobachtungen machte GRAF (1961) beim Schießen, bei dem manche Personen nach Alkohol oder einem Sedativum, andere nach Coffein sicherer waren. Im Durchschnitt jedoch wird nach Dosierungen von 2—5 mg/kg Coffein eine deutliche Zunahme des Tremors beobachtet (HULL, 1935; SWITZER, 1936; HORST u. JENKINS, 1935; FLEISCH u. WENNER, 1954).

Eine weitere Methode besteht in dem Durchziehen von Linien auf einem in Quadrate eingeteiltem Papier, ohne abzusetzen und ohne das Innere der Quadrate zu verletzen. In diesem tracking-test fanden GOLDSTEIN, KAIZER und WARREN (1965) an 20 Studenten mit 150 bzw. 300 mg Coffein keine Verbesserung, ebenso DUREMAN (1962) mit 200 mg, während WENZEL und RUTLEDGE (1962) mit 100 mg Coffein hochsignifikante Verbesserungen erhielten, die aber bei Steigerung der Dosis auf 0,2 und 0,3 g wieder abnahmen. Beim Einfädeln von Nadeln registrierte DUREMAN (1962) nach 200 mg Coffein signifikant schlechtere Resultate (im Gegensatz zu Amphetamin). Die Beeinträchtigung war nach 6 Std stärker als nach 3 Std. Bei einer komplizierteren Bewegung, bei der Geschicklichkeit, Geschwindigkeit und Auswahl einer Bewegung eine Rolle spielten, ergab sich nach beiden Substanzen eine signifikante Besserung nach 3 Std, die nach Amphetamin länger anhielt.

In einem Automobilsimulator mit hohen Anforderungen sah GRAF (1961) 90 min nach 0,2 g Coffein eine Tendenz zur Steigerung der Geschwindigkeit bei gleichzeitiger Zunahme der Fehlerzahl. Anders lagen die Verhältnisse nach einer durchwachten Nacht. Diese Resultate geben wir auf Abb. 5 wieder.

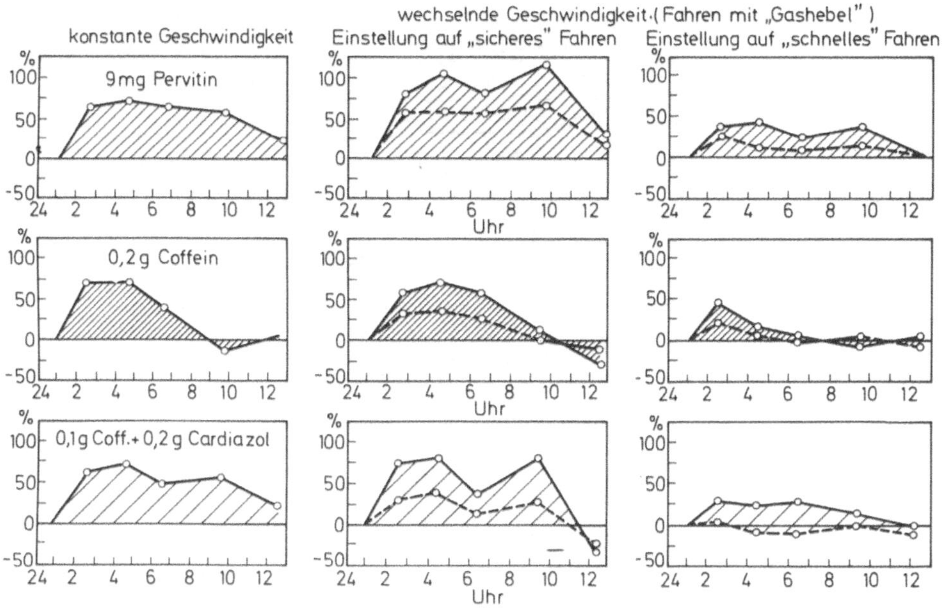

Abb. 5. Prozentuale Leistungsänderungen (Schnelligkeit und Fehler) in einem Fahrversuch während einer durchwachten Nacht unter der Wirkung verschiedener Stimulantien. + Verbesserung, – Verschlechterung, --- Zunahme bzw. Abnahme der Geschwindigkeit. (Nach GRAF, O., 1961)

Mit einer ähnlichen Apparatur konnte KLEBELSBERG zwischen trophotropen (vagotonen) und ergotropen (sympathicotonen) Versuchspersonen differenzieren. Die bei letzterer Gruppe auftretende Besserung mit 0,1 g Coffein wird vom Autor als Suggestivwirkung interpretiert, da sie nur auftrat, wenn die Versuchspersonen wußten, daß sie Coffein bekommen hatten.

Bei dem Kugeltest von LUFF (1965) handelt es sich um ein Geschicklichkeitsspiel. Coffein hatte keinen Einfluß. Diese Untersuchungen wurden von MALORNY (1970) besprochen und kritisiert.

Mit einem besonderen Apparat zur Testung psychomotorischer Leistungen untersuchten Strasser und Müller-Limmroth (1971) an 6 Versuchspersonen den Einfluß von 200 mg Coffein in 300 ml Flüssigkeit in verschiedenen Getränken. In diesem Test war vorher geübt worden, außerdem wurden zur Vermeidung von Einflüssen des Tagesrhythmus die Versuche immer zur gleichen Tageszeit durchgeführt, wie auch sonst für die Gleichmäßigkeit der Bedingungen gesorgt war mit Einschaltung von regelmäßigen Pausen. Die Resultate sehen wir auf Abb. 6.

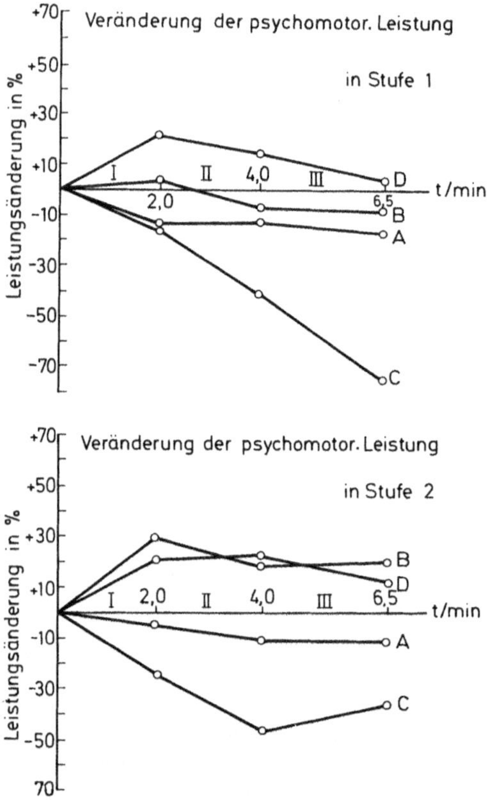

Abb. 6. Veränderungen der psychomotorischen Leistung nach: A. Coffeinfreier Kaffee, B. 0,2 g Coffein in Wasser, C. Placebo, D. 0,2 g Coffein in Kaffee. Einzelheiten s. Text. (Nach Strasser, H. u. Müller-Limmroth, 1971)

Die Kurven C können als Placebos gelten und zeigen den durch die Dauer des Versuchs bedingten Leistungsabfall. Bei der Gruppe der unteren Kurve wurde gegenüber der oberen eine stark erhöhte Leistungsanforderung gestellt. 0,2 g Coffein in Kaffee oder Wasser zeigen keinen Unterschied. Nach den Berechnungen von Strasser und Platzer (1972) ist Coffein in Wasser sogar überlegen, obwohl die im Kaffee befindliche Menge Chlorogensäure sich nach den Versuchen von Czok (1966) hätte bemerkbar machen müssen. Wichtig ist auch der Befund, daß auch der coffeinfreie Kaffee einen gewissen (wenn auch nicht signifikanten) vigilanzfördernden Einfluß hat.

Während mit großen Dosen Coffein die Unsicherheit der Hände noch mehr hervortritt, wie in den Versuchen von VOIGT (1936) (Kaffee aus 50 g Kaffeepulver), findet man einen uneinheitlichen, sogar unerwarteten Einfluß auf das Schriftbild (SEYFFERT, 1954). Nach 0,26 g Coffein in Kaffee war bei $\frac{2}{3}$ der 16 Versuchspersonen das Schriftbild gar nicht oder nur geringfügig verändert. Bei dem restlichen Drittel wurden die Schriftzüge in der ersten Stunde ebenmäßiger, klarer, zügiger und einheitlicher. Nach 2—4 Std steht die Zunahme der Druckstärke im Vordergrund: „Die Buchstaben gewinnen an Größe, die Zwischenräume werden weiter, das Schriftbild wird vitaler, schwungvoller, lebendiger als vor der Kaffeezufuhr". Nach 5—6 Std wird die Schrift uneinheitlich, undiszipliniert, zerfahren, es wird mehr durchgestrichen und verbessert. Was wir eigentlich am Anfang des Versuches erwarten mußten, finden wir jetzt mit solcher Verzögerung. NASH (1962) fand ähnliche Resultate bei Coffein-empfindlichen Personen. Coffeinfreier Kaffee wirkte nicht.

V. Das Rückenmark

Die Reflexe werden bei lokaler Applikation einer allerdings hohen Konzentration von 2% Coffein beim Fisch Galenus canis (nur dorsal) nach einer kurzen Verringerung erhöht (RIZZOLO, 1929), oder (an Planarien) gar nicht verändert beim Übergang von Erregung in Lähmung (HINRICHS, 1924). Die motorische Chronaxie ist verkürzt und zwar besonders dann, wenn das Rückenmark nicht mehr unter dem Einfluß des Thalamus steht (LAPIQUE u. VAHL, 1931, Frösche 0,2 g/kg Coffein). Nach MITOLO (1927) wird bei Bufo mehr der sensible Teil erregt. Die Summationszeit ist stark verkürzt (VAHL, 1932), bei Rana temporaria nach 0,1 g/kg bereits in Lähmung übergehend, ebenso bei Kaninchen (SCHOEN, 1926). Bei diesen Versuchen war der Verlauf auch nach Entfernung des Großhirns oder des Thalamus nicht anders. An der decapitierten Katze war der homolaterale Beugereflex durch 50 mg/kg s.c. gesteigert (VAN LEEUWEN, 1914) ebenso der akustische Reflex bei der Taube (reflektorisches Kopfsenken nach akustischer Reizung des freigelegten Labyrinths; DE MARCO, 1931, 1933). SANT'AMBROGIO et al. (1958) untersuchten die mono- und polysynaptischen Reflexe an der decapitierten Katze. Bei bis zu 20 mg/kg gab es nur eine geringe Wirkung bei ersteren. Auch durch die gleichzeitige Parallelreizung ausgelöste Hemmung wurde nicht beseitigt, während dies durch Strychnin möglich war. Die Autoren schließen daraus, daß eine Beseitigung von Hemmungen nicht erfolgte. Das gelte aber nur für das Rückenmark, wo Strychnin eindeutig wirke. Die Amplitude der polysynaptischen Reflexe wurde bereits von 5—10 mg/kg Coffein i.v. erhöht, nicht aber die Latenz. Die Amplitude wuchs proportional der Dosis (bis 40 mg/kg, Dauer 3—6 Std). Die präsynaptischen Fasern werden bei höheren Dosen gedämpft (WALL, 1958). DANILOW (1961) fand in chronischen Versuchen an intakten und spinalen Hunden eine Abschwächung des Kniereflexes, die nach 3,5—5 mg/kg p.o. 1—2 Tage, bei 20—80 mg/kg 3—5 Tage anhielt.

GUALIEROTTI und MARGARIA (1955) untersuchten die Patellarreflexe des Menschen. Nach 250 mg Coffein in coffeinfreiem Kaffee zeigten die Muskelpotentiale eine Amplitudenvergrößerung auf mehr als das doppelte der Norm. Sie blieb bis zur fünften Stunde mit geringer Abnahme bestehen, um dann innerhalb einer halben Stunde zur Norm zurückzukehren, also eine lange Nachwirkungszeit. Die Reflexzeit ging um 10% des Normalwertes zurück, ohne daß die Dauer der elektrischen Erscheinungen und die Muskelleitungszeit sich änderte. Die Abnahme der Reflexzeit sei wahrscheinlich auf eine Beeinflussung der Synapsen zurückzuführen, also ein Verhalten wie im Großhirn.

VI. Coffein und Schlaf

Es ist eine allgemeine Erfahrung, daß eine geistige Anregung am Abend das Einschlafen hemmt. Die Beruhigung kommt erst langsam zustande nach einer Phase sich im Kreise drehender Gedanken. Wenn durch Kaffee eine geistige Tätigkeit angeregt wurde, dann könnte sich eine Schlafstörung noch bemerkbar machen, wenn Coffein selbst nicht mehr wirksam ist. Deshalb warnte BRUGSCH (1937) davor, später als am frühen Nachmittag Kaffee zu trinken. Aber STEPP (1938) wies darauf hin, daß die Empfänglichkeit desselben Menschen schwanken kann. In Zeiten nervöser Beanspruchung werden kleinere Kaffeemengen wirksamer als sonst, was ich aus eigener Erfahrung bestätigen kann. Das Primäre ist aber dann nicht der Kaffee, sondern „das andere Moment". Hinzufügend möchte ich auf die Störung hinweisen, die durch eine Diurese erfolgen kann, ganz zu schweigen vom Rauchen.

Über die Hemmung des Schlafes durch Coffein gibt es eine chinesische Legende (nach HEUPKE, 1937; REINHARD). „Der buddhistische Heilige Darma sei während seiner frommen Übungen gegen eigenen Willen in Schlaf gesunken. Aus Zorn gegen seine eigene Schwäche habe er sich die Lider der Augen abgeschnitten und von sich geworfen. Aus diesen Lidern sei der Teestrauch entstanden."

Die schlafstörende Wirkung ist natürlich dosisabhängig. So fand GIDDINGS (1934) bei 12 Kindern durch 0,04 g Coffein keine Beeinflussung der Bewegungen in der Nacht. Dagegen führte warmes Wetter oder eine schwere Mahlzeit am Abend zu deutlichen Störungen. COOPERMAN (1933) fand eine Beeinflussung der Bewegungshäufigkeit (elektrische Registrierung) bei 4 Personen erst ab 0,3 g Coffein. Schon mit 0,2 g waren in den Versuchen von STRADOMSKY (1970) eine erhöhte Bewegungshäufigkeit auslösbar. Allerdings handelte es sich um Patienten mit Leber- und Gallenleiden, was auch verständlich macht, daß schon coffeinfreier Kaffee durch die Röstprodukte einen gewissen Einfluß hatte. GINADER (1931) berichtete, daß von 50 Patienten, die eine Stunde vor dem Schlafengehen Kaffee mit 0,2 g Coffein erhalten hatten, 31 Patienten Verzögerungen des Einschlafens hatten. Dies wurde auch, wenn auch im geringeren Maße, nach Kaffee beobachtet, der nach dem Lendrichschen Verfahren behandelt war, also bei gleichen Coffeingehalt einen geringeren Anteil an Röstprodukten hatte (s. Kap. Magen — Darm).

Es wird in diesem Zusammenhang immer wieder behauptet, daß Tee prinzipiell weniger Schlafstörungen verursache, so TSCHERNING (1934) für Maté-Tee. Es ist jedoch darauf hinzuweisen, daß der Coffeingehalt des Getränkes ausschlaggebend sein wird. Schon LEHMANN und WEIL (1923) hatten gezeigt, daß bei Personen, die angeblich Tee besonders gut vertragen, die ersten Schlafstörungen ab 0,325 g Coffein auftraten, gleichgültig ob dieses in Tee oder Kaffee verabreicht wurde.

Auch die vielseitigen und sorgfältigen Untersuchungen von SCHWERTZ und MARBACH (1964, besonders 1965) weisen darauf hin, daß Schlafstörungen erst mit höheren Dosen sicher nachweisbar sind. 12 gesunde Personen erhielten im Doppelblindversuch zu vier verschiedenen Zeiten am Tage je 0,2 g Coffein in Kapseln, die letzte Dosis kurz vor dem Schlafengehen. Zum Vergleich wurden 4 × 400 mg Meprobamat oder Milchzucker als Placebo gewählt. Die Atemfrequenz verhielt sich in allen 3 Gruppen gleich, die Herzfrequenz nahm unter Coffein ab, war aber nur gegenüber der Meprobamat-Gruppe signifikant verschieden. Dasselbe gilt für die Zunahme der Bewegungshäufigkeit unter Coffein. Die Häufigkeit bewegungsfreier Intervalle und deren Länge war unter Coffein geringer. Der Temperaturabfall in den ersten Stunden des Schlafens war durch Coffein verzögert, die Temperatur zur Zeit des Aufwachens niedriger. In der Ausscheidung von Catecholaminen und Vanillinmandelsäure fanden sich keine Unterschiede.

Zwischen Herzfrequenz und Körpertemperatur bestand bei allen 3 Versuchsgruppen eine positive Korrelation, bei der Coffein-Gruppe zwischen Herzfrequenz und Zahl der Bewegungen ($r = +0{,}52$), aber nicht zwischen Temperatur und Bewegungen.

Es ist auffällig, daß der Einfluß von Coffein im Vergleich zur Placebogruppe in mehreren Parametern trotz der hohen Dosierung von 4 × 0,2 g nicht deutlich wurde. Offenbar waren die Versuchspersonen an Coffein gewöhnt.

Die hier vorgetragenen Befunde wurden durch MÜLLER-LIMMROTH (1972, 1974) wesentlich erweitert, indem noch weitere Beobachtungsgrößen hinzugezogen wurden. Außer den von SCHWERTZ et al. gemessenen Parametern wurde bei den 8 gesunden Personen das EEG, das Elektromyogramm des Mundbodens, das Elektrooculogramm, also insgesamt 7 physiologische Größen von min zu min aufgezeichnet. Vor Beginn der eigentlichen Versuche wurden die Messungen 5 Nächte „geübt", um Störeinflüsse der Meßvorgänge zu vermindern. Nur in den ersten 3 Std des Schlafes ergab sich ein signifikanter Unterschied zwischen coffeinhaltigem (0,2 g) gegenüber coffeinfreiem Kaffee in der Reduktion der Schlaftiefe. Die Körperbewegungen nahmen bei beiden Kaffeearten in den leichteren Schlafstadien zu, während im Elektromyogramm nach coffeinhaltigem Kaffee eine wesentlich höhere Aktivität, also ein höherer Muskeltonus beobachtet wurde. Die Reduktion der Schlaftiefe betrug nach Coffein 18 min, davon 17 in den ersten 3 Std. LANDIS (1958) fand eine Verringerung der Schlaftiefe ab 0,25 g Coffein, etwas mehr, wenn die Substanz auf nüchternen Magen genommen wurde.

Wir haben jetzt die Fragebogenversuche zu besprechen, in denen auch auf den Unterschied zwischen Coffeingewöhnten und nicht Gewöhnten eingegangen wird. In den ausführlichen Versuchen von COLTON et al. (1968) erhielten 149 Studenten kurz vor dem Schlafengehen coffeinfreien Kaffee mit Zusatz von 150 mg

Coffein oder Lactose als Placebo. Einen Teil der Antworten der Fragebogen geben wir in folgender Tabelle wieder.

Tabelle 13. Wirkung von Coffein und Placebo auf Nichtkaffeetrinker verglichen mit Kaffeetrinkern. Coffeindosis 150 mg, 149 Medizinstudenten. [Nach COLTON et al., Clin. Pharmacol. **9**, 31—39 (1968)]

Wirkung	Prozentsatz von Personen mit positivem Resultat			
	Nach Coffein		Nach Placebo	
	Nicht-kaffeetrinker	Kaffeetrinker	Nicht-kaffeetrinker	Kaffeetrinker
1. Besonders wach nach der Gabe	13,8	12,8	9,2	6,4
2. Längere Einschlafzeit	21,7	8,0	6,7	8,0
3. Änderung des Schlafverlaufes	24,1	13,3	8,6	10,7
4. Schlechterer Schlaf	9,8	5,2	8,2	3,9
5. Schlechteres Befinden am nächsten Morgen	10,0	9,2	6,7	6,6
6. Irgendwelche Symptome	36,4	23,8	16,7	22,6

Beim Vergleich mit Placebo ergaben sich bei den nicht an Kaffee gewöhnten Personen signifikante Unterschiede in den Fragen 2, 3, 6. Bei Coffein-Gewöhnten nur bei Frage 2, d.h. das verzögerte Einschlafen. Hinweisen möchte ich auf die große Zahl derjenigen, die sich auch nach Placebo frisch (alert) fühlten. Bradykardien nach Coffein fanden sich bei Nichtgewöhnten häufiger. Im Prinzip ähnliche Resultate fand GOLDSTEIN (1964) mit 0,2 g Coffein an 230 Studenten. Wenn KEMIYA (1959) glaubt, daß ein Teil der Schlafstörungen durch Kaffee auf Autosuggestion beruhe, dann kann das bei den bisherigen Versuchen nicht stichhaltig sein. Um die Unsicherheit dieser Fragebogenaktionen zu vermindern, nahmen GOLDSTEIN et al. (1965) ihre Versuchspersonen (20 Studenten) je 10mal in den Versuch, wobei ihnen eine Stunde vor dem Schlaf coffeinfreier Kaffee mit oder ohne 0,3 g Coffein verabreicht wurde. Da jede Person 5mal gefragt wurde, konnte die Reaktion des einzelnen beurteilt werden. 12 Versuchspersonen schliefen nach Coffein schlechter, mit einer gewissen Korrelation zur Coffein-Konzentration im Plasma, bei 8 der Befragten ergab sich keine signifikante Differenz. Es fand sich keineswegs ein eindeutiger Zusammenhang in der Empfindlichkeit zwischen denjenigen, die viel Kaffee (bis zu 8 Tassen), und denjenigen, die nie oder 1—2 Tassen am Tage tranken. Von Interesse ist, daß erstere nach Placebo ganz besonders gut schliefen. Nach der plausiblen Meinung der Autoren spricht das dafür, daß sie bei dem hohen Kaffeekonsum nie ganz ruhig geschlafen hätten, ohne sich dessen bewußt zu werden.

Wir haben hier noch auf das Phänomen einzugehen, daß manche Personen behaupten, nach Kaffee besonders gut einschlafen zu können. Diese Meinung erfährt eine gewisse theoretische Stütze durch den Befund von SELBACH (1973), der im EEG in der ersten halben Stunde des Schlafes Zeichen der Beruhigung sah. LANDIS (1958) berichtet über 7 Probanden, die nach einer Tasse Kaffee gut schliefen. Bei Patienten mit kardialer Dyspnoe können die Beschwerden durch das auf Herz- und Kreislauf wirkende Coffein gebessert werden (WINTERNITZ, 1934). Daß sie dann besser schlafen, ist verständlich. HARE (1968) berichtet von einem 71jährigen Mann, der trotz Sedativa nicht schlafen konnte. Er schlief aber sofort nach einer Tasse Kaffee, obwohl doch das Alter hinsichtlich des Schlafs gewöhnlich gegen Coffein besonders empfindlich sei. Hier werde nach seiner Meinung die mit dem Schlaf schlechter werdende Durchblutung des Gehirns gebessert. Zu einem System hat WEIDNER (1961/62) die Anwendung von Kaffee zum Einschlafen ausgebaut und sieht die Ursache des Erfolges auch in einer besseren Durchblutung. Interessant ist seine Forderung an die Behandelten, das Denken abzuschalten. Das entspricht unserer obigen Darstellung, nach der die Anregung durch geistige Arbeit bei der Schlafstörung durch Coffein mitwirkt. Aber das Abschalten ist häufig unmöglich. Ich verweise hier auf die Empfehlung von Kant (Streit der Fakultäten).

Es ist auch mit der Möglichkeit zu rechnen, daß die schlaffördernde Wirkung von Coffein durch die Beseitigung depressiver Verstimmungen zustande kommt, wie bei 2 Patienten von MAIER (1921). DREIKURS (1928) spricht von einer sedativen Wirkung auf den Hirnstamm. SCHNACKENBERG (1973) berichtete, daß hyperkinetische Kinder (mit einer minimalen Hirndysfunktion) nach Kaffee eine Beruhigung zeigten. Die Kinder fühlten selbst, daß sich ihre Leistungen in der Schule besserten. Methylphenidat und Amphetamine zeigten unangenehme Nebenwirkungen.

Immerhin ist dieses Problem beim Kaffee nicht mit dem Coffein erschöpft, wenn es auch die wichtigste Rolle spielt. Ein Kenner der Probleme wie MALORNY (1970) weist nachdrücklich darauf hin, daß die Röstprodukte nicht übersehen werden dürfen. Daß diese eine eigene Wirkung haben, wurde oben dargelegt (s. dagegen KÜNKEL).

VII. Coffein und Alkohol

Das Problem, inwieweit ein Alkoholrausch durch Coffein bekämpft werden kann, ist praktisch wichtig und interessiert vor allem im Zusammenhang mit dem Problem der Verkehrssicherheit. Dabei ist zunächst zu fragen, ob der Alkoholgehalt im Blut durch Coffein erniedrigt wird und damit z. B. die Blutalkoholprobe günstiger ausfällt. Während bei mehreren Untersuchungen (EIBEL, 1939; FLEMMINGS u. REYNOLDS, 1935; LANG u. VON SCHLICK, 1936) bei Blutentnahmen in größeren Zeitabständen kein Einfluß von Coffein auf den Blutalkoholspiegel gefunden wurde, konnten GRÜNER und FEDERLIN (1965) mit kurzen Entnahmeintervallen in der Anflutungsphase einen gegenüber Kontrollen verzögerten Anstieg der Alkoholkonzentration, später eine Erhöhung durch Coffein beobachten. Dabei war es gleichgültig, ob das Coffein s.c. in der Menge von 0,25 g Base, als Natriumbenzoat s.c. oder in 150 ml Kaffee verabfolgt wurde. Vergleiche mit „Kaffeeersatz" zeigten, daß die Effekte dem Coffein und nicht den Röstprodukten oder einem warmen Getränk zuzuschreiben seien. Als Ursache dieses Effektes nimmt GRÜNER eine Flüssigkeitsverschiebung aus dem Gewebe ins Blut an. Einen anderen Gesichtspunkt brachten STRUBELT et al. (1973) sowie SIEGERS et al. (1972) aus Rattenversuchen zur Diskussion. Diese Autoren beobachteten eine Verzögerung der Resorption des Alkohols aus dem Magen. Diese Befunde könnten auch den verzögerten Anstieg des Blutalkoholspiegels in den Versuchen von GRÜNER erklären. PAWAN (1968) fand bei Blutentnahmeintervallen von 30 min nach einer größeren Coffein-Dosis (2 Tassen starken, schwarzen Kaffees +50 mg Coffein) keinen Unterschied zwischen Coffein und Kontrollen, wohl aber nach Fructose.

Sowohl in der Methodik als auch in den Resultaten unterscheiden sich die Befunde von PROKOP (1968). 9 Versuchspersonen erhielten je 3,5 bzw. 4,8 ml/kg Weinbrand (38% Alkohol), wobei Blutspiegel von 0,8 bzw 1,3 Promille erreicht wurden. Vor dem Alkohol wurde ein Abendessen mit 800 Calorien verabreicht. 30 min später erhielten die Versuchspersonen 200 mg Coffein in 200 ml Kaffee. Bei den Blutentnahmen nach 1,3, 2,5 und 3 Std war die Alkoholkonzentration nach Kaffee durchweg höher. Man könnte annehmen, daß durch Coffein eine Anregung der Peristaltik erfolgte und dadurch der zusammen mit der Mahlzeit im Darm befindliche Alkohol beschleunigt zur Resorption kam. Die zusätzlich durchgeführten psychologischen Tests ergaben eine Leistungsabnahme durch Alkohol und nur eine geringfügige, nicht signifikante Verbesserung durch Coffein, was angesichts der hohen Alkoholkonzentrationen auch nicht zu erwarten war.

Wir können also zusammenfassend feststellen, daß die Blutalkoholkonzentration durch Coffein generell *nicht* beeinflußt werden kann, außer unter speziellen Versuchsbedingungen und auch da nur geringfügig.

Wenden wir uns nun den Daten über einen pharmakologischen Antagonismus beider Substanzen zu. Daß dieser existiert wurde im Tierversuch mehrfach bestätigt (MACHT u. DAVIS, 1934). SCHOEN (1926) konnte die Alkoholnarkose durch 10—25 mg Coffein für 25 min unterbrechen (LICKINT, 1926; zit. RIESSER, 1923). Im Antagonismus darf man keineswegs eine vermehrte Ausscheidung durch Diurese sehen (FLEMING u. REYNOLDS, 1935). Nicht nur das Sensorium, sondern auch andere Funktionen werden beeinflußt. In Versuchen von STRONGIN und WINSOR (1935) wurden die Unsicherheit der Hand und die Sekretion der Parotis nach Alkohol durch 0,2 g Coffein aufgehoben. Über eine bessere Erholung nach einer Inhalationsnarkose durch Coffein berichtete DAVIDSON (1925). Die Brechneigung wird gehemmt.

In den sorgfältigen Untersuchungen von NIESCHULZ (1967) wurden Mäuse mit Alkohol in einen schlafähnlichen Zustand gebracht. Durch die zusätzliche Verabreichung von Coffein konnte nur die motorische Aktivität verbessert werden, der Explorationstrieb ließ sich dagegen nicht anregen. Trainierte Ratten, die sich durch Hebeldruck mit Warnton Futter beschafften (s. Abschnitt bedingte Reflexe), beachteten das Warnsignal nach Alkohol um 8—28% weniger. Die Erfolgshäufigkeit (Zahl der erreichten Futtertabletten) nahm ab. Nach 5 mg/kg Coffein, noch mehr nach 10 mg waren die Ratten aufmerksamer, machten weniger Fehler und erlangten mehr Futtertabletten. Nach 25 und 50 mg/kg nahmen Aufmerksamkeit und Erfolgsquote wieder ab. Die Tiere waren weniger konzentriert, die Zahl der Fehler stieg.

In den Versuchen von HUGHES und FORNEY (1961) mit einer avoidance-Reaktion (Elektrische Reizung) an Ratten hatten 5—25 mg/kg Coffein keinen Einfluß, ebensowenig 1 g/kg Alkohol. Wurden 1 g/kg Alkohol mit 50—150 mg/kg Coffein kombiniert, so verschlechterten sich die Leistungen erheblich. Die Tiere reagierten langsamer und machten mehr Fehler. Das entspricht den eben erwähnten Befunden von NIESCHULZ, sowie denen meines Mitarbeiters TARTLER (1929), der mit Diäthylbarbitursäure bei höheren Coffein-Dosen eine lähmende Komponente nachweisen konnte. Es ergibt sich also aus diesen Versuchen weder ein Synergismus, noch ein steter Antagonismus zwischen Alkohol und Coffein.

Von den Versuchen am Menschen seien zuerst die Befunde von GRAF (1961) angeführt, von denen die Abb. 7 einen Eindruck gibt. Als Test diente fortgesetztes Rechnen. Die Leistung der Kontrollgruppe sinkt durch Ermüdung permanent ab. Dieser Vorgang wird durch Alkohol akut gesteigert. Durch die Gabe von 0,15 bzw. 0,1 g Coffein tritt eine deutliche Besserung ein und zwar über die normale Ermüdungskurve hinaus, also praktisch eine Aufhebung der Alkoholwirkung. Mit Amphetamin läßt sich sogar eine Steigerung über den Ausgangspunkt hinaus erzielen. Dieses erwies sich als überwiegend stärker wirksam als Coffein, wobei aber die gewählte Dosis von 9 mg als zu hoch zu bezeichnen ist.

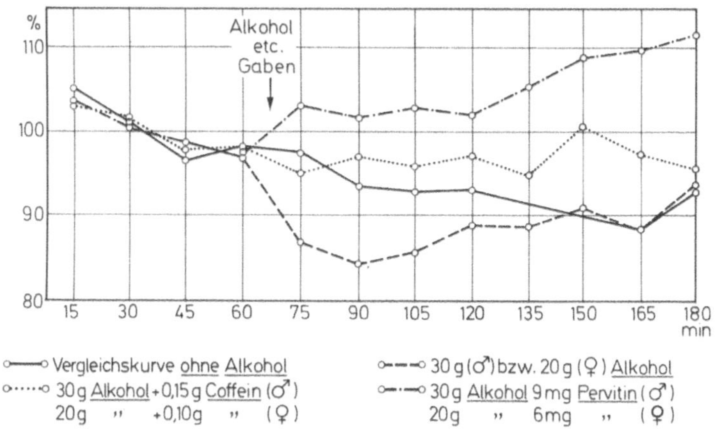

Abb. 7. Kompensation der Alkoholwirkung durch Stimulantien (Nach GRAF, O., 1961)

Eine Beziehung der Coffein-Wirkung zur Höhe der Alkoholdosis kann man aus den Versuchen von JANSEN (1966) entnehmen. Verwendet wurde ein von GRAF konstruierter Apparat, bei dem die Genauigkeit der fortlaufenden Einstellung eines Lichtzeigers bei gleichbleibenden und wechselnden Geschwindigkeiten registriert wurde. Dies stelle höhere Anforderungen an eine psychomotorische koordinative Leistung als das praktische Führen eines Kraftwagens. Zwischendurch wurden Rechenaufgaben gestellt, um festzustellen, inwieweit die Aufmerksamkeit abgelenkt werden kann. Nach 0,2 g Coffein (ohne Alkohol) war die Rechengeschwindigkeit nicht verändert, die Sicherheit des „Fahrens" signifikant erhöht. Nach 1 g/kg Alkohol allein waren die Rechenleistungen signifikant verschlechtert, die motorischen Leistungen fielen ab mit Koordinationszerfall und Situationsverkennen. Nach 0,5 g/kg Alkohol (Blutspiegel 0,6 Promille) gelang es mit 0,2 g Coffein die motorischen Leistungen zu verbessern, aber nicht mehr voll zu koordinieren (im Gegensatz zu 9 mg Pervitin). Bei 1 g/kg Alkohol war keine eindeutige Leistungsverbesserung durch Coffein zu erzielen. Diese Verhältnisse sind dargestellt auf der Abb. 8, die einer Arbeit von RUTENFRANZ und JANSEN (1959) entnommen wurde. Von Interesse ist, daß die Wirkung von Coffein bei ausgeruhten und gut eingeübten Versuchspersonen erst nach der Beeinträchtigung durch Alkohol sichtbar wurde, allerdings auch nur bei kleinen Dosen. Die Autoren schätzen, daß mit 0,2 g Coffein nur bis 0,7 Promille Alkohol im Blut ein Effekt zu erwarten sei. Es wird betont, daß die Reaktion zwar besser, aber etwas fahrig waren, worauf schon STRONGIN und WINSOR (1935) hinwiesen. Außerdem wurde beobachtet, daß die objektiv erzielten Leistungen mit der gefühlsmäßigen Beurteilung nicht kongruent waren. Diese Versuche wurden von DAHME u. LIENERT (1971) mit 9 verschiedenen Testen bestätigt.

Höhere Alkoholdosen verwendete NEWMAN und NEWMAN (1956). 6 Versuchspersonen erhielten 3 Std nach dem Essen wiederholt 0,1 ml/kg Alkohol (Whisky) im Abstand von 20 min. Die Blutkonzentration lag bei 1,5 Promille. 45 min vor Versuchsbeginn wurde 0,3 g Coffein verabfolgt, die trotz der hohen Alkoholdo-

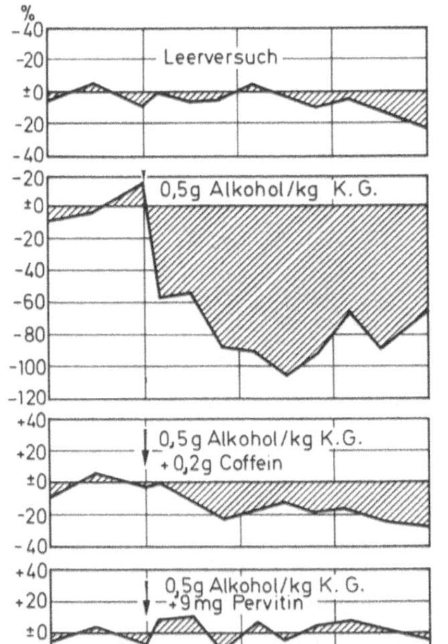

Abb. 8. Kompensation der Alkoholwirkung (0,5 g Alkohol/kg Körpergewicht) durch Stimulantien bei einer psychomotorischen Leistung. (Nach RUTENFRANZ u. JANSEN, 1959)

sis keinen Einfluß in der Gleichgewichtsprüfung und nur eine geringe Besserung im Flimmertest und im Tremor der Hand ergaben.

FORNEY und HUGHES (1965) experimentierten an 8 Versuchspersonen unter dem gleichzeitigen Streß des Audiofeedback im doppelten Blindversuch. Der Alkoholgehalt betrug laut Atemluftanalyse 0,5 Promille, die Coffein-Dosis 0,5 g Coff.-Citrat. Folgende Tests wurden angewandt: Sprechgeschwindigkeit, Rückwärtslesen, Rückwärts- und Vorwärtszählen, Addition, Subtraktion und Farbunterscheidung. Gegenüber der Placebo-Gruppe zeigte sich bei Coffein stets eine schlechtere Leistung, ausgenommen bei der Farbunterscheidung, während bei Alkohol sämtliche Leistungen schlechter waren. Bei der Kombination Coffein-Alkohol waren Verbesserungen durch Coffein in den Testen Vorwärtszählen, Addition und Farbunterscheidung signifikant meßbar. Es ist verständlich, daß die bei der hohen Coffein-Dosis zu erwartende Erregung unter dem speziellen Streß des Audiofeedback nicht zur Geltung kommt.

Aus den dargestellten Ergebnissen wird man schließen können, daß Coffein keinesfalls als praktisch brauchbares Mittel gegen den Alkoholrausch angesehen werden kann. Ob es im Interesse der Verkehrssicherheit liegt, „wenn eine Alkoholaufnahme erfolgt ist und wenn ein Fahrzeug gesteuert wird, wenigstens von der Verminderungsmöglichkeit der objektiven und subjektiven Gefährlichkeit in vernünftigem Rahmen Gebrauch zu machen“ (GRAF, 1961), hängt natürlich von der Frage ab, was ein vernünftiger Rahmen ist. Wir kommen in Übereinstimmung mit GRAF zu dem Schluß, daß allenfalls bei niedrigen Alkoholkonzentrationen eine gewisse Verbesserung in einigen psychomotorischen Leistungen durch Coffein möglich ist. Es ist aber selbst für diese Bedingung die Argumentation von NASH (1965) zu berücksichtigen, der darauf hinwies, daß durch Coffein nicht alle durch Alkohol beeinträchtigten motorischen und psychischen Leistungen in gleicher Weise günstig beeinflußt werden (wie schon HOLLINGWORTH, 1912, bemerkte). Ein Alkoholisierter könne deshalb mit Coffein durch Überschätzung seiner objektiven Leistungsfähigkeit am Steuer eines Automobils gefährlicher werden als ohne Coffein. In diesem Zusammenhang ist von Interesse, daß MÜLLER-LIMMROTH (1970) unter bestimmten Versuchsbedingungen sogar eine additive Wirkung von Alkohol und Coffein beobachtete.

Zum Abschluß dieses Themas seien einige elektroencephalographische (EEG) Befunde mitgeteilt, die neben der Kombination Alkohol und Coffein auch andere Kombinationen betreffen.*

In Versuchen von GRESHAM et al. (1963) wurde bei 7 Versuchspersonen das EEG speziell in den REM-Phasen (rapid eye movement) des Schlafes nach 1 g/kg Alkohol beobachtet. Während nach Alkohol eine signifikante sedierende Wirkung ($0{,}01 < p < 0{,}025$) sichtbar wurde, war im Prinzip ein gewisser antagonistischer Effekt des Coffeins bemerkbar, der aber nicht signifikant wurde ($0{,}1 < p < 0{,}2$). Versuche mit Amphetamin erwiesen die sehr viel größere Wirksamkeit dieser Substanz.

HERZ et al. (1968) beobachteten an mit Chlorpromazin vorbehandelten Kaninchen (5 mg/kg) eine Weckreaktion im EEG nach 15—40 mg/kg Coffein, 40—100 mg/kg Theophyllin oder mehr als 200 mg/kg Theobromin.

---

* Siehe dazu die wichtigen Versuche von KÜNKEL, S. 78.

Daß zwischen Coffein und einem zentral hemmenden Pharmakon nicht eine einfache antagonistische Beziehung besteht, zeigen auch die interessanten Versuche von GERBER (1961) an Kaninchen. An die freigelegten Hirnhemisphären wurden Reizelektroden in der Nachbarschaft des Parazentralkerns angebracht (1 mm von der Mittellinie in der P_3-Ebene des Sawyer-Atlas, Polabstand 130 μ). Die Ableitung erfolgte durch Elektroden an der Area praecentralis agranularis und an der Grenze der weißen Substanz. Die lähmenden Pharmaka (Chloralhydrat, Paraldehyd, Methohexital) führten zu einer typischen Reduktion der langsamen negativen Ströme. Die erregenden Substanzen verhielten sich verschieden: Pentylentetrazol und Pikrotoxin einerseits ergaben einen prinzipiell anderen Reizerfolg als Procain oder Coffein andererseits.

Die EEG-Versuche von VATTER (1967) an Kaninchen waren wenig klärend. Nach 0,1 g/kg Coffein i.m. beobachtete er Senkungen im hochfrequenten Bereich (12—16,3 Hertz), sowie Verminderung der Frequenz und Häufigkeit von H_2- und 0,8 V-Wellen. Analoge Befunde wurden beim Menschen mit 0,2 g Coffein erhalten (Abnahme der 0,8 V-Wellen und H_2-Wellen). Nach 25 g Alkohol fand sich eine weitere Abnahme (von 75 auf 59%). Im EEG der Katze fanden JOUVET et al. (1957) bereits nach 1—3 mg/kg Coffein eine Frequenzzunahme, bei 40—50 mg näherte sich das Strombild dem einer Epilepsie. Dieses Strombild blieb auch nach Zerstörung der grauen Strukturen des Diencephalon, nach Isolierung der Großhirnhemisphären, ja selbst für einen isolierten Großhirnlappen bestehen.

In den Versuchen von SCHALLEK und KUEHN (1959) an Katzen wurden nach Durchtrennung des Rückenmarks am Foramen magnum Reizelektroden in die Formatio reticularis des Mesencephalon implantiert. Nach 10 mg Coffein gab es eine Frequenzerhöhung im EEG, die durch zusätzliche Reizung des Formatio reticularis nur wenig erhöht wurde. D-Amphetamin oder Levallorphan waren wenig wirksam. Diese Versuche ergeben keine genaue Analyse des EEG, lassen aber den Schluß zu, daß die Reizung der Reticularis nicht allein für die Frequenzzunahme verantwortlich zu machen ist.

SELBACH (1969) legt in einer Analyse solcher Phänomene besonderen Wert auf eine primäre „Ermüdungsphase“ von 20 min sowohl nach Coffein als auch nach coffeinarmem Kaffee, der die erregende Phase folgt. Er billigt der Hypocampussupression eine steuernde Rolle zu (höhere Aktivität bei corticaler Minderung und umgekehrt). Die epileptische Reaktion sei auf eine Unterdrückung von Hemmungen des Hirnstammes zurückzuführen. Die zentrale Wirkung des Coffein läßt sich auf diese Weise erklären, wie schon die vorher referierten Versuche am „Cerveau isolé“ ergeben haben.

VIII. Kombination mit zentral hemmenden Pharmaka

In den Versuchen von MAIER (1921) konnte die Wirkung von 0,75—1 g Chloralhydrat durch Kaffee mit 0,25 g Coffein verhindert werden. Durch die doppelte Menge konnte der Schlaf sogar nach 3 g Chloralhydrat durchbrochen werden. In dieser Richtung liegen zahlreiche Tierversuche vor, z. B. bei der Paraldehydnarkose des Hundes (JOACHIMOGLU u. KLISSIUNIS, 1932) durch 28—36 mg/kg

Coffein, Avertin (BECK u. LENDLE, 1932), Veronal an Mäusen (STEINMETZER, 1933) und an Ratten (TARTLER, 1929), bei Luminal (KREITMAIR, 1937), Bromiden (DRUCKREY et al., 1937; GONTAR, 1967), ja sogar bei der Galvanonarkose vom Karpfen und Karauschen (ADLER, 1932). Andererseits wurde durch hohe Coffein-Dosen die Anaesthesiedauer und Hypothermie nach Thiopental plus Phenacetin bei Ratten verlängert (SINGH u. BOYD, 1971). Ein verwirrendes Bild bieten die Versuche von MOLINENGO u. RICCI-GAMALERO (1971) mit der Skinner-Box und avoidance-Reaktion bei Ratten. Die Verminderung der avoidance-Reaktion nach Clorpromazin wurde erst durch 25 mg/kg Coffein beeinflußt. Kleinere Dosen waren unwirksam. Dagegen wurde die durch Pentobarbital induzierte Hemmung der belohnungsmotivierten Leistung und der avoidance-Reaktion durch 3 und 10 mg/kg Coffein verstärkt, während 25 mg wiederum zur Abschwächung führten. Umgekehrt verhindern auch kleine, allein unwirksame Dosen der hier angewandten Sedativa die Wirkung von Excitantien auf die bedingten Reflexe.

Bei den Versuchen von GOLIKOV (1966) wurde an Mäusen die Schlafdauer und Einschlafzeit nach Medinal in verschiedenen Jahreszeiten an insgesamt 240 Tieren verfolgt. Die Einschlafzeit wurde nach Coffein im Herbst und Winter, die Schlafdauer im Sommer verlängert. Nach Ovarektomie fand sich im Frühjahr und Herbst eine Verkürzung der Schlafzeit zugleich mit verlängerter Einschlafzeit. Nach Adrenalektomie waren die Werte unübersichtlich.

Eine ausführliche Doppel-Blind-Studie an 12 Studenten verdanken wir DUREMAN (1962). Eineinhalb Stunden vor Testbeginn erhielten die Versuchspersonen 200 mg Amobarbital oder 400 mg Neopentylallylbarbitursäure. Bei einfachen Multiplikationsversuchen zeigten 300 mg Coffein eine Verbesserung ($p<0{,}05$), ebenso nach 10 mg Amphetaminsulfat. Bei der Selbstbeobachtung im Fragebogentest lag Amphetamin stets an der Spitze, nur bei der Antwort „excited“ war Coffein überlegen. Gegenüber Placebo fand sich nach Coffein eine Bevorzugung von „lustig“ und „konzentriert“. In einer weiteren Übung sollte die Gesetzmäßigkeit in der Reihenfolge bestimmter Signale (code tracking) erkannt werden. Dabei nahm die Zahl der Fehler nach Coffein, weniger nach Amphetamin, besonders bei schwierigeren Übungen ab. War der Code schon vorher erlernt worden, dann wurde kein Unterschied gefunden. In einem Test, der sowohl Geschicklichkeit als auch Geschwindigkeit verlangte, hatte Coffein keinen eindeutigen Effekt. Aus diesen Versuchen ist ersichtlich, daß Coffein (und auch Amphetamin) keineswegs bei allen Übungen die Wirkungen des Sedativums zu durchbrechen vermag. Daß aber in einigen Testen ein Antagonismus meßbar wird, unterliegt keinem Zweifel.

Bei Untersuchungen eines Gemisches aus einem Barbiturat, Aminophenazon und Coffein (25 mg), wie es in zahlreichen Schmerzmitteln anzutreffen ist, wurden geringe Beeinträchtigungen der Auffassung der geistigen und motorischen Koordination und der Konzentrationsfähigkeit, insbesondere bei Einnahme mehrerer Dragees gefunden. (WEGNER u. KÖTTER, 1971) Eine Beeinträchtigung der Verkehrstüchtigkeit wurde abgelehnt, außer in Kombination mit Alkohol. Allerdings war die Coffein-Dosis zu klein, um den sedativen Effekt des Barbiturates wirksam zu kompensieren.

Auch die Studie von CAMERON et al. (1967) nimmt auf die praktisch wichtige Frage der Arzneimittelkombinationen Bezug. In einer Mischung von 65 mg Coffein mit 25 mg des Antihistaminicums Dramamin sowie Acetaminophen bzw. Salicylamid ergab sich aus Fragebogentests für das Coffein ein verbessernder Effekt auf Stimmung, eine Abschwächung der Schläfrigkeit und eine Verminderung des Absinkens der Aktivität. Dennoch ergab sich bei der Kombination eine Beeinträchtigung in mehreren Funktionen, insbesondere eine Bevorzugung der Antwort „disturbed".

IX. Kombination mit zentral erregenden Pharmaka

BESSON und DEBAY (1964) zeigten bei Ratten, daß Isoniacid in der Dosis von 100 mg/kg dann zu Krämpfen führt, wenn es mit 20 mg/kg Coffein kombiniert wurde. Todesfälle traten nicht auf, wohl aber in der Kombination mit Theophyllin bis zu 24 Std nach der Gabe, konnten also nicht allein durch die Krämpfe bedingt sein. In den Versuchen meines Mitarbeiters MEHL (1929) gelang es, durch kleine Mengen von Medinal in Kombination mit einer tödlichen Krampfdosis von Coffein einen Antagonismus einer zusätzlichen Cardiazol-Verabreichung nachzuweisen, die Tiere überlebten. MATSUDA (1970) berichtet, daß durch Morphin die Toxicität von hohen Dosen von Coffein erhöht wird. Die Tiere starben an Krämpfen.

Eine Steigerung der Coffein-Giftigkeit durch Insulin wurde von JOKELA und VARTIAINEN (1959) mitgeteilt (s. dazu Toxicität, S. 346), ebenso eine Steigerung der Motilität von Mäusen durch die Kombination von Coffein und Aminoäthanol (TAKAGI et al., 1967). Durch 5 mg/kg Coffein wurde die Reizschwelle gegenüber Elektroschock erniedrigt, wenn diese vorher durch Acetazolamid erhöht worden war (MENNEAR u. RUDZIK, 1966).

In den Versuchen von PINTILIE et al. (1970) an craniotomierten Katzen wurde im Elektrocorticogramm 20 min nach 25 mg/kg Coffein i.m. die typische Weckreaktion beobachtet. Nach lokaler Applikation von Mescalin auf die antero-superiore Fissura sylvii kam es zu focalen Spikes, die bei Coffein-vorbehandelten Tieren sehr viel schneller auftraten. Der Gehalt an Glycin in dem Gehirnteil nahm zu, nicht aber der anderer Aminosäuren, anders als nach Pentylentetrazol.

HEIM et al. (1971) konnten aus Lebern von Mäusen, die 180 mg/kg Theobromin erhalten hatten, einen Metaboliten isolieren, der, stärker als Theobromin selbst, Motilität und Sauerstoffverbrauch erhöhte. Dieser Metabolit hemmte andererseits die durch Coffein gesteigerte Motilität.

D. Die körperliche Leistung

O. EICHLER

Mit 5 Abbildungen

Bisher haben wir nur die zentralen Veränderungen und Leistungen auf Coffein in Betracht gezogen. Deren Beurteilung war dadurch erleichtert, daß abgesehen von der Beeinflussung des Hirnstoffwechsels nur Veränderungen des Kreislaufs, und das nur in geringem Maße, als beeinflussender Faktor zu berücksichtigen war. Bei den jetzt zu behandelnden körperlichen Leistungen sind die Verhältnisse sehr viel schwerer zu durchschauen. Folgende Faktoren sind zu beachten (s. PETIT et al., 1970; sowie HIRCHE et al., 1971): Die direkte Einwirkung auf den *Stoffwechsel* des Muskels (am isolierten Muskel nachgewiesen), eine Veränderung der *Muskeldurchblutung.* MERTON (1954) sieht in der lokal unzureichenden Durchblutung die entscheidende Ursache der Ermüdung. Zu berücksichtigen ist auch die Beeinflussung von *Herz und Kreislauf* insgesamt, die sich u.a. in der Abführung von Stoffwechselprodukten und Wärme bemerkbar machen kann. Schließlich ist jede körperliche Leistung in starkem Maße von *zentralen Funktionen* abhängig, wie z.B. Muskeltonus, motorische Koordination, Übung, psychische Haltung, zentrale Erregung usw. FISCHBACH (1970) stellt den euphorisierenden Effekt des Coffeins als Ursache der Steigerung körperlicher Leistungen in den Vordergrund.

Zur Testung der körperlichen Leistung wird häufig Arbeit bis zur Erschöpfung verwendet. Es wird also der Begriff der Ermüdung eine besondere Rolle spielen. Hier handelt es sich teilweise um einen anderen Vorgang als die früher besprochene Ermüdung in psychologischen Tests, indem die muskuläre Ermüdung einen mechanisch und biochemisch meßbaren Vorgang mit Abnahme der ATP-Synthese-Rate (s. HIRCHE et al., 1971) und Abnahme des Wirkungsgrades, d.h. der Ökonomie darstellt.

Bei der Beurteilung der Coffein-Wirkung ist zu berücksichtigen, daß der Muskel zwar, wie wir sehen werden, durch Coffein beeinflußt wird, aber nicht die hohe Empfindlichkeit wie das Zentralnervensystem aufweist; d.h. die Auslösung bestimmter Effekte verlangt meist höhere Konzentrationen.

I. Tierexperimentelle Untersuchungen

Es ist schwer, bei Tieren Änderungen einer standardisierten körperlichen Leistung durch Coffein zu erreichen. Das zeigen z.B. die Versuche von WANNER und BÄTTIG (1965). Sie ließen Ratten in einer konditionierten Reaktion eine

Hürdenbahn laufen. Nach 10 und 20 mg Coffein i.p. sahen sie eine Leistungssteigerung, die sie aber selbst auf eine Beeinflussung des Konditionierungsverhaltens zurückführten, da die Leistungssteigerung von der Belohnungshöhe abhängig war.

Ähnliche Uberlegungen gelten für die Versuche von PLOTNIKOFF et al. (1962) mit dem Drehstabversuch an der Maus. Hier wurde mehr die motorische Koordination als die körperliche Leistungsfähigkeit geprüft. Coffein 5—20 mg s.c. führte übrigens nicht zu einer Leistungssteigerung, jedoch Amphetamin.

Eine verbesserte Erholung nach erschöpfender Arbeit von Mäusen in der Tretmühle erzielte TAGAKI et al. (1972) durch 50—200 mg/kg Coffein. Der Effekt war 2 Std. nach der Arbeit deutlicher als nach einer halben Stunde. Mit der Methode des Laufrades erreichte MARIOTTI (1968) mit 12,5 und 25 mg/kg Coffein s.c. eine deutliche Leistungssteigerung, auch SCHÜLER (1966) erwähnt eigene Versuche mit positivem Resultat.

In einem vielgeübten Verfahren läßt man Mäuse oder Ratten bis zur Erschöpfung schwimmen. Die Technik wurde von JACOB und MICHAUD (1961) ausführlich dargelegt und gezeigt, wie schwierig die Verhältnisse liegen. Die starke Abhängigkeit der Schwimmdauer von der Wassertemperatur (bei 20° 5,6 min, bei 30° ca. 120 min Schwimmdauer), auch in den Versuchen von SPENGLER (1957), der mit 12,5—50 mg Coffein eine Verlängerung, mit 100—200 mg eine Verkürzung beobachtete, lassen diesen Test als ungeeignet für die Prüfung der körperlichen Leistung erscheinen. Dies gilt erst recht für die Versuche von NEUMANN (1965), der Ratten und Mäuse monatelang mit toxischen Dosen von 0,1—0,16 g/kg Coffein (in Kaffee) vorbehandelte und schlechtere Schwimmleistungen gegenüber Kontrollen beobachtete. SCHÜLER (1966) kritisiert diese Versuche zu Recht. Wenn er allerdings argumentiert, daß die Coffein-Tiere möglicherweise durch die Erregung zu schnell schwammen und sich deshalb vorzeitig erschöpften, so ist dieser Aspekt als zweitrangig anzusehen, wenn man berücksichtigt, daß die Tiere bei der chronischen Zufuhr toxischer Dosen in einem sehr schlechten Zustand waren. Dies wird durch die gleichartigen Versuche von ESTLER et al. (1969) (die Zielsetzung der Versuche war allerdings eine ganz andere) dokumentiert, die nach täglich 0,16 g/kg Coffein zwar ähnliche Befunde erhielten, aber betonten, daß die Tiere gegenüber Kontrollen 30% an Gewicht verloren hatten! Es ist bemerkenswert, daß NEUMANN diese hohe Dosierung auf Grund von Bemerkungen der Amerikanischen FDA (1959) gewählt hat, nach der die Ratte 10fach weniger empfindlich gegen Coffein sei als der Mensch, eine Schätzung, die, wie wir an anderer Stelle darlegen werden, absolut falsch ist.

In Versuchen mit einem modifizierten Schwimmtest (SPENGLER, 1957), in dem Ratten das Schwimmen durch Gewichte am Schwanz erschwert wurde (2—3 min Schwimmdauer bei 26°) wurde eine geringe Verlängerung der Schwimmdauer nach 10—60 mg/kg Coffein beobachtet. Der Autor kritisiert seine Versuchsanordnung selbst als wenig geeignet zur Leistungsprüfung.

Über Versuche an Rennpferden berichtet FUJII et al. (1972). Eine Stunde nach 5—10 mg/kg Coff.-Na-Benz. s.c. war im Rundendurchschnitt die Leistung höher, insbesondere beim Galopp, doch blieb die Tachykardie länger bestehen und im EKG wurden Überleitungsstörungen gesehen.

II. Versuche am Menschen

Über die Beeinflussung der körperlichen Leistung finden wir in der Literatur eine große Fülle von Versuchen am Menschen. Das ist verständlich, weil es durchaus möglich ist, daß bei besonderen Situationen und zwar nicht nur im Kriege, ungewöhnliche Leistungen verlangt, eine Ermüdung bekämpft werden muß. Hierbei spielt auch das Problem des Doping bei Sportwettkämpfen eine Rolle, bei denen nicht nur aus sportlichem Ehrgeiz, sondern nicht selten auch wegen materieller Vorteile Risiken für die Gesundheit eingegangen werden.

1. Experimentelle Untersuchungen

Selbst bei offenbar so einfachen Versuchsanordnungen wie am Ergographen, mit dem die Funktion einzelner Muskelgruppen gemessen wird (s. MERTON, 1954), spielen im erheblichen Maße zentrale Effekte eine Rolle, worauf schon KRAEPELIN und HOCH (1896) hinwiesen. Diese Autoren fanden nach 0,1 g Coffein eine Leistungssteigerung von 10—20%, die sie nicht nur auf die direkte Einwirkung auf den Muskel zurückführten (Hubhöhe), sondern auch auf die Beseitigung zentraler Hemmungen, die durch die Ermüdung des Muskels ausgelöst seien.

Auch auf die Möglichkeit der subjektiven Beeinflussung hat KRAEPELIN mehrfach hingewiesen, ebenso SCHATTENSTEIN (1936). Personen, denen man sagte, sie müßten eine Schwerarbeit leisten, ermüdeten früher, als wenn man die bevorstehende Arbeit als leicht bezeichnete. Diese Argumentation trifft auch für die Versuche von RIVERS und WEBBER (1908) zu (Steigerung am Ergographen nach 0,3 und 0,5 g Coffein). Die Autoren stellten schon damals fest, daß der Coffein-Effekt bei trainierten Personen geringer war als bei nicht trainierten. HYDE et al. (1917) fanden nach 0,1—0,15 g eine Leistungssteigerung und eine verbesserte Erholung, was in neueren Versuchen von ALLES und FEIGEN (1932) mit Dosen bis zu 400 mg Coffein bestätigt wurde.

Auf die Beseitigung der Ermüdung wurde in den Untersuchungen von FISHER (1931) am Ergographen hingewiesen, der eine Abnahme des Wirkungsgrades, also der Ökonomie, unter fortgesetzter Arbeit feststellte.

Diesen Aspekt betont auch SCHIRLITZ (1929) in seinen Untersuchungen am Fahrradergometer. Nach 0,075—0,1 g Coffein stieg die Dauer der Arbeitsleistung um 12%, der Wirkungsgrad (gemessen am Sauerstoffverbrauch durch Gasanalyse) um 4%. Diese Verbesserung der Ökonomie kann zwar die Leistungssteigerung nicht quantitativ erklären, doch erscheint es wichtig, den Aspekt der Ökonomie zu betonen, da häufig die falsche Argumentation gebraucht wird, Coffein führe durch Beseitigung der schützenden Ermüdung zur völligen Erschöpfung der Leistungsreserven, die Frage der Ökonomie der Arbeit wird dabei vergessen.

Den Einfluß von Coffein auf die Erholung untersuchten FOLTZ et al. (1943) an 4 Studenten im Doppelblindversuch. Nach erschöpfender Arbeit am Ergographen und einer Rast von 10 min wurde erneut gearbeitet. Die Erholung ausgedrückt in % der Arbeitsleistung in der ersten Periode, ließ sich durch Coffein signifikant steigern. Die nicht an Coffein gewöhnten Versuchspersonen erhielten die sehr hohe Dosierung von 0,5 bzw. 1,0 g Coffein i.v.

SPENGLER (1957) registrierte im Vergleich zu Placebo eine Leistungssteigerung von 22% nach 0,15 g Coffein. KLEPZIG et al. (1959) fanden am Fahrradergometer (Belastung 200 Watt in 3 min) nach 0,2 g Coffein nur eine minimale Leistungssteigerung von 2,8%, bei Pervitin von 17,8%. Die Pulszahl ging bei Coffein rascher zurück als bei Kontrollen.

In den Versuchen von REGES (1970) war die Leistung im 2-Stunden-Versuch mit Coffein und normalem Kaffee eindeutig erhöht, aber auch coffeinfreier Kaffee war einem Kaffee-Surrogat noch überlegen. Diese und andere Befunde machen deutlich, daß neben dem Coffein auch andere Bestandteile des Kaffees (u.a. auch die Geschmacksstoffe) wirksam sein können, worauf auch die Befunde von CZOK und LANG (1961) mit Chlorogensäure hinweisen (s. dagegen HEIM u. AMMON). GANSLEN et al. (1964) fanden eine höhere Leistung, aber auch eine Steigerung von Blutdruck und Pulsfrequenz auf der Tretmühle nach 0,1 g Coffein + 0,2 g Pentylentetrazol.

MARGARIA et al. (1964) konnten im Tretmühlenversuch mit 0,1 und 0,25 g Coffein 90 min vor Testbeginn, sowie nach Amphetamin keine Leistungsverbesserung beobachten. Nach 0,25 g Coffein wurde ein Abfall des Serumlactat beobachtet. Die Autoren führen positive Befunde anderer Autoren auf Suggestiveffekte zurück. Auch LOVINGOOD et al. (1966) fanden bei der Messung der Druckleistung der Hände am Dynamometer keine signifikante Kraftvermehrung nach 500 mg Coff.-Citrat (desgleichen SPENGLER, 1957).

In einer interessanten Studie untersuchten AMBROZI und BIRKMEYER (1970) mit einem Accelerations-Meßgerät im Doppelblindversuch das motorische Beschleunigungsvermögen. Dieses war nach 0,2 g Coffein in coffeinfreiem Kaffee erhöht, während coffeinfreier Kaffee ohne Wirkung blieb. Die Autoren diskutieren die Möglichkeit einer Noradrenalin-Freisetzung (s. Stoffwechsel u. Wärmeregulation).

In den Versuchen von FOLTZ, SCHIFFRIN und IVY (1943) mußten 32 nicht trainierte Versuchspersonen mit einem Rucksack ($\frac{1}{3}$ des Körpergewichtes) alle 3 sec eine Stufe von 50 cm steigen. 500 mg Coff.-Na-Benzoat erbrachten keine Leistungssteigerung. WEIS und LATIES (1962) machten darauf aufmerksam, daß die Versuchspersonen, im Training stehend, ihre Leistungen fortwährend veränderten, so daß eine Verbesserung gar nicht über eine Signifikanzgrenze kommen konnte.

In militärischen Übungen wurde Coffein seltener geprüft, weil sich die länger wirksamen Substanzen des Amphetamin-Typs besser bewährt haben. Hier seien nur die Befunde von SEASHORE und IVY (1953) angeführt. An den Übungen nahmen Soldaten in Gruppen bis zu 250 Mann unter Leitung ihrer Vorgesetzten teil. Coff.-Na-Benzoat 0,5 g wurde mit Benzedrin 10 mg und Desoxyephedrin-HCl 5 mg sowie Placebo verglichen. In zahlreichen Übungen mit schwerem militärischen Dienst bis zu 24 Std, Fahren von Kraftwagen und Kampfwagen sowie eingeschobenen Untersuchungen und Testen (Messung von Puls, Blutdruck, Flimmertest, verschiedene psychologische Teste) erwies sich Coffein in der verwendeten Dosis nur gering wirksam, während Benzedrin und Desoxyephedrin deutlich überlegen waren, insbesondere in der Verbesserung sensomotorischer Koordinationen.

Hier sei eine Episode aus dem Jahre 1945 angeführt, als die deutschen Truppen sich nach schweren Kämpfen zurückziehen mußten. Ich verdanke diesen Bericht einem Freunde. Er kam mit seinen Pionieren völlig erschöpft an das Ufer des Frischen Haffs in Ostpreußen. Es bestand noch die Möglichkeit, den Rest eines warmen Getränks aus der Feldküche zu verteilen. In diese Brühe gab er den ganzen Inhalt von ca. 20 g Coffein, das ich ihm für alle Fälle gegeben hatte. Darauf bekamen die Soldaten frischen Schwung und überschritten ohne Verluste das zugefrorene Haff. Warum ich diesen Fall ohne Blindversuche und ohne Kontrollen erwähne? Ich denke dabei an die häufig zu hörende Ermahnung, auf dieses Mittel zu verzichten, weil es die Gesundheit schädige, die letzten Reserven zu mobilisieren. Solche Ermahnungen sind sicher nützlich, aber sie können selbst im Frieden keine allgemeine Gültigkeit beanspruchen, auch wenn sie mit noch so ernstem Gesicht vorgetragen werden. Die Bemerkung führt uns zu der Frage des Doping im Sport.

2. Sport

Bevor die Frage geklärt werden kann, ob Coffein als Dopingmittel anzusehen ist, sollen hier hauptsächlich die Untersuchungen besprochen werden, in denen der Einfluß von Coffein auf die sportliche Leistung geprüft wurde.

Diese Untersuchungen sind sehr schwer zu interpretieren, da, wie HERXHEIMER (1922) mit guter Sachkenntnis bemerkte, zahlreiche Momente, wie das Wetter, der Zustand der Aschenbahn, Laune und Trainingszustand des Sportlers und das Wettkampfmoment die sportliche Leistung beeinflussen. Außerdem erfordern manche Übungen einen höheren Grad an geistiger Leistung und zentraler Koordination als andere, hier ist eher eine Beeinflussung durch zentral wirkende Pharmaka zu erwarten. SCHIRLITZ (1929) bemerkt, daß bei kurzen Übungen, wie z.B. 100-Meter-Lauf, ein Einfluß von Coffein wegen der insgesamt geringen Energieumsetzung gar nicht zu erwarten sei. Diese Argumentation ist sicher nicht richtig (s. die Versuche von AMBROZZI u. BIRKMAYER), wenn auch bei langen Übungen der Effekt eher nachweisbar sein wird, wie in den Versuchen von SCHATTENSTEIN et al. (1936), die eine verbesserte Leistung bei langen Märschen fanden. Die Wirkung von Coffein ist aber nur relativ kurz, so daß bei lange dauernden Übungen eine einmalige Dosis nicht den optimalen Effekt bringt. Das zeigte sich in den Bergsteiger-Versuchen von ATZLER et al. (1938) mit extremen Anforderungen. Die wiederholte Gabe (insgesamt 5mal) einer Kombination von je 0,2 g Coffein und Pentylentetrazol (wobei ersteres die wesentliche Wirkung haben dürfte) führte zu einer enormen Leistungssteigerung, ohne daß am nächsten Tag eine Erschöpfung bemerkbar war. Da bei langdauernder körperlicher Arbeit nach Erschöpfung der Glykogenvorräte bevorzugt Fette und Eiweiß als Energiequelle dienen, ist zu diskutieren, ob die fettmobilisierende Eigenschaft des Coffein hier eine Rolle spielte. Wir hatten schon früher Hinweise in dieser Richtung (HINDEMITH, 1938, 1942).

In unseren Versuchen (KLEIN, 1938; EICHLER et al., 1949) sollten die Resultate von HERXHEIMER kontrolliert werden. Wir verwendeten jedoch die ‚doppelte

Dosis von 0,25 g Coff.-Base in Kaffee im Vergleich zu entcoffeinisiertem Kaffee. Die Sportler, meist auch die Personen, die die Sportleistungen zu beurteilen hatten, wußten nicht, welches Getränk verabreicht worden war. Um die starke Streuung, bedingt durch die Leistungsschwankung von Tag zu Tag zu umgehen, wurde die Übung nach einer halben Stunde Pause wiederholt und die Beeinflussung des Leistungsabfalls in der Wiederholung gemessen. Das jeweilige Getränk wurde unmittelbar nach Beendigung der ersten Übung verabreicht. Die Übung erfolgte in Form eines Dreikampfes in der Reihenfolge: 100-Meter-Lauf, Kugelstoßen, Weitsprung. Wir geben die Resultate auf der Tabelle 14 wieder.

Tabelle 14. Beeinflussung der Leistung in Sportübungen. In Klammern die Zahl der Probanden. (Nach EICHLER, O. et al., 1949).

	100-m-Lauf	
	Mit Coffein (44)	Ohne Coffein (36)
1. Leistung verbessert	79,5%	25,0%
2. Leistung gleich	4,5%	2,8%
3. Leistung verschlechtert	15,9%	72,2%
	Kugelstoßen	
	Mit (36)	Ohne (24)
1. Leistung verbessert	72,2%	41,7%
2. Leistung gleich	–	4,2%
3. Leistung verschlechtert	27,8%	54,2%
	Weitsprung	
	Mit (35)	Ohne (24)
1. Leistung verbessert	57,1%	16,7%
2. Leistung gleich	–	–
3. Leistung verschlechtert	42,9%	83,3%

Wir sehen eine deutliche Überlegenheit des Coffein-haltigen Kaffees, die allerdings mit der Zeit abnimmt, vielleicht mit dem Abklingen der Coffein-Wirkung zusammenhängend, da die letzte Übung etwa 2 Std nach Einnahme des Getränkes erfolgte. Auch der Coffein-freie Kaffee hatte, wenn auch seltener, eine Verbesserung zur Folge, was besonders bei der technischen Übung des Kugelstoßens hervortrat. Wir haben schon wiederholt darauf hingewiesen, daß durch Coffein eher ein ungünstiges Resultat zu erwarten sei, wenn schwierige, lange geübte Koordinationen beeinflußt werden, wie z.B. beim Diskuswurf. Da dies hier nicht der Fall war, wird man sich die Frage stellen, ob nicht in erster Linie die Ermüdung bekämpft wurde, da es sich ja um eine wiederholte Übung handelte. Aber gerade bei 10 Personen, die morgens frisch geprüft wurden, fanden sich die deutlichsten Unterschiede. HALDI et al. (1947) konnten mit 250 mg Coffein, 90 min vor einem 100-Yard-Schwimmen gegeben, keine Leistungsverbesserung erzielen.

Es ist auffällig, daß auch 5 mg Amphetamin unwirksam waren. Hier mögen sich andere Faktoren, wie z.B. die Abkühlung, bemerkbar gemacht haben.

PROKOP (1968) berichtete über den massenhaften Verbrauch von Kaffee bei den Weltmeisterschaften im Fechten. In den 8—12 Std dauernden Wettkämpfen tranken die Fechter bis zu 10 Tassen starken Kaffees. Schließlich kam es zu Unsicherheiten der Degenführung. Je feiner die Koordinationen, desto eher werden sich Störungen durch das Coffein bemerkbar machen. Die Fechter werden andererseits bei kleineren Mengen einen Vorteil durch Coffein bemerkt haben, etwa in der Geschwindigkeit der Perception und der Reaktion, haben dann aber in den lange dauernden Wettkämpfen den Kaffeegenuß übertrieben. PROKOP hält die Anwendung des Kaffees in gewöhnlichen Mengen nicht für ein Dopingmittel, obwohl offenbar in zahlreichen Fällen Verbesserungen der Leistungen nachweisbar seien.

Bei dem Versuch, die Wettkampfsituation experimentell zu imitieren, verabfolgte PROKOP 1 mg Adrenalin. Die Probanden zeigten auch nach Abklingen der Blutdrucksteigerung bei der doch recht großen Adrenalin-Dosis auf Kaffee eine besonders belastende Pulsfrequenzerhöhung. Es fragt sich natürlich, ob diese Versuchsanordnung tatsächlich den physiologischen Verhältnissen entspricht. Es wurde mehrfach gezeigt (z.B. REINDELL et al.), daß nach starken Anstrengungen bei gesunden Versuchspersonen nach Kaffee der erhöhte Puls rascher zur Norm zurückkehrte (wahrscheinlich bedingt durch den gesteigerten Vagustonus). Allerdings kann es nach stark erhöhten Coffein-Dosen durchaus zu starken Pulsfrequenz-Erhöhungen kommen, besonders bei Hyperthyreotikern (s. Abschnitt STRUBELT).

Wir haben die Befunde referiert, soweit sie uns aus der Literatur zugänglich waren. Ganz zweifellos sind Leistungssteigerungen nachzuweisen. Auf Störungen haben wir hingewiesen, die sich bei schwierigeren koordinativen Übungen leichter einstellen werden. FISCHBACH (1970) betont, daß in der Nervosität des Hochleistungssportlers vor einem Wettkampf sich solche Störungen leichter bemerkbar machen und die Leistung beeinträchtigen werden.

Diese Beeinträchtigung wird bei Dauerübungen weniger ausgeprägt sein. Hier ist allerdings die kürzere Wirkungsdauer des Coffeins (gegenüber Pervitin und Benzedrin) zu berücksichtigen, die man natürlich durch wiederholte Verabreichung (s. die Versuche von ATZLER et al., 1938, sowie PROKOP, 1938) ausgleichen kann. Bei diesen langen Übungen spielt sicherlich auch die Bekämpfung der Ermüdung durch Coffein eine wesentliche Rolle. Doch WEISS und LATIES (1962, S. 31) betonen, daß Coffein mehr könne, als nur die durch Ermüdung gehemmte Leistung wieder herzustellen: „One should not confuse ease of detection with mechanism of action“.

III. Muskulatur

1. Einleitung

In den vergangenen Jahrzehnten sind auf dem Gebiet der Muskelphysiologie enorme Fortschritte erzielt worden. Coffein wurde dabei nicht selten als Sonde zur Aufklärung gewisser Teilvorgänge verwendet. Es ergab sich dabei, daß Coffein am Skeletmuskel an verschiedenen Stellen die physiologischen Abläufe zu ändern vermag.

a) Grundphänomene

Man wurde schon sehr frühzeitig auf die Wirkung von Coffein am Muskel aufmerksam. Wird Coffein in den Lymphsack des Frosches injiziert, dann beginnen die anliegenden Muskeln zu flimmern und werden hart. Diese *Kontraktur* kann man, wenn sie nicht zu stark ausgeprägt ist, durch Curare oder Durchschneidung des zuführenden Nerven lösen, ein Zeichen dafür, daß auch die Ruheimpulse des Nerven bei dieser Kontraktur beteiligt sein können. Aber man kann auch am isolierten, d.h. von jeder nervösen Erregung völlig unabhängigen Muskel, ja sogar an der isolierten Muskelfaser mit Coffein Kontrakturen auslösen. Verwendet man eine geringerere Coffein-Konzentration, die selbst keine Kontraktur auslöst und reizt dann den Muskel, so kommt es, wie schon BOCK (1920) sehr anschaulich beschrieb, zunächst zu normalen Zuckungen. Es bleibt aber eine zunehmende Restkontraktion bestehen, bis schließlich eine komplette Kontraktur resultiert, abhängig von der Reizfrequenz.

Die Kontraktur geht bei höheren Coffein-Konzentrationen oder längerer Einwirkungszeit in einen irreversiblen Zustand über, der sich je nach Muskeltyp als eine lang anhaltende *Starre* manifestiert oder sich in einer bald auftretenden Erschlaffung äußert, aus der sich der Muskel nur noch partiell oder gar nicht

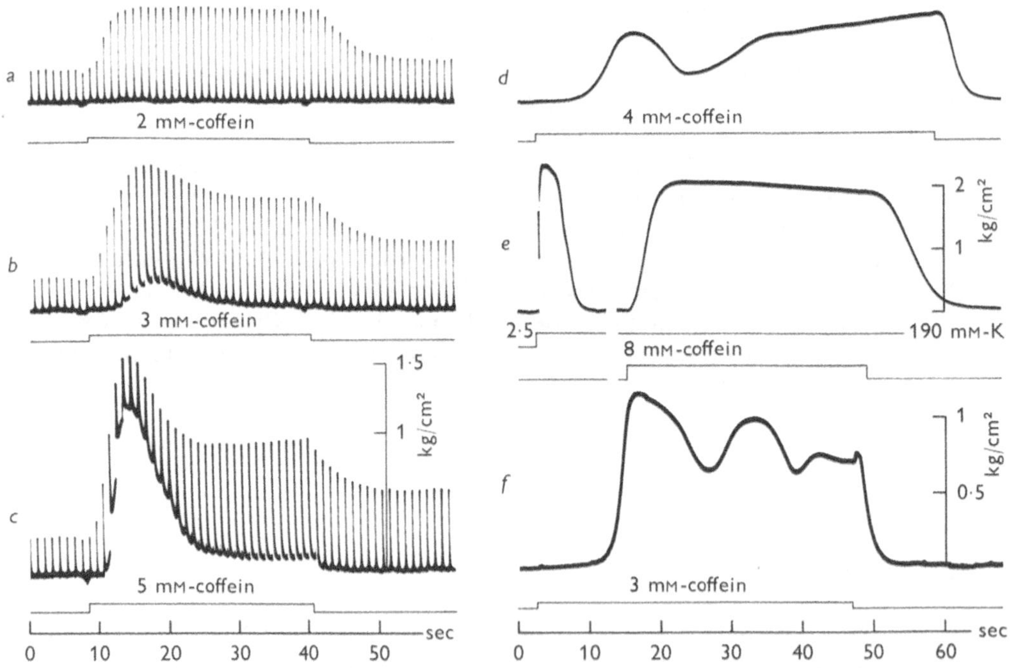

Abb. 9a—f. Links: Die Wirkung verschiedener Coffein-Konzentrationen auf die isometrische Zuckungsspannung. Rechts: Kontrakturen auf Coffein-Zusatz zur Ringer-Lösung. (Nach LÜTTGAU, H.C. u. OETLIKER, H., 1968)

mehr erholen kann. Isolierte Muskelfasern des M. retractor penis der Schildkröte und des Froschsartorius erholten sich z.B. nach 5 mM Coffein für 2 min nur noch zu 75%, nach längerer Einwirkung überhaupt nicht mehr (CONWAY u. SAKAI, 1960). Diese Erschlaffung ist der Ausdruck der morphologisch sichtbaren Zerstörung bestimmter, für die Kontraktion notwendiger Strukturen des tubulären Systems (HUDDART u. OATS, 1970; s. auch Abb. 12, S. 119).

Für die Muskelphysiologie mindestens ebenso wichtig wie das recht grobe Phänomen der Kontraktur ist die zahlreich belegte Tatsache, daß mit kleineren Konzentrationen von Coffein die *Zuckungsspannung* (twitch tension), d.h. die Kraftentwicklung bei isometrischer Kontraktion oder die Hubhöhe bei isotoner Kontraktion, nach elektrischer Einzelreizung erhöht (potenziert) werden kann. Der Muskel geht auch bei wiederholter Reizung nicht in den Zustand der Kontraktur über. Die Abb. 9 (LÜTTGAU u. OETLIKER, 1968) vermittelt eine Vorstellung über diese beiden unterschiedlichen Phänomene, die unter anderem von der Coffein-Konzentration abhängig sind. Das Ausmaß der *Potenzierung* der Einzelzuckung ist von der Coffein-Konzentration abhängig, wie die Abb. 10 (SANDOW

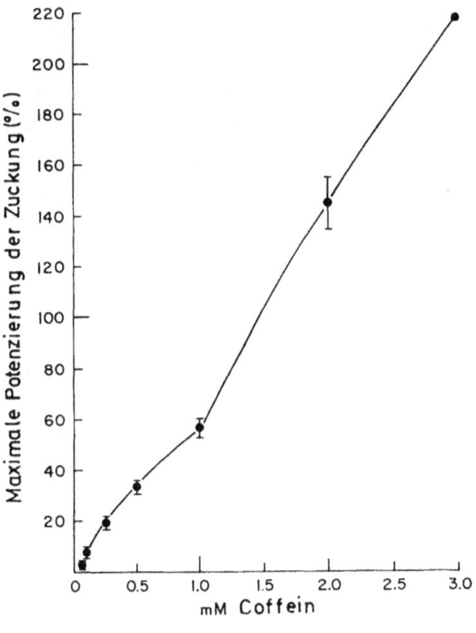

Abb. 10. Maximale Potenzierung der Zuckungsspannung als Funktion der Coffein-Konzentration. Resultate von 7 Muskeln bei 24°C. (Nach SANDOW, A. u. BRUST, M., 1966)

u. BRUST, 1966) demonstriert. Allerdings gelingt es selten, diese praktisch lineare Dosisabhängigkeit über einen so weiten Konzentrationsbereich zu erhalten, ohne in den Bereich der Kontraktur zu kommen.

Bei Verkürzung des Reizintervalls bei einem normalen Muskel kommt es nicht mehr zu isolierten Einzelzuckungen, sondern zu einer Superposition der Zuckungen mit zunehmender Gesamtkontraktionshöhe oder Spannungsentwicklung. Bei einer Grenzfrequenz (Verschmelzungsfrequenz) sind schließlich keine Einzelzuckungen mehr erkennbar. Auch dieser *Tetanus* kann durch Coffein gesteigert werden (BRUST, 1969; RÜDELL u. TAYLOR, 1971), wenn dies auch nicht immer beobachtet wird. So fanden SANDOW und BRUST (1966) keine Spannungsvermehrung bei tetanischer Reizung des Froschsartorius in Gegenwart von 1 mM Coffein. Es wurde jedoch beobachtet, daß die Spannung nach Coffein über den letzten Reiz hinaus andauerte. Die Ursache die Phänomens kann darin gesehen werden, daß die Muskelfaser unter Coffein länger im kontrahierten Zustand verharrt (RÜDELL u. TAYLOR, 1971). Dies kommt auch in einer Verminderung der Verschmelzungstendenz bei tetanischer Reizung (ISAACSON u. SANDOW, 1963) zum Ausdruck. Aber nicht nur die Dauer der Zuckung, sondern auch eine schnellere Spannungsentwicklung konnte mit 1 mM Coffein an isolierten Fasern des Froschsartorius nachgewiesen werden (SANDOW, TAYLOR et al., 1964; SANDOW u. PREISER, 1964). Prinzipiell ähnliche Befunde erhielt ETZENSPERGER (1957).

Ein weiteres Phänomen, mit dem wir uns beschäftigen müssen, betrifft die *Ermüdung*. Ein Muskel kann direkt oder indirekt (über den motorischen Nerven) solange gereizt werden, bis seine Kontraktionskraft nachläßt. Das Membranpotential und das Aktionspotential dieses Muskels ist normal, die Glykogenreserven ausreichend. Durch Coffein kann die normale Kontraktionsfähigkeit wieder hergestellt werden, ohne daß dies mit den anderen bekannten Wirkungen des Coffeins am Muskel erklärbar wäre (LÜTTGAU u. OETLIKER, 1968; WALTHER, 1962).

b) Verschiedene Empfindlichkeit gegen Coffein

Schon früh bemerkte man, daß die Muskeln des Warmblüters erst bei extrem hohen Konzentrationen von Coffein in Kontraktur geraten. Eine Kontraktur an Rattenmuskeln läßt sich erst bei >20 mM Coffein auslösen (GUTMANN u. SANDOW, 1965). Wenn allerdings der Muskel chronisch denerviert war (>5 Tage), dann gelang die Kontraktur bereits mit 5 mM Coffein. Verschiedene Muskeln der Maus zeigen Potenzierung durch Coffein bis 5 mM ohne Zeichen der Kontraktur (BRUST, 1965). Bei Froschmuskeln liegt der Bereich der Potenzierung bei 0,1—1,5 mM, ab 2 mM beginnen Kontrakturen aufzutreten, gleichmäßige Reaktionen erhält man ab 5 mM Coffein (SANDOW u. TAYLOR, 1964). Muskeln von Vögeln liegen in der Empfindlichkeit zwischen denen von Frosch und Warmblütern. Noch empfindlicher reagieren bestimmte Muskeln von Krebsen, Krabben und Heuschrecken (HUDDART, 1969; CHIARANDINI et al., 1970a, b; ORENTLICHER u. ORNSTEIN, 1971). Auf diese Befunde und auf Beobachtungen, daß „schnelle“ Muskeln eines Tieres weniger empfindlich auf Coffein reagieren als „langsame“ (GUTMANN u. HANZLIKOVA, 1966; BRUST, 1969; ISAACSON et al., 1970), soll später in einem anderen Zusammenhang eingegangen werden (s. S. 116).

2. Die Muskelzuckung

Zum besseren Verständnis der verschiedenen Angriffspunkte des Coffeins scheint es geraten, die Vorgänge beim Zustandekommen einer Muskelzuckung ins Gedächtnis zu rufen. Bei Reizung des motorischen Nerven wird vom präsynaptischen Teil der *Motorischen Endplatte* Acetylcholin aus vesiculären Speichern freigesetzt. Diese Ausschüttung in den synaptischen Spalt erfolgt unter Calcium-Beteiligung. Die Reaktion des Acetylcholin mit postsynaptischen Receptoren einer spezialisierten Stelle der Muskeloberfläche führt zu deren Depolarisation. Diese setzt sich in Form des *Aktionspotentials* über die gesamte Oberfläche der Muskelfaser fort und erreicht über das transversale tubuläre System, das mit der Oberflächenmembran ein Kontinuum bildet, die unmittelbare Nähe der Muskelfibrillen. Das Aktionspotential führt an dieser Stelle zur Freisetzung von Calcium aus vesiculären Speichern, die Bestandteile des *sarkoplasmatischen Reticulums* sind und (bei Warmblütern) in Form der Triaden um die Endstücke des tubulären Systems an der Grenze der I- und A-Banden (freie Myosin bzw. Actin-Filamente) angeordnet sind (s. auch Abb. 11, S. 118). Das freigesetzte Calcium reagiert mit dem Troponin-Tropomyosin-System und beseitigt damit dessen Hemmung der Actin-Myosin-Reaktion. Diese Sequenz wird als *elektromechanische Kopplung* (excitation-contraction coupling) bezeichnet. Die eigentliche *Muskelkontraktion* kommt durch das Ineinanderschieben der Actin- und Myosin-Filamente unter Beteiligung von Mg^{++} und ATP zustande (sliding filament-Theorie von A. F. HUXLEY).

Ein aktiver Ca^{++}-Transport-Mechanismus des sarkoplasmatischen Reticulums vermindert die Ca^{++}-Konzentration im Myoplasma sehr schnell auf unterschwellige Werte ($<10^{-7}$M) und führt damit zur Relaxation des Muskels *(Erschlaffungsfaktor)*.

Die Fibrillenverkürzung, also die Actin-Myosin-Reaktion, wird durch Coffein nicht beeinflußt, wie HASSELBACH (1953) zeigen konnte, so daß dieser Vorgang im folgenden nicht weiter berücksichtigt werden muß. Dagegen werden alle anderen Teilschritte, die motorische Endplatte, die Membraneigenschaften, die Ca^{++}-Freisetzung und der Ca^{++}-Transport durch Coffein beeinflußt. Coffein hat sich bei der Aufklärung dieser Vorgänge als wertvolle Sonde erwiesen, wobei die Tatsache eine wichtige Rolle spielt, daß Coffein frei durch die Muskelmembran permeiert und sich gleichmäßig im Zellwasser verteilt (BIANCHI, 1962; ISAACSON u. SANDOW, 1967a).

Bei der Besprechung der einzelnen Vorgänge wollen wir aus praktischen Gründen die motorische Endplatte an den Schluß stellen.

3. Das Membranpotential

Bei Einwirkung hoher, Kontraktur-auslösender Konzentrationen von Coffein kommt es zu einer Verminderung des Ruhemembranpotentials. ZETT (1966) beobachtete nach 25 mM Coffein eine stetige Veränderung von -80 auf -40 mV im Verlauf einer Stunde. Dieser Effekt kann jedoch nicht für die Kontraktionssteigerung verantwortlich sein, argumentiert Zett, da das Maximum der Kontraktur in seinen Versuchen schon nach 7—8 min erreicht war, also zu einer Zeit, wo die Veränderung des Membranpotentials noch gering war.

Coffein hat dagegen in Konzentrationen, die zu einer Potenzierung der Zukkungsspannung, nicht aber zur Kontraktur führen, *keinen* Einfluß auf das Ruhemembranpotential und das Aktionspotential (Sandow, Taylor et al., 1964; Foulks et al., 1971).

Dagegen wird die zur Auslösung des propagierten Aktionspotentials bzw. der Kontraktion notwendige Depolarisation durch Coffein vermindert. Während beim unbehandelten Muskel die Grenzdepolarisation mindestens −40 bis −50 mV erreichen muß (mechanische Schwelle nach Sandow, 1965), reagiert der Coffein-behandelte Muskel bei geringer depolarisierter Membran, d.h. die mechanische Schwelle ist erniedrigt (Sandow, Taylor et al., 1964; Lüttgau, 1969; Foulks et al., 1971). Diese mechanische Schwelle läßt sich durch die K^+-Depolarisierung bestimmen, indem durch abgestufte Änderungen der K^+-Konzentration der Badlösung definierte „Membranpotentiale" eingestellt werden, bzw. dieses solange verändert wird, bis eine spontane Kontraktion auftritt. Da bei diesen sensibilisierten Muskeln die sonst unterschwelligen Miniaturendplattenpotentiale zu störendem Flimmern führen können, wird die motorische Endplatte durch Curare ausgeschaltet. Bereits Bacq (1939) hatte bei seinen Untersuchungen das Coffein als Kalium-Sensibilisator beschrieben. Diese Eigenschaft, die mechanische Schwelle zu erniedrigen, ohne das Aktionspotential zu beeinflussen, hat Coffein mit anorganischen Anionen der lyotropen Reihe wie Nitrat und Perchlorat gemeinsam und ist dadurch abgrenzbar von der Wirkung von Schwermetallen wie Zink und Uranylionen, die durch Verlängerung der Repolarisation wirksam sind, ohne die mechanische Schwelle zu beeinflussen (Sandow, 1965; Foulks et al., 1971; Brust, 1969). Die Wirkungen von Anionen und Coffein sind jedoch nicht vollständig additiv, so daß Brust (1969) überlappende, aber nicht identische Angriffspunkte annimmt. Andererseits fanden Foulks et al. (1971) an dem empfindlichen Zehenmuskel des Frosches eine additive Wirkung von NO_3^- (14 mM) oder ClO_4^- (8 mM) mit 2—4 mM Coffein auf die Kontraktur, wenn die Anionen vor Coffein zugesetzt wurden. Nach voll ausgebildeter Coffein-Kontraktur (2—4 mM) hatten die Anionen keinen Effekt. Dagegen führten andere Sensibilisatoren (Chloroform, Diäthyläther) zu einer weiteren Spannungszunahme. Da NO_3^- und ClO_4^- nicht in die Zelle eindringen können und damit nur über die Beeinflussung der mechanischen Schwelle bzw. der Membraneigenschaften wirksam sind, wurde eine Beeinflussung der Ca^{++}-Permeabilität der Zellmembran als Wirkungsmechanismus der Anionen diskutiert.

4. Calcium-Fluxe

Angesichts der zentralen Rolle des intracellulären Calciums in der Muskelkontraktion ergab sich natürlich die Frage, ob Coffein nicht ebenso, wie dies für die anorganischen Anionen diskutiert wird, durch Erhöhung der Membranpermeabilität für extracelluläres Calcium kontraktionsfördernd wirkt. Transmembranale

Fluxmessungen werden mit Hilfe von ^{45}Ca durchgeführt, wobei sich durch geeignete Versuchsanordnungen Influx und Efflux getrennt bestimmen lassen. Um die Diffusionswege möglichst klein zu halten, werden Muskeln mit kleinem Querschnitt bevorzugt, insbesondere der Zehmuskel des Frosches (FOULKS et al., 1971) oder der Ratte (SANDOW u. FRANK, 1962; FEINSTEIN, 1963), sowie Einzelfaserpräparationen.

Durch Coffein wird in Konzentrationen, die keine Kontraktur auslösen, sowohl der Efflux als auch der Influx von Calcium gefördert (FRANK, 1962; FEINSTEIN, 1963). ISAACSON und SANDOW (1967) fanden mit 1 mM Coffein eine 40%ige Steigerung des Influxes, BIANCHI (1961) eine Zunahme um 100%, FEINSTEIN (1963) mit 1 mM Coffein 160%, mit 5 mM schon eine Zunahme auf das Dreifache. ZETT und KÜCHLER (1965) gaben als wirksame Grenzkonzentration 0,5 mM an.*

Nach den Versuchen von CHEN et al. (1972) an Entenmuscheln wird der Efflux von Calcium stärker beeinflußt, wenn Coffein von der Außenseite der Membran einwirkt, er war geringer bei intracellulärer Injektion von Coffein.

Die hier beschriebene Steigerung des Calcium-Influx durch Coffein kann jedoch aus mehreren Gründen nicht als Ursache der Potenzierung und der Coffein-Kontraktur angesehen werden. Zunächst ist das Zeitintervall zwischen Reiz und Aktivierungsbeginn (< 1 msec) zu klein, um die Diffusion von Substanzen wie Calcium von der Membranoberfläche zum Wirkort zu gestatten (HILL, 1949).

Die Coffein-Wirkung bleibt erhalten, wenn sich der Muskel in calciumfreier Lösung befindet. Dies ist auch der Fall, wenn man zur Aktivierung des möglicherweise an der Membranaußenseite gebundenen Calciums die Chelatoren EDTA oder EGTA (mit höherer Calcium-Spezifität) in die Badlösung gibt. Erst wenn auch das intracelluläre Calcium inaktiviert wird, etwa durch Einwirkung von EDTA auf Sarkolemm-freie Muskelfibrillenpräparate (GRUENER, 1967) oder intracelluläre Injektionen von EGTA (ORENTLICHER u. ORNSTEIN, 1971), kann mit Coffein keine Kontraktur mehr ausgelöst werden.

Eine Ausnahme scheint nach Befunden von HAGIWARA et al. (1971) der Muskel des Amphioxus zu sein, bei dem der Coffein-Effekt ausschließlich oder überwiegend durch extracelluläres Calcium vermittelt wird.

Bei Wirbeltieren steht jedoch die entscheidende Coffein-Wirkung in unmittelbarer Beziehung zur intracellulären Calcium-Konzentration, was sich unter verschiedenen Bedingungen zeigen ließ. In den Versuchen von ZETT und KÜCHLER (1965) sowie ZETT (1966) ist die Spannungsentwicklung durch Coffein abhängig von der intracellulären Calcium-Konzentration. Die Autoren konnten nach Steigerung der intracellulären Calcium-Konzentration (durch Phosphat) eine stark erhöhte Kontraktur und eine geringere Tendenz zur Lösung der Kontraktur beobachten. Interessant ist bei diesen Versuchen, daß die Säure- und Kalium-Kon-

---

* Dieser Wert wurde erhalten, wenn die Coffein-Lösung mit Coff.-Base angesetzt wurde, während bei Verwendung von Coff.-Na.-Salicylat die Schwellenkonzentration bei 1,9 mM lag! (Komplexbildung des Coffeins?). Auf die Möglichkeit der Aggregation von Coffein bei Herstellung von Lösungen in Abhängigkeit von pH und anderen Faktoren wiesen auch FRANK et al. (1970) hin.

traktur vom Calciumgehalt des Mediums abhängig war, nicht dagegen die Coffein-Konzentration. Ein weiterer Hinweis darauf, daß die Coffein-Kontraktur nicht über einen Membran-Effekt vermittelt wird, ergibt sich daraus, daß sie auch nach völliger Kalium-Depolarisierung der Membran auslösbar ist.

Eine Verarmung des Muskels an Calcium gelingt nur schwer. Nach langdauernder Umspülung mit Calcium-freier Tyrode reagierte der Zehenmuskel des Frosches in den Versuchen von FRANK (1962) nicht mehr auf isotone KCl-Lösung, doch mit Coffein ließen sich wiederholte Kontrakturen auslösen, die jedoch von Mal zu Mal abnahmen, da bei jeder Kontraktur erneut Calcium verloren ging. FUJINO und FUJINO (1964) gelang es, die Kontraktur auf 7 mM Coffein fast ganz aufzuheben, wenn sie Calcium-freie, EDTA enthaltene und hypertone Lösung verwandten, die anscheinend zu weiteren Calcium-Verlusten führte. Nach Zugabe von Calcium ließen sich wieder Kontrakturen auslösen.

Aus Versuchen, das intracelluläre Calcium durch andere Ionen zu ersetzen (ZETT u. KÜCHLER, 1969; FRANK, 1962; FRANK u. BUSS, 1969), erwies sich nur Strontium als geeignet, eine Coffein-Kontraktur ähnlich wie Calcium zu vermitteln, Ba, Ni, Co brachten höchstens 10% der Spannung. Aus diesen Versuchen ergaben sich Hinweise auf verschiedene Bindungsstellen des Calciums.

Auf die unterschiedliche Coffein-Empfindlichkeit schneller und langsamer Muskeln (z.B. Extensor digitorum longus (EDL) bzw. M. soleus) wiesen wir bereits hin. Dieser Unterschied ist teilweise auf die intracelluläre Calcium-Konzentration zurückzuführen. GUTMAN et al. (1967b) konnte den schnellen, unempfindlichen EDL durch chronische Denervierung empfindlicher machen, d.h. mit geringerer Coffein-Konzentration zur Kontraktur bringen. Es zeigte sich, daß diese Muskeln parallel mit der Entwicklung der Kontraktur-Empfindlichkeit zunehmend leichter Calcium abgaben. Man kann also vermuten, daß die Coffein-Empfindlichkeit von der Mobilisierbarkeit des intracellulären Calciums abhängt.

In diesem Zusammenhang sind auch die Befunde an *Muskeln des Krebses* (Carcinus menas L.) und der Stabheuschrecke (Carausius morosus Br.) von HUDDART (1969) zu berücksichtigen. Diese Muskeln reagieren schon bei kleinen Coffein-Konzentrationen mit Kontraktur. In partikulären Fraktionen aus Muskelhomogenaten führte Coffein zu vermehrter Freisetzung von Calcium und hemmte die Aufnahme von Calcium in die Partikel (relaxing factor). Ähnliche Befunde erhielten CHIARANDINI et al. (1970a, b) an isolierten Muskelfasern des Krebses Orconectes viridus. Sie beobachteten eine kürzere Erholungszeit (15—20 min) nach Coffein-Kontraktur als beim Frosch (mindestens 40 min). Eine weitere Verkürzung der Erholungszeit wird durch zwischengeschaltete Kalium-Kontrakturen erreicht. Die Erholung ist von der Anwesenheit von Calcium im Medium abhängig, d.h. es muß erneut Calcium in die Zelle aufgenommen werden. Die Autoren vermuten 2 verschiedene Bindungsstellen von Calcium, von denen eine auf Coffein, die andere auf Kalium reagiert, während ORENTLICHER und ORNSTEIN (1971) eher dem Natrium eine Calcium-freisetzende Funktion zuschreiben. Auf jeden Fall scheint in diesen Muskeln das Calcium durch Coffein leichter mobilisierbar zu sein. Bei intracellulärer Injektion von EGTA werden 10fach höhere Mengen als bei Wirbeltiermuskeln benötigt, um eine Coffein-Kontraktur zu verhindern. Es ergibt sich also wieder eine direkte Beziehung der Coffein-Empfindlichkeit zur intracellulären Calcium-Bewegung.

An diesen Muskeln wird im Gegensatz zum Froschmuskel die Wirkung von Coffein durch Rhodanid und andere lyotrope Anionen nicht gesteigert, sondern eher vermindert, ebenso wie durch zweiwertige Metalle (MATSUMURA, 1972), was als Hinweis auf ein anderes Membranverhalten gewertet werden kann.

5. Die elektro-mechanische Kopplung

Eine Kontraktur auf hohe Coffein-Konzentrationen verläuft meistens zweiphasisch. Zuerst kommt es zu einer schnellen Spannungsentwicklung, der eine langsame Phase folgt, die je nach Muskeltyp und Coffein-Konzentration mehr oder weniger schnell in eine Erschlaffung übergeht. Diese zweite Phase ist nicht mehr reversibel (GEBERT, 1968; ZETT u. KÜCHLER, 1969) und läßt sich morphologisch sichtbar machen. Zur Illustration seien die schönen elektronenmikroskopischen Abbildungen von HUDDART und OATS (1970) sowie OATS (1971) in den Abb. 11 und 12 wiedergegeben. Diese Abbildungen vermitteln zugleich einen sehr guten Eindruck von den morphologischen Strukturen, die an der elektromechanischen Kopplung beteiligt sind. Die Abb. 11 zeigt die Ultrastruktur des Froschmuskels mit den Triaden, Zisternen und den von der Plasmamembran ausgehenden Transversaltubuli, die sich zwischen den Zisternen fortsetzen. Nach Einwirkung von Coffein ist eine völlige Destruktion der Strukturen des sarkoplasmatischen Reticulums (SR) erkennbar, die sogar auf die Myofibrillen übergreift. Die Abb. 12 stammt von einem Krebsmuskel. Es genügen bereits wenige Sekunden Einwirkung von Coffein, um histologisch wahrnehmbare Änderungen zu erzielen, aber bei 10 mM Coffein sind die Schäden erst nach 2 min irreversibel (HUDDART, 1971). Die Transversaltubuli werden zerstört, so daß extracelluläre Flüssigkeit in das System der Myofibrillen eindringen kann. BULLOCK und MANCHESTER (1971) beobachteten ähnliche Schädigungen an der Mitochondrienmembran und den Cristae. Dieser Ablauf erklärt die Irreversibilität der zweiten Phase der Kontraktur und auch die Beobachtung, daß diese Kontraktur in eine irreversible Erschlaffung übergeht, wie dies auch in der Abb. 13 (HUDDART u. OATS, 1970) dargestellt ist.

Erschlaffungsfaktor

Die erste Phase und der Beginn der zweiten Phase der Kontraktur wird jedoch durch die Beeinflussung der calciumspeichernden Vesikel ausgelöst. Diese Strukturen werden auch als „Erschlaffungsfaktor" (relaxation factor) bezeichnet, da sie durch Herabsetzung der intracellulären Calcium-Konzentration die Erschlaffung der kontrahierten Myofibrillen ermöglichen. Die Calcium-Aufnahme und -Abgabe dieser Strukturen läßt sich *in vitro* an Partikelfraktionen untersuchen, die durch grobe Fraktionierung (Differentialzentrifugation) aus Zellhomogenaten gewonnen werden. Eine schwere Calcium speichernde Partikelfraktion wird bei 2000—8000 × g erhalten, die neben sarkoplasmatischem Reticulum auch Mitochondrien

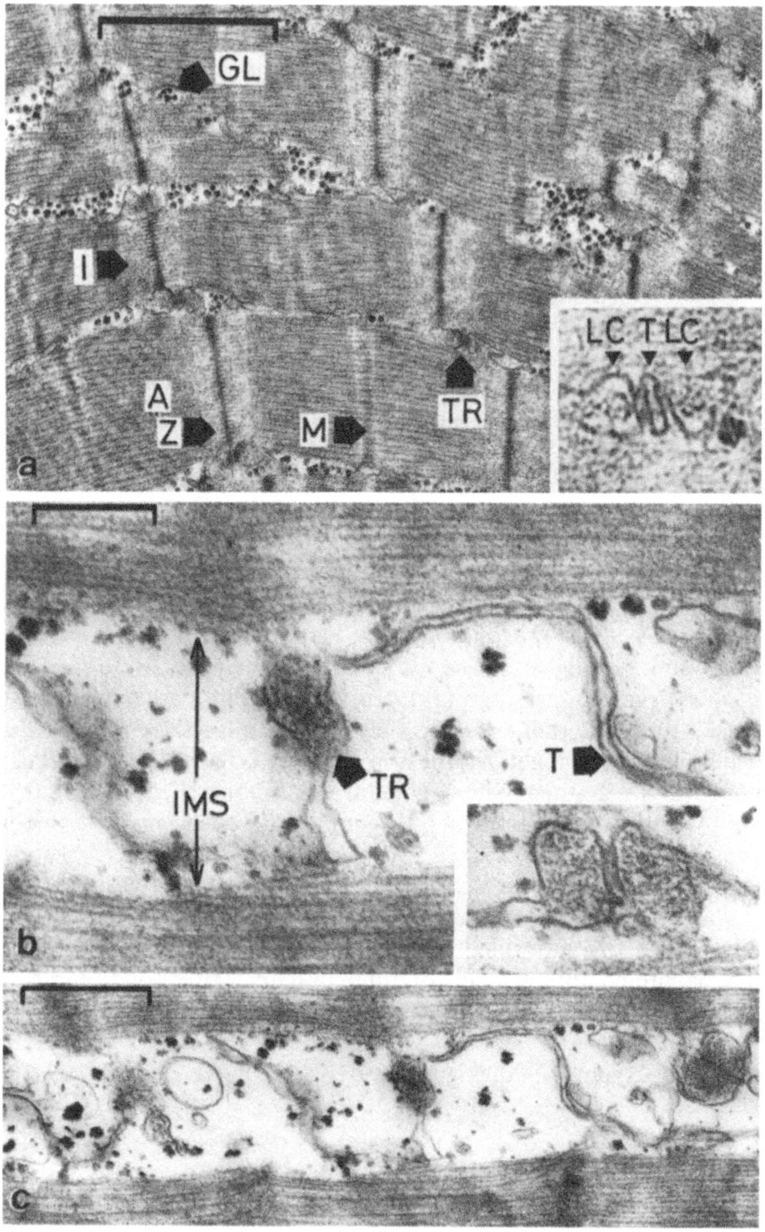

Abb. 11. (a) Normale Froschmuskeln im Längsschnitt. Die A- und I-Schichten sind deutliche (A, I) sägeartige Platten (Z), die zentrale H-Zone enthält eine deutliche M-Linie (M). Triaden (TR) sind regelmäßig nahe den Z-Schichten zwischen den einzelnen Myofibrillen gelegen. Dazwischen große Glykogenlager (GL). Vergrößerung × 28000, Skala 1 mμ. Einlage rechts: eine einzelne Triade mit einem zentralen transversen Tubulus und 2 laterale Zisternen (LC) des S.R. Vergrößerung × 90000. (b) Longitudinal-Schnitt eines Froschmuskels nach 20 min in 10 mM Coffein. Der Raum zwischen den Fibrillen (IMS) zeigt die Destruktion des S.R. und die atrophische Triade (TR) mit freibeweglichen T-Tubuli (T). Vergrößerung 80000, Skala 0,25 mμ. Einlage: Eine einzelne Triade mit starker Ausdehnung der lateralen Zisterne bei gleichzeitiger Kompression der Tubuli transversi (× 80000). (c) Longitudinal-

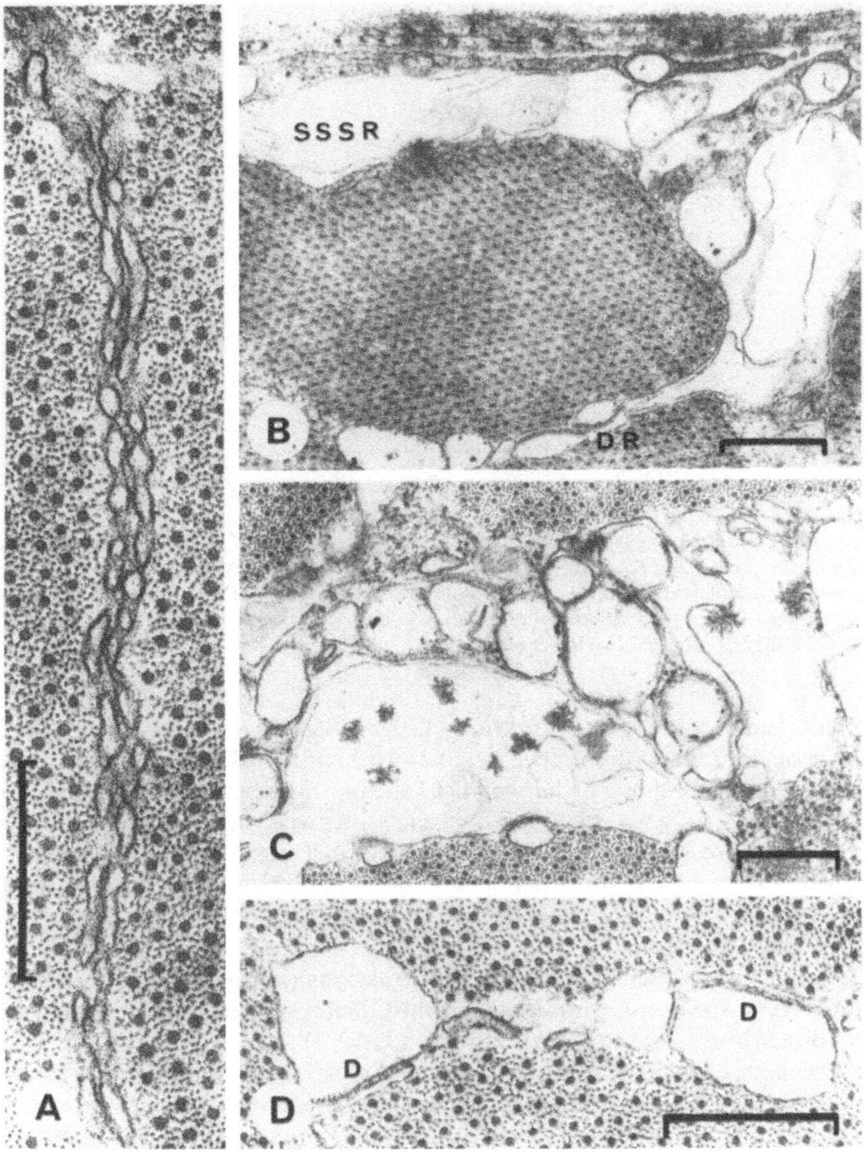

Abb. 12 A—D. Die Wirkung von 10 mM Coffein auf das S.R. eines Skeletmuskels des Krebses. (A) Normales Aussehen des S.R. (B) Der Teil des Reticulum unter dem Sarkolemm nach 10 sec in Coffein-Lösung. (C) Ausdehnung der retikulären Tubuli in einer tiefen Spalte einer Fiber nach 30 sec Coffein. (D) Dyaden D nach 30 sec Coffein-Behandlung. Maßstab 0,5 µm. Das instruktive Bild verdanke ich Dr. HUDDART. (Nach HUDDART, H. u. OATES, K., 1970)

◀ Schnitt eines Froschmuskels nach 30 min in Coffein. Die Z-Platten sind vorgewölbt. Osmiumsäure: Ansammlungen zwischen den Myofibrillen. Vergrößerung 42000, Skala 0,5 mµ. Die Abbildungen verdanke ich dem freundlichen Entgegenkommen von Herrn Dr. H. HUDDART. (Nach HUDDART, H. u. OATES, K., 1970)

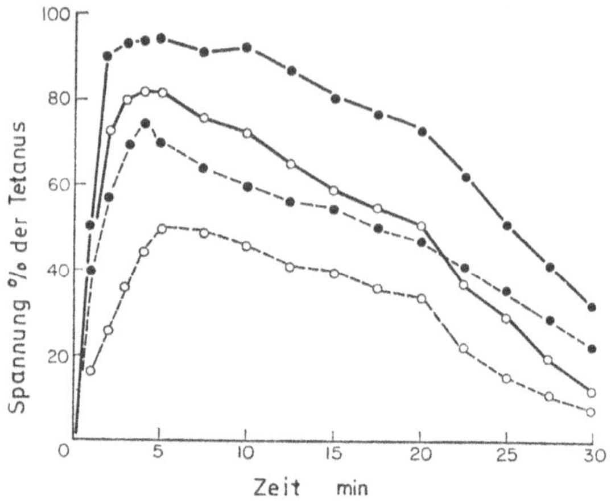

Abb. 13. Verlauf von 4 typischen Kontrakturen auf 10 mM Coffein bei Krebs (●) und Frosch (○). Normale Kontrakturen in durchgezogenen Linien und bei depolarisierten Muskeln in gebrochenen Linien. Depolarisation durch 100 mM K^+ für 10 min. Coffein wurde dieser Lösung direkt zugefügt. Die Abbildung verdanke ich DR. HUDDART. (Nach HUDDART, H. u. OATES, K., 1970)

enthält. Eine leichte Partikelfraktion (12000—35000 × g) enthält nur granuläre und vesiculäre Strukturen, aber keine Mitochondrien. Diese leichtere Fraktion wurde häufiger für Untersuchungen der Calcium-Speicherung verwendet (WEBER u. HERZ, 1968; OGAWA, 1969, 1970), reagiert aber weniger empfindlich auf Coffein als die schwere Muskelfraktion (FAIRHURST u. HASSELBACH, 1970). VAN DER KLOOT (1970) fand allerdings bei Fraktionierung von Homogenaten des Hummermuskels keine Unterschiede in der Coffein-Empfindlichkeit zwischen schweren und leichten Partikeln.

Durch Coffein-Behandlung vor der Fraktionierung läßt sich die Verteilung der Calcium-Speicherung und des Gesamt-Calciums innerhalb der verschiedenen Fraktionen verschieben (BORYS u. KARLER, 1971).

Die nähere Untersuchung der Calcium-Aufnahme der verschiedenen Fraktionen ergab, daß es sich um einen energieverbrauchenden aktiven Transport handelt (HASSELBACH u. MAKINOSE, 1961). 1 Mol ATP ermöglicht die Aufnahme von 2 Mol Calcium (LÜTTGAU, 1969). Der Transport folgt bei ATP-Überschuß einer Michaelis-Menten-Kinetik (VAN DER KLOOT, 1970). Die Aufnahmekapazität läßt sich durch Oxalat steigern, da das bereits in hohen Konzentrationen akkumulierte Calcium innerhalb der Vesikel mit Oxalat ausfällt und damit aus dem Gleichgewicht entfernt wird (HASSELBACH u. MAKINOSE, 1961).

Die schnell ablaufende Calciumfreisetzung während der elektromechanischen Kopplung scheint dagegen ein passiver Vorgang zu sein, der vom Konzentrationsgradienten abhängt und wahrscheinlich durch eine plötzliche Änderung der Membraneigenschaft ausgelöst wird.

Bei der Aufklärung dieser Vorgänge und deren Beeinflussung durch Coffein besteht die Schwierigkeit, daß im allgemeinen nur die Resultante aus Calciumaufnahme und -abgabe, also die Nettobewegung meßbar ist (s. aber FAIRHURST

u. HASSELBACH, 1970; RITOV, 1971). Hier erwiesen sich Untersuchungen, in denen die Badtemperatur variiert wurde, als wertvoll, da die verschiedenen Vorgänge verschiedene Temperaturkoeffizienten haben und somit differenzierbar sind, bzw. aus dem Temperaturkoeffizienten auf den Mechanismus dieses Vorganges (aktiv, passiv) geschlossen werden kann. Typische Beispiele stellen die Versuche von SAKAI (1962), OGAWA (1970) sowie TANIGUCHI und NAGAI (1970) dar, die bei Senkung der Temperatur (5—20° C) eine Verminderung der Calciumaufnahme bei gleichbleibender Abgabe, also eine vermehrte Netto-Abgabe fanden. In Anwesenheit von Coffein war die Nettoabgabe von Calcium besonders bei abnehmender Temperatur gesteigert.

Dementsprechend konnten SAKAI (1962) sowie LÜTTGAU und OETLIKER (1968) bei niedriger Temperatur ($<4°$ C) mit Coffein leichter eine Kontraktur auslösen. Mit unterschwelligen Konzentrationen von Coffein kam es nach Abkühlung auf 2° C zur Kontraktur, die bei Erwärmung auf 20° C einer Erschlaffung wich (LUDIN et al., 1966). Bei sehr schneller Abkühlung auf 0° C läßt sich auch ohne Coffein eine Kontraktur auslösen, die durch kleine Konzentrationen von Coffein (0,3—1,5 mM) potenziert wird (SAKAI, GEFFNER u. SANDOW, 1970). Waren die Membranen des sarkoplasmatischen Reticulums durch Desoxycholat geschädigt, dann war die durch Abkühlung in Anwesenheit von Coffein ausgelöste Kontraktur bei Erwärmung nicht voll reversibel (MURAMATU et al., 1970). Aus den Versuchen von CAPUTO (1966), ISAACSON (1969) und SAITO (1971) mit stark hyperosmolaren Badlösungen, die zur Destruktion der transversalen Tubuli führten, ergab sich kein klares Bild hinsichtlich der Coffein-Kontraktur. Meist fand sich eine Verminderung, wahrscheinlich durch Schädigung auch der Myofibrillen bedingt. Zusammenfassend ergab sich aus diesen Versuchen eine Bestätigung der Auffassung, daß die Calciumaufnahme ein aktiver, die Calciumabgabe ein passiver Prozeß ist, und das Coffein die Bindungsfähigkeit für Calcium an oder in den Vesikeln des sarkoplasmatischen Reticulums vermindert.

Ausgehend von älteren Beobachtungen, daß Procain die Coffein-Kontraktur hemmen kann (z. B. SCHÜLLER, 1926; s. auch ZIPF, 1930), wurden Lokalanaesthetica wiederholt zur Analyse der Coffein-Wirkung am Muskel verwendet. FEINSTEIN (1963) konnte zeigen, daß diese Hemmung kompetitiven Charakter hat. Am Froschmuskel fanden KÜCHLER et al. (1969), daß bei gleichzeitiger Gabe von Procain und Coffein nur die erste schnelle Phase der Kontraktur beseitigt wird. Die zweite langsame Phase der Kontraktur wird nur beeinflußt, wenn Procain 10 min vor Coffein gegeben wurde; Procain sowie Xylocain und Tetracain führen in höherer Konzentration selbst zur Kontraktur (ISAACSON et al., 1970). Diese Befunde lassen vermuten, daß Coffein und Lokalanaesthetica um Bindungsstellen konkurrieren, von denen aus die Freisetzung von intracellulärem Calcium ausgelöst wird. Eine Bestätigung dieser Annahme geben die Versuche von CARVALHO (1968) sowie JOHNSON und INESI (1969), in denen an isoliertem sarkoplasmatischen Reticulum mit 5 mM Coffein eine vermehrte Calciumfreisetzung meßbar war, die durch kleine Konzentrationen von Tetracain (<1 mM) gehemmt, durch höhere Konzentrationen gefördert wurde. Umgekehrt kann der durch kleine Konzentrationen Tetracain (0,04 mM) gehemmte Calcium-Austritt durch 6—10 mM Coffein überwunden werden (LÜTTGAU u. OETLIKER, 1968). Diese Parallelität tritt jedoch nicht an allen Calcium-bindenden Strukturen auf. So konnten

THORPE und SEEMANN (1971) eine Calciumfreisetzung aus isoliertem Sarkolemn nur mit Procain, nicht aber mit Coffein, selbst in extremen Dosen, erreichen. Wir sehen hier eine Analogie (vielleicht auch einen Zusammenhang) zur unterschiedlichen Beeinflussung des Aktionspotentials durch Lokalanaesthetica und Coffein.

Die Calcium-Aufnahme in das sarkoplasmatische Reticulum wird dagegen durch Lokalanaesthetica nicht gehemmt (OGAWA, 1970; WEBER u. HERZ, 1965, 1968). Auch BIANCHI (1968) kam auf Grund seiner ausführlichen Untersuchungen mit verschiedenen Lokalanaesthetica zu dem Schluß, daß diese die Calcium-Freisetzung durch Coffein hemmen, dadurch die Kontraktur verhindern, aber die Calciumpumpe nicht beeinflussen.

Der direkte Nachweis einer vermehrten Freisetzung von Calcium durch Coffein aus der schweren Partikelfraktion gelang FAIRHURST und HASSELBACH (1970). Nach Beladung der Partikel mit Calcium mit Hilfe von Oxalat wurde die weitere Akkumulation durch Entfernung des ATP unterbunden, so daß der Efflux isoliert gemessen werden konnte. Dieser wurde durch Coffein (2—10 mM) ebenso gesteigert, wie durch das stärker wirksame Ryanodin, das in vielen Eigenschaften Ähnlichkeit mit Coffein aufweist (JENDEN u. FAIRHURST, 1969). Bei Veränderung der Calcium-Beladung der Vesikel blieb die Calcium-Freisetzung durch Coffein unverändert. Die Autoren sehen daher die Coffein-Wirkung in einer direkten Membranänderung.

Einen interessanten Aspekt bringen die Befunde von ENDO, TANAKA und OGAWA (1970), die mit Sarkolemm-freien Präparaten von Muskelfibrillen arbeiteten, die jedoch noch Erschlaffungs-Faktor, d.h. sarkoplasmatisches Reticulum, an ihrer Oberfläche gebunden hatten (skinned fibers). Diese Präparate können auf Coffein mit dem in den Vesikeln verbliebenem Calcium Zuckungen ausführen und spontan relaxieren, sofern der Erschlaffungs-Faktor nicht durch Phospholipase c zerstört wird. Bei einigen Präparaten traten oscillierende Zuckungen auf. Bei niedrigen, definierten Calcium-Konzentrationen im Medium (mit EGTA eingestellt) konnten die Coffein-Zuckungen gesteigert werden, was nach Ansicht der Autoren aus quantitativen Gründen nicht durch die erhöhte Calcium-Konzentration bedingt sein kann, sondern durch eine Calcium-freisetzende Wirkung kleinster Calcium-Konzentrationen im Medium (bzw. Myoplasma) erklärt wird. Diese „autokatalytische“ Wirkung würde eine sehr viel größere Empfindlichkeit für Coffein erwarten lassen, als es die direkten Messungen der Calcium-Freisetzung aus Partikeln zeigen, und könnte die Grundlage einer peripheren Ursache der Leistungssteigerung sein.

Wie schon erwähnt, enthält die schwere Partikelfraktion von Muskelhomogenaten auch Mitochondrien. Diese sind auch in der Lage, Calcium zu speichern und abzugeben, doch wird diesem Mechanismus keine Bedeutung für die elektromechanische Kopplung zugemessen. Einen interessanten Beitrag zu diesem Thema leistete BATRA (1974). Er verglich Coffein und Chinidin, das ebenso wie Coffein eine Kontraktur in Abwesenheit von extracellulärem Calcium auslösen kann, in ihren Wirkungen auf gereinigte Mitochondrien-Präparationen und leichte Partikelfraktionen. Chinidin hemmt bevorzugt die Calcium-Aufnahme in Mitochondrien, während Coffein die Calcium-Speicherung von sarkoplasmatischen Vesikeln und Mitochondrien im gleichen Maße hemmte. Chinidin setzt Calcium bevorzugt aus Mitochondrien frei, während Coffein nur aus sarkoplasmatischen Vesikeln, nicht jedoch aus Mitochondrien Calcium freisetzen kann.

Coffein hat einen vielfältigen Einfluß auf den *Stoffwechsel* des Muskels. Diese Wirkungen werden ausführlich von ESTLER (s. S. 192) dargestellt. Hier sollen nur einige Aspekte Erwähnung finden, die offenbar in unmittelbarem Zusammenhang mit den besprochenen Vorgängen stehen und vielleicht zur weiteren Klärung der Coffein-Wirkung beitragen können. Nach den Befunden von HARTREE und HILL (1924) kommt es nach kurzfristigem Eintauchen von Froschmuskeln in eine 0,5%ige (2 mM) Coffein-Lösung zu einer Wärmeentwicklung, die auch in Stickstoff verläuft, aber in Sauerstoff 5mal größer ist. Dabei nimmt die Entwicklung der Spannung unter Erhöhung des Sauerstoffverbrauchs dauernd zu (SASLOW, 1937). Wenn den Muskeln Gelegenheit zur äußeren Arbeit gegeben wird, dann kommt es kaum zu verzögerter Wärmebildung. Also kann der Spontanablauf in dem gesamten Grundprozeß auch in Arbeit umgesetzt werden. NOVOTNY und VYSKOCIL (1966) stellten bei Froschmuskeln bereits bei 1 mM Coffein eine 5fache Steigerung des O_2-Verbrauchs fest, die bei 2 mM auf das 10fache anstieg. Hier machte sich möglicherweise schon der Beginn einer Kontraktur bemerkbar. Die Autoren nehmen an, daß die Freisetzung von Calcium die Startreaktion für alle folgenden energieverbrauchenden Vorgänge ist. Dies schließen sie unter anderem daraus, daß Procain nicht nur die Coffein-bedingte Calcium-Freisetzung hemmte, sondern auch die Zunahme des Sauerstoffverbrauchs verhinderte, während Xylocain weder die Calcium-Freisetzung noch den Sauerstoffverbrauch beeinflußte.

GIBBS et al. (1966) beobachteten, daß nach Reizung des Muskels die erste Phase der Aktivierungswärme, die vor Eintritt der Spannungsentwicklung abläuft, durch 1,5 mM Coffein gesteigert wird. Diese Dosierung führt noch nicht zur Kontraktur. Die Autoren glauben, daß diese Phase mit der Freisetzung von Calcium einhergeht. Diese Wärmeentwicklung zeigte keinen Temperaturkoeffizienten, d. h. sie war bei 0° C und Zimmertemperatur gleich groß. Die nachfolgende Wärmeentwicklung zeigte dagegen den erwarteten Temperaturkoeffizienten von 2,8. Auch andere Autoren (HASSELBACH u. MAKINOSE, 1962; FEINSTEIN, 1963) konnten eine Steigerung des Sauerstoffverbrauchs und anderer Stoffwechselvorgänge beobachten bei Coffein-Konzentrationen, die noch nicht zur Einleitung des aktiven Zustandes führten. Auch diese Autoren sehen die unmittelbare Ursache dieser Veränderungen in der Calcium-Freisetzung durch Coffein.

Auf einen möglichen Wirkungsmechanismus des Coffeins bei der Steigerung Energie-bereitstellender Vorgänge weisen die Arbeiten von DANFORTH und HELMREICH (1964) hin. Sie fanden unter Coffein eine Zunahme der Aktivität der Glykogenphosphorylase (Phosphorylase a), die durch Phosphorylierung der Glucose aus Glykogen den primären Energie-bereitstellenden Schritt vermittelt. Die über das Adenylatcyclase-System ablaufende Aktivierung durch Methylxanthine wird an anderer Stelle beschrieben.

Wir sehen aus der Fülle des vorgelegten Materials, daß Coffein am Skeletmuskel eine Vielfalt von Wirkungen hat. Im Vordergrund steht ohne Zweifel die Hemmung des Calcium-Bindungsvermögens der Vesikel des sarkoplasmatischen Reticulums, die in niedrigen Dosierungen zur Verstärkung der Kontraktion, in höheren Konzentrationen zur Kontraktur führt. Aber auch die Verminderung der mechanischen Schwelle der Depolarisation und die Beeinflussung der Membranpermeabilität werden für die Gesamtwirkung nicht ohne Bedeutung sein. Alle diese Vorgänge sind im molekularen Ablauf noch völlig ungeklärt und viele Widersprüche harren der Lösung.

6. Motorische Endplatte

Bereits ältere Arbeiten weisen auf eine Beeinflussung der motorischen Endplatte durch Coffein hin. WALTER (1932) fand eine beschleunigte Erregungsüberleitung, BACQ und FREDERICQ (1937) eine Acetylcholin-Sensibilisierung. Später berichteten DELGA und FOULHOUX (1963) über einen Antagonismus von Coffein und Curare am Bauchmuskel der Maus, der auch von VARAGIC und ZUGIC (1971) am Rattenzwerchfell nachgewiesen wurde. Das Miniaturendplattenpotential wird durch Coffein erhöht (ELMQUIST u. FELDMAN, 1967), was durch eine Vermehrung der Quanten-artigen Freisetzung von Acetylcholin aus der präsynaptischen Nervenendigung bedingt ist. In einer ausführlichen Untersuchung dieser Vorgänge kommt HOFMAN (1969) zu der Auffassung, daß Coffein die Verfügbarkeit von Acetylcholin-Speichervesikeln, die bei Reiz in den synaptischen Spalt entleert werden, erleichtert, evt. durch Stimulierung der Neusynthese oder der Nachlieferung von Vesikeln aus der Tiefe der Nervenendigungen. HOFMAN diskutiert unter anderem die naheliegende Möglichkeit, daß diese Coffein-Wirkung über eine intracelluläre Calcium-Mobilisierung zustande kommt. Dazu liegen aber an der motorischen Endplatte keine Befunde vor. Wir fragen uns, ob nicht ähnliche Vorgänge auch die Überleitung an den Synapsen des Zentralnervensystems bewirken.

BRECKENRIDGE (1967) sieht dagegen den Wirkungsmechanismus des Coffeins insbesondere bei der Verstärkung der Adrenalinwirkung in der Erhöhung der cAMP-Konzentration in der motorischen Endplatte (s. Herzmuskel). Adenosin wirkt antagonistisch zu Coffein, die durch 0,05 mM Adenosin bedingte Senkung des Miniaturendplattenpotentials kann durch 1,8 mM Theophyllin aufgehoben werden. Auch hier wird eine Beeinflussung der cAMP-Konzentration diskutiert (GINSBORG u. HIRST, 1971).

E. Der Einfluß von Methylxanthinen auf die Funktion glatter Muskulatur*

P. MITZNEGG

Von den mit glatter Muskulatur ausgestatteten Organen wird der Einfluß der Methylxanthine auf die Funktion der glatten Muskulatur der Gefäße und der Atemwege an anderer Stelle besprochen. In diesem Abschnitt soll deshalb vorwiegend die Wirkung von Methylxanthinen auf die glatte Muskulatur des Magen-Darm-Trakts und des Uterus behandelt werden.

Wie an der Skeletmuskulatur und am Herzmuskel wird auch für die glatte Muskulatur angenommen, daß Kontraktion und Erschlaffung auf dem Vorgang der elektromechanischen Kopplung beruhen. Dies bedeutet, daß ein zur Depolarisation der Zellmembran führender Reiz entweder zum Einstrom von Calcium aus dem Extracellulärraum in das Zellinnere oder zur Freisetzung von Calciumionen führt, die in gebundener Form in bestimmten, dem endoplasmatischen Reticulum zugehörigen Vesikeln angereichert sind. Diese freien Calciumionen im cytoplasmatischen Raum bewirken eine Aktivierung der Myofibrillen-ATPase und somit eine beschleunigte Freisetzung von chemischer Energie aus der Spaltung von ATP in ADP und anorganisches Phosphat. Gleichzeitig sollen die freien Calciumionen auch die Kontraktion der Myofibrillen einleiten. Die Erschlaffung der Muskulatur wird auf einen aktiven Rücktransport der Calciumionen in die Speichervesikel zurückgeführt (SOMLYO u. SOMLYO, 1969, 1970; BÜLBRING, 1970; RUEGG, 1971).

Die Wirkung der Methylxanthine auf den Kontraktionszustand glatter Muskulatur, speziell des Darmes und des Uterus, wird nach heutiger Auffassung wesentlich bestimmt von der Tatsache, daß Methylxanthine die Aktivität der Phosphodiesterase zu hemmen vermögen. Die meisten der hier zu besprechenden Untersuchungen der verschiedenen Autoren kommen zu dem Ergebnis, daß Methylxanthine Tonus und Motilität der glatten Muskulatur von Darm und Uterus herabsetzen. In der Erklärung dieses Phänomens ist man in den letzten Jahren deshalb wesentlich weitergekommen, weil durch SUTHERLAND und seine Arbeitsgruppe und andere Autoren zumindest für die Catecholamine, also für die Überträgersubstanzen des sympathischen Nervensystems und die Hormone des Nebennierenmarks, gezeigt werden konnte, daß sie durch Aktivierung einer membranständigen Adenylcyclase in Darm und Uterus die Bildung von cyclischem 3,5-AMP verstärken (SUTHERLAND u. RALL, 1960; BUTCHER u. Mitarb., 1965; BUEDUNG u. Mitarb.,

* Herrn Prof. Dr. F. HEIM zum 65. Geburtstag gewidmet.

1966; DOBBS u. ROBISON, 1968; ROBISON u. Mitarb., 1971; TRINER u. Mitarb., 1970a).

Normalerweise erfolgt ein rascher Abbau des 3,5-AMP durch die Phosphodiesterase, die hydrolytisch die Bindung des Phosphats an die Hydroxylgruppe der Ribose in 3-Stellung löst und dabei das cyclische 3,5-AMP (cAMP) in das funktionell unwirksame 5-AMP überführt. Da nun dosisabhängig durch die Methylxanthine die Aktivität der Phosphodiesterase gehemmt und die Konzentration des cAMP in glattmuskulären Organen gesteigert werden kann (TRINER u. Mitarb., 1970a, 1971), so gibt es heute gewichtige Gründe anzunehmen, daß die in der Regel beobachtete Abnahme der Motilität und des Tonus der glatten Muskulatur von Darm und Uterus auf einer Konzentrationszunahme des cAMP in diesen Geweben beruht. Es ist heute weitgehendst unbekannt, warum cAMP den Tonus der glatten Muskulatur herabsetzt, doch wird vermutet, daß das cAMP entweder die Freisetzung von Calcium hemmt oder die Rückbindung begünstigt, oder schließlich die Wirkung des Calciums auf die Myofibrillen-ATPase hemmt (MITZNEGG u. Mitarb., 1970a; MCFARLAND u. PFAFFMAN, 1972; TAKAGI u. Mitarb., 1971; ANDERSSON, 1972; PFAFFMAN u. MCFARLAND, 1973).

I. Uterus

Bereits Untersuchungen aus einer Zeit, in der weder die Bedeutung des cAMP als „second messenger“ hormoneller Wirkungen noch auch die Bedeutung der Phosphodiesterase für den Bestand des cAMP im Gewebe bekannt waren, haben ergeben, daß 4 mg/ml Coffein allein verabreicht, bzw. 0,05 mg/ml Coffein in Verbindung mit Adrenalin zu einem Verlust der Spontanbewegungen und einer Abnahme des Tonus der Uterusmuskulatur von Ratte, Meerschweinchen, Katze und Kaninchen in vitro geführt haben. Die durch Kaliumionen, Bariumchlorid oder Histamin ausgelösten Kontraktionen konnten durch Methylxanthine unterdrückt werden (JUNKMANN u. STROSS, 1926; EMMELIN u. Mitarb., 1941).

In neueren, vorzugsweise am Rattenuterus durchgeführten Arbeiten wurden gezielt Adrenalin und Isoproterenol, ein spezifischer Stimulator β-adrenerger Receptoren zusammen mit Methylxanthinen verabreicht, um durch Aktivierung der Adenylcyclase und Steigerung der Bildung von cAMP einerseits und andererseits über die Hemmung seines enzymatischen Abbaus die Bedeutung der stationären Konzentration des cAMP für die Kontraktionsvorgänge der Uterusmuskulatur quantitativ zu erfassen (BARTELSTONE u. Mitarb., 1967; DOBBS u. ROBISON, 1968; LEVY u. WILKENFELD, 1968; TRINER u. Mitarb., 1970a; MITZNEGG u. Mitarb., 1970a, b; 1971; POLACEK u. Mitarb., 1971). Es zeigte sich, daß der Grad der Hemmung des Tonus der Uterusmuskulatur mit Erhöhung der Konzentration an Methylxanthinen (10^{-3} M—10^{-2} M) und somit Steigerung des cAMP Gehalts des Gewebes zunimmt. POLACEK u. Mitarb. (1971) und MITZNEGG u. Mitarb. (1974) haben allerdings gezeigt, daß die Spontankontraktionen des isolierten Rattenuterus durch solche Theophyllinkonzentrationen (2×10^{-3} M bzw. 4×10^{-4} M) bereits aufgehoben werden, die in ihren Versuchen zu keinem Anstieg des cAMP führen. Zur Erklärung dieser Befunde muß man annehmen, daß diesem Vorgang eine kontraktionshemmende Eigenwirkung des Theophyllins zugrunde liegt, oder aber die Feinheit der Meßmethodik nicht ausreicht, um gegebenenfalls geringe Anstiege des cAMP erfassen zu können.

Die durch Ocytocin bzw. Vasopressin ausgelösten Kontraktionen des isolierten Rattenuterus werden durch 10^{-3}M Theophyllin bzw. 4×10^{-3}M Coffein nicht beeinflußt. Die Kombination dieser Dosen mit sehr geringen, allein verabreicht ebenfalls unwirksamen Mengen von Adrenalin (0,001 µg/ml) führt dagegen zur totalen Muskelerschlaffung, die durch Ocytocin bzw. Vasopressin nicht durchbrochen werden kann (MITZNEGG u. Mitarb., 1970a, 1971). Höhere Dosen von Methylxanthinen ($1{,}2 \times 10^{-2}$M Coffein, 3×10^{-3}M Theophyllin) hemmen Ocytocin-induzierte Kontraktionen des isolierten Rattenuterus (MITZNEGG u. Mitarb., 1970a, b; SIM u. CHANTHARAKSRI, 1973). Die sich daraus ergebende Rechtsverschiebung der Dosis-Wirkungskurve von Ocytocin weist bei der Ratte eine deutliche Beziehung zum Cyclusstadium auf: Im Metoestrus, zu einem Zeitpunkt, zu dem die im Uterus periodisch wechselnde Aktivität der Adenylcyclase das Maximum erreicht, ist die Hemmwirkung von Theophyllin gegenüber Ocytocin-induzierten Kontraktionen am stärksten (SIM u. CHANTHARAKSRI, 1973).

Spontane Kontraktionen des isolierten Uterusstreifens des Menschen werden durch 10^{-3}M Aminophyllin vermindert (COUPAR u. Mitarb., 1969a, b). Die Uterusmotilität *in vivo* wird durch Aminophyllin (240—480 mg als Einzelinjektion i.v.) ebenfalls abgeschwächt, wobei sich wiederum in der Lutealphase des Organs, also unter dem Einfluß gestagener Hormone, ein Wirkungsmaximum nachweisen ließ (COUTINHO u. LOPES, 1971). CRAINICIAU (1969) hat Coffein (1—2 g) bei der Frau zur Behandlung des drohenden Aborts verwendet. Auch er fand, daß die gleichzeitige Verabreichung von Progesteron und Coffein eine Reduktion der wirksamen Coffeindosis ermöglichte.

Die kontraktionshemmende Wirkung des cAMP am Uterus kann auch in der Weise demonstriert werden, daß man dem Medium cAMP in Form des Dibutyrats direkt zusetzt. So konnte gezeigt werden, daß durch cAMP-Dibutyrat sowohl die durch Ocytocin oder Vasopressin ausgelösten Kontraktionen des Rattenuterus (TRINER u. Mitarb., 1970a; MITZNEGG u. Mitarb., 1971) als auch die Wirkung von einem calciumfreien Medium zugesetzten Calciumionen unterdrückt wurden (MITZNEGG u. Mitarb., 1970a). Letztere Versuche, sowie der Befund, daß auch Coffein ($2{,}5 \times 10^{-3}$M) calciuminduzierte Uteruskontraktionen hemmt (FEINSTEIN, 1966) zeigen, daß die hemmende Wirkung des cAMP offenbar auf einer calcium-antagonistischen Eigenschaft des cAMP beruht. Allerdings konnte der experimentelle Beweis für eine direkte Beeinflussung des intracellulären Calciumstoffwechsels durch Methylxanthine bzw. cAMP noch nicht erbracht werden (BATRA u. DANIEL, 1971).

II. Darmmuskulatur

Der Einfluß der Methylxanthine auf die glatte Muskulatur des Magen-Darm-Trakts hängt ab von der Species, der Lokalisation des Darmabschnitts, der Untersuchungstechnik sowie der verwendeten Dosis, wobei sowohl erregende als auch hemmende Effekte auf die Muskelfunktion zu beobachten sind.

Nach älteren Untersuchungen am Menschen führten hohe Dosen von Coffein- bzw. Kaffeegetränken zur Anregung der Darmtätigkeit mit starken peristaltischen Bewegungen, diarrhoischen Anfällen (KRETSCHMER, 1936) und spastischen Zuständen (DICKSON u. WILSON, 1924; HAWK, 1929; KOMANT, 1932). Die Magenentleerung war dagegen nicht beeinträchtigt (MILLER u. Mitarb., 1920; BICKEL u. Mitarb., 1927).

Im Tierversuch ergab sich eine Anregung der Dünndarmperistaltik bei der Maus (6 mg/kg Coffein: CZOK, 1966), beim Kaninchen (200 mg Coffein i.v.: JUNKMANN u. STROSS, 1926) und beim Hund (PLANT u. REYNOLDS, 1922).

Am überlebenden Dünndarm des Kaninchens hatten niedrige Dosen von Coffein, Theobromin und Theophyllin (0,06 mg/ml) nur einen geringen erregenden Einfluß auf Tonus und Peristaltik. Dagegen wurde der Meerschweinchendünndarm selbst im durch Ermüdung bzw. Vorbehandlung mit Morphin oder Adrenalin erschlafften Zustand stark angeregt (FREDERICQ u. MELON, 1922; JUNKMANN u. STROSS, 1926; KOMANT, 1932).

Der Mäusedünndarm zeigte keine Änderung der Tonuslage (JUNKMANN u. STROSS, 1926).

Am Dickdarm der Ratte *in vitro* können unter hypothermischen Bedingungen (Badtemperatur unter 12° C) durch $0{,}3 \times 10^{-3}$ M—5×10^{-2} M Coffein Kontrakturen induziert werden. Dieser Effekt wird bei Verwendung hypertoner Suspensionsmedien (Saccharose-Ringerlösung, Lithiumchlorid-Ringerlösung) verstärkt (SUANO, 1966a, b).

Im gleichen Dosisbereich von Coffein wurde an der Taenia coli des Meerschweinchens eine kurzdauernde (5—10 min), initiale Tonuszunahme beobachtet, die schließlich in eine längere Erschlaffungsphase überging (ÅBERG u. AXELSSON, 1965; AXELSSON u. HÖGBERG, 1967; SUANO, 1970).

In neueren Arbeiten werden vorwiegend kontraktionshemmende Effekte der Methylxanthine beschrieben. Dies vor allem dann, wenn durch geeignete Wahl der Dosis bzw. durch Kombination mit β-Sympathicomimetica, die über eine Aktivierung der Adenylcyclase die vermehrte Bildung von cAMP einleiten, eine Wirkung auf die aktuelle Konzentration des cAMP im Gewebe zu erwarten war.

WILKENFELD u. LEVI (1969) fanden, daß Theophyllin (5×10^{-4} M) die motilitätshemmende Wirkung von Isoproterenol (nicht dagegen die von Noradrenalin) am Kaninchenileum verstärkt, während Imidazol, ein Aktivator der Phosphodiesterase, diesen Effekt antagonisiert. Daraus kann man schließen, daß diese muskelerschlaffende Wirkung des Theophyllins auf einem Anstieg des cAMP beruht, zumal sich gezeigt hat, daß ein Zusammenhang besteht zwischen dem Grad der Muskelerschlaffung und dem intracellulären Gehalt an cAMP im Ileum (BUEDING u. Mitarb., 1966). Im Gegensatz dazu steht ein Befund von ARIENS (1967), der am Jejunum des Kaninchens eine peristaltikhemmende Wirkung von exogen zugesetztem cAMP (10^{-4} M) nachweisen konnte, die unerwartet durch relativ kleine Dosen von Theophyllin (2×10^{-4} M) aufgehoben wurde.

Am isolierten Rattenileum führt Coffein im Bereich von 2×10^{-4} M—2×10^{-3} M dosisabhängig zur Erschlaffung. Der kontraktionshemmende Effekt von cAMP ($1—5 \times 10^{-3}$ M) bzw. cAMP-Dibutyrat (2×10^{-4} M—10^{-3} M in kaliumangereicherter Tyrodelösung) wird durch 5×10^{-4} M Coffein verstärkt (KAWASAKI u. Mitarb., 1969).

Isolierte Muskelpräparate aus dem Magen-Darm-Trakt des Menschen werden durch Methylxanthine ebenfalls hemmend beeinflußt.

COUPAR u. Mitarb. (1969a, b) konnten mit Aminophyllin im Dosisbereich von 25—300 µg/ml am Magen (Pylorus- und Längsmuskulatur), Ileum, Colon und Rectum des Menschen eine signifikante Hemmung von Tonus und Kontraktilität nachweisen. An der Taenia coli des Meerschweinchens werden durch $2{,}5 \times 10^{-4}$M—$1{,}5 \times 10^{-2}$M Theophyllin bzw. 3×10^{3}M—$1{,}5 \times 10^{-2}$M Coffein die spontanen Kontraktionen sowie kaliuminduzierte Kontrakturen (40—60 mM K^{+}) gehemmt (AXELSSON u. HÖGBERG, 1967; IMAI u. TAKEDA, 1967; SUANO, 1970; MCFARLAND u. Mitarb., 1971; MCFARLAND u. PFAFFMAN, 1972; PFAFFMAN u. Mitarb., 1971; PFAFFMAN u. MCFARLAND, 1973; OSA, 1973). Der Effekt wird durch cAMP und cAMP-Dibutyrat additiv verstärkt (PFAFFMAN u. MCFARLAND, 1973), er ist andererseits durch Steigerung des extracellulären Calciums quantitativ aufhebbar (SUANO, 1970). Diese Befunde unterstreichen die Bedeutung von Calcium und cAMP für die kontraktionshemmende Wirkung der Methylxanthine und gaben Anlaß zu der Vermutung, daß ähnlich wie am Uterus auch an der glatten Muskulatur des Magen-Darm-Trakts ein molekularer Angriffspunkt der Methylxanthine bzw. des cAMP in einer verminderten Freisetzung oder (und) vermehrten Rückbindung von intracellulärem Calcium angenommen werden kann (ANDERSSON, 1972; ANDERSSON u. NILSSON, 1972; MCFARLAND u. PFAFFMAN, 1972; PFAFFMAN u. MCFARLAND, 1973; TAGAKI u. Mitarb., 1971).

Der Einfluß der Methylxanthine auf die der Muskelkontraktion zugrundeliegenden elektrophysiologischen Abläufe wurde von mehreren Autoren durch simultane Registrierung von Mechanik und Membranpotential mittels der „sucrose-gap“ Technik untersucht, einer Methode, für die sich die Taenia coli des Meerschweinchens als besonders geeignetes Objekt erwiesen hat (AXELSSON u. HÖGBERG, 1967; ÅBERG u. AXELSSON, 1965; MCFARLAND u. Mitarb., 1971; SUANO, 1970; MCFARLAND u. PFAFFMAN, 1972; BÜLBRING u. KURIYAMA, 1973). Dabei hat sich gezeigt, daß eine α-adrenerge Erregung, die im Gegensatz zu den anderen glattmuskulären Organen an der Darmmuskulatur ebenso wie ein β-adrenerger Reiz Erschlaffung zur Folge hat (AHLQUIST u. LEVI, 1959), zu einer Abnahme der Membranleitfähigkeit für Kalium und damit zur Hyperpolarisation führte. Dieser Effekt wird durch Methylxanthine nicht beeinflußt (BÜLBRING u. KURIYAMA, 1973). Durch die Erregung β-adrenerger Receptoren wird das Membranpotential stabilisiert und die spontane Entwicklung des initialen Generatorpotentials für die Muskelkontraktion unterdrückt. Der Muskel erschlafft, bleibt jedoch elektrisch erregbar (BÜLBRING u. TOMITA, 1969a, b). Wie BÜLBRING u. KURIYAMA (1973) zeigen konnten, wird durch Theophyllin (3—5×10^{-4}M) die hemmende Wirkung des β-Sympathicomimeticums Isoproterenol auf die Membranpotentiale und die Muskelkontraktion verlängert und verstärkt. Da aber unter der Einwirkung von Isoproterenol und Theophyllin die durch elektrische Stimulation ausgelösten Muskelkontraktionen die ursprüngliche Höhe nicht erreichen, wird vermutet, daß β-Sympathicomimetica und Methylxanthine neben einer Beeinflussung der Membranfunktion einen weiteren, intracellulären

Angriffspunkt haben müssen. Diese intracelluläre Wirkung ist, wie oben ausgeführt wurde, in einer Beeinflussung der elektromechanischen Kopplung zu sehen. Nach neuesten Vorstellungen (TOMITA u. WATANABE, 1973) soll die Bildung des Generatorpotentials für die Muskelkontraktion der Taenia coli durch eine sogenannte „Calcium-Pumpe" gesteuert werden, die periodisch Calcium von bestimmten Bindungsstellen an der Innenseite der Zellmembran abführt und dadurch eine Depolarisation einleitet. Da der spezifische Stimulus für diese „Calcium-Pumpe" die intracelluläre Konzentration an freien Calciumionen sein soll, erscheint es denkbar, daß auch der membranstabilisierende Effekt der Methylxanthine erst sekundär auf eine Verminderung des freien Calciums in der Zelle zurückzuführen ist (ITO u. KURIYAMA, 1971; BÜLBRING u. KURIYAMA, 1973).

III. Weitere glattmuskuläre Organe

1. Gallenblase

Klinisch nicht uninteressant ist die häufig diskutierte Frage, ob der nach Kaffeegenuß zu beobachtende cholecystokinetische Effekt auf das Coffein selbst oder vielmehr auf andere Inhaltsstoffe des Kaffees (Röstprodukte und dgl.) zurückzuführen sei. Durch die Auswertung von mehr als 100 Cholecystogrammen kamen KEINER und WEDER (1965, 1967) und KEINER (1967) zu dem Ergebnis, daß die Wirkungsintensität auf die Gallenblasenkontraktion von diversen Kaffeezubereitungen zum reinen Coffein signifikant zunimmt. Im gleichen Sinn äußerten sich APEL und SCHENK (1961), VÖLKER (1967) und EDEN (1967), während andere Autoren eine direkte Coffeinwirkung bestreiten oder zumindest anderen Begleitstoffen im Kaffee größere Bedeutung zumessen (EICHLER u. Mitarb., 1964; STIEVE, 1965; GLATZEL u. HACKENBERG, 1967)*. Da bei *in vitro*-Versuchen an der glatten Muskulatur der Gallenblase ein cholecystokinetischer Effekt des cAMP nachgewiesen wurde (ANDERSSON u. Mitarb., 1972), ist es denkbar, daß auch das Coffein über eine Erhöhung des cAMP einen kontraktionsfördernden Effekt auf dieses Organ ausübt.

2. Ductus deferens

Am Ductus deferens von Kaninchen, Meerschweinchen, Ratte und Maus in vitro erwies sich Coffein allein verabreicht als wirkungslos. Die durch Adrenalin ausgelösten Kontraktionen werden aber in Anwesenheit von Coffein dosisabhängig (ab 0,6 mg/ml) abgeschwächt bzw. aufgehoben. In gleicher Weise unterdrückt Coffein die durch elektrische Reizung oder Adrenalin i. v. ausgelösten Kontraktionen des Kaninchen-Ductus deferens in situ (JUNKMANN u. STROSS, 1926).

---

* S. auch Kap. Magen-Darm, Gallenblase, in diesem Band!

3. Blase

Spontane Kontraktionen der isolierten Krötenblase werden durch hohe Dosen von Theophyllin ($2{,}5 \times 10^{-2}$ M) und cAMP (3×10^{-2} M) gehemmt (EGGENA u. Mitarb., 1968). Der zugrundeliegende Mechanismus bleibt insofern unklar, als auch 5-AMP und Adenosin im gleichen Dosisbereich eine kontraktionshemmende Wirkung ausüben.

4. Iris

Am isolierten Froschbulbus konnte durch Coffein in 0,1‰iger Lösung eine maximale Mydriasis erzielt werden (BORNBERG, 1919; JUNKMANN u. STROSS, 1926). Ein additiver Effekt von Coffein und Adrenalin war dagegen nicht sicher nachzuweisen, ebenso erwies sich Coffein am Kaninchenauge in vivo selbst in hoch toxischen Dosen als unwirksam (FREDERICQ u. DESCAMPS, 1921; JUNKMANN u. STROSS, 1926).

IV. Zusammenfassung

Die Wirkung der Methylxanthine auf die Funktion der glatten Muskulatur ist neben den Atemwegen und dem Gefäßsystem, die an anderer Stelle dieses Bandes dargestellt werden, bisher nur an Darm und Uterus eingehender untersucht worden.

Wie sich aus den vorliegenden Befunden ergibt, werden durch Methylxanthine Tonus und Motilität der glatten Muskulatur des Uterus vermindert bzw. aufgehoben. Dieser Effekt wird offenbar durch das cyclische 3,5-AMP vermittelt, obwohl eine zusätzliche, kontraktionshemmende Eigenwirkung der Methylxanthine nicht ausgeschlossen werden kann. Der molekulare Angriffspunkt dürfte in beiden Fällen in einer Hemmung der elektromechanischen Kopplung, speziell der Verfügbarkeit von freien Calciumionen für die Muskelkontraktion, zu sehen sein.

Im Gegensatz zum Uterus ergibt sich an der glatten Muskulatur des Magen-Darm-Trakts kein einheitliches Wirkungsbild. Neuere Untersuchungen mit modernen biochemischen und physiologischen Methoden deuten jedoch darauf hin, daß die Methylxanthine auch die Darmmuskulatur über den geschilderten cAMP-Calcium-Mechanismus im Sinne einer Kontraktilitätshemmung zu beeinflussen vermögen.

F. Herz und Kreislauf

O. EICHLER

Mit 4 Abbildungen

Auch bei diesem Organsystem zeigt sich die Vielfalt der Coffein-Wirkung. Folgende Angriffspunkte sind im einzelnen zu berücksichtigen: Muskelfasern des Herzens, Reizbildung, Reizschwelle, Weiterleitung des Reizes, Coronargefäße, variable Einwirkung auf das autonome Nervensystem und das Vasomotorenzentrum, und schließlich die peripheren Gefäße, die in den einzelnen Organbereichen unterschiedlich beeinflußt werden. Man hat weiter zu berücksichtigen, daß die Receptoren der verschiedenen betroffenen Systeme bei unterschiedlicher Schwellenkonzentration reagieren werden, und daß die Reihenfolge der Empfindlichkeiten der einzelnen Systeme von Person zu Person variieren kann. Allerdings liegen systematische Untersuchungen dieses Problems meines Wissens nicht vor. Man kann sich vorstellen, wie vielfältig die beim Menschen auftretenden Erscheinungen sein werden, wenn man berücksichtigt, daß diese auch durch den momentanen Zustand der Person abgewandelt werden können und außerdem Einwirkungen von seiten des Magen-Darm-Kanals und der inneren Sekretion (z.B. Schilddrüse) noch dazu kommen können. Die Analyse der Grundlagen wird also einerseits schwierig, andererseits interessant sein.

I. Das Herz

1. Die Kontraktilität der Muskulatur

Ebenso wie am Skeletmuskel kann man auch am Herzmuskel eine Starre erzielen. Die notwendigen Konzentrationen sind beim Herzen aber größer. Beim isolierten Kaltblüterherzen führt 0,1% Coffein nur zum vorübergehenden Stillstand (DE AGAZIO, 1934; PREOBRASCHENSKY, 1927). Die Exkursionen waren nach 0,01% vermehrt (SINHA, 1931; GUMMEL u. KIESE, 1938). Gelegentlich wurde bei Dosierungen von 0,1—0,5% eine Vermehrung der Kontraktionshöhe und des Tonus beobachtet (UNNA u. WINNIWARTER, 1937; CHENEY, 1935). Die Tonuszunahme war nicht vollständig reversibel, aber Kontrakturen traten erst bei 1% auf (HEATH-

* Ältere Literatur ist zusammengefaßt in: BOCK, J.: Die Purinderivate. In: Hefter-Heubners Handbuch der experimentellen Pharmakologie, Band 2. Berlin: Springer 1920; sowie EICHLER, O.: Kaffee und Coffein. Berlin: Springer 1938.

COTA, 1920; EISMAYER u. QUINCKE, 1928; s. auch BOCK, 1920, S. 530f.). Auch diese sind relativ gut reversibel. Rana temporaria ist empfindlicher als R. esculenta. Am „superfused" Herzmuskel des Frosches beobachteten CHAPMAN et al. (1971) bei Zugabe von Coffein einen exponentiellen Anstieg, bei Entfernung des Coffein einen exponentiellen Abfall der Spannungsentwicklung. Dieser Reaktionstyp (Reaktion 1. Ordnung) war bis 10 mM Coffein unabhängig von der Konzentration. Beim Warmblüterherzen wurde eine Tonuszunahme mit vermehrten Schlagvolumen nachgewiesen (BODO, 1928; bei Starling). Wichtig bei diesen Versuchen war das rasche Abklingen der Tonussteigerung. Jedes Mal bei Zusatz von 0,05—0,1 g Coffein zum Perfusionssystem, wodurch die Konzentration um ca. 0,1 mg/ml stieg, kam es zum erneuten Tonusanstieg, der bald wieder nachließ. Eine Herzschädigung trat nicht auf. Erst Konzentrationen von $1\frac{1}{2}\%$ führten rasch zum Stillstand (SATO, 1933). Daß die Kontraktilität des Herzmuskels durch geeignete Dosierungen von Coffein gesteigert werden kann, ist also schon lange bekannt.

Bei neueren Untersuchungen über die Beeinflussung des Herzens werden häufig neben Coffein auch Theobromin und Theophyllin herangezogen. Diese drei Methylxanthine wirken qualitativ gleich; da Theophyllin aber deutlich stärker wirksam ist, wird es als Repräsentant dieser Gruppe bevorzugt verwendet.

Als Versuchspräparat wird häufig der isolierte Papillarmuskel verwendet, dessen Muskelfasern parallel verlaufen, so daß leichter übersehbare mechanische Bedingungen vorliegen. Die Muskeln sind genügend dünn, um mit einer gleichmäßigen Sauerstoffsättigung rechnen zu können. Durch Verwendung dieser kleinen isolierten Präparate wird vermieden, daß die zu prüfenden Substanzen über eine Änderung der Durchblutung wirksam werden (s. auch JEWELL u. BLINKS, 1968), als weiteres Präparat wird häufig ein Streifen des isolierten Herzohrs verwendet. Auch dieses ist unabhängig von der Durchblutung, aber die Muskelfasern laufen nicht parallel. Es ist keineswegs so, daß beide Präparate stets gleich reagieren (LÜLLMANN, 1955; dagegen BLINKS et al., 1972). SHINE und LANGER (1971) verwendeten das Interventricularseptum des Kaninchenherzens.

KROP (1944) beobachtete am Papillarmuskel des rechten Ventrikels des Katzenherzens erst bei einer Konzentration von 1:5000 eine Zunahme der Kontraktionsamplituden (mit einer Latenz von 2 min), aber keine Tonuszunahme. Bei 1:1000 war die Kontraktionszunahme stets zu erreichen, blieb aber nur 12 min bestehen. Höhere Konzentrationen führten zu Unerregbarkeit und Starre*. Der Autor bezweifelt jedoch die Bedeutung solcher Befunde für die Wirkung am ganzen Tier oder am Menschen, da die notwendigen Konzentrationen selbst bei intravenöser Injektion nicht erreicht würden und stellt in Frage, ob eine direkte Wirkung von Coffein am Herzen überhaupt anzunehmen sei. Hier liegen aber viele entgegengesetzte Resultate vor. Zum Beispiel war in den Versuchen von KUSCHINSKY und MUSCHOLL (1956) eine positiv inotrope Wirkung bereits mit 0,5 mM (1:10000) Coffein zu beobachten, die 20—40 min anhielt. Diese Konzentration wird bei intravenöser Gabe durchaus erreicht. Diese Wirkung

* Eine Kontraktur kann durch verschiedene Bedingungen auch schon bei kleineren Coffein-Konzentrationen ausgelöst werden. In Natrium-freier Lösung mit Tris-Maleat kommt es bereits nach 3 mM Coffein zur Kontraktur, wenn genügend Calcium zur Verfügung steht (KIMOTO, 1972). Bei Herzmuskelfasern der Kuh (VERDONCK et al., 1972) zeigt sich in Natrium-freier Lösung eine verzögerte Erschlaffung.

ließ sich mit Theophyllin bei kleineren Konzentrationen zeigen, hatte ein Maximum nach 5—15 min und hielt $2\frac{1}{2}$ Std an. Die relative Zunahme der Kontraktionskraft war am ermüdeten Muskel größer, erreichte aber nicht die absoluten Werte des frischen Muskels. Der Ruhetonus war nicht erhöht. Die Autoren weisen darauf hin, daß der im Körper befindliche durchblutete Muskel empfindlicher reagiert, als der *in vitro* ohne Durchblutung und in künstlichen Lösungen arbeitende.

Ganz andere Resultate erhielt LÜLLMANN (1955) am Papillarmuskel der Ratte. Er fand eine mit der Zeit zunehmende Verminderung der Kontraktionsamplitude bereits bei Konzentrationen von 1:20000 Coffein (mit Theophyllin schon in kleineren Konzentrationen). Bei der doppelten Konzentration setzte dieser Zustand rascher ein und erreichte in 10 min 33%. Am Herzohr der Ratte blieb Coffein wirkungslos, während Theophyllin eine Kontraktionszunahme auslöste, die durch Glucagon gesteigert werden konnte (ANTONACIO u. LUCCHESI, 1970; MARCUS et al., 1971), und ebenso durch Sulfonylharnstoffe (LASSETER et al., 1972). SHIBATA und HOLLANDER (1967) fanden mit 0,5 mg/ml Coffein eine Zunahme der Spannungsentwicklung um 20% nach 5—10 min, die in 30 min auf 3,6% zurückging. Die Wirkung war leicht auswaschbar. Ähnlich waren die Resultate von DE GUBAREFF und SLEATOR (1965) an isolierten Meerschweinchenvorhöfen. Bei 26—27° C fanden sie mit 0,25—1,5 mM Coffein einen Anstieg der Kontraktilität, der bei weiterer Konzentrationssteigerung zurückging. Wurden die Tiere mit 5 mg/kg Reserpin vorbehandelt, so daß der Catecholamingehalt des Herzmuskels auf 5% der Norm absank, dann zeigten die Vorhöfe eine etwas geringere Kontraktionssteigerung durch Coffein. Also sei ein Teil, wenn auch ein sehr geringer, der inotropen Wirkung auf die Freisetzung von Catecholaminen zurückzuführen. Mit intracellulären Elektroden konnte nach Coffein steigend bis 2,5 mM eine Verlängerung des Muskelaktionspotentials bis auf das Doppelte des Ausgangswertes gemessen werden. KIMOTO (1972) fand nach 3 mM Coffein einen Anstieg der Spannungsentwicklung auf das 7,6fache, der Aktionspotentialdauer auf das 1,4fache. Am isolierten Rattenherzen nach Langendorf fanden COHEN et al. (1970) sowie BLINKS et al. (1972) am Katzenherzen keinen Einfluß einer Reserpin-Vorbehandlung auf die Coffein-Wirkung. Sie nehmen daher eine ausschließlich direkte Wirkung des Coffeins an der Muskelfaser an. Kleinere Dosierungen als 1 mM führten zu einer Hemmung (ähnlich LÜLLMANN). Eine Addition der Wirkung von Noradrenalin (20 µg/ml) und Theophyllin (5 mg/ml) war nicht nachweisbar. NAYLER (1963) zeigte am Herzmuskelstreifen der Kröte, daß Reserpin in kleinen Dosen (1 µg/ml) eine Erhöhung der Kontraktilität auslöst. 1,5—5 µg/ml hatten eine negative Wirkung, die sich durch 10 mM Coffein aufheben ließ. Nach diesen verschiedenen Befunden wird man dem Coffein eine fast ausschließlich direkte Wirkung auf die Herzmuskelfaser zubilligen müssen.

LÜLLMANN (1955) fand am Herz-Lungen-Präparat der Ratte bei 0,1 mg Coffein pro 10—15 ml zirkulierender Blutmenge nur geringfügige Änderungen der Kontraktionskraft in beiden Richtungen. Bei 0,2 mg dagegen ergab sich eindeutig eine negative inotrope Wirkung, wobei sogar der venöse Druck anstieg. Auch am Herzen der neugeborenen Katze wurde dieser Befund erhoben, während KUSCHINSKY und MUSCHOLL (1956) bei erwachsenen Tieren deutliche positiv inotrope Wirkungen auf den Herzmuskel nachweisen konnten (s. o.). Noch eindeutiger war der positiv inotrope Effekt des stärker wirkenden Theophyllin am Starling-Präparat des Hundes nachzuweisen, dessen Herz durch Chloralhydrat geschädigt war (Smith u. Jensen, 1946).

Am ganzen Tier sind diese Wirkungen sehr viel schwieriger nachzuweisen, da sie durch Gegenregulationen und durch die Beteiligung anderer Organe verwischt werden. Kulkarni und Ghambir (1966) beobachteten bei Katzen bereits nach 5 mg/kg Coffein einen erhöhten Tonus und eine vergrößerte Kontraktionsamplitude. Um Störeffekte gering zu halten, denervierten Schaff et al. (1966, 1967) das Herz des Hundes und unterbanden die Nebennierenvenen. Sie konnten mit 8 bzw. 16 mg/kg Coffein eine Zunahme der Kontraktionsamplituden messen, die jedoch geringer war als mit der gleichen Dosis Theophyllin. Diese Mengen entsprechen schon etwa den Dosierungen im therapeutischen Bereich.

Am ganzen Tier kann man die Veränderung der Kontraktilität vor allem aus einem beschleunigten Druckanstieg entnehmen. Raff, Scholtholt und Lochner (1971) injizierten 10 mg Coffein in den Ramus circumflexus der linken Coronararterie und konnten so einen um 12% vermehrten signifikanten Druckanstieg in der linken Kammer ohne Störung durch Frequenzänderung oder Blutdrucksenkung nachweisen.

Langer und Hamacher (1969) fanden nach Verabreichung von Kaffeeaufgüssen von 4,5, 9 und 18 g Kaffee an 10 herzgesunde Personen einen Anstieg der Kontraktionskraft (Abnahme der Austreibungszeit) mit einem Maximum nach 10 min (ein zu rascher Effekt für die Resorption). Auch Buhr (1958) konnte beim Menschen (Methode Brömser und Ranke) eine beschleunigte Anspannungszeit nach Kaffee mit 0,22 g Coffein beobachten, nicht jedoch mit Coffein-freiem Kaffee, so daß er die Auffassung von Heubner (1926) bestätigte, daß die einzige kreislaufaktive Substanz im Kaffee das Coffein sei. Coffein-gewöhnte Personen reagierten sehr viel schwächer. Bei digitalisierten Herzkranken führte Theophyllin zu einem beschleunigten Druckanstieg, also zu einer noch über die Digitaliswirkung hinausgehenden Zunahme der Kontraktilität. Bei Coffein ist dieser Effekt sehr viel schwächer und entzieht sich dem signifikanten Nachweis. An der künstlichen Mitralinsuffizienz konnte jedoch auch mit Coffein eine Steigerung der Digitaliswirkung erreicht werden (Barry, 1933).

Hier sei noch auf eine ältere Arbeit von Atzler und Lehmann (1934) hingewiesen. Die Autoren nahmen im Selbstversuch 2 Tassen Kaffee mit 0,175 g Coffein. Bei 2maliger Besteigung einer 4 Stockwerk hohen Treppe innerhalb von 4—5 min fanden sie eine beschleunigte Austreibungszeit, nicht aber in der Ruhe. Untrainierte zeigen ähnliche Befunde. Die Autoren schlossen auf eine verminderte Leistungsfähigkeit des Herzens unter Coffein. Nach den oben dargelegten Befunden anderer Autoren werden wir genau das Gegenteil daraus entnehmen, nämlich, daß bei Anforderungen die gewonnenen Reserven zur Geltung kommen.

a) Antagonismus zu anderen Substanzen

Bei zahlreichen, das Herz schädigenden Substanzen wurde mit Coffein eine günstige Wirkung erzielt; so konnte das durch Chloralhydrat geschädigte Froschherz sogar nach Stillstand zum Schlagen gebracht werden (Junkmann, 1923). Aber auch bei anderen Schädigungen, wie erhöhte Anfangsspannung, Calcium-Mangel, Kalium-Überschuß und Muscarinstillstand wurden günstige Effekte gesehen (LANGECKER, 1925). Die Widerstandsfähigkeit gegen Diphtherie-Toxin wurde gesteigert (LJUBUSIN, 1926). Beim künstlich überanstrengten und überdehnten Herzen ergaben sich mit 0,02—0,04% Coffein Steigerungen des Schlagvolumens bis 300%, des Minutenvolumens bis 100% bei gleichzeitiger Pulsverlangsamung (BRUNS u. ROSENCRANTZ, 1926). Auch am Starling-Präparat des Hundeherzens wurden nach Schädigung durch Barbiturate oder Chloroform mit 0,2 g Coffein beträchtliche Leistungssteigerungen erzielt, die nicht an eine Coronarerweiterung gebunden waren (FLAUM u. RÖSSLER, 1933).

Besonderes Interesse verdienen die Versuche von DE GUBAREFF und SLEATOR (1965) über den Antagonismus von Coffein und Adenosin (ähnlich wirken auch die entspr. Nucleotide wie AMP und ADP in etwa äquimolarer Konzentration: 0,2 mM zu 0,5 mM Coffein) am Vorhof des Meerschweinchens* und des Menschen. Dieser Antagonismus erfuhr wiederholt Beachtung, besonders durch SCHAUMANN et al. (1970). Folgende Effekte des Adenosins wurden durch Methylxanthine aufgehoben oder vermindert: Bradykardie und atrioventriculärer Block bei Ratten und Meerschweinchen, periphere Wirkungen auf den Kreislauf, Coronardilatation in kleineren und mittleren Dosen bei Hunden und Kaninchen und die Aggregations-hemmende Wirkung auf die ADP-induzierte Aggregation von Blutplättchen.

Coffein hatte in diesen Versuchen nur die Hälfte der Wirkung des Theophyllins. Adenosin hatte keinen antagonistischen Effekt gegen die Wirkung des Theophyllins, wenn es nach Eintritt der vollen Theophyllin-Wirkung gegeben wurde.

Die Autoren sehen die gemeinsame Ursache dieser Wirkungen in der Steigerung der Konzentration von cAMP durch Hemmung der Phosphodiesterase. GUTHRIE und NAYLER (1967) erklären den Antagonismus dagegen durch einen Hemmeffekt des Adenosin auf die Calcium-Permeabilität von Membranen, der durch Coffein aufgehoben wird.

PREOBASCHENSKY (1930, 1935) fand am Herzen von Fröschen und Katzen eine Schutzwirkung des Coffein gegen die toxische Wirkung von Digitalis, besonders von Strophantin, aber nur, wenn es vor dem Strophantin verabreicht wurde, nicht bei gleichzeitiger Gabe. BISCHOFF (1930) empfahl für die klinische Anwendung die Kombination von 0,1 g Coffein und 0,25 mg Strophantin, da diese Kombination nach seinen Versuchen und nach STEPP (1938) ein geringeres Risiko darstelle und sich in der Klinik bewährte. Ursache dieser günstigen Beurteilung mag vielleicht die von PARADE gelegentlich beobachtete Coronargefäß-verengende Wirkung des Strophantins sein, die durch Coffein aufgehoben werden kann. Wegen der ungünstigen Beeinflussung der Reizbildung und der gegenseitigen Verstärkung der Toxicität bei höherer Dosierung (HAAG u. WOODLEY, 1935; REVE, 1936) werden wir jedoch einer solchen Kombination nur bedingt zustimmen können. BELLET (1967) gelang es bei Hunden nicht, die letale Dosis von Digoxin durch 50 mg/kg Coffein i.m. 1 Std vor Digoxin-Infusion oder durch gleichzeitige Infusion zu ändern. Bei 100 mg/kg Coffein gab es eher eine Steigerung der Toxicität. Im EKG waren nur die typischen Digitalis-Wirkungen sichtbar. Digoxin wird sich allerdings anders verhalten als das schneller wirkende Strophantin (schnellere Bindung!).

* Auch gegenüber dem kardiodepressiven Effekt des Acetylcholins wirkt Coffein, allerdings erst in sehr viel höheren Dosen. Nach HADHAZY (1972) reduziert 0,2—0,5 mg/ml Aminophyllin die Erregungshemmung durch Acetylcholin am Meerschweinchen-Vorhof.

Bei Untersuchungen über die Begünstigung der Kalium-Kontraktur durch Coffein fanden NAYLER und PRICE (1966, 1967) bei isolierten Herzen bzw. Vorhöfen von Ratten, Meerschweinchen, Hunden und Schildkröten eine Zunahme der Coffein-Wirkung, wenn das Chlorid der Badlösung durch Nitrat ersetzt wurde. Die inotrope Wirkung war nicht verändert, aber die Kontraktur erhöht.

Den Einfluß von Temperatur und pH prüften SALANT und NADLER (1926) am isolierten Rattenherzen, und fanden bei 15°C mit 1 mg Coffein eine Abnahme der Diastole, bei 35°C eine positiv inotrope Wirkung, bei 2,5 mg bei beiden Temperaturen Verschlechterungen. pH-Abweichungen verminderten den Coffein-Effekt. BLINKS et al. (1972) beobachtete eine Steigerung der Empfindlichkeit des Papillarmuskels junger Katzen bei 22,5°C.

Die Beobachtung von FLEISCHER und LOEB (1909), daß nach kombinierter Gabe von Adrenalin und Coffein i.v. (1 mg bzw. 25 mg/kg) bei Kaninchen in 60% der Fälle Herzschädigungen entstehen, wurde später wiederholt bestätigt und mit EKG-Daten sowie histologischen Befunden über Nekrosen, besonders des Papillarmuskels, belegt (JOHNSON u. SIEBERT, 1928; DECHERD et al., 1927). Die Schäden heilten meistens innerhalb von 6 Wochen aus. MARTORANA (1971) erhielt mit Isoprenalin (6—36 µg/kg s.c.) bei der Ratte innerhalb von 24 Std dosisabhängig akute Nekrosen am Myokard. Ähnliche Bilder konnten, wenn auch nicht dosisabhängig, durch cAMP-Dibutyrat erzielt werden. Die Wirksamkeit beider Substanzen wurde durch Theophyllin 48fach verstärkt, woraus die Autoren folgern, daß dem cAMP eine entscheidende Rolle bei der Entstehung der Nekrosen zukommt. Mit wiederholter Injektion von Coffein allein (ab 5 mg/kg/Tag für 120 Tage, auch mit Theophyllin) gelang es MÉKES et al. (1954) bei Meerschweinchen und Ratten Veränderungen auszulösen, die einer Myokarditis entsprechen. Heilungsprozesse wurden beobachtet. Diese Herzschädigung war nicht bei allen Tieren auslösbar und zeigte keine Beziehung zur verwendeten Dosis, was nach Ansicht der Autoren darauf hinweist, daß außer den Methylxanthinen weitere Faktoren beteiligt sein müssen. Diese Ergebnisse konnten von WENZEL und RUTLEDGE (1962) nicht bestätigt werden.

HENRY und STEPHENS (1970) konnten an Mäusen, die zu mehreren in einem engen Käfig gehalten wurden, durch Verabreichung von Kaffee anstelle von Trinkwasser Myofibrosen auslösen, die als Zeichen einer ischämischen Herzerkrankung aufgefaßt wurden, und an der 27% der Tiere starben. Hier handelt es sich sicher nicht um eine direkte Herzwirkung, sondern eher um eine Verstärkung der Streßsituation durch die zentralerregende Wirkung des Coffeins.

b) Mechanismus der Methylxanthinwirkung

Hier bieten sich zur Zeit 2 Möglichkeiten der Erklärung an. Die erste Möglichkeit besteht in der Übertragung der Coffein-Wirkung am Skeletmuskel auf den Herzmuskel, d.h. Coffein wirkt durch gesteigerte Mobilisierung von intracellulär gespeichertem Calcium oder Erhöhung der Calcium-Permeabilität. Für diesen Mechanismus gibt es auch am Herzmuskel Anhaltspunkte.

Die zweite Möglichkeit geht von der Stimulierung des von SUTHERLAND entdeckten Adenylatcyclase-Systems aus. Das Membran gebundene Enzym Adenylatcyclase katalysiert hormonabhängig die Bildung von cAMP. Dieses aktiviert Kinasen (Phosphorylasen), die für verschiedene zelltypische Aktivierungs- oder

Inaktivierungsvorgänge verantwortlich sind. Das cAMP wird intracellulär schnell durch Phosphodiesterasen inaktiviert. Eine Zunahme der cAMP-Konzentration läßt sich also sowohl durch Stimulierung der Adenylatcyclase erreichen (z. B. Adrenalin oder Isoprenalin am Herzmuskel) oder durch Hemmung der Phosphodiesterase (z. B. durch Methylxanthine).

Im Herzmuskel wird durch cAMP-aktivierte Kinasen z. B. das Enzym Glykogenphosphorylase aktiviert (LEUSEN u. LACROIX, 1963), das den primären energieliefernden Schritt der Bildung von Glucose-1-phosphat aus Glykogen katalysiert. Es läßt sich häufig eine Parallelität zwischen Phosphorylase-Aktivität und Kontraktilität des Herzmuskels feststellen. Es ist naheliegend, hier eine Ursache der positiv inotropen Wirkung des Coffeins zu suchen.

Vielleicht treffen beide der skizzierten Möglichkeiten der Wirkungsweise von Methylxanthinen zu. Die Problematik soll in den folgenden Abschnitten ausführlicher dargestellt werden (s. AMMON, S. 243).

α) Cyclisches AMP

Bereits in früheren Arbeiten von SUTHERLAND et al. wurde gefunden, daß Methylxanthine durch Hemmung der Phosphodiesterase die Wirksamkeit von Adrenalin steigern, wobei Theophyllin 6mal stärker wirksam war als Coffein (BUTCHER u. SUTHERLAND, 1962). Theophyllin wird deshalb meist vorgezogen, zumal auch hier qualitative Unterschiede zwischen den beiden Substanzen bisher nicht gefunden worden sind. RALL und WEST vertraten 1963 die Meinung, daß cAMP der Ausgangspunkt der inotropen Wirkung sowohl der Catecholamine als auch der Methylxanthine sei. Aber SUTHERLAND und ROBISON (1966) wiesen darauf hin, daß bei den Purinen die Verhältnisse unklar seien. EPSTEIN et al. (1971) schlossen aus ihren ausgedehnten Versuchen, daß Catecholamine ebenso wie Glucagon die Kontraktilität des Herzmuskels über die erhöhte Konzentration von cAMP beeinflussen. Theophyllin steigerte auch die Glucagonwirkung auf Frequenz, Schlagvolumen und Herzarbeit und Coronardurchblutung (MARCUS et al., 1971). Die Wirkung der Kombination ist überadditiv (AFONSO et al., 1972).

Da die direkte Beeinflussung der intracellulären cAMP-Konzentration sehr schwierig ist (s. unten), werden häufig die Veränderungen der Herzfunktion unter dem Einfluß von Catecholaminen und Methylxanthinen mit den Veränderungen der cAMP-Konzentration verglichen, um aus dem parallelen Verhalten auf einen Zusammenhang schließen zu können. So stellten MEESTER und HARDINAN (1967) am isolierten Ventrikel von Kaninchen und Schildkröten fest, daß Acetylcholin die positiv inotrope Wirkung von Adrenalin hemmt und zugleich die Bildung von cAMP reduziert. Die erhöhte Kontraktion auf Calcium wurde nicht beeinflußt. Atropin hob die Wirkung nicht völlig auf. Mit Theophyllin konnte die Acetycholinwirkung in höheren Konzentrationen aufgehoben werden (DE GUBAREFF u. SLEATOR, 1965). KUKOVETZ und PÖCH (1967a) konnten zeigen, daß Imidazol, das durch Aktivierung der Phosphodiesterase die cAMP-Konzentration senkt, den Effekt von Methylxanthinen auf Kontraktilität und Phosphorylase-Aktivität des Meerschweinchenherzens hemmt. Diese beiden Effekte wurden übrigens durch Histamin verstärkt (KUKOVETZ u. PÖCH, 1967b).

Die direkte Beweisführung, daß cAMP Ausgangspunkt der positiv inotropen Wirkung ist, wird dadurch erschwert, daß cAMP sehr schlecht durch Membranen permeiert. Dies gelingt leichter mit dem besser lipoidlöslichen Dibutyrylderivat. KUKOVETZ und PÖCH (1970) gelang es, mit diesem cAMP-Ester bei einigen isolierten Herzen von Ratten, Kaninchen und Meerschweinchen eine Zunahme von Frequenz und Kontraktilität auszulösen. Unterschwellige Dosen von Theophyllin (200—375 µg/min) verstärkten den Effekt von cAMP-Dibutyrat. In einigen Fällen wurde dieser Effekt am Kaninchenherzen auch mit cAMP selbst gesehen. Es trat jedoch keine Frequenzsteigerung auf.

Während die zentrale Rolle des cAMP bei der positiv inotropen Wirkung von Catecholaminen und teilweise auch von Methylxanthinen gesichert scheint, ist der Zusammenhang zwischen gesteigerter Glykogenphosphorylase-Aktivität und Methylxanthinen weniger klar. Zum Beispiel zeigt sich in den älteren Versuchen von KUKOVETZ et al. (1960) bei Vergleich von Ephedrin, Methylxanthinen und Fluorid keine Parallelität von isometrischer Spannungsentwicklung und Phosphorylase-Aktivität. Auch bei Veränderung der Calcium-Konzentration ergab sich keine durchgehende Parallelität. Auch in den Versuchen von KLAUS, KREBS und SEITZ (1970) am Meerschweinchenherzen fand sich nur mit Theophyllin und Papaverin ein paralleles Verhalten von Phosphorylase und Kontraktilität, nicht aber nach Furosemid und Hydrochlorothiazid. Umgekehrt läßt sich mit kleinen Catecholamin-Konzentrationen eine Kontraktionssteigerung ohne gleichzeitige Zunahme der Phosphorylase-Aktivität auslösen. HORN et al. (1969) halten es für möglich, daß cAMP an der intracellulären Bewegung des Calciums beteiligt ist (s. auch MAYER, 1970). In einer sorgfältigen Untersuchung zeigten BLINKS et al. (1972), daß die Wirkung von Coffein nicht allein über den cAMP-Phosphorylase-Mechanismus erklärbar ist.

β) Die Rolle des Calciums

Der Wechselwirkung von Calcium und Coffein haben DE GUBAREFF und SLEATOR (1965) eine ausführliche Studie am Meerschweinchenvorhof gewidmet. Coffein bedarf stets einer minimalen Calcium-Konzentration im Medium zur Wirkung. Bei $\frac{1}{10}$ der normalen Calcium-Konzentration führt 2,5 mM Coffein nur zu einem kleinen Konzentrationsanstieg, der bis 5 mM zunimmt. Bei 0,83 mM Calcium liegt der Ausgangspunkt bei 25% der Norm, nimmt aber bis 1,5 mM Coffein auf 60% zu, darüber hinaus nicht mehr. Bei normaler Calcium-Konzentration steigert 1,5 mM Coffein die Kontraktionsamplitude auf 130%, die bei 5 mM Coffein auf den Ausgangswert zurückgeht. Bei 7,5 mM Calcium sind die Amplituden nach Coffein auf 50% reduziert. Diese Zusammenhänge sind in der Abb. 14 dargestellt. Diese Versuche zeigen eine enge Beziehung zwischen Calcium und Coffein-Wirkung. Daraus ergibt sich die Frage, inwieweit diese Beziehung derjenigen im Skeletmuskel entspricht, und ob Methylxanthine die Membranpermeabilität für extracelluläres Calcium erhöhen können. In diesem Zusammenhang ist von Interesse, daß bei niedriger Calcium-Konzentration der volle Theophyllin-Effekt erst nach mehreren durch Reiz ausgelösten Kontraktionen erreicht wurde, nach höheren Calcium-Konzentrationen schneller. Die Versuche wurden so inter-

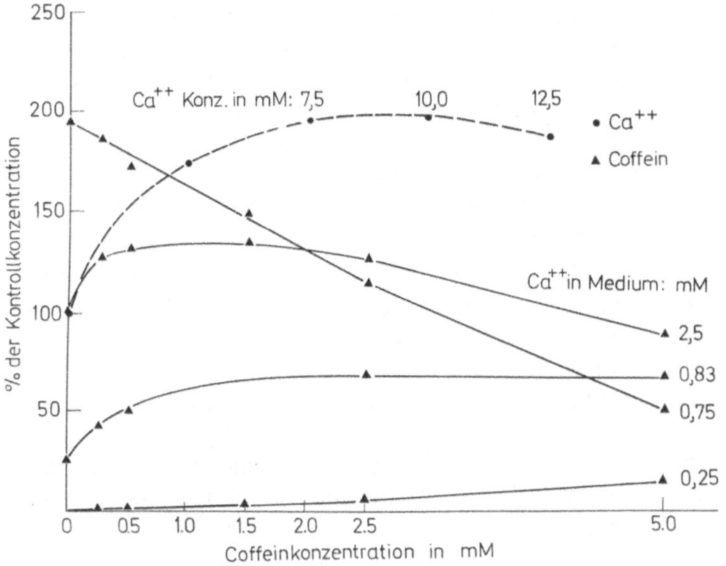

Abb. 14. Wirkung von Ca^{++} und die Abhängigkeit der Coffein-Wirkung von der Ca-Konzentration im Medium des mit Reserpin vorbehandelten Meerschweinchenvorhofs bei isotonischen Konzentrationen. Alle Daten stammen von demselben Vorhof und sind angegeben als % der Kontrollkontraktionen bei elektrischer Reizung. (Nach DE GUBAREFF, T. u. SLEATOR, W., Jr., 1965)

pretiert, daß Calcium während der Depolarisation durch einen aktiven Transport in die Herzmuskelzelle gelangt und in der Diastole durch einen ebenfalls aktiven Transportmechanismus wieder hinaus befördert wird. Daß die Permeabilität für Calcium während der aktiven Phase erhöht ist, wurde sowohl beim Skelet-, als auch beim Herzmuskel nachgewiesen (NAYLER, 1967). Andererseits hatten NAYLER (1963) sowie GUTHRIE und NAYLER (1967) am Streifen des Krötenherzens (Bufo marinus) gefunden, daß unter 1,5 und 5 mM Coffein sowohl in der Ruhe, als auch während der Kontraktion Calcium vermehrt aufgenommen wird. Mit 50 mM trat eine partielle Kontraktur auf, das Treppenphänomen wurde unterdrückt. An Glycerin-behandelten Herzmuskelfasern fanden FAIRHURST et al. (1967) eine Hemmung der Calcium-Akkumulation durch 5 mM Coffein.

Im Gegensatz zum Skeletmuskel (s. BATRA, 1974; S. 122) vermag Coffein aus Mitochondrien des Herzmuskels der Schildkröte die Freisetzung von Calcium zu beschleunigen, die Aufnahme zu hemmen (NAYLER u. HASKER, 1966). Dieser Vorgang kann allenfalls die Wirkung von Coffein auf die Kontraktilität begünstigen, vermag sie aber nicht zu erklären, da Mitochondrien bei der elektromechanischen Kopplung im Herzmuskel sicher von untergeordneter Bedeutung sind.

Mehrere Untersuchungen befassen sich mit der Beziehung zwischen Phosphorylase a und Calcium.

In den Versuchen von GUTHRIE und NAYLER (1967) konnte die Adenosin-bedingte Hemmung der Calcium-Aufnahme durch Coffein wieder aufgehoben werden. 0,1 mg/ml Coffein reduzierte auch die durch Heparin ausgelöste negative Herzwirkung und die verminderte Calcium-Empfindlichkeit. Hegyvary (1964) betont, daß diese Eigenschaft allen Substanzen zukommt, die zur Steigerung der Phosphorylaseaktivität führen. Auch der durch Mangan (0,1—0,5 mM) gehemmte Calcium-Influx (mit reduzierter Kontraktionsamplitude) am Vorhofpräparat des Kaninchens kann durch Theophyllin (0,01—1,0 mM), aber auch durch Adrenalin aufgehoben werden (Meinertz u. Scholz, 1969), was als Zeichen erhöhter Calcium-Permeabilität aufgefaßt wurde.

Am Rattenherzpräparat in situ fanden McNeill et al. (1969) nach Infusion von 5—100 mg/kg Theophyllin eine dosisunabhängige Steigerung der Phosphorylaseaktivität, die durch Propranolol, nicht aber durch Atropin hemmbar war. Die Kontraktilität war nach 100 mg/kg um 25%, bei 25 mg/kg um 14% signifikant vermindert. Die Stimulierung der Phosphorylaseaktivität durch Adrenalin war dagegen dosisabhängig. Die Autoren sehen den Theophyllin-Effekt in einer für die Kontraktilität zu hohen intracellulären Calcium-Konzentration, die aber keine Begrenzung der Calcium-abhängigen Aktivierung der Phosphorylasekinase durch cAMP darstellt. Neuere Untersuchungen von Shine und Langer (1971) weisen auch auf die Bedeutung des Calciums für die Coffein-Wirkung hin. Der Efflux von Calcium aus der Herzmuskelzelle war durch 10 und 20 mM Coffein gehemmt, wodurch erhöhte intracelluläre Konzentrationen mit Tonuszunahme zu erwarten sind. De Mello et al. (1973) beobachteten eine Abhängigkeit der Coffein-Wirkung von der intracellulären Calcium-Konzentration. Scholz und Yazikof (1971), sowie Scholz (1971 a und b) wiesen besonders darauf hin, daß die Kontraktionsgeschwindigkeit bereits bei 0,5 mg/ml Theophyllin zunimmt. Wie andere Autoren mißt Scholz dem Calciuminflux am Skeletmuskel keine Bedeutung zu, weil dieser Vorgang für die Schnelligkeit der Kontraktion nicht ausreicht. Er sieht aber am Herzmuskel wegen des sehr viel langsameren Ablaufs in diesem Prozeß die entscheidende Calciumbewegung (s. auch Amphioxus). Die Geschwindigkeit des Calcium-Einstroms während der Depolarisation aus dem Extracellulärraum ist mit der Zunahme der Kontraktilität hochsignifikant ($r = +0{,}98$) korreliert. Trotz dieser scheinbar eindeutigen Beziehung ist eine Beeinflussung intracellulärer Calciumspeicher auch am Herzmuskel zu erwarten, worauf auch Shine und Langer (1971) hinwiesen, wenn auch wesentliche Unterschiede zum Skeletmuskel in der relativen Bedeutung des Calcium-Einstroms und der intracellulären Calcium-Mobilisierung bestehen. Diese Unterschiede wurden auch von Blinks et al. (1972) ausführlich dargestellt.

Wir werden aus den vorgelegten Befunden zu dem Schluß kommen, daß die Möglichkeit der Phosphorylaseaktivierung über cAMP durch Hemmung der Phosphodiesterase bei der positiv inotropen Wirkung des Coffeins und des Theophyllins eine Rolle spielen mag, aber im Vordergrund steht sicher die Beeinflussung der intracellulären Calcium-Konzentration.

Hier weisen die Versuche von Epstein et al. (1971) auf eine interessante Verbindung hin: Die Autoren fanden in Membranen des Calcium-speichernden endoplasmatischen Reticulums des Herzens eine cAMP-aktivierbare Kinase, deren Aktivierung wahrscheinlich zu einer Steigerung des Calcium-Speichervermögens führt.

γ) Stoffwechsel

Auch die Befunde von KLAUS et al. (1970) sprechen gegen eine zentrale Rolle des cAMP-Glykogenphosphorylase-Systems bei der Kontraktionssteigerung durch Methylxanthine. Am isolierten Meerschweinchenherzen fanden sie mit 0,18 mM Theophyllin eine Hemmung der Phosphodiesterase um 50%, eine Zunahme der Glykogenphosphorylaseaktivität, eine Zunahme der Kontraktionsgeschwindigkeit des Herzens und des O_2-Verbrauchs, Abnahme von Glykogen, Pyruvat und Zunahme von Lactat. Sehr ähnliche Stoffwechselveränderungen wurden mit Furosemid und Hydrochlorothiazid erhalten, während Catecholamine in kleinen Mengen zwar die Kontraktilität, nicht aber die Phosphorylase beeinflussen. Ähnliche Befunde erhielten AMMON und ESTLER (1969) an älteren Ratten. Mit 50 mg/kg Coffein beobachteten sie eine Abnahme von ATP und Kreatininphosphat. HORN et al. (1969) fanden ebenfalls einen Abfall von ATP und Kreatininphosphat auf minimale Werte, ohne daß die Kontraktilität beeinflußt war, Glykogen war vermindert. Als Ursache der erhaltenen Kontraktilität wurde eine Verbesserung der Calcium-Mobilisierung angesehen, ohne daß die Autoren erklären können, woher die dazu notwendige Energie kommt.

SCHRAVEN et al. (1974) fanden bei Mäusen eine beschleunigte Glucoseaufnahme nach 25—100 mg/kg Theophyllin in den Herzmuskel, nicht aber nach Theobromin. Weitere Daten zur Beeinflussung der Glucoseverwertung durch Theophyllin legten BELFORD und CUNNINGHAM (1968) vor.

Eine ausführliche Darstellung der Beeinflussung des Stoffwechsels gibt ESTLER (S. 198).

2. Die Reizbildung im Herzen

a) Die Reizschwelle

Von LECOQ et al. (1946) wurde ein zweiphasiger Einfluß von 25 mg/kg Coffein auf die Chronaxie des Rattenherzens gefunden. Ähnlich wie am Skeletmuskel sahen sie zuerst eine Verkürzung, dann eine Verlängerung, die sich durch verschiedene Zucker kompensieren ließen. Gezielter sind die Versuche von KUSCHINSKY und MUSCHOLL (1956) am Papillarmuskel der Katze. Bei 0,5 mM Coffein war nur bei einer Reizzeit von 5 msec eine Erhöhung der Schwellenreizspannung meßbar, während bei der gleichen Dosis Theophyllin eine Erniedrigung der Reizschwelle bei einer Reizdauer von 2 msec und weniger auftrat. Die Refraktärzeit nahm bei Coffein und Theophyllin um 5,5 bzw. 9,7% signifikant ab. Theobromin hatte keinen signifikanten Effekt. Bei hohen Konzentrationen von Theophyllin trat an diesem Präparat gelegentlich ein Spontanrhythmus auf, wohl ein Zeichen der Begünstigung der lokalen Reizbildung. Eine zweiphasige Wirkung wurde nicht beschrieben.

Von SHIBATA und HOLLANDER (1967) wurde mit Grenzkonzentrationen von 0,5 mM Coffein, und von SHINE und LANGER (1971) mit höherer Konzentration am Kaninchen-Papillarmuskel eine Verkürzung des Aktionspotentials mit beschleunigter Repolarisation beobachtet. Dieser Effekt stellt möglicherweise eine

Basis für die nach Coffein beobachtbare Frequenzsteigerung (s. unten) dar. BENTHE (1954) wies jedoch darauf hin, daß Coffein auch am Herzen gegen Kalium sensibilisiert. Er fand eine um 70% beschleunigte Erregungsleitung am Spiralstreifen des Froschherzens bei 30 mg% KCl durch 0,08% Coffein.

b) Herzfrequenz, Reizbildung

Die Frequenz des Herzens wird durch Coffein in verschiedener Richtung beeinflußt. Kleinere Dosen (1—28 mg/kg) führen zu einer Pulsverlangsamung, höhere zur Pulsbeschleunigung. Dieser Effekt ist sogar bei verschiedenen Fischen nachweisbar (BRINLEY, 1934).

α) Pulsverlangsamung

Die Pulsverlangsamung geht, wie schon BOCK (1920) darstellte, vorwiegend vom Vaguszentrum aus. Nach Durchschneidung des Vagus oder Gabe von Atropin bleibt sie aus.

Aber auch an isolierten Organen wurde eine Frequenzbeeinflussung gesehen. So beobachtete BRINLEY (1932) am Herzen von Hühnerembryonen eine zunächst nur auf den Vorhof beschränkte Frequenz-Abnahme mit partiellem Block. VITTORIO (1922) sah an isolierten Kaninchenherzen bereits mit Konzentrationen von 1:40000 Coffein eine Frequenz-Abnahme. Eine von OURY (1937) am isolierten Herzohr gefundene Sensibilisierung gegen Acetylcholin wurde auch von BACQ und FREDERICQ (1937) bei Vagusreiz am Krötenherzen mit 3—50 mg/kg Coffein beobachtet. Höhere Konzentrationen führten dagegen zur Lähmung des Vagus, die in den Versuchen von BARRY (1930) nicht voll reversibel war. Es ist fraglich, ob die antagonistische Wirkung von Coffein beim Stillstand des Froschherzens nach Pilocarpin und Muscarin (LANGECKER, 1925) auf diesem Wege erklärt werden kann. Hier dürfte die Freisetzung von Catecholaminen eine größere Rolle spielen (s.u.).

Die Vagusreizung und die Wirkung von Acetylcholin am isolierten Herzen des Meerschweinchens wurde durch HADHAZY (1972) einer näheren Analyse unterworfen. Die negativ chronotrope Wirkung wurde durch Isoprenalin (0,02 µg/ml) reduziert, durch 0,23 mg/ml Aminophyllin aufgehoben. Dieser Effekt ließ sich durch 0,28 mg/ml des β-Receptorenblockers Pindolol beseitigen. Der Acetylcholin-bedingte Kalium-Efflux (gemessen mit Rubidium-86) wurde nicht beeinflußt. Der Angriffspunkt muß also jenseits des β-Adrenoreceptors liegen (cAMP?). STAUCH et al. (1971) konnte durch Theophyllin die durch β-Blockade verminderte Wirkung von Isoprenalin reduzieren.

β) Pulsbeschleunigung

Eine Frequenzzunahme auch am isolierten Herzen ist schon lange bekannt und häufig beschrieben worden (s. auch BOCK, 1920). An isolierten Herzen von Hühnerembryonen ohne Herznerven fand PICKERING (1893) eine auf Coffein erhöhte Frequenz. Bei Injektion von Coffein in die linke Coronararterie von

Hunden fanden RAFF et al. (1971) nur bei kleinen Dosen Coffein mit initialer Blutdrucksenkung eine Pulsbeschleunigung, nach 10 mg fehlte jedoch die Pulsbeschleunigung, während die Anspannungszeit steiler verlief. Diese auf Gegenregulationen zurückzuführenden Effekte versuchten SCHAFF und FAUCON (1963) durch Denervierung der Herzen und zusätzlicher Unterbindung der Nebennierenvenen möglichst auszuschalten. Nach 8—16 mg/kg Coffein war die Kontraktionskraft des Herzens gesteigert, die Frequenzzunahme betrug nach Coffein nur 7%, war jedoch mit Theophyllin sehr viel höher (33%). Eine Frequenzsteigerung um 30—50%, die jedoch nach 5—15 min zur Norm zurückkehrte, beobachteten SCHMID et al. (1955) nach 7—12 mg/kg Coffein an nicht narkotisierten Carotisschlingen-Hunden. AMMON und ESTLER (1969) sahen nach 50 mg/kg Coffein an Ratten eine Frequenzbeschleunigung, die bei älteren Tieren stärker ausgeprägt war und länger anhielt.

Beim Menschen liegen die Verhältnisse nicht so eindeutig, da sich die Gegenregulationen stärker bemerkbar machen, insbesondere der zentrale Vagustonus. MEIER und SIMM (1970) gelang es, durch Atropin-Vorbehandlung ihrer Versuchspersonen eine geringe aber signifikante Frequenzbeschleunigung durch Coffein auszulösen. Körperliche Belastung führte zu keinem Erfolg.

COLTON et al. (1968) untersuchten im einfachen Blindversuch mit Placebo das Verhalten der Pulsfrequenz an 149 gesunden Studenten (7% Frauen), die in 2 Gruppen eingeteilt wurden (kein Kaffee und bis 1 Tasse pro Tag sowie mehr als 1 Tasse pro Tag). Nach 150 mg Coffein in coffeinfreiem Kaffee reagierten fast alle Versuchspersonen mit Pulsverlangsamung, nicht gewöhnte stärker ($p = < 0{,}05$). Die Gewöhnung wurde auf die Entwicklung eines erhöhten Vagustonus bezogen. Tachykardien (Pulsanstieg von mehr als 5/min) wurden selten gesehen. Bei höherer Dosierung stand die Frequenzsteigerung ganz im Vordergrund, besonders bei Nervösen.

γ) Analyse der Pulsfrequenzerhöhung

Es gibt mehrere Möglichkeiten der Erklärung für die Frequenzerhöhung, auf die wir zum Teil schon hingewiesen haben. LOCHNER et al. (1956) sieht die Ursache der Frequenzerhöhung in der Entspannung der Preesorreceptoren bei Blutdrucksenkung. Diese Möglichkeit wurde jedoch in den Versuchen von SCHAFF et al. (1967) weitgehend durch Denervierung des Herzens und Unterbindung der Nebennieren ausgeschlossen. Trotzdem kam es zur Frequenzerhöhung. Aber auch die Möglichkeiten der Wirkung über eine Catecholaminausschüttung oder einer direkten Beeinflussung des Reizbildungszentrums durch Methylxanthine sind zu berücksichtigen. KLIMMER et al. (1972) stellten fest, daß die Catecholaminausscheidung durch Kaffee oder Tee proportional der Dosis signifikant erhöht wurde (s. auch SCHWERTZ u. MARBACH, 1964, 1965).

Die Catecholamin-Hypothese wurde am Reserpin-vorbehandelten Tier oder unter Verwendung von β-adrenergen Blockern überprüft. Die oben erwähnten Frequenzzunahmen in den Versuchen von SCHAFF et al. ließen sich durch diese beiden Maßnahmen nicht beeinflussen. WESTFALL und FLEMMING (1968) verwendeten Herz-Lungen-Präparate von Reserpin-vorbehandelten Tieren (0,1 mg/kg, 3 Tage). Der Catecholamingehalt war erheblich vermindert, wie sich aus der gesteigerten Catecholaminempfindlichkeit ergab. Die Frequenzsteigerung auf Aminophyllin ließ sich sowohl mit Reserpin als auch mit Propranolol herabdrükken, erreichte aber nicht den Ausgangswert. Die Autoren folgern, daß die Frequenzsteigerung auf Methylxanthine nur teilweise durch Catecholaminausschüttung zustande kommt. Es wird auch auf die Eigenwirkung des Propranolols (Calcium-Antagonismus) hingewiesen. Auch DE GUBAREFF und SLEATOR (1965) sind der Ansicht, daß in ihren Versuchen die Methylxanthinwirkung nur zum Teil auf freigesetzte Catecholamine zurückzuführen sei. In den sorgfältigen Untersuchungen von STRUBELT (1968) an Reserpin-vorbehandelten Ratten (2 mg/kg am Vortage), bzw. an isolierten Vorhöfen wurde gefunden, daß im Gegensatz zu obigen Befunden die Frequenzsteigerung auf 7 mg/kg Coffein oder Theophyllin durch die Vorbehandlung nicht beeinflußt wurde. Eine geringe abschwächende Wirkung des Propranalol bezieht STRUBELT auf die Chinidin-ähnliche Wirkung. Auch Hexamethonium zeigte sich etwas abschwächend, die Frequenzsteigerung sei nur auf eine direkte Wirkung zurückzuführen. Zu denselben Schlußfolgerungen kamen SCHOLZ und YAZIKOF (1971) bei Untersuchung der Kontraktilitätssteigerung durch Theophyllin am Meerschweinchenvorhof. Die Autoren sind jedoch der Meinung, daß bei der Wirkung am ganzen Tier ein Teil auf die Freisetzung von Catecholaminen zurückzuführen sei.

In einer weiteren Versuchsserie wurde von STRUBELT und SIEGERS (1968) Extrakte von Kaffee (9 mg/kg Coffein) und von Coffein-freiem Kaffee (0,45 mg/kg Coffein) verglichen, die in einem Volumen von 10 ml/kg peroral verabfolgt wurden. Ratten mit nur geringem Vagustonus reagierten leicht mit ausgeprägter Tachykardie. Diese trat mit einem Maximum nach 90 min auf. Der Coffein-freie Kaffee hatte die Hälfte der Wirkung. Wurden die Ratten narkotisiert, dann blieb bei Coffein-freiem Kaffee die Wirkung aus. Vorbehandlung der Tiere mit Reserpin oder Propranolol reduzierte die Frequenz auf eine Höhe, wie sie bei nicht narkotisierten Ratten nach Coffein-freiem Kaffee erzielbar war. Ob der Schluß berechtigt ist, daß dabei Catecholamine wirksam werden, scheint mir noch nicht genügend gesichert.

Auf anderer Basis liegen die Befunde von CHIBA et al. (1969). Sie durchströmten die Arterie, die den Sinusknoten des Hundes versorgt und setzten 1—10 μg Adenosin, AMP, ADP oder ATP zu. Es resultierte eine negative Chronotropie, die durch Atropin oder Tetrodotoxin nicht beeinflußt wurde, durch Coffein und Theophyllin aber aufgehoben werden konnte. In weiteren Versuchen (1972) wurde mit dieser Methodik durch Coffein und Theophyllin eine primäre starke Frequenzvermehrung beobachtet, der eine langdauernde geringere Frequenzzunahme folgte. Nur letztere ließ sich auch Propranolol unterdrücken, ist also möglicherweise Catecholamin-bedingt, die erste ließ sich durch Mangan blockieren.

3. Überleitungsstörungen

Wir haben schon darauf hingewiesen, daß Coffein die Leitungsgeschwindigkeit zu beschleunigen vermag (SCHAFF et al., 1967). Bereits CUSHNY und VAN NATEN (zit. bei BOCK, 1920, S. 535f.) diskutierten die Möglichkeit einer erhöhten Reizbildung an den verschiedensten Stellen des Systems. Man kann z. B. durch Faradische Reizung das Herz zum Flimmern bringen. Die Reizschwelle wird durch Vorbehandlung mit Coffein reduziert. BELLET et al. (1972) fanden an Hunden die Reizschwelle für die Auslösung von Kammerflimmern bereits durch 25 mg Coff.-Na.-Benz./kg i. v. erniedrigt, ebenso nach Unterbindung eines Astes der vorderen absteigenden Arterie (Herzinfarkt). Erhielten diese Tiere die obige Coffein-Dosis, dann sank die Schwelle noch weiter ab. Der Effekt begann 15 min nach der Injektion und hielt 60 min an. Propranolol und Practolol konnten ihn aufheben. Andererseits wurden Störungen und Überleitungen bis zum Herzblock beobachtet*.

Eine Verstärkung der Reizbildung macht sich auch bei den tertiären Automatiezentren geltend, denn sie tritt auch beim experimentell ausgelösten totalen Herzblock auf, so daß es zu beträchtlichen Frequenzsteigerungen des Kammerrhythmus kommen kann (EGMOND, 1920). In den Versuchen von SEMERAU (1923) wurden 0,4—0,6 g Coff.-Na.-Benz. in 100—150 ml Ringer i. v. bei 3 Patienten mit einem Herzblock infundiert. Die Ventrikelfrequenz nahm von 28 auf 39 min zu, die Wirkung hielt mehr als 50 min an. Die Frequenz des Vorhofs nahm dabei ab. Die Wirkung war nach subcutaner oder oraler Verabreichung geringer. Andererseits können durch Coffein bei geeigneter Versuchsanordnung Überleitungsstörungen beseitigt werden, die durch Nicotin, Cocain oder Strychnin ausgelöst waren (CHENEY, 1924, 1935). SCRIABINE und BELL (1967) konnten den durch Adenosin beim Meerschweinchenherzen hervorgerufenen AV-Block aufheben (s. auch SCHAUMANN et al., 1970). Der durch Oligomycin am Rattenherzen verursachte AV-Block ließ sich durch Theophyllin in seiner Schwere reduzieren (HORN et al., 1969).

Von mehr praktischem Interesse ist die Beobachtung, daß nach 0,2 g Coffein in Kaffee Extrasystolen registriert werden können (POLONOWSKI et al., 1952). Bei herzgesunden Patienten fanden die Autoren bei 3%, bei Herzkranken bei 10% das Auftreten von Extrasystolen. Interessant ist, daß hochgeröstete Kaffees sich als nachteiliger erwiesen. Aber auch Coffein-freier Kaffee war nicht ohne Wirkung. 0,2 g Coffein ohne Kaffee führten nicht zu Extrasystolen. Extraktkaffee schien etwas günstiger zu sein, weil durch die Aufbereitung möglicherweise einige reizende Substanzen verloren gegangen seien. Hier sind Reflexe vom Magen-Darmkanal wirksam, die durch Vorbehandlung (LENDRICH) reduziert werden, aber Coffein allein ist auch in der Lage, solche Extrasystolen bzw. Arrhythmien herbeizuführen, wie durch die ausführlichen Versuche von LÜLLMANN (1955) am Herz-Lungen-Präparat der Ratte gezeigt wurde. Kombination beider Verfahren verspricht deshalb mehr.

Mit Coffein, als auch mit Theophyllin kam es zu einem mechanischen Halbrhythmus und in bestimmten Phasen der Wirkung zu supraventriculären Extrasystolen. Die gleichen Überleitungsstörungen waren durch Catecholamine auslösbar, ein Befund, der durch UEDE (1966) in Experimenten an Hunden ausführlich behandelt wurde. Nach 25—100 mg/kg Coffein traten ventriculäre Unregelmäßigkeiten auf, die sich durch Barbiturate ($\frac{1}{2}$ Std vor den Methylxanthinen) oder durch

---

* SIEBECK (1935) warnt deshalb vor Verabreichung Coffein-haltiger Getränke bei unregelmäßiger Herztätigkeit.

Vorbehandlung mit Reserpin und durch bilaterale Durchschneidung des Vagus verhindern ließen. Diese Befunde sind nicht einheitlich zu verstehen. Auch vom Vagus her sind Extrasystolen möglich, die beim Menschen auch in der Phase der Pulsverlangsamung auftreten. Treten bei starkem Kaffeekonsum solche Extrasystolen auf, so muß man häufig Monate den Kaffeegenuß einschränken oder gar aufgeben, bis diese Erscheinungen völlig verschwinden (MATTHIEU u. HADOT, 1962), wie ich es auch selbst mehrmals erfahren mußte.

Auch die Tatsache, daß Patienten mit Überfunktion der Schilddrüse nicht nur gegen Catecholamine, sondern auch gegen jedes Coffein-haltige Getränk besonders empfindlich sind, weist auf die Beteiligung der Catecholamine bei der Coffein-Wirkung hin (DREIFUS, 1967). Histologische Daten zur Beeinflussung des Herzen durch Methylxanthine und Catecholamine legten KROKINA (1961) sowie ESCOUSSE et al. (1972) vor.

BENNETT und WALKER (1952) sahen bei 2 Patienten, die aus therapeutischen Gründen sehr große Dosen von Coffein (1 g in unterteilten Dosen) zugleich mit Nikethamid (Coramin) und zusätzlich 40 mg Amphetamin erhalten hatten, das Auftreten von schweren Arrhythmien. Bei dieser heroischen Therapie steht sicherlich die Kombination mit Amphetamin im Vordergrund. GREENBERG und ANTIN (1972) berichteten über eine Patientin mit Lungenödem und Vorhofflattern, die nach Aminophyllin zuerst mit einer Wenckebach-Arrhythmie, dann aber mit Übergang in einem partiellen Block (2 : 1) reagierte.

II. Die Coronarien

Von der älteren Literatur (s. EICHLER, 1938, S. 48) wollen wir nur die Angaben von ANREP und STACEY (1927) übernehmen, daß eine Coronargefäßerweiterung am Langendorff-Herzen von Kaninchen bei 1 : 10000—1 : 20000 Coffein sichtbar wird, am Starling-Präparat sogar eine Steigerung der Durchströmung um 115% bei Zugabe von 0,05 g Coffein. In den Hundeversuchen von RAFF et al. (1971), bei denen die Herzen durch Chloralhydrat geschwächt waren, erfolgte nach Dosen von 2,5, 5,0 und 10 mg/kg in einer Anfangsphase gesenkten Blutdrucks und vergrößerter Amplituden eine Vermehrung des Coronardurchflusses von 8, 18 und 68%, die jedoch nur 2 min anhielt.

Aber selbst mit dem stärker wirksamen Theophyllin, das therapeutisch als Coronardilatator verwendet wird, ist diese Wirkung nicht eindeutig gesichert, wie Übersichten von CHARLIER (1971) und GOODMAN und GILMAN (1970) zeigen. Auch Versuche, in denen durch Unterbindung einer Coronararterie ein Infarkt ausgelöst wurde, ergaben keine sichere Aussage. SAPOZHKOV (1970) konnte an solchen Tieren durch 10 und 20 mg/kg Coffein eine Steigerung der Durchströmung von Anastomosen feststellen. Auch der durch Vasopressin ausgelöste Spasmus wurde aufgehoben. Doch die Überlebensquote scheint nicht nennenswert gebessert zu sein (vergleiche BELLET et al., 1972, S. 122).

Eine Zunahme der Coronardurchblutung nach der Verabreichung von Methylxanthinen ist also sicherlich nachweisbar, wenn diese auch immer nur kurzfristig auftritt (z. B. SCHAFF et al., 1967). Doch ist zu berücksichtigen, daß Methylxanthine, wie wir oben gesehen haben, ohne Zweifel zur Steigerung der Herzarbeit führen. Jede Steigerung der Herzarbeit führt jedoch zwangsläufig zu vermehrter Coronardurchblutung, die durch den Sauerstoffbedarf gesteuert, auch ohne pharmakologische Beeinflussung auftritt.

Einen Anhalt für eine direkte Beeinflussung der Coronarien wird sich in diesem Fall aus Messungen der arteriovenösen O_2-Differenz, also der Sauerstoffreserve ergeben. In den Versuchen von LOCHNER et al. (1956) war mit Coffein, außer in einem Experiment mit 10 mg/kg, nie ein Effekt, mit Theophyllin eine geringe Zunahme der venösen Sauerstoffsättigung zu erreichen, die bei hohen Dosen nur kurzfristig anhielt, mit nachfolgender Senkung. Also nur mit Theophyllin wurde ein Effekt sichtbar, der sich therapeutisch einsetzen ließe. SMITH und JENSEN (1946) fanden, daß Theophyllin (als Amino-iso-butanol) an einem durch Chloralhydrat geschädigten Herzen (Herz-Lungen-Präparat des Hundes) die Kontraktilität verbessert, ohne Wirkung auf die Coronarien. In den Versuchen von CLAUS et al. (1970) erwies sich Theophyllin in der Konzentration von 0,4 mM beim Meerschweinchenherzen als schwächer wirksam als andere Hemmstoffe der Phosphodiesterase (Vergleich von Konzentrationen mit 50% PDE-Hemmung). Die Steigerung durch Theophyllin betrug nur 20%, mit Hydrochlorothiazid wurden 70% Steigerung beobachtet (s.a. KUKOVETZ u. PÖCH, 1970). Auch auf die Anastomosen am isolierten Katzenherzen wirkte Euphyllin stärker als Coffein (SAPOZHKOV, 1971).

Kombinationen coronarwirksamer Substanzen prüften HILGER et al. (1970) beim Menschen mit Messung der Sauerstoffsättigung des Blutes (Herzkatheter). Hexobendin (Ustimon) und Dipyridamol (Persantin) führten zur Erhöhung der venösen Sauerstoffsättigung. Durch Gabe von Theophyllin wurde dieser Effekt stark gehemmt. Nach Carbochromen (Intensain) blieb diese Hemmung aus.

Die Zunahme der Coronardurchblutung nach Adenosin, von dem angenommen wird, daß es als endogener Vasodilatator an der Autoregulation der Coronardurchblutung beteiligt ist, wird durch Aminophyllin gehemmt (AFONSO u. O'BRIEN, 1970). Auch die cAMP-bedingte Coronardilatation wird durch Aminophyllin aufgehoben (DIETMANN et al., 1972). Es wurde deshalb geschlossen, daß gefäßerweiternde Substanzen, deren Wirkung über Adenosin vermittelt wird, durch Methylxanthine gehemmt werden (s. LEOPOLD, 1970). Dem ist entgegenzusetzen, daß Methylxanthine selbst nicht zu einer Minderung der Coronardurchblutung führen. Diesem Widerspruch könnten wir uns entziehen, wenn wir annehmen, daß es zwei verschiedene Mechanismen der Coronargefäßerweiterung gibt. Auf beide Mechanismen würde Coffein (weniger als Theophyllin) einwirken und zwar in antagonistischer Weise. Die indirekte Wirkung, also über die Beeinflussung der Adenosin-Wirkung, wäre schwächer ausgeprägt. Es ist jedoch vorstellbar, daß unter krankhaften Bedingungen diese indirekte Wirkung doch mehr hervortreten könnte, vorausgesetzt, daß die Vorstellungen von AFONSO und O'BRIEN über den Mechanismus der Methylxanthinhemmung der Adenosinwirkung richtig sind. Kürzlich teilten SPIECKERMANN et al. (1972) mit, daß sie diese Auffassung widerlegt hätten. Auch BITTAR und PAULY (1971) stellten diese These in Versuchen an Hunden (am eröffneten Thorax) in Frage. Wie bereits vorher beschrieben, erhöhte Lidocain die Adenosin-bedingte Dilatation, während Theophyllin sie reduziert. Wurde jedoch eine reaktive Hyperämie nach vorübergehender Occlusion von Coronarien ausgelöst, so war diese durch Lidocain nicht vermehrt und durch Aminophyllin nicht reduziert gefunden. In den Versuchen von CURNISH et al. (1972) gelang es jedoch, auch die reaktive Hyperämie durch Aminophyllin zu reduzieren. In späteren Versuchen fanden AFONSO et al. (1972), daß die Coronargefäßerweiterung nach Aminophyllin nicht auftritt, wenn die Einatmungsluft nur 5% O_2 enthält. Die Autoren sehen in diesem Befund weder eine Unterstützung noch eine Widerlegung ihrer Auffassung über den Wirkungsmechanismus von Adenosin. Die Versuche von SCHOLTHOLT et al. (1972) zeigten, daß nur in der 1-Stellung substituierte Xanthinderivate den oben erwähnten Antagonismus aufweisen. Die Autoren stehen auf dem Standpunkt, daß Methylxanthine und Adenosin einen gemeinsamen Receptor haben. Carbochromen verhält sich hier anders, da es, wie am Modell der Erythrocyten gezeigt wurde, keinen Einfluß auf die Adenosin-Permeation hat.

Problem des Herzinfarktes (s.a. HEYDEN et al., 1969)

Wir haben eben gesehen, daß die Methylxanthine eine Erweiterung der Coronargefäße verursachen können, Coffein war weniger wirksam als Theophyllin. Ersteres wird deshalb nicht zur Behandlung von anginösen Zuständen verwendet. Dabei ist es keineswegs sicher, daß die gemessene Mehrdurchblutung wirklich zu der Verbesserung der O_2-Versorgung führt.

Andererseits können unter besonderen Bedingungen, z. B. nach Genuß großer Kaffeemengen, unangenehme Sensationen auftreten, wie z.B. Druckgefühl auf der Brust. Diese Beschwerden, die unter Umständen auch vom Magen-Darm-Kanal her ausgelöst sein können (Römheldscher Symptomenkomplex), werden als relativ harmlos angesehen. Sie wurden jedoch durch die umfangreichen Untersuchungen von PAUL et al. (1963) in den Blickpunkt der breiteren Öffentlichkeit gerückt, der die Frage untersuchte, ob nicht der Kaffeegenuß auch eine Ursache der echten Angina pectoris, vor allem des Herzinfarktes sein könne. Dadurch wurde eine lebhafte Diskussion entfacht. Die Untersuchungen von PAUL et al. (1963) haben ohne Zweifel ihre methodischen Mängel, wie wir sehen werden, aber sie haben außerordentliche Anregungen gegeben, wie Goethe sagt: „Das Unvollkommene ist produktiv." Diese prospektive, epidemiologische Studie wurde an der Belegschaft eines Elektrowerkes durchgeführt. Ausgewählt wurden insgesamt 127 Angestellte zwischen 40 und 45 Jahren mit einer Vorgeschichte von Angina pectoris oder Infarkt. Weitere 2000 Personen mit vergleichbaren Lebensumständen und Gewohnheiten ohne Herzanamnese dienten als Kontrollgruppe. Dieser Kreis wurde $4\frac{1}{2}$ Jahre beobachtet. Lebensgewohnheiten, Kaffeekonsum (Angaben in Tassen pro Monat, ist natürlich mit Fehlern behaftet), diätetisches Verhalten, Herzinfarkt und Todesfälle sowie eine Reihe von Labordaten wurden registriert. Es fand sich keine Korrelation zwischen Herzinfarkt bzw. Todesfällen nach Herzinfarkt, mit Blutzucker, Lipoproteinen und Lipasen. Dagegen fand sich eine signifikante Korrelation zum Kaffeekonsum ($p<0.025$). Auffällig war, daß zur Kaffeemenge keine Beziehung bestand, die höchste Zahl von Coronarerkrankungen fand sich in den Gruppen die 0—49 Tassen und mehr als 200 Tassen im Monat tranken. Das gilt besonders für die Todesfälle nach Herzinfarkt (PAUL, 1968). LEE (1964) unterzog die Zahlen von PAUL einer statischen Analyse und wies auf methodische und statistische Fehlinterpretationen hin. Auf spätere Befunde von YUDKIN et al. (1967) hin, die einen erhöhten Zuckerkonsum als Risikofaktor annahmen, überprüften PAUL et al. (1968) ihre Daten und fanden in der Tat, daß die Kaffeetrinker die doppelte Menge Zucker verzehrt hatten (nach Nutrit. Rev. 1970, S. 208 nicht von dominierender Bedeutung) und zugleich auch sehr viel mehr geraucht hatten. HEYDEN et al. (1964, 1969) haben bereits auf die Tatsache hingewiesen, daß Kaffeetrinker gerne rauchen.

Über eine umfangreiche Fragebogenerhebung an 1130 gesunden, weißen, männlichen Studenten berichteten THOMAS und ROSS (1968). Neben den Lipidanalysen wurde versucht, aus bestimmten Reaktionstypen (Ängstlichkeit und Depression bei Streßbelastung) auf ein erhöhtes Herzinfarkt-Risiko zu schließen. Die Aufschlüsselung Coffein-haltiger Getränke wurde nur sehr grob vorgenommen. Die Gruppe, die überhaupt keinen Kaffee trank, hatte die niedrigsten Kriterien gegenüber „Herzinfarkt". Andererseits bestand keinerlei Beziehung zwischen der Höhe des Kaffeekonsums und den Cholesterinwerten bzw. den sonstigen gemessenen Parametern, so daß die Aussagekraft dieser Studie sehr gering zu sein scheint, zumal die Kriterien selbst schon hypothetischer Natur sind, denn Herzinfarkte wurden ja nicht beobachtet.

Zwischen der Menge des Kaffeekonsums und der Konzentration bestimmter Lipidfraktionen im Serum fanden LITTLE et al. (1966) eine signifikante Korrelation an 25 Coronarpatienten im Alter von 40—80 Jahren. Bei einer gleichaltrigen Kontrollgruppe trat diese Beziehung nicht auf. Im Gegensatz dazu fand sich eine negative Korrelation zwischen Teekonsum und Lipidkonzentration, die jedoch nicht signifikant war. Die Autoren folgern, daß nicht das Coffein, sondern andere in Getränken enthaltene Bestandteile für diese Beziehung verantwortlich seien.

Wie völlig unklar diese Situation ist, kann man aus den Versuchen von NAISMITH et al. (1969) an 20 gesunden Personen (Durchschnittsalter 32 Jahre) ersehen. Nach einer Coffein-Aufnahme von ca. 560 mg pro Tag erhielten die Personen 14 Tage lang täglich Coffein-freien Kaffee (instant) mit 12 mg Coffein. Nach 10 Tagen war das Plasma-Cholesterin und der Phospholipidgehalt erhöht, während die Triglyceride verringert waren. Erhielten die Versuchspersonen jetzt wieder täglich Kaffee mit 875 mg Coffein, dann sank das Cholesterin und die Lipoproteide auf normale Werte und die Triglyceride stiegen wieder auf den Ausgangswert an. Fehlten in diesem Extraktkaffee die oben erwähnten unbekannten Substanzen?

Eine interessante Studie von BASSET et al. (1969) hatte die Mortalität an Herzinfarkt in Hawaii (550 auf 100000, gegenüber Japan 161 auf 100000) zum Gegenstand. Die Studie ergab keinen eindeutigen Hinweis für diese Unterschiede oder keine eindeutigen Beziehungen zu bestimmten Risikofaktoren. Auch im Kaffee- oder Teekonsum fand sich keine signifikante Korrelation zur Mortalität an Herzinfarkt.

In einer umfassenden prospektiven Studie an 2500 Einwohnern von EVANS (Georgia) im Alter von 40—50 Jahren hat HEYDEN (1971, 1972) die Herzinfarkt-Risikofaktoren in Zusammenhang mit dem Kaffeekonsum untersucht. Bei Vergleich einer Gruppe mit sehr geringem Kaffeeverbrauch (entweder überhaupt keinen Kaffeekonsum oder nur gelegentlich, Gruppe a) mit einer 300 Personen umfassenden Gruppe b, die 5 oder mehr Tassen Kaffee am Tag tranken, fand sich kein Unterschied hinsichtlich der Häufigkeit von Arrhythmien oder Symptomen ischämischer Herzerkrankungen. Es ist zu bedenken, daß Personen, die an solchen Beschwerden leiden, von sich aus den Kaffeegenuß meiden werden, so daß dadurch eine spontane Auswahl stattgefunden haben könnte. Auch bei den anderen Laboratoriumsbefunden, wie z.B. Cholesteringehalt und Blutzucker, fanden sich keine Differenzen zwischen den Gruppen. Auffällig war der höhere Blutdruck bei Personen der Gruppe a, die allerdings auch ein etwas höheres Körpergewicht als die andere Gruppe aufwies. Diese Studie sollte noch auf das höhere Lebensalter ausgedehnt werden.

Einen Hinweis auf die Begünstigung einer Arteriosklerose meinen BELLET et al. (1968) aus ihrer Untersuchung entnehmen zu können. Nach Verabreichung von Kaffeegetränken mit 250 mg Coffein stiegen die freien Fettsäuren im Plasma beträchtlich an, nach Coffein-freiem Kaffee weniger. Erst nach 6—7 Std wurden die Normwerte wieder erreicht. Fügte man dem Getränk 25 g Zucker zu, dann wurde der Anstieg der freien Fettsäuren für 3—4 Std verzögert. Dasselbe ließ sich bei Hunden demonstrieren. Die Autoren sehen in der Erhöhung der freien Fettsäuren und der damit vorhandenen Tendenz zur Erhöhung der Lipoprotein-Synthese einen Faktor, der zur Entwicklung einer Arteriosklerose beitragen kann.

Großes Aufsehen erregte ein Bericht des Boston Collaborative Drug Surveillance Program (VESSEY, 1972) über den Zusammenhang zwischen Kaffeegenuß und Herzinfarkt, der rasch in völlig unkritischer Weise in die Tagespresse überging. Dazu gab dieser Report die Handhabe, obwohl die Autoren selbst schließlich ihre Resultate viel vorsichtiger interpretierten. Im Gegensatz zu den prospektiven Studien von PAUL et al. (1963/68) (nur teilweise prospektiv), sowie derjenigen von HEYDEN (1971/72), handelt es sich hier um eine retrospektive Studie, die in verschiedenen Krankenhäusern in den USA, Kanada, Israel und Neuseeland durchgeführt wurde. Insgesamt 300 mit Herzinfarkt in die Krankenhäuser eingelieferte Patienten wurden nur nach ihrem Kaffeekonsum und den Rauchgewohnheiten befragt. Weder ihre Lebensweise noch ihre sonstigen Gewohnheiten wurden berücksichtigt. Da diese Studie nur geringe Fallzahlen für die einzelnen Gruppen enthält (z.B. Nichtraucher und starker Kaffeetrinker, mehr als 6 Tassen; 5 und 8 Kranke, bei den Frauen 9 und 10 Patienten), und in einer Erweiterung der Untersuchung andere Perspektiven auftauchten (s. unten), seien hier nur die Daten mit Rauchern angeführt. Bei früheren Rauchern betrug der Risikofaktor gegenüber den Kontrollen 1,63, wenn sie keinen Kaffee tranken, und 1,61, wenn sie 1—5 Tassen tranken. Bei Rauchern einer beliebigen Zahl von Zigaretten, Zigarren oder Pfeifen betrug er 1,08 beim Kaffeekonsum von mehr als 6 Tassen, gegenüber einem Risiko von gleich starken Kaffeetrinkern, die nicht rauchten, von 4,06. Man müßte also, um der Gefahr des Kaffees zu entgehen, zusätzlich rauchen*.

* Ich bin mir nicht sicher, ob es bei solchen Vergleichsuntersuchungen vorteilhaft ist, die Untersuchungszentren so weit zu streuen (USA, Kanada, Israel, Neuseeland), da die Lebensbedingungen in den Ländern sehr unterschiedlich sind. In den Laboratorien wird auf gleichmäßiges Tiermaterial und Diät bzw. Klima größter Wert gelegt, um eindeutige Resultate zu erhalten. Hier wird der entgegengesetzte Weg beschritten.

Diese Studie wurde kürzlich (JICK et al., 1973) durch Kranke von 18 Hospitälern in Boston erweitert, wobei dieselbe Methode (retrospektive Befragung) zur Anwendung kam. Das Risiko des Kaffeetrinkens bei ganz großen Dosen (mehr als 6 Tassen pro Tag) betrug höchstens 3,0 (gegenüber 4,1 in der ersten Publikation). Aber auch hier werden die Einwände gegenüber einer retrospektiven Untersuchung nicht entkräftet. Als methodisch anfechtbar wird besonders auf die Auswahl der Kontrollpersonen hingewiesen (KANNEL u. DAWBER, 1973), die aus anderen Patienten der Hospitäler rekrutiert werden. Unter diesen können sich viele finden, bei denen durch andere Krankheiten oder Beschwerden (Magen, Darm, Galle) der Kaffeegenuß eingeschränkt wurde. Dieser Einwände sind sich die Autoren durchaus bewußt, denn sie halten ihre Untersuchungen bei weitem nicht für ausreichend, um daraus eine Ablehnung des Kaffees abzuleiten, während der Nachweis des Zusammenhanges mit anderen Risikofaktoren wie Rauchen, Übergewicht, mangelnde Bewegung, Diabetes mellitus durchaus möglich ist. (Über die Beziehung zum Rauchen werden keine erweiternden Daten mitgeteilt, so daß wir auf die unzureichenden Tabellen der ersten Studie angewiesen sind.) Im übrigen sind die Autoren in ihrem Urteil zurückhaltend, diese Studie ist aber ohne Zweifel der ersten überlegen.

Gegenüber diesen Befunden haben die prospektiven Studien, die viel aufschlußreicher und zuverlässiger sind als die retrospektiven, keine ähnlichen Schäden für die Coronargefäße erkennen lassen. Hier ist besonders auf die Framingham-Studie von KANNEL und DAWBER (1973), die über 25 Jahre mit 5000 Personen durchgeführt wurde, hinzuweisen. Dazu kommen noch WILHELMSEN und TIBBLIN (1972), THIEL et al. (1973), HEYDEN (1971/73), schließlich auch PAUL et al. (1968) und manche andere.

Über die Problematik Herzinfarkt und Kaffee gab es auch weiterhin eine heftige Diskussion, wobei von KLATSKY et al. (1973) neue Befunde von 464 weiteren Patienten mit Herzinfarkt vorgelegt wurden, ohne daß ein positiver Befund erhoben werden konnte, wenn die Kranken mit mehr als 6 Tassen Kaffee pro Tag mit solchen verglichen wurden, die weniger tranken. Gegen diese Methodik polemisierte JICK et al. (1974) mit dem Argument, daß dieser Vergleich gegen positive Befunde unempfindlich sein müßte. Dieses Argument ist nicht unberechtigt, und das Verfahren von HEYDEN scheint mir besser, in dem diejenige Gruppe, in der gar kein oder gelegentlich 1—2 Tassen Kaffee getrunken wurde, mit derjenigen mit 6 oder mehr Tassen am Tag verglichen wurde. Aber KLATSKY et al. (1974) weisen darauf hin, daß nach statistischer Berechnung sein Verfahren durchaus genügen würde, um solche Risikofaktoren wie die von JICK et al. (1973) zu entdecken. Interessant ist der Hinweis, daß ein Teil der Bostoner Patienten aus Framingham bezogen wurde, so daß also eine retrospektive Studie von einer prospektiven verschiedene Resultate ergibt. Erstaunlich ist auch, warum es kein erhöhtes Risiko bei Faktoren gab, deren Risiko sonst erwiesen wurde, wie z.B. Fettleibigkeit, geringe Bewegung, Diät, Rauchen. Ich frage mich, ob bei JICK et al. (1973) ein systematischer Fehler vorliegt. Die Erhebungen erstreckten sich nämlich nur auf den Zeitraum von 3 Monaten vor dem Infarkt. Wäre es nicht möglich, daß viele Patienten, sei es durch Gebot des Arztes oder durch Hinweise in der Presse, das Rauchen vorher aufgaben und damit dieses Faktum der Untersuchung entging? Die Tabelle

3 von VESSEY (Lancet, 1972) scheint mir kein Beweis dafür, daß das Rauchen nicht schadet. HERSCHEL und SALA äußerten die Vermutung, daß es bei dem Unterschied zwischen Tee und Kaffee nicht nur auf den geringeren Coffein-Gehalt beim Tee, sondern auch auf die Bevorzugung von Tee oder Kaffee je nach Charakter ankäme, wie es seinerzeit schon von STRAUB (1938) geäußert wurde. Der Charakter ist bei der Disposition zum Herzinfarkt sicher nicht ohne Bedeutung.

Unsere Stellungnahme wird durch die umfangreichen Untersuchungen von BOCK und STOCKSMEIER (1974) befestigt. Es wurden 956 Herzinfarktpatienten befragt. Im Unterschied zur Bostoner Studie dienten als Vergleich nicht Hospitalpatienten, sondern 1995 Personen der normalen Bevölkerung. Bei durchschnittlich 2—4 Tassen Kaffee/Tag wurden keine Unterschiede im Kaffeekonsum vor einem Herzinfarkt im Vergleich zu Kontrollen gefunden, so daß dieser als Risikofaktor nicht in Frage kommt. Ebensowenig gab es Vorteile durch Kaffee.

Als eine leicht verständliche Folge des Herzinfarktes wurde um 50% weniger Kaffee getrunken, meist mit Übergang zum Coffein-freien Produkt. Beim Tee war die Reduktion geringer, was wahrscheinlich auf den geringeren Coffein-Gehalt zu beziehen ist (s. unten). Das zeigte sich auch darin, daß bei den kaffeetrinkenden Patienten häufiger eine ermunternde, belebende Wirkung angegeben wurde. Aber Tee erwies sich bei JICK et al. (1973) als völlig harmlos, so daß nur der Kaffee belastet wird, andere, wie z.B. BROWN (1962) beschuldigen dagegen den Tee.

Die Frage des Unterschiedes von Kaffee und Tee wurde schon an verschiedenen Stellen, auch dieses Abschnitts, diskutiert. Bei beiden ist die pharmakologisch wesentliche Substanz das Coffein. Einen prinzipiellen Unterschied gibt es am Magen-Darm-Kanal und im Coffein-Stoffwechsel (s. S. 326).

Das Problem ist alt, in dem immer wieder die Behauptung auftaucht, daß Tee besser verträglich sei, z.B. das Einschlafen weniger störe. Hier möchte ich auf die alten Versuche von LEHMANN (1913) an Personen hinweisen, die von sich behaupteten, daß sie wohl Tee, aber nicht Kaffee vertrügen. Wenn er den Coffein-Gehalt beider Getränke verglich, mußte er feststellen (ebenso HEUBNER), daß der Tee bei diesem Personenkreis sehr viel weniger Coffein enthielt als der Kaffee. Wurde der Tee ebenso stark hergestellt, dann war die Reaktion bei beiden Getränken gleich.

Aber nach JICK et al. (1973) handelt es sich darum, daß möglicherweise andere Substanzen im Kaffee vorliegen, die wirksam waren, vielleicht solche, die die Gerinnung beeinflussen.

Über diese Frage der *Wirkung von Coffein auf das Gerinnungssystem* liegen eine Reihe von Arbeiten vor, auf die wir an dieser Stelle kurz eingehen wollen. Kommen wir zuerst auf die oben schon erwähnte Arbeit von BELLET et al. (1968) zurück. Sie injizierten 25 mg/kg Coff.-Na.-Benz. i. v., also auf Coffein berechnet keine übermäßig hohe Dosis. Und sie fanden mit verschiedenen Methoden eine beschleunigte Gerinnung (Heparintoleranzzeit, Recalcifizierungszeit im Hundeplasma, Prothrombinzeit), ebenso eine Erhöhung der freien Fettsäuren. Die Zunahme erreichte erst in 2—3 Std ein Maximum. Einen Zusammenhang zwischen erhöhten freien Fettsäuren und Gerinnung wurde schon mehrfach *in vitro* beobachtet. *In Vivo* ist dieser Effekt nicht sicher (SCHETTLER, 1969).

Es gibt zahlreiche ältere Untersuchungen über Coffein und Gerinnung, über die SEEGERS (1951) zusammenfassend berichtete, z.B. über verkürzte Blutungszeit bei Kaninchen. Bei anderen Autoren dagegen fehlte dieser Befund. QUICK (1945) fand bei Hunden keinen Anstieg des Prothrombins im Blut, auch die Wirkung des Dicumarols wurde nicht gehemmt, im Gegensatz zu OLWEIN. Beim Menschen wurden meistens keine Abweichungen von der Norm festgestellt, außer bei Anwendung von Schlangengift als Thromboplastin. Die Fibrinogenkonzentration war dann erhöht. Nach HONORATO (1949) wirkte auch Natriumbenzoat, sowie viele andere Substanzen, z.B. Harnsäure, in gleicher Weise beim Kaninchen, das deshalb als Versuchstier nicht geeignet ist. Der Thromboplastin-Cofaktor wurde erhöht gefunden. GILBERT et al. (1947) gaben Patienten und Gesunden 0,2 g Aminophyllin 3mal täglich 4 Wochen lang ohne eine Änderung des Prothrombins, der Gerinnungszeit und der Heparintoleranz beobachten zu können. FERAUTO et al. (1968) erwähnen sogar eine fibrinolytische Wirkung von Theophyllin-Nicotinat. Im ganzen widersprechen sich also die Resultate, doch sind die gemessenen Abweichungen meist gering.

Aber selbst wenn sich dieser Coffein-Effekt einer verkürzten Gerinnungszeit und damit der Möglichkeit einer gewissen Begünstigung von Coronargefäß-Thrombosen bestätigen lassen sollten, ist er nicht geeignet, die Resultate der Bostoner Studie zu erklären und sie damit glaubhaft zu machen, da diese Studie ja zu der Aussage kommt, daß nicht das Coffein für die erhöhte Infarktgefährdung maßgeblich sei. Es sind also noch zahlreiche Widersprüche vorhanden, und das ganze System bedarf einer gründlichen Untersuchung, besonders auch wegen der völlig konträr liegenden Befunde von MISIRLIOGLU (1964, 1973).

Sehr viel häufiger wurde der Einfluß von Coffein *auf das Verhalten der Thrombocyten* in vitro untersucht. Zahlreiche Substanzen hemmen die Aggregation, andere fördern diesen Prozeß, worüber SCHWARTZ u. ARDLIE (1967) eine ausführliche Zusammenfassung geben. Im Zentrum steht die Wirkung von cAMP. Da Methylxanthine über die Hemmung der Phosphodiesterase die intracelluläre Konzentration von cAMP erhöhen, resultiert eine Hemmung der Aggregation. 1 mM Coffein hemmt die Aggregation zu 0,5%, 4 mM zu 15% (WOLFE u. SHULMAN, 1970). Diese Wirkung wird durch Prostaglandin E_1 (ebenfalls ein Aggregationshemmer) gesteigert (MILLS u. SMITH, 1971; SALZMAN et al., 1970; VIGDAHL et al., 1971).

Auch die durch ADP oder Catecholamine ausgelöste Aggregation wird gehemmt (WÜDGEMAN et al., 1971; SALZMAN u. NERI, 1969; BRINSON, 1972).

Die Coffein-Wirkung tritt auch dann ein, wenn die Aggregation schon in Gang gekommen ist (ARDLIE et al., 1967). Ebenso werden Begleitreaktionen, wie die Milchsäurebildung auf Thrombin gehemmt (WOLFE u. SHULMAN, 1970), aber die Schwellung der Plättchen durch ADP wurde nicht beeinflußt. Andererseits wurde die Retraktion des Gerinnsels durch 20—50 mM Coffein gehemmt, auch dieser Effekt wird durch Prostaglandin E_1 gesteigert. Coffein wirkt im Inneren der Zelle (MÜRRER, 1971), während PGE_1 von außen an der Membran angreifend die Aktivität der Adenylatcyclase steigert. Aspirin wirkt ohne Zwischenschaltung von cAMP.

Alle diese Experimente weisen bis auf Kleinigkeiten eine erfreuliche Widerspruchslosigkeit auf, aber sie können für die Einwirkung von Coffein auf das Gerinnungssystem, d.h. eine eventuelle Hemmung des Herzinfarktes und einen Hemmeffekt auf die Entwicklung der Thrombose nicht herangezogen werden, weil die dazu notwendigen Konzentrationen viel zu hoch sind. Die normalerweise im Blut erreichbaren Konzentrationen sind völlig wirkungslos.

Eine häufig angewandte Methode zur Erzeugung von Arteriosklerose ist die Verfütterung von Cholesterin bei Kaninchen. Obwohl schon wiederholt festgestellt wurde, daß diese Erkrankung auch histologisch nicht mit der menschlichen Arteriosklerose verglichen werden kann, wird sie häufig angewandt. Es steigt nicht nur der Cholesteringehalt im Plasma, sondern auch der Gesamt-Lipidgehalt, etwa parallel zur Entwicklung der histologischen Veränderungen an Aorta und Coronarien. An diesem Modell testeten YOUNG et al. (1967) den Einfluß von Theophyllin und Tee. Überraschenderweise stellte sich heraus, daß der Schweregrad der Arteriosklerose durch die gleichzeitige Verabreichung von Theophyllin nicht beeinflußt wurde, dagegen sehr stark durch die gleichzeitige Gabe von Tee reduziert wurde. Wurde der Tee nach Entwicklung der Arteriosklerose gegeben, so fand sich keine Beeinflussung mehr. Die Autoren schließen daraus, daß im Tee besondere Substanzen vorhanden sein müssen, die den Krankheitsprozeß während der Entwicklung hemmen. Sie nehmen an, daß es sich nicht um Coffein handeln könne. HEYDEN et al. (1969) sowie KEDRA et al. (1972) fanden an dem gleichen Modell nach täglicher Verabreichung von 25 mg Coffein einen verzögerten Anstieg der Konzentration von Cholesterin im Plasma und eine signifikante Verminderung der Ablagerungen in den Gefäßwänden. In keinem Fall gab es eine Steigerung. Hier war also Coffein wirksam. Die Autoren wiesen selbst darauf hin, daß dieses Modell keine Analogie zur menschlichen Arteriosklerose darstelle. Auch in neueren Untersuchungen (KEDRA et al., 1972) fanden sich weder beim Kaninchen noch beim Menschen Hinweise dafür, daß Coffein oder Kaffee die Entwicklung von Arteriosklerose begünstige.

Insgesamt sind auf diesem Gebiet noch wesentliche Fragen offen. Die überwiegende Zahl der bisher erhobenen Befunde spricht jedoch gegen einen Zusammenhang zwischen Kaffeegenuß und Coronarerkrankungen. Die Befunde von BELLET et al. (1968) geben einen Anhalt, der aber in seinen Konsequenzen nicht geprüft ist. In einer Übersicht (Nutr. Rev., 1969) wurde aus einer Reihe von Versuchen an Ratten gefolgert, daß kein Anhalt für eine Arteriosklerose-Begünstigung durch Coffein vorläge.

III. Das Schlag- und Minutenvolumen

Auf Coffein war meist eine Steigerung der Herzkraft bzw. des Tonus festzustellen. Die Frage ist nun, wie sich das am Schlag- und Minutenvolumen ausprägt. Am ganzen Tier, bei dem eine Reihe anderer Faktoren, z.B. der venöse Zufluß, der periphere Widerstand, modifizierend eingreifen können, werden wir eindeutige Wirkungen nicht erwarten dürfen. In den Hundeversuchen von PILCHER et al.

(1927) wurde bei den niedrigsten Dosen bis 10 mg/kg kein Anstieg des Schlagvolumens festgestellt, bei höheren Dosen kam es zu einer Senkung. BOCK et al. (1920) wiesen darauf hin, daß die kritische Analyse der Befunde von MEANS und NEWBURGH (1913) mit Dosen von 0,3—0,4 g Coffein keine Vermehrung des Minutenvolumens beim Menschen ergaben. Auch GROLLMANN (1930), der mit seiner Acetylen-Methode arbeitete, erhielt selbst bei Dosen von 0,6 g Coffein kaum eine Erhöhung des Minutenvolumens. Bei 1 g wurden ungünstige Effekte sichtbar. SCHMID et al. (1955) arbeiteten am nicht narkotisierten Hund mit Carotis-Schlinge. Mit 1—15 mg/kg Coffein i.v. ließ sich eine Erhöhung des Minutenvolumens für 10 min bei gleichzeitiger Senkung des Blutdrucks nachweisen (Theophyllin wirkte teilweise schwächer). Also kam es zur Abnahme des peripheren Widerstandes. Positive Leistungen kann man besonders dann erzielen, wenn das Herz, wie in den Versuchen von FLAUM und RÖSSLER (1933) am Starling-Präparat des Hundes, durch Barbiturate oder Chloroform geschädigt war. Auf 0,2 g Coffein gab es dann eine Steigerung des Schlagvolumens um 30%, des Minutenvolumens um 50%.

LÜLLMANN (1955) beobachtete am Rattenstarling nur in wenigen Versuchen eine positive Herzleistung mit zunehmenden Amplituden nach 0,05—1,0 mg Coffein. Sonst gab es nur negative Resultate, ebenso bei neugeborenen Katzen, während bei älteren die übliche positive Wirkung sichtbar wurde (KUSCHINSKY u. MUSCHOLL, 1956). KROP (1944) bemerkte, daß dieser positive Effekt ohnehin nur so lange anhalten könne, bis eventuell ungünstige zentrale Einflüsse sich bemerkbar machen.

NEUTHARD (1937) fand bei besonders Coffein-empfindlichen Personen eine als extrem anzusehende Steigerung des Minutenvolumens auf das dreifache, allerdings auch beim Trinken von Flüssigkeiten, ebenso STEPP (1938) nach Gabe von 0,3 g Coffein. In den Versuchen von BUHR (1958) reagierten nicht an Coffein gewöhnte auf das Kaffeegetränk oder eine Lösung mit 0,22 g Coffein mit einer Steigerung des Minutenvolumens, die für kurze Zeit 50% erreichte, während bei gewöhnten keine Änderung sichtbar war. Coffein-freier Kaffee wirkte bei beiden Personenkreisen nicht. Bei der Steigerung nahm der Gesamtströmungswiderstand ab (s. auch SCHMID et al., 1955). Hypertoniker reagierten stärker, und hier zeigten auch gewöhnte beträchtliche Zunahmen. In Versuchen von BUHR und LANDGREBE (1963) wurde gefilterter und nicht gefilterter Kaffee verglichen. Es ergaben sich keine signifikanten Unterschiede.

Im ganzen zeigen auch diese Versuche, daß die von HEUBNER aufgestellte These, daß Coffein praktisch die einzige kreislaufwirksame Substanz im Kaffee sei, zu Recht besteht, wenigstens soweit dies die akuten Wirkungen betrifft. Am isolierten Herzen kann man natürlich Effekte (meist ungünstige) von Begleitstoffen des Kaffees nachweisen, z.B. durch Kalium, Cholin, Trigonellin, Chlorogensäure usw. Für die praktische Beurteilung können diese Stoffe keine Rolle spielen, da sie in zu geringer Konzentration im Kaffee enthalten sind und bei peroraler Zufuhr meist zu langsam resorbiert werden. Niemandem würde es einfallen, Kaffeegetränke parenteral zu applizieren. Vielleicht sind unspezifische reflektorische Wirkungen möglich (s. SCHMID: Magen-Darmkanal; s. auch EICHLER, 1938, S. 53f.).

IV. Der Blutdruck

Bereits in der älteren Literatur (BOCK 1920) wurde berichtet, daß durch intravenöse Gaben von Coffein bei den verschiedensten Versuchstieren zuerst ein Abfall, später eine Steigerung des Blutdrucks erfolgte. In anderen Versuchen wurde ausschließlich ein Abfall beobachtet. War der Ausgangspunkt des Blutdrucks niedrig, wie z. B. nach großen Alkoholgaben (Kaninchen) oder nach Decerebrierung, dann war ein Anstieg leichter zu erzielen, was auf einen Angriff am Vasomotoren-Zentrum zurückgeführt wurde. Die Wichtigkeit der Dosierung zeigte sich schon in den Versuchen von JUNKMANN (1926) am Kaninchen. 10 mg/kg Coffein führten zu einer leichten Blutdrucksteigerung (3—4 mm Hg), höhere Dosen ergaben Senkungen. Im großen sind diese Befunde, wie wir sehen werden, auch in der neueren Literatur zu finden, wenn natürlich auch sehr viel differenziertere Registriermethoden verwendet wurden.

Die primäre Drucksenkung nach i.v. Injektion hält meist nur kurz an, so z.B. in den Versuchen von RAFF (1971) an Hunden. Nach 2,5—10 mg/kg Coffein fanden sie Senkungen von 5,9—18% des Ausgangswertes. Bereits nach 15 sec begann der Druckanstieg, der schon nach 2,5 mg/kg über den Ausgang lag. Bei der höchsten Dosis von 10 mg/kg fehlte häufig die initiale Blutdrucksenkung. Das Minutenvolumen stieg bei allen Dosierungen an und zeigte sich auch in der Vergrößerung der Amplituden. Diese auf eine Zunahme des Minutenvolumens hinweisende Erhöhung der Blutdruckamplituden zeigte sich auch in den Ohrgefäßen des Kaninchens nach 0,2 g Coffein, besonders bei ermüdeten Tieren (BARGIEL u. KADZIE A, 1963). Über die Zunahme der Blutdruckamplituden finden wir auch Angaben bei SCHMID et al. (1955) aus ihren Versuchen an nicht narkotisierten Hunden mit 1—15 mg/kg Coffein. Bald folgte jedoch ein Anstieg des peripheren Widerstandes (Methode BÖGER u. WETZLER) (s. auch SCHAFF u. FAUCON, 1963).

Auch an Katzen (HAHN, 1941) und Ratten (STRUBELT, 1968) fand sich eine biphasische Wirkung des Coffeins.

Zahlreiche Versuche wurden am Menschen vorgenommen, von denen wir einige Beispiele bringen wollen. Zuerst seien die Versuche von HORST et al. (1934) erwähnt, deren an 4 Versuchspersonen gewonnene Resultate wir auf der Abb. 15 sehen. Es sei noch erwähnt, daß in diesen Versuchen 0,8 g Coff.-Na.-Benz. intravenös verabreicht kaum, 1,5 g subcutan keine Steigerung veranlaßte. STEPP (1938) wies darauf hin, daß bei der Messung am Menschen leicht Täuschungen vorkommen können, weil die Erwartung einer Blutdrucksteigerung schon zusätzlich wirksam werden könne.

LANGER und HAMACHER (1968) experimentierten an 10 gesunden Versuchspersonen, die ein Kaffeegetränk mit 4,5, 9 oder 18 g Kaffeebohnen erhielten, das innerhalb von 5 min getrunken werden mußte. Der Blutdruck stieg bei gleichbleibendem diastolischen Druck innerhalb von 5 min auf ein Maximum. Aus der Anspannungsgeschwindigkeit wurde nach einer von Hamacher entwickelten Methode auf eine Verbesserung der Ökonomie geschlossen, die aber bei der höchsten Dosis von 0,2 g Coffein absank. Bei Coffein-freiem Kaffee fehlte der Blutdruckanstieg, häufig wurde sogar eine Senkung beobachtet, wie auch in den Versuchen von SEYFFERS (1954), nach dessen Angaben der Blutdruck

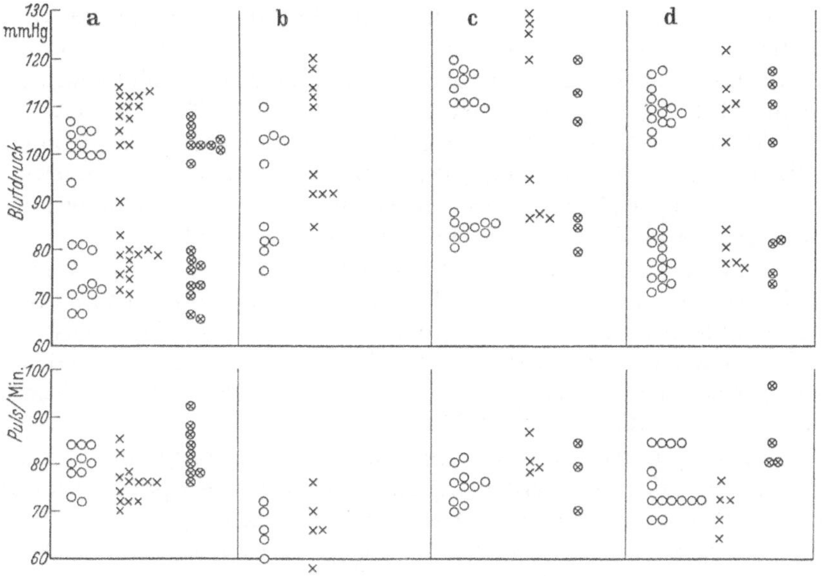

Abb. 15. Verhalten der Pulszahl und des systolischen und diastolischen Blutdrucks nach Kaffee mit 4 mg/kg Coffein. Oben: Blutdruck Ordinate in mm Hg. Unten: Pulszahl/min. Die leeren Kreise geben die Werte vor dem Kaffee, die durchkreuzten Kreise 25 Std nach dem Kaffee, die Kreuze die Werte 1—2 Std nach dem Kaffee. Bei Berücksichtigung der Streuung ist kaum eine Wirkung vorhanden. (Nach HORST, K. et al., 1934)

nach Coffein-haltigem Kaffee (0,26 g Coffein) um 5—25 mm mit einer Dauer bis zu 5 Std anstieg, was sonst nie beobachtet wurde.

Wegen der Geringfügigkeit des Blutdruckanstiegs sahen KLEPZIG et al. (1959) in der Anwendung von Coffein bei körperlicher Arbeit kein erhöhtes Risiko durch vermehrte Herzbelastung. Sie sahen beim Menschen ebenfalls Amplitudenzunahmen.

Blutdruck unter besonderen Bedingungen

Die Steigerung des Blutdrucks durch Coffein ist viel deutlicher, wenn im Experiment von einem niedrigen Druck ausgegangen wird, der z.B. durch Decerebrierung, Chloroform oder Chloralhydrat erzeugt werden kann. Auch beim Menschen wird der Kollaps durch Coffein günstig beeinflußt, d.h. die Blutdrucksteigerung ist hier größer als bei normaler Ausgangslage. Bei niedrigem Ausgangsdruck fehlt häufig die anfängliche Blutdrucksenkung oder wird abgeschwächt. Wurde dieser niedrige Ausgangsblutdruck durch Reserpin-Vorbehandlung erreicht, wie in den Versuchen von STRUBELT (1968), dann fehlte zwar auch der initiale Blutdruckabfall, jedoch ebenso die dann zu erwartende pressorische Wirkung, so daß hier andere Faktoren wirksam sein müssen. Dem gegenüber wurde durch Entfernung der Nebennieren nur die initiale Senkung, nicht aber die Blutdrucksteigerung beeinträchtigt.

SCHAUMANN et al. (1970) konnte die Blutdrucksenkung auf kleinere oder mittlere Dosen von Adenosin oder der entsprechenden Nucleotide völlig aufheben. Hier handelt es sich aber wahrscheinlich nicht um eine Beeinflussung des Vasomotorenzentrums (s. S. 163). Unter Hypothermie (19—20° C) konnte BOLYNSKII et al. (1966, 1967) bei Mäusen, Ratten und Kaninchen nach 10 mg/kg Coffein oder 4,8 mg/kg Euphyllin nur eine Senkung des Blutdrucks erzielen. Auf eine Zunahme des peripheren Widerstandes durch Coffein am Menschen weisen auch die Versuche von BÖTTNER (1943) sowie BUHR (1963) hin.

Von Bedeutung sind auch die Versuche von PIEPER (1963) mit wiederholter Gabe von Coffein an Katzen in Barbituratnarkose, die zu einem niedrigen Ausgangs-Blutdruckwert führte. Es konnte eine deutliche Blutdrucksteigerung auf 4 mg/kg Coffein erreicht werden. Nach der 3. Injektion war die Blutdruckreaktion deutlich geringer. Durch pH-Senkung des Blutes konnte diese Tachyphylaxie aufgehoben werden (PIEPER, 1972).

Wie wir gesehen haben, tritt eine Blutdrucksteigerung vor allem bei rascher Zufuhr von Coffein auf. Bei der langsam erfolgenden Resorption nach Kaffeegenuß tritt sie, wenigstens beim Gesunden, kaum in Erscheinung. Bei dem Blutdruckverhalten sind neben dem Minutenvolumen auch die Reaktionen des Nervus vagus und der Receptoren des Sinus caroticus zu beachten. HAHN et al. (1950) konnten jedoch auch nach Durchtrennung der N. vagi und Denervierung des Carotissinus bei der Katze den doppelphasischen Verlauf nach intravenöser Injektion erhalten. Bei der Injektion in die Arteria vertebralis gab es die anfängliche Blutdrucksenkung nicht mehr, so daß sie auf eine periphere Wirkung des Coffein zu beziehen sei.

Eine vielseitige Wirkung des Coffeins am Vasomotoren-Zentrum zeigen die Versuche von BONDARYOV (1967) an Katzen, die mit 2—5 mg/kg Diplacine vorbehandelt waren. Nach Abtragung des Kleinhirns wurden mit Reizelektroden verschiedene Stellen am Boden der Rautengrube gereizt. Die Verabreichung von Coffein (5—20 mg/kg) änderte sowohl die Pressor- als auch die Depressorwirkung der Reizung der entsprechenden Areale in der Rautengrube. Coffein verstärkte überwiegend die Druckwirkung. Nach Decerebrierung wurde die Hemmung begünstigt, was auf den Einfluß des Großhirns hinweist. Nach Decerebrierung vermehrte Coffein die Blutdrucksteigerung nach Reizung des kleinzelligen Kerns der Substantia reticularis und des Vestibularis-Kerns, aber verminderte die Reaktion von anderen retikulären Kernen. Die Depressorwirkung wurde immer vermindert. Also wirkt Coffein in doppelter Weise, durch Vermehrung der steigernden und Verminderung der hemmenden Effekte besonders des retikulären, großzelligen Kerns. Ein Beispiel dieser Untersuchungen ist in der Abb. 16 dargestellt. Auch Elemente des Rückenmarks besitzen einen Einfluß auf den Blutdruck. Nach Reizung des lateralen Horns zeigten sich folgende Verstärkungen der Blutdrucksteigerung: 15—80% nach 0,5 mg/kg, 20—240% nach 1—2 mg/kg und 100—250% nach 10 mg/kg.

Diese Versuche zeigen besonders deutlich, wie vielseitig Coffein einwirkt und daß wir stets nur die Resultierende einer großen Zahl von Einzeleffekten messen.

Wenn wir vorhin die Frage diskutiert haben, ob die Blutdrucksteigerung nach Coffein deutlicher zum Ausdruck kommt, wenn der Ausgangsblutdruck

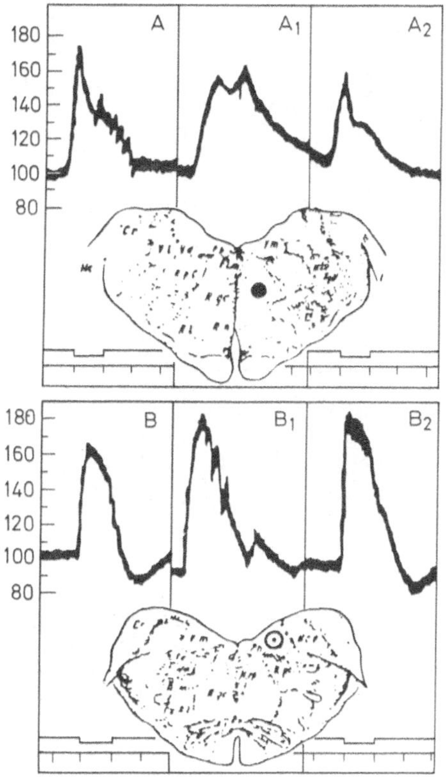

Abb. 16. Einfluß von Coffein auf die Reizung der Medulla oblougata. A:B Ausgangssteigerung. A_1 B_1 5 min, A_2 B_2 10 min. Nach 10 mg/kg Coffein. Von oben nach unten: Blutdruck, Reizdauer, Zeiteinheit 10 sec. Dazwischen Lokalisation des Reizes: A: retikulärer, makrocellulärer Kern, B: vestikulärer Kern. Man sieht die Verminderung der Druckwirkung nach Reizung von A, Verstärkung nach Reizung von B. (Nach BONDARYOV, M. G., 1967)

erniedrigt ist, so muß natürlich auch umgekehrt geprüft werden, wie sich eine erhöhte Ausgangslage bemerkbar macht, insbesondere wie ältere Menschen mit erhöhtem Basisblutdruck oder Hypertoniker reagieren. Auf der Abb. 17 sind die Ergebnisse von HORST et al. (1935) wiedergegeben. Nach $4\frac{1}{2}$ mg/kg Coffein in Kaffee war der Anstieg auch bei Personen mit hohem Blutdruck kaum höher als bei normalen oder jugendlichen Personen. BUHR (1966) fand eine erhöhte Tendenz zur Blutdrucksteigerung bei Hypertonikern. Das gleiche fanden AMMON und ESTLER (1969) an Ratten. SEEBÖK (1950) weist dagegen darauf hin, daß bei diesen Kranken nicht selten der Blutdruck gesenkt würde. Theobromin wurde früher bei dieser Indikation sogar verordnet. Wir müssen an dieser Stelle wieder darauf hinweisen, daß die individuelle Empfindlichkeit außerordentlich variabel ist. Man kann wohl weitgehend dem Patienten selbst die Entscheidung darüber überlassen, ob er Kaffee zu sich nehmen will oder nicht, da sich Unverträglichkeiten meist mit subjektiven Mißempfindungen, wie Blutandrang zum Kopf, oder dem Gefühl von Kopfdrucks bemerkbar machen. Die Situation ist hier also

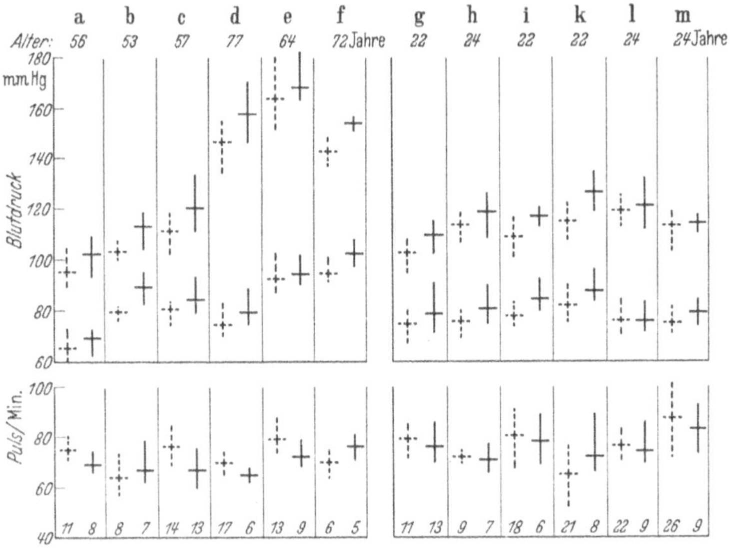

Abb. 17. Dieselben Messungen wie auf Abb. 15, unter gleichzeitiger Angabe des Lebensalters. Dosierungen siehe Text. Senkrechte Linie: Bereich der Messungen, Querstrich: Durchschnittswert, Punktung: vor Kaffee, durchgezogene Linien: nach Kaffee. Man sieht auch hier die Geringfügigkeit der Wirkung selbst bei hohem Blutdruck. (Nach HORST, K. u. JENKINS, W. L., 1934)

anders als beim Tabak, wo zwischen dem Genuß und dem eventuellen Schaden keine warnenden unangenehmen Symptome dazwischen geschaltet sind. Bei vegetativer Dystonie fand KLIGGE (1962) nach einer Tendenz zur Blutdrucksenkung nachfolgend einen kurzen Anstieg. Dagegen berichtet BUHR (1966), daß die Tendenz zu peripheren Gefäßspasmen, z.B. im Kaltwassertest, durch Coffein verstärkt wird.

V. Die Gefäße

1. Isolierte Gefäße

Darüber liegen eine Reihe älterer Versuche vor (Literatur EICHLER, 1938, S. 58). Am Kaninchenohr wurde eine Gefäßerweiterung mit Unterdrückung der Adrenalinwirkung (0,1 μg/ml) durch 0,1 mg/ml Coffein gesehen. Die Aufhebbarkeit von Barium-Kontrakturen weist auf einen peripher von den Nervenendigungen liegenden Angriffspunkt hin (FREDERICQ u. BACQ, 1937). Die Gefäßerweiterungen wurden auch bei isoliert durchströmten Flügeln von hungernden Tauben (ALPERN, 1924), sowie Extremitäten von Hunden (mehr als Katzen) (MARIMOTO, 1929) gesehen. Auch am isoliert durchströmten Ohr von Ratten (10 mg/kg) sowie Katzen und Kaninchen (1—2 mg/kg) wirkte Coffein gefäßerweiternd (CHYTKOWSKI et al., 1970). Dagegen beobachteten BARTELSTONE et al. (1967) eine Verstärkung der Wirkung von Noradrenalin durch Theophyllin an Eingeweidegefäßen von Hunden, ebenso an isolierten Streifen der Aorta von Katzen und Ratten. ANITSCHKOW (1923) sah am Finger von Menschen mit Coffein 1:6000 nach einer kurzen Verengung eine Erweiterung. Am isolierten Gefäßmuskel der Vena mesenterica von Hunden und Kaninchen registrierten SOMLYO und SOMLYO (1968, 1969) eine zweiphasische Wirkung. Die auf Serotonin, Noradrenalin, Angiotensin und Histamin auftretenden Spontanrhythmen wurden durch Coffein aufgehoben, der Tonus reduziert.

Die Kontraktilität von glatten Gefäßmuskeln auf Catecholamine wird durch Coffein und Theophyllin gesteigert. Hierin kommt möglicherweise die beiden Substanzgruppen gemeinsame Steigerung der intracellulären cAMP-Konzentration zum Ausdruck. KALSNER (1971) kommt dagegen aufgrund seiner Untersuchungen am Aortenstreifen von Kaninchen zu dem Schluß, daß Methylxanthine die Catecholaminwirkung verstärken, weil sie deren Metabolisierung und damit Inaktivierung hemmen (*o*-Methylierung). Die Wirkung wird durch Hemmstoffe des Enzyms (Tropolon, Pyrrogallol) aufgehoben.

2. Einzelne Gefäßgebiete

a) Lungengefäße

Wie schon von BOCK (1932) berichtet wurde, vermag 1:10000 Coffein die durchströmten Lungengefäße nach einer kurzen Verengerung langdauernd zu erweitern. Solche Effekte sind wegen ihres Zusammenhangs mit einem Lungenödem von Interesse, wobei aber meist das stärker wirkende Theophyllin experimentell herangezogen wurde, wie z.B. in den Versuchen von SMITH und JENSEN (1946) am Herz-Lungen-Präparat von Hunden. Ein Lungenödem konnte durch Theophyllin ziemlich rasch entleert werden, zugleich mit einer Reduktion der Lungenkongestion. Der Blutdurchfluß wurde erleichtert. Welchen Anteil hat daran die Erhöhung der Kontraktilität des Herzens? MURPHY, SCHREINER und YU (1968) fanden bei Patienten mit Lungenödem nach Theophyllin eine Verminderung des Drucks im Lungenkreislauf. Dadurch kam es zu einer Entlastung der Lunge und Rückbildung des Ödems. Die Möglichkeit, daß diese Besserung durch Bronchialerweiterung mit sekundärer Wirkung auf die Gefäße zustande kam, ist wenig wahrscheinlich, zumal bei den Kranken ein Bronchospasmus nicht vorlag. Die Autoren meinen, daß hier mehrere Faktoren wirksam werden. RENGGLI und DAUM (1971) konnten den durch Menocil bei Patienten erhöhten Pulmonaldruck durch Aminophyllin reduzieren, allerdings nur partiell, weil wahrscheinlich schon irreversible Gefäßveränderungen vorlagen.

LOCHNER et al. (1956), bzw. RAFF (1965) bezogen die primäre Blutdrucksenkung am ganzen Kreislauf auf eine Erweiterung der Lungengefäße. AFONSO und O'BRIEN (1970) fanden den Widerstand im Lungenkreislauf von narkotisierten Hunden (abgeschätzt aus dem Blutdruck der Lungenarterie im Vergleich zum Druck in der Femoralarterie) durch Adenosin gesenkt. Diese Senkung war durch Coffein und Theophyllin aufhebbar, wie auch an anderen Gefäßsystemen (Adenosin/Adenosin-Deaminase-System) (s. auch DE GUBAREFF und SLEATOR; 1965).

b) Die Gefäße des Gehirns

Es gibt kaum einen Bereich, bei dem die erhaltenen Resultate so weit voneinander abweichen. Das liegt zum Teil sicher an den methodischen Schwierigkeiten (SOKOLOFF, 1959). Andererseits ist das Problem therapeutisch außerordentlich wichtig, allein schon um die Wirkung bei verschiedenen Arten von Kopfschmerzen zu verstehen. Die Schwierigkeiten werden noch vermehrt durch eine zweiphasische Wirkung des Coffeins, die von MIYAZAKI (1971) mit Hilfe der Ultraschall-Dopplereffekt-Methode auch beim Menschen nachgewiesen wurde.

Am isolierten Froschhirn wurde bei Konzentrationen 1:10000 eine Zunahme der Durchblutung gefunden (SANDOR, 1926). Am Kaninchen (5 mg/kg, Methode nach HÜRTHLE) kam es zu einer kurzfristigen Erweiterung mit anschließender Verengerung (KUEHN, 1922). Die Verengerung tritt häufiger bei „kleinen" Dosen (<50 mg/kg Coff.-Na.-Benz.) auf (SHIROSHITA u. OMURA, 1930). Beim Hund wurden kurzdauernde Dilatationen von einigen Minuten beobachtet (BOUCKAERT u. JOURDAN, 1935). Schon nach 2,7 mg/kg Coffein intravenös fanden FINESINGER und COB (1932, 1933) an den Arterien der Pia (Schädelfenster) der Katze eine Erweiterung schon während der Injektion mit einem Maximum nach $4\frac{1}{2}$ min, innerhalb einer Std abklingend. Unter Äthernarkose erfolgte eine Verengerung, die Reaktion ist also anscheinend abhängig vom Ausgangstonus. Bei niedrigem Blutdruck kam es bei allen Dosierungen zu einer Verengerung des Gefäßdurchmessers (capillarmikroskopisch gemessen) und zwar auch nach Durchschneidung des Halssympaticus als Zeichen dafür, daß es sich hier nicht um eine Vasomotorenwirkung handelte. Diese Resultate sind unerwartet, da sich sonst bei niedrigen Konzentrationen nur Gefäßerweiterungen ergaben, und die Hirngefäße nach POPESCU (1956) als die empfindlichsten gelten. Tatsächlich gibt es eine ganze Reihe von Versuchen, die gegenteilige Resultate zeigen, wie aus der Zusammenfassung von SOKOLOFF (1959) hervorgeht. Als Konsequenz der Gefäßerweiterung wurde ein Anstieg des Hirnvolumens und des Liquordruckes beobachtet (NORCROSS, 1938; FINESINGER, 1932). GOTTSTEIN et al. (1959) sahen an Katzen in Urethan-Chloralose-Narkose nach 1—2 mg/kg Euphyllin i.v. keine Veränderung von Blutdruck und Durchfluß durch die Arteria vertebralis (bubble flowmeter). Nach 3—5 mg/kg gab es eine Reduktion der Durchblutung bei gleichzeitiger Blutdruckerniedrigung, also passiv. Bei direkter Injektion in die Arteria vertebralis stieg der Blutfluß nach 0,5—1 mg/kg Euphyllin für 1—5 min um 100% an, bei Coffein nach 0,5—1,0 mg/kg um 70% für 1—3 min. Dieselben Autoren untersuchten an 4 Hypertonikern mit Hilfe der Stickoxidul-Methode die Hirndurchblutung nach einer intravenösen Dauerinfusion von 0,5 g Coff.-Na.-Benz. Der Blutdruck sank deutlich ab, gleichzeitig die Hirndurchblutung. Dieser Effekt ist deshalb nach GOTTSTEIN als druckpassiv aufzufassen. Euphyllin zeigte sich wirksamer. Die Stickoxidul-Methode wurde durch SOKOLOFF (1959) einer Kritik unterzogen (s. auch SCHMIDT u. HENDRIX, 1937), da mit ihr auch der extracraniale Anteil des Gefäßsystems erfaßt wird. Das wird wohl beim Menschen eine geringere Rolle spielen, als beim Hund.

BIRZIS und TACHIBANA (1964) konnten mit Impedanz-Elektroden in verschiedenen Teilen des Gehirns am wachen Hund nach 25 mg/kg Coffein i.p. eine Zunahme der Durchblutung, insbesondere der Hirnrinde, weniger des Hypothalamus, messen. Diese Befunde wären geeignet, manche Widersprüche in der Literatur zu erklären.

Die Durchblutung des Zentralnervensystems hat enge Beziehungen zum *Kopfschmerz*. Kann Coffein den intracerebralen Druck erhöhen, und wie kommt seine Wirkung bei Migräne zustande? In dieser Richtung haben DREISBACH und PFEIFFER (1943) versucht, die Ursachen des Kopfschmerzes zu klären, die nach Entziehung von Coffein nach einem längeren starken Mißbrauch auftreten. 10 gesunde Versuchspersonen wurden durch steigende Dosen (0,13—0,78 g ansteigend pro Tag, meist am Morgen) an Coffein gewöhnt. Anfangs reagierten sie mit Tremor und Schlafstörungen. Später hörte die Erregung auf und sie schliefen länger und tief. Bei plötzlichem Fortlassen des Coffeins wurde in 21 von 38 Versuchen Kopfschmerz registriert. Diese Kopfschmerzen unterschieden sich aber in der Natur von denen bei Migräne. Es könne sich auch nicht um einen Anstieg des Liquordruckes handeln, denn bilaterale Kompressionen der Venen verstärkte den Kopfschmerz nicht. Bemerkenswert war eine Hyperämie der Ohren. Eine Verringerung der Kopfschmerzen war mit Coffein selbst, Acetylsalicylsäure und Amylnitrit zu erreichen. Die Autoren vermuten, daß es sich um eine Reflexerweiterung der Gehirngefäße nach Fortlassen des Coffeins handelt. Es ist nicht ersichtlich, wie das mit dem günstigen Effekt von Amylnitrit vereinbar ist. In seiner interessanten Studie diskutiert SELBACH (1973) die Ursache der Wirksamkeit von Coffein bei vasomotorischen Kopfschmerzen, kommt aber zu dem Schluß, daß hier keine eindeutige Lösung vorliege.

Eine weiter ins pathologische vorstoßende Studie an Hypertonikern, die an Kopfschmerzen, meist am Hinterkopf litten, verdanken wir MOYER et al. (1952). Nach 0,5 g Aminophyllin innerhalb von 10 min i. v. injiziert erfolgte eine unmittelbare Beseitigung des Kopfschmerzes bei 7 von 9 Patienten, mit Coffein (0,5 g Coff.-Na.-Benz.) bei 5 von 7 Patienten. Die Wirkungsdauer war bei Theophyllin länger, mehrere Stunden bis eine Woche anhaltend. Die Durchblutung des Gehirns (Stickoxidul-Methode) fiel nach Aminophyllin von 53 auf 36 ml/100 g Gehirn/min ($p<0{,}01$). Die arteriovenöse Sauerstoffdifferenz stieg von 7,0 auf 9,2% ($p<0{,}01$), so daß keine Änderung des Sauerstoffverbrauchs resultierte. Die Resultate waren nach Coffein weniger signifikant. Der Widerstand stieg von 2,4 auf 8,3 mm ($p<0{,}05$). Die Durchblutung ging von 54 auf 47 ml/100 g Gehirn/min zurück, aber nicht signifikant. Der Liquordruck fiel nach Aminophyllin ab, geringer auch nach Coffein. Dieser Effekt kann aber nicht die Ursache für die Beseitigung der Kopfschmerzen sein, denn nur 4 von 10 Patienten hatten einen Ausgangsdruck über 200 mm H_2O im Liquor, die Kopfschmerzen wurden durch Entnahme von Liquor nicht gebessert. Die Autoren nehmen an, daß der Abfall des Liquordruckes durch eine präcapilläre Vasoconstriction und entsprechend vermindertem capillärem Druck zustande kommt.

In den Versuchen von HILGER et al. (1970) wurde durch Hexobendin (Ustimon) eine Steigerung des Liquordrucks mit Kopfschmerzen ausgelöst, die sich durch Theophyllin beseitigen ließ.

ASHENHURST und MILLER (1960) untersuchten das durch Tetraäthylzinnsulfat ausgelöste Hirnödem an Ratten. Mit der hohen Dosis von 16 mg Coffein 3mal täglich ließ sich das Ödem nicht reduzieren, es fand sich eher eine Zunahme. Dagegen konnte die Beeinträchtigung bedingter Reflexe auf Zinnverbindungen durch Theophyllin (50 mg/kg) vermindert werden. Demgegenüber verstärkt Theophyllin das histologische Krankheitsbild und führte nicht zur Reduktion des Ödems (ZOLTAN u. GYÖRI, 1970).

c) Verschiedene Organe

An isoliert perfundierten Organen wird nach Coffein meist eine Zunahme der Durchblutung gefunden, z.B. Nebennieren (SCHKAWERA et al., 1923), Milz von Hund und Mensch, Schilddrüse (SCHKAWERA et al., 1922, 1923). Unempfindlich waren die Lebergefäße (LAMPE u. MEHES, 1926), an der Arterie des Rattenschwanzes führte cAMP-Dibutyrat zur Erschlaffung (BERTI et al., 1971), besonders wenn durch elektrischen Reiz eine Kontraktion ausgelöst war. Dieser Effekt wurde durch Theophyllin verstärkt. Coffein vermag die Kontraktion von Mesenterialgefäßen der Ratte, die durch Senkung der Temperatur auf 15°C zustande kommt, zu steigern, ein Zusammenhang mit der Calcium-Bewegung wurde beobachtet (WOHR u. VERRIER, 1971). Bei der Durchströmung von Mesenterialgefäßen von Hunden fanden MC NEILL et al. (1969) eine Hemmung der Noradrenalin-Konstriktion durch Theophyllin. In einer weiteren Studie (MC NEILL et al., 1973) zeigte es sich, daß Theophyllin und Coffein sowohl hemmen als auch fördern können, in Abhängigkeit von der Konzentration, jedoch unabhängig von der cAMP-Konzentration. Merkwürdigerweise hemmte Coffein (mehr als Theophyllin) nur die kleineren Noradrenalin-Konzentrationen, höhere werden gesteigert, Theobromin führte nur zur Hemmung. Das entspricht auch der Hemmwirkung der Methylxanthine an der Catechol-o-Methyltransferase (KALSNER, 1971).

α) Capillaren

Eine Beeinflussung der *Capillaren* wurde wiederholt gefunden. Nach 0,4—0,5 g Coff.-Na.-Salicyl. subcutan am Menschen kam es zu einer vorübergehenden Verengerung von 10 min, die dann allmählich in einen Zustand mäßiger Erweiterung überging (NICKAU, 1922), ebenso beim Frosch (HEUBNER, 1923, 1926). Die Resorption von Flüssigkeit nach subcutaner Quaddel oder aus der Bauchhöhle wurde durch Coffein beschleunigt. Auch bei lokaler Applikation am Gehirn ist eine Erweiterung zu bemerken (FINESINGER, 1932). Intracutane Injektion einer 1%igen Lösung führte nach 15—20 min zu einer juckenden Quaddel, die sich leicht zurückbildete (HEUBNER, 1926). Das Jucken, das bei manchen Hautkrankheiten nach starkem und langen Kaffeegenuß beobachtet wurde (RENON, 1925), soll mit den Röstprodukten zusammenhängen (HANHART, 1937). BUHR (1966) fand bei seinen Patienten eine Verminderung der Hautdurchblutung. PFEIFFER und ROTH (1970) konnten bei ihren Versuchen mit Frettchen nach intraperitonealer Coffein-Gabe eine Kongestion der Magenschleimhaut mit Durchtritt von Erythrocyten und Schwellung der Endothelien beobachten. Bereits nach 36 mg/kg ließ sich bei 25% der Tiere Blutaustritte nachweisen. Das Maximum der Wirkung wurde nach 45 min beobachtet. Im Elektronenmikroskop wurden Veränderungen der Mitochondrien gesehen. Diese Effekte wurden jedoch nicht als Grundlage zur Ausbildung von Magengeschwüren angesehen.

Eine andere Wirkung auf Capillaren zeigt sich bei den Versuchen von MAREK (1967) an Ratten. Ödeme nach Dextran, Formaldehyd, Eiweiß, Kaolin oder Carragenin wurden durch Gabe von 100 mg/kg Coffein dosisabhängig gehemmt. Bei längerer Behandlung hört diese Wirkung auf und führte beim Formaldehyd-Ödem sogar zur Verstärkung. BAXTER et al. (1974) konnten des Dextran-Ödem und die Histamin-Freisetzung durch 80—100 mg/kg Theophyllin (10—30 min vor Dextraninjektion) an Ratten verhindern, ebenso durch Adrenalin, Alkohol oder hohe Glucosekonzentrationen. An der Pyrophosphat-Entzündung der Rattenhaut wurde der Einfluß von Methylxanthinen und anderer Substanzen auf die Permeabilität (Evansblau) und die Histaminkonzentrationen verglichen (ICHIKAWA et al., 1972a); die Ergebnisse sind auf der Tabelle 15 wiedergegeben.

Tabelle 15. Dosen verschiedener entzündungshemmender Substanzen. 50%-Hemmung der Wirkung von 0,5 µM Pyrophosphat. Ratten erhielten 0,05 ml 10 mM Pyrophosphat allein oder mit den betreffenden Substanzen. Die Messungen wurden 30 min nach der Injektion vorgenommen. Die Dosen für 50%-Hemmung wurden nach der Dosis-Wirkungs-Kurve berechnet. 2—3 Ratten für jede Angabe. (Nach ISHIKAWA et al., 1972)

Verbindungen	Dosen benötigt für 50% Hemmung Permeabilitätsanstieg	Histaminanstieg
Adrenalin	0,33	0,23
cAMP	0,40	0,25
Hydrocortison	0,50	0,35
Phenylbutazon	1,00	0,45
Coffein	2,00	0,50
Indomethacin	5,00	1,3
Na-Salicylat	38,0	2,5
Diphenhydramin	40,0	2,3

Man sieht, daß die Wirksamkeit von Coffein unter diesen Bedingungen viel größer war als die von Salicylat. Könnte dieser Effekt von Coffein in analgetischen Kombinationspräparaten mitwirken? In einer weiteren Arbeit (ICHIKAWA et al., 1972b) wurde die entzündungshemmende Wirkung von cAMP bei der Entwicklung von Granulomen durch Carragenin an der Ratte geprüft. Auch hier erwies sich cAMP als entzündungshemmend und wurde in seiner Wirkung durch den Zusatz von Theophyllin verstärkt. Dieser Effekt des Theophyllins könnte durch eine Hemmung der Phosphodiesterase zustande kommen. Die Autoren fanden in ihren Versuchen eine nicht signifikante Zunahme der Corticosteroid-Konzentration im Plasma, sind jedoch der Meinung, daß dies mit der entzündungshemmenden Wirkung der genannten Substanzen nichts zu tun haben kann.

VERNIKOS-DANELLIS et al. (1968) fanden, daß Coffein (> Theophyllin) die Sekretion von ACTH als Antwort auf einen akuten Streß potenzieren könnte. Sie vermochten die Sperre des Hypophysenvorderlappens durch Steroide zu durchbrechen (20 mg/kg Coffein, 5 mg/kg Theophyllin).

β) Venen

BERTI et al. (1970) sahen an isolierten Venae portae, die eine spontan-rhythmische Kontraktilität besitzen, auf 18 μg/ml Theophyllin eine Verminderung der Amplituden und ein Absinken des Grundtonus (ähnlich wie mit cAMP-Dibutyrat). Da Isoproterenol (ab 10^{-10} M) ähnlich wirkte, vermuten die Autoren den Angriffspunkt des Theophyllins an den β-Receptoren (s. Abschnitt Herz, S. 139f.).

An freipräparierten Armvenen-Abschnitten in situ am Menschen prüfte ZSOTER (1968) die Dehnbarkeit (Druckanstieg nach Injektion von 0,15 ml Flüssigkeit). Nach 480 mg Aminophyllin, in die Vene der anderen Seite injiziert, fand sich eine hochsignifikante Steigerung der Dehnbarkeit, die ihr Maximum nach 30 min erreichte. Isoproterenol verhielt sich indifferent. Dasselbe Ergebnis wurde an isolierten Venen des Hundes erhalten.

ALLABERDIN (1970) durchströmte eine vom Blutfluß isolierte Vene des Splanchnicus-Gebietes (Tierart nicht angegeben) und stellte eine Kontraktion fest, wenn er Blutdruck-senkende Substanzen gab, darunter Theophyllin. Er glaubt, daß es sich um einen Reflexvorgang handelte, die Verhältnisse sind jedoch sehr wenig übersichtlich, zumal nähere Angaben fehlen.

VI. Indikationen und Kontraindikationen von Coffein bzw. Kaffee*

Der Herzmuskel wird durch Coffein gestärkt und dieser Effekt kann bei akuter Herzschwäche nützlich sein. Bei chronisch Herzkranken werden wir bei Theophyllin und Coffein keinen Vorteil gegenüber Digitalis sehen können, weil die fördernde Wirkung zu kurz dauert, die Wirkung auf das Reizleitungssystem aber länger dauert, und so bei wiederholter Gabe die anfängliche Pulsverlangsamung durch Vagusstimulierung in eine länger anhaltende Frequenzsteigerung umschlägt. Durch die Beschleunigung wird die Arbeit des Herzens unökonomischer (HAMACHER bzw. LANGER, 1969). Die Pulsverlangsamung nach Digitalis wirkt sich dagegen meist günstig aus, insbesondere bei manchen Herzklappenfehlern. Wenn wir auch Coffein nicht als Therapie der chronischen Herzkrankheiten empfehlen können, so sind andererseits auch keine prinzipiellen Einwände vorhanden, da die Veränderungen der Hämodynamik bei diesen Patienten nach Coffein sehr gering sind, wie GOULD et al. (1973) in sorgfältigen Untersuchungen mit 158 mg Coffein fand, wobei Herzgesunde einen Anstieg des Herzindexes zeigten.

Andererseits kann eine Anwendung beim Lungenödem wegen der Wirkung auf den Lungenkreislauf vorteilhaft sein (MURPHY, SCHREINER u. YU, 1968).

Man braucht den Kaffee bei *Angina pectoris* nicht zu verbieten, außer wenn der Kranke Beschwerden wie Druckgefühl auf der Brust oder Herzklopfen (die selbst bei niedriger Herzfrequenz auftreten können) bekommt. Man muß sich

---

* Gute Übersichten: SEIBOLD M.: Die Wirkung des Kaffees auf den Kreislauf in klinischer Sicht. Heilkunst **76**, 61—66 (1965), KLEPZIG H.: ABC für Kreislaufkranke. Stuttgart: Thieme 1965.

aber dessen bewußt sein, daß mit der Erlaubnis zum Kaffeetrinken keineswegs eine Therapie getrieben wird. Die Erweiterung der Herzkranzgefäße nach Coffein ist nur gering und wird benötigt für die erhöhte Herzarbeit, die das Herz leisten muß (LANDIS, 1958). Da die Angina pectoris nicht günstig beeinflußt wird, wenn der Nachtschlaf gestört ist, wird man darauf achtgeben, wie der Kranke sich in dieser Hinsicht verhält (s. Untersuchungen von LITTLE, S. 151).

Wie steht es nun mit dem Herzinfarkt? FLYNN (1970) steht auf dem strengen Standpunkt eines absoluten Coffein-Verbotes, weil die bei Infarkt auftretenden Arrhythmien durch Coffein verstärkt werden können. Aus demselben Grunde vertritt HEYDEN et al. (1969) denselben Standpunkt (s. auch BELLET et al., 1972). Die Ergebnisse der Bostoner Studie mahnen auch zur Vorsicht, auch wenn die Studie in manchen Aspekten Kritik verdient (S. 152).

Personen mit einer erhöhten Funktion der *Schilddrüse* sind besonders gefährdet. Sie reagieren auf Coffein sofort mit stärkster Pulsbeschleunigung und Extrasystolen. Aber die Patienten verzichten ohnehin meist von sich aus auf Coffein. Mit unangenehmen, aber meist harmlosen Herzsensationen reagieren auch nervöse Menschen. Aber die Situation ist hier unübersichtlich. HOCHREIN und SCHLEICHER (1961) sahen gerade bei solchen Kranken eine günstige Wirkung. Besonders bei niedrigem Blutdruck konnten sie nachts besser schlafen.

Hypertonie ist keine unbedingte Kontraindikation gegen Coffein-haltige Getränke. Wenn auch BUHR (1966) meist nur geringe Blutdrucksteigerungen, in seltenen Fällen bei Hypertonikern aber besonders starke Blutdrucksteigerungen erhielt, wurde andererseits auch eine Senkung erzielt mit Besserung der Kopfschmerzen. HEYDEN (1969) hält es für wichtig, jeden Coffein-Genuß zu verbieten, wenn der Kranke irgendwelche Formen von Arrhythmien zeigt (s. auch STEPP). Wir haben gesehen, daß bei älteren Menschen der Blutdruckanstieg nach Coffein oft höher ist als bei jüngeren (HORST). BIRKMAYER (1967) steht aber auf dem Standpunkt, daß „vegetative Irritationssyndrome" im Alter selten auftreten und die Erschöpfungszeichen im Vordergrund stehen, und damit seien Stimulantien (Kaffee) angezeigt. Man sollte sich vorwiegend nach der Verträglichkeit richten. Die Kur darf nicht schlimmer sein als die Krankheit.

Bei *Hypotonie* wird man wegen der Wirkung auf das Vasomotorenzentrum, das bei geringem Blutdruck besonders empfindlich auf Coffein reagiert, Kaffee geradezu empfehlen (HOCHREIN, 1961). Aber bei den Kranken von KLIGGE (1962) stieg der Blutdruck nach Kaffee nur kurz an und fiel auch bei weiterer Kaffeezufuhr wieder ab, gelegentlich unter den Ausgangswert. Daß es für Coffein Tachyphylaxie gibt, haben wir vorher dargelegt, nämlich dann, wenn die Coffein-Zufuhr in zu kurzen Zeiträumen wiederholt wird. Deshalb wird Kaffee für viele Hypotoniker keine ausreichende Therapie darstellen.

Wir haben bisher nur die direkte Wirkung am Kreislauf besprochen. Nach HEUBNERs Untersuchungen ist das Coffein die einzige Substanz im Kaffee, die auf den Kreislauf wirkt. Wenn CZOK auch bei seinen Analysen anderen Substanzen einen Effekt zuschrieb (z.B. Chlorogensäure), dann ist deren Wirkung sehr viel schwächer, so daß sie kaum in Betracht kommen. Aber auch reflektorische Wirkungen vom Magen-Darm-Kanal können sich am Herzen bemerkbar machen, z.B. mit Extrasystolen (Roemheldscher Symptomenkomplex). Als Reizstoffe werden die Röstprodukte wohl im Vordergrund stehen, deren Wirksamkeit durch die Behandlung des Kaffees nach Lendrich reduziert werden könnte (s. BEHRENS u. MALORNY)*.

Aber dadurch, daß Kaffee die Reizschwelle des Einstrahlungsgebietes dieses Komplexes senkt, wird Coffein nicht ohne Bedeutung sein. Beim Coffein-freien Kaffee fallen also, zusammen mit der anregenden Wirkung, manche ungünstigen Wirkungen fort.

TAUBERGER und KLIMMER (1970) haben nach Auftrennung der Inhaltsstoffe des Kaffees einige Fraktionen untersucht und fanden nur bei niedermolekularen Fraktionen nach intravenöser Injektion eine Blutdrucksenkung und Pulsverlangsamung. Die hochmolekularen Kaffeefraktionen erwiesen sich als praktisch indifferent. Diese Versuche ergeben also keinen Hinweis für eine akute Blutdruck-steigernde Wirksamkeit der Begleitstoffe. Bei chronischer Zufuhr bestehen aber noch andere Möglichkeiten, und zwar in der Entwicklung einer Arteriosklerose bei übermäßiger Zufuhr. Die Wirkung auf die Coronargefäße, wie sie PAUL zuerst mitteilte, hat sich nicht bestätigen lassen. Die Versuche von JICK et al. (1973) bedürfen der Ergänzung und Bestätigung. Beim Tee wird sogar Beiprodukten eine präventive Wirkung bei Arteriosklerose zugeschrieben (s. S. 156). Diese Probleme sind nicht eindeutig geklärt. Wahrscheinlich sind solche Effekte nicht vorhanden. Aber man muß sich mit Geduld wappnen, bis die klare Antwort vorliegt. (Über dieses Thema siehe die Beiträge von AMMON und ESTLER, S. 278.)

* Die Kritik von SZIGOLEIT und FÖRSTER (1972) an den Versuchen von BEHRENS und MALORNY (1940) verliert deswegen an Wert, weil die Autoren zugleich die Methodik geändert haben.

G. Atmung und Atemwege

O. EICHLER

Das Atemzentrum wird durch Coffein direkt erregt, denn die erregende Wirkung nimmt auch nach Denervierung des Carotissinus bei anaesthesierten oder decerebrierten Hunden und Katzen nicht ab (MESSURIER, 1936; 30 mg/kg, Coff.-Na.-Benz. i.v.). Aminophyllin hatte die gleiche Wirkung, ebenso Äthylendiamin (als Lösungsvermittler), aber nur flüchtig. DALLEMAGNE und HEYMANS (1955) kritisierten allerdings die durch große Streuung bedingte Unsicherheit der Aussage in diesem Versuch.

Eine Verringerung der CO_2-Spannung in der Alveolarluft nach 30 mg/kg Coffein i.v. hielt für eine halbe bis 3 Std an (MEISSNER, 1923; SMITH, 1928). Zugleich kam es zur Verschiebung des pH nach der alkalischen Seite (LIU u. KRÜGER, 1927). 10 mg/kg Coffein i.v. steigerte die Atmung bei Hunden um 15,8% (SCOTT u. CHEN, 1944). AGOSTONI et al. (1964) fanden an 6 Versuchspersonen nach 1,2—12,3 mg/kg Coffein (morgens auf nüchternen Magen) eine signifikante Senkung der alveolären CO_2-Spannung und eine signifikante Senkung der CO_2-Schwelle, bis zu der willkürlich der Atem angehalten werden konnte. Die minimal wirksame Dosis schwankte zwischen 1,9 und 7,1 mg/kg, das Maximum der Wirkung lag zwischen 0,5 und 1,5 Std nach der Gabe. Die Wirkungen gleichen weitgehend denen von Aminophyllin. Bei Beobachtungen von BUHR (1966) an einem reichen Patientengut wurde auch nach Kaffee mit 0,2 g Coffein häufig eine Steigerung des Atemvolumens (29%) gemessen, wobei die Frequenz der Atmung meist sank, die Tiefe erhöht war, entgegengesetzt der Beobachtung von UNNA und WINNIWARTER (1937) bei Kaninchen. Die Autoren diskutieren als Ursache eine Steigerung des O_2-Verbrauchs oder eine Drosselung der Hirndurchblutung. Beide Faktoren können, wenn überhaupt, nur eine untergeordnete Rolle spielen. In der sorgfältigen Studie von GEN und WALDMAN (1967) an decerebrierten Katzen wurden die für Expiration und Inspiration zuständigen Areale der Medulla oblongata elektrisch gereizt. Ähnlich, wie früher schon von LUMSDEN, wurde eine Gegend der Exspiration in dem dorsalen und rostralen, der Inspiration in der ventrocaudalen Sektion der Medulla oblongata gefunden. Bei der Exspiration war ein großzelliger Kern wirksam, der bis zur unteren Olive reichte, und der dorsale Teil des kleinzelligen Kerns an der Grenze zum Reticulum. Außerdem gab es noch einen absteigenden Trakt. Die Inspiration erfolgt durch Reiz der ventriculären Teile des kleinzelligen Kerns. Aber diese Reize wurden wesentlich von außerhalb beeinflußt, besonders gehemmt durch die höheren Regionen des Gehirns. Coffein in Dosen von 10—20 mg/kg erhöhte die Reizbarkeit des ganzen Systems. Die Atmung wurde nicht beeinflußt oder sogar vermindert. Die Autoren vermuten hier eine indirekte Wirkung des Coffeins, etwa durch Stimulierung hemmender Neuronen, zumal da ohne Reizung die Atmung durch Coffein stimuliert wurde. Diese Befunde zeigen wieder die komplexe Wirkung des Coffeins am Zentralnervensystem. Wir verweisen auf die Versuche von MONNIER.

Coffein vermag die Wirkung einer Reihe von Substanzen zu hemmen, die lähmend auf das Atemzentrum einwirken, etwa bei Fischen Chloroform-haltiges Wasser (BINET et al., 1931), bei der Atemdepression durch Magnesiumsulfat beim Meerschweinchen, Kaninchen und Hunden (ZEIGLER, 1925) oder durch Morphin (SCHMIDT u. HARER, 1923; SCHÜBEL u. GEHLEN, 1928). Letzteres gilt allerdings nur für nichttödliche Dosen von Morphin, denn die Intensität der Atemstimulierung ist bei Coffein nur schwach. Bei Steigerung der Coffein-Dosis findet sich eher eine Zunahme der Morphin-Giftigkeit mit Zunahme der Todesfälle, wie in den Versuchen von HASKELL et al. (1924), die an Mäusen durchgeführt wurden. Bei diesen Tieren steht die zentralerregende Wirkung des Morphins im Vordergrund.

Auch am Menschen ließ sich ein Antagonismus zu Morphin nachweisen. In den Versuchen von BELLEVILLE et al. (1962) konnte durch 0,25 g Coff.-Na.-Benz. die durch Morphin oder Codein erhöhte alveoläre CO_2-Konzentration wieder reduziert werden. Bei gleichzeitiger Gabe mit 10 mg Morphin oder 60 mg Codein i.m. zeigte sicht bereits mit 0,125 g Coff.-Na.-Benz. ein Antagonismus, so daß für diesen Effekt eine erhöhte CO_2-Spannung nicht notwendig ist. Die Wirkung war noch stärker nach 0,5 g Coff.-Na.-Benz.

Auch eine *Wirkung auf die Bronchien* kann die Atmung oder ihre Effektivität beeinflussen. Die Bronchialmuskulatur wird durch Coffein zur Erschlaffung gebracht, demonstriert an der isolierten durchströmten Lunge (WARNANT, 1929), selbst nach vorheriger Gabe von Muskarin (LOEHR, 1924; Coffein 1:1500—1:3000). Ältere Befunde über eine Verhinderung des anaphylaktischen Schocks (HIRATA, 1926; MAUGERI, 1931; WATANABE, 1934) konnten von GIERTZ und MITZE (1970) am Meerschweinchen nicht bestätigt werden, obwohl sie 10 und 20 mg/kg Theophyllin bereits vor der Gabe des auslösenden Ovalbumins verabfolgten. Theophyllin hat hier wieder eine stärkere broncheolytische Wirkung als Coffein, vielleicht zum Teil über die Nebennieren (LYNN, 1967). Von SVEDMYR et al. (1970) wurde gefunden, daß die Erschlaffung menschlicher Bronchien durch ACTH mit 0,04 mg/ml Theophyllin bis zum 1000fachen verstärkt wird.

Über Theophyllin und seine Derivate liegen zahlreiche Versuche an asthmatischen Patienten vor. Die Resultate sind unübersichtlich. FULEIHAN et al. (1969) verabfolgten ihren Kranken 0,25 g Aminophyllin, das in 10 ml 0,9% NaCl intravenös in 5 min infundiert wurde. Nur die Vitalkapazität erwies sich als signifikant gesteigert. Keine signifikante Abweichung gab es beim forcierten Atemvolumen (1 sec) im maximalen Ausatmungsstoß, in der arteriellen O_2-Sättigung der O_2-Spannung. REES et al. (1967) gaben 0,5 g Aminophyllin, also eine Dosis, bei der man schon mit zentralen Nebenwirkungen rechnen muß (RUDOLPHI et al., 1967), und fanden eine Verminderung des Atemwiderstandes, der aber nicht auf die Norm reduziert werden konnte. Die O_2-Sättigung des Blutes wurde uneinheitlich beeinflußt. Wenn also 0,25 g Theophyllin zwar keine Nebenwirkung im Gefolge hat, aber auch unwirksam ist und ein therapeutischer Effekt erst bei der doppelten Dosis einwandfrei in Erscheinung tritt, ist es erstaunlich, daß in den Versuchen von McHARY und MATILA (1971) nach oraler Gabe von Hydroxyzin (10 mg), Theophyllin (130 mg) und Ephedrin (25 mg) eine Steigerung des Expirationsflusses bis zu 20% über 3 Std erfolgte. Die Einzelsubstanzen in gleicher Dosierung hatten keine Wirkung. Eine Kombination von Theophyllin-Ca.-Salicyl. mit 0,225 g Theophyllin in alkoholischer Lösung wurde auch oral wirksam gefunden (JOHN, 1968) (s. Resorption von Theophyllin, S. 326), und zwar schon in Dosen von 0,15 g (LODE et al., 1972); ebenso eine Kombination von Theophyllin, Ephedrin und Luminal (OSTEN, 1971). Coffein wird bei diesen Indikationen nicht gegeben, obwohl es im Prinzip dieselben Wirkungen, wenn auch schwächer, besitzt. Eine Steigerung der Dosis ist wegen der zentralen Nebenwirkungen (Erregung) nicht sinnvoll.

H. Niere und Nierenfunktion

G. FÜLGRAFF

I. Historischer Rückblick

Die älteste dem Autor bekannte wissenschaftliche Mitteilung über die harntreibende Wirkung von Coffein datiert aus dem Jahre 1864. Damals beschrieb KOSCHLAKOFF, daß er bei 2 Patienten mit cardialen Ödemen und chronischen Nierenleiden nach wiederholter Gabe von Coffein gesteigerte Harnausscheidung und Ausschwemmung der Ödeme gefunden habe. Er beobachtete auch, daß die Patienten sich sehr rasch an das Coffein gewöhnten, da trotz fortgesetzter Behandlung die Harnmenge nach etwa 14 Tagen wieder zurückging und die Ödeme ihre ursprüngliche Form annahmen.

Die ersten experimentellen Untersuchungen führte VON SCHRÖDER (1886 u. 1888) an Kaninchen durch. Er beschrieb, daß Coffein die Sekretion des Urins durch die Niere anrege, war sich aber unklar darüber, ob diese Ausscheidungssteigerung primär in den Glomerula oder in den Kanälchen stattfand. Der Streit darüber sollte noch lange anhalten. So nahm VON SOBIERANSKI (1895) an, daß Coffein und ähnliche Substanzen Resorptionsvorgänge in den Tubuli vermindern, doch wurde seine grundlegende Hypothese, wonach die Harnmenge durch ein Zusammenwirken von Filtration in den Glomerula und Eindickung in den Tubuli reguliert werde, allgemein abgelehnt. LOEWI vertrat 1905 die Auffassung, daß eine coffeinbedingte Zunahme des Blutstroms durch die Niere Ursache der Diurese sei, während CUSHNY (1917) die Wirkung des Coffeins zwar ebenfalls in die Glomerula verlegte, wo sie jedoch nicht durch Vasodilatation und Zunahme des Blutflusses, sondern durch Herabsetzung des Filtrationswiderstandes an der Glomerulumkapsel entstehe. Während der folgenden drei Jahrzehnte beschäftigte viele Untersucher die Frage, welcher der nacheinander geschalteten Mechanismen, die an der Harnbereitung beteiligt sind, durch Coffein und ähnliche Substanzen beeinflußt wird und auf welche Weise die diuretischen Wirkungen dieser Stoffe zu erklären sind. Eine Antwort auf diese Fragen war jedoch erst viel später möglich, als nämlich die prinzipiellen Mechanismen der glomerulären Filtration, der tubulären Rückresorption und Sekretion und der Harnkonzentrierung und Verdünnung genauer bekannt waren. Die Untersuchungen verlagerten sich in dieser Zeit mehr und mehr vom Coffein auf andere Methylxanthine, insbesondere das Theophyllin. Xanthinderivate spielten während dieser Zeit neben den organischen Quecksilberverbindungen eine gewisse Rolle als Diuretica, die sie erst in den 50er Jahren einbüßten, als neue, bessere, stärker und sicherer wirksame

Diuretica synthetisiert wurden. Die praktische Bedeutung der Methylxanthine und auch damit des Coffeins als Diuretica war daher bereits vorüber, als ihr renaler Wirkungsort und ihre Wirkungsweise in der Niere einigermaßen verstanden werden konnten.

II. Vergleich des Coffeins mit anderen Xanthinderivaten

Die am intensivsten auf renale Effekte untersuchten Xanthinderivate sind Theophyllin, Theobromin und Coffein. Dabei erwies sich Theophyllin als wesentlich wirkungsstärker im Vergleich zu den beiden anderen, deren Wirkung von etwa vergleichbarer Stärke war. Einfach methylierte Xanthinverbindungen waren ebenso wirkungslos wie 6-Thio-Verbindungen des Theophyllins, Theobromins und Coffeins (ARMITAGE et al., 1961).

Die meisten Untersuchungen wurden mit Theophyllin durchgeführt. Überall da, wo keine Untersuchungsergebnisse mit Coffein bekannt sind, wird daher im folgenden auf Ergebnisse, die mit Theophyllin gewonnen wurden, Bezug genommen, da man davon ausgehen kann, daß sich die renalen Wirkungen von Theophyllin und Coffein qualitativ nicht wesentlich unterscheiden.

Die meisten der im folgenden näher beschriebenen Coffeinwirkungen wurden entweder mit Coffeinbase oder mit Coffeinsalzen, vor allem Citrat oder Natriumsalicylat gewonnen. Es muß berücksichtigt werden, daß diese Coffeinwirkungen beim Genuß von Kaffee durch die spezifische Form, in der das Coffein dort vorliegt und durch andere Inhaltsstoffe des Kaffees modifiziert sein können.*

III. Art und Stärke der renalen Wirkung

Coffein steigert ebenso wie Theophyllin und Theobromin die renale Ausscheidung von Flüssigkeit und Elektrolyten. Der klinische Wert aller Xanthinderivate als Diuretica war jedoch immer umstritten. Coffein ist im Gegensatz zu Theophyllin als Diureticum in der praktischen und klinischen Medizin nie verwendet worden. In einigen älteren Arbeiten aus den 20er Jahren wird berichtet, daß Coffein an Hunden überhaupt keine Wirkung auf die Harnausscheidung habe und bei gesunden Menschen ebenso wie bei Patienten mit Ödemen nur schwache und sehr inkonstante Wirkung zeigte. Es kann jedoch heute als gesichert gelten, daß Coffein eine wenn auch schwache diuretische Wirkung sowohl bei Menschen als auch bei allen gebräuchlichen Laboratoriumstieren hat.

Bei Säuglingen soll Coffein allerdings unwirksam sein (HECHT u. NOBEL, 1932; SEREBRIJSKI u. VOLLMER, 1925). Damit stimmt überein, daß auch Theophyl-

* Wegen detaillierteren Informationen über die renalen Wirkungen von Coffein und anderen Xanthinderivaten, als sie im Rahmen dieses Buches gegeben werden können, sei auf das Handbuch der experimentellen Pharmakologie verwiesen (FÜLGRAFF, 1969).

lin in Tierversuchen an neugeborenen Hunden und Ratten wirkungslos war (DICKER, 1952; STEGAJLO, 1951).

Ein Dosisvergleich an Ratten und Mäusen ergab, daß die diuretische Wirkungsstärke aller Xanthinderivate wesentlich schwächer ist als die von quecksilberhaltigen Diuretica, die damals als einzige, sicher nierenwirksame Vergleichspharmaka zur Verfügung standen, und daß innerhalb der Gruppe der Xanthinderivate Theophyllin ca. dreimal wirksamer ist als Coffein (LIPSCHITZ et al., 1943; OGAWA, 1954).

Schon früh wurde nachgewiesen, daß die harntreibende Wirkung von Kaffee tatsächlich auf Coffein und nicht auf anderen Inhaltsstoffen der Kaffeebohne beruht. Coffeinfreier Kaffee mit einem Coffeingehalt von nur 0,03% zeigte keine diuretische Wirkung, während sie bei dem als Vergleich benutzten Santos-Kaffee mit einem Coffeingehalt von 1,05% in der erwähnten Weise vorhanden war (MAIER, 1921).

Coffein wirkt stärker bei positiver Flüssigkeitsbilanz und beschleunigt die Ausscheidung oral aufgenommener Flüssigkeit (LIE, 1930).

Kaffeegenuß wird also immer dann zu besonders starkem Harndrang führen, wenn gleichzeitig oder kurz vorher andere Getränke aufgenommen wurden.

Die Wirkung setzt nach Coffein ebenso wie nach Theophyllin auch bei oraler Gabe rasch ein und ist von kurzer Dauer (CUSHNY u. LAMBIE, 1921; DAVIES u. SHOCK, 1947; HAAS, 1943). Von Theophyllin ließ sich in Versuchen an Ratten beispielsweise zeigen, daß nur während der ersten 4 Std ein gegenüber den Kontrollen erhöhtes Harnvolumen nachweisbar war, während die 24-Std-Harnmenge bei Kontrollen und theophyllinbehandelten Tieren nicht mehr verschieden war (CUMMINGS et al., 1960). Auch beim Menschen ist die Wirkung am stärksten während der ersten Stunde.

Bei wiederholter Gabe verliert Coffein in Tierversuchen ebenso wie beim Menschen seine Wirkung. Bei Kaninchen war nur am ersten Tag die Ausscheidung einer oral verabreichten Wassermenge beschleunigt (REES, 1924), und nach mehrmonatiger Behandlung wurden sogar 50—90 mg/kg Coffein ohne jede Wirkung und ohne histologische Veränderungen an den Nieren vertragen (MYERS, 1924). Auch Ratten können durch wiederholte Gabe so an Coffein gewöhnt werden, daß keine diuretische Wirkung mehr zu beobachten ist. Eine sonst wirksame Coffeindosis löst auch 4—5 Tage nach dem Absetzen noch nicht wieder eine Diurese aus (VOLLMER u. RICHTER, 1940).

Bei Menschen, die starken Kaffeegenuß gewohnt sind, sollen nicht nur Coffein, sondern auch Theophyllin oder Theobromin keine oder nur sehr schwache diuretische Wirkung zeigen (EDDY u. DOWNS, 1928). Diese Toleranz kann mit jeder der drei Substanzen innerhalb weniger Monate hervorgerufen werden und besteht dann auch gegenüber den beiden anderen (KIHARA, 1928).

Gleichzeitige Gabe von Coffein und Alkohol löst bei Hunden eine Diurese aus, die stärker ist als der Summe der Einzelwirkungen entspräche (HEIDENREICH, 1957). An hypophysektomierten Hunden war die diuretische Wirkung von Coffein stärker als bei Kontrolltieren. Daraus wurde der Schluß gezogen, daß Coffein einerseits durch direkte renale Wirkung die Harnausscheidung fördert, andererseits aber gleichzeitig die Ausschüttung von Vasopressin stimuliert. Beides zusammen hat zur Folge, daß normalerweise das Harnvolumen nach Coffein nur wenig ansteigt. In der Tat ist aus der allgemeinen Lebenserfahrung bekannt, daß die Aufnahme von Alkohol und Coffein zusammen eine besonders starke Wirkung hat.

IV. Zusammensetzung des Harns und Mechanismus der Diurese

Die NaCl-Ausscheidung nimmt beim Menschen nach Coffein stärker zu als das Harnvolumen (GUKELSBERGER, 1954). Das Verhalten der K-Ausscheidung unter Coffein ist an normalen Versuchstieren nicht untersucht worden. Theophyllin vermehrt die Kaliumausscheidung im selben Verhältnis wie die von Na sowohl an Hunden (NATOCHIN u. SOKOLOVA, 1967) wie an Kaninchen, Ratten und Menschen (NIELSEN, 1961). Die Ausscheidung von Calcium wurde an Kaninchen untersucht und wird durch Coffein erhöht (RACHMILEWITZ u. STRANSKY, 1930).

Die Sekretion von Paraaminohippurat wird durch Xanthinderivate und damit durch Coffein ebensowenig beeinflußt wie die tubuläre Resorption von Glucose (HANDLEY et al., 1949). Auch die Ausscheidung von Harnstoff scheint nicht erhöht zu sein (PAGE, 1933).

Nach Kaffeegenuß steigt mit zunehmendem Harnzeitvolumen auch die Clearence der Soluta an (FREY et al., 1954). Bei niedrigen Harnvolumina scheint die osmolare Clearence stärker zuzunehmen als das Harnvolumen, während der Anstieg des Harnvolumens auf Werte über 4—6 ml/min bei konstanter C_{osmol} und bei noch weiterem Anstieg isoton erfolgen soll (FREY u. SCHIRMEISTER, 1954). Eine Erklärung für dieses Verhalten könnte in Analogie zu den Wirkungen des Theophyllins darin bestehen, daß Coffein zunächst die Vasopressin-Ausschüttung stimuliert, während dann durch Zunahme der Durchblutung der inneren Markzone die für eine weitere Harnkonzentrierung notwendige hohe Osmolalität des Nierenmarks ausgewaschen wird.

Übereinstimmend wird von vielen Untersuchern berichtet, daß die Xanthinderivate die Durchblutung der Niere steigern. Derartige Befunde konnten an Amphibien-Nieren ebenso wie an Säuger-Nieren, an Nieren in situ wie an isoliert perfundierten Nieren nach Decerebrierung oder Durchtrennung des Nervus splanchnicus und an gesunden und ödemkranken Menschen erhoben werden (Literatur s. FÜLGRAFF, 1969). Es konnte aber auch gezeigt werden, daß die vermehrte Nierendurchblutung sicher nicht die alleinige und nicht die ausschlaggebende Ursache der Diurese ist. Der erhöhte Blutfluß durch die Niere beruht auf einer Abnahme des Gefäßwiderstandes in der Niere. Wurde an einem Präparat mit zwei isoliert perfundierten Nieren eines Hundes einer Niere Coffein angeboten und darauf der Perfusionsdruck der anderen Niere soweit erhöht, bis die resultierende Diurese gleich war, so war der Durchfluß von Perfusat auf der coffeinbehandelten Seite größer (VERNEY u. WINTON, 1930). Coffein verhindert auch die Konstriktion der Nierengefäße, die normalerweise auftritt, wenn Hundenieren mit konserviertem Blut perfundiert werden (CUYPERS, 1958). Als Beweis einer vermehrten Nierendurchblutung wurde es auch angesehen, daß die Oberfläche flacher Anschnitte von Kaninchennieren in situ nach Gabe von Coffein wieder zu bluten begannen (FREY, 1951). Mit Coffein konnte an Hunden die Oligurie durchbrochen werden, die nach experimentellen Verbrennungen auftrat (BARAC, 1957), was ebenfalls auf eine Zunahme der Nierendurchblutung hinweist.

Die intrarenale Blutverteilung ist nach Gabe von Coffein nicht untersucht worden. Für Theophyllin konnte von verschiedenen Untersuchern mit Verwendung von indirekten Methoden eine Umverteilung mit relativ stärkerer Zunahme der Markdurchblutung als der Rinden- oder Gesamtdurchblutung der Niere wahrscheinlich gemacht werden (Literatur s. FÜLGRAFF, 1969).

Coffein erhöht ebenso wie Theobromin oder Theophyllin die glomeruläre Filtrationsrate (GFR) der Niere. Diese Wirkung ist sogar nach übereinstimmenden Berichten vieler Autoren im Verhältnis zum Ausgangswert relativ stärker als die Wirkung auf die Nierendurchblutung. Der Anstieg der GFR ist — und dies ist vor allem für Theophyllin untersucht — um so ausgeprägter, je niedriger die Filtrationsrate unter Kontrollbedingungen war (FÜLGRAFF u. GREVEN). Dadurch nimmt die Filtrationsfraktion zu, d. h. der Anteil des Gesamtplasmastromes durch die Niere, der in den Glomerula abfilteriert wird.

Bei Hunden wird die glomeruläre Filtrationsrate durch Theophyllin besonders stark erhöht, wenn sie durch Durst oder Vasopressin vorher vermindert war. Auch die Wirkung auf die Elektrolytausscheidung ist in diesem Fall verstärkt (NECHAY, 1971).

Die Bedeutung dieser Wirkung auf die GFR für die entstehende Diurese wird dadurch unterstrichen, daß Coffein an aglomerulären Nieren unwirksam ist (BIETER, 1931). Andererseits konnte beim Menschen die diuretische Wirkung der Xanthine auch bei konstanter oder sogar bei abnehmender Filtrationsrate beobachtet werden (MOELLER u. GÜLKE, 1954; SCHWALB u. HENSEL, 1954; WALKER et al., 1937).

Untersuchungen über die Wirkung von Coffein auf die tubuläre Resorption von Flüssigkeit und Elektrolyten liegen nicht vor. Wir können hier daher nur indirekte Schlüsse ziehen aus den Ergebnissen, die mit Theophyllin gewonnen wurden. Die Diurese kann auch ohne Zunahme der GFR oder der Nierendurchblutung auftreten.

Die Wirkung auf die glomeruläre Filtrationsrate ist also nicht alleinige Voraussetzung für die Zunahme der Harnausscheidung. Daraus kann man schließen, daß auch eine Hemmung der tubulären Resorption an der Diurese beteiligt ist. An Ratten vermindert Theophyllin die Resorptionskapazität des Tubulusepithels, wie in Mikropunktionsversuchen an Einzelnephren direkt nachgewiesen werden konnte (GREVEN u. FÜLGRAFF, 1969). Auch an anderen Geweben mit gerichtetem, transepithelialem Elektrolyttransport konnte eine derartige Wirkung beobachtet werden. So hemmt Theophyllin z. B. die NaCl-Sekretion in der nasalen Salzdrüse von Möwen (NECHAY et al., 1960).

An isolierten Sammelrohren vermehrt Theophyllin sowohl den Nettofluß von Wasser bei Vorliegen eines osmotischen Gradienten als auch die Diffusionspermeabilität für Wasser (GRANTHAM u. BURG, 1966). Es hat dabei die selbe Wirkung wie ADH oder cAMP. Coffein selbst wurde an diesem System nicht untersucht, doch ist anzunehmen, daß seine Wirkung qualitativ ähnlich ist. Der Effekt kommt dadurch zustande, daß die Xanthine durch Hemmung des Enzyms Phosphordiesterase die Inaktivierung von cAMP verlangsamen.

Andere transportaktive Epithelien

Theophyllin — Coffein selbst wurde nicht untersucht —, Vasopressin und cAMP haben an der Harnblase von Kröten ähnliche Wirkungen auf die transepitheliale Natrium- und Wasserbewegung (ORLOFF u. HANDLER, 1962). Theophyllin potenziert die Wirkung von cAMP (STRAUCH u. LANGDON, 1964). Voraussetzung für diese Wirkung des Theophyllin ist in jedem Fall die Anwesenheit von cAMP, das entweder zugefügt werden oder dessen Bildung im Gewebe ungestört sein muß.

Analoge Wirkungen wurden auch an der Ileumschleimhaut von Kaninchen beobachtet, wo Vasopressin, Theophyllin und cAMP gleiche Wirkungen hatten (FIELD et al., 1968). Schon früher wurde eine vermehrte Produktion von Magensaft mit erhöhter Chloridkonzentration bei Ratten nach Gabe von Coffein beschrieben (EBEL u. MAUTNER, 1934).

Frösche werden in Coffein-Lösung durch eine Ausbreitung der Melanophoren in den Zellen ihrer Haut dunkler (THIENES, 1926). Auch hierbei handelt es sich um eine Wirkung, die in gleicher Weise durch cAMP hervorgerufen wird (BITENSKY u. BURSTEIN, 1965).

V. Molekularer Wirkungsmechanismus

Coffein hemmt das Enzym Phosphodiesterase, das cyclisches AMP inaktiviert. Gewebspartikel, die in der Lage sind, in Gegenwart von Magnesium und ATP cAMP zu bilden, erzielen höhere cAMP-Konzentrationen nach Gabe von Coffein (RALL u. SUTHERLAND, 1958). Die Bildung von cAMP aus ATP erfolgt durch die Adenylcyclase, die ihrerseits durch Vasopressin (ADH) stimuliert wird (ORLOFF u. HANDLER, 1964). Wenn die Inaktivierung des cAMP durch Coffein gehemmt wird, ist der durch ADH induzierte Anstieg der cAMP-Konzentration ausgeprägter (HANDLER et al., 1965). cAMP ist andererseits der gemeinsame Mediator der Wirkung von ADH und Coffein bzw. Theophyllin sowohl an der Krötenblase als auch den Sammelrohren der Niere. Die Hemmung der Inaktivierung des cAMP, wie Coffein sie hervorruft, wirkt sich daher ganz ähnlich aus wie eine Stimulierung der cAMP-Bildung.

Dadurch kann zwar die ADH-ähnliche Wirkung von Coffein und Theophyllin auf die Krötenblase und die Sammelrohre der Niere erklärt werden, nicht aber die diuretische Wirkung von Coffein und Theophyllin. Eine mögliche Erklärung ist, daß die Xanthine die tubuläre Na-Resorption im Verlauf des Nephron durch einen anderen Mechanismus hemmen, so daß die vasopressinähnliche, antidiuretische Wirkung in den Sammelrohren dem gegenüber kaum noch durchschlägt. Sie ist in praxi schon deswegen gering, weil durch die erhöhte Durchblutung des Nierenmarks die normalerweise sehr hohe Gewebsosmolalität der Niere in diesem Fall vermindert ist und damit die Voraussetzung für die Rückdiffusion von Wasser aus den Sammelrohren und eine antidiuretische Wirkung trotz erhöhter Wasserpermeabilität des Epithels nicht mehr gegeben ist.

Welches aber ist der molekulare Mechanismus, durch den Coffein oder Theophyllin den Natriumtransfer durch das Tubulusepithel vermindern? Diese Frage kann bisher aus mindestens zwei Gründen nicht befriedigend beantwortet werden: 1. Die molekularen Mechanismen des Natriumtransports selbst sind noch nicht ausreichend verstanden und 2. cAMP, dessen intracelluläre Konzentration durch Coffein und Theophyllin erhöht wird, stimuliert wenigstens an der Krötenblase den Natriumtransport. Eine befriedigende Erklärung des molekularen Wirkungsmechanismus von Coffein und Theophyllin in den Tubuluszellen der Niere kann erst dann gegeben werden, wenn mehr Informationen als bisher über den Zusammenhang von Energiestoffwechsel der Zelle, spezifischer Transportleistung und cyclischem AMP vorhanden sind.

VI. Zusammenfassung

Eine kurze Zusammenfassung des Mechanismus der diuretischen Wirkung von Coffein ergibt folgendes Bild: Coffein steigert die Durchblutung der Niere, wobei wahrscheinlich die Markdurchblutung stärker zunimmt als der Fluß durch die Nierenrinde. Die glomeruläre Filtrationsrate nimmt ebenfalls zu. Gleichzeitig ist die tubuläre Rückresorption leicht vermindert. Die erhöhte Durchblutung des Nierenmarks führt zum Abbau der hohen Osmolalität im Nierenmark, so daß die vasopressinähnlichen Effekte auf die Wasserpermeabilität der Sammelrohre wirkungslos bleiben. Die Diurese resultiert also aus der erhöhten glomerulären Filtrationsrate, aus der verminderten tubulären Resorption und aus dem Auswaschen des Nierenmarks durch eine gesteigerte Markdurchblutung. Es sei noch einmal ausdrücklich darauf hingewiesen, daß nur ein Teil dieser Ergebnisse direkt mit Coffein gewonnen wurde. Die Schlußfolgerungen wurden vielmehr aufgrund von Versuchen mit Theophyllin gezogen und auf Coffein extrapoliert.

I. Stoffwechsel einzelner Organe

C.-J. ESTLER

Mit 4 Abbildungen

I. Stoffwechsel im Zentralnervensystem

1. Einleitung

Das Gehirn gehört zu den dauernd aktiven Organen und hat einen sehr intensiven Stoffwechsel, was schon aus der Tatsache hervorgeht, daß das Gehirn von 15 bis 20% des vom Herzen ausgeworfenen Blutes durchströmt wird und am Gesamtsauerstoffverbrauch des Organismus zu etwa 20—25% beteiligt ist. Da wegen des Vorhandenseins einer Blut-Hirn-Schranke polare Verbindungen vom Gehirn nur schwer aufgenommen werden können, wird der Energiebedarf des Gehirns unter normalen Bedingungen nahezu ausschließlich durch den aeroben Abbau von Glucose gedeckt. Der größte Teil der Glucose wird jedoch für die Synthese von Aminosäuren, Proteinen, Lipiden und Nucleinsäuren verwendet. Der Lipidstoffwechsel dürfte hauptsächlich der Erhaltung der Struktur dienen. Dem Aminosäurestoffwechsel kommt insofern besondere Bedeutung zu, als die Aminosäuren nicht nur Bausteine für die Proteinsynthese sind und damit dem Strukturstoffwechsel dienen, sondern auch für die Funktion des Zentralnervensystems notwendig sind, da sie z.T. entweder selbst als Neurotransmitter fungieren, z.B. γ-Aminobuttersäure, oder auch Präcursoren der Synthese von Catecholaminen und Serotonin sein können (s. Abb. 18 u. 19).

Adenylcyclase, cAMP und Phosphodiesterase kommen auch im Gehirn vor, ohne daß ihre spezifische Bedeutung für die Funktion des Zentralnervensystems bekannt wäre. Man wird aber wohl nicht fehlgehen, wenn man annimmt, daß cAMP im Kohlenhydratstoffwechsel ähnliche Wirkungen ausübt wie in anderen Organen (s. Kapitel L., S. 243). Insofern ist zu erwarten, daß Methylxanthine über eine Hemmung der Phosphodiesterase den Hirnstoffwechsel beeinflussen können. Weiterhin sind Stoffwechseleffekte schon deshalb zu erwarten, weil die durch die Methylxanthine hervorgerufenen Funktionsänderungen (s. Kapitel C., S. 65ff.) zwangsläufig den Umsatz der Neurotransmitter beeinflussen und auch eine Anpassung des Stoffwechsels an den geänderten Energiebedarf mit sich bringen müssen (ELLIOTT u. Mitarb., 1962; GÄNSHIRT, 1972; KANIG, 1973; MCILWAIN, 1966; SEILER, 1966).

Im folgenden werden einzelne Stoffwechselwirkungen der Methylxanthine beschrieben.

2. Stoffwechsel der Neurotransmitter

Bereits aus älteren, später wiederholt bestätigten Untersuchungen geht hervor, daß Methylxanthine die *Acetylcholinesterase* des Gehirns hemmen (BOSE u. Mitarb., 1960; DATTA u. DEY, 1967; DOBREVA u. Mitarb., 1970; HEIM u. REIM, 1949; NACHMANNSOHN u. SCHNEEMANN, 1945; ZELLER u. BISSEGGER, 1943). Es wurde zunächst vermutet, daß dieser Wirkung eine gewisse Organspezifität zukomme, da in den älteren Versuchen die Pseudocholinesterase des Serums durch die Methylxanthine nicht gehemmt wurde (NACHMANNSOHN u. SCHNEEMANN, 1945; ZELLER u. BISSEGGER, 1943), doch wurde dieser Befund durch BOSE u. Mitarb. (1960) nicht bestätigt. In Versuchen mit Cholinesterase aus Katzenhirn konnten HEIM u. REIM (1949) zeigen, daß von verschiedenen Methylxanthinderivaten 8-Methylcoffein die stärkste Hemmwirkung besaß, gefolgt von Theobromin und Coffein. Die Hemmwirkung von Theophyllin, 8-Methylxanthin und Xanthin war nur gering. Cholinesterase aus Rattenhirn wurde dagegen durch Theophyllin am stärksten gehemmt, Theobromin und Coffein waren wenig schwächer wirksam, Xanthin zeigte nur eine schwache Wirkung (BOSE u. Mitarb., 1960). Der Hemmtyp entspricht dem einer kompetitiven Wirkung (HEIM u. REIM, 1949).

a) Catecholamine

Die Monoaminoxidase aus Hirnmitochondrien wurde durch Coffein ebenfalls kompetitiv gehemmt (GALZIGNA u. Mitarb., 1971). Hierdurch könnte der Catecholaminstoffwechsel des Gehirns gestört werden. Die Methylxanthine greifen aber offensichtlich auch noch auf andere Weise in den Umsatz der Catecholamine im Zentralnervensystem ein.

Coffein und Theophyllin beschleunigen die Synthese von Noradrenalin aus Tyrosin und zwar sowohl bei normalen Mäusen und Meerschweinchen als auch bei Mäusen, bei denen zuvor der Noradrenalinabbau durch Nialamid gehemmt war (BERKOWITZ u. Mitarb., 1969, 1970; WALDECK, 1971, 1972). Desgleichen wurde durch Aminophyllin und Coffein die Synthese von Dopamin gesteigert (WALDECK, 1971, 1972), und auch die Bildung von Normetanephrin und Methoxytyramin nahm nach Coffein zu (WALDECK, 1972). Erhielten Mäuse 30 min nach Gabe von 25 mg/kg Coffein L-Dopa, so stieg im Gehirn der Gehalt an Dopa und Dopamin stärker an als nach alleiniger Gabe von Dopa (STRÖMBERG u. WALDECK, 1973).

Durch Clonidin, das α-Receptoren des ZNS stimuliert, konnte die durch Coffein erhöhte Synthese von Noradrenalin gehemmt werden, wobei die Dopaminsynthese unverändert hoch blieb. Umgekehrt hemmte Apomorphin, eine Verbindung, die die Dopaminreceptoren erregt, die durch Coffein bewirkte Steigerung der Dopaminsynthese, aber nicht die Stimulierung der Noradrenalinsynthese (WALDECK, 1971).

Die Beobachtung, daß nach Hemmung der Catecholaminsynthese mittels des Tyrosinhydroxylase-Inhibitors α-Methyltyrosin oder mittels des Dopamin-β-hydroxylase-Hemmstoffs FLA-63 Coffein und Theophyllin den Noradrenalingehalt des Gehirns stark senkten, wurde dahingehend gedeutet, daß die Methylxanthine innerhalb des ZNS Catecholamine freisetzen und deren Umsatz beschleunigen (BERKOWITZ u. SPECTOR, 1971a; BERKOWITZ u. Mitarb., 1969, 1970; CORRODI u. Mitarb., 1972; WALDECK, 1971). Für eine Hemmung des Dopaminumsatzes spricht, daß Coffein (25—100 mg/kg) den durch α-Methyltyrosin verursachten Abfall des Dopamingehalts verminderte (CORRODI u. Mitarb., 1972). Die Wirkung auf den Dopaminumsatz scheint jedoch biphasisch zu sein: der nach 2—4 Std zu beobachtenden Abnahme des Dopaminumsatzes scheint eine initiale Beschleunigung vorauszugehen (CORRODI u. Mitarb., 1972; WALDECK, 1971).

Die Auswirkung des veränderten Catecholaminumsatzes auf die stationäre Konzentration von Noradrenalin im Gehirn ist bei den einzelnen Tierspecies verschieden. Bei Katzen änderten 90—290 mg/kg Coffein den Noradrenalingehalt des Hypothalamus nicht (VOGT, 1957). Bei Ratten verursachten 50—100 mg/kg Coffein oder Theophyllin keine Änderung des Noradrenalingehalts von Hirnstamm, Hirnrinde oder Gesamthirn (BERKOWITZ u. Mitarb., 1970; CORRODI u. Mitarb., 1972; MUSCHOLL u. Mitarb., 1969; SHAROV, 1967). Bei Mäusen hatten 25 mg/kg Coffein keinen Einfluß auf den Gehalt des Gehirns an Dopa, Dopamin und Noradrenalin (STRÖMBERG u. WALDECK, 1973). 50 mg/kg Coffein hatten ebenfalls keinen Einfluß auf den Noradrenalingehalt des Hirnstamms. 50 mg/kg Theophyllin erhöhten ihn innerhalb von 2 Std um 14% (WALDECK, 1971). Bei Meerschweinchen senkten dagegen 50 mg/kg Coffein den Noradrenalingehalt des Hirnstamms für 3 Std (BERKOWITZ u. Mitarb., 1970).

Nach Vorbehandlung der Tiere mit Nialamid, das über eine Hemmung der Monoaminoxidase den Catecholaminabbau hemmt, führten Coffein und in noch stärkerem Maße Theophyllin in einer Dosis von 50 mg/kg bei Ratten zu einer Zunahme des Noradrenalins im Hirnstamm. Theobromin war in dieser Hinsicht wirkungslos (BERKOWITZ u. Mitarb., 1970). Der Dopamingehalt des Rattenhirns wurde durch Coffeindosen von 25—100 mg/kg nicht verändert (CORRODI u. Mitarb., 1972).

Der Mechanismus, der der Wirkung der Methylxanthine auf den Catecholaminumsatz zugrunde liegt, ist nicht bekannt. BERKOWITZ u. Mitarb. (1970) erwägen, ob der primäre Effekt in einer Freisetzung von Catecholaminen aus den Speichergranula der Nervenzellen besteht, wo Catecholamine an Calcium gebunden sind. In Anbetracht der bekannten Wirkungen der Methylxanthine auf den Calciumstoffwechsel anderer Organe (s. Kapitel F., S. 133ff.) wäre eine solche Möglichkeit durchaus denkbar. Die Steigerung der Catecholaminsynthese ließe sich dann damit erklären, daß eine negative Feedback-Hemmung der Catecholaminsynthese durch angehäufte Catecholamine entfällt. Der Angriffspunkt eines solchen negativen Feedbacks wäre jedoch nicht, wie BERKOWITZ u. Mitarb. (1970) vermuten, an der Tyrosinhydroxylase zu suchen, sondern an einer späteren Stufe der Catecholaminsynthese, da Coffein nach WALDECK (1971) auch die Umwandlung von Dopa in Noradrenalin steigert.

b) Serotonin

Im *Serotoningehalt* des Gesamthirns traten nach Coffeindosen von 25—100 mg/kg keine signifikanten Veränderungen auf (CORRODI u. Mitarb., 1972; VALZELLI u. BERNASCONI, 1973); der Serotoningehalt des Hirnstamms nahm dagegen

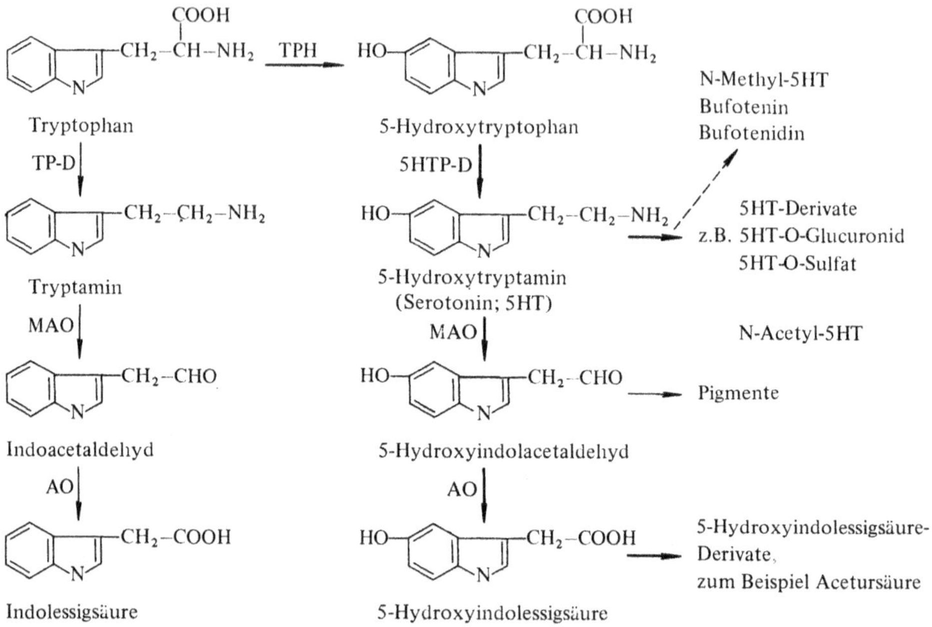

Abb. 18. Bildung und Abbau von Tryptamin und 5-Hydroxytryptamin (Nach PLETSCHER, A. u. Mitarb., 1960). ——→ für den Säugerorganismus gesichert, – – → nur in Kaltblütlern, Pflanzen usw. hachgewiesen, *AO* Aldehydoxidase, *5 HTP-D* 5-Hydroxytryptophan-Decarboxylase (wahrscheinlich identisch mit 3,4-Dihydroxyphenylalanin-Decarboxylase, *MAO* Monoaminoxidase, *TP-D* Tryptophan-Decarboxylase, *TP-H* Tryptophan-Hydroxylierung

nach einmaliger oder 3 Tage langer Behandlung mit Coffein oder Theophyllin zu (BERKOWITZ u. SPECTOR, 1971b). VALZELLI u. BERNASCONI (1973) fanden bei aggressiven Mäusen, die 100 mg/kg Coffein erhalten hatten, auch eine Zunahme des Serotonins im Gesamthirn. Obwohl VALZELLI und BERNASCONI (1973) den Serotoninumsatz bei normalen und aggressiven Mäusen vermindert fanden, scheint die Zunahme des Serotonins nicht auf der von GALZIGNA u. Mitarb. (1971) beobachteten Hemmung der Monoaminoxidase zu beruhen, denn der Gehalt des Gehirns an 5-Hydroxyindolessigsäure, dem Hauptmetaboliten des Serotonins, nimmt ebenfalls zu (BERKOWITZ u. SPECTOR, 1971b; VALZELLI u. BERNASCONI, 1973). Als Ursache kommen eher eine Hemmung der Serotoninfreisetzung oder eine Steigerung der Serotoninsynthese in Frage. Für die letztere Möglichkeit spricht nach BERKOWITZ und SPECTOR (1971b) die Beobachtung, daß Coffein und Theophyllin die durch p-Chlorphenylalanin, einen Hemmstoff der Tryptophanhydroxylase und damit der Serotoninsynthese, verursachte Verminderung des Hirnserotonins aufzuheben vermögen, und die Tatsache, daß Coffein die durch Propyldopacetamid, einen anderen Inhibitor der Serotoninsynthese, hervorgerufene Verarmung des Gehirns an Serotonin vermindert (CORRODI u. Mitarb., 1972). Coffein und der Monoaminoxidasehemmer Pargylin wirken synergistisch auf den Serotoningehalt des Hirnstamms (BERKOWITZ u. SPECTOR, 1971b).

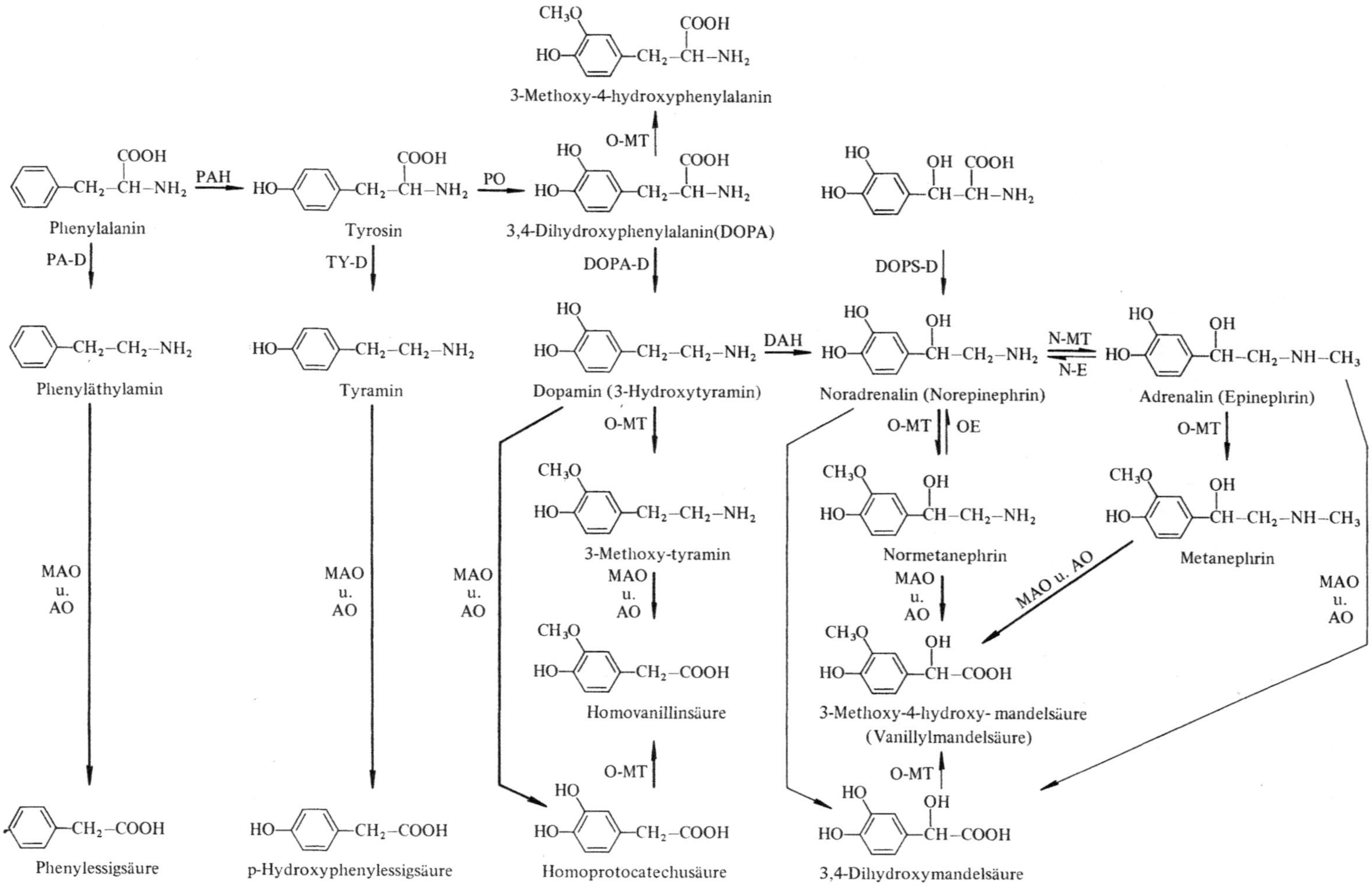

Abb. 19. Vereinfachtes Schema des Intermediärstoffwechsels der Catecholamine (Nach PLETSCHER, A. u. Mitarb., 1960). *AO* Aldehydoxidase, *DAH* Dopamin-Hydroxylase (Dopamin-Dehydrogenase), *DOPA-D* 3,4-Dihydroxyphenylalanin-Decarboxylase, *DOPS-D* 3,4-Dihydroxyphenylserin-Decarboxylase, *MAO* Monoaminoxydase, *O-E* O-Entalkylierung, *N-MT* N-Methyltransferase, *N-E* N-Entalkylierung, *O-MT* O-Methyltransferase, *PA-D* Phenylalanin-Decarboxylase, *PAH* Phenylalanin-Hydroxylase, *PO* Phenoloxydase, Tyrosinase, *TY-D* Tyrosin-Decarboxylase

c) Aminobuttersäure

Auf den *γ-Aminobuttersäuregehalt* des Rattenhirns hatten 240 mg/kg Coffein keinen Einfluß (De Ropp u. Snedekker, 1961). Erst nach der sehr hohen Coffeindosis von 800 mg/kg nahm die γ-Aminobuttersäure um 25% zu (Sytinskii u. Priyatkina, 1966). Die Aktivitäten der am γ-Aminobuttersäurestoffwechsel beteiligten Enzyme Glutaminsäuredecarboxylase und γ-Aminobutyrat-α-Ketoglutarat-Transaminase wurden aber selbst durch diese Dosis in vivo nicht verändert (Sytinskii u. Priyatkina, 1966). In vitro senkten 6 mg/ml Coffein die Glutaminsäuredecarboxylase-Aktivität geringfügig, blieben aber ohne Einfluß auf die γ-Aminobutyrat-α-Ketoglutarat-Transaminase (Sytinskii u. Priyatkina, 1966).

Klare Beziehungen zwischen Funktionszustand des Zentralnervensystems und Änderungen im Neurotransmitterstoffwechsel haben sich bisher nicht erkennen lassen.

3. Cyclo-AMP-System

Hirngewebe, vor allem das der Hirnrinde, enthält in reichem Maße Phosphodiesterase (Butcher u. Sutherland, 1962). Sie ist durch Methylxanthine hemmbar (Cheung, 1966, 1967; Davies, 1970; Roberts u. Simonsen, 1970; Sattin u. Rall, 1970; Vernikos-Danellis u. Harris, 1968), reagiert sogar in vergleichenden Untersuchungen empfindlicher auf Methylxanthine als die Phosphodiesterase des Herzens (Cheung, 1967; Vernikos-Danellis u. Harris, 1968). Was die Wirkungsstärke der Methylxanthine anbelangt, so war bei Mäusen Theophyllin am stärksten wirksam, gefolgt von Coffein und Theobromin (Roberts u. Simonsen, 1970), während bei Ratten Coffein und Theophyllin ungefähr gleich stark wirkten (Cheung, 1967).

Möglicherweise existieren in den einzelnen Organen verschiedene Phosphodiesterase-Typen mit unterschiedlichen Eigenschaften. So hemmte Coffein die Phosphodiesterase aus Mäuse- und Rattenhirn kompetitiv (Cheung, 1967; Roberts u. Simonsen, 1970), während in anderen Organen eine nicht kompetitive Hemmung beobachtet wurde (s. Kapitel I. III., S. 198). Eine 50%ige Hemmung wurde bei Mäusen durch 2×10^{-2} M (Roberts u. Simonsen, 1970), bei Ratten (Cheung, 1967) durch eine $2{,}82 \times 10^{-3}$ M Coffeinkonzentration erreicht. Theophyllin zeigte bei Mäusen einen komplexen Hemmtyp (Roberts u. Simonsen, 1970).

In *in vivo*-Versuchen, in denen Ratten 30 min vor dem Töten 20 mg/kg Coffein bzw. 50 mg/kg Theophyllin erhalten hatten, sahen Vernikos-Danellis u. Harris (1968) keine signifikanten Veränderungen der Phosphodiesterase-Aktivität des Gehirns. Auch Rall und Sattin (1970) und Sattin und Rall (1970) diskutieren, ob die Phosphodiesterase des Gehirns *in vivo* überhaupt eine wesentliche funktionelle Bedeutung besitzt.

Aufgrund der durch Methylxanthine bewirkten Freisetzung von Noradrenalin (s. oben), welches nach Forn und Krishna (1971) und Kakiuchi und Rall (1968a, b) die Adenylcyclase im Gehirn aktiviert, und einer evt. bestehenden Hemmung der Phosphodiesterase, wäre es theoretisch zu erwarten, daß Methylxanthine in geeigneter Konzentration zu einer Zunahme von cAMP im Gehirn führen. Die Ergebnisse entsprechender Untersuchungen sind jedoch nicht einheitlich.

Bei *in vitro*-Versuchen mit Schnitten von Kaninchengroßhirnrinde und -Kleinhirn fanden KAKIUCHI und RALL (1968a, b) sowie RALL und KAKIUCHI (1966) unter $0{,}5 \times 10^{-3}$ M Theophyllin nur einen geringen Anstieg des cAMP-Gehalts um 6—35%. An Schnitten von Meerschweinchen-Großhirnrinde konnten KAKIUCHI u. Mitarb. (1969) bei Verwendung der gleichen Theophyllinkonzentration dagegen keinen Anstieg des cAMP-Gehalts finden. In *in vitro*-Versuchen von PALMER u. Mitarb. (1973) senkten 10^{-3} M Theophyllin den cAMP-Gehalt von Hypothalamus, Mittelhirn und Cerebellum. Für diese divergierenden Ergebnisse sind nach RALL und SATTIN (1970) neben eventuell bestehenden Speciesdifferenzen methodische Unterschiede verantwortlich. An der Diskrepanz könnten auch die von FORN und KRISHNA (1971) beobachteten Unterschiede in der Ansprechbarkeit der einzelnen Hirnareale verschiedener Species auf Stimulatoren der Adenylcyclase Schuld sein. FORN und KRISHNA (1971) selbst fanden bei Ratten und Kaninchen-Hirnschnitten unter dem Einfluß von 10^{-4}—10^{-3} M Theophyllin keine Veränderungen in der Synthesegeschwindigkeit, dem steady-state-Gehalt und der Eliminationsgeschwindigkeit von cAMP.

In *in vivo*-Versuchen an Mäusen sah SATTIN (1971) nach Vorbehandlung der Tiere mit 0,2—0,5 µMol/g Coffein oder Theophyllin keine Änderung des cAMP-Gehalts des Vorderhirns. Dagegen fand BRECKENRIDGE (1964) in orientierenden Versuchen 15—25 min nach Gabe von 240 mg/kg Coff.-Na.-Benz. eine geringe Zunahme des cAMP in der Hirnrinde von Mäusen. PAUL u. Mitarb. (1970) konnten zeigen, daß die Wirkung von Theophyllin von der Versuchstechnik abhängig ist. Bei Tötung der Tiere (Mäuse) durch Einfrieren in flüssigem Stickstoff, wodurch eine rasche Fixierung des Stoffwechsels erfolgt und postmortale Veränderungen weitgehend vermieden werden, führten konvulsiv-wirkende Dosen von 400 mg/kg Theophyllin innerhalb weniger Minuten zu einer signifikanten Zunahme des cAMP im Gehirn. Wurden die Tiere dagegen durch Dekapitieren getötet, das Gehirn präpariert und erst dann durch Einfrieren fixiert, so lagen die Ausgangswerte des cAMP um 250% höher und Theophyllin führte zu einer signifikanten Verminderung des hohen cAMP-Gehaltes.

SHIMIZU u. Mitarb. (1969) fanden bei Versuchen mit Schnitten aus verschiedenen Arealen des Meerschweinchenhirns, die mit Histamin + Coffein inkubiert wurden, eine erhebliche Zunahme der cAMP-Synthese. Coffeinkonzentrationen von 10^{-3} M, die allein die cAMP-Synthese kaum beeinflußten, potenzierten die Histaminwirkung auf die cAMP-Synthese. Auch in den Versuchen von KAKIUCHI und RALL (1968a, b) und RALL und KAKIUCHI (1966) an Kaninchenhirnschnitten verstärkte Theophyllin die Wirkung von Histamin und ebenso die Wirkung von Noradrenalin auf den cAMP-Gehalt.

Später fanden KAKIUCHI u. Mitarb. (1969) an Meerschweinchen-Hirnschnitten keine Verstärkung der Histaminwirkung auf das cAMP durch Theophyllin. FORN und KRISHNA (1971) konnten die Beobachtungen von KAKIUCHI und RALL (1968a, b) und RALL und KAKIUCHI (1966) ebenfalls nicht bestätigen. Auch hier spielen wahrscheinlich die schon erwähnten methodischen Unterschiede für die unterschiedlichen Resultate eine Rolle.

Bei elektrischer Reizung von Hirnschnitten oder nach Behandlung von Mäusen mit Elektroschock oder dem Krampfmittel Hexafluordiäthyläther steigt der cAMP-Gehalt des Gehirns an (KAKIUCHI u. Mitarb., 1969; SATTIN, 1971). Die Ursache hierfür ist wahrscheinlich eine Anreicherung von Adenosin, welches über spezifische Receptoren die Adenylcyclase aktiviert (SATTIN, 1971). Der Anstieg des cAMP-Gehalts wird durch Theophyllin und Coffein *in vivo* vermindert (KAKIUCHI u. Mitarb., 1969; SATTIN, 1971). Die genannten Autoren führen dies auf einen Antagonismus zwischen Theophyllin und Adenosin zurück, der von SATTIN und RALL (1970) beschrieben wurde und der auch in schwächerem Maße zwischen Adenosin und Coffein besteht. Die Ursache dieses Antagonismus ist nicht bekannt. Eine Hemmwirkung der Methylxanthine auf den Einbau von Adenosin in cAMP konnte aber ausgeschlossen werden (RALL u. SATTIN, 1970; SATTIN u. RALL, 1970). SHIMIZU u. Mitarb. (1969) hatten bei Verwendung einer 10^{-3} M Coffeinkonzentration keine Beeinflussung der Adenosinwirkung auf das cAMP gefunden.

4. Kohlenhydrat-, Lipid-, Protein- und Energiestoffwechsel

Wenn auch die organspezifische Bedeutung des cAMP für das Gehirn noch nicht im einzelnen bekannt ist, so kann man doch annehmen, daß cAMP im Gehirn ähnliche Wirkungen auf den Stoffwechsel ausübt wie in anderen Organen.

100 mg/kg Coff.-Na.-Benz. verursachten bei Mäusen noch keine Zunahme der Phosphorylase-Aktivität (ESTLER, unveröffentlicht). Durch 240 mg/kg Coff.-Na.-Benz. wurde die Phosphorylase a im Mäusegehirn verdoppelt (BRECKENRIDGE u. NORMAN, 1965).

Eine Korrelation zwischen dem cAMP-Gehalt und der Aktivität der Phosphorylase bestand in den Versuchen von KAKIUCHI und RALL (1968b) nicht.

Nach TUPIKOVA (1970) vermindert Coffein die *Glykogensynthese* im Gehirn von Ratten. Der stationäre Glykogengehalt im Gehirn von Mäusen wies jedoch nach Gabe von 50—150 mg/kg Coff.-Na.-Benz. keine signifikanten Veränderungen auf (ESTLER, 1961). Im akuten Versuch beeinflußten Theophyllin, Theobromin und Pentoxifyllin die Glucoseaufnahme in das Gehirn nicht (GOTTSTEIN u. Mitarb., 1961; QUADBECK, 1962; SCHRAVEN u. Mitarb., 1972). Äthyltheophyllin steigerte sie geringfügig (SCHRAVEN u. Mitarb., 1972). Nach 8 Tage langer Behandlung mit 45 mg/kg Aminophyllin pro Tag war dagegen die Aufnahme von Glucose in das Großhirn und Kleinhirn von Mäusen, nicht dagegen in den Hirnstamm, vermehrt (QUADBECK, 1962). Die Hexokinaseaktivität des Gehirns ändert sich nach akuter Behandlung mit 100 mg/kg Coff.-Na.-Benz. nicht (ESTLER, unveröffentl.). Der Lactatgehalt nimmt bei normalen und hypoxischen Ratten unter dem Einfluß von 5—20 mg/kg Coffein zu, was für eine Stimulierung des glykolytischen Kohlenhydratabbaus spricht (MAKOĆ und VOREL, 1968). Beim Menschen war dagegen die Abgabe von Pyruvat und Lactat unter Aminophyllin leicht vermindert (GOTTSTEIN u. Mitarb., 1961).

20 mg/kg Coffein führten bei Hunden *in vivo* zu einer initialen Abnahme des *Sauerstoffverbrauchs*, die nach 10—20 min von einer Steigerung der Sauerstoff-

aufnahme gefolgt war (FOMOCHKIN, 1971). Der letztere Befund entspricht *in vitro*-Versuchen mit Hirnmitochondrien von Ratten, in denen 2—6 × 10^{-3}M Coffein den Sauerstoffverbrauch erhöhten (DIMITROV, 1968). Trotz einer leichten Entkoppelung der oxidativen Phosphorylierung war die Veresterung von anorganischem Phosphat gesteigert (DIMITROV, 1968). Andererseits führten in Versuchen von TSCHSHU (1964) bereits 5 mg/kg Coffein zu einer Abnahme von ATP und Kreatinphosphat bei gleichzeitiger Zunahme des anorganischen Phosphats. Ein solcher Befund deutet auf eine ungenügende Bereitstellung von energiereichen Phosphaten hin. Wurden dagegen 6 Tage lang 60 mg/kg Coffein zusammen mit 100 mg/kg Glutaminsäure verabreicht, dann war der ATP-Gehalt des Gehirns bei Ratten erhöht (USBEKOVA, 1962). Der DNA-Gehalt des Rattenhirns war nach Gabe von 5 mg/kg Coffein vermehrt (TSCHSHU, 1964).

Im Gehalt des Gehirns an *Aspartat*, *Glutaminsäure*, *Glutamin* Glutathion-SH und Taurin traten nach einmaliger Verabreichung von 240 mg/kg Coffein keine signifikanten Veränderungen ein. Der Alaningehalt war nicht signifikant um 15% erhöht (DEROPP u. SNEDEKKER, 1961). Bei Ratten, die 6 Tage lang täglich 60 mg/kg Coffein zusammen mit 100 mg/kg Glutaminsäure erhalten hatten, waren dagegen der Glutaminsäuregehalt vermindert, der Glutamingehalt erhöht. Der Ammoniakgehalt hatte abgenommen. Da nach Glutaminsäure allein derartige Veränderungen nicht auftraten, sind sie wahrscheinlich durch das Coffein bedingt (USBEKOVA, 1962). 50—70 mg/kg Coffein senkten bei Mäusen dosisabhängig den Gehalt des Gehirns an N-Acetylaspartat. 250—500 mg/kg Coffein hatten diese Wirkung nicht mehr (BUNIATIAN u. Mitarb., 1965).

Aminophyllin (1—6 × 10^{-3}M) — nicht dagegen Theophyllin oder Äthylendiamin allein oder Coffein — stimulierte den Einbau von Leucin und Valin in Protein von Hirnmikrosomen *in vitro* (RAGHUPATHY u. Mitarb., 1971). Die Autoren führen die Steigerung der Proteinsynthese darauf zurück, daß Aminophyllin einmal die Übertragung bestimmter Aminosäuren (Asparaginsäure, Glykokoll, Histidin, Isoleucin, Leucin, Phenylalanin, Serin und Threonin) auf die entsprechende t-RNA und zum anderen den Einbau der Aminosäuren von der t-RNA in das Proteinmolekül fördert.

Der Gehalt des Gehirns an Phospholipiden war nach 5 mg/kg Coffein erhöht (TSCHSHU, 1964).

Bei Ratten nahm nach 25 mg/kg Coffein der *Natriumgehalt* in den Zellen des Großhirns, der Hirnrinde und der Medulla oblongata bei gleichzeitiger Abnahme des extracellulären Natriums zu. Der Kaliumgehalt änderte sich dabei nicht. Im intra- und extracellulären Natrium- und Kaliumgehalt des Hirnstamms traten keine Veränderungen ein (ABSAVE, 1971). Pentoxifyllin [3,7-Dimethyl-1-(5-oxo-hexyl)-xanthin = BL 191] senkte bei einem experimentellen Hirnödem den erhöhten Natrium- und Wassergehalt des Gehirns und erhöhte den verminderten Kaliumgehalt (GANSER u. BOKSAY, 1974).

Die Veränderungen, die unter dem Einfluß von Methylxanthinen im *Intermediärstoffwechsel* des Gehirns auftreten, sind — verglichen mit den Stoffwechselveränderungen in anderen Organen — relativ wenig ausgeprägt. Sie weisen auf eine nicht immer nachweisbare Stimulierung des Kohlenhydratabbaus (Glykogenolyse und Glykolyse) und des oxidativen Stoffwechsels hin, wobei u. U. die Produktion von energiereichen Phosphaten nicht voll ausreicht, den während der durch Methylxanthine verursachten zentralen Erregung erhöhten Bedarf an ATP und Phosphokreatin zu decken. Die Veränderungen im Aminosäurestoffwechsel sind insgesamt gering und in ihrer Bedeutung für die Hirnfunktion nicht abzuschätzen.

II. Intermediärstoffwechsel der Muskulatur

1. Einleitung

Wie das Herz so haben auch die Skeletmuskulatur und die glatte Muskulatur die physiologische Hauptaufgabe, chemische Energie, die aus dem Abbau von Stoffwechselsubstraten gewonnen wird, in mechanische Arbeit zu transformieren. Als Substrate für die Energiegewinnung dienen dabei in erster Linie Glucose und beim Skeletmuskel u. U. auch unveresterte Fettsäuren, die dem Organ auf dem Blutwege zugeführt werden, denn die Eigenreserven der Muskulatur an Glykogen sind nur sehr gering.

Wegen der Rolle, die das cAMP vor allem bei der Stimulierung des Kohlenhydratabbaus spielt (s. auch Kapitel L., S. 247 u. I. IV., S. 204), ist zu erwarten, daß die Methylxanthine als Inhibitoren des für den cAMP-Abbau notwendigen Enzyms Phosphodiesterase nicht nur die Kontraktionsvorgänge sondern auch den Intermediärstoffwechsel der Muskulatur fördernd beeinflussen. Hinzu kommt, daß die Methylxanthine wegen ihrer an anderer Stelle besprochenen Wirkungen auf andere Organe (s. Kapitel I. IV., S. 204, J. II., S. 216 u. M. S. 257) den energieliefernden Stoffwechsel der Muskelzellen auch dadurch modifizieren können, daß sie die Bereitstellung von Substraten (Glucose, Fettsäuren etc.) verbessern (MAYER u. STULL, 1971). In den nachfolgenden Ausführungen wird über die tatsächlich beobachteten Stoffwechselveränderungen am glatten und quergestreiften Muskel berichtet.

2. Skeletmuskulatur

a) Kohlenhydrataufnahme

HOLLOSZY und NARAHARA (1967) fanden, daß 4×10^{-3} M Coffein die Permeabilität des isolierten Froschmuskels für 3-Methyl-D-Glucose steigert. Der Effekt ist nicht spezifisch für Methylxanthine, sondern scheint mit den Erregungsvorgängen verknüpft zu sein, denn er läßt sich auch bei elektrischer Reizung und bei der Kaliumkontraktur des Muskels beobachten. Möglicherweise wird er durch die Calciumfreisetzung aus dem sarkoplasmatischen Reticulum ausgelöst. In bezug auf das Substrat scheint er jedoch eine gewisse Spezifität zu besitzen, denn die Permeabilität für Mannitol nahm unter den gleichen Versuchsbedingungen nicht zu (HOLLOSZY u. NARAHARA, 1967). In Übereinstimmung damit fanden CHAMBAUT u. Mitarb. (1969), daß 10^{-3} M Theophyllin die Galaktoseaufnahme nicht verbesserte. Der Einbau von Galaktose in Glykogen wurde durch Theophyllin gehemmt, insbesondere dann, wenn Theophyllin mit cAMP-Dibutyrat kombiniert wurde. Insulin war ein Antagonist dieser Wirkung des Theophyllins.

b) Glykogen und Phosphorylase-System

Die Berichte über den Einfluß der Methylxanthine auf die Phosphorylase und den Glykogengehalt sind etwas widersprüchlich. Das liegt z.T. an Unterschieden in der Dosierung, aber auch daran, daß unter Methylxanthinen u.U. verschiedene einander z.T. kompensierende Effekte gleichzeitig ablaufen können. 1932 berichteten BRENTANO (1932) und MASSAYAMA (1932) über eine Senkung des Glykogengehalts der Muskulatur durch Coffein, die nach MASSAYAMA (1932) allerdings ausblieb oder sich in eine Zunahme verkehrte, wenn die Muskeln denerviert oder curarisiert waren. In neueren Untersuchungen konnten dagegen ESTLER u. Mitarb. (1969) 2 Std nach Gabe von 50 mg/kg Coffein bei Mäusen keine Abnahme des Glykogengehalts der Muskulatur feststellen. Auch 6wöchige Behandlung der Tiere mit 150 mg/kg Coffein pro Tag führte zu keiner Änderung im Glykogengehalt der Muskulatur (ESTLER u. Mitarb., 1969).

Nach HESS und Mitarb. (1964) verstärken niedrige Theophyllinkonzentrationen (ca. 5×10^{-5}—10^{-4} M) am isolierten Zwerchfell der Ratte zwar die phosphorylase-aktivierende Wirkung des Adrenalins, führen aber für sich allein nicht zu einer Zunahme der Phosphorylase a. Hohe Coffeinkonzentrationen (10^{-3} M), die bereits eine Kontraktur auslösten, erhöhten dagegen in Versuchen von DANFORTH und HELMREICH (1964) am isolierten Sartoriusmuskel des Frosches auch schon allein den Phosphorylase a-Gehalt. Die gleiche Theophyllinkonzentration verursachte am isolierten Rattenzwerchfell einen starken Abfall des Glykogengehalts, der sich durch cAMP-Dibutyrat noch verstärken ließ. HESS und Mitarb. (1964) diskutieren, ob die im Vergleich zum Herzen geringe Ansprechbarkeit des glykogenolytischen Fermentsystems der Muskulatur darauf beruhen könnte, daß *in vivo* Methylxanthine die Phosphorylase des Muskels möglicherweise vorwiegend indirekt über eine Freisetzung von Catecholaminen aktivieren (s. auch Kapitel I. III., S. 198) und daß dieser Effekt wegen des sehr niedrigen Catecholamingehalts der Muskulatur (MONTAGU, 1955) wenig ausgeprägt sein müßte. Schlüssige Beweise für eine solche Hypothese liegen aber noch nicht vor. Andererseits konnten TORRES und CHELALA (1970) zeigen, daß Coffein und Theophyllin *in vitro* dosisabhängig die Phosphorylase a-Phosphatase des Muskels stimulieren und damit einer Aktivierung der Phosphorylase entgegenwirken. Mit 10^{-3} M Konzentrationen der Methylxanthine war dieser Effekt maximal.

Über den Mechanismus der durch Methylxanthine verursachten Aktivierung des glykogenolytischen Enzymsystems lassen sich noch keine exakten Angaben machen. Möglicherweise stehen sie mit der Hemmung der Phosphodiesterase oder einer über Catecholamine vermittelten Aktivierung der Adenylcyclase (s. oben) und der dadurch bedingten Zunahme an cAMP im Zusammenhang, möglicherweise sind sie aber auch Folge der mechanischen Effekte oder der durch Methylxanthine hervorgerufenen Verschiebungen im Calcium-Gehalt, da Calcium-Ionen an der Aktivierung der Phosphorylase beteiligt sind (DRUMMOND u. Mitarb., 1969).

Auffallend ist, daß 6 Wochen lang mit 150 mg/kg/Tag Coffein behandelte Mäuse während körperlicher Arbeit stets höhere Glykogengehalte in der Muskulatur aufwiesen als unbehandelte Kontrolltiere (ESTLER u. Mitarb., 1969). Da die mit Coffein in dieser Dosis behandelten Tiere sich eher erschöpften, wurde gefolgert, daß die Ausnutzung der Glykogenreserven für mechanische Arbeit beeinträchtigt war. Die genaue Ursache dieses Phänomens konnte bisher nicht geklärt werden.

c) Glykolyse

Daß Coffein die Säureproduktion und -abgabe von Muskeln stimuliert, wurde bereits von RANSOM (1911) berichtet. Auch MEYERHOF (1921), EVANS (1926), MATSOUKA (1926) und MIYAZAKI u. Mitarb. (1962) beschrieben eine Zunahme der Lactatbildung, die für eine Steigerung des glykolytischen Kohlenhydratabbaus spricht. SASLOW (1937) fand dagegen keine Anreicherung von Lactat. Nach MANCHESTER (1970) und MANCHESTER u. Mitarb. (1973) wird die Abgabe von Lactat und Glycerin aus dem Muskel durch Coffein und Theophyllin nur geringfügig gesteigert. Der Lactatgehalt des Blutes, dessen Quelle im wesentlichen die Muskulatur sein dürfte, war in Versuchen von TRINER und NAHAS (1966) unter dem Einfluß von 90—200 mg/kg Coffein erhöht. Adrenalin und Noradrenalin verstärkten diesen Effekt noch. BRENTANO (1932) hatte mit älteren Nachweismethoden unter 200 mg/kg Coffein trotz starker Abnahme des Muskelglykogens keine Zunahme des Blutlactats gefunden (s. auch Kapitel J. V., S. 225). Das unterschiedliche Verhalten des Lactatgehalts verwundert nicht, wenn man bedenkt, daß die Höhe des Lactatgehalts u.a. abhängt vom Ausmaß der Glykolyse, der Pyruvatoxidation und vom Redoxzustand der Muskelzelle, und diese Größen wiederum von der Sauerstoffversorgung der Muskulatur, also von Parametern, die durch Methylxanthine in sehr unterschiedlicher Weise beeinflußt werden können. Nach MATSOUKA (1926) hemmt Procain die Milchsäurebildung, wie überhaupt Lokalanaesthetica manche Wirkungen der Methylxanthine auf den Muskel aufheben können (s. unten).

d) Energiestoffwechsel

Coffein ($5 \times 10^{-4} - 10^{-2}$M) senkte am isolierten Froschmuskel den Gehalt an Kreatinphosphat und ATP und erhöhte in Konzentrationen von 5×10^{-4}–5×10^{-3}M den Gehalt an anorganischem Phosphat (MIYAZAKI u. Mitarb., 1962). Theophyllin (10^{-3}M) in Kombination mit cAMP-Dibutyrat zeigte am isolierten Rattenzwerchfell die gleiche Wirkung (CHAMBAUT u. Mitarb., 1969). Der Einbau von Phosphat in die ATP- und Kreatinphosphatfraktion war vermindert (CHAMBAUT u. Mitarb., 1969).

e) Aminosäure- und Proteinstoffwechsel

Die Veränderungen im Aminosäure- und Proteinstoffwechsel sind unter *in vitro* und unter *in vivo*-Bedingungen recht verschieden. In Versuchen von MANCHESTER (1970) und MANCHESTER u. Mitarb. (1973) an isolierten Muskelpräparaten verminderte Theophyllin ($1-5\times10^{-3}$ M) den Einbau von Aminosäuren und die Proteinsynthese. Desgleichen fanden CHAMBAUT und Mitarb. (1969) am isolierten Zwerchfell der Ratte, daß Theophyllin (10^{-3} M) in Kombination mit cAMP-Dibutyrat den Einbau von Methionin und Valin in Protein verminderte, ohne daß die Aufnahme dieser Aminosäuren gestört gewesen wäre. In orientierenden Versuchen der gleichen Autoren (CHAMBAUT u. Mitarb., 1969) zeigte α-Aminoisobuttersäure ein konträres Verhalten: der Einbau in Protein war bei verminderter Aminosäureaufnahme vermehrt. Ausführlichere Versuche von PAYNE und KOSTYO (1970) ergaben später, daß am isolierten Diaphragma normaler Ratten weder cAMP-Dibutyrat noch Theophyllin in Konzentrationen bis zu 10^{-2} M (einzeln oder in Kombination zugesetzt) die Aufnahme von α-Aminoisobuttersäure verminderten.

Theophyllin in 5×10^{-3} M Konzentration war in der Lage, am Zwerchfell hypophysektomierter Ratten die durch Wachstumshormon induzierte Steigerung der α-Aminoisobuttersäureaufnahme und des Leucineinbaus in Protein aufzuheben. Coffein verhielt sich ähnlich (PAYNE u. KOSTYO, 1970). Mit der durch Insulin gesteigerten Proteinsynthese interferierte Theophyllin aber nicht (MANCHESTER u. Mitarb., 1973). Die durch Coffein *in vitro* verursachte Hemmung der Proteinsynthese wurde durch verschiedene Lokalanaesthetica (Amethocain, Butacain, Cinchocain), die die durch Methylxanthine induzierte Steigerung des Sauerstoffverbrauchs hemmen, noch weiter verstärkt, ebenso durch die β-Sympathicolytica Alprenolol, Oxprenolol und Propranolol, die chinidinartige, lokalanaesthetische Eigenschaften besitzen. (MANCHESTER u. Mitarb., 1973). Es wird diskutiert, ob diese biochemischen Effekte durch funktionelle und morphologische Schäden an den Mitochondrien, die von MANCHESTER u. Mitarb. (1973) beschrieben wurden, verursacht sind.

In vivo stimulierte Theophyllin in einer Dosis von 100 mg/kg die Aufnahme von α-Aminoisobuttersäure, α-Methylaminoisobuttersäure und 4-Amino-1-guanylpiperidin-4-carboxylsäure in das Diaphragma von Ratten. Die Aufnahme von 2-Aminonorbornan-2-carboxylsäure und α,α-Dicyclopropylglycin, weiteren Aminosäureanalogen, wurde durch die gleiche Dosis Theophyllin nicht gesteigert (HARRISON u. CHRISTENSEN, 1971). Nach subchronischer Zufuhr von täglich 16,5 mg/kg Coffein für die Dauer von 16 Wochen war bei Ratten der Gesamtstickstoffgehalt der Muskulatur nicht signifikant verändert; der Kreatingehalt war erhöht (KRAMER u. Mitarb., 1969).

f) Gesamtstoffwechsel

Methylxanthine (Coffein, Theophyllin und Theobrominderivate) steigern in einem bestimmten Dosisbereich (etwa $1—5\times10^{-3}$ M) dosisabhängig den Sauerstoffverbrauch von Muskelpräparaten *in vitro*. Höhere Konzentrationen hatten diese Wirkung nicht (EVANS, 1926; FENN, 1931; GEMMIL, 1947; LÜLLMANN, 1955;

MANCHESTER, 1970; MANCHESTER u. Mitarb., 1973; MEYERHOF, 1921; MIYAZAKI u. Mitarb., 1962; NOVOTNY u. VISKOČYL, 1966; NOVOTNY u. Mitarb., 1962; SASLOW, 1937; YABU, 1963). Das Zwerchfell neugeborener Katzen reagierte etwas empfindlicher als das älterer Tiere (LÜLLMANN, 1955). Nach den Beobachtungen von MIYAZAKI u. Mitarb. (1962) ist die atmungssteigernde Wirkung der Methylxanthine an die intakte Struktur des Muskels gebunden. Sie steht offenbar mit den während der Erregungsvorgänge auftretenden Verschiebungen im Calciumgehalt, die von zahlreichen Untersuchern gefunden wurden (z.B. JOHNSON u. INESI, 1969; OGAWA, 1970; THORPE u. SEEMANN, 1971; WEBER, 1968; WEBER u. HERZ, 1968; s. auch Kapitel I. III., S. 198) im Zusammenhang (s. auch Kapitel D. III., S. 114 sowie Kapitel N. III., S. 284).

NOVOTNY und BIANCHI (1967) führen sie darauf zurück, daß aus dem sarkoplasmatischen Reticulum durch Methylxanthine freigesetztes Calcium in einer energieverbrauchenden Reaktion wieder in dieses sarkoplasmatische Reticulum aufgenommen und dort gebunden wird.

g) Sauerstoffverbrauch

Die Steigerung des Sauerstoffverbrauchs durch Methylxanthine wird durch Xylocain noch verstärkt (NOVOTNY u. BIANCHI, 1967), durch Procain dagegen vermindert. Nach MANCHESTER u. Mitarb. (1973) haben einige Lokalanaesthetica (Amethocain, Butacain und Cinchocain), lokalanaesthetisch wirkende β-Sympathicolytica (Alprenolol, Oxprenolol und Propranolol) sowie das α-Sympathicolyticum Phentolamin einen hemmenden Einfluß auf den durch Methylxanthine gesteigerten Sauerstoffverbrauch des isolierten Rattenzwerchfells. Bei den Lokalanaesthetica Cocain, Lignocain, Marcain, Prilocain, Procain, Propoxycain und den nicht lokalanaesthetisch wirkenden β-Sympathicolytica Practolol, Pronethalol und Sotalol fehlte dieser Hemmeffekt (MANCHESTER u. Mitarb., 1973). Auch Phenobarbital hebt die nach Coffein einsetzende Steigerung des Sauerstoffverbrauchs auf (NOVOTNY u. Mitarb., 1962). Der antagonistische Effekt der Lokalanaesthetica und des Phenobarbital könnte nach NOVOTNY u. Mitarb. (1962) darauf beruhen, daß diese Stoffe die Rückspeicherung von Calcium hemmen. Als weniger wahrscheinlich wird von NOVOTNY u. Mitarb. (1962) angenommen, daß der Coffeinantagonistische Effekt des Procain auf eine von LACHMANN u. Mitarb. (1956) beschriebene Komplexbildung zwischen Coffein und Procain zurückgeht, da Procain auch die stoffwechselsteigernde Wirkung von Kaliumchlorid aufhebt. Der Antagonismus zwischen den β-Sympathicolytica und Methylxanthinen könnte auf einer Schädigung der Mitochondrien durch die β-Sympathicolytica beruhen (BULLOCK u. MANCHESTER, 1971; MANCHESTER u. Mitarb., 1973).

Der respiratorische Quotient stieg unter Coffein an (SASLOW, 1937). Die Wärmebildung von isolierten Froschmuskeln wurde durch 0,05% Coffein gesteigert (HARTREE u. HILL, 1923).

Zusammengenommen weisen die verschiedenen Versuchsergebnisse darauf hin, daß im akuten Versuch nicht toxische Dosen der Methylxanthine zu einer Mobilisierung der Glykogenreserven des Muskels führen können und den glykolytischen und oxydativen Stoffwechsel steigern, wobei der letztere Effekt offenbar in engem Zusammenhang mit den Erregungsvorgängen in der Muskelzelle steht.

3. Glatte Muskulatur

Über den Einfluß von Methylxanthinen auf den Stoffwechsel glattmuskulärer Organe liegen nur wenige sporadische Ergebnisse vor. Am besten untersucht ist noch der Uterus.

a) Uterus

Theophyllin hemmt in Homogenaten aus Rattenuterus in einer Konzentration von $1{,}2 \times 10^{-3}$M die Phosphodiesterase zu 50% (TRINER u. Mitarb., 1970). Es erhöht den Gehalt des Uterus an cAMP (DOBBS u. ROBISON, 1968; POLACEK u. Mitarb., 1971). Dieser letztere Effekt war jedoch erst durch Konzentrationen von 10^{-2}M auslösbar; 5×10^{-3}M waren noch unwirksam (POLACEK u. Mitarb., 1971). Die gleichsinnige Wirkung des β-Sympathicomimeticums Isoprenalin auf den cAMP-Gehalt wurde durch Theophyllin verstärkt (DOBBS u. ROBISON, 1968). Imidazol, ein Aktivator der Phosphodiesterase, wirkte antagonistisch, während das β-Sympathicolyticum Propranolol den Anstieg des cAMP-Gehalts nicht verhinderte (POLACEK u. Mitarb., 1971). Eine Korrelation zwischen Zunahme des cAMP und Relaxation des Uterus war in den Versuchen von POLACEK u. Mitarb. (1971) nicht erkennbar.

Von verschiedenen Autoren werden Catecholamine bzw. cAMP als Mediatoren der Oestrogenwirkung auf den Uterus angesehen (SZEGO, 1971; SZEGO u. DAVIS, 1967, 1969a, b, dort weitere Literatur). LAFRENIERE u. SINGHAL (1971) und SINGHAL u. LAFRENIERE (1970) konnten bei juvenilen Ratten zeigen, daß die stimulierende Wirkung von cAMP auf das Wachstum des Uterus und auf Enzyme der Glykolyse (Hexokinase, Phosphofructokinase, Pyruvatkinase) und des Pentosephosphat-Shunts (Glucose-6-Phosphatdehydrogenase, 6-Phosphogluconat-Dehydrogenase) durch Theophyllin verstärkt wird. Auch Theophyllin allein (ca. 200 mg/kg) führte innerhalb von 16 Std zu einer Zunahme des Uterusgewichts um 50% und innerhalb von 8 Std zu einer Vermehrung der genannten Enzyme um 50—100% (LAFRENIERE u. SINGHAL, 1971; SINGHAL u. LAFRENIERE, 1970). Vorbehandlung der Tiere mit Cycloheximid oder Actinomycin, zwei Hemmstoffen der Proteinsynthese, unterdrückte die Wirkung des Theophyllins auf das Uteruswachstum (SINGHAL u. LAFRENIERE, 1970). Die Zunahme der Phosphofructokinase beruht offensichtlich auf einer Enzyminduktion, denn sie war ebenfalls durch Actinomycin oder Cycloheximid zu verhindern (SINGHAL u. LAFRENIERE, 1970).

Bei Ratten führte Aminophyllin *in vivo* und *in vitro* zu einer Zunahme der Phosphorylase a im Uterus. An oestrogen-vorbehandelten Uteri war der Effekt stärker ausgeprägt. Oxytocinvorbehandlung der Uteri steigerte die Theophyllinwirkung dagegen nicht. Theophyllin verstärkte zwar die durch Adrenalin verursachte Aktivierung der Phosphorylase, doch war andererseits die Theophyllinwirkung am Uterus catecholaminverarmter Ratten nicht abgeschwächt (LEONARD, 1972). Diese Befunde lassen sich ebenfalls mit der Wirkung des Theophyllins auf den cAMP-Gehalt des Uterus erklären.

Auf die ATP-abhängige Aufnahme von Calcium in isolierte Mikrosomen des Rattenuterus hatten 8×10^{-3}M Coffein keinen Einfluß (BATRA u. DANIEL, 1971).

b) Prostata und Samenblase

Singhal (1971) und Singhal und Mitarb. (1970b) konnten zeigen, daß cAMP an der Prostata von Ratten testosteronähnliche Eigenschaften besitzt und das Organgewicht sowie die Aktivität einiger Enzyme (Hexokinase, Phosphofructokinase, Pyruvatkinase, α-Glycerophosphatdehydrogenase, Glycerinaldehydphosphat-Dehydrogenase, Glucose-6-phosphat-Dehydrogenase, 6-Phosphogluconat-Dehydrogenase) erhöht. Theophyllin hatte eine ähnliche Wirkung und potenzierte die Wirkung des cAMP. Hemmstoffe der Proteinsynthese (Actinomycin D und Cycloheximid) verhinderten die Wirkung von cAMP und Theophyllin.

Analoge Ergebnisse wurden von Singhal u. Mitarb. (1970a) an der Samenblase erzielt. Theophyllin allein führte zu einer Zunahme der Phosphofructokinase, der Pyruvatkinase und der Glucose-6-phosphat-Dehydrogenase. Theophyllin in Kombination mit cAMP verursachte stärkere Zunahmen dieser Enzyme und darüber hinaus auch noch eine Zunahme der Hexokinase und des Organgewichts. Auch diese Effekte waren durch Actinomycin D und Cycloheximid hemmbar.

c) Gefäßmuskulatur

In Homogenaten aus Kaninchenaorta hemmte Theophyllin in einer Konzentration von $1{,}4 \times 10^{-3}$ M die Phosphodiesterase zu 50% (Triner u. Mitarb., 1970).

d) Intestinaltrakt

Bei Muskelpräparaten aus Schildkrötenmagen hemmte Coffein unter anaeroben Versuchsbedingungen dosisabhängig die Lactatproduktion. Unter aeroben Bedingungen hatten 0,3% Coffein keinen Einfluß auf den Sauerstoffverbrauch (Evans, 1926).

In Darmgewebe stimulierte Theophyllin ebenso wie cAMP-Dibutyrat und β-Sympathicomimetica (Adrenalin, Isoprenalin) den Einbau von Glucosamin in Glykoproteine. Die Wirkung der β-Sympathicomimetica wurde durch Theophyllin potenziert. Cycloheximid hemmte die Wirkung der genannten Pharmaka (Fortner u. Mitarb., 1973).

III. Intermediärstoffwechsel des Herzens

1. Einleitung

Die spezifische Leistung des Herzens ist die Umwandlung chemischer Energie in mechanische Energie, und der Stoffwechsel des Herzens dient praktisch nur der Bereitstellung dieser Energie. Direkte Energiequelle für die Muskelkontraktion sind dabei die energiereichen Phosphate, Kreatinphosphat und ATP, von denen Kreatinphosphat die Rolle eines Energiereservoirs spielt und die Energieübertragung aus dem mitochondrialen in den sarkoplasmatischen Raum besorgt, während

ATP — oder zumindest eine Fraktion des ATP, das sog. turnover-ATP — als unmittelbarer Energiedonator fungiert.

Die energiereichen Phosphate liefert der oxidative Abbau von Kohlenhydraten und Fettsäuren, die zum größten Teil aus dem Blut stammen, notfalls aber auch durch Mobilisierung der allerdings geringen Eigenreserven des Herzens an Glykogen und Triglyceriden gewonnen werden können. Im einzelnen sind es Glucose, Pyruvat, Lactat, unveresterte Fettsäuren und Ketonkörper (Acetoacetat, β-Hydroxybutyrat), die in wechselnder Menge verbrannt werden. Im Ruhezustand bestreiten Glucose, Lactat und Fettsäuren zu etwa gleichen Teilen den Energiebedarf; bei körperlicher Arbeit kann der Anteil der Fettsäuren oder des Lactats auf mehr als 60% ansteigen. Der Anteil der Ketonkörper am Gesamtstoffwechsel ist in Ruhe und bei Arbeit gering. Ein anoxidativer Stoffwechsel spielt beim Herzen normalerweise keine große Rolle, doch kann das Herz unter anoxidativen Bedingungen die dann als Stoffwechselendprodukt anfallende Milchsäure an das Blut abgeben (BING, 1955; GAUER, 1972; KEUL u. Mitarb., 1965; TALKE, 1972).

Von Hemmstoffen der Phosphodiesterase, z.B. den Methylxanthinen, würde man erwarten, daß sie über eine Akkumulierung von cAMP in der Zelle die Herzarbeit steigern und gleichzeitig das Phosphorylasesystem und den Glykogenabbau stimulieren. Am Ganztier sollten sie zudem das Angebot von Glucose und Fettsäuren mit dem Blut erhöhen (s. Kapitel J. II., S. 216 u. M., S. 257) und auf diese Weise dem Herzen auch die für die zusätzliche Arbeit notwendigen Substrate in vermehrtem Umfang zur Verfügung stellen. Da die Aufnahme der Substrate in das Herz, z.B. bei Lactat und Fettsäuren, der Blutkonzentration dieser Stoffe parallel geht, sollten daher die Methylxanthine nicht nur die mechanische Arbeit, sondern auch die Stoffwechselleistungen (Kohlenhydrat, Fett- und Energiestoffwechsel) des Herzens fördern. Im folgenden werden Stoffwechseleffekte aufgeführt, die unter dem Einfluß von Methylxanthinen am Herzen tatsächlich gefunden wurden.

2. Kohlenhydratstoffwechsel und Cyclo-AMP-System

Mehrere Untersucher haben in Versuchen am Ganztier und an isolierten Herzmuskelpräparationen zeigen können, daß Coffein und Theophyllin die Phosphorylase aktivieren und den relativen Anteil der Phosphorylase a an der Gesamtphosphorylase erhöhen (FRIESEN u. Mitarb., 1967; HESS u. HAUGAARD, 1958; HESS u. Mitarb., 1964; KLAUS u. Mitarb., 1970; KUKOVETZ u. PÖCH, 1962, 1969, 1970; KUKOVETZ u. Mitarb., 1960; MCNEILL u. Mitarb., 1969, 1971; SEITZ u. Mitarb., 1969). Nach MCNEILL u. Mitarb. (1969) ist dieser Effekt, der etwa 15 min nach der Verabreichung von Theophyllin auftritt und mindestens 1 Std anhält, im Dosisbereich von 10—100 mg/kg Theophyllin nicht dosisabhängig.

Den genannten Publikationen stehen vereinzelte Arbeiten gegenüber, die über andere Erfahrungen berichten. So fanden MAYER u. MORAN (1960) beim Hund nach Dosen von 10 und 25 mg/kg Theophyllin keine Zunahme der Phosphorylase a, und RUBCHINSKAYA (1965) sah nach niedrigen Dosen von Coffein (5 mg/kg) sogar eine Abnahme der Phosphorylaseaktivität, während nach 50 mg/kg Coffein die Phosphorylaseaktivität nicht von der der Kontrolltiere abwich.

Über den Mechanismus, der der Aktivierung der Phosphorylase durch Methylxanthine zugrunde liegt, gehen die Meinungen noch auseinander. Da das β-Sympathicolyticum Propranolol (MCNEILL u. Mitarb., 1971) sowie Vorbehandlung der Tiere mit Reserpin, die zu einer Catecholaminverarmung führt (MCNEILL u. Mitarb., 1969), die durch Theophyllin erzeugte Zunahme der Phosphorylase a verhinderte, vermuten MCNEILL u. Mitarb. (1971), daß es sich bei der Phosphorylase-Aktivierung um einen indirekten Vorgang handelt, der durch Catecholamine vermittelt wird. In der Tat zeigen Befunde von BERKOWITZ und SPECTOR (1971a) sowie MUSCHOLL u. Mitarb. (1969), daß Methylxanthine Adrenalin aus dem Nebennierenmark freisetzen und gleichzeitig die Freisetzung von endogenem Noradrenalin aus dem Herzen fördern (BERKOWITZ u. Mitarb., 1969), welches ebenso wie Adrenalin die Adenylcyclase im Herzmuskel und damit die Bildung von cAMP stimulieren könnte. Die Beobachtung von WEINRYB und MICHEL (1971), daß Theophyllin in Konzentrationen bis zu 10^{-2} M die Adenylcyclase-Aktivität in Herzhomogenaten nicht erhöht, schließt die Möglichkeit einer Beteiligung der Catecholamine und der Adenylcyclase an der Aktivierung der Phosphorylase nicht aus.

Dem entgegen scheinen jedoch Befunde von KUKOVETZ und PÖCH (1962, 1967) zu stehen, die die am isoliert perfundierten Meerschweinchenherzen durch Theophyllin und Coffein hervorgerufene Zunahme der Phosphorylase a mit den β-Sympathicolytica Dichlorisoproterenol und Pronethalol nicht verhindern konnten. In ähnlicher Weise fanden HESS u. Mitarb. (1964) am Langendorff-Herz der mit Reserpin vorbehandelten Ratte keinen Antagonismus, sondern einen Synergismus zwischen Reserpin und Theophyllin. Auch frühere Versuche von MCNEILL (1970) sprechen für einen solchen Synergismus, dessen Mechanismus noch nicht geklärt ist. Derartige einander widersprechende Beobachtungen machen es jedoch deutlich, daß an isolierten Präparationen gewonnene Ergebnisse nicht ohne weiteres Rückschlüsse auf die Verhältnisse beim Ganztier erlauben. Insbesondere scheint die Aktivierung des Phosphorylase-Systems an die intakte Herzmuskelzelle gebunden zu sein. STEIN und LEWIS (1968) fanden nämlich, daß Coffein in Herzhomogenaten die Phosphorylase nicht oder nur geringfügig stimuliert und die durch AMP aktivierte Phosphorylase b nicht kompetitiv hemmt. Die Hemmkonstante K_i betrug 1×10^{-3} M.

Die meisten Autoren gehen bei ihren Überlegungen zum Mechanismus der Phosphorylase-Aktivierung davon aus, daß Methylxanthine kompetitiv oder nicht kompetitiv die Phosphodiesterase blockieren und so den intracellulären Gehalt an cAMP erhöhen, ein Befund, der allerdings vorwiegend in *in vitro*-Experimenten erhoben wurde (AMER u. BROWDER, 1971; BEAVO u. Mitarb., 1971; BUTCHER u. SUTHERLAND, 1959, 1962; HESS u. Mitarb., 1964; KUKOVETZ u. PÖCH, 1962, 1967, 1970; PÖCH u. KUKOVETZ, 1969; VERNIKOS-DANELLIS u. HARRIS, 1968). NAIR (1966) wies an einer aus Hundeherz isolierten Phosphodiesterase nach, daß das Enzym durch Coffein nicht kompetitiv gehemmt wird, wobei die Hemmkonstante K_i 5×10^{-2} M betrug. NITZ u. Mitarb. (1968) fanden, daß die Phosphodiesterase aus Rattenherz durch 5×10^{-4} M Theophyllin zu 50% gehemmt wurde, wenn die cAMP-Konzentration im Medium bei 10^{-4} M lag.

Auf die Bedeutung des cAMP für die Zunahme der Phosphorylase a weist der Befund von KUKOVETZ und PÖCH (1962, 1969) hin, daß die Wirkung von

Coffein und Theophyllin auf die Phosphorylase am isoliert durchströmten Meerschweinchenherzen durch Imidazol, welches die Phosphodiesterase stimuliert und damit den cAMP-Gehalt senken sollte, abgeschwächt wird. Ein weiterer Hinweis ist die mehrfach beschriebene Tatsache, daß Theophyllin die Zunahme der Phosphorylase-Aktivität potenzieren kann, die durch cAMP-Dibutyrat oder durch Adrenalin und Noradrenalin, welche über eine Stimulierung der Adenylcyclase den cAMP-Gehalt der Zelle erhöhen, verursacht wird (HESS u. Mitarb., 1964; KUKOVETZ u. PÖCH, 1969, 1970; MCNEILL, 1970; MCNEILL u. Mitarb., 1969, 1971).

Es bleibt jedoch die Frage offen, ob das cAMP die Phosphorylase b-Kinase direkt stimuliert oder ob die durch Methylxanthine verursachte Erhöhung des myoplasmatischen Calciumgehalts der unmittelbare Anlaß für die Aktivierung der Phosphorylase ist, wie von KLAUS u. Mitarb. (1970), KUKOVETZ u. PÖCH (1970) sowie MCNEILL u. Mitarb. (1969) diskutiert wird. Die genannten Autoren gründen ihre Vermutung auf Beobachtungen von BELFORD u. FEINLEIB (1959), FRIESEN u. Mitarb. (1967), KREBS u. Mitarb. (1959) und NAMM u. MAYER (1968), denen zufolge eine Erhöhung des intracellulären Calciums die Phosphorylase b-Kinase aktiviert und eine Zunahme der Phosphorylase a nach sich zieht.

Die durch Theophyllin verursachte Zunahme der Phosphorylase a wird durch Schilddrüsenhormon und das Antihistaminicum Tripelennamin additiv verstärkt (MCNEILL u. Mitarb., 1971). Das Parasympathicolyticum Atropin hat keinen Einfluß auf die durch Theophyllin hervorgerufene Aktivierung der Phosphorylase (MCNEILL u. Mitarb. 1969).

Auffallend ist, daß die durch Methylxanthine ausgelösten mechanischen Effekte und die Phosphorylase-Aktivierung nicht immer miteinander korreliert sind (KLAUS u. Mitarb., 1970, hier auch weitere Literatur; FRIESEN u. Mitarb., 1967; MCNEILL u. Mitarb., 1969).

In *in vivo*-Versuchen von BELFORD und CUNNINGHAM (1968) wurde die relative Aktivität der Glykogensynthetase

$$\frac{\text{Glykogensynthetase I}(=\text{a})}{\text{Glykogensynthetase I}(=\text{a}) + \text{Glykogensynthetase D}(=\text{b})}$$

durch Aminophyllin nicht vermindert, doch nahm die Gesamtmenge an Glykogensynthetase (Synthetase a + Synthetase b) ab.

Am isolierten Herzpräparat senkte Theophyllin den Glykogengehalt (BROEKHYSEN u. Mitarb., 1969; KLAUS u. Mitarb., 1970; SEITZ u. Mitarb., 1969; VINCENT u. ELLIS, 1963), und auch *in vivo* sank der Glykogengehalt des Herzens unter einer Behandlung mit Coffein oder Theophyllin ab, wobei bereits niedrige Dosen zur Erzielung dieses Effekts ausreichten (MAKOČ u. VOREL, 1968; RUBCHINSKAYA, 1965; SZEKERES u. Mitarb., 1958). Derartige Befunde stehen in guter Übereinstimmung mit der oben beschriebenen Aktivierung des glykogenolytischen Systems. Bei hypoxischen Tieren war der durch Coffein hervorgerufene Abfall des Glykogengehalts des Herzens geringer als bei den Kontrolltieren (SZEKERES u. Mitarb., 1958). Am isolierten Herzen ließ sich die Abnahme des Glykogens durch Acetylcholin, das die Aktivierung des glykogenolytischen Systems verhindert, aufheben (VINCENT u. ELLIS, 1963).

Die Aktivität der Aldolase wurde durch 5 mg/kg Coffein vermindert, durch 50 mg/kg erhöht. Die Phosphoglucomutase-Aktivität wurde durch beide Coffeindosen reduziert (Rubchinskaya, 1965). Belford und Feinleib (1962) und Belford und Cunningham (1968) beobachteten unter der Einwirkung von 30 mg/kg Aminophyllin eine Zunahme des Glucose-6-phosphatgehalts des Herzens. Ammon und Estler (1970) fanden bei Ratten nach Gabe von 40 mg/kg Coffein eine Abnahme des Pyruvat- und eine Zunahme des Lactatgehalts und dementsprechend auch eine Erhöhung des Lactat/Pyruvat-Quotienten.

Eine vermehrte Abgabe von Lactat aus dem Herzen hatten bereits Rühl und Thaddea (1939) am Herz-Lungen-Präparat unter herzschädigenden Dosen von Coffein, nicht jedoch unter Aminophyllin beobachtet. In den Versuchen von Klaus und Mitarb. (1970) und Seitz und Mitarb. (1969) stieg die Lactatabgabe auch unter Theophyllin an. Nach Gottdenker und Rothberger (1936) hängt es vom Funktionszustand des Präparates ab, ob unter Theophyllin vom Herzen Milchsäure aufgenommen oder abgegeben wird. Die von Ammon und Estler (1970) beschriebene Erhöhung des Lactat/Pyruvat-Quotienten, der ein Parameter für den NADH/NAD-Quotienten im Cytoplasma ist und eine Verschiebung des Redoxpotentials nach der reduzierten Seite anzeigt, war bei älteren Tieren stärker ausgeprägt als bei jüngeren. Die Autoren führen dies darauf zurück, daß Coffein bei den älteren Tieren zu einer größeren Zunahme der Herzarbeit führte.

3. Energie- und Gesamtstoffwechsel

Coffein senkte bei jungen und älteren Ratten den ATP- und Kreatinphosphatgehalt des Herzens im Vergleich zu den Sympathicomimetica nur wenig (Ammon u. Estler, 1970). Eine Verminderung der energiereichen Phosphate durch Methylxanthine wurde auch von Volinskii und Mitarb. (1963) (zit. nach Ammon u. Estler, 1970) beschrieben. Horn und Mitarb. (1969) fanden am isoliert mit 2,5 mM Theophyllin durchströmten Herzen keine Veränderungen im Kreatinphosphat-, ATP-, ADP- und AMP-Gehalt. In den Versuchen von Szekeres u. Mitarb. (1958) hatten 2 mg/kg Coffein keinen Einfluß auf den Kreatinphosphatgehalt, senkten aber den ATP-Gehalt. Der durch Hypoxie verursachte Abfall des Kreatinphosphatgehalts war dagegen unter Coffein geringer (Szekeres u. Mitarb., 1958). Die Veränderungen waren in keinem Fall so, daß man daraus auf eine energetische Insuffizienz des Herzens hätte schließen können.

Am isoliert perfundierten Meerschweinchenherzen steigerte Theophyllin ($1{,}8 \times 10^{-4}$M) den Sauerstoffverbrauch (Klaus u. Mitarb., 1970). Auch Coffein führte am intakten und am barbituratgeschädigten Herz-Lungenpräparat zu einer dosisabhängigen, kurzfristigen Zunahme des Sauerstoffverbrauchs (Kiese u. Gummel, 1938). Zu ähnlichen Ergebnissen kamen Afonso und O'Brien (1970) und Foltz u. Mitarb. (1950) aufgrund von Studien über den Sauerstoffgehalt des Coronarblutes am Ganztier. Während die arterielle Sauerstoffsättigung sich kaum änderte, fiel die venöse Sauerstoffsättigung deutlich ab (Foltz u. Mitarb., 1950). Auch Maxwell und Mitarb. (1959) fanden bei gesunden Versuchspersonen und herzkranken Patienten unter Aminophyllin (250 mg) eine erhöhte arterio-venöse Sauerstoffdifferenz, die auf eine vermehrte O_2-Ausschöpfung hinweist. Da jedoch die Coronardurchblutung gleichzeitig abnahm, war der Sauerstoffverbrauch des Herzens nicht erhöht. In Versuchen von LOCHNER und Mitarb. (1956) zeigte die Sauerstoffsättigung des Coronarsinusblutes bei Hunden unter 1—10 mg/kg Coffein oder Aminophyllin abhängig von der Dosis und der Einwirkungszeit der Pharmaka ein unterschiedliches Verhalten. Auf eine vorübergehende Zunahme, die vor allem nach höheren Dosen beobachtet wurde, kam es gelegentlich zu einer Senkung der Sauerstoffsättigung.

Wahrscheinlich handelt es sich bei der durch Methylxanthine verursachten Steigerung des Sauerstoffverbrauchs um einen indirekten Effekt, denn LÜLLMANN (1955) konnte bei Versuchen mit Herzmuskelstücken von Mäusen *in vitro* selbst nach Zusatz von 10 mg/ml Coffein oder Theophyllin zum Medium keinerlei Steigerung des Sauerstoffverbrauchs finden, während Vorbehandlung der Mäuse *in vivo* mit 100—200 mg/kg Coffein oder Theophyllin zu einer Zunahme des Sauerstoffverbrauchs der excidierten Herzmuskulatur führte. Zwischen Kontraktionskraft des Herzmuskels und Sauerstoffverbrauch bestehen nach LÜLLMANN (1955) keine engen Korrelationen.

Über einen nicht näher geklärten Mechanismus hob in Versuchen von AFONSO und O'BRIEN (1970) Theophyllin die hämodynamischen und metabolischen Effekte von Adenosin (Steigerung von Herzarbeit, Coronardurchfluß, myokardialem Sauerstoffverbrauch, Abnahme der arterio-venösen O_2-Differenz u.a.) auf. Vielleicht liegt diesem Effekt ein ähnlicher Antagonismus zwischen Methylxanthinen und Adenosin zugrunde, wie er z.B. am Fettgewebe gefunden wurde (s. hierzu auch Kapitel M., S. 257).

Zusammengenommen lassen sich die bisher geschilderten Befunde mit der Vorstellung in Einklang bringen, daß Methylxanthine über eine Zunahme des cAMP nicht nur die Herzarbeit steigern, sondern auch die Phosphorylase aktivieren, wodurch vermehrt Glykogen mobilisiert und dem glykolytischen Abbau zugeführt wird. Eine gleichzeitige Steigerung des oxidativen Stoffwechsels erlaubt es dabei dem Herzen, soviel Energie zu produzieren, daß der Gehalt des Herzens an energiereichen Phosphaten trotz des wegen der vermehrten Herzarbeit erhöhten ATP-Bedarfs entweder normal bleibt oder nur geringfügig abfällt. Eine geringe Senkung des ATP-Gehalts würde u.U. eine negative Feedback-Hemmung der ATP-Produktion aufheben und die Neusynthese energiereicher Phosphate ankurbeln. Die von STIEVE (1935) nach monatelanger Coffeinzufuhr beobachtete Zunahme des Herzgewichts dürfte mit der kardiotonen Wirkung der Methylxanthine zu erklären sein.

4. Catecholamine

Wie schon kurz erwähnt, setzen Theophyllin und wahrscheinlich auch Coffein in einer Dosis von 50 mg/kg Adrenalin aus dem Nebennierenmark frei (BERKOWITZ u. SPECTOR, 1971a; MUSCHOLL u. Mitarb., 1969). Dieses im Blut zirkulierende Adrenalin kann vom Herzen aufgenommen werden, so daß der Adrenalingehalt dieses Organs erheblich ansteigt (BERKOWITZ u. SPECTOR, 1971a; MUSCHOLL u. Mitarb., 1969) und zwar besonders dann, wenn die Catecholaminspeicher des Herzens verarmt sind. Da der Adrenalingehalt des Herzens im Vergleich zum Noradrenalingehalt klein ist, und Coffein und Theophyllin auch die Freisetzung intrakardial gespeicherten Noradrenalins fördern können (BERKOWITZ u. Mitarb., 1969), zeigt der Gesamtcatecholamingehalt des Herzens nach Gabe von Methylxanthinen trotzdem keine wesentlichen Änderungen (BERKOWITZ u. SPECTOR, 1971a). Auch funktionelle Untersuchungen von STRUBELT (1968), in denen allerdings der Catecholamingehalt des Herzens nicht bestimmt wurde, lassen an eine Freisetzung herzeigener Catecholamine durch Methylxanthine denken.

Die Synthese von Dopamin und Noradrenalin aus ihrer gemeinsamen Vorstufe Dopa wird durch Coffein und Aminophyllin (100 mg/kg) gesteigert. Coffein steigert auch die Bildung von Methoxytyramin (WALDECK, 1972).

IV. Stoffwechselfunktionen der Leber

1. Einleitung

Die Leber erfüllt eine Vielzahl von physiologischen Aufgaben. Neben ihrer Rolle als Exkretionsorgan — die Leber produziert die Galle, mit der u.a. Cholesterin, Gallensäuren, Abbauprodukte des Hämoglobins und Fremdstoffe ausgeschieden werden — nimmt sie eine zentrale Stellung im Fremdstoffmetabolismus ein, da in ihr die Biotransformation, d.h. die metabolische Umwandlung von Fremdstoffen erfolgt, welche in der Regel zu einer Inaktivierung dieser Verbindungen führt.

Daneben ist die Leber ein außerordentlich stoffwechselintensives Organ. Eine Übersicht über die wichtigsten Stoffwechselreaktionen gibt Abb. 20. So spielt die Leber einmal eine wichtige Rolle im Kohlenhydratstoffwechsel. Sie kann Kohlenhydrate in Form von Glykogen speichern, das sie aus Glucose, Kohlenhydratabbauprodukten (z.B. Lactat, Pyruvat), Metaboliten des Citratcyclus oder aus bestimmten Aminosäuren aufbauen kann, und kann bei Bedarf das Glykogen wieder spalten und in Form von Glucose an das Blut abgeben. Sie hat damit einen entscheidenden Anteil an der Regulation des Blutzuckerspiegels. Weitere Aufgaben sind die Verwertung von Galaktose und Fructose, der Abbau von Kohlenhydraten über die Glykolyse und den Pentosephosphat-Shunt und den Citratcyclus sowie die Synthese von Glucuronsäure, Aminozuckern und Neuraminsäure.

Nicht minder bedeutungsvoll ist die Rolle der Leber im Fettstoffwechsel. Da sie Chylomikronen und im Überschuß mobilisierte Fettsäuren aufnehmen und diese zur Synthese von Triglyceriden bzw. Lipoproteinen verwerten kann, die dann auf dem Blutweg den Fettdepots zugeführt werden (s. auch Kapitel M., S. 255), übt sie eine wichtige regulierende Funktion im Fettstoffwechsel aus. Die Fettsäuren können aber auch in der Leber aus anderen Nahrungsstoffen

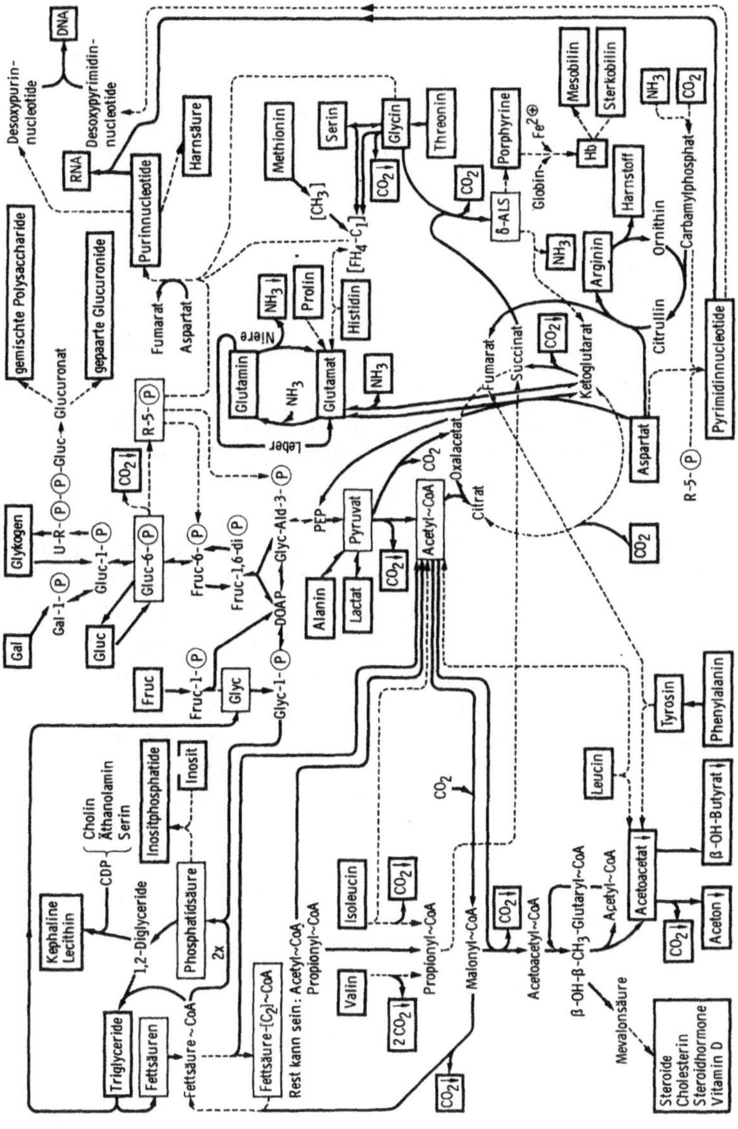

Abb. 20. Die wichtigsten Reaktionswege im Intermediärstoffwechsel der Leber (Nach von Oldershausen, 1972). Abkürzungen: δ-ALS: δ-Aminolävulinsäure; CDP: Cytidindiphosphat; CoA: Coenzym A; DOAP: Dihydroxyacetonphosphat; FH_4: Tetrahydrofolsäure; Fruc: Fructose; Gal: Galaktose; Gluc: Glucose; Glyc: Glycerin; Glyc-ald: Glycerinaldehyd; (P): -phosphat; PEP: Phosphoenolpyruvat; R-5-(P): Ribose-5-phosphat; U-R-(P)-(P)-gluc: Uridindiphosphatglucose

gebildet oder zur Energiegewinnung abgebaut werden, wobei u.U. Ketonkörper (Acetoacetat, β-Hydroxybutyrat, Aceton) entstehen. Weiterhin obliegt der Leber die Synthese der Phospholipide, des Cholesterins und der Gallensäuren.

Zu den Funktionen der Leber im Proteinstoffwechsel gehören die Synthese nicht-essentieller Aminosäuren, die Umwandlung von Aminosäuren in Kohlenhydrate (Gluconeogenese), die Synthese wichtiger Proteine (z.B. Albumin, Globulin, Fibrinogen, Gerinnungsfaktoren) sowie die Synthese von Harnstoff, Häm und Blutfarbstoffen, an deren Abbau sie ebenfalls beteiligt ist.

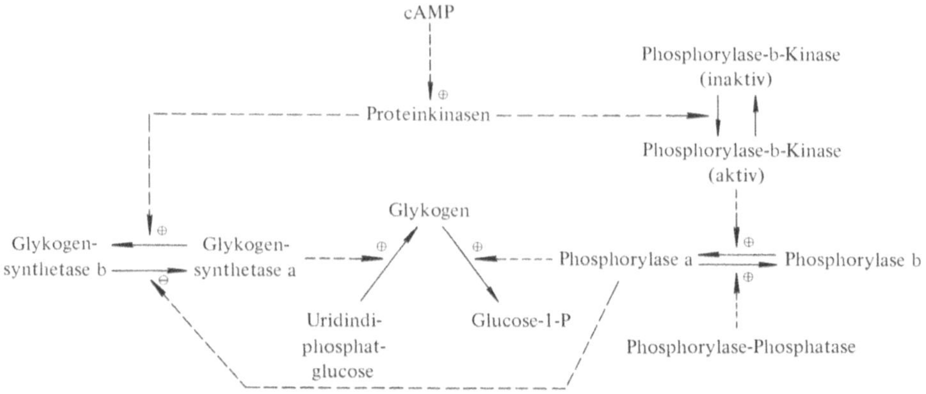

Abb. 21. Der Einfluß von cAMP auf den Aufbau und Abbau des Glykogen. ⟶ geht über in ...; – –⊕→ wirkt fördernd ein auf ...; – –⊖→ wirkt hemmend ein auf ...

An verschiedenen Reaktionen, z.B. der Glykogenolyse (Glykogenspaltung), der Glykogensynthese, der Glykolyse (anoxidativer Abbau von Kohlenhydraten), der Gluconeogenese und der Proteinsynthese, ist cAMP beteiligt (s. Kapitel L., S. 243ff.). Von Hemmstoffen der am Abbau des cAMP beteiligten Phosphodiesterase, wie den Methylxanthinen, ist somit zu erwarten, daß sie in mannigfacher Weise in den Leberstoffwechsel eingreifen. Sie könnten z.B., wenn sie in genügend hoher Konzentration im Organ vorhanden sind, über eine Stimulierung der Glykogenolyse und der Gluconeogenese die Glucoseproduktion steigern, den Kohlenhydratabbau verstärken, die Aminosäurenaufnahme und die Proteinsynthese stimulieren etc. (DOMAGK, 1972; GILETTE, 1963; GUYTON, 1966; v. OLDERSHAUSEN, 1972).

Die nachfolgenden Ausführungen sollen einen Überblick darüber geben, welche Effekte im einzelnen tatsächlich beobachtet wurden. Bezüglich älterer Arbeiten s. auch die letzte Auflage dieses Buches (EICHLER, 1938). Dabei sei betont, daß *in vitro*-Befunde, die unter Verwendung hoher Methylxanthin-Konzentrationen erhoben wurden, keineswegs beweisen, daß ähnliche Effekte auch *in vivo* auftreten, denn bei Einnahme üblicher Coffein- und Theophyllinmengen dürften die Konzentrationen dieser Stoffe in der Leber verhältnismäßig niedrig bleiben.

2. Cyclo-AMP-System

Methylxanthine, z.B. Theophyllin und sein Derivat SC 2964 (1-Methyl-3-isobutylxanthin) hemmen die Phosphodiesterase in Leberhomogenaten (BEAVO u. Mitarb., 1971). Die Phosphodiesterase der Leber scheint jedoch weniger empfindlich gegenüber Methylxanthinen zu sein als die Phosphodiesterase von anderen Organen, z.B. von Herz oder Fettgewebe.

An der isoliert perfundierten Rattenleber verursachten Coffein und Theophyllin allein in 10^{-3} M Konzentration noch keine Veränderung im cAMP-Gehalt

(EXTON u. Mitarb., 1971). Die gleiche Konzentration von Theophyllin, nicht aber von Coffein potenzierte die Wirkung submaximal wirkender Adrenalin- und Glucagonkonzentrationen auf den Gehalt der Leber an cAMP. Gemeinsam verabreicht führten 10^{-3} M Theophyllin und für sich allein unwirksame Konzentrationen von Adrenalin und Glucagon zu einer Vermehrung des cAMP (EXTON u. Mitarb., 1971); in $6{,}67 \times 10^{-3}$ M Konzentration erhöhte Coffein allein den cAMP-Gehalt von Lebergewebe *in vitro* und verstärkte die durch Adrenalin und Glucagon verursachte Zunahme dieser Verbindung (RALL u. SUTHERLAND, 1958).

3. Kohlenhydratstoffwechsel

Mit der durch Methylxanthine verursachten Erhöhung des cAMP-Gehaltes der Leber steht die Beobachtung in Einklang, daß Coffein in Konzentrationen von 5×10^{-4} M—10^{-3} M die durch submaximal wirksame Konzentrationen von Glucagon *in vitro* hervorgerufene Aktivierung der Phosphorylase verstärkt (BERTHET u. Mitarb., 1957). Coffein allein führte in diesen Versuchen zu keiner signifikanten Zunahme der Phosphorylase-Aktivität.

Andererseits ist jedoch bekannt, daß Methylxanthine (Coffein, Theophyllin, Theobromin) in ähnlicher Konzentration die enzymatische Inaktivierung der Phosphorylase a durch das Enzym Phosphorylase-Phosphatase beschleunigen (STALMANS u. Mitarb., 1970; SUTHERLAND, 1951; WOSILAIT u. SUTHERLAND, 1956). Da die Phosphorylase a die Aktivierung der Glykogensynthetase, d.h. die Umwandlung der Glykogensynthetase b (=D) in die Glykogensynthetase a (=I), hemmt, begünstigt Coffein, indem es die inhibitorisch wirkende Phosphorylase a beseitigt, die Aktivierung der Glykogensynthetase (DEWULF u. Mitarb., 1970; STALMANS u. Mitarb., 1971) (s. Abb. 21).

Methylxanthine können also sowohl über eine Aktivierung der Phosphorylase den Glykogenabbau fördern als auch über eine Aktivierung der Glykogensynthetase die Glykogensynthese begünstigen, wobei je nach den gegebenen Umständen der eine oder andere Effekt überwiegen kann. Versuche von ESTLER und Mitarb. (1969) deuten an, daß die Wirkung der Methylxanthine auf das Leberglykogen tatsächlich von den Versuchsbedingungen abhängig ist.

Nach akuter Zufuhr von 20—100 mg/kg Coffein sinkt der Glykogengehalt der Leber ab (AMMON u. ESTLER, 1969a, b; MAKOČ u. VOREL, 1968). Den gleichen Effekt hatten Coffein und Theophyllin bei fetalen Hühnern (FREEMANN u. MANNING, 1971). In den Versuchen von AMMON u. ESTLER (1969a, b) war die Coffeinwirkung nicht dosisabhängig. Das könnte daran liegen, daß es sich hierbei vielleicht um eine indirekte Reaktion handelt, die z.B. über die durch Methylxanthine verursachte Erhöhung des Sympathicustonus bzw. die durch Methylxanthine verursachte Catecholaminausschüttung zustande kommen könnte. Eine solche Vermutung findet eine Stütze in den Befunden von BEDÖ (1969), JUNKMANN und STROSS (1926) und STRUBELT (1969), in denen Coffein und Theophyllin nach Eingriffen wie Adrenalektomie, Entfernen des Nebennierenmarks, Sympathektomie und Behandlung mit antisympathicoton oder sympathicolytisch wirkenden Pharmaka (Propranolol, Reserpin) nicht mehr zu einer Hyperglykämie führen, eine Beobachtung, die allerdings von VINKELAU (1968) nicht gemacht wurde. Gegen die obige Vermutung spricht, daß Coffein und Theophyllin in Gewebekulturen von embryonalen Hühnerleberzellen einen Schwund des Glykogens verursachten (HEBERT u. Mitarb., 1971).

In subchronischen Versuchen, in denen Ratten 13—15 Tage lang Theobromin bzw. Kakao (entspr. 27—54 mg Theobromin/Tag) verfüttert wurden, fand BICKEL (1938) keine wesentlichen Veränderungen im Glykogengehalt der Leber. DANOPOULOS (1939) sah dagegen nach 2 Wochen langer Behandlung von Ratten mit 50—200 mg/kg Coffein pro Tag eine erhebliche Zunahme des Leberglykogens. Zu ähnlichen Ergebnissen kamen FRIEND und Mitarb. (1972) in Versuchen an Ratten, die 16 Tage lang 0,5% Theophyllin mit der Nahrung erhielten. Bei Mäusen, denen 6 Wochen lang 150 mg/kg Coffein pro Tag mit dem Futter verabreicht wurden, fanden ESTLER und Mitarb. (1969) keine signifikanten Veränderungen im Leberglykogen. Zu dem gleichen Resultat kamen KRAMER und Mitarb. (1969) bei Ratten, die 16 Wochen lang 16,6 mg/kg Coffein pro Tag p.o. erhalten hatten. Möglicherweise kommt es in länger dauernden Versuchen zu einer Adaptation an die Methylxanthinwirkung. Ein Zeichen hierfür wäre auch, daß Coffein im Langzeitversuch die Mobilisierbarkeit des Leberglykogens bei körperlicher Belastung einzuschränken scheint (ESTLER u. Mitarb., 1969).

Bei diabetischen Mäusen war im akuten Versuch eine ähnliche Abnahme des Glykogengehalts der Leber zu beobachten wie bei gesunden Tieren (AMMON u. ESTLER, 1969a, b).

Zu dem *in vivo* häufig erhobenen Befund einer verstärkten Glykogenolyse paßt die Beobachtung von EXTON und Mitarb. (1971), daß an der isoliert perfundierten Leber 10^{-3} M Theophyllin die durch Glucagon stimulierte Glucoseabgabe verstärkte. Auch die von vielen Untersuchern beschriebene, unter dem Einfluß von Methylxanthinen auftretende Hyperglykämie gibt einen indirekten Hinweis auf eine Mobilisierung der Kohlenhydratreserven in der Leber, wenn auch zu bedenken ist, daß die Glucoseproduktion der Leber nur einer von vielen den Blutzuckerspiegel regulierenden Faktoren ist (AMMON u. ESTLER, 1969a, b; BEDÖ, 1969; CHERASKIN u. Mitarb., 1967; JUNKMANN u. STROSS, 1926; MATONE u. Mitarb., 1969; PAGE, 1970; POYART u. NAHAS, 1967; STRUBELT, 1969; STRUBELT u. Mitarb., 1970a; TRINER u. NAHAS 1966a, b). Im übrigen s. Kapitel J. II., S. 216. An dieser Stelle muß betont werden, daß der Glykogengehalt der Leber ohnehin erheblichen periodischen Schwankungen unterliegt und eine Abnahme des Leberglykogens allein keineswegs als Zeichen einer Leberschädigung gedeutet werden kann, zumal sich auch bei Erkrankungen und Vergiftungen der Leber keine festen Korrelationen zwischen Schwere der Erkrankung und Höhe des Leberglykogens erkennen lassen (s. auch v. OLDERSHAUSEN, 1972).

Die Glucoseproduktion aus Lactat wurde an der isoliert perfundierten Rattenleber durch Coffein allein (10^{-3} M) nicht beeinflußt. Die Gluconeogenese wurde aber dann gesteigert, wenn dem Perfusat zusätzlich Oleat als Substrat zugesetzt wurde (EXTON u. Mitarb., 1969).

Theophyllin in Kombination mit cAMP oder dem β-Sympathicomimeticum Isoprenalin führte in fetalen Rattenleberzellen zu einer Induktion der Phosphoenolpyruval-Carboxykinase (WICKS, 1969). Die Pyruvatkinase-Aktivität der Rattenleber wurde durch Zusatz von Coffein zum Futter (136 mg pro 100 g Futter) nicht beeinflußt (NAISMITH u. Mitarb., 1969). Bei Ratten, die 16 Tage lang 0,5% Theophyllin mit der Nahrung erhalten hatten, war die Pyruvatoxidation in den Lebermitochondrien vermindert, die oxidative Phosphorylierung verstärkt (FRIEND u. Mitarb., 1972).

4. Lipidstoffwechsel

1937 beobachtete STIEVE in histologischen Schnitten von Lebern von Kaninchen, denen Coffein verfüttert worden war, ein vermehrtes Auftreten von Fett, das bei trächtigen Tieren besonders ausgeprägt war. Aufgrund neuerer physiologischer Kenntnisse ist die vorübergehende Ablagerung von Fett in der Leber nach Verabfolgung lipolytisch wirkender Pharmaka, zu denen die Methylxanthine gehören (s. Kapitel M., S. 257), keineswegs ungewöhnlich, da die im Blut zirkulierenden Fettsäuren zu einem Prozentsatz von ca. 40—50% von der Leber aufgenommen und dort zu Triglyceriden verestert werden (ROBINSON, 1964). In Übereinstimmung damit konnten ESTLER und AMMON (1966) in Versuchen an Mäusen zeigen, daß innerhalb von 2 Std nach Gabe von 25 und 50 mg/kg Coffein das Depotfett mobilisiert wurde und daß die Mobilisierung des Depotfetts von einer Zunahme des Gehalts der Leber an veresterten Fettsäuren begleitet war. AMMON und ESTLER (1969a, b) fanden bei der gleichen Spezies eine deutliche Parallelität zwischen der Zunahme der unveresterten Fettsäuren im Serum und dem Anstieg des Esterfettsäuregehalts der Leber. Sie konnten überdies zeigen, daß die Veränderungen bei diabetischen Tieren stärker ausgeprägt waren als bei normalen Mäusen.

Es ist nicht ausgeschlossen, daß es bei dem Einfluß der Methylxanthine auf das Leberfett gewisse Speciesdifferenzen gibt, denn STRUBELT und Mitarb., (1970b) fanden unter der Einwirkung von 60—100 mg/kg Coffein oder Theophyllin bei Ratten zwar ähnliche Zunahmen der unveresterten Fettsäuren im Plasma wie ESTLER und AMMON (1966), konnten aber nur mit 100 mg/kg Coffein oder Theophyllin und erst nach 16 Std eine Zunahme des Gesamtfettsäuregehalts der Leber finden. Damit entsprechen ihre Ergebnisse denen einer älteren, noch mit unspezifischer Methodik durchgeführten Untersuchung von HINDEMITH (1942), der ebenfalls bei Ratten nach akuter und chronischer Coffeinzufuhr keine eindeutigen Veränderungen im Gesamtfettsäuregehalt der Leber feststellen konnte. (Nur die Jod-Zahlen der Fette nahmen signifikant zu.) Auch KRAMER und Mitarb. (1969) sowie SPORN und Mitarb. (1969) fanden nach 16 Wochen langer Behandlung von Ratten mit tgl. 16,5 mg/kg Coffein, bzw. 2—6 Wochen langer Behandlung mit 3—25 mg/kg Theophyllin keine Veränderungen im Lipidgehalt der Leber, und zwar unabhängig davon, ob die Tiere in normaler oder kalter Umgebung gehalten wurden.

Möglicherweise wird unter dem Einfluß von Coffein nicht nur die Aufnahme von Fettsäuren in die Leber verstärkt, sondern auch die Abgabe von Lipoproteinen aus der Leber eingeschränkt, da in den Versuchen von ESTLER und AMMON (1966) bei erhöhtem Fettgehalt der Leber der Gehalt des Blutes an veresterten

Fettsäuren nicht gleichermaßen erhöht war, wie dies unter normalen Bedingungen zu erwarten wäre und da in den Versuchen von STRUBELT und Mitarb. (1970b) der Gehalt des Blutes an Esterfettsäuren bei normalem Fettsäuregehalt der Leber unter die Norm abfiel.

Während man der vorübergehenden Ablagerung von Triglyceriden in der Leber noch keinen Krankheitswert zuschreiben darf, wäre eine Störung der Lipoproteinsekretion der Leber einer nicht ganz irrelevanten Leberfunktionsstörung gleichzusetzen. Es muß jedoch betont werden, daß stichhaltige Beweise für das Vorliegen einer solchen Störung erst noch erbracht werden müßten. In diesem Zusammenhang ist zu erwähnen, daß in Versuchen von STRUBELT und Mitarb. (1970b) weder Coffein noch Theophyllin die durch Tetrachlorkohlenstoff verursachte Leberverfettung noch die durch dieses Gift verursachten histologisch nachweisbaren Leberschäden verstärkte.

Offenbar stimuliert Theophyllin *in vitro* den Fettsäureabbau, da unter Theophyllin (10^{-3} M) der Gehalt von Leberschnitten an Acyl- und Acetyl-Coenzym A, die als Intermediärprodukte des Fettsäureabbaus aus Fettsäureestern und Coenzym A entstehen, auf Kosten des freien Coenzym A zunimmt (CLAYCOMB u. KILSHEIMER, 1969). Damit in Übereinstimmung steht, daß Coffein bei normalen und alloxandiabetischen Mäusen die Bildung von Ketonkörpern anregt, so daß der Gehalt des Blutes an Aceton und β-Hydroxybutyrat ansteigt (AMMON u. ESTLER, 1969a, b). Die Autoren führen dies darauf zurück, daß das erhöhte Fettsäureangebot die Ketogenese in der Leber anregt (s. auch Kapitel M., S. 273). In längerfristigen Versuchen an Ratten, deren Futter für die Dauer von 16 Tagen 0,5% Theophyllin zugesetzt wurde, blieb dagegen der Gehalt der Leber an Acetoacetat unverändert, während der β-Hydroxybutyratgehalt sogar abnahm. (FRIEND u. Mitarb., 1972). Es scheint also, daß nach länger dauernder Zufuhr von Methylxanthinen adaptative Veränderungen im Leberstoffwechsel eintreten, die nicht nur den Kohlenhydrat-, sondern auch den Fettstoffwechsel betreffen.

Für Störungen des hepatischen Cholesterinstoffwechsels bieten die Arbeiten von ESTLER und AMMON (1966), KRAMER u. Mitarb. (1969) und STRUBELT u. Mitarb. (1970b) keine Anhaltspunkte (s. hierzu aber auch Kapitel M., S. 276).

5. Aminosäure- und Proteinstoffwechsel

In Dosen von 25—150 mg/kg *in vivo* bzw. in einer Konzentration von 10^{-2} M *in vitro* induziert Theophyllin die Tyrosin-Aminotransferase in Rattenlebern, ein Enzym, das am Abbau der Aminosäure Tyrosin mitwirkt (FULLER u. SNODDY, 1970; WICKS, 1968; WICKS u. Mitarb., 1969). An dieser Wirkung ist wahrscheinlich endogenes cAMP beteiligt (WICKS, 1968; WICKS u. Mitarb., 1969), da nach WICKS (1969) Theophyllin die durch cAMP verursachte Induktion des Enzyms verstärkt und die induzierende Wirkung des β-Sympathicomimeticums Isoprenalin verlängert. Weiterhin scheint der Effekt an die Anwesenheit von Glucocorticoiden gebunden zu sein (FULLER u. SNODDY, 1970).

SCOTT und Mitarb. (1970) konnten zeigen, daß *in vivo* die Induktion der Tyrosinaminotransferase von einer verstärkten Aufnahme von α-Aminoisobuttersäure, einem nicht metabolisierbaren Aminosäureanalogen, in die Leber begleitet ist. Sie nehmen an, daß beide Effekte, Aminosäureaufnahme und Enzyminduktion, durch cAMP vermittelt werden. Glucagon und Theophyllin wirkten in niedrigen Dosen synergistisch (SCOTT u. Mitarb., 1970). In *in vitro*-Versuchen mit 10^{-2} M Theophyllin fanden dagegen TEWS und Mitarb. (1970) nur eine sehr geringgradige Stimulierung der α-Aminoisobuttersäure-Aufnahme in Leberschnitte. Adrenalin wirkte in diesen Versuchen nicht synergistisch, sondern schwächte den Theophyllineffekt eher noch weiter ab.

HARRISON und CHRISTENSEN (1971) wiesen nach, daß 100 mg/kg Theophyllin *in vivo* nicht nur die Aufnahme von α-Aminoisobuttersäure sondern auch die Aufnahme von α-Methylaminoisobuttersäure und von 4-Amino-1-guanylpiperidin-4-carboxylsäure, nicht aber die Aufnahme von 2-Amino-norbornan-2-carboxylsäure und α,α-Dicyclopropylglycin steigert. Das weist darauf hin, daß von den verschiedenen, aktiven Aminosäuretransportsystemen nicht alle in gleicher Weise durch Methylxanthine induzierbar sind.

Während also offensichtlich einige Enzyme des Aminosäurestoffwechsels durch Methylxanthine aktiviert werden können, nimmt die Aktivität anderer Enzyme ab. So verhindert Theophyllin die Aktivierung der Tryptophanoxigenase (= Tryptophan-Pyrrolase), eines am Tryptophanabbau beteiligten Enzyms, durch cAMP, da es den Abbau des cAMP zu Hypoxanthin, dem eigentlichen Aktivator der Tryptophanoxigenase verhindert (CHYTIL u. ZEPEDA, 1968). Die für den Abbau der unphysiologischen D-Aminosäuren wichtige D-Aminosäureoxidase wird durch Coffein gehemmt; wahrscheinlich deshalb, weil es sich an den Flavinanteil des Enzyms anlagert (BURTON, 1951). Auf die Desoxyribonuclease-Aktivität der Rattenleber *in vivo* hatten 100 mg/kg Coffein keinen Einfluß (FURNICA u. GANEA, 1971).

Wie RAGHUPATHY u. Mitarb. (1971) zeigen konnten, stimuliert Aminophyllin im Konzentrationsbereich von $1-6 \times 10^{-3}$ M den Einbau von Leucin und Valin in Protein von Lebermikrosomen. Die Autoren erklären dies damit, daß Aminophyllin die Übertragung von Aminosäuren auf die entsprechende t-RNA und den Einbau der Aminosäuren von der t-RNA in das Proteinmolekül fördert. Theophyllin allein, Äthylendiamin allein und Coffein hatten diese Wirkung nicht.

Welche Bedeutung die genannten Effekte der Methylxanthine bei der Einnahme üblicher Mengen dieser Stoffe auf den Aminosäuren- und Proteinstoffwechsel der Leber und sekundär auch des Gesamtorganismus besitzen, läßt sich an Hand der wenigen vorliegenden und dabei isoliert stehenden Einzelbefunde sehr schwer abschätzen. Während STIEVE (1935) und EICHLER und NOACK (zit. bei EICHLER, 1938) bei Kaninchen und Ratten, die monatelang mit Coffein (100 mg/kg) oder Kaffee behandelt worden waren, eine nicht unerhebliche Zunahme des Lebergewichts beobachtet haben — ein Befund, der, wie bereits EICHLER (1938) betont, für sich allein keine pathognomonische Relevanz besitzt —, fanden später KRAMER und Mitarb. (1969) bei Ratten, die 16 Wochen lang mit täglich 16,5 mg/kg Coffein gefüttert worden waren, keine signifikante Veränderung im Lebergewicht. Zu dem gleichen Ergebnis kamen SPORN und Mitarb. (1969) nach 2—6wöchiger Behandlung von Ratten mit täglichen Theophyllindosen von 3—25 mg/kg. Hier dürfte die Höhe der Dosierung maßgeblich sein. In den Versuchen von KRAMER und Mitarb. (1969) traten auch keine signifikanten

Veränderungen im Gehalt der Leber an Nucleinsäuren (RNA und DNA) und Gesamtstickstoff auf.

Theophyllin hemmte in den Lebern von Hühnerembryonen und Ratten die durch Allylisopropylacetamid, Phenobarbital, Pregnandiol und Äthiocholanolon hervorgerufene Induktion der δ-Aminolävulinsäure-Synthetase, des Schlüsselenzyms der Hämsynthese, ohne die Aktivität dieses Enzyms *in vitro* zu beeinflussen. Die Wirkung von Coffein in gleicher Dosis (100 mg/kg bei Ratten, 9 mg pro Hühnerembryo) war deutlich schwächer. Theobromin und 1-Methyl-3-isobutylxanthin waren wirkungslos (KORINEK u. MOSES, 1973).

Der Gehalt der Leber an Vitamin A, Vitamin B_6 und Vitamin C wies nach 16 Wochen langer Behandlung von Ratten mit täglich 16,5 mg/kg Coffein keine Abweichungen von der Norm auf (KRAMER u. Mitarb., 1969).

6. Fremdstoffmetabolismus

Die Frage, ob und ggf. in welcher Weise Methylxanthine in üblicher Dosierung den Arzneimittelstoffwechsel beim Menschen beeinflussen, ist noch nicht endgültig geklärt. Die Arbeitsgruppe von LOMBROZO und MITOMA fand, daß Lebermikrosomen von Ratten, die 3 Tage lang täglich zweimal mit Dosen von 30—150 mg/kg Coffein behandelt wurden, Acetanilid und o-Nitroanisol schneller umsetzten als die der Kontrolltiere. Theobromin und Theophyllin waren etwas schwächer wirksam. Auch 3 Tage lange Verabreichung von Kaffee oder Tee in einer Menge, die einer täglichen Coffeinaufnahme von ca. 75 mg/kg entsprach, steigerte bei den Ratten die Hydroxylierung von Acetanilid (MITOMA u. Mitarb., 1968). Der gleiche Befund ließ sich an nebennierenlosen Ratten erheben (LOMBROZO u. MITOMA, 1970). In einer späteren Veröffentlichung zeigte die gleiche Arbeitsgruppe, daß einmalige Verabreichung von Coffein nicht ausreicht, den Umsatz von Acetanilid und o-Nitroanisol zu beschleunigen; der Umsatz von o-Nitroanisol wird sogar initial gehemmt. Erst nach der zweiten Doses wird der Abbau beschleunigt (MITOMA u. Mitarb., 1969). Die Coffeinwirkung hält nach der letzten Gabe noch etwa 24 Std an (LOMBROZO u. Mitarb., 1968; MITOMA u. Mitarb., 1969). Den eigenen Abbau beschleunigte Coffein in diesen an Ratten durchgeführten Versuchen nicht. Auch der Abbau von Hexobarbital wurde nicht beschleunigt, die Hexobarbitalschlafzeit nicht verkürzt. Die Wirkungsdauer von Methyprylon und Zoxazolamin nahm jedoch ab (MITOMA u. Mitarb., 1969).

Über den Wirkungsmechanismus konnte noch keine endgültige Klarheit gewonnen werden. Die Tatsache, daß nur Vorbehandlung der Tiere mit Coffein *in vivo*, nicht jedoch Zusatz von Coffein zur Mikrosomensuspension den Fremdstoffmetabolismus beschleunigte (MITOMA u. Mitarb., 1969), und der Befund, daß sich die Beschleunigung der Hydroxylierung von Acetanilid und der Demethylierung von o-Nitroanisol durch Hemmstoffe der Proteinsynthese (Actinomycin D, Puromycin und Äthionin) hemmen ließen (MITOMA u. Mitarb., 1968, 1969), spricht für eine Enzyminduktion. Andererseits verursachte Coffein in den Versuchen von MITOMA u. Mitarb. (1969) keinen vermehrten Einbau von Uridin in Nucleinsäure, keine Zunahme des Gehalts der Leber an Cytochrom P_{450}

und Protein und keine Erhöhung des Lebergewichts, wie sie für andere Induktoren des Fremdstoffmetabolismus typisch sind. Nach Meinung von LOMBROZO und MITOMA (1970) könnte sich die Beschleunigung des Fremdstoffmetabolismus bei den Coffein-behandelten Ratten evt. mit einer Veränderung des Hämoproteinanteils des Cytochrom P_{450} erklären lassen. Diese Autoren fanden weiterhin, daß 4 Tage lange Behandlung von Ratten mit zweimal täglich 75 mg/kg Coffein die Aktivität der NADPH-Cytochrom P_{450}-Reductase erhöht.

Die Befunde der Arbeitsgruppe von LOMBROZO und MITOMA sind nicht unwidersprochen geblieben. MCLEAN (1968) sah bei Ratten, die 1 Woche lang Kaffee getrunken und dabei täglich etwa 70 mg/kg Coffein zu sich genommen hatten, keine Stimulierung des Fremdstoffmetabolismus. Er bezweifelt auch die Relevanz der Befunde von LOMBROZO, MITOMA und ihren Mitarbeitern, da die von ihnen verwendeten Coffeindosen für den Menschen sehr hoch sind. In der Tat sahen MITOMA und Mitarb. (1969) bei vorher coffeinabstinenten Personen, die während des Versuchs 6 Tage lang täglich mindestens 6 Tassen Kaffee tranken, nur eine geringfügige Stimulierung der Hydroxylierung von Cortisol, gemessen an der 6-Hydroxycortisol-Ausscheidung mit dem Harn. CORNISH und Mitarb. (1970) fanden bei Ratten 48 Std nach einer einmaligen Gabe von 4—200 mg/kg Coffein eine bis zu 50%ige aber statistisch nicht signifikante Zunahme der Hydroxylierungs- und N-Desalkylierungsgeschwindigkeit von Lebermikrosomen. Nach 6wöchiger Behandlung mit täglich 4 mg/kg Coffein war die Hydroxylierung nicht mehr beschleunigt, die N-Desalkylierung vermindert (CORNISH u. Mitarb., 1970).

Die Monoaminoxidase der Leber wird durch Methylxanthine kompetitiv gehemmt. Dies gilt insbesondere dann, wenn Dopamin, Adrenalin oder Noradrenalin als Substrat gewählt werden (GALZIGNA u. Mitarb., 1971; HEIM u. REIM, 1949). Bei Verwendung von Tyramin als Substrat sahen nur GALZIGNA und Mitarb. (1971) nicht jedoch HEIM u. REIM (1949) eine Hemmwirkung. In den Versuchen von HEIM u. REIM (1949) waren vor allem Coffein und Theophyllin wirksam, 8-Methylcoffein wirkte deutlich schwächer, und Theobromin, 8-Methylxanthin und Xanthin zeigten keine oder nur eine minimale Wirkung. GALZIGNA und Mitarb. (1971) vermuten, daß Coffein an den Flavinanteil der Monoaminoxidase gebunden wird und dabei das Enzym inaktiviert. Ascorbinsäure kann die Coffeinwirkung aufheben, da Coffein eine stärkere Affinität zur Ascorbinsäure als zur Monoaminoxidase besitzt (GALZIGNA u. Mitarb., 1971).

Der Abbau von Äthylalkohol, gemessen an der Blutalkoholkurve, wird beim Menschen durch Coffein nicht beeinflußt (PAWAN, 1968).

J. Der Kohlenhydratstoffwechsel

H. P. T. AMMON

I. Einleitung

Kohlenhydrate, insbesondere Glucose, nehmen eine zentrale Stellung im tierischen Stoffwechsel ein. Sie dienen als Energiequelle, können in Aminosäuren oder Fett überführt, als Bausteine für andere körpereigene Stoffe verwendet oder in Form von Glykogen gespeichert werden. Dem Blut kommt dabei im wesentlichen die Aufgabe des Transportes zu. Die Höhe der Blutzuckerkonzentration wird bestimmt durch die enterale Resorption von Glucose, sowie durch endogene Regulationsvorgänge, die Glykogenolyse, Gluconeogenese und die periphere Aufnahme von Glucose einschließen. Eine Regulationsstörung, die vorwiegend die Aufnahme von Glucose durch die Peripherie betrifft, liegt beim Diabetes vor. Nach Nahrungszufuhr beobachten wir zunächst einen Anstieg des Blutzuckerspiegels. Da die resorbierte Glucose nicht sofort quantitativ in Energie umgewandelt werden kann, muß sie in den Geweben gespeichert werden. Es kommt daher postprandial zu deren vermehrter Aufnahme durch periphere Organe unter teilweiser Mitwirkung von Insulin, dessen Freisetzung aus den Langerhansschen Inseln wiederum u.a. von der Glucosekonzentration im Blut gesteuert wird. Während Nahrungskarenz wird Glucose zunächst aus den Beständen des Leberglykogens mit Hilfe von Glucagon und Catecholaminen mobilisiert. Die Sekretion von Insulin ist in dieser Phase stark herabgesetzt. Da diese Art der Glucosereserven beim Menschen nur für 1—2 Tage ausreichen, Hunger aber länger ertragen werden kann, gesellt sich zu der Mobilisierung von Leberglykogen eine gesteigerte Neubildung von Glucose (Gluconeogenese) vorwiegend aus Aminosäuren unter Mitwirkung von Glucagon und Glucocorticoiden. Diese vielfältigen Möglichkeiten der Blutzuckerregelung gilt es zu berücksichtigen, wenn man nach dem Mechanismus einer Änderung des Blutzuckerspiegels z.B. nach Verabreichung von Pharmaka fragt.

Im folgenden sei über die Wirkung des Coffeins und des Theophyllins auf Blutzuckerspiegel und Glucosetoleranz berichtet. Über den Einfluß dieser Stoffe auf den Kohlenhydratstoffwechsel der Organe wird bei der Besprechung des Organstoffwechsels in den Kapiteln von ESTLER ausführlich berichtet.

II. Blutzucker

Bereits in der älteren Literatur finden sich eine Reihe von Mitteilungen über das Auftreten von Hyperglykämien und Glykosurien im Tierversuch nach Zufuhr von Methylxanthinen (BOCK, 1920; BÖMER, 1930; EICHLER, 1938). Neuere Untersuchungen zeigen, daß die *akute* Verabreichung von Coffein (STRUBELT, 1969; BEDÖ, 1969; AMMON u. ESTLER, 1969) und Theophyllin bzw. Aminophyllin (TRINER u. NAHAS, 1966; STRUBELT, 1969; PAGE, 1970) den Blutzuckerspiegel bei Ratten und Mäusen in Dosen von ca. 40 mg/kg und mehr, sowie beim Hund (POYART u. NAHAS, 1967) steigert. Während diese Zunahme der Blutglucose nach 12—24stündigem Fasten am ausgeprägtesten ist (STRUBELT, 1969; BEDÖ 1969; POYART u. NAHAS, 1967; PAGE, 1970), findet sich bei gefütterten Tieren nicht immer ein signifikanter Anstieg (ALLAN u. TEPPERMAN, 1969; LEBOVITZ u. POOLER, 1967; NORTHROP u. PARKS, 1964; HYNIE et al., 1966), und wenn er auftritt, dann ist er gering (TRINER u. NAHAS, 1966; AMMON u. ESTLER, 1969) und erst bei sehr hohen Dosen (80—150 mg/kg) deutlich nachweisbar (HYNIE et al., 1966; BIECK et al., 1969; PAGE, 1970). Möglicherweise wirkt bei gefütterten Tieren die bessere Ansprechbarkeit der Insulinsekretion der hyperglykämischen Wirkung der Methylxanthine entgegen.

Bei *chronischer* Zufuhr von täglich 150 mg/kg Coffein mit dem Trinkwasser über 6 Wochen, konnte bei Mäusen keine Zunahme des Blutzuckers gegenüber unbehandelten Kontrollen beobachtet werden (ESTLER et al., 1969). Allerdings lagen die Blutcoffeinwerte trotz der anscheinend hohen Coffeinmenge, über den Tag verteilt, wesentlich niedriger als z.B. unmittelbar nach einer einmaligen s.c. Injektion von 50 mg/kg.

Beim *Menschen* ist die *akute*, blutzuckersteigernde Wirkung von Coffein, Kaffee und Aminophyllin in dem Dosisbereich von 100—500 mg gering (WACHMANN et al., 1970; CHERASKIN u. RINGSDORF, 1968; DEAKINS, 1939; KARGER, 1927; MARCO et al., 1972) und nicht immer sicher nachzuweisen (AMMON et al., in Vorbereitung; ENSINCK et al., 1970). So wurde von CHERASKIN und RINGSDORF (1968) 2 Std nach 250 mg Coffein per os bei gesunden Studenten lediglich ein Anstieg von 87 auf 94 mg% gefunden. Eine ebenfalls nur geringe Zunahme ergab sich, wenn die Nüchternglucose 30 oder 60 min nach Zufuhr von Kaffee (mit insgesamt 450 mg Coffein) bestimmt, und mit den Blutzuckerwerten derselben Versuchspersonen nach Verabreichung von entcoffeiniertem Kaffee (mit insgesamt 65 mg Coffein) verglichen wurde (WACHMAN et al., 1970). Im Tagesprofil (5 Mahlzeiten mit insgesamt 1900 kcal) ließen die Blutzuckerwerte, die in 2—3stündigen Intervallen bestimmt wurden — ähnlich wie bei den Versuchen mit gefütterten Tieren — keine deutliche Beeinflussung durch 2 bzw. 5malige Gabe von Kaffeegetränk (bereitet aus 20 g Kaffee) erkennen (SIEDECK et al., 1972).

Bei gesunden Versuchspersonen, die *chronisch* gewohnheitsmäßig täglich 560 mg Coffein in Form von Kaffee oder Tee zu sich nahmen, wirkte sich der Ersatz der coffeinhaltigen Getränke durch entcoffeinierten Kaffee in einer geringfügigen, statistisch jedoch signifikanten Senkung des Nüchternblutzuckers nach 2 Wochen um ca. 7 mg% aus (NAISMITH et al., 1970). Diese Befunde stehen in Einklang mit neueren Ergebnissen von HEYDEN et al. (1972), die bei Personen mit chronischem Konsum von tägl. 5 Tassen Kaffee und mehr einen um ca. 10 mg% höheren Nüchternblutzucker fanden als bei solchen mit geringerem Kaffeeverbrauch.

Die, im Vergleich zum Tierversuch, beim Menschen selbst morgens nüchtern nur geringe Zunahme des Blutzuckerspiegels nach Kaffee bzw. Coffein könnte zunächst durch die unterschiedlichen Dosen erklärt werden, die im Tierversuch 40 mg/kg und mehr, beim Menschen jedoch nur zwischen 2 und 6 mg/kg betragen. Geht man jedoch davon aus, daß Kleintiere, wie Ratte und Maus, einen 5—10mal höheren Stoffwechsel aufweisen und gegenüber Pharmaka oft 5—10mal weniger empfindlich reagieren, so erscheinen die im Tierversuch verwendeten Dosen nicht unrealistisch hoch. Möglicherweise ist der Mensch gerade gegenüber der blutzuckersteigernden Wirkung der Methylxanthine unempfindlicher als die verwendeten Versuchstierspecies. Daß dies jedoch nicht für alle Stoffwechselparameter gilt, zeigen Untersuchungen über den Einfluß von Coffein auf den Serumspiegel der Freien Fettsäuren (s. dort); denn während beim Menschen bereits die oben genannten Dosen von Coffein zum Anstieg der FFS im Serum führen, tritt ein solcher Effekt, z.B. bei der Maus, erst nach der 10fachen Dosis auf.

Die Höhe des Blutzuckerspiegels hängt, wie einleitend ausgeführt, von einer Reihe von Faktoren, wie: Nahrungsaufnahme, Glykogenolyse, Gluconeogenese und peripherer Glucoseaufnahme ab, wobei die 3 letzteren einer hormonellen Steuerung unterliegen. Bei der Frage nach dem Mechanismus über den Stoffe den Blutzuckerspiegel erhöhen, ist daher die Untersuchung obengenannter Faktoren von Bedeutung.

Wie sich besonders deutlich im Tierversuch zeigt, läßt er sich unter Berücksichtigung der bei den einschlägigen Kapiteln dieses Buches abgehandelten Organeffekte (vgl. bei ESTLER) von Coffein und Theophyllin der Mechanismus der blutzuckersteigernden Wirkung wie folgt formulieren:

1. Vermehrte Freisetzung von Catecholaminen aus dem Nebennierenmark, dadurch:
   a) Steigerung der Glykogenolyse in der Leber über die Aktivierung der Phosphorylase, die durch eine Hemmung der Phosphodiesterase durch Methylxanthine noch gesteigert werden kann.
   b) Hemmwirkung der Catecholamine auf die Glucose-induzierte Insulinsekretion.
2. Zu der damit (1. b) verbundenen Herabsetzung der Glucoseutilisation scheint noch eine direkte Hemmwirkung der Methylxanthine auf die Glucoseaufnahme durch die peripheren Organe zu kommen.
3. Auch an eine gesteigerte Glucoseneubildung in der Leber ist zu denken.

Neben den bisher besprochenen Untersuchungen, die an kurzfristig nüchternen oder gefütterten Versuchsobjekten — also quasi in einem Normalzustand — durchgeführt wurden, gibt es eine Reihe von Arbeiten, die sich mit dem Einfluß von Methylxanthinen auf den Blutzuckerspiegel unter gewissen exogenen Belastungen, wie körperlicher Arbeit und Sauerstoffmangel, sowie mit Wechselbeziehungen zwischen der Wirkung von Hormonen und der der Methylxanthine befassen.

1. Körperliche Arbeit

Tierversuche über den *akuten* Einfluß von Methylxanthinen auf den Blutzuckerspiegel bei körperlicher Arbeit liegen bisher nicht vor. Untersuchungen von ATZLER et al. (1938), die dieser zu diesem Thema an Hunden durchgeführt hat, waren so angelegt, daß die Tiere am Abend vor extremer körperlicher Arbeit, die sie am nächsten Morgen leisten mußten, 1 g Coff.-Na.-Benz. erhielten. Die erzielten Ergebnisse erlauben somit keine Rückschlüsse auf eine unmittelbare Wirkung von Coffein. ESTLER et al. (1969) bestimmten den Blutzuckerspiegel bei Mäusen, die im *chronischen* Versuch 6 Wochen lang täglich 150 mg/kg Coffein mit dem Trinkwasser zugeführt bekamen und im Anschluß daran einem Schwimmtest bis zur Erschöpfung ausgesetzt wurden. Es ergab sich jedoch kein signifikanter Unterschied zwischen behandelten und unbehandelten Tieren.

Beim *Menschen* wurde der Einfluß *akuter* Coffeinzufuhr von MATONE et al. (1969) untersucht. Sie beobachteten einen Anstieg des Blutzuckerspiegels während körperlicher Arbeit innerhalb der ersten 2 Std nach peroraler Gabe von 250 mg Coffein um maximal 21 mg%. Bei der arbeitenden Kontrollgruppe, die kein Coffein erhielt, fand sich dagegen keine signifikante Zunahme des Blutzuckers.

2. Sauerstoffmangel

Von MAKOC und VOREL (1968) wurde die Wirkung des Coffeins auf den Blutzukker bei Sauerstoffmangel geprüft. Die Autoren verabreichten nüchternen Ratten, die einem normalen Luftdruck bzw. solchen, die einem Luftdruck ausgesetzt waren, der dem in 9000 m Höhe entspricht, 20 mg/kg Coffein p.o. Während die Tiere auf „normaler Höhe“ mit einem Blutzuckeranstieg reagierten, zeigten die bei Unterdruck gehaltenen sogar einen Abfall. Da einerseits während einer Hypoxie der anaerobe Abbau der Glucose in verstärktem Umfang zur Energiegewinnung herangezogen wird, andererseits Coffein noch eine zusätzliche Stoffwechselsteigerung verursacht, dürfte die beobachtete Abnahme des Blutzuckerspiegels die Folge eines verstärkten glykolytischen Abbaus der Glucose sein. Dafür sprechen Befunde derselben Autoren, wonach bei der Kombination von Hypoxie und Coffein der Glykogengehalt der Organe am stärksten ab-, der Lactatgehalt des Gehirns jedoch am stärksten zunimmt.

3. Hormone

Eine Reihe von Hormonen wirken direkt oder indirekt auf den Blutzuckerspiegel ein, sei es über die Mobilisierung von Glykogen, die Steigerung der Gluconeogenese oder die Beeinflussung der Aufnahme von Glucose durch das Gewebe. Es sind daher durchaus Wechselwirkungen auf den Blutzuckerspiegel zwischen Hormonen einerseits und den Methylxanthinen andererseits zu erwarten.

a) cAMP

Obwohl selbst kein Hormon, die Wirkung von bestimmten Hormonen jedoch als „second messenger" vermittelnd, sei auf das cyclische 3,5-Adenosinmonophosphat an dieser Stelle eingegangen. Auf die Bedeutung des cAMP im Kohlenhydratstoffwechsel (Glykogenolyse, Gluconeogenese, Insulinsekretion u. a.) wird an anderer Stelle ausführlich hingewiesen.

Im *Tierversuch* findet sich bei der exogenen Zufuhr von cAMP bzw. seinem Dibutyrat — obgleich es sich hier um eine recht unphysiologische Maßnahme handelt, da alle cAMP-abhängigen Vorgänge gleichzeitig angeregt werden — übereinstimmend ein Anstieg des Blutzuckerspiegels (BRESSLER et al., 1969; NORTHROP u. PARKS, 1964; BIECK et al., 1969), möglicherweise als Folge einer gesteigerten Glycogenolyse. Dieser Effekt des cAMP wird jedoch nicht, wie man erwarten könnte, durch Theophyllin gesteigert (BRESSLER et al., 1969; BIECK et al., 1969), und zwar vermutlich deswegen nicht, weil sich cAMP und Theophyllin hinsichtlich ihrer stimulierenden Wirkung auf die Insulinsekretion gegenseitig verstärken (BRESSLER et al., 1969).

Wie im Tierversuch, so wird auch beim *Menschen* keine Wirkungsverstärkung zwischen cAMP und Aminophyllin bzw. Coffein beobachtet (LEVINE, 1970).

b) Catecholamine

Adrenalin als ergotropes Hormon und andere Sympathicomimetica steigern den Blutzuckerspiegel u.a. durch eine Stimulierung der Glykogenolyse in der Leber via Adenylcyclase — cAMP–Phosphorylase. Da Methylxanthine einmal den Abbau des cAMP hemmen, und zum anderen selbst Catecholamine freisetzen (vgl. Kapitel STRUBELT), ist durch diese eine Verstärkung der Catecholaminwirkung zu erwarten. In der Tat wurde von TRINER und NAHAS (1966) bei der Ratte eine Steigerung der hyperglykämischen Wirkung des Adrenalins und in geringem Umfang des Noradrenalins durch 45 mg/kg Theophyllin beobachtet. Dies steht in Einklang mit den Befunden von MATONE et al. (1969), wonach Coffein den Blutzucker bei körperlicher Arbeit mehr steigert als in Ruhe. Es ist weiter denkbar, daß man einen derartigen Effekt der Methylxanthine auch bei solchen vegetativen Dysregulationen findet, die mit einer Erhöhung des Sympathicustonus (z. B. bei emotionellem Streß) einhergehen.

c) Sympatholyse

Im Zusammenhang mit der Frage, ob der hyperglykämische Effekt der Methylxanthine zumindest teilweise die Folge einer vermehrten Catecholaminfreisetzung sein könnte, wurde ihre Wirkung auf den Blutzuckerspiegel unter Anwendung sympatholytischer Maßnahmen untersucht. Die Ergebnisse solcher Versuche zeigen, daß endogene Catecholamine an der blutzuckersteigernden Wirkung von Theophyllin und Coffein beteiligt sind, da der Anstieg der Glucose bei adrenalektomierten und medullektomierten Tieren (STRUBELT, 1969; TURTLE et al., 1967;

BEDÖ, 1969) sowie nach Vorbehandlung mit Reserpin (STRUBELT, 1969) und dem β-Blocker Propranolol (STRUBELT, 1969) deutlich verringert ist. Sie bestätigen darüber hinaus ältere Arbeiten, aus denen hervorgeht, daß durch Adrenalektomie bzw. Splanchnicotomie, Hyperglykämien und Glykosurien, verursacht durch Theobromin, verhindert werden (NISHI, 1909; JARISCH, 1914).

d) Glucagon

Glucagon — das besonders im Hunger eine Rolle spielt — steigert die Glucoseabgabe aus der Leber durch Stimulierung der Glykogenolyse und der Gluconeogenese über eine Zunahme des cAMP. Es wäre daher auch zwischen Methylxanthinen und dem Glucagon eine Verstärkung der hyperglykämischen Wirkung beider Stoffe denkbar. Bei etwa gleichzeitiger Zufuhr von 50 mg/kg Aminophyllin und 50 µg Glucagon wurde jedoch bei der Maus sogar eine geringe Senkung der Glucagonhyperglykämie beobachtet (LEBOVITZ u. POOLER, 1967). Da Glucagon aber auch die Sekretion von Insulin stimuliert, könnte dieser Effekt des Aminophyllins mit einer Verstärkung der insulinfreisetzenden Wirkung des Glucagons zu erklären sein (LEBOVITZ u. POOLER, 1967).

Mit den Tierversuchen nicht in Einklang stehende Ergebnisse wurden beim unreifen *menschlichen Neugeborenen* (1,6—2,3 kg) erhalten. Hier hatte zunächst weder die Infusion von 0,4 µg/min Glucagon noch die von 0,5 mg/min Theophyllin über 60 min einen signifikanten Effekt auf den Blutzuckerspiegel; die Kombination beider führte jedoch sowohl zur Potenzierung der Insulinsekretion, als auch zu einem deutlichen Anstieg der Glucosekonzentration im Blut (GRASSO et al., 1970).

e) Darmhormone

Sekretin und Pankreozymin gelten neben dem Darmglucagon als Hormone, die während der enteralen Resorption von Glucose vom Darm an das Blut abgegeben werden und zusammen mit letzterer die postalimentäre Sekretion von Insulin stimulieren. Für sich allein verabreicht führen Sekretin und Pankreozymin nicht zu einer Änderung des Blutzuckerspiegels, obwohl bei den verwendeten Dosen ein Anstieg des Seruminsulins beobachtet wurde (ALLAN u. TEPPERMAN, 1969). Auch die Kombination von Sekretin und Pankreozymin mit Aminophyllin ist in diesen Versuchen ohne Wirkung auf den Blutzucker. Dies ist insofern bemerkenswert, als sich diese Hormone und Methylxanthine hinsichtlich ihrer stimulierenden Wirkung auf die Insulinsekretion gegenseitig erheblich verstärken (ALLAN u. TEPPERMAN, 1969) und man daher mit einer Senkung des Blutzuckerspiegels rechnen könnte.

f) ACTH

Dieses führt bei der Maus zu einem Anstieg des Seruminsulins (LEBOVITZ u. POOLER, 1967) durch direkte Stimulierung der Insulinsekretion; seine Wirkung wird durch Aminophyllin noch verstärkt. Dennoch bleibt der Blutzuckerspiegel in dem untersuchten Zeitraum von 10—30 min wie bei der Kombination mit Sekretin und Pankreozymin unverändert.

g) Schilddrüse

Der Funktionszustand der Schilddrüse steht in einem gewissen Zusammenhang mit der Höhe des Blutzuckerspiegels; so geht eine Hyperthyreose häufig mit einer Hyperglykämie einher. Dies ist auch im Tierversuch zu beobachten. Während sich der Nüchternzucker athyreoter Ratten nicht signifikant von dem euthyreoter Tiere unterscheidet, liegt er bei hyperthyreoten Versuchstieren signifikant darüber (STRUBELT et al., 1970). Die i.p. Verabreichung von 60 mg/kg Theophyllin oder Coffein wirkt sich bei diesen 3 Funktionszuständen der Schilddrüse unterschiedlich aus. Euthyreote und athyreote Tiere reagieren mit einem etwa gleichgroßen Anstieg des Blutzuckerspiegels, und zwar nach 90 min um ca. 70 bzw. 50 mg%, während es bei hyperthyreoten nicht zu einer Blutzuckersteigerung kommt. Letztere Beobachtung hat ihre Ursache vermutlich darin, daß Methylxanthine bei den hyperthyreoten Tieren, bei bereits hohem Grundumsatz, zusätzlich einen calorigenen Effekt ausüben (STRUBELT et al., 1970) und wegen der gesteigerten Utilisation von Substrat den Blutzucker nicht weiter ansteigen lassen.

h) Diabetes

Dem Diabetes mellitus liegt eine periphere Verwertungsstörung der Glucose zugrunde, deren häufigste Ursache eine dem Blutzuckerspiegel inadäquate Insulinsekretion ist. Da Methylxanthine im Tierversuch und im geringeren Ausmaß beim Menschen hyperglykämisch wirken, wurde von mehreren Autoren der Frage nach ihrem Einfluß auf den Blutzucker beim Diabetes nachgegangen. In *Tierversuchen* verabreichten AMMON und ESTLER (1969) gefütterten normalen und Alloxan-diabetischen Mäusen zwischen 25 und 100 mg/kg Coffein. Während der Blutzucker bei gesunden Kontrollen nur bis zu maximal plus 22 mg% anstieg, fand sich bei den diabetischen Tieren eine Zunahme bis zu 117 mg%. Da in beiden Fällen die Abnahme des Leberglykogens etwa gleich groß war, wurde geschlossen, daß die Ursache des starken Blutzuckeranstieges darin zu suchen ist, daß wegen gestörter peripherer Aufnahme die aus der Leber mobilisierte Glucose zunächst im Blut verbleibt. Diese Ergebnisse stehen nicht im Widerspruch zu denen von MAYER (1966), bei denen Coffein die hyperglykämische Wirkung von Alloxan antagonistisch beeinflußte; da im Gegensatz zu MAYER (1966), der Coffein gleichzeitig mit Alloxan verabreichte, AMMON und ESTLER (1969) Coffein erst nach mehreren Tagen, bei bereits eingetretener Hyperglykämie, zuführten.

Bei Verwendung von fettsüchtigen hyperglykämischen Mäusen fanden KUFTINEC und MAYER (1964) nach ca. 80 mg/kg Coffein bzw. nach Kaffee einen drastischen Anstieg des Blutzuckerspiegels um über 200 mg%, der noch nach 60 Tagen vorhanden war. Berücksichtigt man, daß das Coffein etwa innerhalb eines Tages eliminiert wird, so hat diese Beobachtung wahrscheinlich nichts mit einer jener direkten Stoffwechselwirkungen des Coffeins zu tun, die zur Blutzuckererhöhung führen. Da selbst die Zufuhr von Insulin den nach Coffein erhöhten Blutzucker nicht wesentlich beeinflußte, dürfte es sich bei dem Effekt des Coffeins um eine unspezifische irreversible Störung der peripheren Glucoseaufnahme handeln. In diesem Zusammenhang ist von Interesse, daß Coffein (0,1 mg/ml) die Glucoseaufnahme durch das Fettgewebe *in vitro* auch bei Anwesenheit von Insulin hemmt (ANDERSON et al., 1966). Es wäre denkbar, daß das Fettgewebe der fettsüchtigen hyperglykämischen Mäuse besonders empfindlich gegenüber einem solchen Effekt des Coffeins ist. Bei der Stachelmaus (Acomys cahirinus), bei der gewöhnlich eine Fettsucht, verbunden mit einer gestörten Glucosetoleranz vorliegt, beobachteten CAMERON et al. (1972), daß die nach 240 mg/kg Aminophyllin i.p. auftretende Hyperglykämie länger anhält als bei stoffwechselgesunden weißen Kontrollmäusen. Gleichzeitig war die Insulinfreisetzende Wirkung des Aminophyllins stark vermindert.

Über den Einfluß *akuter* Zufuhr von Coffein auf den Blutzuckerspiegel beim *menschlichen* Diabetes gibt es noch keine systematischen Untersuchungen, die vor allem die verschiedenen Schweregrade sowie die Therapie berücksichtigen. Bei Patienten mit chemischem Diabetes konnten AMMON et al. (in Vorbereitung) keine Wirkung von 195 mg Coffeinum citricum auf den Nüchternblutzucker innerhalb der ersten 2 Std nach dessen p.o. Verabreichung beobachten. Bei einem Kollektiv von 6 nicht-Insulin-bedürftigen Diabetikern, das um 7^h und 14^h je eine Portion Kaffee erhielt, zeigte sich ebenfalls keine Zunahme des Blutzuckerspiegels bei den in 2—3stündigen Intervallen vorgenommenen Untersuchungen (SIEDECK et al., 1972).

Während also die bisher vorliegenden Untersuchungen an tierexperimentellen Diabetesmodellen meist eine Verstärkung der Hyperglykämie durch Coffein erkennen lassen, findet sich eine solche Wirkung des Coffeins bei leichten Formen des menschlichen Diabetes nicht.

III. Glucoseutilisation

Nach Nahrungsaufnahme steigt der Blutzuckerspiegel vorübergehend an, bis unter teilweiser Mitwirkung von Insulin die überschüssige Glucose in die Gewebe, wie Muskulatur, Fettgewebe und Leber aufgenommen wird. Die Elimination aus dem Blut erfolgt dabei mit einer für eine bestimmte Glucosemenge charakteristischen Geschwindigkeit. Ist diese vermindert, so haben wir eine Stoffwechselsituation, die von dem Kliniker, je nach Schwere, als latenter oder manifester Diabetes bezeichnet wird.

Die Fähigkeit der Peripherie, Glucose aus dem Blut aufzunehmen, wird klinisch mit Hilfe der Glucosetoleranztests geprüft. Mit ihnen kann man Störungen des Glucosestoffwechsels auch in den Anfangsstadien der Diabeteskrankheit, also in einer Zeit, zu der der Nüchternblutzuckerspiegel noch normal ist, nachweisen. Diagnostisch bedient man sich dabei des intravenösen und des empfindlicheren peroralen Glucosetoleranztestes, bei denen in kurzen Abständen nach der Glucosezufuhr jeweils der Blutzuckerspiegel bestimmt wird.

1. Intravenöse Glucosetoleranz

Im *Tierversuch* wurde der Einfluß oraler, intramuskulärer und intravenöser Verabreichung von 0,5 g Coffeinum Natriumbenzoicum auf die i.v. Glucosetoleranz beim Hund von DECASTRO et al. (1969) geprüft. Dabei zeigte sich, daß innerhalb der ersten 60 min nach der *gleichzeitigen* Zufuhr von Coffein und Glucose die Blutzuckerwerte bei den mit Coffein behandelten Tieren etwas niedriger lagen, als bei den unbehandelten Kontrollen. Die Untersucher schlossen daher auf eine Steigerung der Glucoseelimination durch Coffein. Dem entgegen stehen Untersuchungen von DE SANTIS et al. (1973), die diese an normalen und adrenalektomierten Ratten vorgenommen haben. Bei normalen Tieren, die 30 min vor der i.v. Gabe von 2,5 g/kg Glucose 100 mg/kg Aminophyllin i.p. erhalten hatten, war die Elimination von Glucose aus dem Blut stark verzögert. Wurden dagegen adrenalektomierte Tiere verwendet, so war die Wirkung des Aminophyllins auf die Glucoseelimination gering. Es ist daher anzunehmen, daß eine durch Aminophyllin ausgelöste Catecholaminfreisetzung wesentlich zu der Verschlechterung der Glucosetoleranz beiträgt. Die Tatsache, daß DE SANTIS et al. (1973) keinen Unterschied hinsichtlich des Seruminsulins zwischen normalen und adrenalektomierten Ratten gefunden haben, spricht dafür, daß die Störung der peripheren Utilisation der Glucose hier nicht in direktem Zusammenhang mit der Höhe des Seruminsulins steht. Es ist möglich, daß die kontroversen Ergebnisse von DECASTRO et al. (1969) einerseits und DE SANTIS et al. (1973) andererseits durch Unterschiede in Species, Dosis und Zeit der Verabreichung des entsprechenden Methylxanthins vor der Glucosegabe zu suchen sind.

Beim *Menschen* ist von WACHMAN et al. (1970) eine Einschränkung der i.v. Glucosetoleranz (ausgedrückt als Abnahme der K_G-Werte) beobachtet worden und zwar dann, wenn dieser Test 60 min nach Verabreichung von Kaffee (450 mg Coffein) begonnen wurde.

Dabei ergab sich eine signifikante Korrelation zwischen dem Ausmaß der Erniedrigung des K_G-Wertes durch Kaffee und seinem Ausgangswert und zwar derart, daß Kaffee bei den Versuchspersonen mit dem höchsten Ausgangs-K_G die stärkste Abnahme bewirkte. Ähnliche Ergebnisse nach Kaffee bzw. Coffein wurden von AIZAWA und GOTO (1968) sowie AMMON et al. (in Vorbereitung) erhalten. CAROLL und NESTEL (1973) infundierten Stoffwechselgesunden morgens insgesamt 500 mg Aminophyllin 60 min vor einem i.v. Glucosetoleranztest. Obwohl im Mittel kein signifikanter Unterschied zwischen den Kontrollversuchen und den Versuchen mit Aminophyllin (durchgeführt im 7-Tage-Abstand an ein und derselben Person) zu errechnen waren, zeigte sich bei 4 von 5 untersuchten Personen ein zwischen 0,1—0,4 niedrigerer K_G-Wert nach Aminophyllin. Wurden die gleichen Untersuchungen abends durchgeführt, zu einer Zeit also, bei der der K_G-Wert physiologisch im „diabetischen Bereich" von ca. 0,6 liegt, so war bei der Aminophyllingruppe keine Tendenz zu einer weiteren Senkung zu beobachten.

Faßt man die vorliegenden Ergebnisse zusammen, so scheinen Methylxanthine beim Gesunden die i.v. Glucosetoleranz gering zu senken, wobei das Ausmaß vom Ausgangs-K_G, das bei verschiedenen Versuchspersonen sehr schwanken kann, abhängig ist. Die Ursache dürfte in der gleichzeitig beobachteten Hemmung der Glucoseinduzierten Insulinsekretion zu suchen sein (vgl. dort).

Diabetes: Bei fettsüchtigen hyperglykämischen Mäusen, die, wie bereits besprochen, auf Coffein mit einer enormen Blutzuckersteigerung reagieren, führt eine zusätzliche i.p. Verabreichung von Glucose, im Gegensatz zu den nicht mit Coffein behandelten Tieren, nur zu geringfügiger Zunahme des Blutzuckerspiegels (KUFTINEC u. MEYER, 1964). Diese scheinbar durch Coffein verbesserte Glucosetoleranz wird jedoch von den Autoren mit einer vermehrten renalen Ausscheidung von Glucose erklärt, da bereits vor dem Glucosetoleranztest die Nierenschwelle für Glucose überschritten ist.

Bei *Patienten* mit chemischem Diabetes (als solche eingestuft nach einem oralen Glucosetoleranztest) fanden AMMON et al. (in Vorbereitung) eine Verminderung der Glucoseelimination 2 Std nach p.o. Verabreichung von 195 mg Coffeinum natriumcitricum, wenn deren Ausgangs-K_G-Wert höher als 1,0 lag.

Bei Patienten mit einem K_G unter 0,8 zeigte sich dagegen eher die Tendenz für eine geringe Steigerung, ohne daß damit allerdings eine Verbesserung der bereits eingeschränkten Insulinsekretion verbunden war. Dieser unterschiedliche Effekt des Coffeins ist vermutlich dadurch zu erklären, daß bei den Versuchspersonen, mit einem K_G über 1,0, die, während des Glucosetoleranztestes noch deutliche Insulinsekretion durch Coffein gehemmt wurde, während ein solcher Effekt des Coffeins bei den Patienten mit geringer oder fehlender Sekretion von Insulin nicht zu beobachten war (AMMON et al., in Vorbereitung). Übereinstimmend mit den Befunden von AMMON et al. (in Vorbereitung) fanden JANKELSON et al. (1967) nach Verabreichung von Kaffee (224 mg Coffein) bei Patienten mit „maturity onset diabetes" beim i.v. Glucosetoleranztest einen über die gesamte Versuchszeit ca. 15 mg% höheren Anstieg des Blutzuckerspiegels als bei den nicht mit Kaffee behandelten Kontrollen.

2. Perorale Glucosetoleranz

Der perorale Glucosetoleranztest unterscheidet sich vom i.v. Glucosetoleranztest u.a. dadurch, daß das Maximum der Blutzuckerkonzentration nicht sofort auftritt, daß darüber hinaus die Blutzuckerwerte niedriger liegen und der Seruminsulinspiegel wesentlich stärker ansteigt. Letzteres wird darauf zurückgeführt, daß die Sekretion von Insulin anscheinend nicht nur durch die Glucose, sondern auch durch die bei der Resorption freigesetzten Darmhormone (Secretin, Pankreozymin, Darmglucagon) stimuliert wird.

Im *Tierversuch* wurde der Einfluß von Coffein auf die perorale Glucosetoleranz von DECASTRO et al. (1969) beim Hund untersucht. Sie fanden einen geringeren Anstieg des Blutzuckers, wenn die Tiere gleichzeitig mit der Glucose 0,5 g Coff.-Na.-Benz. p.o. bzw. i.m. oder i.v. erhielten.

Beim *Menschen* sind die erhobenen Befunde uneinheitlich. FEINBERG et al. (1968) kommen zu ähnlichen Ergebnissen wie DECASTRO et al. (1969) am Hund, wenn sie gesunden Versuchspersonen zusammen mit der Glucose Kaffee (220 mg Coffein) verabreichen. DEAKINS (1939) sieht zunächst ebenfalls nach 30—60 min niedrigere Blutzuckerwerte, nach 1—2 Std liegen sie jedoch etwas höher als bei den nur mit Glucose behandelten Kontrollen. Letztere Beobachtung steht wiederum in Einklang mit den Ergebnissen von WACHMAN et al. (1970) sowie AMMON et al. (in Vorbereitung) beim i. v. Glucosetoleranztest, den diese 1 bzw. 2 Std nach Verabreichung von Coffein durchführten. Es erscheint daher denkbar, daß das Coffein eine zweifache Wirkung auf die Glucosetoleranz hat: einer kurzfristigen Steigerung folgt eine etwas länger anhaltende geringe Verminderung.

IV. Blutlactat und -pyruvat

Lactat und Pyruvat des Blutes stammen zum größten Teil aus den peripheren Organen, wo sie als Endprodukte des glykolytischen Kohlenhydratabbaus auftreten. Soweit sie dort nicht der weiteren Oxidation verfallen, wird ein Teil von ihnen auf dem Blutweg der Leber zugeführt, wo sie auf dem Wege der Gluconeogenese erneut in Glucose umgewandelt werden. Eine Steigerung der Organglykolyse geht meist auch mit einer vermehrten Bildung von Lactat und Pyruvat einher. Wie in den Kapiteln von ESTLER näher ausgeführt, wird die Glykolyse durch Methylxanthine beschleunigt.

Im *Tierversuch* wurde von mehreren Autoren die Frage nach dem Einfluß von Methylxanthinen auf die Konzentration von Lactat und Pyruvat im Blut geprüft. Während BÖMER (1930) keine Zunahme im Serum von Kaninchen nach Coffein fand, beobachteten TRINER und NAHAS (1966) bei der Ratte einen Anstieg des Lactats nach 45—90 mg/kg Theophyllin. Zu ähnlichen Ergebnissen kamen POYART und NAHAS (1967) beim Hund nach i. v. Zufuhr von 45 mg/kg Aminophyllin. Die durch Injektion von Adrenalin hervorgerufene Hyperlacticämie wurde durch Theophyllin weiter verstärkt.

Beim *Menschen* konnten SIEDECK et al. (1972) nach i. v. Verabreichung von 200 mg Coff.-Na.-Benz. keine Zunahme beobachten. In den ersten 15 min nach der Injektion trat sogar ein Abfall auf; AIZAWA und GOTO (1968) fanden dagegen eine Steigerung von Blutlactat und -Pyruvat beim i. v. Glucosetoleranztest nach Verabreichung von Kaffee gegenüber nicht mit Kaffee behandelten Versuchspersonen, wenn der Kaffee 30 min vor der Glucoseinjektion verabfolgt wurde.

K. Funktion und Stoffwechsel des Inselapparates

H. P. T. AMMON

Mit 3 Abbildungen

I. Einleitung

Die Langerhansschen Inseln bilden den innersekretorischen Anteil der Bauchspeicheldrüse. Ihre wichtigsten Hormone sind Insulin und Glucagon. Die Sekretion von ersterem wird vorwiegend durch Glucose, einige Hormone und Aminosäuren induziert. Wie bei anderen inkretorischen Drüsen spielt dabei das Adenylcyclase-cAMP-Phosphodiesterase-System eine Rolle. Da Methylxanthine potente Hemmstoffe der Phosphodiesterase darstellen, haben sich viele Untersucher mit der Frage nach einer Freisetzung von Insulin durch diese Stoffe beschäftigt. Ein Großteil der Untersuchungen *in vitro* galt allerdings dem Bestreben, mit Hilfe der Methylxanthine die Rolle des cAMP-Systems für den Sekretionsvorgang aufzuklären.

II. Insulinsekretion *in vitro*

Für die Untersuchung der Wirkung von Stimulatoren der Insulinsekretion *in vitro* haben sich 2 Techniken herausgebildet: 1. Die Inkubation, bei der die Abgabe von Insulin aus Pankreaspräparationen, wie isolierten Inseln, Pankreasstückchen oder Kulturen von Pankreasgewebe an ein Inkubationsmedium gemessen wird. Diese Technik hat u.a. den Vorteil, daß die Sekretion von Insulin mit dem Stoffwechsel der β-Zelle in Beziehung zu setzen ist und man so Einsichten in die Biochemie des Sekretionsmechanismus erhält. 2. Die Per(i)fusion.

1. Inkubation

Übereinstimmend wurde bei Pankreasstückchen erwachsener Kaninchen (WONG et al., 1967) bzw. Ratten (MALAISSE et al., 1967; ASHMORE, 1970) und menschlichen Feten (MILNER et al., 1971a), bei isolierten Inseln von Ratten (MONTAGUE u. TAYLOR, 1968a; MONTAGUE u. COOK, 1970; VANCE et al., 1971; TURTLE u. KIPNIS, 1967; AMMON u. STEINKE, 1972) und Mensch (ASHCROFT et al., 1971) sowie bei Kulturen von fetalem Rattenpankreas (LAMBERT et al., 1970; LAMBERT et al., 1967; LAMBERT et al., 1969a) und Menschenpankreas (FUJIMOTO u. WILLIAMS, 1972), bei Kulturen von Pankreas junger Ratten und Schweine (HILWIG u. VRBANEC, 1970) und Kulturen von Inseln der Maus (ANDERSSON u. HELLERSTRÖM, 1972) eine Steigerung der Insulinsekretion in das Medium durch 1—10 mM Theophyllin bzw. Coffein beobachtet.

Vom 3-Isobutyl-1-methylxanthin berichteten MONTAGUE und COOK (1971), daß dieses bei isolierten Inseln der Ratte ebenfalls zur Freisetzung von Insulin führt, die jedoch wesentlich stärker ist als nach Coffein und Theophyllin. Während diese Wirkung der Methylxanthine bei Abwesenheit von Glucose nicht oder nur in geringem Umfang nachweisbar ist, nimmt sie abhängig von der Glucosekonzentration zu, auch dann, wenn letztere ihrerseits die Abgabe von Insulin an das Medium noch nicht beeinflußt. Dies läßt an ein Zusammenwirken zwischen Methylxanthinen einerseits und Monosacchariden bzw. deren Stoffwechsel andererseits denken.

a) Monosaccharide

Bei Kulturen von fetalem Rattenpankreas beobachteten LAMBERT et al. (1969a) eine Steigerung der Insulinsekretion in Gegenwart von 10 mM Coffein durch die metabolisierbaren Zucker Glucose, Mannose und Fructose (alle 11 mM), die quantitativ gesehen, der genannten Reihenfolge entsprach. Galaktose, die nicht oder kaum metabolisiert wird, hatte den geringsten Effekt. Keine Freisetzung von Insulin konnten diese Autoren nachweisen, wenn anstelle von Hexosen jetzt Pentosen, wie D-Ribose, Xylit und Ribit verwendet wurden. Letztere Befunde stimmen mit den von MONTAGUE und TAYLOR (1968a) und ASHCROFT et al. (1972a) an isolierten Inseln der Ratte. bzw. Maus erhobenen überein.

b) Hemmstoffe des Kohlenhydratabbaus

Die Kombination von Methylxanthinen und Glucose mit Hemmstoffen des Kohlenhydratabbaus war Gegenstand intensiver Untersuchungen, um Einblick in die Bedeutung des Glucosemetabolismus für die durch Coffein bzw. Theophyllin induzierte Insulinsekretion zu gewinnen. Bei Verwendung von 3-O-Methylglucose und Phlorizin, die den Glucosetransport in die Zelle, soweit letzterer von Carriersystemen abhängig ist, blockieren, konnte bei Kulturen von fetalem Rattenpankreas kein Einfluß auf die durch Glucose und Coffein stimulierte Insulinsekretion durch diese Substanzen beobachtet werden (LAMBERT et al., 1969a). Offensichtlich ist der Transport von Glucose in die β-Zelle kein limitierender Faktor für die Insulinsekretion. Dagegen wurde in derselben Präparation (LAMBERT et al., 1969a) sowie bei Pankreasstücken (MALAISSE et al., 1967) und isolierten Inseln (ASHCROFT et al., 1972a) die durch Coffein in Anwesenheit von Glucose stimulierte Insulinsekretion durch Hemmstoffe der Glucosephosphorylierung, wie Mannoheptulose und Glucosamin, sowie durch den Hemmstoff der Glucose-6-phosphat-Isomerase, D-2-Desoxyglucose, stark vermindert. Ähnliches fanden LAMBERT et al. (1970) bei Kulturen von fetalem Rattenpankreas, wenn die Glykolyse durch 0,1 mM Jodacetat blockiert wurde. Eine Hemmung der durch Aminophyllin in Anwesenheit von Glucose induzierten Abgabe von Insulin aus isolierten Inseln der Ratte wurde auch bei Blockade des Abbaues von Glucose im Pentosephosphatshunt durch 6-Aminonicotinamid (einem Antimetaboliten vorwiegend der NADP-Synthese) (AMMON u. STEINKE 1972), sowie bei Senkung des NADPH-Gehaltes isolierter Inseln durch Methylenblau (AMMON, unveröffentlicht) beobachtet.

c) Metaboliten des Kohlenhydratabbaus

Von den Intermediaten des Glucosestoffwechsels wurde die Wirkung von Pyruvat, Citrat, Glutamat, Succinat und Fumarat auf die Sekretion von Insulin untersucht. Bei Abwesenheit von Methylxanthinen bewirkte nur Pyruvat (11 mM) bei Kulturen von fetalem Rattenpankreas eine geringe Steigerung der Insulinsekretion.

Zusammen mit Coffein (10 mM) kam es dagegen zu einem potenzierenden Effekt (LAMBERT et al., 1969a). Von den anderen untersuchten Metaboliten konnte nur Citrat (11 mM) die Coffeinwirkung steigern.

Man wird annehmen können, daß die Aufgabe der Glucose und anderer metabolisierbarer Monosaccharide sowie einiger Metaboliten des Intermediärstoffwechsels u.a. darin besteht, notwendige Cofaktoren wie z.B. ATP und NADPH für die insulinfreisetzende Wirkung der Methylxanthine zur Verfügung zu stellen.

d) Fettsäuren

Von einer kurzkettigen Fettsäure, der Octansäure, berichteten MONTAGUE und TAYLOR (1969), daß sie bei isolierten Inseln der Ratte zu einer Stimulierung der Insulinsekretion führt. Über den möglichen Mechanismus ist bisher nichts bekannt. In Gegenwart von Coffein (10 mM) wurde bei Kulturen von fetalem Rattenpankreas die Insulinsekretion durch Octanoat (11 mM) deutlich gesteigert (LAMBERT et al., 1969b). Ob dabei Octanoat lediglich als metabolisierbares Substrat oder über einen ihm eigenen Mechanismus wirkt, muß offenbleiben. Interessant ist jedoch in diesem Zusammenhang, daß an der gleichen Präparation Acetat und β-Hydroxybutyrat ohne Effekt waren.

e) Aminosäuren

Die stimulierende Wirkung einiger Aminosäuren, insbesondere von Arginin und Leucin auf die Insulinsekretion, wurde von mehreren Autoren *in vitro* nachgewiesen (MILNER, 1969a; BURR et al., 1969; BASABE et al., 1971a; PANTEN u. CHRISTIANS, 1973; MALAISSE u. MALAISSE LAGAE, 1968). Das Ausmaß der Insulinsekretion ist dabei von der Glucosekonzentration im Medium abhängig. In Gegenwart von Coffein (10 mM) untersuchten LAMBERT et al. (1969b) bei Kulturen fetaler Ratteninseln die Wirkung mehrerer Aminosäuren (11 mM) auf die Abgabe von Insulin. Eine Steigerung erfolgte in der Reihenfolge Lysin, Threonin, Arginin und Leucin. Histidin und Phenylalanin hatten nur einen geringen Effekt. Bei Pankreaskulturen der Ratte bzw. des Kaninchens beobachteten auch MILNER (1969b) sowie MALAISSE und MALAISSE-LAGAE (1968) eine gegenseitige Verstärkung der sekretorischen Wirkung von Theophyllin (1 mM) und Leucin (5 bzw. 25 mM). Ob Aminosäuren die coffeininduzierte Insulinsekretion über einen ihnen eigenen Mechanismus verstärken, oder ob sie bei ihrem Metabolismus in der β-Zelle lediglich Cofaktoren für die Wirkung des Coffeins bereitstellen, ist ebenfalls unbekannt.

f) Hormone

Neben der Glucose und einigen Aminosäuren induzieren auch eine Reihe von Hormonen die Insulinsekretion *in vitro*. Da viele Hormone nach dem „Second Messenger"-Konzept ihre Effekte durch Aktivierung der Adenylcyclase über eine Zunahme des intracellulären cAMP vermitteln, ist damit zu rechnen, daß deren Wirkung auf die Insulinsekretion durch Methylxanthine weiter verstärkt wird.

α) cAMP

Die stimulierende Wirkung der Methylxanthine auf die Insulinfreisetzung wird der ihnen eigenen Hemmung der Phosphodiesterase in der β-Zelle zugeschrieben, da einerseits nach Coffein bzw. Theophyllin eine Zunahme an cAMP in isolierten Langhansschen Inseln der Ratte beobachtet wurde (MONTAGUE u. COOK, 1970; TURTLE u. KIPNIS, 1967), andererseits *in vitro*-Zusatz von cAMP-Dibutyrat zu Kulturen fetaler Inseln der Ratte (LAMBERT et al., 1970), Pankreasstückchen menschlicher Feten (MILNER et al., 1971a), Pankreasstückchen des Goldhamsters (FELDMANN u. LEBOWITZ, 1971) und isolierten Inseln der Ratte (AMMON, unveröffentl.) die Insulinsekretion in Gegenwart von Glucose stimulierte. Wie zu erwarten war, verstärkt Theophyllin die insulinfreisetzende Wirkung des cAMP (MALAISSE et al., 1967).

Kürzlich wurde von der Glucose berichtet, daß sie selbst zum Anstieg des cAMP in der perifundierten Pankreasinsel der Ratte führt (CHARLES et al., 1973). Da die Methylxanthine den Abbau des cAMP hemmen, fände die Tatsache, daß die stimulierende Wirkung dieser Stoffe auf die Insulinsekretion von der Glucosekonzentration abhängig ist, (sollten sich obige Befunde bestätigen) eine weitere Erklärung.

β) Glucagon

Das am häufigsten untersuchte Hormon ist das in den α-Zellen der Langerhansschen Inseln und vermutlich auch in der Darmwand vorkommende Glucagon. In Konzentrationen von 3—10 µg/ml führt es bei Kulturen von fetalem Rattenpankreas (LAMBERT et al., 1967), Pankreasstückchen erwachsener Ratten (MALAISSE et al., 1967), isolierten Inseln der Ratte (LACY et al., 1968) und menschlichen fetalen Pankreasstückchen (MILNER et al., 1971a) bzw. isolierten Inseln (ESPINOSA et al., 1970) zur Steigerung der Insulinsekretion. Verbunden damit ist eine Zunahme des insulären cAMP (TURTLE u. KIPNIS, 1967; MONTAGUE u. COOK, 1970). Durch Coffein und Theophyllin kommt es zu einer Verstärkung der glucagoninduzierten Sekretion von Insulin (LAMBERT et al., 1967; LACY u. FINK, 1968; TURTLE u. KIPNIS, 1967).

γ) Catecholamine

Die Sekretion von Insulin kann durch Hormone nicht nur stimuliert, sondern auch gehemmt werden. Eine solche Wirkung auf die glucoseinduzierte Freisetzung von Insulin *in vitro* besitzen die biogenen Amine Adrenalin, Noradrenalin und Serotonin (BURR et al., 1971a; MALAISSE-LAGAE u. MALAISSE, 1971; TASAKA et al., 1971; FELDMAN et al., 1972; MONTAGUE u. COOK, 1970; WONG et al., 1967). Im Gegensatz zum Fettgewebe oder der Leber, wo Catecholamine die Adenylcyclase stimulieren und den Gehalt dieser Organe an cAMP ansteigen lassen, senkt Adrenalin die cAMP-Konzentration isolierter Inseln (MONTAGUE u. COOK, 1970). Als Folge ergibt sich nicht nur eine Hemmung der Glucose- und Glucagon-, sondern auch der durch Coffein (MONTAGUE u. COOK, 1970) bzw. Theophyllin (TURTLE u. KIPNIS, 1967) stimulierten Freisetzung von Insulin.

δ) Sympatholyse

Adrenalin und Noradrenalin hemmen die Glucose-induzierte Insulinsekretion vorwiegend über eine Erregung der adrenergen α-Receptoren der β-Zelle. Dies kann daraus geschlossen werden, daß ein solcher Hemmeffekt bei Blockade dieser Receptoren durch Phentolamin nicht auftritt (MALAISSE et al., 1970). Ähnliches gilt für das Theophyllin, dessen sekretorische Wirkung an isolierten Inseln der Ratte durch Adrenalin nur dann nicht vermindert wird, wenn man dem Medium den α-Blocker Phentolamin zusetzt (MALAISSE et al., 1970; TURTLE u. KIPNIS, 1967). Bei Anwesenheit des α-Blockers unterbleibt auch die durch Adrenalin hervorgerufene Abnahme des cAMP (TURTLE u. KIPNIS, 1967).

Dem Sympathicustonus kommt somit offenbar eine wichtige gegenregulatorische Funktion bei der Freisetzung von Insulin zu, die sich nicht nur auf die Stimulation durch Glucose, sondern auch auf die durch das cAMP-System erstreckt. Aufgrund der Tatsache, daß Theophyllin und Coffein *in vivo* sowohl beim Tier als auch beim Menschen zur vermehrten Freisetzung von Catecholaminen führen, wird man dort mit komplizierteren Verhältnissen zu rechnen haben (s. u.).

ε) Prostaglandine

Kürzlich wurde von JOHNSON et al. (1972) berichtet, daß Prostaglandine, wie PGE_1, PGE_2 und $PGF_{2\alpha}$ die durch 300 mg% Glucose, sowie 1 mM Theophyllin stimulierte Sekretion von Insulin bei isolierten Inseln erheblich steigern und daß die durch Noradrenalin hervorgerufene Hemmung der Sekretion von PGE_1 und PGE_2 teilweise aufgehoben wird.

g) Alkali- und Erdalkaliionen

Die Konzentration der Alkali- und Erdalkaliionen im Medium spielt eine ausschlaggebende Rolle für die Sekretion von Insulin. So wird bei der durch Glucose stimulierten Insulinfreisetzung diese durch Verminderung von Ca^{++}, Erhöhung von Mg^{++} und Na^+, Ersatz von Na^+ durch Li^+ gehemmt und durch mäßige Erhöhung des K^+ bzw. Ersatz von Na^+ durch K^+ gesteigert (MALAISSE-LAGAE u. MALAISSE, 1971; GRODSKY u. BENNETT, 1966; HALES u. MILNER, 1968; MILNER u. HALES, 1967; BENNETT et al., 1969). Nach Auffassung von MALAISSE-LAGAE und MALAISSE (1971) erhöht Glucose die Aufnahme von Ca^{++} aus dem Medium in die β-Zelle, welches seinerseits nun den Anstoß für die Freisetzung von Insulin gibt. Was das Kalium betrifft, so gilt ähnliches für die durch Methylxanthine stimulierte Insulinsekretion. Nach Untersuchungen von LAMBERT et al. (1969b) an Kulturen und fetalem Rattenpankreas führt die Erhöhung der Kaliumkonzentration im Medium zu einer Steigerung der durch Coffein induzierten Abgabe von Insulin. Über den Einfluß der Methylxanthine auf den Calciumstoffwechsel der Pankreasinsel wird weiter unten berichtet.

h) Sulfonylharnstoffe

Sie sind seit Jahren in die Therapie der oralen Diabetesbehandlung eingeführt. An isolierten Inseln der Ratte potenziert das am meisten untersuchte Tolbutamid die Glucose-induzierte Insulinsekretion (AMMON u. STEINKE, 1972). Der Mechanismus der Tolbutamidwirkung ist bis heute nicht geklärt. Es wird eine Hemmung der Phosphodiesterase diskutiert (GOLDFINE et al., 1971). Möglicherweise handelt es sich beim Tolbutamid aber auch um eine Substanz, die auf andere unbekannte Weise, vielleicht als eine Art Cofaktor, die sekretorische Ansprechbarkeit der β-Zelle gegenüber Glucose steigert. Nicht nur die sekretorische Wirkung der Glucose, sondern auch die von Glucagon (LAMBERT et al., 1967), cAMP (AMMON, unveröffentlicht) und Methylxanthinen wird durch Tolbutamid potenziert. Eine solche findet sich z.B. in Kulturen von fetalen Ratten- oder Menschenpankreas in Gegenwart von 10 mM Coffein bzw. Theophyllin und 0.081 mg/ml bzw. 3,7 mM Tolbutamid (LAMBERT et al., 1967; FUJIMOTO et al., 1972).

Bei isolierten Inseln der Ratte wurde in Gegenwart von 1 mM Aminophyllin und 0,1 mg/ml Tolbutamid ebenfalls eine starke Potenzierung beobachtet (AMMON, unveröffentl.). Die Wirkung des Tolbutamids ist dabei, im Gegensatz zu den meisten bisher erwähnten Stimuli der Insulinsekretion anscheinend nicht an den Metabolismus der Glucose gebunden, da sie auch bei Hemmung der Glucosephosphorylierung durch Mannoheptulose (COORE u. RANDLE, 1964; KANAZAWA et al., 1971) sowie nach Blockade des Pentosephosphatshunts vorhanden ist (AMMON, unveröffentl.).

2. Per(i)fusion

Die durch einen konstanten Glucosestimulus ausgelöste Insulinsekretion erfolgt über die Zeit nicht gleichmäßig, sondern unterliegt, wie am isoliert perfundierten (durchströmten) Pankreas (CURRY et al., 1968) gezeigt wurde, einer Dynamik mit 2 Phasen: Einem raschen Peak nach 2–3 min folgt ein Abfall der Sekretion nach ca. 5 min, dem ein 2. Peak über die restliche Zeit der Stimulation folgt. Der biphasische Kurvenverlauf hat zu der Vermutung geführt, daß das sezernierte Insulin aus 2 verschiedenen Pools stammen müsse, einem 1., rasch verfügbaren und einem 2. Pool, in den auch während der Stimulation neu synthetisiertes Insulin mit eingehen soll (CURRY et al., 1968).

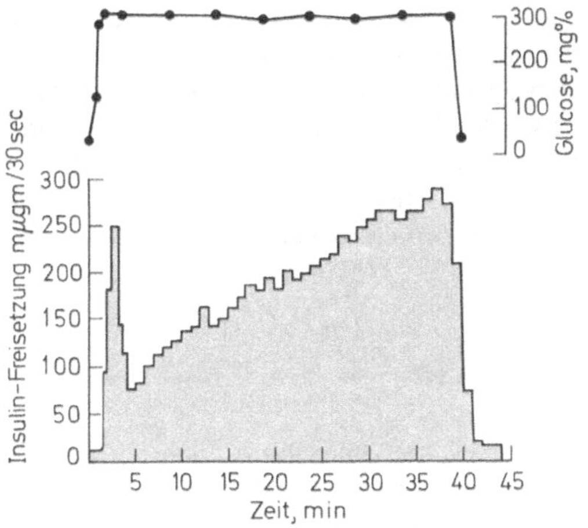

Abb. 22. Dynamik der Insulinsekretion beim perfundierten Rattenpankreas unter kontinuierlicher Glucosestimulation. (Nach CURRY et al., 1968)

Bei den Methylxanthinen läßt sich eine ähnliche Dynamik nachweisen. Sie ist jedoch stark von der anwesenden Glucosekonzentration abhängig. Bei Abwesenheit von Glucose führt Theophyllin bei perifundiertem (umströmten) Pankreasgewebe der Ratte (BURR et al., 1970) dosisabhängig (5—10 mM) nur zur Ausbildung eines ersten Peaks, dem jedoch kein deutlicher zweiter Anstieg folgt. Zusatz von Glucose zum Medium führt dagegen auch zum Auftreten des zweiten Peaks (MATSCHINSKY et al., 1972a; BURR et al., 1971b; BASABE et al., 1971b; BURR et al., 1970). Diese Befunde legen die Vermutung nahe, daß der erste Peak der durch Methylxanthine induzierten Insulinsekretion mit Hilfe zelleigener Energie bewältigt werden kann, während der länger anhaltende zweite Peak die Zufuhr von exogenem Substrat zur Voraussetzung hat. Für diese Annahme sprechen die Befunde von BURR et al. (1971b) und BURR et al. (1970), nach denen ein zweiter Peak auch dann auftritt, wenn anstelle von Glucose Citrat oder Pyruvat dem Perfusionsmedium zugesetzt wird.

Von den nicht metabolisierbaren Zuckern Galaktose und Glucosamin wird berichtet, daß sie am perfundierten Pankreas der Ratte zusammen mit Theophyllin einen deutlichen ersten und zweiten Peak hervorrufen. Da dieser Effekt der beiden Zucker nicht mit der Lieferung von Energie oder anderen Cofaktoren aus dem Glucosemetabolismus zusammenhängen kann, wird von den Untersuchern ein Glucosereceptor mit breitem Spektrum gegenüber Zuckern postuliert, über den die Stimulierung der Insulinsekretion erfolgen soll (LANDGRAF et al., 1971).

III. Inselstoffwechsel

Seitdem es möglich ist, Inselgewebe durch Mikrodissektion oder Kollagenaseisolierung zu gewinnen, wendet sich das Interesse in zunehmendem Maße der Frage zu, in welchem Zusammenhang der Sekretionsmechanismus der β-Zelle mit deren Stoffwechsel steht. Da die Insel, abhängig von der Tierspecies zu 70—90% aus β-Zellen besteht, können — wenn auch unter gewissem Vorbehalt — die Ergebnisse biochemischer Untersuchungen an dieser im wesentlichen auf den Stoffwechsel der β-Zelle bezogen werden.

1. Phosphodiesterase-cAMP

Wie bereits ausführlich berichtet, handelt es sich bei den Methylxanthinen um Hemmstoffe der Phosphodiesterase, wenn diese *in vitro* in einer Konzentration von 1—10 mM angewandt werden. Bei isolierten Inseln von „obese mice" fanden ATKINS und MATTY (1971) eine 93%ige, bei Inseln der normalen Maus BOWEN und LAZARUS (1972) eine 50%ige Hemmung der Phosphodiesterase durch 10 mM Theophyllin. SAMS und MONTAGUE (1972) berichten über eine ca. 50%ige Hemmung der Phosphodiesterase mit niedriger K_m* von isolierten Inseln des Meerschweinchens durch 1 mM Theophyllin bzw. Coffein. Zu ähnlichen Ergebnissen kamen GOLDFINE et al. (1971) bei Inselzelltumoren des syrischen Goldhamsters, bei denen Coffein und Theophyllin (10 mM) die Phosphodiesterase um 82 bzw. 69% hemmten. 3-Isobutyl-1-Methylxanthin führte bereits in einer Konzentration von 0,8 mM zu einer 89%igen Abnahme der Phosphodiesteraseaktivität in Inseln der Maus (ASHCROFT et al., 1972b). Der Inaktivierung der Phosphodiesterase entsprechend, wurde von MONTAGUE und COOK (1971) sowie TURTLE und KIPNIS (1967) in isolierten Inseln der Ratte ein Anstieg des cAMP in Gegenwart von Coffein bzw. Theophyllin (180 µg/ml) beobachtet, der durch Glucagon verstärkt, durch Adrenalin jedoch gehemmt wurde. Übereinstimmend mit der wesentlich stärkeren Hemmung der Phosphodiesterase findet sich nach 3-Isobutyl-1-Methylxanthin die größte Zunahme an cAMP.

---

* K_m = Michaeliskonstante.

2. Calcium

Dem intracellulären ionisierten Calcium kommt große Bedeutung bei der Antwort von Zellen auf Erregungsvorgänge zu. Dies gilt auch für die β-Zelle, da z.B. Ca^{++}-Entzug die Insulinsekretion hemmt (vgl. oben), Zusatz von Ca^{++} sie steigert. Die Wirkung des Calciums auf die Sekretion von Insulin soll u.a. darin bestehen, eine Art Kontraktion des mikrotubulären-mikrofilamentären Systems hervorzurufen, wodurch die Insulin enthaltenden Granula zur Zellmembran gebracht werden, wo die Emiocytosis stattfindet (LACY, 1970). Die Ca^{++}-Konzentration in der Zelle wird in erster Linie bestimmt durch Freisetzung und Wiederaufnahme von Calciumionen in Speichergranula und zweitens durch die Calciumaufnahme und -abgabe der Zelle. Bei der isolierten Insel beobachteten MALAISSE und BRISSON (1972) nach Theophyllin eine vermehrte intracelluläre Freisetzung von Ca^{++}, die, ähnlich wie die Sekretion von Insulin, durch Adrenalin hemmbar war. Die Aufnahme von Calcium durch die β-Zelle wird dagegen nach Untersuchungen von HELLMANN et al. (1971) durch 2 mM Theophyllin im Gegensatz zu Glucose (MALAISSE-LAGAE u. MALAISSE, 1971; HELLMANN et al., 1971) nicht beeinflußt.

3. Kohlenhydratstoffwechsel

Methylxanthine steigern in anderen Organen Glykogenolyse und Glykolyse (vgl. dort). Eine ähnliche Wirkung wurde auch bei der Pankreasinsel beobachtet. In Gegenwart von 1 mM Theophyllin fanden IDAHL und HELLMANN (1971) bei mikrodissezierten Inseln von „Obese mice" eine geringe Abnahme des Glykogengehaltes, ein Befund, der sich auch bei Zusatz von cAMP-Dibutyrat erheben ließ. Durch Glucagon wurde die Glykogenolyse noch weiter gesteigert. MATSCHINSKY et al. (1972b) beschreiben eine Erhöhung der Lactatbildung durch 5 mM Theophyllin in Gegenwart von 27 mM Glucose. MONTAGUE und TAYLOR (1969) beobachteten bei isolierten Inseln der Ratte eine Abnahme des Glucose-6-phosphates bei gleichzeitiger Zunahme von 6-Phosphogluconat in Anwesenheit von 20 mM Glucose durch 5 mM Coffein. Ähnliche Ergebnisse erhielten sie auch mit Glucagon. Diesen Befunden stehen Untersuchungen von ASHCROFT et al. (1972a) sowie AMMON und STEINKE (1972) gegenüber, die bei Verwendung von C-1 oder C-6 markierter Glucose keine Zunahme der 14-CO_2-Bildung durch Theophyllin und Coffein (1—5 mM) nachweisen konnten. Offenbar steigern Methylxanthine in der β-Zelle nur den glykolytischen Abbau von Kohlenhydraten, nicht aber deren Oxydation.

IV. Mechanismus der Insulinsekretion

Aufgrund des bisher Besprochenen könnte man den Mechanismus der Insulinsekretion durch Methylxanthine *in vitro* wie folgt formulieren:

Primäre Wirkung dieser Substanzen ist die Hemmung der cAMP-Phosphodiesterase, die zur Zunahme des β-cellulären cAMP führt. Dieser Anstieg wird

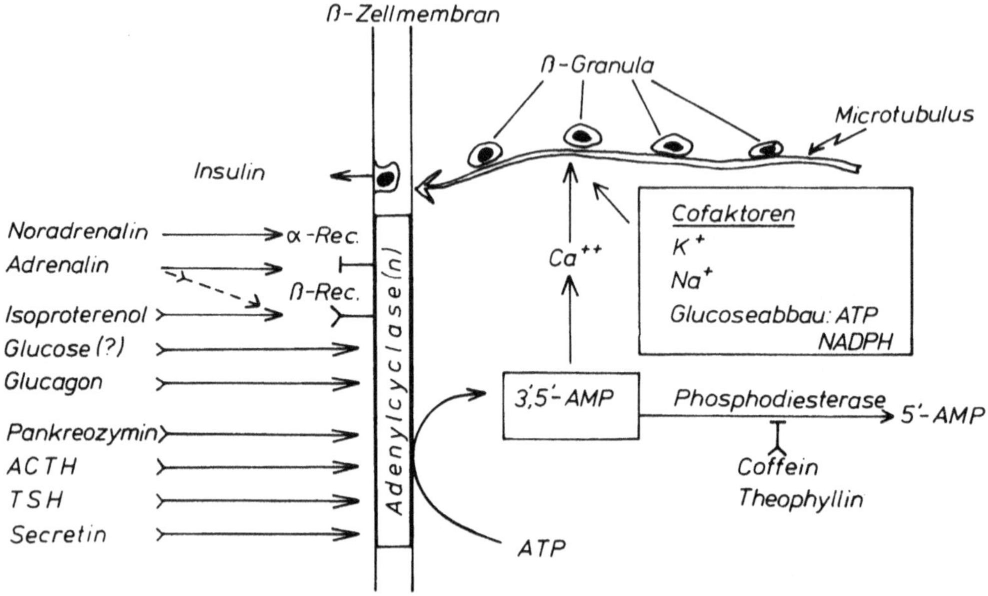

Abb. 23. Hypothetischer Mechanismus der Freisetzung von Insulin durch Methylxanthine (vgl. Text). ≻——→ Stimulierung, ≻——⊣ Hemmung

— ebenso wie die Insulinsekretion — durch Hormone wie Glucagon, Pankreozymin und vermutlich Secretin, ACTH und TSH verstärkt, durch Catecholamine über die Erregung der α-Receptoren jedoch gehemmt. Die Zunahme des cAMP führt zu einer Erhöhung der Konzentration des intracellulären ionisierten Calciums, das vermutlich seinerseits über die Auslösung einer Art Kontraktion des mikrotubulären-mikrofilamentären Systems die Insulin enthaltenden Granula zur Emiocytosis bringt. Der Sekretionsvorgang benötigt dazu die Hilfe von Cofaktoren, wie K^+, Na^+, und den Abbau der Glucose, dessen wichtigste Aufgabe die Bereitstellung von Energie in Form des ATP sowie von NADPH sein dürfte.

V. Serum-Insulin

Nach den Ergebnissen der *in vitro* Versuche liegt auch *in vivo* eine Stimulierung der Insulinsekretion durch Coffein und Theophyllin im Bereich des Möglichen. Es ist jedoch zu bedenken, daß 1. die *in vivo* angewandten Dosen wesentlich niedriger sind als *in vitro*; 2. Wechselwirkungen zwischen Methylxanthinen einerseits und Nahrungsaufnahme, ergo- und trophotroper Reaktionslage, anderen Hormonwirkungen u.ä. andererseits auftreten können, die die stimulierende Wirkung dieser Stoffe auf die Insulinsekretion modifizieren.

Tierexperimentelle Untersuchungen, die sich mit dem Einfluß von Methylxanthinen auf das Seruminsulin befassen, führten daher auch zu unterschiedlichen

Ergebnissen. Während ALLAN und TEPPERMANN (1969) bei 150 g schweren Ratten ca. 10—14 min nach i.p. Zufuhr von 7 bzw. 10 mg Aminophyllin einen Anstieg des Seruminsulins beobachten konnten, fanden BRESSLER et al. (1969) bei 24 Std gefasteten Mäusen (im Hunger ist die Ansprechbarkeit der β-Zelle herabgesetzt) und LEBOVITZ und POOLER (1967) bei 1 Std gefasteten Mäusen keine Zunahme des Insulinspiegels 10 min nach *i.v.* Gabe von 1 mg Aminophyllin. Auch CHEZ et al. (1971) beobachteten keinen Anstieg des Insulins bei fetalen und neugeborenen Affen nach i.v. Injektion von 1,5 mg Aminophyllin. Bei Verwendung der Stachelmaus (Acomys Cahirinus, vgl. Kapitel Kohlenhydratstoffwechsel) führten 240 mg/kg Aminophyllin zu keiner signifikanten Zunahme des Seruminsulins, während eine solche bei normalen Mäusen (Swiss white mouse) beobachtet werden konnte (CAMERON et al., 1972).

Beim Menschen berichten ENSINCK et al. (1970) über einen deutlichen Anstieg des Seruminsulins 20 min nach einer Infusion von 25 mg Aminophyllin/min. MARCO et al. (1972), die ihre Messungen über 2 Std nach *i.v.* Gabe von 1 g Aminophyllin durchführten, fanden jedoch nur eine geringe Zunahme. Auch beim unreifen Neugeborenen wird eine Zunahme des Insulinspiegels 60 min nach Infusion von 1 mg/min Aminophyllin beschrieben. Mit Coffeinmengen, wie sie üblicherweise mit coffeinhaltigen Getränken aufgenommen werden, sind jedoch keine wesentlichen Änderungen im Seruminsulin beobachtet worden (WACHMANN et al., 1970; SIEDECK et al., 1972). Lediglich wenn *i.v.* 200 mg Coff.-Na.-Benz. gegeben wurden, beobachteten SIEDECK et al. (1972) einen geringen, nur wenige Minuten anhaltenden Anstieg des Insulins. Auch an Patienten mit chemischem Diabetes hatte Coffein keinen Einfluß (AMMON et al., in Vorbereitung).

Bei den *in vitro* Untersuchungen haben wir gesehen, daß die Insulin-freisetzende Wirkung der Methylxanthine durch Zusatz von Substraten, Metaboliten und Hormonen modifiziert wird. Ähnliche Versuche wurden auch *in vivo* angestellt.

1. Glucose

Bei der *Maus* fanden LEBOVITZ und POOLER (1967) im Gegensatz zur alleinigen Verabreichung von Aminophyllin, die keinen Einfluß auf den Seruminsulinspiegel hat, bei gleichzeitiger Gabe von 25 mg Glucose eine Verstärkung der Glucosewirkung. Dieser Effekt war allerdings nur nach 2,5 min nachzuweisen und bereits nach 10 min nicht mehr sichtbar. Auch bei fetalen Affen stieg das Seruminsulin nur bei der kombinierten Infusion von 1,5 mg Theophyllin und 250 mg Glucose signifikant an; dagegen zeigte keiner der beiden Stoffe für sich alleine einen Effekt (CHEZ et al., 1971).

Bei stoffwechselgesunden Versuchspersonen beobachteten CERASI und LUFT (1969) keinen Einfluß von Aminophyllin auf den Anstieg des Seruminsulins im Verlaufe einer *i.v.* Glucosezufuhr. Zu ähnlichen Ergebnissen kamen CARROLL und NESTEL (1973) wenn sie ihre Versuche, wie das in der Klinik allgemein üblich ist, am Morgen durchführten. Wurden die gleichen Untersuchungen am Abend vorgenommen, (hier ist die Glucoseelimination „physiologisch" erniedrigt und die sekretorische Antwort der β-Zelle auf Glucose herabgesetzt), so führten insgesamt 500 mg Theophyllin, infundiert über 60 min vor Beginn des *i.v.* Glucosetoleranztestes zu einer Verstärkung der Glucose-induzierten Insulinsekretion. WACHMANN et al. (1970) fanden dagegen während des intravenösen Glucosetoleranztestes eine Senkung des Seruminsulinanstieges, wenn die Testpersonen 1 Std vor Verabreichung der Glucose Kaffee mit insgesamt 450 mg Coffein erhalten haben. Damit einher ging eine Abnahme der Glucoseeliminationsgeschwindigkeit.

Bei diesen Versuchen war auch das Verhältnis: mittlere Zunahme des Seruminsulins/mittlere Zunahme des Blutzuckerspiegels, bei den Personen, die coffeinhaltigen Kaffee erhalten haben, signifikant geringer, als bei denen, die entcoffeinierten Kaffee erhielten. Keinen Effekt des Kaffees (220 mg Coffein) auf das Seruminsulin während eines peroralen Glucosetoleranztestes fanden FEINBERG et al. (1968). Allerdings verabreichten diese Autoren den Kaffee gleichzeitig mit der Glucose, so daß möglicherweise der Effekt des Coffeins, wie an anderer Stelle ausgeführt, noch nicht voll zur Geltung kommt.

Die Wirkung der Methylxanthine auf die Insulinsekretion ist insbesondere im Zusammenhang mit ihrer Zufuhr beim Diabetiker von Interesse. CERASI und LUFT (1969) berichten, daß bei Patienten mit Prädiabetes die beim *i.v.* Glucosetoleranztest gestörte Dynamik der Insulinsekretion durch Infusion von insgesamt 400 mg Aminophyllin verbessert wurde. Ein solcher Effekt konnte dagegen nicht bei Patienten mit manifestem Diabetes beobachtet werden.

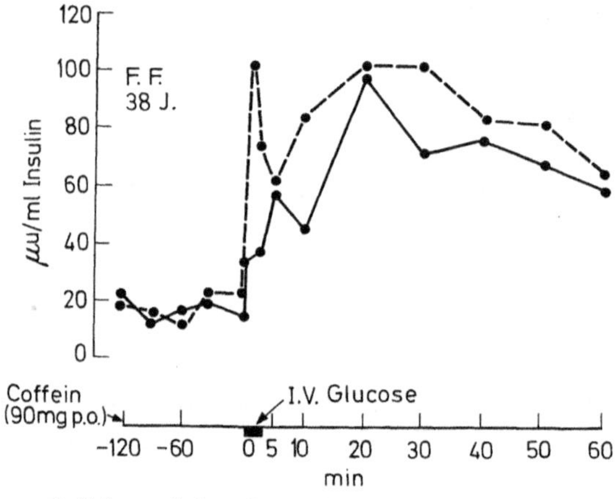

Abb. 24. Einfluß von Coffein auf den Seruminsulinspiegel beim *i.v.* Glucosetoleranztest.
------- ohne Coffein ($K_G = 1{,}1$)
——— mit Coffein ($K_G = 0{,}7$). (Nach AMMON et al., in Vorbereitung)

Bei Patienten mit chemischem Diabetes (objektiviert durch eine herabgesetzte orale Glucosetoleranz), bei denen der K_G-Wert* der Glucoseelimination unter 1,2, aber noch über 0,8 lag, führten nach neueren Untersuchungen von AMMON et al. (in Vorbereitung) 195 mg Coffeinum citricum (= 90 mg Coffein), verabreicht 2 Std vor Beginn des *i.v.* Glucosetoleranztestes, sogar zu einer deutlichen Hem-

* Vgl. Kapitel Kohlenhydratstoffwechsel.

mung des ersten Peaks der Seruminsulinkurve (Abb. 24), und bei 4 von 5 Patienten lag auch der zweite niedriger. Bei den Patienten, die auf Glucose kaum mehr mit einem Anstieg des Seruminsulins reagierten, hatte Coffein keine Wirkung. Zu ähnlichen Ergebnissen bei Patienten mit „maturity onset diabetes" kamen JANKELSON et al. (1967), die keinen Einfluß von Kaffee (224 mg Coffein) auf die Seruminsulinkonzentration während eines *i.v.* Glucosetoleranztestes fanden.

Faßt man die vorliegenden Ergebnisse hinsichtlich der Wirkung der Methylxanthine auf das Seruminsulin bei gleichzeitiger Zufuhr von Glucose zusammen, so scheint dem Theophyllin eine gewisse stimulierende Wirkung bei herabgesetzter Glucosetoleranz eigen zu sein. Eine solche konnte beim Coffein bisher nicht beobachtet werden. Es ist bei letzterem eher damit zu rechnen, daß es die Stimulierung der Insulinsekretion beim *i.v.* Glucosetoleranztest herabsetzt. Da Coffein einen stärker zentral erregenden Effekt besitzt als Theophyllin, wäre es denkbar, daß auch seine Wirkung auf die Freisetzung von Catecholaminen die des Theophyllins übertrifft. Von diesen wissen wir aber, daß sie die durch Glucose und Methylxanthine stimulierte Insulinsekretion hemmen.

2. Hormone

Die *i.v.* Verabreichung von 1 mg cAMP (dem „second messenger" bei Hormonwirkungen) führt bei der Maus zum Anstieg des Seruminsulins nach 10 min, der durch gleichzeitige Gabe von 1 mg Aminophyllin potenziert wird (BRESSLER et al., 1969). Diese Befunde stehen in Einklang mit den Ergebnissen der oben zitierten *in vitro* Versuche.

Bestimmte Hormone stimulieren auch *in vivo* die Sekretion von Insulin. So beobachteten ALLAN und TEPPERMAN (1969) bei der Ratte einen Anstieg des Seruminsulins 10 min nach i.p. Zufuhr von 200 µg *Glucagon* oder 5 E *Pankreozymin. Secretin* (5 E) war, wie auch *in vitro*, ohne Effekt. Jedoch zeigte sich nach Vorbehandlung mit 10 mg Aminophyllin, 10 min vor Verabreichung der Hormone, in allen Fällen ein über die eigentliche Hormonwirkung hinausgehender Anstieg des Insulinspiegels. Eine Steigerung der Insulin-freisetzenden Wirkung des Glucagons wurde auch von LEBOVITZ und POOLER (1967) bei Mäusen beobachtet, wenn diese 50 µg Glucagon 10 min nach *i.v.* Injektion von 1 mg Aminophyllin erhielten und der Seruminsulinspiegel 10 min nach der Glucagoninjektion bestimmt wurde. Übereinstimmend damit fanden CHEZ et al. (1971) bei fetalen Affen sowie GRASSO et al. (1970) bei unreifen Neugeborenen eine Potenzierung der Wirkung beider Stoffe. Wie *in vitro* führte *ACTH* auch *in vivo* zur Steigerung der Insulinsekretion. So kommt es bei der Maus 10 min nach *i.v.* Zufuhr von 5 µg/g ACTH zur deutlichen Zunahme des Seruminsulins, die durch Vorbehandlung mit 1 mg Aminophyllin noch weiter verstärkt wurde (LEBOVITZ u. POOLER, 1967). Obwohl *Corticoide* selbst keinen Einfluß auf die Insulinsekretion haben, scheint ihre Anwesenheit die Ansprechbarkeit der β-Zelle gegenüber Glucose zu verbessern (MAYHEW et al., 1969). Dies gilt auch für die Stimulierung der Insulinsekretion *in vivo* durch Aminophyllin. So fanden DE SANTIS et al. (1973), daß bei normalen und adrenalektomierten Ratten der nach Infusion von Glucose und Aminophyllin hervorgerufene Anstieg des Seruminsulins durch Cortison noch verstärkt wurde.

Die Frage, ob die Wirkung der Methylxanthine auf die Insulinsekretion auch *in vivo* in einem Zusammenhang mit ihrem stimulierenden Einfluß auf den Sympathicus steht, wurde von mehreren Autoren unter Anwendung sympatholytischer Maßnahmen geprüft. Dabei ergab sich, daß Theophyllin, dessen Wirkung auf den Seruminsulinspiegel im Tierversuch gering ist, zu einer deutlichen Sekretion von Insulin nach Adrenalektomie führt. Diese Beobachtung, die von TURTLE et al. (1967) bei 15—48 Std hungernden Ratten sowie von ENSINCK et al. (1970) bei adrenalektomierten Versuchspersonen gemacht wurde, spricht dafür, daß die *in vivo* Wirkung des Theophyllins auf die Insulinsekretion unter dem hemmenden Einfluß gleichzeitig freigesetzter Catecholamine steht. Daß Catecholamine *in vivo* die Wirkung von Theophyllin auf die Freisetzung von Insulin hemmen, ergibt sich auch aus Untersuchungen an adrenalektomierten Ratten, nach denen bei Zufuhr von Adrenalin und Theophyllin die Zunahme des Seruminsulins wesentlich größer ausfiel, wenn gleichzeitig die Wirkung des Adrenalins an den α-Receptoren der β-Zelle durch den α-Receptorenblocker Phentolamin gehemmt wurde. Dies steht in Einklang mit den Ergebnissen der oben besprochenen *in vitro* Versuche.

3. Aminosäuren

Wie *in vitro*, so wird auch *in vivo* die stimulierende Wirkung des Arginins auf die Insulinsekretion durch Methylxanthine verstärkt. Bei Versuchspersonen fanden MARCO et al. (1972) eine signifikante Steigerung der durch *i.v.* Gabe von 156 bzw. 468 mg/kg Arginin über 50 min hervorgerufenen Zunahme des Seruminsulins, wenn diese 20 min vor der Verabreichung der Aminosäure mit 1 g Aminophyllin vorbehandelt wurden. Zu ähnlichen Ergebnissen kamen EFENDIC et al. (1972). Über den Mechanismus der Argininwirkung ist nichts bekannt. Es spricht jedoch einiges dafür, daß Arginin die sekretorische Ansprechbarkeit der β-Zelle gegenüber Glucose bzw. Theophyllin erhöht (EFENDIC et al., 1972).

4. Sulfonylharnstoffe

Die Potenzierung der Methylxanthin-stimulierten Insulinsekretion *in vitro* durch Tolbutamid ist besonders eindrucksvoll. *In vivo* Untersuchungen zu dieser Frage wurden bis jetzt nur von LEBOVITZ und POOLER (1967) durchgeführt. 10 min nach *i.v.* Injektion von 1 mg Aminophyllin wurden bei der Maus 2,5 mg Tolbutamid injiziert und nach weiteren 10 min das Seruminsulin gemessen. Es zeigte sich jedoch nur eine geringe gegenseitige Verstärkung der Wirkung. Möglicherweise spielt auch hier der Sympathicus mit herein. Beim Menschen wurde ebenfalls keine deutliche gegenseitige Wirkungsverstärkung beobachtet (GRABNER, pers. Mitteilung).

VI. Glucagonsekretion

Die Sekretion des Glucagons ist der des Insulins entgegengesetzt. Man findet daher bei hohem Seruminsulin einen niedrigen Glucagonspiegel und umgekehrt.

Über den Einfluß der Methylxanthine auf die Freisetzung von Glucagon liegen im Vergleich zu der umfangreichen Insulinliteratur nur wenige Arbeiten vor. Ihre Ergebnisse sind zudem kontrovers. Bei isolierten Inseln von Mäusen fanden CESNEY und SCHOFIELD (1969) eine Hemmung der Glucagonsekretion durch Glucose (16,7 mM). Theophyllin (1 mM) führte dagegen zu einer 207%igen Steigerung gegenüber der Basalsekretion. Während Catecholamine und Tolbutamid allein ohne Effekt blieben, wurde die Wirkung des Theophyllins durch den α-Blocker Phentolamin gesteigert. Die Autoren vermuten, daß auch an der Freisetzung von Glucagon das cAMP-System beteiligt ist. Demgegenüber stehen die Ergebnisse von VANCE et al. (1971), die bei isolierten Inseln der Ratte keinen Effekt von 0,1—1 mM Aminophyllin nachweisen konnten.

Beim Menschen beobachteten MARCO et al. (1972) keine signifikante Änderung des Serumglucagons, wenn dieses in einem Zeitraum von 2 Std nach *i.v.* Zufuhr von 1 g Aminophyllin bestimmt wurde. Die durch 468 mg/kg Arginin stimulierte Sekretion von Glucagon wurde sogar gehemmt.

L. cAMP-Phosphodiesterase

H. P. T. Ammon

Mit 2 Abbildungen

I. cAMP als „Second Messenger“

Unsere Kenntnisse über die Steuerung von Lebensvorgängen sind seit der Entdekkung des cyclischen 3′,5′-AMP („einem hitzestabilen Faktor, dessen Konzentration in der Leber bei Zusatz von Adrenalin und Glucagon zunimmt“) 1957 durch E. W. Sutherland und seine Arbeitsgruppe und der schrittweisen Erkennung seiner Bedeutung, die bis jetzt nicht abgeschlossen ist, erheblich gewachsen. Dem cAMP, das bisher in allen untersuchten Tierspezies und Mikroorganismen gefunden wurde, kommen wichtige regulatorische Aufgaben für Funktion und Stoffwechsel der Zelle zu. In der Kette der nicht nervalen Fernsteuerung ist es das Zwischenglied („Second Messenger“) zwischen extrazellulärer Nachricht und ihrer Übermittlung auf intrazelluläre Prozesse. Diese Art der Nachrichtenübermittlung erfolgt u.a. durch bestimmte (nicht alle) Hormone, die man daher auch als „First Messenger“ bezeichnet. Die Tabelle 16 zeigt eine Zusammenstellung derjenigen Hormone, von denen bis jetzt gesichert ist, daß sie sich des cAMP als „Second Messenger“ bedienen. Solche Hormone, deren Konzentration im Blut von der sekretorischen Aktivität der entsprechenden Drüse abhängig ist, stimulieren ein in der Zellwand des Zielorgans lokalisiertes Enzym, die Adenylcyclase, die wiederum abhängig von ihrem Aktivierungszustand, in der Zelle ATP in cAMP überführt. Auf diese Weise wird erreicht, daß die Konzentration eines Hormones über das cAMP quantitativen Einfluß auf Stoffwechsel und die damit verbundene Funktion einer Zelle nehmen kann. Obwohl die enzymatische Leistung der Adenylcyclase einzig darin besteht, ATP in cAMP zu überführen, ist ihre Ansprechbarkeit gegenüber den in Tabelle 16 aufgeführten Hormonen unterschiedlich und abhängig vom Zelltypus. Vermutlich ist ihr an der Zelloberfläche gelegener Teil mit dem Receptor für das jeweilige Hormon identisch.

Unterschiedliche Receptoren könnten so eine Erklärung für die jeweilige Hormonspezifität dieses Enzyms in den verschiedenen Organen geben. Erst dadurch wird jedoch das Konzept vom „First und Second Messenger“ sinnvoll und jedes Hormon in die Lage versetzt, die ihm zukommenden spezifischen Aufgaben an einer oder mehreren Zellarten zu erfüllen. Hormone können jedoch nicht nur die Bildung von cAMP stimulieren, es gibt auch einige (Insulin, Catecholamine, Prostaglandine), die an bestimmten Organen (z.B. Fettgewebe, β-Zelle) zur Abnahme des cAMP führen und somit anderen Hormonen entgegenwirken. Dies ist jedoch kein Widerspruch, sondern muß im Zusammenhang mit Regula-

Tabelle 16. Hormone, die sich des cAMP als „Second Messenger“ bedienen. (Nach ROBISON et al., 1971)

Hormon	Gewebe
Catecholamine	Verschiedene Gewebe
Glucagon	Leber, Pankreasinseln, Fettgewebe
ACTH	Nebennierenrinde, Fettgewebe
LH oder ICSH	Ovar und Testes
Vasopressin	Verschiedene Epithelgewebe
Parathormon	Niere, Knochen
TRH	Hypophysenvorderlappen
TSH	Schilddrüse
MSH	Froschhaut
Prostaglandine	Verschiedene Gewebe
Histamin	Gehirn
Serotonin	Fasciola hepatica

tionsvorgängen des Gesamtorganismus bei bestimmten Situationen (z.B. Hemmung der Lipolyse durch Insulin während Nahrungsaufnahme, oder Hemmung der Insulinsekretion während körperlicher Arbeit durch Catecholamine) gesehen werden, auf die jedoch in diesem Zusammenhang nicht näher eingegangen werden soll.

Bis heute ist eine große Zahl von biochemischen Vorgängen und Organfunktionen bekannt, die über das cAMP gesteuert werden.

Die wichtigsten sind in der Tabelle 17 zusammengestellt. Während cAMP die Stoffwechselvorgänge, die mit der Funktionsfähigkeit der Zelle im Zusammenhang stehen (z.B. Kohlenhydratabbau) in allen Zellarten stimuliert, hängt die

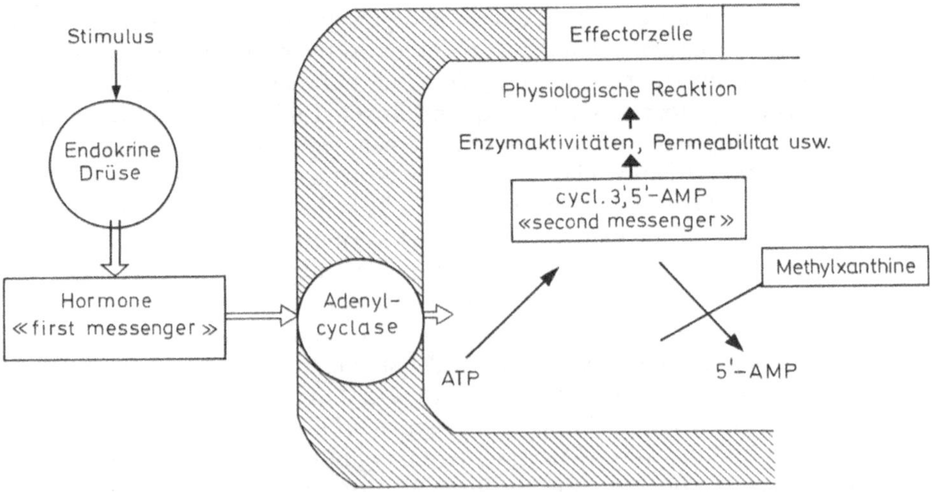

Abb. 25. Schematische Darstellung des „Second Messenger“-Systems nach SUTHERLAND et al. (1965)

Aktivierung der Funktion vom Charakter des Organs ab (z.B. Corticoidsynthese in der Nebennierenrinde, Insulinsekretion in der β-Zelle usw.).

Der Synthese des cAMP durch die membranständige Adenylcyclase steht in der Zelle dessen Abbau und damit seine biologische Inaktivierung gegenüber (Abb. 25). Dadurch wird eine Kumulation und somit eine Dauer- und Überstimulation von Funktion und Stoffwechsel eines Gewebes vermieden. Die Inaktivierung des cAMP erfolgt durch das vorwiegend im Cytoplasma lokalisierte Enzym cAMP-Phosphodiesterase. Diese führt cAMP durch Aufspaltung des Phosphatringes am C_3 der Ribose in das inaktive 5-AMP über.

Die Methylxanthine rückten erneut in den Mittelpunkt des Interesses von Pharmakologen, Physiologen und Biochemikern, als von SUTHERLAND und RALL (1958) sowie BUTCHER und SUTHERLAND (1962) berichtet wurde, daß diese Stoffe potente Hemmstoffe der Phosphodiesterase sind. Die Entdeckung dieser Eigenschaft von Theophyllin, Coffein und Theobromin hat eine neue Ära bei der Untersuchung und Interpretation von funktionellen und metabolischen Effekten der Methylxanthine eingeleitet.

Tabelle 17. Wirkungen von cAMP auf Funktion und Stoffwechsel von Organen. (Nach ROBISON et al., 1971)

Beeinflußte Enzyme oder Funktionen	Gewebe	Änderung der Aktivität oder des Funktionszustandes
Proteinkinase	mehrere	+
Phosphorylase-Kinase-Aktivierung	Muskel	+
Phosphorylase-Phosphatase-Inaktivierung	Nebenniere	+
Phosphorylase-Aktivierung	mehrere	+
Glykogen-Synthetase-Kinase	Muskel	+
Glykogen-Synthetase-Kinase	Leber	+
Glykogen-Synthetase-Inaktivierung	Muskel	+
Glykogen-Synthetase-Inaktivierung	Leber	+
Phosphofructokinase-Aktivierung	F.hepatica	+
Fructose-1,6-Diphosphatase-Inaktivierung	Niere	+
Tyrosintransaminase-Induktion[a]	Leber	+
PEP-Carboxykinase-Induktion[a]	Leber	+
Glucose-6-Phosphatase-Induktion[a]	Leber	+
Serin-Dehydrase-Induktion[a]	Leber	+
β-Galaktosidase-Induktion[a]	E.coli	+
Tryptophanase-Induktion[a]	E.coli	+
Pyruvat-Kinase	Loach Embryo	+
Glykogenolyse	Leber	+
Gluconeogenese	Leber	+
Harnstoffbildung	Leber	+
Netto-K^+-Efflux	Leber	+
$^{45}Ca^{++}$-Efflux	Leber	+
Ketogenese	Leber	+
Lipogenese	Leber	−
Permeabilität	Krötenblase	+
Ca^{++}-Aufnahme	Knochen	+
Permeabilität	Froschhaut	+

Tabelle 17. Fortsetzung

Beeinflußte Enzyme oder Funktionen	Gewebe	Änderung der Aktivität oder des Funktionszustandes
Permeabilität	Nierentubuli	+
Permeabilität	Darm	+
Reninbildung	Niere	+
Aminosäureaufnahme	Leber	+
Aminosäureaufnahme[b]	Fettgewebe	−
Aminosäure→Protein	Leber	−
Lipolyse[b]	Fettgewebe	+
Steroidsynthese	mehrere	+
Sauerstoffverbrauch	Fettgewebe	+
Clearing Factor Lipase	Fettgewebe	−
Glucose-Oxidation	mehrere	±
6-Phosphogluconat-Dehydrogenase	Fettgewebe	−
Amylase-Freisetzung[b]	Parotis	+
	Exokrines Pankreas	+
Insulin-Freisetzung	Pankreas-Insel	+
ACTH-Freisetzung	HVL	+
TSH-Freisetzung	HVL	+
GH-Freisetzung	HVL	+
Schilddrüsenhormon-Freisetzung	Schilddrüse	+
Calcitonin-Freisetzung	Schilddrüse	+
Histamin-Freisetzung	Leukocyten	−
HCl-Sekretion	Magenschleimhaut	+
Speichel-Sekretion	Insekten-Speicheldrüsen	+
Erregungsleitung	Peripherer Nerv	+
Entladungsrate	Cerebellum-Purkinje	−
Erschlaffung[b]	Glatter Muskel	+
Kontraktionskraft	Herz	+
Aggregation[c]	Thrombocyten	−
Zellwachstum	Hela-Zellen	−
Phosphofructokinase-Enthemmung[c]	mehrere	+
Proteinfreisetzung von Polysomen[c]	Leber	+
Aminosäure-Aufnahme	Uterus	+
DNA-Synthese	Thymocyten	+
Geißelbildung	E.coli	+
Melanocytenbildung[b]	Froschhaut	+
Luteinisierung	Granulosazellen	+
Ca^{++}-Aufnahme durch SR	Herzmuskel	+
Kontraktionsrate[b]	Herzmuskel	+
Membranpotential[b]	Glatter Muskel	+
Ascorbinsäure-Verarmung	Nebenniere	+

[a] Der Begriff „Induktion" wird zur Beschreibung einer selektiven Stimulierung der Enzymsyntheserate gebraucht, ohne daß er etwas über den zugrundeliegenden Mechanismus aussagt.
[b] Im Vergleich zu seinen Acyl-Derivaten ist die Wirkung von cAMP selbst gering oder fehlt völlig.
[c] Diese Effekte werden auch durch ähnliche Konzentrationen anderer Adeninnucleotide hervorgerufen. Die physiologische Bedeutung des cAMP ist in diesen Fällen noch nicht sicher.
+ gesteigert, beschleunigt; − vermindert.

Die Hemmung der Phosphodiesterase durch Methylxanthine führt in der Zelle zur Anhäufung von cAMP, die dann besonders ausgeprägt ist, wenn gleichzeitig eine Stimulierung der Adenylcyclase durch einen „First Messenger“ vorliegt. Die Konsequenz ist, daß prinzipiell alle über das cAMP geregelten Funktionen oder Stoffwechselvorgänge durch Methylxanthine jenachdem stimuliert oder gehemmt werden können und daß darüber hinaus die Wirkung der „First Messenger“ durch diese Stoffe verstärkt werden kann.

Eine Zusammenstellung der Hormoneffekte, von denen eine Verstärkung der Methylxanthine beobachtet wurde, zeigt die Tabelle 18. Dabei ist zu bedenken, daß eine solche allerdings nur so lange möglich ist, als der „First Messenger“ Funktion und Stoffwechsel einer Zelle nicht bereits maximal stimuliert hat.

Während die durch Methylxanthine über die Hemmung der Phosphodiesterase hervorgerufenen Änderungen von Funktionen und Stoffwechsel *in vitro* immer wieder deutlich hervortreten, sind die Verhältnisse *in vivo* weniger übersichtlich. Dies hat seinen Grund darin, daß Methylxanthine simultan alle cAMP abhängigen Vorgänge gleichzeitig anregen können und daß sie darüber hinaus auch von der Phosphodiesterasehemmung unabhängige Eigenwirkungen haben, so daß sich häufig das Mischbild vieler gleichzeitig stimulierter oder gehemmter Vorgänge ergibt, die noch durch gegenregulatorische Maßnahmen des Organismus kompliziert werden. Daneben dürften, wie unten ausgeführt, die für eine Hemmung der Phosphodiesterase notwendigen Konzentrationen *in vivo* meist nicht erreicht werden.

II. Methylxanthine als Hemmstoffe der cAMP-Phosphodiesterase

Untersuchungen über den Einfluß von Methylxanthinen auf die Phosphodiesterase verschiedener Organe sind im wesentlichen *in vitro* durchgeführt worden und hier meist an den Überständen von Organhomogenaten, in denen sich der größte Teil dieses Enzyms befindet, oder an aus diesen gewonnenen mehr oder weniger gereinigten Phosphodiesterasepräparaten. Sie galten u.a. der Frage, ob die nach Methylxanthinen beobachtete Änderung von Funktion und Stoffwechsel auf eine Hemmung der Phosphodiesteraseaktivität zurückzuführen ist.

In den meisten Fällen wurden Methylxanthine jedoch nur als Werkzeug verwendet, um durch Hemmung der Phosphodiesterase einen Anstieg des cAMP zu erzielen und um auf diese Weise dessen biologische Bedeutung studieren zu können. Die Hemmkonzentrationen der meisten Methylxanthine liegen *in vitro* in einem Bereich zwischen 0,1 und 10 mM, das sind umgerechnet etwa 18—1800 mg/kg. Daraus geht hervor, daß bei der Interpretation von Methylxanthineffekten *in vivo*, als Folge einer Hemmung der Phosphodiesterase, Vorsicht am Platze ist, solange eine solche nicht unter *in vivo* Bedingungen nachgewiesen ist. Die Empfindlichkeit der Phosphodiesterase gegenüber Methylxanthinen scheint zudem von Organ zu Organ nicht einheitlich zu sein. Dies geht u.a. aus Untersuchungen von Beavo et al. (1971) hervor, die bei der Leber eine geringere Hemmung beobachteten als bei Herz oder Fettgewebe. Die Hemmwirkung ist aber auch, wie die Abb. 26 zeigt, unter den Methylxanthinen selbst

Tabelle 18. Hormoneffekte, die durch Methylxanthine verstärkt werden. (Nach ROBISON et al., 1971)

Antwort	Hormon	Gewebe
Phosphorylaseaktivierung	Catecholamine	Leber
	Catecholamine	Muskel
Lipolyse	Catecholamine	Fettgewebe
Positiv inotrope Wirkung	Catecholamine	Herz
	Histamin	Herz
Erschlaffung	Catecholamine	Glatter Muskel
Amylase-Freisetzung	Catecholamine	Parotis
Insulin-Freisetzung	Glucagon	Pankreas
	ACTH	Pankreas
Steroidsynthese	ACTH	Nebennieren
	LH (ICSH)	Ovar
	Angiotensin	Nebenniere
Permeabilitätssteigerung	Vasopressin	Krötenblase
	Vasopressin	ventrale Froschhaut
Melanocytenverteilung	MSH	dorsale Froschhaut
Freisetzung von Schilddrüsenhormon	TSH	Schilddrüse
HCl-Bildung	Histamin	Magenschleimhaut
Amylase-Freisetzung	Acetylcholin	Exokrines Pankreas
TSH-Freisetzung	TRH	HVL
Verbesserung der neuromuskulären Erregungsüberleitung	Catecholamine	Nerv
Verminderung der Entladungsrate	Catecholamine	Cerebellum
Enzymsynthese	Catecholamine	Leber
Aggregationshemmung	Prostaglandine	Thombocyten
Calciummobilisierung	Parathormon	Knochen

verschieden. Bei Phosphodiesterase aus Fettgewebe ist Theophyllin etwa doppelt so wirksam wie Coffein oder Theobromin. Den stärksten Effekt hat das 1-Methyl-3-isobutylxanthin (SC 2964).

Uneinheitliche Angaben werden hinsichtlich der Frage gemacht, ob es sich bei der Art der Hemmung um den kompetitiven oder nichtkompetitiven Typ handelt. 1962 beobachteten BUTCHER und SUTHERLAND eine kompetitive Hemmung der Phosphodiesterase aus Rinderherz. Später wurde von NAIR (1966) berichtet, daß Coffein die Phosphodiesterase des Hundeherzens nicht kompetitiv hemmt, jedoch kompetitiv hemmend auf die Phosphodiesterase des Gehirns wirkt (CHEUNG, 1967); und SONG und CHEUNG (1971) fanden eine Hemmung vom gemischten Typ durch Coffein bei menschlichen Thrombocyten. Diese zum Teil widersprüchlichen Ergebnisse dürften ihre Ursache u.a. darin haben, daß Phosphodiesterasen recht unterschiedlicher Reinheit und Konzentration (vom Homogenat bis zum gereinigten Präparat) verwendet wurden, und die Phosphodiesterase, wie neuere Untersuchungen zeigen, kein einheitliches Enzym darstellt. Es scheint vielmehr in 2 Formen zu existieren: einer mit einer niedrigen K_m (ca. 2—6 μM) und einer mit einer hohen K_m (ca. 70 μM) (BROOKER et al., 1968; BEAVO et al., 1970; JARD u. BENARD, 1970; SONG u. CHEUNG, 1971; ASHCROFT et al., 1972).

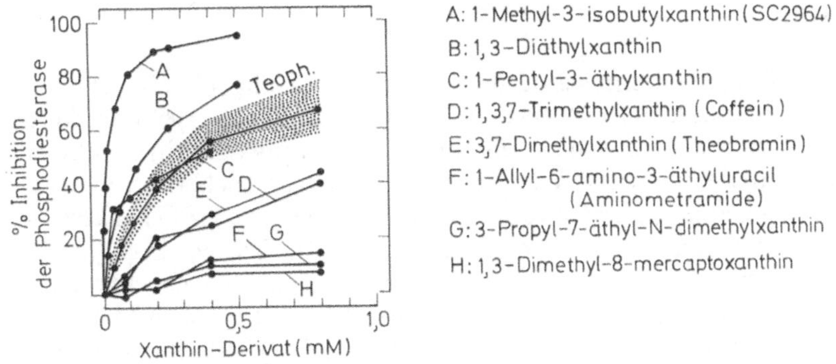

Abb. 26. Quantitative Gegenüberstellung der Hemmwirkung von Methylxanthinen und anderer Verbindungen auf die Phosphodiesteraseaktivität in Homogenaten von Fettzellsuspensionen (BEAVO et al., 1971)

Bei Phosphodiesterase von Pankreasinseln und Skeletmuskel mit niedriger K_m fanden ASHCROFT et al. (1972) bzw. HUANG und KEMP (1971) einen kompetitiven Hemmungstyp, während AMER und BROWDER (1971) bei Phosphodiesterase mit hoher K_m (ca. 200 µM) aus Herz, Lunge, Leber, Milz, Niere und Magenschleimhaut von Kaninchen eine nicht kompetitive Hemmung durch Methylxanthine beobachteten.

Im weiteren sei über die bei den verschiedenen Geweben und Zellen durchgeführten Untersuchungen über den Einfluß von Methylxanthinen auf deren Phosphodiesterasen berichtet.

1. Fettgewebe

Im Zusammenhang mit der *in vivo* und *in vitro* zu beobachtenden Steigerung der Lipolyse durch Methylxanthine (s. dort) wurde von mehreren Autoren deren Wirkung auf die Aktivität der Phosphodiesterase von Fettgewebe bzw. isolierten Fettzellen untersucht. Dabei fand sich übereinstimmend eine 60—80%ige Hemmung dieses Enzyms durch Theophyllin in einem Konzentrationsbereich von 1—5 mM (HYNIE et al., 1966; WEISS et al., 1966; KUPIECKI u. MARSHALL, 1968; BEAVO et al., 1971). Auf die quantitativ unterschiedliche Wirkung verschiedener Methylxanthine wurde bereits oben hingewiesen.

SCHÖNHÖFER et al. (1972) berichteten kürzlich, daß auch im Fettgewebe 2 Phosphodiesterasen mit verschiedener K_m (2×10^{-6}M und $7{,}1 \times 10^{-4}$M) vorkommen. Die Autoren beobachteten dabei bei Versuchen mit Homogenat einen komplexen Hemmungstyp für Theophyllin und zwar derart, daß Theophyllin das Enzym bei hoher Substratkonzentration kompetitiv, bei niedriger Substratkonzentration dagegen nichtkompetitiv hemmt.

Zwischen Methylxanthinen und Insulin scheinen keine Wechselwirkungen hinsichtlich der Fettgewebsphosphodiesterase zu bestehen. Nach Untersuchungen von BLECHER et al. (1968) wird die inhibitorische Wirkung von Theophyllin weder durch Insulinmangel (Alloxandiabetes) noch durch Zusatz von Insulin beeinflußt.

2. Leber

Auch die Phosphodiesterase der Leber wird durch Theophyllin gehemmt (BEAVO et al., 1971; AMER u. BROWDER, 1971; MEHENAN et al., 1969). In diesem Organ ist das Enzym jedoch weniger empfindlich gegenüber Methylxanthinen als z.B. im Herz oder Fettgewebe. Dies ergibt sich aus vergleichenden Untersuchungen an Homogenaten dieser Gewebe, die von BEAVO et al. (1971) angestellt wurden. Während Theophyllin die Phosphodiesterase von Rattenleberhomogenaten bei einer Konzentration von 0,7 mM zu 50% hemmte, war eine gleichgroße Hemmung bei der von Herz oder Fettgewebe bereits mit ca. 0,2—0,3 mM zu beobachten. Ähnlich wie beim Fettgewebe ist 1-Methyl-3-isobutylxanthin auch bei Phosphodiesterase der Leber etwa 10mal wirksamer als Theophyllin (BEAVO et al., 1971). Nach AMER und BROWDER (1971) wird Phosphodiesterase der Leber mit hoher K_m durch Theophyllin nichtkompetitiv gehemmt.

3. Gehirn

Im Zusammenhang mit der Frage nach möglichen Beziehungen zwischen der Funktion des Zentralnervensystems und dem cAMP einerseits und dem Wirkungsmechanismus einer Reihe von Psychopharmaka einschließlich der Methylxanthine andererseits wurde deren Wirkung auf die Phosphodiesterase des Gehirns untersucht. Dabei fanden ROBERTS und SIMONSEN (1970) mit 10 mM Theophyllin, Coffein bzw. Theobromin eine 86—69 bzw. 38%ige Hemmung der Phosphodiesterase aus dialysiertem Hirnhomogenat der Maus. Zu ähnlichen Ergebnissen mit bereits 0,1 mM Methylxanthin kamen HOROVITZ et al. (1972), wobei Theophyllin mit 50% die stärkste Hemmwirkung aufwies.

CHEUNG (1967) untersuchte den Hemmungstyp. Bei dialysiertem Überstand von Hirnhomogenat hemmte Coffein in Konzentrationen von 10 mM aufwärts die Phosphodiesterase, für die eine K_m von 0,26 mM angegeben wird, kompetitiv. Inzwischen wurde von THOMPSON und APPLEMAN (1971) gezeigt, daß auch im Gehirn Phosphodiesterase mit hoher K_m (1×10^{-4}M) und niedriger K_m (5×10^{-6}M) vorkommt. Für die Phosphodiesterase mit niedriger K_m geben sie beim Theophyllin eine Hemmstoffkonstante: $K_i = 1 \times 10^{-4}$M an.

Von VERNIKOS-DANELLIS und HARRIS (1968) wurde die Frage untersucht, ob sich nach in vivo Zufuhr von Methylxanthinen eine Hemmung der Phosphodiesterase des Gehirns nachweisen läßt. 30 min nach s.c. Verabreichung von 20 mg/kg Coffein bzw. 50 mg/kg Theophyllin an Ratten konnten sie jedoch keine Abnahme der Phosphodiesteraseaktivität gegenüber den unbehandelten Kontrollen feststellen.

4. Muskel

Während cAMP für den Kontraktionsvorgang beim Skeletmuskel offenbar keine direkte Rolle spielt, besitzt es eine solche beim Herzmuskel und beim glatten Muskel, und zwar derart, daß es die Kontraktilität des ersteren steigert, bei letzterem aber zu einer Erschlaffung führt.

a) Skeletmuskel

Bei gereinigter Phosphodiesterase mit niedriger K_m aus Skeletmuskulatur des Kaninchens fanden HUANG und KEMP (1971) eine kompetitive Hemmung durch 1 mM Theobromin, Coffein und Theophyllin, die bei letzterem mit 55% am stärksten, bei ersterem mit 28% am geringsten ausgeprägt war.

b) Herzmuskel

Die ersten Untersuchungen über den Einfluß von Methylxanthinen auf ein gereinigtes Präparat aus Rinderherz-Phosphodiesterase wurden, wie bereits erwähnt, 1962 von BUTCHER und SUTHERLAND vorgenommen. Bei diesen Versuchen führten 1 mM Theophyllin zu einer ca. 65%igen Hemmung dieses Enzyms. Um denselben Effekt mit Coffein bzw. Theobromin zu erzielen, waren jedoch jeweils Konzentrationen von 10 mM erforderlich. Vergleicht man besser die ED_{50} der 3 Methylxanthine untereinander, so ist Theophyllin hier ca. 7mal so wirksam wie Coffein bzw. Theobromin. Zu quantitativ ähnlichen Ergebnissen kamen BEAVO et al. (1971) hinsichtlich der Wirkung des Theophyllins auf Phosphodiesterase im Überstand von Rattenherzhomogenaten (1-Methyl-3-isobutylxanthin war auch hier wieder 10mal wirksamer als Theophyllin), sowie PÖCH und KUKOVETZ (1969) aus dem Überstand von Rinderherzhomogenat. Letztere beobachteten bei Phosphodiesterase des Meerschweinchenherzens eine 50%ige Hemmung durch 3 mM Theophyllin.

Strukturwirkungsbeziehungen in Position 8 substituierter Derivate des Theophyllins untersuchten GOODSELL et al. (1971) an Phosphodiesterase aus Rinderherz. Dabei ergab sich eine Hemmwirkung vom kompetitiven Typ, die in der Reihenfolge Theophyllin, Propyl-, Methyl-, Äthyl-, n-Butyl-theophyllin zunahm. Bereits BUTCHER und SUTHERLAND berichteten 1962 über eine kompetitive Hemmung von gereinigter Phosphodiesterase aus Rinderherz. NAIR (1966) fand dagegen eine Hemmung vom nichtkompetitivem Typ mit Coffein am Hundeherz bei der hohen Hemmstoffkonstanten $K_i = 5 \times 10^{-2}$ M. Die von AMER und BROWDER (1971) am Herz beobachtete nichtkompetitive Hemmung betraf eine Phosphodiesterase mit hoher K_m (ca. 200 µM).

Nicht nur Zusatz von Methylxanthinen zu Phosphodiesterasepräparaten *in vitro* sondern auch die Perfusion des isolierten Meerschweinchenherzens mit 1 mg/min Theophyllin führt zur Abnahme der Phosphodiesteraseaktivität um 50% (PÖCH u. KUKOVETZ, 1969). Dagegen fand sich 30 min nach s.c. Verabreichung von 20 mg/kg Coffein oder 50 mg/kg Theophyllin keine Änderung der Aktivität von Phosphodiesterase im Rattenherz (VERNIKOS-DANELLIS u. HARRIS, 1968).

c) Glatter Muskel

Zunahme des cAMP führt, wie aus Tabelle 14 ersichtlich, zur Erschlaffung glatter Muskelfasern. Im Zusammenhang mit der Frage nach ihrem Wirkungsmechanismus wurde eine Reihe von peripher gefäßerweiternden Stoffen auf die Phosphodiesteraseaktivität der glatten Gefäßmuskulatur untersucht. Dabei fand PÖCH (1971) im 2000 *g* Überstand von Homogenaten aus Coronararterien eine kompetitive Hemmung der Phosphodiesterase durch Theophyllin ($K_i = 130\ \mu M$). Auch andere therapeutisch angewandte Coronardilatatoren zeigten einen Effekt. Am wirksamsten war jedoch Papaverin mit einer $K_i = 5{,}6\ \mu M$. Beim Vergleich mit Phosphodiesterase aus dem Myokard erwies sich die der Coronararterien wesentlich empfindlicher.

Von TRINER et al. (1970) wurde der Einfluß von Theophyllin auf die Phosphodiesterase aus Kaninchenaorta und Rattenuterus untersucht. Bei Konzentrationen von 1,4 bzw. 1,2 mM fand sich in beiden Fällen eine ca. 50%ige Hemmung der Enzymaktivität.

5. Endokrine Drüsen

Auch endokrine Drüsen verfügen über ein cAMP-System, und es ist offenbar, daß bei einigen von ihnen die sekretorische Leistung (z. B. Insulinsekretion, Corticosteroid-Synthese oder Abgabe von Thyroxin usw.) ganz oder teilweise über das cAMP erfolgt und somit Hemmstoffe der Phosphodiesterase die inkretorische Aktivität dieser Drüsen steigern können.

a) Hypophysenvorderlappen

Die Funktion des Hypophysenvorderlappens wird mindestens teilweise über das cAMP geregelt, so z. B. die Abgabe von TSH durch Vermittlung von TRH. Sie verfügt daher auch über eine Phosphodiesterase. Nach Untersuchungen von VERNIKOS-DANELLIS und HARRIS (1968) wird diese *in vitro* durch 10 mM Coffein zu ca. 60% und durch die gleiche Konzentration von Theophyllin zu etwa 70% gehemmt. Während diese Autoren *in vivo* an Herz- und Gehirnphosphodiesterase keine Hemmwirkung durch 20 mg/kg Coffein oder 50 mg/kg Theophyllin beobachten konnten, war eine solche bei Phosphodiesterase des HVL (35%) unter der oben genannten Behandlung nachzuweisen.

b) Nebennieren

Die Wirkung des ACTH auf die Nebennierenrinde wird mit Hilfe von cAMP vermittelt. Von mehreren Autoren wird auch eine Hemmung der Phosphodiesterase aus Nebennieren durch Methylxanthine beschrieben. So fanden KITABCHI et al. (1971) eine 50%ige Inaktivierung durch 10 mM Coffein. KLOTZ et al. (1972) sowie BIECK et al. (1969) beschrieben eine kompetitive Hemmung von gereinigter Phosphodiesterase aus Nebenniere durch Methylxanthine, wobei, wie bei den Phosphodiesterasen anderer Organe, sich die Intensität der Hemmung in der Reihenfolge Theophyllin-Coffein-Theobromin (K_i: 1,8 — 3,0 — 4,5 mM) versteht. 10mal stärker wie Theophyllin wirkt wiederum 1-Methyl-3-isobutylxanthin (PEYTREMANN et al., 1973).

c) Langerhanssche Inseln

Wie an anderer Stelle dieses Buches ausführlich dargelegt, spielt cAMP eine Rolle bei der Insulinsekretion, und Hemmstoffe der Phosphodiesterase aus der Reihe der Methylxanthine steigern die Abgabe von Insulin in einer Konzentration, die, wie von mehreren Autoren beschrieben, mit einer Inaktivierung der Phosphodiesterase einhergeht.

Im Überstand von Homogenaten aus isolierten Pankreasinseln der hyperglykämischen bzw. normalen Maus hemmen 10 mM Theophyllin die Phosphodiesterase zu 93% (ATKINS u. MATTY, 1971) bzw. zu 50% (BOWEN u. LAZARUS, 1972). Eine kompetitive Hemmung von Phosphodiesterase mit niedriger K_m wurde von ASHCROFT et al. (1972) nach Coffein und im wesentlich stärkerem Umfange nach 3-Isobutyl-1-methylxanthin beobachtet. Auch im Überstand von Homogenaten aus Inselzelltumoren des syrischen Goldhamsters wird eine Inaktivierung der Phosphodiesterase durch 10 mM Theophyllin bzw. Coffein um 69 bzw. 81% gefunden (GOLDFINE et al., 1971).

6. Exokrine Drüsen

Die Abgabe von Salzsäure aus der Magenschleimhaut geht mit einer Zunahme an cAMP einher. Vom Coffein wissen wir, daß es die Sekretion von Salzsäure steigert. Untersuchungen über den Einfluß von Theophyllin auf die Phosphodiesterase aus der Schleimhaut im Bereich des Fundus und des Pylorus von Kaninchen wurden von AMER und BROWDER (1971) angestellt. Die Autoren fanden bei Phosphodiesterase mit hoher K_m eine nichtkompetitive Hemmung durch Theophyllin.

7. Blutzellen

Thrombocyten: Zunahme von cAMP in Thrombocyten hemmt deren Aggregation. Denselben Effekt haben hohe Konzentrationen von Methylxanthinen (vgl. dort). Eine Hemmung der Phosphodiesterase von menschlichen Thrombocyten durch 20 mM Coffein, die mit einer Verdoppelung der cAMP-Konzentration und einer Herabsetzung der Thrombocytenaggregation einherging, beobachteten MARQUIS et al. (1969), und eine 45%ige Abnahme der Phosphodiesteraseaktivität in Gegenwart von 1 mM Theophyllin beschrieben MILLS und SMITH (1971). SONG und CHEUNG (1971) fanden bei einer Inhibitorkonstanten $K_i = 1{,}5$ mM eine Hemmung der Thrombocytenphosphodiesterase durch Coffein vom gemischten Typ.

Erythrocyten: Phosphodiesterase wurde bisher in Froscherythrocyten (ROSEN, 1970), in Rattenerythrocyten (SHEPPARD u. WIGGAN, 1971), nicht dagegen in Menschenerythrocyten gefunden (SONG u. CHEUNG, 1971). Durch 0,5 mM Theophyllin wird sie bei den Erythrocyten der Ratte zu 50% gehemmt (SHEPPARD u. WIGGAN, 1971), beim Frosch findet sich eine 72%ige nichtkompetitive Hemmung (ROSEN, 1970).

8. Niere

Methylxanthine wirken diuretisch und cAMP spielt eine Rolle bei der Diurese (vgl. dort).

Eine Hemmung der Phosphodiesterase von Rattenniere durch Methylxanthine wird von DOUSA und RYCHLIK (1970), sowie BROOKER und FISHMAN (1971) beschrieben. Erstere Autoren beobachteten eine 55 bzw. 33%ige Inaktivierung durch 10 mM Theophyllin bzw. Coffein, letztere eine 40%ige Hemmung durch 0,5 mM Coffein.

Nach JARD und BERNARD (1970) finden sich in der Rattenniere 2 Phosphodiesterasen: eine mit einem Molekulargewicht von etwa 80000 und einer K_m von 3×10^{-5}M und eine zweite mit einem Molekulargewicht von ca. 40000, die eine etwa 10mal größere Affinität zu cAMP aufweist als erstere. Beide werden durch Theophyllin gehemmt. Dabei beträgt bei gleicher Substratkonzentration die Inhibitorkonstante für die Phosphodiesterase mit dem höheren Molekulargewicht $K_i = 8{,}1$ µM und für die Phosphodiesterase mit dem niedrigeren Molekulargewicht $K_i = 4{,}2$ µM.

9. Andere Organe und Zellen

Von anderen Organen und Zellen liegen nur wenige Untersuchungen vor. Wie bereits einleitend erwähnt, wird Phosphodiesterase mit hoher K_m aus Lunge und Milz durch Theophyllin nichtkompetitiv gehemmt ($K_i = 0{,}89$ bzw. 1,83 mM) (AMER u. BROWDER, 1971). Von KURIHORA (1972) wird eine Inaktivierung von Phosphodiesterase aus Geschmackspapillen durch Theophyllin, Coffein und Theobromin sowie durch Bitterstoffe beschrieben.

Die Hemmung der Phosphodiesterase wirkt sich, wie bereits erwähnt, in einer Zunahme des cAMP aus, die dann besonders stark ist, wenn gleichzeitig eine Stimulation der Adenylcyclase durch einen „First Messenger" vorliegt. Entsprechend der Zunahme des cAMP ist mit einer Aktivierung bzw. Hemmung aller cAMP abhängiger Prozesse durch Methylxanthine zu rechnen. Über die Zusammenhänge Phosphodiesterase — cAMP–Funktion und Stoffwechsel und über den Einfluß der Methylxanthine auf die cAMP-Konzentration im einzelnen wird in den einschlägigen Kapiteln dieses Buches ausführlich berichtet.

M. Fettstoffwechsel

C.-J. ESTLER und H. P. T. AMMON

I. Einleitung

C.-J. ESTLER

Am Lipidstoffwechsel sind zwar viele Organe beteiligt, doch nehmen drei Organsysteme einen besonders wichtigen Platz ein: das Fettgewebe als Speicherorgan, die Leber als wichtigster Ort des Auf-, Ab- und Umbaus von Lipiden, sowie das Blut, welches den Lipidtransport zwischen den Organen besorgt.

Das Fettgewebe ist keineswegs nur ein inertes Stütz- und Schutzgewebe, sondern besitzt einen intensiven Stoffwechsel. Seine wichtigste metabolische Funktion besteht darin, während der Mahlzeiten im Überschuß aufgenommene Nährstoffe, die als Kohlenhydrate, Aminosäuren und Proteine nur in begrenztem Umfang speicherbar sind, in Form von Triglyceriden zu speichern und während der Nahrungspausen dem Körper als Stoffwechselsubstrat wieder zur Verfügung zu stellen.

Das Fettgewebe nimmt deshalb laufend Neutralfette aus dem Blut auf und hält sie vorübergehend fest. Bei Bedarf können die Triglyceride mobilisiert werden, wozu sie durch Lipasen in Fettsäuren und Glycerin zerlegt werden. Die Geschwindigkeit der Triglyceridspaltung, der Lipolyse, wird bestimmt durch die Triglyceridlipase, die den ersten Fettsäurerest vom Glycerin abspaltet. Ihre normalerweise geringe Aktivität kann durch cyclo-AMP, das in einer durch das Enzym Adenylcyclase katalysierten Reaktion aus ATP gebildet wird, erheblich gesteigert werden. Die Adenylcyclase ihrerseits wird durch verschiedene Hormone aktiviert, z.B. Adrenalin, Noradrenalin, Glucagon, ACTH. Andere Hormone wie Glucocorticoide und Schilddrüsenhormon aktivieren ebenfalls die Lipolyse, doch ist ihr Wirkungsmechanismus offensichtlich von dem der vorher genannten Hormone verschieden. Sympathicomimetica wirken wie Adrenalin über eine Aktivierung der Adenylcyclase.

Die Akkumulation von cAMP wird dadurch verhindert, daß dasselbe unter der katalytischen Wirkung einer Phosphodiesterase zu 5-AMP inaktiviert wird. Die Methylxanthine hemmen die Phosphodiesterase (s. Kapitel M. II., S. 257) und greifen auf diese Weise aktivierend in die Lipolyse ein. Weitere Pharmaka, die an der Phosphodiesterase angreifen und die Lipolyse modifizieren können, sind Papaverin und Dipyridamol, die ähnlich wie die Methylxanthine wirken, sowie Imidazole, die möglicherweise die Phosphodiesterase aktivieren.

Die Lipolyse kann durch eine Reihe von körpereigenen und pharmakologischen Wirkstoffen gehemmt werden, die meistens über eine Hemmung der cAMP-Bildung wirken, z.B. Insulin, Prostaglandine, Adenosin, Sympathicolytica, cyclische Carbonsäuren wie Nicotinsäure u.a. Andere antilipolytisch wirkende Pharmaka mit unterschiedlichen Angriffspunkten sind u.a. Sulfonylharnstoffe und Biguanide, Clofibrat, Ouabain und Entkoppler der oxidativen Phosphorylierung. Solche Pharmaka können die Wirkung der Methylxanthine modifizieren.

Der größte Teil der bei der Lipolyse gebildeten Fettsäuren verläßt die Fettzellen, wird im Blut an Albumin gebunden und wird so in Form der unveresterten, sog. „freien" Fettsäuren zu den einzelnen Organen transportiert, die sie — mit Ausnahme des Zentralnervensystems — zur oxidativen Energiegewinnung verwerten können. Im Überschuß mobilisierte Fettsäuren werden von der Leber aufgenommen und in Triglyceride eingebaut. Zusammen mit Cholesterin, Phosphatiden und Protein werden diese Triglyceride von der Leber als Lipoproteine sehr geringer Dichte (very low density lipoproteins = VLDL) von der Leber an das Blut abgegeben. In den Capillaren des Fettgewebes können sie von einer Lipoproteinlipase gespalten werden, so daß die Triglyceride bzw. die in ihnen enthaltenen Fettsäuren erneut gespeichert werden können.

Bei der Lipolyse wird neben Fettsäuren auch Glycerin frei, das ebenfalls in das Blut bzw. bei *in vitro* Versuchen in das Medium gelangt und wie die Fettsäuren zur Bestimmung der Lipolysegeschwindigkeit benutzt werden kann.

Ein Teil der bei der Lipolyse freigewordenen Fettsäuren kann im Fettgewebe zur Resynthese von Triglyceriden verwendet werden. Das Ausmaß dieser Reveresterung ist abhängig von der Verfügbarkeit von Glycerin-3-phosphat (α-Glycerophosphat), das im Fettgewebe nicht aus Glycerin, sondern nur aus Glucose bzw. Glykogen gebildet werden kann. Auf diese Weise sind Kohlenhydrat- und Fettstoffwechsel eng miteinander verknüpft. Steht viel Glucose und Insulin zur Einschleusung der Glucose in die Fettzellen zur Verfügung, so wird der größte Teil der lipolytisch gebildeten Fettsäuren wieder zu Triglyceriden verestert, die unveresterten Fettsäuren im Blut nehmen ab. Bei Glucosemangel, z.B. im Hunger oder bei Insulinmangel (Diabetes mellitus), steigt der Fettsäurespiegel im Blut an.

Weitere Lipidfraktionen im Blut sind u.a. die Chylomikronen, die die Triglyceride aus dem frisch resorbierten Nahrungsfett enthalten und diese zur Leber und zum Fettgewebe transportieren, sowie das Cholesterin.

Die Cholesterinfraktion entstammt der Nahrung oder der Leber, die Cholesterin synthetisiert, aber auch zur Synthese von Gallensäuren etc. verwendet. Die physiologische Funktion des Cholesterins besteht u.a. in seiner Eigenschaft als Lösungsvermittler für andere Lipide in den Lipoproteinen, sowie als Vorstufe für die Synthese von Steroidhormonen. Es scheint für die Pathogenese der Atherosklerose von Bedeutung zu sein (s. unten) (FAIN et al., 1973; RENOLD u. CAHILL, 1965; SCHLIERF u. KAHLKE, 1972).

II. Fettgewebe

1. Phosphodiesterase und Cyclo-AMP-System

Wie schon eingangs erwähnt, hemmen die Methylxanthine die Phosphodiesteraseaktivität des Fettgewebes. Dies haben *in vitro* Versuche von verschiedenen Untersuchergruppen an isoliertem Fettgewebe, an isolierten Fettzellen und an Phosphodiesterasepräparationen aus tierischem Fettgewebe ergeben (BEAVO et al., 1970, 1971; BIECK et al., 1969; BLECHER et al., 1968; CHALONER u. ALLEN, 1970; DAVIES, 1968; HYNIE et al., 1966; KUPIECKI u. MARSHALL, 1968; WEISS et al., 1966). Die Hemmwirkung beginnt bei etwa 1×10^{-4} M Konzentrationen von Theophyllin und beträgt bei einer Theophyllin-Konzentration von 1×10^{-2} M 75—90%. Der Hemmtyp entspricht einer kompetitiven Hemmung, wobei die Michaelis-Menten-Konstante zu $1—2 \times 10^{-4}$ M, die Hemmkonstante K_i zu 6×10^{-4} M berechnet wurden (DAVIES, 1968). Die Hydrolyse von reinem cAMP wurde etwas stärker gehemmt als die von cAMP-Dibutyrat (BLECHER et al., 1968). Coffein ist schwächer wirksam als Theophyllin (DAVIES, 1968). BEAVO et al. (1970) untersuchten insgesamt 64 Methylxanthinderivate auf ihre Phosphodiesterase-Hemmwirkung. Dabei zeigten vor allem Verbindungen mit kleinen, nicht polaren Substituenten in Stellung 1 und 3 eine beträchtliche Hemmwirkung. Als besonders wirksamer Phosphodiesterase-Inhibitor erwies sich 1-Methyl-3-isobutylxanthin (SC 2964). Da die meisten Untersuchungen mit relativ hohen Substrat- und Inhibitorkonzentrationen durchgeführt wurden, die z.T. nicht den *in vivo* vorliegenden Konzentrationen entsprechen, erlauben sie — wie FAIN et al. (1973) betonen — keine verbindliche Aussage über die Wirkung der Methylxanthine *in vivo*.

Mit der Wirkung von Methylxanthinen auf den cAMP-Gehalt von Fettgewebe haben sich mehrere Untersucher beschäftigt. Wenn die Methylxanthine allein dem Ansatz zugefügt wurden, ließen sich bei den in der Regel verwendeten Coffein- oder Theophyllinkonzentrationen von etwa 10^{-3} M entweder gar keine Zunahme des cAMP-Gehalts feststellen (BROWN et al., 1972; BUTCHER et al., 1965, 1967, 1968; CARLSON et al., 1970; FAIN et al., 1972; MANGANIELLO et al., 1971; MOSKOWITZ u. FAIN, 1970; SUTHERLAND et al., 1965) oder nur geringfügige Anstiege (BEAVO et al., 1971; GRUND et al., 1973; SCHWABE et al., 1972, 1973). Mit höheren Konzentrationen (bis zu 10^{-2} M Theophyllin, die die Phosphodiesterase zu 90% hemmten) fanden HYNIE et al. (1966) eine Zunahme des cAMP in isoliertem Fettgewebe auf mehr als das 5fache des Ausgangswertes. In Versuchen an isolierten Fettzellen konnten KUO und DERENZO (1969) zeigen, daß nach Zusatz von 3×10^{-3} M Theophyllin das cAMP zwar nicht in den Fettzellen selbst, aber im umgebenden Medium zunahm.

Die fehlende Reaktion des cAMP auf die Methylxanthine läßt sich vielleicht einfach damit erklären, daß die in der Regel verwendeten niedrigen Konzentrationen zu gering waren, die Phosphodiesterase ausreichend und nachhaltig zu hemmen. Stimuliert man nämlich gleichzeitig die Adenylcyclase und damit die Bildung von cAMP durch Catecholamine, ACTH, Glucagon, thyreotropes Hormon, Wachstumshormon, Dexamethason oder luteotropes Hormon, so kommt es regelmäßig zu einem starken Anstieg des cAMP-Gehalts (ALLEN u. BECK, 1972;

BEAVO et al., 1971; BROWN et al., 1972; BUTCHER et al., 1965, 1966, 1967, 1968; CARLSON et al., 1970; FAIN et al., 1972; FASSINA et al., 1972; GRUND et al., 1973; KUO u. DERENZO, 1969; MANGANIELLO et al., 1971; MOSKOWITZ u. FAIN, 1970; SCHWABE u. EBERT, 1972; SUTHERLAND et al., 1965). In diesem Fall dürfte die cAMP-Synthese die Abbaukapazität der Phosphodiesterase überwiegen, so daß sich cAMP anreichert und evtl. aus den Zellen herausdiffundiert und im Medium nachgewiesen werden kann.

Überraschenderweise führte auch Cycloheximid, wenn es zusammen mit Theophyllin dem Medium zugesetzt wurde, innerhalb von 2—4 Std zu einer deutlichen Zunahme von cAMP in den Fettzellen und im Medium (MOSKOWITZ u. FAIN, 1970).

Der durch Theophyllin hervorgerufene Anstieg des cAMP-Gehalts von isolierten Fettzellen wurde im Gegensatz zu der durch Adrenalin und ACTH erzeugten Zunahme durch vorherige Adrenalektomie der Tiere nicht verhindert (ALLEN u. BECK, 1972). Die Adrenalektomie verminderte lediglich die durch Kombination von Adrenalin und Theophyllin und in noch stärkerem Maße die durch ACTH und Theophyllin verursachte Zunahme. Wie dieser Effekt der Adrenalektomie zu erklären ist, darüber gibt es noch keine verbindliche Hypothese.

Aufgrund theoretischer Erwägungen — cAMP aktiviert, wie eingangs erwähnt, die Triglyceridlipase — wäre eine enge Korrelation zwischen Phosphodiesteraseaktivität bzw. cAMP-Gehalt einerseits und lipolytischer Aktivität der Fettzellen andererseits durchaus zu erwarten. In einigen Untersuchungen findet sich auch eine deutliche Korrelation zwischen Ausmaß der Phosphodiesterase-Hemmung bzw. Höhe des cAMP-Gehalts und Lipolyse (BEAVO et al., 1971; HYNIE et al., 1966; WEISS et al., 1966), doch stehen ihnen andere Untersuchungen gegenüber, die solche Beziehungen nicht erkennen lassen, da entweder keine Parallelität zwischen den zeitlichen Veränderungen im cAMP-Gehalt und der Lipolyse oder zwischen den entsprechenden Dosis-Wirkungsbeziehungen besteht (BUTCHER et al., 1965; CARLSON et al., 1970; FAIN et al., 1972; KUO u. DERENZO, 1969; MANGANIELLO et al., 1971; MOSKOWITZ u. FAIN, 1970; SCHWABE u. EBERT, 1972). So kann z.B. die Lipolyse stimuliert werden, ohne daß ein Anstieg des cAMP-Gehalts gefunden wird.

Für diese Diskrepanz, für die nicht nur methodische Gründe verantwortlich gemacht werden können, — sie findet sich nämlich auch in Arbeiten neueren Datums, in denen sehr empfindliche Nachweisverfahren für cAMP verwendet wurden — werden verschiedene Erklärungsversuche herangezogen. Die Arbeitsgruppe um BUTCHER geht davon aus, daß bereits eine geringe Zunahme des cAMP (u. U. auf weniger als das Doppelte) zur Stimulierung der Lipolyse ausreicht, da der Bereich, in dem die Stimulierung der Lipolyse durch die Verfügbarkeit von cAMP limitiert ist, sehr eng ist (BUTCHER et al., 1965, 1968; SUTHERLAND et al., 1965). KUO und DERENZO (1969) denken an eine Kompartimentierung in der Art, daß ein kleiner Pool, der mit einem größeren inaktiven Pool nur langsam ausgetauscht wird, für die Aktivierung der Lipase verantwortlich sei. In diesem Fall wäre eine Zunahme des cAMP im kleinen Pool, die zu einer Aktivierung der Lipase führen würde, bei einer Bestimmung des Gesamt-cAMP nicht faßbar. HO und SUTHERLAND (1971), MANGANIELLO et al. (1971) sowie SCHWABE et al. (1973) vermuten, daß im Laufe der *in vitro* Versuche eine Hemmsubstanz gebildet würde, die die Synthese von cAMP verhindert. Als solcher Inhibitor käme nach den Versuchen von DAVIES (1968) und SCHWABE et al. (1973) Adenosin in Frage, das sich während der Inkubation von Fettgewebe *in vitro* anreichert. SCHWABE und EBERT (1972) gehen so weit, zu postulieren, daß die lipolytische Wirkung der Methylxanthine, einschließlich ihres potenzierenden Effekts auf lipolytisch wirkende Agentien, überhaupt nicht auf eine Hemmung der Phosphodiesterase, sondern auf einen Antagonismus mit dem Adenylcyclase-Inhibitor zurückzuführen sei.

2. Lipolyse

a) Methylxanthine allein

Die hervorstechendste Wirkung der Methylxanthine am Fettgewebe ist die Stimulierung der Lipolyse. Da zahlreiche Untersucher Theophyllin oder Coffein eingesetzt haben, um die Phosphodiesterase zu blockieren, ist die lipolytische Wirkung der Methylxanthine so gut dokumentiert, daß eine vollständige Nennung aller einschlägigen Publikationen von vornherein unmöglich, aber auch nicht notwendig ist. Der lipolytische Effekt, der *in vivo* und *in vitro* am isolierten braunen und weißen Fettgewebe oder an isolierten Fettzellen nachzuweisen ist, führt zu einer Spaltung der Triglyceride im Depotfett in Glycerin und freie Fettsäuren, die sich im Blut oder im Inkubationsmedium nachweisen lassen.

Eine Freisetzung von unveresterten Fettsäuren oder Glycerin durch Methylxanthine aus tierischem Fettgewebe wurde u.a. beschrieben von ALLEN und BECK (1972), BEAVO et al. (1970, 1971), BEVIZ et al. (1971), BIECK et al. (1969), BIZZI et al. (1967), BLECHER et al. (1968), BRODIE et al. (1969), BUTCHER et al. (1965), DAVIES (1968), DOLE (1961), FAIN (1968a, b), FAIN et al. (1966a, b, 1972), HOLLMANN et al. (1971), HYNIE et al. (1966, 1969), JELINKOVA et al. (1970), KITABCHI et al. (1970), KRISHNA et al. (1968), KUO und DERENZO (1969), MENGEL et al. (1972), MOSKOWITZ und FAIN (1969), MÜHLBACHOVA et al. (1967), NAKANO et al. (1968, 1970, 1971), REED und FAIN (1968), RIZAK (1964), RODBELL und JONES (1966), SCHWABE et al. (1972, 1973), SOLYOM et al. (1967), TORSTI und NEUVONEN (1967), TRINER und NAHAS (1966), VAUGHAN und STEINBERG (1963), WEISS et al. (1966) und YOSHIMURA et al. (1969). Über analoge Ergebnisse an menschlichem Fettgewebe berichteten u.a. BURNS und LANGLEY (1970), CARLSON et al. (1969, 1970), EFENDIC (1970), GOLDRICK und MCLOUGHLIN (1970), ÖSTMAN et al. (1969, 1970), MOSKOWITZ und FAIN (1969) sowie VERDY (1967).

ESTLER und AMMON (1966) beobachteten in Übereinstimmung damit bei Mäusen nach Gabe von 25 und 50 mg/kg Coffein eine Abnahme des Fettsäuregehalts des epididymalen Fettgewebes und eine Zunahme der unveresterten Fettsäuren im Serum. Am isoliert durchströmten epigastrischen Fettgewebe des Kaninchens fanden dagegen LEWIS und MATTHEWS (1968) nach Infusion von 200 µg/ml Theophyllin keine Freisetzung von Fettsäuren. Die Tatsache, daß in den Versuchen von FREDHOLM (1971) Theophyllin die Abgabe von Fettsäuren stärker stimulierte als die Glycerinabgabe könnte dafür sprechen, daß Theophyllin möglicherweise auch die Reveresterung von Fettsäuren hemmt.

Die lipolytische Wirkung der Methylxanthine ist dosis- bzw. konzentrationsabhängig. Am epididymalen Fettgewebe gewonnene Dosiswirkungskurven deuten an, daß *in vitro* die minimal wirksame Konzentration von Theophyllin bei 10^{-4} M liegt (BEAVO et al., 1970; MENGEL et al., 1972; MÜHLBACHOVA et al., 1967; MOSKOWITZ u. FAIN, 1969). In den Versuchen von BIECK et al. (1969), HYNIE et al. (1966, 1969) sowie KRISHNA et al. (1968) lag sie mit 1—2×10^{-3} M deutlich höher. WEISS et al. (1966) geben einen dazwischen liegenden Wert von 4×10^{-4} M an. Ähnliche, wohl ebenfalls von der Versuchstechnik abhängige Unterschiede finden sich bei der maximal wirksamen Konzentration. Sie schwankt zwischen ca. 5×10^{-3} M (MÜHLBACHOVA et al., 1967) bis 10^{-2} M (HYNIE et al., 1966, 1969; BIECK et al., 1969; WEISS et al., 1966). Bei KRISHNA et al. (1968) und MENGEL et al. (1972) liegt sie noch höher. Für menschliches Fettgewebe gelten ähnliche Werte wie für tierisches Fettgewebe (CARLSON et al., 1969; EFENDIC, 1970). Die wirksamen Konzentrationen von Coffein liegen in einem ähnlichen Dosisbereich, wie Versuche von BLECHER et al. (1968), CARLSON et al. (1970), FASSINA (1967), KITABCHI et al. (1970) und VERDY (1967) zeigen. Von 64 von BEAVO et al. (1970) untersuchten Methylxanthinderivaten erwies sich SC 2964 (1-Methyl-3-isobutylxanthin) als am wirksamsten. Hydroxypropyltheophyllin und Dihydroxypropyltheophyllin waren dagegen weniger wirksam als Theophyllin (TORSTI u. NEUVONEN, 1968).

Das Fettgewebe aus verschiedenen Körperregionen ist nicht gleich empfindlich gegenüber lipolytisch wirkenden Stoffen. In den Versuchen von CARLSON et al. (1969) reagierte Fettgewebe vom Omentum majus empfindlicher auf Theophyllin als subcutanes Fett. GOLDRICK und MCLOUGHLIN (1970) kamen mit niedrigen Theophyllinkonzentrationen von 5×10^{-5} M zum gegenteiligen Resultat. Bei Verwendung höherer Theophyllinkonzentrationen (1—5×10^{-4} M) verwischte sich dieser Unterschied.

GOLDRICK und MCLOUGHLIN (1970) fanden, daß sich die Ansprechbarkeit von menschlichem subcutanem und omentalem Fettgewebe auf Methylxanthine *in vitro* mit dem Alter nicht änderte. Demgegenüber ließ die Empfindlichkeit von epididymalem Fettgewebe von Ratten und Mäusen auf lipolytisch wirkende Verbindungen einschließlich Coffein und Theophyllin, bei älteren Tieren deutlich nach (JELINKOVA et al., 1970; NAKANO et al., 1971).

Fettgewebe von fettsüchtigen Mäusen (MENGEL u. SCHWABE, 1968) und fettsüchtigen Patienten (GOLDRICK u. MCLOUGHLIN, 1970) war *in vitro* in seiner Empfindlichkeit gegenüber Theophyllin von normalem Fettgewebe nicht verschieden. Fettgewebe von fastenden Ratten reagierte auf submaximal wirksame Theophyllinkonzentrationen stärker als Fettgewebe von gefütterten Tieren (BRODIE et al., 1969; NAKANO et al., 1971). BRODIE et al. (1969) führen dies darauf zurück, daß Fettgewebe von fastenden Tieren einen höheren Gehalt an Adenylcyclase aufweist. Der maximale durch Theophyllin erreichbare lipolytische Effekt war jedoch bei beiden Versuchsgruppen gleich (BRODIE et al., 1969). In ähnlicher Weise reagierte isoliertes Fettgewebe von Ratten, die 5 Monate lang eine Diät mit unzureichendem Gehalt an essentiellen Fettsäuren erhalten hatten, auf Theophyllin und andere lipolytisch wirkende Verbindungen stärker als das Fettgewebe normal ernährter Tiere (BIZZI et al., 1967).

b) Kombination mit anderen Stimulatoren der Lipolyse

Von einem Hemmstoff der Phosphodiesterase ist zu erwarten, daß er die Wirkung von cAMP und damit indirekt auch die Wirkung von Pharmaka, die die Adenylcyclase aktivieren oder induzieren, verstärkt und zwar bei letzteren Pharmaka im Sinne einer Potenzierung. Dies ist auch tatsächlich der Fall..

Theophyllin in Konzentrationen von 10^{-4}—10^{-3} M verstärkt *in vitro* die Wirkung von cAMP bzw. seinem Dibutyrylderivat (AULICH et al., 1967; BEVIZ et al., 1968, 1971; BIECK et al., 1969; BLECHER et al., 1968; BURNS u. LANGLEY, 1970; FAIN, 1968a; REED u. FAIN, 1968; WEISS et al., 1966). Dieser Effekt ist besonders bei niedrigen cAMP-Konzentrationen ausgeprägt und besteht dann in einer Potenzierung seiner lipolytischen Wirkung. Bei höheren cAMP-Konzentrationen geht er verloren (BIECK et al., 1969; BLECHER et al., 1968). BURNS und LANGLEY (1970) fanden einen Synergismus nur bei der Kombination von Theophyllin mit cAMP-Dibutyrat, bei der Kombination von Theophyllin mit cAMP aus nicht geklärten Gründen dagegen einen Antagonismus. Coffein hat in 3×10^{-4} M Konzentration eine ähnliche Wirkung wie Theophyllin (BLECHER et al., 1968). Die lipolytische Wirkung von $2{,}5 \times 10^{-3}$ M cyclo-Thymidinphosphat wurde durch 5×10^{-4} M Coffein nicht verstärkt (KITABCHI et al., 1970).

Ebenso wie die cAMP-Wirkung wurde auch die lipolytische Wirkung von Adrenalin und Noradrenalin, die über eine Aktivierung der Adenylcyclase wirken, durch Theophyllin verstärkt. Dies gilt für tierisches Fettgewebe (BLECHER et al., 1969; FORN et al., 1970; HYNIE et al., 1966; MICHELI, 1970; POYART et al., 1968; SUTHERLAND et al., 1965; TORSTI u. NEUVONEN, 1967; TRINER u. NAHAS, 1966; WEISS et al., 1966) und auch für Fettgewebe vom Menschen (ÖSTMAN et al., 1969). Die nähere Analyse des Synergismus zeigt, daß es sich meist um eine Potenzierung der Catecholaminwirkung handelt, wobei auch lipolytisch unwirksame Theophyllinkonzentrationen die Catecholaminwirkung verstärken (BLECHER et al., 1969; HYNIE et al., 1966; MICHELI, 1970; POYART et al., 1968; TRINER u. NAHAS, 1966; WEISS et al., 1966). Die maximale Wirkung des Theophyllin wird dabei nicht überschritten (DAVIES, 1968; POYART et al., 1968; WEISS et al., 1966). Auch die Wirkung des D-Adrenalin und des β-Sympathicomimeticums Isoprenalin wird durch Theophyllin verstärkt (ALLEN u. MACLAREN, 1970). Coffein zeigt an menschlichem und tierischem Fettgewebe dem Theophyllin entsprechende Effekte (BLECHER et al., 1969; BUTCHER et al., 1965; CARLSON et al., 1970; VAUGHAN u. STEINBERG, 1963), und auch das Theophyllinderivat Pentoxifyllin (BL 191) verhält sich in dieser Beziehung ähnlich wie Theophyllin (GRANZER, 1972).

Ähnlich wie die Catecholamin-induzierte Lipolyse wird auch die durch Serotonin erzeugte Lipolyse durch Theophyllin verstärkt (BIECK et al., 1967; YOSHIMURA et al., 1969). Auch die lipolytische Wirkung von Histamin läßt sich durch Theophyllin potenzieren (GRUND et al., 1973).

Eine Potenzierung der lipolytischen Wirkung von Glucagon, die ebenfalls über eine Stimulierung der Adenylcyclase zustande kommt, beschrieben BUTCHER et al. (1966) sowie POYART et al. (1968). Die Wirkung von ACTH, das wie die Catecholamine die Adenylcyclase aktiviert und auf diese Weise lipolytisch wirkt, wird durch Theophyllin *in vitro* gleichfalls meist supraadditiv verstärkt (BOBERG et al., 1970; BUTCHER et al., 1966; FAIN et al., 1966a; MICHELI, 1970; POYART et al., 1968; WEISS et al., 1966), wobei nach DAVIES (1968) und WEISS et al. (1966) die maximale Theophyllinwirkung nicht überschritten wird. Am isolierten menschlichen Fettgewebe und am Fettgewebe von Hunden, dessen Adenylcyclase durch ACTH nicht aktiviert wird, fand sich kein Synergismus zwischen ACTH und Coffein (CARLSON et al., 1970).

Ähnlich wie die lipolytische Wirkung von Adrenalin und ACTH ist auch die Theophyllinwirkung in nicht näher bekannter Weise von den Glucocorticoiden oder irgendwelchen durch sie hervorgebrachten Effekten auf das Fettgewebe abhängig, denn Adrenalektomie vermindert die Ansprechbarkeit des Fettgewebes und isolierter Fettzellen auf Adrenalin, ACTH und Theophyllin (ALLEN u. BECK, 1972). Umgekehrt verstärkt Dexamethason allein (NAKANO et al., 1971) oder in Kombination mit Wachstumshormon (FAIN, 1968a; FAIN et al., 1966a; MOSKOWITZ u. FAIN, 1970) die Empfindlichkeit von Rattenfettgewebe gegenüber niedrigen Konzentrationen von Theophyllin und anderen lipolytisch wirkenden Agentien. Die Wirkung maximal stimulierender Theophyllindosen wird aber nicht weiter gesteigert. Wachstumshormon allein verstärkt am Fettgewebe normaler Ratten die Theophyllinlipolyse nicht, stellt aber am Fettgewebe hypophysektomierter Ratten die Ansprechbarkeit auf Theophyllin nach einer mehrstündigen Latenzzeit wieder her (GOODMAN, 1968). Dieser Effekt des Wachstumshormons ist an die Anwesenheit von Glucose im Medium gebunden, wird aber durch Insulin aufgehoben (GOODMAN, 1968). Wie die Wirkung der Glucocorticoide und des Wachstumshormons im einzelnen zustandekommt, ist nicht bekannt. Der Umstand, daß sich die permissive Wirkung der Kombination von Dexamethason und Wachstumshormon durch Cycloheximid, einen Hemmstoff der Proteinsynthese, unterdrücken ließ (FAIN, 1968a; MOSKOWITZ u. FAIN, 1970), könnte auf eine Induktion der Adenylcyclase oder eines anderen für die Aktivierung von cAMP notwendigen Faktors hinweisen. Andererseits wirkten Cycloheximid und Actinomycin in den Versuchen von GOODMAN (1968), in denen Wachstumshormon allein verwendet wurde, nicht als Antagonist der Wachstumshormonwirkung.

Schilddrüsenlose Ratten reagierten auf niedrige Theophyllinkonzentrationen mit einer geringeren Glycerinabgabe aus dem Fettgewebe als normale Tiere, zeigten jedoch bei maximaler Stimulierung durch Theophyllin die gleiche Reaktion wie gesunde Ratten (KRISHNA et al., 1968). Umgekehrt war bei Ratten, die 5 Tage lang mit 1 mg/kg Thyroxin behandelt worden waren, die lipolytische Wirkung niedriger Theophyllinkonzentrationen verstärkt. Der maximale lipolytische Effekt war jedoch bei euthyreoten und hyperthyreoten Tieren der gleiche (KRISHNA et al., 1968).

c) Kombination mit Hemmstoffen der Lipolyse

Verschiedene Purin- und Pyrimidinderivate hemmen *in vitro* die lipolytische Wirkung von Theophyllin und zwar (in der Reihenfolge der Wirkungsstärke) Adenosin > Desoxyadenosin > Inosin > Guanosin. Adenin, Xanthosin, Thymidin, Uridin und Coffein hemmten die durch Theophyllin induzierte Lipolyse nicht (DAVIES, 1968). Die durch Adenosin erzeugte Hemmung ließ sich durch cAMP wieder aufheben (WEISS et al., 1966). Der Angriffspunkt des Adenosin dürfte demnach vor letzterem liegen.

Insulin hemmt *in vitro* dosisabhängig die lipolytische Wirkung von niedrigen Theophyllinkonzentrationen (BLECHER et al., 1968; BROOKER et al., 1967; BURNS u. LANGLEY, 1968; FAIN, 1968b; FAIN u. ROSENBERG, 1972; FAIN et al., 1966b;

MENGEL et al., 1972; MOSKOWITZ u. FAIN, 1969; RODBELL u. JONES, 1966). Gegenüber hohen Konzentrationen von Theophyllin allein bzw. Theophyllin und cAMP-Dibutyrat waren selbst hohe Insulinkonzentrationen von 1000 μU/ml wirkungslos (BROWN et al., 1969; RODBELL u. JONES, 1966). Auch gegenüber der lipolytischen Wirkung von Coffein allein oder von Coffein und Noradrenalin verhält sich Insulin antagonistisch (BLECHER et al., 1968; BUTCHER et al., 1966; KITABCHI et al., 1970; TOUABI u. JEANRENAUD, 1969). Der antagonistische Einfluß von Insulin gegenüber den lipolytisch wirkenden Verbindungen einschließlich der Methylxanthine könnte nach BUTCHER et al. (1966) darauf beruhen, daß Insulin die Adenylcyclase hemmt und so den cAMP-Gehalt der Fettzellen senkt. Nach neueren Versuchen von FAIN und ROSENBERG (1972) senkte Insulin aber den durch Noradrenalin und Theophyllin erhöhten cAMP-Gehalt der Fettzellen nicht. Die durch Theophyllin gehemmte Phosphodiesterase wurde durch Insulin nicht aktiviert (MENGEL et al., 1972). Andere mögliche Ursachen des Antagonismus werden von TOUABI und JEANRENAUD (1969) diskutiert, z.B. Energiemangel, Störungen im Elektrolytstoffwechsel etc. Es ist auffällig, daß bei der Stimulierung der Lipolyse durch Coffein, Theophyllin und andere lipolytisch wirkende Stoffe gleichzeitig die Kalium-Aufnahme gehemmt wird, wobei die Ursache dieser Störung (Hemmung durch freigesetzte Fettsäuren, ATP-Mangel?) noch nicht bekannt ist (TOUABI u. JEANRENAUD, 1969). Insulin wirkt gegenüber beiden Effekten — Stimulierung der Lipolyse und Hemmung der Kalium-Aufnahme — im gleichen Dosenbereich antagonistisch (TOUABI u. JEANRENAUD, 1969).

Auch die oralen Antidiabetica Tolbutamid und Phenformin hemmen die durch Theophyllin allein oder in Kombination mit cAMP, Noradrenalin oder Dexamethason stimulierte Lipolyse (BROWN et al., 1967, 1969, 1972; FAIN, 1970; FAIN et al., 1972; STONE u. BROWN, 1968). Der Wirkungsmechanismus muß sich jedoch vom Mechanismus der antilipolytischen Wirkung des Insulins unterscheiden, da bei der Behandlung mit den oralen Antidiabetica der cAMP-Gehalt des Fettgewebes im Gegensatz zum Insulin nicht ab- sondern zunimmt (BROWN u. STONE, 1967; FAIN et al., 1972).

Prostaglandin E_1, dessen Wirkung zumindest zum Teil mit einer Hemmung der Adenylcyclase zu erklären ist (FAIN, 1973), hemmte an menschlichem Fettgewebe (EFENDIC, 1970; MOSKOWITZ u. FAIN, 1969) und an tierischem Fettgewebe *in vitro* (BLECHER et al., 1969; BOBERG et al., 1970; FAIN, 1968b; MICHELI, 1970; MÜHLBACHOVA et al., 1967; SOLYOM et al., 1967; STOCK et al., 1968) die durch Theophyllin allein oder in Kombination mit ACTH oder Noradrenalin stimulierte Lipolyse. Die Theophyllin-stimulierte Lipolyse war dabei wesentlich empfindlicher gegenüber Prostaglandin E_1 als beispielsweise die durch Noradrenalin oder ACTH aktivierte Lipolyse. Aus dem Lineweaver-Burk-Diagramm ließ sich ein kompetitiver Hemmtyp ablesen (STOCK et al., 1968). Die minimale Hemmkonzentration betrug 3×10^{-8} M Prostaglandin E_1. Eine 50%ige Hemmung ließ sich mit 10^{-6} M Prostaglandin erzielen (MÜHLBACHOVA et al., 1967).

Ein weiterer Antagonist der durch Theophyllin stimulierten Lipolyse ist Phospholipase C, die aber gegenüber höheren Theophyllinkonzentrationen (10^{-3} M) unwirksam ist (RODBELL u. JONES, 1966).

Von Sympathicolytica, die in niedrigen Konzentrationen spezifisch die Aktivierung der Adenylcyclase verhindern, hemmen die β-Sympathicolytica, z.B.

Propranolol, Dichlorisoproterenol, Kö 592 die durch Theophyllin stimulierte Lipolyse erst in relativ hohen Konzentrationen. Der Hemmtyp ist in diesem Fall nicht kompetitiv (FAIN, 1970; HYNIE et al., 1969; WESTERMANN u. STOCK, 1967). Die Inhibitorkonstante K_i für Kö 592 wurde von AULICH et al. (1967) zu $7{,}4 \times 10^{-4}$ M berechnet. Dichlorisoproterenol verstärkte in niedrigen Konzentrationen (10^{-4}M) aufgrund seiner lipolytischen Eigenwirkung die Theophyllin-Lipolyse und hemmte erst in höheren Konzentrationen (10^{-3}M) (HYNIE et al., 1969). An menschlichem Fettgewebe konnten BURNS und LANGLEY (1970) und ÖSTMAN und EFENDIC (1970) mit Propranolol (Konzentrationen von 1 µg/ml bzw. 10^{-2}M) keine Hemmung der durch 10^{-2}M Theophyllin hervorgerufenen Lipolyse erzeugen.

Das α-Sympathicolyticum Phentolamin hemmt an Rattenfettgewebe *in vitro* ebenfalls erst in hohen Konzentrationen nicht kompetitiv die durch Theophyllin erzeugte Lipolyse (AULICH et al., 1967; HYNIE et al., 1969). Die Hemmkonstante K_i betrug in den Versuchen von AULICH et al. (1967) $5{,}2 \times 10^{-4}$M. An isolierten menschlichen Fettzellen wurde die durch 10^{-3}M Theophyllin stimulierte Lipolyse durch 10^{-2}M Phentolamin nicht gehemmt (BURNS u. LANGLEY, 1970). Dihydroergotamin ($1{,}1 \times 10^{-4}$M) verstärkte die durch 2×10^{-4}M Theophyllin allein oder in Kombination mit Dexamethason und Wachstumshormon gesteigerte Lipolyse (FAIN, 1970).

Die zu den unspezifischen Lipolysehemmstoffen gehörende Nicotinsäure hemmt u.a. auch die lipolytische Wirkung von Theophyllin und Theophyllin und Noradrenalin (BEVIZ et al., 1968; BLECHER et al., 1968; BOBERG et al., 1970; MENGEL et al., 1972). Auch 5-Methylisoxazolcarbonsäure, 3-Methylisoxazolcarbonsäure, 5-Methylpyrazol-3-carbonsäure und 3-Methylpyrazol-5-carbonsäure, ebenfalls unspezifische Hemmstoffe der Lipolyse, hemmen die durch Theophyllin und Coffein verursachte Freisetzung von Fettsäuren und Glycerin aus Fettgewebe (KUPIECKI u. MARSHALL, 1968; MENGEL et al., 1972; SCHWABE et al., 1968).

Desmethylimipramin, das als Antidepressivum therapeutisch verwendet wird, verminderte dosisabhängig im Bereich von 10^{-6}—10^{-5}M die durch Theophyllin hervorgerufene Freisetzung von Fettsäuren aus isolierten Rattenfettzellen (NAKANO u. ISHII, 1970).

Imidazol, ein Aktivator der Phosphodiesterase, hemmte *in vitro* erwartungsgemäß in Konzentrationen von 5×10^{-3}—5×10^{-2}M die durch Theophyllin stimulierte Lipolyse (CAMU, 1969; NAKANO et al., 1970). 1-Methylimidazol und 2-Methylimidazol zeigten diese Wirkung nicht (NAKANO et al., 1970).

KYPSON et al. (1968) berichteten, daß Ouabain (g-Strophantin) in 10^{-4}M Konzentrationen die durch Adrenalin, nicht aber die durch Theophyllin und cAMP stimulierte Lipolyse zu hemmen vermochte. YU et al. (1971) konnten dagegen mit 5×10^{-4}M Digitoxin auch das Ausmaß der durch Theophyllin induzierten Lipolyse vermindern. Dabei hatte Digitoxin, ebenso wie auch Ouabain und k-Strophantin, keinen Einfluß auf die durch Theophyllin gehemmte Phosphodiesterase. Da in ihren Versuchen — im Gegensatz zu den Experimenten von KYPSON et al. (1968) — die Theophyllinwirkung auf die Lipolyse vom Kaliumgehalt im Inkubationsmedium abhängig war (maximale Effekte wurden bei 5×10^{-3} M K^+, geringere bei 10^{-1}M K^+ und in kaliumfreier Lösung beobachtet) und sich eine solche Kaliumabhängigkeit bei den mit Theophyllin und Digitoxin behandelten Fettgewebsstückchen nicht nachweisen ließ, nehmen YU et al. (1971) an, daß der Hemmeffekt der Herzglykoside auf einer Störung des Elektrolyttransports (z. B. der Natrium-Kalium-ATPase) und im Zusammenhang damit vielleicht der Ausschleusung von Glycerin aus der Fettzelle beruhen könnte. In Anbetracht der widersprüchlichen Ergebnisse der beiden Arbeitsgruppen läßt sich ein endgültiges Urteil über diese Hypothese zur Zeit noch nicht fällen.

Aus Befunden von FASSINA (1967) sowie REED und FAIN (1968), denen zufolge Rotenon, Oligomycin und Chlor-(carbonylcyanid)-phenylhydrazon (Verbindungen, die die oxidative Phosphorylierung entkoppeln) die durch Coffein stimulierte Lipolyse *in vitro* abschwächen, läßt sich schließen, daß energieverbrauchende Prozesse in irgendeiner Weise an der Lipolyse beteiligt sind. Die Hemmung könnte aber auch auf eine unzureichende Bereitstellung von ATP, der Ausgangssubstanz für die cAMP-Synthese, zurückgehen.

Cycloheximid, ein Hemmstoff der Proteinsynthese, verminderte, wie zu erwarten war, die durch Theophyllin verursachte Abgabe von Glycerin und Fettsäuren aus isolierten Fettzellen nicht (FAIN, 1968a; MOSKOWITZ u. FAIN, 1969).

3. Lipogenese

Die bei der Lipolyse freigesetzten Fettsäuren können entweder aus den Zellen in das umgebende Medium austreten bzw. mit dem Blutstrom abtransportiert werden, sie können aber auch innerhalb der Fettzelle metabolisiert oder zur Resynthese von Triglyceriden verwendet werden. Da wegen des Fehlens einer nennenswerten Glycerokinase-Aktivität in den Fettzellen nur die freigesetzten Fettsäuren, nicht aber das bei der Lipolyse ebenfalls anfallende Glycerin zur Triglyceridsynthese verwendet werden können, gibt das im Inkubationsmedium gemessene Verhältnis von freigesetzten Fettsäuren zu freigesetztem Glycerin Aufschluß über das Verhältnis von Lipolyse zu Fettsäure-Reveresterung.

Aus der Beobachtung, daß von isolierten Fettzellen unter Theophyllin im gesamten lipolytisch wirkenden Dosisbereich Fettsäuren und Glycerin in einem konstanten Verhältnis von 3:1 (so wie es in den Triglyceriden vorliegt) freigesetzt werden, schließen WEISS et al. (1966) darauf, daß unter Theophyllin keine Reveresterung von Fettsäuren stattfindet. Zu anderen Ergebnissen kommen HOLLMANN et al. (1971). Aus dem von ihnen gefundenen Verhältnis von Fettsäure- zu Glycerinabgabe und Glucoseverbrauch von isolierten Fettzellen folgern sie, daß Theophyllin (50—100 μg/ml) den Fettsäureabbau stimulieren müßte. In den Versuchen von FREDHOLM (1971) wurde andererseits die Abgabe von Fettsäuren stärker gesteigert als die Abgabe von Glycerin, so daß dieser Autor zu dem Schluß kam, Theophyllin hemme möglicherweise auch die Reveresterung der Fettsäuren. Da sich das Verhältnis von Fettsäure- zu Glycerinfreisetzung offensichtlich mit den gewählten Versuchsbedingungen ändert, muß diese Frage vorerst offen bleiben.

Versuche anderer Autoren lieferten jedoch zusätzliche und direktere Hinweise für eine Hemmung der Lipogenese im Fettgewebe durch Methylxanthine. SOLYOM et al. (1967) fanden unter dem Einfluß von 5×10^{-4} M Theophyllin eine signifikante

Verminderung des Einbaus von Palmitat in die Triglycerid- und Gesamtlipidfraktion von Rattenfettgewebe *in vitro*. Gleichzeitig wurde der Einbau von Glucose in die Triglyceride und Lipide vermindert. Auch RODBELL (1967) beschrieb eine dosisabhängige Verminderung der Metabolisierung von Glucose zu Glycerin und Fettsäuren der Lipide von Fettzell-„ghosts" unter 10^{-4}—10^{-3} M Theophyllin. In gleicher Weise hemmte Coffein (5×10^{-5} M—10^{-2} M) den Einbau von Glucose in den Fettsäure- und Glycerinanteil von Triglyceriden (ANDERSON et al., 1966b; SKOSEY, 1970; VAUGHAN, 1961).

Gegenüber diesem Effekt der Methylxanthine verhält sich Insulin als Antagonist (ANDERSON et al., 1966b; RODBELL, 1967), ebenso Nicotinsäure (BLECHER, 1967). Prostaglandin E_1 hebt nur die Hemmung des Palmitateinbaus, aber nicht die des Glucoseeinbaus in Lipide teilweise auf (SOLYOM et al., 1967).

4. Kohlenhydratstoffwechsel

Die Methylxanthine Theophyllin und Coffein hemmen aber nicht nur, wie im vorigen Absatz beschrieben, den Einbau von Glucose in den Glycerin- und Fettsäureanteil der Lipide, sondern auch den Abbau von Glucose zu CO_2 (ANDERSON u. OWEN, 1967; ANDERSON et al., 1966a, b; BLECHER, 1967; FAIN, 1968b; KITABCHI et al., 1970; RODBELL, 1967). In den Versuchen von ANDERSON und OWEN (1967), ANDERSON et al. (1966a, b), FAIN (1968b) sowie FAIN und ROSENBERG (1972) bestand ein Antagonismus zwischen den Methylxanthinen und Insulin, der allerdings von KITABCHI et al. (1970) sowie RODBELL (1967) nicht beobachtet wurde. Nicotinsäure hob ebenfalls die durch Theophyllin verursachte Abnahme des Glucoseabbaus auf (BLECHER, 1967). Nach niedrigen Konzentrationen von Theophyllin ($3{,}7 \times 10^{-5}$ M) und Coffein ($2{,}5 \times 10^{-4}$ M) und bei Kombination von Theophyllin mit Adrenalin sahen BLECHER et al. (1969) keine Verminderung der Glucoseaufnahme und Glucoseoxidation. Die Methylxanthine beeinflußten auch die stimulierende Wirkung von Adrenalin auf die Glucoseaufnahme und -oxidation nicht (BLECHER et al., 1969). Theophyllin in 10^{-3} M Konzentration stimuliert aber andererseits *in vitro*, ähnlich wie Adrenalin und cAMP die Phosphorylase im Fettgewebe von Ratten (BEVIZ et al., 1968, 1971; EISEN u. GOODMAN, 1969) und Menschen (MOSKOWITZ u. FAIN, 1969), und zwar in Anwesenheit und in Abwesenheit von AMP im Medium. Im Fettgewebe hypophysenloser Tiere war dieser Effekt nicht nachweisbar, stellte sich aber nach Zusatz von Wachstumshormon zum Medium wieder ein (EISEN u. GOODMAN, 1969). Die Aktivierung der Phosphorylase im menschlichen Fettgewebe war durch Insulin und Prostaglandin E_1 hemmbar (MOSKOWITZ u. FAIN, 1969).

Zu diesen Befunden paßt, daß die Lactatabgabe von braunem Fettgewebe *in vitro* durch Theophyllin (450 µg/ml) erhöht wird. Im Glucose-6-phosphatgehalt traten keine signifikanten Veränderungen ein. Er nahm erst ab, wenn Theophyllin mit cAMP kombiniert wurde (BEVIZ et al., 1968, 1971).

Aufgrund dieser Ergebnisse scheint es denkbar, daß sowohl die Hemmung des Glucoseabbaus als auch des Einbaus von Glucose in die Lipide durch eine Hemmung der Aufnahme von Glucose in die Fettzellen bedingt ist. Daß

Methylxanthine tatsächlich die Glucoseaufnahme in die Fettzellen hemmen, wurde verschiedentlich beschrieben (ANDERSON u. OWEN, 1967; ANDERSON et al., 1967; BLECHER, 1967; VAUGHAN, 1961). Dieser Effekt ist allerdings bei sehr niedrigen Theophyllinkonzentrationen ($3{,}7 \times 10^{-5}$ M) noch nicht nachweisbar (BLECHER et al., 1969). Er wird durch Nicotinsäure aufgehoben (BLECHER, 1967).

Für eine solche Deutung könnte auch sprechen, daß durch Coffein die Bildung von CO_2 aus α-Ketoglutarat stimuliert und die Pyruvatoxidation nur minimal eingeschränkt wird (ANDERSON et al., 1966b). Nicht in dieses Bild paßt dagegen die Beobachtung von ANDERSON et al. (1966b) und BRAUN et al. (1967), daß Theophyllin und Coffein bereits in sehr niedrigen Konzentrationen von 10^{-5} M bzw. 5×10^{-5} M die Verwertung von Acetat und Pyruvat für die Lipogenese hemmten, und daß 2×10^{-4} M Coffein auch die Oxidation von Acetat einschränkte.

Auch über den Mechanismus dieser divergierenden und nicht auf einen gemeinsamen Nenner zu bringenden Wirkungen der Methylxanthine auf den Kohlenhydratstoffwechsel lassen sich derzeit noch keine sicheren Angaben machen. Die Beobachtung von KITABCHI et al. (1970) und von SKOSEY (1970), daß cAMP-Dibutyrat ähnlich wie Coffein den Einbau von Ketoglutarat in Lipide steigert und den Einbau von Glucose in Lipide sowie die Glucoseoxidation hemmt, könnte auf einen indirekten durch cAMP vermittelten Effekt hinweisen. Andererseits steigern aber Aktivatoren der Adenylcyclase wie Adrenalin, ACTH und Glucagon die Glucoseaufnahme und die Glucoseoxidation sowie den Einbau von Glucose in Glyceride (BLECHER et al., 1969; VAUGHAN, 1961), was gegen diese Deutung spricht. FAIN (1968b) und RODBELL (1967) denken an einen spezifischen Angriffspunkt im Glucosestoffwechsel, ANDERSON et al. (1966a, 1967) an einen primären Angriffspunkt an der Lipidsynthese oder auch an den Zellmembranen.

5. Aminosäuren- und Proteinstoffwechsel

Die Aufnahme von Aminosäuren in Fettgewebe *in vitro* wurde durch $1{,}5 \times 10^{-3}$ M Konzentration von Theophyllin allein nicht beeinträchtigt (MINEMURA et al., 1970), durch hohe Konzentrationen von cAMP-Dibutyrat (10^{-2} M) allein oder durch 10^{-3} M cAMP-Dibutyrat zusammen mit $2{,}5 \times 10^{-3}$ M Theophyllin gehemmt (SWISLOCKI, 1970). Nach anderen Berichten können bereits 10^{-3} M Theophyllin oder $7{,}5 \times 10^{-4}$—10^{-2} M Coffein die Aufnahme von α-Aminoisobuttersäure in isolierte Fettzellen hemmen (TOUABI u. JEANRENAUD, 1969; VASALLI u. JEANRENAUD, 1970). Außerdem verstärkt Theophyllin die Hemmwirkung von Adrenalin auf die α-Aminoisobuttersäureaufnahme und hemmt in Kombination mit Adrenalin und Phentolamin auch die Aufnahme von Leucin in isoliertes Fettgewebe (V. BRUCHHAUSEN, 1968).

Zwischen α-Aminoisobuttersäureaufnahme und Lipolyse bestehen reziproke Beziehungen. Die Steigerung der Lipolyse geht der Hemmung der α-Aminoisobuttersäureaufnahme unmittelbar voraus, und es besteht die Möglichkeit, daß die freigesetzten Fettsäuren für die Hemmung der Aminosäureaufnahme verantwortlich sind, da auch dem Medium zugesetzte Fettsäuren den gleichen Hemmeffekt aufweisen (VASALLI u. JEANRENAUD, 1970). Andere mögliche Ursachen, die von VASALLI und JEANRENAUD (1970) diskutiert werden, sind Mangel an energiereichen Phosphaten, Enzymen oder andere mit der Lipolyse in Zusammenhang stehende Stoffwechselstörungen.

In Versuchen von MINEMURA et al. (1970) blockierte $1{,}5 \times 10^{-3}$ M Theophyllin die Proteinsynthese in isolierten Fettzellen, während in anderen Experimenten (SWISLOCKI, 1970) $2{,}5 \times 10^{-3}$ M Theophyllin den Einbau von Histidin in Fettgewebsproteine nicht beeinflußte und erst hemmte, wenn zusätzlich noch cAMP-Dibutyrat dem Medium zugesetzt wurde. $2{,}5 \times 10^{-3}$ M Coffein hemmten auch zusammen mit diesem den Histidineinbau nur insignifikant (SWISLOCKI, 1970).

Gegenüber dem proteinanabolen Effekt von Insulin, Wachstumshormon und Thyreotropin wirkte Theophyllin antagonistisch (MINEMURA et al. 1970; SWISLOCKI, 1970). Es hemmte auch den durch Insulin gesteigerten Einbau von Leucin in Protein (FAIN u. ROSENBERG, 1972).

Der Proteinabbau wurde durch $1{,}5 \times 10^{-3}$ M Theophyllin nicht verändert (MINEMURA et al., 1970).

Zur Erklärung der Wirkung der Methylxanthine auf den Aminosäuren- und Proteinstoffwechsel werden mehrere Mechanismen diskutiert, ohne daß eine endgültige Entscheidung, welcher tatsächlich vorliegt, möglich wäre. Unter anderem denkt man an eine indirekte Beteiligung des cAMP-Systems. Es wird aber auch ein Mangel an energiereichen Phosphaten diskutiert, wobei möglicherweise eine Störung der Energiegewinnung infolge einer Entkoppelung der oxidativen Phosphorylierung durch die bei der Lipolyse entstehenden Fettsäuren eine Rolle spielen könnte.

6. Energie- und Gesamtstoffwechsel

Unter Theophyllin allein (etwa 1—$2{,}5 \times 10^{-3}$ M) treten im Gehalt des Fettgewebes *in vitro* an ATP, ADP, AMP und Kreatinphosphat zwar keine signifikanten Veränderungen ein (BEVIZ et al., 1971; FAIN et al., 1972), doch nehmen der ATP- und Kreatinphosphatgehalt ab, wenn die gleiche Menge Theophyllin mit cAMP kombiniert wurde (BEVIZ et al., 1971). 5×10^{-4} M Coffein hemmten den Einbau von Phosphat in die säurelöslichen Mononucleotide des Fettgewebes. Die gleiche und höhere Coffeinkonzentrationen senkten — wie übrigens auch Adrenalin — den ATP-Gehalt von Fettzellen (BIHLER u. JEANRENAUD, 1970; HEPP et al., 1968). Gegenüber diesen Coffeineffekten wirkte Insulin antagonistisch (BIHLER u. JEANRENAUD, 1970; HEPP et al., 1968). Ob die Wirkung der Methylxanthine auf den ATP-Gehalt Folge der ATP-verbrauchenden Synthese von cAMP in den Fettzellen oder einer entkoppelnden Wirkung der Fettsäuren auf die oxidative Phosphorylierung ist, oder auf andere Weise zustande kommt, ist noch nicht geklärt.

Im braunen Fettgewebe ist die Stimulierung der Lipolyse durch Adrenalin, cAMP und Theophyllin mit einer Steigerung der Zellatmung gekoppelt (BEVIZ et al., 1971; REED u. FAIN, 1968). Gleichzeitiger Zusatz von cAMP wirkt potenzierend auf die durch niedrige Theophyllinkonzentrationen (0,45 mg/ml) ausgelöste

Steigerung des Sauerstoffverbrauchs (BEVIZ et al., 1971). Andererseits wurde durch Theophyllin in einer Konzentration von 10^{-3} M die durch 8×10^{-4} M cAMP-Dibutyrat erzeugte, wahrscheinlich maximale Steigerung des Sauerstoffverbrauchs nicht weiter erhöht (REED u. FAIN, 1968). Die durch Serotonin verursachte Erhöhung des Sauerstoffverbrauchs von braunem Fettgewebe wird durch Theophyllin weiter verstärkt (YOSHIMURA et al., 1969). m-Chlor(carbonylcyanid)phenylhydrazon hebt die durch Adrenalin, cAMP oder Theophyllin verursachte Steigerung der Fettgewebsatmung auf, wenn es gleichzeitig mit den Lipolysestimulatoren gegeben wird (REED u. FAIN, 1968).

Bei neugeborenen Kaninchen und Meerschweinchen und bei jungen Ratten führten Infusionen von 2—4 mg/kg Theophyllin über 10 min zu einer Temperatursteigerung über dem braunen Fettgewebe, die als Ausdruck einer lokalen calorigenen Wirkung gedeutet wurde. Dieser Effekt war durch das β-Sympathicolyticum Propranolol hemmbar, was einen indirekten, durch das sympatho-adrenale-System vermittelten Mechanismus vermuten läßt (COCKBURN et al., 1968).

Das Gesamtgewicht der epididymalen Fettkörper von Ratten änderte sich auch bei mehrtägiger Behandlung mit Theophyllin nicht (SPORN et al., 1969).

III. Blutlipide

H. P. T. AMMON

Mit dem Blut erfolgt der Transport der Lipide. Resorbiertes Nahrungsfett wird in Form der Chylomikronen dem Fettgewebe und der Leber zugeführt, Lipoproteine — gebildet in der Leber — stellen eine weitere Transportform der Triglyceride zu den Depots dar, und freie Fettsäuren (FFS) werden vom Fettgewebe zu den Organen des Verbrauchs befördert (im Detail vgl. oben).

1. Freie Fettsäuren und Glycerin

Es ist lange bekannt, daß nicht nur Glucose, sondern auch Fett zur Energiegewinnung des Körpers herangezogen wird. Neben geringen Mengen in den einzelnen Organen findet sich die Hauptmasse des Fettes als Triglyceride im Fettgewebe. Von dort aus wird es je nach Bedarf mobilisiert (Lipolyse) und in Form von FFS und Glycerin an das Blut abgegeben. Während das Glycerin in der Leber u.a. für die Zuckerneubildung Verwendung findet, werden die FFS, gebunden an Albumin, den verschiedenen Organen zum Zwecke der Oxidation zugeführt. Ein Teil der FFS wird darüber hinaus in der Leber in Triglyceride und Ketonkörper umgewandelt; auch stimulieren sie dort die Gluconeogenese, ohne selbst in Glucose überführt zu werden (vgl. Stoffwechselfunktionen der Leber).

Bei der Besprechung des Fettgewebes haben wir gesehen, daß Methylxanthine direkt die Lipolyse stimulieren, daß sie die lipolytische Wirkung von Hormonen verstärken und daß ihre Wirkung auch durch bestimmte Hormone und Pharmaka gehemmt werden kann.

Eine Steigerung der Lipolyse führt *in vivo* gewöhnlich zu einer Zunahme von FFS und Glycerin (letzteres soll daher zusammen mit den FFS besprochen werden) im Blut. Da neben der Mobilisierung von Fettsäuren aus dem Fettgewebe diese einer dauernden Utilisation unterliegen, ist die Höhe der FFS im Blut stets als Resultante aus Lipolyse und Verbrauch aufzufassen, und Änderungen von deren Konzentration in die eine oder andere Richtung sagen nur bedingt etwas über das Ausmaß der Lipolyse aus.

Obwohl die Konzentrationen der Methylxanthine, die *in vitro* für eine Steigerung der Lipolyse benötigt werden, *in vivo* und hier insbesondere beim Menschen normalerweise nicht vorkommen, konnte doch damit gerechnet werden, daß die Zufuhr dieser Stoffe die Lipolyse auch *in vivo* beschleunigt, da sie, wie in einem anderen Kapitel ausgeführt, Catecholamine aus dem Nebennierenmark freisetzen, die ihrerseits die Lipolyse im Fettgewebe stimulieren. So wurde denn auch von zahlreichen Autoren im Tierversuch bei der Maus (ESTLER u. AMMON, 1966), der Ratte (KHAN et al., 1964; HILL et al., 1970; HYNIE et al., 1966; GARATTINI u. BIZZI, 1966; TRINER u. NAHAS, 1966) sowie beim Hund (POYART u. NAHAS, 1967; BELLET et al., 1970) eine Zunahme der Freien Fettsäuren und des Glycerins im Blut nach Coffein bzw. Theophyllin in Dosen von 25—150 mg/kg beobachtet. Selbst bei i.v. Zufuhr stellte sich jedoch der maximale Effekt nicht sofort ein, sondern wurde erst nach ca. 120 min erreicht. Insgesamt findet sich eine Erhöhung der FFS über mehrere Stunden.

Ähnliche Befunde wurden beim Menschen erhoben. Bei gesunden Versuchspersonen führte die i.v. oder i.m. Zufuhr von Coffein (100—250 mg) (BELLET et al., 1965; ZELLER u. AMMON, 1967; SIEDECK et al., 1972) bzw. Aminophyllin (500 mg) (ENSINCK et al., 1970) oder die perorale Verabreichung von Kaffee (ca. 2 Tassen), Tee oder Cola-Getränk mit vergleichbaren Coffeinmengen zu einem bis zu 100%igen Anstieg der Freien Fettsäuren im Blut (ZELLER u. AMMON, 1967; BELLET et al., 1965; BELLET et al., 1968a; BELLET et al., 1968b; SIEDECK et al., 1972; GIORDANO u. POMPEI, 1967). Das Maximum des Fettsäureanstiegs trat bei i.v. Zufuhr von Coffein nach ca. 2 Std, bei peroraler Gabe von Kaffee nach 3 Std auf. Wie im Tierversuch hielt die Erhöhung der Fettsäurekonzentration mehrere Stunden an.

Der bei Mensch und Tier übereinstimmend beobachtete Anstieg der FFS im Blut ist als Folge einer verstärkten Lipolyse *in vivo* anzusehen, da er einerseits bei Anwendung antilipolytischer Maßnahmen gehemmt wird, andererseits im Tierversuch unter dem Einfluß des Coffeins eine Abnahme des Fettgehaltes im Fettgewebe zu beobachten ist (ESTLER u. AMMON, 1966).

a) Kohlenhydrate

In vivo übt die Zufuhr von Kohlenhydraten einen deutlichen Einfluß auf die Lipolyse aus, indem letztere u.a. durch die Kohlenhydrat-induzierte Zunahme des Serum-Insulins gehemmt wird. Damit einher geht eine Senkung der Fettsäurekonzentration im Blut. Auch der durch Methylxanthine stimulierte Anstieg der FFS wird durch Kohlenhydrate herabgesetzt. Dies zeigen Untersuchungen am Menschen, bei denen die Aminophyllin-, Coffein- bzw. Kaffee-induzierte Zunahme der FFS bei gleichzeitiger i.v. oder p.o. Zufuhr von Glucose oder Saccharose weniger deutlich ausfiel. (ATUK et al., 1967; BELLET et al., 1968a; ZELLER, 1969). Eine geringe, jedoch statistisch signifikante Herabsetzung des Fettsäureanstiegs nach 225 mg Coffein i.v. oder Kaffee (mit 225 mg Coffein) wurde von ZELLER (1969a) bereits durch 5 g Glucose oder Saccharose gefunden. Bei Verabfolgung von 20 g Kohlenhydraten betrug die Hemmung ca. 80%.

b) Hormone

Auf die Wechselwirkungen zwischen Hormonen und Methylxanthinen wurde bei der Besprechung der Lipolyse ausführlich eingegangen. Sie lassen sich auch *in vivo* hinsichtlich ihres Einflusses auf die FFS des Blutes nachweisen.

cAMP: cAMP, — der „Second Messenger" bestimmter Hormone — dessen Zunahme im Fettgewebe mit einer gesteigerten Lipolyse einhergeht, führt, parenteral verabreicht, im Tierversuch zur Abnahme der FFS im Blut (BIECK et al., 1969). Dieser zunächst überraschende Befund hat seine Ursache vermutlich darin, daß cAMP nicht nur die Lipolyse, sondern auch der Lipolyse entgegengesetzte Vorgänge, wie z.B. die Sekretion von Insulin stimuliert. Zusammen mit Theophyllin verabreicht findet sich jedoch eine kurzfristige Zunahme der FFS (PAGE, 1970).

Catecholamine stimulieren die Lipolyse *in vitro* und *in vivo* via Adenylcyclase-cAMP. Eine Verstärkung ihrer Wirkung durch Methylxanthine *in vivo* könnte einmal dadurch entstehen, daß diese den Abbau des über die Catecholamine verstärkt gebildeten cAMP hemmen und somit zu einem weiteren Anstieg dieses „Second Messengers" führen, zum anderen, daß sie zusätzlich endogene Catecholamine freisetzen. In der Tat findet sich im Tierversuch bei der Ratte und beim Hund die stärkste Zunahme der FFS und des Glycerins im Blut bei kombinierter Verabreichung von Adrenalin oder Noradrenalin zusammen mit Theophyllin (TRINER u. NAHAS, 1966; HYNIE et al., 1966; POYART u. NAHAS, 1967). Die Wirkung ist dabei additiv (POYART u. NAHAS, 1967). Diese Befunde sind insofern von Interesse, als beim physischen und psychischen Streß, der mit einer vermehrten Freisetzung von Catecholaminen einhergeht, bei Zufuhr von Methylxanthinen ein weiterer Anstieg der FFS erwartet werden kann. Diese Annahme wurde durch das Tierexperiment, wie von AMMON et al. (1973) anhand des Immobilisationsstreß an der Maus gezeigt wurde, bestätigt. Psychischer Streß und Coffein riefen dabei eine additive Steigerung der FFS und der Triglyceride im Serum hervor.

Sympatholyse: Im Zusammenhang mit der Frage, inwieweit der durch Methylxanthine *in vivo* hervorgerufene Anstieg der FFS die Folge einer vermehrten Freisetzung von Catecholaminen ist, wurde ihre Wirkung bei experimenteller Sympatholyse geprüft. An demedullierten Ratten, die zusätzlich mit Syrosingopin (einem Stoff, der die Speicher an Catecholaminen verarmt) oder mit dem Ganglienblocker Chlorisondamin behandelt wurden, führten 60 mg/kg Theophyllin weiterhin zur Zunahme der FFS im Serum (HYNIE et al., 1966). Dies läßt vermuten, daß der lipolytische Effekt höherer Theophyllindosen im Tierversuch weniger auf der Freisetzung endogener Catecholamine sondern eher auf einer Hemmung der Phosphodiesterase beruht. Diese Befunde wurden von ENSINCK et al. (1970) bestätigt. Sie beobachteten bei adrenalektomierten Versuchspersonen ebenfalls einen Anstieg der FFS im Blut nach Infusion von 500 mg Aminophyllin. Allerdings liegt unter ihren experimentellen Bedingungen keine vollständige Ausschaltung des Sympathicus vor, da die sympathische Innervierung des Fettgewebes intakt bleibt. Andererseits hemmt jedoch β-Receptorenblockade durch Propranolol beim Menschen den durch Coffein bzw. Aminophyllin hervorgerufenen Anstieg der FFS (AIZAWA u. GOTO, 1968; ENSINCK et al., 1970). Diese Befunde würden wiederum für eine Beteiligung endogener Catecholamine an der Steigerung der Lipolyse beim Menschen durch Aminophyllin sprechen. Sie könnten aber auch dahingehend interpretiert werden, daß sich eine Hemmung der Phosphodiesterase im Fettgewebe nur dann steigernd auf die Lipolyse auswirkt, wenn eine gewisse Basisstimulation der Adenylcyclase, etwa über β-Receptoren, vorhanden ist.

Nebennierenrindenhormone: Cortison, obwohl selbst ohne direkten Effekt, sensibilisiert die Lipolyse *in vitro* gegenüber Catecholaminen. Für sich allein verabreicht, führt es bei der Ratte zum Anstieg der FFS im Serum (HILL et al., 1970). Dieser wird allerdings durch die gleichzeitige Zufuhr von Coffein nicht verstärkt.

Schilddrüsenfunktion: Der Einfluß der Schilddrüsenfunktion auf die Fettsäure-steigernde Wirkung von Theophyllin und Coffein im Blut wurde von STRUBELT et al. (1970) bei der Ratte untersucht. Während euthyreote Ratten den bekannten Anstieg der FFS im Serum nach 60 mg/kg Theophyllin bzw. Coffein erkennen ließen, kam es bei hyperthyreoten Tieren (3 Tage lang täglich 0,1 mg/kg Trijodthyronin), bei denen der Fettsäurespiegel bereits stark erhöht war, zu keiner weiteren Zunahme. Bei athyreoten Ratten, die ebenfalls einen erhöhten Fettsäurespiegel aufwiesen, zeigte sich sogar ein Abfall. Da Methylxanthine auch bei hyperthyreoten Tieren einen calorigen Effekt haben, dürfte das Ausbleiben eines weiteren Anstiegs der Fettsäuren mit ihrem stärkeren Verbrauch zu erklären sein.

Diabetes: Beim Diabetes ist die Lipolyse wegen der fehlenden Hemmwirkung des Insulins und der verminderten Glucoseaufnahme im Fettgewebe gesteigert. Dies führt *in vivo* zur Zunahme der FFS im Serum. Die Frage, ob Methylxanthine einen weiteren Anstieg der FFS verursachen, wurde von AMMON und ESTLER (1969) bei alloxandiabetischen Mäusen untersucht. Dabei ergab sich, daß die s.c. Zufuhr von 50—100 mg/kg Coffein den Fettsäurespiegel der diabetischen Tiere weiterhin in additiver Weise steigert. Beim Menschen liegen zu dieser Frage noch keine systematischen Untersuchungen vor. SIEDECK et al. (1972) konnten bei zweimaliger Gabe von 20 g Kaffee bei nicht insulinbedürftigen Diabetikern keinen Einfluß auf den Tagesverlauf der FFS feststellen. Weitere Untersuchungen über den Einfluß von Methylxanthinen auf FFS und andere Blutlipide wären bei nicht therapierten Diabetikern verschiedener Schweregrade sicherlich von Interesse. In einem Fall von Diabetes mit extrem hohem und chronischem Coffeinabusus (bis zu 7 g/Tag über längere Zeit) sank der Serum-FFS-Spiegel von 0,81 µEq./ml auf 0,56 nach Absetzen des Coffeins (ALBERTI et al., 1972).

c) Lipolyse-Hemmstoffe

Neben dem β-Sympatholyticum Propranolol hemmen auch andere, nicht mit dem Sympathicus im direkten Zusammenhang stehende Lipolyse-Hemmstoffe die Wirkung der Methylxanthine *in vivo*. So beobachteten GARATTINI und BIZZI (1966) bei der Ratte eine Verminderung des durch Theophyllin hervorgerufenen Anstiegs der FFS und des Glycerins im Blut durch 3,5-Dimethylpyrazol, Nicotinsäure und Salicylsäure. BELLET et al. (1970) erhoben ähnliche Befunde beim Hund, wenn diesem zusammen mit Coff.-Na.-Benz. Nicotinsäure verabreicht wurde.

d) Lebererkrankung

Bei Erkrankungen der Leber wird vom Kliniker als diätetische Maßnahme Zurückhaltung bei der Verwendung von Fett in der Nahrung empfohlen, um den Stoffwechsel der Leberzelle zu entlasten. Die Fähigkeit der Leber, FFS aus dem Blut aufzunehmen und zu verstoffwechseln, scheint bei Leberkranken in der Tat eingeschränkt zu sein. Dafür spricht, daß bei diesen Patienten höhere Spiegel an FFS im Blut gefunden werden als bei Gesunden. Die Verabreichung von Coffein bzw. Kaffee (ca. 225 mg Coffein) führt bei solchen Patienten, ausgehend von bereits erhöhten Werten, nicht nur zu einer stärkeren, sondern darüber hinaus auch länger anhaltenden Zunahme der FFS. Der Grund liegt vermutlich darin, daß die kranke Leber die durch Coffein zusätzlich mobilisierten Fettsäuren nicht in dem Umfange metabolisieren kann wie die gesunde und daß die Coffeinelimination darüber hinaus herabgesetzt sein dürfte. Eine weitere Erhöhung des Angebotes an FFS könnte daher für die kranke Leber eine zusätzliche Stoffwechselbelastung darstellen (ZELLER u. AMMON, 1967).

2. Ketonkörper

Die Höhe des Ketonkörperspiegels im Blut (Aceton und β-Hydroxybuttersäure) steht in engem Zusammenhang mit dem der FFS, da ihre Synthese in der Leber von der Konzentration der letzteren abhängt. Bei Verabreichung von Methylxanthinen wäre daher neben der Zunahme der FFS auch eine solche der Ketonkörper zu erwarten. Von AMMON und ESTLER (1969) wurden zu diesem Thema Untersuchungen an der Maus angestellt. Nach s.c. Injektion von 50—100 mg/kg Coffein fand sich dabei ein signifikanter Anstieg von Aceton und β-Hydroxybuttersäure. Ähnliche Befunde ließen sich beim Menschen nach Coffein bzw. Kaffee (mit ca. 200 mg Coffein) erheben (ZELLER, 1969b; SIEDECK et al., 1972). Die Zunahme betrug ca. 30—100%.

Diabetes: Zufuhr von Coffein führt im Tierversuch bei alloxandiabetischen Mäusen (AMMON u. ESTLER, 1969) und bei Diabetikern (ZELLER, 1969b) bei denen bereits ein erhöhter Blutketonspiegel vorliegt, zu dessen weiterem Anstieg, etwa in dem Umfang, wie er beim Gesunden beobachtet wird. In dem bereits erwähnten Fall von extremem Coffeinabusus bei einem Diabetiker kam es nach Absetzen des Coffeins zu einer starken Abnahme der vorher erhöhten Blutketone (Alberti et al., 1972).

3. Fettsäureester

Zu den Aufgaben der Leber zählt, nicht oxidierte FFS u.a. in Triglyceride überzuführen, diese in Lipoproteide einzubauen und damit transportfähig zu machen. Dabei ist die Bildung von Triglyceriden und ihre Abgabe an das Blut abhängig von der Konzentration der FFS. Eine Zunahme der FFS geht daher häufig mit einem Anstieg der Triglyceride und bestimmter Lipoproteidfraktionen im Blut einher. Dies gab Anlaß, den Einfluß von Methylxanthinen auf die Konzentration von veresterten Fettsäuren, Triglyceriden und Lipoproteiden zu untersuchen.

Verestere Fettsäuren: Die ältere Methode der Bestimmung der Veresterten Fettsäuren im Blut erfaßt alle Esterbindungen von Fettsäuren. Mit ihr wurde bei der Maus keine Zunahme von Fettsäureestern nach 25—50 mg/kg Coffein gefunden (Estler u. Ammon, 1966), und auch beim *Menschen* zeigte sich eine solche nicht (Zeller u. Ammon, 1967).

Triglyceride: Bei den Serumtriglyceriden — sie betragen etwa $\frac{1}{8}$ der gesamten Esterfettsäuren — beobachteten dagegen Ammon et al. (1973) an der Maus 2 Std nach s.c. Injektion von 40 mg/kg Coffein einen Anstieg um etwa 40%. Keine Zunahme fanden Szollar et al. (1972) bei 12 Std gefasteten Ratten, 2 Std nach i.v. Verabreichung von 150 mg/kg Coffein. Diese Autoren konnten allerdings auch keine Zunahme der FFS sehen. Es ist denkbar, daß im Hunger wegen der vermehrten Oxidation von Fettsäuren die Zufuhr von Coffein nicht mit einer Steigerung der Triglyceridsynthese in der Leber einhergeht.

Im *chronischen* Versuch beobachteten Naismith et al. (1969a) bei der Ratte keinen Anstieg der Serumtriglyceride, wenn diesen Tieren 54 Tage lang mit der Nahrung Kaffee in einer Menge, die beim Menschen etwa 12 Tassen pro Tag entspricht, zugeführt wurde. Die Konzentration der FFS ist in diesen Versuchen nicht bestimmt worden.

Beim *Menschen* wurde der Einfluß einer *akuten* Zufuhr von 250 mg Coffein i.m. auf die Serumtriglyceride von Orsucci et al. (1968) untersucht. Zur Zeit der stärksten Zunahme der FFS nach 90 und 120 min kam es bei diesen Untersuchungen auch zu einem Anstieg der Serumtriglyceride um 75 bzw. 44%. Zuvor oder danach war keine signifikante Änderung zu beobachten, obwohl der Spiegel der FFS zu diesen Zeiten ebenfalls erhöht war. Fröberg et al. (1969) fanden dagegen selbst bei hohen Dosen von Coffein (750 mg) keine signifikante Änderung des Triglyceridspiegels. Lediglich der während dieser Untersuchungen bei den Kontrollpersonen zu beobachtende Abfall war bei den Versuchen mit Kaffee etwas verzögert. Siedeck et al. (1972) berichten über eine geringe, jedoch statistisch nicht signifikante Zunahme der Serumtriglyceride, wenn im Verlaufe eines Tages insgesamt 5 Tassen Kaffee mit je 200 mg Coffein verabreicht wurden.

Faßt man die vorliegenden Ergebnisse zusammen, so scheint es, als ob die akute Zufuhr von Coffein beim Versuchstier und beim Menschen zwar zu einer Zunahme der Serumtriglyceride führen kann, daß diese jedoch, wenn sie auftritt, verhältnismäßig gering und im Vergleich zu dem länger anhaltenden Anstieg der FFS flüchtig ist.

Von praktischem Interesse, wegen der möglichen Beziehungen zwischen Triglyceridspiegel und Gefäßerkrankungen, ist die Frage nach dem Verhalten der Serumtriglyceride bei länger dauernder Zufuhr von Kaffee oder Coffein.

Bei *chronischer* Verabreichung von Kaffee bzw. Tee (22 bzw. 12,5 mg Coffein) über 50 Tage zusammen mit einer Arteriosklerosediät an Ratten fand sich nach Untersuchungen von AKINYANJU und YUDKIN (1967) bei den mit Kaffee behandelten Tieren die stärkste Zunahme an Serumtriglyceriden, Phospholipiden und Cholesterin.

Keine Änderung gegenüber den mit Diät allein behandelten Tieren, zeigte sich bei Zufuhr von entcoffeiniertem Kaffee. Die Gabe von Tee hatte sogar einen gewissen protektiven Effekt gegenüber dem Diät-bedingten Anstieg der Serumlipide. Die Autoren schlossen daraus, daß im Tee möglicherweise ein Stoff enthalten sei, der der Wirkung des Coffeins entgegengesetzt ist.

Bei gesunden Versuchspersonen, die gewohnheitsmäßig täglich Kaffee bzw. Tee mit insgesamt 560 mg Coffein zu sich nahmen, wurden von NAISMITH et al. (1970) die coffeinhaltigen Getränke 14 Tage lang durch entcoffeinierten Kaffee ersetzt. Dabei kam es zu einer signifikanten Abnahme der Serumtriglyceride um ca. 25%. Die erneute Zufuhr coffeinhaltigen Kaffees (800 mg Coffein pro Tag) führte nach weiteren 20 Tagen dagegen wieder zu deren Anstieg.

Emotioneller Streß kann wegen der damit einhergehenden Catecholaminfreisetzung ebenfalls zur Zunahme von Serumlipiden führen. Da unter unseren heutigen Lebensbedingungen Genuß von coffeinhaltigen Getränken und psychische Belastung, besonders auch zwischen den Mahlzeiten, häufig Hand in Hand gehen, ist es denkbar, daß bei gleichzeitigem Zusammentreffen beider, Kombinationseffekte im Sinne einer gegenseitigen Verstärkung auftreten. Für den Menschen liegen hierüber bisher keine Untersuchungen vor. Bei einem tierexperimentellen Modell, bei dem Mäuse vor der körperlichen Immobilisierung — einem starken psychischen Streß — mit 40 mg/kg Coffein behandelt wurden, fanden sich in der Tat additive Effekte hinsichtlich des Anstieges der Serumtriglyceride (AMMON et al., 1973).

Phospholipide stellen einen der 4 Bausteine der Lipoproteine dar. Ob es durch letztere einen echten Phospholipid-Transport gibt, ist allerdings fraglich. Der chronische Einfluß von Coffein auf diese Lipidfraktion wurde von NAISMITH et al. (1969a) untersucht.

Die Autoren beobachteten einen Anstieg der Phospholipide im Serum bei Ratten, die 54 Tage lang Tee, Kaffee oder Coffein mit der Nahrung (77,9—136,2—140 mg/100 g Nahrung) erhielten. Dabei war das Ausmaß der Lipidveränderungen direkt abhängig von der zugeführten Coffeinmenge. Entcoffeinierter Kaffee hatte keinen Effekt.

Die stärkste Zunahme wurde von AKINYANJU und YUDKIN (1967) gefunden, wenn Kaffee über 50 Tage lang an Ratten zusammen mit einer Arteriosklerosediät verabreicht wurde. Sie ging über den Diäteffekt hinaus. Auch hier war entcoffeinierter Kaffee ohne Einfluß und Tee hatte sogar eine protektive Wirkung. Da die Phospholipide Bestandteil der Lipoproteine sind, erhebt sich hier ein gewisser Widerspruch zu den Ergebnissen CZOCHRA-LYSANOWICZ (1959) sowie YOUNG et al. (1967), die im chronischen Versuch keinen Anstieg der Serumlipoproteine beobachten konnten.

Beim *Menschen* beschrieben allerdings LITTLE et al. (1966) an Patienten mit überstandenem Herzinfarkt eine positive Korrelation zwischen der Höhe der Phospholipide und dem Kaffeekonsum und wiederum eine negative zum Tee. Bei gesunden Personen zeigten sich auch hier in keinem Fall signifikante Unterschiede. In Übereinstimmung mit den letzteren Befunden ergab sich bei *gesunden* Versuchspersonen, die über längere Zeit Kaffee mit täglich insgesamt 560 mg Coffein zu sich genommen haben, nach Absetzen des coffeinhaltigen Kaffees und Ersatz durch entcoffeinierten Kaffee keine Änderung der Phospholipidkonzentration im Serum (NAISMITH et al., 1970).

4. Cholesterin

Cholesterin nimmt eine Schlüsselstellung im tierischen Lipidstoffwechsel ein. Es dient als Grundsubstanz für Zellmembranen und als Ausgangsmaterial zur Synthese von Gallensäuren und bestimmten Hormonen. Es tritt weiter als Bestandteil arteriosklerotischer Veränderungen der Gefäßwände auf und nimmt teil an der Bildung von Gallensteinen. Mit der Nahrung werden täglich ca. 0,5—1,0 g aufgenommen, in der Leber 1—1,5 g synthetisiert. Transportform im Blut sind die Lipoproteine, wo es sowohl als freies als auch als verestertes Cholesterin befördert wird.

Nach akuter Zufuhr von Coffein wurde im *Tierversuch* bei der Maus (ESTLER u. AMMON, 1966) und bei der Ratte (SZOLLAR et al., 1972) keine Änderung des Serumcholesterinspiegels bis zu einer Dosis von 150 mg/kg gefunden. Ähnliches gilt auch für den *Menschen.* Nach Untersuchungen von ZELLER und AMMON (1967) sowie AMMON et al. (1973) kommt es innerhalb von 4 Std nach Verabreichung von Coffein (250 mg) bzw. Kaffee (750 mg Coffein) ebenfalls zu keiner signifikanten Änderung der Cholesterinkonzentration im Blut. Lediglich ORSUCCI et al. (1968) beobachteten einen Anstieg um 30—40 mg% 90 und 120 min nach intramuskulärer Injektion von 250 mg Coffein.

Bei *chronischer* Zufuhr von 1,7 mg Coffein/Tag mit dem Trinkwasser über 16 Wochen nahm bei *Ratten* der Serumcholesterinspiegel zu (KRAMER et al., 1969). Ähnliche Befunde erhoben NAISMITH et al. (1969a) bei Ratten 54 Tage nach Verabreichung von Coffein bzw. Kaffee (ca. 140 mg Coffein/100 g Diät), die einen geringen, jedoch signifikanten Anstieg des Cholesterinspiegels um 20 mg% fanden. Eine Erhöhung um ca. 10 mg% zeigte sich auch nach Tee und zwar mit etwa der halben Menge Coffein. Letztere Änderung war jedoch statistisch nicht zu sichern. Keinen Einfluß auf das Serumcholesterin sahen

CZOCHRA-LYSANOWICZ et al. (1959) bei 4 Kaninchen, die 100 Tage lang täglich 20 mg Coffein i. v. erhielten.

Im Zusammenhang mit der Frage nach einer möglichen Bedeutung des Coffeins und des Kaffees für die Entstehung der Arteriosklerose wurden von verschiedenen Arbeitsgruppen Versuche über den Einfluß von Coffein, Kaffee und Tee auf den durch Verabreichung cholesterinreicher Diät hervorgerufenen erhöhten Serumcholesterinspiegel durchgeführt.

Bei der Ratte beobachteten AKINYANJU und YUDKIN (1967), daß die durch eine 50 Tage andauernde Arteriosklerosediät erzeugte Steigerung des Serumcholesterinspiegels durch gleichzeitige Zufuhr von Kaffee (22 mg Coffein pro Tag) weiter erhöht, durch entcoffeinierten Kaffee nicht beeinflußt und durch Tee sogar gesenkt wurde. Zu entgegengesetzten Ergebnissen gelangten allerdings HEYDEN und RÜTTNER (1966) sowie CZOCHRA-LYSANOWICZ (1959) bei Kaninchen, wenn diesen über ca. 100 Tage zusammen mit cholesterinreicher Diät täglich 3 g Kaffee p. o. bzw. 20 mg Coffein i. v. verabreicht wurden. Beide Untersuchergruppen beobachteten eine Verminderung der durch die Diät erzeugten Hypercholesterinämie bei den mit Coffein bzw. Kaffee behandelten Tieren.

In einer weiteren Untersuchung über 84 Tage sahen HEYDEN et al. (1969) bei Kaninchen, die täglich mit einer Arteriosklerosediät 25 mg Coffein s.c. erhielten, nach 6 und 8 Wochen zwar niedrigere Serumcholesterinspiegel als bei den nicht mit Coffein behandelten Tieren, doch waren die Unterschiede wegen der großen Streuung statistisch nicht zu sichern. Bei einer experimentellen Überprüfung ihrer Befunde (CZOCHRA-LYSANOWICZ et al., 1959) konnten KEDRA et al. (1967) diese ebenfalls nicht reproduzieren. Zu obigen Versuchen ist allerdings zu bemerken, daß solche Diäten nicht den physiologischen Verhältnissen entsprechen und Aussagen über den Einfluß von Pharmaka auf dieses Modell vorsichtig zu werten und nicht unbedingt auf den Menschen übertragbar sind (HEYDEN u. RÜTTNER, 1966).

Von NAISMITH et al. (1970) wurde das Serumcholesterin bei Versuchspersonen, die im Mittel gewohnheitsmäßig 560 mg Coffein täglich in Form von Kaffee oder Tee zu sich nahmen, 14 Tage nach Ersatz der coffeinhaltigen Getränke durch entcoffeinierten Kaffee bestimmt. Dabei zeigte sich ein geringfügiger Anstieg des Serumcholesterins um ca. 8% nach Absetzen des Coffeins. Diese Befunde lassen vermuten, daß Kaffee bzw. Coffein bei Gesunden das Serumcholesterin nicht wesentlich beeinflussen. Zu ähnlichen Ergebnissen kamen LITTLE et al. (1966), die bei Gesunden keine positive Korrelation zwischen dem Genuß von Kaffee und Tee und dem Serumcholesterin feststellen konnten. Eine positive Korrelation zwischen der Höhe des Cholesterinspiegels und dem Konsum von Kaffee fand sich allerdings bei Patienten, die einen Herzinfarkt erlitten hatten. Der Genuß von Tee war auch hier negativ korreliert. Diese Befunde lenken unsere Aufmerksamkeit dahin, daß Kaffee offenbar nicht bei sog. Normalpersonen, wohl aber bei bestimmten, aus irgendeinem Grund prädestinierten Individuen den Cholesterinspiegel erhöhen kann. Welche Rolle dabei das Coffein selbst spielt, muß weiteren Untersuchungen, insbesondere unter Berücksichtigung von entcoffeiniertem Kaffee, vorbehalten bleiben, da, wie LITTLE et al. (1966) gezeigt haben, Tee eher einen protektiven Effekt besitzt.

5. Lipoproteine

Die meisten Lipide werden im Blut als Lipoproteine transportiert. Sie setzen sich zusammen aus Protein, Phospholipiden, Cholesterin und Triglyceriden und zwar in einem Verhältnis, das abhängig davon ist, ob es sich dabei um Chylomikronen, „very low density lipoproteins" (VLDL), „low density lipoproteins" (LDL) oder „high density lipoproteins" (HDL) handelt. Der Proteinanteil nimmt von den Chylomikronen (1%) zu den HDL (50%) zu, der Triglyceridanteil ab (90%—5%). Phospholipide und Cholesterin nehmen von den Chylomikronen (4 bzw. 6%) zu den HDL (30 bzw. 18%) zu. Während die Chylomikronen aus der Resorption von Fett hervorgehen, entstammen die übrigen Lipoproteine vorwiegend der Leber. Neben der Hypertriglycerid- und Hypercholesterinämie wird auch die Hyperlipoproteinämie in Beziehung zur Arteriosklerose gebracht. Da verschiedene epidemiologische Untersuchungen (s. u.) einen Zusammenhang zwischen Gefäßerkrankungen und dem längeren Genuß von Kaffee postulieren, wurde von mehreren Untersuchern der Frage nach dem möglichen Einfluß chronischer Zufuhr von Coffein, Kaffee oder Tee auf die Konzentration der Serumlipoproteine nachgegangen.

Im *Tierversuch* fanden CZOCHRA-LYSANOWICZ et al. (1959) nach chronischer Gabe von täglich 20 mg Coffein i.v. über 100 Tage an Kaninchen allerdings keine signifikante Änderung der Konzentration der α- und β-Lipoproteine (HDL u. LDL).

Der Einfluß von Methylxanthinen auf Serumlipoproteine bei gleichzeitiger Verabreichung einer Arteriosklerosediät war Gegenstand von Untersuchungen von YOUNG et al. (1967) an Kaninchen. Die Autoren berichten, daß die diätbedingte Zunahme der LDL und VLDL geringer war, wenn die Tiere gleichzeitig Tee anstelle von Trinkwasser erhielten. Keinen signifikanten Effekt unter ähnlichen Bedingungen fanden KEDRA et al. (1967) bei täglicher Verabreichung von 80 mg Coff.-Na.-Benz.

Bei Patienten mit überstandenem Herzinfarkt (nicht bei Gesunden) errechneten LITTLE et al. (1966) eine positive Korrelation zwischen Kaffeekonsum und der Höhe der Serumlipoproteide (LDL u. VLDL). In dieser retrospektiven Studie fand sich jedoch wiederum eine negative Korrelation, wenn die Patienten anstelle von Kaffee Tee getrunken hatten. Da bei gesunden Versuchspersonen von den Autoren weder bei Kaffee noch bei Tee irgendeine signifikante Korrelation gefunden wurde, muß bei den Herzinfarktpatienten wiederum zusätzlich ein prädisponierender Faktor oder eine gewisse Selektion des Materials angenommen werden.

IV. Arteriosklerose

Arteriosklerose, einschließlich der Coronarsklerose, wird, wie erwähnt, u.a. in Zusammenhang mit Störungen des Lipidstoffwechsels gebracht. Erhöhte Spiegel an Triglyceriden, Cholesterin und Lipoproteinen gelten als Risikofaktoren für das Auftreten des Herzinfarkts. Mehrere Autoren untersuchten daher im *Tierexperiment* neben der Frage nach einer Coffeinwirkung auf die Serumlipide auch die nach einer möglichen Veränderung der Gefäßwände durch Kaffee bzw. Coffein. Eine solche ließ sich jedoch selbst bei chronischer Zufuhr von Kaffee bzw. Coffein (s. auch unter Cholesterin) an Kaninchen nicht zeigen (CZOCHRA-LYSANOWICZ et al., 1959).

Bei Verabreichung cholesterinreicher Diät über 3 Monate an Kaninchen beobachteten YOUNG et. al. (1967), daß sowohl die diätbedingte Zunahme der Lipoproteine als auch das Ausmaß der Sklerose der Aorta geringer waren, wenn die Tiere anstelle von Trinkwasser Tee erhielten. Zufuhr von Theophyllin zeigte allerdings keinen solchen Effekt. Ähnliche Beobachtungen wie mit Tee wurden zunächst auch bei gleichzeitiger chronischer Gabe von Coffein oder Kaffee zusammen mit cholesterinreicher Diät beim Kaninchen gemacht (CZOCHRA-LYSANOWICZ et al., 1959; HEYDEN u. RÜTTNER, 1966). Bei einer späteren Überprüfung konnten HEYDEN et al. (1969) sowie KEDRA et al. (1967) den protektiven Effekt des Coffeins nicht reproduzieren.

Coronarerkrankungen

Über den Einfluß von Coffein und Theophyllin auf die Coronargefäße wird in dem einschlägigen Kapitel von EICHLER (F. II.) ausführlich berichtet. Wegen der engen Beziehungen zwischen Fettstoffwechsel und Gefäßerkrankungen sei hier kurz auf einige Arbeiten hingewiesen, die sich mit dem Thema Kaffee-Coffein und Herzerkrankungen befassen. Es handelt sich im wesentlichen um epidemiologische Studien. Solche Untersuchungen über den Einfluß chronischer Zufuhr von Kaffee bzw. Coffein sind beim Menschen wegen vielfältiger, zusätzlicher Faktoren wie Ernährung, Rauchen, Drogengebrauch, Krankheiten, psychischen Momenten u. a. schwierig zu beurteilen, insbesondere dann, wenn es sich um retrospektive Studien handelt. Die Ergebnisse solcher Untersuchungen müssen daher unter entsprechenden Vorbehalten diskutiert werden. Andererseits liefern sie wichtige Hinweise, die in Einzelversuchen meist nicht offenbar werden.

1963 berichteten erstmals PAUL et al., daß bei einer prospektiven Studie über 5 Jahre bei Patienten (insges. 54), die an einer Coronarerkrankung (Angina pectoris oder Herzinfarkt) litten, der %-Satz, der mehr als 5 Tassen Kaffee pro Tag Trinkenden fast doppelt so hoch lag, wie bei nicht coronarkranken Kontrollen (1108). Der Unterschied war statistisch signifikant. 1966 veröffentlichten LITTLE et al. die bereits erwähnte retrospektive Studie, in der Patienten nach überstandenem Herzinfarkt über ihren Kaffee- bzw. Teekonsum befragt und die Ergebnisse mit Kontrollpersonen ohne Herzinfarkt einer ähnlichen Population verglichen wurden. Berechnet wurde eine Korrelation zwischen der Höhe verschiedener Serumlipide (Cholesterin, Phospholipide, Lipoproteine) und dem Genuß von Kaffee bzw. Tee. Dabei ergab sich, daß bei Gesunden keine Korrelation zwischen Lipiden und dem Genuß von Kaffee oder Tee beobachtet wird. Bei Patienten, die den Herzinfarkt überstanden haben, war dagegen eine positive Korrelation zwischen Zunahme der genannten Serumlipide und dem Genuß von Kaffee gefunden worden. Interessanterweise ergab sich eine negative Korrelation beim Tee, was zu dem Schluß führte (LITTLE et al., 1966), daß weniger das Coffein als möglicherweise andere Substanzen im Kaffee die Ursache für den Anstieg der Blutlipide sein könnte. Es wurde auch die Ansicht geäußert, daß Tee eine Substanz X enthält, die der Ausbildung einer Arteriosklerose entgegenwirkt (YOUNG et al., 1967). In diesem Zusammenhang sind neuere Befunde von Interesse, die zeigen, daß Theanin, eine im Tee vorkommende Aminosäure, die zentralerregende Wirkung des Coffeins im Tierversuch hemmt (KIMURA u. MURATA, 1971; AMMON, unveröffentlicht). Obwohl daraus nicht der Schluß gezogen werden kann, daß Theanin möglicherweise selbst die Ursache für den „protektiven" Effekt beim Tee ist, zeigen diese Untersuchungen, daß man beim Tee an Wechselwirkungen zwischen dem Coffein einerseits und anderen Teeinhaltsstoffen denken kann.

In einer retrospektiven Untersuchung des Boston Collaborative Drug Surveillance Programs (BCDSP) wird berichtet (VESSEY, 1972), daß Kaffee das Herzinfarktrisiko steigert, während Tee eher zu einer Verminderung führt; und zwar beträgt das Risiko, wenn man das der nicht Kaffee trinkenden Kontrollen als 1,0 ansetzt, bei 1—5 Tassen Kaffee täglich, 1,34 und bei mehr als 5 Tassen 2,13. Zu ähnlichen Ergebnissen hinsichtlich des Kaffees kommt HRUBEC (1973) bei der Frage nach dem Auftreten von pectanginösen Beschwerden. In einer erweiterten und präzisierteren Retrospektivstudie (440 Patienten mit akutem Herzinfarkt) bestätigten JICK et al. (1973) die Ergebnisse des BCDSP und schlossen aus, daß die Erhöhung des auf den Kaffee bezogenen Herzinfarktrisikos durch Faktoren, wie Alter, Geschlecht, überstandene Coronarerkrankungen, Hypertonie, Fettsucht, Diabetes, Rauchen, Rohrzucker oder den Beruf hervorgerufen wurde. Wiederum ergab sich keine positive Korrelation zwischen Herzinfarktrisiko und dem Konsum von Tee (s. hierzu das einschlägige Kapitel von EICHLER, F. II.).

Den Untersuchungen, die einen Zusammenhang zwischen Kaffeekonsum und dem Auftreten von Coronarerkrankungen vermuten, stehen andere gegenüber, die einen solchen nicht erkennen lassen. So fand BROWN (1962) weniger Tod durch Herzinfarkt bei Kaffeetrinkern (1—5 Tassen/Tag) als bei Teetrinkern (10 u. mehr Tassen/Tag). WALKER et al. (1967) berichten, daß von 100 Patienten mit überstandenem Herzinfarkt 59% und von 72 Kontrollen 51% mehr als 4 Tassen Kaffee/Tag zu sich genommen haben. In einer weiteren prospektiven Studie fanden PAUL et al. (1968) keinen eindeutigen Zusammenhang zwischen Kaffeegenuß und Herzinfarkt mehr, und HEYDEN et al. (1972) beobachteten in einer Prävalenzuntersuchung an ischämischen Herzerkrankungen ebenfalls keine Beziehung zum Kaffeegenuß.

Methodische Schwierigkeiten mögen zu den unterschiedlichen Ergebnissen geführt haben, und selbst JICK et al. (1973) interpretieren ihre Ergebnisse mit der gebotenen Vorsicht. So ergibt sich als Resumée: Ein direkter Zusammenhang zwischen dem Genuß von Kaffee und dem Auftreten von ischämischen Herzerkrankungen ist nicht bewiesen. Da jedoch eine Reihe indirekter Hinweise vorliegen, sollte die Möglichkeit eines Zusammenhanges besonders bei stärkerem Kaffeekonsum im Auge behalten werden.

N. Äußerer Stoffwechsel und Wärmeregulation

O. STRUBELT

Mit 2 Abbildungen

I. Isolierte Organe und Gewebe

Die meisten Untersuchungen wurden am isolierten Froschmuskel unternommen, dessen Energieumsatz (meist gemessen am Sauerstoffverbrauch, gelegentlich auch an der Wärmebildung) Coffein in Konzentrationen zwischen 1 und 10 mM regelmäßig steigerte (MEYERHOFF, 1921; HARTREE u. HILL, 1924; FENN, 1931; SASLOW, 1937; MIYAZAKI et al., 1962; NOVOTNY et al., 1962; NOVOTNY u. VYSKOCIL, 1966; NOVOTNY u. BIANCHI, 1967; FEINSTEIN, 1964; DAWSON u. BIANCHI, 1972). Das Ausmaß der Stoffwechselsteigerung ist erheblich: NOVOTNY und VYSKOCIL (1966) sahen z.B. nach 1 mM Coffein am Froschmuskel eine Verfünffachung, nach 2 mM sogar eine Verzehnfachung des Sauerstoffverbrauches. Die calorigene Wirkung des Coffeins tritt bereits in Konzentrationen auf, bei denen die mechanische Aktivität des Muskels noch nicht beeinflußt wird; in den Versuchen von MIYAZAKI et al. (1962) fiel der vorher erhöhte Sauerstoffverbrauch bei höheren, zur Kontraktur führenden Konzentrationen von Coffein (10—50 mM) sogar wieder auf den Ausgangswert zurück. Die calorigene Wirkung von Coffein am isolierten Froschmuskel kann somit nicht allein Folge erhöhter mechanischer Aktivität sein, sondern muß auch auf einem anderen Mechanismus beruhen (s. dazu Kapitel D. III.). Der Arbeitskreis um NOVOTNY (NOVOTNY u. VYSKOCIL, 1966) führt sie auf die unter Coffein erhöhte intracelluläre Calciummobilität zurück (BIANCHI, 1968; WEBER u. HERZ, 1968). Für die Vermittlerrolle des Calciums spricht auch, daß Cocain am Froschmuskel gleichzeitig den durch Coffein erhöhten Sauerstoffverbrauch und den gesteigerten Ein- und Ausfluß von Calcium verhinderte (FEINSTEIN, 1964).

An der Muskulatur des Warmblüters ist die Wirkung von Coffein erheblich schwächer als an der des Frosches. GEMMIL (1947) sah am isolierten Rattenzwerchfell nach Coffein, Theophyllin und Theobromin in Konzentrationen von etwa 2—3 mM eine Steigerung des Sauerstoffverbrauches um nur 20—40%; die Grenzkonzentration, von der ab Coffein wirksam war, betrug wie am Froschmuskel 1 mM. An Homogenaten und isolierten Mitochondrien, gewonnen aus der Skeletmuskulatur des Kaninchens, bewirkte Coffein (0,6—120 mM) keine Steigerung des Sauerstoffverbrauches (MIYAZAKI et al., 1962), was zeigt, daß die calorigene Wirkung des Coffeins an die unversehrte Struktur der Muskelzelle gebunden ist.

Über den Einfluß der Methylxanthine auf den Energieumsatz anderer Gewebe wurden unterschiedliche Befunde erhoben. So führte Coffein (0,1—0,2% = 5—

10 mM) an isolierten Nerven zu einer Steigerung des Sauerstoffverbrauches um maximal 13%; höhere Konzentrationen (1% = 50 mM) hemmten den Sauerstoffverbrauch (SHERIFF, 1930). An der isolierten Magenschleimhaut steigerte Coffein (10 mM) den Sauerstoffverbrauch um 50%; diese Wirkung war mit einer Steigerung des Ionentransportes verbunden und verschwand, wenn das transportable Chlorid-Anion durch nicht transportables Glucuronid ersetzt wurde; der Sauerstoffverbrauch der Magenmuskulatur blieb überhaupt unverändert (ALONSO u. HARRIS, 1965).

Theophyllin zeigte keine calorigene Wirkung an Rattenleberschnitten (0,001—1 mM; STRUBELT, 1967) und an der isolierten Harnblase (10 mM; PARISI u. BENTLEY, 1970). Dagegen steigerte Theophyllin (1 mM) den Sauerstoffverbrauch isolierter Zellen des braunen Fettgewebes auf das Vierfache; diese Wirkung war mit einer Steigerung der Lipolyse verbunden (REED u. FAIN, 1968).

Überblickt man diese *in vitro*-Versuche, so ist festzustellen, daß Stoffwechselsteigerungen immer dort auftraten, wo Coffein oder Theophyllin die Funktion eines Organs oder Gewebes steigern: an der Muskulatur, der Magenschleimhaut, dem Nerven- und dem Fettgewebe. Wird die für die Funktion erforderliche Struktur des Organs zerstört oder diese sonst gehemmt, so verschwindet auch die stoffwechselsteigernde Wirkung (MIYAZAKI et al., 1962; FEINSTEIN, 1964; ALONSO u. HARRIS, 1965). Die Methylxanthine wirken also nicht direkt auf die Endoxidation, sondern intensivieren den Stoffwechsel indirekt, z. B. also über eine erhöhte Austauschbarkeit von Calcium in der Muskulatur oder über eine gesteigerte Lipolyse im Fettgewebe. Wichtig für den Mechanismus der calorigenen Wirkung *in vivo* (s. u.) ist schließlich, daß die *in vitro* stoffwechselsteigernd wirkenden Konzentrationen *in vivo* kaum erreicht werden dürften. So beträgt die am Muskel stoffwechselsteigernd wirksame Minimalkonzentration von Coffein 1 mM; umgerechnet auf die Verhältnisse *in vivo* entspricht dies einer Dosis von etwa 200 mg/kg, und dies ist bereits die LD_{50} (BOYD, 1959).

II. Gesamtorganismus

Bereits vor mehr als einem Jahrhundert fand HOPPE (1857), daß es beim Menschen nach Einnahme von Coffein zu einer vermehrten Abgabe von Kohlendioxid kommt. Dieser Befund wurde zwei Jahre später von SMITH (1859) bestätigt, der bei mehreren Probanden nach Genuß von starkem Kaffee oder Tee einen Anstieg der CO_2-Abgabe um 15—30% feststellte. Die ersten tierexperimentellen Untersuchungen über die stoffwechselsteigernde Wirkung des Coffeins wurden von REICHERT (1890) mit der Methode der direkten Calorimetrie unternommen. Bei Hunden kam es innerhalb von 5 Std nach subcutaner Injektion von Coffein (35, 70 bzw. 105 mg/kg) zu einem dosisabhängigen Anstieg der Wärmeproduktion um 38, 43 bzw. 74%. Über Stoffwechselsteigerungen nach Coffein, gemessen durch indirekte Calorimetrie am Menschen, berichteten EDSALL und MEANS (1914) sowie HIGGINS und MEANS (1915). MEANS et al. (1917) kombinierten die direkte mit der indirekten Calorimetrie und sahen an 4 Probanden nach oraler Gabe von 8,6 mg/kg Coffein eine 2—4 Std anhaltende Steigerung des Basalstoffwechsels um 7—23%.

Die in der Folgezeit publizierten Untersuchungen erfolgten ausschließlich mit der Methode der indirekten Calorimetrie. Mit einer Ausnahme (BOOTHBY u. ROWNTREE, 1923; keine Stoffwechselsteigerung nach 0,25 bzw. 0,5 g Coffein subcutan am Menschen) berichteten alle Autoren über Steigerungen des Energieumsatzes nach Kaffee oder Coffein. An menschlichen Probanden wurden nach Kaffeegenuß folgende Stoffwechselsteigerungen gemessen: nach 200 ml Kaffee (Coffeingehalt 250 mg) Anstieg um durchschnittlich 6% während $2\frac{1}{2}$—3 Std (SCHIMMEL et al., 1929); nach 125 ml Kaffee (etwa 150 mg Coffein) mittlerer Anstieg um 5% während 4 Std (MEYER, 1935); 30 und 90 min nach 300 ml Kaffee (4 mg/kg Coffein) Anstieg um 8—9% (HORST et al., 1936); nach 200 ml Kaffee (200 mg Coffein) maximaler Anstieg um 13—14% (HALDI et al., 1944). Coffeinfreier Kaffee führte demgegenüber zu keinem Anstieg des Stoffwechsels (MEYER, 1935; HORST et al., 1936; HALDI et al., 1944). Die calorigenen Effekte des Kaffees sind somit als Coffeinwirkung anzusehen. Auch der Genuß von Tee führte zu einer gleich starken Stoffwechselsteigerung wie eine entsprechende Coffeinlösung oder eine Kaffeemenge mit gleichem Coffeingehalt (HALDI et al., 1944).

Die calorigene Wirkung des Coffeins ist auch beim Menschen dosisabhängig, wobei die zur Auslösung eines Effektes erforderliche Mindestdosis bei oraler Applikation etwa 3 mg/kg beträgt (HALDI et al., 1941). Umgerechnet auf einen Erwachsenen entspricht dies dem Genuß von 2—3 Tassen Kaffee, und nach den dargestellten Untersuchungen ist hiernach mit einem mehrstündigen Anstieg des Energieumsatzes um 5—15% zu rechnen.

Höhere Dosen von Coffein, wie sie im Tierversuch angewendet wurden, führten zu erheblich stärkeren Stoffwechselsteigerungen. So kam es in den bereits erwähnten Versuchen von REICHERT (1890) nach 105 mg/kg Coffein zu einem Anstieg der Wärmebildung um 71%. WOMACK und COLE (1934) sahen am Meerschweinchen nach oraler Gabe von 70 mg/kg Coffein einen Anstieg des Sauerstoffverbrauchs um 40—75%, während an der Ratte der Stoffwechsel nach 100 mg/kg Coffein subcutan um 28%, nach 60 mg/kg Coffein i.p. um 62% anstieg (HINDEMITH, 1938; STRUBELT u. SIEGERS, 1969). An der Maus führten 30 mg/kg Coffein zu einem Anstieg des Sauerstoffverbrauches um 47% (HEIM u. HAAS, 1955).

Daß auch Theophyllin calorigen wirksam ist, wurde erstmals von STARR et al. (1937) in Versuchen am Menschen nachgewiesen. Inzwischen konnten diese Ergebnisse durch weitere Beobachtungen am Menschen sowie durch Versuche an Kaninchen, Meerschweinchen, Ratten und Hunden bestätigt werden (POWELL et al., 1949; COCKBURN et al., 1967; POYART u. NAHAS, 1967; STRUBELT, 1968a; LAURY et al., 1972). Die calorigenen Wirkungen von Theophyllin und Coffein sind annähernd gleich stark (STRUBELT u. SIEGERS, 1969).

Respiratorischer Quotient

SASLOW (1937) beobachtete am isolierten Froschmuskel nach Coffein einen Anstieg des R.Q. von 0,89 auf 1,00, den er auf eine verstärkte Oxidation der sich unter Coffein akkumulierenden Endprodukte der Glykogenolyse zurückführte. Auch *in vivo* trat gleichzeitig mit der durch Coffein oder Theophyllin ausgelösten

Stoffwechselsteigerung ein allerdings nur vorübergehender Anstieg des respiratorischen Quotienten auf (HALDI et al., 1941, 1944; STRUBELT u. SIEGERS, 1969). Dieser Anstieg könnte ebenfalls auf einer verstärkten Verbrennung von Kohlenhydraten beruhen. Da aber gleichzeitig eine Vermehrung des Atemminutenvolumens beobachtet wurde (HALDI et al., 1941, 1944), dürfte der vorübergehende Anstieg des R. Q. *in vivo* eher auf eine vermehrte Abgabe von CO_2 infolge Hyperventilation zurückzuführen sein.

III. Mechanismus der calorigenen Wirkung

Steigerungen des Energieumsatzes beruhen entweder auf gesteigerten Organfunktionen oder aber auf einer Erhöhung des Basalstoffwechsels. Bei den Methylxanthinen liegt es auf Grund ihrer zentralerregenden Wirkung nahe, Stoffwechselsteigerungen als Ausdruck erhöhter Motilität anzusehen. Wie sich gezeigt hat, ist diese Annahme jedoch nur teilweise richtig, denn Coffein und Theophyllin steigern auch den Stoffwechsel narkotisierter Tiere (COCKBURN et al., 1967; POYART u. NAHAS, 1967; STRUBELT u. SIEGERS, 1968, 1969). Vergleichende Untersuchungen an wachen und narkotisierten Ratten ergaben, daß nur etwa die Hälfte der durch die Methylxanthine auslösbaren Stoffwechselsteigerung durch erhöhte Motilität bedingt ist (STRUBELT u. SIEGERS, 1969).

Der nicht durch Motilität bedingte Stoffwechselanstieg kommt zumindest teilweise über eine Freisetzung endogener Catecholamine zustande. Durch Reserpin bzw. Reserpin plus Entfernung des Nebennierenmarks ließ sich nämlich an der narkotisierten Ratte die calorigene Wirkung kleinerer Dosen (6,6 bzw. 9 mg/kg) von Coffein und Theophyllin vollständig, die größerer Dosen (60 mg/kg) zu etwa $\frac{2}{3}$ verhindern (STRUBELT u. SIEGERS, 1968, 1969). Propranolol hemmte allerdings auch die calorigenen Wirkungen höherer Dosen von Coffein und Theophyllin vollständig (COCKBURN et al., 1967; STRUBELT u. SIEGERS, 1969). Dies könnte bedeuten, daß die calorigene Wirkung der Methylxanthine ausschließlich indirekt sympathisch verursacht ist. Da jedoch eine unspezifische Hemmwirkung des Propranolols auf Stoffwechselprozesse nicht ausgeschlossen werden kann (ALLEN u. ASHMORE, 1969), sollte man bis zum Beweis des Gegenteils davon ausgehen, daß die Methylxanthine neben der indirekt sympathischen in hoher Dosierung auch eine direkte calorigene Wirkung besitzen.

Die Ursachen dieser calorigenen Wirkung sind weitgehend ungeklärt. Gleiches gilt übrigens auch für die calorigenen Wirkungen der Catecholamine (HIMMS-HAGEN, 1967). Ein direkter Einfluß der Methylxanthine auf die celluläre Oxidation ist auf Grund der dargestellten *in vitro*-Versuche (s. o.) nicht anzunehmen. Andererseits dürften Steigerungen der Herztätigkeit oder Temperaturerhöhungen für die calorigene Wirkung der Methylxanthine ebensowenig von Bedeutung sein wie für die der Catecholamine (STRUBELT, 1968b). Auch ein erhöhter Tonus der Skeletmuskulatur scheidet als Ursache aus; denn die calorigene Wirkung von Coffein wird durch Curare nicht beeinflußt (Abb. 27). Ob die erhöhte Calciummobilität, die *in vitro* am Froschmuskel nach Coffein beobachtet wurde (BIANCHI,

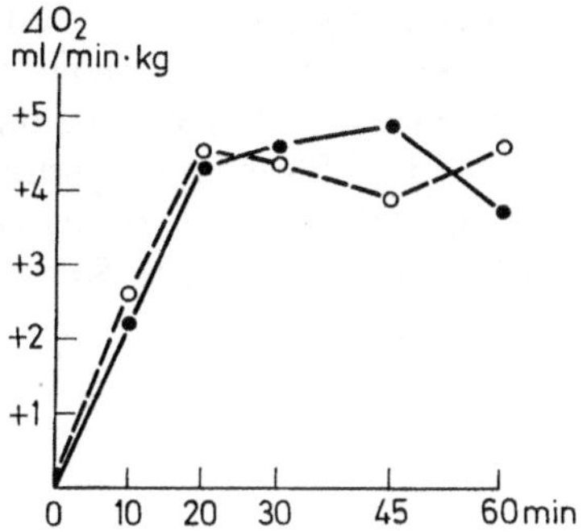

Abb. 27. Änderungen des Sauerstoffverbrauchs narkotisierter (●——●) sowie narkotisierter curarisierter (○----○) Ratten nach 100 mg/kg Coffein i.p. Es handelt sich um Mittelwerte aus je 6 Versuchen. Beide Tiergruppen wurden künstlich beatmet. Die Ausgangswerte des O_2-Verbrauchs lagen zwischen 16—17 ml/kg·min

1968; WEBER u. HERZ, 1968), für die calorigene Wirkung *in vivo* von Bedeutung ist, erscheint fraglich, denn die *in vitro* in dieser Hinsicht wirksamen Konzentrationen liegen höher als die *in vivo* calorigen wirksamen bzw. überhaupt erreichbaren.

Viele Autoren führen die pharmakologischen Wirkungen der Methylxanthine auf eine Akkumulation von endogenem cAMP infolge Hemmung der Phosphodiesterase zurück. Gesichert ist dieser Zusammenhang für die lipolytische Wirkung

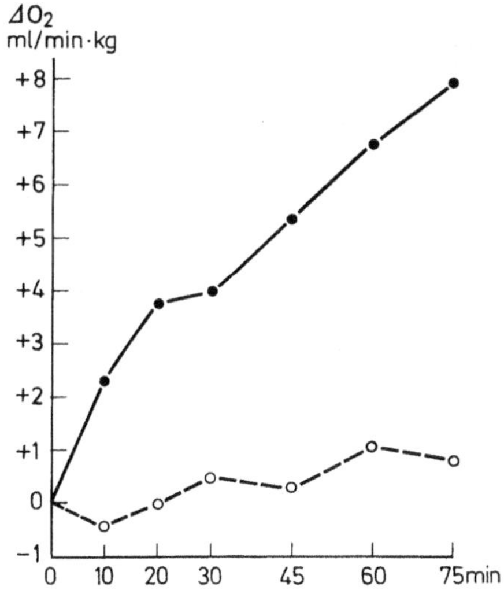

Abb. 28. Änderungen des Sauerstoffverbrauchs narkotisierter Ratten nach 60 mg/kg Theophyllin i.p. ●——●: Theophyllin ohne Vorbehandlung, n = 8; ○----○: Theophyllin 10 min nach 50 mg/kg Mg-Nicotinat i.p., n = 5. Die Ausgangswerte des Sauerstoffverbrauchs lagen bei 17 ml/kg·min. Aus unveröffentlichten Befunden von STRUBELT und SIEGERS

(HYNIE et al., 1966). Da andererseits die Lipolyse eine mögliche (CHALLONER u. STEINBERG, 1966), wenn auch nicht unbestrittene (KENNEDY u. ELLIS, 1969) Ursache calorigener Wirkungen ist, wäre hier eine direkte Beziehung zwischen Phosphodiesterasehemmung und Stoffwechselsteigerung gegeben. Für eine solche Beziehung spricht auch, daß die calorigene Wirkung von Theophyllin an Ratten durch die antilipolytisch wirksame Nicotinsäure (50 mg/kg) vollständig verhindert werden kann (Abb. 28).

Körpertemperatur

Steigerungen der Körpertemperatur nach Coffein sind im Tierversuch mehrfach beschrieben worden (Übersicht über die ältere Literatur bei BOCK, 1920; ferner ISENSCHMID, 1920; SALANT u. KLEITMAN, 1923; SMITH u. HAMBOURGER, 1935). Bei wachen Tieren dürfte dieser Effekt zumindest teilweise auf gesteigerter Muskelaktivität infolge der zentral erregenden Wirkung des Coffeins beruhen. Coffein und ebenso Theophyllin führen aber auch zu Temperatursteigerungen bei narkotisierten Tieren (Versuche an Ratten; STRUBELT u. SIEGERS, 1969). In diesen Versuchen zeigte sich eine gute Übereinstimmung zwischen dem Anstieg der Körpertemperatur und dem Ausmaß der Stoffwechselsteigerung. Man kann also annehmen, daß die Temperaturerhöhungen eine Folge der calorigenen Wirkung der Methylxanthine sind: Die im Übermaß gebildete Wärme kann durch die Mechanismen der physikalischen Wärmeregulation nicht schnell genug abgeleitet werden.

Aufgrund seiner calorigenen Wirkung kann Theophyllin teilweise den Abfall der Körpertemperatur verhindern, der bei hyperthyreoten Ratten in Kälte auftritt (LUTHERER et al., 1969). Andererseits verstärkte Coffein bei Ratten in einer allein noch nicht temperatursteigernden Dosis (13,3 mg/kg) das durch Endotoxin ausgelöste Fieber und verhinderte darüber hinaus die antifebrile Wirkung der Acetylsalicylsäure (DASCOMBE u. MILTON, 1972).

COOPERMAN (1933) untersuchte den Einfluß von Coffein auf die Motilität und Körpertemperatur schlafender Menschen. In Dosen zwischen 260 und 390 mg bewirkte Coffein neben vermehrter Motilität auch eine Erhöhung der Körpertemperaturen (s. auch Kapitel C. VI., S. 92ff.). Daß die temperaturerhöhende Wirkung von Coffein von klinischer Bedeutung sein kann, zeigt eine kasuistische Mitteilung von REIMANN (1967). Dieser Autor berichtete über eine Patientin, bei der eine 6 Monate anhaltende Temperatursteigerung auf exzessiven Genuß von Kaffee (15—18 Tassen pro Tag) zurückzuführen war und nach Einschränkung der Kaffeezufuhr verschwand. Auch bei akuter Vergiftung durch Methylxanthine kann die Körpertemperatur ansteigen (SOIFER, 1957).

O. Endokrines System

O. STRUBELT

Die im folgenden referierten Arbeiten stammen in der Mehrzahl aus jüngerer Zeit. Basis und Stimulus für sie war die Entdeckung von BUTCHER und SUTHERLAND (1962), daß Theophyllin und Coffein durch kompetitive Hemmung der Phosphodiesterase die intracelluläre Konzentration von cyclischem 3′,5′-AMP (cAMP) erhöhen. Auf Grund dieser Eigenschaft wurden die Methylxanthine zu einem viel benutzten Hilfsmittel der cAMP-Forschung, u.a. auch auf dem Gebiet der Endokrinologie. Ziel dieser Arbeiten war es jedoch nicht, die pharmakologischen Eigenschaften von Coffein und Theophyllin kennenzulernen, sondern die Bedeutung des cAMP für die Freisetzung und Wirkung von Hormonen zu erforschen. Auf Grund der so zentrierten Fragestellung sind manche der im folgenden referierten Arbeiten zwar von theoretischem Interesse, für die Pharmakologie der Methylxanthine aber ohne größere Bedeutung. Dies gilt besonders für Befunde, die *in vitro* mit hohen, *in vivo* unverträglichen Konzentrationen von Theophyllin oder Coffein erhoben wurden*.

I. Hypophyse

1. Vorderlappen

Zahlreiche Untersuchungen haben gezeigt, daß Theophyllin *in vitro* die Freisetzung von Hormonen aus der Hypophyse steigern kann. Diese Wirkung ist nachgewiesen für das Wachstumshormon (SCHOFIELD, 1967; WILBER et al., 1968; STEINER et al., 1969, 1970; LOCKHART EWART u. TAYLOR, 1970; MACLEOD u. LEHMEYER, 1970; HERTELENDY et al., 1971; PARSONS u. NICOLL, 1971), für Thyreotropin (WILBER et al., 1968, 1969; STEINER et al., 1969, 1970), für adrenocorticotropes Hormon (ACTH) (FLEISCHER et al., 1969), für das luteinisierende Hormon (RATNER, 1970) und für Prolactin (PARSONS u. NICOLL, 1971).

* Um Wiederholungen zu vermeiden, wird die innersekretorische Funktion des Pankreas im Kapitel Kohlenhydratstoffwechsel erörtert.

Die gesteigerte Hormonabgabe geht mit einer erhöhten hypophysären Konzentration von cAMP (FLEISCHER et al., 1969; STEINER et al., 1969, 1970) als Folge der durch Theophyllin verminderten Phosphodiesteraseaktivität (VERNIKOS-DANELLIS u. HARRIS, 1968) einher.

Diese Untersuchungen deuten darauf hin, daß cAMP die Freisetzung der Hypophysenhormone vermittelt und daß Theophyllin durch seine hemmende Wirkung auf den Abbau von cAMP *in vitro* den gleichen Effekt auslösen kann. Die Konzentrationen von Theophyllin in diesen Untersuchungen lagen zwischen 2,2 und 11 mM und damit in einem Bereich, der *in vivo* nicht erreicht werden kann. Eine Ausnahme macht nur die Arbeit von HERTELENDY et al. (1971), in der Theophyllin bereits in einer Konzentration von 0,25 mM (= 50 µg/ml) eine Steigerung der Somatotropinsekretion um 50% auslöste.

Die Ergebnisse dieser *in vitro*-Versuche ließen sich *in vivo* meist nicht reproduzieren. So führte an Ratten die subcutane Injektion von 50 mg/kg Theophyllin zu keiner vermehrten Freisetzung von Somatotropin (MÜLLER et al., 1969). Erst bei intraventriculärer Injektion war ein Anstieg dieses Hormons im Plasma festzustellen. BLACKARD und HEIDINGSFELDER (1968) behandelten 5 Probanden mit einer Infusion von 500 mg Theophyllin; die Somatotropinkonzentration des Plasmas blieb unverändert, obwohl es zu einem Anstieg der freien Fettsäuren kam. ENSINCK et al. (1970) sahen am Menschen nach 500 mg Aminophyllin sogar einen Abfall der Somatotropinkonzentration des Plasmas, obwohl sich auch hier die pharmakologische Wirksamkeit der Behandlung durch einen Anstieg der freien Fettsäuren und des Insulins verifizieren ließ. Die Plasmakonzentration des luteinisierenden Hormons blieb in diesen Versuchen ebenso wie die von Glucagon unbeeinflußt. Bei Ratten war die Thyreotropinkonzentration des Serums 6 Std nach intravenöser Applikation von 75 mg/kg Theophyllin unverändert (BASTOMSKY u. MCKENZIE, 1968). Nur im chronischen Versuch (dreiwöchige Gabe von Theophyllin in einer Dosis von etwa 100 mg/kg und Tag) war an Ratten eine Zunahme der Serumthyreotropinkonzentration festzustellen (WOLFF u. VARRONE, 1969). Durch Aminophyllin ließ sich auch die Thyreotropinkonzentration des menschlichen Plasmas trotz hoher Dosierung (640 mg) akut nicht steigern (FAGLIA et al., 1972). Jedoch intensivierte Aminophyllin in diesen Versuchen die Wirkung des hypothalamischen Thyreotropin-freisetzenden Faktors (TRF) auf die Plasmathyreotropinkonzentration, was darauf hindeutet, daß dieser auch beim Menschen *in vivo* über cAMP wirkt. Nur im Falle des ACTH konnte im akuten Versuch nach Methylxanthinen eine gesteigerte Sekretion *in vivo* nachgewiesen werden, und zwar verstärkten Coffein und Theophyllin die durch Streß ausgelöste ACTH-Sekretion der Ratte (VERNIKOS-DANELLIS u. HARRIS, 1968). Auch durch Injektion von Theophyllin direkt in die Hypophyse ließ sich bei Ratten ein Anstieg der ACTH-Sekretion erzielen, Coffein war allerdings wirkungslos (HEDGE, 1971).

Die Unterschiede zwischen den *in vitro* und *in vivo* gewonnenen Ergebnissen dürften einerseits darauf zurückzuführen sein, daß die *in vitro* angewandten Theophyllindosen meist erheblich höher waren als die *in vivo* verträglichen. Andererseits könnte aber auch eine durch Methylxanthine ausgelöste Freisetzung hypophysärer Hormone im intakten Organismus durch Gegenregulation kompensiert werden.

2. Hinterlappen

Nach den Untersuchungen von LOCKETT und GWYNNE (1968) an der Ratte beruhen die natriuretischen Wirkungen des Aminophyllins teilweise auf einer Freisetzung von Ocytocin. Funktionell wirksame Mengen von Adiuretin (Vasopressin) werden dagegen durch Aminophyllin nicht freigesetzt. Es ist nicht bekannt, ob diese Wirkung auf die Neurohypophyse auch für andere Species und auch für Coffein gilt.

Theophyllin hatte in Versuchen an der isolierten Krötenblase und der isolierten Froschhaut die gleichen Wirkungen auf die Wasser- und Natriumpermeabilität wie Adiuretin (ORLOFF u. HANDLER, 1961, 1962; BABA et al., 1967). Diese Ergebnisse deuten darauf hin, daß auch die Wirksamkeit des antidiuretischen Hypophysenhinterlappenhormons über cAMP vermittelt wird. Für die Wirksamkeit der Methylxanthine am Ganztier dürften sie jedoch nicht von Bedeutung sein, da diese die Diurese nicht hemmen, sondern fördern.

Die kontraktilitätssteigernde Wirkung des Ocytocins am isolierten Rattenuterus läßt sich durch Coffein ebenso wie durch cAMP verhindern (MITZNEGG et al., 1970). Auch diesem Befund dürfte keine praktische Bedeutung zukommen, da die verwendeten Konzentrationen (2,4 mg/ml) erheblich höher lagen als die für den Organismus verträglichen.

II. Schilddrüse

Nach sehr hohen, bereits tödlich wirkenden Dosen von Coffein, Theophyllin und Theobromin (150—600 mg/kg) sahen COLE et al. (1930) am Hund eine Hyperplasie der Schilddrüse, die sich im histologischen Bild nicht von einer menschlichen Hyperthyreose unterscheiden ließ. Der genauere Mechanismus dieser Wirkung ist erst in neuerer Zeit näher untersucht worden. So fanden BASTOMSKY und MCKENZIE (1967) in Versuchen an Mäusen, daß Theophyllin in einer Dosis von 60 mg/kg (nicht allerdings Coffein in einer Dosis von 75 mg/kg) die Freisetzung von radioaktivem Jod aus der Schilddrüse steigert; außerdem verstärkte Theophyllin bei Ratten die Wirkung des Thyreotropins auf die thyreoidale Aufnahme und Freisetzung von Radiojod. Mehrfache Gaben von Theophyllin (Dosen etwa 50—60 mg/kg) führten bei Mäusen und Ratten auch bereits allein (ohne Thyreotropin) zu einer erhöhten Aufnahme von Radiojod in die Schilddrüse (BASTOMSKY u. MCKENZIE, 1968; KAPITOLA et al., 1970) und verstärkten außerdem den Einfluß des lang wirkenden Schilddrüsenstimulators (LATS) auf den thyreoidalen Jodstoffwechsel (BASTOMSKY u. MCKENZIE, 1968). Theophyllin (0,2—1 mM) steigerte auch *in vitro* die thyreoidale Hormonsekretion (TORRESANI et al., 1970; WILLIAMS u. WOLFF, 1971). Die Freisetzung von hormongebundenem ^{131}J aus der Schilddrüse des Hundes blieb demgegenüber nach intraarterieller (A. carotis) Infusion von 100 mg Theophyllin unverändert (AHN et al., 1969), und auch bei Mäusen sah MELANDER (1970) nach 20 mg/kg Theophyllin i.v. keine erhöhte Freisetzung von Thyreoideahormonen.

Diese Versuche deuten darauf hin, daß die stimulierenden Wirkungen von Thyreotropin und LATS auf die Schilddrüse durch cAMP vermittelt werden und unter bestimmten Bedingungen durch Coffein, Theophyllin oder Theobromin imitiert werden können. Bereits COLE et al. (1930) haben aber darauf hingewiesen, daß die in dieser Hinsicht wirksamen Dosen der Methylxanthine so groß sind, daß sich klinische Implikationen (Steigerung der Schilddrüsenfunktion etwa durch coffeinhaltige Getränke) aus diesen Arbeiten nicht ableiten lassen. Im übrigen ließ sich bei fortlaufender Applikation von Theophyllin (etwa 200 mg/kg täglich) an Ratten eine gesteigerte Schilddrüsenfunktion nur innerhalb der ersten 10 Tage feststellen; später kam es trotz weiterer Theophyllinbehandlung zu einer Normalisierung (SCHREIBER et al., 1972).

Im chronischen Tierversuch haben die Methylxanthine eine strumigene Wirkung. WOLFF und VARRONE (1969) setzten dem Futter jodarm ernährter Ratten Theophyllin, Aminophyllin, Coffein oder Theobromin in einer Konzentration von 10 μM/g zu. Nach eigenen Erfahrungen über den Futterverbrauch von Ratten ist die pro Tag aufgenommene Dosis der Methylxanthine auf 200 mg/kg Körpergewicht zu schätzen. Nach dreiwöchiger Exposition fand sich in allen Gruppen eine Zunahme des Schilddrüsengewichts um 20—140%, wobei die Wirksamkeit in der Reihenfolge Theobromin < Coffein < Aminophyllin = Theophyllin zunahm. Die strumigene Wirkung des Theophyllins konnte durch zusätzliche Gaben von Jod oder durch Hypophysektomie verhindert werden. Theophyllin verstärkte ferner auch die strumigene Wirkung von Propylthiouracil. Eine Senkung der Schilddrüsenfunktion, gemessen an der Plasmakonzentration des proteingebundenen Jods, trat in diesen chronischen Versuchen nur nach Theophyllin und Aminophyllin, nicht dagegen nach Coffein und Theobromin ein. Die strumigene Wirkung der Methylxanthine ist also nicht unbedingt mit einer Hypothyreose verbunden. In diesen Versuchen ließ sich nach Theophyllin auch ein Anstieg der Thyreotropinaktivität im Serum feststellen, der aber nach Ansicht der Autoren die strumigene Wirkung der Methylxanthine nicht allein erklären kann; vielmehr sollen diese zusätzlich auch die Wirksamkeit des Thyreotropins in der Schilddrüse verstärken. Zu der gleichen Schlußfolgerung kamen SCHREIBER und RHOACOWA (1971), die nach 4wöchiger Verfütterung von Theophyllin (etwa 200 mg/kg täglich) bei Ratten ebenfalls eine Vergrößerung der Schilddrüse, jedoch keine Beeinflussung der thyreoidalen Jodaufnahme fanden.

Diese Untersuchungen könnten zu der Annahme verleiten, daß Kaffee bzw. Coffein ein Kofaktor in der Epidemiologie der menschlichen Struma ist. Ein solcher Schluß ist jedoch nicht haltbar, denn abgesehen davon, daß die angeführten tierexperimentellen Untersuchungen nicht durch entsprechende klinische Befunde gestützt werden, kommen die in den Versuchen von WOLFF und VARRONE (1969) bzw. SCHREIBER und RHOACOWA (1971) verwendeten Dosen für den menschlichen Gebrauch nicht in Frage. Die tägliche Einnahme von 200 mg/kg Körpergewicht entspricht nämlich, umgerechnet auf einen 70 kg schweren Erwachsenen, dem täglichen Genuß von 14 g Coffein oder von 140 Tassen Kaffee.

Mehrere Untersuchungen befaßten sich auch mit der umgekehrten Wechselbeziehung zwischen Methylxanthinen und Schilddrüse, nämlich mit der Abhängigkeit der pharmakologischen Wirksamkeit des Coffeins und Theophyllins von der Intensität der Schilddrüsenfunktion. Bereits 1934 fanden WOMACK und COLE, daß Coffein den Grundumsatz euthyreoter, nicht aber den thyreoidektomierter Meerschweinchen steigert. MEYER (1935) untersuchte den Einfluß von Kaffee auf den Grundumsatz 6 euthyreoter und 2 hyperthyreoter Patienten. Bei den euthyreoten Probanden stieg der O_2-Verbrauch um 5%, bei den hyperthyreoten dagegen um 14 bzw. 19%. Eingehendere tierexperimentelle Untersuchungen haben in neuerer Zeit gezeigt, daß neben den stoffwechselsteigernden auch die positiv chronotropen Wirkungen von Theophyllin, Coffein und Kaffee bei Hyperthyreose verstärkt, bei Athyreose dagegen abgeschwächt sind (STRUBELT et al., 1970; STRUBELT u. STUTZ, 1970). Eine gleichgerichtete Abhängigkeit von der Schilddrüsenfunktion wurde auch für die motilitätssteigernde sowie die akute toxische Wirkung des Coffeins nachgewiesen (COVILLE u. TELFORD, 1970). Die Abhängigkeit von der Schilddrüsenfunktion beruht nicht auf Änderungen im Metabolismus der Methylxanthine (STRUBELT et al., 1970). Ob für sie die gleichgerichtete Wirkung der Methylxanthine und der Schilddrüsenhormone auf die Bildung von cAMP verantwortlich ist, müßte durch weitere Untersuchungen geklärt werden. Die angeführten klinischen und tierexperimentellen Arbeiten rechtfertigen die Empfehlung, Kaffee, Coffein und andere Methylxanthine bei hyperthyreoten Patienten mit Vorsicht anzuwenden.

Calcitonin

Theophyllin (1 bzw. 5 mM) steigert *in vitro* die Freisetzung von Calcitonin aus Schilddrüsengewebe (BELL u. KIMBLE, 1970; CARE et al., 1970). Weiterhin verhindert Theophyllin (120 mg/kg) bei Ratten den durch endogenes oder exogenes Thyreocalcitonin ausgelösten Abfall der Serumcalciumkonzentration (WELLS u. LLOYD, 1968); dieser Effekt beruht weder auf einer veränderten Nierentätigkeit noch auf einer erhöhten Freisetzung von Parathormon und ist nach Ansicht der Autoren am ehesten auf eine cAMP-bedingte Freisetzung von Calcium aus den Knochen zurückzuführen.

III. Nebennierenrinde

An der Ratte führen Coffein und Theophyllin in hoher Dosierung (etwa 70—160 mg/kg) zu einem Anstieg des Plasma-Corticosteronspiegels (BIECK, 1969). Der gesteigerten Funktion der Nebennierenrinde entspricht der morphologische Befund einer corticalen Hypertrophie, wie er von BOYD et al. (1965) in chronischen Toxicitätsversuchen mit Coffein an Ratten beobachtet wurde. Die verstärkte Corticosteroninkretion kommt teilweise indirekt durch ACTH zustande, denn sie ließ sich durch eine Dexamethason-induzierte Hemmung der ACTH-Sekretion bei Coffein vollständig, bei Theophyllin teilweise verhindern (BIECK, 1969). Man könnte einerseits vermuten, daß die Methylxanthine die Corticosteronsynthese durch eine vermehrte Ausschüttung von ACTH (VERNIKOS-DANELLIS u. HARRIS, 1968) stimulieren. Andererseits haben MARTON et al. (1971) aber gezeigt, daß

Theophyllin die Corticosteron-liberierende Wirkung von exogenem ACTH verstärkt, so daß also unter Theophyllin auch bei gleicher ACTH-Sekretion ein Anstieg des Plasma-Corticosteronspiegels möglich wäre. Theophyllin wirkt im übrigen auch direkt auf die Corticosteronsekretion, denn seine Wirkung ist *in vivo* durch Dexamethason nur unvollständig zu unterbinden (BIECK, 1969) und ferner auch *in vitro* an isolierten Nebennieren nachzuweisen (BIECK, 1969; BIRMINGHAM u. BARTOVA, 1973).

Eine Steigerung der Nebennierenrindeninkretion tritt beim Menschen auch nach Kaffeegenuß auf. BELLETT et al. (1969a) untersuchten bei 13 jungen Probanden die Ausscheidung von 11-Hydroxycorticosteroiden (Cortisol, 20-Hydrocortisol und Corticosteron) im Urin nach dem Genuß von 500 ml Kaffee mit einem Coffeingehalt von 220 mg. Im Vergleich zu einer Kontrollperiode kam es zu einem Anstieg der Corticosteroidausscheidung um 56%. Bei Hunden konnte von den gleichen Autoren nach intravenöser Applikation von 25 mg/kg Coffein eine deutliche Erhöhung der 11-Hydroxycorticosteroidkonzentration in dem von der Nebenniere kommenden venösen Blut nachgewiesen werden.

AVOGARO et al. (1973) konnten den Befund einer erhöhten 11-Hydroxycorticosteroidausscheidung nach Kaffee in Untersuchungen an 30 Probanden bestätigen. Diese Autoren kontrollierten gleichzeitig auch die Plasmacorticosteroidspiegel, die nach Kaffee im Maximum um etwa 40% der Ausgangswerte anstiegen. Dieser Anstieg erfolgte allerdings sehr zögernd und nicht so abrupt, wie dies bei Streßreaktionen der Fall ist. Interessanterweise war die Reaktion der Nebennierenrinde auf die Kaffeebelastung bei den jüngeren Versuchspersonen (15—40 Jahre) stärker als bei den älteren (41—70 Jahre).

Nebennierenmark und Catecholamine

SATAKE konnte bereits 1931 zeigen, daß Coffein bei Hunden die Adrenalinsekretion des Nebennierenmarks steigert. Dieser Befund wurde von DE SCHAEPDRYVER (1959) bestätigt, der am Hund nach intravenöser Injektion von Coffein neben einer verstärkten Adrenalinsekretion auch eine gesteigerte Noradrenalinsekretion beobachtete. LEVI (1967) zeigte dann, daß beim Menschen bereits der Genuß von 3 Tassen Kaffee mit einem Coffeingehalt von 225 mg die Adrenalin- und Noradrenalin-Ausscheidung im Urin signifikant erhöht. Auch BELLETT et al. (1969b) sahen nach einer gleich starken Belastung mit Kaffee an 18 Probanden eine erhöhte Catecholaminausscheidung. In beiden Untersuchungen war die Adrenalinausscheidung annähernd verdoppelt, während sich die Ausscheidung von Noradrenalin nur um 19 bzw. 30% erhöhte. Coffeinfreier Kaffee läßt demgegenüber die Catecholaminexkretion unbeeinflußt (FRÖBERG et al., 1969). Auch Aminophyllin steigert beim Menschen die Catecholaminausscheidung (Verdreifachung der Adrenalin- und Verdoppelung der Noradrenalinausscheidung; ATUK et al., 1967).

Die bevorzugte Ausscheidung von Adrenalin deutet darauf hin, daß die Methylxanthin-bedingte Catecholaminausschüttung in erster Linie Folge einer verstärkten Nebennierenmarkinkretion ist. Für die Richtigkeit dieser Ansicht sprechen auch die Untersuchungen von MUSCHOLL et al. (1969), in denen bei Ratten nach Theophyllin eine Abnahme der Adrenalinkonzentration der Nebennieren auftrat. Ferner führten Coffein, Theophyllin und Aminophyllin auch an isoliert perfundierten Nebennieren zu einer verstärkten Catecholaminfreisetzung (RAHWAN et al., 1973; PEACH, 1972; KIRSHNER, 1969; POISNER, 1973a, b), wobei sich diese Wirkung als teilweise Calcium-abhängig erwies. Da nach Coffein und Theophyllin der Adrenalin-Gehalt im Herzen ansteigt (MUSCHOLL et al., 1969; BERKOWITZ u. SPECTOR, 1971), dürfte das aus den Nebennieren freigesetzte Adrenalin teilweise in die adrenergen Nervenfasern des Myokards aufgenommen werden. Durch Adrenalektomie läßt sich dieser Effekt verhindern (BERKOWITZ u. SPECTOR, 1971).

Coffein und Theophyllin lassen normalerweise die Catecholaminkonzentration des Gehirns unbeeinflußt (VOGT, 1954; MUSCHOLL et al., 1969; BERKOWITZ et al., 1970). Hemmt man jedoch die Synthese von Noradrenalin durch Blockade der Tyrosinhydroxylase oder der Dopamin-β-hydroxylase und gibt anschließend Coffein oder Theophyllin, so kommt es zu einer Abnahme der Noradrenalinkonzentration des Gehirns (BERKOWITZ et al., 1970; WALDECK, 1971). Dieses Ergebnis ist dahingehend zu interpretieren, daß auch im Gehirn unter dem Einfluß der Methylxanthine vermehrt Catecholamine freigesetzt werden; dieser Effekt wird jedoch normalerweise durch eine verstärkte Synthese kompensiert, so daß erst nach deren Hemmung eine Abnahme der Noradrenalinkonzentration eintritt. Gibt man demgegenüber Monoaminoxidasehemmer, so führen Theophyllin und Coffein zu einem Anstieg der cerebralen Noradrenalinkonzentration (BERKOWITZ et al., 1970), da das vermehrt freigesetzte Noradrenalin langsamer abgebaut wird.

Der nach Coffein und Theophyllin erhöhte Noradrenalinumsatz des Gehirns beruht jedoch nicht nur auf einer verstärkten Freisetzung aus den Speichern, sondern auch auf einer erhöhten Synthese. Markiertes Tyrosin wird nämlich ebenso wie markiertes Dopa unter dem Einfluß der Methylxanthine in verstärktem Umfang in Noradrenalin umgewandelt (BERKOWITZ et al., 1970; WALDECK, 1971, 1972).

WOOTEN et al. (1973) konnten kürzlich zeigen, daß Theophyllin *in vitro* (1 μMol) auch die Freisetzung von Noradrenalin aus sympathischen Nerven verstärkt; diese Wirkung blieb nach Calcium-Entzug bestehen.

Es erhebt sich die Frage, ob und inwieweit der nach Coffein und Theophyllin erhöhte Catecholaminumsatz an den pharmakologischen Effekten der Methylxanthine beteiligt ist. Diese Frage ist um so wichtiger, als die Wirkung der Methylxanthine mit denen der Catecholamine in vielen Punkten übereinstimmen. Sind die Methylxanthine also indirekte Sympathicomimetica?

Diese Frage ist es, soweit sie die Wirkungen der Methylxanthine auf isolierte Organe *in vitro* betrifft, im großen und ganzen zu verneinen. Die positiv inotropen und positiv chronotropen Wirkungen der Methylxanthine am isolierten Herzen und Vorhof lassen sich weder durch β-Blocker noch durch eine Vorbehandlung mit Reserpin vermindern (MORAN u. PERKINS, 1958; KUKOVETZ u. PÖCH, 1962, 1967; PÖCH u. KUKOVETZ, 1963; NAYLER, 1963; STRUBELT, 1968; COHEN et al., 1970a, b; MASSINGHAM u. NASMYTH, 1972). DEGUBAREFF und SLEATOR (1965) berichteten zwar über eine leichte Abschwächung der positiv inotropen Wirkung von Coffein an isolierten Vorhöfen von Meerschweinchen, die mit

Reserpin vorbehandelt worden waren. In ihren Versuchen war jedoch nur die prozentuale Zunahme der Kontraktilität bei den Reserpin-behandelten Herzen geringer als bei den Kontrollen, während die absoluten Kontraktionshöhen dieser Herzen sogar größer waren. Aus einem solchen Ergebnis läßt sich aber keinesfalls eine verminderte Wirksamkeit von Coffein ableiten.

Im Widerspruch zu den übrigen Befunden an isolierten Organen steht einerseits die Untersuchung von WESTFALL und FLEMING (1968), in der die durch Aminophyllin am Herz-Lungen-Präparat des Hundes ausgelöste Tachykardie durch Reserpin oder Propranolol abgeschwächt werden konnte. Andererseits sahen MARCUS et al. (1971) am isolierten Katzenpapillarmuskel nach Reserpinvorbehandlung eine Abschwächung der inotropen Theophyllin-Wirkung um 40% sowie unter Propranolol eine Rechtsverschiebung der Inotropie-Dosiswirkungskurve des Theophyllins. Diese Ergebnisse deuten darauf hin, daß an den kardialen Effekten der Methylxanthine *in vitro* unter gewissen Umständen auch eine sympathische Komponente beteiligt sein kann. Diese ist aber auf alle Fälle inkonstant und von geringem Umfang.

Im Unterschied zu den Verhältnissen in vitro lassen sich die kardialen Wirkungen der Methylxanthine am Ganztier durch Ausschaltung der endogenen Catecholamine deutlich abschwächen. DARBY et al. (1958) konnten die inotrope Wirkung von Aminophyllin beim Hund durch präganglionäre sympathische Blockade um 19% hemmen. Die positiv chronotropen Wirkungen von Coffein, Theophyllin und Kaffee an der narkotisierten Ratte lassen sich durch Reserpin, Propranolol oder Hexamethonium abschwächen, nicht aber durch eine doppelseitige Adrenalektomie (STRUBELT, 1968; STRUBELT u. SIEGERS, 1968). Die für die indirekte sympathische Herzwirkung der Methylxanthine verantwortlichen Catecholamine können somit nicht aus dem Nebennierenmark stammen, sondern werden intrakardial freigesetzt. Die Richtigkeit dieser Annahme erhellt auch daraus, daß selbst bei lokaler Applikation von Coffein in die den Sinusknoten versorgende Arterie eine indirekt sympathisch verursachte Tachykardie eintritt (CHIBA et al., 1972). In diesen Versuchen an Hunden war der Anstieg der Herzfrequenz zweiphasisch: Auf eine initiale starke, aber kurzdauernde Beschleunigung folgte eine schwächere Tachykardie von längerer Dauer; β-Blocker ließen den initialen Effekt unbeeinflußt, verhinderten aber die auf ihn folgende Tachykardie nahezu vollständig.

Da die Methylxanthine zumindest in höherer Dosis den Blutdruck senken und jeder Abfall des Blutdrucks zu einer gegenregulatorischen Aktivierung des Sympathicus führt, liegt es nahe, hier die Ursache der indirekt sympathischen Herzwirkung zu suchen. Diese Annahme trifft jedoch höchstens teilweise zu, da nämlich auch bei intraperitonealer Applikation von Coffein und Theophyllin, bei der es zu keiner Blutdrucksenkung kommt, eine durch Reserpin aufhebbare Frequenzsteigerung eintritt (STRUBELT, 1968). Die Methylxanthine aktivieren den Sympathicus also nicht nur über die Blutdrucksenkung, sondern auch auf direktem Wege.

Auch für einige extrakardiale Wirkungen der Methylxanthine *in vivo* ist eine Beteiligung endogener Catecholamine nachgewiesen. So läßt sich die bronchialerweiternde Wirkung des Aminophyllins am Meerschweinchen sowohl durch β-Blockade als auch durch bilaterale Adrenalektomie um etwa die Hälfte vermindern (JAMES, 1967). Die calorigenen Wirkungen von Kaffee, Coffein oder Theophyllin sind durch Reserpin bzw. Reserpin plus Entfernung des Nebennierenmarks teilweise, durch Propranolol sogar vollständig zu verhindern (STRUBELT u. SIEGERS, 1968, 1969). Die vollständige Ausschaltung des Sympathicus durch Medullektomie und Reserpin verhindert auch die hyperglykämischen Wirkungen von Theophyllin und Coffein (STRUBELT, 1969). Die durch Theophyllin ausgelöste Lipolyse läßt sich demgegenüber durch β-Blockade nicht beeinflussen und ist somit als eine direkte Wirkung anzusehen (STOCK u. WESTERMANN, 1966). Gleiches gilt auch für die motilitätssteigernde Wirkung von Coffein, die sich in Versuchen an Mäusen weder durch Phenoxybenzamin noch durch Propranolol beeinflussen ließ (ESTLER, 1973).

IV. Gonaden

EICHLER und MÜGGE haben im Tierexperiment bereits 1932 gezeigt, daß Coffein auch bei chronischer Applikation in hoher Dosis (0,1 g/kg täglich s.c.) die Fertilität nicht stört (Versuche über 3 Jahre an 4 Generationen weißer Ratten). Zu einem gleichen Resultat kamen BACHMANN et al. (1946), die Ratten täglich mit 40—50 mg/kg Coffein in Form von Kaffee behandelten. In den Versuchen von RYAN und CORONEL (1969) schließlich ließ Theophyllin (Dosis etwa 150 mg/kg) die Fertilität der Maus unbeeinflußt (RYAN u. CORONEL, 1969).

WEISS (1937) und BAHR (1937) untersuchten den Einfluß einer mehrwöchigen Coffeinbehandlung auf den Oestrus von Ratten und Mäusen. Tägliche Dosen bis zu 32 bzw. 25 mg/kg subcutan bewirkten keine Störung des hormonalen Cyclus. Erst bei einer Erhöhung der Dosis auf 80 mg/kg bei der Ratte und 125 mg/kg bei der Maus kam es nach 14tägiger Applikation zu einem persistierenden Dioestrus. Trotz fortgeführter Coffeinbehandlung normalisierte sich jedoch der Cyclus wieder innerhalb von 1—3 Wochen. Nach diesen hohen Dosen zeigten sich im übrigen bereits toxische Erscheinungen (Krämpfe, Querschnittslähmungen, Gewichtsabnahme). Auch die seinerzeit sehr beachteten Untersuchungen von STIEVE (1929, 1935, 1938), in denen Coffein bei Kaninchen im chronischen Versuch Schädigungen der Ovarien und Testes auslöste, erfolgten mit bereits den Gesamtorganismus schädigenden Dosen und sind deshalb nur von toxikologischem Interesse. In neuerer Zeit berichtete KAWASHIMA (1972) über ähnliche Befunde wie WEISS (1937) und BAHR (1937). Insgesamt ist festzustellen, daß Coffein in nichttoxischer Dosierung die hormonelle Basis der Fertilität unbeeinflußt läßt.

Um die Bedeutung des cAMP für die Wirkung der Oestrogene zu erforschen, behandelten SINGHAL und LAFRENIERE (1970) infantile weibliche Ratten mit Theophyllin (200 mg/kg i.p., 2mal im Abstand von 8 Std). 16 Std nach dem Beginn der Theophyllinbehandlung war das Uterusgewicht dieser Tiere um 50%, die Phosphokinase-Aktivität um 76% erhöht. Theophyllin verstärkte in diesen Versuchen die gleichgerichtete Wirkung des cAMP auf den Uterus. Eine ähnliche Wirkung hatte Theophyllin auch bei erwachsenen ovariektomierten Ratten. In einer weiteren Untersuchung (LAFRENIERE u. SINGHAL, 1971) fanden die Autoren, daß die Wirkungen von Theophyllin auf den Uterus geschlechtsunreifer Ratten denen von Oestradiol gleichen (Zunahme des Gewichtes, Aktivitätssteigerungen verschiedener Enzyme) und daß Theophyllin die Wirkung unterschwelliger Dosen von 17 β-Oestradiol potenziert. Diese Untersuchungen deuten darauf hin, daß die Oestrogenwirkung auf den Uterus über cAMP vermittelt und durch Theophyllin verstärkt bzw. sogar imitiert werden kann. Die wirksame Dosis des Theophyllins liegt aber auch hier weit außerhalb des Bereiches, der unter klinischen Verhältnissen in Frage kommt. Dieser Einwand gilt auch für die Untersuchungen von HORRELL et al. (1972), in denen nach hohen Dosen von Aminophyllin eine gesteigerte Konzentration von 20α-Dihydroprogesteron im Kaninchenovar beobachtet wurde.

FYLLING (1971) infundierte schwangeren Frauen im 1. Trimenon Aminophyllin in Dosen von 3,1—5,3 mg/min und beobachtete hieraufhin einen dosisabhängigen Anstieg der Plasmaprogesteronspiegel (im Maximum um etwa 20% des Ausgangswertes). Diese Wirkung ließ sich durch Dexamethason, nicht aber durch Propranolol verhindern (FYLLING, 1973). Diese Befunde werden dahin interpretiert, daß cAMP auch für die Bildung bzw. Freisetzung von Steroiden aus der Placenta verantwortlich ist; klinische Bedeutung dürfte ihnen nicht zukommen. Gleiches gilt auch für die Untersuchungen von HANDWERGER et al. (1973), in denen an menschlichen Placentaexplantaten unter dem Einfluß von 1 mM Theophyllin eine verstärkte Choriongonadotropinsekretion beobachtet wurde.

V. Juxtaglomerulärer Apparat

An 5 menschlichen Probanden sahen WINER et al. (1969) nach i.v. Injektion von 500 mg Theophyllin einen Anstieg der Plasma-Renin-Aktivitäten auf das nahezu Dreifache. Dieser Anstieg war sowohl durch Phentolamin als auch durch Propranolol (Blockade der sympathischen α- bzw. β-Receptoren) zu verhindern. Nach Aminophyllin wurde eine Erhöhung der Plasma-Renin-Aktivitäten an Patienten mit labiler Hypertonie (KLUMPP et al., 1973) sowie auch an Hunden beobachtet (REID et al., 1972). An Ratten schließlich verstärkte Theophyllin den durch ACTH ausgelösten Anstieg der Plasma-Renin-Aktivität (HAUGER-KLEVENE, 1970). Während WINER et al. (1969) die gesteigerte Reninsekretion nach Theophyllin auf eine Hemmung der Phosphodiesterase zurückführen, vermuten KLUMPP et al. (1973), daß dieser Effekt über eine Zunahme der Natriumkonzentration im distalen Tubulus und eine sich hieraus ergebende Erregung der Chemoreceptoren an der Macula densa zustande kommt.

Ich danke Herrn Prof. Dr. KNUPPEN und Herrn Prof. Dr. ZETLER für die Durchsicht des Manuskripts.

P. Verdauungsorgane

E. SCHMID

Mit 3 Abbildungen

I. Einleitung

Zu den spezifischen Leistungen des Gastrointestinaltraktes gehören der Transport der Ingesta, die Aufschließung und Resorption der Nahrungsbestandteile sowie die Exkretion der unverdaulichen Reste. Die Passage durch die Speiseröhre erfolgt rasch; dagegen übt der Magen eine Reservoirfunktion aus und gibt nach der für die Verdauung nicht unbedingt erforderlichen Zugabe von Salzsäure und Pepsin die Nahrung in kleinen Portionen durch den Pylorus in den oberen Dünndarm weiter, der im wesentlichen die Resorptionsleistung trägt. Durch ein fein abgestuftes System der Freisetzung gastrointestinaler Hormone werden die erforderlichen Pankreasenzyme und Galle aus dem Reservoir der Gallenblase ausgeschüttet. Die „hormonale Kaskadenreaktion" beginnt mit der Freisetzung von Gastrin(en) aus dem Magenantrum und daraus resultierender Sekretion von Magensäure und Pepsin. Durch Kontakt der Nahrung und Einwirkung von H^+-Ionen werden die Hormone Secretin und Cholecystokinin/Pankreozymin aus spezifischen Zellen der Duodenalschleimhaut freigesetzt; Secretin steigert die Wasser- und Bicarbonat-Abgabe der Bauchspeicheldrüse, während das zweite Hormon eine Entleerung der Gallenblase bewirkt und die Enzymsekretion der Bauchspeicheldrüse stimuliert. Gleichzeitig wird die Pepsinsekretion des Magens noch gesteigert, die Säureproduktion dagegen gehemmt. Als zusätzlicher humoraler Wirkstoff des oberen Dünndarms wird Enteroglucagon freigesetzt, von dem Wechselwirkungen mit Insulin beschrieben wurden. Während des weiteren Transports werden Kohlenhydrate durch die α-Amylase der Bauchspeicheldrüse im Darmlumen zu Oligo- und Disacchariden abgebaut, durch die Disaccharidasen im Bürstensaum der Jejunalschleimhaut zu Monosacchariden gespalten und in dieser Form in die Blutbahn des portalen Stromgebietes weitertransportiert.

Der Abbau von Proteinen erfolgt durch Pankreas- und Dünndarmenzyme zu Peptid-Bruchstücken und Aminosäuren. Komplizierter ist die Aufschließung der Fette: Gallensäuren und Cholesterin der ausgeschütteten Galle bewirken eine physikalische Verteilung der Fette in sogenannte Micellen, wobei dann die Pankreaslipase die Triglyceride in Monoglyceride und freie Fettsäuren aufspalten kann. Während des Durchtritts durch die Zellen der Mucosa erfolgt die Resynthese zu Triglyceriden, die an der Zellbasis in die Lymphbahn abgegeben werden und sich dort zu kleinen Tröpfchen, den Chylomikronen, vereinigen. Die Resorption der zur physikalischen Verteilung der Fette benötigten Gallensäuren Cholsäure und Chenodesoxycholsäure erfolgt erst im Ileum.

Die Forschung über die gastrointestinalen Wirkungen von Methylxanthinen, insbesondere von Coffein sowie anderen Kaffeeinhaltsstoffen, hat sich jahrzehntelang zu sehr auf die Beeinflussung der Magensekretion konzentriert; vielleicht wichtigere Effekte sind bisher unzureichend oder noch nicht untersucht. Auch Hinweise auf Lücken unseres Wissens über diese Wirkstoffe sind nützlich, da sie neue Untersuchungen anregen können.

II. Parotis

An Schnitten der isolierten Parotis der Ratte erhöhten Coffein und Theophyllin die Sekretion der α-Amylase (BABAD et al., 1967; SCHRAMM, 1967). Bei diesen Experimenten stand allerdings das Interesse am Wirkungsmechanismus der Methylxanthine über cAMP im Vordergrund, weniger die Frage nach der pharmakologischen Beeinflußbarkeit der Ohrspeicheldrüse in situ.

In Vivo wurde eine Zunahme der Speichelsekretion nach Coffein und nach Genuß von coffeinhaltigem Kaffee im Tierversuch (VASIL'EVA, 1966) sowie beim Menschen (WINSOR et al., 1933) nachgewiesen. Wiederholte Applikation bewirkte beim Menschen eine Abschwächung des Effekts. Untersuchungen aus neuerer Zeit mit dem Ziel, die Wirkung von Coffein von anderen Inhaltsstoffen des Kaffeegetränks abzugrenzen oder die Auswirkungen verschiedener Behandlungsverfahren des Röstkaffees auf die Speichelsekretion zu prüfen, scheinen nicht vorzuliegen.

III. Oesophagus

Motilität

Pharmakologische Eigenwirkungen von Coffein und anderen Inhaltsstoffen des Kaffeegetränks an der Speiseröhre sind nicht bekannt; insbesondere fehlen methodisch einwandfreie elektromanometrische Untersuchungen über eine Beeinflussung der beim Schluckakt ablaufenden Peristaltikvorgänge. Ob Methylxanthine direkte oder über Gastrin (das hormonal den Sphinctertonus erhöht) indirekte Auswirkungen auf den gastrooesophagealen Verschlußmechanismus besitzen, ist offen; für Nicotin wurde dagegen eine Senkung des Sphinctertonus gesichert (DENNISH et al., 1971). Für die Frage des gastrooesophagealen Refluxes und seine Beeinflussung durch Methylxanthine oder Kaffee wären allerdings solche Untersuchungen von großem Interesse.

IV. Magen

1. Motorik

a) Physiologie

Die Steuerung der motorischen Aktivität des Magens erfolgt nerval vom Zentralnervensystem aus und über Reflexbögen durch den N.vagus und N.sympathicus; daneben sind kurze Reflexe über den Plexus coeliacus bedeutsam. Von Hormonen wirken z.B. Gastrin stimulierend, das Gastric Inhibitory Polypeptide (GIP) sowie Serotonin hemmend. Nüchtern besteht eine hohe motorische Aktivität (sogenannte Cannonsche Hungerkontraktionen). Nahrungsaufnahme in den Magen, insbesondere aber die Zufuhr von Fett in den Dünndarm, vermindert die Kontraktionen.

b) Einfluß auf die Magen-Motorik

Über die Wirkung von Methylxanthinen auf die glatte Muskulatur des Magen-Darm-Kanals und die biochemischen Prozesse in der Muskelzelle s. Kapitel von MITZNEGG. Registrierungen der Magenmotilität des Menschen unter der Einwirkung von Coffein oder Kaffeegetränken mit statistischer Auswertung wurden bisher anscheinend nicht vorgenommen. MOSPANOV (1966) berichtete über mechanogastrographische Aufzeichnungen, bei denen Coffein die motorische Aktivität steigerte; bei der bekannten Variabilität der Magenmotorik ist jedoch diese Aussage ohne kontrollierte Studie unsicher.

Aus Untersuchungen mit indirekten Techniken geht hervor, daß die Entleerung des menschlichen Magens durch Bohnenkaffee und Coffeinlösung kaum beeinflußt wird. CHVASTA et al. (1971) fanden, daß eine coffeinhaltige Probemahlzeit den Magen mit gleicher Geschwindigkeit wie eine coffeinfreie Kontroll-Lösung passiert. STIEVE (1965) und SEIFERT (1966) glaubten dagegen aus Aufzeichnungen mit der Endoradiosonde auf eine beschleunigte Magenentleerung nach unbehandeltem und entcoffeiniertem Kaffee, bei fehlender Wirkung von Coffein, schließen zu können. Dieses Vorgehen der Autoren hält allerdings einer kritischen Methodenanalyse nicht stand.

Da nach HUNT et al. (1969) saurer Mageninhalt die Magenentleerung über pH-empfindliche Receptoren des Duodenum verzögert, hätte man eine langsamere Entleerung der coffeinhaltigen Lösung erwarten können. Anscheinend erfolgt ihre Passage durch den Magen vor dem durch Coffein verursachten Säureanstieg. Ob Coffein und andere Inhaltsstoffe des Kaffeegetränks, die in der am Abschluß einer Mahlzeit genossenen Tasse Kaffee aufgenommen werden, die Magenverweildauer von Speisen modifizieren, wurde mit modernen Techniken nicht geprüft.

Bei Zugabe von coffeinhaltigem und coffeinfreiem Kaffee zu Bariummahlzeiten verläuft nach BICKEL et al. (1927) sowie GLATZEL et al. (1967) die Magenentleerung etwa gleich rasch. Andere Autoren (APEL et al., 1961; BARONCHELLI et al., 1954) beschrieben dagegen eine langsamere Passage, wenn dem Kontrastmittel coffeinfreier Kaffee anstelle von coffeinhaltigem Kaffee zugesetzt wird. Auch bei diesen Studien, die ohne Doppelblindanordnung, Randomisierung oder statistische Sicherung vorgenommen wurden, ist eine sehr zurückhaltende Bewertung angezeigt.

2. Sekretion

a) Physiologie

Im Nüchternzustand ist die Magensekretion, die sogenannte Basalsekretion (Basal Acid Output, BAO) gering; die H^+-Ionen des Mageninhalts bewirken über Receptoren der Antrumschleimhaut eine Hemmung der Freisetzung des stimulierenden Hormons, des Gastrins. Exogen applizierte Secretagoga, wie Histamin, Gastrin oder gastrinartig wirkende Peptide können eine dosisabhängige Säure- und Pepsin-Sekretion in Gang setzen, die bei i.v. Infusion von Gastrin oder Pentagastrin das mögliche Maximum (Gipfelsekretion, Peak Acid Output, PAO) erreicht. Physiologischerweise wird bereits beim Anblick appetitanregender Speisen vom Zentralnervensystem aus über den N.vagus die Sekretion direkt und über Gastrinfreisetzung in Gang gebracht. Sie nimmt weiter dadurch zu, daß Proteine der aufgenommenen Nahrung freie H^+-Ionen abpuffern und damit der antrale Hemmeffekt entfällt. Zusätzlich wird Gastrin chemisch durch Peptide und Aminosäuren freigesetzt, so daß bei einer Mahlzeit die bei exogener Stimulation beobachtete maximale Säureabgabe annähernd erreicht werden kann.

b) Einfluß auf die Magensekretion verschiedener Tierspecies

Unter den verschiedenen pharmakologischen Wirkungen des Coffeins und anderer Inhaltsstoffe des Kaffee-Infuses wurde die Beeinflussung der Magensekretion eingehend untersucht. Die z.T. widerspruchsvollen Ergebnisse der älteren Literatur sind auf unterschiedliche Techniken der Sekretionsanalyse, insbesondere aber auf Speciesunterschiede in der Reaktionsweise auf Coffein, möglicherweise auch auf andere Substanzen, zurückzuführen. Die Applikationsform von Coffein bedingt relativ geringe Wirkungsunterschiede; i.v. injiziertes Coffein scheint stärker secretagog zu sein als oral appliziertes.

Daß die Coffeinwirkung auf die Magensekretion früher überhaupt bestritten wurde, erklärt sich daraus, daß beispielsweise am Hund Dosen unter 1 g wirkungslos sind und erst größere Mengen die Magensekretion stimulieren (KESTNER et al., 1923; MERENDINO et al., 1945; PETROVA et al., 1930; PINCUSSOHN, 1907; ROTH u. IVY, 1944a). Auch an der Ratte ist Coffein nur hochdosiert wirksam (IVY u. LANE, 1956; KOWALEWSKI, 1973), und bei der Katze werden ebenfalls relativ hohe Dosen zur Sekretionsstimulierung benötigt (ROTH u. IVY, 1944a). Der Coffeineffekt kann durch Vagotomie und Atropin gehemmt werden (ROTH u. IVY, 1945). Das Frettchen stellt dagegen eine sehr coffeinempfindliche Species dar; interessanterweise soll die Ultrastruktur seiner Magenschleimhaut der des Menschen weitgehend ähneln (PFEIFFER et al., 1970). Bei diesen Befunden überrascht daher nicht, daß an Hunden mit Heidenhain- oder Pavlov-Magen coffeinfreier Kaffee, Malzkaffee bzw. „Ersatzkaffee" eine etwa gleichstarke Sekretionsleistung bewirkten und damit die sogenannten Röstprodukte in den Mittelpunkt der Diskussion rückten (z.B. BICKEL et al., 1927; GOLDBLOOM, 1928; PINCUSSOHN, 1907).

Im neueren experimentellen Schrifttum über die Stimulierung der Magensekretion durch Coffein und andere Methylxanthine schlägt sich das Interesse für die Funktion des cAMP und seiner Bedeutung als „second messenger" humoraler Wirkungsmechanismen nieder (Übersicht über die Bedeutung von cAMP für die Sekretion im Gastrointestinaltrakt s. ROBISON et al., 1968; SCRATCHERD et al., 1969). Die Wirkung methylierter Xanthine ist darin zu suchen, daß durch Hemmung der Phosphodiesterase der Abbau von cAMP gehemmt wird und die intracelluläre Konzentration dieses Wirkstoffes zunimmt. Über die Beziehung zwischen Methylxanthinen und dem System cAMP-Phosphodiesterase s. Kapitel von AMMON.

An isolierten Magenschleimhautpräparaten konnte die Ähnlichkeit der Wirkungsweise von Theophyllin, Coffein, cAMP und seinem Derivat cAMP-Dibutyrat eindrücklich demonstriert werden (ALONSO et al., 1965; HARRIS et al., 1969; NAKAJIMA et al. 1970). OHKURA et al. (1972) fanden vergleichbare Wirkungen von Humangastrin, Theophyllin und Histamin auf den cAMP-Gehalt der Rattenmucosa.

Daß exogen appliziertes cAMP am Ganztier die durch andere Secretagoga stimulierte Magensekretion hemmt, bedeutet keinen Widerspruch; diese Wirkung von cAMP kommt wahrscheinlich über die Freisetzung säurehemmender Hormone wie Glukagon oder Prostaglandinen zustande (LEVINE et al., 1971)*.

Wechselwirkungen mit anderen Secretagoga im Tierexperiment

Die Aufdeckung des Wirkungsmechanismus von Methylxanthinen ergab zugleich eine Erklärung dafür, daß bei der Katze der secretagoge Effekt von Histamin und Äthanol verstärkt und verlängert wird und daß auch beim Hund Theophyllin, Coffein und in geringem Maße Theobromin in für sich allein wirkungslosen Mengen den Effekt von Histamin und Urecholin verstärken (ROBERTSON et al., 1950; ROTH u. IVY, 1944b). Diese Aussage gilt für die Säuremenge und für die sezernierte Pepsinogen-Aktivität. Dagegen wird die Uropepsin-Ausscheidung im Harn durch Coffein offenbar nicht mit beeinflußt (BUCHER u. ANDERSON, 1948; FLORKIEWICZ, 1960). An der Ratte fand dagegen ANTONSEN (1965) eine Hemmung der Histamin-stimulierten Sekretion durch Coffein, während KOWALEWSKI (1973) Wechselwirkungen von Coffein mit Histamin und Pentagastrin verneinte.

---

* MERTZ et al. (1971a) beschrieben allerdings beim Menschen unter i.v. Infusion von 1,0—1,5 mg/kg cAMP/min eine im Vergleich zum Pentagastrineffekt geringe, aber statistisch gesicherte Zunahme von Acidität, Chlorid-Gehalt und Volumen des Magensaftes.

c) Beeinflussung der Magensekretion des Menschen durch Coffein

WOLFF (1889) beschrieb beim Menschen eine Aciditätshemmung durch Coffein, wenn gleichzeitig das Boassche Probefrühstück mit zwei Semmeln eingenommen wurde; dabei wurde jedoch lediglich die aktuelle Acidität, nicht die Sekretionsleistung bestimmt. Der gleiche Einwand besteht für die Befunde von MILLER et al. (1920). Es ist das historische Verdienst von KATSCH et al. (1925), mit dem Coffeinprobetrunk von 0,2 g Coffein auf 200 ml H_2O eine kinetische Funktionsprüfung in die Klinik eingeführt zu haben, bei der die Zugabe von Methylenblau gleichzeitig Aufschlüsse über die Verweildauer des Probetrunkes im Magen gab. Die kritische Auseinandersetzung mit den Befürwortern des Alkohol-Probetrunkes (z.B. EHRMANN et al., 1930; GOLDBLOOM, 1928) bestätigte in kontrollierten Studien den Coffeineffekt (HOLLER et al., 1926; WICHELS, 1933). Die Ähnlichkeit der Wirkung von Theophyllin mit Coffein wurde später von KRASNOV et al. (1949) demonstriert. Für die Diagnostik blieb jedoch die Coffein-Probe lange Zeit führend. Man unterschied im folgenden Superacidität, Normacidität, Subacidität und Anacidität und grenzte die verlängerte bzw. späte Sekretion (sogenannte Kletterkurve) als diagnostisch besonders wichtig ab (z.B. HENNING et al., 1958). Der Coffeinprobetrunk wurde in den USA frühzeitig durch die Histaminprobe, später bei uns durch das Histamin-analoge Betazol bzw. zuletzt durch Pentagastrin (Gastrodiagnost) in der Diagnostik ersetzt. Hinsichtlich der Wirkungsstärke hatte Coffein etwa $\frac{1}{3}$ der Wirkung von Betazol und war etwas wirksamer als Aminosäuren (MELZER et al., 1971). Durch Einführung eines Korrekturfaktors für die Verdünnung und Entleerung des Mageninhaltes bzw. durch direkt Applikation von Coffein in das Antrum wurde schließlich versucht, den Coffein-Test zu verbessern und ihn in der Aera neuer Methoden der Sekretionsanalyse zu erhalten (GLOOR u. HEINKEL, 1966, 1967). DEBAS et al. (1971) befaßten sich nochmals exakt mit der Dosis-Wirkungs-Beziehung zwischen Coffein und Säure- bzw. Pepsin-Sekretion und fanden eine lineare Relation. Unter Coffein-Infusion wurde bei einem Plasma-Coffein-Spiegel um 20 mg/l eine Säureproduktion erreicht, die 44% der PAO nach Pentagastrin erreichten. Wurden 4—5 Tassen Bohnenkaffee in 4—5 Std getrunken, so wurden entsprechende Coffein-Blutspiegel bestimmt.

Daß indirekte Tests auf freisetzbare Magensalzsäure existieren, bei denen Coffein die Säuresekretion stimulieren soll und dadurch ein Farbstoff aus einem Ionenaustauscherharz freigesetzt wird, der nach enteraler Resorption mit dem Harn ausgeschieden wird (z. B. Gastracid-Test), sei am Rande erwähnt. Es erübrigt sich aber, auf diese mit einer hohen Fehlerquote behafteten und klinisch wenig geeigneten Methoden näher einzugehen; ob sie als grob orientierende Suchmethoden für Anacidität des Magensaftes bei Atrophie der Magenschleimhaut in der Krebsvorsorge Bedeutung gewinnen können, erscheint zweifelhaft. Insgesamt ist zu betonen, daß Magensekretionsanalysen in den letzten Jahren erheblich an diagnostischer Bedeutung verloren haben.

In der amerikanischen Literatur wurde die Spätsekretion nach Coffein, die sich nach Alkohol-Reiz nicht findet, als wichtiger Hinweis auf das Bestehen eines Ulcus duodeni gewertet (LITTMAN et al., 1955; MUSICK et al., 1949; ROTH et al., 1944). KEEL et al. (1967) betonten an Hand einer großen Untersuchungsreihe an 180 Patienten mit Ulcus duodeni und 375 Kontrollen, daß ein Grenzwert von 50 mval/Std am Ende des Sekretionstests selbst bei röntgenologisch negativem Befund als Verdacht für das Bestehen eines Ulcus duodeni gelten dürfte. Der Anteil falsch-negativer Resultate bei gesichertem Ulcus duodeni betrug allerdings in den erwähnten Studien bis 23%, der Anteil falsch-positiver Befunde in den Kontrollgruppen bis 21%. MUSICK et al. (1949) bestätigten später mit Bestimmung der in 90 min produzierten Säuremenge den hohen diagnostischen Aussagewert eines vereinfachten Coffeinprobetrunks für das peptische Geschwür des Zwölffingerdarms. HORECNY et al. (1968) hielten jedoch beim kindlichen Ulcus duodeni den Histamin-Test für aussagekräftiger als die Coffeinprobe, während MARATKA et al. (1973) neuerdings wieder den Coffeintest vorzogen. Es scheint daher, daß eine endgültige Bewertung des Coffeinprobetrunks bzw. der Coffeinreizung für die Suche nach dem Ulcus duodeni noch nicht abgegeben werden kann.

Wechselwirkungen mit anderen Secretagoga sowie gastrointestinalen Hormonen beim Menschen

Eine additive Wirkung von Histamin und Coffein auf Säure- und Pepsinogen-Sekretion konnten GROSSMANN et al. (1945) auch beim Menschen nachweisen. Neuere Arbeiten bestätigten diese Befunde: Die Wirkung von Betazol, Pentagastrin oder Gastrin in Dosen, die eine submaximale bis „maximale“ Sekretion hervorrufen, nimmt zu, wenn gleichzeitig Coffein, Theophyllin oder substituierte Theophyllin- bzw. Theobromin-Derivate appliziert werden (BITTNER et al., 1972; COHEN et al., 1971; MERTZ, 1971; MERTZ et al., 1971 b; OTTENJANN et al., 1971). Dies gilt für das sezernierte Sekretvolumen sowie für die H^+-, K^+- und Chlorid-Sekretion.

Die klinisch-pharmakologischen Befunde stimmen mit der Annahme überein, daß Methylxanthine auch beim Menschen über das cAMP der Magenschleimhaut als „second messenger“ wirken.

Interessant sind Untersuchungen über Wechselwirkungen von Methylxanthinen (Theophyllin) und gastrointestinalen Hormonen. Theophyllin bewirkt selbst keine Freisetzung von Gastrin (MIEDERER et al., 1973). Die durch Theophyllin gesteigerte Säuresekretion wird durch Glucagon und Secretin gesenkt; die beiden Hormone unterscheiden sich aber darin, daß bei stimulierter Sekretion das Sekretionsvolumen sowie die Na-Ionen und Pepsinmenge unter Glucagon ebenfalls absinken, unter Secretin dagegen weiter ansteigen (DEYHLE et al., 1971; MIEDERER et al., 1970; MIEDERER et al., 1971 a). Für Glucagon wurde von diesen Autoren ein direkter Effekt vermutet, der über eine kompetitive Hemmung hinausgehen soll. Schließlich wurde auch für Mg^{++}-Ionen eine Inhibition der durch Theophyllin stimulierten Volumen-, Säure- und Elektrolytsekretion des menschlichen Magens beschrieben (MIEDERER et al., 1971 b); die Autoren lassen dabei offen, ob die Aktivität der Adenylcyclase oder die der durch Methylxanthine geblockten Phosphodiesterase dabei beeinflußt wird. Coffein scheint in dieser Hinsicht am Menschen weniger exakt untersucht zu sein; kürzlich wurde erstmals über eine Hemmung der Coffein-stimulierten Säuresekretion durch Secretin berichtet (PERALTA et al., 1973).

d) Berücksichtigung anderer Inhaltsstoffe des Kaffeegetränks

Nachdem der Effekt von Coffein auf die Magensekretion beim Menschen somit gesichert und der Wirkungsmechanismus geklärt ist, interessiert der Vergleich von coffeinhaltigem und coffeinfreiem Bohnenkaffee, weil sich daraus Hinweise auf eventuelle weitere secretagoge Stoffe des Kaffeegetränks ergeben. Die bereits zitierten Versuche am Hund (z. B. PINCUSSOHN, 1907) sind dabei wegen relativer Wirkungslosigkeit von Coffein bei dieser Species nicht auf den Menschen übertragbar. Vergleichende Untersuchungen an menschlichen Versuchspersonen, denen allerdings die heute zu fordernde Beweiskraft des einfachen oder überkreuzten Doppelblindversuches fehlt, ergaben eine etwas stärkere und länger anhaltende Steigerung der titrierbaren Säure nach Infusen aus unbehandelten Kaffees im Vergleich zu entcoffeiniertem Kaffee (BARONCHELLI et al., 1954; GINADER, 1931; HANEBORG, 1924; HEUPKE, 1935; ÖHNELL et al., 1931); leider wurde dabei z.T. nur die aktuelle Acidität, nicht die sezernierte Säuremenge angegeben. Für neuere vergleichende Studien mit verschiedenen behandelten Kaffeesorten (RÖSNER et al., 1971; SEIFERT, 1966) ist kritisch anzumerken, daß die fortlaufende pH-Aufzeichnung mit der Heidelberger Kapsel bzw. die Anwendung des Gastracid-Tests als indirektem Parameter keine zuverlässigen Schlüsse auf die sezernierte Säuremenge erlauben. Insbesondere läßt sich die im Widerspruch zu anderen Resultaten stehende Aussage von SEIFERT (1966) über die stärker säurestimulierende Wirkung von entcoffeiniertem Kaffee und einem fehlenden Effekt der Coffeinbase doch wohl nur methodisch erklären.

Die röntgenologisch bei Kontrastdarstellung des Magens nachweisbare Sekretmenge ist nach einer Probemahlzeit mit coffeinfreiem Kaffee kleiner als nach coffeinhaltigem Kaffee (GLATZEL et al., 1967).

Ein quantitativer Vergleich coffeinhaltiger und coffeinfreier Getränke auf die Magensekretion wurde von ROTH et al. (1944) mit einwandfreier Technik vorgenommen. Die Autoren setzten die nach 2 Tassen Bohnenkaffee eintretende Säureproduktion gleich 100%; mit Coca Cola wurde bei vergleichbarer coffeindosis 90%, mit coffeinfreiem Sanka-Kaffee 75%, mit Tee 60% und mit dem Kaffee-Ersatz-Getränk „Postum“ 59% der Wirkung von Bohnenkaffee erzielt. Zugabe von Milch und Zucker reduzierte die Wirkung von Bohnenkaffee auf die Säuresekretion um 40%. Die Temperatur des Kaffeegetränks ist für seine Magenwirkung ohne Bedeutung; kalter und heißer Bohnenkaffee unterschieden sich in ihrem Effekt auf die Magensekretion nicht (MERENDINO et al., 1945).

Während somit vor allem die Studie von ROTH et al. (1944) einen guten Hinweis auf andere secretagoge Wirkstoffe im Kaffeegetränk gibt, sind die experimentellen Befunde noch zu widerspruchsvoll, um gesicherte Aussagen für einzelne Substanzen machen zu können. Den Röstprodukten wurde für die Stimulierung der Magensekretion in der älteren Literatur (z. B. PINCUSSOHN, 1907), aber auch in neueren Arbeiten (z. B. SEIFERT, 1966) entscheidende Bedeutung zugemessen. Aus Vergleichen mit Getränken aus geröstetem und grünem Kaffee bzw. Versuchen mit Röststoffen anderer Herkunft maßen aber OEHNELL et al. (1933) bzw. BERG (1943) diesen Stoffen nur eine geringe Bedeutung zu; HEUPKE (1935) bezeichnet ihren Effekt als minimal.

CZOK (1966) sah in der Chlorogensäure und der Kaffeesäure aufgrund von Sekretionsanalysen an der Ratte einen wesentlichen Faktor. Allerdings wurden dabei sehr hohe Dosen verwandt; eine Bestätigung am Menschen mit den im Kaffeegetränk vorkommenden üblichen Mengen steht aus. In den Vergleichen von CZOK (1966) hatte der nach dem Lendrich-Verfahren gedämpfte Kaffee, dem die Chlorogensäure weitgehend entzogen sein soll*, die geringste säurestimulierende Wirkung bei der Ratte. Dagegen fand GINADER (1931) am Menschen eher einen stärkeren Säure-stimulierenden Effekt von Lendrich-Kaffee im Vergleich zu unbehandeltem Röstkaffee.

In der Vergangenheit — aber auch in der Neuzeit — wurde wiederholt an biogene Amine als Secretagoga des Kaffeegetränks gedacht. Die scheinbar recht attraktive „Histamin-Hypothese" der Säurestimulierung durch Bohnenkaffee (GOLDBLOOM, 1928; BLEYER et al., 1936; BICKEL et al., 1927) ließ sich dadurch leicht widerlegen, daß nach MAIER et al. (1966) Kaffeegetränk kein Histamin enthält. Übrigens ist dieses biogene Amin per os gegeben auf die Magensekretion völlig unwirksam. Carbonsäure-5-Hydroxytryptamide (CHT) der Wachsschicht (HARMS et al., 1968; WURZIGER, 1971) wurden als neue Inhaltsstoffe im Kaffeegetränk entdeckt. Keinesfalls dürfen sie im Hinblick auf den hohen Serotoningehalt von 26—50 mg/100 g Roh- und Röstkaffee einer „Serotoninhypothese" für die Wirkung von Bohnenkaffee auf die Magensekretion Vorschub leisten. Serotonin und seine Vorstufe 5-Hydroxytryptophan wirken, parenteral appliziert, beim Menschen säurehemmend, per os gegeben sind sie wie Histamin unwirksam (ERSPAMER, 1963; SCHMID et al., 1960). Immerhin ist von Interesse, daß die Entfernung dieser Substanzen mit Hilfe eines speziellen Extraktionsverfahrens (vgl. Kapitel von VITZTHUM) zu einer verminderten Säurestimulation des Kaffeegetränks führte (RÖSNER et al., 1971). Wahrscheinlich werden aber nicht nur bei der Entcoffeinierung, sondern auch bei anderen Veredelungsverfahren, z. B. der Entfernung der neuentdeckten CHT, andere Wirkstoffe mit entfernt. Z. T. handelt es sich somit wohl nur um „Indikatorsubstanzen"; zum anderen sind allerdings unsere Kenntnisse über mögliche Wechselwirkungen bekannter und unbekannter Wirkstoffe des Kaffeegetränks noch unzureichend, wobei im Falle der Magensekretions-Wirkung die psychisch bedingten stimulierenden Effekte des Kaffeegenusses nicht vergessen werden sollten.

Abschließend ist über das Verhalten der Magensekretion unter Einwirkung von Coffein und anderen Inhaltsstoffen des Kaffeegetränks zu sagen, daß man die Befunde nicht überbewerten sollte, geben sie uns doch nur einen, experimentell allerdings leicht meßbaren Parameter der Magenwirkungen.

Emetogene Wirkung

Nach BEHRENS et al. (1940) besitzen Kaffeeinhaltsstoffe, die beim Röstvorgang entstehen, eine brechenerregende Wirkung an Hunden und Tauben. Coffein selbst war in diesen Versuchen nicht emetisch wirksam. KUDSI (1964) sah erheb-

* Die Verminderung der Chlorogensäure wird jedoch von KOULEN (Diss. Frankfurt, 1964) und LEHMANN (Ernährungsumschau 18, 43 (1971)) bestritten.

liche Unterschiede für verschieden behandelte coffeinfreie Kaffeegetränke im Brechversuch an der Taube. MALORNY et al. (1967) beschrieben den Menado-Kaffee als besonders schwach emetogen und konnten den gleichen Effekt durch Behandlung von rohen Kaffeebohnen mit gespanntem Wasserdampf erzielen. SZIEGOLEIT et al. (1972) fanden dagegen, daß die Brechwirkung von Bohnenkaffeegetränk am Hund durch Dämpfung kaum abgeschwächt wird, allerdings war ihre Methode abgewandelt. WURZIGER (1972) sah in den Carbonsäure-5-Hydroxytryptamiden auch für den emetogenen Effekt einen Indikator und wies nach, daß sie in coffeinfreien Röstkaffees weitgehend mit entfernt werden.

e) Erosions-fördernde („ulcerogene") Wirkung von Coffein und coffeinhaltigen Getränken im Tierversuch

Ulcera und Erosionen werden in experimentellen Arbeiten über Schädigungen der Magenschleimhaut meist als Synonyma verwendet. Werden die Begriffe exakter gefaßt, so stellen Ulcera morphologische Läsionen dar, welche über die Grenze der Muscularis mucosae vordringen und die in der überwiegenden Zahl der Fälle einzeln auftreten, während Erosionen Oberflächendefekten der Mucosa, höchstens bis zur Muscularis mucosae, entsprechen und häufig multipel sind. Bei der Verwendung des Begriffes „Arzneimittel-Ulcus" sollte man wissen, daß im Tierexperiment fast immer nur Schleimhauterosionen erzeugt werden. BRODIE (1971) zieht daher auch Parallelen zwischen experimentellem „Streßulcus" und den Schleimhauterosionen beim Menschen, nicht aber zum klassischen peptischen Geschwür.

Über das Auftreten von Entzündungen, hämorrhagischen Erosionen und Ulcerationen an der Magenschleimhaut im Tierversuch nach toxischen bzw. letalen Dosen von Coffein und Theophyllin wurde schon kurz nach der Jahrhundertwende berichtet (ALLARD, 1904; SALANT et al., 1909). 1933/34 beschrieb HANKE an der Katze nach einmaliger Coffeingabe in toxischer Dosierung hämorrhagische Erosionen, im chronischen Versuch Ulcerationen der Magenschleimhaut. Seine Versuche können jedoch heute ebensowenig wie die von MOLTENI (1938) an der Ratte und die von GRASSO (1936) am Kaninchen als beweisend angesehen werden. Alle diese Autoren verwendeten Coffein in Form des Natrium-Salicylats. Salicylsäure, Acetylsalicylsäure und ihre Salze können aber für sich allein Schleimhautläsionen des Magens verursachen.

Für die Coffeinbase fanden JUDD (1943) bzw. MERENDINO et al. (1945) in subtoxischer Dosierung ulcerogene Wirkungen an Meerschweinchen, Ratten und Katzen. ROTH und IVY (1944c) benutzten den Kunstgriff einer protrahierten Coffeinwirkung mit i.m. Applikation einer Mischung von Coffein, Bienenwachs und Mineralöl, wobei die Läsionen allerdings bei chronischer Applikation rasch abheilten. GIDDINGS et al. (1945) bestätigten diese Versuche, fanden aber bei täglicher i.m. Injektion von 75 mg Coffein ohne Zusätze über 21 Tage an der Katze keine Ulcera, an der Ratte kaum morphologische Schleimhautveränderungen nach Coffeinapplikation. Eine „ulcerogene" Coffeinwirkung an der Ratte wurde später von PFEIFFER et al. (1962) bzw. AKIMOV et al. (1966) bestätigt. Die ältere Literatur wurde in Übersichten von ROTH (1963, 1964) zusammengefaßt: Eine Hyperämie mit vermehrter Verletzlichkeit der Mucosa und die stimulierende Wirkung von Coffein auf das Zentralnervensystem wurden als wesentliche pathogenetische Faktoren des sogenannten Coffeinulcus angesehen.

Mit vergleichsweise kleinen Coffeindosen, allerdings parenteral verabfolgt, fanden PFEIFFER et al. (1970) beim Frettchen nicht nur eine Zunahme der Magensekretion, sondern auch Hämorrhagien der Schleimhaut; morphologisch sahen die Autoren Vasodilatation und Blutstauung mit einer Schädigung der Capillarendothelien sowie cytotoxische Veränderungen an den Parietalzellen (Abb. 29).

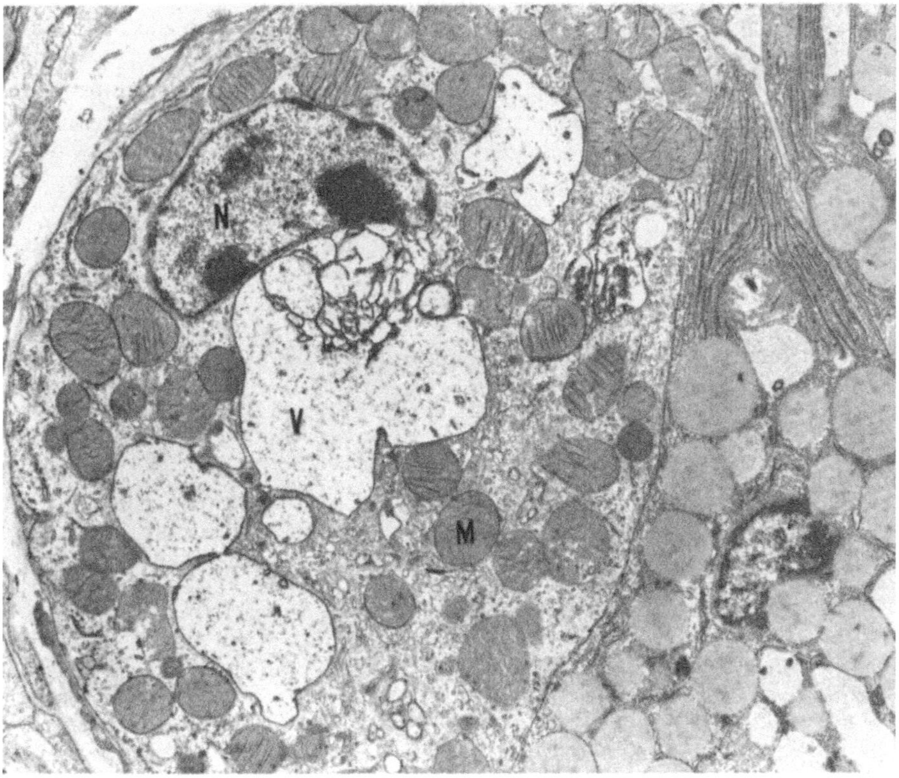

Abb. 29. Elektronenmikroskopisches Bild einer Parietalzelle mit großen abnormen Vacuolen (V). Reste von Mikrovilli sind in einigen Vacuolen noch nachweisbar. Magenschleimhaut des Frettchens nach 12,5 mg/kg Coffein. Vergrößerung 14100fach. (Nach PFEIFFER, J. C. u. ROTH, J. L. A., 1970)

Die Ähnlichkeit mit den bei Zwangshaltung der Ratte auftretenden morphologischen Veränderungen an Gefäßen und Mucosazellen fällt auf (KLEIN et al., 1971). NOVIKOVA (1970) beschrieb eine Verschlimmerung des Atophan-Ulcus des Hundes durch Coffein. Mit der Kombination von emotionellem Streß durch Zwangsfesselung (ROSSI et al., 1956; BONFILS, 1963; BRODIE et al., 1960) sowie

Coffein bzw. verschiedenen Kaffeegetränken an der Ratte wählten EVERT et al. (1971) ein Versuchsmodell, das in ähnlicher Weise früher zum Studium ulcushemmender und heilungsfördernder bzw. ulcusverschlimmernder und heilungsverzögernder Einflüsse verwendet worden war (BRODIE et al., 1960; BONFILS, 1963; LA BARRE, 1963; LEE et al., 1971; RÖHM et al., 1964; TAKAGI et al., 1968).

Morphologisch bestanden für die Erosionen, die nach Streß allein bzw. nach Streß mit Coffein oder Kaffeegetränken auftraten, keine Unterschiede. Nach 7 Std Zwangshaltung entwickelten sich flache bis tiefere Erosionen, die nach 24 Std meist bis zur Muscularis mucosae reichten (Abb. 30a u. b); 24 Std nach Beendigung der Zwangshaltung begann der Regenerationsprozeß, nach 96 Std waren die Läsionen fast völlig abgeheilt.

Coffein und Kaffeegetränke erhöhten statistisch gesichert die Zahl der Tiere mit Erosionen, wenn eine kürzere Streßexposition gewählt wurde. Dabei bestand eine fallende Reihe der Häufigkeit, die von Kaffeegetränk aus unbehandeltem Röstkaffee über Coffein, coffeinfreien Kaffee zu einem chlorogensäurearmen Kaffee reichte (Tabelle 19).

Tabelle 19. Häufigkeit peptischer Ulcera bei Kombination von Immobilisation und Coffein bzw. Kaffee und ihre statistische Auswertung

I = coffeinfreier Kaffee
II = Normalkaffee
III = Kaffee mit vermindertem Chlorogensäuregehalt (Nach EVERT et al., 1972)

	Zahl der Versuchstiere	Tiere mit Ulcus	Kaffee I	Kaffee II	Kaffee III	Coffein
Gruppe I Wasser	38	21	>0,10	<0,025	>0,10	<0,05
Gruppe II Kaffee I	38	26	—	>0,10	>0,10	>0,10
Gruppe III Kaffee II	38	30	—	—	<0,05	>0,10
Gruppe IV Kaffee III	38	22	—	—	—	>0,10
Gruppe V Coffein	38	29	—	—	—	—

Die Menge des applizierten Kaffeegetränks entsprach dabei, auf den Menschen umgerechnet, etwa 2—3 Tassen. In einer weiteren Versuchsreihe an Ratten (FROMMOLT et al., 1972) mit experimentellem Streßulcus verzögerte Kaffeeinfus aus unbehandeltem Röstkaffee, den die Tiere ad libitum zum Trinken erhielten, die Abheilung der Schleimhautläsionen. In fallender Reihe schwächer wirkten Kaffeegetränke aus behandeltem Normalkaffee, Kaffees mit geringerem Anteil an CHT, Coffeinlösung oder Wasser.

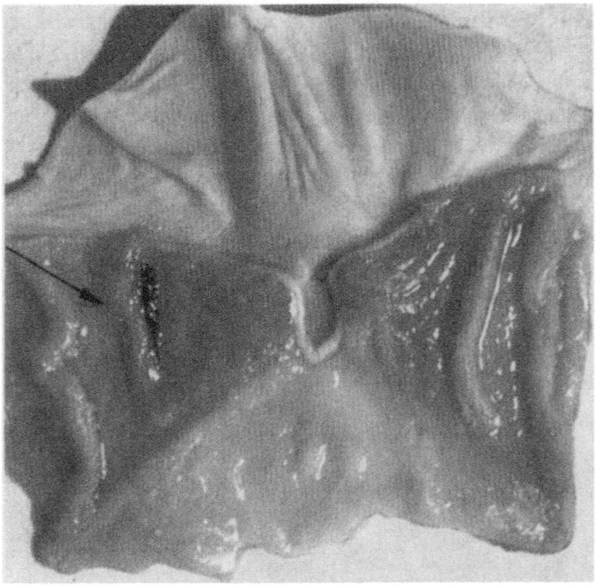

(a)

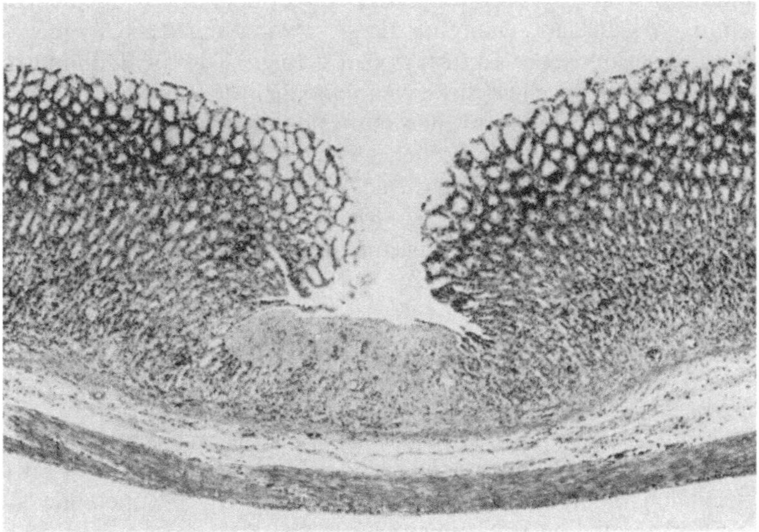

(b)

Abb. 30. (a) Frische lineare Erosionen an der Hinterwand des Drüsenmagens der Ratte nach 24 Std Zwangsimmobilisation. Eine zweite, punktförmige Erosion findet sich an der Vorderwand. (b) Histologie (Obj. 2,5 ×). (Nach FROMMOLT, A. et al., 1972)

Pathogenetisch dürften bei diesem Kombinationseffekt Veränderungen der Schleimhautdurchblutung (PFEIFFER et al., 1970), erhöhte Säuresekretion durch Streß (BRODIE et al., 1962; MENGUY, 1964) und Coffein (vgl. S. 302), sowie Auswirkungen von Streß und von Coffein auf das Zentralnervensystem mit Aktivierung sympathico-adrenaler Mechanismen von Bedeutung sein (über Coffeinwirkung auf Catecholamine bzw. Nebennierenrindenhormone s. Kapitel von STRUBELT). Dabei sind Durchblutungsveränderungen der Mucosa durch freigesetzte Catecholamine neben der Verstärkung des Säure-Pepsin-Effekts zu berücksichtigen (vgl. NICOLOFF et al., 1965); direkte Einwirkungen von freigesetztem Cortisol auf die Ultrastruktur von Haupt- und Belegzellen der Magenschleimhaut (DETTMER et al., 1973; SCHMID et al., 1971) kommen zusätzlich in Frage.

V. Darm

1. Motorik

a) Physiologie (vgl. DAVENPORT, 1971)

Im Dünndarm werden Verdauung und Resorption durch Segmentierung der Darmschlingen gefördert, während die Fortbewegung des Chymus vor allem durch kurze peristaltische Kontraktionen erfolgt. Für die Dünndarmmotilität sind vorwiegend intrinsische Reflexe verantwortlich, doch greifen auch extrinsische neurale und humorale Mechanismen ein. Die motorische Aktivität nimmt vom Duodenum zum Ileum kontinuierlich ab. Im Colon erfolgt die Einengung der unverdauten Nahrungsrückstände durch Wasser-Rückresorption; die Fortbewegung des Coloninhalts erfolgt durch segmentable Kontraktionen, Massenpropulsion und Peristaltik. Nach Nahrungsaufnahme sind die Transportvorgänge im Dickdarm gesteigert.

b) Tierversuche

Methylxanthine können in Abhängigkeit von der Versuchsanordnung — Species, Wahl bestimmter Darmsegmente, Dosis und Zeitdauer der Einwirkung der Pharmaka, zusätzlich applizierte Medikamente — am Darm stimulierende oder inhibitorische Effekte entfalten bzw. unwirksam sein (BICKEL et al., 1927; EMMELIN et al., 1941; FREDERICQ et al., 1922; JUNKMANN et al., 1926; KOMANT, 1932; PLANT et al., 1922; SHAPOVALOVA, 1966; WILKENFELD et al., 1969). Die inhibitorische Wirkung von Isoproterenol am Kaninchendarm wird durch Theophyllin verstärkt (WILKENFELD et al., 1969). Hemmwirkungen der Methylxanthine erfolgen über den Einfluß auf cAMP auf β-adrenerge Receptoren des Darms (KAWASAKI et al., 1969). Im übrigen sei auf das Kapitel von MITZNEGG verwiesen.

c) Kaffee bzw. andere Kaffeeinhaltsstoffe

Unbehandelter und coffeinfreier Kaffee sollen sich in der Wirkung auf isolierte Darmpräparate nicht unterscheiden; auch dem Röstprozeß komme keine Bedeutung zu (GUMMEL et al., 1938). Die Motilitätssteigerung durch Kaffee wurde von GUMMEL dem Wirkstoff Cholin zugeschrieben, während BICKEL et al. (1927) zuvor Histamin als das wirksame Agens vermutet hatten (zur enteralen Wirksamkeit von Histamin s. S. 305). KOMANT (1932) hatte dagegen eine schwache peristaltische Aktivität von entcoffeiniertem Kaffee im Vergleich zum Normalkaffee gesehen, während der „Tonuseffekt" am isolierten Darmsegment erhalten blieb. CZOK (1966) fand auch für Chlorogensäure, Kaffeesäure und Chinasäure eine Anregung der Darmtätigkeit.

Vergleichende Versuche über den Tuschetransport in vivo durch den Mäusedarm hatten eine schwächere Wirkung von Kaffeegetränk aus entcoffeiniertem oder nach LENDRICH behandeltem Kaffee gegenüber unbehandeltem Röstkaffee ergeben (CZOK, 1966).

GLATZEL et al. (1967) sahen, allerdings ohne statistische Sicherung der Ergebnisse, beim Menschen eine etwas raschere Dünndarmpassage nach coffeinfreiem im Vergleich zu unbehandeltem Röstkaffee, während die Wirkung auf die Dünndarmperistaltik bei Normalkaffee als stärker beschrieben wurde. Diese Diskrepanz darf nicht überraschen, denn beschleunigter Transport der Ingesta kann mit verminderter peristaltischer Aktivität einhergehen, und umgekehrt wirken Pharmaka, welche die segmentale Peristaltik verstärken, z. B. Morphin oder Phenoxylat, obstipierend.

Chlorogensäure, die bei Arbeitern der Kaffeeindustrie als Kontaktallergen wirken kann, verliert ihre allergene Wirkung während der Darmpassage (FREEDMAN, 1964), so daß auf eine enterale Destruktion dieser Substanz geschlossen werden darf.

2. Enterale Sekretion und Absorption

Auch die Darmpermeabilität wird durch Methylxanthine beeinflußt. Einerseits soll Theophyllin, zusammen mit cAMP-Dibutyrat verabreicht, die Calciumresorption durch die Duodenalschleimhaut der Ratten steigern (HARRISON et al., 1970). Andererseits erhöhen cAMP und Theophyllin den Nettoflux von Wasser, Chlorid und Bicarbonat von der Serosa- zur Mucosaseite (FIELD et al., 1968, 1969; GREENOUGH et al., 1969) an Schleimhautpräparaten und Thiery-Vella-Schlingen; die Darmsekretion wird somit gesteigert. Einflüsse von Methylxanthinen auf die enterale Absorption von Nahrungsbestandteilen scheinen bisher nicht untersucht zu sein.

Besonderes Interesse kommt den Versuchen von VOLKHEIMER und seiner Arbeitsgruppe (HOFER et al., 1966; VOLKHEIMER et al., 1968, 1969) am Menschen zu: Der Durchtritt von Stärkekörnern durch die Mucosa, die als Persorption bezeichnet wird, nimmt unter 200 mg Coffein bzw. coffeinhaltigem Bohnenkaffee in entsprechender Dosierung zu. Coffeinfreier Kaffee mit einer Coffeindosis von

7,6 mg bewirkt im Gegensatz dazu keine Steigerung der Persorptionsrate. Dieser Modellversuch gibt zugleich einen Hinweis, daß unter Coffein oder nach Genuß coffeinhaltigen Bohnenkaffees und anderer coffeinhaltiger Getränke auch andere, großmolekulare und corpuskuläre, durch sogenannte Cytopempsis aufgenommene Substanzen, z. B. Proteine, vermehrt aus dem Darmlumen in die Lymphbahnen übertreten können (Abb. 31).

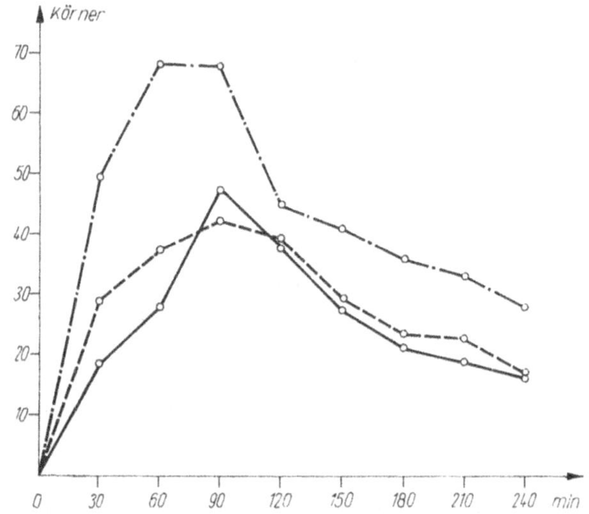

Abb. 31. Kurve des Verlaufs der arithmetischen Mittel der Anzahl der Stärkekörner in 10 ml Venenblut nach alleiniger Stärkemehleinnahme (————) und bei zusätzlichem Genuß von coffeinfreiem (------) bzw. coffeinhaltigem Kaffee (-·-·-·-). (Nach HOFER, E. et al., 1966)

VI. Leber

Über den Einfluß der Methylxanthine auf den Stoffwechsel der Leber s. Kapitel von ESTLER, s. S. 204.

Hepatotoxische Effekte, geprüft an Hand der Leberenzyme und der Histologie, konnten an der Ratte bei Coffeindosen von 60—100 mg/kg im akuten und chronischen Versuch weder biochemisch noch morphologisch nachgewiesen werden (STRUBELT et al., 1970, 1973). Für eine Leberzellschädigung beim Menschen durch Coffein oder andere Kaffeeinhaltsstoffe gibt es bisher keine Beweise. Versuche von CZOK (1966) mit Kaffeeöl an der Ratte sind nicht beweisend, da eine erhöhte Bromsulphthalein-Retention auch mit einer Konkurrenz um hepatische Transportmechanismen und nicht als hepatotoxischer Effekt gedeutet werden kann. Interessant, aber bisher von fraglicher klinischer Relevanz, sind neuere Untersuchungen mehrerer Arbeitsgruppen über eine Aktivitätssteigerung von Leberenzymen, insbesondere der mikrosomalen Oxidase P 450, durch Coffein;

Coffein soll jedoch im Vergleich zu Phenobarbital nur ein schwacher Enzyminduktor sein (LOMBROZO et al., 1968, 1970; MITOMA et al., 1968, 1969; vgl. auch Kapitel ESTLER). Im Hinblick auf die weite Verbreitung des Kaffeegenusses wären entsprechende experimentelle Untersuchungen am Menschen von Bedeutung.

MAGYAR et al. (1955) beschrieben eine Zunahme der Leberdurchblutung unter Theophyllin und sahen darin die Ursache einer rascheren Rückbildung des Ikterus bei Hepatitiskranken unter entsprechender Therapie. Auch diese Untersuchungen bedürfen weiterer Studien.

VII. Galle

1. Physiologie der Gallensekretion

Die Lebergalle wird von den Leberzellen in die Gallenkanälchen sezerniert und in den interdigestiven Phasen, bei verschlossenem Spincter Oddi, in der Gallenblase gespeichert und dort auf $\frac{1}{4}$ bis $\frac{1}{17}$ des Volumens eingeengt. Unter Einwirkung von Vagus und Sympathicus sowie des Hormons Cholecystokinin/Pankreozymin auf Gallenblasenmuskulatur und Sphincter entleert sich die konzentrierte Blasengalle in das Duodenum. Choleretische Wirkungen können in einer Förderung der Gallensekretion durch die Leberzelle (vor allem als Hydrocholerese) und in einer Förderung der Gallenblasenentleerung (Cholecystokinese) bestehen. Beide Teilfunktionen lassen sich im Experiment bei gallenblasenlosen Versuchstieren (Ratte), beim Menschen nach Cholecystektomie, trennen.

2. Cholerese und Cholecystokinese im Tierversuch und beim Menschen

Nach tierexperimentellen Untersuchungen und human-pharmakologischen Experimenten bewirken Methylxanthine, insbesondere Theophyllin, bzw. Aminophyllin eine Senkung des Drucks im D. choledochus, vor allem dann, wenn der Tonus des Sphincter Oddi durch Morphin oder Codein zuvor erhöht wurde (BUTCH et al., 1936; COLE, 1946; GAENSLER et al., 1950; GEOFFROY et al., 1948; GLADSTONE et al., 1944; WALTERS et al., 1937; Literaturübersicht bei SCHMID, 1958).

VAILLE et al. (1966) beschrieben an der Ratte für Coffein einen (hydro)choleretischen Effekt, den SIRO-BRIGIANI et al. (1970) auch für Theophyllin beobachteten. Hohe Dosen von Chlorogensäure hatten in den Versuchen von CZOK (1961) eine ähnliche Wirkung; Kaffeesäure wirkte gleichartig, Chinasäure war wirkungslos (CZOK et al., 1973).

Coffein bewirkte beim Menschen in Dosen von 0,2 g per os bzw. vergleichbaren Mengen s.c. eine Verkleinerung des Schattens der mit Biloptin dargestellten Gallenblase, wobei in den Versuchen von KEINER (1965) bzw. KEINER et al. (1968) die Auswertung semiquantitativ über eine Punktwertskala vorgenommen wurde. APEL et al. (1961) fanden, daß coffeinfreier Kaffee im Gegensatz zu Getränken aus anderen behandelten oder unbehandelten Kaffees keinen Gallenblasenreflex auslöste, während GLATZEL et al. (1967) bei einer Testmahlzeit von coffeinhaltigem bzw. coffeinfreiem Kaffeegetränk, Weißbrot und Bariumsulfat keine Differenzen für die Verkleinerung der Fläche des Gallenblasenschattens fanden. KEINER (1968) sah dagegen bei Verwendung von Kaffeegetränk allein mit Auswertung über die Punktwertskala eine statistisch gesicherte geringere Wirkung von Getränk aus coffeinfreiem Kaffee gegenüber Normalkaffee, während zwischen Normalkaffee und nach dem Lendrich-Verfahren gedämpften Kaffee diese Differenz nicht zu beobachten war. BÜLL (1967) versuchte mit Volumenberechnungen zu genaueren Aussagen über die Verkleinerung der Gallenblase zu kommen. Er fand nach Kaffeegetränken, die aus 10 bzw. 20 g Kaffeepulver aufgebrüht waren, weder bei Normalkaffee, coffeinfreiem Kaffee noch bei kofrostiertem Kaffee eine eindeutige Wirkung. Mischungen von Kaffeegetränk und Eigelb, die dieser Autor in weiteren Versuchen prüfte, entsprechen sicher nicht der üblichen Form des Kaffeekonsums und lassen wegen der möglichen ungeklärten Wechselwirkungen zwischen beiden Komponenten keine Rückschlüsse zu, jedenfalls nicht in der Art, wie sie vom Autor gezogen wurden.

VIII. Exokrines Pankreas

1. Physiologie

Vagale und reflektorische nervale Mechanismen beeinflussen neben den Hormonen Secretin und Pankreozymin/Cholecystokinin das exokrine Pankreas; die Menge des täglich sezernierten Pankreassaftes wird mit 10—20 ml/kg Körpergewicht angegeben. Die Sekretion paßt sich den Verdauungsvorgängen an; der größten Mahlzeit folgt die stärkste Saftsekretion, während die geringste Sekretabgabe in den Nachtstunden erfolgt. Das alkalische wäßrige Pankreassekret wird hauptsächlich unter Secretin-Einfluß aus dem Gangepithel frei, während proteinreiches Sekret unter Cholecystokinin/Pankreozymin aus den apicalen Acinusabschnitten in Form von Sekretgranula als Proenzyme abgegeben wird (BEKKER, 1957). Diese Proteine sind identisch mit den Pankreasenzymen bzw. ihren Vorstufen (Proenzyme); sie dienen der Proteolyse (Trypsin, Chymotrypsin A und B, Elastase, Carboxypeptidase A und B), der Fettspaltung (Lipase, Phospholipase A und B) sowie dem Kohlenhydratabbau (Amylase = α-Glucosidase). Über das endokrine Pankreas s. Kapitel von AMMON (S. 227).

2. Einfluß von Methylxanthinen und Kaffee

Ähnlich wie an der Parotis erhöhen Coffein und Theophyllin auch am Pankreas die Enzymabgabe, gemessen an der Amylase-Sekretion aus Ratten-Pankreasschnitten (BABAD et al., 1967; KULKA et al., 1968; SCHRAMM, 1968). Am intakten narkotisierten Tier steigerten 0,05 g Coffein/kg während einer 3stündigen Infusion die Sekretmenge um durchschnittlich 90%; auch die Amylaseaktivität nahm zu, dagegen nicht die Gesamtproteinmenge, so daß ein schwacher „secretinähnlicher" Effekt zu vermuten ist (VAILLE et al., 1966). Atropin hemmte diese Coffeinwirkung, eine Pylorusligatur war ohne Effekt. Für eine gesteigerte Enzymsynthese unter dem Einfluß von Methylxanthinen bestehen im Tierexperiment keine Hinweise (MORISSET et al., 1970).

In orientierenden Versuchen am Menschen vermißten BARTELHEIMER et al. (1967) eine Zunahme der Enzymaktivitäten von Amylase, Lipase, Chymotrypsin und Carboxypeptidase A nach coffeinfreiem und coffeinhaltigem Kaffee, was gegen eine pankreozyminähnliche Wirkung von Coffein bzw. Bohnenkaffee sprechen würde.

Wechselwirkungen von Methylxanthinen und den physiologischen Hormonen Secretin und Cholecystokinin/Pankreozymin, in Analogie zu den Studien über die Magensekretion, wurden aber bisher für die Funktion der Bauchspeicheldrüse nicht geprüft.

IX. Zur Verträglichkeit von Coffein bzw. Bekömmlichkeit des Kaffeegetränks von seiten der Verdauungsorgane

1. Einleitung

Dem Arzt stellt sich häufig die Frage, ob Kaffee, Tee oder coffeinhaltige Getränke erlaubt sind oder besser vermieden werden sollten. Bei einzelnen organischen Krankheiten der Verdauungsorgane sind heute wissenschaftlich begründete Aussagen für Coffein und coffeinhaltige Getränke möglich. In anderen Fällen wird immer noch Empirie oder klinische Erfahrung entscheidend sein müssen. Ferner ist die Wahl einer bestimmten Kaffeesorte, die dem Kranken angeblich gut bekommt, während andere Marken nicht vertragen werden, oft nicht rational begründbar.

Subjektive Beschwerden treten von seiten der Verdauungsorgane meist kurzfristig nach dem Genuß von Kaffee bzw. von coffeinhaltigen Getränken auf. In einer Stichprobe berufstätiger Probanden hatten Personen mit Unverträglichkeitserscheinungen zu je 10% Darmerkrankungen bzw. Galle- oder Leberleiden, 30% aber Magenkrankheiten in der Vorgeschichte (SZIEGOLEIT et al., 1972a). In einer weiteren Doppelblindstudie an Patienten wurden Beschwerdehäufigkeiten bis zu 60%, wiederum besonders von Kranken mit Magen- und Darmleiden, angegeben (SZIEGOLEIT et al., 1972b). Geklagt wird vor allem über saures Aufstoßen und Sodbrennen, Druck in Oberbauchmitte oder im rechten Oberbauch, Völlegefühl, Übelkeit, Erbrechen, Blähungen, Durchfälle oder gehäufte Defäkation bzw. Schleimabgang mit dem Stuhl (SZIEGOLEIT et al., 1972a; STIEVE, 1965).

Der Streit, ob Coffein oder andere Kaffeeinhaltsstoffe, insbesondere die sogenannten Röstprodukte (STIEVE, 1965), dafür verantwortlich zu machen sind, ist alt und wurde z.T. mehr mit Emotion als mit sachlichen Argumenten geführt. Allerdings hat man den Eindruck, daß sich erst bei vollständiger Würdigung der neuen Literatur ein einigermaßen klares Bild gewinnen läßt. So zeigt z.B.

die interessante Studie von SZIEGOLEIT et al. (1972a u. b), daß in zwei kontrollierten Versuchsreihen die Häufigkeit subjektiver unangenehmer Begleiterscheinungen und objektiver gastroenterologischer Nebenwirkungen bei nach dem abgeänderten Lendrich-Verfahren behandeltem Kaffee eher größer als bei Normalkaffee war. Als Beweis für die gute Verträglichkeit von Coffein wurde im übrigen stets der Satz von STEPP (1938) zitiert, „das Massenexperiment mit dem Coffeinprobetrunk habe bewiesen, daß selbst von Magenkranken eine Dosis von 0,2 g Coffein ohne nachteilige Wirkung toleriert werde“. Die einmalige Gabe dieses Pharmakons erlaubt es jedoch nicht, eventuelle, bei wiederholter oder chronischer Anwendung auftretende Effekte auszuschließen.

Coffein ist häufiger Bestandteil analgetischer Medikamente, und zusammen mit Salicylsäure ebenfalls in Analgetica enthalten. Dabei können Komplexe entstehen, welche z.B. die Absorption der Einzelsubstanzen durch die Magenschleimhaut beeinflussen (CHVASTA et al., 1971; GOTO et al., 1968, 1969; REUNING et al., 1968). Lokalwirkungen an der Magenschleimhaut sind für Salicylsäure bekannt, für Coffein und den Coffein-Salicylat-Komplex zumindestens zu diskutieren. Der nicht unbeachtliche Coffeingehalt handelsüblicher und häufig gebrauchter Analgetica wird aber in der Diskussion um das Problem „Coffein und Kaffee“ nicht berücksichtigt.

Man sollte auch nicht vergessen, daß Coffein bei mehrmaligem Kaffeetrinken in kurzen Zeitabständen eine kumulative Wirkung besitzt (AXELROD et al., 1953; DEBAS et al., 1971), deren pharmakologische Effekte über die der zitierten Einzeldosis von 0,2 g Coffein hinausgehen können.

Es soll nun versucht werden, die Frage der Verträglichkeit von Coffein und der Bekömmlichkeit von Kaffeegetränken unter Berücksichtigung klinischer Krankheiten der Verdauungsorgane und der subjektiven Beschwerden von Patienten zu behandeln.

2. Speiseröhre

Für den Arzt ist es schwierig, bei den noch mangelhaften Kenntnissen über den Einfluß von Methylxanthinen und Kaffeegetränk auf Speiseröhre und gastrooesophagealer Übergangszone wissenschaftlich begründete Aussagen über unerwünschte Begleiterscheinungen zu machen. Dies gilt insbesondere für das Sodbrennen (Pyrosis), einem schlecht definierbaren brennenden Gefühl hinter dem Brustbein, das meist auf Reflux von saurem oder gallehaltigem Mageninhalt in die Speiseröhre zurückgeführt wird. Zur Prüfung der Bedeutung der Säure für die Pyrosis wird der Bernstein-Test vorgenommen (BERNSTEIN et al., 1958): Man perfundiert die Speiseröhre zunächst mit körperwarmem Wasser und stellt den Durchstrom dann ohne Wissen des Patienten auf n/10 HCl um; treten Schmerzen oder eine brennende Sensation auf, so gilt dies als positive Reaktion. Es sei allerdings nicht verschwiegen, daß die Wertigkeit dieses Tests in neueren Vergleichsuntersuchungen mit der Oesophagomanometrie und der Röntgenkontrolle stark angezweifelt wurde.

Die Acidität des Getränkes dürfte übrigens bei Kaffeegetränken aus Röst- oder Pulverkaffee bzw. bei Tee mit pH-Werten um 5—6 lokal ohne Einfluß auf die Speiseröhre sein; dagegen wäre die Auswirkung des Refluxes von stimuliertem Magensekret (s. Abschnitt IV/2) zu diskutieren. Coffeinhaltige Colagetränke weisen jedoch mit pH-Werten um 3,0 eine stärkere Acidität als Zitronensaft auf (BIRCHER et al., 1967; FLICK 1970) und könnten so direkte Säurewirkungen, insbesondere im Bereich der gastrooesophagealen Übergangszone der Mucosa, auslösen.

Nicht zu vergessen sind aber die Auswirkungen der akuten Temperaturveränderungen beim Genuß eisgekühlter Colagetränke ebenso wie beim Trinken von heißem Bohnenkaffee. DE JONG et al. (1972) fanden, daß heißer Bohnenkaffee, dessen Temperatur in der Kaffeetasse meist um 60° C liegt, je nach Ausgangstemperatur und Größe der einzelnen Schlucke, die untere Speiseröhre noch mit Temperaturen bis 54° C passiert.

Sollten Dysphagie, saures Aufstoßen oder Sodbrennen wiederholt nach dem Trinken von Kaffee- oder Cola-Getränken geklagt werden, so sollte der Kliniker daraus die Indikation zur eingehenden röntgenologischen und endoskopisch-bioptischen Untersuchung der Speiseröhre ableiten, um vor allem krankhafte Veränderungen im Bereich der gastrooesophagealen Übergangszone (Oesophagitis, axiale Hiatushernie, andere Ursachen eines gestörten Sphinctermechanismus) zu sichern oder auszuschließen. STRAUCH et al. (1973) empfehlen bei Patienten mit erwiesener Refluxkrankheit unter anderen Maßnahmen, insbesondere neben dem dringend angezeigten Nicotinverbot, das Vermeiden von Kaffee oder schwarzem Tee auf nüchternen Magen.

3. Magen

Ob Coffein und Kaffeegetränke eine direkte ulcerogene oder coulcerogene Wirkung beim Menschen besitzen, ist nach wie vor offen (vgl. ROTH, 1964; ROTH et al., 1944; ROTH u. IVY, 1946; ROTH u. VALDES-DAPENA, 1963). Wie bereits erwähnt, entsprechen die bei experimentellem Streß und/oder Gabe von Coffein bzw. Kaffeegetränk im Tierversuch gesetzten Läsionen am ehesten den akuten Erosionen in der Magenschleimhaut bzw. der akuten hämorrhagischen Gastritis (BRODIE, 1962; BRODIE et al., 1960; MENGUY, 1960). Klinisch würde man unbestimmte Beschwerden in Oberbauchmitte bei negativem Röntgenbefund bzw. eine „Dyspepsie“ unklarer Genese erwarten; die Sicherung der Diagnose wäre nur auf endoskopischen Wege möglich. Die Bedeutung der Magenschleimhauterosionen erhebt sich aus der Feststellung des Pathologen, der sie als häufigste morphologisch faßbare Läsion der Magenschleimhaut kennt (EDER, 1969), und des Gastroenterologen, der sie zahlenmäßig ebenfalls an erster Stelle unter den krankhaften Magenbefunden beschreibt. Besonders bei jüngeren südländischen Gastarbeitern ist übersteigerter Kaffeekonsum neben Nicotinabusus als ursächlicher Faktor zu vermuten (SCHMID, 1974). Die klinische Erfahrung lehrt jedoch, daß im allgemeinen aber erst die Kombination mehrerer potentieller Noxen wie Alkohol, Nicotin, Bohnenkaffee, Gebrauch salicylathaltiger Analgetica bzw. Einnahme von Glucocorticoiden oder Nichtsteroid-Antiphlogistica zum gehäuften Auftreten von Magenschleimhauterosionen bis zum Vollbild einer schweren, akuten hämorrhagischen Gastritis führt (SCHMID, 1968, 1974). Bereits der klinische Verdacht könnte daher den Rat zur Einschränkung des Kaffeekonsums bzw. das Verbot coffeinhaltigen Kaffees veranlassen. Veredelte Kaffees, insbesondere coffeinfreier Kaffee, können dagegen in kleinen Mengen gestattet werden.

Erbrechen nach Kaffeegetränk kann auch beim Menschen, allerdings als seltene Nebenerscheinung vorkommen (LICKINT, 1931); zwischen Normalkaffee und Kaffee, der nach dem Lendrich-Verfahren bzw. einer modifizierten Technik verarbeitet war, bestanden an zwei Stichproben aus berufstätigen Probanden und gastroenterologischen Patienten dabei keine Häufigkeitsunterschiede (SZIEGOLEIT et al., 1972a, b).

Besteht bereits ein peptisches Geschwür, insbesondere ein Ulcus duodeni, so scheint das Verbot coffeinhaltigen Normalkaffees ebenfalls gerechtfertigt (vgl. MENGUY, 1964). Dieses Verbot würde sich vor allem auf die stärker und länger säurestimulierende Wirkung von Coffein bei Patienten mit Zwölffingerdarmgeschwür stützen, sowie auf die Erfahrung, daß verlängerter Säurereiz mit Abheilungsverzögerung des Zwölffingerdarmgeschwürs einhergeht. Nach einer retrospektiven Studie an fast 37000 Patienten scheint aber Zigarettenrauchen für die Prävalenz des peptischen Geschwürs bedeutsamer zu sein als Alkohol oder Bohnenkaffee (FRIEDMAN et al., 1974). Entsprechende Vorsicht wäre auch bei anderen Methylxanthinen, insbesondere Theophyllin und seinen Derivaten, die klinisch als Broncholytica therapeutisch eingesetzt werden (SCHMID, 1958), angezeigt.

Eine statistisch nachzuweisende Häufung des vermehrten Kaffeekonsums beim Kranken mit Magencarcinom, im Vergleich zu einer Stichprobe von Kranken mit Dickdarmkrebs bzw. dem US-Bevölkerungsdurchschnitt, konnte nicht nachgewiesen werden. Bedenken hinsichtlich einer potentiellen cancerogenen Wirkung des Kaffeegetränks erscheinen somit aus gastroenterologischer Sicht unbegründet (BERNSTEIN et al., 1958; vgl. auch Kapitel T., S. 373).

4. Darmtrakt

Erhöhte Darmsekretion und Einflüsse auf die Darmperistaltik sowie die choleretisch-cholecystokinetische Wirkung von Coffein und anderen Inhaltsstoffen des Kaffeegetränks (s. S. 313) reichen aus, um Diarrhoen bzw. Schleimabgang mit dem Stuhl bei Überdosen (KRETSCHMER, 1936) oder bei empfindlichen Personen, etwa mit Reizcolon, zu erklären. Gehäuft wurden Durchfälle oder vermehrte Stühle nach Normalkaffee und nach gedämpften Kaffee jedoch bei Patienten mit Leber- und Gallenblasenerkrankungen beobachtet (SZIEGOLEIT et al., 1972b).

Dem gastrocolischen Reflex könnte bei der Auslösung von Durchfällen eine zusätzliche Bedeutung zukommen; schließlich müssen auch zentralnervöse Einflüsse und psychologische Momente bei den Personen, die regelmäßig nach Kaffeegenuß zur Stuhlentleerung kommen, erwähnt werden.

In der ärztlichen Praxis sollte daher das Kaffeegetränk, insbesondere coffeinhaltiger Bohnenkaffee, bei Patienten mit organischen Darmleiden, etwa bei Colitis oder funktionellen Diarrhoen, nur zurückhaltend erlaubt werden. Besteht der

Verdacht auf eine nutritive Allergie, so sollte man ebenfalls coffeinhaltigen Kaffee wegen der möglichen gesteigerten Resorption der Allergene (vgl. die Persorptionsstudien von VOLKHEIMER, S. 312) möglichst vermeiden. Umgekehrt kann bei chronischer Obstipation eine eventuelle leicht laxierende Wirkung des Kaffeegetränks durchaus erwünscht sein.

5. Leber- und Galleleiden

Von Klinikern wurde in der Vergangenheit Bohnenkaffee ebenso wie scharfe Gewürze als der Leber nicht zuträglich bezeichnet. TROUSSEAU vertrat die Auffassung, daß das Kaffeegetränk über „eine Kongestion der Leber" zur Cirrhose führen könne, und auch MINKOWSKI war vom schädlichen Einfluß des Kaffees überzeugt (zitiert bei FRANKEN, 1968). Allerdings stellt der Kaffeegenuß bei der dringenden Notwendigkeit, Alkohol dem chronischen Leberkranken völlig zu verbieten, eher einen wünschenswerten Ausgleich dar (FRANKEN, 1968, 1969). BRÜHL (1967) meint, daß die vor dem Röstvorgang von ihrer Wachsschicht befreiten Kaffeesorten vom Leberkranken im allgemeinen besser vertragen werden. Auch EISENBURG (1968) erlaubt Bohnenkaffee, sofern nicht von seiten des Magens oder der Gallenwege Kontraindikationen bestehen. Veredelte Kaffees seien zu bevorzugen.

Klinisch-experimentelle Untersuchungen von ZELLER (1968) bzw. ZELLER et al. (1967) ergaben, daß beim Leberkranken der Anstieg freier Fettsäuren im Blut nach coffeinhaltigem Bohnenkaffee höher ist und länger anhält als bei Lebergesunden. Coffeinfreier Kaffee hatte nur eine geringe Wirkung auf den Fettstoffwechsel, sowohl beim Lebergesunden als auch beim Leberkranken (BELLET et al., 1969; ZELLER et al., 1967). Nach dem Lendrich-Verfahren gedämpfter Kaffee bewirkte zwar eine gegenüber dem üblichen Röstkaffee abgeschwächte Wirkung auf das freie Glycerin, hinsichtlich der freien Fettsäuren im Plasma fanden sich eher noch deutlichere Stoffwechselwirkungen (HAMMERL et al., 1969). Gewisse Unterschiede bestanden auch für verschiedene Kaffeesorten (ZELLER, 1968). Versucht man, aus den bisher vorliegenden Befunden Schlüsse für Erlaubnis, Einschränkung oder Verbot des Kaffeegetränks beim Leberkranken zu ziehen, so sind kleinere Mengen sicher zu tolerieren. Zumindest der starke Kaffeetrinker sollte jedoch coffeinfreien Kaffee gegenüber anderen Kaffeegetränken aus folgenden Gründen vorziehen:

1. Der höhere Anstieg der freien Fettsäuren im Plasma nach coffeinhaltigen Kaffeegetränken beim Kranken mit Fettleber entspricht einer höheren Stoffwechselbelastung, die ohne Verzicht auf den Kaffeegenuß vermeidbar ist.
2. Die bereits erwähnte kumulative Wirkung von Coffein (S. 316) ist beim Cirrhose-Patienten besonders zu vermuten, obwohl über den Abbau dieses Pharmakons bei Leberkranken noch keine klinisch pharmakologischen Versuche vorliegen.

Eigene Untersuchungen über den Arzneimittelabbau bei Lebercirrhose (ANDRASCH et al., 1971; STOLTERFOHT et al., 1970) sowie Befunde anderer Autoren ergaben jedoch, daß der oxidative Abbau von Pharmaka bei diesen Patienten erheblich verzögert sein kann. Überdies könnte die Wirkung der Methylxanthine bzw. anderer Kaffeeinhaltsstoffe auf die Magensekretion (s. S. 302) gerade beim Leberkranken unerwünschte Begleitwirkungen nach sich ziehen: Insbesondere nach Genuß von unbehandelten, coffeinhaltigen Kaffees und coffeinhaltiger Cola-Getränke erscheint das Risiko der ohnehin bei Leberkranken vermehrt beobachteten hämorrhagischen Erosionen der Magenschleimhaut (SCHMID et al., 1971) beachtlich. Auch an die bekannten Zusammenhänge zwischen Lebercirrhose und peptischem Geschwür ist zu denken (JAHN, 1949).

Unverträglichkeit von Normalkaffee und gedämpftem Kaffee scheint bei Kranken mit Leber- und Galleleiden nicht häufiger zu sein als bei vegetativer Dysregulation (SZIEGOLEIT et al., 1972b).

6. Gallenblasenleiden

APEL et al. (1961) sahen bei Patienten mit Gallenblasenleiden, daß coffeinfreier Kaffee im Gegensatz zu anderen Kaffeegetränken und zur Coffeinlösung keine Oberbauchbeschwerden auslöste; eine kleine Doppelblindstudie ließ einen Trend zugunsten des coffeinfreien Kaffees erkennen, sollte aber eine Nachprüfung der Ergebnisse an einer größeren Stichprobe veranlassen. Gerade bei Patienten mit chronischen Krankheiten der Gallenwege wäre es wünschenswert, das Studium unkritischer Aussagen über das Kaffeeproblem zugunsten weiterer exakter wissenschaftlicher Untersuchungen zu veranlassen.

7. Erkrankungen des Pankreas

Kontraindikationen gegen den Genuß von Bohnenkaffee beim Diabetiker lassen sich aus den Untersuchungen über den Glucose-Stoffwechsel, insbesondere über die Glucose-Toleranz bei gesunden Probanden und Diabetikern (CHERASKIN et al., 1967; JANKELSON et al., 1967; MÜLLER-WIELAND, 1969; vgl. auch Kapitel von AMMON) nicht ableiten. Die Studien über die Beeinflussung des Fettstoffwechsels durch Coffein und coffeinhaltige Getränke (s. S. 319, vgl. auch Kapitel von AMMON) sprechen aber für eine Einschränkung des Genusses von coffeinhaltigem Röstkaffee.

Klinisch dürfte dagegen das Verbot von Coffein und coffeinhaltigen Getränken wegen ihrer möglichen sekretorischen Effekte bei Patienten mit Pankreatitis indiziert sein.

8. Zusammenfassung

Beschwerden von seiten der Verdauungsorgane sind nach Kaffeegenuß relativ häufig. Sie sind uncharakteristisch, lassen keine Organdiagnose zu und können ebensogut Ausdruck subjektiver Mißempfindungen psychisch oder vegetativ labiler Personen sein, wie Symptom einer organischen Erkrankung der Oberbauchorgane darstellen. Ohne moderne Diagnoseverfahren wird die Deutung der Beschwerden in jedem Falle spekulativ bleiben. Nach dem gegenwärtigen Stand der Kenntnisse scheint ein Verbot coffeinhaltigen Kaffees bzw. die Empfehlung einer Konsumeinschränkung bei folgenden Patientengruppen angezeigt:

1. Refluxkrankheit, z.B. bei axialer Hiatushernie.
2. Erosive Gastritis; Patienten unter Therapie mit Salicylaten, Glucocorticoiden oder antirheumatischen Medikamenten.
3. Nachgewiesenes Ulcus duodeni.
4. Funktionelle oder organisch bedingte Diarrhoen, falls eine Auslösung oder Verstärkung der Durchfälle durch Kaffeegetränk erwiesenermaßen besteht.
5. Leberkranke mit Kaffeeunverträglichkeit, z.B. nach akuter Hepatitis, insbesondere aber Kranke mit Lebercirrhose im Stadium der Dekompensation mit portalem Hochdruck, auch wenn sie Kaffee angeblich tolerieren.
6. Gallensteinleiden, sofern Kaffeegetränk Beschwerden auslöst.
7. Akute bzw. akut-rezidivierende Pankreatitis; chronische Pankreasleiden dann, wenn subjektive Beschwerden nach Kaffeegenuß auftreten.

Gleiche Überlegungen müssen auch für andere Methylxanthine, insbesondere das Theophyllin und seine Derivate gelten, deren Effekte auf die Verdauungsorgane sicher früher bei ihrer therapeutischen Verwendung als coronarwirksame und broncholytische Pharmaka zu wenig beachtet wurden.

Coffeinfreier Kaffee bzw. andere veredelte Kaffees mit vermindertem Gehalt an physiologischen Wirkstoffen können dagegen, zumindest in kleineren Dosen, versuchsweise gestattet werden.

Q. Stoffwechsel der Methylxanthine

O. EICHLER

Mit 4 Abbildungen

Die früheren Versuche über das Schicksal der uns hier interessierenden Alkaloide krankten an den unzureichenden Bestimmungsmethoden für kleine Konzentrationen in biologischen Materialien. Man war zum Teil auf die biologische Testung an der Muskelfaser des Frosches angewiesen. Trotzdem sind die Resultate häufig etwa richtig gewesen. Ein Teil der Abbauprodukte im menschlichen Organismus waren schon durch KRUEGER und SALOMON (1898/99) bekannt. Die Autoren mußten damals mehrere tausend Liter Urin aufarbeiten.

Eine erste gute chemische Methode verdanken wir KUNZ (1935). Aber die Empfindlichkeit (ca. 0,1 mg) war nicht hoch genug und die Bestimmung war unspezifisch, weil sie auf dem Stickstoffgehalt des Coffeins beruhte. Dabei blieb immer ein Leerwert, der auch durch verschiedene Diäten (Rohkost vegetarisch) nicht verringert oder stabilisiert werden konnte (EICHLER, 1942). Erst AXELROD und REICHENTHAL (1953) stellten für Coffein, BRODIE, AXELROD und REICHENTHAL (1952) für Theophyllin mit Hilfe der UV-Spektroskopie spezifische Methoden zur Verfügung, deren Empfindlichkeit bis in den µg-Bereich herab reichte. Auf der anderen Seite öffneten sich neue Wege durch die Verfügbarkeit von Radiokohlenstoff und Tritium-markierten Verbindungen. Bei der Anwendung dieser Substanzen ergibt sich der Nachteil, daß auch die schnell auftretenden Zersetzungsprodukte mit erfaßt werden, sofern nicht eine Abtrennung erfolgt, oder eine chemische Bestimmung parallel läuft.

I. Bakterien

Angesichts der Tatsache, daß alle untersuchten Warmblüter inklusive des Menschen in der Lage sind, Theophyllin und die anderen Methylxanthine rasch abzubauen und so zu entgiften, ist es erstaunlich, daß dies nicht für alle Einzeller zutrifft, die doch sehr vielseitige Fermentsysteme besitzen. Zum Beispiel kann E. coli auf synthetischen Nährböden das Coffein nicht als Stickstoff- oder Kohlenstoffquelle zum Wachstum verwenden. Das gilt auch für einige andere Darmbakterien, wie z.B. Aerobacter aerogenes (HANZAL u. ECKER, 1930), obwohl sie Harnsäure schnell aufschließen können. Das erklärt, warum Coffein trotz der leichten Resorbierbarkeit beim Menschen zu 1,2—2,5%, beim Meerschweinchen sogar zu 10% in den Faeces vorhanden ist (KRUPSKI et al., 1936). Dagegen wiesen

SCHWIMMER, KURTZMANN und HEFTMANN (1971), sowie KURTZMANN und SCHWIMMER (1971) auf Bakterien wie z. B. B. coagulans oder Pilze wie Penicillium ROQUEFORT hin, die auf Coffein-Nährböden ebenso schnell wachsen wie auf Nitrat-Medien. Der Abbau beginnt mit einer Demethylierung in der Position 7 des Purinringes.

II. Warmblüter

1. Resorption

Bei der Resorption des Coffeins spielt seine Tendenz zur Komplexbildung eine Rolle. Nach Zusatz bestimmter Kolloide zu Pulverkaffee (MACH u. MACH, 1967) war die Resorption von Coffein verzögert und im Blut resultierte eine zwar länger anhaltende, aber nie so hohe Konzentration. Die Autoren nehmen deshalb eine „bessere Bekömmlichkeit" an. Daß nicht jedes Kolloid solche Eigenschaften besitzt, ersehen wir aus den Versuchen mit Zusatz von Milch (S. 344).

In Modellversuchen mit künstlichen Membranen zeigten BATES et al. (1970), daß manche Substanzen, die mit Coffein Komplexe bilden, schlechter durch Membranen diffundieren und Coffein ebenso an der Permeation gehindert wird. Dieser Effekt fand sich auch bei Benzpyren, das durch Coffein besser löslich wird (S. 378).

Am unterbundenen Magen hat 2,75% Coffein keinen Einfluß auf die Resorption von Alkohol, hemmte aber die Resorption von Salicylsäure (REUNING u. LEVY, 1967). Ähnliche Beobachtungen machten GOTO et al. (1968) am Kaninchenmagen. Durch Zusatz von Coffein wurde die Resorption von an sich gut resorbierbaren Substanzen erniedrigt, aber auch die Resorption von Coffein selbst wurde verzögert. Das gilt auch für die Salicylsäure, aber nur bei pH 1, nicht mehr bei pH 5, wo die Komplexbildung geringer ist. SCHANKER et al. (1952) fanden bei Ratten, daß in 1 M HCl in 1 Std 24% des Coffeins aus einer Lösung von 0,2 mg/ml resorbiert werden.

Die Coffein-Resorption aus dem Magen untersuchten CHVASTA et al. (1971) bei 10 gesunden Versuchspersonen. Nach 175 mg Coffein in 350 ml warmem Wasser waren innerhalb 20 min 83% der Flüssigkeit aus dem Magen verschwunden, ohne Unterschied zu den Kontrollen ohne Coffein, obwohl man erwarten sollte, daß durch seine Wirkung auf die Magensaftsekretion eine Verzögerung erfolgen müßte. Aber die Wirkung auf die HCl-Sekretion besitzt eine Latenz von 10—15 min. Die Coffein-Resorption betrug nach 5, 10, 15 und 20 min 3,5, 9,5, 10,1 und 16,3% der gegebenen Menge. Wurde der pH des Testtrunks von 2,1 auf 7 verändert, dann stieg die Resorption in 20 min auf 21,5%. Coffein ist bei pH 2,1 zu 95%, bei pH 7 praktisch zu 100% nicht-dissoziiert. Diese geringfügige Differenz könne aber durch die fortlaufende HCl-Sekretion beeinflußt werden. Na.-Benzoat hatte in diesen Versuchen keinen Effekt, zumal nur 4% komplex gebunden war.

Eine ungewöhnlich niedrige Resorptionsquote von 29% für Theophyllin erhielten SCHANKER et al. (1958), wenn sie eine Lösung für 3 Std durch den Darm zirkulieren ließen. Vielleicht war der Darm zu stark gedehnt und schlecht durchblutet.

Die umfangreichsten Versuche zur Resorption des Coffeins stammen von CZOK und SCHMIDT (aus dem Institut von K. LANG). Durch zum Teil parallele Verwendung von 8-^{14}C-Coffein und chemischer Bestimmung (nach AXELROD und REICHENTHAL, 1953) konnte ein Eindruck auch über die Metabolisierung von Coffein erhalten werden. Als erste Übersicht geben wir in Tabelle 20 die Befunde an Ratten wieder, die 15 mg/kg Coffein unter verschiedenen Bedingungen erhalten hatten (nach CZOK, SCHMIDT u. LANG, 1969).

Tabelle 20. Verschwinden des ^{14}C-Coffein aus dem Darmkanal. (Nach CZOK et al., 1969)

Gabe	Aktivität in % der Dosis			Halbwertszeit (min)
	½ Std	1 Std	5 Std	
Coffein allein	10—12	6—9	5—8	3—4
Coffein und Chlorogenssäure	10—12	5	1—2	3—4
Coffein im Kaffeeinfus	13—15	8—10	5—8	6—8

Schon aus den Halbwertszeiten des Verschwindens aus dem Magen-Darm-Kanal sieht man, daß die Geschwindigkeit der Resorption bei Zufuhr in Form von Kaffee am langsamsten erfolgt. Die Chlorogensäure (in Kaffee in größerer Menge als Coffein enthalten) führt nach der ersten Stunde zu einer Beschleunigung der Resorption. Es ist also nicht so, daß jede Komplexbildung mit Coffein zu einer Verlangsamung der Resorption führt. Durch Chlorogensäure wird die Ausscheidung von Aktivität durch die Galle (gemessen nach 5 Std) beträchtlich vermehrt. Das müßte eigentlich den Gehalt des Darminhaltes steigern. Die Autoren schließen auf eine gesteigerte Rückresorption. Wegen dieses enterohepatischen Kreislaufes findet man noch spät Aktivität im Darm, die aber fast ausschließlich auf Metaboliten des Coffeins zu beziehen ist. Oben hatten wir erwähnt, daß Coffein auch in unzersetzter Form in den Faeces zu finden ist.

Ein weiteres interessantes Resultat dieser Untersuchungen ist die Beobachtung, daß die Begleitstoffe des Tees zu einer Verlangsamung der Resorption führen (CZOK et al., 1969; CZOK et al., 1967), allerdings nur in den ersten Stunden. Schon nach 3 Std hat sich diese Differenz ausgeglichen, außer bei reinem Coffein. Es handelt sich in den späteren Phasen um Aktivität, die über die Galle in den Darm gelangt.

Eine besondere Rolle für die Resorption spielen Nahrungsmittel. In Versuchen von SCHMIDT et al. (1970) verzögerte die gleichzeitige Gabe von Rohrzucker (5 g/kg), Serumalbumin (8 g/kg) oder 3 ml Erdnußöl die Aufnahme beträchtlich. Die Halbwertszeiten der Resorption stiegen auf 25—30, 35—40 und 40 min. Wie wir an anderer Stelle (S. 344) darstellen, wurde nach Zugabe von Milch keine Abnahme in der Toxicität von Coffein gefunden. Diese scheinbare Diskrepanz erklärt sich daraus, daß das Vergiftungsbild des Coffeins protrahiert verläuft, eine Verzögerung der Resorption durch die Nahrung kommt dabei nicht zur Geltung.

2. Verlauf der Konzentrationen im Plasma

Coffein erscheint schon nach wenigen Minuten im Plasma und erreichte bei den Rattenversuchen von CZOK und SCHMIDT in etwas weniger als 1 Std ein Maximum. Auch beim Menschen fanden AXELROD und REICHENTHAL (1953) das Maximum der Plasmakonzentration nach ca. 1 Std. Resorption und Verteilung in die Gewebe sind so rasch, daß der allgemeine Kurvenverlauf nach intravenöser und oraler Gabe, abgesehen von den ersten Minuten, weitgehend gleich war. AXELROD et al. (1953) fanden bei Konzentrationen von 9—45 mg/kg etwa 15% an kolloidale Plasmabestandteile gebunden (18tägige Dialyse). HESS, TESCHEMACHER und HERZ (1968) fanden mit Ultrafiltration bei Coffein 9,5%, Coff.-Na.-Acetat 5,9%, Theophyllin 29,85% und Theobromin 5,05% gebunden. Das Maximum der Gesamtplasmakonzentration war nach SCHMIDT umso höher, je leichter die Tiere waren. Das ist verständlich, wenn man bedenkt, wie rasch sich die relativ leicht fettlösliche und permeable Substanz nach dem Wassergehalt der Organe verteilt. Wichtig ist der Befund von CZOK et al. (1968—1970) daß zwischen chemisch gemessenem Coffein und der Gesamtradioaktivität in den ersten 1 bis 2 Std kein Unterschied besteht. Das bedeutet, daß in dieser Zeit noch keine Metaboliten in Erscheinung treten, vermutlich weil sie rasch durch Galle und Urin ausgeschieden werden. Auch bis zu den ersten 5 Std ergaben sich keine nennenswerten Unterschiede, wohl aber bei Mäusen in den Versuchen von BURG und WERNER (1972), wo bereits nach 30 min Metaboliten in meßbaren Mengen auftraten (1,7-Dimethylxanthin, 1-Methylxanthinsäure).

Wesentlich anders liegen aber die Verhältnisse, wenn das Coffein im Tee zugeführt wird, wie die folgende Abb. 32 von CZOK et al. (1967) zeigt, die auch

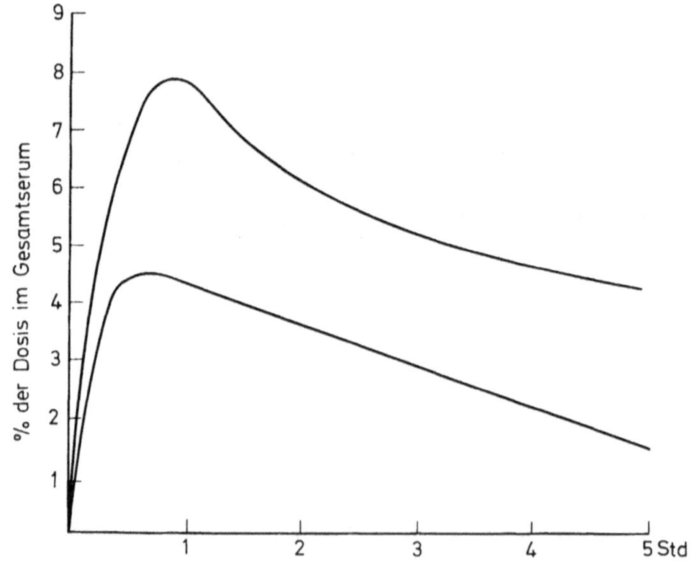

Abb. 32. Plasmakonzentrationen nach Verabreichung von ^{14}C-Coffein in Tee. ^{14}C-Aktivität: obere Kurve, Coffein-Gehalt: Untere Kurve. (Nach CZOK, G., 1967)

einen Eindruck über den allgemeinen Konzentrationsverlauf im Serum vermittelt. Beim Tee bleiben die Coff-Konzentrationen niedriger als beim Kaffee wegen seiner oben erwähnten langsameren Resorption aus dem Darm. Die Differenz der Kurven entspricht dem Anteil der Metaboliten. Einen etwas größeren Unterschied gibt es bei Chlorogensäure, wobei der primäre Anstieg steiler verlief (CZOK et al., 1968; SCHMIDT, 1970). Wenn das Coffein mit einer der oben erwähnten Zusätze (Zucker, Albumin oder Erdnußöl) verabfolgt wird, verläuft der Anstieg weniger steil, der Plasmagehalt ist aber nachhaltiger erhöht und auch nach 5 Std noch hoch, allerdings als Gesamt-Radioaktivität gemessen. Wurden die Ratten 14 Tage lang mit täglichen Kaffee-Mahlzeiten mit 14 mg/kg Coffein vorbehandelt, dann zeigte sich im Vergleich zu einmaliger Coffein-Gabe ein steilerer Anstieg der Radioaktivität und ein schnellerer Abfall unter die Normalkurve, als Zeichen erhöhter Ausscheidung. Also wäre eine Gewöhnung hier nicht durch eine geringere Empfindlichkeit, etwa des Zentralnervensystems, bedingt, sondern durch eine erhöhte Elimination, wobei der Gehalt an unzersetztem Coffein im Harn anscheinend nicht erhöht ist, also die Metabolisierung beschleunigt sein müßte. Dieser interessante Befund sollte überprüft und erweitert werden.

In einer weiteren Versuchsreihe fanden CZOK et al. (1967) sowie CZOK et al. (1969), daß die zentrale Erregbarkeit an Mäusen bei Gabe von Coffein allein nach 3 Std, spätestens nach 4 Std deutlich zurückging, während sie bei Verabreichung in Tee oder Kaffee länger anhielt. Nach CZOK erklärt sich dies für Tee aus der verzögerten Resorption, bei Kaffee müßten dagegen weitere erregende Substanzen zur Wirkung kommen. Die Autoren denken dabei an die von ihnen gefundenen erregenden Effekte von Chlorogensäure. Von den Inhaltsstoffen des Kaffees wurde der maximale Serumgehalt des Coffeins durch Trigonellin und Adenin erniedrigt, durch Theophyllin erhöht (CZOK et al., 1967).

GOLDSTEIN et al. (1965) gaben 10 Versuchspersonen 300 mg Coffein und fanden nach 1 Std Plasmakonzentrationen von 0,4—0,6 mg%, nach 3 Std 0,3 bis 0,48 mg%. Bei schwereren Personen schienen die Konzentrationen etwas niedriger zu sein (wie bei SCHMIDT). Die Weckwirkung war bei Personen mit höheren Konzentrationen deutlicher.

Wie schon erwähnt, haben AXELROD und REICHENTHAL (1953) außer in den ersten Minuten keinen Unterschied in der Plasmakonzentration nach oraler oder i.v. Verabreichung gesehen. Ähnliche Befunde teilten SANT'AMBROGIO et al. (1964) mit. Die anfangs höhere Konzentration nach i.v. Applikation näherte sich mit einer Halbwertszeit von $1\frac{1}{2}$ min der Kurve nach oraler Gabe an. Die Verteilung erfolgt also sehr schnell. Die Permeation durch die Capillaren dauert nur 30 sec. Bei Vergleich zwischen oraler Gabe und i.m. Injektion von 0,5 g Coff an einer Versuchsperson war das Maximum der Konzentration im Plasma nach oraler Gabe mit 1,4 mg% nach 30 min erreicht, nach intramuskulärer Gabe mit nur 1,1 mg% nach 1 Std. Innerhalb der nächsten 2 Std fielen die Konzentrationen auf 0,6—0,8 mg% ab und blieben für 6 Std auf dieser Höhe. Diese lang anhaltende Plasmakonzentration weist auf eine limitierende Eliminationskapazität bei der hohen Dosis hin. Das wird auch durch die Befunde von BURG und WERNER (1972) an Mäusen unterstützt, in denen nach 5 mg/kg Coffein eine Halbwertszeit von 0,6 Std, nach 25 mg/kg von 1,7 Std gemessen wurde. Die Gesamt-Radioaktivität nahm mit einer Halbwertzeit von 2,5 Std ab.

AXELROD und REICHENTHAL (1953) fanden beim Menschen nach 500 mg Coffein oral das Maximum der Konzentration nach 1 Std mit 1 mg%. Nach i.v. Injektion von 7 mg/kg an 12 männlichen Versuchspersonen wurde ein exponentieller Abfall der Plasmakonzentration mit einer Halbwertzeit von 3,5 Std (2,5—4,5) gemessen. Das entspricht einer Eliminationsrate von 12—22%/Std. Bei Hunden wurde eine Halbwertszeit von 5 Std gefunden.

3. Organverteilung

In der eben erwähnten Arbeit von AXELROD und REICHENTHAL wurde auch die Verteilung von Coffein im Gewebe nach 84 mg/kg untersucht. In Erythrocyten, Cerebrospinalflüssigkeit, Leber, Lunge, Herz, Muskel, Niere, Milz und Gehirn fanden sich nur unwesentliche Abweichungen von der Plasmakonzentration, wenn der Gehalt auf den Wassergehalt der Organe bezogen wurde. Auch bei wiederholter Zufuhr von Kaffee war nach 15 Std im Organismus kein Coffein mehr nachweisbar, also gäbe es bei einem mittelschweren Kaffeetrinker keine materielle Kumulierung von Tag zu Tag, d.h. wenn eine vorhandene Konzentration allein maßgeblich wäre. Man muß mit einer Hysteresis rechnen.

Mit Tritium-markiertem Coffein fanden BERTOLI et al. (1968) bei Mäusen in den Hoden höhere Konzentrationen als in Hirn und Haut. Nach 24 Std war in der Leber noch deutlich Aktivität nachweisbar, in den anderen Organen wurden minimale Konzentrationen, vermutlich von Metaboliten, gefunden. DEBAS et al. (1971) gaben ihren Versuchspersonen alle 2 Std 2 Tassen Kaffee (Extrakt) mit einem Gehalt von je 250 mg Coffein, insgesamt 8 Tassen. Der Gehalt im Plasma stieg linear bis 2,7 mg%. Bei i.v. Injektionen von 160 mg erreichte die Coffein-Konzentration 0,5 mg%, wobei bereits die Magensaftsekretion angeregt wurde.

LUKAS et al. (1971) untersuchten den Resorptionsweg von radioaktiv markiertem Coffein nach i.p. Injektion bei Hunden und Ratten. Wie zu erwarten, stieg der Gehalt in der Leber rascher an (beginnend bereits nach 20 sec) als im peripheren Plasma, umgekehrt wie nach subcutaner Injektion.

Von besonderem Interesse sind die Untersuchungen von HERZ, TESCHEMACHER, HESS, NETTELER und NOVACZEK, die sich mit dem Eindringen des Coffeins in den Liquor cerebrospinalis beschäftigen. Die Resultate geben wir auf den folgenden 2 Abb. wieder. Die Abb. 33 zeigt die erstaunlich schnelle Gleichgewichtseinstellung zwischen Plasma und Liquor nach i.v. Injektion von 50 mg/kg Coff.-Na.-Benz. beim Hund. Aus der Abb. 34 ist zu entnehmen, daß die Gleichgewichtseinstellung des Theobromin deutlich langsamer als bei Coffein erfolgt, nach 2 Std ist es auch hier zum Ausgleich gekommen. Die Theophyllin-Konzentration im Liquor erreicht dagegen wegen seiner Plasma-Eiweißbindung (25%) niemals die Plasma-Konzentrationen. Allerdings fanden THITHAPANDHA et al. (1972) für Theophyllin keine wesentlich höhere Plasma-Eiweißbindung bei Ratten als für Coffein, bei 0,05 mM ca. 80%, bei 5 mM ca. 20% Bindung.

Über die Kinetik des Theophyllins liegen eine Reihe von Untersuchungen am Menschen vor. BÜLOW (1963) gab eine Übersicht über frühere Bestimmungen,

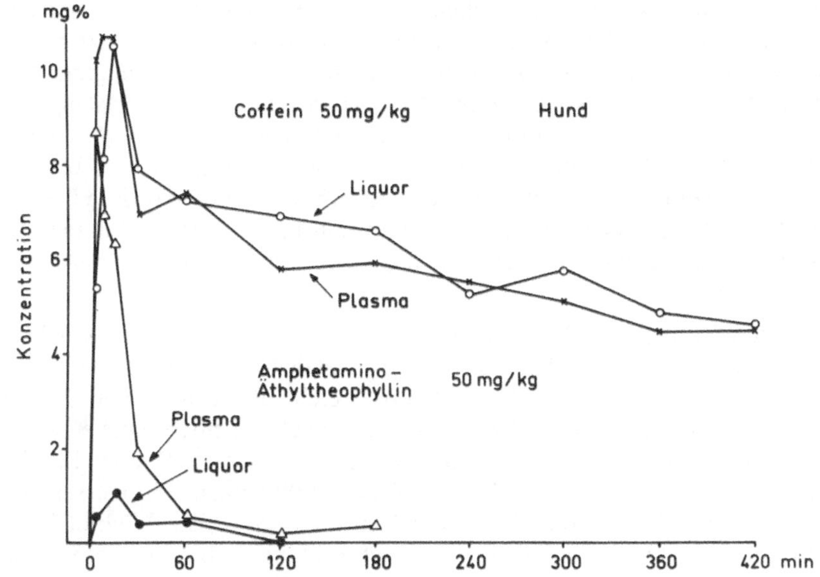

Abb. 33. Konzentrationen von Coffein im Liquor und Plasma nach 50 mg/kg Coff.-Na.-Benz. bzw. AAT = Amphetamino-Äthyltheophyllin. (Nach TESCHEMACHER, H. J. et al., 1968)

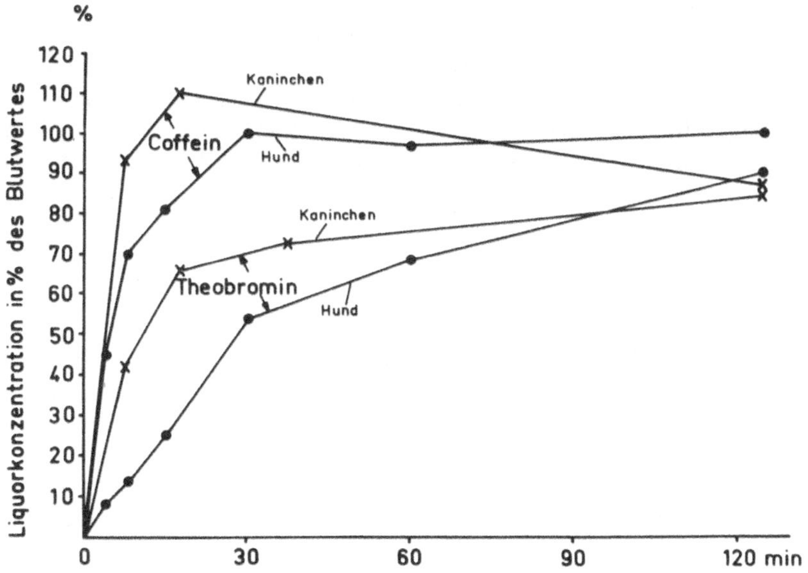

Abb. 34. Konzentrationen von Coffein und Theobromin in Liquor von Hund und Kaninchen in % der Blutkonzentration. (Nach TESCHEMACHER, H. J. et al., 1968)

die jedoch methodisch unzureichend waren. Die Bestimmungen wurden meist an Gesamtblut durchgeführt, was schon für Coffein Schwierigkeiten ergibt, für Theophyllin wegen seiner Plasmaeiweißbindung (und damit ungleichen Verteilung) nicht zulässig ist. BÜLOW und ARSSON (1969) fanden nach 200 mg Theophyllin oral (als Aminophyllin) maximale Plasmakonzentrationen von nur 0,51 bis 0,56 mg% nach 3—4 Std erreicht. Bei FLORA (1970) dauerte es bis zu 10 Std, bis das Maximum der Blutkonzentration erreicht war. Wurde Theophyllin in Tablettenform gegeben, so war die Resorption in den ersten Stunden gegenüber Verabreichung in alkoholhaltiger Lösung verzögert. Danach war der Unterschied ausgeglichen.

In den Resorptions-Versuchen von DIAMOND (1970) an Kaninchen wurde nach 15 mg/kg Coffein in wäßriger Lösung oral das Maximum der Blutkonzentration (1,2 mg%) erst nach mehr als 8 Std erreicht. Bei Zusatz von 20% Äthanol war ein Maximum nach 3 Std zu finden, anschließend blieb diese Konzentration bei 1,8 mg% etwa gleich. Bei Verabreichung in einer Öl-Wasser-Emulsion mit Detergens waren maximale Blutspiegel (1,2 mg%) nach 5 Std erreicht. Wurde schließlich als Vehikel die Öl-Wasser-Emulsion mit 20% Äthanol kombiniert, dann trat das Maximum nach 4 Std auf und blieb bis zur 8. Std bestehen. Der Autor schließt daraus, daß die Fettzugabe die Entleerung des Magens verzögere.

TAUGNER und IRAVANI (1965) prüften die Verteilung von radioaktivem Theophyllin an der Maus mit der autoradiographischen Großschnitt-Methode und fanden die Aktivität nach einer Stunde etwa gleichmäßig über sämtliche Organe verteilt. Nur Gehirn und Rückenmark enthielten weniger, Dünn- und Dickdarm wesentlich mehr Aktivität als das Blut. Diese Befunde zeigen gute Übereinstimmung mit den obigen chemischen Analysen. 8 Std nach oraler Gabe waren noch vereinzelte Darmschlingen markiert, während die Knochen, insbesondere die Wirbelsäule und das Brustbein die mit Abstand größte Radioaktivität aufwiesen. Nach 24 Std waren nur noch Knochen und Nieren markiert, besonders die Nierenpapille bei gleichmäßiger Verteilung in der Rinde. Welche Verbindungen speicherten sich etwa in dem Knochen so lange? Welche Umsatzprodukte zeigen diese Eigenschaften?

Bei Untersuchungen über die Möglichkeiten, bei Schweinen einen höheren Fleischansatz und geringeren Fettansatz zu erreichen, wurde auch Coffein geprüft. In den Versuchen von CUNNINGHAM (1970) erhielten etwa 80 kg schwere Tiere 1,5 g Coffein oral. Die Plasmakonzentration erreichte ein Maximum von 2,09 mg% und fiel mit einer Halbwertzeit von 11,4 Std ab. Bei täglich wiederholter Gabe stellte sich anfangs ein höheres, nach 4 Tagen ein um 25% niedrigeres Plateau ein. Nach Absetzen des Coffeins betrug die Plasma-Halbwertzeit 10,5 Std. Nach 5maliger Fütterung waren die Konzentrationen im Blut, Muskeln, Nieren und Leber bei 1,95, 1,35, 1,22 bzw. 1,15 mg%. Davon hob sich der Gehalt im Rückenfett von 0,28 mg% deutlich ab, vielleicht bedingt durch die schlechtere Durchblutung. Auch die Abgabe aus diesem Gewebe erfolgte langsamer mit einer Halbwertzeit von 19,7 Std. Unzersetzt ausgeschieden wurden am ersten Tag nach Absetzen 5,2%, am 2. Tag 0,9%. Man müßte den Schweinen das Coffein mindestens 48 Std vor dem Schlachten entziehen.

4. Stoffwechsel der Methylxanthine

Es ist seit langem bekannt, daß der Organismus aller Tiere in der Lage ist, sowohl Coffein als auch Theophyllin und Theobromin abzubauen. Hier stehen am Anfang die Analysen von KRUEGER und SALOMON (1898/99), die wegen der Unempfindlichkeit der damals verfügbaren Methoden mehrere tausend Liter Urin verarbeiten mußten. Wir geben ihre Resultate auf der folgenden Tabelle 21 wieder. Man sieht, daß überwiegend demethylierte Produkte gefunden wurden.

Tabelle 21. Stoffwechsel des Coffeins. Aus mehreren tausend Liter Urin aufgearbeitete Metaboliten des Coffeins nach Kaffeegenuß beim Menschen. (KRUEGER u. SALOMON, 1899)

1,7-Dimethylxanthin	15,3 g
1-Methylxanthin	21,3 g
7-Methylxanthin	22,3 g
7-Methylguanin	8,4 g
Adenin	3,5 g
Hypoxanthin	8,5 g
Xanthin	10,5 g

Die oxidative Demethylierung (unter Formaldehyd-Bildung) von Methylxanthinen wurde in Mikrosomen-Präparaten von Mäuselebern untersucht (GAUDETTE u. BRODIE, 1959; HENDERSON u. MAZEL, 1964) und gefunden, daß die Demethylierungsrate des Coffeins etwa 3mal höher ist als die von Theophyllin oder Theobromin (entsprechend 2,8 bzw. 0,9 μg Formaldehyd/Std/g Leber).

Diese Reihenfolge entspricht etwa der Lipidlöslichkeit (GAUDETTE u. BRODIE, 1959; MAZEL u. HENDERSON, 1965). Diese Beziehung war aber bei einer Reihe anderer Substanzen nicht immer vorhanden (MARTIN u. HANSCH, 1971). In den umfangreichen Untersuchungen zum Stoffwechsel von ^{14}C- und ^{3}H-markiertem Coffein an Mäusen von BURG und WERNER (1972) wurde unter anderem gezeigt, daß vorwiegend in stark stoffwechselnden Organen, wie Leber, Milz und Niere, Radioaktivität in nicht mit organischen Lösungsmitteln extrahierbarer Form auftrat. Dieser Anteil war bei chronischer Coffein-Zufuhr höher, doch die Organverteilung unverändert. ^{14}C-Methylgruppen sowie Tritiumaktivität wurden auf Proteine übertragen. In der Leber konnte nach 3 Std in der DNA (nach 25 mg/kg, 0,02% ^{14}C; 0,01% ^{3}H) und RNA (0,04 bzw. 0,03%) gemessen werden. Nach 8 Std war das Verhältnis ^{3}H/^{14}C verdoppelt, ein Zeichen für den weiteren Stoffwechsel dieser Verbindung.

5. Ausscheidung im Urin

Die meisten Untersuchungen erstreckten sich auf die *Ausscheidung im Urin*, wobei vor allem die Frage interessierte, wieviel unzersetzt ausgeschieden wird, ob weitere Metaboliten nachweisbar sind, und wieviel Harnsäure gebildet wird, die eventuell zur Bildung von Nierensteinen oder zur Begünstigung einer Gicht beitragen könnte.

Mit der Methode von KUNZ wurde von KRUPSKI et al. (1934) beim Pferd 7—16% Coffein unverändert im Urin wiedergefunden. Beim Menschen fanden sie 1,2—2,5% unverändert im Urin. Die Ausscheidung begann nach 1 Std, stieg steil an, fiel dann schnell wieder ab und erreichte einen 2. Gipfel nach 8 Std im Zusammenhang mit einer Diurese. Die Angaben über eine lange anhaltende Ausscheidung beim Pferd von 5 Tagen und beim Menschen von 2—3 Tagen sind nicht bestätigt worden (AXELROD u. REICHENTHAL, 1953) und sind wahrscheinlich als Artefakte (mangelnde Spezifität und hoher Leerwert der Methode, BRODIE) anzusehen. SCHMIDT (1967) fand 5 Std nach oraler Gabe von ^{14}C-Coffein folgende %-Sätze der Radioaktivität im Urin von Ratten: nach reinem Coffein 76—81%, Coff+Chlorogensäure 62—68%, Kaffee 65—70%, Saccharose 60 bis 65%, Öl 55—60%, bei gewöhnten Ratten aber 80—85%. Hier handelt es sich natürlich überwiegend um radioaktive Metaboliten. Zahlreiche Versuche wurden über die Ausscheidung der unzersetzten Methylxanthine durchgeführt, von denen wir die wichtigsten auf der folgenden Tabelle 22 wiedergeben (s. auch die Versuche von CUNNINGHAM am Schwein).

Tabelle 22. Ausscheidung der unzersetzten Methylxanthine. In Klammern: Zahl der Untersuchungen

		Dauer der Beobachtung	% der zugehörigen Substanzen	Literatur
Coffein	Mensch (5)	24 Std	0,5—1,5	AXELROD u. REICHENTHAL (1953)
	Mensch (2)	24 Std	1	SCHMIDT et al. (1966)
	Mensch (2)	48 Std	1,1—1,2	CORNISH u. CHRISTIAN (1957)
	Kaninchen (2)	48 Std	10—13	WEINFELD (1951, 1953)
	Hund	6 Std	0,7	FISHER et al. (1949)
	Hund	24 Std	5,1	
	Pferd	4 Std	0,5	
	Pferd	24 Std	2,9	
Theophyllin	Mensch (2)	48 Std	8,7—11,1	CORNISH u. CHRISTIAN (1957)
	Mensch (2)	18 Std	7,0—12,0	BRODIE, AXELROD, u. REICHENTHAL (1951)
Theobromin	Mensch (2)	24 Std	4—8	SCHMIDT u. HEUNISCH (1966)
			Ausscheidung noch nicht abgeschlossen	
	Mensch (2)	48 Std	12,4—11,7	CORNISH u. CHRISTIAN (1957)

Von praktischer Wichtigkeit ist die Frage, ob eine Mehrbildung von Harnsäure aus Coffein so bedeutend ist, daß daraus ein Verbot des Kaffees oder Coffein-haltiger Getränke für den Gichtkranken abgeleitet werden kann. Frühere Befunde über eine deutliche Zunahme von Harnsäure im Urin nach Verabreichung von Coffein erwiesen sich als nicht stichhaltig, da mit der verwendeten Methode von BENEDICT und FRANKE Methylharnsäuren mitbestimmt worden waren. BUCHANAN, CHRISTNAN und BLOCK (1945) konnten mit Hilfe des Enzyms Uricase zeigen, daß im Urin des Menschen praktisch keine aus Coffein stammende Harnsäure ausgeschieden wird. Dieser Aspekt braucht also bei Gicht nicht mehr berücksichtigt zu werden (RAUSCH, 1970). Das gilt auch für Theophyllin und Theobromin.

Weitere Metaboliten wurden mit Hilfe papierchromatographischer Techniken identifiziert. JOHNSON (1952) fand in seinen mehr qualitativen Versuchen beim Menschen Substituenten von Harnsäure in den Positionen 7, 1, sowie 1+7, aber keine Substitution in Position 3. Dieses Methylderivat, das auch bei der Isolierung von Xanthinen aus dem Urin von KRUEGER und SALOMON (1899) nicht gefunden wurde, wird für das labilste Derivat gehalten. Bei den anderen Derivaten fand JOHNSON keine Unterschiede in der Stabilität.

WEISSMAN et al. (1954) gaben 2 Personen an 6 aufeinanderfolgenden Tagen je 600 mg Coff und fanden folgende Metaboliten im Urin: 7-Methylxanthin 19 mg, 1-Methylxanthin 52 mg, sowie Para-Xanthin (1,7-Dimethylxanthin). Eine Übersicht über die Stoffwechselprodukte aller Methylxanthine entnehmen wir der Arbeit von CORNISH und CHRISTMAN (1957), ergänzt durch die Befunde von SCHMIDT und SCHOYERER (1966) (Abb. 35). Nach Verabreichung von 1 g des jeweiligen Alkaloids fanden die Autoren die in der Tabelle 23 angegebenen Metaboliten im Urin. Ersichtlich ist, daß mit diesen Stoffwechselprodukten die Menge der verabfolgten Substanzen keineswegs quantitativ gedeckt ist. BRODIE et al. (1952) fanden nach Gabe von 700 mg Theophyllin allein von 1,3-Dimethyl-

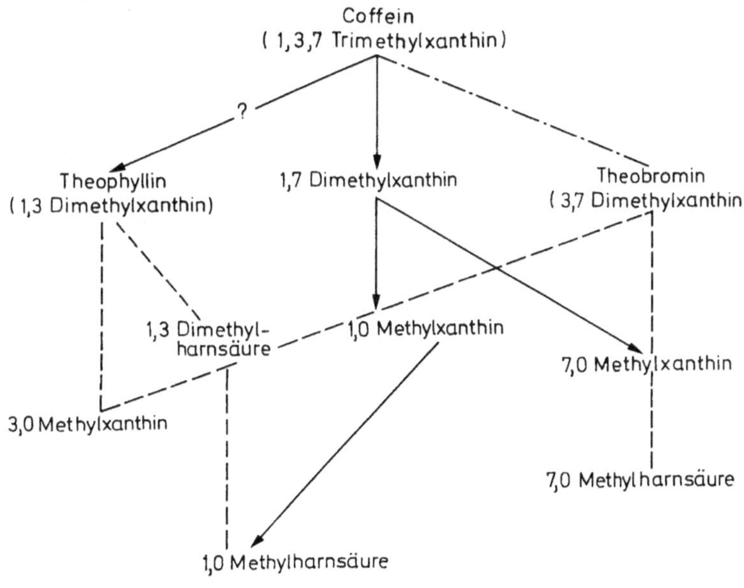

Abb. 35. Stoffwechselwege von Coffein (——), Theophyllin und Theobromin (----) beim Menschen. (Nach CORNISH, H. H. u. CHRISTMAN, A. A., 1957); ergänzt (Nach SCHMIDT, F. u. SCHEVERER, W., 1966)

harnsäure bei ihren 2 Versuchspersonen 51 bzw. 38%. Es handelt sich bei diesem Übergang um eine einfache Oxydation in der 8-Stellung. Diese kann nicht durch Xanthinoxidase (aus Milch) katalysiert werden. Es muß sich also um ein anderes Enzym handeln. WEINFELD und CHRISTMAN (1953) fanden im Rattenurin außerdem 1-Methyl-, aber keine 3-Methylharnsäure. Nach der Abb. 35 war das 3-Methyl-Derivat nur dann vorhanden, wenn eine reine Demethylierung, aber keine Oxidation des Xanthins erfolgte.

Tabelle 23. Übersicht über die Ausscheidung von Methylxanthinen und Methylharnsäuren in den ersten 48 Std nach Gabe von je 1 g der betreffenden Alkaloide an 2 Versuchspersonen. Zahlen in mg. (Nach CORNISH u. CHRISTIAN, 1957)

Ausgeschiedene Verbindung	Verabfolgte Verbindung Theobromin		Theophyllin		Coffein	
Theobromin	121	117				
3-Methylxanthin	182	215	155	111		
7-Methylxanthin	280	281			30	40
7-Methylharnsäure	42	36				
Theophyllin			87	111		
1-Methylharnsäure			186	186	254	301
1,3-Dimethylharnsäure			382	318	142	46
Coffein					11	12
1-Methylxanthin					74	19
1,7-Dimethylxanthin					74	19
Summe	628	649	810	726	753	620

Nach den Analysen von WEINFELD und CHRISTMAN (1953) fand sich nach Theophyllin im Rattenurin vor allem 1-Methyl- und 1,3-Dimethylharnsäure. Beim Kaninchen traten dieselben Methylharnsäuren, aber kein Xanthin auf. Das Mengenverhältnis verschob sich mit der Zeit. In den ersten 24 Std war vor allem 3-Dimethylharnsäure, in den nächsten 24 Std mehr 1,3-Methylharnsäure, in den folgenden 24 Std mehr 1-Methylharnsäure zu finden, also hatte nachträglich eine Demethylierung in der Position 3 stattgefunden. Es handelt sich hier um eine vorwiegend qualitative Untersuchung. Von RAO, KHANNA und CORNISH (1973) wurden im Rattenurin 2 neue Metaboliten aufgefunden, 1,2,3-Trimethyldihydroharnsäure und 3,6,8-Trimethylallantoin (1,3%), bei dem also eine Ringöffnung aufgetreten ist. Coffein wurde zu 9% unzersetzt aufgefunden. Die Demethylierung ergab 5,1% Theobromin (das zuerst von SCHMIDT und SCHOYERER (1966) nachgewiesen wurde), 8,8% Paraxanthin und 1,2% Theophyllin. Bei Kindern unter 10 Jahren wurde von GENNEP et al. (1973) fast ausschließlich 1-Methylxanthin gefunden: vom 10. Jahre ab dagegen auch 3-Methylxanthin, aber ebenso wie beim Erwachsenen in geringerem Umfang. Bei Theophyllin überwog diese Verbindung, ebenso nach Tee und Schokolade. Anscheinend unterliegt das Coffein im Tee einem anderen Stoffwechsel.

6. Ausscheidung durch die Milch

Informationen über die Ausscheidung des Coffeins in der Milch sind wegen der Frage wichtig, ob man stillenden Müttern vom Genuß Coffein-haltigen Kaffees abraten soll. Hier standen mir nur die älteren Arbeiten (SCHILF u. WOHINZ, 1928) zur Verfügung, die in der Milch 1% des aufgenommenen Coffeins unzersetzt nachwiesen. Die Analysen wurden von SCHUMACHER (1936) mit der damals besten verfügbaren Methode von KUNZ kontrolliert. Er fand nach 110—330 mg Coffein 0,58—3,26 mg unzersetzt wieder, also etwa 1% (wegen der Unspezifität der Methode ist dieser Wert eher niedriger anzusetzen). Das ist also so wenig, daß ein Schädigung des Kindes etwa durch Störung des Schlafes nicht eintreten dürfte, denn der Säugling ist keineswegs empfindlicher als der Erwachsene. Wenn Schwangere Kaffee trinken und wir auch wissen, daß Coffein die Placenta durchdringt, ist es doch der Organismus der Schwangeren, der den weit überwiegenden Anteil aufnimmt und umsetzt. Die Zersetzungsprodukte, die wir in diesem Abschnitt erwähnten, haben die Giftwirkung der Methylxanthine weitgehend verloren (BOCK, 1920).

R. Toxicität

O. EICHLER

Mit 1 Abbildung

Wir haben schon wiederholt auf den Beginn toxischer Symptome hingewiesen, wenn bestimmte Leistungen sich zwar durch Coffein steigern lassen, aber mit zunehmender Dosis nach einem Maximum wieder zurückgehen und schließlich sogar den Ausgangspunkt unterschreiten. Der Übergang ist fließend.

Unter den Nebenwirkungen bzw. toxischen Symptomen ist eine stark gesteigerte motorische Aktivität zu nennen. Sie zeigt sich beim Versuchstier durch eine erhöhte Beweglichkeit, deren Entwicklung mit den verschiedensten Methoden verfolgt werden kann (Zitterkäfig, Häufigkeit des Durchschreitens eines Lichtstrahls, Verstreuen von Sand durch ein Sieb, der Forstsche Kippteller usw.). Die verschiedenen Tierspecies verhalten sich nicht völlig gleich, besonders was die Dosen betrifft. Deshalb müssen die bei den einzelnen Arten gewonnenen Resultate gesondert dargestellt werden.

I. Mäuse

Die Tiere laufen bei der Coffein-Erregung herum, aber verlieren nicht, wie z.B. nach Amphetamin, die Koordination (BOISSIER u. SIMON, 1965), bis es schließlich in ganz hohen Dosen zu Krämpfen kommt. Die erhöhte Aktivität wurde von HEYL (1963) durch Messung der Laufstrecke quantitativ verfolgt. Die Grenze erhöhter Motilität wurde so erst bei mehr als 10 mg/kg s.c. gefunden. Von SIEGMUND und WOLF (1952) wurde bereits nach 5 mg/kg per os eine Steigerung gesehen, zunehmend mit der Dosierung, ebenso von HERZ et al. (1968). TRIENDL (1939) fand mit dem Forstschen Kippteller die Grenze bei 6 mg/kg, die aber auf 2 mg/kg absank, wenn die Tiere durch Laufen ermüdet waren. Allerdings mußte man den Tieren eine Beruhigungszeit von ca. 1 Std geben, um den Effekt eindeutig demonstrieren zu können. Sehr vielseitige Untersuchungen verdanken wir BOISSIER und SIMON (1965, 1967), die eine Reihe verschiedener Dosierungen bei peroraler Zufuhr verglichen. Der Beginn einer Motilitätssteigerung wurde mit 4 mg/kg angegeben, die zwischen 8 und 32 mg/kg ein breites Maximum erreichte, um dann in den Bereich der echten Toxicität überzugehen. In parallelen Testen (Explorationstrieb, Kneippscher Klettertest) zeigte sich, daß sowohl die Leistungen als auch die Verträglichkeit bei Tieren, die an Coffein gewöhnt waren und in ihrem gewohnten Milieu und Rhythmus lebten, besser war, als bei einmaliger Gabe der gleichen Dosis (bis 260 mg/kg).

Die Messung der Motilität wurde benutzt, um die Bedeutung von Begleitstoffen im Kaffeegetränk zu prüfen. Unter diesen spielt die Chlorogensäure die größte Rolle, vor allem, nachdem CZOK und LANG (1961) auf die erregende Wirkung dieser Substanz hingewiesen hatten. Vorher hatte schon TRIENDL (1939) mit ihrer Methode der empfindlicheren, ermüdeten Tiere die Beeinflussung der Coffein-Wirkung durch Chlorogensäure zu klären gesucht, war dabei allerdings von der Mitteilung von GEBHARDT (1939) ausgegangen, wonach der Chlorogensäure-Coffein-Komplex rascher durch die Nieren ausgeschieden werde. Mit dem Kriterium einer beginnenden Motilitätssteigerung fand sie eine Verkürzung der Wirkungsdauer von Coffein durch die Beigabe von Chlorogensäure. HEYL (1963) nahm diese Versuche wieder auf und fand im Gegensatz zu TRIENDL eine Wirkungsverlängerung, außerdem, wie CZOK und LANG an der Ratte, auch an Mäusen eine erregende Wirkung der Chlorogensäure, die bei Kombination mit äquivalenten Mengen Coffein die Wirkung des letzteren nicht additiv verstärkte. Bemerkenswert ist, daß Theophyllin in der Kombination mit Chlorogensäure keine Wirkungsverstärkung und Verlängerung zeigte. Theophyllin hat nach HERZ et al. (1968) eine etwas verzögert einsetzende, aber doch fast gleiche zentrale Wirkung wie Coffein (nicht dagegen Theobromin).

Dieses wichtige Problem der erregenden Wirkung von Chlorogensäure wurde von HACH und HEIM (1971) mit vielseitiger Methodik aufgegriffen. An NMRI-Mäusen, die unter standardisierten Bedingungen gehalten wurden, prüften sie den Einfluß von Chlorogensäure auf Motilität, Sauerstoffverbrauch, Dauer einer Hexobarbital-Narkose und Pentetrazolkrämpfe. Mit Dosen von 4—45 mg/kg Coff.-Na.-Benz. s.c. und 3,5—270 mg/kg chlorogensaures Kalium s.c. wurde in keinem der angewandten Teste Hinweise auf eine erregende Wirkung gefunden. Bei der Motilitätsprüfung zeigten sich eher Andeutungen einer sedativen Wirkung. Die von den Autoren verwendeten Pentetrazol-Krämpfe sind der von CZOK und LANG benutzten Methode der elektrischen Reizschwelle eines Elektroschocks nicht völlig vergleichbar. Das Problem scheint zwar nicht eindeutig entschieden, doch kann die erregende Wirkung der Chlorogensäure nicht bedeutend sein (s. auch EEG-Befunde, S. 78).

Andere Komplexe von Coffein, z.B. Calcium-Komplexe (TEITEL et al., 1969), Komplexe mit Debenamin, Propranolol, Reserpin und Tetrabenazin (SIMON 1969) änderten die Toxicität von Coffein nicht. SCOTT und CHEN (1944) geben als Krampfdosen von Coff nach intravenöser Zufuhr 84,4 $\pm$ 4,9 mg/kg an. Aggressive, isoliert gehaltene Mäuse werden durch Coffein beruhigt (VALZELLI u. BERNASCONI, 1973).

Tödliche Dosierungen

Am Anfang mögen die Versuche von GREENBLATT und OSTERBERG (1961) stehen. Die Autoren fanden die Toxicität nach oraler Gabe von Coffein bei Tieren, die während der Versuchszeit isoliert gehalten wurden 1,9mal höher (1200 mg/kg), als bei Tieren, die in Gruppen von 5 gehalten wurden (620 mg/kg).

Dieses Verhältnis war keineswegs bei allen geprüften Excitantien zu finden. Der Quotient betrug bei Amphetamin 4,1, bei Ephedrin 1,2, bei Cardiazol 1,1, bei Bemegrid 1,0. Bei diesen interessanten Resultaten (s. dagegen Ratten) fällt die absolute Höhe der LD_{50} von Coffein auf. Sie erklärt sich teilweise dadurch, daß die Beobachtungszeit auf 4 Std begrenzt wurde. Bei Coffein gibt es zahlreiche Spät-Todesfälle, so daß gewöhnlich mindestens 24 Std beobachtet wird. Die hier angegebenen Dosen dürften bei 24 Std Beobachtungszeit weit im Bereich der LD_{100} liegen. Bei CAMPBELL und RICHTER (1967) war die LD_{50} intraperitoneal mit 300 mg bereits nach 30 min erreicht und änderte sich auch bei Beobachtung bis zu 24 Std nicht (3 NMRI-Mäuse/Gruppe).

In den Versuchen von GREENBLATT und OSTERBERG (1961) fand sich bei den in Gruppen gehaltenen Tieren eine Korrelation zwischen erhöhter Mortalität und Körpertemperatur. Man wird sich fragen, ob durch die erhöhte Bewegung in der Gruppe eine raschere Resorption bewirkt wird. Aber für diese Ursache scheinen die Größen zu different.

Diese Untersuchungen wurden von MULLER und VERNIKOS-DANELLIS (1970) erweitert, in dem sie die LD_{50} bei Aufenthalt der Tiere in verschiedenen Temperaturen prüften. Die Dauer der Adaptation an eine bestimmte Temperatur (1 Std oder 3 Tage) war ohne Einfluß. Durch Senkung der Temperatur von 22°C auf 15°C verminderte sich die Toxicität von Amphetamin auf $\frac{1}{10}$ und stieg bei 30° auf das 2—3fache signifikant an. Beim Coffein wurde die Toxicität nach beiden Seiten signifikant erhöht.

Eine weitere Steigerung der Toxicität wurde nach Entzug des Trinkwassers beobachtet, besonders beim Coffein bei gleichzeitiger Haltung der Tiere bei 30°C.

Die akute Toxicität wurde in einer Reihe von Arbeiten als einfaches Kriterium für die Bekömmlichkeit verschiedener Gesamtkaffee-Extrakte benutzt. Sehr wichtig ist die Anwendung stets derselben Kaffeesorte. Verschiedene Sorten können zu wesentlichen Fehlern führen, wie CZOK und LANG (1964/65) erfahren mußten. Leider fehlen zu diesem Problem systematische Versuche.

Auf der folgenden Tabelle 24 geben wir die Resultate der sorgfältigen Untersuchungen von FLEISCH und WENNER (1954) wieder.

Tabelle 24. Kaffeezubereitungen, geprüft bei je 100 Mäusen bei peroraler Zufuhr, gerechnet mg/20 g Gewicht

Präparat	Kaffeebestandteile in der LD_{50}	Coffein in der LD_{50}
1. Coffein	6,52	6,52
2. Coffein und 383 mg Kohlenhydrat	6,39	6,39
3. Kaffeefilter im Vakuum konzentriert	69,5	4,43
4. Löslicher Extrakt	127,0	4,32
5. Löslicher Extrakt und 121 mg Kohlenhydrat	121,0	4,11
6. Coffeinfreier Kaffeeextrakt	269,0	0,55

LD_{50} bezogen auf das Trockengewicht des Präparates. Die rechte Spalte gibt an, wieviel der LD_{50} auf Coffein entfallen. (Nach FLEISCH u. WENNER, 1954).

Die Autoren schließen aus den Daten, insbesondere der Spalte 3 und 4, daß $\frac{2}{3}$ der Toxicität auf Coffein zu beziehen ist und daß Extraktkaffee bei gleichem Coffein-Gehalt eine geringere Toxicität hat. Das Problem ist natürlich, wie bei den verschiedenen Trocknungsverfahren die Geschmacks- und Geruchsstoffe erhalten bleiben.

Aus diesen Versuchen ist folgender Ansatz nicht ohne Interesse. Es wurden sowohl Kannen-Aufguß als auch Filter-Aufguß miteinander verglichen, wenn 50 bzw. 100 g Bohnen mit 1 Liter Wasser angesetzt wurden. Der Filter-Aufguß erwies sich als toxischer, ebenso wie der starke Ansatz deutlich weniger toxisch war (p. o. Gabe). Hier bleiben offenbar bei den starken Aufgüssen größere Mengen Coffein im Bodensatz. Sonst wäre es auch nicht erklärlich, daß z. B. in Brasilien Kaffee in der dort üblichen Stärke so gut vertragen wird. Das kann nicht allein an der Gewöhnung liegen. Bei der Art der Kaffeezubereitung in den arabischen Ländern bewirken die mit aufgenommenen Mengen von Bodensatz eine gewisse Hemmung der Resorption. Bei den Versuchen von NEUMANN (1969) wurde auf die Toxicität der Extrakte des nach Lendrich mit hochgespanntem Wasserdampf behandelten Kaffee geprüft. Die Toxicität war nur um 3% geringer, gegenüber 12% bei CZOK und LANG. Diese Unterschiede sind sehr geringfügig, wenn man die akute Toxicität in Betracht zieht, die aber natürlich nicht der tatsächlichen Bekömmlichkeit parallel gehen muß (s. später). Für den Kaffee, der mit Kohlensäure behandelt wurde, ergeben sich keine Unterschiede, ebenso wie in den Versuchen CZOK und LANG (1964/1965). KIMURA und MURATA (1971) fanden jedoch eine geringere Giftigkeit des Coffeins, wenn es im Tee dargereicht wurde. Sie isolierten aus dem japanischen Tee eine Substanz, Theanin (N-Äthyl-Glutaminamid), die in der Lage war, Coffein-Krämpfe an der Maus zu unterdrücken (bestätigt durch AMMON). Diese Substanz war unwirksam gegen eine große Zahl anderer Erregungsmittel. Hier seien noch einige Dosen angeführt: Nach SCOTT und CHEN beträgt die LD_{50} bei der Maus i. v. 101 mg/kg, die Krampfdosis 84,4 mg/kg. Über den ganzen Tag, verteilt im Trinkwasser verabreicht, wurden 260 mg/kg vertragen.

II. Ratten

Die akute Toxicität wurde häufig bearbeitet, u. a. sehr sorgfältig und vielseitig von BOYD (1959) an weißen, weiblichen Ratten (3—6 Monate alt, Durchschnittsgewicht 203 g). Die Tiere saßen einzeln und erhielten 16 Std vor dem Versuch kein Futter. Coffein wurde in Wasser per os verabreicht. Die LD_{50} betrug $0{,}192 \pm 0{,}018$ g/kg. Andere Autoren geben 0,2 bzw. 0,233 g/kg an. Bei Tieren, die nicht gehungert hatten, betrug die LD_{50} $0{,}264 \pm 0{,}01$ g/kg (BOYD et al., 1965). Der Tod trat $30{,}6 \pm 9{,}6$ Std nach Applikation auf (kleinste Dosis 0,16 g/kg). Die Symptome begannen nach einer Stunde mit Nachlassen der Neugier, gesteigerten Reflexen bei geringerer Motilität. Die Tiere waren schwach und ataktisch. $\frac{1}{4}$ der Ratten zeigte kurze kataleptische Zustände, ebensoviele schrien (nach Auffassung des Autors Zeichen von Schmerz), was ich selbst an ca. 300 Tieren nie beobachten konnte. Eine Art von Lähmung begann schon bei kleineren Dosen.

Nach 6 Std zeigten die Augenwinkel rote Schorfe, die weiterhin anschwollen und entzündet waren. Nach 24 Std traten leichte Durchfälle auf. Von den insgesamt 19 überlebenden Ratten hatten sich 2 Tiere schon nach 24 Std erholt, nach 48 Std war die Hälfte der Tiere normal. 2 Ratten hatten wiederholt kurze, nur wenige Sekunden anhaltende Krämpfe. Die Wirkung auf den Magen-Darm-Kanal überdauerte noch 72 Std. Durch die Entwicklung einer schweren Gastroenteritis kam es zu kollapsähnlichen Zuständen mit Hypothermie*, die eine Entwicklung von Krämpfen verhinderten. Ohne diese wäre die Toxicität nach peroraler Gabe wohl höher anzusetzen (PETERS, 1967).

Diese Beobachtung läßt sich durch eigene frühere Befunde (EICHLER u. BLUMENBERG, 1938) an Ratten mit einer latenten Stallinfektion von Salmonellen erweitern. Bereits 50 mg/kg erwiesen sich als tödlich, bei den überlebenden Tieren waren auch bei kleineren Dosen Salmonellen in den Faeces nachzuweisen.

In den Versuchen von DZINBAROV (1970) wurde die Toxicität bei 780 m Höhe mit 570 mg/kg bestimmt. Die LD_{50} sank bei 3200 m mit und ohne Akklimatisation auf ca. 350 mg/kg, und stieg nach Rückkehr auf 780 m Höhe wieder auf 604 mg/kg. Alle Dosen sind ungewöhnlich hoch.

TEDESCHI et al. (1964) prüften die Motilität in einem engen Käfig, der nur vertikale Bewegungen gestattete. Mit photoelektrischer Registrierung im Abstand von 15 min wurde nach 5 mg/kg Coffein ein starker Anstieg der Aktivität auf 200% gemessen, der nach 100—400 mg/kg dosisabhängig zurückging. Im allgemeinen Verlauf ergaben sich also keine Unterschiede gegenüber anderen Methoden.

Hier seien noch einige andere Daten der LD_{50} niedergelegt: GUMMEL und KIESE (1938) 0,23 g/kg, SCOTT und CHEN (1944) oral 233 mg/kg, i.v. 105 mg/kg.

In den Versuchen von BERKOWITZ und SPECTOR (1971) wurde gezeigt, daß die Giftigkeit von Coffein durch Monoaminooxidase-Hemmer, besonders durch Pargylin, beträchtlich gesteigert wurde. Die Hypokinesie, Ptosis und Hypothermie wurden durch Erregung, Desorientiertheit und Hyperthermie ersetzt.

Chronische Toxicität

Bei Untersuchungen über den Einfluß von Coffein auf die Reproduktionsfähigkeit hatten wir schon früher (EICHLER u. MÜGGE, 1932) versucht, die Grenzdosis, die von Ratten über lange Zeit vertragen werden kann, festzulegen. 20—25 g schwere Tiere verloren nach täglich 100 mg/kg in den ersten beiden Tagen an Gewicht, aber schon am 3. Tage begann der Ausgleich, so daß sie sich bald nicht mehr von den Kontrollen unterschieden.

BOYD et al. (1965) untersuchten die chronische Toxicität an weiblichen Albino-Ratten (CBL Wistar) die in Einzelkäfigen gehalten wurden. Die Tiere erhielten 100 Tage lang ($\frac{1}{10}$ der Lebensdauer) 5mal in der Woche morgens mit der Schlund-

* THITHAPANDHA et al. (1972) konnten nach 20 und 50 mg/kg Coffein eine beträchtliche Erhöhung der Temperatur bis 38,6° C messen, mit einem Maximum nach 30—90 min. Außerdem wurde eine parallel mit der Körpertemperatur ansteigende Motilitätszunahme gesehen, die bei Absinken der Temperatur ebenfalls abnahm.

sonde eine bestimmte Coffein-Dosis verabfolgt [dem Futter zugesetzt, werden größere Dosen vertragen (DE FINA et al., 1967)]. Die Dosis, die 100 Tage lang von der Hälfte der Tiere vertragen wurde ($LD_{50, 100}$) betrug $150 \pm 3{,}1$ mg/kg am Tag. Die kleinste Menge, die 100% der Ratten in einer Gruppe von je 10 tötete, war $191 \pm 5{,}7$ mg/kg pro Tag. $110 \pm 2{,}5$ mg/kg/Tag wurde von allen Tieren 100 Tage lang ertragen, entspricht also der von EICHLER und MÜGGE (1932) gefundenen Zahl (allerdings bei täglicher Verabreichung). Das Wachstum wurde erst oberhalb der $LD_{50, 100}$ gehemmt. Nahrungsaufnahme (Purina laboratory chow) war erst 8 Tage vor dem Exitus vermindert. Die Wasseraufnahme war bis dahin erhöht. Eine Polydipsie stieg mit der verabreichten Coffein-Dosis und war bei der Grenzdosis nicht vorhanden. Entsprechend war die Urinsekretion bei 150 mg/kg auf das 4fache gesteigert. Zugleich wurden im Urin mehr Eiweiß und Zucker ausgeschieden, mit einer hohen Korrelation zum Urinvolumen (+0,92 bzw. +0,93). Diese Beziehung gilt nicht mehr in den Tagen vor dem Tode.

Der Wassergehalt nahm in folgenden Organen signifikant ab: Darmkanal, Ovarien, vor allem Haut. Bei den gestorbenen Tieren steht an der Spitze die Nebenniere. Dann folgen Pylorus, Coecum, Leber und Haut. Ausführliche histologische Untersuchungen wurden angeschlossen. In Dosen unterhalb 150 mg/kg standen im Vordergrund Bronchopneumonien, capilläre Congestionen und Ödeme. Dermatitis war kombiniert mit Hyperämie und Leukocyten-Infiltration. Die Nebennierenrinde zeigte starke Hypertrophie, ebenso die Darmmucosa; eine geringe Hemmung der Oogenese, Minderung der Thymocyten und des Kolloids der Schilddrüse wurden gefunden. Magengeschwüre waren nur selten zu bemerken. Mit Steigerung der Dosen wurden nicht stets eine Zunahme der Symptome bemerkt.

Die überlebenden Tiere zeigten eine verminderte Motilität, zugleich mit einem Rückgang der rectalen Körpertemperatur und einem vorübergehendem Anstieg der Zucker und Eiweiß-Ausscheidung im Urin. In der Leber fand sich keine fettige Degeneration im Läppchenzentrum.

Die in diesen Versuchen beobachtete erhöhte Empfindlichkeit der älteren und schwereren Tiere wurde genauer von PETERS und BOYD (1966) verfolgt, auch mit männlichen Tieren. Nach täglich 185 mg/kg mit der Schlundsonde traten die Todesfälle meistens in den ersten 2—3 Tagen auf. Das Alter spielte dabei eine größere Rolle als das Gewicht. Dabei waren die ältesten Tiere nur 1 Jahr alt, so daß es sich nicht um eine zur Geriatrie gehörende Beobachtung handelt (s. AMMON u. ESTLER). Abgesehen von einer geringeren Gewichtszunahme der jüngeren weiblichen Tiere fand sich kein Geschlechtsunterschied.

Ganz anders als bei Mäusen brachten isoliert gehaltene Ratten sich häufig in stark erregtem Zustand selbst Verletzungen an Schwanz oder Extremitäten bei, wobei offenbar Schmerzempfindungen auftraten, was auf erhaltene Sensibilität hindeutet (PETERS, 1967). Der Tod trat nicht selten durch Blutverlust ein. Bei Tieren in Gruppen traten diese Selbstverletzungen nicht auf. Die Aggressivität richtete sich gegen die anderen Tiere, diese aber flüchteten. Bei Messung der Organgewichte fand sich vor allem eine Zunahme bei den Submaxillaris-Drüsen, während die Thymusgewichte zurückgingen, bei Männchen signifikant stärker als bei Weibchen. Die Ovarien zeigten keine signifikanten Unterschiede gegenüber Kontrollen. Bei Männchen von $1\frac{1}{2}$ Monaten waren die Hoden signifikant ($p < 0{,}05$)

größer, im Alter von $4\frac{1}{2}$ Monaten gab es eine nichtsignifikante Abnahme. Also im Ganzen kann man nicht von einem deutlichen Einfluß sprechen.

In einer weiteren Versuchserie (PETERS, 1966) fand sich eine deutliche Zunahme der Toxicität bei mehr oder weniger drastischer Nahrungseinschränkung.

Bei Messungen der Organgewichte und ihres Wassergehaltes wurden unter anderem folgende Daten gewonnen: Die unter Coffein zu beobachtende Gewichtszunahme der Submaxillaris-Drüsen wurde im Hunger geringer, ebenso die des Herzens. Das Gewicht von Niere und Milz nahmen zu, das der Ovarien sogar beträchtlich, bei der Leber war kein Unterschied gefunden worden, während das Thymusgewicht reduziert war, besonders bei den Tieren mit 6 g Futter am Tage (Schwelle der Toxicitätssteigerung). Der Wassergehalt der Organe reduzierte sich nur wenig im Verhältnis zur Gewichtsabnahme. Aber im Hungerzustand fielen Wassergehalt und Körpergewicht parallel ab. Hier ist die Frage zu stellen, ob diese Effekte für Coffein spezifisch sind und wieweit sie sich auch bei anderen Substanzen finden. Diese Frage sollte durch weitere Untersuchungen geklärt werden.

Den Einfluß der Diät untersuchten PETERS (1967), sowie PETERS und BOYD (1966, 1971). Sie fanden eine erhöhte Toxicität, wenn die Diät mit getrocknetem rohen Eiweiß stark angereichert war oder einen Überschuß von Zucker enthielt. Wurden die Tiere während der ersten Woche entweder mit Diät allein oder Coffein allein vorbehandelt, dann erreichte die Toxicität (nach insgesamt 14 Tagen) nicht die gleiche Höhe wie bei kombinierter Verabreichung von Beginn an. Die Untersuchung enthält außerdem zahlreiche Angaben über Organgewichte und Wassergehalt, auf die hier nicht eingegangen werden kann.

In chronischen Versuchen über 2 Jahre fand DAUBERT (1967) mit verschiedenen Kaffeezubereitungen mit einem Coffein-Gehalt von 0—0,177% bei höheren Coffein-Konzentrationen eine geringere Gewichtszunahme. Wie wenig tiefgreifend diese zu beurteilen ist, kann man aus den Versuchen von SMITH und HAMBOURGER (1936) entnehmen, von dem die folgende Abb. 36 stammt.

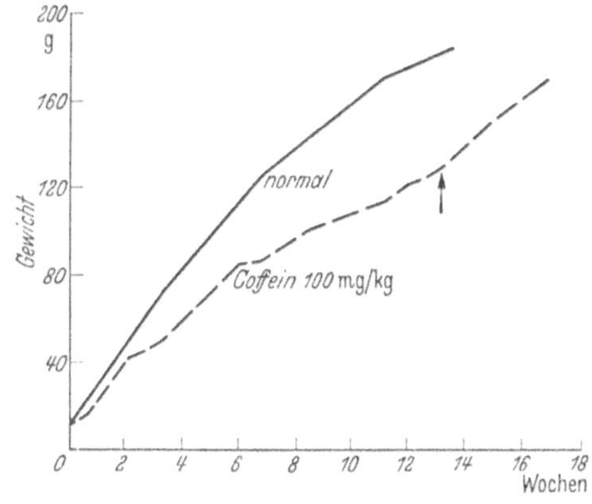

Abb. 36. Rattengewichte bei großen täglichen Coffeingaben mit resultierender Entwicklungshemmung gegenüber den Kontrollen. Beim ↑ Absetzen des Coffeins, ohne Verzögerung beginnt verstärkte Gewichtszunahme. (Nach SMITH, P. K. u. HAMBURGER, W. E., 1936)

Von praktischem Interesse ist die Frage, ob die Giftigkeit von Coffein bzw. Kaffee durch Zusatz von Milch vermindert wird. Entsprechende Befunde wurden von STARKENSTEIN (1932, 1937), allerdings mit unzureichender Methode, erhoben. Nachdem RÜEGGER (1953) zeigen konnte, daß es keine Bindung von Coffein oder eines Coffein-Chlorogensäure-Komplexes an die im Magen vorhandenen Ausflockungen der Milcheiweiße gibt, wies NEUMANN (1962) im pharmakologischem Experiment nach, daß weder durch 20%ige Vollmilch noch durch 5%ige Kondensmilch oral die Toxicität von Coffein vermindert werden kann, eher fand sich eine Erhöhung mit Milch. Er bestätigte die Resultate von BOYD und anderen, daß hungernde Tiere empfindlicher sind. Auch die Diurese war durch Zusatz von Milch nicht verzögert (wie man bei verzögerter Resorption erwarten sollte). Wenn man also eine Wirkung auf die Toxicität des Coffein durch Milchzusatz ablehnen muß, dann besteht immerhin die Möglichkeit, daß durch die Milch die Magenwände vor den reizenden Röstprodukten geschützt werden, weil sie als Mucilaginosum wirkt (s. dazu CZOK et al., 1969).

Über eine Beseitigung der gesteigerten Erregbarkeit (periphere Chronaxie) nach 3mal wöchentlich 5 oder 10 mg Coff s. c. durch Milchpulver und verschiedene Zucker berichteten CHAUCHARD et al. (1945) (s. dazu die Befunde von YUDKIN, S. 151). HALDI et al. (1947) maßen die spontane Aktivität junger Ratten im Zitterkäfig. Die nach Coffein (75 mg/kg, 6mal wöchentlich) erhöhte Aktivität war nach 100 Tagen auf den Ausgangswert abgefallen. Wurde mit der peroralen Coffein-Gabe zugleich Rohrzucker gegeben (1,5 g/100 g Gewicht), dann wurde die erregende Wirkung sehr wesentlich beseitigt. Auch wenn der Rohrzucker eine halbe Std nach dem Coffein verabreicht wurde, blieb diese Hemmung bestehen. Dasselbe erfolgte, wenn man Coffein intraperitoneal gab und den Zucker oral. Auch mit Pepton und pflanzlichem Öl, nicht aber mit Agar-Agar wurde dieser Effekt gesehen (siehe Abschnitt Herz und Kreislauf). Es ist nicht angegeben, ob die Kontrolltiere gehungert hatten.

III. Andere Versuchstiere

Die toxischen Dosen liegen bei anderen Versuchstieren in der selben Größenordnung. Es liegen hier nicht so umfangreiche Befunde wie für Ratten vor.

Meerschweinchen: LD_{50} 230 ± 21 mg/kg, Symptome wie bei Ratten, inklusive Gastroenteritis, Ödeme, Kongestion der Leber, Lungen, Herz, Nieren, Nebennieren (BOYD, 1959/60). LD_{50} s.c. 200—240 mg/kg, i.p. 220—250 mg/kg (TEXON, 1956).

Kaninchen: Die Pflanzenfresser sind gegenüber oraler Gabe weniger empfindlich. Gewichtsverlust und Durchfall sind vorhanden, ebenso zentrale Erregung. Die perorale Dosis gibt SPECTOR (1956) mit 290—350 mg/kg an, s.c. 200—280 mg/kg, i.v. 80—100 mg/kg.

Hamster: STRALFORS (1967) gab Hamstern eine Caries-produzierende Diät, der er 0,2% Coffein zusetzte. Die Caries-Anfälligkeit war reduziert, wahrscheinlich durch eine erhöhte Salivation. Die Tiere verloren an Körpergewicht. Bei 0,5% traten schon Todesfälle auf. 0,02% waren unwirksam.

Katze: LD_{50} oral 100—150 mg/kg, s.c. 150 mg/kg, i.p. 180—200 mg/kg, i.v. 80—100 mg/kg. HERZ et al. (1968) injizierten bei Katzen die Methylxanthine in die Hirnventrikel, wobei sich differente Symptome zeigten. Die Erregung war bei Theobromin (2—8 mg) am stärksten, bei Coffein (2—8 mg) nur angedeutet, bei Theophyllin (4—20 mg) gar nicht vorhanden, eher depressiv. Bei Coffein erfolgte Miauen, sogar Schreien, Atembeschleunigung, Pupillenerweiterung, Erbrechen, Abgang von Stuhl und Urin.

Hunde: Nach BOYD (1959) gab es nach 200 mg/kg oral nach 2 Std beginnend Erregung, Anorexie und Erbrechen, die 24 Std mit Unterbrechungen anhielten. Die LD_{50} i.v. betrug 175 mg/kg — eine ungewöhnlich geringe Empfindlichkeit.

Schweine: In den schon erwähnten Versuchen von CUNNINGHAM (1971) mit chronischer Gabe von Coffein als Zusatz zum Futter wurde geprüft, ob durch Coffein der Fettansatz reduziert und der Fleischansatz gesteigert werden kann. Bei Zusatz von 1,5 g Coffein zu 1 kg Futter fand sich eine geringe Reduktion des Wachstums, aber als toxische Nebenwirkung war das Auftreten von Hautausschlägen, kombiniert mit einer geringeren Futtereffizienz zu registrieren. Diese Erscheinungen von der Haut blieben bei 1 g Coffein/kg Futter aus, das Wachstum war nicht beeinträchtigt.

Natürlich kann das Tiermaterial bei den größeren Tieren nicht so umfangreich sein, wie bei Ratte und Maus. Man wird aber im allgemeinen annehmen dürfen, daß die Toxicität sich nicht wesentlich von der bei den üblichen Laboratoriumstieren beobachteten unterscheidet. Erstaunlich ist, daß die Toxicität selbst bei Maus und Ratte in manchen Versuchsserien so gering ist. Manchmal mag das daran liegen, daß die Beobachtungsdauer zu kurz war. Vielleicht sind Speciesunterschiede verantwortlich zu machen. Bei unzureichendem Futter wird die Toxicität erhöht — aber welche Diäten können sie so weit vermindern?

IV. Mensch

Man unterscheidet zwischen der akuten einmaligen Vergiftung und den Folgeerscheinungen häufig wiederholter Zufuhr — dem Coffeinismus, davon abgrenzbar die bei den meisten Kaffeetrinkern auftretende Gewöhnung (die in verschiedenen Kapiteln erwähnt wird, s. z.B. Schlaf) und schließlich das oft diskutierte Problem der Sucht. Es gibt fließende Übergänge zwischen allen Gruppen.

Akute, schwere Vergiftungen: Es gibt nur wenige Berichte hierüber. Über einen Suicid nach Einnahme von 50 g Coffein berichtete CHODASSEWITCH (1956). Aus der Originalarbeit lassen sich keine näheren Angaben über die Symptome und dergleichen entnehmen. Jokela und Vartiainen (1959) berichteten von einem Todesfall nach intravenöser Gabe von 3,2 g Coffein durch Verwechslung mit einer Traubenzuckerlösung, die ein Patient in tiefem Insulinkoma erhalten hat. Ein zweiter Patient, der von derselben Lösung erhalten sollte, bekam nach 0,4 g schwere Krämpfe. Hier handelt es sich natürlich nicht um eine mit anderen vergleichbare Toxicitätsangabe, denn ein Insulin-Koma erhöht die Krampfbereitschaft ganz wesentlich. Einen Fall von Kopf (1946) zitiert Kraft (1962): Ein 22jähriger Küchenangestellter nahm innerhalb von 2 Std 57 Tabletten zu sich, die Semen Colae und Coffein enthielten. Die Gesamtmenge an Coffein betrug 11,4 g. Es trat ein rauschähnlicher Zustand ein, an den sich der Betreffende nicht mehr erinnern konnte. Eine Bedrohung des Lebens bestand nie.

Szemzö (1934) berichtete von einer Aufnahme von 20 g Coffein. Ein Teil davon wurde erbrochen. Auch Hunde reagieren auf große Dosen von Coffein mit Erbrechen.

Jokela und Vartiainen (1959) berichteten noch über einige ältere Fälle aus der Literatur, wo 4—5 g Coffein meist als Kaffeeextrakt zur Wirkung kamen. Ein Suicid sah Parish (1965). Die aufgenommene Dosis wurde offenbar nicht ermittelt, die näheren Umstände nicht beschrieben, aber einige Coffein-Analysen sind angegeben. Auf 100 g Gewebe berechnet, wurden gefunden: Niere 13 mg, Leber 32,9 mg, Gehirn 7,5 mg, Magen 150,7 mg. Eine Abschätzung der Gesamtsumme ist kaum möglich, da Coffein im Organismus des Menschen rasch umgesetzt wird, rascher als bei irgendeinem Versuchstier. Allein die Leber aber enthielt 1 g, was schon dafür zeugt, daß die Aufnahme beträchtlich gewesen sein muß. Im ganzen scheint auch nach den Abschätzungen von Peters (1967) die akute Toxicität beim Menschen nicht höher zu sein als bei vergleichbaren Versuchstieren, wenn man die geringere Toxicität bei Herbivoren außer Betracht läßt. Paget und Barnes (1964) berechneten die Letalität nach der Oberfläche und kamen auf die gleichen Werte für Ratte, Katze und Mensch.

Auf einer ganz anderen Ebene liegt die Frage der Unverträglichkeit, d.h. der minimalen toxischen Dosis. Ulrich (1958) schätzt, daß die minimale Dosis für Ratten und Mäuse zwischen 25 und 50 mg/kg, für den Menschen zwischen 2 und 5 mg/kg liege. Wenn man jedoch empfindlichere Testsysteme als Kriterien verwendet (z.B. Motilität bei Mäusen), so liegt die minimale toxische Dosis bei 2—5 mg/kg (Boissier u. Simon, 1965; Triendl, 1939; Hach u. Heim, 1971), also in genau demselben Bereich wie beim Menschen. Aber diese Angaben können als die untere Grenze für den gesunden, wenig empfindlichen Menschen gelten. Coffein-empfindliche werden aber bereits unterhalb 1 mg/kg unangenehm beeinflußt, wir werden also immer Personen finden, die empfindlicher reagieren als Versuchstiere. Das ist bei der vorwiegend zentralen Wirkung bei dem höher organisierten Zentralnervensystem auch zu erwarten, wobei noch psychische Faktoren bei der Wirkung wesentlich mitspielen. Aber wissen wir überhaupt, wie es einer weißen Maus zumute ist, wenn sie in ihrem Käfig oder auf dem Forstschen Kippteller herumläuft?

Wir haben an anderer Stelle Erhebungen über die Beeinflussung des psychischen Verhaltens, über die euphorisierende Wirkung, das Gefühl der Leistungsfähigkeit, Tatendrang usw. ausführlich, zum Teil auch in Tabellen berichtet. Hier wollen wir nun die als unangenehm empfundenen Symptome kursorisch darlegen.

Die Entwicklung all dieser Symptome, wie sie SEYFFERT (1954) schildert, beginnt nach ca. $\frac{1}{2}$ Std, erreicht den Höhepunkt nach 1—2 Std, um dann allmählich abzuklingen. Nach 3—4 Std können sich sekundär auch Unbehagen und Unruhe einstellen. Aber in derselben Dosis können angenehme und unangenehme Symptome beieinander wohnen.

Besonders empfindlich, d.h. auf so kleine Mengen wie 0,05 g Coffein ansprechend, zeigen sich Nervöse, speziell bei Hyperthyreose. Bei diesen kann sich selbst Coffein-freier Kaffee unangenehm bemerkbar machen, wenn, in der Meinung es handele sich um *Coffein-freien* Kaffee, größere Mengen aufgenommen werden und so die Reste des vorhandenen Coffeins die niedrige Reizschwelle bei diesen Personen überschreiten. Schlaflosigkeit macht sich dann bemerkbar, aber ebenso Sensationen vom Herzen her (Herzklopfen, Extrasystolen). Die Frequenz wird dabei anfangs sogar verlangsamt sein, bei höheren Dosen wird sie zunehmen (s. Herz und Kreislauf). Aber die Mehrzahl der Menschen wird erst bei Mengen von 0,2—0,3 g Coffein unangenehme Empfindungen verspüren. Manche vertragen 0,7 g Coffein oder entsprechende Kaffeemengen. Ob diese Zufuhr über längere Zeit fortgesetzt werden kann, ist eine andere Frage. Früh macht sich ein Tremor bemerkbar. Es ist interessant, daß die Kombination von Chlorphenoxamin mit Coffein (100 mg pro Tablette) sich der alleinigen Gabe des Anti-Parkinson-Mittels bei der Rigidität als überlegen erwies, aber beim Tremor ohne Einfluß ist (STRANG, 1967). Innere Unruhe, Zittrigkeit, Schwindelgefühle können sich einstellen, die sich durch Aufnahme von etwas Nahrung bekämpfen lassen. Es lassen sich keine Dosen angeben, die mit dem Auftreten des einen oder anderen Symptoms korreliert sind. Es gibt kaum eine Substanz, die so variabel wirkt wie Coffein bzw. Kaffee. Auf die Wirkung an Magen und Galle sei hier nur kurz hingewiesen, wobei die Röstprodukte eine wesentliche Rolle spielen.

1. Coffeinismus

Hier handelt es sich um den chronischen Mißbrauch großer Coffeinmengen, meist als Kaffee. Die Störungen sind fast ausschließlich nervöser Natur, aber auch Verstopfung tritt häufig auf (s. auch MITZNEGG, S. 125). RÉNON (1925) hat über die Symptomatik ausführlich berichtet. Über ein Basedow-ähnliches Bild bei einer Puella publica berichtete VON NOORDEN.

Coffeinismus ist besonders häufig bei solchen Personen zu beobachten, die durch abendlichen starken Kaffeegenuß ein zunehmendes Schlafdefizit haben, das sie mit mehr Kaffee zu kompensieren versuchen (HAWK, 1929). Schließlich treten die sekundären Folgen eines sogenannten Abusus auf. Die von ERHARDT beschriebenen Symptome, wie Veränderungen des Charakters, z.B. Zanklust und schlechte Laune, körperliche Destruktion bis zur Kachexie, scheinen außerordentlich selten zu sein (STRANSKY, 1932; STEPP, 1938). Mir scheint es, daß für das Zustandekommen solcher Zustände eine nervöse Veranlagung notwendig ist. Solche Vorkommnisse sind so selten, daß man sie sammeln muß.

So berichtet REIMANN (1967) über den Fall einer Hausfrau, die als Kellnerin von 17—23 Uhr arbeitete. Sie erkrankte an Schlaflosigkeit, Appetit- und Gewichtsverlust. Dazu traten Krämpfe im Epigastrium auf. Vor allem wurde abends eine Erhöhung der Temperatur bis 38°C gemessen, die sich im Verlauf des weiteren Abends wieder normalisierte. Nach Klinikaufnahme stellte sich heraus, daß die Patientin täglich zu Hause (vor ihrem Dienst) 15—18 Tassen starken Kaffees getrunken hatte, also zwischen 1,5—1,8 g Coffein (ca. 36 mg/kg). Der Temperaturanstieg erfolgte stets während der Zeit dieser exzessiven Zufuhr und blieb aus, als man in der Klinik den Verbrauch auf eine Tasse reduzierte. Entziehungssymptome (z.B. Kopfschmerzen), wie sie von DREISBACH und PFEIFFER (1943) beschrieben wurden, kamen nicht vor.

SCHULTE (1949) beschrieb einen Fall, wo nach ungewohnter Aufnahme größerer Mengen von Coffein als Kaffee und Tee trotz guten Nachtschlafs 8 Std nach der letzten Zufuhr bei völligem Wohlbefinden ein regelrechtes Migräne-Äquivalent auftrat mit Flimmerskotomen, Hemianopsie und starken Kopfschmerzen. Dasselbe habe ich selbst erlebt, allerdings nicht mit so starker Verzögerung, also kurze Zeit nach dem Kaffeegenuß. Diese Beobachtung konnte ich wiederholt machen, so daß ich das Bild auf den Kaffee beziehen konnte. Bei Reduktion der Dosis gingen die Symptome prompt zurück.

WAGNER (1939) sah eine Reihe von Patienten, die gebrannte Kaffeebohnen kauten; in einigen Fällen mit lange fortgesetztem Abusus traten epileptiforme Anfälle auf. In dem Fall eines chronischen Kaffeemißbrauchs (täglich Kaffee aus 250—375 g Kaffeebohnen) traten akut im Krankenhaus Delirien mit ausgeprägten neurologischen Symptomen auf. Da die Patientin mit einer schweren Myodegeneratio cordis an einer akuten Pneumonie ad exitum kam, sind die psychischen und sonstigen Symptome nicht sicher auf Coffein zu beziehen.

In einem anderen Fall traten nach anhaltend starkem Kaffeegenuß Schweißausbruch, Schwindel, Kollaps auf, bei anderer Gelegenheit mit zusätzlich starkem Tabak- und Alkoholkonsum nachts Krampfzustände in der rechten Hand, Sprach- und Sehstörungen, starkes Erbrechen; nach längerer Abstinenz erneut akute Herdsymptome nach starkem Kaffeekonsum (300 g Bohnen pro 8 Tassen) mit starkem Tabak- und Alkoholgenuß. Im ganzen handelt es sich um einen Fall mit kombinierten Schadensmöglichkeiten.

2. Toleranz

Gewöhnung wurde von STIEVE (1935) bei Kaninchen festgestellt, von HEUBNER (1937) bei der Ratte bestätigt. Dosierungen, die Aufregungen verursachten, waren nach einiger Zeit nicht mehr wirksam. Bei den geistigen Leistungen des Menschen im Rechentest wurde von WEDEMEYER (1920) dasselbe gefunden. Auch die antagonistische Wirkung gegenüber Alkohol dauerte bei Kaffee-Gewöhnten, z.B. in den Versuchen von STRONGIN und WINSOR (1935), nur 1 Std gegenüber der doppelten Zeit bei Nicht-Gewöhnten. Das gilt auch für den Tremor. Vor allen Dingen scheint die Wirkungsdauer abzunehmen, wie z.B. in den Versuchen von HORST et al. (1934) in Geschicklichkeitsübungen. Diese Abnahme der Wirkung scheint bei einer Karenz innerhalb von 14 Tagen völlig reversibel zu sein.

Auf den hier behandelten Effekt wurde in den einzelnen Kapiteln ausführlich eingegangen, z. B. bei den psychologischen Testen, beim Kreislauf, der Diurese, der Speichelsekretion, ja sogar beim Grundumsatz und dem Methylxanthin-Stoffwechsel. Auf diese Kapitel sei ausdrücklich verwiesen.

3. Sucht

Die eben besprochenen Toleranzerscheinungen sind natürlich nicht als Ausdruck einer Sucht zu werten. Ebensowenig ist der Bericht von SCHILLING (1928) über Coffeinsucht nach Coffein und Antifebrin, wo die Patienten mit Coffein allein nicht zufrieden waren, so zu interpretieren. Bekannt ist die weit verbreitete Sucht bei Kombination mit Phenacetin geworden. IDESTRÖM (1960) berichtet von einer Sucht für Antipyrin und Coffein (0,5 bzw. 0,1 g). Der Patient hatte 10 Jahre lang täglich 10 dieser Pulver genommen. Eine ausführliche Studie an 500 Veteranen legen GAULT et al. (1968) vor. Mischpulver kamen viel zur Anwendung, in denen Aspirin, Phenacetin, Codein und Coffein enthalten waren. Letzteres spielte aber die geringste Rolle, gehörte also nicht unbedingt zu dem Erscheinungsbild.

Echte Sucht nach Coffein kommt praktisch nicht vor (wir bringen unten einen Fall), denn es ist bestimmt nicht die zwangsläufige Tendenz vorhanden, täglich mehr Kaffee zu trinken bzw. trinken zu müssen, um Entziehungssymptome zu vermeiden. Der Zornausbruch, der auftritt, wenn einmal der Kaffee zu dünn geraten ist, ist nicht als Entziehungssymptom zu werten. Das ist Temperament.

Die stimulierende Wirkung des Kaffees bei einem Menschen mit depressiver Verstimmung, bzw. das Zurückgleiten in die Verstimmung nach Abklingen der Kaffeewirkung, kann man ebensowenig als Sucht mit Entziehungssymptomen bezeichnen, wie das Bedürfnis nach Kaffee am Morgen, wenn der Schlaf durch unklugen, abendlichen Kaffeegenuß gestört wurde. Eher schon sind die Kopfschmerzen als Entziehungssymptom zu werten, die bei manchen starken Kaffeetrinkern auftreten, wenn sie keinen Kaffee erhalten. SZIEGOLEIT und FORSTER (1972) beschreiben als Entziehungssyndrom Reizbarkeit, Unfähigkeit zu effektiver Arbeit, Nervosität, Ruhelosigkeit, Teilnahmslosigkeit und Kopfschmerzen. Diese Symptome können zum größten Teil als identisch bezeichnet werden. Die unangenehmen Erscheinungen gehen meist nach einigen Stunden vorüber (s. S. 68).

Von den extrem seltenen Fällen echter Sucht möchte ich hier auf einen eingehen, nämlich auf den interessanten Fall, den IN DER BEECK (1961) beschrieben hat. Ich gebe einen Auszug seiner Darstellung. Der Süchtige berichtet selbst:

> Im Oktober 1953 habe ich mein 1. juristisches Staatsexamen abgelegt. Vor diesem Tage, d. h. im Stadium der Examensvorbereitung, wurde mein Verlangen, Kaffee zu trinken, immer größer. Wenn ich am Anfang mit 2 oder 3 Tassen auskam, so brauchte ich bald den Inhalt einer ganzen Kanne (6 Tassen) und mehr. Dabei verlockte mich in erster Linie der Wohlgeschmack. Hinzu kam aber bald, daß ich den Kaffee brauchte, um die Intensität meiner Arbeit zu steigern. Die Fähigkeit, mich schärfer zu konzentrieren, wuchs zusehends. Zu dieser Zeit und auch später bevorzugte ich frisch geröstete Kaffeebohnen. An irgendwelchen Kaffee-Extrakten habe ich nie besonders Gefallen gefunden. Bereits damals verbrauchte ich Tag um Tag mindestens 100 g Kaffee. Wollte ich arbeiten, mußte ich ihn einfach trinken.

In der Zeit, wo ich keinen Kaffee trinken konnte, setzte bei mir ein völlig apathischer und lethargischer Zustand ein. Ich wurde unlustiger. Dies Gefühl konnte ich nur bannen, wenn ich Kaffee trank. Sein Genuß versetzte mich in eine Hochstimmung. Jetzt brauchte ich bereits für 1 Kanne 50 g und 150—200 g an einem Tag.

Da ich ständig Kaffee trank, morgens, mittags, nachmittags und nachts, fühlte ich mich ständig frisch. Von Alkohol und der Sexualität hielt ich merkwürdigerweise nichts mehr. Um die Schmerzen zu mindern, brauchte ich Aspirin und Chinaspin in immer größeren Mengen. Der Kaffee reduzierte die Wirkung dieser Präparate um ein beträchtliches. Meinen Dienst konnte ich indessen trotz allem versehen. Ende März 1954 machte sich aber bei mir Schlaflosigkeit in immer stärkerem Maße bemerkbar. Ich hatte so gut wie keinen Hunger und wurde bei den kleinsten Anlässen erregt. Ende November 1954 mußte ich, um überhaupt noch arbeiten zu können, meinen Kaffeeverbrauch auf täglich $\frac{1}{2}$ Pfund steigern. Von Beginn des Jahres 1955 bis heute (1956) hat sich meine Einstellung zum Kaffee nicht geändert. Die täglichen Dosierungen sind diegleichen geblieben. Bis zum Tage meiner Verhaftung habe ich Kaffee getrunken. Sogar noch im Untersuchungsgefängnis habe ich angelegentlich meines 14tägigen Einkaufs $\frac{1}{2}$ Pfund Kaffee bekommen. Seither hat sich mein Wohlbefinden immer mehr verschlechtert.

Die Verhaftung erfolgte zum Teil, weil er sich durch Betrug, Diebstahl und ähnliches Geld für seinen Kaffeebedarf beschaffen mußte, also etwa wie bei den Morphinsüchtigen. Über sein weiteres Schicksal lassen wir VAN DER BEECK sprechen.

Während der Entziehungskur hat er sich körperlich gut erholt und in 4 Monaten 20 Pfund zugenommen. Forensisch ist der Fall als Kaffeesucht beurteilt worden, da bei ihm wohl mehr als ein Kaffeemißbrauch oder eine Kaffeegewöhnung vorgelegen hat. Seine Zurechnungsfähigkeit ist als vermindert angesehen worden, ohne daß ihm der Schutz des § 51, Abs. 2 STGB zugebilligt wurde, da der Grad der Minderung seiner Verantwortlichkeit nicht als in diesem Maße erheblich betrachtet wurde.

In dem von WAGNER (1939) berichteten Fällen handelte es sich um einen Phanodorm-Mißbrauch, bei dem täglich außerdem noch Kaffee aus 125—230 g Bohnen verwendet wurde. Bei plötzlicher Entziehung des Phanodorms kam es zu epileptiformen Krämpfen, wie nach allen Schlafmitteln der Barbitursäure-Reihe. Auch solche Fälle sind nicht als Beispiel einer Coffein-Sucht anzusehen. Dieses spielt hier nur eine Nebenrolle.

4. Entcoffeinisierung des Kaffees

Hier handelt es sich um das toxikologische Problem, Reste von Extraktionsmitteln zu entfernen bzw. deren Toxicität zu bestimmen. Darauf wurde bereits früher von EICHLER (1938, S. 89) hingewiesen. In den jüngeren Versuchen von JANS (1972) wurde in sorgfältigen Langzeitversuchen die unschädliche Grenzkonzentration von chlorierten Kohlenwasserstoffen, wie sie heute zur Extraktion verwendet werden, zu 25 mg/kg Röstkaffee bestimmt. Diese Menge wurde auch von der Europäischen Wirtschaftsgemeinschaft zugelassen. Tatsächlich ist der Gehalt des entcoffeinisierten Kaffees sehr viel niedriger, so daß von den Herstellern selbst darauf gedrungen wird, die Grenzmenge auf 10 mg/kg zu reduzieren. Im Originalkaffeeinfus beträgt die in das Getränk übergehende Menge nur einige µg.

S. Mutagene, teratogene Wirkung, Entwicklungsstörungen

O. EICHLER

Mit 3 Abbildungen

Zu den toxischen Wirkungen wird man auch die Störung der Embryonalentwicklung in den ersten Phasen der Entwicklung, die Beeinflussung von Zellteilungen und Keimschädigungen rechnen. Es handelt sich um Eingriffe am Zellkern und seinem Stoffwechsel.

Es ist vom Theoretischen her naheliegend, diese Frage zu untersuchen, da Coffein mit Adenin und Guanin, Grundbausteinen der DNA, des Vererbungsträgers im Zellkern, das Puringerüst gemeinsam hat. Zahlreiche Befunde zeigen, daß solche sehr ähnlichen, aber dennoch falschen Bausteine mit eingebaut werden können und bei Kernteilungen zu Störungen führen. Dieses Prinzip wird therapeutisch ausgenutzt, z.B. bei der Behandlung von Malignomen z.B. mit Fluoruracil oder anderen Antimetaboliten. Voraussetzung für den Einbau ist aber die Überführung in das Nucleosid, d.h. die Kopplung an Ribose in der N-1-Position. Diese ist jedoch beim Coffein durch eine Methylgruppe besetzt, die im Organismus nur in geringerem Umfange abgespalten wird. KOCH und LAMONT (1956) gelang es nicht, mit radioaktivem Coffein irgendeinen Einbau selbst bei Bakterien nachzuweisen, selbst dann nicht, wenn sonst keine Kohlenstoffquelle zum Wachstum zur Verfügung stand.

Dagegen gelang es TSO et al. (1962), eine Komplexbildung des Coffeins mit Desoxyribonucleinsäure (DNA) durch Veränderung der Helix-Eigenschaften (Wärme-Denaturierung) nachzuweisen.

Diese Bindung kann eine wesentliche Rolle bei der Störung des sogenannten repair-Mechanismus der DNA spielen. Wenn durch äußere Einwirkung, wie z.B. Gifte (Aflatoxin) oder UV-Strahlung bzw. durch Höhenstrahlung oder in der Zelle entstehende Radikale Defekte in der DNA auftreten, dann ist der Zellkern in der Lage, mit Hilfe des repair-Mechanismus, zu dem unter anderem das Enzym DNA-Polymerase gehört, diesen Defekt zu reparieren. Dabei wird das defekte Stück immer, sofern es nicht zu groß ist, herausgeschnitten und mit Hilfe der Codierung der komplementären DNA in die richtige Nucleotidsequenz wieder eingesetzt. Dieser Vorgang wird durch Coffein gestört. Nach HARM (1970) und zahlreichen anderen Autoren bindet sich das Coffein bevorzugt an den defekten Stellen und hindert so den repair-Mechanismus.

In einem Editorial (1967) wurden aus solchen Befunden weitgehende Schlüsse gezogen, auch auf die Möglichkeit von Mutationen und der Entstehung von Carcinomen hingewiesen (als Co-Carcinogen entsprechend den Vorstellungen von K. H. BAUER). Die Argumentation wurde unterstützt durch den Befund von GOLDSTEIN und WARREN (1962), daß Coffein in die menschlichen Gonaden, ja in die befruchtete Eizelle einzudringen vermag (FARRO u. SIEBER, 1969).

Hier haben wir zunächst die wirksamen Konzentrationen zu betrachten. In den zitierten Versuchen von WRAGG (Editorial 1967) war der Beginn einer Wirkung bei 0,02% Coffein angegeben. Zur 50%igen Hemmung wäre die 10fache Konzentration notwendig. Bei Übertragung dieser Konzentrationen auf das Tier oder gar den Menschen befinden wir uns weit im tödlichen Bereich. Das Zentralnervensystem verhindert, daß solche Konzentrationen anders als im Reagenzglas erreicht werden können.

Von Bedeutung ist auch der Befund von HARM (1970), dargestellt in der Abb. 37, daß die Coffein-Bindung (ausgehend von 1,6% Coffein) durch Verdünnung des Mediums sehr schnell reversibel ist. Bereits nach 1—2 min ist der größte Teil abdissoziiert, nach 1 Std sind die Zellen nicht mehr von unbehandelten Zellen zu unterscheiden (HARM, 1970). Zur Veranschaulichung der quantitativen Situation ist die Berechnung von HARM interessant, der darauf hinweist, daß bei 1,6% Coffein ca. 5×10^7 Moleküle Coffein in einer Zelle sind und ca. 20—160 photoreaktiven Repair-Einheiten gegenüber stehen.

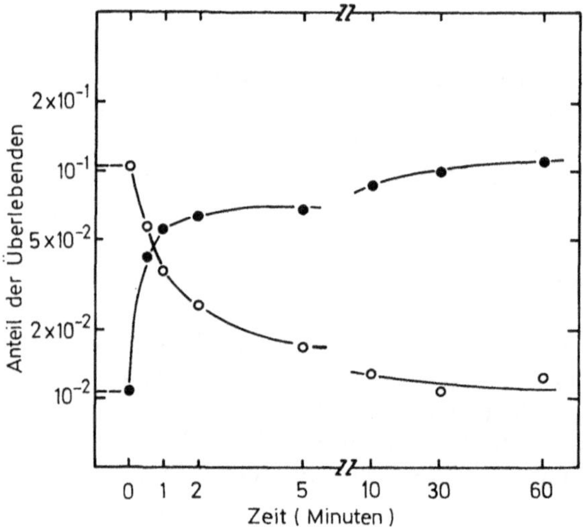

Abb. 37. Reversibilität der Coffeinwirkung. E. coli — UV — Bestrahlt 20 erg/mm². Überlebensrate bei kurzer Belichtung (flash) in Anwesenheit von 10 mg/ml Coffein (●—●) oder Kontrollen (○—○) nach 300facher Verdünnung der Coffeinkonzentration. Die Abbildung verdanke ich Dr. Harm. (Nach HARM, W., 1970)

I. Pflanzenzellen

Diese Zellen stellen geeignete Versuchsobjekte für die hier interessierende Fragestellung dar, da sie in einfachen synthetischen Nährmedien wachsen, einen raschen Zellteilungscyclus besitzen und den Zellkern morphologisch-mikroskopisch leichter zu analysieren ist, als der Kern der Säugetierzelle. Erste Untersuchungen stammen von KIHLMAN und LEVAN (1949), die als erste Änderungen des Zellkerns beobachteten. Diese Untersuchungen wurden von KIHLMAN (1952) auf zahlreiche Purinderivate ausgedehnt, die zum Teil stärker wirksam waren als Coffein, aber sich qualitativ nicht unterschieden. Die Autoren fanden Chromosomen-Aberrationen. Im Kaffeegetränk ist Coffein das allein wirksame Prinzip, da diese Störungen in Coffein-freiem Kaffee nicht zu beobachten waren (SAX u. SAX, 1966).

Morphologisch sind die Veränderungen kaum unterscheidbar von denjenigen nach Einwirkung von kurzwelligen Röntgenstrahlen. Man nennt diese Substanzen deshalb auch Radiomimetica — ein Ausdruck, den ich nicht für glücklich halte, gibt es doch wesentliche Unterschiede. Mit Coffein wurden Chromosomenbrüche und Bildung von Brücken in der Anaphase proportional der Konzentration und Zeitdauer der Einwirkung beobachtet. Im Gegensatz zu Röntgenstrahlen waren diese Störungen nach Coffein partiell ausgleichbar. Die Proportionalität von Konzentrationen und Zeit gilt nur in einem engen, sehr hohen Konzentrationsbereich, nach 0,02% Coffein werden dagegen keine Schäden beobachtet. Wir haben bereits daraufhingewiesen, daß die Bindung von Coffein an DNA von geringer Affinität und reversibel ist. Bei echten radiomimetischen Substanzen bindet sich das Molekül irreversibel an das Substrat (s. EICHLER: Prinzipien des Lebendigen, 1949). Beim Coffein wird dagegen die Wirkung auf physikochemische Effekte (Löslichkeiten, Klebrigkeit der Grundsubstanz) zurückgeführt. Dadurch kommt es zur Bildung von Pseudochiasmata und Chromosomenbrüchen. Bei 0,04% Coffein beträgt die Häufigkeit der Veränderungen 5—6%, dennoch verlaufen die Zellteilungen völlig normal, auch noch bei 0,4%. Wirkliche Mutationen wurden nicht beschrieben. Von DEYSSON und BENBADIS (1966) liegen elektronenmikroskopische Untersuchungen vor, die sich auf die Telophase der Teilung mit 0,042% Coffein für 24—48 Std erstrecken und zwar an Zellen, bei denen eine Störung schon vorhanden war. Das endoplasmatische Reticulum sammelte sich in der Region der Spindelbildung. Die Bläschen und andere Organellen, die sich sonst in der Äquatorialzone anordnen, blieben auf die ganze Zelle verteilt. Dabei zeigte sich eine bemerkenswerte Verflüssigung des Plasmas, so daß die Trennwände zwischen den Zellkernen nicht zustande kamen, obwohl sich zwischen dicht aneinander liegenden Kernen trennende Substanzen erkennen ließen.

Sehr interessante Befunde über die Hemmung der Wallbildung werden von GONZALEZ-FERNANDEZ et al. (1966) mitgeteilt. Durch die fehlende Teilung entstehen binucleare Zellen. Die Wurzeln der Zwiebeln wurden bei 25°C 1 Std in 0,1% Coffein gelagert, anschließend wurde das Coffein durch mehrmaliges Waschen beseitigt. Höhere Konzentrationen als 0,1% vermindern die Zahl der binuclearen Zellen (GIMENEZ-MARTIN et al., 1971). Die meisten Zellen mit 2 Kernen fanden sich sofort nach Entfernung des Coffeins. Nach 1 Std waren nur noch 4,2, nach 2 Std 3,7, nach 6 Std 3,1% zu zählen. Daraus schließen die Autoren, daß sich nach der Entfernung des Coffeins keine neuen binuclearen Zellen mehr bilden. Durch diese Hemmung entsteht eine Population synchronisierter binuclearer Zellen, die sich nach Entfernung des Coffeins synchron teilen, mit einer Cycluszeit von 14 Std. Diese Cycluszeit entspricht etwa derjenigen normaler mononuclearer Zellen. Die Höhen dieser Wellen binuclearer Phasen nimmt mit der Zeit in Form einer gedämpften Schwingung ab. Zusatz von Colchicin verlängert den durch Coffein allein verlangsamten Rhythmus noch weiter (Gimenez-Martin et al., 1971). Werden die Wurzeln für 12—15 Std in 0,1% Coffein-Lösung belassen, dann treten 40—60% binuclearer und eine Reihe von tetraploiden Zellen auf. Letztere haben mit 14,5 Std einen etwas langsameren Cyclus. Außerdem wurden gelegentlich Chromatidenbrüche und Ringbildungen beobachtet.

Weitere Informationen über die Wirkung von Coffein geben die Untersuchungen von Körting-Keiffer und Mickey (1969). Sie arbeiteten an Wurzelspitzen von Knoblauch mit 0,1 und 0,5%igem Coffein bei 20° C. Die Lösungen wirkten $1\frac{1}{2}$ Std ein und wurden danach entfernt. Bei 0,1% Coffein wurden Chromosomenbrüche mit einem Maximum bei 2 Std nach der Behandlung beobachtet, die nach 4 Std verschwunden waren. Aberrationen traten bei 0,1% Coffein zu 12%, bei 0,5% Coffein zu 37% auf. Die Brückenbildungen verschwanden viel später. Nach 8—12 Std ließ sich noch eine starke Hemmung der Zellteilung beobachten. Aus einzelnen abgesprengten Kernteilen konnten sich Mikrokerne bilden. Eine Inaktivierung der Spindelfasern war unterhalb 0,5% Coffein zu sehen. Aus der Gesamtheit der Versuche wurde geschlossen, daß Coffein nicht auf die DNS-Synthese selbst wirke, sondern indirekt durch Beeinflussung des Zellteilungsapparates. Im Unterschied zu Röntgenstrahlen, bei denen Brüche statistisch verteilt sind, finden sich die Brüche nach Coffein oder Theophyllin bevorzugt in den Zonen des Heterochromatins dicht bei den Centromeren (Kihlman, 1952). Adenin wirkt ähnlich, hat aber eine stärkere Wirkung auf die c-Mitose.

Eine Unterdrückung der Mitosen durch Coffein beginnt bei 0,04%, aber zu einer totalen Suppression werden 0,4% benötigt (Cheymol et al., 1967). Bei kleineren Konzentrationen als 0,02% wurden sogar die Mitosen stimuliert (s. Rajchert-Trzpil, 1967 bei Escherichia coli). Ungleich Colchicin ist eine Wirkung auf die c-Mitose (Spindelbildung) kaum vorhanden. Man hat vermutet, daß Coffein auf die kontraktile Substanz der Spindelfasern einwirken könnte. In den Versuchen von Paschke und Schwanitz (1971) mit der Micrasterias americana fand sich bereits bei 50 mg Coffein/Liter die erste Hemmung des Wachstums, bei der doppelten Konzentration war sie deutlich. Die Zahl der Mißbildungen betrug 38%. Allerdings war die Zahl auch bei Kontrollen mit 11,2% bereits sehr hoch. Durch den Zusatz von Phenacetin wurde die Coffein-Wirkung gesteigert. Die Autoren weisen auf die besonders hohe Empfindlichkeit ihrer Testobjekte hin.

An den Sporen einer Alge zeigten Srivastava et al. (1971), daß die Vorbehandlung mit 0,1% Coffein die Letalität nach UV-Bestrahlung vermindert, jedoch Coffein, nach der UV-Behandlung gegeben, die Letalität vermehrt. Möglicherweise wurden die Zellen durch Coffein in einer wenig empfindlichen Teilungsphase arretiert (evtl. auch UV-Absorption durch Coffein?). Am empfindlichsten sind die Pflanzenzellen in der Prophase und der Phase G_2 bei Wurzelspitzen der Zwiebel, beim chinesischen Hamster dagegen in S und geringer bei G_1 (Hollaender, 1971; Kihlman et al., 1971). Eine Steigerung der Aberrationen ergab sich bei 0,1% Coffein nach einer Vorbehandlung mit Diepoxibutan (Swielinska, 1971) oder γ-Strahlung (Yamamoto et al., 1969).

II. Bakterien

Die überwiegende Zahl der Experimente wurde an Escherichia coli ausgeführt, da dieser Keim in zahlreichen Mutanten mit definierten Abweichungen sehr gut untersucht ist. Die Tatsache, daß Coffein leicht in das Innere der Zelle eindringt, so daß die Konzentration der Umgebung erreicht wird (FOX, 1966), sowie die Beobachtung von KOCH und LAMONT (1956), daß E. coli selbst bei Fehlen anderer Kohlenstoffquellen nicht in der Lage ist, Coffein als Wachstumsquelle zu benutzen, erleichtert Untersuchungen an diesem Keim außerordentlich. Aus der unermeßlichen Vielfalt der Literatur können wir hier nur die wichtigsten Punkte herausgreifen.

Bei bis 0,8 mM Coffein wurde keine Einschränkung des Wachstums gesehen (GRIGG, 1966). Auf Gradientennährböden mit 0—1,0% Coffein fanden WITKIN und FARQUHARSON (1969) eine absolute Wachstumshemmung bei 6 verschiedenen Stämmen bei ziemlich genau 0,3% Coffein. In ähnlichen Versuchen von DELVAUX und DEVORET (1969) wurde die Grenze der absoluten Wachstumshemmung zwischen 0,35 und 0,4% gefunden. Aus Subkulturen von Kolonien, die in Coffein-Grenzbereichen wuchsen, erhielten sie Coffein-resistente Mutanten. Die Wachstumshemmung durch Coffein scheint nicht bactericid, sonder bacteriostatisch zu sein. Escherichia coli, der für mehrere Stunden in 2%igem Coffein gehalten wurde und danach in geeignete Nährmedien überführt wurde, bildete ungehindert Kolonien. Selbst bestrahlte Bakterien in 1—2% Coffein bildeten nach Transfer auf Agar-Platten mit oder ohne 0,08% Coffein Kolonien. Erst bei 0,12% zeigte sich eine Hemmung. Auch SHIMADA und TAKAGE (1967) fanden an ihren Stämmen (N-17-9 und 14-4) nach 1 Std in 0,5—1% Coffein völlige Reversibilität der Effekte (desgleichen VECHET, 1968).

Die Auslösung von Mutationen wurde durch Messung der Resistenz von E. coli (strain B) gegen T_5 und T_6-Phagen von NOVICK (1956) gemessen. In der Konzentration von 0,015% waren Coffein und Theophyllin am wirksamsten. Diese Mutationen konnten durch Purinnucleoside reduziert, ja sogar unterdrückt werden. Die Pyrimidinnucleoside erwiesen sich dagegen als unwirksam. Die Riboside waren 10mal wirksamer als die zuckerfreien Basen. 0,4 mg/Liter Adenosin reduzierte die Mutationen von Coffein auf die Hälfte, war aber unwirksam gegen die UV-ausgelösten Mutationen. Durch geeignete Konzentrationen konnte die Coffein-Wirkung völlig unterdrückt werden, die Spontanmutationen nur auf $\frac{1}{3}$ reduziert werden.

Interessante Beobachtungen wurden bei Einwirkung von UV-Strahlung gemacht, z. B. bei Untersuchungen des LHR-Phänomens. Werden E. coli in Stickstoff-freiem Medium (das kein Wachstum gestattet) mit UV-Licht von 2537 Å (dem Absorptionsmaximum von Nucleinsäuren) bestrahlt, so ist die Überlebenshäufigkeit nach Aussaat auf Agar um so größer, je länger der Keim nach der Bestrahlung in dem Mangelmedium verbleibt (Liquid Holding Recovery = LHR) (Hungerreparatur nach HORNECK-WITT u. KAPLAN, 1968). Dieser Effekt kommt möglicherweise dadurch zustande, daß mit der damit zunehmenden lag-Phase nach Aussaat die repair-Mechanismen mehr Gelegenheit zur Wirkung haben. In den Versuchen von HARM (1966) wurde die LHR durch 0,08% Coffein auf die Hälfte reduziert, 2% wirkten nicht stärker. Gleichgültig ob Coffein auf die

RNA oder die zum Ausgleich der Strahlenschädigung notwendigen Fermente wirkt, die Schädigung ist reversibel (16 mM bis 4 Std nach UV; GRIGG, 1972) und ist nicht mit der Empfindlichkeit gegenüber UV korreliert (HARM, 1967). Sie soll durch cAMP aufgehoben werden (WACKER et al., 1971).

In diesem Zusammenhang sei nochmals auf die Befunde von HARM (1967, 1970) eingegangen. Dieser sieht den Effekt des Coffeins in der Verhinderung der Bindung des photoreaktiven Repair-Enzyms (dessen Aktivität durch Licht gesteigert wird) an die defekte DNA-Stelle (evtl. Pyrimidin-Dimere). Da im unteren Konzentrationsbereich eine lineare Beziehung zwischen Coffein-Konzentration und Hemmung besteht, folgert HARM, daß es keine Schwellenkonzentration für Coffein gebe, sondern im Prinzip 1 Coffein-Molekül ausreiche, die Reaktion zu hemmen. Dieser theoretisch richtigen Argumentation ist entgegenzuhalten, daß alle bisherigen Untersuchungen (auch die von HARM, s.o.) gezeigt haben, daß die Coffein-Wirkung leicht und schnell reversibel ist und Coffein offenbar eine recht geringe Affinität zu der fraglichen Bindungsstelle hat, d.h. es wird eine minimale Konzentration von Coffein erforderlich sein, um im Dissoziationsgleichgewicht einen meßbaren Anteil der Repair-Systeme zu besetzen. Aus den gleichen Gründen ist es verständlich, daß in Anwesenheit einer hemmenden Konzentration von Coffein bei vorgegebener Schädigung (z.B. durch UV) die „Reparaturen" zwar langsamer ablaufen, aber schließlich der selbe Endzustand erreicht wird, wie in Abwesenheit von Coffein.

Eine Reversibilität der Coffein-Wirkung sahen auch GRIGG und STUCKEY (1966) bei Arbeiten mit der Colimutante his^-, die zum Wachstum Histidin benötigt. Nach Erschöpfung des Histidins im Medium und Übergang in die stationäre Phase treten Rückmutationen in his^+ auf, die jetzt selektiv zur Vermehrung kommen können. Dieses Auftreten von Rückmutationen wurde durch 0,08% Coffein reduziert, durch 0,16% Coffein unterdrückt. Bei Verdünnung der Coffein-Konzentration auf $\frac{1}{2}$ oder $\frac{1}{3}$ war diese Hemmung sofort aufhebbar, ebenfalls auf eine rasche Dissoziation vom Bindungsort hinweisend.

VECHET (1968) beobachtete bei UV-Bestrahlung (2537 Å) eine Zunahme der Mutantenkolonien bis zu einer Energiedichte von 170 erg pro mm^2/min, bei 600 erg/mm^2 trat eine 90%ige Inaktivierung auf. In Gegenwart von 0,05% Coffein erhöhte sich die Zahl der entstandenen Mutanten bis 340 erg/mm^2/min. Ohne Strahlung fand sich mit Coffein (oder 10^{-6} M Acriflavin) keine Zunahme. Es handelte sich um eine Schädigung der Nucleinsäuren*. Die Wiederherstellung des Schadens erfolgt bevorzugt im Dunkeln und wird durch Coffein gehemmt. Auf die Licht-beschleunigte Reparatur wirkte Coffein nicht (im Gegensatz zu HARM, 1970). HORNECK-WITT und KAPLAN (1968) fanden eine mit der Coffein-Konzentration (0,02—0,2%) steigende Verlängerung der lag-Phase (wie HARM). Konzentrationen von 0,01—0,2% Coffein reduzierten die Mutantenhäufigkeit (Resistenz gegen Streptomycin) auf die Hälfte. Also wird die Dunkel-Reaktivierung sogar gefördert. Das könne auf einer Teilungsverzögerung beruhen, deshalb zeige 0,05% keine Änderung gegenüber der Kontrolle, weil es die Dunkelreaktion

* Coffein bindet sich nicht an DNA, solange sie nicht denaturiert ist. Wird sie durch UV denaturiert, dann bindet es sich stärker an die Grenze zum nicht geschädigten Teil (DOMON et al., 1970).

behindere, aber durch den Teilungsverzug werde dieser Effekt aufgehoben. Diese Beobachtung gilt nicht für andere Mutanten.

Im Ganzen kann man aus diesen Versuchen entnehmen, daß Coffein ähnlich wie bei den Pflanzenzellen Reduplikation- und Reparatur-Mechanismen der DNA beeinflußt. Dieser Effekt läßt sich aber nur sichtbar machen, wenn durch zusätzliche Eingriffe, wie z.B. Strahlung, das im Gleichgewicht befindliche System gestört wird, oder die geringe Zahl spontaner Defekte durch diese Einwirkung extrem gesteigert wird. Zusätzlich kann stets eine Hemmung der Zellteilungsvorgänge in Erscheinung treten. So käme es zusammen mit der Strahlungsschädigung zu einer Erhöhung der letalen Mutationen (KNESER, 1966; HARM, 1967). Kleinere Konzentrationen (0,01 %) können dagegen die Vermehrung steigern (RAJCHERT-TRZPIL, 1967). Solange der repair-Mechanismus gestört ist, wirkt sich das auf die Entwicklung UV-empfindlicher Phagen aus (WITTE, 1972). Die Ausbeute an Phagen T_4D bei der Colimutante Bs wird durch Coffein vermindert (SOIFER u. DOROKHOV, 1970).

Das Antibioticum Phleomycin führt bei E. coli in Konzentrationen von 2 µg/ml zum Abbau von DNA, meßbar am Auftreten säurelöslicher Spaltprodukte (GRIGG, 1970). Dieser Vorgang war in Anwesenheit von 0,16% Coffein stark beschleunigt (entsprechend einer 10fachen Phleomycin-Konz.). In der Phase des exponentiellen Wachstums werden so innerhalb von 40 min 50% der DNA abgebaut. Vorbehandlung mit der gleichen Dosis Coffein war ohne Effekt. Der Coffein-Effekt ist nicht auf eine Erhöhung der Zellpermeabilität für Phleomycin zurückzuführen (die Wirkung des schlecht permeierenden Actinomycins wurde nicht verstärkt). In weiteren Versuchen (GRIGG, 1970a) an E. coli, deren DNA mit ^{14}C-Thymidin markiert war, ergab sich, daß durch UV-Strahlung ein vermehrter Abbau von DNA (vermehrte Freisetzung von ^{14}C-Thymidin) ohne Verminderung der Proteinsynthese (^{14}C-Leucin-Einbau) auftrat. Die Zugabe von 0,16% Coffein führte zu einer Hemmung der Zellteilung, aber nicht der Eiweißsynthese. Die Abgabe von ^{14}C-Thymidin nach UV-Bestrahlung wurde durch Coffein deutlich verlangsamt und verzögert, was als Ausdruck der Hemmung von repair-Mechanismen angesehen wurde. Die Gesamtmenge des freigesetzten ^{14}C-Thymidin war gegenüber Kontrollen nicht verringert. GRIGG (1970a) fand keinen Einfluß von Coffein auf die nach Röntgenbestrahlung in der Zelle ablaufenden Vorgänge (s. dagegen YAMAMOTO et al., 1969; bei Untersuchungen an Gerste).

Der intracelluläre Abbau ^{32}P-markierter λ-Phagen, die *in vitro* durch UV-Bestrahlung geschädigt worden waren, wurde durch 1% Coffein fast völlig gehemmt (Auftreten von ^{32}P-Phosphat). Dieser Effekt wurde auf die Hemmung von Nucleasen, evtl. Phagen-spezifischer Nucleasen (SAUERBIER, 1964) zurückgeführt. Dazu kommt die Wirkung des Coffeins auf den repair-Mechanismus (LUMB et al., 1968). Auf diesen letzten Effekt führt auch CLARKE (1970) seinen Befund zurück, daß 0,05% Coffein die Rückmutation von his$^-$ Mutanten von Coli B/r (durch NO_2^- erzeugt) zu his$^+$ Mutanten hemmte. Auch die Letalmutationen nach NO_2^- wurden durch Coffein reduziert (s. auch SHIMADA u. TAKAGE, 1967; ROULLAND-DUSSOIX, 1967).

Die Aktivität der phosphatabhängigen und durch Arsenat stimulierbaren Purin-Desoxyribosid-Phosphorylase wird durch 0,1—0,4% Coffein, durch die anderen Methylpurine sowie Adenin und Hypoxanthin gehemmt (LUMB et al.,

1968). Die Bedeutung dieses Befundes ist angesichts der geringen Spezifität der Hemmung unklar. Bei Bac. subtilis erwies sich Coffein für die Bildung von AMP-Adenylsuccinatlyase als spezifisch. Über einen Einfluß von Coffein auf den Prozeß der Rekombination berichteten Mazza et al. (1972).

III. Hefen

Schizosacharomyces pombe zeigt nach UV-Bestrahlung eine besonders starke Dunkelreaktion. Die Überlebensrate wird nach Coffein vermindert (Clarke, 1968). Bei kleinen UV-Dosen hat Coffein eine antimutagene, bei großen aber eine comutagene Wirkung. Kein Effekt ist vorhanden, wenn die Schädigung mit Nitrit oder Nitrosomethylurethan ausgelöst wird. Hierin ist also eine gewisse Spezifität für den Typ der Schädigung zu sehen. Bei derselben Hefe hemmte 0,2% Coffein Mutation und Rückmutation nach UV-Bestrahlung hochsignifikant, nicht aber die Spontanmutationsrate. Das Verhalten war also ähnlich wie bei Coli (Lopfrieno u. Schupbach, 1971).

An einer stabilen Hefekultur, die zu 50% aus atmungsdefekten Mutanten bestand, fand Nagai (1962) eine Unterdrückung dieser Mutanten durch Coffein: bei 0,06% fand sich eine Reduktion auf 25%, bei 0,08% auf 9—13%, bei 0,12% auf 3,3—5,5%. Diese Suppression blieb durch 12 Generationen hindurch in der Anwesenheit von Coffein konstant. Sobald das Coffein aus dem Medium fortgelassen wurde, stellte sich der alte Prozentsatz der Mutantenhäufigkeit wieder her.

IV. Pilze

Bei zwei Conidien-Arten von Aspergillus nidulans, die sich durch ihre Empfindlichkeit gegen UV- oder γ-Strahlen unterschieden, steigerte 0,02% Coffein bei beiden in gleicher Weise die Überlebenshäufigkeit nach Bestrahlung, was im Widerspruch mit Befunden an anderen Objekten steht, insbesondere hinsichtlich der γ-Strahlen. Reiss (1969) beobachtete bei Pilzen des Stammes Thamnidium in 0,1% Coffein eine Auflockerung des Chromatingerüstes der Kerne, Colchicin in gleicher Konzentration hatte keine Wirkung.

Ein besonderes Interesse verdienen die Experimente des Institutes für biologische Botanik in Uppsala, von denen hier nur 2 Untersuchungen (Fries, 1950 u. Zetterberg, 1959) an Actinomyces ophiostoma multianatum behandelt werden sollen. Mit 0,2% Coffein wurde das Wachstum fast völlig gehemmt. Innerhalb der ersten 24 Std war keine Zunahme von Mutanten (auch nicht mit 0,4% Coffein) zu beobachten. In den folgenden 4—6 Tagen entwickelten sich jedoch mehrere Defektmutanten (Heterotrophie z. B. für Hypoxanthin, Niacin, Arginin und Inosit). Auch nach UV-Strahlung wurden Mutanten erhalten, die sich aber von denen nach Coffein deutlich unterschieden. Bei den meisten der unter Coffein auftretenden Mutanten handelt es sich wahrscheinlich um eine Selektion durch

Unterdrückung des Wildstammes durch Coffein. In einigen Fällen konnte jedoch wahrscheinlich gemacht werden, daß die Mutation durch Coffein begünstigt wurde. Rückmutationen wurden durch Coffein nicht begünstigt.

Aus den vielseitigen Untersuchungen von SARACHEK et al. (1970) an Candida albicans sei angeführt, daß die durch UV-Bestrahlung gestörte Synthese von Enzymen des repair-Mechanismus durch 50 mM Coffein zusätzlich gehemmt wird.

V. Zellkulturen

Einen neuen Aspekt der Coffein-Wirkung gewinnen wir aus Versuchen an Zellkulturen, die von höheren Tieren, schließlich auch vom Menschen gewonnen werden konnten. Bei diesen Versuchen in vitro sind beliebig hohe Konzentrationen anwendbar.

In den wichtigen Versuchen von RAUTH (1967) an L-Zellen der Maus blieb die Fähigkeit zur Koloniebildung unter 0,02% Coffein unbeeinflußt. 0,05% Coffein (oder Theophyllin) waren notwendig, um sie auf die Hälfte zu reduzieren. Die abtötende Wirkung von UV-Strahlung wird schon durch 0,01% Coffein (bzw. 0,024% Theophyllin) deutlich verstärkt. Zellkulturen, die über mehrere Generationen in 0,04% Coffein gewachsen waren, zeigten dieselbe Strahlenempfindlichkeit, wie die ohne Coffein aufgewachsenen Kontrollen. Die Zellen haben also eine Coffein-Resistenz entwickelt. Wenn Coffein dagegen nach der Bestrahlung zugesetzt wurde, dann zeigte sich die Verstärkung der Hemmung entsprechend der Dunkelreaktion bei Bakterien. Ebenso wie bei diesen hat Coffein keinen Einfluß auf die Schädigung durch γ-Strahlen ^{60}Co, zeigt also auch hier eine Spezifität für UV-geschädigte Kernbausteine (s. dagegen (LEHMANN, 1972). Mitomycin C wirkt ähnlich wie die Bestrahlung (RAUTH, 1970) und Schwefellost (Senfgas) (WALKER u. REID, 1971) in Kombination mit Coffein. Dabei ergab sich eine Steigerung an Zellen des chinesischen Hamsters (KIHLMAN et al., 1973). Nach ROBERTS und WARD (1973) entsteht an der Stelle der Schädigung eine Lücke (gap), deren Schließung durch Coffein (0,75—5 mM) verhindert wird, dadurch kommt es zur Zunahme der Chromosomenbrüche. Auf einer ähnlichen Basis erklären TROSKO und CHU (1971) ihre Beobachtung an Zellen des chinesischen Hamsters, daß nach UV-Bestrahlung 1 mM Coffein keinen Einfluß auf die Entwicklung von Mutationen hat. Sie nehmen an, daß Coffein die Rekombination der Chromatinfäden an der Stelle der Lücke hemme. Dadurch würden potentielle Mutanten verhindert (Kritik dieser Arbeit s. MORROW, 1972).

Die Beeinflussung der Überlebensrate koloniebildender L-Zellen nach UV-Bestrahlung durch verschiedene Coffein-Konzentrationen ist auf der Abb. 38 dargestellt, die der Arbeit von RAUTH (1967) entnommen wurde. Coffein war nur dann vollwirksam, wenn es sofort nach Bestrahlung eingesetzt wurde, d.h., wenn die Dunkelreaktion schon fortgeschritten war, konnte Coffein nicht mehr eingreifen. In den Versuchen von WHITMORE und GULYAS (1966) wurden synchronisierte Zellen in den letzten 2 Std der G_1-Phase (DNA-Synthese) oder der G_2-Phase (Teilungseinleitung) mit UV bestrahlt. Beide Gruppen zeigten Dunkelreaktivie-

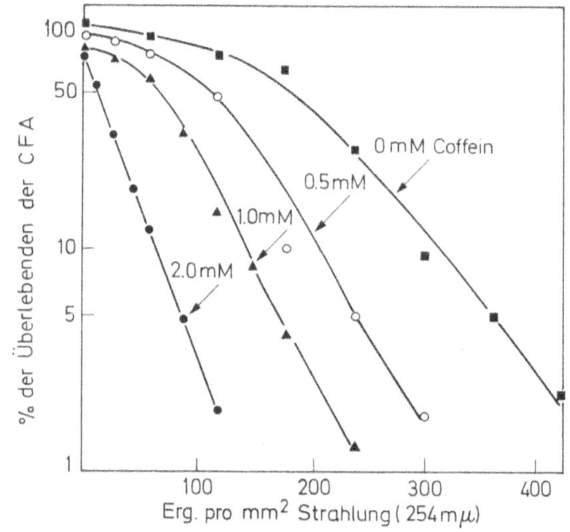

Abb. 38. Prozent-Satz des Überlebens von Kolonie-bildenden L-Zellen als Funktion der UV-Dosis, die sie erhalten hatten. Unmittelbar nach der Bestrahlung werden Proben in eine von 4 Konzentrationen von Coffein (0, 0,5, 1,0, 2,0 mM) auf Platten gebracht. Das Wachstum auf unbestrahlten Medium ohne Coffein wird als 100% eingesetzt. (Nach RAUTH, A. M., 1967)

rung, die bei G_1-Zellen in 10 Std komplett war, bei G_2-Zellen nach 12—15 Std begann und nach 25 Std abgeschlossen war. 0,04% Coffein hatte einen Hemmeffekt nur dann, wenn es zu Beginn der jeweiligen Dunkelreaktivierungs-Phasen gegeben wurde. Interessante Versuchsergebnisse legten DOMON und RAUTH (1969a, b) vor. L-Zellen von Mäusen hatten einen Cyclus zur Verdopplung von 16 Std. Diese verteilten sich auf G_1-Phase mit 4 Std, S-Phase mit 8 Std, G_2-Phase mit 3,5 Std und M (Mitose) mit 0,05 Std. Durch 2 mM Coffein wurde die Cycluszeit auf 18 Std verlängert, ohne daß die Lebensfähigkeit beeinträchtigt war (Colony Forming Ability = CFA). Verzögerungen finden statt beim Übergang von G_1 zu S und von G_2 zu M. Durch UV-Bestrahlung mit 100 erg/mm² werden diese Phasen nicht verlängert. Die Einwirkung beschränkt sich ausschließlich auf die S-Phase. Je später nach Bestrahlung (am Beginn der S-Phase) Coffein zugesetzt wird, um so mehr gewinnen die Zellen ihre CFA wieder. Zusatz erst in der G_2-Phase hatte kaum mehr Effekt. Als Ursache werden von RAUTH und DOMON verschiedene Mechanismen diskutiert: Wirkung auf Enzyme (DNA-Polymerase, Exonuclease) oder Bindung an die durch UV denaturierte Doppelhelix und damit die Möglichkeit, daß die Zone der Denaturierung vergrößert wird, vielleicht sogar eine fehlerhafte DNA-Synthese während des Repair-Vorgangs (daher wohl Zunahme der Letalmutationen). LEHMANN (1972) untersuchte die DNA-Synthese an Mäuse-Lymphomen nach γ-Bestrahlung. Die DNA-Polymerisation war in Gegenwart von 0,03% Coffein geringer, die Fadenlänge war kürzer (TSO et al., 1962; DOMON et al., 1970). Dieser Effekt erwies sich nach Entfernung des Coffeins als voll reversibel. Sehr ähnliche Befunde wurden von CLEAVER und THOMAS

(1969) ebenfalls an Zellen des chinesischen Hamsters erhoben. Auch diese Befunde sprechen gegen die Klassifizierung des Coffeins als radiomimetrische Substanz.

Eine andere Seite der Coffein-Wirkung finden wir in den Arbeiten von MACMANUS und WHITFIELD (1970) an Thymocyten von Ratten dargestellt. Durch Wachstumshormon ließ sich der Übergang der Zellen in die Mitose beschleunigen. Wurde dem Medium 0,008% Coffein zugesetzt, das in dieser Konzentration noch keinen Einfluß auf die Mitose besitzt, dann ergab sich ein rapider Anstieg der Mitosen. Die Autoren beziehen das auf eine Anreicherung des cAMP, also ein indirekter Effekt, der keine Beziehung zu Nucleinsäuren hat (s. Abschnitte AMMON und ESTLER). An Epidermis-Zellen von Mäusen wirkte cAMP und Theophyllin hemmend auf die Mitose (MARKS u. REBIEN, 1972). Nach SCAIFE (1971) führt cAMP und Coffein zu einer Verkürzung der durch Röntgenstrahlen verzögerten lag-G_2-Phase. Auch der hemmende Einfluß von Thyreocalcitonin auf die Wirkung des Parathormons konnte durch Coffein (wahrscheinlich über cAMP) unterdrückt werden.

GOSH und GOSH (1972) beobachteten eine Kondensation des Chromatins an Hühnerfibroblasten. In Kulturen von Zellen der Langerhansschen Inseln (Feten von Ratten und Schweinen) nahm in Anwesenheit von 10 mM Coffein die Granulierung (Insulin-Speicherung) zu mit nachfolgender Entgranulierung und Insulinausschüttung. In weiteren Untersuchungen wurde in Hühnerembryonen durch 10 mM Coffein eine Hemmung der Aktivierung von Pockenviren (SITNIKOV u. GENDON, 1969), eine Zunahme von Chromatidenbrüchen von Ascites-Tumorzellen, die einer O_2-Schädigung ausgesetzt wurden (ADLER u. SCHÖNEICH, 1967), sowie mit konzentrierten Coffein-Lösungen u. a. ein Verlust der Feulgenfärbung an Mäusehoden (SLIZYNSKI, 1971) beobachtet. In den Versuchen von GARBERS et al. (1971) erhöhte 2 mM Coffein die Motilität von Bullenspermien, vor allem von alten Tieren, die Wirkung erfolgte über cAMP.

Eine besondere Bedeutung für die uns hier beschäftigenden Probleme haben die Versuche von OSTERTAG et al. (1965, 1966, 1967) an Gewebekulturen von Leukocyten und Helazellen. Wie in den Versuchen an Pflanzenzellen kam es hier zu Chromosomenbrüchen, sogar zur Ausstoßung von Chromosomen, also anscheinend zu wirklichen Mutationen. Die meisten Experimente werden mit 50 mM (1%) Coffein ausgeführt, aber noch bei 2,5 mM (0,05%) wurde eine gegenüber den Kontrollen erhöhte Zahl von Brüchen beobachtet. Die Dosiswirkungskurve verläuft bei Verlängerung durch den Nullpunkt, aber der Wachstum der Zellen wird bei 0,01% kaum mehr signifikant beeinflußt sein.

Bei Helazellen zeigten sich bei 50 mM Coffein die ersten morphologischen Veränderungen. Wenn man sie nach 30 min in Coffeinfreie Lösung brachte, dann entwickelten sie sich anscheinend normal weiter. Nach 6 Std war die RNA-Synthese zu 90% gehemmt. Wurden die Zellen 1 Std (oder 3 Std) mit 50 mM Coffein gelassen, dann traten Chromatidenbrüche mit einem Maximum nach 18—20 Std, Chromosomenbrüche bei etwa 30 Std auf. Danach nahm der Anteil der Brüche ab und erreichte in der 50.—60. Std die Werte der Kontrollen. Die Häufigkeit der Brüche war am höchsten, wenn die Coffein-Einwirkung in der Phase der DNA-Replikation erfolgte. Die Autoren nehmen an, daß der größte Teil der geschädigten Zellen zugrunde gehe und entwickelten eine interessante Theorie über die Coffein-Wirkung, auf die wir hier aber nicht eingehen können. Dagegen müssen die Gedankengänge diskutiert werden, die den Autor dazu führten, von seinen Befunden auf eine mutagene Wirkung des Coffeins beim Menschen zu schließen, wobei er sich auf frühere Ausführungen von Goldstein (1963) stützt. Für die Argumentation werden 4 Voraussetzungen gemacht:

1. Coffein induziert nicht nur in Leukocyten und Helazellen Brüche, sondern auch in anderen diploiden Zellen.
2. Ihre Bruchbereitschaft muß ähnlich sein, wie sie in menschlichen Keimzellen gefunden wird.
3. Die vorgefundenen Brüche sind Ereignisse, die man mit Mutationen beim Menschen gleichsetzen kann.
4. Der Stoffwechsel des Coffeins beim Menschen ist im wesentlichen derselbe in der Zellkultur wie *in vivo*.

Die Gültigkeit des Punktes 4 kann von vornherein bezweifelt werden, da das Coffein beim Menschen besonders schnell zerstört wird.

Da von hohen Konzentrationen absteigend bis 0,05% eine mit der Dosis linear abnehmende Zahl der Brüche gefunden wurde, wird extrapoliert auf die im menschlichen Körper beim Kaffeegenuß vorkommenden Konzentrationen und mit der Zahl der Spermien multipliziert. (Die Deletionen werden dabei nicht berücksichtigt.) Diese Extrapolation ist nicht statthaft, da es Konzentrationen gibt, die nicht wirksam sind. Wenn Coffein wirksam sein soll, in dem es sich an die Chromatidenbrüche bindet, so müßte diese Bindung irreversibel sein. Wir haben aber in den ganzen vorhergehenden Darstellungen nur Hinweise gesehen, wie leicht die Bindung reversibel ist. Eine Irreversibilität der Bindung bzw. Wirkung ist selbst bei vielen carcinogenen Substanzen fraglich. Substanzen dieser Art sind um so wirksamer, je länger sie einwirken (oben dargelegt bei Coffein), die Annahmen des Autors sind also keineswegs plausibel.

Nun sei noch einiges zu der Rechnung der Autoren bemerkt. Bei einer angenommenen täglichen Zufuhr von 0,3 g Coffein ist die maximale initiale Konzentration mit 6 mg/Liter Körperflüssigkeit anzusetzen. Das entspräche bei einem 24-Std-Intervall der Zufuhr einer mittleren Konzentration von 1,2 mg/kg. Treibt man die unwahrscheinliche Annahme weiter, daß Coffein wie Röntgenstrahlen irreversibel nach dem Ein-Treffer-Gesetz wirkt, dann kommt man zu der phantasievollen Aussage, daß 1 Tasse Kaffee der Strahlenbelastung von 0,01 r entspricht und die jährliche Belastung bei 200 r liegt. Auch Röntgen-Schädigung ist übrigens nicht absolut irreversibel.

Nun ist der Begriff der mittleren Konzentrationen für ein Gift schon sehr fragwürdig, weil die Konzentrationen von höheren Werten (sagen wir 6 mg/kg) bis auf $\frac{1}{100}$ sinken, so daß der Organismus stets Stunden der Erholung hat. Das eine solche Erholung nachweisbar ist, haben wir bei den verschiedenen referierten Versuchen wiederholt gesehen. Überdies haben Thayer (1971) Helazellen durch kontinuierlichen Ersatz der Nährflüssigkeit 7—11 Tage in Coffein Konzentrationen wachsen lassen, die weit über den im menschlichen Körper bei sehr starkem Kaffeegenuß überhaupt möglichen Werten liegen (0,0005 bis 0,002%) und fanden bei Verfolgung über 29—48 Generationen keine Andeutung von Chromatidenbrüchen.

Man sieht, auf wie schwachen Grundlagen diese Thesen stehen. Da selbst Ostertag schon davon abgerückt ist, wäre diese ausführliche Diskussion nicht notwendig, wenn nicht von anderen Autoren immer wieder ohne Kenntnis der weiteren Entwicklung auf diese Argumente zurückgegriffen würde, ohne daß wirklich überzeugende Experimente vorgelegt werden. Die Sorgfalt der von OSTERTAG vorgelegten Versuche steht über jedem Zweifel. Sie haben einen wissenschaftlichen Wert für die Probleme der Zellphysiologie und der Mutationsforschung (s. dazu auch ADLER, 1970).

Ähnliche Überlegungen gelten für die Beobachtungen von NORBERG (1969), der an menschlichen Lymphocyten und Monocyten mit Coffein-Konzentrationen von 0,01 und 0,1% Chromosomenbrüche fand (allerdings nicht signifikant), sowie für die Befunde von CHEYMOL et al. (1967), die an embryonalen Fibroblasten des Menschen mit 0,5 und 0,05% Coffein eine Hemmung der Zellteilung und das Auftreten von binuclearen Zellen beschrieben. LEE (1971) fand an menschlichen Leukocyten und embryonalen Fibroblasten bereits bei 0,005% Coffein eine etwas größere Zahl von Chromatidenbrüchen, wenn die Zellen der S-Phase (nicht G_1 und G_2), also in der Phase der DNA-Synthese, behandelt waren, aber ohne wesentlichen Anstieg bis 0,1% Coffein. Es wurden keine Austausch-Aberrationen beobachtet, daher gab es auch keine Letalmutationen. Experimente in vitro, über die hier berichtet wurde, sind sicher sehr interessant und notwendig wenn man Coffein gewissermaßen als Sonde für das Geschehen in der Zelle benutzen will. Entscheidend für die praktische Frage der Schädigung des Menschen und ihre Tragweite bleibt aber der Versuch am ganzen Tier, worauf auch F. VOGEL immer wieder hinweist.

VI. Versuche am ganzen Tier

1. Drosophila

Es ist verständlich, daß Drosophila, die Taufliege, zur Testung der uns interessierenden Wirkungen herangezogen wurde, da vielseitige und nach MULLERs bahnbrechenden Versuchen besonders sorgfältige Methoden zur Verfügung stehen. Trotzdem sind die Resultate keineswegs eindeutig. Das hat zum Teil methodische Gründe. Die einzelnen Stämme von Larven und Fliegen sind sowohl gegen Bestrahlung als auch gegen chemische Substanzen sehr unterschiedlich empfindlich. Die ersten Zellteilungen müssen in einem Coffein-freien Medium stattfinden, da nach YANDERS und SEATON (1962) 0,25% Coffein im Nährmedium der Larven anfängliche Teilungen hemmt oder ganz verhindert und die Entwicklung mit oder ohne Hefe im Nährboden etwas verzögert. Die Autoren weisen auch darauf hin, daß durch „Clusterbildung" (Weitergabe der Mutation auf eine ganze Gruppe) Fehlinterpretationen möglich sind. NOVICK (1956) sowie ALDERSON und KHAN (1967) zeigten, daß die Anwesenheit von Nucleosiden, wie Adenosin, das in organischen Nährmedien für die Larvenaufzucht oft enthalten ist, in relativ niedrigen Konzentrationen die Wirkung von Coffein völlig zu unterdrücken vermag; übrigens ein weiteres Zeichen dafür, daß Coffein nicht zu den sogenannten Treffergiften gehören kann, bei denen allein es gestattet wäre, Befunde von höheren Konzentrationen linear auf Kleinst-Konzentrationen zu extrapolieren

(Eichler, 1949). Durch solche Nucleoside können in den Zellen Schäden verhindert werden. Gegen Strahlenschäden sind diese Verbindungen unwirksam, auch ein Zeichen der völligen Verschiedenartigkeit beider Eingriffe.

An Drosophila sind positive und negative Befunde erhoben worden. Andrew (1959) führte 2 Versuche mit männlichen Tieren (Canton-S Stamm) nach der Muller-Technik aus. Die Maden wurden auf Agar mit 0,25% Coffein aufgezogen. In einer 2. Serie wurde den 24 Std alten Männchen 0,5% Coffein injiziert. Geschlechtsabhängige letale Mutationen traten bei Kontrollen zu 0,14% auf, bei der Coffein-Gruppe stieg diese Zahl auf 0,6—0,7%. Mittler et al. (1967) sahen bei 0,125% Coffein im Nährmedium Chromosomenbrüche bei männlichen Tieren, bei den weiblichen Tieren kam es zur Nondisjunction, also einer mangelhaften Teilung der Geschlechtschromosomen. In 2 Versuchen waren die Resultate negativ. Ostertag und Haake (1966) zogen ihre Larven in einem Nährboden mit 1% Coffein auf. Männliche Tiere zeigten eine erhöhte Mortalität und einen erhöhten Verlust an X-Chromosomen, die weiblichen recessive letale Mutationen.

Clark und Clark (1968) experimentierten auch mit dem Canton-S-stock. Bei Injektion von 1 µl einer 0,2%igen Coffein-Lösung (entsprechend 0,2 g/kg) an erwachsene Männchen, sowie bei Fütterung frisch entwickelter Männchen mit 0,2%igem Coffein in 10% Zucker für 72 Std traten keine Unterschiede zu Kontrollen auf. Lediglich bei Fütterung der Larven mit 0,2% Coffein in 10% Zucker wurde ein Chromosomenverlust gesehen.

Schließlich ist noch auf die Arbeiten Alderson und Khan (1967) hinzuweisen, die bei Larvenaufzucht in Nährböden mit 0,05 bzw. 0,075% Coffein keine Letalmutationen bei F_2 und F_3 aufweisen. Bei kritischer Analyse dieser Daten durch Bateman (1969) ergab sich ebenfalls, daß keine eindeutigen Resultate durch Coffein zu erzielen sind. Er schließt sich voll dem Urteil von Clark und Clark (1968) an und sagt: „If it were not fore the possible significance of caffeine as potential mutagen in man, further effort to study its genetic effects in higher organisms would scarcely be justifyed." Er hält die Drosophilamethode für völlig ungeeignet für diesen Zweck. Ich möchte das noch besonders betonen, weil die Experimente bis an die Grenze der tragbaren Dosierungen geführt wurden, wo also eine Wirkung schon unspezifisch wird.

In Versuchen, wo nur kleinere Dosen zur Anwendung kamen, wie in den Versuchen von Alderson und Khan (1967), wurde jede Wirkung vermißt. Wir sind auch hier gezwungen gewesen, auf diese Versuche so ausführlich einzugehen, weil aus gelegentlichen positiven Befunden gleich weitreichende Schlüsse gezogen werden.

2. Mäuse

Zum Nachweis einer mutagenen Wirkung treten hier andere Komplikationen auf, die sich in der zum positivem Resultat notwendigen Dosis zeigen. Liegen diese im toxischen Bereich, dann können lokale Kreislaufstörungen zu Blutungen in der Placenta usw., zum Sauerstoffmangel und damit zu Mißbildungen führen, ebenso zum Verwerfen und zur Resorption von Feten während der Tragzeit (siehe z.B. Nakai, 1961). Solche Effekte wird man als unspezifisch bezeichnen müssen und sie ebensowenig dem Coffein zurechnen dürfen, wie entsprechende Beobachtungen bei Thalidomid im Tierversuch. Wir werden also auf die verabfolgte Dosis achten müssen, um zu einem einwandfreien Urteil zu gelangen. Anders liegen die Verhältnisse, wenn nur Männchen behandelt werden, da das Verhalten des Hoden auf Schäden (Azoospermie u.ä.) leicht kontrolliert werden kann. Dabei spielen aber praktisch letale Mutationen, kaum aber Entwicklungsstörungen eine Rolle. An Spermien von Bullen verursachte 2 mM Coffein eine Steigerung der Motilität, besonders an Spermien mit an sich schwacher Beweglichkeit, so daß nach der Auffassung der Autoren (GARBERS et al., 1971a, b) die Fertilität sogar begünstigt werden könnte (s. auch SCHOENFELD et al. (1974) bei menschlichen Spermatozoen).

In den Experimenten von NISHIMURA (1960, 1969) wurden den Mäusen 250 mg/kg Coffein intraperitoneal vom 7.—15. Tage der Gestation verabfolgt. Es ergab sich eine große Zahl von Mißbildungen und zwar vorwiegend beim Skelet (Gaumenspalten, Zehendefekte, Mikrognatie). Auch das Gewicht der Feten war gegenüber den Kontrollen reduziert. Häufig fanden sich Blutungen. KNOCHE und KÖNIG (1964) verabfolgten das Coffein nicht auf einmal, sondern im Trinkwasser. Die tägliche Aufnahme wurde mit 50 mg/kg angegeben. Mißbildungen am Skelet waren nie zu finden, auch kombiniert mit Blutungen in der Nachbarschaft nicht. Aber am Skelet wurde eine raschere Entwicklung beobachtet, kenntlich an dem früheren Erscheinen der Knochenkerne. Ein Zwergwuchs wurde nicht erhöht, auch das Gewicht der Feten unterschieden sich kaum von denen der Kontrollen. Die Entwicklung der Elastinfasern war verlangsamt (PADBERG 1964).

Erhöhte Mißbildungsraten berichteten SIGNORSKA und BARTEL (1970) (0,2 bis 0,5 g Coffein/kg), ebenso BERTRAND et al. (1965), aber dies in einer späteren Arbeit (BERTRAND et al., 1970) wurde dies nur noch an bestimmten Stämmen gefunden. LYON et al. (1962) prüften verschiedene Coffein-Konzentrationen in Trinkwasser. Bei 0,2 und 0,4% Coffein tranken die Tiere weniger, so daß bei 0,4% insgesamt weniger aufgenommen wurde als bei den niedrigeren Konzentrationen. Aber sie verloren an Gewicht und brachten keine Jungen hervor. Also wurden die Mäuse bis zum Alter von 10 Wochen bei 0,1% Coffein ad libitum gehalten, mit einer Aufnahme von insgesamt 250 mg/kg auf den Tag verteilt. Es ergaben sich keine dominanten Letalmutationen, auch keine Mutationen. Bei der F_1-Generation begann etwa 1 Monat nach Beginn der Coffein-Verabreichung eine auffällige Aggressivität mit schweren Verletzungen bei Weibchen der C3H-Mäuse (s. BOYD et al., 1965). Die Wurfstärke wurde durch Coffein reduziert. Aber selbst, wenn diese Behandlung durch ihr ganzes Leben beibehalten wurde, brachten sie weiterhin eine genügende Nachkommenschaft hervor. Eine interessante Fortsetzung dieser Versuche wurde von CATTANACH (1962) mitgeteilt. Die Tiere erhielten 3 Monate lang eine 0,3%ige Coffein-Lösung zum Trinken. Nur die Männchen wurden weiter verwendet und für 6 Wochen mit je 3 unbehandelten virginellen Weibchen zusammengesetzt. Die Hoden der Jungen wurden histologisch sowie auf Translokationen untersucht, wenn die Würfe klein waren. In den ersten 3 Wochen nach dem Absetzen des Coffeins machte sich eine schwach signifikante Zunahme der sterilen Deckung bemerkbar, während im Durchschnitt der Wurfstärke keine signifikante Differenz auftrat. Diese Veränderungen schwanden bis zur 4. Woche völlig. Nur Tiere, die 24 Std nach Absetzen des Coffeins deckten, hatten niedrigere Wurfstärken ($p<0{,}02$). 13 Tiere brachten einen Wurf von weniger als 5 hervor. Von diesen erwiesen sich 11 als normal. Translokationen wurden nicht beobachtet, nur bei 2 Tieren zeigten sich Abnormitäten.

Sonstige Abnormalitäten wurden weder in der F_1- noch in der F_2-Generation gesehen, die Zahl der Jungen betrug 1082, die der Kontrollen 949. Es lag hier also ein großes Material vor. Der Autor schließt, daß Coffein, wenn überhaupt, nur sehr schwach teratogen wirke. Hinzuweisen ist bei diesen Versuchen auf die relativ lange Nachwirkung der Verminderung der Fruchtbarkeit, obwohl kein Coffein mehr gegeben wurde. Die verabreichte Dosis war allerdings sehr hoch, und man kann schon mit sehr wesentlichen Kreislaufstörungen rechnen.

Im ganzen sehen wir bei diesen Versuchen Andeutungen von Störungen, allerdings nur bei sehr hohen Dosen und nur bei einzelnen Mäusestämmen. In den einzelnen Laboratorien ist keine einheitliche Linie zu finden (s. dazu BERTRAND et al., 1970).

Geringere und damit aufschlußreichere Dosierungen wurden von ADLER (1966) sowie ADLER und RÖHRBORN (1969) angewandt. C3H-Mäuse und männliche F_1-Hybriden erhielten 0,01% Coffein im Trinkwasser, was etwa der 4fachen Dosis, wie sie am Menschen üblich ist, entspricht. Außerdem erfolgte eine einmalige Gabe von 0,2 g/kg. Bei den chronischen Versuchen fanden sich keine strukturellen Chromosomenaberrationen. Nur bei 1 von 5 Versuchsserien wurde eine Abweichung in der Serie signifikanter Größe von univalenten Chromosomen gefunden, die aber von den Autoren mehr als ein Zufallsergebnis gewertet wird (Cluster-Bildung?).

Von anderer Seite wurde das Problem durch ADLER (1969) und EPSTEIN (1970) angegangen. ADLER prüfte die Corpora lutea graviditatis und die Zahl der Implantationen. Die Differenz gibt einen Eindruck von eventuellen Letalmutationen. Auch hier wurden die Männchen der C3H-Mäuse mit 0,25 g/kg Coffein i.p. behandelt und mit Weibchen zusammengebracht. Nach der Coffein-Behandlung gab es 15% fehlende Implantationen gegenüber 13,6% bei den Kontrollen. Letalmutationen waren also nicht nachweisbar. Als besondere Beobachtung wurde vermerkt, daß die Zahl der Kopulationen in der ersten Woche nach Coffein vermindert war, was auf die längere Nachwirkung der hohen Dosis hinweist und auch ein Licht auf die Befunde von CATTANACH und EPSTEIN (s.u.) wirft (s. auch ADLER, 1970). EPSTEIN (1970) verwendete 0,1% Coffein in Trinkwasser, es wurden so täglich 0,32 g/kg Coffein aufgenommen. Er fand eine Reduktion der Schwangerschaften, aber es gab keine einwandfreie mutagene Wirkung. Die reduzierten Graviditäten standen nicht in Beziehung zur Dauer der Coffein-Behandlung, ebenso wie Präimplantationsverluste. Besonders müssen die Untersuchungen von RÖHRBORN (1972) hervorgehoben werden. Männliche C3H-Mäuse erhielten Coffein in Trinkwasser, so daß Dosierungen von 3,4—3,6 bzw. 14,9 mg/kg am Tage resultieren, also Dosen, die beim Menschen auftreten können, allerdings an der oberen Grenze. Geprüft wurde der Anstieg der Rate der toten Implantationen als Kriterium für dominante Letalmutationen. Der Autor sieht in den präimplantativen Eiverlusten kein ausreichendes Kriterium, da diese auch durch Störungen der Spermien zustande kommen können. Der Autor resümierte seine Versuche, daß „eine Induktion dominanter Letalfaktoren durch Coffein mit einem recht hohen Grad an Sicherheit ausgeschlossen wurde". RÖHRBORN weist auf die Versuche von LYON et al. (1962) hin. Man fand unter 32463 von Coffein-behandelten Männchen nur 1mal eine Mutation, was der normalen Rate entspricht. In der schon erwähnten Arbeit von EPSTEIN (1970) wurde die Wirksamkeit anderer bekannter Mutagene (Methylmethansulfonat, Tepa, Röntgenstrahlen) durch die Verabreichung von Coffein 0,1—0,4% im Trinkwasser nicht erhöht. Die Mutationsrate war gleich. Hier hätte sich eine mutagene Wirkung des Coffein zeigen müssen. Diese Resultate erfahren eine Bestätigung durch die sehr sorgfältigen Untersuchungen von THAYER und KENSLER (1973). Bei Verabreichung von Coffein in Trinkwasser mit einer Aufnahme von 4—39 mg/kg/Tag wurden über 4 Generationen keine Zeichen eines genetischen Schadens beobachtet. Auch nach einer Vorschädigung (Ganzkörperbestrahlung mit 100 Röntgen oder TEM) fand sich keine erhöhte Mutationsrate durch die Zugabe von Coffein. Diese Befunde stehen in einem gewissen Gegensatz zu den Untersuchungen an Zellkulturen, bei denen allerdings Coffein-Mengen höherer Größenordnung verwendet wurden. Also können wir zusammenfassend schließen, daß bei sorgfältiger Berücksichtigung aller Fehlerquellen günstigenfalls einzelne Stämme eine schwach mutagene Wirkung ergeben haben, diese aber kaum von einem toxikologischen Effekt unterscheidbar sind.

VOGEL (1970) weist aber darauf hin, daß auch solche Befunde durchaus nicht mit absoluter Sicherheit jedes Fehlen einer mutativen Wirkung beweisen. Sie können auch statistisch übersehen werden.

Zur Ergänzung sei angefügt, daß MITZNEGG, SCHWARZLOSE und HEIM (1970) bei Untersuchungen des DNA- und RNA-Stoffwechsels mit 3-H-Thymidin keine Beeinflussung durch 4mal täglich 10 bzw. 50 mg/kg i.p. fanden. Nur der durch Testosteron erhöhte Einbau in die DNA wurde durch die kleinere Coffein-Dosis vermindert, durch die höhere unterdrückt.

3. Ratten

In eigenen früheren Experimenten (EICHLER u. MÜGGE, 1932) haben wir eine sehr hohe Coffein-Dosis von 0,1 g/kg subcutan verwendet, die an der Grenze der akuten Toxicität liegt und in den ersten Versuchstagen zu Gewichtabnahmen führt, die sich aber bald ausgleichen. Diese Dosis wurde täglich, auch am Sonntag verabfolgt und zwar auf einmal, was nach LEUSCHNER und SCHWERDTFEGER (1969) eher zu Mißbildungen führt. Es gelang nicht, auch wenn 2 Würfe von demselben Tier erhalten wurden, irgendwelche nachteiligen Effekte nachzuweisen, d.h. die Zahl der Würfe nahm nicht ab. Das Geschlechtsverhältnis änderte sich nicht. Entwicklungsstörungen waren nicht bemerkbar. Die Behandlung wurde über 4 Generationen fortgesetzt. Der Einwand von ADLER ist berechtigt, daß die Zahl der Tiere (ca. 20 Würfe/Gruppe) zu klein sei und daß die Versuchsanordnung nicht geeignet wäre, mutagene Wirkungen sicher zu entdecken. Man sieht jedoch, daß Coffein als Keimgift, wenn überhaupt, nur eine geringe Rolle spielen kann.

WEISS (1937) verfolgte das Verhalten des Oestrus, der bei 16 und 32 mg/kg nie gestört wurde. Bei 80 mg/kg begann nach 2 Wochen eine Störung, die aber nach 6—8 Wochen ohne Unterbrechung der Zufuhr wieder zurückging. Erst bei 0,16 g/kg kam es zum Erliegen, also erst im schwer toxischen Bereich. Hier spielt zusätzlich die Gewöhnung eine Rolle. Einige Angaben sind bei SCHMID (1967) und LUKACS (1966) zu finden, die keinen Grund sehen, bei Schwangerschaften den Kaffee zu verbieten (wie etwa das Rauchen). Eine gute Ergänzung sind die Versuche von LEUSCHNER und SCHWERDTFEGER (1969), die Ratten (Br46 Wistar II) 0,13 g/kg mit der Schlundsonde vom 6.—16. Tage der Trächtigkeit zuführten. Sie registrierten 2% Mißbildungen (Gaumenspalten, Bauchspalten), aber nur, wenn die Gesamtmenge auf einmal dargereicht wurde. HEIM machte darauf aufmerksam, daß es offenbar mehr auf das Erreichen einer hohen Konzentration für kurze Zeit (mit der Möglichkeit von Kreislaufschäden oder Krämpfen mit Anoxämie) als auf das Aufrechterhalten einer kleineren Dosis über längere Zeit ankäme. Dies ist ein weiteres Argument gegen die Extrapolation von OSTERTAG und den Vergleich mit Strahlung. Eine Übersicht über die Versuche geben wir auf der folgenden Abb. 39.

Nach täglicher Verabreichung von 40—50 mg/kg Coffein im Trinkwasser an 131 Ratten (105 Kontrolltiere) fanden BACHMANN et al. (1946) keinen Unterschied in der Zahl der Nachkommen bei Coffein-Tieren gegenüber Kontrollen. Die Histologie der Hoden war bei 57% der Coffein-Tiere und 52% der Kontrollen normal. Die Autoren schließen „that throughout the reproductive period of the animal life there was no evidence of sterility as result of the daily ingestion of relatively large amounts of caffeine".

Zum Unterschied von den bisher dargestellten umfangreichen Versuchen fanden BERTRAND et al. (1966) ab 75—150 mg/kg zunehmend fetale Resorptionen

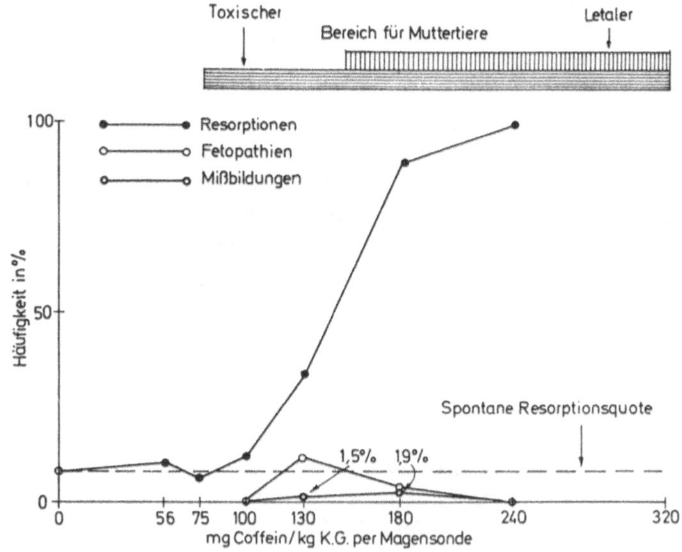

Abb. 39. Dosis-Wirkungs-Beziehung der Blastopathien nach Behandlung der Muttertiere mit Coffein vom 6.—16. Tag der Trächtigkeit. (Nach LEUSCHNER, F. u. SCHWERDTFEGER, W., 1969)

und Mißbildungen, wie Agenesis und Fehler in den Klauen mit häufigen Blutungen an den betreffenden Stellen, was wieder auf eine unspezifische Toxicität hinweist. Die Dosen wurden jeweils auf einmal verabreicht. In einer späteren Arbeit (BERTRAND et al., 1970) wurde dieser Befund dahingehend korrigiert: „la sensibilité de la ratte aux effects tératogenes de la caffeine paraits lié à une prédisposition génétique. Il semble s'agir de sommations et non de mutations."

Hier sind die Versuche von FUJII und NISHIMURA (1972) wichtig, wenn sie auch nicht zu der Frage der Spezifität der Coffein-Wirkung beitragen. Sie verabreichten an Sprague Dawley-Ratten 180 bzw. 250 mg/kg Coffein in der Diät und zwar während der ganzen, oder nur dem ersten, zweiten oder dritten Drittel (von je 8 Tagen) der Gestation. Stets fand sich bei den Feten ein allgemeines Oedem, bei der höheren Dosis aber auch Mißbildungen wie Hydrocephalus, Blutungen, Septumdefekte des Herzens und Knochenmißbildungen. Diese Abweichungen waren signifikant von denen bei Kontrollen unterschieden, besonders bei Fütterung in der mittleren Periode. Das Oedem trat bei alleiniger Fütterung während der dritten Periode auf, meist kombiniert mit einem Reticulocyten-Anstieg (eine Kombination, die auch sonst angetroffen wird). Eine geringe, nicht signifikante Zunahme des Blutcholesterins wurde bei den Feten beobachtet, bei denen während der gesamten Gestation Coffein gegeben worden war.

GILBERT und PISTEY (1973) wiederum fanden nach 20, 40, 80 mg/kg Coffein während der Gestation einen Rückgang der Wurfgröße von 10 auf 8, 6, 6 mit mittleren Fetalgewichten von 4,2, 3,5—3,5 g gegenüber 4,6 g bei Kontrollen. Mißbildungen traten nicht auf. Allerdings scheinen die Gruppen mit 10 Tieren zu klein zu sein, vor allem wenn man so viele entgegengesetzte Befunde widerlegen will.

PISTEL und LERMAN (1964) injizierten in den Feten 50—125 µg Coffein am 17. Tage der Gestation. Mehr als die Hälfte der Tiere starb bis zum 21. Tage. Carthworth-Ratten waren weniger empfindlich als Holzmann-Ratten. Bei einem Tier wurde eine Linsentrübung gesehen. Auch bei dieser Technik wurden an den Füßen starke Hämorrhagien und Nekrosen registriert. In der fetalen Linse fanden sich Stoffwechselveränderungen gegenüber Kontrollen.

Einen sehr wichtigen Beitrag verdanken wir LEUSCHNER und CZOK (1971). Sie verabfolgten trächtigen Ratten 180 mg/kg Coffein. Unter den geworfenen Tieren befanden sich stets einige, die von Anfang an ca. 40% unter dem Gewicht der normalen Tiere lagen. Man nennt diese Tiere „runt" (Zwergtiere). Wenn man diese Tiere paart, zeigt es sich, daß bereits die nächste Generation den Schaden voll ausgeglichen hat. Die Nachkommen besitzen wieder ihr Normalgewicht, also handelt es sich selbst bei diesen extremen Bedingungen nicht um eine Erbschädigung. Wo greift das Coffein an? In der Hypophyse? Übrigens haben diese „runts" keine geringere Lebenserwartung.

4. Kaninchen und Hunde

Hier sind vorallendingen die verdienstvollen, ersten Versuche von STIEVE zu erwähnen, der nur den Fehler beging, daß er die Befunde trotz der verschiedenen Dosen sofort auf die Verhältnisse beim Menschen übertrug. Die Beurteilung einer Schädigung orientiert sich besonders an der Histologie des Hodens. Dieser ist in seiner Funktion ein außerordentlich empfindliches Organ. Die Neigung zur Atrophie ist besonders ausgeprägt bei schweren kachektischen Erkrankungen oder Vergiftungen. Wenn deshalb VACCA (1926) bei seinen Hunden Atrophien erhielt und nach Exstirpation des einen Hodens während der Behandlung mit Kaffee der andere Hoden nicht mehr gewachsen war, sondern abgenommen hatte und Azoospermie und andere Veränderungen zeigte, dann liegt das ganz einfach an dem schwerkranken Zustand der Tiere, die zu Krampfanfällen und Zuckungen neigen. Ähnliche Schäden wurden z. B. auch nach chronischer Verfütterung von Schilddrüsen von CONNOR (1937) und bei zahlreichen anderen Vergiftungen beobachtet.

Ähnlich sind auch die Resultate von STIEVE und KRAMER (1929, 1935, 1937) zu sehen, die in Versuchen an Russen-Kaninchen erst dann eine Störung der Hodenfunktion und besonders der Eierstöcke fanden, wenn auf höhere Dosen (ab 50 mg/kg) schon eine deutliche Abmagerung der Tiere erfolgte. Diese Veränderungen waren auf die ersten Tage nach der Coffein-Gabe beschränkt. Wenn erst eine Gewöhnung an Coffein eingetreten war, besserte sich der Zustand der Tiere ebenso wie die histologischen Veränderungen in den Keimdrüsen. Als toxisches Phänomen ist auch das Verwerfen der Weibchen zu verstehen, wenn sie mit großen Coffein-Dosen behandelt wurden. Es ist aus der menschlichen Pathologie und der Pharmakologie bekannt, daß bei Einnahme größerer Mengen von erregenden Substanzen besonders wegen der Asphyxie bei beeinträchtigtem Kreislauf Aborte eintreten können. Doch liegt auch nach den Untersuchungen von STIEVE im Coffein kein Abortivum vor, das ohne Todesgefahr für die Mutter zu Abort führt, denn die benötigten Dosen waren schwer toxisch. Auch entnehmen wir aus dem Buch von LEVIN: „Die Fruchtabtreibung durch Gifte“, daß Mengen von mehreren 100 g Kaffeepulver nur bei gleichzeitiger Anwendung anderer Manipulationen gelegentlich einen Abort verursachten. Deshalb hat sich der doch leicht zugängliche Kaffee als Abortivum nicht eingeführt. Daß im Tierexperiment die Tiere im Wachstum zurückbleiben infolge der Kachexie der Mutter, die ihr Stillen erschwerte, ist verständlich. Wenn im Tierexperiment die Neugeborenen im Wachstum zurückbleiben, weil die Mutter in einem kachektischen Zustand war und jetzt das Stillen erschwert ist, handelt es sich wie bei vielen oben zitierten Befunden im allgemeinen um nicht mehr als ein toxikologisches Problem.

Die Gruppe der Publikationen aus dem Institut von STIEVE wurden von einer sehr überlegten Arbeit von FISCHER (1947) abgeschlossen. In Versuchen an Russen-Kaninchen wurde besonders auf die Gewöhnung eingegangen. Waren die Tiere 1 Jahr lang an 0,1 g/kg Coffein gewöhnt, dann zeigten sich nur dann Schäden, wenn in den ersten 3 Wochen der Gestation die Dosis verdoppelt wurde. Bei den nicht Gewöhnten genügten bereits 0,1 g/kg Coffein, um Störungen auszulösen (s. auch BERTRAND et al., 1970). In diesen Versuchen waren die Placenten kleiner, die Trophoblasten drangen weniger in die Tiefe ein. Ebenso fanden sich Leukocyteninfiltrate mit Zeichen von Nekrosen und Blutungen. Die Keimlinge blieben hinter den Kontrollen mit dem Wachstum zurück. Auch der Kreislauf wurde durch Coffein in Mitleidenschaft gezogen. „Es sei nicht erwiesen, daß die Trophoblastenschädigungen, die zur Nekrose führen, durch die direkte Einwirkung des Coffeins erfolgen müssen." Bei den gewöhnten Tieren waren keine Veränderungen an Keimlingen und Placenta zu beobachten.

Diese sorgfältigen Untersuchungen können uns zur Analyse vieler anderer Versuche dienen, in denen mit vergleichbaren Dosierungen Störungen in der Entwicklung gefunden wurden. Sie sind für die Frage der Keimgiftigkeit des Coffeins nicht maßgeblich. Eine Übertragung der Befunde bei Pflanzenzellen, Bakterien und Gewebekulturen auf den Menschen ist einfach nicht möglich.

VII. Der Mensch

Es ist schwer, hier eine mutagene Wirkung des Coffeins im Kaffee nachzuweisen, aber so viel kann man sagen, daß sie bestimmt nur sehr schwach sein kann. VOGEL, RÖHRBORN u. Mitarb. (1966, 1967) konnten die Vermutung, daß der Kaffeekonsum der Eltern die Geschlechtsverteilung der Kinder beeinflusse, trotz großen Arbeitsaufwandes nicht bestätigen.

Aborte nach Kaffee oder Coffein treten nur dann auf, wenn Dosen verwendet wurden, die Mutter und Kind gefährden, wie bei allen anderen Substanzen.

Es fand sich nie eine Beziehung zwischen Geburtenzahl oder Aborten und Kaffeekonsum bzw. Coffein-Konsum. Es liegt kein Grund vor, Coffein-haltige Getränke bei Schwangerschaft prinzipiell zu verbieten, es sei denn, die Frauen vertragen Kaffee während ihres Zustandes aus anderen Gründen nicht (Herz, Magen, Galle).

Potenz

Eine Wirkung des Kaffees auf die Geschlechtsdrüsen wurde schon bei seiner Einführung in Europa behauptet. Nach Berichten von einer persischen Prinzessin soll die Potenz des Mannes dadurch geschädigt werden. Wir werden wahrscheinlich den Grund dieser Unzufriedenheit darin zu suchen haben, daß durch die Anregung des Verstandes rein psychologisch ihr Gemahl zu viel Schach gespielt hat. Jedenfalls bietet sich keine andere Erklärung an, da Potenzstörungen bisher nie beobachtet wurden, obwohl der Konsum des Kaffees beträchtlich zugenommen hat. Coffein wurde sogar zur Tonisierung der Keimdrüsen vorgeschlagen (HOFBAUER, 1932). Eine gewisse sexuelle Stimulation ist den von AMANTEA (1923) mitgeteilten Beobachtungen nach der hohen Dosierung von 0,75—1,5 g Coffein zu entnehmen. Während des Coitus wurde das Gefühl der Libido subjektiv vermehrt, gefolgt von einem größeren Orgasmus und einem lebhafteren Sinn der Wollust während des Aktes. Objektiv war die Menge des Ejakulats und der Spermien vermehrt. Nach dem Akt blieb ein Gefühl nicht voller Befriedigung und Fortdauer des sexuellen Appetits. Nähere Angaben wurden in der Publikation nicht gemacht. Ebenso fehlen Zahlenangaben. Immerhin werden wir zugeben, daß der psychologische Grund der geringeren Libido nur bei vorheriger geistiger Anregung gegeben ist und nicht, wenn man so nach der Stoppuhr arbeitet und bei so hoher Dosierung.

Auch in Tierversuchen wurde darauf wiederholt eingegangen. STIEVE berichtete, daß seine Russen-Kaninchen nach der Gabe von Coffein nicht annahmen. Das liegt nach den Beobachtungen von STÄMMLER an der Aufregung des Tieres bei hohen Dosen. Darin würde sich der Mensch nicht unterscheiden. Auch ADLER (1966) berichtet darüber in seinen Mäuseversuchen. Bei den hohen Dosen kann es andererseits eine gewisse Lähmung geben.

T. Kaffee und Krebs

O. EICHLER

Mit 1 Abbildung

Dieses Thema wurde von 2 Quellen ausgehend zu einem Problem:

1. Vom Teer war es bekannt, daß er Krebs erzeugen kann beim Menschen und später beim Tier. Als wirksam erkannte man polycyclische Kohlenwasserstoffe, unter denen Benzpyren hier als Prototyp gelten möge. Es bestand die Möglichkeit, daß sich beim Röstprozeß solche Stoffe entwickelten und wie bei manchen anderen Nahrungsmitteln (z.B. Räuchern, Braten, usw.) auch im Kaffee dem menschlichen Organismus zugeführt werden und Krebs entstehen lassen.

2. Coffein besitzt eine gewisse teratogene bzw. mutative Wirkung, wie im vorigen Kapitel dargestellt wurde. Geht man davon aus, daß die erste Krebszelle durch eine somatische Mutation entsteht (K. H. BAUER, 1963), dann könnte daher vom Coffein eine Bedrohung resultieren.

Beide Faktoren sind hier zu diskutieren, wobei aber niemals die quantitative Seite außer acht gelassen werden darf.

I. Das Coffein

GOLDSTEIN und WARREN (1962) gingen von der mutativen Wirkung des Coffeins aus und schlossen mit Recht, daß nur an einer Stelle des Organismus ausreichend hohe Konzentrationen zustande kommen können, nämlich an der Magenschleimhaut. Dort könnten bei leerem Magen Konzentrationen vorkommen, die in den Bereich der Wirksamkeit wenigstens für einige min führen. Also müßte bei starken Kaffee- oder Teetrinkern eine höhere Rate von Magenkrebsen zählbar sein. Bei der Untersuchung von 684 Patienten mit Carcinomen des Magens fand sich in der Vorgeschichte kein Anhalt für einen höheren Konsum von Kaffee oder Coffein-haltigen Genußmitteln. Nach unserer früheren Darstellung der Grundlagen war dies auch kaum anders zu erwarten.

Eine andere Studie ging von der Tatsache aus, daß die Fibroblasten eines Carcinom-Typs, des Xeroderma pigmentosum, einen Defekt des repair-Mechanismus der DNA haben, der unter anderem gegen Strahlenschäden schützt (s. Abschnitt Bakterien, S. 351). Auf dieser Überlegung basierend, wurde Coffein mit Luteoskyrin (aus Penicillium islandicum) verglichen, das Lebertumoren auslösen kann. Wurde Tetrahymna pyriformis mit UV bestrahlt, dann war der repair-Mechanismus durch 10^{-7} M Luteoskyrin in gleichem Maße gehemmt, wie nach 10^{-3} M Coffein. Abgesehen davon, daß der Typ der Schädigung unterschiedlich war und ein enormer Unterschied der Dosierung (4 Größenordnungen) vorhanden war, führen natürlich solche indirekten Indiziennachweise nicht weiter.

An die Befunde des vorigen Abschnitts lehnen sich die Versuche von GAUDIN et al. (1969, 1971) sowie YIELDING und GAUDIN (1970) an. Die Autoren arbeiteten mit Tumoren von syrischen Goldhamstern, die gegen Strahlen oder alkylierende Substanzen resistent waren, z. B. Plasmocytome. Da von anderen Objekten bekannt war, daß Heilungsmechanismen nach Bestrahlung durch Coffein oder Chlorochin gehemmt werden, sollte man das auch an diesem Tumor erwarten können und vielleicht eine Heilung einleiten. Die Tiere erhielten 1% Coffein im Trinkwasser und tatsächlich wurden die Geschwülste sowohl auf Strahlung als auch auf Cyclophosphamid (Endoxan) gehemmt. Diesen hemmenden Effekt des Coffein konnte man reproduzieren. Wie diese Dosis vertragen wurde, wird nicht berichtet. Wir geben diese Resultate auf der folgenden Abb. 40 wieder.

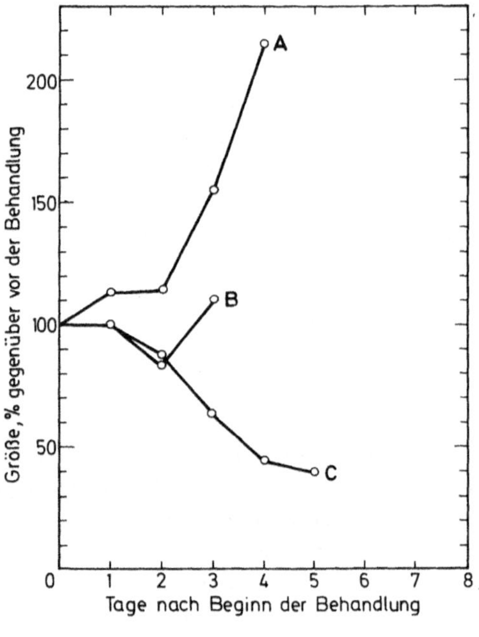

Abb. 40. Die Wirkung von Repair-Hemmern in Verbindung mit Röntgenstrahlen (800 r) auf maligne Tumoren beim syrischen Goldhamster. A Röntgen allein. B Röntgen, zusätzlich 1% Coffein im Trinkwasser. C Röntgen, neben Coffein auch 29 mg/kg Chlorochin. (Nach YIELDING, K. L. u. GAUDIN, D., 1970)

Meist wird allerdings berichtet, daß Coffein nur bei UV-Strahlenschäden, nicht aber bei Röntgenschäden auf die Heilungsprozesse einwirkt, wie z. B. auch in den Versuchen von FURNICA et al. (1971). ZASDELA et al. (1973) zeigten, daß durch Coffein die Entwicklung von Hautkrebsen durch UV bei der Maus gehemmt werden könne. CHIU (1963) gelang der Nachweis einer hemmenden Wirkung des Coffeins (2,5 mg 2 mal/Woche) gegenüber der Entwicklung von Hypophysentumoren nach Gabe von Oestradiol. Hier wird ein völlig anderer Mechanismus vorliegen.

Naheliegend ist die Frage, wie sich die Erhöhung der intracellulären cAMP-Konzentration durch Hemmung der Phosphodiesterase durch Methylxanthine bei Tumorzellen auswirkt. JOHNSON et al. (1971) wählten Zellen vom Rous-Sarkom beim Hamster als Modell. Durch cAMP-Dibutyrat wurden die Zellen länger und näherten sich der Normalform von Bindegewebszellen. Dieser Effekt wurde durch Theophyllin gesteigert. KELLER (1972) berichtete aus seinen Versuchen mit Walker-Carcinosarkom, das auf Ratten geimpft war, daß cAMP und alle Substanzen, die die Bildung dieser Verbindung begünstigen (Theophyllin (10^{-3} M?), Adrenalin usw.) das Wachstum dieser Tumorzellen unterdrücken oder in vitro hemmen, vielleicht auf dem Umwege über eine Aktivierung der Makrophagen. Bei der Behandlung von leukämischen Mäusen erhöhte Coffein (1,5 bis 6 mg/Maus) die Wirksamkeit eines Cytostaticums (COHEN, 1973).

COE et al. (1970) fanden, daß 5 mM Theophyllin die Sekretion von Schleimsubstanzen durch die Zellen des Rous-Sarkoms hemmen. Die Autoren nehmen an, daß in diesem Effekt cAMP keine Rolle spielt, da die Proteinsynthese beeinflußt wurde. Bei Kulturen von Zellen eines menschlichen Kehlkopfkrebses vermehrte 1 mM Coffein oder Kultur bei 17° C die Aberrationen. Bei Kombination beider Verfahren war der Effekt nicht größer.

II. Die Röstprodukte

Nach der Entdeckung von Benzpyren und anderen polycyclischen Verbindungen als Ursache einer Krebserzeugung dauerte es lange, bis man zu systematischen Untersuchungen des Röst- und Räucherprozesses schritt. Erst später entdeckte man, daß z.B. Fischer, die in großen Mengen geräucherten Fisch essen, eine 4mal so hohe Häufigkeit von Krebs des Magen-Darm-Kanals aufwiesen als die Landbevölkerung, die diese Speise seltener genießt. Das gleiche wurde bei Arbeitern von Räuchereien gefunden (TILGENER, 1968).

Die ersten Versuche im gerösteten Kaffee carcinogene Substanzen nachzuweisen, stammen von ROFFO (1938, 1939). Benzpyren wurde durch UV-Spektroskopie identifiziert. Durch Pinselung der Innenseite des Ohres des Kaninchens gelang die Erzeugung nicht nur von Papillomen, sondern auch von histologisch nachgewiesenen Carcinomen in 73% der Fälle. Der Kaffee wurde bis 350° C erhitzt. Weitere Versuche waren später teils positiv, teils negativ. EICHLER und VOLLMER (1948) gingen bei der Präparation ihrer Extrakte ähnlich wie ROFFO vor, ohne allerdings trotz der Pinselung von ca. 500 Mäusen und 60 Kaninchen einen eindeutigen Tumor erzielen zu können (Dauer der Versuche 5 Jahre). Dieser negative Befund läßt sich leicht daraus erklären, daß der Gehalt von Benzpyren zu gering war, wie spätere Analysen ergaben. GRIMMER und HILDEBRANDT (1962) fanden stets nur 0,3—0,4 µg/kg Kaffee. Mit einer besonders empfindlichen Bestimmungsmethode (Nachweisgrenze: 10^{-9} g Benzpyren) fand STROBEL (1973) in einem Liter Kaffee 3 ng = 3×10^{-9} g, also weit weniger als in den gewöhnlichen Nahrungsmitteln wie Mehl, Brot usw. Im Malzkaffee war der Gehalt größer und stieg bis 15 µg/kg (FRITZ, 1966). Besonders hoch war der Benzpyren-Gehalt in schwarzem Tee (GRIMMER u. HILDEBRANDT, 1962). JANS (1972) hat übrigens Ratten 2 Jahre lang Tee und Kaffee zugeführt, ohne eine erhöhte Tumorrate zu finden.

Sehr sorgfältige Untersuchungen verdanken wir HUEPER und PAYNE (1966) sowie KURATSUNE und HUEPER (1958), die die Frage aufwarfen, ob die in New Orleans häufig vorkommenden Lungenkrebse auf die dort zahlreich vorhandenen Kaffeeröstereien zurückzuführen seien, da ein Teil der Bohnen einer besonders starken Röstung (2 Techniken) unterzogen würden. So wurde in dem sich absetzenden Ruß die Anwesenheit von Benzpyren nachgewiesen, außerdem enthielt er 15% Coffein.

Die Versuchstiere (50 Mäuse C 37 Black Strain, sowie 30 Ratten, Bethesda Black Strain) wurden monatlich mit dem Ruß behandelt, entweder als Suspension oder in Hammeltalg als Depot. Teilweise wurde auch der Acetonextrakt auf die Haut gepinselt. In den über 1 Jahr laufenden Beobachtungen entwickelten sich selten Tumoren, die aber im allgemeinen nicht die Zahl der Kontrollen überstieg. Für einzelne Fälle von histologisch nachgewiesenen Carcinomen (z. B. eines an der Magenwand und ein Fibrosarkom des Magens) und Präcancerosen wurde der Kaffeeruß verantwortlich gemacht.

In einer weiteren Versuchsserie an Ratten und Meerschweinchen wurde der Teer durch die Atmung zugeführt. Es fanden sich häufig Veränderungen, darunter einige Blasencarcinome bei Meerschweinchen. Obwohl hiermit eine carcinogene Wirkung des Kaffeerußes nachgewiesen war, halten die Autoren diesen nicht für verantwortlich für die erhöhte Zahl der Tumoren des Atemtraktes, allein schon aus quantitativen Gründen. Man kann annehmen, daß die Rösttemperaturen, sofern sie unterhalb 250° C liegen, nicht ausreichen, um größere Mengen von Benzpyren zu erzeugen (Es fand sich vorwiegend Pyren und Fluoranthen, aber kein Benzpyren.) Aber bei dem Röstprozeß läßt es sich nicht vermeiden, daß an einzelnen Stellen auch höhere Hitzegrade erreicht werden. Doch insgesamt hat es für den Benzpyren-Gehalt des Kaffees keine große Bedeutung. Schon ROFFO (1939) hat trotz seiner positiven Befunde (die nie wieder bestätigt werden konnten) darauf aufmerksam gemacht, daß von einem positiven Befund bis zur tatsächlichen Carcinom-Gefahr ein weiter Weg sei, da die Substanzen sehr schwer wasserlöslich seien und wahrscheinlich gar nicht zur Resorption kämen.

Die Suche nach dem Vorkommen von 3,4-Benzpyren in Nahrungsmitteln wurde umfassend weitergeführt und die Resultate in den Arbeiten von SCHMIDT et al. (1968, 1969), vor allem aus seinen eigenen Arbeiten, niedergelegt. Gewiß nimmt das Benzpyren im Malzkaffee durch die Röstung auf das Vielfache zu, auch gegenüber dem üblichen Bohnenkaffee (FRITZ, 1966; SCHMÄHL, 1968), aber schließlich finden sich in jeder Pflanze chemisch nachweisbare Mengen, sogar wenn die Pflanzen in Gewächshäusern mit Benzpyrenfreien Chemikalien auf ebensolchen Böden gezogen wurden (SCHMIDT).

Die Vermutung, daß die Pflanzen in der Lage seien, solche polycyclischen Kohlenwasserstoffe in ihrem Stoffwechsel zu bilden, wurde durch die Untersuchung von GRIMMER und DÜVEL (1970) widerlegt. Sie ließen Pflanzen (Salat, Tabak, Roggen, Soja) in einem Raum wachsen, in dem nicht nur die Chemikalien und der Boden Benzpyren-frei waren, sondern auch die zutretende Luft durch mehrfaches Filtern gereinigt war und die Versuchspersonen nur in Spezialkleidung eintreten durften. Unter diesen Bedingungen konnte Benzpyren niemals nachgewiesen werden. Alle vorherigen Angaben beruhen damit auf einer Kontamination durch die Luft. Als Prometheus das Feuer brachte, brachte er auch das Benzpyren.

Trotzdem sind die Analysen von SCHMIDT wertvoll und ich gebe aus seinem umfangreichen Tabellenwerk einige Resultate auf folgender Tabelle 25 wieder.

Tabelle 25. Benzpyren-Gehalt verschiedener Nahrungsmittel. (Nach SCHMIDT et al., 1969)

Röstprodukte und Vegetabilien	µg/kg	Zahl der Aromaten	
Kaffeeteer	245	14	aus dem Inneren einer Rösttrommel VEB-Bero-Werke Berlin
Kaffeehäutchen	120	14	aus einem Hülsenfänger (Bero-Werke)
Bohnenkaffee „Mona"	0,3	6	Bero-Werke Berlin
Bohnenkaffee „Wiener Melange"	0,5	6	Bero-Werke Berlin
wäßriger Extrakt aus „Mona"	0,2	6	aus 1 kg
wäßriger Extrakt aus „Wiener Melange"	0,3	6	aus 1 kg
Rückstand „Mona"	0,05	5	aus 1 kg
Rückstand „Wiener Melange"	0,1	5	aus 1 kg
extrem dunkel geröstete Bohnen	5,8—6,1	14	Ausschußbohnen
Gerste	0,7	12	
Malzkaffee I (Maröwerk Frankfurt/Oder)	15,8	14	11 Proben untersucht, Standardabweichung 2,2
Malz	0,35	12	
wäßriger Extrakt aus Malzkaffee I	1,2	14	500 g Malzkaffee u. 4 l Wasser 5 min gekocht
Rückstand aus Malzkaffee I	13,5	14	
Malzkaffee II (Röstfein Magdeburg)	0,9	8	
Kaffee-Ersatz-Mischung „Venag"	1,0	8	VEB-Kaffee- und Nährmittelwerke Halle
wäßriger Extrakt aus „Venag"	0,1	8	Extrakt aus 1 kg Rückstand
Rückstand aus „Venag"	0,8	8	
Kaffee-Ersatz-Pulver „IM NU"	0,3	9	VEB Bero-Werke Berlin
Brotmehl	0,2	7	85% Roggen-, 15% Weizenmehl
Brotkrume	0,2	7	Backzeit 60 min bezogen auf Trockengewicht
Brotkruste	0,3	8	Backzeit 60 min bezogen auf Trockengewicht
verbrannte Brotkruste	0,5	8	Backzeit 150 min
Weizenmehl	0,4	7	
verbrannte Weizenmehlbiskuits	0,75	7	+5 Eier, +125 g Zucker, 40 Min. bei 215°C gebacken

Es ist interessant, daß der Kaffee sogar recht günstig liegt. Der Tee weist weit höhere Werte auf.

Da Benzpyren in Wasser extrem unlöslich ist, wird es meist nicht in den Organismus gelangen. Bei Zuführung in Kaffee oder Tee kann Coffein als Lösungsvermittler wirksam werden. So erhöhte sich die Löslichkeit von Benzpyren in den Versuchen von EISENBRAND und BECKER (1967) bereits bei einer Konzentration von 0,195% Coffein von $0,5 \times 10^{-3}$% auf 0,28%. Aber auch an andere lösungsvermittelnde Substanzen, insbesondere in Malzkaffee ist zu denken. Da aber in vielen Experimenten vergeblich der Nachweis der Carcinogenität am biologischen Objekt zu führen versucht wurde (GRIMMER u. HILDEBRANDT, 1962; EICHLER u. VOLLMER, 1948), wird die wirksame Menge zu klein sein, um über die Schwelle eines Effektes zu führen.

Die Erhöhung der Löslichkeit von Benzpyren muß aber nicht zu einer besseren Resorption führen. An einem Membranmodell zeigten BATES et al. (1970), daß Coffein nach der Komplexbildung die Resorption verzögerte und zwar auch dann, wenn der Verteilungskoeffizient zugunsten einer fettigen Phase größer war. Dieser Effekt wurde sogar zur Messung der Komplexkonstante vorgeschlagen (REUNING u. LEVY, 1968). Umgekehrt konnte durch Komplexbildung auch die Resorption von Coffein gehemmt werden (REUNING u. LEVY, 1968a). Die Resorption von Coffein selbst variiert konzentrationsabhängig infolge Autokomplexbildung (s. Kapitel Muskulatur). Die größeren Komplexe durchdringen die lebende Membran langsamer. Auch die Resorption von Salicylamid wird durch Komplexbildung mit Coffein vermindert, wie sich aus der geringeren Plasmakonzentration ergab.

Erhebungen, wie die von GOLDSTEIN und WARREN (1962), nach denen Trinken von Kaffee und Tee nicht häufiger zu Magenkrebs führt, wurden in ähnlicher Form, aber wesentlich ungezielter, von TAKAHASHI (1964) durchgeführt. Er brachte den Kaffeekonsum in den einzelnen Ländern laut Handelsstatistik pro Kopf der Bevölkerung mit dem Auftreten von Prostatacarcinomen in Korrelation und errechnete einen Korrelationskoeffizienten von $r = +0,7$. Dabei war gerade in den Ländern wie Ungarn und Tschechoslowakei mit minimalem Kaffeeverbrauch das Prostatacarcinom kaum niedriger als in den Ländern wie Schweden und Dänemark, die den höchsten Kaffeeverbrauch haben. Japan braucht allerdings keinen Kaffee und hat die niedrigsten Zahlen. Interessant ist es, daß eine ähnliche Korrelation zum Konsum von Zucker besteht, der auch mit Brust-, Ovarien-, Darm- und Rectumkrebs korreliert, aber nicht mit dem Kaffeeverbrauch. Gegen diese Berechnungen besteht der Einwand, daß der Verbrauch von Kaffee auf die gesamte Bevölkerung zutrifft, das Prostatacarcinom aber nur auf einen Teil davon. Trinken vielleicht die Frauen keinen Kaffee, nicht vielleicht sogar mehr?

Diese Art der Prüfung wurde von STOCKS (1970) auf ganz großer Basis erweitert. Als Grundlage diente ihm einerseits die von der WHO herausgegebenen Statistiken über Krebstodesfälle in 20 verschiedenen Ländern für das Jahr 1964/1965 und zwar nach dem Geschlecht getrennt, nach dem Alter korrigiert und berechnet pro Million Einwohner. Sodann wurde der von der UNO 1964/1966 herausgegebene Verbrauch von Kaffee pro Kopf der Bevölkerung als Grundlage verwendet. Die Länder wurden nach der Höhe des Verbrauchs in einer Reihe angeordnet und in 2 Teile geteilt; eine Hälfte mit dem höheren, eine mit dem niederen Verbrauch. So wurde vermieden, daß Einzelländer mit extrem hohem Verbrauch ein zu großes Gewicht bekamen. Andererseits waren die Länder mit geringer Bevölkerungszahl überbewertet, in dem z.B. die USA mit über 200 Million Einwohnern und Länder wie die Schweiz, Österreich, Belgien, Holland, Südafrika die gleiche Wertigkeit erhielten. Das wird dann eine Rolle spielen, wenn es sich um seltene Lokalisationen des Krebses, z.B. Pankreas handelt. Wir wollen nur diejenigen Resultate erwähnen die nach der Rechnung von STOCKS signifikante Unterschiede aufwiesen.

Für Kaffee wurden häufigere Todesfälle gefunden: Bei Männern: Pankreas, Prostata und Leukämie; bei Frauen: Ovarien und Leukämie. Für Tee: Bei Männern: Darm; bei Frauen: Darm, Kehlkopf, Bronchien, Brust und Leukämie.

Das merkwürdigste ist, daß es für eine Reihe von Organlokalisationen eine negative Korrelation gibt, die nach den logischen Grundlagen des Unternehmens einen Schutz bedeuten würde, z.B. besonders Uterus bei Frauen.

Der Autor will das nicht so aufgefaßt wissen. Aber solche Befunde sprechen nicht für die Exaktheit des Verfahrens. Die Darstellung von STOCKS wurde von HEYDEN (1972) einer Kritik unterzogen, zuerst mit dem Hinweis, daß manche Bevölkerungsteile wohl mitgezählt wurden, die nie Kaffee trinken, worauf schon oben beim Prostatacarcinom hingewiesen wurde. Leukämie käme in jüngeren Jahren vor, wo das Kaffeetrinken noch kaum begonnen habe. Pankreaskrebs wurde bei Chemikern häufiger gefunden, sei aber auch dort selten. Wir werden die Frage aufwerfen: Darf man Statistiken des Kaffeekonsums und der Krebsmortalität desselben Jahres vergleichen? Der Krebs entwickelt sich mit einer Latenzzeit (bis zu 20 Jahren) nach dem Beginn einer Noxe. In dieser Zeit kann sich der Stellenwert der Länder in der Reihenfolge des Kaffeekonsums durchaus geändert haben.

Es gibt also eine ganze Reihe von Einwänden, die das ganze Verfahren als unzuverlässig erscheinen lassen. Aber trotzdem wird man STOCKS zustimmen, der ja darauf hinweist, daß angesichts der Unklarheiten über die Ursache des Krebses „no stone should be left unturned in the search for clues, however unpromising it may seem“. So muß man diese Studie auffassen als Anregung zu weiteren Arbeiten, nicht aber als Resultate, die dem Publikum als endgültig bekannt gegeben werden sollten. In diesen Befunden wurde keine Beziehung weder zu Tee noch zu Kaffee beim Blasenkrebs gefunden. Aber gerade hier stehen die Resultate von COLE (1971), der 445 Patienten mit Krebs des unteren Harntraktes (Nierenbecken, Ureter, Blase, davon 90% in der Blase) auf ihre Kaffeegewohnheiten befragte. Er rechnete bereits 1 Tasse Kaffee am Tage als Kaffeekonsum. Diese verglich er mit der gleichen Zahl von beliebigen Gesunden der gleichen Altersstufe. Er fand bei den krebskranken Männern ein 1,24fach bei Frauen ein 2,58fach ($p<0{,}05$) erhöhtes Risiko, an Krebs zu erkranken. Eine Abhängigkeit der Häufigkeit von der Kaffeemenge war nicht vorhanden, wie man es eigentlich erwarten sollte (darüber s. FRAUMENI et al., 1971). An sich war die Zahl der Blasenkrebse bei den Männern höher als bei Frauen, so daß sich die Zahlen annäherten. Auf Rauchen und gefährdende Berufe wurde geachtet, wobei das verwertbare Material sich stark reduzierte. Und man wird dem Autor zustimmen, daß die Untersuchungen fortgesetzt werden müßten. MORGAN u. JAIN (1945) fanden keine Vermehrung

Er betrachtet als Ursache der Kaffeewirkung das Coffein, obwohl er nicht ausgeschlossen hat, daß die Patienten andere Coffeinhaltige Getränke zu sich genommen haben. Er weist auf die mutative Wirkung des Coffeins hin. Wie wenig das möglich ist, haben wir schon dargelegt. Bei dem starken Stoffwechsel des Coffeins gerade beim Menschen wird seine Konzentration im Urin niedriger sein als irgendwo sonst. Dagegen wendet sich auch TIMSON (1971).

Wir sehen nach unseren ganzen Darlegungen der bisherigen Analysen keinen experimentellen Grund für die Befunde und müssen weitere Erhebungen an größerem Material abwarten. Vor allen Dingen werden cocarcinogene Substanzen nicht außer Betracht bleiben dürfen, wie z.B. in den Versuchen von KAISER (1967). Er gab seinen Mäusen eine kleine Menge von Benzpyren, die selbst noch keinen Krebs erzeugte. Wenn er jedoch Tee dazu gab, entstanden Hautkrebse. Es handele sich um Polyphenole, die im Tee gefunden wurden.

CHALLIS und BARTLETT (1975) untersuchten die Bildungswahrscheinlichkeit von Nitrosaminen beim Genuß von Kaffe zusammen mit nitrithaltigem Fleisch, wie z.B. Speck. Als Reaktionspartner wurde Piperidin gewählt. Dabei fanden die Autoren, daß die Chlorogensäure, die auch in anderen Naturstoffen, wie Früchten u.ä., vorhanden ist als o-Diphenol, die Geschwindigkeit der Nitrosaminbildung zu beschleunigen vermag.

Es handelt sich hierbei um Modellversuche. Wie die Verhältnisse tatsächlich im unterschiedlich gefüllten und zusammengesetzten Mageninhalt sind, bedarf weiterer Aufklärung. Man darf den Gesichtspunkt nicht übersehen, wie weit Verbindungen obiger Art in der Natur verbreitet sind.

KIRBY (1960) wiederum fand bei Tanninen verschiedener Herkunft eine carcinogene Wirkung auf die Leber von Ratten, aber nur bei parenteraler Gabe. Gab man Tannine Mäusen peroral, wirkte nur hydrolysierbares Tannin, Catechin des Tees aber nicht. Das sind Hinweise für eine weitere Forschung auf diesem Gebiet. Auch Kaffee enthält eine Reihe von Substanzen ähnlicher Konstitution, allerdings meist in sehr kleinen, wahrscheinlich unterschwelligen Dosen, und auf die Quantität wollen wir doch stets achten!

Literatur

ÅBERG, G., AXELSSON, J.: Some mechanical aspects of intestinal smooth muscle. Acta physiol. Scand. **64**, 15—27 (1965).

ABSAVA, G. J.: The effect of caffeine on the levels of potassium and sodium ions in different portions of the brain. Farmakologiya i Toksikologiya **34**, (1) 18—21 (1971).

ADAMO, G.: Trigonellin und Nicotinsäure in Kaffee, Kakao, Tee. Ann. Chim. **45**, 274—278 (1955).

ADLER, I. D.: Cytogenic investigations of mutagenic action of caffeine in premeiotic spermatogenesis in mice. Humangenetic **3**, 82—83 (1966).

ADLER, I. D.: Does caffeine induce dominant lethal mutations in mice? Humangenetic **7**, 137—148 (1969).

ADLER, I. D.: The problem of caffeine mutagenicity. In: Chemical mutagenesis in mammals and man, VOGEL and RÖHRBORN. pp. 383—403 (1970). Springer-Verlag.

ADLER, I. D., RÖHRBORN, G.: Cytogenetic investigation of meiotic chromosomes of male mice after chronic caffeine treatment. Humangenetic **8**, 81—85 (1969).

ADLER, I. D., SCHÖNEICH, O. J.: Mutagenic action of caffeine in an ascites tumor strain of mice. Humangenetic **4**, 374—376 (1967).

ADLER, P.: Die Beeinflussung der Galvanotaxis und Galvanonarkose bei Fischen durch Narkotika und Coffein. Pflügers Arch. ges. Physiol. **230**, 113 (1932).

ADRIAN, J., FRANGNE, R., XABREGAS, J., CORTE DOS SANTOS, A.: Vitamin PP content of roasted coffees of angola, importance of botanical and technological factors. 3. Internationales Kolloquium über Kaffee-Chemie (Trieste, 2.—9. Juni 1967), ASIC Paris, S. 427—435.

ADRIAN, J., NAVELLIER, P.: Intérêt nutritionnel du café comme source de vitamine PP. Café, Cacao, Thé **5**, 263—268 (1961).

AFONSO, S., ANSFIELD, T. J., BERNDT, T. B., ROWE, G. G.: Coronary vasodilator responses to hypoxia before and after aminophylline. J. Physiol. **221**, 589—599 (1972).

AFONSO, S., HANSING, C. E., ANSFIELD, T. J., BERNDT, T. B., ROWE, G. G.: Enhancement of cardiovascular effects of glucagon by aminophylline. Cardiovascular Res. **6**, 235—239 (1972).

AFONSO, S., O'BRIEN, G. S.: Inhibition of cardiovascular metabolic and hemodynamic effects of adenosine by aminophylline. Amer. J. Physiol. **219**, 1672—1674 (1970).

AGOSTONI, E., SANT'AMBROGIO, G., MAGNONI, P.: Effect of central stimulants on onset of diaphragm activity during brethholding. J. Appl. Physiol. **19**, 408—412 (1964).

AHLQUIST, R. P., LEVY, B.: Adrenergic receptive mechanism of canine ileum. J. Pharmacol. exp. Ther. **127**, 146—149 (1959).

AHN, C. S., ATHANS, J. C., ROSENBERG, I. N.: Stimulation of thyroid hormone secretion by dibutyryl cyclic-AMP. Endocrinology **85**, 224—230 (1969).

AIZAWA, T., GOTO, Y., NAGANO, S., NAKAMURA, H., HATA, Y., GOTO, M., NAKAMURA, Y.: Effect of coffee and caffeine on the lipid and carbohydrate metabolism. Saishin Igaku **23**, 2426—2432 (1968).

AKIMOV, A. A., PAZAREV, N. V.: Experimental therapy of stomach ulcers in rats. Vopr. Onkol. **12**, 73—77 (1966).

AKINYANJU, P., YUDKIN, J.: Effect of coffee and tea on serum lipids in the rat. Nature **214,** 426—427 (1967).

ALBERTI, K. G. M. M., HOCKADAY, T. D. R., WILLIAMSON, D. H.: Metabolic effects of chronic caffeine administration in a patient with diabetes mellitus. Proc. Royal Soc. Med. **65,** 485—486 (1972).

ALDERSON, T., KHAN, A. H.: Caffeine induced mutagenesis in drosophila. Nature **215,** 1080—1081 (1967).

ALEXANDER-KATZ, B.: DR-Pat. 91.826 (1897). Verfahren zur Herstellung von in Wasser klar löslichen Extrakten aus Kaffee, Thee, Maté od. dgl.

ALLABERDIN, U. T.: The effect of some pharmacological substances on the venous tone. Farmacol. Toksik. (Moscow) **34,** 181—183 (1971).

ALLAN, W., TEPPERMAN, H. M.: Stimulation of insulin secretion in the rat by glucagon, secretin and pancreozymin: effect of aminophylline. Life Sci. **8,** 307—317 (1969).

ALLARD, E.: Über Theocinvergiftung. Dtsch. Arch. klin. Med. **80,** 510—519 (1904).

ALLEN, A. B.: Differentiation of synthetic and natural caffeine. J. Agr. Food Chem. **9,** 294—295 (1961).

ALLEN, D. O., ASHMORE, J.: Studies on the inhibition of glucose metabolism in isolated fat cells by beta-adrenergic blocking agents. Biochem. Pharmacol. **18,** 1347—1354 (1969).

ALLEN, D. O., BECK, R. R.: Alterations in lipolysis, adenylate cyclase and adenosine 3',5'-monophosphate levels in isolated fat cells following adrenalectomy. Endocrinology **91,** 504—510 (1972).

ALLEN, D. O., MACLAREN, P. J.: Effect of potassium ion, theophylline and propranolol on the biphasic lipolytic response to some catecholamines. Biochem. Pharmacol. **19,** 2569—2578 (1970).

ALLERS, R., FREUND, E.: Z. Neurol. **97,** 748—769 (1925).

ALLERS, R., FREUND, E., PRAGER, L.: Zur Kenntnis der Beeinflussung der Sinnesschärfe durch Kaffee. Pflügers Arch. ges. Physiol. **212,** 183—186 (1926).

ALLES, G. A., FEIGEN, G. A.: The influence of benzedrine on work decremant and patellar reflex. Am. J. Physiol. **136,** 392—400 (1932).

ALONSO, D., HARRIS, J. B.: Effect of xanthines and histamine on ion transport and respiration by frog gastric mucosa. Am. J. Physiol. **208,** 18—23 (1965).

ALPERN, D.: Klin. Wschr. **3,** 1364—1365 (1924).

AMANTEA, G.: Atti acad. lincai, Roma **32,** 304—307 (1923).

AMBROZI, L., BIRKMAYER, W.: Über die Objektivierbarkeit von Psychopharmakologischen Drogen am Beispiel von Coffein und coffeinfreiem Kaffee. Internat. Z. Klin. Pharmakol., Therap. u. Toxikol. **3,** 167—173 (1970).

AMER, M. S., BROWDER, H. P.: Effect of quazodine on phosphodiesterase. Proc. Soc. Exp. Biol. Med. **136,** 750—752 (1971).

AMMON, H. P. T., ESTLER, C. J.: Der Einfluß von Coffein auf Blutzucker, freie Fettsäuren und Ketonkörper im Serum bei Alloxan-Diabetes in: F. HEIM, H. P. T. AMMON: Coffein und andere Methylxanthine, S. 155—161. Stuttgart: Schattauer-Verlag 1969.

AMMON, H. P. T., ESTLER, C. J.: The influence of caffeine on carbohydrate and lipid metabolism in alloxan-diabetic mice. Med. exp. **19,** (3) 161—169 (1969a).

AMMON, H. P. T., ESTLER, C. J.: Der Einfluß des Alters bei den Wirkungen des Coffeins auf Funktion und Stoffwechsel des Herzens. Arzneimittel-Forsch. **20,** 471—473 (1970).

AMORIM, H. V. DE, SILVA, D. M.: Relationship between the polyphenol oxidase activity of coffee beans and the quality of the beverage. Nature **219,** 381—382 (1968).

ANDERSON, J., HOLLIFIELD, G., OWEN, J. A.: The effects of caffeine, deoxyribonucleic acid and insulin on the metabolism of glucose by adipose tissue in vitro. Metabolism **15,** 30—38 (1966a).

ANDERSON, J., HOLLIFIELD, G., OWEN, J. A.: Effects of caffeine on the epididymal fat pad in vitro. Clin. Res. **14,** 60 (1966b).

ANDERSON, J., HOLLIFIELD, G., OWEN, J. A.: Inhibitory effect of caffeine on the in vitro uptake of glucose by rat epididymal tissue. Diabetologia **3,** 50—51 (1967).

ANDERSON, J., OWEN, J. A.: Caffeine and carbohydrate metabolism. The Lancet II, 154 (1967).

ANDERSON, L., GIBBS, M.: The biosynthesis of caffeine in the coffee plant. J. Biol. Chem. **237,** 1941—1944 (1962).

ANDERSON, R., NILSSON, K.: Cyclic AMP and calcium in relaxation in intestinal smooth muscle. Nature New Biol. **238,** 119—120 (1972).

ANDERSSON, K. E., ANDERSSON, R., HEDNER, P.: Cholecystokinetic effect and concentration of cyclic AMP in gallbladder muscle in vitro. Acta physiol. scand. **85,** 511—516 (1972).

ANDERSSON, R. G. G.: Cyclic AMP and calcium ions in mechanical and metabolic responses of smooth muscles; influence of some hormones and drugs. Acta physiol. scand. Suppl. **382,** 1—59 (1972).

ANDRASCH, H., FINK, T., SCHMID, E.: Über die Harnausscheidung des Antikaliuretikums Triamteren und seines phenolischen Metaboliten 2,4,7-Triamino-6-p-hydroxyphenylpteridin bei Lebergesunden und Kranken mit Leberzirrhose. Z. Gastroenterologie **9**, 240—245 (1971).

ANDREW, L. E.: The mutagenic activity of caffeine in drosophila. The American Naturalist **43,** 135—138 (1959).

ANITSCHKOW, S. V.: Über die Tätigkeit der Gefäße isolierter Finger und Zehen von dem gesunden und kranken Menschen. Z. Exp. Med. **35,** 43—75 (1923).

ANON. (1903): „Der Kaffee", herausgegeben vom Kaiserlichen Gesundheitsamt, Berlin 1903, S. 68.

ANON. Nutrition-Rev.: Diatary caffeine and serum lipid levels in the rat. **27,** 204—206 (1969).

ANON. (1972a): Kaffee. Kaffee- u. Tee-Markt **22,** (7) 14—15 (1972).

ANON. (1972b): Freeze-dries coffee in 10 minutes. Food Engineering **44,** 70—71 (1972).

ANON. (1973a): Welternte 1972/1973. Kaffee- u. Tee-Markt **23,** (11) 17 (1973).

ANON. (1973b): Bezeichnung „reizarmer" Kaffee. Kreisschreiben des Eidgenössischen Gesundheitsamts Bern. Kaffee- u. Tee-Markt **23,** (11) 1 (1973).

ANREP, G. V., STACEY, R. S.: Comparative effect of various drugs upon the coronary circulation. J. Physiol. **64,** 187—192 (1927).

ANTONACIO, M. J., LUCCHESI, B. R.: The interaction of glucagon with theophylline, PGE_1, isoproterenol, ouabain and $CaCL_2$ on the dog isolated papillary muscle. Science **9,** 1081—1089 (1970).

ANTONSEN, S.: Gastric secretion of rats after test meals. Acta pharmacol. et toxicol. **23,** 165—178 (1965).

APEL, V., SCHENCK, K.: Vergleichende klinische Untersuchungen über die Wirkung von Koffein auf Magen, Leber und Gallenblase. Ärztl. Forsch. **15,** 18—32 (1961).

ARDLIE, N. G., GLEW, G., SCHULTZ, B. G., SCHWARTZ, C. J.: Inhibition and reversal of platelet aggregation by methylxanthines. Thrombosis et Diathesis Haemorrhagica **18,** 670—673 (1967).

ARIËNS, E. J.: Wirkung und Wirkungsmechanismus von Katecholaminen und ihren Derivaten. Naunyn-Schmiedeberg's Arch. Pharm. exp. Path. **257,** 118—141 (1967).

ARLETT, C. F.: The radiation sensitivity of a cytoplasmic mutant of Aspergillus nidulans. Ind. J. rad. Biology **10,** 539—550 (1966).

ARMBRUSTER, W.: Verschiedene Gesichtspunkte bei der Erzeugung von Instantkaffee im Zusammenhang mit der Gefriertrocknung und der Zerstäubungstrocknung. Schweiz. Arch. angew. Wiss. Tech. **35,** 259—261 (1969).

ARMITAGE, A. K., BOSWOOD, J., LARGE, B. J.: Structure-activity relationships in a series of 6-thioxanthines with bronchodilator and coronary dilator properties. Br. J. Pharmac. Chemother. **17,** 196—207 (1961).

ARNESTAD, K. G.: Druckrösten von Kaffee. 5. Internationales Kolloquium über Kaffee-Chemie (Lissabon, 14.—19. Juni 1971), ASIC Paris, S. 280—286.

ARNETH, W.: Polysaccharide des grünen und gerösteten Kaffees. Dissertation, TH Braunschweig 1967.

ASENDORF, U.: Untersuchungen über den Einfluß des Coffeins auf die zentrale Dunkeladaptation nach Blendung. Dissertation, Frankfurt 1963.

ASHENHURST, E. M., MILLER, J. H. D.: The effect of caffeine in experimental cerebral edema in rats. World Neurology **1,** 545—551 (1960).

ATUK, N. O., BLAYDES, M. C., WESTERVELT, F. B., WOOD, J. E.: Effect of aminophylline on urinary excretion of epinephrine and norepinephrine in man. Circulation **35,** 745—753 (1967).

ATZLER, E., LEHMANN, G.: Versuche zur Frage der Coffeinwirkung auf das gesunde menschliche Herz. Med. Welt 525 (1934).

ATZLER, E., LEHMANN, G., IZAKALL, K.: Über die Wirkung des Koffeins auf den Kohlenhydrat- und Eiweiß-Stoffwechsel. Arbeitsphysiologie **10,** 30—56 (1938).

AULICH, A., STOCK, K., WESTERMANN, E.: Lipolytic effects of cyclic adenosine-3',5'-monophosphate and its dibutyryl derivatives in vitro, and their inhibition by α-and β-adrenolytics. Life Sci. **6,** 929—938 (1967).

AVOGARO, P., CAPRI, C., PAIS, M., CAZZOLATO, G.: Plasma and urine cortisol behavior and fat mobilization in man after coffee ingestion. Isr. J. Med. Sci. **9,** 114—119 (1973).

AXELROD, J., REICHENTHAL, J.: The fate of caffeine in man and a method for its estimation in biological material. J. Pharmacol. exp. Therap. **107,** 519—523 (1953).

AXELSSON, J., HÖGBERG, G.: Effects of caffeine on electrical and mechanical activity of smooth muscle. Acta pharmacol. et toxicol. **25,** suppl. 4, 53 (1967).

BABA, W. J., SMITH, A. J., TOWNSHEND, M. M.: The effects of vasopressin, theophylline and cyclic 3'-5'-adenosine monophosphate (cyclic AMP) on sodium transport across the frog skin. Quart. J. exp. Physiol. **52,** 416—421 (1967).

BABAD, H., BEN-ZVI, R., BDOLAH, A., SCHRAMM, M.: The mechanism of enzyme secretion by the cell. 4. Effects of inducers, substrates and inhibitors on amylase secretion by rat parotid slices. Europ. J. Biochem. **1,** 96—101 (1967).

BACH, H.: DT-Pat. 1.009.006 (1957). Verfahren zur Aromaverbesserung und Stabilisierung von ungemahlenem Röstkaffee.

BACHMANN, G., HALDI, J., WYNN, W., ENSOR, C.: Reproductivity and growth of albino rats on a prolonged daily intake of caffeine. J. Nutr. **32,** 239—247 (1946).

BACHRACH, H.: Note on the psychological effects of caffeine. Psychol. Reports **18,** 86 (1966).

BACQ, Z. M.: La sensibilisation vératrinique du muscle de grenouille. C. R. Soc. Biol. **131,** 122—124 (1939).

BACQ, Z. M., FREDERICQ, H.: J. Physiol. **90,** P 11 (1937).

BÄTTIG, K., GRANDJEAN, E.: Die Wirkung von Barbitalum solubile und von Coffeinum Na-benz. auf einen bedingten Reflex bei der Ratte. Helv. Physiol. Pharmacol. Acta **13,** C 54—C 55 (1955).

BAHR, J.: Die Wirkung des Coffeins auf die Funktion der Eierstöcke weißer Mäuse. Arch. Gynäkol. **164,** 495—507 (1937).

BALL, G., BRERETON, G. G., FULWOOD, M., IRELAND, D. M., YATES, P.: Effect of prostaglandine E_1, alone, and in combination with theophylline or aspirin on collagen-induced platelet aggregation and on platelet nucleotides including adenosine 3':5'-cyclic monophosphate. Biochem. J. **120,** 709—718 (1970).

BAPTISTI, A., CHERNISH, S. M., GRUBER, C. M.: Use of nonnarcotic analgesic drugs in postpartum patients. Arch. Internat. Pharmacodyn **159,** 234—239 (1966).

BARAC, G.: Sur l'effet diuretique de la caféine chez le chien brûlé. C. R. Soc. Biol. **151,** 1973—1975 (1957).

BARBERA, C. E., BARBERA, D., MESSINA, F.: Identification of cystine, methionine and proline in raw and roasted coffee. Coffee and Tea Ind. 12—14 (1956).

BARBIROLI, G.: Contributo alla conoscenza degli aminoacidi liberi e combinati in alcuni tipi di caffè verdi e tostati. Rass. chim. **17,** 220—225 (1965a).

BARBIROLI, G.: Il contenuto in zuccheri nei caffè verdi e tostati. Rass. chim. **17,** 261—263 (1965b).

BARBIROLI, G.: Transformation of fatty substances in coffee during industrial roasting. Quad. Merceol. **5,** 223—235 (1966).

BARBIROLI, G., GARUTTI, M. A., MAZZARACCHIO, P.: Il contenuto nel caffè di sostanze solubili e caffeina in relazione al tipo di torrefazione. Rass. Chim. **24,** 313—315 (1972).

BARGIEL, Z., KADZIELA, W.: Reactive vasomotrices du réscan vasculaire de l'oreille du lapin au cours de la fatigue aigue sous l'influence de certaine substances neurovasotropes. J. de Physiol. et Path. gén. **55,** 192—195 (1963).

BARMACK, J. E.: The time of administration and some effects of 2 Grs of alkaloid caffeine. J. exp. Psychol. **27,** 690—698 (1940).

BARNES, H. M., FELDMAN, J. R., WHITE, W. V.: Isochlorogenic acid. Isolation from coffee and structure studies. J. Am. Chem. Soc. **72,** 4178—4182 (1950).

BARONCHELLI, A., BONOMINI, V.: Studio comparativo della azione del caffè naturale e decaffeinizzato sulla secrezione e sulla cinesi gastrica. Giorn. Clin. Med. **25**, 1—15 (1954).

BARRY, D. T.: Influence of certain drugs on the work done by the heart in conditions of experimental mitral legion. Arch. Internat. Pharmacodyn. **38**, 111—121 (1930).

BARRY, H., MILLER, N. E.: Comparison of drug effects on approach, avoidance and escape motivation. J. comp. physiol. Psychol. **59**, 18—24 (1965).

BARTELHEIMER, H., MÜLLER-WIELAND, K., BERNDT, W.: Der Einfluß von coffeinhaltigem und coffeinfreiem Kaffee auf: 1. die Ösophagusmotilität, 2. die Sekretion von Magen und Pankreas. Persönliche Mitteilung 1967.

BARTELSTONE, H. J., NASMYTH, P. A., TELFORD, J. M.: The significance of adenosine cyclic 3',5'-monophosphate for the contraction of smooth muscle. J. Physiol. **188**, 159—176 (1967).

BARU, A. V.: Peculiarities of the detection of acoustic signals of different duration under the action of some drugs. Nach Ref. Chem. Abst. **66**, 8774 (1967), (Russ.).

BASSETT, D. R., ABEL, M., MOELLERING, R. C. Jr., ROSENBLATT, G., STOKES, J.: Coronary Heart Disease in Hawaii: Dietary Intake, Depot Fat, „Stress", Smoking, and Energy Balance in Hawaiian and Japanese Men. The American J. of Clinical Nutrition **22**, 11, 1483—1503 (1969).

BASTOMSKY, C. H., MCKENZIE, J. M.: Cyclic AMP: a mediator of thyroid stimulation by thyrotropin. Amer. J. Physiol. **213**, 753—758 (1967).

BASTOMSKY, C. H., MCKENZIE, J. M.: Interaction of thyrotropin or the long-acting thyroid stimulator with theophylline. Endocrinology **83**, 309—313 (1968).

BATEMAN, A. L.: A storm in a coffee cup. Mutation Res. **7**, 475—478 (1969).

BATES, T. R., GALOWNIA, J., JOHNS, W. H.: Effect of complexation with caffeine on the in vitro transport of drug molecules through an artifical membrane absorption model. Chem. Pharm. Bull. **18**, 656—662 (1970).

BATRA, S.: The effects of drugs on Ca-uptake and Ca-release by mitochondria and sarcoplasmic reticulum of frog skeletal muscle. Biochem. Pharmacol. **23**, 89—101 (1974).

BATRA, S. C., DANIEL, E. E.: Effect of multivalent cations and drugs on calcium uptake by the rat myometrial microsomes. Comp. Biochem. Physiol. A **38** (2), 285—300 (1971).

BAUER, K. H.: Das Krebsproblem. Berlin–Göttingen–Heidelberg: Springer-Verlag 1963.

BAUER, V., ČAPEK, R.: Studies on the neuropharmacology of papaverine. I. The curare-like action isolated nerve-muscle preparation. Neuropharmacology **10**, 499—506 (1971).

BAUMANN, T. W., WANNER, H.: Untersuchungen über den Transport von Kaffein in der Kaffeepflanze (Coffea arabica). Planta **108**, (1) 11—20 (1972).

BAUMSTIMLER, Y.: Comportement de perseveration dans une tâche de vigilance avec connaissance des resultats. Arh. Hig. Rada. **16**, 101—109 (1965).

BAXTER, J. H., BEAVEN, M. A., HORAKOVA, Z.: Effects of adrenergic agents, theophyline and other drugs on dextran edema and histamine release in rats. Biochem. Pharmacol. **23**, 1211—1217 (1974).

BDOLAH, A., SCHRAMM, M.: The function of 3',5'-cyclic AMP in enzyme secretion. Biochem. Biophys. Res. Comm. **18**, 452—454 (1965).

BEAVO, J. A., ROGERS, N. L., CROFFORD, O. B., BAIRD, C. E., HARDMAN, J. G., SUTHERLAND, E. W., NEWMAN, E. V.: Effects of phosphodiesterase inhibitors on cyclic AMP levels and on lipolysis. Ann. N.Y. Acad. Sci. **185**, 129—136 (1971).

BEAVO, J. A., ROGERS, N. L., CROFFORD, O. B., HARDMAN, J. G., SUTHERLAND, E. W., NEWMAN, E. V.: Effect of xanthine derivatives on lipolysis and on adenosine 3',5'-monophosphate phosphodiesterase activity. Molec. Pharm. **6**, 597—603 (1970).

BECK, A., LENDLE, L.: Über pharmakologische Einwirkungen auf das Avertinentgiftungsvermögen. Arch. Exp. Path. Pharm. **167**, 599—608 (1932).

BECKER, I.: Förderung der Bekömmlichkeit von Kaffee – Technologie und Chemie. Diplomarbeit, Universität Bonn 1972.

BECKER, V.: Sekretionsstudien am Pankreas. Stuttgart: Verlag G. Thieme 1957.

BEDÖ, M.: Die Wirkung von Coffein auf den Zuckerstoffwechsel der Ratte. Med. u. Ernährung **10**, 260—262 (1969).

BEECK, IN DER, M.: Kaffeesucht und Koffeinismus. Die Ther. des Monats **7**, 232—237 (1961) (C. F. BOEHRINGER, Mannheim).

BEHRENS, B., MALORNY, G.: Brechenerregende Substanzen im Kaffee und ihre Bedeutung für die Unverträglichkeit des Kaffeegetränks. Naunyn-Schmiedeberg's Arch. exp. Path. Pharmakol. **194,** 369—388 (1940).

BEIL, K.: DT-Pat. 1.692.234 (1972). Verfahren zur Verminderung des Gehaltes an schädlichen Stoffen in Kaffeebohnen.

BELFORD, J., CUNNINGHAM, M. A.: The effect of inotropic catecholamines, calcium and aminophylline on glycogensynthetase activity in the intact cat heart. J. Pharm. exp. Ther. **162,** 134—138 (1968).

BELFORD, J., FEINLEIB, M. R.: Phosphorylase activity of heart muscle under various conditions affecting force of concentration. J. Pharm. exp. Ther. **127,** 257—264 (1959).

BELFORD, J., FEINLEIB, M. R.: The increase in glucose-6-phosphate-content of the heart after the administration of inotropic catecholamines, calcium, and aminophylline. Biochem. Pharmacol. **11,** 987—994 (1962).

BELL, N. H., KIMBLE, J. B.: Effects of glucagon, dibutyryl cyclic 3',5'-adenosine monophosphate, and theophylline on calcitonin secretion in vitro. J. clin. Invest. **49,** 1368—1373 (1970).

BELLET, J.: Effect of caffeine on the letal dose of digoxin in dogs. Toxicol. A. Applied Pharm. **10,** 199—201 (1967).

BELLET, S.: Effect of coffee ingestion on adrenocortical secretion – a clinical and experimental study. F. HEIM, H. P. T. AMMON: Coffein und andere Methylxanthine, S. 85—88 Stuttgart–New York: F. K. Schattauer Verlag 1969.

BELLET, S., FEINBERG, L. J., SANDBERG, H., HIRABAYASHI, M.: The effect of caffeine on free fatty acids and blood coagulation parameters of dogs. J. Pharm. Exp. Therap. **159,** 250—254 (1968).

BELLET, S., HORSTMAN, E., ROMAN, L. R., DE GUZMAN, N. T., KOSTIS, J. B.: Effect of caffeine on the ventricular fibrillation threshold in normal dogs and dogs with acute myocardial infarction. Am. Heart J. **84,** 215—227 (1972).

BELLET, S., KERSHBAUM, A., FINCK, E. M.: Response of free fatty acids to coffee and caffeine. Metabolism. **17,** 702—707 (1968).

BELLET, S., KOSTIS, J., ROMAN, L., DE CASTRO, O.: Effect of coffee ingestion on adrenocortical secretion in young men and dogs. Metabolism **18,** 1007—1012 (1969 a).

BELLET, S., ROMAN, L., DE CASTRO, O., KIM, K. E., KERSHBAUM, A.: Effect of coffee ingestion on catecholamine release. Metabolism **18,** 288—291 (1969 b).

BELLVILLE, J. W.: Interaction of caffeine and morphine on respiration. J. Pharm. Exp. Therap. **143,** 165—168 (1964).

BELLVILLE, J. W., ESCARRAGA, L. A., WALLENSTEIN, S. L., WANG, K. C., HOWLAND, W. S., HOUDE, R. W.: Antagonism by caffeine of the respiratory effects of codeine and morphine. J. Pharm. Exp. Ther. **136,** 38—42 (1962).

BENDAS, H., DJERASSI, C.: Constitution of cafestol. Chemistry and Industry 1481—1482 (1955).

BENGIS, R. O., ANDERSON, R. J.: The chemistry of the coffee-bean. II. The composition of the glycerides of the coffee-bean oil. J. Biol. Chem. **105,** 139—151 (1934).

BENNET, I. L., WALKER, W. F.: Cardiac arrhythmias following the use of large doses of central nervous system stimulants. Am. Heart J. **44,** 428—431 (1952).

BENTHE, H. F.: Die dromotrope Coffeinwirkung am Herzmuskel des Frosches. Arch. Exp. Pharm. **223,** 285—293 (1954).

BERG, G.: Vergleichende Untersuchungen über die Wirkung echten Bohnenkaffees und eines Kaffee-Ersatzmittels auf die Magenfunktion. Gastroenterologia **68,** 182—196 (1943).

BERKOWITZ, B. A., SPECTOR, S.: Effect of caffeine and theophylline on peripheral catecholamines. Europ. J. Pharmacol. **13,** 193—196 (1971 a).

BERKOWITZ, B. A., SPECTOR, S.: The effect of caffeine and theophylline on the disposition of brain serotonin in the rat. Europ. J. Pharmacol. **16,** 322—325 (1971 b).

BERKOWITZ, B. A., SPECTOR, S., POOL, W.: The interaction of caffeine, theophylline and theobromine with monoamine oxidase inhibitors. Europ. J. Pharmacol. **16,** 315—321 (1971).

BERKOWITZ, B. A., TARVER, J. H., SPECTOR, S.: Norepinephrine release by theophylline and caffeine. Fed. Proc. **28,** 415 (1969).

BERKOWITZ, B. A., TARVER, J. H., SPECTOR, S.: Release of norepinephrine in the central nervous system by theophylline and caffeine. Europ. J. Pharmacol. **10,** 64—71 (1970).

BERNHEIMER, O.: Zur Kenntniss der Röstproducte des Caffees. Monatsh. f. Chem. **1,** 456—467 (1880).

BERNSTEIN, L. M., BAKER, L. A.: A clinical test for esophagitis. Gastroenterology **34,** 760—781 (1958).

BERRY, N. E., WALTERS, R. H.: US-Pat. 2.309.092 (1943). Process of Decaffeinating Coffee.

BERTHET, J., SUTHERLAND, E. W., RALL, T. W.: The assay of glucagon and epinephrine with use of liver homogenates. J. Biol. Chem. **229,** 351—361 (1957).

BERTI, F., BERNAREGGI, V., MANDELLI, V.: Contraction and relaxation of in vitro perfused rat caudal artery: A possible role for cyclic 3'5'-AMP. Arch. Internat. Pharmacodyn. **192,** 247—254 (1971).

BERTI, F., SIRTORI, C., USARDI, M. M.: Cyclic 3'5'AMP, its dibutyryl derivative and theophylline effects on the rat portal vein in vitro. Arch. Internat. Pharmacodyn. **184,** 328—333 (1970).

BERTOLI, M. A., DRAGONI, G., RODARI, A.: Tissue distribution of labeled caffeine in mice. Chem. Abstr. **72,** 169 (1970). Zit. nach Med. Nucl. Radiobiol. Lat. **11,** 231—239 (1968).

BERTRAND, G., SILBERSTEIN, L.: Sur la teneur en bore de la graine des caféiers. C. R. Acad. Sci. **246,** 3193—3194 (1958).

BERTRAND, M., GIROD, J., RIGAUD, M. F.: Ectrodactylie provoquée par la caféine chez les rougeurs. Rôle des facteurs spécifiques et génétiques. C. R. Soc. Biol. **164,** 1488—1489 (1970).

BERTRAND, M., SCHWAM, E., FRANDON, A., VAGNE, A., ALARY, J.: Regular and specific teratogenic effect of caffeine in rodents. C. R. Soc. Biol. **159,** 2199—2202 (1965).

BESSON, H., DEBAY, A.: Potentialisation des effets convulsivants et de la toxicité de l'isoniacide par la theophylline et la caffeine. Ann. Pharmac. Franc. **22,** 345—348 (1964).

BEVIZ, A., JACOBSSON, B., LUNDHOLM, L., MOHME-LUNDHOLM, E.: Cyclic AMP as a mediator of hormonal metabolic effects in brown adipose tissue. Nonshivering Thermogenesis, Proc. Symp. 189—207 (1970, publ. 1971).

BEVIZ, A., LUNDHOLM, L., MOHME-LUNDHOLM, E.: Cyclic AMP as a mediator of hormonal metabolic effects in brown adipose tissue. Brit. J. Pharmacol. **34,** 198P—199P (1968).

BIANCHI, C. P.: The effect of caffeine on radiocalcium movement in frog sartorius. J. gen. Physiol. **44,** 845—858 (1961).

BIANCHI, C. P.: Kinetics of radiocaffeine uptake. J. Pharmak. Exp. Ther. **138,** 41—47 (1962).

BIANCHI, C. P.: Pharmacological actions on excitation-contraction coupling in striated muscle. Fed. Proc. **27,** 126—131 (1968).

BICHSEL, B.: Untersuchung der Diffusionsvorgänge bei der Entcoffeinierung von Rohkaffee. Dissertation, Universität Bern 1972.

BICKEL, A.: Tierversuche über Wirkungen von Kakao und Theobromin auf den Stoffwechsel. Z. Unters. Nahrungsmittel **77,** 135—142 (1938).

BICKEL, A., EWEYK, C. VAN: Zur Kenntnis der die Magensaftbildung und die Magen-Darmbewegung anregenden Substanzen im Kaffee-Infus. Ztschr. f. d. ges. exper. Med. **54,** 75—86 (1927).

BICKEL, A., EWEYK, C. VAN, FLEISCHER, F.: Beeinflußt der Genuß von Kaffeeinfus die Verweildauer von Speisen im menschlichen Magen? Arch. Verdau.-Kr. **40,** 334—338 (1927).

BIECK, P.: Beeinflussung der Corticosteronsynthese durch Nucleotide und Xanthinderivate. In: HEIM, F., AMMON, H. P. T. Coffein und andere Methylyanthine. pp. 75—83, Stuttgart-New York: F. K. Schattauer-Verlag, 1969.

BIECK, P., STOCK, K., WESTERMANN, E.: Über die Bedeutung des Serotonins im Fettgewebe. Naunyn-Schmiedeberg's Arch. Pharmak. exp. Path. **256,** 218—236 (1967).

BIECK, P., STOCK, K., WESTERMANN, E.: Wirkung von cyclischem Adenosin-3',5'-Monophosphat (3',5'-AMP) und seinem Dibutyrylderivat (DBA) auf Lipolyse, Glykogenolyse und Corticosteronsynthese. Naunyn-Schmiedeberg's Arch. Pharm. exp. Path. **263,** 387—405 (1969).

BIETER, R. N.: The action of some diuretics upon the aglomerular kidney. J. Pharmacol. exp. Therap. **43,** 399—406 (1931).

BIGGERS, R. E., HILTON, J. J., GIANTURCO, M. A.: Differentiation between coffea arabica and coffea robusta by computer evaluation of gas chromatographic profiles-comparison of numerically derived quality predictions with organoleptic evaluations. J. Chromatogr. Sci. **7,** 453—472 (1969).

BIGGS, D. F.: Experiments on the mechanism of action of chlorcresol and caffeine. Brit. J. Pharmacol **24,** 510—518 (1965).

BIHLER, I., JEANRENAUD, B.: ATP content of isolated fat cells. Effect of insulin, ouabain, and lipolytic agents. Biochim. Biophys. Acta **202,** 496—506 (1970).

BINET, L., CARDOT, H., ARNAUDET, A., BONNET, V.: C. R. Soc. Biol. (Paris) **107,** 470—471 (1931).

BING, R. J.: Myocardial metabolism. Circulation **12,** 635—647 (1955).

BIRCHER, J., HAEMMERLI, U. P.: Diättherapie bei gastroenterologischen Erkrankungen. Versuch einer kritischen Stellungnahme. Schweiz. Med. Wschr. **97,** 1687—1696 (1967).

BIRMINGHAM, M. K., BARTOVA, A.: Effects of calcium and theophylline on ACTH- and dibutyryl cyclic AMP-stimulated steroidogenesis and glycolysis by intact mouse adrenal glands in vitro. Endocrinology **92,** 743—749 (1973).

BIRZIS, L., TACHIBANA, S.: The action of stimuland and depressant agents on local cerebral impedance and circulation. Psychopharmakologia **6,** 256—266 (1964).

BISCHOFF, L.: Weiteres über die intravenöse kombinierte Strophanthin-Koffein-Injektion. Z. Kreislaufforsch. **22,** 573—576 (1930).

BITENSKY, M. W., BURSTEIN, S. R.: Effects of cyclic adenosine monophosphate and melanocyte-stimulating hormone on frog skin in vitro. Nature **208,** 1282—1284 (1965).

BITTAR, N., PAULY, TH. J.: Myocardial reactive hyperemia responses in the dog after aminophylline and lidoflazine. Am. J. Physiol. **220,** 812—815 (1971).

BITTER, E. E., CALDWELL, P. C., LOEWE, A. G.: The efflux of sodium from single crab muscle fiber. J. Mar. Biol. Ass. **47,** 709—721 (1967).

BITTNER, R. R., KRAAS, E., BEGER, H. G., MEVES, M.: Der Einfluß von Theophyllin auf die mit Gastrin stimulierte Magensekretion. Z. Gastroenterol. **10,** 461—466 (1972).

BIZZI, A., VENERONI, E., GARATTINI, S., PUGLISI, L., PAOLETTI, R.: Hypersensitivity to lipid mobilizing agents in essential fatty acid (EFA) deficient rats. Europ. J. Pharmacol. **2,** 48—52 (1967).

BLACKARD, W. G., HEIDINGSFELDER, S. A.: Adrenergic receptor control mechanism for growth hormone secretion. J. clin. Invest. **47,** 1407—1414 (1968).

BLECHER, M.: Evidence for the involvement of cyclic 3′,5′-adenosine monophosphate in glucose utilization by isolated rat epididymal adipose cells. Biochem. Biophys. Res. Comm. **27,** 560—567 (1967).

BLECHER, M., MERLINO, N. S., RO'ANE, J. T.: Control of the metabolism and lipolytic effects of cyclic 3′,5′-adenosine monophosphate in adipose tissue by insulin, methylxanthines, and nicotine acid. J. Biol. Chem. **243,** 3973—3977 (1968).

BLECHER, M., MERLINO, N. S., RO'ANE, J. T., FLYNN, P. D.: Independence of the effects of epinephrine, glucagon, and adrenocorticotropin on glucose utilization from those on lipolysis in isolated rat adipose cells. J. Biol. Chem. **244,** 3423—3429 (1969).

BLEYER, B., DIEMAIR, W., FISCHLER, F., TÄUFEL, K.: Zur Zubereitung der Nahrung und deren ernährungsphysiologischen Bedeutung. I. Mitt.: Der Einfluß des Röstens bei Kaffee, Kaffeeersatz und sonstigen Vegetabilien. Biochem. Z. **286,** 408—428 (1936).

BLINKS, J. R., OLSON, C. B., JEWELL, B. R., BRAVENY, P.: Influence of caffeine and other methylxanthines on mechanical properties of isolated mammalian heart Muscle. Circulat. Res. **30,** 367—392 (1972).

BOBERG, J., MICHELI, H., RAMMER, L.: Effect of nicotinic acid on ACTH and noradrenaline stimulated lipolysis in the rabbit. II. In vitro studies including comparison with prostaglandin E_1. Acta physiol. scand. **79,** 299—304 (1970).

BOCK, H. E.: Zur Gefäßwirkung des Strophantins, Theozins und Coffeins. Arch. Exp. Pharm. **166,** 634—648 (1932).

BOCK, J.: Die Puriderivate. In: HEFFTER, A., HEUBNER, W.: Handbuch der experimentellen Pharmakologie, II. Band 1. Hälfte, S. 508—598, Berlin: Springer-Verlag 1920.

BOCK, J., BUCHHOLTZ, J.: Henriques-Methode über das Minutenvolumen des Herzens beim Hunde und über den Einfluß des Coffeins auf die Größe des Minutenvolumens. Arch. Exp. Pharm. **88,** 192—215 (1920).

BODO, R.: The effect of the „heart-tonics" and other drugs upon the hearttone and coronary circulation. J. Physiol. **64,** 365—387 (1928).

BÖTTNER, H.: Über Hitzeschäden und ihre Vorbeugung. Habilitationsarbeit. Marburg 1943. 52—53.

BOHNÉ, G.: Über die Einwirkung von Coffein auf die Readaptionszeit von Kraftfahrern nach Blendung. Zentralblatt f. Verkehrsmed. u. Verkehrspsychol. **4,** 225—230 (1962).

BOHR, D. F., VERRIER, R. L.: Activator calcium for non-neurogenic tone of vascular smooth muscle. Angiologica **8,** 161—171 (1971).

BOISSIER, J. R., SIMON, P.: Action de la caféine sur la motilité spontanée de la souris. Arch. int. Pharmacodyn. **158,** 212—221 (1965).

BOISSIER, J. R., SIMON, P.: Influence de la caféine sur le comportement en situation libre de la souris. Arch. Int. Pharmacodyn. **166,** 362—369 (1967).

BOLYNSKII, B. G., BENDER, K. I., FREIDMAN, S. L., KUZNETSOVA, S. G., MARTINOV, L. A., BOGOSLOVSKAYA, S. I.: Response of the organism to medicines under hypothermic conditions. Sarat. Med. Inst. **49,** 194—197 (1966).

BONDAROVICH, H. A., FRIEDEL, P., KRAMPL, V., RENNER, J. A., SHEPHARD, F. W., GIANTURCO, M. A.: Volatile constituents of coffee. Pyrazines and other compounds. J. Agr. Food Chem. **15,** 1093—1099 (1967).

BONDARYOV, M. G.: The influence of analeptic drugs on the pontine vasomotor center. Progr. Brain. Res. **20,** 171—186 (1967).

BONFILS, S., LAMBLING, A.: Psychological factors and psycho-pharmacological actions in the restraint induced gastric ulcer. St. C. Skoryna „Pathophysiology of peptic ulcer", S. 153—171. McGill Univ. Press: Montreal 1973.

BONK, S., STOCKSMEIER, U.: Bestehen Zusammenhänge zwischen Kaffeegenuß und Herzinfarkt? Münch. med. Wochenschr. **116,** 2013—2018 (1974).

BOOTHBY, W. M., ROWNTREE, L. G.: Drugs and basal metabolism. J. Pharmacol. exp. Ther. **22,** 99—108 (1923).

BORBERG, N. C.: Skand. Arch. f. Physiol. **27,** 341—420 (1919), zit. n. Junkmann und Stross S. 301 (1926).

BORISSOWA, T. P.: Die unmittelbare und die bedingt-reflectorische Wirkung kleiner Coffeindosen auf die höhere Nerventätigkeit von Hunden. Pawlow Z. höh. Nerventätigkeit. **9,** 159—165 (1959).

BORYS, H. K., KARLER, R.: Effects of caffeine on the intracellular distribution of calcium in frog sartorius muscle. J. Cell. Physiol. **78,** 387—404 (1971).

BOSE, B. C., VIJAYVARGIYA, R., SAIFI, A. Q.: Effect of purine derivatives on cholinesterase activity in vitro. Arch. int. pharmacodyn. **126** (1—2), 63—67 (1960).

BOUCKAERT, J. J., JOURDAN, U. F.: C. R. Soc. Biol. (Paris) **120,** 255—259 (1935).

BOYD, E. M.: The acute oral toxicity of caffeine. Toxicol. appl. Pharmacol. **1,** 250—257 (1959).

BOYD, E. M.: The acute oral toxicity in guinea pigs of acetylsalicylic acid, phenacetin and caffeine alone and combined. Toxicol. appl. Pharm. **2,** 23—32 (1960).

BOYD, E. M., DOLMAN, M., KNIGHT, L. M., SHEPPARD, E. P.: The chronic oral toxicity of caffeine. Canad. J. Physiol. Pharmacol. **43,** 995—1007 (1965).

BRACCO, U.: Détermination des hydrocarbures polycycliques aromatiques: technique et application aux huiles de café. Riv. Ital. Sost. Grasse **50,** 166—176 (1973).

BRANDENBERGER, H., BADER, H.: Über den Einbau von Trichloräthylen in Inhaltsstoffe des Kaffees bei dessen Decoffeinierung. Helv. Chim. Acta **50,** 463—465 (1967).

BRANDENBERGER, H., HAHN, H. G., LEHMANN, G., NEUMANN, W., NEUNHOEFFER, O.: Über die Decoffeinierung von Kaffee mit Trichloräthylen. Z. Lebensmitt.-Unters. **139,** 211—219 (1969).

BRAUN, T., POLEDNE, R., FÁBRY, P.: Inhibitory effect of aminophyllin on the incorporation of ^{14}C-acetate into lipids of rat epididymal adipose tissue in vitro. Physiol. bohemoslov. **16,** 512—514 (1967).

BRECKENRIDGE, B. M.: The measurement of cyclic adenylate in tissues. Proc. Nat. Acad. Sci. (USA) **52,** 1580—1586 (1964).

BRECKENRIDGE, B. M., BURN, J. H., MATSCHINSKY, F. M.: Theophylline, epinephrine and neostigmine facilitation of neuromuscular transmission. Proc. Nat. Acad. Sci. (USA) **57,** 1893—1897 (1967).

BRECKENRIDGE, B. M., NORMAN, J. H.: The conversion of phosphorylase b to phosphorylase a in brain. J. Neurochem. **12,** 51—57 (1965).

BREDERECK, H., GOMPPER, R., SCHUH, H. G. v., THEILIG, G.: Neuere Methoden der präparativen organischen Chemie II. 16. Synthesen mit Säure-amiden, insbesondere mit Formamid. Angew. Chem. **71,** 753—774 (1959).

BRENTANO, C.: Weitere Untersuchungen über die Beziehungen der Kreatinurie zum Muskelglykogen. III. Mitt. Arch. exp. Path. **163,** 156—174 (1932).

BRESSANI, R., FIESTER, D., NAVARRETE, D. A., SCRIMSHAW, N. S.: Effect of processing method and variety on niacin and ether extracts content of green and roasted coffee. Food Technol. **15,** 306—308 (1961).

BRIGGS, D. F.: Experiments on the mechanism of action of chlorcresol and caffeine. Brit. J. Pharmacol. **24,** 510—518 (1965).

BRINLEY, F. J.: The effect of caffeine on the prevagus and postvagus chick hearts. Am. J. Physiol. **100,** 357—361 (1932).

BRINSON, K.: Effect of aminophylline on blood platelet reaction. Atherosclerosis **16,** 233—239 (1972).

BRODERICK, J. J.: Coffee — a new approach needed. American Perfumer and Cosmetics **83,** (7) 37—38 (1968).

BRODIE, B. B., AXELROD, J., REICHENTHAL, J.: Metabolism of theophylline (1-3 dimethyl xanthine) in man. J. Biol. Chem. **194,** 215—222 (1952).

BRODIE, B. B., KRISHNA, G., HYNIE, S.: On the role of adenyl cyclase in the regulation of lipolysis in fasting. Biochem. Pharmacol. **18,** 1129—1134 (1969).

BRODIE, D. A.: Stress ulcer as an experimental model of peptic ulcer disease. in: C. J. PFEIFFER: Peptic ulcer. p. 71—81. Copenhagen: Munksgaard (1971).

BRODIE, D. A., HANSON, H. M.: A study of the factors involved in the production of gastric ulcers by the restraint technique. Gastroenterology **38,** 353—360 (1960).

BRODIE, D. A., MARSHALL, R. W., MORENO, O. M: Effect of restraint on gastric acidity in the rat. Amer. J. Physiol. **202,** 812—814 (1962).

BRODIE, D. A., VALITSKI, L. S.: Production of gastric hemorrhage in rats by multiple stresses. Proc. Soc. exp. Biol. Med. **113,** 998—1001 (1963).

BROEKHUYSEN, J., DELTOUR, G., GHISLAIN, M.: Biochemical effects of amiodarone. Arzneimittel-Forsch. **19,** 1850—1853 (1969).

BROOKER, W. D., LECH, J. J., CALVERT, D. N.: Insulin inhibition of hormone and theophylline induced glycerol release in isolated adipocytes. Europ. J. Pharmacol. **1,** 278—281 (1967).

BROWN, A.: Coronary thrombosis: an environmental study. Brit. med. J. **2,** 567—573 (1962). zit. nach Kannel und Dawber (1973).

BROWN, J. D., STEELE, A. A., STONE, D. B., STEELE, F. A.: The effect of tolbutamide on lipolysis and cyclic AMP concentration in white fat cells. Endocrinol. **90,** 47—51 (1972).

BROWN, J. D., STONE, D. B.: Antilipolytic effects of sulfonylurea drugs on induced lipolysis in isolated fat cells of the rat. Endocrinol. **81,** 71—76 (1967).

BROWN, J. D., STONE, D. B., STEELE, A. A.: Mechanism of action of antilipolytic agents: Comparison of the effects of insulin, tolbutamide, and phenformin on lipolysis induced by dibutyryl cyclic AMP plus theophylline. Metabolism **18,** 926—929 (1969).

BRUCHHAUSEN, F. v.: Hemmung des α-Amino-isobuttersäure-Transportes in das isolierte Fettgewebe durch N^6, $O^{2'}$-Dibutyryl-adenosin-3',5'-phosphat. Z. Physiol. Chem. **349,** 1437—1439 (1968).

BRÜHL, W.: ABC für Leberkranke. 6. Auflage, Stuttgart: G. Thieme-Verlag 1967.

BRUGSCH: Pathologie des Kreislaufs. S. 321. Hirzel 1937.

BRUNS, O., ROSENCRANTZ, H.: Die Wirkung der Herzpharmaka auf Leistungsschwache und überanstrengte Herzen. Z. ges. exp. Med. **49,** 430—445 (1926).

BRUST, M.: Combined effects of nitrate and caffeine on contractions of skeletal muscles. Am. J. Physiol. **208,** 431—435 (1965).

BRUST, M.: Agents which affect excitation-contraction coupling in normal and dystrophic muscle. Fed. Proc. **28,** 1649—1656 (1969).

BUCHANAN, O. H., CHRISTMAN, A. A., BLOCK, W. D.: The metabolism of the methylated purines. II. Uric acid excretion following the ingestion of caffeine, theophylline and theobromine. J. Biol. Chem. **157,** 189—201 (1945).

BUCHER, G. R., ANDERSON, A.: Uropepsin output in cats treated with caffeine and histamine. Am. J. Physiol. **153,** 454—457 (1948).

BUCHNER, N.: Die Alterung von geröstetem Bohnenkaffee. Gordian **58,** (1402) 20—24 (1959).

BÜCHI, G., DEGEN, P.: Structure and synthesis of kahweofuran, a constituent of coffee aroma. J. Org. Chem. **36,** 199—200 (1971).

BUEDING, E., BUTCHER, R. W., HAWKINS, J., TIMMS, A. R., SUTHERLAND, E. W.: Effect of epinephrine on cyclic adenosine 3′,5′-phosphate and hexose phosphates in intestinal smooth muscle. Biochim. Biophys. Acta **115,** 173—178 (1966).

BÜLBRING, E.: In: Smooth muscle. Eds.: E. BÜLBRING, A. BRADIND, A. JONES, T. TOMITA. London: E. ARNOLD 1970.

BÜLBRING, E., KURIYAMA, F. R. S.: The action of catecholamine on guinea-pig taenia coli. Phil. Trans. R. Soc. Lond. **265,** 115—121 (1973).

BÜLBRING, E., TOMITA, T.: Increase of membrane conductance by adrenaline in the smooth muscle of guinea-pig taenia coli. Proc. Roy. Soc. B. **172,** 89—102 (1969a).

BÜLBRING, TOMITA, T.: Suppression of spontaneous spike generation by catecholamines in the smooth muscle of the guinea-pig taenia coli. Proc. Roy. Soc. B. **172,** 103—119 (1969b).

BÜLL, U.: Röntgenuntersuchungen über das Kontraktionsverhalten der Gallenblase auf verschiedene Kaffeearten. Inaugural-Dissertation, Med. Fakultät Univ. München 1967.

BÜLOW, K. B., LARSSON, H.: Absorption of orally administered tritium labelled theophylline preparations. Pharmacologia Clin. **1,** 156—160 (1969).

BÜTTNER, H. E.: Über die Wirkung des Sympathicus auf den Kohlenhydratstoffwechsel des Muskels. Hoppe-Seylers Z. physiol. Chem. **161,** 282—299 (1926).

BUHR, G.: Neue Erkenntnisse über die Wirkung von Coffein und Kaffee auf die Herz- und Kreislaufmechanik des Menschen. Ärztliche Forsch. **12,** 584—590 (1958).

BUHR, G: Zur Frage des Einflusses von Kondensmilch und einer Protein-Valerina-Polyphosphat.-Komplexverbindung auf die Kreislaufwirkung des Kaffees beim Menschen. Medizin u. Ernährung **4,** 118—122 (1963).

BUHR, G.: Über die Wirkung von Kaffee auf die Kreislaufperipherie und deren nervöse Regulation. Ärztliche Forsch. **20,** 89—94 (1966).

BUHR, G., LANDGREBE, B.: Über die Wirkung von gefiltertem und ungefiltertem Kaffee auf die nervöse Erregbarkeit und die Kreislaufdynamik des Menschen. Med. Klinik. **58,** 1477—1480 (1963).

BULLOCK, G., MANCHESTER, K. L.: Structural and functional changes of isolated rat diaphragm after treatment with caffeine together with local anasthetics and β-receptor blockers. Biochm. J. **125,** 106P (1971).

BUNIATIAN, H. CH., HOVHANNISSIAN, V. S., APRIKIAN, G. V.: The participation of N-acetyl-L-aspartic acid in brain metabolism. J. Neurochem. **12,** 695—703 (1965).

BURAKOWA, N. S., CHANANASVILI, M. M.: Vergleichende Kennzeichnung des Aminazin- und Coffeineinflusses auf die elektrische Aktivität der Neuroisolierten Rinde der Großhirnhemisphären. Nach Referat Pharmaceut. Industrie. **11,** 833 (1965).

BURG, A. W., WERNER, E.: Tissue distribution of caffeine and its metabolites in the mouse. Biochem. Pharmacol. **21,** 923—936 (1972).

BURNS, T. W., LANGLEY, P. E.: Lipolysis by human adipose tissue: The role of cyclic 3′,5′-adenosine monophosphate and adrenergic receptor sites. J. Lab. Clin. Med. **75,** 983—997 (1970).

BURNS-COX, C. J.: Coffee and glucose tolerance. The Lancet I, 901 (1967).

BURTON, K.: The stabilization of D-amino-acidoxidase by flavin-adenine dinucleotide, substrates and competitive inhibitors. Biochem. J. **48,** 458—467 (1951).

BUSS, W. C., FRANK, G. B.: Calcium and excitation-contraction coupling in mammalian skeletal muscle. Arch. Internat. Pharmakodyn. **181,** 15—26 (1969).

BUTCHER, R. W., BAIRD, C. E., SUTHERLAND, E. W.: Effect of lipolytic and antilipolytic substances on adenosine 3′,5′-monophosphate levels in isolated fat cells. J. Biol. Chem. **243,** 1705—1712 (1968).

Butcher, R. W., Ho, R. J., Meng, M. C., Sutherland, E. W.: Adenosine 3',5'-monophosphate in biological materials. II. The measurement of adenosine 3',5'-monophosphate in tissues and the role of the cyclic nucleotide in the lipolytic response of fat to epinephrine. J. Biol. Chem. **240,** 4515—4523 (1965).

Butcher, R. W., Sneyd, J. G. T., Park, C. R., Sutherland, E. W.: Effect of insulin on adenosine 3',5'-monophosphate in the rat epididymal fat pad. J. Biol. Chem. **241,** 1651—1653 (1966).

Butcher, R. W., Sutherland, E. W.: Enzymatic inactivation of adenosine-3',5'-phosphate by preparations from heart. Pharmacologist **1,** (2) 63 (1959).

Butcher, R. W., Sutherland, E. W.: Adenosine 3',5'-phosphate in biological materials. J. biol. Chem. **237,** 1244—1250 (1962).

Butcher, R. W., Sutherland, E. W.: The effects of the catecholamines adrenergic blocking agents, prostaglandin E_1, and insulin on cyclic AMP levels in the rat epididymal fat pad in vitro. Ann. N.Y. Acad. Sci. **139,** 849—859 (1967).

Butsch, W. L., McGowan, J. M., Walters, W.: Clinical studies on the influence of certain drugs in relation to biliary pain and to the variations in intrabiliary pressure. Surg. Gynec. Obstetr. **63,** 451—456 (1936).

Buttar, H. S.: Effect of papaverine on potassium and caffeine induced contratures on frog skeletal muscle. Arch. Int. Pharmacodyn. **180,** 68—80 (1969).

Buttery, R. G., Seifert, R. M., Guadagni, D. G., Ling, L. C.: Characterization of some volatile constituents of bell peppers. J. Agr. Food Chem. **17,** 1322—1327 (1969).

Bygdeman, S., Johnsen, O.: Methylxanthines in the inhibition of platelet aggregation. Acta med. scand. suppl. **525,** 179—182 (1971).

Caldwell, P. C., Walster, G.: Studies on the micro-injection of various substances into crab muscle fibers. J. Physiol. **169,** 353—372 (1963).

Calzolari, C., Coassini Lokar, L.: Effect of decaffeination on the coffee components I. Carbohydrates. 3. Internationales Kolloquium über Kaffee-Chemie (Triest, 2.—9. Juni 1967), ASIC Paris, S. 240—247.

Calzolari, C., Pertoldi, G. M.: Effect of decaffeination on the coffee components II. Polycyclic aromatic hydrocarbons. 3. Internationales Kolloquium über Kaffee-Chemie (Triest, 2.—9. Juni 1967), ASIC Paris, S. 248—256.

Cameron, J. S., Specht, P. G., Wendt, G. R.: Effects of a dramamine-analgesic-caffeine combination of moods, emotions and motivations. The J. Psychol. **67,** 263—270 (1967).

Campbell, D. E. S., Richter, W.: An observational method estimating toxicity and drug action in mice applied to 68 reference drugs. Acta Pharmacol. et. Toxicol. **25,** 345—363 (1967).

Campos, L. S., Rodrigues, J. M. L.: Aplicação dos métodos cromatográficos à análise dos aminoácidos livres dos cafés verdes. 5. Internationales Kolloquium über Kaffee-Chemie (Lissabon, 14.—19. Juni 1971), ASIC Paris, S. 91—96.

Camu, F.: Effects of imidazole and cyanide upon rat adipose tissue lipolysis. Arch. int. Physiol. Biochim. **77,** 663—669 (1969).

Capot, J.: Arabusta, a new hybrid coffee tree. Techniques et Développement **9,** 37—43 (1973).

Caputo, C.: Caffeine contracture in hypertonic solution. Abstract FB 6, 9th Annual Meeting Biophys. Society 1965.

Caputo, C.: Caffeine and potassium induced contractures of frog striated muscle fibers in hypertonic solutions. J. gen. Physiol. **50,** 129—139 (1966).

Care, A. D., Bates, R. F. L., Gitelman, H. J.: A possible role for the adenyl cyclase system in calcitonin release. J. Endocr. **48,** 1—15 (1970).

Carisano, A., Gariboldi, L.: Gas chromatographic examination of the fatty acids of coffee oil. J. Sci. Food. Agric. **15,** 619—622 (1964).

Carlson, L. A., Butcher, R. W., Micheli, H.: Fat mobilizing lipolysis and levels of cyclic AMP in human and dog adipose tissue. Acta med. scand. **187,** 525—528 (1970).

Carlson, L. A., Hallberg, D., Micheli, H.: Quantitative studies on the lipolytic response of human subcutaneous and omental adipose tissue to noradrenaline and theophylline. Acta med. scand. **185,** 465—469 (1969).

Carpenter, S. A.: The effect of caffeine and alkohol on simple visual reactiontime. J. comp. physiol. Psychol. **52,** 491—496 (1954).

CARTWRIGHT, L. C., SNELL, C. T.: Gases from roasted coffee. Spice Mill **70,** (2) 16, 26 (1947), **70,** (3) 16, 24 (1947).

CARVALHO, A.: Variability of the niacin content in coffee. Nature **194,** 1096 (1962).

CARVALHO, A. P.: Binding of cations by microsomes from rabbit skeletal muscle. J. Cell. Physiol. **67,** 73—84 (1966).

CARVALHO, A. P.: Calcium-binding properties of sarcoplasmic reticulum as influenced by ATP, caffeine, quinine and local anaesthetics. J. gen. Physiol. **52,** 622—642 (1968).

CASS, L. J., FREDERICK, W. S.: The augmentation of analgesic effect of aspirin with phenacetin and coffeine. Current Therap. Res. **12,** 583—588 (1962).

CATTANACH, B. M.: Genetical effects of caffeine in mice. Z. Vererbungsl. **93,** 215—219 (1962).

CATTELL, R. B.: The effects of alcohol and caffeine on intelligent and associative performance. Brit. J. med. Psychol. **10,** 20—33 (1930).

CHALLICE, J. A., WILLIAMS, A. H.: Paper chromatographic separation and behaviour of the cis- and trans-isomers of cinnamic acid derivatives. J. Chromatog. **21,** 357—362 (1966).

CHALLIS, B. C., BARTLETT, C. D.: Nature, **245,** 532—533 (1975).

CHALLONER, D. R., ALLEN, D. O.: An in vitro effect of triiodothyronine on lipolysis, cyclic AMP-C^{14} accumulation and oxygen consumption in isolated fat cells. Metabolism **19,** 480—487 (1970).

CHALLONER, D. R., STEINBERG, D.: The effect of free fatty acid on the oxygen consumption of perfused rat heart. Amer. J. Physiol. **210,** 280—286 (1966).

CHAMBAUT, A. M., EBOUÉ-BONIS, D., HANOUNE, J., CLAUSER, H.: Antagonistic actions between dibutyryladenosine-3′,5′-cyclic monophosphate and insulin on the metabolism of the surviving rat diaphragma. Biochem. Biophys. Res. Comm. **34,** 283—290 (1969).

CHAPMAN, R. A., MILLER, D. J.: The action of caffeine on frog Myocardial contractility. J. Physiol. **217,** 64 P—66 P (1971).

CHARLIER, R.: Coronary vaso dilatators. S. 78ff. Pergamon Press 1961.

CHARLIER, R.: Antianginal drugs. Handbuch der exp. Pharmacol. XXXI. 1971.

CHASSEVENT, F., D'ORNANO, M., POUGNEAUD, S.: Isolement et étude de la structure de la cafamarine, substance amère de C. buxifolia. 3. Internationales Kolloquium über Kaffee-Chemie (Triest, 2.—9. Juni 1967), ASIC Paris, S. 175—182.

CHASSEVENT, F., HÉROS, M.: Recherche du benzo-3,4-pyrène dans le café vert et torréfié et dans les sous-produits de torréfaction. Café, Cacao, Thé **7,** 349—358 (1963).

CHAUCHARD, P., MAZOUÉ, H., LECOQ, R.: Correction par les sucres des effets excitants de la caféine ou de la theobromine sur la système nerveux. Bull. Acad. Med. **129,** 456—461 (1945).

CHEN, S., BITTAR, E. E., TONG, E., DANIELSON, B. G.: Stimulation by caffeine of the calcium efflux in barnacle muscle fibers. Experientia **28,** 807—809 (1972).

CHENEY, R. H.: Cardiac automaticity effects of caffeine and nicotine. I. u. II. J. Pharm. exp. Ther. **54,** 213—221 u. 230—235 (1935).

CHENEY, R. H.: Reaction time behavior after caffeine and coffee consumption. J. exp. Psychol. **19,** 357—369 (1936).

CHERASKIN, E., RINGSDORF, W. M.: Blood-glucose levels after caffeine. The Lancet II, 689 (1968).

CHERASKIN, E., RINGSDORF, W. M., SETYAADMADJA, A. T. S. H., BARRETT, R. A.: Effect of caffeine versus placebo supplementation on blood-glucose concentration. Lancet **1,** 1299—1300 (1967).

CHEUNG, W. Y.: Inhibition of cyclic nucleotide phosphodiesterase by adenosine 5′-triphosphate and inorganic phosphate. Biochem. Biophys. Res. Comm. **23,** 214—219 (1966).

CHEUNG, W. Y.: Properties of cyclic 3′,5′-nucleotide phosphodiesterase from rat brain. Biochemistry **6,** 1079—1087 (1967).

CHEYMOL, J., DEYSSON, G., ADOLPHE, M.: Comparative study of the action of some inhibitors of cell division on plant and animal cells. C. R. Soc. biol. **161,** 231—233 (1967). Zit. nach CA **67,** 7446 (1967).

CHIARANDINI, D. J., REUBEN, J. P., BRANDT, P. W., GRUNDFEST, H.: Effects of caffeine on crayfish fibers. I. Activation of contraction and induction of Ca-spike electrogenesis. J. gen. Physiol. **55,** 640—664 (1970a).

CHIARANDINI, D. J., REUBEN, J. P., GIRARDIER, L., KATZ, G. M., GRUNDFEST, H.: Effects of caffeine on crayfish fibers. II. Refractorines and factors influencing recovery (repriming) of contractile responses. J. gen. Physiol. **55**, 665—687 (1970b).

CHIBA, S., HASHIMOTO, K.: Antagonism between manganese and caffeine on the SA node of the dog heart in situ. Tohoku J. exp. Med. **109**, 95—96 (1973).

CHIBA, S., HASHIMOTO, K., HASHIMOTO, K.: Prevention of the negative chronotropic effect of adenosine by caffeine. Tohoku J. exp. Med. **99**, 307—308 (1969).

CHIBA, S., HASHIMOTO, K., HASHIMOTO, K.: Pharmacological analysis of chronotropic responses of the S-A node to caffeine. Europ. J. Pharmacol. **18**, 116—120 (1972).

CHIU, L.: Effects of sodium bromide and caffeine on the induction of pituitary adenomas by estrogen in chinese hamsters. — Acta Physiol. Sinica **26**, 205—210 (1963).

CHODASSEWITCH, L.: Pharm. Toxicol. (Russ). **19**, 62 (1956).

CHVASTA, T. E., COOKE, A. R.: Emptying and absorption of caffeine from the human stomach. Gastroenterology **61**, 838—843 (1971).

CHYTIL, F., ZEPEDA, R.: Activation of liver tryptophan oxygenase by adenosine 3',5'-phosphate and by other purine derivatives. J. Biol. Chem. **243**, 893—899 (1968).

CHYTKOWSKI, A., PANCZENKO, B., KRUPINSKA, J., BIERON, K., ZMUDA, A.: Circulatory action of 7(β-methyl thio-ethyl)-theophylline. Diss. Pharmaceut. Pharmacol. **22**, 199—207 (1970).

CLARK, A. M., CLARK, E. G.: The genetic effects of caffeine in drosophila melanogaster. Mut. Res. **6**, 227—234 (1968).

CLARKE, H. C.: Differential effects of caffeine in mutagen treated schizosacharomyces. Mut. Res. **5**, 33—40 (1968).

CLARKE, C. H.: Repair systems and nitrous acid mutagenesis in E. coli B/r. Mut. Res. **9**, 359—368 (1970).

CLARKE, R. J., WALKER, L. J.: Potassium and other mineral contents of green, roasted and instant coffees. J. Sci. Food Agric. **25**, 1389—1404 (1974).

CLAYCOMB, W. G., KILSHEIMER, G. S.: Effect of glucagon, adenosine-3',5'-monophosphate and theophylline on free fatty acid release by rat liver slices and on tissue levels of coenzyme a esters. Endocrinology **84**, 1179—1183 (1969).

CLEAVER, J. E., THOMAS, G. H.: Single strand interruptions in DNA and the effect of caffeine in chinese hamster cells irradiated with ultraviolet light. Biochem. Biophys. Res. Commun. **36**, 203—208 (1969).

CLEMENTS, R. L., DEATHERAGE, F. E.: A chromatographic study of some of the compounds in roasted coffee. Food Res. **22**, 222—232 (1957).

COCKBURN, F., HULL, D., WALTON, I.: The effect of lipolytic hormones and theophylline on heat production in brown adipose tissue in vivo. Brit. J. Pharmac. Chemother. **31**, 568—577 (1967).

COE, D. M., GALLAGHER, J. T., GIBSON, J. S., MARSDEN, J. C.: The effects of theophylline on mucosubstarce secretion by rous sarcoma cells. Biochem. J. **120**, 21 P (1970).

COHEN, M. H.: Enhancement of the antitumor effect of 1,3-Bis(-2-chloroethyl)-1-nitrosourrea by Vitamin A and Caffeine. J. National Cancer Inst. **48**, 927—932 (1972).

COHEN, M. H.: Enhancement of the antitumor effect of 1,3-Bis(2-Chloroethyl)1-Nitrosurea by chlorpromazine and caffeine. J. Nat. Canc. Institut. **51**, 1323—1325 (1973).

COHEN, M. M., DEBAS, H. T., HOLUBITSKY, I. B., HARRISON, R. C.: Caffeine and pentagastrin stimulation of human gastric secretion. Gastroenterology **61**, 440—444 (1971).

COHEN, Y., LESNE, M., VALETTE, G., WEPIERRE, J.: Etude du mécanisme de l'effet inotrope positif exercé par les méthylxanthines sur le coeur isolé de rat. Arch. int. Pharmacodyn. **184**, 186—194 (1970a).

COHEN, Y., LESNE, M., VALETTE, G., WEPIERRE, J.: Etude de l'interaction entre les xanthines et la noradrenaline ^{3}H, au niveau du coeur isolé de rat. Biochem. Pharmacol. **19**, 2117—2124 (1970b).

COLE, F. R.: A comparison of intravenous aminophylline with the common drugs in biliary colic. Amer. J. Surg. **72**, 719—722 (1946).

COLE, P.: Coffee-drinking and cancer of the lower urinary tract. The Lancet I., 1335—1337 (1971).

COLE, W. H., WOMACK, N. A., ELLETT, W. H.: The production of hyperplasia of the thyroid gland by chemical means. Arch. Surg. **22**, 926—935 (1931).

COLTON, TH., GOSSELIN, R. E., SMITH, R. P.: The tolerance of coffee drinkers to caffeine. Clin. Pharmacol. and Therap. **9,** 31—39 (1968).

CONNOR, C. L.: Arch. Path. **24,** 315—324 (1937).

CONTERIO, F., CHIARELLI, B.: Study of the inheritance of some daily life habits. Heredity **17,** 347—359 (1962).

CONWAY, D., SAKAI, T.: Caffeine contracture. Proc. Nat. Akad. Sci. **46,** 897—903 (1960).

COOLHAAS, C., FLUITER, H. J. DE, KOENIG, H. P.: Kaffee. Tropische und subtropische Weltwirtschaftspflanzen, III. Teil Genußpflanzen, 2. Band, 2. neubearbeitete Auflage, Stuttgart: Enke-Verlag 1960.

COOPERMAN, N. R.: The effect of caffeine on body temperature and motility during sleep. Amer. J. Physiol. **105,** 24 (1933).

CORNISH, H. H., CHRISTMAN, A. A.: A. study of the metabolism of theobromine, theophylline and caffeine in man. J. Biol. Chem. **228,** 315—323 (1957).

CORNISH, H. H., WILSON, C. E., ABAR, E. L.: Effect of foreign compounds on liver microsomal enzymes. Amer. Ind. Hyg. Assoc. J. **31,** 605—608 (1970).

CORRÊA, J. B. C., FONTANA, J. D.: Polysaccharide from the epicarp and the mesocarp of coffee cherries. Part I — Some structural studies of neutral galactoaraban. An. Acad. brasil. Cienc. **43,** 803—812 (1971).

CORRODI, H., FUXE, K., JONSSON, G.: Effects of caffeine on central monoamine neurons. J. Pharm. Pharmacol. **24,** 155—158 (1972).

CORSE, J., LAYTON, L. L., PATTERSON, D. C.: Isolation of chlorogenic acids from roasted coffee. J. Sci. Food Agric. **21,** 164—168 (1970).

COSTE, R.: Techniques agricoles et production tropicales: XIV. Le Caféier. G. P. Maisonneuve & Larose, Paris, 1968.

COSTE, R.: Progrès réalisés en agronomie caféière: Perspectives d'avenir. 6. Internationales Kolloquium über Kaffee-Chemie (Bogotá, 4.—9. Juni 1973), ASIC Paris, S. 34—40.

COUPAR, I. M., HEDGES, A., METCALFE, H. L., DALY, M. J., LIGHTOWLER, J. E.: The effects of taloximine and aminophylline on isolated human smooth muscle. Arch. int. Pharmacodyn. **180,** 492—500 (1969a).

COUPAR, I. M., HEDGES, A., METCALFE, H. L., TURNER, P.: Effect of aminophylline, butalamine and imolamine on human isolated smooth muscle. J. Pharm. Pharmac. **21,** 474—475 (1969b).

COURTOIS, J. E., PERCHERON, F., GLOMAUD, J. C.: Recherches préliminaires sur les oligosaccharides et les polysaccharides hydrosolubles de la graine du café vert (Coffea canephora, var. robusta). Café, Cacao, Thé **7,** 231—236 (1963).

COUTINHO, E. M., LOPES, A. C. V.: Inhibition of uterine motility by aminophylline. Am. J. Ostet. Gynec. **110,** 726—729 (1971).

COVILLE, P. F., TELFORD, J. M.: The effect of thyroid hormones on the action of some centrally acting drugs. Brit. J. Pharmacol. **40,** 747—758 (1970).

COX, T.: The effect of caffeine, alkohol and previous exposure to the test situation in spontaneous alternation. Psychopharmacologia **17,** 83—88 (1970).

CRAINICIANU, A.: Pharmacodynamic action of caffeine. Inference in clinical obstetrics. Rev. Fr. Gynecol. Obstet. **64,** 415—420 (1969).

CRAVIOTO, R. O., GUZMÁN, G. J., SUÁREZ, S. M. L.: Incremento del contenido de niacina (vitamina antipelagrosa) durante la torrefacción del café y su significado en el aporte de esta vitamina a la dieta. Ciencia (Mex.) **15,** 24—26 (1955).

CUMMINGS, J. R., HAYNES, J. D., LIPCHUK, L. M., RONSBERG, M. A.: A sequential probability ratio method for detecting compounds with diuretic activity in rats. J. Pharmacol. exp. Therap. **128,** 414—418 (1960).

CUNNINGHAM, H. M.: Biological half-life of caffeine in pigs. Can. J. Anim. Sci. **50,** 49—54 (1970).

CUNNINGHAM, H. M.: Effect of caffeine on growth, feed efficiency and leanness of growing pigs and its interaction with calcium, zinc and corn oil. Can. J. Anim. Sci. **51,** 95—102 (1971).

CURNISH, R. R., BERNE, R. M., RUBIO, R.: Effect of aminophylline on myocardial reactive hyperemia. Proc. Soc. Exp. Biol. Med. **141,** 593—598 (1972).

CUSHERY, A. R.: The Secretion of the Urine. London: Longmans, Green & Co 1917.

CUSHERY, A. R., LAMBIE, C. G.: The action of diuretics. J. Physiol. **55,** 276—286 (1921).

CUYPERS, Y.: Influence de la caféine et de l'histamine sur le débit sanguin des reins perfusés artificiellement. Arch. internat. Physiol. Biochim. **66,** 457—459 (1958).

CZOCHRA-LYSANOWICZ, Z., GORSKI, M., KEDRA, M.: The effect of nicotine and caffeine on the development of arteriosclerosis in rabbits. Annales Universitatis Mariae-Curie Sklodowska **14,** 181—206 (1959).

CZOK, G.: Untersuchungen über die Wirkung von Kaffee. Suppl. 5 zur Zeitschr. f. Ernährungswiss., Darmstadt: Dr. Dietrich Steinkopff-Verlag 1966.

CZOK, G.: Unterschiede in Resorption und Stoffwechsel von ^{14}C-Coffein bei Ratten nach oraler Gabe von Kaffee und Tee. 3. Internationales Kolloquium über Kaffee-Chemie (Trieste, 2.—9. Juni 1967), ASIC Paris, S. 292—298.

CZOK, G.: Coffeinserumspiegel bei Ratten nach oraler Coffeingabe und ihre Beeinflussung durch Kaffee- und Tee-Inhaltsstoffe. In: Alkohol und Coffein. Wiss. Veröff. Dtsch. Ges. Ern. **17,** 142—151 (1970).

CZOK, G., LANG, K.: Zur erregenden Wirkung der Chlorogensäure. Arneim.-Forsch. **11,** 448—450 (1961).

CZOK, G., LANG, K.: Chlorogensäurewirkungen am Magen-Darmkanal. Arzneim.-Forsch. **11,** 545—549 (1961).

CZOK, G., LANG, K.: Vergleichende tierexperimentelle und chemische Untersuchungen mit unbehandeltem und kofrostabehandeltem Kaffee. Med. u. Ernähr. **5,** 271—274 (1964).

CZOK, G., LANG, K.: Tierexperimentelle Untersuchungen zur Frage der Beeinflussung der Kaffeewirkung durch das Kofrostabehandlungsverfahren. Z. Lebensmitt.-Untersuch. **128,** 87—94 (1965).

CZOK, G., SCHMIDT, B., LANG, K.: Einflüsse von Nahrungsaufnahme und Gewöhnung auf die Verteilung von 8-^{14}C-Coffein bei der Ratte. Klin. Wschr. **46,** 1055—1058 (1968).

CZOK, G., SCHMIDT, B., LANG, K.: Verteilung von 8-^{14}C-Coffein im Organismus der Ratte. Z. Ernährungswiss. **9,** 103—117 (1969).

CZOK, G., SCHULZE, P.-J.: Die Wirkung von Chlorogensäure, Kaffeesäure und Chinasäure nach i.v. Applikation auf den Gallefluß der Ratte. Z. Ernährungswiss. **12,** 224—236 (1973).

DAHME, G., LIENERT, G., MALORNY, G.: Einflüsse von Alkohol und Kaffee auf die Psychomotorik sowie auf die subjektive Einschätzung des eigenen Befindens. Int. Colloqu. on the Chem. of Coffee, Lissabon 1971, S. 355—363.

DALLEMAGNE, M. J., HEYMANS, C.: Respiration stimulants. The alkaloids Vol. V, S. 109—139. New York: Academic Press 1955.

DANFORTH, W. H., HELMREICH, E.: Regulation of glycolysis in muscle. I. The conversion of phosphorylase b to phosphorylase a in frog sartorius muscle. J. Biol. Chem. **239,** 3133—3138 (1964).

DANILOW, G. J.: Zur Frage des Einflusses von Coffein auf die Rückenmarkreflexe. Ref. Chem. Zentralblatt 1961, J. 14374 (aus dem Russischen).

DANOPOULOS, E.: Experimentelle Untersuchungen über Stoffwechselwirkungen des Coffeins. Z. ges. exp. Med. **106,** 612—621 (1939).

DARBY, T. D., SPROUSE, J. H., WALTON, R. P.: Evaluation of sympathetic reflex effects on the inotropic action of nitroglycerin, quinidine, papaverine, aminophylline and isoproterenol. J. Pharmacol. exp. Ther. **122,** 386—395 (1958).

DASCOMBE, M. J., MILTON, A. S.: The effect of caffeine on the antipyretic action of aspirin administered during endotoxin induced fever. Brit. J. Pharmacol. **46,** 548 P—549 P (1972).

DATTA, C., DEY, P. K.: Effects of psychotropic drugs on acetylcholinesterase activity of mice cerebral tissue. Indian J. Exp. Biol., **5** (1), 36—38 (1967).

DAUBERT, B. F.: Effects of long-term administration of coffee and caffeine in rats. 3. Internationales Kolloquium über Kaffee-Chemie, ASIC Paris, S. 387—388.

DAVENPORT, H. W.: Physiology of the digestive tract. 3rd Ed., Chicago: Year Book Med. Publ., 1971.

DAVID, F.: Über die Coffeinkontraktur des quergestreiften Muskels bei aufgehobener Milchsäurebildung. Pflügers Arch. ges. Physiol. **233,** 222—228 (1933).

DAVIDSON, B. M.: 0,5—0,7 g Koff. Verkürzung der Reaktionszeit Loquacitas. J. Pharm. exp. Ther. **26,** 105—110 (1925).

DAVIES, J. I.: In vitro regulation of the lipolysis of adipose tissue. Nature **218,** 349—352 (1968).

DAVIES, J. I.: The role of 3',5'-cyclic nucleotide phosphodiesterase in regulating tissue concentrations of adenosine 3',5'-cyclic monophosphate. Biochem. J. **120,** 4 P—5 P (1970).

DAVIS, J. O., SHOCK, N. W.: The effect of theophylline ethylene diamine on renal function in control subjects and in patients with congestive heart failure. J. Clin. Invest. **28,** 1459—1468 (1949).

DAWSON, J., BIANCHI, C. P.: Respiratory response of frog sartorius muscle to caffeine after glycerol treatment. Fed. Proc. **31,** 558 (1972).

DE, G. N., GHOSH, J. J., BHATTACHARYYA, K. C.: Ribonucleic acid from coffee beans. Phytochemistry **11,** 3349—3353 (1972).

DE AGAZIO: Zit. nach Rona **82,** 188 (1934).

DEBAS, H. T., COHEN, M. M., HOLUBITSKY, I. B., HARRISON, R. C.: Caffeine-stimulated acid and pepsin secretion: Dose-response studies. Scand. J. Gastroenterol. **6,** 453—457 (1971).

DECHERD, G., HERRMANN, G., ERHARD, P.: Proc. exp. Biol. Med. **24,** 726 (1927).

DE CRINIS, K.: Genußgifte und das Herzkreislaufsystem. Monatskurse. Ärztl. Fortbild. 465—472 (1958).

DE FINA, V., DUZZI, L., VALSECCHI, B.: Variations in the toxicologic response of rats in relation to the mode of enteral administration. Boll. chim. Farm. **106,** 861—871 (1967).

DE GUBAREFF, T., SLEATOR, W., Jr.: Effects of caffeine on mammalian atrial muscle and its interaction with adenosine and Calcium. J. Pharmacol. exp. Ther. **148,** 202—214 (1965).

DEJONG, U.-W., DAY, N. E., MOUNIER-KUHN, P. L., HAGUENAUER, J. P.: The relationship between the ingestion of hot coffee and intraoesophageal temperature. Gut **13,** 24—30 (1972).

DELGA, J., FOULHOUX, P.: Action décurarisante de la caféine sur le muscle strié de mammifère. C. R. Soc. Biol. Filiales. **157,** 54—58 (1963).

DELVAUX, A. M., DEVORET, R.: The occurrence of suppressors in caffeine resistant mutants from E. coli K12. Mutat. Res. **7,** 273—285 (1969).

DE MELLO, W. C., MENDOZA, J., PEREZ, B.: Caffeine contractures in depolarized heart muscle. Res. Commun. Chem. Pathol. and Pharmacol. **6,** 1—17 (1973).

DENNISH, G. W., CASTELL, D. O.: Inhibitory effect of smoking on the lower esophageal sphincter. New Engl. J. Med. **284,** 1136—1137 (1971).

DE ROPP, R. S., SNEDEKER, E. H.: Effect of drugs on amino acid levels in brain: Excitants and depressants. Proc. Soc. exp. Biol. Med. **106,** 696—700 (1961).

DE SANTIS, R. A., GARCIA, M. G., CZERWINSKI, C., VAN LAN, VO, GUTMAN, R. A., RECANT, L., PENHOS, J. C.: Effects of glucocorticoid and aminophylline on glucose intolerance of adrenalectomized rats. Endocrinology **92,** 716—721 (1973).

DE SCHAEPDRYVER, A. F.: Physio-pharmacological effects on suprarenal secretion of adrenaline and noradrenaline in dogs. Arch. int. Pharmacodyn. **119,** 517—518 (1959).

DETLEFSEN, C.: DR-Pat. 221.116 (1910). Verfahren zur Verminderung des Kaffeingehaltes von rohen, unzerkleinerten Kaffeebohnen.

DETTMER, N., SCHMID, E., EL-HAMALAWI, J.: Der Einfluß von Prednisolon und Oxyphenbutazon auf die Ultrastruktur der menschlichen Magenschleimhaut. Z. Gastroenterologie **11,** 85—94 (1973).

DE WULF, H., STALMANS, W., HERS, H.-G.: The effect of glucose and of a treatment by glucocorticoids on the activation in vitro of liver glycogen synthetase. Eur. J. Biochem. **15,** 1—8 (1970).

DEYHLE, P., MIEDERER, S. E., STADELMANN, O.: Der Einfluß von Secretin auf die durch Methylxanthine (Theophyllin) stimulierte Säure-, Elektrolyt- und Pepsinogensekretion des menschlichen Magens. Klin. Wschr. **49,** 1231—1234 (1971).

DEYSSON, G., BENBADIS, M. C.: Modalités de l'action inhibitrice de la caféine sur la cytotiérèse radiculaire d'allium sativum L. Etude en mikroskopie électronique. J. Microscop. **5,** 511—518 (1966).

DIAMOND, L.: A comparison of the gastrointestinal absorption profiles of theophylline from various vehicles. Arch. Int. Pharmacodyn. **185,** 246—253 (1970).

DICKER, S. E.: Effect of diuretics in new born rats and puppies. J. Physiol. **118,** 384—394 (1952).

DICKSON, W. H., WILSON, M. J.: The control of the motility of the human stomach by drugs and other means. J. Pharmacol. exp. Ther. **24,** 33—51 (1924).

DIEMAIR, W., JURY, E.: Über das 5-Hydroxymethylfurfurol und seine Rolle bei der nicht-enzymatischen Bräunung. Z. Lebensmitt.-Unters. **127,** 249—262 (1965).

DIETMANN, K., ROESCH, E., SCHAUMANN, W., JUHRAN, W.: The effect of cyclic adenosine- and guanosine 3'5'-monophosphate on the normal and drug-increased coronary bloodflow. Biochem. Pharm. **21,** 2193—2196 (1972).

DIMITROV, O. A.: Effect of caffeine on the respiration and oxidative phosphorylation in brain mitochondria. Vopr. med. chim., Moskva **14,** 381—385 (1968).

DJERASSI, C., CAIS, M., MITSCHER, L. A.: Terpenoids. XXXVII. The structure of the pentacyclic diterpene cafestol. On the absolute configuration of diterpenes and alkaloids of the phyllocladene group. J. Am. Chem. Soc. **81,** 2386—2398 (1959).

DOBBS, J. W., ROBISON, G. A.: Functional biochemistry of beta receptors in the uterus. Fed. Proc. **27,** 352 (1968).

DOBREVA, S., KALCHEV, L. A., MOULESHKOVA, N.: A study on the effect of caffeine and amphetamine on the brain cholinesterase. God. Sofii. Univ., Biol. Fak. **63,** 201—209 (1968—1969), Publ. 1970.

DOLE, V. P.: Effect of nucleic acid metabolites on lipolysis in adipose tissue. J. Biol. Chem. **236,** 3125—3130 (1961).

DOMAGK, G. F.: Biochemie der Leber. In: G. F. DOMAGK, J. EISENBURG, K. KRAMER: Ernährung, Verdauung, Intermediärstoffwechsel, S. 271—318. München: Urban & Schwarzenberg 1972.

DOMON, M., BARTON, B., PORTE, A., RAUTH, A. M.: The interaction of caffeine with ultra-violet-light-irradiated DNA. Int. J. Rad. Biol. **17,** 395—399 (1970).

DOMON, M., RAUTH, A. M.: Effect of caffeine on uv-irradiated mouse L cells. Rad. Res. **39,** 207—221 (1969).

DOMON, M., RAUTH, A. M.: uv light. Irradiation of mouse L cells: Effect on cells in the DNA synthesis phase. Rad. Res. **40,** 414—429 (1969).

DRAVNIEKS, A., O'DONNELL, A.: Principles and some techniques of high-resolution headspace analysis. J. Agr. Food Chem. **19,** 1049—1056 (1971).

DREIFUS, L. S.: Tension, drugs and premature systoles. Am. Heart J. **7,** 291—294 (1967).

DREIKURS, R.: Dtsch. Z. Nervenheilk. **107,** 184 (1928).

DREISBACH, R. H., PFEIFFER, V. C.: Caffein with dismal headache. J. Lab. Clin. Med. **28,** 1212—1219 (1943).

DREWS, R., KRÖPLIEN, U.: Rohkaffee- und Röstkaffee-Prüfung. Hamburg: Gordian-Verlag 1963.

DRUCKREY, MÜLLER, STUHLMANN: Arch. exp. Path. Pharm. **185,** 221 (1937).

DRUMMOND, G. I., HARWOOD, J. P., POWELL, A.: Studies on the activation of phosphorylase in skeletal muscle by contraction and by epinephrine. J. Biol. Chem. **244,** 4235—4240 (1969).

DUKER, H. U. E.: Über die Wirkung von Pervitin auf die geistige Leistungsfähigkeit ausgeruhter voll leistungsfähiger Personen. Psychol. Beitr. **4,** 491—499 (1960).

DUREMAN, E. I.: Differential patterning of behavioral effects from three types of stimulating drugs. Clin. Pharmacol. Ther. **3,** 29—33 (1962).

DUREMAN, I.: Behavioral patterns of anti Barbituric action after 5-phenyl-2-imino-4-oxo-oxazolidin(Pio) amphetamine and caffeine. Clin. Pharmacol. Ther. **3,** 163—171 (1962).

DZINBAROV, S. D.: Effect of caffeine at high altitudes (Russisch). Zufuhrinjektion. Zit. nach Chem. Abstr. **72,** 248 (1970).

EBASHI, S., LIPMANN, F.: Adenosintriphosphat-linked concentration of calcium ions in a particulate fraction of rabbit muscle. J. Cell. Biol. **14,** 389 (1962).

EBEL, A., MAUTNER, H.: Zur Wirkung der Diuretika auf den Magendarmkanal. Arch. exp. Path. Pharmak. **175,** 128—145 (1934).

EDDY, N. B., DOWNS, A. W.: Tolerance and cross-tolerance in the human subject to diuretic effect of caffeine, theobromine and theophylline. J. Pharmacol. exp. Therap. **33,** 167—174 (1928).

EDEN, P.: Die Bekömmlichkeit verschiedener Kaffees. Ernährungsumschau **6,** 14, 183—185 (1967).

EDER, M., CASTRUP, H. J.: Die gastrointestinale Blutung aus der Sicht des Pathologen. Der Chirurg **40,** 97—100 (1969).

EDITORIAL: Caffeine may damage genes by inhibiting DNA polymerase. Chem. and Engen. News Nov. 19, 1967.

EDITORIAL: No evidence to link coffee drinking and heart attacks. Tea And Coffee Trade J. **145,** (3) 34—36 (1973).

EDSALL, D. L., MEANS, J. H.: The effect of strychnin, caffeine, atropin and camphor on the respiration and respiratory metabolism in normal human subjects. Arch. intern. Med. **14,** 897—910 (1914).

EDWARDS, CH., LORKOVIČ, H., WEBER, A.: The effect of the replacement of calcium by strontium on excitation-contraction-coupling on frog skeletal muscle. J. Physiol. **186,** 295—306 (1966).

EFENDIC, S.: Influence of prostaglandin E_1 on lipolysis induced by noradrenaline, isopropylnoradrenaline, theophylline, and dibutyryl cAMP in human omental adipose tissue in vitro. Acta med. scand. **187,** 503—507 (1970).

EGGENA, P., SCHWARTZ, I. L., WALTER, R.: Effects of neurohypophyseal hormones, theophylline and nucleotides on the smooth muscle of the toad bladder. Life Sciences **7,** 979—988 (1968).

EHLERS, TH.: Zur qualitativen Differenzierung pharmakonbedingter Leistungsmotiviertheit. Leistungserfolg u. Leistungsbeurteilung hängen nicht immer zusammen 0,1 g Coff. Rechenaufgaben. Arzneimit.-Forsch. **16,** 306—308 (1966).

EHRMANN, R., DINKIN, L.: Magen-Untersuchungsmethoden. Neue dtsch. Klin. **6,** 574—606 (1930).

EICHLER, K., MUCH-VÖLKER, S., VÖLKER, R.: Experimentelle Studien zur Frage des Verhaltens sensorischer und vasokonstriktorischer Reizschwellen. Über die Wirkungen von Kaffee und Kaffeeinhaltsstoffen auf Herz, Kreislauf und Gefäßsystem. Ärztl. Forsch. **18,** 598—603 (1964).

EICHLER, O.: Kaffee und Coffein. Berlin: Springer-Verlag 1938.

EICHLER, O.: Eigene nicht publizierte Versuche (1942).

EICHLER, O., BLUMENBERG, U.: Kaffee und Koffein. 1. Aufl. 8.127F. In: O. EICHLER.

EICHLER, O., KLEIN, H. W., STEPHAN, U.: Kaffeewirkung bei sportlichen Übungen. Arch. exp. Path. u. Pharm. **206,** 251—257 (1949).

EICHLER, O., MÜGGE, H.: Zur Frage der Schädlichkeit des Coffeins bei chronischer Zufuhr. Arch. exp. Path. Pharmak. **168,** 89—96 (1932).

EICHLER, O., VOLLMER, H.: Versuche zum Nachweis carcinogener Substanzen, die beim Röstprozeß auftreten könnten. Kli. Wschr. **26,** 634 (1948).

EISEN, H. J., GOODMAN, H. M.: Growth hormone and phosphorylase activity in adipose tissue. Endocrinology **84,** 414—416 (1969).

EISENBRAND, J., BECKER, G.: Über die Erhöhung der Wasserlöslichkeit vor 3,4-Benzpyren durch Zusatz von Coffein. Dtsch. Lebensmitt.-Rundsch. **63,** S. 139—140 und 342—343 (1967).

EISENBURG, J.: Grundlagen und Grundsätzliches in der Diätbehandlung von Leber- und Gallenwegserkrankungen. Ernährungs-Umschau **15,** 151—154 (1968).

EISMAYER, QUINCKE: Keine Änderung der Elasticität. Arch. exp. Path. u. Pharm. **137,** 362 (1928).

ELBEL, H.: Nachweis der Coffeinwirkung auf Blutalkohol und Trunkenheit. Beitr. Gerichtl. Med. **15,** 14—25 (1939).

ELDER, L. W. Jr.: Staling vs. rancidity in roasted coffee. Antioxygens produced by roasting. Ind. Eng. Chem. **32,** 798—801 (1940).

ELLIOTT, K. A. C., PAGE, I. H., QUASTEL, J. H.: Neurochemistry 2. Aufl. Springfield, Ill.: C. C. Thomas Publ. 1962.

ELLIS, K. O., CARPENTER, J. F.: Studies on the mechanism of action of dantrolen sodium a skeletal muscle relaxant. Arch. Pharmacol. **275,** 83—94 (1972).

ELMQUIST, D., FELDMAN, D. S.: Calcium dependence of spontaneous acetylcholine release at mammalian motor nerve terminals. J. Physiol. **76,** 116 (1932).

EMMELIN, N., KAHLSON, G. S., LINDSTRÖM, K.: On the anti-histamine, anti-anaphylactic and atropine-like effects of some xanthine derivatives. Acta Physiol. Scand. **3,** 39—48 (1941).

ENDO, M., TANAKA, M., OGAWA, Y.: Calcium induced release of calcium from the sarcoplasmic reticulum of skinned skeletal muscle fibers. Nature **228,** 34—36 (1970).

ENSINCK, J. W., STOLL, R. W., GALE, C. C., SANTEN, R. J., TOUBER, J. L., WILLIAMS, R. H.: Effect of aminophylline on the secretion of insulin, glucagon, luteinizing hormone and growth hormone in humans. J. clin. Endocr. **31,** 153—161 (1970).

EPSTEIN, S.: The failure of caffeine to induce mutagenic effects or to synergize the effects of known mutagens in mice. In: F. VOGEL, G. RÖHRBORN: Chemical mutagenesis in mammals and man, p. 404—419 (1970).

EPSTEIN, S., BASS, W., ARNOLD, E., BISHOP, Y.: Cosmetic Toxicol. **8,** 381—401 (1970).

EPSTEIN, S. E., LEVEY, G. S., SKELTON, C. L.: Adenyl cyclase and cyclic AMP. Biochemical links in the regulation of myocardial by contractibility. Circulation **43,** 437—450 (1971).

ERHARDT, R.: Contribution a l'étude clinique de l'intoxication par la caféine. Acta med. Skand. **71,** 94—114 (1929).

ERSPAMER, V.: 5-Hydroxytryptamine (enteramine, serotonin) and the gastrointestinal tract. In: St. C. SKORYNA: Pathophysiology of peptic ulcer, p. 234—444. Montreal: Mc Gill Univ. Press 1963.

ESCOUSSE, A., KLEPPING, J., JOFFRAIN, C., MOUNIE, J.: Action facilitatrice de l'hormone thyroïdienne sur le récepteur adrénergique cardiaque: Modification de la sensibilité à la théophylline. Thérap. **27,** 635—647 (1972).

ESSMAN, W. B.: Drug effects and learning and memory processes. Adv. Pharmacol. and Chemother. **9,** 241—330 (1971).

ESTLER, C. J.: Glykogengehalt des Gehirns und Körpertemperatur weißer Mäuse unter dem Einfluß einiger zentral dämpfender und erregender Pharmaka. Med. exp. **4,** 209—213 (1961).

ESTLER, C.-J.: Effect of α- and β-adrenergic blocking agents and parachlorphenyl-alanine on morphine- and caffeine-stimulated locomotor activity of mice. Psychopharmacologia **28,** 261—268 (1973).

ESTLER, C.-J., AMMON, H. P. T.: Deposition of fat in the liver following administration of caffeine. Experientia **22,** 589—590 (1966).

ESTLER, C.-J., AMMON, H. P. T., HERZOG, C.: Über den Einfluß akuter und chronischer Coffeinzufuhr auf Leistungsverhalten und Energiehaushalt weißer Mäuse. In: F. HEIM, H. P. T. AMMON: Coffein und andere Methylxanthine, S. 199—206. Stuttgart: Schattauer-Verlag 1969.

ETZENSPERGER, J.: Modification du potentiel d'action de la fibre musculaire strié provoquées par la caféine et la chinine. Compt. Rend. **151,** 587—590 (1957).

EVANS, C. L.: Studies on the physiology of plain muscle. V. The influence of caffeine on lactic acid formation. Biochem. J. **20,** 893—901 (1926).

EVERT, G., NIEDOBITEK, F., SCHMID, E.: Ulzerogene Kombinationseffekte von emotionellem Streß und Coffein bzw. Bohnenkaffee im Tierversuch. Z. Gastroenterol. **9,** 94—100 (1971).

EXTON, J. H., CORBIN, J. G., PARK, C. R.: Control of gluconeogenesis in liver. IV. Differential effects of fatty acids and glucagon on ketogenesis and gluconeogenesis in the perfused rat liver. J. Biol. Chem. **244,** 4095—4102 (1969).

EXTON, J. H., ROBISON, G. A., SUTHERLAND, E. W., PARK, C. R.: Studies on the role of adenosine 3',5'-monophosphate in the hepatic actions of glucagon and catecholamines. J. Biol. Chem. **246,** 6166—6177 (1971).

FAGLIA, G., AMBROSI, B., BECK-PECCOZ, P., TRAVAGLINI, P., FERRARI, C.: The effect of theophylline on plasma thyrotropin (HTSH) response to thyrotropin releasing factor (TRF) in man. J. clin. Endocr. **34,** 906—909 (1972).

FAIN, J. N.: Effect of dibutyryl-3',5'-AMP, theophylline and norepinephrine on lipolytic action of growth hormone and glucocorticoid in white fat cells. Endocrinology **82,** 825—830 (1968a).

FAIN, J. N.: Stimulation by insulin and prostaglandin E_1 of glucose metabolism and inhibition of lipolytic action of theophylline on fat cells in the absence of K^+. Endocrinology **83,** 548—554 (1968b).

FAIN, J. N.: Dihydroergotamine, propranolol and the beta adrenergic receptors of fat cells. Fed. Proc. **29,** 1402—1407 (1970).

FAIN, J. N.: Biochemical aspects of drug and hormone action on adipose tissue. Pharmacol. Rev. **25**, 67—118 (1973).

FAIN, J. N., GALTON, D. J., KOVACEV, V. P.: Effect of drugs on the lipolytic action of hormones in isolated fat cells. Molec. Pharmacol. **2**, 237—247 (1966a).

FAIN, J. N., KOVACEV, V. P., SCOW, R. O.: Antilipolytic effect of insulin in isolated fat cells of the rat. Endocrinology **78**, 773—778 (1966b).

FAIN, J. N., ROSENBERG, L.: Antilipolytic action of insulin on fat cells. Diabetes **21**, 414—425 (1972).

FAIN, J. N., ROSENTHAL, J. W., WARD, W. F.: Anti-lipolytic action of tolbutamide on brown fat cells. Endocrinology **90**, 52—59 (1972).

FAIRHURST, A. S., HASSELBACH, W.: Calcium efflux from a heavy sarcotubular fraction effects of ryanodine, caffeine and magnesium. Eur. J. Biochem. **13**, 504—509 (1970).

FAIRHURST, A. S., PALMUS, D. A., JENDEN, D. J.: Uptake of CA by glycerinated cardiac slices. Circ. Res. **21**, 433—438 (1967) Cit. Nach. Chem. Abst. **68**, 157 (1968).

FAO/WHO: Evaluation of Food Additives. 14. Report of the Joint FAO/WHO Expert Committee on Food Additives, Genf, 24. Juni—2. Juli 1970, WHO Genf 1971.

FARRO, S., SIEBER, S. M.: Caffeine and nicotin penetrate the preimplantation blastocyt. Nature **223**, 410—411 (1969).

FASSINA, G.: Antagonistic action of metabolic inhibitors on dibutyryl cyclic 3′,5′-adenosine monophosphate-stimulated and caffeine-stimulated lipolysis in vitro. Life Sci. **6**, 825—831 (1967).

FASSINA, G., DORIGO, P., PERINI, G., TÓTH, E.: Effect of glycolysis inhibitors on cyclic AMP synthesis in rat adipose tissue. Biochem. Pharmacol. **21**, 2295—2301 (1972).

FEDERLIN, C.: Dissertation: Untersuchungen über den Verlauf der Blutalkoholkurve nach Trinken von Bohnenkaffee und nach subcutaner Injektion von Coffein. Frankfurt 1965.

FEINSTEIN, M. B.: Inhibition of caffeine rigor and radiocalcium movements by local anesthetics in frog sartorius muscle. J. gen. Physiol. **47**, 151—173 (1963).

FEINSTEIN, M. B.: Inhibition of contraction and calcium exchangeability in rat uterus by local anesthetics. J. Pharmacol. exp. Therap. **152**, 516—524 (1966).

FELDMAN, J. R., RYDER, W. S., KUNG, J. T.: Importance of nonvolatile compounds of the flavor of coffee. J. Agr. Food Chem. **17**, 733—739 (1969).

FELLENBERG, TH. V.: Untersuchungen über das Vorkommen von Jod in der Natur. III. Jodbestimmungen in Lebensmitteln, Düngemitteln, schweizerischen Mineralwässern. Mitt. Lebensmittelunters. Hyg. **15**, 245—248 (1924).

FENN, W. O.: The oxygen consumption of frog muscle in chemical contractures. J. Pharmacol. exp. Therap. **42**, 81—97 (1931).

FERRAUTO, A., LAROSA, G., MARCONI, G. R.: Fibrinolysis and fibrinogenolysis after the administration of theophylline nicotinate in normal subjects. Zit. nach C. A. 86249 (1971).

FERREIRA, L. A. B., FRAGOSO, M. A. G., PERALTA, M. F., SILVA, M. C. C., REBELO, M. C.: Mineral constituents of coffee from angola. 5. Internationales Kolloquium über Kaffee-Chemie (Lissabon, 14.—19. Juni 1971), ASIC Paris, S. 51—62.

FIELD, M., FROMM, D., WALLACE, C. K., GREENOUGH, W. B.: Stimulation of active chloride secretion in small intestine by cholera exotoxin. J. Clin. Invest. **48**, 24a (1969).

FIELD, M., PLOTKIN, G. R., SILEN, W.: Effects of vasopressin, theophylline and cyclic adenosine monophosphate on short-circuit current across isolated rabbit ileal mucosa. Nature (Lond) **217**, 469—471 (1968).

FIELD, M., PLOTKIN, G., SILEN, W.: Cyclic AMP induced secretion of chloride by rabbit ileum in vitro. Gastroenterology **54**, 1233 (1968).

FINESINGER, I. E.: Effect of caffeine on the cerebral vessels. Arch. Neurol. Psych. **28**, 1290—1325 (1932).

FINESINGER, I. E., COBB, S.: Arch. Neurol. Psych. **30**, 980—1002 (1933).

FISCHBACH, E.: Coffein in sportärztlicher Sicht. In: K. LANG: Alkohol u. Coffein, S. 159—161, Darmstadt 1970.

FISCHER, E., ACH, L.: Synthese des Caffeins. Ber. dtsch. chem. Ges. 3135—3143 (1895).

FISCHER, H.: Über Schädigungen durch Genußgifte in der Schwangerschaft. Zentralbl. Gynäkol. **69**, 1308—1312 (1947).

FISHER, I.: Arbeitsphysiol. **4**, 109—127 (1931).

FISHER, R. S., ALGERI, E. J., WALKER, J. T.: The determination and the urinary excretion of caffeine in animals. J. Biol. Chem. **179,** 71—79 (1949).

FJODOROW, V. K.: Über den Einfluß von Coffein auf die höhere Nerventätigkeit von Mäusen. Einmalige Anwendung verschiedener Coffeindosen. Pawlow Z. höh. Nervent. **3,** 7 39–50 (1953).

FLAUM, E., RÖSSLER, R.: Über die Herzwirkung der Purinkörper. Klin. Wschr. II, 1489 (1933).

FLEISCH, A., WENNER, V.: Les effets physiologiques du café et des extraits de café. Schweiz. Med. Wschr. **7,** 223—226 (1954).

FLEISCHER, M. S., LOEB, L.: Arch. Int. Med. **3,** 78 (1909).

FLEISCHER, N., DONALD, R. A., BUTCHER, R. W.: Involvement of adenosine 3′,5′-monophosphate in release of ACTH. Amer. J. Physiol. **217,** 1287—1291 (1969).

FLEMING, R., REYNOLDS, D.: Attempts to modify the concentration of alcohol in the blood after i. v. administration of alcohol. J. Pharm. exp. Ther. **54,** 2 (1935).

FLICK, A. L.: Acid content of common beverages. Amer. J. dig. Dis. **15,** 317—320 (1970).

FLORA, A. R.: Comparison of theophylline blood levels Tablet VS. liquids. Curr. ther. Res. **12,** 611—617 (1970).

FLORKIEWICZ, H.: The effect of histamin on the uropepsin excvetion Pol. Tyg. Lek. **15,** 7 1713—1715 (1960).

FLYNN, J. T.: Arrhythmias related to coffee and tea. J.AM.A. **211,** 663 (1970).

FOLTZ, E., IVY, A. C., BABORKA, C. J.: The use of double work periods in the study of fatigue and the influence of caffeine on recovery. Am. J. Physiol. **136,** 79—86 (1942).

FOLTZ, E. E., SCHIFFRIN, M. J., IVY, A. C.: The influence of amphetamine (benzedrine) sulfat and caffeine on the performance of rapidly exhausting work by untrained subjects. J. lab. clin. Med. **28,** 601—603 (1943).

FOLTZ, E. L., RUBIN, A., STEIGER, W. A., GAZES, P. C.: The effects of intravenous aminophylline upon the coronary blood-oxygen exchange. Circulation, **2,** 215—224 (1950).

FOMOCHKIN, J. P.: Effect of psychostimulants on the cerebral circulation and oxygen uptake by the brain. Farmakol. Toksikol. **34** (1), 38—42 (1971).

Food and Nutrition Board National Research Council (FNB): Recommended dietary allowances. National Acad. of Sci., Washington D. C. 1968, 7. Auflage, S. 37—38.

FORN, J., GESSA, G. L., KRISHNA, G., BRODIE, B. B.: Increased lipolytic response to norepinephrine in isolated brown fat cells after sympathetic denervation. Life Sci. **9,** 429—435 (1970).

FORN, J., KRISHNA, G.: Effect of norepinephrine, histamine and other drugs on cyclic 3′,5′-AMP formation in brain slices of various animal species. Pharmacology **5** (4), 193—204 (1971).

FORNEY, R. B., HUGHES, A. F. W.: Alcohol and caffeine in choice-discrimination tests in rats. Proc. Soc. exp. Biol. Med. **108,** 157—159 (1961).

FORNEY, R. B., HUGHES, A. F. W.: Effect of caffeine and alcohol on performance under stress of audio feedback. Quart. J. Stud. Alk. **26,** 206—212 (1965).

FORSTNER, G., SHIN, M., LUKIE, B.: Cyclic AMP and intestinal glycoprotein synthesis: the effect of β-adrenergic agents, theophylline, and dibutyryl cyclic AMP. Canad. J. Physiol. Pharmacol. **51,** 122—129 (1973).

FOULKS, J. G., PERRY, F. A., SANDERS, H. D.: Effect of external potassium conc on caffeine contractures in frogs toe muscle. Canad. J. Physiol. Pharmacol. **49,** 879—888 (1971).

FOULKS, J. G., PERRY, F. A., SANDERS, H. D.: Augmentation of caffeine-contracture tension by twitch-potentiating agents in frog toe muscle. Canad. J. Physiol. Pharmacol. **49,** 889—900 (1971).

FOWELL, D. M., WINSLOW, J. A., SYDENSTRICKER, V. P., WHEELER, N. C.: Circulatory and diuretic effects of theophylline isopropanolamine. Arch. intern. Med. **83,** 150—157 (1949).

FOX, K. E.: Caffeine mutagenesis in Escherichia coli strain K 12. Diss. Abstr. **27,** 1230—1231 (1966).

Framingham Heart Study: Habits and coronary heart disease. Publication No 1515 Washington D. C. Gouvernement Printing Office, 1966.

FRANK, G. B.: Utilisation of bound calcium in the action of caffeine and certain multivalent cations on skeletal muscle. J. Physiol. **163**, 254—268 (1962).

FRANK, G. B., BUSS, W. C.: Caffeine induced contractures in mammalian skeletal muscle. Arch. int. Pharmakodyn. **170**, 343—349 (1967).

FRANK, G. B., SINGH, S., BUSS, W. C.: A possible explanation for some peculiar properties of caffeine solutions. I. Ringers solution, II. Krebs solution. Arch. int. Pharmakodyn. **184**, 93—103 und 104—110 (1970).

FRANK, H. A., DELA CRUZ, A. S.: Role of incidental microflora in natural Decomposition of mucilage layer in kona coffee cherries. J. Food Sci. **29**, 850—853 (1964).

FRANKEN, F. H.: Die Leber und ihre Krankheiten, S. 65, 115. Suttgart: F. Enke-Verlag 1968.

FRANKEN, F. H.: Bohnenkaffee und Gewürze bei Leberkrankheiten. Der Internist **10**, 370—371 (1969).

FRANZKE, CL., GRUNERT, K. S., HILDEBRANDT, U., GRIEHL, H.: Über das Vorkommen von Theophyllin in Kaffee. Hoppe Seyler's Z. Physiol. Chem. **348**, 1725—1726 (1967).

FRANZKE, CL., GRUNERT, K. S., HILDEBRANDT, U., GRIEHL, H.: Zum Theobromin- und Theophyllingehalt von Rohkaffee und Tee. Die Pharmazie **23**, 502—503 (1968).

FRAUMENI, J. F., Jr., SCOTTO, J., DUNHAM, L. J.: Coffee-drinking and bladder cancer. The Lancet II, 1204 (1971).

FREDERICQ, H., BACQ, Z. M.: C. R. Soc. Biol. (Paris) **124**, 269 (1937).

FREDERICQ, H., DESCAMPS, A.: La caféine, poison paralysant du sympathique. C. R. Soc. Biol. **85**, 13 (1921).

FREDERICQ, H., MÉLON, L.: Action antagoniste de la caféine et de l'adrénaline sur l'intestin isolé. C. R. Soc. Biol. **87**, 92—94 (1922).

FREDHOLM, B. B.: Metabolic and circulatory effects of theophylline in canine subcutaneous adipose tissue. Acta Pharmac. Toxicol. **28**, 46 (1971).

FREEDMAN, S. O., SHULMAN, R., KRUPEY, J.: Loss of allergenicity of chlorogenic acid in the gastrointestinal tract. J. Allergy **35**, 108—116 (1964).

FREEMAN, B. M., MANNING, A. C. C.: Glycogenolysis and lipolysis in Gallus domesticus during the perinatal period. Comp. gen. Pharmacol. **2** (1), 198—204 (1971).

FREY, E.: Nierentätigkeit und Wasserhaushalt. Berlin–Göttingen–Heidelberg: Springer-Verlag 1951.

FREY, J., SCHIRMEISTER, J.: Über Besonderheiten der Filtrationsdiurese. Arch. exp. Path. Pharmak. **223**, 122—126 (1954).

FREY, J., SCHIRMEISTER, J., HENNING, H.: Die „Clearance der Harnfixasumme" (C_{Σ}) unter verschiedenen Absonderungsarten der gesunden Nieren und ihre Beziehungen zur renalen Wasserbearbeitung. Arch. exp. Path. Pharmak. **223**, 107—116 (1954).

FRIEDEL, P., KRAMPL, V., RADFORD, T., RENNER, J. A., SHEPHARD, F. W., GIANTURCO, M. A.: Some constituents of the aroma complex of coffee. J. Agr. Food Chem. **19**, 530—532 (1971).

FRIEDMAN, G. D., SIEGELAUB, A. B., SELTZER, C. C.: Cigarettes, alcohol, coffee and peptic ulcer. New Engl. J. Med. **290**, 469—473 (1974).

FRIEND, B. A., MEHLMAN, M. A., DE VORE, V., TOBIN, R. B.: Effect of dietary theophylline on pyruvate metabolism and respiratory activities in liver mitochondria. Proc. Soc. exp. Biol. Med. **140**, 1472—1476 (1972).

FRIES, N.: The production of mutations by caffeine. Heredites **36**, 134—149 (1950).

FRIESEN, A. J. D., VALADARES, J. R. E., ALLEN, G.: Time course of the calcium induced activiation of cardiac phosphorylase. Fed. Proc. **26**, 351 (1967).

FRITZ, W.: Polycyclische aromatische Kohlenwasserstoffe in Malzkaffee, Gerste und Malz. Naturwissenschaften **53**, 132 (1966).

FRITZ, W.: Zur Bildung cancerogener Kohlenwasserstoffe bei der thermischen Behandlung von Lebensmitteln. 2. Mitt.: Das Rösten von Bohnenkaffee und Kaffee-Ersatzstoffen. Die Nahrung **12**, 799—804 (1968).

FRÖBERG, J., CARLSON, L. A., KARLSSON, C. G., LEVI, L., SEEMAN, K.: Effects of coffee on catecholamine excretion and plasma lipids. In: F. HEIM, H. P. T. AMMON: Coffein und andere Methylxanthine, pp. 65—73. Stuttgart–New York: K. F. Schattauer-Verlag 1969.

FROMMOLT, A., NIEDOBITEK, F., SCHMID, E.: Über den Einfluß von Bohnenkaffee und Coffein auf die Heilung des Streßulkus der Ratte. Z. Gastroenterol. **10,** (2) 107—113 (1972).

FRÜHAUF, A., GRAUPNER, K., KÁLMÁN, E., WILDE, U.: Die Flimmer-Verschmelzungs-Frequenz unter dem Einfluß verschiedener Pharmaka. I. Coffein und Meprobamat. Psychopharmacologia **21,** 382—389 (1971).

FUCHS, H. R., GIERTZ, H.: Analgetisch wirksame Arzneimittelgemische. Arzneimitt.-Forsch. **10,** 526—530 (1960).

FÜLGRAFF, G.: Xanthinderivate als Diuretica. In: H. HERKEN (Hrsg.) Handbuch der experimentellen Pharmakologie Band XXIV, Diuretica, S. 594—640. Berlin–Heidelberg–New York: Springer-Verlag: 1969.

FÜLGRAFF, G., GREVEN, J.: Unveröffentlichte Befunde.

FUJII, S., INADA, S., YOSHIDA, S., KUSANAGI, CH., MIMA, R., NATSUNO, Y.: Pharmacological studies on doping drugs for race horses. II. Caffeine. Jap. vet. Sci. **34,** 141 (1972). (Engl. Zusammenfass.)

FUJII, T., NISHIMURA, H.: Teratogenic actions of some methylated xanthins in mice. Okajimas Folia. anat. Jap. **46,** 167—175 (1969).

FUJII, T. NISHIMURA, H.: Adverse effects of prolonged administration of caffeine on rat fetus. Toxicol. appl. Pharmacol. **22,** 449—457 (1972).

FUJINO, M., FUJINO, S.: Die Beziehungen zwischen Coffeinkontractur und Calcium am Froschskelettmuskel. Pflügers Arch. ges. Physiol. **278,** 478—486 (1964).

FULEIHAN, F. J. D., ABDEL-BARI, N., ARSLANIAN, A.: The effect of intravenous aminophylline on pulmonary function in asthma. Dis. of the Chest. **56,** 481—487 (1969).

FULLER, R. W., SNODDY, H. D.: Induction of tyrosine aminotransferase in rat liver by epinephrine and theophylline. Biochem. Pharmacol. **19,** 1518—1521 (1970).

FURNICA, M., GANEA, A.: Mécanismes biochimiques impliqués dans la sensibilisation des organismes vivants par des agents chimiques à l'action des radiations et des cytostatiques. III. L'action de l'HMB, de l'IAA et de la caféine sur l'activité de la désoxyribonucléase du foie des rats normeaux ou irradiés. Rev. roum. Biochim. **8,** 211—218 (1971).

FURNICA, M., SPIRIDON, M., GANEA, A.: Mécanismes biochimiques impliqués dans la sensibilisation des organismes vivants par des agents chimiques à l'action des radiations et des cytostatiques. II. Le profil chromatographique de l'ADM des tumeurs jensen irradiées localement en presence de l'acide p-hydroxymercure benzoïque oux de la caféine. Rev. roum. Biochim. **8,** 117—122 (1971).

FYLLING, P.: Vasopressin-induced increase in peripheral plasma progesterone levels during early human pregnancy. Acta endocr. (Khg.) **66,** 273—282 (1971).

FYLLING, P.: Dexamethasone or propranolol blockade of induced increase in plasma progesterone in early human pregnancy. Acta endocr. (Khg.) **72,** 569—572 (1973).

GÄNSHIRT, H.: Der Hirnkreislauf. Stuttgart: G. Thieme Verlag 1972.

GAENSLER, E. A., MCGOWAN, J. M.: Activity of some newer spasmolytic agents on the biliary tract of man. J. Pharmacol. exp. Therap. **99,** 304—311 (1950).

GÀL, S.: Die Chemie und Technologie der Kaffee-Veredelung. Lebensm. u. Ernähr. **27,** 218—220 u. 235—237 (1974).

GALZIGNA, L., MAINA, G., RUMNEY, G.: Role of α-ascorbic acid in the reversal of the monoamine oxidase inhibition by caffeine. J. Pharm. Pharmac. **23,** 303—305 (1971).

GANSER, V., BOKSAY, I.: Effect of pentoxifylline on cerebral edema in cats. Neurology **24,** 487—493 (1974).

GANSLEN, R. V., BALKE, B., NAGLE, F. J., PHILLIPS, E. E.: Effect of some tranquilizing, analeptic and vasodilating drugs on physical work capacity and orthostatic tolerance. Aerospace Med. **35,** 630—633 (1964).

GANSSMANN, J.: Beiträge zur Charakterisierung der Kaffeeröststoffe. Dissertation, Universität Frankfurt 1967.

GARBERS, D. L., FIRST, N. L., SULLIVAN, J. J., LARDY, H. A.: Stimulation and maintenance of ejaculated bovine spermatozoan respiration and motility by caffeine. Biol. Repro. **5,** 336—339 (1971).

GARBERS, D. L., LUST, W. D., FIRST, N. L., LARDY, H. A.: Effects of phosphodiesterase inhibitors and cyclic nucleotides on sperm respiration and motility. Biochemistry **10,** 1825—1831 (1971).

GAUDETTE, L. E., BRODIE, B. B.: Relationship between the lipid solubility of drugs and their oxidation by liver microsomes. Biochem. Pharmacol. **2,** 89—96 (1959).

GAUDIN, D., YIELDING, K. L.: Response of a resistant plasmacytoma to alkylating agents and x-ray in combination with the excision repair inhibitors caffeine and chloroquine. Proc. Soc. exp. biol. Med. **131,** 1413—1416 (1969).

GAUDIN, D., YIELDING, K. L., STABLER, A., BROWN, J.: The effect of DNA repair inhibitors on the response of tumors treated with x-ray and akylating agents. Proc. Soc. exp. biol. Med. **137,** 202—206 (1971).

GAUER, O. H.: Kreislauf des Blutes. In: W. TRAUTWEIN, O. H. S. GAUER, H.-P. KOEPCKEN: Herz und Kreislauf, S. 81—163. Urban & Schwarzenberg: München 1972.

GAULT, M. H., RUTWAL, T. C., REDMONT, N. I.: Analgesic habits of 500 veterans. Incidence and complications of abuse. Can. Med. Assoc. J. **98,** 619—626 (1968).

GAUTSCHI, F., WINTER, M., FLAMENT, I., WILLHALM, B., STOLL, M.: The chemistry of coffee aroma. A survey of present knowledge. 3. Internationales Kolloquium über Kaffee-Chemie (Triest, 2.—9. Juni 1967a), ASIC Paris, S. 67—76.

GAUTSCHI, F., WINTER, M., FLAMENT, I., WILLHALM, B., STOLL, M.: New developments in coffee aroma research. J. Agr. Food Chem. **15,** (1) 15—23 (1971b).

GEBAUER, H.: In: O. EICHLER: Erzeugung von Krankheitszuständen durch das Experiment, Teil 8: Stütz- und Hartgewebe S. 62 (1969).

GEBERT, G.: Caffeine contracture of frog skeletal muscle and of single musclefibers. Am. J. Physiol. **215,** 296—298 (1968).

GEBERT, G.: Die mechanische Reaktion des Froschskelettmuskels auf Ca^{++} und andere divalente Kationen in der Außenlösung. Pflügers Arch. ges. Physiol. **296,** 222—232 (1967).

GEBHARDT, H.: Über das chlorogensaure Kalicoffein. Arch. exper. Path. Pharm. **191,** 696—705 (1939).

GEFFROY, Y., JOUANNEAU, A., JOURNEY, R.: Action de l'aminophylline sur deux cas d'ictère douloureux et fébrile. Arch. mal. app. dig. et des mal de la nutr. **37,** 208—209 (1948).

GEMMILL, C. L.: The effects of caffeine and theobromine derivates on oxygen consumption of muscle. J. Pharmacol. exp. Ther. **91,** 288—291 (1947).

GEN, M. CH., VALDMAN, A. V.: Experimental observations on the pharmacology of the pontine respiration center. Progr. Brain Res. **20,** 148—170 (1967).

GENÉE, E.: Direkte Messungen des Augeninnendruckes am Versuchstier nach Coffein-Gabe. Klin. Mbl. Augenheilk. **160,** 605—609 (1972).

GEORGES, A., DENEF, J.: Les anomalies digitales: Manifestation teratogeniques des derivés xanthiques chez le rat. Arch. Int. Pharmakodyn. **172,** 219—222 (1968).

GERBER, C. J.: Effect of selected excitant and depressant agents on the cortical response to midline thalamic stimulation in the rabbit. Electroencephal. Clin. Neurophysiol. **13,** 354—364 (1961).

GESELL, C., FISHER, G. L.: Caffeine aversion and saccharine preference in rats without olfactory bulbs. Physiol. and Behav. **3,** 523—525 (1968).

GHOSH, S., GHOSH, T.: Condensation of interphase chromatin in caffeine-treated cells. Naturwissenschaften **59,** 277—278 (1972).

GIANTURCO, M. A.: Coffee Flavor. In: H. W. SCHULTZ, E. A. DAY, L. M. LIBBEY: The Chemistry and Physiology of Flavors. AVI Publ. Co., S. 431—449 (1967).

GIANTURCO, M. A., FRIEDEL, P., GIAMMARINO, A. S.: The volatile constituents of coffee — III. The structures of two heterocyclic compounds and the synthesis of tetrahydrofuranones. Tetrahedron **20,** 1763—1772 (1964a).

GIANTURCO, M. A., GIAMMARINO, A. S.: Betrachtungen über die Untersuchung der Aromakomponenten des Röstkaffees. 2. Internationales Kolloquium über Kaffee-Chemie (Paris, 3.—7. Mai 1965), ASIC Paris, S. 169—182.

CIANTURCO, M. A., GIAMMARINO, A. S., FRIEDEL, P.: Volatile constituents of coffee — V. Nature **210,** 1358 (1966).

GIANTURCO, M. A., GIAMMARINO, A. S., FRIEDEL, P., FLANAGAN, V.: The volatile constituents of coffee — IV Furanic and pyrrolic compounds. Tetrahedron **20,** 2951—2961 (1964b).

GIANTURCO, M. A., GIAMMARINO, A. S., PITCHER, R. G.: The structures of five cyclic diketones isolated from coffee. Tetrahedron **19,** 2051—2059 (1963).

GIBBS, C. L., RICCHIUTI, N. V., MAMMEERTS, A. W. F. H. M.: Activation Heat in Frog sartorius muscle. J. gen. Physiol. **49,** 517—535 (1966).

GIDDINGS, G.: Normal sleep pattern for Children. J. Amer. med. Assoc. **102,** 525—529 (1934).

GIDDINGS, G., WYNN, W., HALDI, J.: A study of the alleged rôle of caffeine in the pathogenesis of gastric ulcer. Gastroenterology **5,** 210—217 (1945).

GIERTZ, H., GOEBELS, H., RUMMEL, W.: Über die Wirkung von Adenosin u. Adenosinestern im Analgesietest an der Maus. Arch. exp. Path. Pharm. **229,** 26—33 (1956).

GIERTZ, H., MITZE, U. K.: Die Wirkung von Theophyllin, Isoprenalin, Orciprenalin und Dexamethason auf den protrahierten anaphylaktischen Schock des Meerschweinchens. Arzneim.-Forsch. **20,** 1551—1554 (1970).

GILBERT, E. F., PISTEY, W. R.: Effect on the offspring of repeated caffeine administration to pregnant rats. J. Reprod. Fertil. **34,** 495—499 (1973).

GILBERT, N. C., DEY, F., TRUMP, R.: The effect of the methylated xanthines on the clotting time of blood. J. lab. clin. Med. **32,** 28—33 (1947).

GILLETTE, J. R.: Metabolism of drugs and other foreign compounds by enzymatic mechanisms. Fortschr. Arzneimitt.-Forsch. **6,** 11—73 (1963).

GILLILAND, A. R., NELSON, D.: The effects of coffee on certain mental and physiological functions. 1—2 Tassen Kaffee 100 min vorher. J. gen. Psychol. **21,** 339—348 (1939).

GIMÉNEZ-MARTIN, C., MEZA, I., TORRE, C. DE LA, GONZÁLEZ-FERNÁNDEZ, A., LÓPEZ-SÁEZ, J. F.: Colchicine and caffeine in the estimate of cell flow and cycle time in allium roots. Cytologia **36,** 680—689 (1971).

GINADER, G.: Über die Wirkungsweise verschieden bearbeiteter Kaffeesorten. Arch. Hyg. **106,** 147—159 (1931).

GINSBORG, B. L., HIRST, G. D. S.: Theophylline and adenosine at the neuromuscular junction. Brit. J. Pharmacol. **43,** (2) 432 P (1971), CA 76, 81 027 h (1972).

GINSBORG, B. L., HIRST, G. D. S.: The effect of adenosin on the release of the transmitter from the phrenic nerve of the rat. J. Physiol. **224,** 629—645 (1972).

GLADSTONE, A., GOODMAN, L.: The use of theophylline ethylenediamine (aminophylline) for the relief of biliary colic: A preliminary report. J. Amer. Med. Ass. **126,** 1084—1085 (1944).

GLATZEL, H., HACKENBERG, K.: Wirkungen von koffeinhaltigem und koffeinfreiem Kaffee auf die Verdauungsfunktionen. Röntgenuntersuchungen der Sekretorik und Motorik von Magen, Darm und Gallenblase. Med. Klin. **62,** 625—628 (1967).

GLOMAUD, J. C., PERCHERON, F., COURTOIS, J. E.: Teneurs comparées en oligosaccharides de quelques variétés de café vert. Etude préliminaire des polysaccharides extractibles par l'eau. 2. Internationales Kolloquium über Kaffee-Chemie (Paris, 3.—7. Mai 1965), ASIC Paris, S. 39—43.

GLOOR, M., HEINKEL, K.: Die Magensekretion bei isolierter Reizung des Antrum ventriculi. Z. Gastroenterologie **4,** 156—162 (1966).

GLOOR, M., HEINKEL, K.: Untersuchungen zur Funktionsprüfung des Magens mit dem Kaffeeprobetrunk. Med. Welt **18,** 36—39 (1967).

GOAD, L. J., GOODWIN, T. W.: The biosynthesis of sterols in higher plants. Biochem. J. **99,** 735—746 (1966).

GOETHE, W. v.: Artemis Gedenkausgabe. Bd. 2, S. 182.

GOLDBLOOM, A. A.: Experimentelle und klinische Untersuchungen über den Einfluß des Koffeins auf die sekretorische Tätigkeit des Magens. Arch. Verdauungs-Krankh. **42,** 1—7 (1928).

GOLDMAN, I. M., SEIBL, J., FLAMENT, I., GAUTSCHI, F., WINTER, M., WILLHALM, B., STOLL, M.: Recherches sur les arômes. 14. Mitt.: Sur l'arôme de café, II. Pyrazines et pyridines. Helv. Chim. Acta **50,** 694—705 (1967).

GOLDRICK, R. B., MCLOUGHLIN, G. M.: Lipolysis and lipogenesis from glucose in human fat cells from different sizes. Effects of insulin, epinephrine, and theophylline. J. Clin. Invest. **49,** 1213—1223 (1970).

GOLDSTEIN, A.: Mutagens currently of potential significance to man and other species. In: W. J. SCHULL: Mutations 2nd Conf. Genetics, pp. 167—242. Ann Arbor: Univ. of Michigan Press 1962.

GOLDSTEIN, A.: Wakefulnes caused by caffeine. Arch. exp. Path. Pharm. **248**, 269—278 (1964).
GOLDSTEIN, A., KAIZER, S.: Psychotropic effects of caffeine in man III. A questionaire survey of coffee drinking and its effects in a group of housewives. Clin. Pharmacol. Ther. **10**, 477—488 (1969).
GOLDSTEIN, A., KAIZER, S., WARREN, A. R.: Psychotropic effects of caffeine in man. II Alertnes, psychomotor coordination and mood. J. Pharm. exp. Ther. **150**, 146—151 (1965).
GOLDSTEIN, A., KAIZER, S., WHITBY, O.: Psychotropic effects of caffeine in man. IV. quantitative and qualitative differences associated with habituation to coffee. Clin. Pharmacol. Ther. **10**, 489—497 (1969).
GOLDSTEIN, A., WARREN, R.: Lack of relationship between gastric carcinoma and intake of beverages containing caffeine. Cancer **15**, 1261—1263 (1962).
GOLDSTEIN, A., WARREN, R.: Passage of caffeine into human gonadal and fetal tissue. Biochem. Pharmacol. **11**, 166—168 (1962).
GOLDSTEIN, A., WARREN, R., KAIZER, S.: Psychotropic effects of caffeine in man I. Individual differences in sensitivity to caffeine induced wakefulnes. J. Pharm. exp. Ther. **149**, 156—159 (1965).
GOLDSTEIN, L., MURPHREE, H. B., PFEIFFER, C. C.: Quantitative EEG in man as a measure of CNS-stimulation. Ann. New York Acad. Sci. **107**, 1045—1056 (1963).
GOLIKOV, P. P.: Die Abhängigkeit der hypnotischen Medinalwirkung und des antihypnotischen Coffeineffektes von der Jahreszeit. Pharm. Toksikologija. **29**, 540 (1966).
GONTAR, A. I.: The action of bromine and caffeine mixture on higher nervous activity of cats and the activity of the motoranalyser. Pawlow Z. höh. Nerventätigk. **17**, 489—496 (1967). (Engl. Zusammenf.).
GONZÁLEZ-FERNANDEZ, A., LOPEZ-SÁEZ, J. F., GIMÉNEZ-MARTIN, G.: Duration of the division cycle in binucleate and mononucleate cells. J. exp. Cell. **43**, 255—267 (1966).
GONZÁLEZ-FERNANDEZ, A., LOPEZ-SÁEZ, J. F., GRIMÉNEZ-MARTIN, G.: Duration of the division cycle in diploid, binucleate and tetraploid cells. J. exp. cell. Res. **43**, 93—300 (1966).
GOODMAN, H. M.: Effects of growth hormone on the lipolytic response of adipose tissue to theophylline. Endocrinology **82**, 1027—1034 (1968).
GOODMAN-GILMAN: The pharmacological basis of therapeutics. 4. Ed. 1970.
GORTER, K.: Beiträge zur Kenntnis des Kaffees. 1. Abhandlung. Ann. **358**, 327—348 (1907).
GORTER, K.: Beiträge zur Kenntnis des Kaffees. 2. Abhandlung. Ann. **359**, 217—244 (1908).
GOTO, S., TAKAMATSU, R., SHIBAO, M., IGUCHI, S.: Effect of combination of pharmaceuticals on gastrointestinal absorption. I. Combination of caffeine with a few absorbable drugs. Chem. Pharm. Bull. **16**, 332—337 (1968).
GOTO, S., TSUZUKI, O., IGUCHI, S.: Effect of combination of pharmaceuticals on gastrointestinal absorption. II. Combination of caffeine with non-absorbable drugs. Chem. Pharm. Bull. **17**, 837—840 (1969).
GOTTDENKER, F., ROTHBERGER, C. J.: Über den Milchsäurestoffwechsel des Herzens bei spontaner Insuffizienz und bei Vergiftung mit Natriumfluorid, Monojodessigsäure und Euphyllin. Arch. Physiol. **237**, 57—67 (1936).
GOTTSTEIN, U.: Der Hirnkreislauf unter dem Einfluß vasoaktiver Substanzen. Heidelberg: Hüthig-Verlag 1962.
GOTTSTEIN, U., BERNSMEIER, A., SEBENING, H., STEINER, K.: Zur Behandlung zerebraler Durchblutungsstörungen mit Euphyllin (Theophyllin-Äthylendiamin). Der Einfluß von Euphyllin auf die Hirndurchblutung und den zerebralen Stoffwechsel des Menschen. Med. Klin. **56**, 1589—1592 (1961).
GOTTSTEIN, U., NIEDERMAYER, W., BERNSMEIER, A.: Gehirndurchblutung unter dem Einfluß vasoaktiver Substanzen. Z. ges. exp. Med. **131**, 430—439 (1959).
GOULD, L., VENKATARAMAN, K., GOSWAMI, M., GOMPRECHT, R. F.: The cardiac effects of coffee. Angiology **24**, 455—463 (1973).
GOUTIER, R.: Sensibilisation au potassium par les methylxanthines. C. R. Soc. Biol. Filiales **141**, 535—536 (1947).
GRAF, O.: Arbeit und Pharmaka. Handb. ges. Arbeitsmed. **1**, 512—553 (1961).

GRAMBERG, DANIELSEN, B.: Ophthalmologische Probleme im Rahmen des § 315a Strafgesetzbuch. Klin. Monatsbl. Augenheilk. **145,** 446—453 (1964).

GRANTHAM, J. J., BURG, M. B.: Effect of vasopressin and cyclic AMP on permeability of isolated collecting tubules. Am. J. Physiol. **211,** 255—259 (1966).

GRANZER, E.: Wirkung des Vasotherapeutikums 3,7-Dimethyl-1-(5-oxo-hexyl)-xanthin auf den Fettstoffwechsel. Lipolyse am Fettgewebe. Arzneim.-Forsch. **22,** 1407—1410 (1972).

GRASSO, R.: Gastriti ulcerose sperimentali da intossicazione caffeino-nicotinica. Clinica chir., N.s. **12,** 483—489 (1936).

GREENBERG, H. B., ANTIN, S. H.: 1:1 Conduction in atrial flutter after i.v. injection of aminophylline. J. Electrocardiol. **5,** 391—393 (1972).

GREENBLATT, E. N., OSTERBERG, A. C.: Correlations of activating and lethal effects of excitatory drugs in grouped and isolated mice. J. Pharm. exp. ther. **131,** 115—119 (1961).

GREENOUGH, W. B., PIERCE, N. F., AWQATI, Q. AL., CARPENTER, C. C. J.: Stimulation of gut electrolyte secretion by prostaglandins, theophylline and cholera exotoxin. J. clin. Invest. **48,** 32a—33a (1969).

GRESHAM, S. C., WEBB, W. B., WILLIAMS, R. L.: Effect of alcohol and caffeine on inferred visual dreaming. Science **140,** 1226—1227 (1963).

GREVEN, J., FÜLGRAFF, G.: Probleme bei der Bestimmung der prozentualen Resorption aus Halbwertszeit und Passagezeit von proximalen Tubuli von Rattennieren. Pflügers Arch. **315,** 38—44 (1970).

GRIGG, G. W.: The effect of caffeine, ultraviolet and x-radiation on DNA-breakdown in E. coli and some of its darkrepair mutants. Molec. Gen. **106,** 228—238 (1970a).

GRIGG, G. W.: Implification of phleomycin induced death and DNA breakdown by caffeine in escherichia coli. Molec. Gen. **107,** 162—172 (1970b).

GRIGG, G. W.: Effects of coumarin, pyronin y, 6,9-dimethyl-2-methylthiopurine and caffeine on excision repair and recombination repair in Escherichia coli. J. gen. Microbiol. **70,** 221—230 (1972).

GRIGG, G. W., STUCKEY, J.: The reversible suppression of stationary phase mutation in E. coli by caffeine. Genetics **53,** 823—824 (1966).

GRIMMER, G., DÜVEL, D.: Untersuchungen zur endogenen Bildung von polycyclischen Kohlenwasserstoffen in höheren Pflanzen. 8. Mitt. Cancerogene Kohlenwasserstoffe in der Umgebung des Menschen. Z. Naturforsch. **25B,** 1171—1175 (1970).

GRIMMER, G., HILDEBRANDT, A.: Der Gehalt an polycyclischen Kohlenwasserstoffen in Kaffee und Tee. Dtsch. Lebensmitt.-Rundsch. **62,** 19—21 (1962).

GRIMMER, G., HILDEBRANDT, A.: Der Gehalt polycyclischer Kohlenwasserstoffe in Kaffee und Tee. 4. Mitt. Dtsch. Lebensmitt.-Rundsch. **62,** 19—21 (1966).

GROLLMANN, A.: J. Pharm. exp. Ther. **39,** 313—327 (1930). The action of alkohol, caffeine and tabacco on the cardiac output (and its velated functions) of normal man.

GROSS-DAUM, M.: La niacina en el café y su importancia nutricional en Venezuela. Arch. venezolanos nutric. **6,** 61—70 (1955).

GROSSMAN, M. I., ROTH, J. A., IVY, A. C.: Pepsin secretion in response to caffeine. Gastroenterology **4,** 251—256 (1945).

GROTTO, M., DICKSTEIN, S., SULMAN, F. G.: Additive and augmentative synergism between analgesic drugs. Arch. Int. Pharmacodyn. **155,** 365—372 (1965).

GRÜNER, O., FEDERLIN, C.: Über den Verlauf der Blutalkoholkurve nach Coffeingabe. Blutalkohol **3,** 188—199 (1965).

GRUENER, R.: Caffeine contractures in sarcolemma free muscle fibers. J. Physiol. **191,** P 106—108 (1967).

GRUND, V. R., GOLDBERG, N. D., HUNNINGHAKE, D. B.: Effect of histamine on lipolysis and adenosine 3′,5′-monophosphate levels in canine adipose tissue. Biochem. Pharmacol. **22,** 769—772 (1973).

GUALIEROTTI, T., MARGARIA, R.: Veränderungen der Spinalreflexe beim Menschen infolge der Verabreichung einer mäßigen Coffeindosis per os. Rendiconti dell'Academia Nationale dei Lincei VIII, Bd. 18 Teil 1, 1955.

GUKELBERGER, M.: Über das Wesen der natürlichen und künstlichen Diurese. Helvet. Med. Acta **11,** 17—25 (1944).

GUMMEL, H., KIESE, M.: Pharmakologische Untersuchungen über Kaffee. Arch. exp. Path. Pharmak. **188,** 215—225 (1938).

GUTHRIE, J. R., NAYLER, W. G.: Interaction between caffeine and adenosine on calcium exchangeability in mammalian atria. Arch. Int. Pharmacodyn. **170,** 249—255 (1967).

GUTMAN, E., SANDOW, A.: Caffeine induced contracture and potentiation of contraction in normal and denervated rat muscle. Life Sci. **4,** 1149—1156 (1965).

GUTMANN, E., HANZLIKOVA, V.: Contracture responses of fast and slow mammalian muscles. Physiologia Bohemoslovaca **15,** 404—414 (1966).

GUYTON, A. C.: Textbook of Medical Physiology, 3. Aufl. Philadelphia: W. B. SAUNDERS 1966.

HAAG, H. B., WOODLEY, J. D.: The effect of caffeine and theobromine upon digitailis toxicity: An experimental study. J. Pharmacol. exp. Ther. **53,** 465—473 (1935).

HAAS, H. T. A.: Beziehungen zwischen Konstitution und Wirkung in der Purinreihe. Arch. exp. Path. Pharmak. **201,** 589—610 (1943).

HABERER, M.: Isolierung und Identifizierung einiger antioxydativ wirkender Verbindungen aus Rohkaffee. Dissertation, Universität Saarbrücken 1970.

HACH, B., HEIM, F.: Vergleichende Untersuchungen über die zentralerregende Wirkung von Coffein und Chlorogensäure an weißen Mäusen. Arzneim.-Forsch. **21,** 23—25 (1971).

HADHÁZY, P.: Effects of isoprenaline and aminophylline on the chronotropic responses of the isolated guinea pig-heart to vagal stimulation and acetylcholine. Br. J. Pharmacol. **42,** 364—370 (1971).

HADHÁZY, P.: Anticholinergic actions of aminophylline in isolated guinea pig atria. Eur. J. Pharmacol. **20,** 284—286 (1972).

HADORN, H., BEETSCHEN, W.: Zur Säuregradbestimmung in Röstkaffee. Mitt. Lebensmittelunters. Hyg. **64,** 206—213 (1973).

HAGIWARA, S., HENKART, M. P., KIDOKORO, Y.: Excitation-contraction coupling in amphioxus muscle cells. J. Physiol. **219,** 233—251 (1971).

HAHN, F.: Vergleichende Untersuchungen über die Krampf- und Blutdruckwirkung verschiedener Analeptica. Arch. exp. Path. Pharm. **198,** 491—508 (1941).

HAHN, F., PLESTER, D., RUMMEL, W.: Weitere Untersuchungen über das nervöse Substrat der zentralanaleptischen Blutdruckwirkungen. Arch. exp. Path. Pharm. **211,** 223—234 (1950).

HAHN, N., FELIX, R., WEISS, C., DÜX, A., DRAZNIN, N.: Der Einfluß eines Theophyllin-Kombinationspräparates auf reflektorisch verengte Lungengefäße im Tierversuch (Hund). Arzneimitt.-Forsch. **21,** 486—489 (1971).

HAHN, R., FRUTTERO, F., SCARZELLA, R.: Effetto dei farmaci ad azione corticale cerebrale sull'attivita vestibulare. Minerva Otorinolaringologica **13,** 12—14 (1963).

HALDI, J., BACHMANN, G., ENSOR, C., WYNN, W.: The effect of various amounts of caffeine on the gaseous exchange and the respiratory quotient in man. J. Nutr. **21,** 307—319 (1941).

HALDI, J., BACHMANN, G., ENSOR, C., WYNN, W.: The effects on respiration metabolism produced by equal amounts of caffeine in the form of coffee, tea and the pure alkaloid. J. Nutr. **27,** 287—293 (1944).

HALDI, J., WYNN, W., ENSOR, C.: Modification of the action of caffeine on the spontaneous activity of the white rat by the concomitant administration of various food materials. J. Nutr. **34,** 389—399 (1947).

HAMMERL, H., KRÄNZL, CH., NEBOSIS, G., PICHLER, O., STUDLAR, M.: Verhalten der Metabolite des Fett- und Kohlenhydratstoffwechsels nach Verabreichung verschiedener Kaffeesorten. 4. Internationales Kolloquium über Kaffee-Chemie (Amsterdam, 2.—6. Juni 1969), ASIC Paris, S. 226—231.

HANDLER, J. S., BUTCHER, R. W., SUTHERLAND, E. W., ORLOFF, J.: The effect of vasopressin and of theophylline on the concentration of adenosine 3',5'-phosphate in the urinary bladder of the toad. J. Biol. Chem. **240,** 4524—4526 (1965).

HANDLEY, C. A., TELFORD, J., LA FORGE, M.: Xanthine and mercurial diuretics and renal tubular transport of glucose and P-aminohippurate in the dog. Proc. Soc. exp. Biol. Med. **71,** 187—188 (1949).

HANDWERGER, S., BARRET, J., TYREY, L., SCHOMBERG, D.: Differential effect of cyclic adenosine monophosphate on the secretion of human placental lactogen and human chorionic gonadotropin. J. Clin. Endocrinol. Metab. **36,** 1268—1270 (1973).

HANEBORG, A. O.: Undersøkelser over mavesaftsekretionen hos sunde mennesker. Norsk magasin for laegeridenskapen **85**, 369—407 (1924).

HANHART, E.: Idiosynkrasien gegen Nahrungsmittel. V. Dtsch. med. Wschr. **63**, 1937, II. Nr. 47.

HANKE, H.: Zur Pathogenese der akuten erosiven Gastritis: Die experimentelle hämatogene Coffeingastritis. Arch. klin. Chir. **178**, 607—628 (1933).

HANKE, H.: Zur Pathogenese der experimentellen, akuten und erosiven Gastritis infolge parenteraler Zufuhr bestimmter Pharmaka (Morphin, Pilocarpin, Coffein). Klin. Wschr. **12**, 1524—1526 (1933).

HANKE, H.: Experimentelle Erzeugung chronischer Magengeschwüre durch Coffein. Klin. Wschr. **13**, 978—980 (1934).

HANZAL, R. F., ECKER, E. E.: Proc. soc. exp. biol. Med. **28**, 815—816 (1930).

HARE, R. B.: Sleep in the elderly. Canad. med. Assoc. J. **98**, 176 (1968).

HARM, W.: The role of host-cell repair in liquid holding recovery of uv irradiated E.coli. Photochem. and Photobiol. **5**, 747—760 (1966).

HARM, W.: Differential effects of acriflavine and caffeine on various irradiated E.coli strains and T_1 phage. Mut. Res. **4**, 93—110 (1967).

HARM, W.: Inhibition photoenzymatic repair of uv-lesions in E.coli DNA by caffeine. Mut. Res. **10**, 319—333 (1970).

HARMS, U., WURZIGER, J.: Carbonsäure-5-(hydroxy)-tryptamide in Kaffeebohnen. Z. Lebensmitt.-Unters. **138**, 75—80 (1968).

HARRIS, J. B., NIGON, K., ALONSO, D.: Adenosine-3',5'-monophosphate: Intracellular mediator for methylxanthine stimulation of gastric secretion. Gastroenterology **57**, 377—384 (1969).

HARRIS, N. E., BISHOV, S. J., RAHMAN, A. R., ROBERTSON, M. M., MABROUK, A. F.: Soluble coffee: shelf life studies. J. Food Sci. **39**, 192—195 (1974).

HARRISON, H. C., HARRISON, H. E.: Dibutyryl cyclic AMP, Vitamin D and intestinal permeability to calcium. Endocrinology **86**, 756—760 (1970).

HARRISON, L. J., CHRISTENSEN, H. N.: Evidence for a hepatic transport system not responsive to glucagon or theophylline. Biochem. Biophys. Res. Comm. **43**, 119—125 (1971).

HARTREE, W., HILL, A. V.: The heat production of muscles treated with caffeine or subjected to prolonged discontinuous stimulation. J. Physiol. (Lond.) **58**, 441—454 (1924).

HASELMANN, I.: Untersuchung von Kaffeewachs mittels Säulenchromatographie, Destillation und Zonenschmelzen. Diplomarbeit, Universität Erlangen 1961.

HASELMANN, I.: Untersuchung von Kaffeewachs mittels Säulenchromatographie, Dünnschichtchromatographie und Zonenschmelzen. Dissertation, Universität Erlangen 1963.

HASKELL, C. C.: J. Amer. Pharmaceut. Assoc. **15**, 744 (1926).

HASKELL, C. C., RUCKER, J. E., SNYDER, W. S.: Arch. int. Med. **33**, 314 (1924).

HASLAM, D. R.: Individual differences in pain threshold and level of arousal. Br. J. Psychol. **58**, 139—142 (1967).

HASSELBACH, W.: Biochim. Biophysic. Acta (Amst.) **12**, 150 (1953). Zit. nach SANDOW u. BRUST (1966).

HASSELBACH, W., MAKINOSE, M.: Die Calciumpumpe der Erschlaffungsgrana des Muskels und ihre Abhängigkeit von der ATP-Spaltung. Biochem. Z. **333**, 518—528 (1961).

HAUGER-KLEVENE, J. H.: ACTH, cyclic AMP, dexamethasone and actinomycin D effect on renin release. Acta physiol. lat.-amer. **20**, 373—381 (1970).

HAWK, P. B.: A study of the physiological and psychological reactions of the human organism to coffee drinking. Am. J. Physiol. **90**, 380—381 (1929).

HAWORTH, R. D., JOHNSTONE, R. A. W.: The structure of cafestol. Chemistry and Industry p. 168 (1956).

HEATHCOTE, R. S. A.: The action of caffeine, theobromine and theophylline on the mammalian and batrachian heart. J. Pharm. exp. Ther. **16**, 327—344 (1920).

HEBERT, S., GERVAIS, P., ROUX, F., RICHSHOFFER, N.: Cultures de tissu hépatique en toxicologie expérimentale. J. Europ. Toxicol. **4**, 175—198 (1971).

HECHT, A. F., NOBEL, E.: Über die Beeinflussung der Harnabsonderung durch Diuretica unter Berücksichtigung der Nahrungskonzentration. Z. ges. exp. Med. **34**, 213—223 (1923).

HEDGE, G. A.: ACTH secretion due to hypothalamo-pituitary effects of adenosine-3',5'-monophosphate and related substances. Endocrinology **89**, 500—506 (1971).

HEGG, J.-J.: Schlaflosigkeit nach sportlichen Wettkämpfen. Sport vom 29. IX. 1971.

HEGYVARY, CS.: Interaction between calcium and heparin in heart muscle function. Acta Physiol. Acad. Sci. Hung. **25**, 365—374 (1964).

HEIDENREICH, O.: Die diuretische Wirkung von Coffein und Alkohol bei normalen und hypophysektomierten Hunden. Arzneimitt.-Forsch. **7**, 439—442 (1957).

HEIM, F., HAAS, B.: Der Einfluß von Megaphen auf Motilität und Sauerstoffverbrauch weißer Mäuse in Ruhe und Erregung. Arch. exp. Path. Pharmak. **226**, 395—402 (1955).

HEIM, F., HACH, B., MITZNEGG, P., AMMON, H. P. T., ESTLER, C. J.: Coffein-antagonistische Wirkungen des Theobromins und coffeinartige Eigenschaften von Theobromin-Metaboliten. Arzneim.-Forsch. **21**, 1039—1043 (1971).

HEIM, F., REIM, R.: Die Wirkung des Xanthins und mehrerer methylierter Xanthinderivate auf die Aktivität der spezifischen Cholinesterase und Aminoxydase. Arch. exp. Path. Pharmak. **207**, 703—710 (1949).

HEINROTH, H.: Über die Wirkung verschiedener Arzneimittel auf die Schmerzempfindlichkeit der Zahnpulpa. Arch. exp. Path. Pharm. **116**, 245—260 (1926).

HEINS, J. T., MAARSE, H., TEN NOEVER DE BRAUW, M. C., WEURMAN, C.: Direct food vapor analysis and component. identification by a coupled capillary GLC-MS arrangement. J. Gas Chromatogr. 395—397 (1966).

HEISS, R., RADTKE, R.: Untersuchungen über die Vorgänge beim Rösten von Bohnenkaffee und Möglichkeiten, die Röstverfahren zu verbessern. Verfahrenstechnik **2**, 474—480 (1968).

HELDI, J., WYNN, W.: (1946). Zit. nach WEISS u. LATIES S. 6 (1962).

HENDERSON, J. F., MAZEL, P.: Demethylation of purine analogs by microsomal enzymes from mouse liver. Biochem. Pharmacol. **13**, 207—210 (1964).

HENNING, N., KINZLMEIER, H.: Die Untersuchung des Magens. in: HENNING, N.: Klinische Laboratoriumsdiagnostik. München u. Berlin: Verlag Urban & Schwarzenberg 1958.

HENRY, J. P., STEPHENS, N. M.: High blood pressure and myocardial fibrosis in coffee drinking CBA mice. Fed. Proc. **29 A**, 798 (1970).

HEPP, D., CHALLONER, D. R., WILLIAMS, R. H.: Studies on the action of insulin in isolated adipose tissue cells. I. Stimulation of incorporation of ^{32}P labeled inorganic phosphate into mononucleotides in the absence of glucose. J. Biol. Chem. **243**, 4020—4026 (1968).

HERBEL, E. S., SCALA, J.: Coffee, tea and coronary heart-disease. The Lancet 152—153 (1973).

HERNDLHOFER, E.: Eine kurze Orientierung über den Enzymgehalt der Kaffeepflanze. Biochem. Z. **255**, 230—246 (1932).

HERTELENDY, F., TODD, H., PEAKE, G. T., MACHLIN, L. J., JOHNSTON, G., POUNDS, G.: Studies on growth hormone secretion: I. Effects of dibutyril cyclic AMP, theophylline, epinephrine, ammonium ion and hypothalamic extracts on the release of growth hormone from rat anterior pituitaries in vitro. Endocrinology **89**, 1256—1262 (1971).

HERXHEIMER, H.: Zur Wirkung des Koffeins auf die sportliche Leistung. Münch. Med. Wschr. **69**, 1339—1340 (1922).

HERZ, A., NETTELER, B., TESCHEMACHER, H.: Vergleichende Untersuchungen über zentrale Wirkungen von Purinderivaten im Hinblick auf deren Konzentration und Bindung im Gehirn. Arch. Pharm. exp. Path. **257**, 285—286 (1967).

HERZ, A., NETELER, B., TESCHEMACHER, H. J.: Vergleichende Untersuchungen über zentrale Wirkungen von Xanthinderivaten in Hinblick auf deren Stoffwechsel und Verteilung im Organismus. Arch. Pharm. exp. Path. **261**, 486—502 (1968).

HESS, M. E., HAUGAARD, N.: The effect of epinephrine and aminophylline on the phosphorylase activity of perfused contracting heart muscle. J. Pharm. exp. Ther. **122**, 169—175 (1958).

HESS, M. E., HOTTENSTEIN, D., SHANFELD, J., HAUGAARD, N.: Metabolic effects of theophylline in cardiac and skeletal muscle. J. Pharm. exp. Ther. **141**, 274—279 (1964).

HESS, R., TESCHEMACHER, H. J., HERZ, A.: Die Bedeutung von Lipoidlöslichkeit und Gewebsbindung für die Verteilung von Purinderivaten in Gehirn und Liquor. Arch. Pharm. exp. Path. **257**, 286—287 (1967).

HESS, R., TESCHEMACHER, H. J., HERZ, A.: Über die Permeation von Xanthinderivaten in Gehirn und Liquor in Abhängigkeit von Lipoidlöslichkeit, Gewebsbindung und Stoffwechsel. Arch. Pharmakol. exp. Path. **261,** 469—485 (1968).

HEUBNER, W.: Arch. exp. Pharm. **107,** 129—154 (1926). Klin. Wschr. 2037 (1923).

HEUDEBERT, C.: Perfectionnement à l'extraction de la caféine du café. FR-Pat. 1.389.634 (1965).

HEUPKE, W.: Die Wirkung der Röstprodukte auf die Magensekretion. Arch. Verdau.-Krankh. **57,** 149—155 (1935).

HEUPKE, W.: Fortschr. Ther. 67 (1935), 225 (1937).

HEYDEN, S.: in: SCHETTLER, F. G., BOYD, G. S. Artheriosclerosis 626—631, 1969.

HEYDEN, S.: Study of coffee consumption, vascular diseases and risk factors in the evans county, Georgia. ASIC-Kongreß, Lissabon 1971, S. 337—343.

HEYDEN, S.: Etiology of cancer-unrelated to coffee consumption. ASIC-Kongreß, Lissabon 1971. S. a.: O. EICHLER, Kaffee-Forsch. 8—12, 1972.

HEYDEN, S.: Persönliche Mitteilung (1973).

HEYDEN, S., DEMARIA, W., JOHNSTON, W. W., FALLON, W. M.: Caffeine effects on cholesterol and development of aortic and coronary atherosclerosis in rabbits. J. chron. Dis. **21,** 677—685 (1969).

HEYDEN, S., RÜTTNER, J. R.: Die Beeinflussung des Cholesterinspiegels durch Coffein im Tierversuch. Path. Mikrobiol. **29,** 291—300 (1966).

HEYL, H.: Vergleich der motorischen Wirkungskomponente zentralerregender Stoffe. Dissertation Hamburg 1963 (Malorny).

HEYNS, K., PAULSEN, H.: Über die chemischen Grundlagen der Maillard-Reaktion. Veränderungen der Nahrung durch industrielle und haushaltsmäßige Verarbeitung (Wiss. Veröff. der Dtsch. Ges. f. Ernährung — Band 15—42), Darmstadt: Dr. Dietrich Steinkopff-Verlag 1960.

HEYNS, K., STUTE, R., PAULSEN, H.: Bräunungsreaktion und Fragmentierungen von Kohlenhydraten. Teil 1: Die flüchtigen Abbauprodukte der Pyrolyse von D-Glucose. Carbohydrate Res. **2,** 132—149 (1966).

HIGGINS, H. L., MEANS, J. H.: Effect of certain drugs on the respiration and gaseous metabolism in normal human subjects. J. Pharmacol. exp. Ther. **7,** 1—30 (1915).

HILGER, H. H., GRENZMANN, M., WAGNER, J., BEHRENBECK, D. W., HELWIG, H.: Untersuchungen über den Einfluß von Theophyllin auf die vasodilatatorische Wirkung verschiedener Pharmaka im Coronar- und Hirnkreislauf beim Menschen. Med. Welt **21,** 23 u. 1087 (1970). Acta cardiologica **27,** 383—391 (1972).

HILL, A. V.: The abrupt transition from rest to activity in muscle. Proc. Roy. Soc. B **136,** 399—420 (1949).

HILWIG, I., VRBANEC, S.: Über das Wachstum der Pankreaszellen von Säugetieren als Monolayer-Kulturen. III. Beeinflussung der Insulinsekretion durch Coffein u. Glucose. Z. f. Zellforsch. **103,** 410—419 (1970).

HIMMS-HAGEN, J.: Sympathetic regulation of metabolism. Pharmacol. Rev. **19,** 367—461 (1967).

HINDEMITH, H.: Über die Beeinflussung des respiratorischen Stoffwechsels durch Coffein. Naunyn-Schmiedebergs Arch. exp. Path. Pharmak. **190,** 202—204 (1938).

HINDEMITH, H.: Orientierende Versuche über die Einwirkung des Coffeins auf den Fettstoffwechsel der Leber. Arch. exp. Path. Pharmak. **199,** 167—178 (1942).

HINRICHS, M. A.: J. exp. Zool. **40,** 271—300 (1924).

HIRATA, U.: Zit. nach Rona **37,** 688 (1926).

HIRCHE, HJ., HARALAMBIE, G., KUNZE, K., LANGOHR, H. D., LÜBBERS, D. W.: Probleme der Skelettmuskeldurchblutung. Symposionbericht Arzneimitt.-Forsch. **21,** 366—376 (1971).

HO, R., SUTHERLAND, E. W.: Formation and release of a hormone antagonist by rat adipocytes. J. Biol. Chem. **246,** 6822—6827 (1971).

HOCHREIN, M., SCHLEICHER, I.: Zur Behandlung vegetativer Entgleisungen. Med. Monatsschr. 234—240 (1958), Med. Klinik 1431—1436 (1961).

HODGE, J. E.: Chemistry of browning reactions in model systems. J. Agr. Food Chem. **1,** 928—943 (1953).

HÖGL, O.: Über einige nichtflüchtige Extraktstoffe des Kaffees. Mitt. Lebensmittelunters. Hyg. **49,** 433—441 (1958).

HOFBAUER, R.: Effecton (Sexual u. Allgemeintonisierung. Med. Welt **6,** 783 (1932).

HOFER, E., VOLKHEIMER, G., SCHULZ, F. H.: Aktivität der Zottenmotorik und Persorptionsrate. Dtsch. Gesundheitswesen **21,** 2213—2216 (1966).

HOFMANN, W. W.: Caffeine effects on transmitter depletion and mobilisation at motor nerve terminals. Am. J. Physiol. **216,** 621—629 (1969).

HOLCK, H. G. O.: Effect of caffeine upon chess problem solving. J. comp. Psychol. **15,** 301 (1933).

HOLLAENDER, A.: Chemical mutagens, principles and methods for their detection, Vol. 2, pp. 507—514 and 555—565. New York–London: Plenum Press 1971.

HOLLAND, W., WASSERMANN, O.: Uptake and release of caffeine by cardiac muscle. Fed. Proc. **31,** 523 (1972).

HOLLER, G., BLÖCH, J.: Untersuchungen über den Chlorstoffwechsel bei Sekretionsstörungen des Magens. VI. Mitteilung. Arch. Verdau.-Krankh. **38,** 351—358 (1926).

HOLLINGWORTH, H. L.: Psycholog. Rev. **19,** 1—166 (1912).

HOLLMANN, M., AWAZI, N., WEINGES, K. F.: Einfluß von Theophyllin und Dibutyryl-3',5'-AMP auf Lipolyse und Glukoseverbrauch isolierter Rattenfettzellen. Verh. Deut. Ges. Inn. Med. **77,** 566—569 (1971).

HOLLOSZY, J. O., NARAHARA, H. T.: Enhanced permeability to sugar associated with muscle contraction. Studies of the role of Ca^{++}. J. gen. Physiol. **50,** 551—562 (1967).

HOMMEL, H., LIPPMANN, H. G., SCHMID, E.: Zur Charakterisierung der Koffeinkontractur des isolierten Skelettmuskels der Ratte. Besonders sorgfältige Analyse des Zeitverlaufs. Acta. biol. Med. Germ. **23,** 457—468 (1969).

HONORATO, R.: Changes in the prothrombin time induced by methylxanthines. Role of the plasma cofactor of thromboplastin. Arch. Biochem. **22,** 345—352 (1949).

HOPPE: Über die Wirkungen des Coffein. Dtsch. Klin. **9,** 181 (1917). Zit. nach MEANS et al. (1917).

HORECNY, K., NOVAKOVA, G.: Gastric secretion after caffeine and histamine in children with duodenal ulcers. Cesk. Pediat. **23,** 385—389 (1968).

HORI, Y., YOSHII, N.: Cortical click-evoked potentials in the waking animal. Med. J. Osaka Univ. **13,** 395—412 (1963).

HORMAN, I., VIANI, R.: The caffeine-chlorogenate complex of coffee. 5. Internationales Kolloquium über Kaffee-Chemie (Lissabon, 14.—19. Juni 1971), ASIC Paris, S. 102—111.

HORMAN, I., VIANI, R.: The nature and conformation of the caffeine-chlorogenate complex of coffee. J. Food Sci. **37,** 925—927 (1972).

HORN, R. S., LEVIN, R., HAUGAARD, N.: The influence of oligomycin on the actions of epinephrine and theophylline upon the perfused rat heart. Biochem. Pharmacol. **18,** 503—509 (1969).

HORNECK-WITT, G., KAPLAN, R. W.: Einfluß von Coffein auf die Reparatur von UV Praemutationen bei der phr-Mutante von E. coli. Molec. Gen. **101,** 123—130 (1968).

HORRELL, E., KILPATRICK, R., MAJOR, P. W.: A comparison of the effects of pituitary hormones and aminophylline on progestational hormone production by the rabbit ovary in vivo. J. Endocr. **55,** 205—206 (1972).

HORST, K., BUXTON, R. E., ROBINSON, W. D.: J. Pharm. exp. Ther. **52,** 322—337 (1934).

HORST, K., JENKINS, W. L.: J. Pharm. exp. Ther. **51,** 131—132 (1934).

HORST, K., JENKINS, W. L.: The effect of caffeine, coffee and decaffeinated coffee upon blood pressure, pulse rate and simple reaction time of men of various ages. J. Pharmacol. exp. Ther. **53,** 385—400 (1935).

HORST, K., ROBINSON, W. D., JENKINS, W. L., LIH BAO, D. J. I.: The effect of caffeine, coffee and decaffeinated coffee upon blood pressure, pulserate and certain motorreactions of normal young men. J. Pharm. exp. Ther. **52,** 307—321 (1934).

HORST, K., WILSON, J. R.: J. Pharmacol. exp. Ther. **54,** 147 (1935).

HORST, K., WILSON, R. J., SMITH, R. G.: The effect of coffee and decaffeinated coffee on oxygen consumption, pulse rate and blood pressure. J. Pharmacol. exp. Ther. **58,** 294—304 (1936).

HUANG, Y. C., KEMP, R. G.: Properties of a phosphodiesterase with high affinity for adenosine 3',5'-cyclic phosphate. Biochemistry **10,** 2278—2283 (1971).

HUDDART, H.: Caffeine-induced activation of contraction in stickinsect skeletal muscle. Comp. biochem. Physiol. **28,** 1185—1192 (1969).

HUDDART, H.: Caffeine activation of crab skeletal muscle. Comp. biochem. Physiol. **29,** 1031—1038 (1969).

HUDDART, H.: Briefliche Mitteilung (1971).

HUDDART, H.: Factors modifying caffeine and quinine contractures and the recovery of contractility in crab skeletal muscle. Comp. biochem. Physiol. **43A,** 369—379 (1972).

HUDDART, H., OATES, K.: Localisation of the intracellular site of action of caffeine on skeletal muscle. Comp. biochem. Physiol. **36,** 677—682 (1970).

HUEPER, W. C., PAYNE, W. W.: Carcinogenic studies on soot of coffee-roasting plants A.M.A. Arch. Pathol. **69,** 716—727 (1960).

HUGHES, E. B., SMITH, R. F.: The nicotinic acid content of coffee. J. Soc. Chem. Ind. **65,** 284—286 (1946).

HUGHES, F. W., FORNEY, R. B.: Alcohol and caffeine in choice-discrimination tests in rats. Proc. Soc. exp. Biol. Med. **108,** 157—159 (1961).

HUIDOBRO, F., AMENBAR, E.: Effectiveness of caffeine (1,3,7-trimethylxanthine) against fatigue. J. Pharmacol. exp. Ther. **84,** 82—92 (1945).

HUNT, J. N., KNOX, M. T.: The slowing of gastric emptying by nine acids. J. Physiol. **201,** 161—179 (1969).

HYDE, I. H., ROOT, C. B., CURL, H.: Am. J. Physiol. **43,** 371—394 (1917).

HYNIE, S., KRISHNA, G., BRODIE, B. B.: Theophylline as a tool in studies of the role of cyclic adenosine 3′,5′-monophosphate in hormone-induced lipolysis. J. Pharm. exp. Therap. **153,** 90—96 (1966).

HYNIE, S., KRISHNA, G., BRODIE, B. B.: Differentiation of mechanisms of the antilipolytic actions produced by alpha and beta adrenergic blocking agents. Pharmacol. **2,** 129—137 (1969).

ICHIKAWA, A., HAYASHI, H., MINAMI, M., TOMITA, K.: An acute inflammation induced by inorganic pyrophosphat and adenosinetriphosphate and its inhibition by cyclic 3′5′ adenosine monophosphate. Biochem. Pharmacol. **21,** 317—331 (1972).

ICHIKAWA, A., NAGASAKI, M., UMEZO, K., HAYASHI, H., TOMITA, K.: Effect of cyclic 3′5′ monophosphat on edema and granuloma induced by carrageenin. Biochem. Pharmacol. **21,** 2615—2626 (1972).

IDAHL, L. A., HELLMAN, B.: Regulation of pancreatic β-cell glycogen through cyclic-3′5′-AMP. Diabetologia **7,** 139—142 (1971).

IDESTRÖM, C. M.: Fenacetin-fenazon-coffein-tillvänjing zahlreiche psychologische Teste, bei denen die Unempfindlichkeit gegenüber Alkohol besonders vermerkt wird. Nordisk Medizin **64,** 1484—1487 (1960).

ILYUTCHENOK, R. YU.: Action of drugs on memory and learning. Proc. 4th Internat. Congr. on Pharmacol. Vol. 1, 55—78, Basel 1969.

IMAI, S., TAKEDA, K.: Effects of vasodilators on the isolated taenia coli of the guinea pig. Nature, Lond. **213,** 509—511 (1967).

INA, K., SAKATO, Y., FUKAMI, H.: Isolation and structure elucidation of theaspirone, a component of tea essential oil. Tetrahedron Letters (23) 2777—2780 (1968).

ISAACSON, A.: Caffeine-induced contractures and related calcium movements of muscle in hypertonic media. Experientia **25,** 1263—1265 (1969).

ISAACSON, A., HINKES, M. J., TAYLOR, S. R.: Contracture and twitch potentiation of fast and slow muscles of the rat at 20 and 37C. Am J. Physiol. **218,** 33—41 (1940).

ISAACSON, A., SANDOW, A.: Effects of zinc on responses of skeletal muscle. J. gen. Physiol. **46,** 655—677 (1963).

ISAACSON, A., SANDOW, A.: Quinine and caffeine effects on ^{45}Ca movements in frog sartorius muscle. J. gen. Physiol. **50,** 2109—2128 (1967a).

ISAACSON, A., SANDOW, A.: Caffeine effects on radiocalcium effects movements in normal and denervated rat skeletal muscle. J. Pharm. exp. Ther. **155,** 376—388 (1967b).

ISENSCHMID, R.: Über die Wirkung der die Körpertemperatur beeinflussenden Gifte auf Tiere ohne Wärmeregulation. Naunyn-Schmiedeberg's Arch. exp. Path. Pharmak. **85,** 271—299 (1920).

ITO, Y., KURIYAMA, H.: Caffeine and excitation-contraction coupling in the guinea pig taenia coli. J. gen. Physiol. **57,** 448—463 (1971).

IVY, A. C., LANE, A.: Effect of drugs on gastric secretion in the rat. Amer. J. Physiol. **187,** 607 (1956).

JACOB, J., MICHAUD: Actions de divers agents pharmacologiques sur les temps d'épuisement et le comportement de souris nageant à 20°C. Arch. Int. Pharmacodyn. **133,** 101—115 (1961).

JAECKLE, H.: Studien über die Produkte der Kaffeeröstung, ein Beitrag zur Kenntniss des sog. Kaffeearomas (Caffeol). Z. f. Unters. d. Nahrungs- u. Genußmittel **1,** 457—472 (1898).

JAHN, D.: Das Krankheitsbild des hepatogenen Ulkus. Dtsch. med. Wschr. **74,** 229—231 (1949).

JAKOBER, P., STAUB, M.: Untersuchungen an Kaffee-Extrakt-Pulvern. Mitt. Lebensmitteluntersu. Hyg. **54,** 26—34 (1963).

JAMES, G. W. L.: The role of the adrenal glands and of α- and β-adrenergic receptors in bronchodilatation of guinea-pig lungs in vivo. J. Pharm. Pharmacol. **19,** 797—802 (1967).

JANÍČEK, G., POKORNÝ, J.: Veränderungen der Kaffeelipide während der Lagerung von Kaffeebohnen. Z. Lebensmitt.-Unters. **144,** 189—191 (1970).

JANKELSON, O. M., BEASER, S. B., HOWARD, F. M., MAYER, J.: Effect of coffee on glucose tolerance and circulating insulin in men with maturity-onset diabetes. The Lancet **I,** 527—529 (1967).

JANS, R.: Etude des résidus de solvants chlorés dans les cafés décaféinés. Ann. Falsif. et de l'Exp. Chim. **(700),** 157—212 (1972).

JANSEN, G.: Experimentelle Untersuchungen in Form von pharmakologischen Arbeitsversuchen. Medicina Experimentalis **2,** 209—216 (1960).

JANUSCHKE, H.: Neurasthenie, Angst u. Kreislaufapparat. Wien. Med. Wschr. **78,** 1437 (1929).

JARD, S., BERNARD, M.: Presence of two 3',5'-cyclic AMP phosphodiesterases in rat kidney and frog bladder epithelial cells extracts. Biochem. Biophys. Res. Comm. **41,** 781—788 (1970).

JARISCH, A.: Über den Mechanismus der Diuretinglykosurie. Pflügers Arch. ges. Physiol. **158,** 502—508 (1914).

JELÍNKOVA, M., STUCHLÍKOVA, E., SMRŽ, M.: The effect of theophylline and adrenaline on the lipolytic response of rats of different age. Exp. Geront. **5,** 257—260 (1970).

JENDEN, D. J., FAIRHURST, A. S.: The pharmacology of ryanodine. Pharmacol. Rev. **21,** 1—25 (1969).

JEWELL, B. R., BLINKS, J. R.: Drugs and the mechanical properties of heart muscle. Ann. rev. Pharmacol. **8,** 113—130 (1968).

JICK, H., MIETTINEN, O. S., NEFF, R. K., SHAPIRO, S., HEINONEN, O. P., SLONE, D.: Coffee and myocardial infarction. New Engl. J. Med. **289,** 63—67 (1973).

JICK, H., VESSEY, M. P., SLONE, D., SHAPIRO, S., HEINONEN, O. P., MIETTINEN, O. S.: Coffee drinking and myocardial infarction. J.A.M.A. **227,** 801—802 (1974).

JOACHIMOGLU, G., KLISSIŐNIS, N.: Experimentelle Beiträge zur Frage der erregenden Wirkung von Kaffee und seiner Inhaltsstoffe auf das Zentralnervensystem. Arch. Hyg. **107,** H 3/4, 1—9 (1932).

JOHNSON, D. G., STROMBERG, P., FUJIMOTO, W. Y., WILLIAMS, R. H.: Enhanced release of insulin by prostaglandins in isolated pancreatic islets. Diabetes **21,** Suppl. 1, 329 (1972).

JOHNSON, E. A.: The occurance of substituted uric acids in human urine. Biochem. J. **51,** 133—138 (1952).

JOHNSON, G. S., FRIEDMAN, R. M., PASTAN, I.: Cyclic AMP-treated sarcoma cells acquire several morphological characteristics of normal fibroblasts. Ann. N.Y. Acad. Sci. **185,** 413—416 (1971).

JOHNSON, P. N., INESI, G.: The effect of methylxanthines and local anestetics on fragmented sarco-plasmic reticulum. J. Pharm. exp. Ther. **169,** 308—314 (1969).

JOHNSON, S., SIEBERT, W. J.: Proc. Soc. exp. biol. Med. **24,** 726 (1927).

JOHNSON, S., SIEBERT, W. J.: Experimental myocarditis. Am Heart J. **3,** 279—286 (1928).

JOHNSTON, W. R., FREY, C. N.: The volatile constituents of roasted coffee. J. Am. Chem. Soc. **60,** 1624—1627 (1938).

JOKELA, S., VARTIAINEN, A.: Caffeine Poisoning. Acta Pharmacol. et Toxicol. **15**, 331—334 (1959).

JOUVET, M., BENOIT, O., MARSALLON, A., COURJON, J.: Action de la caféine sur l'activité électrique cérébral. C. R. Soc. Biol. **151**, 1542—1545 (1957).

JUDD, E. S.: Experimental production of peptic ulcers with caffeine. Bull. Am. Coll. Surg. **28**, 46 (1943).

JUNKMANN, K.: Arch. exp. Pharm. **99**, 63—104 (1923).

JUNKMANN, K.: Arch. exp. Pharm. **111**, 55 (1926).

JUNKMANN, K., STROSS, W.: Lähmt das Coffein die Endigungen sympathischer Nerven? Naunyn-Schmiedeberg's Arch. exp. Path. Pharmak. **111**, 288—312 (1926).

KAFFEE-HANDELS-AG: Verfahren zur Gewinnung kaffeinfreier Kaffeebohnen. DR-Pat. 198.279 (1908a).

KAFFEE-HANDELS-AG: Verfahren zur Gewinnung kaffeinfreier Kaffeebohnen. DR-Pat. 198.280 (1908b).

KAFFEE-HANDELS-AG: Verfahren zur Entziehung des Coffeins aus rohen Kaffeebohnen. DR-Pat. 515.604 (1931).

KAISER, H. E.: Cancer promoting effects of phenols in tea. Cancer **20**, 614—616 (1967).

KAKIUCHI, J.: Influences of some medicaments on the mechanism of optokinetic after-nystagmus. Acta Soc. Ophthal. Jap. **70**, 950—975 (1966). (Mit englischer Zusammenfassung).

KAKIUCHI, S., RALL, T. W.: The influence of chemical agents on the accumulation of adenosine 3',5'-phosphate in slices of rabbit cerebellum. Mol. Pharmacol. **4**, 367—378 (1968a).

KAKIUCHI, S., RALL, T. W.: Studies on adenosine 3',5'-phosphate in rabbit cerebral cortex. Mol. Pharmacol. **4**, 379—388 (1968b).

KAKIUCHI, S., RALL, T. W., MCILWAIN, H.: The effect of electrical stimulation upon the accumulation of adenosine 3',5'-phosphate in isolated cerebral tissue. J. Neurochem. **16**, 485—491 (1969).

KALSNER, S.: Mechanism of potentiation of contractor responses to catecholamines by methylxanthines in aortic strips. Brit. J. Pharmacol. **43**, 379—388 (1971).

KAMIYA, J.: How much sleep do you really need? US News and World Report 68—74 (1959).

KANAZAWA, Y., ORCI, L., LAMBERT, A. E.: Organ culture of fetal rat pancreas. IV. Effects of metabolic inhibitors on insulin release. Endocrinology **89**, 576—583 (1971).

KANIG, K.: Einführung in die allgemeine und klinische Neurochemie. Stuttgart: G. Fischer Verlag 1973.

KANNEL, W. B., DAWBER, T. R.: Coffee and coronary disease. New Engl. J. Med. **289**, 100—101 (1973).

KAPITOLA, J., SCHREIBEROVA, O., SCHULLEROVA, M.: Effect of theophylline on the blood flow and radioiodine uptake by thyroids in rat and mice. Endocrinol. exp. (Bratisl.) **4**, 115—122 (1970).

KARGER, K.: Chemische Untersuchungen im arteriellen, capillären und venösen Blut. Klin. Wschr. **6**, 1994—1995 (1927).

KATSCH, G., KALK, H.: Zum Ausbau der kinetischen Methode für die Untersuchung des Magenmechanismus. Klin. Wschr. **4**, 2190—2193 (1925).

KAUFMANN, H. P., HAMSAGAR, R. S.: Zur Kenntnis der Lipoide der Kaffeebohne I.: Über Fettsäureester des Cafestols. Fette–Seifen–Anstrichmittel **64**, 206—213 (1962).

KAUFMANN, H. P., SCHICKEL, R.: Zur Kenntnis der Lipoide der Kaffeebohne. IV.: Weitere Untersuchungen über das Verhalten der Lipoide bei der Kaffeeröstung. Fette–Seifen–Anstrichmittel **65**, 1012—1016 (1963).

KAUFMANN, H. P., SCHICKEL, R.: Zur Kenntnis der Lipoide der Kaffeebohne. V.: Die Lipoid-Bestandteile des Kaffee-Getränks. Fette–Seifen–Anstrichmittel **67**, 115—120 (1965).

KAUFMANN, H. P., SEN GUPTA, A. K.: Über die Lipoide der Kaffeebohne. V.: Die Triterpene und Kohlenwasserstoffe. Fette–Seifen–Anstrichmittel **66**, 461—466 (1964).

KAUFMANN, H. P., SEN GUPTA, A. K.: Triterpenes and sterols of coffee oil. Phytochemistry **10**, 209—210 (1971).

KAWASAKI, A., KASHIMOTO, T., YOSHIDA, H.: Effects of 3',5'-cyclic adenosine monophosphate and its dibutyryl derivative on the motility of isolated rat ileum. Jap. J. Pharmacol. **19,** 494—501 (1969).

KAWASHIMA, S., TAKASUGI: Induction of persistent estrus in adult rats by longterm caffeine administration. J. Fac. Sci. Tokyo Sect. IV. Zool. **12,** 37—45 (1970).

KEDRA, M., CHIBOWSKI, D., POLESZAK, J.: Effect of caffeine on the development of atherosclerosis in cholesterol-fed rabbits. Pol. med. J. **6,** 352—358 (1967).

KEDRA, M., POLESZAK, J., CHIBOWSKI, D., CHOLEWA, J.: Experimental investigation on the effect of caffeine on the development of experimental atherosclerosis in rabbits. Pol. Tyk. Lek. **25,** 88—91 (1970). (Englische Zusammenfassung).

KEDRA, M., POLESZAK, J., CHIBOWSKI, D., PITERA, A.: Influence de la caféine sur le développement de l'athérosclérose. Études experimentales chez le lapin et chez l'homme. Thérapeutique **48,** 361—368 (1972).

KEEL, H. J., ROTH, J. L. A.: Reevaluation of the caffeine gastric analysis in duodenal ulcer patients. Ann. N.Y. Acad. Sci. **140,** 904—914 (1967).

KEINER, F.: Die Einwirkung von Kaffee auf die Kontraktion der Gallenblase. Med. Welt **16,** 1907—1912 (1965).

KEINER, F.: Wirkungen von koffeinhaltigem und koffeinfreiem Kaffee auf die Verdauungsfunktion. Med. Klin. **63,** 1567 (1968).

KEINER, F., WEDER, W.: Reizmahlzeiten in der Gallenblasenfunktionsdiagnostik. Med. Welt **46,** 2586 (1965).

KEINER, F., WEDER, W.: Funktionsdiagnostik bei der Cholecystographie. Röntgenblätter **20,** 12 (1967).

KELLER, H., WANNER, H., BAUMANN, T. W.: Kaffeinsynthese in Früchten und Gewebekulturen von Coffea arabica. Planta **108,** 339—350 (1972).

KELLER, R.: Suppression of normal and enhanced tumour growth in rats by agents interfering with intracellular cyclic nucleotides. Life Sci. **11** (II), 485—491 (1972).

KENNEDY, B. L., ELLIS, S.: Dissociation of catecholamine-induced calorigenesis from lipolysis and glycogenolysis in intact animals. J. Pharmacol. exp. Ther. **168,** 137—145 (1969).

KESTNER, O., WARBURG, B.: Die Wirkung der Frühstücksgetränke auf die Verdauungsorgane. Klin. Wschr. **2,** 1791—1793 (1923).

KEUL, J., DOLL, E., STEIM, H., FLEER, U., REINDELL, H.: Über den Stoffwechsel des menschlichen Herzens. III. Der oxydative Stoffwechsel des menschlichen Herzens unter verschiedenen Arbeitsbedingungen. Pflügers Arch. ges. Physiol. **282,** 43—53 (1965).

KEUL, J., REINDELL, H., ROSKAMM, H., DOLL, E., WEIDEMANN, H.: Pharmakologische Steigerung der körperlichen Leistungsfähigkeit. Med. Klin. **61,** 1174—1178 (1966).

KHAN, A. U., FORNEY, R. B., HUGHES, F. W.: Plasma free fatty acids in rats after shock as modified by centrally active drugs. Arch. int. Pharmacodyn. **151,** 466—474 (1964).

KHODASEVICH, A. P.: Fatal caffeine poisoning. Farmacol. Toksik **19** (Suppl.) 62 (1956). (Russisch). Zit. nach REIMANN (1967).

KHOLODOV, Y. A.: Chem. Abstr. **65,** 12754 (1966).

KIESE, M., GUMMEL, H.: Zur Herzwirkung des Coffeins. Klin. Wschr. **17,** 927—928 (1938).

KIHARA, G.: Toleration of the diuretic action of caffeine. Proc. Imp. Acad. Tokyo **4,** 418—420 (1928).

KIHLMAN, B.: Inductions of chromosome changes with purine derivatives. Symbolae botanicae Upsalienses **XI,** 3—96 (1952).

KIHLMAN, B.: Mutagenic effect on microorganism. Hereditas **38,** 115—127 (1952).

KIHLMAN, B. A., LEVAN, A.: The cytological effect of caffeine. Hereditas **35,** 109—111 (1949).

KIHLMAN, B., NORLEN, K., STURELID, S., ODMARK, G.: Caffeine and 8-ethoxycaffeine produce different types of chromosome-breaking effects depending on the treatment temperature. Mut. Res. **12,** 463—468 (1971).

KIHLMAN, B. A., STUREFELD, S., HARTLEY-ASP, B., NILSSON, K.: Caffeine potentiation of the chromosome damage produced in bean root tips and in chinese hamster cells by various chemical and physical agents. Mut. Res. **17,** 271—275 (1973).

KIKKERT, J. N., KELLY, G. R., KURUCSEV, T.: Interactions between purine derivatives: Electronic spectral studies. I. Electronic transitions in caffeine monomer and exciton coupling in caffeine dimer. Biopolymers **12,** 1459—1477 (1973).

KIMOTO, Y.: Effects of caffeine on the membrane potentials and contractility of the guinea pig atrium. Jap. J. Physiol. **22,** 225—238 (1972).

KIMURA, R., MURATA, T.: Influence of alkylamides of glutamic acid and related compounds on the central nervous system. I. Central depressant effect of theanine. II. Synthesis of amides of glutamic acid and related compounds, and their effects on the central nervous system. Chem. Pharmacol. Bull. **19,** 1257—1261 and 1301—1307 (1971).

KIRBY, K. S.: Induction of tumors by tannin extracts. Brit. J. Canc. 147—150, 1960.

KIRSHNER, N.: Storage and secretion of adrenal catecholamines. Advances Biochem. Phychopharmacol. **1,** 71—89 (1969).

KITABCHI, A. E., SOLOMON, S. S., BRUSH, J. S.: The insulin-like activity of cyclic nucleotides and their inhibition by caffeine on the isolated fat cells. Biochem. Biophys. Res. Comm. **39,** 1065—1072 (1970).

KITABCHI, A. E., WILSON, D. B., SHARMA, R. K.: Steroidogenesis in isolated adrenal cells of rat. II. Effect of caffeine on ACTH and cyclic nucleotide-induced steroidogenesis and its relation to cyclic nucleotide phosphodiesterase. Biochem. Biophys. Res. Comm. **44,** 898—904 (1971).

KLATSKY, A. L., FRIEDMAN, G. D., SIEGELAUB, A. B.: Coffee drinking prior to acute myocardial infarction. JAMA. **226,** 540—543 (1973).

KLATSKY, A. L., FRIEDMAN, G. D., SIEGLAUB, A. B.: Coffee drinking and myocardial infarction. JAMA. **227,** 801—803 (1974).

KLAUS, W., KREBS, R., SEITZ, N.: Über die Dissoziation von Funktion und Stoffwechsel des isolierten Meerschweinchenherzens unter dem Einfluß von Phosphodiesterase-Hemmstoffen. Naunyn-Schmiedebergs Arch. exp. Pharmak. Path. **267,** 99—113 (1970).

KLEBELSBERG, D. V., MOSTBECK, A.: Wirken sich mittlere Dosen von Kaffee und Coffein auf psychische Funktionen der Fahrtüchtigkeit aus? Psychol. u. Prax. **7,** 23—35 (1963).

KLEIN, H. J., GHEORGHIU, TH., HÜBNER, G., EDER, M.: Zur Pathogenese streßbedingter Magenulcera. Morphologische und pathophysiologische Untersuchungen an Ratten in Zwangshaltung. Virchows Arch. Abt. A Path. Anat. **352,** 195—208 (1971).

KLEIN, H. W.: Beeinflussung sportlicher Leistung durch Kaffee. Arch. exp. Path. Pharmakol. **190,** 204—207 (1938).

KLEMAN, J. P., DIAMOND, A. L., SMITH, E.: Effects of caffeine on enhancement in foveal simultaneous contrast. J. exp. Psychol. **61,** 18—22 (1961).

KLEPZIG, H., WEGENER, O., REINDELL, H.: Kreislaufveränderungen während und nach Belastung mit Dopingmitteln. Z. Klin. Med. **155,** 506—512 (1959).

KLIGGE, H.: Die vegetative Dystonie, die Hypotonie und der Bohnenkaffee. Med. Klin. **57,** 1103—1105 (1962).

KLIGGE, H.: Zum Problem der vegetativen Dystonie. Ärztl. Prax. **14,** 1595—1596 (1962).

KLIMMER, F., AULMANN, H. M., RUTENFRANZ, J.: Catecholaminausscheidung im Urin bei emotional u. mental belastenden Tätigkeiten im Flugverkehrskontrolldienst. Int. Arch. Arbeitsmed. **30,** 65—80 (1972).

KLIMMER, O. R.: Working Paper "Dichlormethan". Referat gehalten auf der Sitzung der Fremdstoffkommission der Deutschen Forschungsgemeinschaft am 5. Juli 1968.

KLÖCKING, R., HOFMANN, R., MÜCKE, D.: Stoffe vom Huminsäuretyp in Röstkaffee-Extrakten III. Mitt.: Nachweis von Phenolkörpern in Kaffeehuminsäure-Hydrolysaten. Z. Lebensmitt.-Unters. **146,** 79—83 (1971).

KLOTZ, L.: Z. exp. Med. **48,** 612—624 (1926).

KLOTZ, U., VAPAATALO, H., STOCK, K.: Rat adrenal cyclic nucleotide-phosphodiesterase: Inhibition by drugs known to affect steroidogenesis. Naunyn-Schmiedeberg's Arch. Pharmacol. **273,** 376—385 (1972).

KLUMPP, F., RÖSSLER, R., KLAUS, D., SADOWSKI, P.: Reninaktivität in Nierenvenenblut und ihre Stimulierbarkeit durch Hydralazin und Theophyllin. Plasmarenin activity in venous renal blood and its stimulation by hydralazine and theophylline. Klin. Wschr. **51,** 875—882 (1973).

KNESER, H.: Absence of K-reactivation in a recombination-deficient mutant of E. coli. Biochem. Biophys. Res. Comm. **22,** 383—387 (1966).

KNOCKE, CH., KÖNIG, J.: Zur pränatalen Toxizität von Diphenylpyralin-8-chloro-theophyllinat unter Berücksichtigung von Erfahrungen mit Thalidomid und Coffein. Arzneimitt.-Forsch. **14,** 415—424 (1964).

KNOWLES, J. B.: Conditioning and the placebo-effect. The effects of decaffeinated coffee on simple reactiontime in habitual coffee drinkers. Behav. Res. Ther. **1,** 151—157 (1963).

KOCH, A. L., LAMONT, W. A.: The metabolism of methylpurines by Escherichia coli. J. biol. Chem. **219,** 189—201 (1956).

KOERTING-KEIFFER, L. E., MICKEY, G. H.: Einwirkung von Coffein auf Chromosomen. Z. Pflanzenzücht. **61,** 244—251 (1969).

KOHN, R.: Arch. exp. Pharm. **167,** 216—223 (1932).

KOMANT, W.: Über die Darmwirkung des Coffeins. Arch. exp. Path. Pharmak. **163,** 635—643 (1932).

KOOPMANS, S.: The effect of some narcotics, hormones and drugs. Arch. Neerl. Physiol. **24,** 250—266 (1939).

KORINEK, J., MOSES, H. L.: Theophylline suppression of Δ-aminolevulinic acid synthetase induction in chick embryo and rat livers. Biochem. Biophys. Res. Comm. **53,** 1246—1252 (1973).

KOSCHLAKOFF: Beobachtungen über die Wirkung des citronensauren Coffeins. Virchows Arch. path. Anat. Phys. **31,** 436—445 (1864).

KOSTENKO, N. D.: Influence of caffeine on the formation and manifestation of conditioned reflexes to time. Zhurnal Vysshei Nervnoi Deyatel. I. P. Pavlova **18,** 621—627 (1968).

KOULEN, G.: Beiträge zur Analytik von Kaffee und Kaffee-Ersatzstoffen. Inangural-Diss., Frankfurt/M. 1964.

KOWALEWSKI, K.: Caffeine-induced gastric secretion in rats. Proc. Soc. exp. Biol. Med. **144,** 1013—1016 (1973).

KRAEPELIN, E.: Über die Beeinflussung einfacher psychischer Vorgänge durch einige Arzneimittel. Jena 1892.

KRAEPELIN, E., HOCH: Kraeplins Psychol. Arb. **1,** 378 (1896).

KRAFT, H. G.: Verkehrstüchtigkeit nach Gebrauch zentraler Stimulantien. Arzneimitt.-Forsch. **12,** 1071—1074 (1962). Zit.: H. KOPF Med. Klinik **41,** 516 (1946).

KRÁMER, M., TARJÁN, R., BEDÖ, M., DWORSCHÁK, E., TELEGDY KOVATS, M., JURICS, E. W.: Die Wirkung langfristig verabreichter Medikamente auf die Nährstoffverwertung. 3. Mitt. Die Wirkung von Coffein und Barbiturat auf den Stoffwechsel weißer Ratten. Die Nahrung **13,** 587—588 (1969).

KRÁMER, M., TARJÁN, R., BEDÖ, M., DWORSCHÁK, E., TELEGDY KOVÁTS, M., JURICS, E. W.: Effects of caffeine and barbiturate on the metabolism of albino rats. Egeszsegutudomany **13,** 293—300 (1969).

KRASNOW, S., GROSSMAN, M. I.: Stimulation of gastric secretion in man by theophylline ethylenediamine. Proc. Soc. exp. Biol. Med. **71,** 335—336 (1949).

KRĚBS, E. G., GRAVES, D. J., FISCHER, E. H.: Factors affecting the activity of muscle phosphorylase and kinase. J. Biol. Chem. **234,** 2687—2873 (1959).

KREITMAIR, H.: Arch. exp. Path. Pharmakol. **187,** 607—616 (1937).

KRETSCHMER, W.: Ein Fall von Koffeinvergiftung. Med. Welt **10,** 232—233 (1936).

KRISHNA, G., HYNIE, S., BRODIE, B. B.: Effects of thyroid hormones on adenyl cyclase in adipose tissue and on free fatty acid mobilization. Proc. Nat. Acad. Sci. (USA) **59,** 884—889 (1968).

KRÖNIG, D., KÜNKEL, H.: Simultane Vielkanal-EEG-Spectralanalyse in Echtzeit. Signalverarbeitung. Vorträge hrsg. v. W. SCHÜSSLER, Nachrichtentechnische Gesellschaft im V.D.I., pp. 185—193. Mai 1973.

KRÖPLIEN, U.: Über Chlorogensäure in der Kaffeebohne. Diss. Hamburg 1963.

KRÖPLIEN, U.: Monosaccharides in roasted and instant coffees. J. Agr. Food Chem. **22,** 110—116 (1974).

KROKHINA, E. M.: Histopathology of the nervous elements of the heart and aorta in dogs following administration of adrenaline and caffeine (russisch). Bull. Eks. Biol. Med. **52,** 112—117 (1961).

KROP, ST.: The influence of heart stimulants of the contraction on isolated mammalian cardiac muscle. J. Pharmacol. **82,** 48—62 (1944).

KRUEGER, U., SALOMON, G.: Hoppe-Seylers Z. Physiol. Chem. **24,** 364 (1898) und **26,** 359 (1899).

KRUPP, P., MONNIER, M., STILLE, G.: Topischer Einfluß des Coffeins auf das Gehirn. Daselbst frühere Lit. Arch. exp. Pharmakol. **235,** 381—394 (1959).

KRUPSKI, A., KUNZ, A., ALMASY, F.: Schweiz. med. Wschr. I, 191 (1934).
KRUPSKI, A., KUNZ, A., ALMASY, F.: Biochem. Z. **273,** 317 (1934).
KRUPSKI, A., KUNZ, A. I., ALMASY, F.: Schweiz. med. Wschr. I, 246 (1936).
KUDSI, D.: Über emetische Substanzen im Röstkaffee, in den Kaffee-Ersatzmitteln und -Zusatzstoffen. Inaug.-Diss., Univ. Hamburg 1964.
KÜCHLER, G., ZETT, L., HOMMEL, H.: Einfluß von Procain auf die Koffeinkontraktur des isolierten Skelettmuskels. Acta biol. med. Germ. **23,** 285—294 (1969).
KUEHN, J.: Arch. exp. Pharm. **94,** 74—96 (1922).
KÜNKEL, H.: Quantitative EEG-Analyse zentraler Medikament-Wirkungen. Arzneimitt.-Forsch. **19,** 435—438 (1969).
KÜNKEL, H.: EEG-Spektralanalyse der Coffein-Wirkung. Im Druck (1975).
KUFTINEC, D. M., MAYER, J.: Extreme sensitivity of obese hyperglycemic mice to caffeine and coffee. Metabolism **13,** 1369—1375 (1964).
KUHLBERG, A. v., RABINOWITSCH, W.: Arch. Psychiat. **89,** 13—24 (1929).
KUKOVETZ, W. R., HAUGAARD, N., HESS, M. E., SHANFELD, J.: Zur Frage der Beziehung zwischen Kontraktion und Phosphorylaseaktivität des Rattenherzens. Arch. exp. Path. Pharmakol. **238,** 119—121 (1960).
KUKOVETZ, W. R., PÖCH, G.: The action of imidazole on the effects of methylxanthines and catecholamines on cardiac contraction and phosphorylase activity. J. Pharm. exp. Ther. **156,** 514—521 (1967).
KUKOVETZ, W. R., PÖCH, G.: Drug induced release and pharmacodynamic effects of histamine in the guinea pig heart. J. Pharmacol. exp. Ther. **156,** 522—527 (1967).
KUKOVETZ, W. R., PÖCH, G.: Einfluß von Theophyllin und Imidazol auf die Wirkung von Histamin am Meerschweinchenherzen. Arch. exp. Pharmakol. **260,** 187—189 (1968).
KUKOVETZ, W. R., PÖCH, G.: Zum Mechanismus der Herzwirkung von Methylxanthinen. In: F. HEIM, H. P. T. AMMON: Coffein und andere Methylxanthine, S. 91—108. Schattauer Verlag: Stuttgart 1969.
KUKOVETZ, W. R., PÖCH, G.: Cardiostimulatory effects of cyclic 3′,5′-adenosine monophosphate and its acylated derivatives. Naunyn-Schmiedeberg's Arch. exp. Path. Pharmak. **266,** 236—254 (1970).
KULKA, R. G., STERNLICHT, E.: Enzyme secretion in mouse pancreas mediated by adenosine-3′,5′-cyclic phosphate and inhibited by adenosine-3′-phosphate. Proc. Nat. Acad. Sci. USA **61,** 1123—1128 (1968).
KULKARNI, D. R., GAMBHIR, S. S.: The use of pericardial sac as a cardiometer. A technique for recording the effects of drugs on heart in situ. Ind. J. Physiol. Pharmacol. **9,** 75—80 (1966).
KUNG, J. T.: A new caramel compound from coffee. J. Agr. Food Chem. **22,** 494—496 (1974).
KUNG, J. T., MCNAUGHT, R. P., YERANSIAN, J. A.: Determining volatile acids in coffee beverages by NMR and gas chromatography. J. Food Sci. **32,** 455—458 (1967a).
KUNG, J. T., RYDER, W. S., FELDMAN, J. R.: The separation and determination of mono- and di-caffeoylchinic acids in coffee by gas chromatography of their trimethylsilylderivatives. 3. Internationales Kolloquium über Kaffee-Chemie (Triest, 2.—9. Juni 1967b), ASIC Paris, S. 223—230.
KUNZ, A. F.: Biochem. Z. **275,** Die Bestimmung von Coffein in biologischen Flüssigkeiten und Geweben 270—285 (1935).
KUO, J. F., RENZO, E. C. DE: A comparison of the effects of lipolytic and antilipolytic agents on adenosine 3′,5′-monophosphate levels in adipose cells as determined by prior labeling with adenine-8-^{14}C. J. Biol. Chem. **244,** 2252—2260 (1969).
KUPIECKI, F. P., MARSHALL, N. B.: Effects of 5-methylpyrazole-3-carboxylic acid (U-19425) and nicotinic acid on lipolysis in vitro and in vivo and on cyclic 3′,5′-AMP phosphodiesterase. J. Pharmacol. exp. Ther. **160,** 166—170 (1968).
KURATSUNE, M., HUEPER, W. C.: Polycyclic aromatic hydrocarbons in coffee soots. J. Nat. Cancer Inst. **20,** 37—51 (1958).
KURATSUNE, M., HUEPER, W. C.: Polycyclic aromatic hydrocarbons in roasted coffee. J. nat. Cancer Inst. **24,** 463—469 (1960).
KURIHARA, K.: Inhibition of cyclic 3′,5′-nucleotide phosphodiesterase in bovine taste papillae by bitter taste stimuli. FEBS Letters **27,** 279—281 (1972).

KURTZMAN, R. H. Jr., SCHWIMMER, S.: Caffeine removal from growth media by microorganisms. Experimentia **27,** 481—482 (1971).

KURZ, G., VAHLAND, H. O.: Verfahren zur Herstellung eines an Reizstoffen armen Rohkaffees. DT-Pat. 1.960.694 (1971).

KUSCHINSKY, G., MUSCHOLL, E.: Vergleichende Untersuchungen über die Wirkung von Purinkörpern auf die Kontractionskraft des Herzens. Klin. Wschr. **34,** 985—986 (1956).

KUSCHINSKY, G., MUSCHOLL, E.: Die Wirkung von Theophyllin, Coffein und Theobromin auf Kontraktionskraft, Erregbarkeit, Refractärzeit und Spontanfrequenz des isolierten Herzmuskels der Katze. Naunyn-Schmiedeberg's Arch. exp. Path. Pharmak. **229,** 348—359 (1956).

KUZJMINA, E. G., PORYADKOVA, N. A.: On the effect of some agents on chromosome aberrations in cancer cells in culture. Vop. Onkol. **16,** 66—72 (1970). (Englische Zusammenfassung).

KYPSON, J., TRINER, L., NAHAS, G. G.: Effects of ouabain and K^+-free medium on activated lipolysis and epinephrine-stimulated glycogenolysis. J. Pharmacol. exp. Ther. **159,** 8—17 (1968).

LA BARRE, J.: A propos de la vitesse de cicatrisation des ulcèrus gastriques experimentaux sous l'influence des différentes substances protectrices. Brux. Méd. **43,** 511—526 (1963).

LACHMAN, L., RAVIN, L. J., HIGUCHI, T.: Inhibition of hydrolysis of estersin solution by formation of complexes. II. stabilization of procaine with caffeine. J. Amer. Pharm. Ass. **45,** 290—295 (1956).

LACY, P. E.: Beta cell secretion — from the standpoint of a pathobiologist. Diabetes **19,** 895—905 (1970).

LACY, P. E., YOUNG, D. A., FINK, C. J.: Studies on insulin secretion in vitro from isolated islets of the rat pancreas. Endocrinology **83,** 1155—1161 (1968).

LADER, M.: Comparison of amphetaminesulfate and caffeine citrat in man. Psychopharmakologia (Berl.) **14,** 83—94 (1969) and **14,** 150—156 (1969).

LAFRENIERE, R. T., SINGHAL, R. L.: Theophylline-induced potentiation of estrogen action. Steroids **17,** 323—329 (1971).

LAMBERT, A. E., JEANRENAUD, B., JUNOD, A., RENOLD, A. E.: Organ culture of fetal rat pancreas. II. Insulin release induced by amino and organic acids, by hormonal peptides, by cationic alterations of the medium and by other agents. Biochim. Biophys. Acta **174,** 540—553 (1969b).

LAMBERT, A. E., JEANRENAUD, B., RENOLD, A. E.: Enhancement by caffeine of glucagon-induced and tolbutamide-induced insulin release from isolated foetal pancreatic tissue. The Lancet **I,** 819—820 (1967).

LAMBERT, A. E., JUNOD, A., STAUFFACHER, W., JEANRENAUD, B., RENOLD, A. E.: Organ culture of fetal pancreas. I. Insulin Release induced by caffeine and by sugars and some derivatives. Biochim. Biophys. Acta **184,** 529—539 (1969a).

LAMBERT, A. E., KANAZAWA, Y., HALTER, J. B., ORCI, L., ROUILLER, CH., RENOLD, A. E.: Insulin release from fetal and newborn rat pancreas in vitro: Role of the adenyl cyclase system. Acta diabet. lat. **7,** 229—261 (1970).

LAMPE, W., MEHES, I. V.: Arch. exp. Pharmacol. **119,** 73—82 (1926).

LANDGRAF, R., KOTLER-BRAJTBURG, J., MATSCHINSKY, F. M.: Kinetic of insulin release from the perfused rat pancreas caused by glucose, glucosamine and galactose. Proc. Nat. Acad. Sci. **68,** 536—540 (1971).

LANDGREBE, B.: Vergleichende Untersuchungen mit dem Flimmertest nach coffeinhaltigem und coffeinfreiem Kaffee. Med. Welt 1486—1490 (1960).

LANDIS, C.: Physiological and psychological effects of the use of coffee. In P. H. HOCH, J. ZUBIN: Problems of additions and Habituation, S. 37—48. Grune and Stratton N. Y. 1958.

LANG, S., SCHLICK, B.v.: Die Beeinflußbarkeit des Alkoholumsatzes im Organismus. Z. exp. Med. **99,** 81—84 (1936).

LANGECKER, H.: Arch. exp. Pharm. **106,** 1 (1925).

LANGER, J., HAMACHER, J.: Zur Objektivierung des Effects von Kaffeegenuß auf das Herz-Kreislaufsystem des Menschen. Arch. exp. Pharm. **260,** 166—167 (1968). Dissertation 1969.

LAPIQUE, M., VAHL, F.: C. R. Soc. Biol. (Paris) **107,** 481 (1931) and **108,** 1136 (1931).

LASSAGNA, L.: Drug interaction in the field of analgesic drugs. Proc. Roy. Soc. Med. **58,** 978—983 (1965).

LASSETER, K. C., LEVEY, G. S., PALMER, R. F., MCCARTHY, J. S.: The effect of sulfonyl urea drugs on rabbit myocardial contractility, canine purkinje fiber automaticity and adenylcyclase activity from rabbit and human hearts. J. Clin. Invest. **51,** 2429—2434 (1972).

LAURY, M. C., BERTIN, R., PORTET, R., CHEVILLARD, L.: Actions calorigéniques de la théophylline et du dibutyryl-AMP cyclique, chez le rat adapté à diverses températures. J. Physiol. (Lond.) **65,** 438 A (1972).

LAVER, M. L.: Carbohydrates of the coffee bean; isolation of a mannan. Dissertation, The Ohio State Univ. 1959.

LAWLER, F. K.: Develops continuous pressure roaster. Food Engineering **43,** (2) 67—69 (1971).

LEBOVITZ, H. E., POOLER, K.: ACTH-mediated insulin secretion: Effect of aminophylline. Endocrinology **81,** 558—564 (1967).

LECHAT, P.: Pharmakologie des neurostimulants otilisable au cours des comas. Ann. Biol. Clin. **24,** 621—639 (1966).

LECOQ, R., CHAUCHARD, P., MAZOUÉ, H.: Specificité de l'antagonisme physiologique sucre-bases puriques. Annal. Pharmaceutiques Francaises **4,** 19—24 (1946).

LEE, S.: Coffee related to coronary disease. Tea and Coffee Tr. J. **126** 184, 74—83 (1964).

LEE, S.: Chromosome aberrations induced in cultured human cells by caffeine. Jap. J. Gen. **46,** 337—344 (1971).

LEE, Y. H., BIANCHI, R. G.: Use of experimental peptic ulcer models for drug screening. In: C. J. PFEIFFER: Peptic Ulcer, pp. 329—348. Copenhagen: Munksgaard 1971.

LEHMANN, A. R.: Effect of caffeine on DNA synthesis in mammalian cells. Biophysical J. **12,** 1316—1325 (1972).

LEHMANN, G.: Physiologisch wichtige Inhaltsstoffe des Kaffees. Ernährungs-Umschau **18,** 43—47 (1971).

LEHMANN, G.: Persönliche Mitteilung (1974).

LEHMANN, G., HAHN, H. G.: Determination of chlorogenic acid and trigonelline on coffee. 3. Internationales Kolloquium über Kaffee-Chemie (Triest, 2.—9. Juni 1967), ASIC Paris, S. 115—120.

LEHMANN, G., MARTINOD, P.: Über das Vorkommen von Theobromin im Kaffee. Hoppe Seyler's Z. Physiol. Chem. **341,** 155—156 (1965).

LEHMANN, G., MORÁN, M.: Über die Bestimmung ätherlöslicher Substanzen in Kaffeeaufgüssen. Kaffee- u. Tee-Markt **23,** (9) 10—11 (1973).

LEHMANN, G., NEUMANN, B.: Unterscheidung von Coffein synthetischer und natürlicher Herkunft. Dtsch. Lebensm.-Rundsch. **71,** 61—63 (1975).

LEHMANN, G., NEUNHOEFFER, O., ROSELIUS, W., VITZTHUM, O.: Verfahren zur Entfernung von Chlorogensäure aus Kaffee und Kaffee-Extrakten mittels Chemisorption. DT-Pat. 1.692.249 (1971).

LEHMANN, K. B.: Münch. med. Wschr. 281—288 (1913). O. EICHLER: Kaffee u. Koffein S. 12 (1938).

LEHMANN, K. B., WEIL, H.: Arch. Hyg. **92,** 85—88 (1923).

LENDRICH, P., WEMMERING, E., LENDRICH, O.: Verfahren zum Verbessern von Kaffee. DR-Pat. 576.515 (1933).

LENTNER, C., DEATHERAGE, F. E.: Phenolic acids in coffee. Chemistry and Industry 1331—1332 (1958).

LENTNER, C., DEATHERAGE, F. E.: Organic acids in coffee in relation to the degree of roast. Food Res. **24,** 483—492 (1959).

LEONARD, S. L.: Studies on theophylline induced activation of glycogen phosphorylase in rat uteri. Proc. Soc. exp. Biol. Med. **140,** 1350—1355 (1972).

LEOPOLD, G.: Unverträglichkeit von Koronardilatatoren mit Xanthinderivaten. Ther. d. Gegenw. **110,** 1194—1195 (1971).

LEUSCHNER, L., CZOK, G.: ASIC Paris 1971, S. 388—391.

LEUSCHNER, F., SCHWERDTFEGER, W.: Über den Einfluß von Coffein und anderen Methylxanthinen auf die Fortpflanzung von Wistar-Ratten. In: F. HEIM, H. P. T. AMMON: Coffein und die anderen Methylxanthine, S. 209—215. Schattauer Stuttgart-New York: 1969.

LEUSEN, I., LACROIX, E.: Les catecholamines et le muscle cardiaque. Rev. Can. Biol. **22,** 201—215 (1963).

LEVI, L.: The effect of coffee on the function of the sympathoadrenomedullary system in man. Acta med. scand. **181,** 431—438 (1967).

LEVINE, R. A.: Effects of exogenous adenosine 3',5'-monophosphate in man. III. Increased response and tolerance to the dibutyryl derivative. Clin. Pharmacol. Ther. **11,** 238—243 (1970).

LEVINE, R. A.: The role of cyclic AMP in hepatic and gastrointestinal function. Gastroenterology **59,** 280—300 (1970).

LEVINE, R. A., WILSON, D. E.: The role of cyclic AMP in gastric secretion. Ann. N.Y. Acad. Sci. **185,** 363—375 (1971).

LEVY, B., WILKENFELD, B. E.: The potentiation of rat uterine inhibitory responses to noradrenaline by theophylline and nitroglycerine. Brit. J. Pharmacol. **34,** 604—612 (1968).

LEVY, G., REUNING, R. H.: Effect of complex formation on drug absorption I. Complexes of salicylic acid with absorbable and nonabsorbable compounds. J. Pharm. Sci. **53,** 1471—1475 (1964).

LEWIS, G. P., MATTHEWS, J.: The mobilization of free fatty acids from rabbit adipose tissue in situ. Brit. J. Pharmacol. **34,** 564—578 (1968).

LEYDHECKER, W.: Belastungsproben bei Glaukom mit Aussprache. Zeitfr. d. Augenheilk. 81—106 (1954).

LEYDHECKER, W.: Die Behandlung des Glaukoms. Ther. Gegenw. **105,** 1528—1542 (1966).

LICKINT, F.: Beeinflussung der Alkoholwirkung durch Umwelt und andere Faktoren. Neuland-Verlagsgesellschaft Hamburg 1961 72 pp.

LICKINT, F.: Über Beschwerden beim Genuß von koffeinhaltigem und koffeinfreiem Kaffee, mit Bemerkungen über den Malzkaffee. Med. Klin. 387—388 (1931).

LIE, E.: Caffein and diuresis in man. Amer. J. Physiol. **92,** 619—624 (1930).

LIEB, M.: Enhancement of uv induced mutation in bacteria by caffeine. Z. Vererbungsl. **92,** 416—429 (1961).

LIEBIG, J. v.: Handbuch der Pharmazie und der Chemie, Heidelberg 1843, S. 1242.

LIENERT, G. A., HUBER, H. P.: Differential effects of coffee on speed and power tests. J. Psychol. **63,** 269—274 (1966).

LIM, R. K. S., MILLER, D., GUZMANT, G., RODGERS, G. F., ROGERS, R. W., WANG, D. W., CHAO, P. Y., SHIH, T. Y.: Pain and analgesia evaluated by the i. p. bradykininevoked pain-method in man. Clin. Pharmacol. Ther. 521—542 (1967).

LINDBERG, A.: Zit. nach Rona **86,** 627 (1935).

LIPPERT, T. H., SAMAHA, M.: Die Beeinflussung der analgetischen Wirkung des Salicylamids durch Coffein. Arzneimitt.-Forsch. **15,** 1079—1080 (1965).

LIPSCHITZ, W. L., HADIDIAN, E., KERPSCAR, A.: Bioassay of diuretics. J. Pharmacol. exp. Ther. **79,** 97—110 (1943).

LITTLE, J. A., SHANOFF, H. M., CSIMA, A., YANO, R.: Coffee and serum-lipids in coronary heart-disease. The Lancet **I,** 732—734 (1966).

LITTMAN, A., FOX, B. W., KAMMERLING, E. M., FOX, N. I.: A single aspiration caffeine gastric analysis in duodenal ulcer and control patients. Gastroenterology **28,** 953—963 (1955).

LIU, S. K., KRÜGER, R.: 25—50 MG/KG coff. natr. benz. i.V. Z. exp. Path. (Berlin) **56,** 648—659 (1927).

LJUBUSIN, A.: Zit. nach Rona **40,** 459 (1926).

LOCHNER, W., MERCKER, H., SCHÜRMEYER, E.: Die Wirkung vasoaktiver Pharmaka auf die Sauerstoffsättigung des Coronarsinusblutes. Arch. exp. Path. Pharmak. **227,** 373—382 (1956).

LOCKETT, M. F., GWYNNE, H. L.: Release of Oxytocin contributes to the natriuretic action of aminophylline in rats. J. Pharm. Pharmacol. **20,** 688—696 (1968).

LOCKHART EWART, R. B., TAYLOR, K. W.: Effects of theophylline and adenosine 3',5'-cyclic monophosphate on growth hormone release from the isolated rat anterior pituitary gland. Biochem. J. **120,** 10P (1970).

LOCKWOOD, H. C.: Fluorine in Food Products. Analyst **52,** 775—784 (1937).

LODE, H., HÜTTEMANN, U., HUCKAUF, H.: Die Wirkung oral verabreichten Theophyllins auf den specifischen Atmungswiderstand bei obstructiven Atemwegserkrankungen. Arzneimitt.-Forsch. **22,** 1788—1791 (1972).

LOEB, J.: Medicine **2,** 263 (1923).

LOEHR, H.: Untersuchungen zur Physiologie u. Pharmakologie der Lunge. Z. exp. Med. **39,** 67—131 (1924).

LOEWI, O.: Untersuchungen zur Physiologie und Pharmakologie der Nierenfunktion. III. Mitteilung: Über den Mechanismus der Coffeindiurese. Arch. exp. Path. Pharmak. **53,** 15—37 (1905).

LOMBROZO, L., MITOMA, C.: Effect of caffeine on hepatic microsomal cytochrome P-450. Biochem. Pharmac. **19,** 2317—2323 (1970).

LOMBROZO, L., MITOMA, C., NEUBAUER, S. E.: Stimulation of drug metabolism by caffeine. Fed. Proc. **27,** 486 (1968).

LOOSER, E., BAUMANN, T. W., WANNER, H.: The biosynthesis of caffeine in the coffee plant. Phytochemistry **13,** 2515—2518 (1974).

LÓPEZ DE AZCONA, J. M., SANTOS RUIZ, A., DEÁN GUELBENZU, M.: Oligoelementos en alimentos españoles de origen vegetal. IV. Condimentos y estimulantes. Anales de la Real Sociedad Española de Física y Química **42,** 825—832 (1946).

LOPRIENO, N., SCHUPBACH, M.: On the effect of caffeine on mutation and recombination in schizosaccharomyces pombe. Mol. Genetics **110,** 348—354 (1971).

LOVINGOOD, B. W., BLYTH, C. S., PEACOCK, W. H., LINDSAY, R. B.: Effects of D-amphetaminesulfat, caffeine and high temperature on humane performance. Res. Quat. Am. Assoc. for Health. (Wash) **36,** 64—71 (1966).

LUCCI, A.: Schriftliche Mitteilung vom 4. 12. 1972.

LUDIN, H. P., LÜTTGAU, H. C., OETLIKER, H.: Die Wirkung von Coffein auf die Auslösung der Kontraktion in isolierten Skelettmuskelfasern. Helv. Physiol Pharm. Acta **24,** C36 (1966).

LUDWIG, H., OBERMANN, H., SPITELLER, G.: Atractyligenin — ein wesentlicher Bestandteil gerösteter Kaffeebohnen. Chem. Ber. **107,** 2409—2411 (1974).

LÜLLMANN, H.: Die Wirkung von Coffein und Theophyllin auf den Herzmuskel. Arch. Kreislaufforsch. **23,** 12—76 (1955).

LÜTTGAU, H. C.: Caffeine, calcium and the activation of contraction. Symp. Calcium Cell. Funct. 241—248 (1969).

LÜTTGAU, H. C., OETLIKER, H.: The action of caffeine on the activation of the contractile mechanism in striated muscle fibers. J. Physiol. **194,** 51—74 (1968).

LUFF, K.: Die Kaffeewirkung auf das zentrale Nervensystem. Die Heilkunst **78,** 65—69 (1965).

LUKACS, S.: Über die Wirkung von Koffein auf die Fruchtentwicklung. Wissenschaftl. Beitr. d. Martin-Luther Univ. Halle-Wittenberg **21,** 66 (1966).

LUKAS, G. BRINDLE, S. D., GREENGARD, P.: The route of absorption of intraperitoneally administered compounds. J. Pharm. exp. Ther. **178,** 562—566 (1971).

LUMB, J. R., SIDEROPOULOS, A. S., SHANKEL, D. M.: Inhibition of dark repair of uv damage in DNA by caffeine a 8-chlorocaffeine kinetics and inhibition. Mol. Genetics **102,** 108—111 (1968).

LUTHERER, L. O., FREGLY, M. J., ANTON, A. H.: An interrelationship between theophylline and catecholamines in the hypothyroid rat acutely exposed to cold. Fed. Proc. **28,** 1238—1242 (1969).

LYNN JAMES, G. W.: The role of the adrenal glands and α^- and β^- adrenergic receptors in bronchodilatation of guinea pig lungs in vivo. J. Pharmacol. **19,** 797—802 (1967).

LYON, M. F., PHILLIPS, R. J. S., SEARLE, A. G.: A test for mutagenicity of caffeine in mice. Z. Vererbungsl. **93,** 7—13 (1962).

MABROUK, A. F., DEATHERAGE, F. E.: Organic acids in brewed coffee. Food Technol. **10,** 194—197 (1956).

MacDonald, C., Ehrenreich, K. A.: A double-blind comparison of two analgesics with placebo control. Can. Med. Assoc. J. **95**, 1072—1075 (1966).

Mach, C.: Verfahren zur Herstellung eines haltbaren Kaffee-Extraktpulvers mit erhöhtem Gehalt an ernährungsphysiologisch wertvollen Inhaltsstoffen. DT-Pat. 1.269.875 (1968).

Mach, W. J., Mach, Ch.: Chemische Untersuchungen eines diätisch principiell neuartigen Pulverkaffees aus medizinischer Sicht. Med. u. Ernähr. **8**, 218—220 (1967).

Macht, D. I., Bloom, W. M., Ting, G. Ch.: Am. J. Physiol. **56**, 264—272 (1921).

Macht, D. I., Bloom, W. M.: Proc. Soc. exp. Biol. Med. **18**, 99—100 (1921).

Macht, D. I., Davis, M. E.: Am. J. Physiol. **109**, 67 (1934).

MacLeod, R. M., Lehmeyer, J. E.: Release of pituitary growth hormone by prostaglandins and dibutyryl adenosine cyclic 3′:5′-monophosphate in the absence of protein synthesis. Proc. nat. Acad. Sci. (Wash.) **67**, 1172—1179 (1970).

MacManus, J. P., Whitfield, J. F.: Mediation of the mutagenic action of growth hormone by adenosine 3′5′monophosphate. Proc. Soc. exp. Biol. Med. **132**, 409—412 (1969).

MacManus, J. P., Whitfield, J. F.: Inhibition by tyrocalcitonin of the mutagenic actions of parathyroid hormone and cyclic adenosine 3′5′ monophosphate on rat thymocytes. Endocrinology **86**, 934—939 (1970).

Maga, J. A., Sizer, C. E.: Pyrazines in foods. A review. J. Agr. Food Chem. **21**, 22—30 (1973).

Magyar, I., Vágó, E., Máté, Z., Gárász, E., Szuszekar, J.: Ovo. hetil. **96**, 287 (1955).

Mahlmann, J. P.: Method of producing aromatized coffee extract. US-Pat. 2.132.947 (1964).

Maier, H. G.: Zur Struktur der braunen Kaffeeröststoffe, Lebensmittelchem. u. gerichtl. Chem. **27**, 86 (1973).

Maier, H. G., Buttle, H.: Zur Isolierung und Charakterisierung der braunen Kaffeeröststoffe. II. Mitt. Z. Lebensmitt.-Unters. **150**, 331—343 (1973).

Maier, H. G., Diemair, W.: Zum Nachweis von Histamin neben Histidin im Bohnenkaffee. Z. analyt. Chem. **223**, 263—266 (1966).

Maier, H. G., Stender, W.: Cancerogene Kohlenwasserstoffe in Kaffee-Ersatz-Produkten. Dtsch. Lebensm.-Rundschau **65**, 341—343 (1969).

Maier, H. W.: Untersuchungen über die Wirkungen des Coffeins und des Kaffees auf den Menschen. An Hand von Experimenten mit gewöhnlichem Kaffee und Kaffee „Hag". Schweiz. Arch. Neurol. Psychiatr. **9**, 244—269 (1921), **10**, 80—99 (1921).

Makoč, Z., Vorel, F.: The effect of caffeine and altitude hypoxia on some changes of tissue metabolism in the rat. Physiol. Bohemosl. **17**, 241—247 (1968).

Malaisse, W. J., Brisson, G. R.: The regulation of calcium-45 efflux from perfused islets. Diabetes **21**, Suppl. 1, 326—327 (1972).

Malaisse, W. J., Brisson, G., Malaisse-Lagae. F.: The stimulus-secretion coupling of glucose-induced insulin release. I. Interaction of epinephrine and alkaline earth cations. J. Lab. Clin. Med. **76**, 895—902 (1970).

Malaisse, W. J., Malaisse-Lagae, F.: Stimulation of insulin secretion by noncarbohydrate metabolites. J. Lab. Clin. Med. **72**, 438—448 (1968).

Malaisse, W. J., Malaisse-Lagae, F., Mayhew, D.: A possible role for the adenylcyclase system in insulin secretion. J. Clin. Invest. **46**, 1724—1734 (1967).

Malaisse-Lagae, F., Malaisse, W. J.: Stimulus-secretion coupling of glucose-induced insulin release. III. Uptake of ^{45}calcium by isolated islets of langerhans. Endocrinology **88**, 72—80 (1971).

Malis, J. L., Brodie, D. A., Moreno, O. M.: Drug effects on the behavior of selfstimulation monkey. Fed. Proc. **19**, 23 (1960).

Malorny, G.: Pharmakologie des Coffeins. Alkohol und Coffein, Wiss. Veröff. Dtsch. Ges. Ernährung **17**, 111—131 (1970).

Malorny, G., Walter, W.: Zur emetischen Wirkung fraktionierter Kaffeeröststoffe. 3. Internationales Kolloquium über Kaffee-Chemie (Trieste, 2.—9. Juni 1967), ASIC Paris, S. 374—380.

Manamy, M. C., Schube, P. G.: New Engl. Caffeine Intoxication, J. Med. **215**, 616—620 (1936).

Manchester, K. L.: Toxicity of methylxanthines and local anaesthetics towards muscle. Biochem. J. **117**, 39P—40P (1970).

MANCHESTER, K. L., BULLOCK, G., ROETZSCHER, V. M.: Influence of methylxanthines and local anaesthetics on the metabolism of muscle and associated changes in mitochondrial morphology. Chemico-biological interactions **6,** 273—296 (1973).

MANGANIELLO, V. C., MURAD, F., VAUGHAN, M.: Effects of lipolytic and antilipolytic agents on cyclic 3',5'-adenosine monophosphate in fat cells. J. Biol. Chem. **246,** 2195—2202 (1971).

MARATKA, Z., PALECKOVA, M.: Reevaluation of weak oral stimulus (caffeine) in gastric analysis for duodenal ulcer. Acta hepato-gastroenterol. **20,** 180 (1973).

MARBACH, G., SCHAFF, G., SCHWERTZ, M. Th.: Effects de l'alcool et de la caféine sur la fréquence cardiaque et de la fréquence respiratoire au cours de sommeil. C. R. Soc. Biol. **156,** 1522—1525 (1962). Dieselben — Influence de l'alcool et de la caféine sur la motilité spontanée, la fréquence respiratoire et de la temperature rectal au cours du sommeil. J. Physiol. (Paris) **54,** 411—412 (1962).

MARCO, DE: Arch. Fisiol. **32,** 404 and 414 (1933). Boll. Soc. Biol. Sper. **6,** 902 (1931).

MARCO, J., DIAZ-FIERROS, M., BAROJA, I. M., VILLANUEVA, M. L., VALVERDE, I.: Opposite effects of aminophylline on arginineinduced glucagon and insulin secretion in humans. Diabetes **21,** 289—294 (1972).

MARCUS, M. L., SKELTON, C. L., GRAUER, L. E., EPSTEIN, S. E.: Effects of theophylline on myocardial mechanics. Amer. J. Physiol. **222,** 1361—1365 (1972).

MARCUS, M. L., SKELTON, C. L., PRINDLE, Jr., K. H., EPSTEIN, S. E.: Potentiation of the inotropic effects of glucagon by theophylline. J. Pharm. exp. Ther. **179,** 331—337 (1971).

MAREK, J.: The effect of caffeine on experimentally induced edema in rats. C. A. 10090 (1967).

MARGARIA, R., AGHEMO, P., ROVELLI, E.: The effect of some drugs on the maximal capacity of athletic performance in man. Intern. Z. Angew. Physiol. einschl. Arbeitsphysiol. **20,** 281—287 (1964).

MARKS, F., REBIEN, W.: Cyclic 3'-5'-AMP and theophyllin inhibit epidermal mitosis in G_2 phase. Naturwissenschaften **59,** 41—42 (1972).

MARQUIS, N. R., VIGDAHL, R. L., TAVORMINA, P. A.: Platelet aggregation. I. Regulation by cyclic AMP and prostaglandin E_1. Biochem. Biophys. Res. Comm. **36,** 965—972 (1969).

MARRIOTT, A. S.: The effects of amphetamine, caffeine and methylphenetidat on the locomotor activity of rats in an unfamiliar environment. Int. J. Neuropharmacol. **7,** 487—491 (1968).

MARSH, W., MISHKIN, A. R., WERTHEIM, J.: Verfahren zum Aromatisieren von pulverförmigen Kaffeeprodukten, Vorrichtung zur Durchführung des Verfahrens und Anwendung des Verfahrens. CH-Pat. 405.904 (1966).

MARTIN, Y. C., HANSCH, C.: Influence of hydrophobic character on the relative rate of oxidation of drugs by rat liver microsomes. J. med. Chem. **14,** 777—779 (1971).

MARTON, J., STARK, E., MIHALY, K., VARGA, B.: Effects of theophylline on corticosterone secretory and adrenal growth response to ACTH in vivo. Acta Physiol Acad. Sci. Hung. **40,** 229—233 (1971).

MARTORANA, P. A.: The role of cyclic AMP in isoprenaline-induced cardiac necroses in the rat. J. Pharm. Pharmacol. **23,** 200—203 (1971).

MASAYAMA, T.: Über den Einfluß der Unterbrechung nervöser Bahnen auf die Veränderungen des Muskelchemus durch sympathisch erregende Gifte. Arch. exp. Path. **163,** 562—582 (1932).

MASSINGHAM, R., NASMYTH, P. A.: The nature of the positive inotropic response of the isolated frog heart to theophylline and to iminazole. Brit. J. Pharmacol. **45,** 229—239 (1972).

MATONE, S., PICH, P. G., MACCHIONE, C.: Effetto della caffeina e del glucosio sul tasso plasmatico dei NEFA nell'esercizio muscolare. Boll. soc. Ital. Biol. sper. **45,** 1179—1183 (1969).

MATSCHINSKY, F. M., KOTLER-BRAJTBURG, J., ELLERMAN, J., ROGERS, M.: The mechanism of glucosamine-induced insulin release. Diabetes **21,** Suppl. 1, 328 (1972).

MATSCHINSKY, F. M., LANDGRAF, R., ELLERMAN, J., KOTLER-BRAJTBURG, J.: Glucoreceptor mechanisms in islets of langerhans. Diabetes **21,** Suppl. 2, 555—569 (1972a).

Matsouka, K.: Über die Milchsäurebildung bei der chemischen Contractur des Muskels. Pflügers Arch. ges. Physiol. **204,** 51—71 (1926).

Matsuda, K.: Exp. stud. on the effective procedure to inhibit the development of tolerance to and dependence on morphine. Arzneimitt.-Forsch. **20,** 1596—1604 (1970).

Matsumura, M.: The effects of metal ions and caffeine on electromechanical coupling in crayfish muscle fibers. Jap. J. Physiol. **22,** 71—85 (1972).

Matthies, H., Erdmann, D.: Die Wirkung von Coffein auf bedingtreflektorische Reaktionen der Ratte und auf eine experimentelle Zerrüttung des Nervensystems. Pharmazie **12,** 561—567 (1957).

Matthieu, L., Hadot, S. U. E.: Incidences cardiaques du caffrinism. Actualité Cardiol. Angiol. Arch. **11,** 219—226 (1962).

Maugeri, S.: Zit. nach Rona. **66,** 495 (1931).

Maugh, T. H.: Coffee and heart disease: Is there a link? Science **181,** 534—535 (1973).

Maxwell, G. M., Crumpton, C. W., Rowe, G. G., White, D. H., Castillo, C. A.: The effects of theophylline ethylenediamine (aminophylline) on the coronary hemodynamics of normal and diseased hearts. J. Lab. Clin. Med. **54,** 88—95 (1959).

Mayer, J.: Antagonism between alloxan and caffeine. Nature **210,** 630—631 (1966).

Mayer, S. E.: Adrenergic receptors for metabolic responses in the heart. Fed. Proc. **29,** 1367—1372 (1970).

Mayer, S. E., Moran, N. C.: Relation between pharmacologic augmentation of cardiac contractile force and the activation of myocardial glycogenphosphorylase. J. Pharm. exp. Ther. **129,** 271—281 (1960).

Mayer, S. E., Stull, J. T.: Cyclic AMP in skeletal muscle. Am. N.Y. Acad. Sci. **185,** 433—448 (1971).

Mayhew, D. A., Wright, P. H., Ashmore, J.: Regulation of insulin secretion. Pharmacol. Rev. **21,** 183—212 (1969).

Mayrhofer, A., Schneider, C., Wasitzky, A.: Biochemische Studien über das Vorkommen kleiner Mengen von Jod und Fluor im Organismus. II. Biochem. Z. **251,** 70—86 (1932).

Mazel, P., Henderson, J. F.: On the relationship between lipid solubility and microsomal metabolism of drugs. Biochem. Pharmacol. **14,** 92—94 (1965).

Mazza, G., Eisenstark, H. M., Serra, M. C., Polsinelli, M.: Effect of caffeine on the recombination process of bacillus subtilis. Molec. Gen. **115,** 73—79 (1972).

McFarland, S. A., Guyton, C. A., Pfaffman, M. A.: Effects of theophylline on the contractile activity of taenia coli. Arch. Int. Pharmacodyn. **192,** 179—187 (1971).

McFarland, S. A., Pfaffman, M. A.: The effects of caffeine on E-C-coupling in gastrointestinal smooth muscle. Arch. Int. Pharmacodyn. **198,** 49—60 (1972).

McGaugh, J. L.: Behavior, especially as regards learning and memory. Proc. Fourth Int. Congr. Pharmacology, Basel 1969. Vol. **1.** 159—167 (159—167).

McIlwain, [illegible]: Biochemistry and the central nervous system. 3. Aufl. Boston: Little, Brown & Comp. 1966.

McLean, A. E. M.: Coffee, alcohol, and liver enzymes. The Lancet **2,** 1035 (1968).

McNeill, J. H.: Potentiation of norepinephrine-induced activation of cardiac phosphorylase by theophylline and reserpine. Can. J. Physiol. Pharmacol. **48,** 149—151 (1970).

McNeill, J. H., Barnes, R. V., Davis, R. S., Hook, J. B.: The effect of vasodilator drugs on the noradrenaline constrictor response in the isolated mesenteric artery. Can. J. Physiol. Pharmacol. **47,** 663—669 (1969).

McNeill, J. H., Hook, J. B., Davis, R. S.: Inhibition and enhancement of the noradrenaline constrictor response by methylxanthines. Can. J. Physiol. Pharmacol. **51,** 553—555 (1973).

McNeill, J. H., LaRochelle, D. F., Muschek, L. D.: Theophylline potentiation of norepinephrine activated phosphorylase in normal and hyperthyroid rats. Arch. int. Pharmacodyn. **193,** 92—101 (1971).

McNeill, J. H., Nassar, M., Brody, T. M.: The effect of theophylline on amine-induced cardiac phosphorylase activiation and cardiac contractility. J. Pharm. exp. Ther. **165,** 234—241 (1969).

Means, J. H., Aub, J. C., du Bois, E. F.: The effect of caffeine on the heat production. A. M. A. Arch. intern. Med. **19,** 832—839 (1917).

Means, J. H., Newburgh, L. H.: J. Pharm. exp. Ther. **7,** 449—465 (1917).

MECHNER, F., LATRANYI, M.: Behavioral effects of caffeine, methamphetamine and methylphenidate in the rate. J. exp. Analys. Behav. **6,** 331—342 (1965).
MEDICUS, L.: Zur Constitution der Harnsäuregruppe. Lieb. Ann. Chem. **175,** 248—251 (1875).
MEESTER, W. D., HARDMAN, H. F.: Blockade of the positive inotropic actions of epinephrine and theophylline by acetylcholine. J. Pharm. exp. Ther. **158,** 241—247 (1967).
MÉHES, G. Y., SZEKERES, L., KOVACSICS, J., VARGA, F.: Herzschädigung durch Koffein bei einmaliger u. chronischer Darreichung. Act. Physiologica. **6,** 113—121 (1954).
MEICHELBECK, H., ZAHN, H.: Der Cystin- und Cysteingehalt des Proteins der grünen Kaffeebohne. Z. Naturforschung **23,** 879 (1968).
MEIER, G., SIMM, K.: Zur Chronotropie des Theophyllins beim Menschen. Med. Klin. **65,** 1521—1526 (1970).
MEINERTZ, T., SCHOLZ, H.: Über den Einfluß von Mangan-Ionen auf die positiv inotrope Wirkung von Adrenalin, Theophyllin und Digitoxigenin an isolierten Meerschweinchenvorhöfen. Arch. exp. Pharm. **265,** 131—148 (1969).
MEISSNER, R.: Z. exp. Med. **31,** 159—214 (1923).
MELANDER, A.: Amines and mouse thyroid activity. Acta Endocr. (Kbh.) **65,** 371—384 (1970).
MELZER, H., WEBER, D., WOTZKA, R.: Experimentelle Stimulation der Magensekretion durch Aminosäuren. Arzneimitt.-Forsch. **21,** 107—110 (1971).
MENAHAN, L. A., HEPP, K. D., WIELAND, O.: Liver 3′,5′-nucleotide phosphodiesterase and its activity in rat livers perfused with insulin. Europ. J. Biochem. **8,** 435—443 (1969).
MENCHÚ, J. F., ROLZ, C.: Coffee fermentation technology. Café, Cacao, Thé **17,** 53—61 (1973).
MENGEL, K., MEYER, P. B., EBERT, R., SCHWABE, U.: A comparison of the antilipolytic effects of nicotinic acid, methylisoxazole carboxylic acid methylpyrazole carboxylic acid and insulin in isolated fat cells. Pharmacology **8,** 280—290 (1972).
MENGEL, K., SCHWABE, U.: Lipolyse an isolierten Fettzellen von fettsüchtigen Mäusen (obses mice) Naunyn-Schmiedeberg's Arch. exp. Path. Pharmak. **260,** 176 (1968).
MENGUY, R.: Effects of restraint stress on gastric secretion of the rat. Amer. J. dig. Dis. **5,** 911—916 (1960).
MENGUY, R.: Die Ätiologie des Zwölffingerdarmgeschwürs. Münch. med. Wschr. **106,** 575—580 (1964).
MENNEAR, J. H., RUDZIK, A. D.: Potentiation of the anticonvulsant action of acetazolamide. J. Pharmacol. **18,** 833—834 (1966).
MERENDINO, K. A., JUDD, E. S., BARONOFSKY, I., LITOW, S. S., LANNIN, B. G., WANGENSTEEN, O. H.: Influence of caffeine on ulcer genesis. Surgery **17,** 650—666 (1945).
MERRITT, C. Jr., BAZINET, M. L., SULLIVAN, J. H., ROBERTSON, D. H.: Mass spectrometric determination of the volatile components from ground coffee. J. Agr. Food Chem. **11,** 152—155 (1963).
MERRITT, C. Jr., ROBERTSON, D. H.: The identification of the volatile compounds in ground roasted coffee by gas chromatography and mass spectrometry. 2. Internationales Kolloquium über Kaffee-Chemie (Paris, 3.—7. Mai 1965), ASIC Paris, S. 183—190.
MERRITT, C. Jr., ROBERTSON, D. H., MCADOO, D. J.: The relationship of volatile compounds in roasted coffee beans to their precursors. 4. Internationales Kolloquium über Kaffee-Chemie (Amsterdam, 2.—6. Juni 1969), ASIC Paris, S. 144—148.
MERTON, P. A.: Voluntary strength and fatigue. J. Physiol. **123,** 553—564 (1954).
MERTZ, D. P.: Effect of theophylline on acid secretion of stimulated human gastric mucosa. Experientia **25,** 269—270 (1969).
MERTZ, D. P., MANN, K., JAHR, R.: Wirkung von Adenosin-3′,5′-cyclischem Monophosphat auf die basale Säuresekretion des menschlichen Magens. Klin. Wschr. **49,** 936—939 (1971).
MERTZ, D. P., WICK, T., THOUGBHOUBESRA, T., DECKERS, H.: Untersuchungen über die Wirkung von Methylxanthinen auf die Magensaftbildung des Menschen. Med. Welt **22,** 2004—2007 (1971 b).
MESSURIER, D. H. LE: The site of action of caffeine as a respiratory stimulant. J. Pharmacol. exp. Ther. **57,** 458—463 (1936).

MEYER, E.: Über die Wirkung des koffeinhaltigen und koffeinfreien Kaffees auf den Grundumsatz. Z. Untersuch. Lebensmitt. **69,** 563—570 (1935).

MEYERHOF, O.: Die Energieumwandlungen im Muskel. IV. Mitteilung: Über die Milchsäurebildung in der zerschnittenen Muskulatur. Pflügers Arch. ges. Physiol. **188,** 114—160 (1921).

MICHELI, H.: Some characteristics of lipolysis in rabbit adipose tissue. Effects of noradrenaline, ACTH, theophylline and prostaglandin E_1. Acta physiol. scand. **79,** 289—298 (1970).

MICHL, H., HABERLER, F.: Über die Bestimmung von Purinen in coffeinhaltigen Drogen. Monatsh. f. Chem. **85,** 779—795 (1954).

MIEDERER, S. E., DEYHLE, P., STADELMANN, O.: Der Einfluß von Glucagon und Sekretin auf die durch Methylxanthine (Theophyllin) intrazellulär stimulierte Magensekretion des Menschen. Med. Welt **22,** 209—211 (1971a).

MIEDERER, S. E., DEYHLE, P., STADIE, H., KLENK, M., OTTENJANN, R.: Der Einfluß von Glukagon auf die durch Methylxanthine (Theophyllin) stimulierte Säure-, Elektrolyt- und Pepsinogensekretion des menschlichen Magens. Klin. Wschr. **48,** 1339—1343 (1970).

MIEDERER, S. E., KAESS, H., STADELMANN, O.: Zur Frage der Gastrinfreisetzung durch Methylxanthine. Klin. Wschr. **51,** 42—44 (1973).

MIEDERER, S. E., STADIE, H., STADELMANN, O.: Der Einfluß akuter Hypermagnesiämie auf die durch Methylxanthine (Theophyllin) stimulierte Säure-, Elektrolyt- und Pepsinogensekretion des menschlichen Magens. Klin. Wschr. **49,** 24—27 (1971b).

MILLER, C., LING, G. N.: Structural change of intracellular water in caffeine-contracted muscle cells. Physiol. Chem. Phys. **2,** 495—498 (1970).

MILLER, E. N., MILES, W. R.: Effects of caffeine on the running speed satisfied and prostrated rats. J. comp. Psychol. **20,** 397—412 (1935).

MILLER, R. J., BERGEIM, O., REHFUSS, M. E., HAWK, P. B.: Gastric response to foods. XI. The influence of tea, coffee and cocoa upon digestion. Amer. J. Physiol. **52,** 28—53 (1920).

MILLS, D. C. B., SMITH, J. B.: The influence on platelet aggregation of drugs that affect the accumulation of adenosine 3′,5′-cyclic monophosphate in platelets. Biochem. J. **121,** 185—196 (1971).

MILNER, R. D. G.: Stimulation of insulin secretion in vitro by essential aminoacids. The Lancet I, 1075—1076 (1969a).

MILNER, R. D. G.: The mechanism by which leucine and arginine stimulate insulin release in vitro. Biochim. Biophys. Acta **192,** 154—156 (1969b).

MILNER, R. D. G., ASHWORTH, M. A., BARSON, A. J.: Insulin release from human foetal pancreas *in vitro*. Horm. Metab. Res. **3,** 353—354 (1971a).

MILNER, R. D. G., HALES, C. N.: The role of calcium and magnesium in insulin secretion from rabbit pancreas studied in vitro. Diabetologia **3,** 47—49 (1967).

MINEMURA, T., LACY, W. W., CROFFORD, O. B.: Regulation of the transport and metabolism of amino acids in isolated fat cells. Effect of insulin and a possible role for adenosine 3′,5′-monophosphate. J. Biol. Chem. **245,** 3872—3881 (1970).

MISHKIN, A. R., BOWER, R. S., ANDERSON, L. E.: The isolation of myo-inositol from roasted Coffea arabica. Carbohydrate Res. **13,** 170—172 (1970).

MISIRLIOGLU, Y. I.: Coffee drinking and acute myocardial infarktion. The Lancet **1,** 46 (1973).

MISIRLIOGLU, Y. I., SHAFIROFF, B. G.: Clinical application of fibrinolysis in the treatment of arteriosclerosis and essential hypertension. Suppl. III to Circulation **29** and **30,** 22 (1964).

MITCHELL, W. A., KLOSE, R. E.: Verfahren zur Entkoffeinierung von Kaffee. DT-Pat. 2.125.994 (1971).

MITOLO, M.: Arch. Fisiol. **25,** (Suppl.) 667 (1927).

MITOMA, C., LOMBROZO, L., LE VALLEY, S. E., DEHN, F.: Nature of the effect of caffeine on the drugmetabolizing enzymes. Arch. Biochem. Biophys. **134,** 434—441 (1969).

MITOMA, C., SORICH, TH. J., NEUBAUER, S. E.: The effect of caffeine on drug metabolism. Life Sci. **7,** 145—151 (1968).

MITTLER, S., MITTLER, J. E., OWENS, S. L.: Loss of chromosomes and non disjunction induced by caffeine in drosophila. Nature **214,** 424 (1967).

MITZNEGG, P., HACH, B., HEIM, F.: The influence of caffeine on endogenous cyclic 3',5'-AMP and uterine smooth muscle contraction unduced by oxytocin. Life Sciences **9,** 975—981 (1970b).

MITZNEGG, P., HACH, B., HEIM, F.: The influence of cyclic 3',5'-AMP on contractile responses induced by vasopressin in isolated rat uterus. Life Sciences **10,** 169—174 (1971).

MITZNEGG, P., HEIM, F., MEYTHALER, B.: Influence of endogenous and exogenous cyclic 3',5'-AMP on contractile responses induced by oxytocin and calcium in isolated rat uterus. Life Sciences **9,** 121—128 (1970a).

MITZNEGG, P., SCHUBERT, E., HEIM, F.: The influence of low and high doses of theophylline on spontaneous motility and cyclic 3',5'-AMP content in isolated rat uterus. Life Sciences **14,** 711—717 (1974).

MITZNEGG, P., SCHWARZLOSE, W., HEIM, F.: Die Hemmung der hormonell induzierten DNS-Synthese durch Coffein in vivo. Klin. Wschr. **48,** 1194—1195 (1970).

MIYAZAKI, M.: Effect of cerebral circulatory drugs on cerebral and peripheral circulation, with special reference to aminophylline, papaverine, cyclandelate and isoxsuprine. Jap. Circul. J. **35,** 1053—1057 (1971).

MIYAZAKI, E., YABU, H., TAKAHASHI, M.: Increasing effect of caffeine on the oxygen consumption of the skeletal muscle. Jap. J. Physiol. **12,** 113—123 (1962).

MOELLER, J., GÜLKE, K.: Die Wirkung von Pervitin, Arterenol, Coffein, Euphyllin, Cordalin und Strophanthin auf die Nierenfunktion. Z. Klin. Med. **151,** 301—312 (1954).

MOLINENGO, L., RICCI-GAMALERO, S.: Behavioural action of the association of pentobarbital and chlorpromazine with iproniacid and caffeine. Pharmacol. Res. Commun. **3,** 97—106 (1971).

MOLTENI, M.: Lesioni gastriche da caffeina. Arch. Ital. Chir. **53,** 135—157 (1938).

MONNIER, M., KRUPP, P.: Elektrophysiologische Methodik zur Prüfung der zentralen Wirkung von Pharmaka am wachen Kaninchengehirn. Arch. exp. Pharmakol. **238,** 227—228 (1960).

MONTAGU, K.: Adrenaline and noradrenaline in tissues of normal, insulin-treated, and adrenalectomized rats. Nature **176,** 555 (1955).

MONTAGUE, W., COOK, J. R.: Adenosine 3',5'-cyclic monophosphate and insulin release. Biochem. J. **120,** 9 P—10 P (1970).

MONTAGUE, W., COOK, J. R.: The role of adenosine 3',5'-cyclic monophosphate in the regulation of insulin release by isolated rat islets of Langerhans. Biochem. J. **122,** 115—120 (1971).

MONTAGUE, W., TAYLOR, K. W.: Pentitols and insulin release by isolated rat islets of Langerhans. Biochem. J. **109,** 333—339 (1968a).

MONTAGUE, W., TAYLOR, K. W.: Islet-cell metabolism during insulin release; effects of glucose, citrate, octanoate, tolbutamide, glucagon and theophylline. Biochem. J. **115,** 257—262 (1969).

MORAN, N. C., PERKINS, M. E.: Adrenergic blockade of the mammalian heart by a dichloro analogue of isoproterenol. J. Pharmacol. exp. Ther. **124,** 223—237 (1958).

MORGAN, R. W., JAIN, M. G.: CMA Journal, Cit. nach Ärztliche Praxis Nr. 20, 1945.

MORGENTHALER, M. R.: A process for manufacture of soluble dry products containing a concentrated coffee extract. AU-Pat. 104.062 (1938).

MORIMOTO, M.: Z. Kreislaufforsch. **21,** 324—328 (1929).

MORISSET, J. A., WEBSTER, P. D.: In vitro and in vivo effects of dibutyryl cyclic AMP (dcAMP) on pancreatic amylase secretion and synthesis. Clin. Res. **18,** 38 (1970).

MORROW, J.: Effect of caffeine on the induction of mutations in chinese hamster cells by ultraviolet light. Mut. Res. **14,** 438—439 (1972).

MOSIMANN, W., HÖGL, O.: Über einige nichtflüchtige Extraktstoffe des Kaffees. Mitt. Lebensmittelunters. Hyg. **49,** 433—441 (1958).

MOSIMANN, W., HÖGL, O.: Beiträge zur Kenntnis nichtflüchtiger Kaffee-Extraktstoffe. Teil 1 und 2. Mitt. Lebensmittelunters. Hyg. **51,** 266—292 (1960).

MOSKOWITZ, J., FAIN, J. N.: Hormonal regulation of lipolysis and phosphorylase activity in human fat cells. J. Clin. Invest. **48,** 1802—1808 (1969).

MOSKOWITZ, J., FAIN, J. N.: Stimulation by growth hormone and dexamethasone of labeled cyclic adenosine 3',5'-monophosphate accumulation by white fat cells. J. Biol. Chem. **245,** 1101—1107 (1970).

MOSPANOV, L. S.: The effect of some dairy products on the gastric motor function. Vop. Pitan. **25,** 76—79 (1966).

MOUTON, R. F.: DNA repair inhibitors and carcinogenesis. Inhibition of post-UV irradiation growth in the dark of tetrahymena pyriformis by caffeine and the oncogenic mycotoxin luteoskyrin. Eur. Biophys. Congr. Proc. **2,** 241—250 (1971).

MOYER, J. H., TASHNEK, A. B., MILLER, S. I., SNYDER, H., BOWMAN, R. O.: The effect of theophylline with ethylendiamin (aminophylline) and caffeine on cerebral hemodynamics and cerebrospinal fluid pressure in patients with hypertensive headaches. Am. J. Med. Sci. **224,** 377—385 (1952).

MÜHLBACHOVA, E., SÓLYOM, A., PUGLISI, L.: Investigations on the mechanism of the prostaglandin E_1 antagonism to norepinephrine and theophylline-induced lipolysis. Europ. J. Pharmacol. **1,** 321—325 (1967).

MÜLHENS, K., GRAF-RIECKMANN, L.: Beitrag zum Verträglichkeitsbegriff von Kaffeesorten. Dtsch. Lebensm.-Rundschau **63,** 177—179 (1967).

MÜLHENS, K. J.: Diskussionsbeitrag zu analytischen Nachweismethoden für bearbeitete leicht verträgliche Kaffeesorten. Kaffee- u. Tee-Markt **22,** (11) 5—6 (1972).

MÜLLER, E. E., PECILE, A., KABIR NAIMZADA, M., FERRARIO, G.: The involvement of cyclic 3',5'-adenosine monophosphate in the growth hormone release mechanism Experientia **25,** 750—751 (1967).

MÜLLER, W., HAASE, E., WEDEKIND, K., NIEDLICH, R.: Das Verhalten des EOG nach Kaffeegenuß. Klin. Monatsbl. Augenheilk. **162,** 379—383 (1973).

MÜLLER-LIMMROTH, W.: Die Koffein-Wirkung auf das Electroretinogramm des Menschen. Ärzt. Forsch. **20,** 86—89 (1966).

MÜLLER-LIMMROTH, W.: Alkohol, Übermüdung und Kaffee biphasisch leistungsverändernd. Med. Trib. B 15. S. 14, 10. IV. 1970.

MÜLLER-LIMMROTH, W.: Der Einfluß von coffeinhaltigem und coffeinfreiem Kaffee auf den Schlaf des Menschen. 5. Internat. Kolloquium über Kaffee-Chemie (Lissabon, 1971), ASIC Paris, S. 375—382.

MÜLLER-LIMMROTH, W.: Influence of caffeine-containing and caffeine-free coffee on sleep in humans. Suppl. 14 Z. Ernährungswiss. (1974).

MÜLLER-WIELAND, K.: Der Kohlenhydrat- und Fettsoffwechsel unter dem Einfluß der Methylxanthine. In: F. HEIM, H. P. T. AMMON: Coffein und andere Methylxanthine, S. 175—180. Stuttgart: Schattauer-Verlag 1969.

MÜRER, E. H.: Compounds known to affect the cyclic adenosine monophosphate level in blood platelets: Effect on thrombin-induced clot retraction and platelet release. Biochim. Biophys. Acta **237,** 310—315 (1971).

MUITTARI, A., MATTILA, M. J.: Bronchodilator action of drug combinations in asthmatic patients: Ephedrin, theophylline and tranquilizing drugs. Curr. Terap. Res. **13,** 374—385 (1971).

MULDERS, E. J.: Volatile components from the non-enzymic browning reaction of the cysteine/cystine-ribose system. Z. Lebensmitt.-Unters. **152,** 193—201 (1973).

MULLER, P. J., VERNIKOS-DÄNELLIS, J.: Effect of environmental temperature on the toxicity of caffeine and dextroamphetamine in mice. — Mannliche swiss-webser mice. J. Pharm. exp. Ther. **171,** 153—158 (1970).

MURAMATU, S., FUJII, K., SAITO, K., SAKAI, T.: Studies on rapid cooling contraction of desoxycholate-treated muscle fibers. Tokyo Jikeikai Jka Daigaku Zasshi **85,** 314—323 (1970). (Englische Zusammenfassung).

MURPHY, E. H., VENABLES, P. H.: The effect of caffeine citrate and white noise on ear asymmetry in the detection of two clicks. Neuropsychologia **9,** 27—32 (1971).

MURPHY, G. W., SCHREINER, B. F., YU, P. N.: Effects of aminophylline on the pulmonary circulation and left ventricular performance in patients with vascular heart diseases. Circulation **37,** 361—369 (1968).

MUSCHOLL, E., KIEFER, G., LINDMAR, R.: Die Wirkung von Methylxanthinen auf die Katecholaminspeicherung im Organismus. In: F. HEIM, H. P. T. AMMON: Coffein und andere Methylxanthine, p. 57—64. Stuttgart–New York: F. K. Schattauer-Verlag 1969.

MUSICK, V. H., HOPPS, H. C., AVEY, H. T., HELLBAUM, A. A.: A simplified caffeine gastric test meal for the diagnosis of peptic ulcer. J. Am. Med. Ass. **141,** 839—841 (1949).

MYERS, H. B.: Cross tolerance: Decreased renal response to theobromin and theophyllin in rabbits tolerant toward caffein. J. Pharmacol. exp. Ther. **23,** 477—483 (1924).

NACHMANSOHN, D., SCHNEEMANN, H.: On the effect of drugs on cholinesterase. J. Biol. Chem. **159,** 239—240 (1945).

NAGAI, S.: Stabilizing effect of caffeine on respirationally unstable strain of yeast. Exp. Cell Res. **26,** 253—259 (1962).

NAGASAMPAGI, B. A., ROWE, J. W., SIMPSON, R., GOAD, L. J.: Sterols of coffee. Phytochemistry **10,** 1101—1107 (1971).

NAIR, K. G.: Purification and properties of 3',5'-cyclic nucleotide phosphodiesterase from dog heart. Biochemistry **5,** 150—157 (1966).

NAISMITH, D. J., AKINYANJU, P. A., SZANTO, S., YUDKIN, J.: The effect in volunteers of coffee and decaffeinated coffee on blood glucose, insulin, plasma lipids and some factors involved in blood clotting. Nutr. Metabol. **12,** 144—151 (1970).

NAISMITH, D. J., AKINYANJU, P., YUDKIN, J.: The influence of coffee drinking on plasmalipids and fasting blood glucose in healthy human volonteers. Proc. Nutr. Soc. **28,** 12A (1969).

NAISMITH, D. J., AKINYANYU, P. A., YUDKIN, J.: Influence of caffeine-containing beverages on the growth, food utilization and plasma lipids of the rat. J. Nutr. **97,** 375—381 (1969).

NAKAI, K.: Relation between accurance of hematomas and malformations induced in mouse-embryos by administration of a large dose of caffeine during gestation. Act. Anat. Nippon **36,** 521—528 (1961). (Englische Zusammenfassung).

NAKAJIMA, S., SHOEMAKER, R. L., HIRSCHOWITZ, B. I., SACHS, G.: Comparison of actions of aminophylline and pentagastrin on Necturus gastric mucosa. Am. J. Physiol. **219,** 1259—1262 (1970).

NAKANO, J., GIN, A. C. ISHII, T.: Effect of age on norepinephrine-, ACTH-, theophylline- and dibutyryl cyclic AMP-induced lipolysis in isolated rat fat cells. J. Gerontol. **26,** 8—12 (1971).

NAKANO, J., ISHII, T.: Effect of desmethylimipramine on hormone-, theophylline-, and dibutyryl cyclic AMP-induced lipolysis in isolated rat fat cells. Proc. Soc. exp. Biol. Med. **134,** 210—212 (1970).

NAKANO, J., ISHII, T., GIN, A. C.: Effect of diazoxide on lipolysis in isolated rat fat cells. Pharmacology **1,** 183—188 (1968).

NAKANO, J., OLIVER, R., ISHII, T.: Effect of imidazole and its derivatives on norepinephrine-, ACTH-, theophylline- and dibutyryl cyclic AMP-induced lipolysis in isolated rat fat cells. Pharmacology **3,** 273—281 (1970).

NAMM, D. H., MAYER, S. E.: The role of cyclic AMP in myocardial contractility and the phosphorylase activating pathway. Pharmacologist **10,** 145 (1968).

NASH, E.: Alcohol and caffeine Study of their psychological effects, C. C. THOMAS, 1962, 45—56. Springfield, 1962.

NASH, H.: Psych. effects and alcohol-antagonizing properties of caffeine. Quart. J. stud. Alcohol **27,** 727—734 (1965).

NATOCHIN, Y. V., SOKOLOVA, M. M.: Effect of diaphyllin on the osmoregulatory function of the dog's kidney. Byul. Eksp. Biol. Med. **61,** 617—620 (1967).

NAVELLIER, P.: Coffee. In: Encyclopedia of Industrial Chemical Analysis, herausg. v. F. D. SNELL, L. S. ETTRE **10,** 373—447 (1970).

NAYLER, W. G.: A direct effect of reserpine on ventricular contractility. J. Pharm. exp. Ther. **139,** 222—229 (1963).

NAYLER, W. G.: Calcium exchange in cardiac muscle: A basic mechanism of drug action. Am. Heart J. **73,** 379—394 (1967).

NAYLER, W. G.: Effect of calcium on cardiac contractile activity and radiocalcium movement. Am. J. Physiol. **204,** 969—974 (1963).

NAYLER, W. G., HASKER, J. R.: Effect of caffeine of calcium in subcellular fractions of cardiac muscle. Am. J. Physiol. **211,** 950—954 (1966).

NAYLER, W. G., PRICE, J. M.: Effect of sceletal muscle potentiators including uranyl ions on cardiac muscle. Am. J. Physiol. **213,** 1459—1464 (1967).

NECHAY, B. R.: Renal response to aminophylline in relation to hydration and exogenous vasopressin. J. Pharmacol. exp. Ther. **176,** 377—382 (1971).

NECHAY, B. R., LARIMER, J. L., MAREN, T. H.: Effects of drugs and physiologic alterations on nasal salt excretion in sea gulls. J. Pharmacol. exp. Ther. **130**, 401—410 (1960).

NEMIROVSKII, L. E., AKIF'EV, A. P., KLIMENKO, V. V.: A modifyling effect of caffeine on the chemically induced aberrations of chromosomes in the bone marrow cells of rat. Genetika **5**, 83—88 (1969).

NEU, R.: Zur Kenntnis des Kaffee-Öles. V. Mitt.: Der gesättigte Kohlenwasserstoff des Unverseifbaren. Die Pharmazie **3**, 82—83 (1948).

NEUMANN, K. H.: Einfluß von Milch auf Toxizität und diuretische Wirkung von Coffein. Med. u. Ernähr. **3**, 205—208 (1962).

NEUMANN, K.: Tierversuche zur Frage körperlichen Leistungsvermögens nach Aufnahme von Koffein. Med. Klin. **60**, 1354—1356 (1965).

NEUMANN, K.: Acute Toxizität von Kaffeeinfusen aus behandelten und unbehandelten Kaffeebohnen. Dtsch. med. J. **16**, 353—357 (1965).

NEUROTH, G., WEZLER, K., STIEGLITZ, G.: Die Wirkung der Purine und ihrer Substituenten auf die Dynamik des isolierten, spontan schlagenden Froschherzens. Arch. exp. Pharmakol. **220**, 378—390 (1953).

NEUTHARD, A., HOEN: Arch. exp. Pharmakol. **185**, 293 (1937).

NEWMAN, H. W., NEWMAN, E. J.: Failure of dexedrine and caffeine as practical antagonists of the depressant effect of ethylalkohol in man. Quat. J. stud. Alcohol **17**, 406—410 (1956).

NICOLAI, H. F.: Verfahren zur Herstellung von coffeinfreiem Kaffee aus Kaffeebohnen. DR-Pat. 124.875 (1901).

NICOLOFF, D. M., PETER, E. T., LEONARD, A. S., WANGENSTEEN, O. H.: Catecholamines in ulcer provocation. J. Am. Med. Ass. **191**, 383—385 (1965).

NIEKAU, B.: Ergebn. inn. Med. **22**, 477—554 (1922).

NIELSEN, O. E.: Comparative studies of the diuretics acetazolamide, aminometradine, chlorothiazide and theophyllin. Acta pharmac. tox. **18**, 23—37 (1961).

NIESCHULZ, O.: Über die Merkfähigkeit bei Mäusen und ihre experimentelle Beeinflußbarkeit. Med. exp. Pharmacol. **13**, 294—302 (1965).

NIESCHULZ, O.: Über Nachweismöglichkeiten zentraler Wirkungen des Coffeins in Tierversuchen. Troisième Colloque Int. sur la Chimie des cafés, Triest 1967, ASIC Paris, S. 277—285.

NIESCHULZ, O.: Lernverhalten von Mäusen nach experimentellen Hirnschäden. Arzneimitt. Forsch. **19**, 357—360 (1969).

NISHI, M.: Über den Mechanismus der Diuretinglykosurie. Arch. exp. Path. Pharmakol. **61**, 401—417 (1909).

NISHIKAWA, H., SHIIO, I.: Effect of caffeine on adenylsuccinat lyase. Synthesis in bacillus subtilis. J. Biochem. (Tokyo) **65**, 523—529 (1969).

NISHIMURA, H., NAKAI, K.: Congenital malformations in offspring of mice treated with caffeine — SMA-strain des jap. Inst. f. Genetik. Proc. Soc. exp. Biol. Med. **104**, 140—142 (1960).

NITZ, R. E., SCHRAVEN, E., TROTTNOW, D.: Hemmung der Phosphodiesterase aus Rattenherzen durch Intensain. Experientia **24**, 334—335 (1968).

NÖCKER, J.: Doping im Sport. Physiol. Leibesüb. S. 64—67. Stuttgart: Enke 1964.

NORBERG, B.: Cytoplasmic microtubules and radial-segmented nuclei (Rieder cells) Effect of vinoblastin, sulfhydryl reagents heparin and caffeine. Scand. J. Haematol. **6**, 312—318 (1969).

NORCROSS, N. C.: Intercerebral blood flow. Arch. Neur. Psychiat. **45**, 291—299 (1938).

NORTHROP, G., PARKS, R. E. Jr.: The effects of adrenergic blocking agents and theophylline on 3',5'-AMP-induced hyperglycemia. J. Pharmacol. exp. Ther. **145**, 87—91 (1964).

NOTTBOHM, F. E., MAYER, F.: Über das Vorkommen und den Nachweis von Cholin im Kaffee. Z. Lebensmitt.-Unters. **63**, 176—182 (1932).

NOVICK, A.: Mutagens and antimutagens. Brookhaven Symp. in Biol. **8**, 201—215 (1956).

NOVIKOVA, V. A.: The effect of strychnine, caffeine and bromine on the formation of atophan ulcers of the stomach and duodenum in dogs. Tr. Izhevsk. Otd. Vses. Fiziol. (USSR) **2**, 43—47 (1970).

NOVOTNY, I., BIANCHI, C. P.: The effect of xylocaine on oxygen consumption in the frog sartorius. J. Pharm. exp. Therap., **155**, 456—462 (1967).

NOVOTNY, I., VYSKOCIL, F.: Possible role of Ca ions in the resting metabolism of frog sartorius muscle during potassium depolarization. J. Cell. comp. Physiol. **67**, 159—168 (1966).

NOVOTNY, I., VYSKOČIL, F., VYKLICKY, L., BERÁNEK, R.: Potassium and caffeine induced increase of oxygen consumption in frog muscle and its inhibition by drugs. Physiol. Bohemoslov. **11**, 277—284 (1962).

ODELL, G.: The role of pyrazine compounds in the flavor of coffee. 6. Internationales Kolloquium über Kaffee-Chemie (Bogota, 4.—9. Juni 1973), ASIC Paris, S. 312—318.

OEHNELL, H., BERG, H.: Zur Frage über die Ventrikelfunktion nach Verabreichung verschiedener Arten von Kaffee. Acta med. Scand. **76**, 491—520 (1931).

ÖSTMAN, J., EFENDIC, S.: Catecholamines and metabolism of human adipose tissue. II. Effect of isopropylnoradrenaline and adrenergic blocking agents on lipolysis in human omental adipose tissue in vitro. Acta med. scand. **187**, 471—476 (1970).

ÖSTMAN, J., EFENDIC, S., ARNER, P.: Catecholamines and metabolism of human adipose tissue. I. Comparison between in vitro effects of noradrenaline, adrenaline and theophylline on Lipolysis in omental adipose tissue. Acta med. scand. **186**, 241—246 (1969).

OGAWA, Y.: A new experimental method of diuretics using mice and its application to some diuretics. Jap. J. Pharmacol. **3**, 87—98 (1954).

OGAWA, Y.: Some properties of fragmented frog sarcoplasmic reticulum with particular reference to its response to caffeine. R. CATESBIANA. J. Biochem. (Tokyo) **67**, 667—683 (1970).

OGUTUGA, D. B. A., NORTHCOTE, D. H.: Biosynthesis of caffeine in tea callus tissue. Biochem. J. **117**, 715—720 (1970).

OHKURA, H., KITAMURA, T., YAMAMURA, T., SAKODA, M.: Role of cyclic AMP in gastric juice secretion III. Effect of gastrin on cyclic AMP concentration of rat gastric mucosa. Igaku No Ayumi **82**, 205—206 (1972).

OKA, Y., KIRIYAMA, S., YOSHIDA, A.: Sterol composition of fruits, fungi, marine algae and tea, coffee and cocoa. Eiyo To Shokuryo **26**, 317—327 (1973).

OLDERSHAUSEN, H. F. v.: Leber. In: H.-E. BOCK: Pathophysiologie Bd. 1, S. 291—322. G. Thieme: Stuttgart 1972.

ORENTLICHER, M., ORNSTEIN, R. S.: Influence of external cations on caffeine-induced tension: Calcium extrusion in crayfish muscle. J. Membr. Biol. **5**, 319—333 (1971).

ORLIN, P.: Einfrieren von Kaffee-Extrakt und kontinuierliche Gefriertrocknung auf dem Tellertrockner. 6. Internationales Kolloquium über Kaffee-Chemie (Bogotá, 4.—9. Juni 1973), ASIC Paris, S. 240—254.

ORLOFF, J., HANDLER, J. S.: Vasopressin-like effects of adenosine 3′,5′-phosphate (cyclic 3′,5′-AMP) and theophylline in the toad bladder. Biochem. biophys. Res. Commun. **5**, 63—66 (1961).

ORLOFF, J., HANDLER, J. S.: The similarity of effects of vasopressin, adenosine-3′,5′-phosphate (cyclic AMP) and theophylline on the toad bladder. J. Clin. Invest. **41**, 702—709 (1962).

ORLOFF, J., HANDLER, J. S.: The similarity of effects of vasopressin, 3′,5′-AMP (cyclic AMP) and theophylline on the toad bladder. J. clin. Invest. **41**, 702 (1962).

ORLOFF, J., HANDLER, J. S.: The effect of adenosine-3′,5′-phosphate (cyclic AMP), theophylline, and vasopressin on water movement and sodium transport in the toad bladder. In: P. C. WILLIAMS (Hrsg.): Hormones and the kidney. London and New York: Academic Press 1963.

ORLOFF, J., HANDLER, J. S.: The cellular mode of action of antidiuretic hormone. Amer. J. Physiol. **36**, 686—697 (1964).

ORSUCCI, P. L., CIAMPOLINI, E., DRINGOLI, R., RAVAIOLI, P., RUBEGNI, M.: Caffeina e quadro lipidico in giovani soggetti sani. Atti Acad. Fisiocrit. Siena **17**, 852—869 (1968).

OSA, T.: The inhibitory action of caffeine on the smooth muscles of mouse myometrium and guinea pig ileum. Jap. J. Physiol. **23**, 199—216 (1973).

OSTEN, H.: Objektivierbare Ergebnisse der Behandlung spastischer Bronchitiden mit einer Kombination aus Theophyllin, Ephedrin und Phenyläthylbarbitursäure. Arzneimitt.-Forsch. **21**, 876—880 (1971).

OSTERTAG, W.: Koffein und Theophyllinmutagenese bei Zell- und Leukocytenkulturen des Menschen. Mut. Res. **3**, 249—267 (1966).

OSTERTAG, W.: Chemische Mutagenese bei menschlichen Zellkulturen. Abt. math.-naturwiss. Klasse, Akad. d. Wissensch. Mainz 124 S., 1966.

OSTERTAG, W., DUISBERG, E., STÜRMANN, M.: The mutagenic activity of caffeine in man. Mut. Res. **2,** 293—296 (1965).

OSTERTAG, W., GREIF, B. J.: Die Erzeugung von Chromosomenbrüchen durch Coffein in Leukocytenkulturen des Menschen. Humangenetik **3,** 282—294 (1967).

OSTERTAG, W., HAAKE, J.: The mutagenicity in drosophila melenogaster of caffeine and of other compounds which produce chromosome breakage in human cells in culture. Z. Vererbungsl. **98,** 299—308 (1966).

OTTENJANN, R., NITZSCHE, R., RÖSCH, W.: Über den Einfluß von Theophyllin auf die durch Pentagastrin submaximal stimulierte gastrale Säuresekretion. Klin. Wschr. **49,** 56—57 (1971).

OURY, A.: Arch. int. Pharmacodyn. **44,** 488 (1937).

PADBERG, G.: Biochemische Untersuchungen über die Reifung des fötalen Bindegewebes unter dem Einfluß von Diphenylpyralin-8-Chlortheophyllinat und Coffein. Arzneimitt.-Forsch. **14,** 424—428 (1964).

PAGE, J. G.: The effect of desmethylimipramine and theophylline on plasma free fatty acids and blood glucose in rats. Pharmacology **3,** 6—14 (1970).

PAGE, I. H.: The action of certain diuretics on the function of the kidney as measured by the urea clearance test. J. Clin. Invest. **12,** 737—739 (1933).

PAGET, O. E., BARNES, J. M.: Toxicity tests in evaluation of drug activities. Pharmacomimetrics **I,** 135—166 (1964) Zit. nach Peters (1967).

PALMER, J. K.: Separation of components of aroma concentrates on the basis of functional group and aroma quality. J. Agr. Food Chem. **21,** 923—925 (1973).

PANTEN, U., CHRISTIANS, J.: Effects of 2-endo-aminonorborane-2-carboxylic acid upon insulin secretion and fluorescence of reduced pyridine nucleotides of isolated perifused pancreatic islets. Naunyn Schmiedeberg's Arch. Pharmacol. **276,** 55—62 (1973).

PANZER, H. P., YARE, R. S., FORBES, M. R.: Green bean decaffeination employing fluorinated hydrocarbons. US-Pat. 3.669.679 (1972).

PARÉ, W.: The effect of caffeine and seconal on visual discrimination task. J. Comp. Physiol. Psychol. **54,** 506—509 (1961).

PARISH, R. F., FRICK, E., RICHARDS, A. B., FORNEY, R. B.: Human caffeine fatality. Toxicol. appl. Pharmacol. **7,** 494 (1965).

PARISI, M., BENTLEY, P. J.: Effects of vasopressin, cyclic AMP, and theophylline on oxygen consumption of toad bladder „sacs". J. Endocr. **48,** 117—124 (1970).

PARLIMENT, T. H., CLINTON, W., SCARPELLINO, R.: trans-2-nonenal: Coffee compound with novel organoleptic properties. J. Agr. Food Chem. **21,** 485—487 (1973).

PARSONS, J. A., NICOLL, C. S.: Mechanism of action of prolactin-inhibiting factor. Neuroendocrinology **8,** 213—227 (1971).

PARTRIDGE, W.: Boric acid in coffee. Analyst **52,** 401 (1927).

PASCHKE, M., SCHWANITZ, F.: Zum Problem der Vortestung von Arzneimitteln mit Hilfe niederer und höherer Pflanzen. Arzneimitt.-Forsch. **21,** 873—876 und 1419—1422 (1971).

PATIN, D. L.: Polysaccharides of the coffee bean. Diss. Abstr. **25,** 6965—6966 (1965).

PAUL, M. I., PAUK, G. L., DITZION, B. R.: The effect of centrally acting drugs on the concentration of brain adenosine 3',5'-monophosphate. Pharmacology **3,** 148—154 (1970).

PAUL, O.: Stimulants and coronaries. Postgrad. Med. **44,** 196—199 (1968).

PAUL, O., LEPPER, M. H., PHELAN, W. H., DUPERTUIS, G. W., MACMILLAN, A., MCKEAN, H., PARK, H.: A longitudinal study of coronary heart disease. Circulation **28,** 20—31 (1963).

PAUL, O., MACMILLAN, A., MCKEAN, H., PARK, H.: Sucrose intake and coronary heart-disease. The Lancet **II,** 1049—1051 (1968).

PAULI, R.: Arch. Psychol. **60,** 391 (1927).

PAWAN, G. L. S.: Alcohol metabolism in man: Acute effects of physical exercise, caffeine, fructose and glucose on the rate of ethanol metabolism. Biochem. J. **106,** 19 (1968).

PAYNE, S. G., KOSTYO, J. L.: Inhibition by theophylline of the stimulatory effects of growth hormone on amino acid transport and protein synthesis in muscle. Endocrinology **87,** 1186—1191 (1970).

PAZ, M. H., LEON, A. S.: Coffee berry borer. Boletin Asociación Nacional del Café de Guatemala **11**, 72 (1972).

PEACH, M. J.: Stimulation of release of adrenal catecholamine by adenosine 3',5'-cyclic monophosphate and theophylline in the absence of extracellular Ca^{2+}. Proc. Nat. Acad. Sci. USA **69**, 834—836 (1972).

PENZOLDT, F.: Beiträge zur Lehre von der menschlichen Magenverdauung unter normalen und abnormen Verhältnissen. Dtsch. Arch. klin. Med. **14**, 535—582 (1893).

PEREIRA, A., PEREIRA, M., PEREIRA, J.: Quelques caractères chimiques des cafés d'Angola verts et torréfiés. Estud. agron. **8**, 185—196 (1967).

PEREIRA, A. Jr., PEREIRA, M. M.: Amino acids in portugese coffees. 5. Internationales Kolloquium über Kaffee-Chemie (Lissabon, 14.—19. Juni 1971), ASIC Paris, S. 85—90.

PETEK, F., DONG, T.: Séparation et étude de deux α-galactosidases des graines du café. Enzymologia **23**, 133—142 (1961).

PETERS, J. M.: Caffeine induced hemorrhagic automutilation. Arch. Int. Pharmacodyn. **169**, 139—146 (1967).

PETERS, J. M.: Caffeine toxicity in starved rats. Toxicol. and appl. Pharmacol. **9**, 390—397 (1966).

PETERS, J. M.: Factors affecting caffeine toxicity (a review of the literature). J. clin. Pharmacol. **7**, 131—141 (1967).

PETERS, J. M., BOYD, E. M.: The influence of sex and age in albino rats given a dayly oral dose of caffeine at high dose level. Canad. J. Physiol. Pharmacol. **45**, 305—311 (1967).

PETERS, J. M., BOYD, E. M.: Diet and caffeine toxicity in rats. Toxicol. appl. Pharmacol. **8**, 350—351 (1966).

PETERS, J. M., BOYD, E. M.: Diet and susceptibility to caffeine. Environment Physiol. **1**, 12—20 (1971).

PETIT, J. M., DELHEZ, L., PIRNAY, F., KONINCKA, N.: Actions physiologiques des drogues sur les facteurs limitatifs du travail musculaire et de la performance sportive. Cercle scientifiques des anciens elèves de l'institut à Gilkinet Liège 1970, 119—148.

PETROWA, A.: Rona **88**, 112 (1934).

PETROWA, M. K., RYSS, S.: Experimentelle Untersuchungen über einige Arten des Probefrühstücks nebst Vorschlag eines neuen. Arch. Verdau.-Krankh. **47**, 328—347 (1930).

PEVALTA, C. G., PISKORZ, E., CORONADÓ QUESADA, E., RUBIÓ, H. H.: Accion de la secretina sobre la secrecion acida gastrica estimulada con cofeina. Acta gastroenterol. latino-americana **5**, 113—116 (1973).

PEYTREMANN, A., NICHOLSON, W. E., LIDDLE, G. W., HARDMAN, J. G., SUTHERLAND, E. W.: Effects of methylxanthines on adenosine 3',5'-monophosphate and corticosterone in rat adrenal. Endocrinology **92**, 525—530 (1973).

PFAFF, C. H., LIEBIG, J.: Über die Zusammensetzung des Caffeins. Ann. Chem. **1**, 17—20 (1832).

PFAFFMAN, M. A., MCFARLAND, S. A.: The effects of theophylline and cyclic AMP on intestinal smooth muscle contractions. Europ. J. Pharmac. **23**, 147—152 (1973).

PFAFFMAN, M. A., MCFARLAND, S. A., CROW, J. W.: The effects of caffeine on the contractile activity of taenia coli. Arch. Int. Pharmacodyn. **191**, 5—14 (1971).

PFEIFFER, C. C., GOLDSTEIN, L., MURPHREE, H. B., SUGERMAN, A. A.: Time series, frequency analysis and electrogenesis of the EEG's of normals and psychotics before and after drugs. Am. J. Psychiatr. **121**, 1147—1155 (1965).

PFEIFFER, C. J., GASS, G. H.: Caffeine-induced ulcerogenesis in the rat. Canad. J. Biochem. Physiol. **40**, 1473—1476 (1962).

PFEIFFER, J. C., ROTH, J. L. A.: Studies on the secretory and cytotoxic actions of caffeine on the ferret gastric mucosa. Exp. Molec. Path. **13**, 66—78 (1970).

PICTET, G., BRANDENBERGER, H.: Polyphenole in Pflanzen. II. Trennung von Phenolsäuren aus grünem und geröstetem Kaffee. J. Chromatog. **4**, 396—409 (1960).

PIEPER, K. H.: Abschwächung der Wirkung von Coffein nach wiederholter Gabe. Arzneimitt.-Forsch. **13**, 585—588 (1963).

PIEPER, K. H.: Der Einfluß von Säuren (HCL u. H_3PO_4) auf die Blutdruckwirkung des Coffeins. Arzneimitt.-Forsch. **22**, 1120—1123 (1972).

PILCHER, C., WILSON, C. P., HARRISON, T. R.: Ficksche The action of drugs on cavdiac out put. III. Am. Heart J. **2**, 618—630 (1927).
PINCUSSOHN, L.: Die Wirkung des Kaffees und des Kakaos auf die Magensaftsekretion. Münch. med. Wschr. **48**, 1248—1249 (1906).
PINCUSSOHN, L.: Über das sekretionsfördernde Prinzip des Kaffees. Z. Phys. diätet. Ther. **11**, 261—263 (1907).
PINTAURO, N.: Soluble coffee manufacturing processes. Noyes Development Corp., 1969.
PINTILIE, C., MISON-CRIGHEL, N., CRIGHEL, E.: Mescaline-spikes and amino acids in the cortex of cats pretreated with caffeine and pentetrazol. Epilepsia **11**, 303—311 (1970).
PITEL, M., LERMAN, S.: Further studies on the effects of intrauterine vasoconstrictors on the fetal ratlens Am. J. Ophthalmol. **58**, 464—470 (1964).
PLANT, O. H., REYNOLDS, C.: Effect of caffeine on intestinal movements. J. Pharmacol. exp. Ther. **19**, 256 (1922).
PLETSCHER, A., GEY, K. F., ZELLER, P.: Monoaminoxydase-Hemmer. Fortschr. Arzneimitt.-Forsch. **2**, 417—590 (1960).
PLOTNIKOFF, N., REINKE, D., FITZLOFF, J.: Effect of stimulands on rotarod performance of mice. J. Pharmaceut. Sci. **51**, 1007—1008 (1962).
PLUNKETT, R. A.: Kohlenhydrate der Kaffeebohne. Dissertation, Ohio State Univ. 1955, Diss. Abstr. **16**, 455 (1956).
PÖCH, G.: Assay of phosphodiesterase with radioactively labeled cyclic 3',5'-AMP as substrate. Naunyn-Schmiedeberg's Arch. exp. Path. Pharmak. **268**, 272—299 (1971).
PÖCH, G., KUKOVETZ, W. R.: Zur Frage des Angriffspunktes der Herzwirkung von Methylxanthinen. Arch. exp. Path. Pharmak. **243**, 343—345 (1962).
PÖCH, G., KUKOVETZ, W. R.: Über den Einfluß von Serotoninantagonisten auf die Herzwirkung von Theophyllin. Arch. exp. Path. Pharmak. **246**, 46—47 (1963).
PÖCH, G., KUKOVETZ, W. R.: Die Phosphodiesteraseaktivität des Herzens unter Theophyllin, Imidazol und 2-Brom-LSD. In: F. HEIM, H. P. T. AMMON: Coffein und andere Methylxanthine, S. 109—117. Stuttgart: Schattauer-Verlag 1969.
POISNER, A. M.: Caffeine-induced catecholamine secretion: Similarity to caffeine-induced muscle contraction. Proc. Soc. exp. Biol. Med. **142**, 103—105 (1973a).
POISNER, A. M.: Direct stimulant effect of aminophylline on catecholamine release from the adrenal medulla. Biochem. Pharmacol. **22**, 469—476 (1973b).
POLACEK, I., BOLAN, J., DANIEL, E. E.: Accumulation of adenosine 3'-5'-monophosphate and relaxation in the rat uterus in vitro. Can. J. Physiol. Pharmacol. **49**, 999—1004 (1971).
POLONOVSKI, M., DONZELOT, E., BRISKAS, S., DOLIOPOULOS, T.: The comparative effects of coffee and soluble extracts of coffee on normal persons and on cardiacs. Cardiologia **21**, 809—816 (1952).
POPESCU: Zit. nach Chem. Centralbl. 8944 (1960).
P.O.P., TS'O, HELMCAMP, G. K., SANDER, C.: Interactions of nucleosides and related compounds with nucleic acids as indicated by the change of helix-coil transition temperature. Proc. nat. Acad. Sci. (USA) **48**, 686—697 (1962).
POWERS, J. J., KEITH, E. S.: Stepwise discriminant analysis of gas chromatographic data as an aid in classifying the flavor quality of foods. J. Food Sci. **33**, 207—213 (1968).
POYART, C., NAHAS, G. G.: Metabolic effects of theophylline and norepinephrine in the dog at normal and acid pH. Amer. J. Physiol. **212**, 1247—1254 (1967).
POYART, C. F., NAHAS, G. G., VULLIEMOZ, Y.: Inhibition of activated lipolysis by acidosis. Molec. Pharmacol. **4**, 389—401 (1968).
PREOBRASCHENSKY, A. M.: Z. exp. Med. **55**, 226—238 (1927).
PREOBRASCHENSKY, A. M.: Z. exp. Med. **71**, 49—71 (1930). Z. exp. Med. **96**, 608—617 (1935).
PRESCOTT, S. C., EMERSON, R. L., WOODWARD, R. B., HEGGIE, R.: The staling of coffee, II. Food Res. **2**, 165—173 (1937).
PRICE, J. M., NAYLER, W. G.: Effect of hypothermia on the response of isolated rat myocardium to xanthin derivatives Arch. Int. Pharmacodyn. **166**, 390—397 (1966).
PROKOP, L.: Coffein u. Sportleistung. Sportarzt u. Sportmed. **19**, 282—287 (1968).
PROKOP, L.: Kaffee u. Blutalkohol. Med. u. Ernähr. **9**, 37—38 (1968).
QUADBECK, G.: Blut-Hirnschranke und Hirnernährung. Münchn. med. Wschr. 24—26 (1962).

QUIJANO RICO, M., SPETTEL, B.: Análisis instrumental por activación con neutrones térmicos de algunas muestras de café. 6. Internationales Kolloquium über Kaffee-Chemie (Bogotá, 4.—9. Juni 1973), ASIC Paris, S. 102—105.

RACHMILEWITZ, M., STRANSKY, E.: Über die Beeinflussung der Kalkausscheidung durch Diuretika. Arch. exp. Path. Pharmak. **158,** 129—153 (1930).

RADTKE, R.: Zur Kenntnis des Kaffeearomas und seiner Veränderungen im Laufe der Lagerung von Röstkaffee. Dissertation, Universität München 1964.

RADTKE, R.: Überblick über den heutigen Stand der Verpackungstechnik für Röstkaffee unter besonderer Berücksichtigung der Aromaerhaltung. Dtsch. Lebensm.-Rundschau **69,** 404—410 (1973).

RADTKE, R., MOHR, W., SPRINGER, R.: Zur Kenntnis des Kaffeearomas und seiner Veränderungen im Laufe der Lagerung von Röstkaffee III. Mitt.: Untersuchung der schwerflüchtigen Aromaverbindungen und der flüchtigen Säuren. Z. Lebensmitt.-Unters. **129,** 349—359 (1966).

RAFF, W.: Die Wirkung von Chlorogensäure, chlorogensaurem NA und Coffein auf Kreislauf und Atmung der Ratte und des Hundes. Dissertation Düsseldorf 1965 (LOCHNER).

RAFF, W. K., SCHOLTHOLT, J., LOCHNER, W.: Wirkung des Coffeins auf Herz und Kreislauf. Arzneimitt.-Forsch. **21,** 1177—1179 (1971).

RAGHUPATHY, E., PETERSON, N. A., MCKEAN, C. M.: Stimulatory effects of aminophylline on amino acid incorporation into protein by cell free systems. Biochem. Pharmacol. **20,** 1901—1915 (1971).

RAHMANN, H.: Einfluß des Pervitins auf Gedächtnisleistungen, Verhaltensweise und einige physiologische Funktionen von Goldhamstern. Pflügers Arch. ges. Physiol. **273,** 247—263 (1961).

RAHMANN, H.: Einfluß von Coffein auf das Gedächtnis und das Verhalten von Goldhamstern. Pflügers Arch. ges. Physiol. **276,** 384—397 (1963).

RAHWAN, R.-G., BOROWITH, J. L., MIYA, T. S.: The role of intracellular calcium in catecholamine secretion from the bovine adrenal medulla. J. Pharmacol. exp. Ther. **184,** 106—118 (1973).

RAJCHERT-TRZPIL, M., DOBRZANSKI, W. T.: Influence of chloramphenicol and caffeine on uv rays and mitomycin C stimulated transition of the episome to the chromosome in E.coli K 12. Bull. Acad. pol. Sci. Ser. Sci. Biol. **15,** 539—543 (1967). Zit. nach CA **68,** 992 (1968).

RALL, T. W., KAKIUCHI, S.: Influence of certain neurohormones and drugs on the accumulation of cyclic 3',5'-AMP in brain tissue. Mol. Basis Some Aspects Ment. Activ., Proc. NATO Advan. Study Inst. **1,** 417—430 (1965) Publ. 1966.

RALL, T. W., SATTIN, A.: Factors influencing the accumulation of cyclic AMP in brain tissue. In: P. GREENGARD, E. COSTA: Advances in Biochemical Psychopharmacology, Vol. 3, pp. 113—133. New York: Raven Press 1970.

RALL, T. W., SUTHERLAND, E. W.: Formation of a cyclic adenine ribonucleotide by tissue particles. J. Biol. Chem. **232,** 1065—1076 (1958).

RALL, T. W., WEST, T. C.: The potentiation of cardiac inotropic responses to norepinephrine by theophylline. J. Pharm. exp. Ther. **139,** 269—274 (1963).

RAMSEIER, H.: Gefriergetrockneter, löslicher Kaffee. Schweiz. Techn. Z. **66,** 426—427 (1969).

RANSOM, F.: The action of caffeine on muscle. J. Physiol. **42,** 144—155 (1911).

RAO, G. S., KHANNA, K. L., CORNISH, H. H.: Identification of two new metabolites of caffeine in the rat urine. Experientia **29,** 953—955 (1973).

RATNER, A.: Stimulation of luteinizing hormone release in vitro by dibutyryl-cyclic-AMP and theophylline. Life Sci. **9,** Part I, 1221—1226 (1970).

RAUTH, A. M.: Evidence for dark reactivation of uv light damage in mouse L cells. Rad. Res. **31,** 121—138 (1967).

RAUTH, A. M., BARTON, B., LEE, C. P. Y.: Effects of caffeine on L-cells exposed to mitomycin C. Cancer Res. **30,** 2724—2729 (1970).

REED, N., FAIN, J. N.: Stimulation of respiration in brown fat cells by epinephrine, dibutyryl-3',5'-adenosine monophosphate, and m-chloro(carbonylcyanide) phenylhydrazone. J. Biol. Chem. **243,** 2843—2848 (1968).

REES, H. A., BORTHWICK, R. C., MILLAR, J. S., DONALD, K. W.: Aminophylline in bronchial asthma. The Lancet II, 1167 (1967).

REES, M. H.: Effect of caffein, theocin and diuretin on the daily output of urine in rabbits. Amer. J. Physiol. **68,** 136 (1924).

REGES, I.: Vergleichende Untersuchungen über die Wirkung von Coffein u. Chlorogensäure auf die Psychomotorik des Menschen. Examensarbeit von Müller-Limmroth (1970).

REICHERT, E. T.: Action of caffeine on tissue metamorphosis and heat phenomena. N.Y. med. J. **51,** 456 (1890). Zit. nach MEANS et al. (1917).

REICHSTEIN, T., STAUDINGER, H.: The aroma of coffee. Coffee and Tea Industries **6,** 91—94 (1955).

REID, I. A., STOCKIGT, J. R., GOLDFIEN, A., GANONG, W. F.: Stimulation of renin secretion in dogs by theophylline. Europ. J. Pharmacol. **17,** 325—332 (1972).

REIMANN, H. A.: Caffeinism. A cause of long-continued, low-grade fever. J. Amer. med. Ass. **202,** 1105—1106 (1967).

REINHARD: Kulturgeschichte der Nutzpflanzen.

REISS, J.: Untersuchungen über den Einfluß von Coffein, Colchicin, Acenaphthen, Cumarin und 8-Hydroxychinolin auf die Kerne des Pilzes Thamnidium elegans Link. Cytologia **34,** 449—453 (1969).

RENGGLI, I., DAUM, S.: Obstructive pulmonale Hypertension: Wirkung von Aminophyllin, Hyperventilation und O_2-Atmung. Schweiz. Med. Wschr. **101,** 352—357 (1971).

RENOLD, A. C., CAHILL, G. E., Jr.: Handbook of Physiology. Sect. 5: Adipose tissue. Am. Physiol. Soc., Washington, D. C., 1965.

RENON, L.: Caféisme nouveau traite de médecine. Fascicule VI. Paris (1925).

RENSCH, B., RAHMANN, H.: Einfluß des Pervitins auf das Gedächtnis der Goldhamster. Plügers Arch. ges. Physiol. **271,** 693—704 (1960).

REUNING, R. H., LEVY, G.: Role of intragastric diffusion in the absorption of free and caffeine-complexed salicyclic acid from the rat stomach. J. Pharmaceut. Sci. **56,** 843—847 (1967).

REUNING, R. H., LEVY, G.: Effect of complexation and selfassociation on the absorption of caffeine. J. Pharmaceut. Sci. **57,** 1335—1341 (1968).

REUNING, R. H., LEVY, G.: Characterisation of complex formation between small molecules by membrane permeation measurements. J. Pharmaceut. Sci. **57,** 1556—1561 (1968).

REVE, B.: Über die Beeinflussung der Digilanidwirkung durch Koffein und Theobromin. Dissertation Münster, 11 S., 1936.

REY, L. R., PICTET, G., MORAND, F.: Procédé de préparation d'extraits de matières végétales. CH-Pat. 458.905 (1968).

REYMOND, D., CHAVAN, F., EGLI, R. H.: Gas-chromatographic analysis of the highly volatile constituents of roasted coffee. Recent Adv. in Food Sci. **3,** 151—157 (1963).

REYMOND, D., MUEGGLER-CHAVAN, F., VIANI, R., VUATAZ, L., EGLI, R. H.: Gas chromatographic analysis of steam volatile aroma constituents: Application to coffee, tea and cocoa aromas. J. Gas Chromatogr. **4,** 28—31 (1966).

RHOADES, J. W.: Sampling method for analysis of coffee volatiles by gas chromatography. Food Res. **23,** 254—261 (1958).

RHOADES, J. W.: Analysis of the volatile constituents of coffee. J. Agr. Food Chem. **8,** 136—141 (1960).

RICKLAFS, G.: Untersuchungen zur Lebensweise Glaukomkranker. Documenta Ophthalmol. **25,** 43—99 (1968).

RICKLEFS, G., PÖHLS, E. U.: Die Wirkung coffeinhaltiger Tabletten u. Coca Cola auf den intraocularen Druck von Patienten ohne Glaukom und von regulierten Glaukomkranken. 0,1 u. 0,2 g Coffein. Klin. Monatsbl. Augenheilk. **154,** 546—551 (1969).

RIESSER, O.: Hoppe-Seylers Z. Physiol. Chem. **130,** 176—204 (1923).

RIESSER, O., NEUSCHLOSS, S. M.: Arch. exp. Path. Pharmak. **93,** 163 (1922).

RITOV, V. B.: Effect of acetylcholine and caffeine on the functional activity of fragmented sarcoplasmatic reticulum. Biokhimiya **36,** 327—333 (1971).

RIVERS, W. H. R., WEBBER, H. N.: J. Physiol. **36,** 33—47 (1908).

RIZACK, M. A.: Activation of an epinephrine-sensitive lipolytic activity from adipose tissue by adenosine 3′,5′-phosphate. J. Biol. Chem. **239,** 392—395 (1964).

RIZZI, G. P.: A mechanistic study of alkylpyrazine formation in model systems. J. Agr. Food Chem. **20,** 1081—1085 (1972).

RIZZOLO, A.: Biol. Bull. Mar. Biol. Labor Wood's Hole **56,** 379 (1929).

ROBERTS, E., SIMONSEN, D. G.: Some properties of cyclic 3',5'-nucleotide phosphodiesterase of mouse brain: Effects of imidazole-4-acetic acid, chlorpromazine, cyclic 3',5'-GMP and other substances. Brain Res. **24,** 91—111 (1970).

ROBERTS, J. J., WARD, K. N.: Inhibition of post-replication repair of alkylated DNA by caffeine in chinese hamster cells but not Hela cells. Chem. Biol. Interact. **7,** 241—264 (1973).

ROBERTSON, C. R., ROSIERE, C. E., BLICKENSTAFF, D., GROSSMAN, M. I.: The potentiating action of certain xanthine derivatives on gastric acid secretory responses in the dog. J. Pharmacol. exp. Therap. **99,** 362—365 (1950).

ROBISON, D. S.: The uptake and release of lipids by the liver. H. C. MENG, Proc. Intern. Symposion on Lipid Transport, S. 199—201. c.c. Springfield: Thomas, 1964.

ROBISON, G. A., BUTCHER, R. W., SUTHERLAND, E. W.: Cyclic AMP. Ann. Rev. Biochem. **37,** 149—174 (1968).

ROBISON, G. A., BUTCHER, R. W., SUTHERLAND, E. W.: Cyclic AMP. N.Y.: Academic Press. 1971.

ROCHAC, A.: Diccionario del Café. Oficina Panamericana del Café, New York, S. 244 (1964).

RODBELL, M.: Metabolism of isolated fat cells VI. The effects of insulin, lipolytic hormones, and theophylline on glucose transport and metabolism in „ghosts". J. Biol. Chem. **242,** 5751—5756 (1967).

RODBELL, M., JONES, A. B.: Metabolism of isolated fat cells. III. The similar inhibitory action of phospholipase C (clostridium perfringens α toxin) and of insulin on lipolysis stimulated by lipolytic hormones and theophylline. J. Biol. Chem. **241,** 140—142 (1966).

RÖHM, F., SEYBOLD, G., PIRTKIEN, R.: Die verschiedenen Formen des experimentellen Ulcus ventriculi bei der Ratte und seine medikamentöse Beeinflussung. Arzneimitt.-Forsch. **14,** 128—132 (1964).

RÖHRBORN, G.: Mutagenitätsuntersuchungen an Mäusen nach chronischer Behandlung mit Coffein. Z. Ernährungswiss. (Suppl.) **14,** 57—67 (1972).

RÖHRBORN, G., VOGEL, F.: Mutationen durch chemische Einwirkung bei Sauger u. Mensch. 2. Genetische Untersuchungen an der Maus. Dtsch. med. Wschr. **92,** 2315—2321 (1967).

RÖSNER, P., KÜHN, U., KEINER, F.: Der Einfluß von behandeltem und unbehandeltem Kaffee auf die Magensäuresekretion. Med. Klinik **66,** 238—242 (1971).

ROFFO, A. H.: El alquitrán de café cancerigeno. Bol inst. de med. exper. para le estudo y trat. d. cancer **15,** 741—762 (1938).

ROFFO, A. H.: Krebserzeugender Kaffeeteer. Dtsch. med. Wschr. **65,** 1382—1384 (1939).

ROSELIUS, L.: Die Erfindung des coffeinfreien Kaffees. Chemiker-Ztg. **61,** (1) 13 (1937).

ROSELIUS, W., VITZTHUM, O., HUBERT, P.: Verfahren zum Entfernen von unerwünschten Reizstoffen aus Kaffee. DT-Pat. 2.031.830 (1971).

ROSELIUS, W., VITZTHUM, O., HUBERT, P.: Verfahren zur Gewinnung von Aromabestandteile enthaltendem Kaffeeöl aus Röstkaffee. DT-Pat. 2.106.133 (1972).

ROSELIUS, W., VITZTHUM, O., HUBERT, P.: Herstellung von coffeinfreiem Kaffee-Extrakt. DT-Pat. 2.119.678 (1973).

ROSEN, O. M.: Preparation and properties of a cyclic 3',5'-nucleotide phosphodiesterase isolated from frog erythrocytes. Arch. Biochem. Biophys. **137,** 435—441 (1970).

ROSSI, G., BONFILS, S., LIEFFOGH, F., LAMBLING, A.: Technique nouvelle pour produire des ulcérations gastriques chez le rat blanc: l'ulcère de contrainte. C.R. Soc. Biol. **150,** 2124—2126 (1956).

ROTH, J. A., IVY, A. C.: The effect of caffeine upon gastric secretion in the dog, cat and man. Am. J. Physiol. **141,** 454—461 (1944 a).

ROTH, J. A., IVY, A. C.: The synergistic effect of caffeine upon histamine in relation to gastric secretion. Am. J. Physiol. **142,** 107—113 (1944 b).

ROTH, J. A., IVY, A. C.: The experimental production of acute and subacute gastric ulcers in cats by the intramuscular injection of caffeine in beeswax. Gastroenterology **2,** 274—285 (1944 c).

ROTH, J. A., IVY, A. C.: The effect of vagotomy and atropine upon caffeine stimulation of gastric secretion. Gastroenterology **5,** 129—134 (1945).

ROTH, J. A., IVY, A. C.: Caffeine and "peptic" ulcer. Gastroenterology **7,** 576—582 (1946).

ROTH, J. A., IVY, A. C., ATKINSON, A. J.: Caffeine and "peptic" ulcer. Relation of caffeine and caffeine-containing beverages to the pathogenesis, diagnosis and management of "peptic" ulcer. J. Am. Med. Ass. **126**, 814—820 (1944).

ROTH, J. A., VALDES-DAPENA, A.: Experimental caffeine ulceration. In: ST. C. SKORYNA: Pathophysiology of peptic ulcer p. 276—279. Montreal: McGill Univ. Press 1963.

ROTH, J. L. A.: Clinical evaluation of the caffeine gastric analysis in duodenal ulcer patients. Gastroenterology **19**, 199—215 (1951).

ROTH, J. L. A.: Role of drugs in production of gastro-duodenal ulcers. J. Am. Med. Ass. **187**, 418—422 (1964).

ROULLAND-DUSSOIX, D.: Dégradation par la cellule hôte du DNA bactériophage λ irradié par le rayonnement uv. Mut. Res. **4**, 241—252 (1967).

RUBACH, K.: Beitrag zur Analytik der Hydroxyzimtsäureester des Kaffees. Dissertation, Techn. Univ. Berlin 1969.

RUBCHINSKAYA, K. I.: Effect of heart stimulants on metabolism in the myocardium (glycogen activity of glycolysis enzymes). Ukr. Biokhim. Zh. **37**, 553—557 (1965).

RUDOLPHI, J. A., MUNCH, J. C., SEINFELD, B. M.: Xanthines: Central nervous system reactions in allergic individuals. Ann. of Allergy. **25**, 649—653 (1967).

RÜDEL, R., TAYLOR, S. R.: Striated muscle fibers: Facilitation of contraction at short lengths by caffeine. Science **172**, 387—388 (1971).

RÜEGGER, H. R.: Zur Frage der Coffeinwirkung des Kaffees mit Milchzusatz. Schweiz. Med. Wschr. **83**, 994 (1953) Zit. nach NEUMANN (1962).

RUEGG, J. C.: Smooth muscle tone. Physiol. Rev. **51**, 201—248 (1971).

RÜHL, A., THADDEA, S.: Die Wirkung von Coffein auf den Milchsäurestoffwechsel von Herz und Lunge. Arch. exp. Path. Pharmak. **191**, 438—451 (1939).

RUNGE, F.: Kaffe. Neueste phytochem. Entdeckungen I, 144—159 (1820).

RUSSWURM, H. Jr.: Fractionation and analysis of aroma precursors in green coffee. 4. Internationales Kolloquium über Kaffee-Chemie (Amsterdam, 2.—6. Juni 1969), ASIC Paris, S. 103—107.

RUTENFRANZ, J., JANSEN, G.: Über die Kompensation von Alkoholwirkungen durch Coffein und Pervitin bei einer psychomotorischen Leistung. Int. Z. Angew. Physiol. einschließlich Arbeitsphysiol. **18**, 62—81 (1959).

RYAN, W. L., CORONEL, D. M.: Adenosine 3',5'-monophosphate as an inhibitor of ovulation and reproduction. Amer. J. Obstet. Gynec. **105**, 121—123 (1969).

SAITO, K.: The first major component of tension of the skeletal muscle in hypertonic solution. Jikeikai med. J. **18**, 67—74 (1971).

SAKAI, T.: Action of the localanaesthetics on the mechanical response of the caffeinized muscle by rapid cooling. Jikei med. J. **10**, 113—120 (1963).

SAKAI, T.: The effect of calcium ion and caffeine upon the activity of striated muscle to rapid cooling. Jikei med. J. **9**, 9—18 (1962).

SAKAI, T., GEFFNER, E. S., SANDOW, A.: Caffeine contracture in muscle with disrupted transverse tubules. Am. J. Physiol. **220**, 712—717 (1970).

SALANT, W., KLEITMAN, N.: The elevation of temperature produced by caffeine in hypothermia. J. Pharmacol. exp. Ther. **21**, 214—215 (1923).

SALANT, W., NADLER, J. E.: Versuche an Katzen. Am. J. Physiol. **78**, 308—321 (1926).

SALANT, W., RIEGER, J. B.: The toxicity of caffeine. J. Pharmac. exp. Therap. **1**, 572—574 (1909).

SALZMAN, E. W., NERI, L. L.: Cyclic adenosine 3',5'-monophosphate in human blood platelets. Nature (London), 609—610 (1969).

SALZMAN, E. W., RUBINO, E. B., SIMS, R. V.: The role of cyclic AMP in platelet aggregation. Ser. Haemat. **3**, 108—113 (1970).

SAMS, D. J., MONTAGUE, W.: The role of adenosine 3':5'-cyclic monophosphate in the regulation of insulin release. Properties of islet-cell adenosine 3':5'-cyclic monophosphate phosphodiesterase. Biochem. J. **129**, 945—952 (1972).

SAMUEL, D.: Lernprozeß und Gedächtnis bei Tieren. Universitas **26**, 871—875 (1971).

SANDOR, G.: Pflügers Arch. ges. Physiol. **213**, 492—510 (1926).

SANDOW, A.: Excitation-contraction coupling in skeletal muscle. Pharmacol. Rev. **17**, 265—320 (1965).

SANDOW, A., BRUST, M.: Caffeine potentiation of twitch tension in frog sartorius muscle. Biochem. Z. **345**, 232—247 (1966).

SANDOW, A., TAYLOR, S. R., ISAACSON, A., SEGUIN, J. J.: Electrochemical coupling in potentiation of muscular contraction. Science (Wash.) **143**, 577—579 (1964).

SANT'AMBROGIO, G., FRAZIER, D. T., BOYARSKY, L. L.: Effect of caffeine on spinal reflexes. Proc. soc. exp. Biol. Med. **109**, 273—276 (1962).

SANT'AMBROGIO, G., MOGNONI, P., VENTRELLA, L.: Plasmalevels of caffeine after oral intramuscular and intravenous administration. Arch. Int. Pharmacodyn. **150**, 259—263 (1964).

SAPOZHKOV, A. V.: The influence of caffeine and a combination of caffeine with strophantin in acute occlusion of the coronary artery on the collateral coronary circulation. Bull. Eksperim. Biol. i. Med. **70**, 64—66 (1970). (Englische Zusammenfassung).

SAPOZHKOV, A. V.: Characteristics of the action exerted by some drugs on the vessels and anastomoses of isolated catheart. Farmakol. Toksikol (Moskow) **34**, 60—63 (1971). Chem. Abst. **977**, 569 (1971).

SARACHEK, A., BISH, J. T., IRELAND, R.: Relative susceptibilities of caffeine-sensitive and caffeine-resistant strains of candida albicans to inactivation and mutation by ultraviolet radiation. Arch. Mikrobiol. **74**, 244—257 (1970).

SASLOW, G.: Oxygen consumption and respiratory quotient of caffeinized frog muscles. J. Cell. Comp. Physiol. **10**, 385—394 (1937).

SASLOW, G.: Am. J. Physiol. **119**, 396 (1937).

SATAKE, Y.: The amount of epinephrine secreted from the suprarenal glands in dogs in hemorrhage, and poisoning with guanidine, peptone, caffeine, urethane, camphor etc. Tohoku J. exp. Med. **17**, 333—344 (1967).

SATINDER, K. P.: Genotype-dependent effects of D-amphetaminesulfat and caffeine on escape-avoidance behavior of rats. J. Comp. Physiol. Psychol. **76**, 359—361 (1971).

SATO: Zit. nach Rona **76**, 571 (1933).

SATTIN, A.: Increase in the content of adenosine 3',5'-monophosphate in mouse forebrain during seizures and prevention of the increase by methylxanthines. J. Neurochem. **18**, 1087—1096 (1971).

SATTIN, A. RALL, T. W.: The effect of adenosine and adenine nucleotides on the cyclic adenosine 3', 5'-phosphate content of guinea pig cerebral cortex slices. Mol. Pharmacol. **6**, 13—23 (1970).

SAUERBIER, W.: Inhibition of host cell reactivation in phage T1 by caffeine. Biochem. Biophys. Res. Commun. **14**, 340—346 (1964).

SAX, K., SAX, H. J.: Radiometric beverages and drugs. Science **152**, 676 (1966).

SAX, K., SAX, H. J.: Radiomimetic beverages, drugs and mutagens. Proc. Nat. Acad. Sci. (USA) **55**, 1431—1435 (1966).

SAX, K., SAX, H. J.: Possible mutagenic hazards of some food additives beverages and in secticides. Jap. J. Gen. **43**, 89—94 (1968).

SCAIFE, J. F.: Cyclic 3'-5'-adenosinemonophosphate: Its possible role in mamalian cell mitosis and radiation-induced mitotic G_2-delay. Int. J. Rad. Biol. **19**, 191—195 (1971).

SCHÄFER, KURZ (1971): Unveröffentlichte Versuche, siehe WURZIGER 1971 b.

SCHAFF, G., DUCHÊNE-MARULLAZ, P., LAUTIER, F., LAVARANNE, J.: Effets stimulants cardiaques de la théophylline et de la khelline. C. Rend. **161**, 1415—1419 (1967).

SCHAFF, G., FAUCON, G.: Étude comparative de l'action de quelques vasodilateurs sur la contractilité myocardique. Arch. Int. Pharmacodyn. **145**, 213—232 (1963).

SCHAFF, G., SCHWERTZ, M. T., MARBACH, G.: Influence de l'alcool et de la caféine sur la motilité spontanée, la fréquence cardiaque, la fréquence respiratoire et la température rectale au cours du sommeil. J. Physiol. **54**, 411—412 (1962).

SCHALLEK, W., KUEHN, A.: Effect of drugs on sponaneous and activated EEG of cat. Arch. Int. Pharmacodyn. **120**, 319—333 (1959).

SCHANKER, L. S.: J. Pharm. exp. Ther. **120**, 528—539 (1957).

SCHANKER, L. S.: Passage of drugs across body membranes. Pharm. Rev. **14**, 501—530 (1962).

SCHANKER, L. S., SHORE, P. A., BRODIE, B. B., HOGBEN, C. A. M.: Absorption of drugs from the stomach. I. The rat. J. Pharmacol. exp. Ther. **120**, 528—539 (1957).

SCHANKER, L. S., TOCCO, D. J., BRODIE, B. B., HOGBEN, C. AM.: Absorption of drugs from the rat small intestine. J. Pharm. exp. Ther. **123,** 81—88 (1958).

SCHATTENSTEIN: Zit. nach Rona **103,** 456 (1936).

SCHATTENSTEIN, KOSJATOFF, TSCHIRKIN: Zit. nach Rona **95,** 40 (1936).

SCHAUMANN, W., JUHRAN, W., DIETMANN, K.: Antagonismus der Kreislaufwirkungen von Adenosin durch Theophyllin. Arzneimitt.-Forsch. **20,** 372—377 (1970).

SCHEELE, E.: Verfahren zur Herstellung von coffeinfreiem Kaffee. DR-Pat. 675.471 (1939).

SCHILF, E., WOHINZ, R.: Das Vorkommen von Coffein in Frauenmilch. Arch. Gynäkol. **134,** 201 (1928). Klin. Wschr. 1186 (1928).

SCHILLING, V.: Über einen als Herzfehler erscheinenden Fall von Innenkörperanämie, aufgedeckt als chronische Antifebrinvergiftung und Coffeinsucht. Z. Klin. Med. **108,** 709—736 (1928).

SCHIMMEL, S., DYE, M., ROBINSON, C. S.: Über die Änderung des Grundumsatzes beim Genuß von Zichorien- und Zichorien-Kaffee-Getränken. Z. Lebensmitt.-Untersuch. **57,** 576—584 (1929).

SCHIRLITZ, K.: Über Coffein bei ermüdender Muskelarbeit. Arbeitsphysiol. **2,** 273—297 (1929).

SCHKAWERA, G. L., KUSNEZOW, A. I.: Z. exp. Med. **38,** 37 (1923), Z. exp. Med. **34,** 307 (1923). Rona. **14,** 287 (1922).

SCHLEIER, J.: Pflügers Arch. ges. Physiol. **197,** 543 (1923).

SCHLIERF, G., KAHLKE, W.: Fettstoffwechsel. In: BOCK, H. E.: Pathophysiologie **1,** 144—161. Stuttgart: Thieme-Verlag 1972.

SCHMÄHL, D.: Sind Röstprodukte als kancerogen anzusehen? Dtsch. med. Wschr. **93,** 36 (1968).

SCHMID, A.: Kaffee in der Schwangerschaft. Med. Klin. **62,** 766 (1967).

SCHMID, E.: Die therapeutische Anwendung von Euphyllin und ihre experimentellen Grundlagen. Med. Klin. **53,** 1524—1526 + 1577—1579 (1958).

SCHMID, E.: Über synergistische Wirkungen entzündungshemmender Medikamente beim Menschen. In: LINDNER, J., WILHELMI, E.: Die infektiöse Entzündung, S. 465—469. Bern u. Stuttgart: H. Huber-Verlag 1968.

SCHMID, E.: Krankheiten von Speiseröhre und Magen – was ist neu, was ist bewährt? Referat, 3. Frühjahrssymposium, Timmendorfer Strand 1974.

SCHMID, E., BUBNOFF, M. v., TAUGNER, R.: Zur Kreislaufwirkung der Purinkörper am wachen Hund. Arzneimitt.-Forsch. **5,** 194—201 (1955).

SCHMID, E., EL-HAMALAWI, J., DETTMER, N.: Elektronenmikroskopische funktionsdiagnostische Studien an Biopsiepartikeln der menschlichen Magenschleimhaut. 2. Gastroenterol., Verh. Bd. **4,** 166—173 (1971).

SCHMID, E., HENNING, H.: Gastroskopische Befunde bei Leberkranken. Z. Gastroenterol. **9,** 353—356 (1971).

SCHMID, E., ZICHA, L., SCHEIFFARTH, F.: Über die Wirkung von 5-Hydroxytryptophan auf den Magendarmtrakt des Menschen. Med. exp. **2,** 266—269 (1960).

SCHMIDT, A. K. E.: Arch. exp. Pharm. Path. **85,** 137—151 (1919).

SCHMIDT, B.: Stoffwechsel von ^{14}C-Coffein bei der Ratte. In: LANG und CZOK: Alkohol und Coffein, S. 133—141 (1970).

SCHMIDT, B.: Coffeinserumspiegel bei Ratten nach oraler Coffeingabe und ihre Beeinflussung durch Kaffee- und Tee-Inhaltsstoffe. In: LANG und CZOK: Alkohol und Coffeein, S. 142—151 (1970 b).

SCHMIDT, C. F., HARER, B.: J. exp. Med. **37,** 69—81 (1923).

SCHMIDT, C. F., HENDRIX, J. P.: The action of chemical substances on cerebral blood vessels. Res. Publ. Ass. Nerv. Ment. Diseases. **18,** 269—276 (1937).

SCHMIDT, F.: Neuere Befunde zur Frage Krebs und Ernährung. Ernähr.-Umschau **16,** 172—179 (1969).

SCHMIDT, F., FRITZ, W.: Zur Genese des Magenkrebses. Die Bedeutung carcinogener Kohlenwasserstoffe in Nahrungsmitteln. Mitteilungsd. d. Ges. z. Bekämpfung d. Krebskrankh. **5,** 15—29 (1968).

SCHMIDT, F., PROLL, J., FRITZ, W.: Fütterungs- und Injectionsversuche mit erhitztem Schweineschmalz. Mitteilungsd. d. Ges. z. Bekämpfung d. Krebskrankh. **5,** 6—14 (1968).

SCHMIDT, G. G., HEUNISCH, E.: Zum Nachweis von Theobromin und seinen Metaboliten im Harn. Dtsch. Z. ges. gerichtl. Med. **57**, 393—401 (1966).
SCHMIDT, G. G., SCHUYERER, R.: Zum Nachweis von Coffein und seinen Metaboliten im Harn. Dtsch. Z. ges. gerichtl. Med. **57**, 402—409 (1966).
SCHMIDT-MELLE, K.: Belastungsproben in Diagnose und Therapie des Glaukoms. Zeitfr. d. Augenheilk. Thieme Verlag Leipzig, 76—107 (1954).
SCHNACKENBERG, R. C.: Caffeine as a substitute for schedule. II. Stimulants in hyperkinetic children. Am. J. Psychiatr. **130**, 796—798 (1973).
SCHNEIDER, W.: Die Wirkung von coffeinhaltigem Kaffee auf die Flimmerverschmelzungsfrequenz. Arch. exp. Path. Pharmak. **227**, 393—399 (1956).
SCHOEN, R.: Arch. exp. Path. Pharmak. **113**, 275 u. 246 (1926).
SCHOENFELD, C., AMELAR, R. D., D'UBIN, L.: Stimulation of ejaculated human spermatozoa by caffeine. Fert. and ster. **25**, 304 (1974). Zit. nach Café **5**, 68 (1974).
SCHÖNHÖFER, P. S., SKIDMORE, I. F., BOURNE, H. R., KRISHNA, G.: Cyclic 3',5'-AMP phosphodiesterase in isolated fat cells. Simple and sensitive methods for the assay of phosphodiesterase activity in fat cells and studies of the enzyme inhibition by theophylline. Pharmacology **7**, 65—77 (1972).
SCHOFIELD, J. G.: Role of cyclic 3',5'-adenosine monophosphate in the release of growth hormone in vitro. Nature **215**, 1382—1383 (1967).
SCHOLTHOLT, J., NITZ, R. E., SCHRAVEN, E.: On the mechanism of the antagonistic action of xanthine derivatives against adenosine and coronary vasodilators. Arzneimitt.-Forsch. **22**, 1255—1259 (1972).
SCHOLTZ, H. J.: Der Vestibularisschwindel und seine medikamentöse Behandlung. Z. ärztl. Fortbild. **57**, 1340—1347 (1963).
SCHOLZ, H.: Die Wirkung von Theophyllin auf den cellulären Ca-Stoffwechsel. Experienta **26**, 864—866 (1970).
SCHOLZ, H.: Über den Mechanismus der positiv inotropen Wirkung von Theophyllin am Warmblüterherzen. II. Wirkung von Theophyllin auf Aufnahme und Abgabe von ^{45}Ca. Naunyn-Schmiedeberg's Arch. Pharmakol. **271**, 396—409 (1971 a).
SCHOLZ, H.: Über den Mechanismus der positiv inotropen Wirkung von Theophyllin am Warmblüterherzen. III. Wirkung von Theophyllin auf Kontraktion und Ca-abhängige Membranpotentialänderungen. Naunyn-Schmiedeberg's Arch. Pharmakol. **271**, 410—429 (1971 b).
SCHOLZ, H., YAZIKOF, E. DE: Über den Mechanismus der positiv inotropen Wirkung von Theophyllin am Warmblüterherzen. I. Einfluß der extracellulären Ca-, Na- und K-Konzentrationen und von Reserpin. Naunyn-Schmiedeberg's Arch. Pharmakol. **271**, 374—395 (1971).
SCHRAMM, M.: Secretion of enzymes and other macromolecules. Ann. Rev. Biochem. **36**, 307—320 (1967).
SCHRAVEN, E., OERTEL, S., NITZ, R. E.: Der Transport von Glucose in das Gehirn: Abhängigkeit vom Glucosespiegel des Blutes und die Beeinflussung durch Pharmaka. Arzneimitt.-Forsch. **22**, 1250—1255 (1972).
SCHRAVEN, E., OERTEL, S., NITZ, R.-E.: Die Beeinflussung des Glukosetransportes in Herz und Gehirn durch Xanthinderivate. Arzneimitt.-Forsch. **24**, 762—765 (1974).
SCHREIBER, V., KAPITOLA, J., SCHREIBEROVA, O.: Radioiodine uptake by thyroid during long-term administration of theophylline in rats. Endocrinol. exp. **6**, 29—32 (1972).
SCHREIBER, V., ROHACOVA, J.: Influence of theophylline on the pituitary-thyroid system. Endocrinol. exp. **5**, 185—192 (1971).
SCHRÖDER, W. v.: Über die Wirkung des Coffeins als Diureticum. Arch. exp. Path. Pharmak. **22**, 39—61 (1886).
SCHRÖDER, W. v.: Über die diuretische Wirkung des Coffeins und der zu derselben Gruppe gehörenden Substanzen. Arch. exp. Path. Pharmak. **24**, 85—108 (1888).
SCHUBERT, D. S. P.: Arousal seeking as a motivation for volonteering: MMPI scores and central-nervous-system-stimulants use as suggestive of a trait. J. Projekt. Techn. **28**, 337—340 (1967).
SCHÜBEL, K., GEHLEN, W.: Arch. exp. Pharm. **132**, 145—171 (1928).
SCHÜLER, H.: Tierversuche zur Frage körperlichen Leistungsvermögens nach Aufnahme von Koffein. Med. Klin. **61**, 512—516 (1966).

SCHÜLLER, J.: Arch. exp. Path. Pharmakol. **105**, 224 u. 299 (1925).
SCHUHMACHER, H. M.: Über Coffeinausscheidung in der Frauenmilch. Med. Welt 408 (1936).
SCHULTE, D.: Ungewöhnliche Folgen nach Coffeingenuß. Bericht über die 55. Zusammenkunft der Dtsch. Ophthalmolog. Ges. Heidelberg 406—408 (1949).
SCHWABE, U., EBERT, R.: Different effects of lipolytic hormones and phosphodiesterase inhibitors on cyclic 3',5'-AMP levels in isolated fat cells. Arch. Pharmakol. **274**, 287—298 (1972).
SCHWABE, U., EBERT, R., ERBLER, H. C.: Adenosine release from isolated fat cells and its significance for the effects of hormones on cyclic 3',5'-AMP levels and lipolysis. Arch. Pharmacol. **276**, 133—148 (1973).
SCHWABE, U., KERSTEIN, E., HASSELBLATT, A.: Hemmung der Lipolyse im Fettgewebe durch Methylisoxazolcarbonsäuren. Arch. Pharmak. exp. Path. **260**, 1—15 (1968).
SCHWALB, H., HENSEL, H.: Über den Einfluß des Coffeins auf Nierendurchblutung, Glomerulusfiltrat und Diurese des Menschen. Arch. exp. Path. Pharmak. **221**, 198—208 (1954).
SCHWARTZ, C. J., ARDLIE, N. G.: Catecholamines and platelet aggregation. Circ. Res. Suppl. III. Vols. XX and XXI 187—201 (1967).
SCHWERTZ, M. TH., MARBACH, G.: Effets physiologiques de la caféine et du meprobamate au cours du sommeil chez l'homme. Arch. Sci. Physiol. **19**, 425—479 (1965).
SCHWERTZ, M. TH., MARBACH, G.: Effets physiologiques de l'alcool et de la caféine au cours de sommeil chez l'homme. Arch. Sci. Physiol. **18**, 163—210 (1964).
SCHWIMMER, S., KURTZMAN, Jr., R. H.: Fungal decaffeination of roast coffee infusions. J. Food Sci. **37**, 921—924 (1972).
SCHWIMMER, S., KURTZMAN, Jr., R. H., HEFTMANN, E.: Caffeine metabolism by penicillium roqueforti. Arch. Biochem. Biophys. **147**, 109—113 (1971).
SCOTT, C. C., CHEN, K. K.: Comparison of the action of ethyltheobromine and caffeine in animals and man. J. Pharm. exp. Ther. **82**, 89—97 (1944).
SCOTT, D. F., REYNOLDS, R. D., PITOT, H. C., POTTER, V. R.: Co-induction of the hepatic amino acid transport system and tyrosine aminotransferase by theophylline, glucagon and dibutyryl-cyclic AMP in vivo. Life Sciences **2**, 1133—1140 (1970).
SCRATCHERD, T., CASE, R. M.: The role of cyclic adenosine-3',5'-monophosphate (AMP) in gastrointestinal secretion. Gut **10**, 957—961 (1969).
SCRIABINE, A., BELLET, S.: Effects of caffeine on adenosine-induced heart block in guinea pigs. Experientia **23**, 648—649 (1967).
SEASHORE, R. H., IVY, A. C.: The effect of analeptic drugs in relieving fatigue. Psycholog. Monograph. **67**, NRO 15, 1—16 (1953).
SEBÖK, I.: Koffeinwirkung bei Hypotonikern. Dtsch. med. Wschr. 1067—1070 (1950).
SEEGERS, W. H.: The influence of certain drugs on blood coagulation and related phenomena. Pharmacol. Rev. **3**, 278—344 (1951).
SEIBOLD, M., BURMEISTER, K.: Erfahrungsbericht über kofrostabehandelten Bohnenkaffee. Kaffee- u. Tee-Markt **14**, (23) 14—16 (1964).
SEIFERT, J.: Bestehen Unterschiede in der Reaktion des Magens auf Kaffeegetränke, die aus Kaffee unterschiedlicher Aufbereitung bzw. Veredlung hergestellt sind. Inaugural-Diss., Univ. München 1966.
SEILER, N.: Der Stoffwechsel im Zentralnervensystem. Stuttgart: G. Thieme Verlag 1966.
SEITZ, N., KLAUS, W., KREBS, R.: Über die Wirkung von Phosphodiesterase-Hemmstoffen am Herzen. Naunyn-Schmiedeberg's Arch. Pharmacol. **264**, 307—308 (1969).
SELBACH, H.: In: F. HEIM u. H. P. T. AMMON, Coffein und andere Methylxanthine, S. 21—54. Stuttgart: Schattauer Verlag 1969.
SELBACH, H.: Coffein, Kaffee, Kopfschmerz und Migräne. Med. Klin. **68**, 642—648 (1973).
SEMERAU, M.: Über die Beeinflussung des Blochherzens durch Arzneimittel. II. Mitteil. Z. ges. exp. Med. **31**, 236—281 (1923).
SEREBRIJSKI, J., VOLLMER, H.: Zur diuretischen Wirkung der Purinkörper im Säuglingsalter. Arch. exp. Path. Pharmakol. **106**, 306—319 (1925).
SERIVOSTOV, A. P.: Effect of caffeine on conditioned reflex activity at low and medium altitudes. Chem. Abstr. **72**, 249 (1970).
SEYFFERT, H. M.: Physiologische u. Psychologische Wirkungen von Kaffee u. Coffein. Arzneimitt.-Forsch. **4**, 207—209 (1954).

SHADAKSHARASWAMY, M., RAMACHANDRA, G.: β-fructofuranosidase of coffee seeds. Enzymologia **35,** 93—99 (1968).
SHAGASS, CH., KERENYI, A. B.: Neurophysiologic studies of personality. J. Nerv. Ment. Dis. **126,** 141—147 (1958).
SHAH, K. R., FILBY, R. H., DAVIS, A. I.: Determination of trace elements in tea and coffee by neutron activation analysis. Int. J. Environ. Anal. Chem. **1,** (1) 63—73 (1971).
SHAPOVALOVA, K. B.: Peculiarties of caffeine action on positive and inhibitory enteroceptive conditioned reflexes from the intestine. J. Higher Nerv. Activity **16,** 629—635 (1966).
SHAROV, P. A.: The effect of the central nervous system stimulators on the motor activity of rats and upon the norepinephrine level in the brain stem. Farmakologiya et Toksikologiya **30,** 535—539 (1967).
SHAW, P. E., TATUM, J. H., BERRY, R. E.: Base-catalyzed fructose degradation and its relation to nonenzymic browning. J. Agr. Food Chem. **16,** 979—982 (1968).
SHEPPARD, H., WIGGAN, G.: Analogues of 4-(3,4-dimethoxybenzyl)-2-imidazolidin as potent inhibitors of rat erythrocyte adenosine cyclic 3′,5′-phosphate phosphodiesterase. Mol. Pharmacol. **7,** 111—115 (1971).
SHERIF, M. A. F.: The effect of certain drugs on the oxidation processes of mammalian nerve tissue. J. Pharmacol. exp. Ther. **38,** 11—29 (1930).
SHIBATA, S., HOLLANDER, P. B.: Effects of caffeine on the contractility and membrane potentials of rat atrium. Experientia **23,** 559 (1967).
SHIMADA, K., TAKAGI, Y.: The effect of caffeine on repair of uv-damaged DNA in bacteria. Biochim. Biophys. Acta **145,** 763—770 (1967).
SHIMIZU, H., DALY, J. W., CREVELING, C. R.: A radioisotopic method for measuring the formation of adenosine 3′,5′-cyclic monophosphate in incubated slices of brain. J. Neurochem. **16,** 1609—1619 (1969).
SHINE, K. I., LANGER, G. A.: Caffeine effects upon contraction and calcium exchange in rabbit myocardium. J. Mol. Cell. Cardiology **3,** 255—270 (1971).
SHIROSHITA, R., OMURA, K.: Zit. nach Rona **63,** 214 (1930).
SIEDEK, H., HAMMERL, H., HENK, W., KÖHN, H. D., KRÄNZL, CH., NEBOSIS, G., PICHLER, O., STUDLAR, M.: Über den Einfluß von Coffein auf die Tagesprofile von Metaboliten des Fett- und Kohlenhydratstoffwechsels sowie der Insulinsekretion. Verh. dtsch. Ges. Inn. Med. **77,** 606—609 (1971).
SIEDEK, H., HAMMERL, H., HENK, W., KÖHN, H., KRÄNZL, C., PICHLER, O., STUDLAR, M.: Die Tagesprofile von Metaboliten des Kohlenhydrat- und Fettstoffwechsels sowie des immunreaktiven Insulins unter Coffein. 5. Internationales Kolloquium über Kaffee-Chemie (Lissabon, 14.—19. Juni 1971), ASIC Paris, S. 348—354.
SIEDEK, H., HAMMERL, H., HENK, W., KÖHN, H., KRÄNZL, CH., PICHLER, O., STUDLAR, M.: Die Tagesprofile von Metabiliten des Kohlenhydrat- und Fettstoffwechsels sowie des immunreaktiven Insulins unter Coffein. Z. Ernährungswiss., Suppl. **14,** 19—26 (1972).
SIEGERS, C. P., STRUBELT, O., BACK, G.: Influence of caffeine on ethanol absorption in rats. Arch. exp. Path. Pharmakol. **274,** R 108 (1972).
SIEGERS, C. P., STRUBELT, O., BACK, G.: Inhibition by caffeine of ethanol absorption in rats. Europ. J. Pharmakol. **20,** 181—187 (1972).
SIEGMAN, M. J., GORDON, A. R.: Potentiation of contraction: effects of calcium and caffeine on active state. Am. J. Physiol. **222,** 1587—1593 (1972).
SIEGMUND, P., WOLF, M.: Eine einfache Methode der Motilitätsmessung an Mäusen. Arch. exp. Path. Pharmakol. **216,** 323—326 (1952).
SIM, M. K., CHANTHARAKSRI, U. Rat uterine contractility and the activities of uterine adenylcyclase and phosphodiesterase during the estrus cycle. Biochem. Pharmacol. **22,** 1417—1422 (1973).
SIMON, P.: Peripheral and central effects of caffeine. Therapie **24,** 941—944 (1969).
SIMON, W.: Arch. exp. Pharm. **100,** 307—315 (1924).
SINGH, J. M., BOYD, E. M.: Effect of caffeine and phenacetin on thiopental-induced hypothermia and anesthesia. Clin. Toxicol. **4,** 173—183 (1971).
SINGHAL, R. L.: Cyclic AMP: Testosterone-like stimulation of prostatic enzymes. Ann. N.Y. Acad. Sci. **185,** 181—191 (1971).
SINGHAL, R. L., LAFRENIERE, R.: Induction of uterine phosphofructokinase by cyclic 3′,5′-adenosine monophosphate. Endocrinology **87,** 1099—1104 (1970).

SINGHAL, R. L., VIJAYVARGIYA, R., LING, G. M.: Cyclic adenosine monophosphate; adromimetic action on seminal vesicular enzymes. Science **168**, 261—263 (1970 a).

SINGHAL, R. L., VIJAYVARGIYA, R., PARULEKAR, M. R., LING, G. M.: Testosterone-like induction of prostatic enzymes by cyclic 3′,5′-adenosine monophosphate. J. Cell. Biol. **47**, 193 (1970 b).

SINHA: Rana Tigrana u. Indica. Arch. Int. Pharmacodyn. **41**, 59 (1931).

SIRO-BRIGIANI, G., CAMPESE, V. M., ANTONCECCHI, E.: Azione coleretica del furosemide e della teofillina nel ratto. Boll. Soc. Ital. Biol. Sperim. **46**, 607—608 (1970).

SISE, J. W. VAN: Verfahren zur Entfernung von Coffein. DT-Pat. 1.807.308 (1969).

SITNIKOV, B. S., GENDON, Y. Z.: Effect of caffeine on the multiple reactivation and cross-reactivation of the smallpox virus vaccine. Dokl. Akad. Nauk SSSR **188** (4), 924—925 (1969). CA **72**, 217 (1970).

SIVETZ, M.: How acidity affects coffee flavor. Food Technol. **26** (5), 70—77 (1972).

SIVETZ, M.: Comparison of changes in roasted coffee beans in pressurized oxygen free vs. atmospheric roasters. 6. Internationales Kolloquium über Kaffee-Chemie (Bogotá, 4.—9. Juni 1973), ASIC Paris, S. 199—221.

SIVETZ, M., FOOTE, H. E.: Coffee processing technology. Vol. I: Fruit green, roast and soluble coffee. Westport: AVI Publishing Comp. 1963.

SKELTON, C. L., KARCH, F. E., HOUGEN, T. J., MARCUS, M. L., EPSTEIN, S. E.: Potentiation of the inotropic effects of norepinephrine and dibutyryl cyclic AMP by theophylline. J. Mol. Cellcardiol. **3**, 243—253 (1971).

SKOSEY, J. L.: Adrenocorticotropin stimulation of 2-ketoglutarate oxidation by isolated rat epididymal adipose tissue. Mediation by cyclic adenosine 3′,5′-monophosphate and relationship to lipid metabolism. J. Biol. Chem. **245**, 510—518 (1970).

SLIZYNSKI, B. M.: Immediate effects of chemicals on mouse chromosomes. Curr. mod. Biol. **3**, 285—290 (1971). Ref. C.A. **74**, 171 (1971).

SMITH, E.: Experimental inquiries into the chemical and other phenomena of respiration and their modifications by various physical agencies. Phil. Trans. B. **149**, 681 (1859). Zit. nach MEANS et al. (1917).

SMITH, J. R., JENSEN, J.: Observations on the effect of theophylline-aminoisobutanol in experimental heart failure. J. Lab. clin. Med. **31**, 850—856 (1946).

SMITH, P. K., HAMBOURGER, W. E.: Antipyretic and toxic effects of combinations of acetanilid with sodium bromide and with caffeine. J. Pharmacol. exp. Ther. **55**, 200—205 (1935).

SMITH, P. K., HAMBOURGER, W. E.: The growth and blood morphology of rats receiving NaBr. caffeine and combinations with acetanilid. J. Pharm. exp. Ther. **57**, 43 (1936).

SMITH, R. G.: J. Pharm. exp. Ther. **33**, 147—165 (1928).

SNIGORSKA, B., BARTEL, H.: Studies on the teratogenic influence of caffeine on the fetuses of white mice. Fol. Morphol. **29** (3), 353—363 (1970). (Englische Zusammenfassung).

SOBIERANSKI, W. v.: Über die Nierenfunction und Wirkungsweise der Diuretika. Arch. exp. Path. Pharmak. **35**, 144—180 (1895).

SOIFER, H.: Aminophylline poisoning. J. Pediat. **50**, 657—669 (1957).

SOIFER, V. N., DOROKHOV, Y. L.: Reproduction of T4D and $T4D_V$-phages in cells of E. coli (wildtype) and defective for the system of dark repair, and influence of caffeine on this process. Mikrobiologiya **39**, 930—938 (1970).

SOKOLOFF, L.: The action of drugs on the cerebral circulation. Pharm. Rev. **11**, 1—85 (1959).

SÓLYOM, A., PUGLISI, L., MÜHLBACHOVA, E.: Effect in vitro of theophylline and prostaglandin E_1 on free fatty acid release and on triglyceride synthesis in rat adipose tissue. Biochem. Pharmacol. **16**, 521—525 (1967).

SOLYOM, L., ENESCO, H. E., BEAULIEU, C.: The effect of RNA, uric acid and caffeine on conditioning and activity in rats. J. Psychiatr. Res. **6**, 175—183 (1968).

SOMLYO, A. P., SOMLYO, A. V.: Pharmacology of excitation-contraction coupling in vascular smooth muscle and in avian slow muscle. Fed. Proc. **28**, 1634—1642 (1969).

SOMLYO, A. P., SOMLYO, A. V.: Vascular smooth muscle. II. Pharmacology of normal and hypertensive vessels. Pharmacol. Rev. **22**, 249—353 (1970).

SOMLYO, A. V., SOMLYO, A. P.: Electromechanical and pharmacomechanical coupling in vascular smooth muscle. J. Pharm. exp. Ther. **159,** 129—145 (1968) and Fed. Proc. **28,** 1634—1642 (1969).

SONDHEIMER, E., COVITZ, F., MARQUISEE, M. J.: Association of naturally occuring compounds, the chlorogenic acid-caffeine complex. Arch. Biochem. Biophys. **93,** 63—71 (1961).

SONG, S. Y., CHEUNG, W. Y.: Cyclic 3',5'-nucleotide phosphodiesterase. Properties of the enzyme of human blood platelets. Biochim. Biophys. Acta **242,** 593—605 (1971).

SOUCI, S. W.: Über den Einfluß von Verbrennungsgasen auf Lebensmittel und Futtermittel. Dtsch. Lebensmitt.-Rundschau **64,** 235—241 (1968).

SPECTOR, W. S.: Handbook of Toxicology Vol. **1,** 56—57, Saunders Comp. 1956.

SPENGLER, J.: Untersuchungen über die Wirksamkeit leistungssteigernder Pharmaka. Schweiz. Z. Sportmed. **5,** 97—124 (1957).

SPIECKERMANN, P. G., FUCHS, CHR., GETHMANN, J. W., KNOLL, D., KÜBLER, W., BRETTSCHNEIDER, H. J.: Einfluss des Koronardilatators Lidoflazin auf den Adenosinstoffwechsel des Myokards während Ischämie und Anoxie. Arzneimitt.-Forsch. **22,** 1869—1874 (1972).

SPORN, E. M., MEHLMAN, M. A., SOMBERG, E. W., DALTON, C., QUINN, J.: Effect of theophylline on serum and liver lipid composition and rate of lipolysis from adipose tissue cells of cold-exposed rats. Bull. N. J. Acad. Sci. 104—109 (1969).

SRIVASTAVA, B. S., KUMAR, H. D., SINGH, H. N.: The effect of caffeine and light on killing of the blue-green alga anabaena doliolum by ultraviolet radiation. Arch. Mikrobiol. **78,** 139—144 (1971).

STALMANS, W., DE WULF, H., HERS, H.-G.: The control of liver glycogen synthetase phosphatase by phosphorylase. Eur. J. Bioch. **18,** 582—587 (1971).

STALMANS, W., DE WULF, H., LEDERER, B., HERS, H. G.: The effect of glucose and of a treatment by glucocorticoids on the inactivation in vitro of liver glycogen phosphorylase. Europ. J. Bioch. **15,** 9—12 (1970).

STANSFIELD, D. A., HORNE, J. R., WILKINSON, G. H.: Adenosine 3',5'-cyclic phosphate phosphodiesterase of corpus luteum. Biochim. Biophys. Acta **227,** 413—418 (1971).

STARKENSTEIN, E., WINTERNITZ, E.: Schweiz. med. Wschr. 454 (1937). Zit. nach EICHLER, O.: Kaffee und Koffein, S. 88 (1938).

STARR, I., GAMBLE, C. J., MARGOLIES, A., DONAL, J. S., JOSEPH, N., EAGLE, E.: A clinical study of the action of 10 commonly used drugs on cardiac output, work and size; on respiration, on metabolic rate and on the electrocardiogram. J. clin. Invest. **16,** 799—823 (1937).

STAUCH, M., SCHAFER, N., LOSSNITZER, K.: Effects hémodynamiques de la stimulation des bêta-récepteurs après blocage bêta-adrénergique et théophylline. Annal. Cardiol. et D'Angéiol. **20,** 71—72 (1971).

STAUDINGER, H., REICHSTEIN, T.: Verfahren zur Herstellung eines Produktes, welches für die Aromatisierung von Nahrungs- und Genußmitteln, insbesondere von Kaffeesurrogaten, bestimmt ist. DR-Pat. 489.613 (1925).

STEGAJLO, E. A.: Die Pharmakodynamik der Diuretica während der Ontogenese. Fiziol. Z. **37,** 494—499 (1951).

STEIN, H. H., LEWIS, G. J.: The inhibition by caffeine of the 5'-adenosine monophosphate (5'-AMP)-stimulated activation of phosphorylase b. Fed. Proc. **27,** 352 (1968).

STEINER, A. L., PEAKE, G. T., UTIGER, R. D., KARL, J. E., KIPNIS, D. M.: Hypothalamic stimulation of growth hormone and thyrotropin release in vitro and pituitary 3'5'-adenosine cyclic monophosphate. Endocrinology **86,** 1354—1360 (1970).

STEINER, A. L., PEAKE, G. T., UTIGER, R., KIPNIS, D.: Median eminence stimulation of growth hormone (GH) and thyrotropin (TSH) secretion and the pituitary adenyl cyclase system. J. clin. Invest. **48,** 80a—81a (1969).

STEINMETZER, K.: Arch. exp. Path. Pharm. **173,** 580 (1933).

STEPP, W.: Kaffee und Coffein als Gift und als Heilmittel. Arch. exp. Path. Pharmak. **190,** 156—170 (1938).

STIEVE, F. E.: Die Heilkunst **78,** 55 (1965). Zit. n. KEINER, S. 1597 (1967).

STIEVE, F. E.: Die Wirkung des Kaffees auf den Magen-Darmtrakt aus klinischer Sicht. Die Heilkunst **78,** 55—61 (1965).

STIEVE, H.: Koffein und Nachkommenschaft. Med. Welt **1929,** 1133—1135; 1173—1176.

STIEVE, H.: Versuche über die Gewöhnung an Coffein. Z. ges. exp. Med. **96,** 685—709 (1935).

STIEVE, H.: Der Einfluß des Coffeins auf die Leber trächtiger Tiere. Z. Mikroskop. Anat. Forsch. **15,** 599 (1928), **23,** 571 (1931), **41,** 88—130 (1937).

STIEVE, H.: Organschädigungen durch Kaffee und Coffein. Z. mikr.-anat. Forsch. **43,** 509—557 (1938).

STILLE, G., ACKERMANN, H., EICHENBERGER, E., LAUENER, H.: Vergleichende Pharmakologische Untersuchung eines neuen zentralen Stimulans. Arzneimitt.-Forsch. **13,** 871—877 (1963).

ST. JOHN, M. A.: Pulmonary function studies for evaluation of oral theophylline compounds in the treatment of asthma. Clin. Med. **75,** 35—42 (1968).

STOCK, K., AULICH, A., WESTERMANN, E.: Studies on the mechanism of antilipolytic action of prostaglandin E_1. Life Sci. **7,** 113—124 (1968).

STOCK, K., WESTERMANN, E.: Hemmung der Lipolyse durch α- und β-Sympathicolytica, Nicotinsäure und Prostaglandin E_1. Naunyn-Schmiedeberg's Arch. exp. Path. Pharmak. **254,** 334—354 (1966).

STOCKS, P.: Cancer mortality in relation to national consumption of cigarettes, solid fuel, tea and coffee. Brit. J. Canc. **24,** 215—225 (1970).

STOFFELSMA, J., SIPMA, G., KETTENES, D. K., PYPKER, J.: New volatile components of roasted coffee. J. Agr. Food Chem. **16,** 1000—1004 (1968).

STOLL, M., WINTER, M., GAUTSCHI, F., FLAMENT, I., WILLHALM, B.: Recherches sur les arômes. 13e communication: Sur l'arôme de café. I. Helv. Chim. Acta **50,** 628—694 (1967).

STOLTERFOHT, CH. A., SCHMID, E., WEIST, F.: Über den Stoffwechsel von Amidopyrin bei Leberkranken. Z. Gastroenterologie **8,** 140—146 (1970).

STONE, D. B., BROWN, J. D.: In vitro effects of phenformin hydrochloride: Observations using isolated fat cells. Ann. N. Y. Acad. Sci. **148,** 623—630 (1968).

STRADOMSKY, N.: Untersuchungen über Schlafbewegungen nach koffeinhaltigem und koffeinfreiem Bohnenkaffee. Med. Klin. **65,** 1372—1376 (1970).

STRÅLFORS, A.: Effect on hamster caries by purine derivatives vanilline and some tannin-containing materials. Arch. Oral Biol. **12,** 321—332 (1967).

STRANG, R. R.: Delinical evaluation of Chlorphenoxamine with caffeine in the treat ment of Parkinson's disease, including a comparison with methikene. J. Clin. Pharmacol. **7,** 214—220 (1967).

STRANSKY: Wien. Med. Wschr. 395 (1932).

STRASSER, H., MÜLLER-LIMMROTH, W.: Vergleichende Untersuchungen über die Wirkung von Koffein und Chlorogensäure auf die Psychomotorik des Menschen. Ärzt. Forsch. **25,** 209—217 (1971).

STRASSER, H., PLATZER, H.: Ein Meßplatz zur Bewertung psycho- bzw. sensomotorischer Fähigkeiten des Menschen. Biomed. Tech. **17,** 130—137 (1972).

STRAUCH, B. S., LANGDON, R. G.: The role of adenosine 3',5'-phosphate in the action of vasopressin on water permeability of toad bladders. Biochem. Biophys. Res. Com. **16,** 27—32 (1964).

STRAUCH, M., LUX, G., OTTENJANN, R.: Die Refluxkrankheit. Med. Klin. **68,** 1515—1518 (1973).

STREULI, H.: Fraktionierung von Farb- und Geschmacksstoffen des Röstkaffees mittels Sephadex G 25. Chimia **16,** 371—372 (1962).

STREULI, H.: Röstaromen. In: J. SOLMS, H. NEUKOM: Aroma- und Geschmacksstoffe in Lebensmitteln, S. 119—163, Zürich: Forster-Verlag 1967.

STREULI, H.: Kaffee. Handb. d. Lebensmittelchem. **6,** 1—95 (1970).

STREULI, H.: Der heutige Stand der Kaffeechemie. 6. Internationales Kolloquium über Kaffee-Chemie (Bogotá, 4.—9. Juni 1973), ASIC Paris, S. 61—72.

STROBEL, R. G. K.: Die Bestimmung von 3,4-Benzpyren in Nahrungsmitteln und Kaffeeprodukten. 6. Internationales Kolloquium über Kaffee-Chemie (Bogotá, 4.—9. Juni 1973), ASIC Paris, S. 128—134.

STRONGIN, E. J., WINSOR, A. L.: A study of the development of tolerance for caffeinated beverages. J. exp. Psych. **16,** 725—734 (1932).

STRONGIN, E. J., WINSOR, A. L.: Anantagonistic action of coffee and alcohol. J. abnorm. soc. Psychol. **30**, 301 (1935).

STRUBELT, O.: Die kalorigene Wirkung sympathomimetischer Amine und ihre Beziehung zur Schilddrüsenfunktion. Habilitationsschrift, Lübeck, 1967.

STRUBELT, O.: Der Einfluß von Reserpin, Propranolol, Hexamethonium und der Adrenalektomie auf die chronotropen Wirkungen von Theophyllin und Coffein. Arch. exp. Path. Pharmak. **261**, 176—190 (1968).

STRUBELT, O.: The influence of cyclic 3′,5′-AMP and theophylline on oxygen consumption of rats. Biochem. Pharmacol. **17**, 156—158 (1968a).

STRUBELT, O.: Erhöhen Catecholamine den Grundumsatz? Arzneimitt.-Forsch. **18**, 724—729 (1968b).

STRUBELT, O.: The influence of reserpine, propranolol and adrenal medullectomy on the hyperglycemic actions of theophylline and caffeine. Arch. int. Pharmacodyn. **179**, 215—224 (1969).

STRUBELT, O., SIEGERS, C.-P.: Die Beteiligung endogener Catecholamine an den Wirkungen des Kaffees auf Energieumsatz und Herzfrequenz. Arzneimitt.-Forsch. **18**, 1278—1281 (1968).

STRUBELT, O., SIEGERS, C.-P.: Zum Mechanismus der kalorigenen Wirkung von Theophyllin und Coffein. Biochem. Pharmacol. **18**, 1207—1220 (1969).

STRUBELT, O., SIEGERS, C.-P., BREINING, H., STEFFEN, J.: Tierexperimentelle Untersuchungen zur chronischen Toxizität von Kaffee und Coffein. Z. Ernährungswiss. **12**, 252—260 (1973).

STRUBELT, O., STEFFEN, J., STUTZ, U.: Der Einfluß der Schilddrüsenfunktion auf die chronotropen und einige metabolische Wirkungen von Theophyllin und Coffein. Naunyn-Schmiedeberg's Arch. exp. Path. Pharmak. **267**, 135—154 (1970a).

STRUBELT, O., STUTZ, U.: Schilddrüsenfunktion und Kaffeewirkung. Med. u. Ernähr. **11**, 94—96 (1970).

STRUBELT, O., WEGENER, F., SIEGERS, C. P.: Zur Frage der Hepatotoxizität von Coffein und Theophyllin. Arzneimitt.-Forsch. **20**, 473—476 (1970).

SUNANO, S.: Caffeine contracture of the intestinal smooth muscle of rat. Sapporo Med. J. **29**, 98—103 (1966a).

SUNANO, S.: Studies of the caffeine contracture of rat intestinal smooth muscle. Sapporo Med. J. **29**, 220—225 (1966b).

SUNANO, S.: The inhibitory action of caffeine on the smooth muscle of the guinea-pig taenia coli. Experientia **26**, 969—970 (1970).

SUTHERLAND, E. W.: The effect of hyperglycemic factor and epinephrine on enzyme systems of liver and muscle. Ann. N.Y. Acad. Sci. **54**, 693—706 (1951).

SUTHERLAND, E. W., ØYE, I., BUTCHER, R. W.: The action of epinephrine and the role of the adenyl cyclase system in hormone action. Rec. Progr. Horm. Res. **21**, 623—646 (1965).

SUTHERLAND, E. W., RALL, T. W.: Fractionation and characterization of a cyclic adenine ribonucleotide formed by tissue particles. J. Biol. Chem. **232**, 1077—1091 (1958).

SUTHERLAND, E. W., RALL, T. W.: The relation of adenosine-3′,5′-phosphate and phosphorylase to the actions of catecholamines and other hormones. Pharmac. Rev. **12**, 265—299 (1960).

SUTHERLAND, E. W., ROBISON, G. A.: The role of cyclic 3′5′ AMP in responses to catecholamines and other hormones. Pharmacol. Rev. **18**, 145—161 (1966).

SVEDMYR, N., ANDERSSON, R., BERGH, N. P., MALMBERG, R.: Relaxing effect of ACTH on human bronchial muscle in vitro. Scand. J. resp. Dis. **51**, 171—176 (1970).

SWIETLINSKA, Z.: High frequency of chromosome aberrations induced by DEB with caffeine posttreatment in vicia faba minor. Molec. Gen. **112**, 87—90 (1971).

SWISLOCKI, N. I.: Dissociation of lipolysis and protein anabolism by ACTH, bovine growth hormone, and thyroid stimulating hormone in adipose tissue with dibutyryl cyclic AMP and caffeine. Biochim. Biophys. Acta **201**, 242—249 (1970).

SWITZER, C. A.: The effect of caffeine on experimental extinction of conditioned reactions. J. gen. Psychol. **12**, 78—90 (1935).

SWITZER, C. A.: The influence of caffeine upon inhibition of delay. J. comp. Psychol. **19**, 155—175 (1936).

SYLVAIN, P. G.: Producción de cultivares de café con bajo contenido de cafeina y comparación de rendimiento de hibridos intervarietales. Instituto Interamericano de Ciencias Agricolas de la OEA. Informe Técnico 1969; San Jose, Costa Rica 247—249 (1970).

SYTINSKI, J. A., PRIYATKINA, T. N.: Effect of certain drugs on the γ-aminobutyric acid system of the central nervous system. Biochem. Pharm. **15,** 49—54 (1966).

SZEGO, C. M.: In: MCKERN, K. W., The sex steroids: Molecular mechanismus. New York: Appleton-Century-Crofts 1971.

SZEGO, C. M., DAVIS, J. S.: Adenosine 3',5'-mono phosphate in rat uterus: acute elevation by estrogen. Proc. Nat. Acad. Sci. USA **58,** 1711—1718 (1967).

SZEGO, C. M., DAVIS, J. S.: Inhibition of estrogen-induced cyclic AMP elevation in rat uterus. II. by glucocorticoids. Life Sci. **8,** part I, 1109—1116 (1969a).

SZEGO, C. M. DAVIS, J. S.: Inhibition of estrogen-induced elevation of cyclic 3',5'-adenosine monophosphate in rat uterus. I Beta-adrenergic receptor blocking chips. Molec. Pharmacol. **5,** 470—480 (1969b).

SZEKERES, L., BÁNHIDY, F., LÉNÁRD, G., SÓTI, J.: Effect of caffeine on the metabolism of normal and hypoxic heart muscle. Acta physiol. Acad. Sci. Hung. **14,** 195—200 (1958).

SZEMZÖ, G.: Über einen Fall von Koffeinvergiftung. Wien. Klin. Wschr. **47,** 560—562 (1934).

SZIEGOLEIT, W. FÖRSTER, W.: Erhebungen über Kaffeetrinkgewohnheiten. Z. ges. Hyg. **18,** 282—285 (1972).

SZIEGOLEIT, W., FÖRSTER, W.: Klinisch-pharmakologischer Doppelblindversuch mit unterschiedlichen Röstkaffeesorten bei berufstätigen Probanden. Die Pharmazie **27,** 768—772 (1972a).

SZIEGOLEIT, W., FÖRSTER, W., MÖRL, M., SCHULZ, U.: Klinisch-pharmakologischer Doppelblindversuch mit unterschiedlichen Röstkaffeesorten bei gastroenterologischen Patienten. Z. inn. Med. **27,** 490—492 (1972b).

SZILAS, M. K.: Zusammenhang zwischen Qualität von Röstkaffee und der Röstmethode. Die Nahrung **12,** 17—27 (1968).

SZOLLÁR, L., PUCSOK, J., JÁKI, M. SÓS, J.: Interaction of caffeine and cardiovasopathogenic diets on the lipid metabolism in rats. Vortrag anl. d. 18. Intern. Konvents für Zivilisationskrankheiten, Ernährung, Umwelt und Lebensbedingungen vom 16.—23. 9. 1972 in Berlin.

TAKAGI, K., OKABE, S.: The effects of drugs on the production and recovery processes of the stress ulcer. Jap. J. Pharmacol. **18,** 9—18 (1968).

TAKAGI, K., SAITO, H., LEE, CH., HAYASHI, T.: Pharmacological studies on fatigue I. Jap. J. Pharmacol. **22,** 17—26 (1972).

TAKAGI, K., SHIBATA, K., WATANABE, M., SAITO, A.: Central nervous system stimulants and their combined effects. Yakugaku Zasshi **87,** 837—843 (1967). Ref. C. A. **67,** 10103 (1967).

TAKAGI, K., TAKAYANAGI, I., TOMUJAMA, A.: Actions of dibutyryl cyclic adenosine monophosphate, papaverine and isoprenaline on intestinal smooth muscle. Jap. J. Pharmacol. **21,** 227—241 (1971).

TAKAHASHI, E.: Coffee consumption and mortality for prostate cancer. Tohoku J. exp. Med. **82,** 218—223 (1964).

TAKAORI, S., TANABE, K.: Effects of central depressants and stimulants on EEG alterations induced by carotid cooling and warming. Jap. J. Pharmacol. **15,** 113—130 (1965).

TALKE, H.: Herzstoffwechsel. In: H.-E.: BOCK, Pathophysiologie Bd. 1, S. 25—34. Stuttgart: Thieme-Verlag 1972.

TANIGUCHI, M., NAGAI, T.: Effect of temperature on caffeine induced CA-release from isolated reticulum in frog skeletal muscle. Jap. J. Physiol. **20,** 61—71 (1970).

TARTLER, O. P.: Arch. exp. Path. Pharmak. **143,** 65 (1929).

TASAKA, Y., NAKAMURA, H., SO, M., KOSAKA, K.: Effects of xylitol and glucose on insulin release from dog pancreas tissue in vitro. Endocrinol. Japon. **18,** 341—345 (1971).

TASSAN, C. G., RUSSELL, G. F.: Sensory and gas chromatographic profiles of coffee beverage headspace volatiles entrained on porous polymers. J. Food Sci. **39,** 64—68 (1974).

TAUBERGER, G., KLIMMER, O. R.: Pharmakologische Wirkungen coffein-, lipoid- und chlorogensäurefreier Kaffeeröstprodukte. Z. Lebensmitt.-Unters. **144,** 271—273 (1970).

TAUGNER, R., IRAVANI, I.: Autoradiographische Untersuchungen zur Verteilung von Hydrochlorothiazid, Chlorthalidon u. Theophyllin. Arzneimitt.-Forsch. **15**, 538—542 (1965).

TEDESCHI, D. H., FOWLER, P. J., CROMLEY, W. H., PAULS, J. F., EBY, R. Z., FELLOWS, E. J.: Effects of centrally acting drugs in confinement motor activity. J. Pharmaceut. Sci. **53**, 1046—1050 (1964).

TEITEL, A., STANESCU, C., WINTER, D., SAUVARD, S., PAL, B.: Comparative pharmacodynamic studies of caffeine and caffeine-CA-complex. Stud. Cercet. Fiziol. **14**, 287—292 (1969).

TEPLY, L. J., KREHL, W. A., ELVEHJEM, C. A.: Studies on the nicotinic acid content of coffee. Arch. Biochem. **6**, 139—149 (1945).

TEPLY, L. J., PRIER, R. F.: Nutritional evaluation of coffee including niacin bioassay. J. Agr. Food Chem. **5**, 375—377 (1957).

TESCHEMACHER, H. J., HERZ, A., HESS, R., NOVOCZEK, G.: Permeation of purine derivatives into the cerebrospinal fluid of dogs. Experientia **24**, 54—55 (1968).

TEWS, J. K., WOODCOCK, N. A., HARPER, A. E.: Stimulation of amino acid transport in rat liver slices by epinephrine, glucagon, and adenosine 3',5'-monophosphate. J. Biol. Chem. **245**, 3026—3032 (1970).

THAKKAR, A. L., TENSMEYER, L. G., HERMANN, R. B., WILHAM, W. L.: Self-association of caffeine in aqueous solution: ^{1}H nuclear magnetic resonance study. J. Chem. Soc. **9**, 524—525 (1970).

THALER, H.: Untersuchungen an Kaffee und Kaffee-Ersatz. 5. Mitt.: Quantitative Bestimmung des löslichen Mannans in Kaffee-Aufgüssen und Extrakten. Z. Lebensmitt.-Unters. **110**, 442—449 (1959).

THALER, H., ARNETH, W.: Untersuchungen an Kaffee und Kaffee-Ersatz 11. Mitt.: Polysaccharide der grünen Bohnen von Coffea arabica. Z. Lebensmitt.-Unters. **138**, 26—35 (1968).

THALER, H., ARNETH, W.: Veränderungen hochpolymerer Kohlenhydrate beim Rösten von Arabica-Kaffee. 4. Internationales Kolloquium über Kaffee-Chemie (Amsterdam, 2.—6. Juni 1969a), ASIC Paris, S. 174—178.

THALER, H., ARNETH, W.: Untersuchungen an Kaffee und Kaffee-Ersatz. 13. Mitt.: Verhalten der Polysaccharid-Komplexe des rohen Arabica-Kaffees beim Rösten. Z. Lebensmitt.-Unters. **140**, 101—109 (1969b).

THALER, H., GAIGL, R.: Untersuchungen an Kaffee und Kaffee-Ersatz. 7. Mitt.: Die Zusammensetzung des Eiweißes des Rohkaffees. Z. Lebensmitt.-Unters. **119**, 10—25 (1962).

THALER, H., GAIGL, R.: Untersuchungen an Kaffee und Kaffee-Ersatz. 8. Mitt.: Das Verhalten der Stickstoffsubstanzen beim Rösten von Kaffee. Z. Lebensmitt.-Unters. **120**, 357—363 (1963a).

THALER, H., GAIGL, R.: Untersuchungen an Kaffee und Kaffee-Ersatz. 9. Mitt.: Stickstoffsubstanzen in Kaffee-Extrakten. Z. Lebensmitt.-Unters. **120**, 449—454 (1963b).

THAYER, P. S., HIMMELFARB, P., LISS, R. H., CARLSON, B. L.: Continuous exposure of Hela cells to caffeine. Mut. Res. **12**, 197—203 (1971).

THAYER, P. S., KENSLER, C. J.: Genetic tests in mice of caffeine alone and in combination with mutagens. Toxicol. appl. Pharmacol. **25**, 157—168 (1973a).

THAYER, P. S., KENSLER, C. J.: Exposure of four generations of mice to caffeine in drinking water. Toxicol. appl. Pharmacol. **25**, 169—179 (1973b).

THIEL, H. G., PARKER, D., BRUCE, T. A.: Stress factors and the risk of myocardial infarction. J. Psychosom. Res. **17**, 43—57 (1973).

THIENES, C. H.: Effects of caffeine and of paraldehyde upon the color of the frog. Proc. Soc. exp. Biol. Med. **24**, 135—137 (1926).

THIER, H. P., BRICOUT, J., VIANI, R., REYMOND, D., EGLI, R. H.: Scopoletin, ein Bestandteil des Rohkaffees. Z. Lebensmitt.-Unters. **137**, 1—4 (1968).

THIJSSEN, H. A. C.: Effect of process conditions in drying coffee extract and other liquid foods on aroma retention. 6. Internationales Kolloquium über Kaffee-Chemie (Bogotá, 4.—9. Juni 1973), ASIC Paris, S. 222—233.

THITHAPANDHA, A., MALING, H. M., GILLETTE, J. R.: Effects of caffeine and theophylline on activity of rats in relation to brain xanthine concentrations. Proc. Soc. exp. Biol. Med. **139**, 582—586 (1972).

THOMAS, C. B., ROSS, D. C.: Precursors of hypertension and coronary desease among healthy medical students: Discriminant function analysis. Bull. John Hopkins horp. **122,** 196—214 (1968).

THOMPSON, W. J., APPLEMAN, M. M.: Multiple cyclic nucleotide phosphodiesterase activities from rat brain. Biochemistry **10,** 3311—216 (1971).

THOROLD, C. A.: A note on results from spectrographic analysis on coffee material. Ann. appl. Biol. **33,** 177—178 (1946).

THORPE, W. R., SEEMAN, P.: The site of action of caffeine and procaine in skeletal muscle. J. Pharm. exp. Ther. **179,** 324—330 (1971).

TILGNER, D. J.: Carcinogens in food. Food manufact. **43,** 37—39, 42 (1968).

TILGNER, D. J.: Cancerogene Kohlenwasserstoffe in Lebensmitteln. Gordian **71,** 2—4 (1971).

TIMSON, J.: Caffeine and bladder cancer. The Lancet II, 212—213 (1971).

TOMITA, T., WATANABE, H.: Factors controlling myogenic activity in smooth muscle. Phil. Trans. R. Soc. Lond. **265,** 73—85 (1973).

TORRES, H. N., CHELALA, C. A. Regulation of skeletal muscle phosphorylase phosphatox activity. I. Kinetic properties of the active and inactive forms. Biochim. Biophys. Acta **198,** 495—503 (1970).

TORRESANI, J., ROQUES, M., LISSITZKY, S.: Sécrétion des hormones thyroidiennes par des lobes thyroidiennes de rat in vitro. Effet de la thyreostimuline. Bull. Soc. Chim. biol. (Paris) **52,** 775—797 (1970).

TORSTI, P., NEUVONEN, P.: Comparison of the lipolytic effects of theophylline and its 7-hydroxypropyl derivatives. Ann. Med. exp. Fenn. **45,** 407—408 (1967).

TOUABI, M., JEANRENAUD, B.: α-aminoisobutyric acid uptake in isolated mouse fat cells; Biochim. Biophys. Acta **173,** 128—140 (1969).

TOUABI, M., JEANRENAUD, B.: Lipolysis and potassium accumulation in isolated fat cells effect of insulin and lipolytic agents. Biochim. Biophys. Acta **202,** 486—495 (1970).

TRIENDL, E.: Wirkung von Coffein u. chlorogensaurem Kali-Coffein auf die Spontanmotilität von Mäusen. Arch. exp. Path. Pharmak. **192,** 53—63 (1939).

TRINER, L., NAHAS, G. G.: Effets de la théophylline sur le métabolisme des lipides et des glucides chez le rat blanc. C. R. Soc. biol. **160,** 1905—1907 (1966a).

TRINER, L., NAHAS, G. G.: Effects of theophylline and catecholamines on lipolysis and glycogenolysis in vivo. J. Pharm. exp. Ther. **153,** 569—572 (1966b).

TRINER, L., NAHAS, G. G., VULLIEMOZ, Y., OVERWEG, N. I. A., VEROSKY, M., HABIF, D. V., NGAI, S. H.: Cyclic AMP and smooth muscle function. Ann. N. Y. Acad. Sci. **185,** 458—476 (1971).

TRINER, L., OVERWEG, N. I. A., NAHAS, G. G.: Cyclic 3',5'-AMP and uterine contractility. Nature **225,** 282—283 (1970a).

TRINER, L., VULLIEMOZ, Y., SCHWARTZ, I., NAHAS, G. G.: Cyclic phosphodiesterase activity and the action of papaverine. Biochem. Biophys. Res. Comm. **40,** 64—69 (1970b).

TRINER, L., VULLIEMOZ, Y., VEROSKY, M., NAHAS, G. G.: The effect of catecholamines on adenyl cyclase activity in rat uterus. Life Sciences **9,** 707—712 (1970c).

TROSKO, J. E., CHU, E. H. Y.: Effects of caffeine on the induction of mutations in chinese hamster cells by ultraviolet light. Mut. Res. **12,** 337—340 (1971).

TSCHERNING, R.: Arch. Verdauungskrankh. **33,** 332 (1934).

TSCHSHU, SCHOU-PEN: Über den Einfluß des Koffeins auf den Umsatz der Phosphorverbindungen im Gehirn. Acta biochim. biophysica sinica **4,** 1—5 (1964).

TUPIKOVA, Z. N.: Participation of butyric acid in the biosynthesis of brain carbohydrates. Nerv. Sist. Nr. **11,** 26—32 (1970).

TURTLE, J. R., KIPNIS, D. M.: An adrenergic receptor mechanism for the control of cyclic 3',5'-adenosine monophosphate synthesis in tissues. Biochem. Biophys. Res. Comm. **28,** 797—802 (1967).

TURTLE, J. R., LITTLETON, G. K., KIPNIS, D. M.: Stimulation of insulin secretion by theophylline. Nature **213,** 727—728 (1967).

UEDA, I., LOEHNING, R. W., UEYAMA, H.: Beziehungen zwischen Herzarrhythmie hervorrufenden sympathomimetischen Aminen und Methylxanthinen. Anestesiology **22,** 926—932 (1961) Ref. N. C. Z. 10125 (1966).

ULRICH, R.: Die Kaffeeverträglichkeit des psycholabilen Patienten. ASIC Trieste 1967, 325—327.

ULRICH, P.: Coffee and caffeine. Bristol 1958. Zit. nach PETERS (1967).

UNDERWOOD, G. E., DEATHERAGE, F. E.: Nitrogen compounds of coffee. Food Res. **17,** 419—424 (1952a).

UNDERWOOD, G. E., DEATHERAGE, F. E.: A study of the amino acids of green and roasted coffee including a new method of protein hydrolysis. Food Res. **17,** 425—432 (1952b).

UNNA, K., WINIWARTER, F.: Zur Pharmakologie des Paraxanthius. Arch. exp. Path. Pharmak. **187,** 163 (1937).

USBEKOWA, D. G.: Effect of glutamic acid and caffeine upon glutamine, glutanic acid, adenosine triphosphate and ammonia content in brain hemispheres. Fragen med. Chem. (UDSSR) **8,** 83—86 (1962).

VACCA, G.: Ricerche sulla alteratione testiculare nell' avuelamento sperimentale. Arch. farmacol. e science aff. **42,** 62—79 (1926).

VAHL, F.: C. R. Soc. Biol. (Paris) **109,** 277 (1932).

VAILLE, CH., DEBRAY, CH., TOUR, J. DE LA, ROZÉ, CL., SOUCHARD, M.: Action de la caféine sur la sécretion de la bile et du suc pancréatique. Ann. pharm. franç. **24,** 515—522 (1966).

VALZELLI, L., BERNASCONI, S.: Behavioral and neurochemical effects of caffeine in normal and aggressive mice. Pharmacol. Biochem. Behav. **1,** 251—254 (1973).

VANCE, J. E., BUCHANAN, K. D., WILLIAMS, R. H.: Glucagon and insulin release: influence of drugs affecting the autonomic nervous system. Diabetes **20,** 78—82 (1971).

VAN DER KLOOT, W. G.: The effects of potentiators and of anticholinesterases on the kinetics of calcium uptake by isolated sarcoplasmic reticulum from the lobster and the rat. Comp. Gen. Pharmacol. **129,** 209—220 (1970).

VAN EGMOND, A. A. J.: Pflügers Arch. ges. Physiol. **180,** 149—208 (1920).

VAN GENNIP, A. H., DE BREE, P. K., VAN DER HEIDEN, C., WADMAN, S. K., HAVERKAMP, J., VLIEGENTHART, J. F. G.: Urinary excretion of 3-methylxanthine and related compounds in children. Clin. Chim. Acta **45,** 119—127 (1973).

VAN LEEUWEN, ST.: Pflügers Arch. ges. Physiol. **154,** 307—342 (1914).

VAPAATALO, H., ANTTILA, P.: Effects of some inhibitors of phosphodiesterase on neuromuscular transmission. Arch. Pharmacol. **275,** 227—232 (1972).

VARAGIĆ, V. M., ZUGIĆ, M.: Interactions of xanthine derivatives, catecholamines and glucose-6-phosphate on the isolated phrenic nerve diaphragm preparation of the rat. Pharmacology **5,** 275—286 (1971).

VARKONYI, T., ZOLTAN, Ő. T., FÖLDI, M.: Untersuchungen über das durch Triäthylzinnsulfat verursachte Hirnödem der Ratte. Arzneimitt.-Forsch. **20,** 1594—1596 (1970).

VASIL'EVA, Z. A.: Influence of drugs on the dynamics of unconditioned salivation. Zh. Vysshei Nerv. Deyatel'nosti **16,** 929—930 (1966).

VASSALLI, J. D., JEANRENAUD, B.: Lipolysis and α-aminoisobutyric acid uptake in isolated fat cells. Effects of insulin and lipolytic agents. Biochim. Biophys. Acta **202,** 477—485 (1970).

VATTER, O.: Methoden der elektronischen EEG-Analyse zur Prüfung von Arzneimitteln und zum Nachweis einer sedierenden Substanz im Schlafurin. Arzneimitt.-Forsch. **17,** 1363—1369 (1967).

VAUGHAN, M.: Effect of hormones on glucose metabolism in adipose tissue. J. Biol. Chem. **236,** 2196—2199 (1961).

VAUGHAN, M., STEINBERG, D.: Effect of hormones on lipolysis and esterification of free fatty acids during incubation of adipose tissue in vitro. J. Lipid Res. **4,** 193—199 (1963).

VĚCHET, B.: The enhancement of the mutagenic effect of uv radiation in E. coli by caffeine and acriflavine. Fol. Microbiologica **13,** 379—390 (1968).

VELICKY, J.: Belastungsproben bei der komplizierten Heterochromie (FUCHS). Ophthalmologica **152,** 161—166 (1966).

VERDONCK, F., BUSSELEN, P., CARMELIET, E.: Ca-action potentials and contractions of heart muscle in Na-free solutions. Influence of caffeine. Arch. Int. Physiol. Biochim. **80,** 167—169 (1972).

VERDY, M.: Effect of caffeine, nicotine and ethanol on lipolysis in human adipose tissue. Rev. Can. Biol. **26,** 179—184 (1967).

VERNEY, E. B., WINTON, F. R.: The action of caffeine on the isolated kidney of the dog. J. Physiol. **69,** 153—170 (1930).

VERNIKOS-DANNELLIS, J., HARRIS, C. G.: The effect of in vitro and in vivo caffeine, theophylline and hydrocortisone on the phosphodiesterase activity of the pituitary, median eminence, heart and cerebral cortex of the rat. Proc. Soc. exp. Biol. Med. **128,** 1016—1021 (1968).

VESSEY, M. P.: Coffee drinking and acute myocardial infarction. The Lancet II, 1278—1281 (1972).

VIANI, R., HORMAN, I.: Thermal behavior of trigonelline. J. Food Sci. **39,** 1216—1217 (1974).

VIANI, R., MÜGGLER-CHAVAN, F., REYMOND, D., EGLI, R. H.: Sur la composition de l'arôme de café. Helv. Chim. Acta **48,** 1809—1815 (1965).

VIGDAHL, R. L., MONGIN Jr., J., MARQUIS, N. R.: Platelet aggregation IV. Biochem. a. Biophysic. Res. Communic. **42,** 1088—1094 (1971).

VIGNAIS, P. V., DUEE, E. D., VIGNAIS, P. M., HUET, J.: Effects of atractyligenin and its structural analogues on oxydative phosphorylation and on the translocation of adenine nucleotides in mitochondria. Biochim. Biophys. Acta **118,** 465—483 (1966).

VINCENT, N. H., ELLIS, S.: Inhibitory effect of acetylduoline on glycogenolysis in the isolated guinea pig heart. J. Pharm. exp. Ther. **139,** 60—68 (1963).

VINKELAU, T.: Zur Wirkung der Methylxanthine Coffein, Theophyllin und Theobromin auf den Stoffwechsel. Inaug. Diss., Münster 1968.

VITTORIO, S.: Arch. Int. Pharmacodyn. **27,** 265 (1923).

VITZTHUM, O. G., HUBERT, P.: Verfahren zur Entcoffeinierung von Rohkaffee. DT-Pat. 2.212.281 (1973).

VITZTHUM, O. G., WERKHOFF, P.: Oxazoles and thiazoles in coffee aroma. J. Food Sci. **39,** 1210—1215 (1974a).

VITZTHUM, O. G., WERKHOFF, P.: Stickstoffhaltige Heterocyclen im Kaffeearoma. Z. Lebensmitt.-Unters. **156,** 300—307 (1974b).

VITZTHUM, O. G., WERKHOFF, P.: Cycloalkapyrazines in coffee aroma. J. Agr. Food Chem., **23,** 510—516 (1975a).

VITZTHUM, O. G., WERKHOFF, P.: Steam volatile aroma constituents of roasted coffee: neutral fraction. Z. Lebensmitt.-Untersuch. im Druck (1975b).

VITZTHUM, O. G., WERKHOFF, P., ABLANQUE, E.: Isolation and characterization of volatile compounds originating from green coffee. 7. Internationales Kolloquium über Kaffee-Chemie, Hamburg 1975, ASIC Paris, im Druck.

VÖLKER, R.: Bohnenkaffee und seine physiologischen Wirkungen. Ernährungsumschau **14,** 141—143 (1967).

VÖLKER, R., EICHLER, K., MULCH-VÖLKER, S.: Über die Bedeutung der Carbonsäure-5-(hydroxy)-tryptamide im Bohnenkaffee. Unveröffentlichte Versuche, siehe WURZIGER 1971b.

VOGEL, F.: Hat Coffein beim Menschen eine mutagene Wirkung? In: K. LANG: Alkohol und Coffein, S. 162—174. Stuttgart: Enke-Verlag 1970.

VOGEL, F., KRÜGER, J., KURTH, M., SCHROEDER, T. M.: Über das Fehlen einer Beziehung zwischen dem Kaffeegenuß der Eltern und dem Geschlechtsverhältnis unter ihren Kindern. Humangenetik **2,** 119—132 (1966).

VOGEL, F., RÖHRBORN, G., SCHLEIERMACHER, E., SCHRÖDER, T. M.: Mutationen durch chemische Einwirkung bei Säuger und Mensch. Dtsch. med. Wschr. **92,** 2249—2254 und 2382—2388 (1967).

VOGT, M.: The concentration of sympathin in different parts of the central nervous system under normal conditions and after the administration of drugs. J. Physiol. (Lond.) **123,** 451—481 (1954).

VOGT, M.: Distribution of adrenaline and noradrenaline in the central nervous system and its modification by drugs. In: D. RICHTER: Metabolism of the nervous system, pp. 553—564. London: Pergamon Press 1957.

VOIGT, G.: Über Leistungen ohne Kaffeegenuß im Verhältnis zu denen nach Genuß von coffeinhaltigem u. coffeinfreiem Kaffee. Dtsch. med. Wschr. 179 (1936).

VOIT, C.: Zit. nach W. H. UKERS: All About Coffee, New York 1935.

VOLKHEIMER, G., SCHULZ, F. H., HOFER, E., SCHICHT, J.: Coffeinwirkung auf die Persorptionsrate. Nutr. Dieta **11,** 13—22 (1969).

VOLKHEIMER, G., SCHULTZ, F. H., HOFMANN, I., PIESER, J., RACK, O., REICHELT, G., ROTHENBAECHER, W., SCHMELICH, G., SCHURIG, B., TEICHER, G., WEISS, B.: The effect of drugs on the rate of persorption. Pharmacology **1**, 8—14 (1968).
VOLLMER, H., RICHTER, G.: Versuche an coffeingewöhnten Ratten über die Wirkung des Coffeins auf Mineralausscheidung und Harnmenge. Arch. exp. Path. Pharmak. **194**, 573 bis 588 (1940).
VOLYNSKII, B. G., BENDER, K. J., FREIDMAN, S. L.: The mechanism of action of purines. Arteroskleroz i. Koronarn Nedostatochnost SB. 349—352 (1965).
WACHHOLDER, K., SCHNEIDER, W.: Die Änderung der Flimmerverschmelzungsgrenze auf coffeinhaltigen Kaffee und deren Abhängigkeit von der vegetativen Ausgangslage. Klin. Wschr. 276—277 (1956).
WACHMAN, A., HATTNER, R. S., GEORGE, B., BERNSTEIN, D. S.: Effects of decaffeinated and nondecaffeinated coffee ingestion on blood glucose and plasma radioimmunoreactive insulin responses to rapid intravenous infusion of glucose in normal man. Metabolism **19**, 539—546 (1970).
WACKER, A., FELLER, H., CHANDRA, P., REDDY, T. K. R.: Effect of adenosine 3'5'-monophosphate on the inhibition of dark reparr by caffeine. Z. Naturforsch. **26a**, 166—167 (1971).
WAGNER: Dissertation Gießen 1931.
WAGNER, W.: Kaffee als Rauschmittel. Nervenarzt **12**, 296—301 (1939).
WALDECK, B.: Some effects of caffeine and aminophylline on the turnover of catecholamines in the brain. J. Pharm. Pharac. **23**, 824—830 (1971).
WALDECK, B.: Increased accumulation of (^{3}H) catecholamines formed from (3 H) dopa after treatment with caffeine and aminophylline. J. Pharm. Pharmacol. **24**, 654—655 (1972).
WALKER, A. M., SCHMIDT, C. F., ELSOM, K. A., JOHNSTON, C. G.: Renal blood flow unanesthetized rabbits and dogs in diuresis and antidiuresis. Amer. J. Physiol. **118**, 95—110 (1937).
WALKER, I. G., REID, B. D.: Caffeine potentation of the lethal action of alkylating agents on L-cells. Mut. Res. **12**, 101—104 (1971).
WALKER, W. J., GREGORATOS, M. G.: Myocardial infarction in young men. Amer. J. Cardiol. **19**, 339—343 (1967).
WALL, P. J.: J. Physiol. **142**, 1 (1958).
WALLER, J. M.: Coffee rust in Latin America. Pans. Pest Articles and News Summaries, London, **18**, 402—408 (1972).
WALTER, W., WEIDEMANN, H. L.: 2,4-Dinitrophenylhydrazone von Carbonylverbindungen aus dem Kaffeearoma. Naturwissenschaften **54**, 492 (1967).
WALTERS, W., MCGOWAN, J. M., BUTSCH, W. L., KNEPPER, P. A.: The pathologic physiology of the common bile duct. J. Amer. Med. Ass. **109**, 1591—1597 (1937).
WALTHER, H.: Zur Coffein- und Theophyllinwirkung am ermüdeten Rattenzwerchfellpräparat. Arch. Int. Pharmacodyn. **138**, 597—612 (1962).
WANNER, H. U., BÄTTIG, K.: Pharmakologische Wirkungen auf die Laufleistung der Ratte bei verschiedener Leistungsbelohnung und verschiedener Leistungsanforderung. Psychopharmakologia **7**, 182—202 (1965).
WANNER, H., HAGEMANN, P.: Über den Einfluß von Kinetin auf den Coffeingehalt der Blätter von Coffea arabica L. Planta **86**, 42—49 (1969).
WARNANT, H.: C. R. Soc. Biol. (Paris) **101**, 491 (1929).
WATANABE, K.: Zit. nach Rona **83**, 654 (1934).
WEBER, A.: The mechanism of the action of caffeine on sacroplasmic reticulum. J. gen. Physiol. **52**, 760—772 (1968).
WEBER, A., HERZ, R.: Caffeine inhibition of Ca-uptake by muscle reticulum. Fed. Proc. **24**, 208 (1965).
WEBER, A., HERZ, R.: The relationship between caffeine contracture of intact muscle and the effect of caffeine on reticulum. J. gen. Physiol. **52**, 750—759 (1968).
WEDEMEYER, T.: Arch. exp. Path. Pharmak. **85**, 339 (1920).
WEGNER, H., KÖTTER, L.: Analgetica u. Verkehrstüchtigkeit. Arzneimitt.-Forsch. **21**, 47—51 (1971).
WEIDEMANN, H. L., MOHR, W.: Über die Spezifität des Röstkaffeearomas. Lebensm.-Wiss. u. Technol. **3**, 23—32 (1970).

WEIDNER, K.: Schlaf, Schlafstörung und Halbschlaf. Kosmos 279—281 (1962).
WEIDNER, K.: Schlaflosigkeit: Versuch mit Kaffee. Selecta **3,** 10 (1961).
WEINFELD, H.: Metabolism of methylxanthines. Fed. Proc. **10,** 267 (1951).
WEINFELD, H., CHRISTMAN, A. A.: The metabolism of caffeine and theophylline. J. Biol. Chem. **200,** 345—355 (1953).
WEINKAUFF, O. J., RADUE, R. W., KELLER, R. E., CRANE, H. R.: Identification of caffeine as natural or synthetic. J. Agr. Food Sci. **9,** 397—401 (1961).
WEINRYB, I., MICHEL, I. M.: Divergent effects of theophylline on adenylate cyclase preparations from guinea-pig heart and lung. Experientia **27,** 1386 (1971).
WEISS, B., DAVIES, J. I., BRODIE, B. B.: Evidence for a role of adenosine 3',5'-monophosphate in adipose tissue lipolysis. Biochem. Pharm. **15,** 1553—1561 (1966).
WEISS, B., LATIES, V. G.: Enhancement of human performance by caffeine and the amphetamines. Pharm. Rev. **14,** 1—36 (1962).
WEISS, H.: Über die Wirkung des Coffeins auf die Eierstockfunktion der weißen Ratte. Arch. exp. Path. Pharmakol. **186,** 34—42 (1937).
WEISSMAN, B., BROMBERG, P. A.: GUTMAN, A. B.: Chromatographic investigation of purines in normal human urine. Proc. Soc. exp. Biol. Med. **87,** 257—260 (1954).
WELLS, H., LLOYD, W.: Inhibition of the hypocalcemic action of thyrocalcitonin by theophylline and isoproterenol. Endocrinology **82,** 468—474 (1968).
WENZEL, D. G., MACCARTHY, J. D., RUTLEDGE, C. O.: Agents in the productions of myocardial necrosis. J. Pharm. Sci. **51,** 567—568 (1968).
WENZEL, D. G., RUTLEDGE, CH, O.: Effect of centrally acting drugs on human motor and psychomotor performance. J. Pharmac. Sci. **53,** 631—644 (1962).
WERNER, H., KOHLEY, M.: Untersuchungen über den Säuregehalt von Roh- und Röstkaffee verschiedener Herkunft. Kaffee- und Tee-Markt **15,** (1) 5—11 (1965), Kaffee- und Tee-Markt **15,** (2) 6—10, 12, 39 (1965), Kaffee- und Tee-Markt **15,** (3) 6—10, 12 (1965), Kaffee- und Tee-Markt **15,** (4) 6—10 (1965), Kaffee- und Tee-Markt **15,** (5) 5—10 (1965).
WESTERMANN, E., STOCK, K.: Stimulierung der Lipolyse durch Hypophysenhormone. Med. u. Ernähr. **8,** 153—159 (1967).
WESTFALL, D. P., FLEMING, W. W.: Sensitivity changes in the dog heart to norepinephrine calcium and aminophylline resulting from pretreatment with reserpine. J. Pharmacol. exp. Ther. **159,** 98—106 (1968).
WESTPHAL, K.: Ernährungsfragen im Winter. Dtsch. med. Wschr. 1818—1821 (1933).
WHITE, R. P.: Relationship between cholinergic drugs and EEG activation. Arch. Int. Pharmacodyn. **145,** 1—17 (1963).
WHITE, R. P., SEWELL, H. H., RUDOLPH, A. S.: Drug induced dissociation between evoked reticular potentials and the EEG. Electroenceph. Clin. Neurophysiol. **19,** 16—24 (1965).
WHITMORE, G. F., GULYAS, S.: Synchronisation of mammalian cells with tritiated thymidine. Science **151,** 691—694 (1966).
WICHELS, P.: Coffein als Magensaftlocker. Z. klin. Med. **123,** 336—339 (1933).
WICHELS, BRUCH, LAUBER: Beiträge zur Pathogenese der Gastritis. IV. Mitt.: Leberschaden und Magenkrankheit. Z. Klin. Med. **123,** 325—329 (1933).
WICKS, W. D.: Tyrosin-α-ketoglutarate transaminase. Induction by epinephrine and adenosine 3',5'-cyclic phosphate. Science **160,** 997—998 (1968).
WICKS, W. D.: Induction of hepatic enzymes by adenosine 3',5'-monophosphate in organ culture. J. Biol. Chem. **244,** 3941—3950 (1969).
WICKS, W. D., KENNEY, F. T., LEE, K. L.: Induction of hepatic enzyme synthesis in vivo by adenosine 3',5'-monophosphate. J. Biol. Chem. **244,** 6008—6013 (1969).
WILBER, J., PEAKE, G., MARIZ, J., UTIGER, R., DAUGHADAY, W.: Theophylline and epinephrine effects upon the secretion of growth hormone (GH) and thyrotropin. Clin. Res. **16,** 277 (1968).
WILBER, J. F., PEAKE, G. T., UTIGER, R. D.: Thyrotropin release in vitro: Stimulation by cyclic 3',5'-adenosine monophosphate. Endocrinology **84,** 758—760 (1969).
WILHELMSEN, TIBBLIN: News Release. In: Dagens Nyheter, Dez. 1972.
WILKENFELD, B. E., LEVY, B.: The effects of theophylline, diazoxide and imidazole on isoproterenol-induced inhibition of the rabbit ileum. J. Pharmac. exp. Ther. **169,** 61—67 (1969).

WILKINSON, R., KIEFER, J., NIAS, A. H. W.: Effects of posttreatment with caffeine on the sensitivity to ultraviolet light irradiation of two lines of Hela cells. Mut. Res. **10,** 67—72 (1970).

WILLIAMS, B. L., GOAD, L. J., GOODWIN, T. W.: The sterols of grapefruit peel. Phytochemistry **6,** 1137—1145 (1967).

WILLIAMS, J. A., WOLFF, J.: Thyroid secretion in vitro: Multiple actions of agents affecting secretion. Endocrinology **88,** 206—217 (1971).

WILSON, R. B., HARTROFT, W. S.: Failure of nicotine and coffee to increase the incidence of myocardial infarction in rats fed a thrombogenic diet. Fed. Proc. **29,** A 797 (1970).

WINDEMANN, P.: Über die Vorgänge beim Dämpfen der Kaffeebohnen. Dissertation, Universität Bern 1974.

WINER, N., CHOKSHI, D. S., YOON, M. S., FREEDMAN, A. D.: Adrenergic receptor mediation of renin secretion. J. clin. Endocrinol. **29,** 1168—1175 (1969).

WINSOR, A. I., STRONGIN, E. I.: A study of the development of tolerance for caffeinated beverages. J. exp. Psychol. **16,** 725—734 (1933).

WINTER, M., GAUTSCHI, F., FLAMENT, I., WILLHALM, B., STOLL, M.: Die flüchtigen Aromastoffe des Kaffees. In: J. SOLMS, H. NEUKOM: Aromen und Geschmacksstoffe in Lebensmitteln, S. 165—198, Zürich: Forster-Verlag 1967.

WINTERNITZ, M.: Das Elektrocardiogramm des Anginapectoris-Anfalls. Med. Klin. 1359—1362 (1934).

WITKIN, E. M., FARQUHARSON, E. L.: Enhancement and diminuation of ultraviolet-light-initiated mutagenesis by post-treatment with caffeine in Escherichia coli. Mut. Cell Process. Ciba Fond. Symp. 1969, S. 36—49.

WITTE, W.: Insensitivity to caffeine of phage-controlled repair-processes. Z. allg. Mikrobiol. **12,** 75—79 (1972).

WÖLFFLIN, E.: Klin. Mbl. Augenheilk. **69,** 205 (1922).

WOJNAROWSKA, W.: Influence exerted on auditory fatigue by some calmatives and stimulants of the central nervous system. Acta Oto-Laryng. **62,** 481—490 (1966).

WOLFE, S. M., SHULMAN, N. R.: Inhibition of platelet energy production and release reaction by PGE_1, theophylline and c-AMP. Biochim. Biophys. Res. Commun. **41,** 128 bis 134 (1970).

WOLFF, J., VARRONE, S.: The methylxanthines – a new class of goitrogens. Endocrinology **85,** 410—414 (1969).

WOLFF, L.: Beitrag zur Kenntniss der Einwirkung verschiedener Genuß- und Arzneimittel auf den menschlichen Magensaft. Z. klin. Med. **16,** 222—269 (1889).

WOLFROM, M. L., ANDERSON, L. E.: Polysaccharides from instant coffee powder. J. Agr. Food Chem. **15,** 685—687 (1967).

WOLFROM, M. L., LAVER, M. L., PATIN, D. L.: Carbohydrates of the coffee bean. II. Isolation and characterization of a mannan. J. Org. Chem. **26,** 4533—4535 (1961).

WOLFROM, M. L., PATIN, D. L.: Isolation and characterization of cellulose in the coffee bean. J. Agr. Food Chem. **12,** 376—377 (1964).

WOLFROM, M. L., PLUNKETT, R. A., LAVER, M. L.: Carbohydrates of the coffee bean. J. Agr. Food Chem. **8,** 58—65 (1960).

WOLL, H. G., HORSLEY, W. H.: Caffeine sodium benzoat, sodium isoamylethylbarbiturate, NaBr and chloral hydrat effect on the higher integrative functions. Psychiatr. **33,** 1030 bis 1057 (1933).

WOMACK, N. A., COLE, W. H.: Effect of caffeine on basal metabolism. Proc. Soc. exp. Biol. (N.Y.) **31,** 1248—1250 (1934).

WONG, K. K., SYMCHOWICZ, S., STAUB, M. S., TABACHNICK, I. I. A.: The in vitro effect of catecholamines, diazoxide and theophylline on insulin release. Life Sci. **6,** 2285—2291 (1967).

WOODMAN, J. S., GIDDEY, A., EGLI, R. H.: The carboxylic acids in brewed coffee. 3. Internationales Kolloquium über Kaffee-Chemie (Trieste, 2.—9. Juni 1967), ASIC Paris, S. 137—143.

WOOTEN, G. F., THOA, N. B., KOPIN, I. J., AXELROD, J.: Enhanced release of dopamine β-hydroxylase and norepinephrine from sympathetic nerves by dibutyryl cyclic adenosine 3′,5′-monophosphate and theophylline. Molec. Pharmacol. **9,** 178—183 (1973).

WOSILAIT, W. D., SUTHERLAND, E. W.: The relationship of epinephrine and glucagon to liver phosphorylase. II. Enzymatic inactiviation of liverphosphorylase. J. Biol. Chem. **218,** 469—481 (1956).

WURZIGER, J.: L'huile du café vert et du café torréfié. Café, Cacao, Thé **7,** 331—340 (1963).

WURZIGER, J.: Über Genußwert und Bekömmlichkeit von Röstkaffee unter besonderer Berücksichtigung der Bezeichnungen „säurearm". Kaffee- u. Tee-Markt **15,** (9) 6—9 (1965).

WURZIGER, J.: Zur Untersuchung und Beurteilung von Kaffee-Extraktpulvern. Kaffee- u. Tee-Markt **16,** (17) 6—10 (1966).

WURZIGER, J.: Beiträge zum Genußwert und zur Bekömmlichkeit von Röstkaffee. Kaffee- u. Tee-Markt **19,** (2) 6—9 (1969).

WURZIGER, J.: Zur Beurteilung zusätzlicher Angaben bei abgepackten Röstkaffees. Kaffee- u. Tee-Markt **21,** (12) 3—6 (1971a).

WURZIGER, J.: Carbonsäure-hydroxy-tryptamide zur Beurteilung von frischen und bearbeiteten Kaffees. 5. Internationales Kolloquium über Kaffee-Chemie (Lissabon, 14.—19. Juni 1971b), ASIC Paris, S. 383—387.

WURZIGER, J.: Zur Untersuchung und Beurteilung bearbeiteter Röstkaffees. Lebensmittelchem. u. gerichtl. Chem. **25,** 243—244 (1971c).

WURZIGER, J.: Zur Beurteilung zusätzlicher Angaben bei Röstkaffee. Lebensmittelchem. u. gerichtl. Chem. **25,** 387—388 (1971d).

WURZIGER, J.: Neuentdeckte Kaffee-Inhaltsstoffe. Ihre Bedeutung für die Bekömmlichkeit von Kaffeegetränken. Med. Heute **22,** 10—13 (1971).

WURZIGER, J.: Beiträge zum Genußwert und zur Bekömmlichkeit von Röstkaffee. VII. Carbonsäurehydroxytryptamide oder ätherlösliche Extraktstoffe zum Nachweis und zur Beurteilung von bearbeiteten bekömmlichen Röstkaffees. Kaffee- u. Tee-Markt **22,** (14) 3—11 (1972).

WURZIGER, J.: Neuentdeckte Kaffee-Inhaltsstoffe. Ihre Bedeutung für die Verträglichkeit von Kaffeegetränken. Unveröff. Referat 1972.

YABU, H.: Effects of caffeine on the oxygen consumption of the Ca-deficient skeletal muscle. Sapporo med. J. **23,** 92—98 (1963).

YAMAMOTO, K., YAMAGUCHI, M.: Inhibition by caffeine of the repair of γ-ray-induced chromosome breaks in barley. Mut. Res. **8,** 428—430 (1969).

YANDERS, A. F., SEATON, R. K.: The lack of mutagenicity of caffeine in drosophila. Amer. Nat. **96,** 277—280 (1962).

YIELDING, K. L., GAUDIN, D.: Enhancement of tumor response to x-ray and alkylating agents by the excision repair inhibitors caffeine and chloroquine. Symp. Fundam. Canc. Res. **23,** 523—527 (1970).

YOSHIMURA, K., HIROSHIGE, T., ITOH, S.: Lipolytic action of serotonin in brown adipose tissue in vitro. Jap. J. Physiol. **19,** 176—186 (1969).

YOUNG, W., HOTOVEC, R. L., ROMERO, A. G.: Tea and atherosclerosis. Nature **216,** 1015 bis 1016 (1967).

YU, D. H., TRIESTER, S., GLUCKMAN, M. I.: Mechanism of antilipolytic effects of cardiac glycosides. J. Pharm. exp. Ther. **177,** 284—290 (1971).

YUDKIN, J., CANTAB, F. R. L. I., MORLAND, J.: Sugar intake and myocardial infarction. Am. J. Clin. Nutr. **20,** 503—506 (1967).

YUDKIN, J: Sugar and ischaemic heart disease. The Practitioner **198,** 680—683 (1967).

ZAJDELA, F., LATARJET, R.: Inhibitory effect of caffeine on induction of skin cancer by u.v. rays in the mouse. C. R. Akad. Sci. Serd. D. **277,** 1073—1076 (1973).

ZEIGLER, W. H.: J. Amer. Pharmaceut. Assoc. **14,** 86 (1925).

ZELLER, E. A., BISSEGGER, A.: Über die Cholin-esterase des Gehirns und der Erythrocyten. Helv. Chim. Acta **26,** 1619—1630 (1943).

ZELLER, W.: Einfluß von Kaffee auf den Fettstoffwechsel. Med. Klin. **63,** 707—709 (1968).

ZELLER, W.: Der Einfluß von Coffein, Kaffee und Tee auf die Konzentration der freien Fettsäuren im Serum. In: HEIM, F., AMMON, H. P. T.: Coffein und andere Methylxanthine, S. 171—173. Stuttgart-New York: Schattauer-Verlag 1969a.

ZELLER, W.: Über den Einfluß von Coffein bzw. Kaffee auf die Blutketonkörper beim Gesunden und beim Diabetiker. In: HEIM, F., AMMON, H. P. T.: Coffein und andere Methylxanthine, S. 163—164 Stuttgart–New York: Schattauer-Verlag 1969b.

ZELLER, W., AMMON, H. P. T.: Einfluß von Coffein auf den Fettstoffwechsel bei Leberkranken. Z. Gastroenterol. **5,** 84—89 (1967).

ZETT, L.: Membranpotential und Ionengehalt des isolierten Skelettmuskels bei Koffein-, Säure- u. Kaliumkontractur. Acta Biol. Med. Ger. **17,** 603—613 (1966).

ZETT, L., KÜCHLER, G.: Untersuchungen zum Wirkungsmechanismus der Koffein-, KCl- u. Säurekontractur M. Sartorius von R. Esculenta Temporaria. Acta Biol. Med. Ger. **14,** 687—699 (1965).

ZETT, L., KÜCHLER, G.: Einfluß der Sr- und Ba-Ionen auf Membranpotential, Ionengehalt und Koffeinkontractur des isolierten Froschmuskels. Acta Biol. med. Ger. **22,** 105—115 (1969).

ZETTERBERG, G.: The mutagenic effect of 8-ethoxycaffeine, caffeine and dimethylsulfat in the ophiostoma bac-mutation test. Hereditas **46,** 279—311 (1960).

ZIPF, K.: Geschieht die Aufhebung der Coffeinwirkung am Muskel durch Natriumsalicylat und Novoceinhydrochlorid auf dem Wege der Bildung einer Komplexverbindung? Arch. exp. Path. Pharmak. **149,** 94 (1930). Hoppe-Seylers Z. Physiol. Chem. **187,** 214 (1930).

ZLATKIS, A., SIVETZ, M.:Analysis of coffee volatiles by gas chromatography. Food Res. **25,** 395—398 (1960).

ZOLTAN, O. T., GYÖRI, I.: Untersuchungen über das durch Triaethylzinnsulfat verursachte Hirnödem der Ratte. Arzneimitt.-Forsch. **20,** 1248—1249 (1970).

ZOSEL, K.: Verfahren zur Entcoffeinierung von Rohkaffee. DT-Pat. 2.005.293 (1971).

ZSOTÉR, Th.: The effect of aminophylline and isoproterenol on venous distensibility. Can. J. Physiol. Pharmacol. **46,** 225—228 (1968).

Sachverzeichnis

Zur besseren Verständlichkeit des Sachverzeichnisses sei auf folgendes aufmerksam gemacht:

1. Soweit es sich um Wirkungen von coffeinhaltigem Kaffee, Coffein, Theophyllin, Theobromin oder anderen Methylxanthinen handelt, werden diese bei den einzelnen Stichwörtern nicht extra erwähnt. Erwähnt werden in diesem Zusammenhang lediglich die Wirkungen von entcoffeiniertem, nach dem Lendrich-Verfahren behandelten Kaffee sowie die auf andere Weise behandelten Kaffees.
2. Coffein, Theophyllin, Theobromin und andere Methylxanthine werden alleine oder unter dem Sammelbegriff Methylxanthine erwähnt, wenn es sich dabei um Angaben über deren Resorption, Konzentration in Blut oder Gewebe sowie deren Metabolismus handelt.
3. Verbindungen, die im Kaffee vorkommen, werden jeweils in Verbindung mit dem Wort „im Kaffee" aufgeführt.

E. Gladtke, H. M. v. Hattingberg

Pharmakokinetik

Eine Einführung
Mit Beiträgen von W. Kübler,
W.-H. Wagner. Geleitwort von F. H. Dost
69 Abb. XII, 148 Seiten. 1973
DM 24,—; US $ 9.90
ISBN 3-540-06061-8

F. Lembeck, K.-F. Sewing

Pharmakologie-Fibel

Tafeln zur Pharmakologie-Vorlesung
2. neubearb. Aufl. 17 Abb. IX, 162 Seiten
1973 (Heidelberger Taschenbücher,
Band 18)
DM 16,80; US $ 6.90
ISBN 3-540-06305-6

E. Habermann, H. Löffler

Spezielle Pharmakologie

als Basis der Arzneitherapie
32 Abb., 38 Tab. IX, 280 Seiten. 1975
(Heidelberger Taschenbücher, Band 166
Basistext Medizin)
DM 19,80; US $ 8.20
ISBN 3-540-07121-0

H.-H. Wellhöner

Allgemeine und Systematische Pharmakologie und Toxikologie

Begleittext zum Gegenstandskatalog
19 Abb., 15 Tab. XXVIII, 411 Seiten. 1975
(Heidelberger Taschenbücher, Band 169
Basistext Medizin)
DM 24,80; US $ 10.20
ISBN 3-540-07269-1

H. Wagner

Rauschgift-Drogen

2. Aufl. 55 Abb. VII, 142 Seiten. 1970
(Verständliche Wissenschaft, Band 99)
DM 12,—; US $ 5.00
ISBN 3-540-05028-0

M. G. Stringaris

Die Haschischsucht

Pharmakologie, Geschichte, Psychopathologie. Klinik. Soziologie
2. überarb. Aufl. X, 150 Seiten. 1972
DM 19,—; US $ 7.80
ISBN 3-540-05696-3

Preisänderungen vorbehalten

Springer-Verlag
Berlin
Heidelberg
New York

Diagnose und Therapie in der Praxis

Übersetzt nach der amerikanischen Ausgabe von M. A. Kripp, M. J. Chatton et al. Bearbeitet, ergänzt und herausgegeben von K. Huhnstock, W. Kutscha unter Mitarbeit von H. Dehmel
3. erw. Aufl. 27 Abb. XVIII, 1337 Seiten
1974. Gebunden DM 78,—; US $ 32.00
ISBN 3-540-06571-7

Nach dem überragend positiven Echo auf die beiden ersten Auflagen wird jetzt die dritte, völlig überarbeitete und wesentlich erweiterte Auflage vorgelegt. Als besonders wichtige Ergänzung für den Praxisgebrauch wurden jedem Kapitel übersichtliche Therapieschemata beigefügt. Ferner wurden die Tabellen der Handelsnamen sowie der chemischen Kurzbezeichnungen von Pharmaka durch Dosierungsangaben wesentlich erleichtert.

Therapie innerer Krankheiten

Herausgeber: E. Buchborn, H. Jahrmärker, H. J. Karl, G. A. Martini, W. Müller, G. Riecker, H. Schwiegk, W. Siegenthaler, W. Stich
2. korr. Aufl. 32 Abb. XXXI, 650 Seiten
1974. Gebunden DM 48,—; US $ 17.30
ISBN 3-540-06574-1

Die 96 Einzelbeiträge enthalten Therapiepläne für Sofort- und Dauerbehandlung, Indikation, Kontraindikation und Nebenwirkungen der empfohlenen Arzneimittel sowie eine Zusammenstellung des weiterbildenden Schrifttums. Für jeden Arzt, besonders aber den Internisten und Allgemeinmediziner, ein unentbehrlicher Ratgeber.

Geriatrie in der Praxis

Herausgeber: W. H. Hauss, W. Oberwittler. Mit Beiträgen zahlreicher Fachwissenschaftler
42 Abb. XVI, 298 Seiten. 1975
Gebunden DM 48,—; US $ 17.30
ISBN 3-540-07005-2

Für die ärztliche Praxis wesentliche geriatrische Fragen aus der gesamten Medizin sind abschnittsweise dargestellt und die Besonderheiten der Erkrankungen im Alter und ihre Behandlungsmethoden zusammengefaßt. Das Buch enthält ferner Abschnitte über Ernährung, Sport, Kur und Reise im Alter sowie über die alterstypischen psychologischen und soziologischen Probleme. Dem Altenwohnbau ist ein besonderer Abschnitt gewidmet.

Preisänderungen vorbehalten

Springer-Verlag
Berlin
Heidelberg
New York

GPSR Compliance

The European Union's (EU) General Product Safety Regulation (GPSR) is a set of rules that requires consumer products to be safe and our obligations to ensure this.

If you have any concerns about our products, you can contact us on ProductSafety@springernature.com

In case Publisher is established outside the EU, the EU authorized representative is:

Springer Nature Customer Service Center GmbH
Europaplatz 3
69115 Heidelberg, Germany

Batch number: 10723355

Printed by Printforce, the Netherlands